国际制造业先进技术译丛

辐照材料科学基础 金属与合金

（原书第 2 版）

Fundamentals of Radiation Materials Science: Metals and Alloys

（Second Edition）

［美］盖里·S. 沃斯（Gary S. Was） 著

顾剑锋 宁冬 吕战鹏 陈世朴 译

机械工业出版社

本书系统地介绍了金属材料辐照损伤的理论基础、金属材料经辐照后的微观组织与结构特征，以及辐照所产生的宏观性能变化。主要内容包括辐照损伤事件、原子的位移、损伤级联、点缺陷的形成与扩散、辐照增强扩散和缺陷反应速率理论、辐照诱发偏析、位错的微观结构、辐照诱发的空洞和气泡、辐照下相的稳定性、离子辐照的独特效应、用离子模拟中子辐照效应、辐照硬化和辐照形变、辐照蠕变和长大、断裂与脆化、腐蚀与应力腐蚀开裂基础和辐照对腐蚀和环境促进开裂的作用。本书汇集了国际上金属材料辐照领域的长期研究成果，体现了科学性、先进性和系统性的有机结合，对我国核工程领域关于辐照损伤现象的理解和研究具有很强的指导意义，并具有很高的学术价值和实用价值。

本书可供核工程领域的工程技术人员和研究人员使用，也可供高等院校的核工程、材料科学与工程等相关专业在校师生参考。

Translation from the English language edition:
Fundamentals of Radiation Materials Science: Metals and Alloys
by Gary S. Was
Copyright © Springer Science + Business Media New York 2007，2017
This Springer imprint is published by Springer Nature
All Rights Reserved.

北京市版权局著作权合同登记号 图字：01-2018-1202 号。

图书在版编目（CIP）数据

辐照材料科学基础：金属与合金：原书第 2 版／（美）盖里·S. 沃斯（Gary S. Was）著；顾剑锋等译． 北京：机械工业出版社，2024. 12. --（国际制造业先进技术译丛）． -- ISBN 978-7-111-77083-1

Ⅰ. TG147

中国国家版本馆 CIP 数据核字第 2024JM0796 号

机械工业出版社（北京市百万庄大街22号　邮政编码100037）
策划编辑：陈保华　　　　　　责任编辑：陈保华　卜旭东
责任校对：张　薇　张亚楠　　封面设计：鞠　杨
责任印制：常天培
北京机工印刷厂有限公司印刷
2025 年 1 月第 1 版第 1 次印刷
184mm×260mm · 44.75 印张 · 1104 千字
标准书号：ISBN 978-7-111-77083-1
定价：299.00 元

电话服务　　　　　　　　　　网络服务
客服电话：010-88361066　　机 工 官 网：www.cmpbook.com
　　　　　010-88379833　　机 工 官 博：weibo.com/cmp1952
　　　　　010-68326294　　金 书 网：www.golden-book.com
封底无防伪标均为盗版　　机工教育服务网：www.cmpedu.com

译者序

在核反应堆中，材料长期处于强辐射环境下，辐照会导致材料的性能发生变化，如硬度提高、韧性下降、腐蚀加剧等。通过对辐照材料进行科学的研究，可以深入了解这些变化的机制，从而开发出更耐辐照的结构材料，提高核反应堆的安全性和可靠性。例如，对反应堆压力容器钢进行辐照研究，可以评估其在长期辐照后的脆化程度，为反应堆的寿命预测和安全评估提供依据。

核燃料在辐照过程中会发生肿胀、裂变气体释放等现象，影响核燃料的性能和安全性。辐照材料科学研究可以探索新型核燃料的设计和制备方法，提高核燃料的燃耗深度、热导率和抗辐照性能，延长核燃料的使用寿命，减少核废料的产生量。例如，研究先进的陶瓷核燃料可以提高核燃料的耐辐照性能和热稳定性，为未来的核能发展提供更可靠的燃料选择。

辐照材料科学研究在核能、航空航天、医疗等多个领域都具有重要的意义和必要性。通过深入研究辐照对材料性能的影响机制，可以开发出更耐辐照的材料，提高相关领域的安全性和可靠性，推动科技的进步和发展。

盖里·S. 沃斯（Gary S. Was）是美国密歇根大学的杰出教授，辐照材料科学研究领域国际知名科学家。他编写的《辐照材料科学基础：金属与合金（原书第2版）》一书深入探索了辐照对材料性能影响的机制，介绍了辐射材料科学基础理论研究取得的显著成果，并为提高核反应堆的安全性和可靠性提供了重要的理论依据和技术支持。这本书对核能行业的发展产生了深远的影响。

本书各章都包含辐照效应的实例、插图和定量计算例题，每章的最后还设计了习题。译者希望本书的出版能够使读者结合各章正文、实例、插图、章末的习题和参考文献，全面理解辐照对金属和合金的作用。除了主要针对材料科学和核工程的研究生，本书也为学术界和工业界的研究学者们提供了有价值的参考资源。

本书的翻译工作由上海交通大学顾剑锋和陈世朴、上海核工程研究设计院宁冬、上海大学吕战鹏承担，具体分工如下：宁冬，第1～5章；顾剑锋，第6～11章；吕战鹏，第12～16章。在此，特别感谢陈世朴教授，他以年逾八旬的高龄和严谨负责的态度，不仅翻译了前言、物理常数数值表和原书第2版新增的导论，还对全书译稿进行了认真细致的多次校订和审核，正是他的努力和付出才使本书得以顺利出版。最后，我们也对机械工业出版社编辑真诚负责的指导表示由衷感谢。

由于本书涉及多学科交叉的知识领域，加之受到出版计划的时间所限，译文中难免存在疏漏及不足之处，敬请读者批评指正。

译　者

前　言

编写出版本书的目的是为理解金属和合金辐照效应背后的理论和机制提供一个基础。全书分成三部分，每一部分又细分为若干独立的章节，它们组合起来，就为辐射如何与金属材料交互作用，并改变它们的组织结构与性能提供了一幅完整的图像。

第Ⅰ部分辐照损伤（第1~5章）全都聚焦于"辐照损伤过程"，为预测轰击粒子所产生损伤的数量和空间构型提供系统的知识。第1章讨论导致由入射粒子向靶材原子传输能量的粒子之间的交互作用。第2章聚焦于由轰击粒子产生的原子位移数量的确定，而第3章描述由此造成缺陷的空间构型。第4章提供了有关点缺陷平衡浓度和扩散的基础知识。第5章讨论在辐照影响下点缺陷之间的扩散和反应，它们是所有观察到的辐照效应的基础。

尽管辐照损伤描述的是受到辐照材料的状态，辐照效应则与缺陷在固体内形成之后的行为有关。第Ⅱ部分（第6~11章）讲辐照对金属产生的物理效应。第6章描述了辐照诱发偏聚（RIS），它是辐照增强扩散（RED）的直接后果。第7章和第8章讨论了位错环和空洞的形核和长大，即那些在很大程度上决定了被辐照材料行为的缺陷聚合体。第9章涵盖了在辐照下的相稳定性、辐照诱发析出（IIP）和析出相的溶解。第10章将辐照效应扩展到了由离子辐照产生的一些特别过程，诸如成分变化、溅射和剥落。最后，第11章介绍了如何将离子辐照用于模拟反应堆部件的中子辐照效应。

本书的第Ⅲ部分（第12~16章）将辐照损伤引起的力学和环境效应与通过施加应力和腐蚀性环境所产生的物理效应区分开来。第12章讨论了辐照下合金的硬化和变形。第13章介绍了蠕变及其扩展，而辐照对由静态或疲劳加载导致的裂纹形核和扩展的作用正是在第14章中讨论的内容。辐照对腐蚀和应力腐蚀开裂也有显著影响，因为这些性能退化的模式常常构成了许多反应堆设计中应当考虑的一些限制性过程。第15章包括了腐蚀和应力腐蚀开裂方面的基础知识，它们是理解第16章中将要讨论的辐照、腐蚀和应力的综合效应所需要的。

这些章节都包含了辐照效应的实例和图示以及定量计算的样本，还提供了实际的照片。每章的最后还为读者设计了习题，以便强化每章的主要概念，从而提高读者综合理解其中所涵盖的主题的能力。各章的正文、实例、图示以及章末的习题组合在一起，全面阐述了辐照对金属和合金的效应。

学好本书的内容精髓还需要充实多方面的科学知识。本书的许多主题依赖于一些学科的基本知识，它们构成了辐照效应赖以发生的基础：固体热力学和动力学、晶体结构、缺陷和位错、物理冶金学、弹性和塑性、形变和断裂、腐蚀和应力腐蚀开裂。本书为每一个这样的主题介绍了必要的背景，或者为此提供了可以找到完好阐述的其他参考文献资源。

作为最后的一项说明，作者还想提请大家注意：本书是基于若干教科书、大量杂志和会议论文获得的信息，经过分类、组织和提炼编写而成的，目的在于为构成辐照材料科学的那些过程提供一个完整而充实的叙述。对于本书所包含的那些概念、理论、数学方法的开发以及图示的原始来源，作者始终都以认真的态度学习和理解并且给予充分的尊重，在将它们提炼的过程中，可能偶尔因疏忽造成一些差错，作者表示由衷的歉意。在此，作者也向许多为本书提供了原始资料和图片的作者和出版社致谢。

最后，作者想要感谢为他编写本书提供了帮助和建议的许多同事、学生和朋友。特别是，向以下各位致以特别的感谢：为本书内容做出了重大贡献的 Jeremy Busby、Todd Allen、Michael Atzmon、Roger Stoller、Yuri Osetsky、Ian Robertson 和 Brian Wirth，为编制图示做了大量工作的 Elaine West、Brian Wagner、Sean Lemecha、Gerrit Vancoevering 和 Bryan Eyers，编纂各章末尾习题的 Gerrit Vancoevering，对为制作文稿和视频提供帮助的 Cherilyn Davis 和 Ovidiu Toader，对各章节进行校阅的 Lynn Rehn、Don Olander、Arthur Motta、Michael Nastasi、Steve Zinkle、K. Linga Murty、Lou Mansur 和 Peter Andresen，以及多年以前就为作者从事本领域学习提供了灵感的 John King 和 Arden Bement。

盖里・S. 沃斯（**Gary S. Was**）

物理常数数值表

名称	符号	数值
原子质量单位	u	$1.6605 \times 10^{-27}\,\text{kg}$
阿伏伽德罗（Avogadro）常数	N_0	$6.0221 \times 10^{23}\,\text{mol}^{-1}$
核反应截面的单位（barn）	b	$10^{-24}\,\text{cm}^2$
玻尔（Bohr）半径	a_0	$5.2918 \times 10^{-11}\,\text{m}$
玻尔（Bohr）磁子	μ_B	$9.2730 \times 10^{-24}\,\text{J}/(\text{m}^2 \cdot \text{Wb})$
玻耳兹曼（Boltzmann）常数	k	$1.3807 \times 10^{-23}\,\text{J/K}$
		$8.6173 \times 10^{-5}\,\text{eV/K}$
经典的电子半径	r_0	$2.8179 \times 10^{15}\,\text{m}$
里德伯（Rydberg）能量	E_R	$13.606\,\text{eV}$
真空介电常数	ε_0	$8.8542 \times 10^{-12}\,\text{F/m}$
基本电荷	ε	$1.6022 \times 10^{-19}\,\text{C}$
		$4.8029 \times 10^{-10}\,\text{esu}$
	ε_2	$1.44\,\text{eV nm}$（CGS 系统）
电子的康普顿（Compton）波长	λ_e	$2.4263 \times 10^{12}\,\text{m}$
电子的密度/质量比	ε/m_e	$1.7588 \times 10^{11}\,\text{C/kg}$
法拉第（Faraday）常数	F	$96485.3415\,\text{C/mol}$
引力常数	G	$6.6743 \times 10^{-11}\,\text{N} \cdot \text{m}^2/\text{kg}^2$
氢原子的电离能	I_0	$13.6057\,\text{eV}$
磁性常数	μ_0	$1.2566 \times 10^{-6}\,\text{N/A}^2$
普朗克（Planck）常数	h	$6.6261 \times 10^{-34}\,\text{J} \cdot \text{s}$
		$4.1357 \times 10^{-15}\,\text{eV} \cdot \text{s}$
量子/电荷比	h/ε	$4.1357 \times 10^{-15}\,\text{J} \cdot \text{s/C}$
静止质量		
电子	m_e	$9.1094 \times 10^{-31}\,\text{kg}$
		$5.4860 \times 10^{-4}\,\text{amu}$
中子	m_n	$1.6749 \times 10^{-27}\,\text{kg}$
		$1.0089\,\text{amu}$
质子	m_p	$1.6726 \times 10^{-27}\,\text{kg}$
		$1.0073\,\text{amu}$
里德伯（Rydberg）常数	R_1	$1.0974 \times 10^7\,\text{m}^{-1}$
光速	c	$2.9979 \times 10^8\,\text{m/s}$
理想气体的标准体积	—	$22.4140\,\text{L/mol}$
斯忒藩－玻耳兹曼（Stefan–Boltzmann）常数	σ	$5.6704 \times 10^{-8}\,\text{W}/(\text{m}^2 \cdot \text{K}^4)$
摩尔气体常数	R	$8.3145\,\text{J}/(\text{mol} \cdot \text{K})$
		$1.9855\,\text{cal}/(\text{mol} \cdot \text{K})$

目 录

第II部分　辐照损伤的物理效应

第Ⅲ部分　辐照损伤的力学和环境效应

本书首字母缩写术语对照

A

AES	Auger electron spectroscopy，俄歇电子谱分析
AFM	atomic – force microscope，原子力显微镜
AGR	advanced gas reactor，先进气体反应堆
AKMC	atomic KMC，原子动力学蒙特卡罗
APT	atom probe tomography，原子探针层析
ARE	cluster annihilation rate by emission，发射（造成的）团簇湮灭速率
ART	cluster annihilation rate by trapping，俘获（造成的）团簇湮灭速率
AkICG	alkaline – induced intergranular corrosion，碱诱发晶间腐蚀
AcSCC	acidic – induced SCC，酸诱发应力腐蚀开裂
AkSCC	alkaline – induced SCC，碱诱发应力腐蚀开裂

B

BC	binary crystal，二组元晶体
BCA	binary collision approximation，二元碰撞近似
BWR	boiling water reactor，沸水反应堆

C

CDF	clustered point defect fraction，团簇化的点缺陷份额
CERT	constant extension rate test，恒定拉伸速率拉伸试验
CGR	crack growth rate，裂纹扩展速率
CN	compound nucleus，复合原子核
CO	coevaporation，共蒸发
COD	crack opening displacement，裂纹张开位移
CP	commercial purity，商业纯度
CRP	copper – rich precipitates，富铜析出相
CSLB	coincidence site lattice boundary，重合位置点阵边界
CSRO	compositional short – range order，成分短程有序
CT	compact tension，紧凑拉伸

D

DBTT	ductile – to – brittle transition temperature，韧脆转变温度
DC	dislocation channel，位错通道
DCB	double cantilever beam，双悬臂梁
DM	displacement mixing，位移混合
DN	diffuse necking，扩散性颈缩
DRM	dynamic recoil mixing，动力学反冲混合

E

ECT	equicohesive temperature，等内聚温度	
EDF	evaporating defect fraction，蒸发缺陷份额	
EFPY	effective full power years，有效满功率运行年份	
EKMC	event KMC，事件动力学蒙特卡罗	
EMF	electromotive force，电动势	
ESEP	equilibrium standard electrode potential，平衡标准电极电位	

F

FFTF   fast flux test facility，快通量试验设施
FMD   freely migrating defect，自由迁动缺陷
F – M   ferritic – martensitic，铁素体 – 马氏体（钢）
FP   frenkel pair，空位 – 间隙原子对（又称 Frenkel 对）
FR   Frank – Read，弗兰克 – 里德（位错源）
FWHM   full width at half maximum，半高宽

G

GA   Gibbs adsorption，吉布斯吸附
GB   grain boundary，晶界
GBS   grain boundary sliding，晶界滑移
GC   glide and climb，滑移和攀移
GRE   cluster generation rate by emission，发射（造成的）团簇生成速率
GRT   cluster generation rate by trapping，俘获（造成的）团簇生成速率

H

HAZ   heat affected zone，（焊接）热影响区
HFIR   high flux isotope reactor，高通量同位素反应堆
HGB   high – angle grain boundary，高角晶界
HPSCC   high – potential – induced SCC，高电位诱发应力腐蚀开裂
HWC   hydrogen water chemistry，氢水化学

I

IAC   irradiation accelerated corrosion，辐照加速腐蚀
IAD   ion – assisted deposition，离子助推沉积
IASCC   irradiation – assisted stress corrosion cracking，辐照助推应力腐蚀开裂
IBAD   ion beam – assisted deposition，离子束助推沉积
IBED   ion beam – enhanced deposition，离子束增强沉积
IBM   ion beam mixing，离子束混合
IDF   isolated point defect fraction，孤立的点缺陷份额
IG   intergranular，沿晶的，晶间的
IGC   intergranular corrosion，晶间腐蚀

IGSCC	intergranular stress corrosion cracking，晶间应力腐蚀开裂
II	ion implantation，离子注入
IIP	irradiation – induced precipitation，辐照诱发析出
IK	inverse Kirkendall，反向柯肯德尔（效应）
IVD	ion vapor deposition，离子气相沉积

J

JMTR	Japan materials test reactor，日本材料试验反应堆

K

KMC	kinetic Monte Carlo，动力学蒙特卡罗
K – P	Kinchin – Pease，金钦 – 皮斯

L

LET	linear energy transfer，线性能量传输
LEFM	linear elastic fracture mechanics，线弹性断裂力学
LKMC	lattice KMC，点阵动力学蒙特卡罗
LN	localized necking，局部颈缩
LPSCC	low – potential – induced SCC，低电位诱发应力腐蚀开裂
LWR	light water reactor，轻水反应堆

M

MC	Monte Carlo，蒙特卡罗
MCF	mobile cluster fraction，可动的团簇份额
MD	molecular dynamics，分子动力学
MDF	mobile defect fraction，可动的缺陷份额
MF	matrix features，基体特性
MIK	modified inverse Kirkendall，改进的反向柯肯德尔效应
MIK – T	modified inverse Kirkendall – trapping，改进的反向柯肯德尔 – 俘获效应
ML	multilayered，多层
MOTA	materials open test assembly，材料开放试验装置
MSEP	measured single electrode potential，测得的单电极电位

N

NDT	nil – ductility temperature，零韧性温度
N – H	Nabarro – Herring，纳巴罗 – 赫林
NHM	Nelson – Hudson – Mazey，纳尔逊 – 哈德森 – 梅齐
NI	Largest interstitial cluster，最大的间隙原子团簇
NN	nearest neighbor，最近邻（原子）
NRT	Norgett – Robinson – Torrens，诺盖特 – 鲁滨逊 – 托伦斯
NV	largest vacancy cluster，最大的空位团簇
NWC	normal water chemistry，正常水化学

O

ODE	ordinary differential equation，常微分方程
OKMC	object KMC，对象动力学蒙特卡罗

P

PA	preferential absorption，择优吸收
PAG	preferential absorption glide，择优吸收滑移
PBM	production bias model，生成偏置模型
PbSCC	lead - induced SCC，铅诱发应力腐蚀开裂
PDE	partial differential equation，偏微分方程
PE	preferential emission，择优发射
PKA	primary knock - on atom，初级撞出原子
PS	preferential sputtering，择优溅射
PSII	plasma source ion implantation，等离子体源离子注入
PV	（reactor）pressure vessel，（反应堆）压力容器
PVD	physical vapor deposition，物理气相沉积
PWR	pressurized water reactor，压水反应堆

Q

QDF	quenched cascade defect fraction，淬火级联缺陷的份额

R

RA	reduction in area，断面收缩率
RAH	radiation anneal hardening，辐照退火硬化
RDE	radiation damage event，辐照损伤事件
RED	radiation - enhanced diffusion，辐照增强扩散
RH	radiation hardening，辐照硬化
RIS	radiation - induced segregation，辐照诱发偏聚
RMS	root mean square，均方根
RPV	reactor pressure vessel，反应堆压力容器
RSS	root - sum - square，根 - 和 - 平方

S

SCC	stress corrosion cracking，应力腐蚀开裂
SDF	surviving Defect Fraction，保留下来的缺陷份额
SEM	scanning electron microscope，扫描电子显微镜
SFT	stacking fault tetrahedra，堆垛层错四面体
SFE	stacking fault energy，堆垛层错能
SKA	secondary knock - on atom，次级撞出原子
SHE	standard hydrogen electrode，标准氢电极
SIA	self - interstitial atom，自间隙原子

	single interstitial atom，单个间隙原子
SIPA	stress – induced preferential absorption，应力诱发择优吸收
SIPN	stress – induced preferential nucleation，应力诱发择优形核
SGHWR	steam – generating heavy water reactor，蒸汽发生重水反应堆
SMF	stable matrix features，稳定基体特性
SRIM	stopping power and ranges of ions in matter，物质中离子的阻止本领和（穿行距离）范围
SSRT	slow strain rate tests，慢应变速率拉伸试验
SSEP	standard single electrode potential，标准单电极电位
STP	standard temperature and pressure，标准温度和压力
STEM – EDS	scanning transmission electron microscopy – energy dispersive spectrometry，扫描透射电子显微镜 – 能量分散谱分析
SISCC	sulfide – induced SCC，硫化物诱发应力腐蚀开裂

T

TEM	transmission electron microscope，透射电子显微镜
TFD	Thomas – Fermin – Dirac，托马斯 – 费米 – 狄拉克
TG	transgranular，穿晶
TGSCC	transgranular stress corrosion cracking，穿晶应力腐蚀开裂
TSRO	topological short – range order，拓扑短程有序

U

UHP	ultra – high purity，超高纯度
UMF	unstable matrix features，不稳定的基体特性
USE	upper shelf energy，上平台能量
UTS	ultimate tensile strength，极限拉伸强度

Y

YS	yield strength，屈服强度

导 论

　　辐照材料科学讲述的是辐射与物质的交互作用，这是一个涵盖多种类型辐射及多种物质的广阔题材。辐照对于物质产生的某些影响最深远的效应发生在核动力反应堆的核心部位，在该部位，在它们的工程服役寿命期间，构成结构部件的材料原子受到轰击而发生了多次的位移。辐照对于反应堆核心部件产生的影响包括形状和体积发生百分之几十的变化，硬度增高 5 倍甚至更多，韧性严重下降而脆性增高，还有就是对环境诱发的开裂变得敏感。为了使这些结构部件得以满足它们的服役目标，设计人员掌握辐照对材料效应的坚实知识是必要的，以便在设计中作为指导，去考虑辐照的效应，通过改变运行的条件减缓辐照的影响，或者将这些知识用于开发一些更耐受辐照的新材料，从而能够更好地达到它们的目标。

　　作为现在和未来的能源，核动力的吸引力就在于，在反应堆运行以及在逐步认识这些工程系统的功能是怎样退化和失效的过程中，它们持续地获得了重大的改进。同时，核动力的吸引力还在于它被一些先进反应堆的新概念推动着，它们提供了在安全性和可靠性、放射性废物的产生、能量的效率及成本的效率等方面的改进。核动力还保持着一种以清洁和低成本的方式产氢的前景，这会给未来氢经济的发展提供动力。同时，推动在此提到的所有这些改进都是需要付出代价的，那就是对用于建造和运行这些反应堆的材料提出了更高的要求。有望使这类能源发挥更好的功能的新概念还包括，更具侵蚀性的环境、更高的温度和更高的辐照水平。Butler[1] 在他发表于 *Nature* 的论文中概括了几个有前途的先进反应堆概念所面临的挑战。在所有这些概念之中，材料的性能则是缩小概念与现实差距首先面临的挑战。在反应堆核心部位产生的独特辐射环境中，材料性能的关键作用使得辐照材料科学在世界核能的未来发展中成为一个至关重要的研究领域。本书的宗旨就是在这一前景下制定的，即为结构材料中的辐照效应提供坚实和基本的知识。

　　反应堆系统中的结构材料以晶体结构的金属合金为主。实际上，反应堆中所有结构材料都是金属性的，而在先进的反应堆概念中被建议用于较强侵蚀性（环境）条件的许多材料也都是金属。可能改变结构材料性能的辐射类型有中子、离子、电子和 γ 射线。这几类辐射都具有令原子从其点阵位置位移的能力，而这正是驱动结构材料发生变化的基本过程。在辐照粒子中，离子的加入又为其他一些研究领域和试验手段之间的耦合提供了机会，例如将加速器用于核废料嬗变的研究，或是通过离子注入、离子束混合、等离子辅助离子注入以及离子束辅助沉积等手段创造新材料。本书对于离子与固体交互作用所探讨的所有概念，对于这些领域都是有用的。

　　辐照对材料所产生的效应源于一个高能入射粒子撞击靶材的初始事件。尽管这一事件是由若干个步骤或过程组成的，但其主要结果就是有一个原子从它的点阵位置发生位移了。本书将主要论述晶体固体，其中原子的位置是由晶体结构确定的。辐照把一个原子从其点阵位置上移开，并在其后方留下一个空缺的位置（叫作空位），而被移开的那个原子最终在点阵的间隙位置停留下来，成为一个间隙原子。空位－间隙原子对（也称为 Frenkel 对，FP）是辐照在晶体内产生辐照效应的核心和关键。FP 的存在和辐照损伤的一些其他后果决定了辐照的物理效应，而当同时还有应力和环境作用时，也决定了辐照的力学和环境效应。

当被位移的那个原子，即初级撞出原子（PKA）在晶体点阵内停留下来并成为一个间隙原子时，辐照损伤事件本身就结束了（详见本书第1章）。这一事件消耗了约 10^{-11} s 的时间。随后发生的那些事件则被归类为辐照的物理效应，它们包括肿胀、生长、相变及偏聚。例如，以边长为 1cm 的一块纯镍为例，在反应堆中受到（达到的注量约为 10^{22} n/cm²，n 代表中子）辐照后测量其边长为 1.06cm，这意味着 20% 的体积变化！体积的变化，或称"肿胀"，是各向同性的，它是由于在固体内形成了空位的结果（见图 8.1）。

另一个例子是辐照生长。一根长 10cm、直径 1cm 的圆柱形铀棒（体积为 7.85cm³），受到注量 10^{20} n/cm² 的辐照，将使它长度伸长到 30cm 而直径收缩成 0.58cm。此时，体积不变（仍为 7.85cm³），但是它的形状发生了严重畸变。辐照下体积恒定的畸变叫作辐照生长。

辐照下的相变也是常见的。固溶体合金 Ni - 12.8%（摩尔分数）Al 用 5MeV 的 Ni⁺ 离子辐照到注量为 10^{16} i/cm²（i 代表离子），将导致 Ni₃Al 相的生成，它与母相是分离的，并且结构是不一样的（见图 9.3）。此种新相的生成被称为"辐照诱发的相生成"，它在离子和中子辐照中都是非常重要的。

辐照产生物理变化的最后一个例子是偏聚。当 Ni - 1%（摩尔分数）Si 合金在 525℃ 受到 Ni⁺ 的轰击，并达到使每个原子平均被位移一次的剂量时，其结果是 Si 在表面和晶界处的富集达到了体浓度的 20～60 倍（见图 6.5）。这种微观结构中合金元素在特定位置发生的再分布被称为"辐照诱发偏聚"，许多合金在高温下辐照时都会发生这种偏聚，并且达到很严重的程度。

辐照诱发的物理性质的变化确实可能是十分严重的。但是，它们将会如何改变部件的结构完整性呢？这属于辐照力学效应的范畴，而力学效应只有在外加应力的条件下才会显示出来，其结果则是合金的力学行为将十分不同于未受辐照的那个状态。例如，辐照过后钢的冲击能量可能大大下降。对未受辐照的钢而言，吸收的能量是温度的敏感函数，在低温下只有很小的能量被吸收，此时钢变得非常脆；但是，随着温度的升高，钢吸收能量的能力急剧增加。钢在受到中子辐照后，可能导致其应变明显降低，钢的强度却会提高数倍，其结果是强度提高了 5 倍，而其韧性的降低则超过了 10 倍。辐照也可能以改变材料在高温下变形的方式产生影响。在恒定载荷下，由辐照引发的严重脆化可能使材料的蠕变强度几乎完全丧失。

最后，注量大于 5×10^{20} n/cm²（$E > 1$MeV）的中子辐照导致了轻水反应堆中铁基和镍基奥氏体合金的加速腐蚀和沿晶开裂。在所有类型的水堆中，这种应力腐蚀开裂现象是十分普遍的，它影响到了几乎所有的奥氏体合金。显然，这些效应中的任何一个都将对反应堆部件的完整性产生严重的后果。所以，理解它们是怎样发生作用的，对于在设计中回避它们的有害影响，或者开发出具有更高辐照耐受能力的新型合金，都是关键。事实上，几乎所有这些效应都与缺陷（诸如孤立的空位和间隙原子、空位和间隙原子的团簇、位错环和位错线，以及空洞和气泡等）有着广泛的联系。所以，读者在心里应当牢牢记住所有这些缺陷，因为它们都是从辐照损伤事件中发生和发展起来的，并通过各种物理效应对力学和环境效应产生影响。

作者将首先论述辐照损伤事件，因为它是理解所有辐照效应的基础，以辐照损伤程度的定量化作为出发点，从而给交互作用提供一个物理描述。在对点阵原子位移过程的定量化中，作者想要寻找的是一个入射粒子所产生的空位和间隙原子数量的表述。除非能够做到这一点，否则将没有希望了解损伤的程度。以缺陷的产生来确定辐照效应的重要性将在第 2 章和第 3 章加以讨论，此处用一个简单的例子进行说明。

由某一个入射中子通量所产生的位移事件的数量是那个通量随中子能量变化的复杂函数。注意，从图 0.1 的上面一幅图可以看出，受到中子通量辐照的 316 不锈钢合金的屈服强度很大程度上取决于特定的中子通量谱[2]。其中，OWR 是一种典型的轻水堆中子谱，RTNS – II 产生的是纯 14MeV 中子源，而 LASREF 具有很宽的高中子能量谱。可是，如果把屈服强度画成合金中位移损伤（dpa = 固体中每个原子的位移次数）的函数，那么从这三个中子源获得的数据全都落在了一条显示着单一趋势的曲线上（见图 0.1 的下面那幅图）。由此可见，屈服强度随 dpa 的变化关系并不取决于中子谱，这表明与辐照注量相比，dpa 更好地体现了辐照对材料性能的效应。这恰恰表达了作者的第一个目标，即确定了一个参数，那就是单位时间、单位体积内产生的位移数 R，即

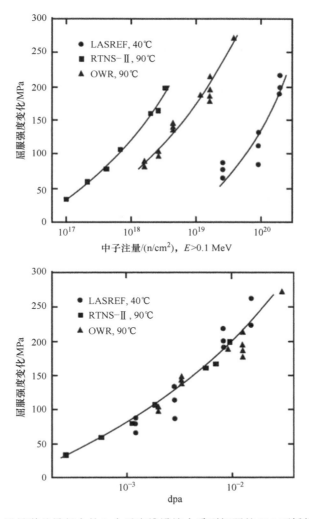

图 0.1　在中子能量 – 通量谱差异很大的 3 个反应堆设施中受到辐照的 316 不锈钢屈服强度变化的比较

注：可以看到，尽管与中子注量稍有关联，但屈服强度的变化与每个原子的位移次数（dpa）存在着明显的关系[2]

$$R \equiv \frac{\text{位移数}}{\text{cm}^3\text{s}} = N \int_{\check{E}}^{\hat{E}} \phi(E_i) \sigma_D(E_i) \, dE_i \qquad (0.1)$$

其中，N 是原子的数量密度，$\hat{E}$ 和 $\check{E}$ 分别是入射粒子的最高和最低能量，$\phi(E_i)$ 和 $\sigma_D(E_i)$ 分别是与能量相关的入射粒子通量和（点阵原子的）位移截面。

$$\sigma_D(E_i) = \int_{\check{T}}^{\hat{T}} \sigma(E_i) \nu(T) \, dT \qquad (0.2)$$

其中，$\hat{T}$ 和 $\check{T}$ 分别是能量为 E_i 的一个粒子与一个点阵原子碰撞过程中传递的最大和最小能量，$\sigma(E_i, T)$ 是在碰撞时一个能量为 E_i 的粒子把能量 T 传递给一个被撞击原子的截面，而 $\nu(T)$ 则是每个 PKA 撞击其他点阵原子所造成的位移。于是，最终想要求出的位移数 R 为

$$R = N \int_{\check{E}}^{\hat{E}} \int_{\check{T}}^{\hat{T}} \phi(E_i) \sigma(E_i, T) \nu(T) \, dT dE_i \qquad (0.3)$$

在式（0.3）中，两个关键的变量是 $\sigma(E_i, T)$ 和 $\nu(T)$。$\sigma(E_i, T)$ 项描述的是入射粒子在靶中把能量 T 转移给它所遇到的第一个原子（即 PKA）的截面。这个量的确定将是第 1 章的目标。第二个量是 $\nu(T)$，它是 PKA 在固体中造成的次级位移，它的确定则会在第 2 章中详细说明。这两者合在一起就可以描述由一个入射粒子所导致的靶中点阵原子被撞击位移的总数，而式（0.3）中的通量项考虑到了所有入射粒子的能量分布。其结果就是具有已知能量分布的入射粒子通量在靶中导致的总位移数。后文将会经常应用这个公式，因为它是固体中辐照损伤定量化计算的实质所在。

参 考 文 献

1. Butler D (2004) Nuclear power's new dawn. Nature 429:238–240
2. Greenwood LR (1994) J Nucl Mater 216:29–44

第 I 部分　辐照损伤

第1章

辐照损伤事件

辐照损伤事件（RDE）被定义为能量从一个入射粒子向固体的传送和事件结束后导致的靶原子分布。实际上，辐照损伤事件是由若干个明显可分的过程所组成。这些过程及其发生的顺序如下：

1）一个高能入射粒子与点阵原子的交互作用。

2）动能传输给点阵原子，从而产生了一个初级撞出原子（PKA）。

3）该原子从其点阵位置位移。

4）被移出的原子在穿过点阵的途中伴随着额外的撞出原子的产生。

5）由此发生了位移级联（由 PKA 所产生的点缺陷集合）。

6）最终，PKA 所携带的能量消耗殆尽，从而停留下来成为一个间隙原子。

当 PKA 作为一个间隙原子在点阵中停驻下来时，这个辐照损伤事件宣告终结。辐照损伤事件的结果是晶体点阵中产生了点缺陷（空位和间隙原子）的集合以及这些缺陷的团簇。值得注意的是，这个辐照损伤事件的全过程只耗费了大约 10^{-11} s（见表 1.1）。随后的事件还包括点缺陷和缺陷团簇的迁移，而团簇还会进一步团簇化或溶解，它们被归类为辐照损伤效应。

表 1.1 受辐照的金属中缺陷产生的大体时间量级表[1]

时间/s	事件	结果
10^{-18}	入射粒子的能量传输	PKA 的产生
10^{-13}	由 PKA 产生的点阵原子位移	位移级联
10^{-11}	能量耗散，自发的复合（湮灭）和团簇化	稳态的 Frenkel 对［单个间隙原子（SIA）与空位］以及位错的团簇
$>10^{-8}$	因热迁移发生的位错反应	SIA 与空位的复合（湮灭）、团簇化、俘获、缺陷的发射

为了理解并将辐照损伤定量化，首先需要知道的是怎样描述粒子和固体之间的交互作用而产生了点阵原子的位移，然后还要知道如何将这一过程定量化。最简单的是将事件近似为一个硬球碰撞模型：当传输的能量高到足以将被撞击原子撞离其点阵位置时，导致了点阵原子的位移。除了由硬球碰撞引起的能量传输，运动中的原子（PKA）也会因与电子的相互作用、邻近原子的库仑场及晶体点阵的周期性等的交互作用而损失能量。于是，问题可以归纳如下：如果能够将与能量相关的入射粒子通量和原子间碰撞的能量传输截面（即概率）描述清楚，就能够把一个微分增量（dE）范围内 PKA 的产生加以定量化，并用来确定位移原子的数量。

本章将把重点放在交互作用个体之间能量传输的定量化及能量传输截面的表述上，并以中子－原子核的反应开始，因为中子的电中性使得交互作用特别直接明了。在产生一个PKA之后，随后的交互作用就只发生在原子之间，原子核的正电荷和电子云的负电荷对于理解原子间怎样交互作用变得很重要。事实上，原子－原子交互作用是发生在低能量下极限情况的反应堆堆芯的离子－原子交互作用，此类交互作用可以通过加速器在一个很宽的能量范围内利用离子碰撞加以（模拟）研究，并有可能引向最后的一类交互作用，即电离化碰撞。

1.1 中子－原子核交互作用

1.1.1 弹性散射

由于中子的电中性，中子和原子核之间的弹性散射能够被表征为硬球体发生的碰撞。当中子穿过固体时，它们与点阵原子只会发生有限概率的碰撞，并将反冲能量赋予那个被撞击原子。这个概率被定义为（用能量和角度表示的）双微分散射截面，$\sigma_s(E_i, E_f, \Omega)$，其中$E_i$和$E_f$分别是入射和最终的能量，$\Omega$是中子被散射进入的那个立体角。通常只对作为$E_i$和散射角函数的散射概率重点关注。于是，单一微分的散射截面为

$$\sigma_s(E_i, \Omega) = \int \sigma_s(E_i, E_f, \Omega) \, dE_f \qquad (1.1)$$

而能量为E_i的中子的总散射概率为

$$\sigma_s(E_i) = \int \sigma_s(E_i, \Omega) \, d\Omega \qquad (1.2)$$

在辐照效应的研究中，重点关注的是被撞击原子的行为。所以，本节探寻能量传输截面$\sigma_s(E_i, T)$，或者说能量为E_i的中子受到质量为M的原子弹性散射，并将反冲能量T传输给那个被撞击原子的概率。但是，首先必须找到与中子能量和散射角相关的T。为此，应考虑在质心（CM）坐标和实验室（lab）坐标框架中的二元弹性碰撞动力学。

图1.1a所示为在实验室（lab）参考坐标系和质心（CM）坐标系所见到的一个中子和靶原子核在散射前后的（运动）轨迹。想要获得入射中子能量、散射角和传输能量之间关系的最方便的方法是在CM坐标系中分析碰撞的动力学。当在CM坐标系中观察碰撞时，反冲的两个粒子表现为彼此向相反方向离开。由沿着接近和分离方向轴线的动量守恒可得

$$v_c m - V_c M = 0$$
$$v_c' m - V_c' M = 0 \qquad (1.3)$$

而动能守恒又要求

$$\frac{1}{2}mv_c^2 + \frac{1}{2}MV_c^2 = \frac{1}{2}mv_c'^2 + \frac{1}{2}MV_c'^2 \qquad (1.4)$$

使用式（1.3）消去v_c和v_c'得

$$\left[\frac{1}{2}m\left(\frac{M}{m}\right)^2 + \frac{1}{2}M\right]V_c^2 = \left[\frac{1}{2}m\left(\frac{M}{m}\right)^2 + \frac{1}{2}M\right]V_c'^2 \qquad (1.5)$$

所以

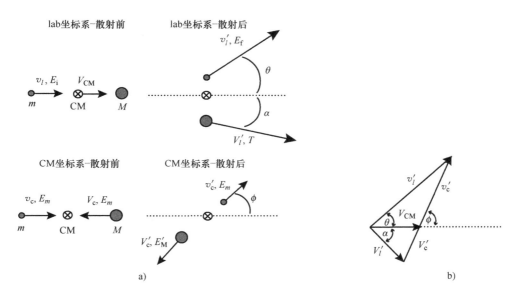

图 1.1 在实验室（lab）坐标系和质心（CM）坐标系中与速率相关的
矢量以及它们在两个坐标系中的合成图

a）中子和靶原子核在散射前后的轨迹 b）矢量合成图

$$V_c = V'_c \tag{1.6}$$
$$v_c = v'_c$$

因为在 lab 坐标系中靶原子核是静止的，但在 CM 坐标系中则以速度 V_c 向左运动，于是 CM 坐标系本身必须以相同的速度 V_c 相对于 lab 坐标系向右运动。因此，如果使用 V_{CM} 来表示 CM 坐标系相对于 lab 坐标系的速度，那么 V_{CM} 和 V_c 的大小是相同的（但是方向相反），这可以重新表述如下，即

$$v_c = v_l - V_{CM} = v_l - V_c \tag{1.7}$$

使用式（1.3）可得

$$V_{CM} = \left(\frac{m}{M + m}\right)v_l \tag{1.8}$$

重申一下，目标是要将 T（传输给被撞击原子的能量）与 ϕ（在 CM 坐标系中的散射角）关联起来。使用矢量的加法，可以将 lab 坐标系中反冲的靶原子核速率 V'_c 与 ϕ 关联，如图 1.1b 所示，其实这就是图 1.1a 所示的在 lab 坐标系和 CM 坐标系中的交互作用构成的合成图，利用余弦定律可得

$$V'^2_l = V^2_{CM} + V'^2_c - 2V_{CM}V'_c\cos\phi \tag{1.9}$$

将式（1.9）中的速度用能量改写，得到

$$V'^2_l = \frac{2T}{M}, \quad V^2_{CM} = \frac{2E_i}{m}\left(\frac{m}{m + M}\right)^2, \quad V'^2_c = \frac{2m}{M^2}E'_m$$

将这些表达式代入式（1.9）可得

$$T = \frac{mM}{(m + M)^2}E_i + \frac{m}{M}E'_m - 2\left(\frac{m}{m + M}\right)(E_i E'_m)^{1/2}\cos\phi \tag{1.10a}$$

或者

$$T = \eta_1 \eta_2 E_i + \frac{\eta_1}{\eta_2} E'_m - 2\eta_1 (E_i E'_m)^{1/2} \cos\phi \tag{1.10b}$$

其中，$\eta_1 = m/(m+M)$，$\eta_2 = M/(m+M)$。

要找到仅作为初始能量和散射角函数的被传输能量 T，可使用 E_i 和 E'_m 之间的关系来消去 E'_m。由式（1.7）和式（1.8）可知

$$v'_c = v_l - \left(\frac{m}{m+M}\right)v_l = v_l\left(\frac{M}{m+M}\right) \tag{1.11}$$

将式（1.11）用能量写成

$$E'_m = E_i\left(\frac{M}{m+M}\right)^2 = \eta_2^2 E_i \tag{1.12}$$

代入式（1.10b）并简化得到

$$T = \frac{\gamma}{2} E_i(1 - \cos\phi) \tag{1.13}$$

这里，定义 γ 为

$$\gamma = \frac{4mM}{(M+m)^2} = \frac{4A}{(1+A)^2} \tag{1.14}$$

其中，$1 = m$ 和 $A = M$。这里，T 只与一个未知的变量 ϕ 有关。注意，T 对 ϕ 的角度相关性如图 1.2 所示。所传输的能量在 $\phi = 0$ 处从 0 上升到在 $\phi = \pi$ 处的最大值 γE_i，或 $T_{\max} = \hat{T} = \gamma E_i$。也就是说，当粒子发生背散射（即 $\phi = \pi$）时传输的能量是最大值，而当它错过靶的原子核因而未在过程中导致任何变化（$\phi = 0$）时，传输的能量最小。

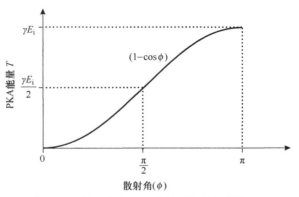

图 1.2　作为质心散射角的函数的能量传输

案例 1.1　中子－原子核交互作用

对于入射到一个氢原子的一个中子，$\hat{T}_{n-H}/E_i = 1.0$。对于入射到一个铀原子的一个中子，$\hat{T}_{n-U}/E_i = 0.017$。反过来，比较一下一个铁原子和 100keV Xe^+ 或电子的交互作用，$Xe - Fe$ 交互作用的 γ 值是 0.83，产生了 83000eV 的 $\hat{T}$。可是，$e^- - Fe$ 交互作用的 γ 值是 0.00004，却只产生了 4eV 的 $\hat{T}$，正如将会在第 2 章中看到的，这样小的 $\hat{T}$ 不足以将铁原子从其点阵位置移走。

通过图 1.1b 所示的矢量图，可以把实验室坐标系中入射粒子（θ）和被撞击原子（α）的散射角用质心坐标系中的散射角（ϕ）表示出来。将正弦定律应用于图 1.1b，对被散射的粒子，有

$$\frac{v'_l}{\sin(\pi - \phi)} = \frac{v'_c}{\sin\theta}$$

其中，v'_c 由式（1.6）和式（1.7）计算，即

$$v'_c = V_{CM}\left(\frac{v_l}{V_{CM}} - 1\right)$$

再使用式（1.8），有

$$v'_c = V_{CM} \frac{M}{m}$$

将余弦定律应用于同一个三角形，有

$$v'^2_l = v'^2_c + V^2_{CM} - 2V_{CM}v'_c \cos(\pi - \phi)$$

并结合以上三个等式，将 θ 表示为 ϕ 的函数，即

$$\tan\theta = \frac{(M/m)\sin\phi}{1 + (M/m)\cos\phi}$$

将正弦定律应用于图 1.1b 的矢量图，对被撞击原子，有

$$\frac{V'_c}{\sin\alpha} = \frac{V'_l}{\sin\phi}$$

再将此结果与以速率形式表示能量的式（1.6）和（1.9）结合起来，得到

$$\tan\alpha = \frac{\sin\phi}{1 - \cos\phi}$$

接下来，继续讨论如何计算（入射粒子）将给定能量 T 分给反冲原子的概率，这取决于微分截面。定义 $\sigma_s(E_i, \phi)\mathrm{d}\Omega$ 为一次碰撞的概率，这次碰撞将入射粒子散射到 $(\phi, \mathrm{d}\Omega)$ 范围的质心角内，其中 $\mathrm{d}\Omega$ 是环绕散射方向 ϕ 的一个立体角元。因为写成变换变量后的微分概率是等同的，所以 $\sigma_s(E_i, \phi)$ 可以用质心变量表示为

$$\sigma_s(E_i, \phi)\mathrm{d}\Omega = \sigma_s(E_i, T)\mathrm{d}T$$

$$(1.15)$$

采用图 1.3 将 $\mathrm{d}\Omega$ 与 $\mathrm{d}\phi$ 关联起来，定义

$$\mathrm{d}\Omega = \frac{\mathrm{d}A}{r^2} \qquad (1.16)$$

结合图 1.4，可得

$$\mathrm{d}\Omega = \frac{r\mathrm{d}\phi(2\pi r\sin\phi)}{r^2} = 2\pi\sin\phi\mathrm{d}\phi$$

$$(1.17)$$

将式（1.17）代入式（1.15）得到

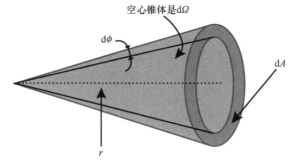

图 1.3　进入到立体角元以内的散射，由 $\mathrm{d}\Omega$ 定义空心的锥体是 $\mathrm{d}A/r^2$

$$\sigma_s(E_i, T)\mathrm{d}T = \sigma_s(E_i, \phi)\mathrm{d}\Omega = 2\pi\sigma_s(E_i, \phi)\sin\phi\mathrm{d}\phi \qquad (1.18)$$

因为 $T = \frac{\gamma}{2}E_i(1 - \cos\phi)$，则 $\mathrm{d}T = \frac{\gamma}{2}E_i\sin\phi\mathrm{d}\phi$，有

$$\sigma_s(E_i, T) = \frac{4\pi}{\gamma E_i}\sigma_s(E_i, \phi) \qquad (1.19)$$

图 1.5 所示为式（1.18）中以单位散射角面积和以单位立体角面积为单位的微分散射截面之间的差异。尽管在环绕 $\phi = \pi/2$ 方向处通过角度的增量 $\mathrm{d}\phi$ 内散射的原子数比在 $\phi = 0$ 或 π（见图 1.5a）方向处通过角度增量 $\mathrm{d}\phi$ 散射的原子数要多，但是在所有角度 ϕ 处，每单位立体角在球面上交载的数量却是常数，（见图 1.5b）。因此，$\mathrm{d}T/\mathrm{d}\phi$ 随 ϕ 以正弦曲线方式变化，但 $\mathrm{d}T/\mathrm{d}\Omega$ 与 ϕ 无关。

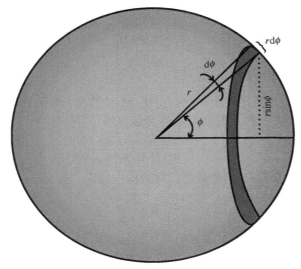

图 1.4　在散射角为 $\mathrm{d}\Omega$ 处，由角度的增量 ϕ 所对（或所张）的立体角 $\mathrm{d}\Omega$

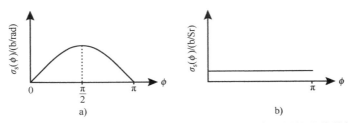

图 1.5　以单位散射角面积和单位立体角面积为单位的各向同性微分散射截面

a）以单位散射角面积为单位　b）以单位立体角面积为单位

注：$1\mathrm{b} = 10^{-24}\mathrm{cm}^2$。

应用式（1.2）和式（1.18），总的弹性散射截面为

$$\sigma_{\mathrm{s}}(E_{\mathrm{i}}) = \int \sigma_{\mathrm{s}}(E_{\mathrm{i}}, \phi)\mathrm{d}\Omega$$

$$= 2\pi \int \sigma_{\mathrm{s}}(E_{\mathrm{i}}, \phi)\sin\mathrm{d}\phi$$

如果假设在质心坐标系中弹性散射与散射角无关（即散射是各向同性的），如图 1.6 所示，则

$$\sigma_{\mathrm{s}}(E_{\mathrm{i}}) = \int \sigma_{\mathrm{s}}(E_{\mathrm{i}}, \phi)\mathrm{d}\Omega$$

$$= 2\pi \sigma_{\mathrm{s}}(E_{\mathrm{i}}, \phi)\int \sin\phi\mathrm{d}\phi$$

$$= 4\pi \sigma_{\mathrm{s}}(E_{\mathrm{i}}, \phi) \qquad (1.20)$$

并且

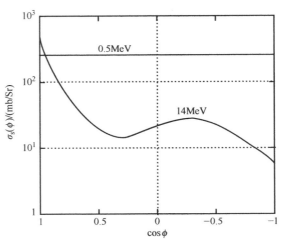

图 1.6　在 0.5MeV 和 14MeV 中子（辐照）下 C^{12} 的微分弹性散射截面与质心散射角余弦的函数关系[2]

注：$1\mathrm{mb} = 10^{-27}\mathrm{cm}^2$。

$$\sigma_s(E_i, T) = \frac{\sigma_s(E_i)}{\gamma E_i} \tag{1.21}$$

式（1.21）与 T 无关！也就是说，能量为 E_i 的中子与质量为 M 的原子发生弹性散射，将反冲能量 T 分给被撞击原子的概率与反冲能量无关。于是，平均的反冲能量可由式（1.22）计算。

$$\overline{T} = \frac{\int_{\check{T}}^{\hat{T}} T\sigma_s(E_i, T)\,\mathrm{d}T}{\int_{\check{T}}^{\hat{T}} \sigma_s(E_i, T)\,\mathrm{d}T} = \frac{\check{T} + \hat{T}}{2} \approx \frac{\hat{T}}{2} = \frac{\gamma E_i}{2} \tag{1.22}$$

将式（1.22）应用到 1MeV 中子入射到质量不同的元素的情况时，可以得出

1MeV 中子对 C：$\gamma = 0.028$　　$\overline{T} = 0.14\mathrm{MeV}$

1MeV 中子对 Fe：$\gamma = 0.069$　　$\overline{T} = 0.035\mathrm{MeV}$

1MeV 中子对 U：$\gamma = 0.017$　　$\overline{T} = 0.009\mathrm{MeV}$

除了刚才讨论的弹性散射，还可能碰到非弹性散射的能量传输，即（n, 2n）反应和（n, γ）反应。前两个反应在中子能量分别达到约 1.0MeV 和 8.0MeV 以上时会变得很重要，而（n, γ）反应会在 ^{235}U 中的热中子能量下发生。

1.1.2 非弹性散射

非弹性散射是具有以下特征的反应，在实验意义上说，入射粒子和被捕获的粒子是相同的，但是在系统中有动能的损失。这损失的能量是在产物原子核的激发能之中被发现的，如 N^{14}（p, p'）N^{14*} 或 C^{14}（n, n'）C^{14*}。被散射的粒子组的能量差异恰恰对应于产物原子核中的激发能级的能量间隔。

$$Q = \sum_f KE_f - \sum_i KE_i = \sum_f M_f c^2 - \sum_i M_i c^2$$

在一次非弹性碰撞中，一个中子被原子核吸收而形成一个复合的核，后者又发射一个中子和 γ 射线，也可能会发射多于一个的 γ 光子，在交互作用过程中原子核也可能保持着受激发的状态。非弹性散射截面可分为解析解和非解析解的两个共振分量[3]。对于靶核的某一次给定的共振（第 j 次共振），散射截面将是 Q_j 的函数，Q_j 是剩留核的 γ 衰变能（总是负值）。与式（1.15）类似，可以写成微分形式的等式 $\sigma_{sj}(E_i, Q_j, T)\mathrm{d}T = \sigma_{sj}(E_i, Q_j, \phi)\mathrm{d}\Omega$，从而得到

$$\sigma_{sj}(E_i, Q_j, T) = \sigma_{sj}(E_i, Q_j, \phi)2\pi\sin\phi\frac{\mathrm{d}\phi}{\mathrm{d}T} \tag{1.23}$$

但是，对非弹性散射而言，式（1.13）中对 T 的表达式是不成立的，因为此时动能是不守恒的。取而代之的是，现在关注总能量的守恒。如果靶核 M 在实验室系统中是静止的，并且粒子 m 具有的能量为 E_i，则在 CM 坐标系中能量平衡为

$$\frac{M}{M + m}E_i + Q_j = E'_m + E'_M \tag{1.24}$$

其中，Q_j 是反应能，E'_m 和 E'_M 分别是出射粒子和原子核在 CM 坐标系中的动能。为了实现动量的守恒，有

$$mE'_m = ME'_M \tag{1.25}$$

并且将式（1.24）与式（1.25）合并（假设反应以后入射粒子和靶的质量没有变化），可得

$$E'_m = \frac{M}{M+m}\Big(Q_j + \frac{M}{M+m}E_i \Big)$$

或者

$$E'_m = \eta_2(Q_j + \eta_2 E_i) \tag{1.26}$$

然后，回顾 T 的一般表达式，即式（1.10b）。

$$T = \eta_1\eta_2 E_i + \frac{\eta_1}{\eta_2}E'_m - 2\eta_1(E_i E'_m)^{1/2}\cos\phi$$

并且用式（1.26）将 E'_m 替代，得到

$$T(E_i, Q_j, \phi) = \frac{\gamma}{2}E_i - \frac{\gamma}{2}\Big[E_i\Big(E_i + Q_j\frac{A+1}{A}\Big)\Big]^{1/2}\cos\phi + \frac{Q_j}{A+1} \tag{1.27}$$

现在，$dT/d\phi$ 的表达式变成

$$\frac{dT(E_i, Q_j, \phi)}{d\phi} = \frac{\gamma}{2}E_i\Big[1 + \frac{Q_j}{E_i}\frac{A+1}{A}\Big]^{1/2}\sin\phi \tag{1.28}$$

注意：在弹性碰撞情况下，$Q_j = 0$，而式（1.27）简化为式（1.13）。

现在，如果假设在 CM 系统中非弹性散射是各向同性的，则对于在解析共振区域中的非弹性碰撞，有

$$\sigma_{sj}(E_i, Q_j) = \int \sigma_{sj}(E_i, Q_j, \phi)d\Omega = 4\pi\sigma_{sj}(E_i, Q_j, \phi) \tag{1.29}$$

将式（1.28）和式（1.29）代入式（1.23）中，得到

$$\sigma_{sj}(E_i, Q_j, T) = \frac{\sigma_{sj}(E_i, Q_j)}{\gamma E_i\Big(1 + \dfrac{Q_j}{E_i}\dfrac{A+1}{A}\Big)^{1/2}} \tag{1.30}$$

当复合的原子核被激发到足够高的能量时，共振能级相互重叠而不再单独可辨别。此时，非弹性散射截面被处理为连续的，并用一个蒸发模型[3]来描述。

$$\sigma_{is}(E_i, E'_m, T) = \sigma_{is}(E_i)\frac{f(E_i, E'_m)}{4\dfrac{1}{A+1}(E_i E'_m)^{1/2}}$$

$$\sigma_{is}(E_i, T) = \sigma_{is}(E_i)\int_0^{E'^{max}_m}\frac{f(E_i, E'_m)}{4\dfrac{1}{A+1}(E_i E'_m)^{1/2}}dE'_m \tag{1.31}$$

其中，$f(E_i, E'_m)$ 是在 CM 系统中被散射中子的能量 E'_m 的分布函数，表征了一个中子从运动着的复合原子核中被蒸发的概率，在 CM 系统中它的数值就是 Maxwellian 核温度 $E_D = kT$。

$$f(E_i, E'_m) = \frac{E'_m}{I(E_i)}e^{-E'_m/E_D} \tag{1.32}$$

而

$$I(E_i) = E_D^2 \left[1 - \left(1 + \frac{E_m'^{\max}}{E_D} \right) e^{-(E_m'^{\max}/E_D)} \right] \tag{1.33}$$

式（1.33）是一个归一化因数，从而满足

$$\int_0^{E_m'^{\max}} f(E_i, E_m') dE_m' = 1 \tag{1.34}$$

E_m' 的最大值由式（1.26）在 $Q = Q_1$（即最低能级）的条件下确定，而 E_m' 的最小值为零。

1.1.3 （n, 2n）反应

诸如（n, 2n）类型的一些反应在辐照效应中是很重要的，因为它们产生了额外的中子，它们可能在所关注的部件中造成损伤或者导致嬗变反应。按照基于 Odette[4] 和 Segev[5] 工作建立的 2n 模型，只有在第一个中子发射后该残留核的激发态能量超过质量为 M 的核素中某一中子的结合能的条件下，才有可能发射第二个中子。第一个中子发射后的反冲能被取为平均值[即在式（1.10b）中的 $\cos\phi = 0$]，并在图 1.7a 中以实验室系统示出。下一步将分析图 1.7b 中描述的质子系统中的二次反应（发射）。现在，使用余弦定律将 V_c'' 和 ϕ 关联起来，即

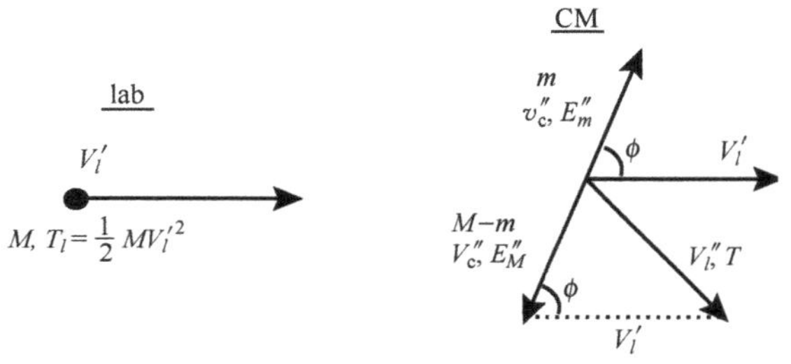

$$V_l''^2 = V_l'^2 + V_c''^2 - 2V_l' V_c'' \cos\phi \tag{1.35}$$

图 1.7 在实验室系统和质心系统中
（n, 2n）反应的矢量速率
a) 第一次碰撞（反应）之后 b) 第二次反应后

根据图 1.7a，有

$$\frac{1}{2} M V_l'^2 = \overline{T}_l \quad \text{或} \quad V_l'^2 = \frac{2\overline{T}_l}{M}$$

而根据图 1.7b，有

$$\frac{1}{2}(M - m) V_c''^2 = E_M'' \quad \text{或} \quad V_c''^2 = \frac{2E_M''}{M - m}$$

根据动量守恒要求，有

$$(M - m) V_c'' = m v_c'' \tag{1.36}$$

将式（1.36）加以平方处理可得

$$V_c''^2 = \left(\frac{m}{M - m} \right)^2 v_c''^2 = \frac{2m}{(M - m)^2} E_m'' \tag{1.37}$$

然后代入余弦定律，即式（1.35），可得

$$V_l''^2 = \frac{2\overline{T}_l}{M} + \frac{2m}{(M - m)^2} E_m'' - 2 \left(\frac{2m}{(M - m)^2} \frac{2}{M} E_m'' \overline{T}_l \right)^{1/2} \cos\phi \tag{1.38}$$

其中，$T_l = \eta_1 \eta_2 E_i + (\eta_1/\eta_2) E_m'$ 是第一个中子发射后的平均反冲能。将 $V_l''^2$ 以能量表示，可以得到第二次发射后的反冲能为

$$T = \frac{1}{2}(M - m)V_l''^2$$

$$= \frac{M - m}{M}\overline{T_l} + \frac{m}{M - m}E_m'' - 2\left(\frac{m}{M}\right)^{1/2}(E_m''\,\overline{T_l})^{1/2}\cos\phi$$

$$= \frac{A - 1}{A}\overline{T_l} + \frac{1}{A - 1}E_m'' - 2\left(\frac{1}{A}\right)^{1/2}(\overline{T_l}E_m'')^{1/2}\cos\phi \qquad (1.39)$$

$$= \frac{A}{A - 1}\frac{\eta_1}{\eta_2}E_m'' + \frac{A - 1}{A}\overline{T_l} - 2\left(\frac{\eta_1}{\eta_2}\right)^{1/2}(\overline{T_l}E_m'')^{1/2}\cos\phi$$

（n，2n）反应的截面是式（1.31）所给出的非弹性散射截面的特例，即

$$\sigma_{n,2n}(E_i, E_m', E_m'', T) = \sigma_{n,2n}(E_i)\frac{E_m'}{I(E_i)}e^{-E_m'/E_D}\frac{E_m''}{I(E_i, E_m')}e^{-E_m''/E_D}$$

$$\sigma_{n,2n}(E_i, T) = \int_0^{E_i - U}\frac{E_m'}{I(E_i)}e^{-E_m'/E_D}\int_0^{E_i - U - E_m'}\frac{E_m''}{I(E_i, E_m')}e^{-E_m''/E_D}dE_m'dE_m'' \qquad (1.40)$$

其中，$I(E_i)$ 是在 $E_m'^{\max} = E_i - U$ 条件下由式（1.33）给出的，而 $I(E_i, E_m')$ 是在用 $E_m'^{\max} = E_i - U - E_m'$ 替代 $E_m'^{\max}$ 的条件下由式（1.33）给出的；对于（n，2n）反应，$U = 0^{[3]}$。

1.1.4 （n，γ）反应

另一类能够影响辐照损伤程度的反应包括光子的发射。该反应之所以重要是因为反冲原子核的能量足以使原子移位。后面将会看到，与反应堆堆芯相比，这类位移在反应堆压力容器的辐照损伤中特别重要，因为其 γ 通量更可与快中子通量相比拟。回忆一下式（1.3）、式（1.4）和图 1.1 有关动量和能量守恒定律的讨论，对（n，γ）反应来说，$E_i \sim 0$（因为这些反应是以能量为 0.025eV 的热中子发生的），而 $E_f \equiv 0$（因为不产生被散射的中子），并且 Q 与初始粒子和复合原子核之间的质量差相当。当复合原子核（CN）从受激状态退出，它就发射一个具有这种能量的 γ 射线光子。根据动量守恒定律，此时原子核必然以式（1.41）的动量反冲。

$$(m + M)V_c' = \frac{E_\gamma}{c} \qquad (1.41)$$

注意：式（1.41）只是一个近似值计算式，因为还没有从复合核中扣除质量的亏损。式（1.41）两边平方并除以 $(m + M)$ 可得

$$\frac{1}{2}(m + M)V_c'^2 = \frac{E_\gamma^2}{2(m + M)c^2}$$

正如弹性散射的情况那样，T 可表示为

$$T = (V_{CM}^2 + V_c'^2 - 2V_{CM}V_c'\cos\phi)\left(\frac{M + m}{2}\right)$$

但由于 $V_{CM} \ll V_c'$，可以有一个良好的估算，即

$$T \approx \left(\frac{m + M}{2}\right)V_c'^2 = \frac{E_\gamma^2}{2(M + m)c^2}$$

接下来，还将进一步假设这个 T 值代表了最大了反冲能。但是，因为并不是全部的 Q 都会以单个 γ 射线发射光子，所以将平均反冲能近似为最大反冲能量值的一半，即

$$\bar{T} \approx \frac{E_\gamma^2}{4(M+m)c^2} \tag{1.42}$$

当靶核的内禀角动量为零，复合原子核中子宽度为 Γ_n，辐射宽度为 Γ_γ，总宽度为 Γ，同时 E_0 为共振能，λ 是波长时，从布雷特－维格纳（Breit－Wigner）单级公式推导出辐射俘获截面为[6]

$$\sigma_{n,\gamma}(E_i) = \pi\lambda^2 \frac{\Gamma_n\Gamma_\gamma}{(E_i-E_0)^2+(\Gamma/2)^2} \tag{1.43}$$

在式（1.43）中用 σ_0，在 $E=E_0$ 时的辐射俘获截面的最大值表达，并取 Γ_n 正比于 1λ 和 $\sqrt{E}$，可得

$$\sigma_{n,\gamma}(E_i) = \sigma_0\sqrt{\frac{E_0}{E_i}}\left\{\frac{1}{[(E_i-E_0)/(\Gamma/2)]^2+1}\right\} \tag{1.44}$$

表 1.2 提供了在 1.1 节中所谈到的各种类型交互作用能量传输和能量传输截面的一个总结。

表 1.2　不同类型中子－原子核碰撞的能量传输和能量传输截面

碰撞类型	能量传输和能量传输截面	正文中的公式编号
弹性散射	$T = \frac{\gamma}{2}E_i(1-\cos\phi)$	式（1.13）
	$\sigma_s(E_i,T) = \frac{\sigma_s(E_i)}{\gamma E_i}$	式（1.21）
非弹性散射	$T(E_i,Q_j,\phi) = \frac{\gamma}{2}E_i - \frac{\gamma}{2}\left[E_i\left(E_i+Q_i\frac{A+1}{A}\right)\right]^{1/2}\cos\phi + \frac{Q_j}{A+1}$	式（1.27）
	共振区域 $\sigma_{s,j}(E_i,Q_j,T) = \frac{\sigma_{s,j}(E_i,Q_j)}{\gamma E_i\left(1+\frac{Q_j}{E_i}\frac{1+A}{A}\right)^{1/2}}$	式（1.30）
	未解析共振区域 $\sigma_{is}(E_i,T) = \sigma_{is}(E_i)\int_0^{E_m'^{max}}\frac{f(E_i,E_m')}{4\frac{1}{A+1}(E_iE_m')^{1/2}}dE_m'$	式（1.31）
（n，2n）	$T = \frac{A}{A-1}\frac{\eta_1}{\eta_2}E_m'' + \frac{A-1}{A}\bar{T}_l - 2\left(\frac{\eta_1}{\eta_2}\right)^{1/2}(\bar{T}_lE_m'')^{1/2}\cos\phi$	式（1.39）
	$\sigma_{n,2n}(E_i,T) = \int_0^{E_i-U}\frac{E_m'}{I(E_i)}e^{-E_m'/E_D}\int_0^{E_i-U-E_m'}\frac{E_m''}{I(E_i,E_m')}e^{-E_m''/E_D}dE_m'dE_m''$	式（1.40）
（n，γ）	$\bar{T}\approx\frac{E_\gamma^2}{4(M+m)c^2}$	式（1.42）
	$\sigma_{n,\gamma}(E_i) = \sigma_0\sqrt{\frac{E_0}{E_i}}\left\{\frac{1}{[(E_i-E_0)/(\Gamma/2)]^2+1}\right\}$	式（1.44）

1.2 离子－原子交互作用

离子－原子或原子－原子碰撞是受到电子云之间、电子云和核之间以及核之间交互作用控制的。这些交互作用是由原子间作用势来描述的。为了开发描述原子间交互作用的能量传输截面，首先要有控制该交互作用的势函数的描述，可是遗憾的是，并不存在一个可以描述所有交互作用的单一函数，但是，交互作用的本质是原子能量的敏感函数，因而与原子核最接近点的距离密切相关。1.2.1 小节采纳了 Chadderton[7] 的观点，对原子间作用势的概念进行了总结。

1.2.1 原子间作用势

中子－原子核交互作用的最终产物是具有一定量动能的初级撞出原子（PKA）。当然，这个原子随后还会与固体中的其他原子发生碰撞。了解两个相互碰撞原子之间的作用力是辐照损伤最基本的方面，如果缺乏这方面的知识，就不可能对初始事件及随之而来的缺陷结构进行恰当的描述。本小节重点关注的是同类原子之间、不同的原子之间或者离子－原子之间的力。原子之间的交互作用是由势函数来描述的。回顾一下，原子（通常）是电中性的，但原子本身是由正电荷和负电荷组成的，它们在空间的所有点处并不相互抵消。众所周知，间隔距离为 r 的两个同号点电荷之间的势能由熟知的库仑（Coulomb）公式来描述，即

$$V(r) = k_e \frac{\varepsilon^2}{r} \tag{1.45}$$

其中，$k_e = 1/4\pi\varepsilon_0$ 是库仑常数（$8.98755 \times 10^9 \mathrm{N \cdot m^2/C^2}$），$\varepsilon_0$ 是介电常数，ε 是单个电子的电荷（$\varepsilon^2 = 1.44\mathrm{eV \cdot nm}$）。当以静电单位或高斯单位写出时，单位电荷（esu 或 statcoulomb）的定义就使 k_e 消失，因为此时 $k_e = 1$ 且无量纲；而式（1.45）常被写成无库仑常数的简约形式。在原子中，有一个由相反电荷的电子云包围的带电原子核。显然，描述原子间交互作用的势函数比描述中子－原子核交互作用要复杂得多。即使在最简单的情况下，$V(r)$ 也从来没有被精确地确定过，但是某些简化的考虑因素表明，在关注的间隔范围内 $V(r)$ 肯定由两个明显不同的贡献所支配。也许，所有势函数的最简单表达是近似"硬球"。这个势函数被描述为

$$V(r) = \begin{cases} 0, & r > r_0 \\ \infty, & r \leqslant r_0 \end{cases} \tag{1.46}$$

这个势函数描述了一个在原子半径 r_0 处具有无限尖锐截止点（突然消失）的交互作用。在大于该半径的距离上，交互作用消失；在距离小于或等于 r_0 时，$V(r)$ 的数值为无限大。这类似于对台球行为的描述，因此，该模型中的原子就被如此描述。显然，这不是原子－原子间交互作用的一个现实描述，因为我们知道电子壳层是可以相互重叠的。

图 1.8 所示为原子间作用势随原子间隔 r 的变化。当间隔大时，主要的交互作用是由库仑力提供的。而对于较小的间隔，中心场的斥力占优势。不管原子结合的性质如何，相似的关系也适用于所有晶体。在所有情况下，存在一条光滑曲线，其最小值对应于点阵中的最邻近距离 r_e（也有写作 D 的）。

在描述原子间交互作用时，也会应用两个标尺作为参考：一个是氢原子的玻尔半径

a_0（$=0.053$mm），它提供了原子壳层位置的度量；另一个是 r_e，它是在晶体中最近邻原子之间的间距（典型值约为 0.25nm）。当 $r \ll r_e$ 时，电子占据着单个原子的最低能级（封闭的壳层），并且只有外侧价电子层会有空的能级。当两个原子被带到一起时，价电子层开始互相重叠，且诸如范德瓦耳斯力这样的弱吸引力有可能发生。当 $a_0 < r < r_e$ 时，闭合的内壳层开始重叠。因为泡利不相容原理要求一些电子改变其能级，并因此移动到较高的能级，由此提供的额外能量驱使原子一起构成了一个正的交互作用势能。这叫作闭合的壳层斥力，而最精确地描述了该区域的作用势就是玻恩－迈耶（Born－Mayer）作用势。

$$V(r) = A\exp\left(-\frac{r}{B}\right) \qquad (1.47)$$

其中，A 和 B 是由弹性模量确定的常数[8]。尽管这个函数首先是由玻恩和迈耶在他们的离子晶体理论中用来表征核心离子斥力的，但这对平衡间距 r_e 量级的间距也是完全适用的，它在处理阈值或近阈值碰撞时也是有用的（此时冲击参数也是 r_e 的量级）。

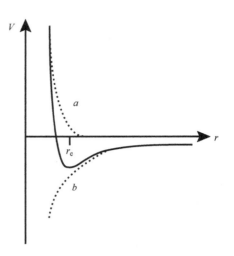

图 1.8　原子间作用势随间隔 r 的变化
注：在间隔较大处（b）以引力为主，而在小间隔的中心区域（a）斥力占主导；在中间距离处，两个极值之间有光滑的过渡，其最小值对应于平衡的间隔距离 r_e 或 D。

当 $r \ll a_0$ 时，原子核间的库仑交互作用决定了 $V(r)$ 的所有其他项。

$$V(r) = \frac{Z_1 Z_2 \varepsilon^2}{r} \qquad (1.48)$$

在稍大一点的距离上，核电荷受到已进入最内层核空间电子壳层的空间电荷的静电"屏蔽"。描述该行为的作用势称为屏蔽的库仑势[8-12]。

$$V(r) = \left(\frac{Z_1 Z_2 \varepsilon^2}{r}\right)\exp\left(-\frac{r}{a}\right) \qquad (1.49)$$

其中，$a = \left(\dfrac{9\pi^2}{128}\right)^{1/3} \dfrac{a_0}{(Z_1^{2/3} + Z_2^{2/3})^{1/2}} \approx \dfrac{Ca_0}{(Z_1 Z_2)^{1/6}}$ 是屏蔽半径，$C = 0.8853$。更普遍地，电子云屏蔽用一个屏蔽函数 $\chi(r)$ 来描述，它被定义为在半径 r 处的实际原子势与库仑势之比。$\chi(r)$ 函数是用来调节库仑势以描述在所有间隔距离上的原子间交互作用。在很大距离处，$\chi(r)$ 趋于零；而在极小距离处，$\chi(r)$ 趋于 1。这是采用单一原子间势函数描述所有碰撞的一种方法。

现在为止，本小节已经描述了交互作用的两个区域。在小间隔距离（$r < a$）下，屏蔽库仑项与所有其他项相比都更占主导地位；而其屏蔽效应随间隔距离 r 呈指数衰减。在 $r \leqslant r_e$ 区域内，电子交互作用占主导，此时以玻恩－迈耶作用势作了最好的描述。然而在中间的间隔区域，至今对原子间交互作用势尚无满意的描述。令人遗憾的是，恰恰正是这个区域，亟须这方面的信息为辐照损伤提供恰当的分析性描述。

尽管如此，仍然可以通过在大和小的两个间隔处对控制作用势求和，以此对总的作用势进行一级近似，即

$$V(r) = \left(\frac{Z_1 Z_2 \varepsilon^2}{r}\right)\exp\left(-\frac{r}{a}\right) + A\exp\left(-\frac{r}{B}\right) \tag{1.50}$$

其中，$A = 2.58 \times 10^{-5}\ (Z_1 Z_2)^{11/4}\,\mathrm{eV}$ 和 $B = 1.5a_0$ $(Z_1 Z_2)^{1/6}$ 都是由 Brinkman[11] 建议的经验公式，它们与贵金属 Cu、Ag 和 Au 中发现的可压缩性及弹性模量一致。不幸的是，那些需要重点关注的金属原子间相关的力的实验室数据却极少。图 1.9 表明，式（1.50）中第一项对小间隔占主导地位，而第二项对大间隔占主导地位。

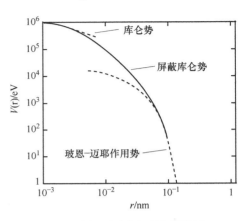

图 1.9　在铜原子之间的间隔距离 r 范围内不同作用势函数的行为

Brinkman 提出了两个等同原子间交互作用的模型，这两个原子的核由刚性的电荷分布 ρ_ε 所包围，并且假设两个原子提供了相同类型的屏蔽库仑场，即

$$V(r) = \frac{Z^2 \varepsilon^2}{r} e^{-r/a}\left(1 - \frac{r}{2a}\right) \tag{1.51}$$

式（1.51）近似给出了 r 接近于零时的库仑斥力，它在 $r = 2a$ 处改变符号变成弱的吸引作用势，并在 $r = a(1 + \sqrt{3})$ 处达到最小值。但是，这个作用势预示了在大距离下的强交互作用能，因而不可能代表金属的真实物理图像。于是，Brinkman 提出了一个新的作用势函数公式，即

$$V(r) = \frac{A Z_1 Z_2 \varepsilon^2 \exp(-Br)}{1 - \exp(-Ar)} \tag{1.52}$$

注意：对于较小的 r 值，作用势非常接近于库仑斥力作用，即 $\lim\limits_{r \to 0} \frac{Z_1 Z_2 \varepsilon^2}{r}$；而在大间隔下，该作用势方程又近似于玻恩 – 迈耶类型的指数型排斥力作用势，即 $\lim\limits_{r \to \infty} \to A Z_1 Z_2 \varepsilon^2 \exp(-Br)$。

常数 B 被定义为 $B = Z_{\mathrm{eff}}^{1/3}/Ca_0$，其中 $Z_{\mathrm{eff}} = (Z_1 Z_2)^{1/2}$，$C$ 约为 1.0 或 1.5。常数 A 取决于可压缩性和体积模量，它们依赖于闭合电子壳层的重叠。A 的一个经验表达式为 $A = \dfrac{0.95 \times 10^{-6}}{a_0}$。将 A、B、C（=1.5）代入式（1.52）可得

$$V(r) = 1.9 \times 10^{-6} Z_{\mathrm{eff}}^{1/2} E_R \frac{\exp(-Z_{\mathrm{eff}}^{1/3} r/1.5a_0)}{1 - \exp(-0.95 \times 10^{-6} Z_{\mathrm{eff}}^{7/6} r/a_0)} \tag{1.53}$$

其中，$E_R = \varepsilon^2/2a_0$，是里德伯（Rydberg）能（13.6eV）。

应当注意：尽管这个作用势公式在 $r < 0.7r_e$ 的范围内对所有原子序数超过 25 的金属是合理可靠的函数，但不应在接近 $r = r_e$ 的间隔距离下使用，这是因为在导出该式时已经含蓄地假设所有的原子间距离非常接近于 Cu、Ag 和 Au 的间距。所以，如果在计算点缺陷的形成能和迁移能时使用该公式，就不再是正确的作用势了。

还应当讨论另外两个作用势模型。第一个是费尔索夫（Firsov）或托马斯 – 费米（Thomas – Fermi）的双中心作用势。该势函数是对屏蔽库仑势的改进，它考虑到了与两个原子核相互靠近有关的电子能量变化的事实，其作用势被写成

$$V(r) = \frac{\chi(r)}{r}$$

其中，$\chi(r)$ 是屏蔽函数。对于屏蔽库仑势，有

$$\chi(r) = \chi_B(r)$$

$$\chi_B(r) = Z_1 Z_2 \varepsilon^2 \exp\left(-\frac{r}{a}\right) \qquad (1.54)$$

而在费尔索夫作用势中，有

$$\chi(r) = \chi_{TF}(r) = \chi\left[(Z_1^{1/2} + Z_2^{1/2})^{2/3} \frac{r}{a} \right] \qquad (1.55)$$

所以

$$V(r) = \frac{Z_1 Z_2 \varepsilon^2}{r} \chi\left[(Z_1^{1/2} + Z_2^{1/2})^{2/3} \frac{r}{a} \right] \qquad (1.56)$$

其中，$\chi\left[(Z_1^{1/2} + Z_2^{1/2})^{2/3} \frac{r}{a} \right]$ 就是屏蔽函数。

重点关注的第二个作用势是托马斯－费米－狄拉克（Thomas－Fermin－Dirac，TFD）双中心作用势。原子的 TFD 统计模型计算曾被用于通过第一性原理计算作用势。因此，该作用势考虑了交换效应，并对电子云密度 ρ_ε 的空间分布设置了一个由 r_b 定义的有限边界。对同类原子所得到的作用势为

$$\overline{V}(r) = \frac{Z^2 \varepsilon^2}{r} \chi\left(Z^{1/3} \frac{r}{a} \right) - \alpha Z + \overline{\Lambda} \qquad (1.57)$$

其中，α（$\approx 3.16 \times 10^{-3} \frac{\varepsilon^2}{a_0}$）和 $\overline{\Lambda}$ 是对精确的单一中心电子密度积分的一组数据。使用该作用势的计算显示，对大致小于 $0.3a_0$ 的极小间隔，$\overline{V}(r)$ 与其他理论曲线和试验都符合得很好，而大致在 $0.3a_0 \sim 3a_0$ 的范围内，屏蔽库仑势或费尔索夫作用势相比，$V(r)$ 与其他理论和试验结果的符合程度更好[7]。

对于特定碰撞问题选用合适的作用势时，可以通过让可获得的动能与作用势相等而获得的最小间隔来确定间隔范围。这样，对于所计算的间隔范围内重要的交互作用项就可以确定了。对处于低动能（$10^{-1} \sim 10^3$ eV）下的金属原子间的交互作用，只需采用式（1.50）中给出的常数，就足以满足玻恩－迈耶项的要求了。在碰撞级联中的原子－原子碰撞情况下（其中涉及的能量为 $10^3 \sim 10^5$ eV），则反幂函数作用势是极其方便的。此种作用势可以通过在有限定的 r 范围内，以 C/r^s 函数对上述各个作用势函数之一进行拟合，并用公式表达出来。例如，可以在 $r = a$ 处用一个反平方（$s = 2$）函数对屏蔽库仑势进行拟合并获得相同的斜率、纵坐标和曲率。于是，该函数[13] 为

$$V(r) = \frac{Z_1 Z_2 \varepsilon^2 a}{r^2} e^{-1} \qquad (1.58)$$

对于有限范围的 r，式（1.58）可以用作一个近似的作用势。用式（1.49）的表达式将 a 重写，可得

$$V(r) = \frac{2E_R}{e} (Z_1 Z_2)^{5/6} \left(\frac{a_0}{r} \right)^2 \qquad (1.59)$$

数值计算的一个方便的替代方法是使用 $\dfrac{2E_R}{e} \approx 10\text{eV}$，则有

$$V(r) = 10(Z_1 Z_2)^{5/6} \left(\frac{a_0}{r}\right)^2 \text{eV} \qquad (1.60)$$

该作用势也适用于能量范围在 $10^3 \sim 10^5 \text{eV}$ 的重离子轰击。对于高能量轻离子的情况，如 5MeV 质子，简单的库仑势就可用了。

表 1.3 列出了不同作用势函数及其适用范围。但是怎样来验证某一势函数呢？例如，对于一个特定元素，怎样确定玻恩 – 迈耶作用势中的常数 A 和 B 呢？因为玻恩 – 迈耶作用势是基于离开平衡位置（即 r_e 处）很小的位移，可以从固体的块体性质（如可压缩性、弹性模量等）测量获得这些常数。如果将 $V(r)$ 展开为 $V_0 + \left(\dfrac{\mathrm{d}V}{\mathrm{d}r}\right)_0 r + 1/2\left(\dfrac{\mathrm{d}^2 V}{\mathrm{d}r^2}\right)_0 r^2 + \cdots$，则 $\left(\dfrac{\mathrm{d}^2 V}{\mathrm{d}r^2}\right)_0$ 就是图 1.8 所示的 $r = r_e$ 处能量 – 距离曲线的曲率。

表 1.3　不同作用势函数及其适用范围

作用势		适用范围	定义	正文中的公式号
硬球	$V(r) = \begin{cases} 0, & r > r_0 \\ \infty, & r \leqslant r_0 \end{cases}$	$10^{-1}\text{eV} < T < 10^3\text{eV}$	r_0 为原子半径	式（1.46）
玻恩 – 迈耶	$V(r) = A\exp\left(-\dfrac{r}{B}\right)$	$10^{-1}\text{eV} < T < 10^3\text{eV}$ $r \leqslant r_e$	A、B 为弹性模量确定的常数	式（1.47）
库仑	$V(r) = \dfrac{Z_1 Z_2 \varepsilon^2}{r}$	高能量轻离子 $r \ll a_0$	a_0 为玻尔半径	式（1.48）
屏蔽库仑	$V(r) = \left(\dfrac{Z_1 Z_2 \varepsilon^2}{r}\right)\exp\left(-\dfrac{r}{a}\right)$	轻离子 $r < a$	a 为屏蔽半径	式（1.49）
Brinkman I	$V(r) = \dfrac{Z^2 \varepsilon^2}{r}\mathrm{e}^{(-r/a)}\left(1 - \dfrac{r}{2a}\right)$	$r < a$	$a \approx a_0/Z^{1/3}$	式（1.51）
Brinkman II	$V(r) = \dfrac{A Z_1 Z_2 \varepsilon^2 \exp(-Br)}{1 - \exp(-Ar)}$	$Z > 25$ $r < 0.7r_e$	$A = \dfrac{0.95 \times 10^{-6}}{a_0}Z_{\text{eff}}^{7/6}$ $B = Z_{\text{eff}}^{1/3}/Ca_0$ $C \approx 1.5$	式（1.52）
费尔索夫	$V(r) = \dfrac{Z_1 Z_2 \varepsilon^2}{r}\chi\left[(Z_1^{1/2} + Z_2^{1/2})^{2/3}\dfrac{r}{a}\right]$	$r \leqslant a_0$	χ 为屏蔽函数	式（1.56）
TFD	$\overline{V}(r) = \dfrac{Z^2 \varepsilon^2}{r}\chi\left(Z^{1/3}\dfrac{r}{a}\right) - \alpha Z + \overline{\Lambda}$	$r < r_b(3a_0)$	r_b 为电子云密度消失（等于零）处的半径	式（1.57）
反平方	$\overline{V}(r) = \dfrac{2E_R}{e}(Z_1 Z_2)^{5/6}\left(\dfrac{a_0}{r}\right)^2$	$a/2 < r < 5a$	E_R 是里德伯能 $E_R = 13.6\text{eV}$	式（1.59）

那么，又怎样得知某一给定的作用势是否恰当地描述了 r 区域内的交互作用呢？可以通过散射测量或者测量离子在固体中的行程范围加以确定。因为 $V(r)$ 描述了交互作用的性质，也就告知了 $\sigma_s(E_i)$，而它是能够通过散射试验来确定的。而且，行程范围的测量可以很好地说明为将离子安放在滞留位置上必须发生多少次交互作用。这两组试验将提供有关所选用

的势函数是否得以精确描述固体中原子间交互作用的充分信息。

有了以上对中性原子间或者原子与核离子间交互作用方式的一定认识，现在就有条件去描述这些类型粒子间的碰撞，它们在某些方面非常类似于中子–原子核碰撞，而另一些方面又是非常不同于中子–原子核碰撞。1.2.2 小节推导所得到的公式，将提供确定从入射原子向被撞击原子传输的能量及其能量传输截面的工具。以下的处理主要依据 Thompson[13] 的论述。

1.2.2 碰撞运动学

相对于质量 M_1 和 M_2 的质心，两个碰撞原子的运动轨迹如图 1.10 所示。对于质量 M_1 和 M_2 的粒子，位置分别用极坐标（r_1，ψ）和（r_2，ψ）表示是最方便的。b 是冲击参数，ψ 是在实验室坐标系中被撞击原子的散射角，ϕ 是当粒子间距接近于无限大时的渐近散射角。冲击参数被定义为碰撞粒子的渐进轨迹之间的距离，如图 1.10 所示。应重点关注的是如何通过将 ϕ 表达为 b 的函数来确定轨迹的详情。这一结果将被用于确定散射截面。

在极坐标中，质量 M_1 的径向和横向速率是 $\dot{r}_1$ 和 $r_1 \dot{\psi}$，而合成速率是 $(\dot{r}_1^2 + r_1^2 \dot{\psi}^2)^{1/2}$。质量 M_2 的速率分量是

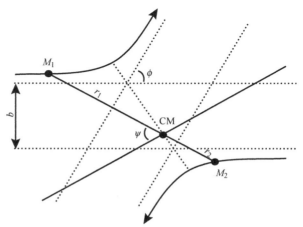

图 1.10 质心坐标系中碰撞原子的运动轨迹

相同的，只需将下标用 2 代替 1。能量守恒要求任一系统的总能量保持恒定。在实验室坐标系中的能量 $E_i = \dfrac{1}{2} M_1 v_l^2 = E_T$，$V_{CM} = \dfrac{M_1}{M_1 + M_2} v_l$，以及（在实验室坐标系中）质心的动能 $E_{CM} = \dfrac{1}{2}(M_1 + M_2) V_{CM}^2 = \left(\dfrac{M_1}{M_1 + M_2}\right) E_i$。

因此，质心坐标系中转换的能量就是总动能减去质心坐标系的运动能量，即

$$E = T_T - E_{CM} = E_i - E_{CM} = E_i\left(\frac{M_2}{M_1 + M_2}\right) \tag{1.61}$$

在一次弹性碰撞事件中，轨道中任一点的势能和动能的总和必然等于渐近的动能之和，所以渐近能量=轨道中任一点处 M_1、M_2 动能的总和 + 势能，即

$$E_i\left(\frac{M_2}{M_1 + M_2}\right) = \frac{1}{2} M_1 (\dot{r}_1^2 + r_1^2 \dot{\psi}^2) + \frac{1}{2} M_2 (\dot{r}_2^2 + r_2^2 \dot{\psi}^2) + V(r_1 + r_2) \tag{1.62}$$

令 $r = r_1 + r_2$ 作为总的分隔距离，$r_1 = \dfrac{M_2}{M_1 + M_2} r$，$r_2 = \dfrac{M_1}{M_1 + M_2} r$，于是式（1.62）的能量平衡简化为

$$\eta E_i = \frac{1}{2} \mu (\dot{r}^2 + r^2 \dot{\psi}^2) + V(r) \tag{1.63}$$

其中，$\eta = \dfrac{M_2}{M_1 + M_2}$ 和 $\mu = \dfrac{M_1 M_2}{M_1 + M_2}$ 是约化质量。

角动量守恒定律要求轨道中任一点处的值必须等于渐近值。

$$v_l = v_1 - V_{\mathrm{CM}} = v_l \left(\frac{M_2}{M_1 + M_2} \right) \text{ 和 } V_2 = V_{\mathrm{CM}} = v_l \left(\frac{M_1}{M_1 + M_2} \right)$$

所以角动量的渐近值为

$$M_1 v_1 b_1 + M_2 v_2 b_2 = \left(\frac{M_1 M_2}{M_1 + M_2} \right) v_l (b_1 + b_2) = \mu b v_l \tag{1.64}$$

任一点处的角动量为

$$M_1 r_1^2 \dot{\psi} + M_2 r_2^2 \dot{\psi} = \left[M_1 \left(\frac{M_2}{M_1 + M_2} r \right)^2 + M_2 \left(\frac{M_1}{M_1 + M_2} r \right)^2 \right] \dot{\psi} \tag{1.65}$$

$$= \mu r^2 \dot{\psi}$$

所以

$$\mu r^2 \dot{\psi} = \mu b v_l \tag{1.66}$$

将式（1.66）代入式（1.63）以消去 $\dot{\psi}$ 并求解 $\dot{r}$，可得

$$\dot{r} = \left(\frac{2}{\mu} \right)^{1/2} \left[\eta E_{\mathrm{i}} \left(1 - \frac{b^2}{r^2} \right) - V(r) \right]^{1/2} \tag{1.67}$$

这一步骤的代数算法如下：将式（1.66）代入式（1.63）得

$$\eta E_{\mathrm{i}} - \frac{1}{2} \mu \dot{r}^2 = \frac{1}{2} \mu \frac{v_l^2 b^2}{r^2} + V(r)$$

并重排得

$$\eta E_{\mathrm{i}} - \frac{1}{2} \mu \frac{v_l^2 b^2}{r^2} = \frac{1}{2} \mu \dot{r}^2 + V(r) \tag{1.68}$$

由于 $E_{\mathrm{i}} = 1/2 M_1 v_1^2$，所以 $v_1^2 = 2E_{\mathrm{i}}/M_1$，能够消去 v_l 使式（1.68）左边的第二项成为 $-\dfrac{\mu b^2 E_{\mathrm{i}}}{M_1 r^2}$。因为 $\mu = \dfrac{M_1 M_2}{M_1 + M_2}$ 和 $\mu / M_1 = \eta$，则

$$\eta E_{\mathrm{i}} - \eta E_{\mathrm{i}} \frac{b^2}{r^2} = \frac{\mu \dot{r}^2}{2} + V(r) \text{ 和 } \eta E_{\mathrm{i}} \left(1 - \frac{b^2}{r^2} \right) = \frac{\mu \dot{r}^2}{2} + V(r)$$

或者

$$\dot{r} = \left(\frac{2}{\mu} \right)^{1/2} \left[\eta E_{\mathrm{i}} \left(1 - \frac{b^2}{r^2} \right) - V(r) \right]^{1/2}$$

上式和式（1.67）相同。注意：当 $\dot{r} = 0$ 时，r 达到最接近点 ρ。在这一点处有

$$V(\rho) = \eta E_{\mathrm{i}} \left(1 - \frac{b^2}{\rho^2} \right) \tag{1.69}$$

而在 $b = 0$ 处，$V_{\max} = \eta E_{\mathrm{i}}$，它表征了一次正面碰撞的事件。所以，如果一个粒子撞击了质量相等的靶原子，则 $V_{\max} = E_{\mathrm{i}}/2$。当 $r \to \infty$，$V(r) \to 0$ 和 $\dot{r}^2 = \left(\dfrac{2}{\mu} \right) \eta E_{\mathrm{i}}$，或者 $\dot{r}^2 = E_{\mathrm{i}}/M_1$，$E_{\mathrm{i}} = M_1 \dot{r}^2/2$（还有，在 $r \to \infty$ 处 $\dot{r} = v_l$），所以 $E_{\mathrm{i}} = M_1 v_l^2/2$。

注意：目前正在寻找的是作为 b 的函数的 ϕ。回到式（1.67）并用式（1.66）中的 $\dot{\psi}$ 除

以式（1.67）中的 $\dot{r}$，得到

$$\frac{\dot{r}}{\dot{\psi}} = \frac{\mathrm{d}r}{\mathrm{d}\psi} = -\left(\frac{2}{\mu}\right)^{1/2}\left[\mu E_{\mathrm{i}}\left(1 - \frac{b^2}{r^2}\right) - V(r)\right]^{1/2}\frac{r^2}{v_l b} \tag{1.70}$$

等式右边量的前面有个负号，是因为对于轨道的前半部分而言，$\dot{r}$ 随 ψ 的增加而减少。r^2 项放到平方根下面可表示为

$$\frac{\mathrm{d}r}{\mathrm{d}\psi} = -\frac{1}{v_l b}\left(\frac{2}{\mu}\right)^{1/2}\left[\mu E_{\mathrm{i}}(r^4 - r^2 b^2) - r^4 V(r)\right]^{1/2} \tag{1.71}$$

用 $\eta E_{\mathrm{i}} b^2$ 除以在平方根下那些项，从而把它们从平方根中去除，可得

$$\frac{\mathrm{d}r}{\mathrm{d}\psi} = -\frac{1}{v_l b}\left(\frac{2}{\mu}\right)^{1/2}(\eta E_{\mathrm{i}})^{1/2}b\left[\frac{r^4}{b^2}\left(1 - \frac{V(r)}{\eta E_{\mathrm{i}}}\right) - r^2\right]^{1/2} \tag{1.72}$$

因为 $M_1 v_l^2/2 = E_{\mathrm{i}}$，则有 $v_l = (2E_{\mathrm{i}}/M_1)^{1/2}$，并用来替代 v_l，即

$$\frac{\mathrm{d}r}{\mathrm{d}\psi} = -\left(\frac{2}{\mu}\frac{M_1}{2E_{\mathrm{i}}}\eta E_{\mathrm{i}}\right)^{1/2}\left[\frac{r^4}{b^2}\left(1 - \frac{V(r)}{\eta E_{\mathrm{i}}}\right) - r^2\right]^{1/2}$$

$$= -\left(\frac{M_1}{\mu}\eta\right)^{1/2}\left[\frac{r^4}{b^2}\left(1 - \frac{V(r)}{\eta E_{\mathrm{i}}}\right) - r^2\right]^{1/2} \tag{1.73}$$

$$= -\left[\frac{r^4}{b^2}\left(1 - \frac{V(r)}{\eta E_{\mathrm{i}}}\right) - r^2\right]^{1/2}$$

代入 $x = 1/r$ 可得

$$\frac{\mathrm{d}x}{\mathrm{d}\psi} = \left[\frac{1}{b^2}\left(1 - \frac{V(x)}{\eta E_{\mathrm{i}}}\right) - x^2\right]^{1/2} \tag{1.74}$$

式（1.74）就是轨道方程 $[\psi = f(x)]$。

于是，通过将 $\mathrm{d}\psi$ 表达为 x 和 $\mathrm{d}x$ 的函数，并且对 ψ（对应于 $x = 0$ 和 $1/\rho$）的上、下限值积分，即可求得散射角 ϕ。如图 1.10 所示，这两个限值分别是 $\phi/2$ 和 $\pi/2$。对轨道的前半部分进行积分得

$$\int_{\phi/2}^{\pi/2}\mathrm{d}\psi = \left[\frac{1}{b^2}\left(1 - \frac{V(x)}{\eta E_{\mathrm{i}}}\right) - x^2\right]^{-1/2}\mathrm{d}x \tag{1.75}$$

和

$$\phi = \pi - 2\int_0^{1/\rho}\left[\frac{1}{b^2}\left(1 - \frac{V(x)}{\eta E_{\mathrm{i}}}\right) - x^2\right]^{-1/2}\mathrm{d}x \tag{1.76}$$

在 x 上限处的量 ρ 就是当 $\psi = \pi/2$ 时 r 的值，因而也就是最接近时的距离。因为当 $\psi = \pi/2$ 时，$\mathrm{d}x/\mathrm{d}\psi = 0$，$\rho$ 由式（1.77）得出

$$\eta E_{\mathrm{i}} = \frac{V(\rho)}{1 - \dfrac{b^2}{\rho^2}} \tag{1.77}$$

式（1.76）和式（1.77）提供了 ϕ 和 b 之间的关系。

接下来，还必须确定散射事件的截面。这可以按如下方法加以确定。如果粒子 M_1 正在轰击靶原子 M_2，那么在图 1.11 中，那些穿越了由半径 b 和 $b + \mathrm{d}b$ 围起来的 $2\pi b\mathrm{d}b$ 环状面积的离子，会被散射环绕 ϕ 的角度元 $\mathrm{d}\phi$ 之内。因为 $\mathrm{d}b$ 和 $\mathrm{d}\phi$ 之间的关系可以由式（1.76）通过微分获得，微分截面即可由式（1.78）获得。

$$\sigma_{s}(E_i, T)\mathrm{d}T = 2\pi b \mathrm{d}b$$

$$\sigma_{s}(E_i, T) = 2\pi b \frac{\mathrm{d}b}{\mathrm{d}\phi}\frac{\mathrm{d}\phi}{\mathrm{d}T} \quad (1.78)$$

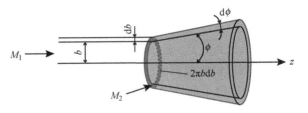

已知 $V(r)$，就能够使用式（1.76）把 ϕ 写成 b^2 的形式，再用式（1.13）写成 T 形式。通过微分将 $2\pi b \mathrm{d}b$ 表示为 T 和 $\mathrm{d}T$ 的函数。

图 1.11　穿越 $2\pi b \mathrm{d}b$ 面积的离子被散射到环绕 ϕ 的角度元 $\mathrm{d}\phi$ 之内

然后，基于式（1.78），对于具有反冲（能量）处在 T 的 $\mathrm{d}T$ 中的碰撞微分截面计算如下：在 $\check{T}$ 至 γE_i 范围内的任何位置具有 T 能量的碰撞总横截面为

$$\sigma(E_i) = \int_{\check{T}}^{\gamma E_i} \sigma_{s}(E_i, T)\mathrm{d}T \quad (1.79)$$

于是，找到能量传输截面的过程可以归结如下：

1）选择一个势函数 $V(r)$。

2）使用式（1.76）获得 b 作为 ϕ 的函数，表达式为 $b = f(\phi)$。

3）使用式（1.13）获得 ϕ 作为 T' 的函数，表达式为 $\phi = g(T)$。

4）使用式（1.78）中 b 和 ϕ 之间及 ϕ 和 T 之间的关系获得能量传输截面。

关于能量传输截面的上述描述，强调了了解描述特定离子－原子或原子－原子间交互作用势函数的重要性。若是没有准确了解势函数，对碰撞过程和由此产生的缺陷结构的进一步描述是不可能的。可惜的是，式（1.76）中积分的确切计算只限于简单的势函数。但是，在进一步审视不同势函数及它们在确定能量传输截面中的应用之前，首先还必须考虑可能的不同类型离子和它们相应的能量。

1. 离子的分类

在离子－原子碰撞中有三种离子类型：第一类是高能轻离子（$E_i > 1\mathrm{MeV}$）；第二类是高能重离子（E_i 约为 $10^2\mathrm{MeV}$），如裂变的碎片（M 约为 10^2）；第三类是低能重离子，它们可能是由加速器产生的，或者是由前面一次高能碰撞所导致的反冲（粒子），这些反冲的能量通常低于 $1\mathrm{MeV}$。

对于每一种交互作用，都必须确定选用一个最适合它的势函数。一个便捷的引导性的参数是 ρ/a（最靠近的距离与屏蔽半径的比值），它是作为反冲能量 T 的函数。ρ/a 随 T 变化的大体曲线图形如图 1.12所示，它有助于选择最合适的作用势。三条曲线代表了刚才讨论的三类离子：①20MeV 质子；②70MeV 裂变碎片；③50keV 铜离子。曲线 1 碰撞适用于 $\rho \ll a$ 和简单库仑势的区域。曲线 2 碰撞是指正面碰撞，也具有 $\rho \ll a$ 的特点。但是对于

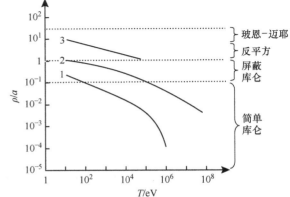

图 1.12　最靠近距离 ρ/a 随反冲能量 T 的变化[12]

1—铜中 20MeV 质子　2—铜中 70MeV Xe^+　3—铜中 50keV Cu^+

小角度掠射式的碰撞，$\rho \approx a$ 和屏蔽库仑势是最适合的。曲线 3 表征了 $a < \rho \ll 5a$ 的区域，反平方作用势（或布林克曼势）将是适用的，因为此时玻恩 – 迈耶和屏蔽的库仑作用势两者都必须加以考虑。

2. 硬球型碰撞

硬球作用势适用于能量低于约 50keV 的离子及接近正面弹性碰撞。这里，$\rho \approx r_e$ 且原子会像硬球那样发生作用。在正面碰撞中 $b = 0$，由式（1.77）可得

$$\eta E_i = V(\rho) \tag{1.80}$$

当 b 并不正好为零时，碰撞事件也许会如图 1.13 所示，这里定义 $R_1 = \rho \dfrac{M_2}{M_1 + M_2}$ 和 $R_2 = \rho \dfrac{M_1}{M_1 + M_2}$。如果 ρ 已知，那么由图 1.13 可知

$$b = \rho \cos \frac{\phi}{2} \tag{1.81}$$

又因为

$$\sigma_s(E_i, T)\mathrm{d}T = 2\pi b \mathrm{d}b$$

$$\sigma_s(E_i, T) = 2\pi b \frac{\mathrm{d}b}{\mathrm{d}\phi} \frac{\mathrm{d}\phi}{\mathrm{d}T} \tag{1.82}$$

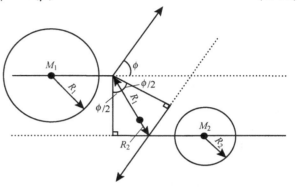

图 1.13 遵循着硬球近似碰撞的原子碰撞示意

其中，由 $b = \rho \cos \dfrac{\phi}{2}$（采用导数的绝对值以保持 $\dfrac{\mathrm{d}b}{\mathrm{d}\phi}$ 为一个正值）得到 $\dfrac{\mathrm{d}b}{\mathrm{d}\phi} = \dfrac{\rho}{2} \sin \dfrac{\phi}{2}$，由 $T = \dfrac{\gamma E_i}{2}(1 - \cos\phi)$ 得到 $\dfrac{\mathrm{d}\phi}{\mathrm{d}T} = \dfrac{2}{E_i \sin\phi}$。于是，$\sigma_s(E_i, T) = 2\pi\rho\cos\dfrac{\phi}{2} \dfrac{\rho}{2}\sin\dfrac{\phi}{2}\dfrac{2}{\gamma E_i \sin\phi}$，则

$$\sigma_s(E_i, T) = \frac{\pi\rho^2}{\gamma E_i} \tag{1.83}$$

由于对中子 – 原子核交互作用有 $\sigma_s(E_i, T) = \sigma_s(E_i)/\gamma E_i$。使用该关系，能够获得关于中子 – 原子核与原子 – 原子交互作用的能量传输截面数值大小的一个大体概念：$\dfrac{\sigma_s(E_i, T)^{a-a}}{\sigma_s(E_i, T)^{n-nuclear}} = \dfrac{\pi\rho^2}{\sigma_s(E_i)} \approx \dfrac{\pi(10^{-8})^2}{10^{-24}} \approx 10^8$，所以原子 – 原子交互作用的能量传输截面大约比中子 – 原子核交互作用高 10^8 倍。

总的散射截面为

$$\sigma_s(E_i) = \int_{\check{T}}^{\gamma E_i} \sigma_s(E_i, T)\mathrm{d}T = \int_{\check{T}}^{\gamma E_i} \frac{\pi\rho^2}{\gamma E_i}\mathrm{d}T = \frac{\pi\rho^2}{\gamma E_i}[\gamma E_i - \check{T}] = \pi\rho^2 \tag{1.84}$$

注意：$\sigma_s(E_i)$ 与 E_i 无关 [因为 $\rho \neq f(E_i)$]，并且 $\sigma_s(E_i, T) \propto 1/E_i$ 而与 T 无关。应用合适的势函数明确地找到 $\sigma_s(E_i, T)$ 从而确定 ρ 的值 [由 $V(r)$ 确定]。由 1.2.1 小节可知，对于冲击参数处于原子的平衡间距数量级的碰撞，玻恩 – 迈耶作用势最为合适。这相当于大约 10keV 以下的能量（注：这意味着正在放弃纯正的硬球模型的立场）。所以，将使用 $V(r) = A\exp(-r/B)$，其中 A 和 B 由式（1.47）确定。使用式（1.80）可得

$$V(\rho) = A\exp\left(-\frac{\rho}{B}\right) = \eta E_i \tag{1.85}$$

或者

$$\rho = B\ln\left(\frac{A}{\eta E_i}\right) \tag{1.86}$$

因为 $b = \rho\cos(\phi/2) = B\ln(A/\eta E_i)\cos(\phi/2)$，能量传输截面为

$$\sigma_s(E_i, T) = \frac{\pi B^2}{\gamma E_i}\left(\ln\frac{A}{\eta E_i}\right)^2 \tag{1.87}$$

而总的散射截面就是能量传输截面在限值 $\check{T}$ 和 γE_i 之间的积分，即

$$\sigma_s(E_i) = \int_{\check{T}}^{\gamma E_i} \pi B^2\left(\ln\frac{A}{\eta E_i}\right)^2 \frac{1}{\gamma E_i}dT \tag{1.88}$$

基于式（1.88），将得以计算所有允许 T 值的位移散射事件的总（散射）截面。注意：总散射截面取决于 E_i。而且，对于 A、B 和 $\check{T}$（40eV）的典型值，原子-原子交互作用的 $\sigma_s(E_i)$ 值大约就是中子-原子核交互作用的 10^8 倍。

3. 卢瑟福散射

现在讨论第二个例子，将使用纯库仑散射作用势来论证卢瑟福（Rutherford）散射的特性。依据离子能量和质量对离子的分类，第一类碰撞包括高能轻离子，其 $\rho \ll a$。这类碰撞适合采用简单库仑作用势加以表征，并由式（1.48）描述为

$$V(r) = \frac{Z_1 Z_2 \varepsilon^2}{r}$$

假设 Z_1 和 Z_2 表示核电荷，并假设发生在足够高能量状态的该碰撞足以让电子与核脱离而只需考虑原子核间发生的交互作用。

在 CM 坐标系对粒子轨迹的描述中，可以发现在最接近点处 $dx/d\psi = 0$，由式（1.77）可知

$$\eta E_i = \frac{V(\rho)}{1 - \dfrac{b^2}{\rho^2}}$$

代入 $V(r)$ 得

$$\frac{Z_1 Z_2 \varepsilon^2}{\rho} = \eta E_i\left(1 - \frac{b^2}{\rho^2}\right) \tag{1.89}$$

定义

$$b_0 = \frac{Z_1 Z_2 \varepsilon^2}{\eta E_i} \tag{1.90}$$

由此得到

$$\frac{b_0}{\rho} = 1 - \frac{b^2}{\rho^2} \tag{1.91}$$

并且

$$\rho = \frac{b_0}{2}\left[1 + \left(1 + \frac{4b^2}{b_0^2}\right)^{1/2}\right] \tag{1.92}$$

因此，如所预期的那样，最接近处的距离是冲击参数 b 的函数。对于正面碰撞而言，$b = 0$，而 ρ 的最小值取决于 E_i，即

$$\rho(b=0)=\rho_0=b_0=\frac{Z_1 Z_2 \varepsilon^2}{\eta E_i} \tag{1.93}$$

注意，对该类型碰撞而言，ρ 取决于 E_i，而硬球模型中 E_i 是独立的。回到有关轨道的式（1.75），现在将以定积分的方式来考察它，即

$$\int_{\pi/2}^{\phi/2} \mathrm{d}\psi = \int_{1/\rho}^{0} \left[\frac{1}{b^2} - \frac{b_0}{b^2}x - x^2 \right]^{-1/2} \mathrm{d}x \tag{1.94}$$

因为当 $r=\rho(x=1/\rho)$ 时，$\psi=\pi/2$，而当 $r=\infty(x=0)$ 时，$\psi=\phi/2$，令 $y=x+\dfrac{b_0}{2b^2}$，可得

$$\frac{\phi}{2} - \frac{\pi}{2} = \int_{\frac{1}{\rho}+\frac{b_0}{2b^2}}^{\frac{b_0}{2b^2}} \left[c^2 - y^2 \right]^{-1/2} \mathrm{d}y \tag{1.95}$$

其中，$c^2 = \left(\dfrac{1}{b^2} + \dfrac{b_0^2}{4b^4} \right)$。于是，轨道成为

$$\frac{\phi}{2} - \frac{\pi}{2} = \left[\arcsin \frac{y}{c} \right]_{\frac{1}{\rho}+\frac{b_0}{2b^2}}^{\frac{v_0}{2b^2}} \tag{1.96}$$

$$= \arcsin \frac{b_0}{2b^2 c} - \arcsin \frac{1}{c} \left(\frac{1}{\rho} + \frac{b_0}{2b^2} \right)$$

因为 $\arcsin \dfrac{1}{c} \left(\dfrac{1}{\rho} + \dfrac{b_0}{2b^2} \right) = \arcsin 1 = \pi/2$，则有

$$\sin \frac{\phi}{2} = \frac{b_0}{2b^2 c} \tag{1.97}$$

将 c 代入式（1.97）可得

$$\sin^2 \frac{\phi}{2} = \frac{1}{1 + \dfrac{4b^2}{b_0^2}} \tag{1.98}$$

将三角函数关系式应用于 $\sin^2 \dfrac{\phi}{2}$，有

$$b = \frac{b_0}{2}\cos \frac{\phi}{2} \tag{1.99}$$

现在，得到了一个冲击参数 b 和渐进散射角 ϕ 之间的关系式。注意：b 是通过 b_0 成为 E_i 的函数的［见式（1.93）］。

现在，建立一个散射截面的表达式，将式（1.82）应用于 $\sigma_s(E_i, T)$，有

$$\sigma_s(E_i, T)\mathrm{d}T = \sigma_s(E_i, \phi)\mathrm{d}\Omega = 2\pi b \mathrm{d}b = \pi b_0 \cot \frac{\phi}{2}\mathrm{d}b \tag{1.100}$$

再通过式（1.99）替代掉 $\mathrm{d}b$，可得

$$\sigma_s(E_i, \phi) = \left(\frac{b_0}{4} \right)^2 \frac{1}{\sin^4 \dfrac{\phi}{2}} \tag{1.101}$$

这是卢瑟福逆四次幂散射定律。反冲截面与弹性碰撞截面完全相同，见式（1.13），又因为

$$\sigma_s(E_i, T) = \sigma_s(E_i, \phi) \frac{\mathrm{d}\Omega}{\mathrm{d}T}$$

有

$$\sigma_s(E_i, T) = \frac{\pi b_0^2}{4} \frac{\gamma E_i}{T^2} \qquad (1.102)$$

注意：一般来说，与中子－原子核碰撞和硬球散射不同，卢瑟福散射截面与 T 密切相关。式（1.102）也显示，当 $T \to 0$ 时，散射截面 $\sigma_s(E_i, T) \to \infty$。但这恰恰反映了，当 $\phi \to 0$ 和 $b \to \infty$ 时，散射截面成为典型的长程库仑交互作用的事实。实际上，由于电子屏蔽，b 与 ϕ 都有一个临界值。正如下面将会看到，该临界值就是位移能量 E_d。于是，平均的传输能量为

$$\overline{T} = \frac{\int_{\check{T}}^{\hat{T}} T \sigma_s(E_i, T) \mathrm{d}T}{\int_{\check{T}}^{\hat{T}} \sigma_s(E_i, T) \mathrm{d}T} = \frac{\check{T} \ln\left(\dfrac{\hat{T}}{\check{T}}\right)}{1 - \dfrac{\check{T}}{\hat{T}}} \qquad (1.103)$$

对于 $\hat{T} = \gamma E_i$ 和 $\check{T} = E_d$，也因为 $\gamma E_i \gg E_d$，则

$$\overline{T} \approx E_d \ln\left(\frac{\gamma E_i}{E_d}\right) \qquad (1.104)$$

对于全部能量来说，它是非常小的，反映了式（1.102）中 $\sigma_s(E_i, T)$ 对 T^{-2} 强烈的依赖性。

在 T 的取值范围内对式（1.102）积分，得到了由一个能量为 E_i 的离子产生的位移事件总截面，即

$$\sigma_s(E_i) = \frac{\pi}{4} b_0^2 \hat{T} \int_{E_d}^{\hat{T}} \frac{\mathrm{d}T}{T^2} = \frac{\pi b_0^2}{4}\left(\frac{\hat{T}}{E_d} - 1\right) \qquad (1.105)$$

因为是在 $\hat{T}/E_d \gg 1$ 的高能量处，对 $\hat{T} = \gamma E_i$ 有

$$\sigma_s(E_i) \approx \frac{\pi b_0^2}{4} \frac{\gamma E_i}{E_d} \qquad (1.106)$$

应当说式（1.106）的值是相当大的。

应用上述结果时的一个关键问题是：在什么条件下卢瑟福散射能够适用？答案是务必要求碰撞期间散射的主要部分发生在 $r \ll a$ 的区域内。可是，这只是一种定性的度量（表述）。实际应用中需要的是一种定量地确定何时适用卢瑟福散射的方法。为了应对这个问题，考虑以下两个情况。

情况 1：接近"正面的"碰撞（高 T）。 对于接近正面的碰撞，$\rho_0 \ll a$ 或 $E_i \gg E_a$，其中 E_a 是假设存在一个屏蔽库仑势时会使 $\rho_0 = a$ 的 E_i 值，即

$$E_a = \frac{2E_R}{C}(Z_1 Z_2)^{7/6} \frac{M_1 + M_2}{M_2 e} \qquad (1.107)$$

它是在让 $\varepsilon^2 = 2a_0 E_R$，并对相当于在 $r = a$ 处发生的一个正面碰撞而设定 $V(r) = \eta E_i = $

$\dfrac{M_2}{M_1 + M_2} E_i$ 的条件下，以逆平方定律形式［式（1.59）］重写屏蔽库仑势［式（1.49）］而获得的。

情况 2：小角度（掠射）碰撞（低 T）。 这里，只考虑在 $b \leqslant a$ 下的那些碰撞，或者当 $b = a$ 时导致能量传输为 $\check{T} \approx E_d$ 的那些碰撞。对于 $b = a$ 时的一个简单库仑碰撞，由式（1.98）和（1.13）可得

$$T = \frac{e^2 \gamma E_a^2}{4 E_i} \ \text{或} \ E_i = \frac{e^2 \gamma E_a^2}{4T} \tag{1.108}$$

并将 $T = \check{T}$ 处的 E_i 值命名为 E_b，有

$$\text{当} \ \check{T} = E_d \ \text{时}, E_b = \frac{e^2 \gamma E_a^2}{4 \check{T}} \tag{1.109}$$

而式（1.109）在所有 $E_i \gg E_b$ 的情况下都是有效的。从本质上看，E_b 就是在 $b = a$ 处导致了能量传输 $T \geqslant E_d$ 的那个 E_i 的值。或者，以另一种方式审视这个问题，$E_b < E_i$ 的值给出了 $T \ll \check{T}$，它因为 $\rho \geqslant a$ 而可以被忽略，所以这样的小角度碰撞事件也可以忽略。表 1.4 列出了针对不同粒子 – 靶原子组合和能量的 E_a 和 E_b 值。由表 1.4 可见，因为 $E_a < E_b$，可以使用"E_i 必须远大于 E_b"的准则作为简单的库仑散射描述有效性的极端考验。

总之，如果 $E_i \gg E_a$，则简单的库仑势就可以用于接近正面的碰撞；如果 $E_i \gg E_b$，它可以用于在辐照损伤中重点关注的所有碰撞。轻的带电粒子，诸如质子和 $E_i > 1\mathrm{MeV}$ 的 α 粒子属于此类，而裂变碎片是在 $E_a < E_i < E_b$ 区间内，反冲则具有 $E_i \leqslant E_a$。这些都将在下文加以讨论。但是，首先展示一个卢瑟福散射的例子。

表 1.4　针对不同粒子 – 靶原子组合和能量的 E_a 和 E_b 值[13]

入射粒子	靶原子	E_a / eV	E_b / eV
C	C	2×10^3	8×10^5
Al	Al	1×10^4	2×10^7
Cu	Cu	7×10^4	1×10^9
Au	Au	7×10^5	1×10^{11}
Xe	U	5×10^5	3×10^{10}
D	C	1.5×10^2	2×10^3
D	Cu	1×10^3	2×10^4
D	C	4×10^3	1×10^5

案例 1.2　2MeV 质子轰击铝

对于这个案例，有

$$\hat{T} = \gamma E_i = \frac{4 \times 27}{(27 + 1)^2} \times 2\mathrm{MeV} = 0.28\mathrm{MeV}$$

$$\check{T} = 40\mathrm{eV}$$

$$\overline{T} = E_d \ln \left(\frac{\gamma E_i}{E_d} \right) = 354\mathrm{eV}$$

由计算可得，$E_a \approx 200\mathrm{eV}$ 和 $E_b \approx 2500\mathrm{eV}$（作为比较，2MeV He$^+$ 轰击铝时 $E_a \approx 10\mathrm{keV}$ 和 $E_b \approx 16\mathrm{keV}$；而对于 2MeV H$^+$ 轰击金，$E_a \approx 8\mathrm{keV}$ 和 $E_b \approx 42\mathrm{keV}$）。因为 $E_i \gg E_b$，简单

的库仑定律对该类碰撞是有效的。凑巧的是，$\sigma(E_i) \approx 4 \times 10^{-22} \text{cm}^2$，因为碰撞之间的平均自由程是 $\lambda = 1/(\sigma N)$，而 $N \approx 6 \times 10^{22} \text{ a/cm}^3$，所以 $\lambda \approx 0.04 \text{cm}$ 或 $400\mu\text{m}$，也就是 2MeV 质子在铝中的轨迹长度的近 10 倍。这意味着，对每个撞击铝的质子而言，平均只发生了一次卢瑟福散射碰撞事件。

接下来，研判其他一些类型的离子-原子碰撞，如高能重离子、慢（速）重离子和高能电子等。

4. 高能重离子

对于诸如裂变碎片这样的高能重离子，图 1.12 表明，一个合适的作用势必须兼顾到屏蔽库仑和封闭电子壳层两者的相互排斥。首先看一下作为粗略近似的简单库仑作用势，已知它只对 $\rho \ll a$ 处反冲能量接近于 E_i 的情况适用。已知 $\sigma_s(E_i) = \dfrac{\pi b_0^2}{4} \dfrac{\gamma E_i}{E_d}$，$b_0 \propto \dfrac{Z_1}{\gamma E_i}$，$\gamma = \dfrac{4M_1 M_2}{(M_1 + M_2)^2}$，$\eta = \dfrac{M_2}{M_1 + M_2}$，这表明，与轻离子相比，在 E_i 值相同的情况下，对应于铀的裂变产额峰值情况的裂变碎片（$M_1^{\text{light}} \approx 96\text{amu}$，$E_1^{\text{light}} \approx 95\text{MeV}$ 和 $M_1^{\text{heavy}} \approx 137\text{amu}$，$E_1^{\text{heavy}} \approx 55\text{MeV}$），计算得到的高能重离子的截面增加的倍数为

$$\frac{\sigma_{s,\text{heavy}}}{\sigma_{s,\text{light}}} = \frac{\left.\dfrac{z_1^2 M_1}{E_i}\right|_{\text{heavy}}}{\left.\dfrac{z_1^2 M_1}{E_i}\right|_{\text{light}}} \approx 10^6$$

与 2MeV 质子轰击铝的例子相比，裂变碎片的截面大了 10^4 倍！所以，其平均自由程只是铝中质子的 10^{-4}。

回忆一下 $\sigma_s(E_i, T)$ 随 $1/T^2$ 的变化，但这仅仅在接近 γE_i（$\rho \ll a$）处是正确的。在较低能量下，屏蔽对能量的敏感性会下降。所以，必须采用一个对高能重离子之间，以及它们和靶原子之间交互作用更好的描述。式（1.50）包括了这两项，如果把它应用于脉冲近似（见参考文献 [13]），其结果如下：

$$T = \frac{M_1}{M_2} \frac{A^2}{E_i} \left[F\left(\alpha, \frac{b}{B}\right) - (1 - \alpha) F\left(1 + \alpha, \frac{b}{B}\right) \right]^2 \qquad (1.110)$$

这里 A 和 B 在式（1.50）中给出，并且有

$$F\left(\alpha, \frac{b}{B}\right) = \frac{b}{B} \int_{b/a}^{\infty} \frac{-e^{-x} dx}{\left(x^2 - \dfrac{b^2}{a^2}\right)^{1/2} (1 - e^{-\alpha x})^2} \qquad (1.111)$$

$$= \frac{b}{B} \sum_{n=0}^{\infty} (n + 1) K_0 \left\{ \frac{b}{B} (1 + n\alpha) \right\}$$

其中，$K_0(y)$ 是第三类贝塞尔（Bessel）函数。α 是玻恩-迈耶和屏蔽库仑项在 $r = a$ 处的比值，所以一般来说，$\alpha < 1$。T 可由 b 和式（1.110）得出，反过来，b 可作为 T 的函数而获得。微分计算可得 $\sigma = 2\pi b db$。但是，因为式（1.110）的复杂性，需要进行数值解法。即便如此，仍可以计算 dN，dN 是由裂变碎片在慢下来直至驻留下来的过程中所产生的、能量在 $T \sim T + dT$ 范围内的反冲原子数，其计算公式为

$$dN = n\sigma dx = n\frac{d\sigma}{dT}\left(-\frac{dE}{dx}\right)^{-1}dEdT \qquad (1.112)$$

其中，n 是原子密度，并且有

$$N(T)dT = n\int_0^{E_i}\frac{\sigma}{dT}\left(\frac{dE}{dX}\right)^{-1}dEdT \qquad (1.113)$$

布林克曼对^{235}U 裂变后在铀中慢下来的轻和重裂变碎片进行了计算。结果如图 1.14 所示。注意，$N(T)$ 下降得比 T^{-1} 快得多，所以大多数移位原子是由低能反冲产生的。因此，高能反冲全都可以忽略。认识这一现象的另一种思路是，简单库仑势只在对移位没有明显贡献的能量范围内才是有效的。

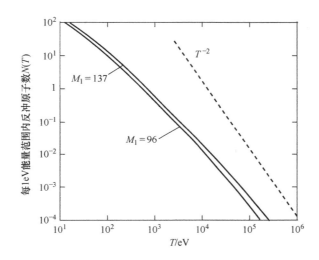

图 1.14　铀中裂变碎片在减慢直至驻留下来的过程中所产生反冲 $N(T)dT$ 的能谱

注：图中显示了两种情况，即 $M_1 = 96$，$E_1 = 95\text{MeV}$ 和 $M_1 = 137$，$E_1 = 55\text{MeV}$[13]。

5. 重慢离子

在图 1.12 中，这些离子被归类成标记为"3"的曲线。这是一种非常重要的碰撞类型，因为它涵盖了材料科学和辐照损伤领域（包括诸如离子注入和重离子辐照效应模拟等专题）内应用最多的 kV 级离子注入机和低 MV 级加速器。图 1.12 表明，必须在覆盖 $a < \rho < 10a$ 的尺度范围内讨论这些离子的碰撞。以上探讨裂变碎片的方式适用于小角度的掠射碰撞，但对于正面碰撞，需要另一套方法。对于 $a/5 \leqslant \rho \leqslant 5a$ 合适的作用势是反平方近似。我们将使用如下形式的作用势，即

$$V(r) = \frac{2E_R}{e}(Z_1 Z_2)^{5/6}\left(\frac{a_0}{r}\right)^2$$

这是通过将一个屏蔽的库仑势拟合成反平方作用势，并让两者在 $r = a$ 处等同而获得的，见式（1.59）。将该作用势代入描述轨道的式（1.76）后可得

$$\frac{\phi}{\pi} = 1 - \left(1 + \frac{a^2 E_a}{b^2 E_i}\right)^{-1/2} \qquad (1.114)$$

使用式（1.13），以 T 项表达 ϕ，可得

$$T = \gamma E_i \cos^2 \left[\frac{\pi}{2} \left(1 + \frac{a^2 E_a}{b^2 E_i} \right)^{1/2} \right] \tag{1.115}$$

用 T 表达 b 并微分，可得

$$\sigma_s(E_i, T) = \frac{4 E_a a^2 \alpha}{\gamma E_i^2 (1 - 4\alpha^2)^2 [x(1-x)]^{1/2}} \tag{1.116}$$

其中，$x = \dfrac{T}{x E_i}$，$\pi\alpha = \arccos x^{1/2}$。

对于小的 x（低能传输），有

$$\sigma_s(E_i, T) = \frac{\pi^2 a^2 E_a \gamma^{1/2}}{8 E^{1/2} T^{3/2}} \tag{1.117}$$

注意：能量传输截面与 T 有关。平均的反冲能量为

$$\overline{T} = \frac{\displaystyle\int_{\check{T}}^{\gamma E_i} T \sigma_s(E_i, T)\,\mathrm{d}T}{\displaystyle\int_{\check{T}}^{\gamma E_i} \sigma_s(E_i, T)\,\mathrm{d}T} = (\gamma E_i \check{T})^{1/2} \tag{1.118}$$

所以，位移的总截面为

$$\sigma_s(E_i) = \int_{\check{T}}^{\gamma E_i} \sigma_s(E_i, T)\,\mathrm{d}T = \frac{\pi^2 a^2 E_a \gamma^{1/2}}{4(E_i \check{T})^{1/2}} \tag{1.119}$$

6. 相对论性电子

在反应堆堆芯材料中，由电子引起的辐照损伤不是那么重要，然而在实验室中却比较重要，因为在辐照损伤研究中，人们常常使用电子显微镜。由于电子的质量低，为了造成点阵原子的位移，必须让电子达到极高的能量。这些能量高得足以使科研人员必须使用相对论性量子力学来描述碰撞。尽管如此，被传输的能量只是大到足以将被撞击原子移位而不会再发生二次位移。

在相对论中，具有静止质量 m_0 和动能 E_i 的电子的动量为

$$p_e^2 = \frac{E_i}{c^2}(E_i + 2 m_0 c^2) \tag{1.120}$$

因为被撞击原子（Z，M）发生的反冲是非相对论性的，反冲的表达式由式（1.9）给出，即

$$V_l'^2 = V_{CM}^2 + V_c'^2 - 2 V_{CM} V_c' \cos\phi = 2 V_{CM}^2 (1 - \cos\phi) = 4 V_{CM}^2 \sin^2 \frac{\phi}{2}$$

由动量守恒可得

$$p_e = (m_0 + M) V_{CM} \approx M V_{CM}$$

在 $V_l'^2$ 的表达式中用能量替代速度项，可得

$$T = \frac{2 E_i}{M c^2}(E_i + 2 m_0 c^2) \sin^2 \frac{\phi}{2} \tag{1.121}$$

或者

$$\hat{T} = \frac{2E_i}{Mc^2}(E_i + 2m_0c^2) \tag{1.122}$$

于是，对轻离子的狄拉克（Dirac）方程的近似表达式[13]给出了微分散射截面，即

$$\sigma_s(E_1, \phi) = \frac{4\pi a_0^2 Z^2 E_R^2}{m_0^2 c^4} \frac{1 - \beta^2}{\beta^4} \times$$

$$\left[1 - \beta^2\sin^2\frac{\phi}{2} + \pi\alpha\beta\sin\frac{\phi}{2}\left(1 - \sin\frac{\phi}{2}\right) \right] \times \cos\frac{\phi}{2}\csc^3\frac{\phi}{2} \tag{1.123}$$

其中，$\beta = v/c$，$\alpha = Z_2/137$。该表达式接近于小 β 情况下的卢瑟福散射定律。使用式（1.121）和（1.122），用 T 和 $\hat{T}$ 项写出的微分散射截面为

$$\sigma_s(E_i, T) = \frac{4\pi a_0^2 Z^2 E_R^2}{m_0^2 c^4} \frac{1 - \beta^2}{\beta^4}\left\{ 1 - \beta^2\frac{T}{\hat{T}} + \pi\frac{\alpha}{\beta}\left[\left(\frac{T}{\hat{T}}\right)^{1/2} - \frac{T}{\hat{T}} \right] \right\}\frac{\hat{T}}{T^2} \tag{1.124}$$

总截面则由式（1.124）从 T 到 $\hat{T}$ 积分得

$$\sigma_s(E_i) = \frac{4\pi a_0^2 Z^2 E_R^2}{m_0^2 c^4} \frac{1 - \beta^2}{\beta^4}\left(\frac{\hat{T}}{\check{T}} - 1\right) - \beta^2 \lg\frac{\hat{T}}{\check{T}} +$$

$$\alpha\beta^2\left(\frac{\hat{T}}{\check{T}}\right)^{1/2} - 1 - \lg\frac{\hat{T}}{\check{T}} \tag{1.125}$$

对于能量超过损伤门槛值和 $\hat{T}/\check{T}$ 稍大于 1 的电子，有

$$\sigma_s(E_i) \approx \frac{4\pi a_0^2 Z^2 E_R^2}{m_0^2 c^4}\left(\frac{1 - \beta^2}{\beta^4}\right)\left(\frac{\hat{T}}{\check{T}} - 1\right) \tag{1.126}$$

图 1.15 所示为电子轰击铜（$E_d = 25\mathrm{eV}$）时的损伤截面，该图显示了在足够高的能量处，$E_i \gg m_0c^2$ 且 $\sigma_s(E_i)$ 接近于如下一个渐进值，即

$$\sigma_s(E_i) \rightarrow \frac{8\pi a_0^2 Z^2 E_R^2}{\check{T}Mc^2} = \sigma_\infty \tag{1.127}$$

应当强调的是，虽然这些截面值对轻元素足够精确，但却严重低估了重元素（$Z > 50$）的 $\sigma_s(E_i)$。表 1.5 列出了本节中讨论的不同类型原子–原子碰撞的能量传输和能量传输截面的汇总。

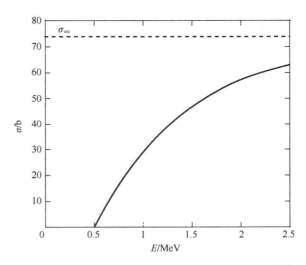

图 1.15 电子轰击铜（$E_d = 25\mathrm{eV}$）时的损伤截面[13]

表 1.5　不同类型原子 – 原子碰撞的能量传输和能量传输截面

碰撞类型	能量传输和能量传输截面	公式编号
硬球模型（玻恩 – 迈耶作用势）$\rho \approx r_e$	$\sigma_s(E_i, T) = \dfrac{\pi B^2}{\gamma E_i}\Big[\ln\dfrac{A}{\eta E_i}\Big]^2$	式（1.87）
	$\bar{T} = \dfrac{\gamma E_i}{2}$	式（1.22）
散射（简单的库仑作用势）$\rho \ll a$	$\sigma_s(E_i, T) = \dfrac{\pi b_0^2}{4}\dfrac{\gamma E_i}{T^2}$	式（1.102）
	$\bar{T} \approx E_d \ln\Big(\dfrac{\gamma E_i}{E_d}\Big)$	式（1.104）
重离子（反平方）$a/5 \leqslant \rho \leqslant 5a$	$\sigma_s(E_i, T) = \dfrac{\pi^2 a^2 E_a \gamma^{1/2}}{8 E_i^{1/2} T^{3/2}}$	式（1.117）
	$\bar{T} = (\gamma E_i \check{T})^{1/2}$	式（1.118）
相对论性电子	$\sigma_s = (E_i, T) = \dfrac{4\pi a_0^2 Z^2 E_R^2}{m_0^2 c^4}\dfrac{1-\beta^2}{\beta^4}\times$ $\Big\{1 - \beta^2\dfrac{T}{\hat{T}} + \pi\dfrac{\alpha}{\beta}\Big[\Big(\dfrac{T}{\hat{T}}\Big)^{1/2} - \dfrac{T}{\hat{T}}\Big]\Big\}\dfrac{\hat{T}}{T^2}$	式（1.124）

1.3　能量损失

到目前为止，一直将碰撞处理为离散的事件。但是，除了与原子核的碰撞或在原子核之间的碰撞，穿过点阵的运动离子或原子也可能通过电子激发、电离或韧致辐射（电子在途经核外的库仑场时由于发射 X 射线而损失能量）而损失能量。这些事件或多或少可以被看作连续的事件。本节主要讨论固体中的能量损失。

1.3.1　能量损失理论

实践中期望的是找到穿过点阵时离子或原子的微分能量损失。定义单位长度的能量损失为 $-dE/dx$［或 $NS(E)$，其中 N 是靶的原子数密度，S 是阻止本领，其单位是"能量×平方距离"］，这样总的能量损失就可以由这些分量的总和来近似表示，即

$$\Big(-\frac{dE}{dx}\Big)_{\text{total}} = \Big(-\frac{dE}{dx}\Big)_n + \Big(-\frac{dE}{dx}\Big)_e + \Big(-\frac{dE}{dx}\Big)_r = NS_n + NS_e + NS_r \qquad (1.128)$$

其中的下标定义：n = 弹性；e = 电子的；r = 辐射。

对于实践中重点关注的大多数应用，其中由辐射引起的能量损失很小而将被忽略。

基于 1.2.1 小节中的讨论明显可知，为了精确描述一个离子或原子在 $\hat{T}$ 到 $\check{T}$ 的整个能量范围（这里 $\hat{T}$ 可能是 MeV 量级，而 $\check{T} \approx 10 \text{eV}$）内的减速过程，此时必然需要若干个势函数"拼接"起来（见图 1.9）。此时会因各片段的截止处的不连续性而出现问题。而且，这些势函数使用的（边界）截止点常常也是不同的，取决于 M 和 Z。

不过，可以按照交互作用类型将阻止本领分割或拆分，从而划分能量的区域。在高能区域，$\rho \ll a$ 和 $S_e \gg S_n$，于是这些交互作用被处理为纯库仑碰撞。在低能区域，$\rho \approx a$ 和 $S_n >$

S_e，这是位移能量被消耗（沉积）的重要区域。对这两者的任一情况，可以建立一个计算阻止本领的公式：$-dE/dx = NS(E)$。

如果知道对 S_n 或 S_e 的能量传输截面 $\sigma(E_i, T)$，就能计算平均的能量传输，即

$$\overline{T} = \frac{\int T\sigma dT}{\int \sigma dT} = \text{损失的或传输的能量}$$

而两次碰撞之间的平均自由程是 $\lambda = 1/(N\sigma)$。于是，这两个量的比值就是单位长度的能量损失，即

$$\frac{dE}{dx} = NS_n = \frac{\overline{T}}{\lambda} = \frac{\int_{\check{T}}^{\hat{T}} T\sigma(E_i, T)dT}{\int_{\check{T}}^{\hat{T}} \sigma(E_i, T)dT} N\int_{\check{T}}^{\hat{T}} \sigma(E_i, T)dT$$

$$= N\int_{\check{T}}^{\hat{T}} T\sigma(E_i, T)dT \tag{1.129}$$

考察这一问题的另一种思路如下：考虑射向平均每单位体积有 N 个原子的非晶体靶的一个入射粒子（见图 1.16）。在横穿过 x 和 $x+\Delta x$ 之间的材料板块过程中，入射粒子会进入 $N\Delta x 2\pi b_1 db$ 靶粒子的 b_1 距离之内，并将能量 $T(E_i, b)$ 传输给每一个靶粒子。

向材料板块中的所有靶粒子传输的总能量可通过对所有可能的冲击参数积分获得，即

$$\Delta E = N\Delta x \int_0^\infty T 2\pi b db$$

假设 $\Delta E \ll E$，除以 Δx 并取极限 $\Delta x \to 0$，可得

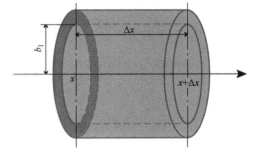

图 1.16 在包含 $N\Delta x 2\pi b_1 db$ 个原子的圆环形空间内，一个能量为 E 的入射粒子穿行距离范围的示意图

$$\frac{\Delta E}{\Delta x}\bigg|_{\lim \Delta x \to 0} = \frac{dE}{dx} = N\int_0^\infty T 2\pi b db$$

已知 $\sigma(E_i, T)dT = 2\pi b db$，所以

$$\frac{dE}{dx} = N\int_{\check{T}}^{\hat{T}} T\sigma(E_i, T)dT$$

这与由式（1.129）得到的结果相同。

首先，考虑因弹性碰撞导致的核阻止或能量损失。

1. 核阻止本领

将 $(-dE/dx)_n$ 或 $NS_n(E_i)$ 定义为，当能量为 E_i 的入射粒子穿越一个单位密度的靶内微分厚度 dx 时损失于靶原子核的能量。如果假设对每一个其他的靶原子核而言，每个靶原

子核在使入射粒子减慢的过程中彼此都是独立起作用的，那么就可以建立一个 $(-dE/dx)_n$ 的简单公式。不过，这里忽略了核之间任何可能的交互作用。这是对非晶（无定形）靶的一个不错的近似，也是对结晶型靶的一个很好的一级近似。

情况1：高能弹性碰撞，$\rho \ll a$。

卢瑟福散射精确描述了该类交互作用。对于简单库仑散射，能量传输截面［见式（1.102）］为

$$\sigma_s(E_i, T) = \frac{\pi b_0^2}{4} \frac{\gamma E_i}{T^2}$$

所以，核阻止本领为

$$\frac{dE}{dx}\Big|_n = NS_n(E_i) = N \int_{\check{T}}^{\gamma E_i} T \frac{\pi b_0^2}{4} \frac{\gamma E_i}{T^2} dT$$

$$= \frac{N\pi b_0^2}{4} \gamma E_i \ln\left(\frac{\gamma E_i}{\check{T}}\right) \tag{1.130}$$

其中，$\hat{T} = \gamma E_i$，而 $\check{T}$ 是导致 $b = a$ 或 $\check{T}_b = \dfrac{e^2 \gamma E_a^2}{4E_i}$ 的 T 值。

由式（1.93）替代 b_0 给出

$$\frac{dE}{dx}\Big|_n = NS_n(E_i) = \frac{N\pi Z_1^2 Z_2^2 \varepsilon^4}{E_i} \frac{M_1}{M_2} \ln\left(\frac{\gamma E_i}{\check{T}_b}\right) \tag{1.131}$$

注意：对同类原子而言，$\gamma = 1$，$M_1 = M_2$，所以

$$NS_n(E_i) = \frac{N\pi Z_1^2 Z_2^2 \varepsilon^4}{E_i} \ln\left(\frac{E_i}{\check{T}_b}\right) \tag{1.132}$$

将式（1.107）中的 E_a 代入 T_b 的表达式，可得

$$\check{T}_b = \frac{4E_R^2 (Z_1 Z_2)^2 (Z_1 Z_2)^{2/6}}{C^2 E_i} \tag{1.133}$$

采用 $a = a_0/(Z_1 Z_2)^{1/6}$ 并替代 $(Z_1 Z_2)^{1/6}$，对于 $Z_1 = Z_2$ 的情况，可得

$$\check{T}_b = \frac{4E_R^2 a_0^2 Z^4}{C^2 a^2 E_i}$$

又因为 $\varepsilon^2 = 2a_0 E_R$，则式（1.132）成为

$$NS_n(E_i) = \frac{4N\pi Z^4 a_0^2 E_R^2}{E_i} \ln\left(\frac{E_i}{\check{T}_b}\right)$$

$$= \frac{4N\pi Z^4 a_0^2 E_R^2}{E_i} \ln\left(\frac{C^2 a^2 E_i^2}{4a_0^2 E_R^2 Z^4}\right) \tag{1.134}$$

情况2：低能弹性碰撞，$\rho \approx a$。

在中等和较低的能量处，单纯库仑散射不可能正确地捕获交互作用。这里，必须使用一个屏蔽的库仑函数对核与核之间空间内的电子效应加以解释。Bohr[14]指出，只要采用如下形式的逆幂律作用势，就可以正确地描述屏蔽的库仑作用势，即

$$\sigma(E, T) = \frac{C_m}{E^m T^{1+m}} \tag{1.135}$$

其中

$$C_m = \frac{\pi}{2}\lambda_m a^2 \left(\frac{2Z_1 Z_2 \varepsilon^2}{a}\right)^{2m} \left(\frac{M_1}{M_2}\right)^m \tag{1.136}$$

而 λ_m 是一个拟合变量。将式（1.135）中的势函数插入到阻止本领的式（1.129）可得

$$S_n(E) = \frac{1}{N}\left(\frac{\mathrm{d}E}{\mathrm{d}x}\right)_n = \frac{C_m}{E^m}\int_0^{\hat{T}} T^{-m}\mathrm{d}T = \left.\frac{C_m E^{-m} T^{1-m}}{1-m}\right|_0^{\hat{T}} \tag{1.137}$$

$$S_n(E) = \frac{C_m E^{1-2m}}{1-m}\gamma^{1-m} \tag{1.138}$$

其中，γ 具有通常的定义，见式（1.14）。Lindhard 等人[14]引入了对于能量 $\in$ 和距离 ρ_x 的一套无量纲或约化了的变量，即

$$\in = \frac{M_2}{(M_1 + M_2)}\frac{a}{Z_1 Z_2 \varepsilon^2}E \tag{1.139}$$

$$\rho_x = N4\pi a^2 \frac{M_1 M_2}{(M_1 + M_2)^2}x \tag{1.140}$$

他们提出了一个在约化符号系统中通用的、单一参数的微分散射截面，将交互作用势 $V(r) = \dfrac{Z_1 Z_2 \varepsilon^2}{r}\phi_0(r/a)$ 做了近似处理，其中 ϕ_0 是归属于单个托马斯 – 费米原子的费米函数，即

$$\sigma = \frac{\pi a^2}{2}\frac{f(t^{1/2})}{t^{3/2}} \tag{1.141}$$

其中，t 是无量纲的碰撞参数，定义为

$$t = \in^2 \frac{T}{\hat{T}} = \frac{1}{2}\in^2(1 - \cos\phi) = \in^2\sin^2\frac{\phi}{2} \tag{1.142}$$

t 正比于传输的能量 T，也通过 $\in^2 = \hat{T}$ 而正比于能量 E_i；ϕ 是质心散射角。Lindhard 等人[14]将 $f(t^{1/2})$ 处理成简单的标量函数，这里 t 值是在一次碰撞过程中穿透进入一个原子内部深度的度量，大的 t 值表示更加靠近原子核。图 1.17 中画出了函数 $f(t^{1/2})$，且 Winterbon 等人[15]对该函数开发了一个分析表达式，即

$$f(t^{1/2}) = \lambda' t^{1/6}\left[1 + (2\lambda' t^{2/3})^{2/3}\right]^{-3/2} \tag{1.143}$$

其中，$\lambda' = 1.309$。式（1.143）对幂律散射的普适化表达为

$$f(t^{1/2}) = \lambda_m t^{\frac{1}{2}-m} \tag{1.144}$$

其中，$\lambda_{1/3} = 1.309$，$\lambda_{1/2} = 0.327$，且 $\lambda_1 = 0.5$。式（1.144）近似描述了由形式为 $V(r) \propto r^{-s} = r^{-1/m}$ 的作用势所产生的散射。在低能量（低 $\in$ 值）处，碰撞中仅有很小的穿透（即 t 值小），此时碰撞由 $V(r) \propto r^{-3}$ 和 $m = 1/3$ 的幂律来描述，得到 $t^{1/6}$ 的相关性。在较高能量处，屏蔽效应最小，被描述为 $V(r) \propto r^{-1}$ 作用势和 $m = 1$，从而得出了 $t^{-1/2}$ 的行为。在中间能量处，函数（截面）的变化缓慢，此时幂律作用势的形式是最佳的描述，即 $V(r) \propto r^{-2}$ 和 $m = 1/2$，给出了与 t 无关特性，这意味着截面与 $\in$ 无关。对于反平方律 $m = 1/2$ 的情况，阻止本领由式（1.138）可得

$$S_n(E) = 4\pi\lambda_{1/2}aZ_1 Z_2 \varepsilon^2 \frac{M_1}{M_1 + M_2} \tag{1.145}$$

约化的阻止截面 $S_n(\in)$ 为

$$S(\in) = \frac{\mathrm{d}\in}{\mathrm{d}\rho_x} \qquad (1.146)$$

而 $S_n(E)$ 和 $S_n(\in)$ 之间的关系为

$$\frac{\mathrm{d}\in}{\mathrm{d}\rho_x} = \left(\frac{\mathrm{d}\in}{\mathrm{d}E}\frac{\mathrm{d}\rho_x}{\mathrm{d}x}\right)\frac{\mathrm{d}E}{\mathrm{d}x} \qquad (1.147)$$

取 $\in$ 对 E 的微分［见式（1.139）］，取 ρ_x 对 x 的微分［见式（1.140）］，可得

$$S_n(\in) = \frac{M_1 + M_2}{M_1} \frac{1}{4\pi a Z_1 Z_2 \varepsilon^2} S_n(E)$$
$$(1.148)$$

$$= \frac{\in}{\pi a^2 \gamma E_i} S_n(E) \qquad (1.149)$$

将 $S_n(E)$ 的表达式由式（1.145）代入式（1.148）可得

$$S_n(\in) = \lambda_{1/2} = 0.327 \qquad (1.150)$$

阻止本领也可以使用由式（1.141）约化符号的能量传输截面来书写，即

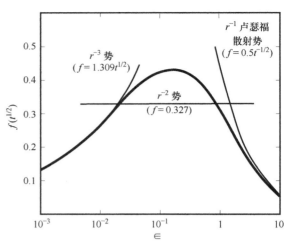

图 1.17　由托马斯 – 费米作用势计算的约化微分截面[15]

注：横坐标 $\in = t^{1/2}/\sin\frac{\phi}{2}$。在 $10^{-3} < \in < 10$ 范围内的粗实线是根据式（1.141）画出的。而左和右两侧的细实线和中间的水平线是采用式（1.144）的幂律截面计算得到的。

$$S_n(E) = \frac{1}{N}\left(\frac{\mathrm{d}E}{\mathrm{d}x}\right)_n = \pi a^2 \int_0^{\hat{T}} T \frac{f(t^{1/2})}{2t^{3/2}}\mathrm{d}t = \frac{-\pi a^2}{\in^2}\hat{T}\int_0^{\hat{T}} f(t^{1/2})\mathrm{d}t^{1/2} \qquad (1.151)$$

将式（1.151）中的 $S_n(E)$ 替代入式（1.149），$\hat{T} = \gamma E_i$，可得

$$S_n(\in) = \frac{1}{\in}\int_0^{\in} f(t^{1/2})\mathrm{d}t^{1/2} \qquad (1.152)$$

在式（1.144）中设 $y = t^{1/2}$，则式（1.152）成为

$$S_n(\in) = \frac{\lambda_m}{\in}\int_0^{\in} y^{1-2m}\mathrm{d}y = \frac{\lambda_m}{\in}\frac{y^{2-2m}}{2(1-m)}\bigg|_0^{\in} = \frac{\lambda_m}{2(1-m)}\in^{1-2m} \qquad (1.153)$$

这是对约化的核阻止截面的幂律近似。对于反平方定律的情况，$m = 1/2$，$S_n(\in) = \lambda_{1/2} = 0.327$。

接着考虑中间能量范围内碰撞的 $S_n(E_i)$ 的两个近似值。

一级近似是通过使用式（1.59）中的反平方作用势求解轨道方程式（1.76）而获得的[16]，即

$$\frac{\phi}{\pi} = 1 - \frac{1}{\left(1 + \frac{a^2 E_a}{b^2 E_i}\right)^{1/2}}$$

使用式（1.14）来确定 T，即

$$T = \gamma E_i \cos^2\left[\frac{\pi}{2}\left(1 + \frac{a^2 E_a}{b^2 E_i}\right)^{1/2}\right] \qquad (1.154)$$

用 T 项表示 b^2 并加以微分，并使用式 (1.78) 中 $\sigma_s(E_i, T)$ 和 b 的关系，可得

$$\sigma_s(E_i, T) = \frac{4E_a a^2 \alpha}{\gamma E_i^2 (1 - 4\alpha^2)^2 [x(1 - x)]^{1/2}} \tag{1.155}$$

其中，$x = T/E_i$，$\pi\alpha = \arccos\sqrt{x}$。对于小的 x 值，式 (1.155) 具有如下形式，即

$$\sigma_s(E_i, T) = \frac{\pi^2 a^2 E_a \gamma^{1/2}}{8E_i^{1/2} T^{3/2}} \tag{1.156}$$

在 $\overline{T} = \gamma E_i$ 处取一个到 0 的截止点，由式 (1.156) 计算总的截面和平均反冲能量：

$$\overline{T} = (\gamma E_i \check{T})^{1/2} \tag{1.157}$$

$$\sigma_s(E_i) = \frac{\pi^2 a^2 E_a \gamma^{1/2}}{4(E_i \check{T})^{1/2}} \tag{1.158}$$

于是，阻止本领就可用下式确定，即

$$S_n(E_i) = \int_{\check{T}}^{\hat{T}} T\sigma(E_i, T)\,\mathrm{d}T$$

将式 (1.158) 的能量传输截面代入，可得

$$S_n(E_i) = \frac{1}{N}\left(\frac{\mathrm{d}E}{\mathrm{d}x}\right)_n = \frac{\pi^2}{4}a^2 E_a \gamma \tag{1.159}$$

再将式 (1.107) 的 E_a 代入，得出 S_n 的值为 0.327。与此相同的结果也可以使用平均能量损失的表达式而获得

$$\frac{\mathrm{d}E}{\mathrm{d}x} = \frac{\overline{T}}{\lambda} = N\sigma_s \overline{T} \tag{1.160}$$

其中，$\lambda = 1/(N\sigma_s)$ 是两次碰撞事件之间的平均自由程，并由式 (1.157) 和式 (1.158) 替代了 $\sigma_s(E_i)$ 和 $\overline{T}$。

$S_n(E_i)$ 的二级近似可使用托马斯 - 费米屏蔽函数来获得。假设靶中的弹射体大多数的能量损失是由一系列小角度的散射事件导致的。在这种情况下，然后使用式 (1.49) 的托马斯 - 费米屏蔽函数对式 (1.76) 进行求解 ϕ，并基于 f 是小的这一假设将得到的结果展开，传输的能量 T 就可以表达为 E_i 和 b 的函数，从而可得

$$\phi = \pi - 2\int_0^{\hat{x}} \left[\frac{1}{b^2}\left(1 - \frac{V(x)}{\eta E_i} - b^2 x^2\right)\right]^{-1/2}\mathrm{d}x \tag{1.161}$$

对于 $V(r) = \dfrac{Z_1 Z_2 \varepsilon^2}{r} f(r/a)$ [其中 $f(r/a) = a/r$]，求解结果为

$$\phi = \pi - b\left[b^2 + \frac{Z_1 Z_2 \varepsilon^2 a}{E_R}\right]^{-1/2} \tag{1.162}$$

对 b 求解并代入如下表达式，即

$$\sigma_s(E_i, \phi)\,\mathrm{d}\Omega = 2\pi b\,\mathrm{d}b$$

使用式 (1.15) 以获得 $\sigma_s(E_i, T)\,\mathrm{d}T$，然后可以根据式 (1.129) 求得 $S_n(E_i)$。其结果为

$$S_n^0 = \frac{\pi^2}{e}\varepsilon^2 a_0 Z_1 Z_2 \frac{M_1}{M_1 + M_2} Z^{-1/3} \tag{1.163}$$

这就是标准的阻止本领（见图1.18）。注意：对于一级近似，S_n^0是与弹射体能量无关的，将式（1.163）和式（1.139）代入式（1.149）得到S_n^0的值为0.327。当小角度散射占优势时，从S_n^0估算的范围将是合理地闭合。

回忆一下：在推导式（1.163）时做的关键假设是弹射体的能量损失可以表示为一系列小角度的散射事件，这就允许假设f值一直保持很小。表1.6列出了入射到一个硅靶原子的一个能量为50keV硅弹射体的散射角和能量损失。注意：对$\rho/a \geqslant 1$的情况，这个假设显然是有效的。

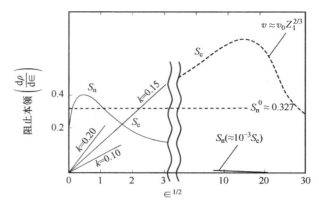

图1.18 约化的核和电子阻止（本领）截面与$\in^{1/2}$的函数

以约化符号表达的核阻止截面是使用$S_n(\in)$的式（1.149）确定的，并将$S_n(E)$代入式（1.129）可得

$$S_n(\in) = \frac{\in}{\pi a_U^2 \gamma E_i} \int_0^{\hat{T}} T \sigma_s(E_i, T) \, dT \tag{1.164}$$

表1.6 对于50keV的硅弹射体和硅靶原子的散射角和能量损失[17]

ρ/a	10	1	0.1
ϕ/rad	0.004π	0.26π	0.89π
$\theta/(°)$	0.36	23.4	80.5
T/E	4×10^{-5}	0.16	0.973
T/keV	0.002	8	49

其中，通用的屏蔽长度a_U替代了托马斯－费米屏蔽长度a，并使两者相等，即

$$\int_0^{\check{T}} \sigma_s(E_i, T) \, dT = \int_0^{b_{\max}} 2\pi b \, db \tag{1.165}$$

从而得到了一个以约化符号表示的核阻止截面的表达式，即

$$S_n(\in) = \frac{\in}{a_U^2} \int_0^\infty \sin^2 \frac{\phi}{2} \, db^2 \tag{1.166}$$

Ziegler[18]使用了通用的屏蔽函数，如图1.19所示。

$$\chi_U = 0.1818 e^{-3.2x} + 0.5099 e^{-0.9423x} + 0.2802 e^{-0.4028x} + 0.02817 e^{-0.2016x} \tag{1.167}$$

对式（1.76）和式（1.166）进行数值积分，用来计算一个通用的约化核阻止截面，即图1.20所示的ZBL横面。用于拟合的表达式为

$$S_n(\in) = \frac{0.5 \ln(1 + 1383 \in)}{(\in + 0.01321 \in^{0.21226} + 0.19593 \in^{0.5})} \tag{1.168}$$

在实际的计算中，在实验室坐标系中一个能量为E_i的离子的ZBL通用核阻止本领取为

$$S_n(E_i) = \frac{8.462 \times 10^{-15} Z_1 Z_2 M_1 S_n(\in)}{(M_1 + M_2)(Z_1^{0.23} + Z_2^{0.23})} \tag{1.169}$$

其中，ZBL的约化能量为

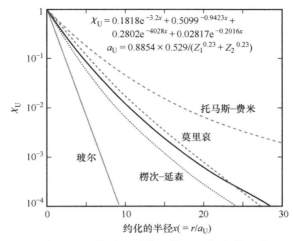

图 1.19　式（1.167）的通用（普适）屏蔽函数χ_U（粗实线）是 $x = r/a_U$ 的函数[19]

注：其中χ_U 是由 $a_U = 0.8854 \times 0.529/（Z_1^{0.23} + Z_2^{0.23}）$ 定义的通用

（普适）屏蔽长度，也包括了一些其他的屏蔽函数得到的结果。

$$\epsilon = \frac{32.53 M_2 E_i}{Z_1 Z_2（M_1 + M_2）（Z_1^{0.23} + Z_2^{0.23}）}$$

$$（1.170）$$

现在，考察一下电子的能量损失。

2. 电子阻止本领

电子阻止本领的理论计算比 S_n 的计算复杂得多。对于离子和电子间碰撞的描述，可以使用经典的方程［见式（1.106）］。但是，这里必须考虑在固体中一个移动中的重离子和一个电子之间的二次碰撞。只要所有电子都参与，并且离子的速率超过了被束缚最紧的电子的速率，这个方法还是有效的。T 可以定义为

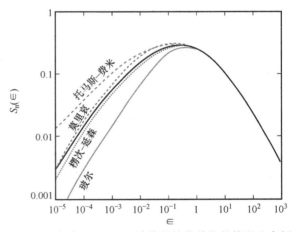

图 1.20　由式（1.168）计算的约化单位的核阻止本领

$$\hat{T} \approx \gamma_e E_i \tag{1.171}$$

其中，$\gamma_e = 4 m_e M/（m_e + M）^2$，因此，$\hat{T}$ 非常小。将离子 – 电子交互作用的下限定义为有效的平均激发 – 电离能级$\bar{I}$（对于一级近似，$\bar{I} = k Z_2$，其中 $k = 11.5 \text{eV}$）。还应注意到，必须使用电子密度，它刚好是原子密度的 Z_2 倍，即

$$n = N Z_2 \tag{1.172}$$

将与式（1.130）等价的、由激发 – 电离交互作用导致的阻止本领的表达式写出来，即

$$\begin{aligned}
\left（-\frac{dE}{dx}\right）_e &= \frac{n}{Z_2} \int_{I}^{\gamma_e E_i} T \sigma_s（E_i, T） dT \\
&= \frac{n}{Z_2} \frac{\pi b_0^2}{4} \gamma_e E_i \ln\left(\frac{\gamma_e E_i}{I}\right) \\
&= N\pi \frac{Z_1^2 Z_2 \varepsilon^4}{E_i} \frac{M}{m_e} \ln\left(\frac{\gamma_e E_i}{\bar{I}}\right)
\end{aligned} \tag{1.173}$$

式（1.173）只是近似计算。较准确的表达式可由基于玻恩近似的量子力学处理方法得到，其物理解释是，由入射粒子导致的扰动并未给大冲击参数的电子运动带来严重的干扰。采用该分析的结果是增加了一个"2"的因子，这来源于小能量的传输过程（不满足自由库仑散射的假设）。于是，贝特-布洛克（Bethe–Bloch）公式是一个很好的近似，即

$$\left(-\frac{\mathrm{d}E}{\mathrm{d}x}\right)_e = \frac{2N\pi Z_1^2 Z_2 \varepsilon^4}{E_i}\frac{M}{m_e}\ln\left(\frac{\gamma_e E_i}{\bar{I}}\right) = \frac{2\pi N Z_1^2 M \varepsilon^4}{m_e E_i}B \tag{1.174}$$

其中，$B = Z_2\ln\left(\dfrac{\gamma_e E_i}{\bar{I}}\right)$，是阻止数。对于相对论性的速率：

$$B = Z_2\left[\ln\left(\frac{\gamma_e E_i}{I}\right) - \ln(1 - \beta^2) - \beta^2\right] \tag{1.175}$$

其中，$\beta = v/c$，c 是光速。注意，在高能量处，S_n 和 S_e 都非常近似地随 $1/E_i$ 变化；并且有

$$\frac{S_e}{S_n} = \frac{2M_2}{m_e Z_2}\frac{\ln\left(\dfrac{\gamma_e E_i}{I}\right)}{\ln\left(\dfrac{\gamma E_i}{E_d}\right)} \tag{1.176}$$

将式（1.176）应用于质子时，对于 $\bar{I} \approx 11.5 Z_2\,\mathrm{eV}$，该数值约为 2000；或者说电子阻止本领是核阻止本领的 2000 倍。

在低速率下，内壳层电子对阻止本领的贡献不大。而且，电荷发生中和的概率会变得很大，以致弹射体与周围电子之间的碰撞几乎是弹性的。此时，能量损失变成了正比于弹射体的速率。林汉德（Lindhard）、斯卡夫（Scharff）、斯高特（Schiott）（LSS），以及费尔索夫都给出了对该能量区域的理论描述。LSS 的表述是基于在一个屏蔽点电荷的静态场中自由靶电子的弹性散射。而费尔索夫的表述是基于在电子云互相穿透时弹射体和靶之间动量交换的一个简单几何模型。Lindhard 和 Winther[17] 已经揭示，只要离子的速率小于能量等于自由电子气的费米能量（E_f）的电子的速率，则 S_e 就将正比于离子的速率或其能量的 $1/2$ 次方。使用如下形式的作用势：

$$V(r) = \frac{2(Z_1 Z_2)^{1/2}\varepsilon^2}{r}\chi_{\mathrm{TF}}\left[1.13(Z_1^{2/3} + Z_2^{2/3})^{1/2}\frac{r}{a_0}\right] \tag{1.177}$$

林汉德-斯卡夫（Lindhard–Scharff）阻止本领就成为

$$NS_e(E) = \left(-\frac{\mathrm{d}E}{\mathrm{d}x}\right)_e = k'E^{1/2} \tag{1.178}$$

$$k' = 3.83\frac{Z_1^{7/6}Z_2}{M_1^{1/2}(Z_1^{2/3} + Z_2^{2/3})^{3/2}} \tag{1.179}$$

其中，$S_e(E)$ 的单位是 $10^{-15}\,\mathrm{eV\cdot cm^2}$/原子，而 E 的单位是 keV。用约化符号表示的阻止截面为

$$S_e(\in) = \left(\frac{\mathrm{d}\in}{\mathrm{d}\rho}\right)_e = k\in^{1/2}$$

$$k = \frac{0.07937 Z_1^{2/3}Z_2^{1/2}\left(1 + \dfrac{M_2}{M_1}\right)^{3/2}}{(Z_1^{2/3}Z_2^{2/3})^{3/4}M_2^{1/2}} \tag{1.180}$$

通用的核阻止截面如图1.18所示，其中一条单一的曲线表示了所有可能的弹射体－原子碰撞，且由式（1.180）计算的电子阻止截面形成了一组曲线，或者是对每一弹射体和靶原子组合形成了各自的一条线。

在下面的分析中，可以得到一个近似的处理方法，从而得到一个解析表达式。考虑一个质量为M_1的原子以速率v_1运动，它与以速率v_e反向运动的一个电子发生正面的碰撞。两个粒子的相对初始速度为

$$v_{r0} = v_1 + v_e \tag{1.181}$$

碰撞之后，速度的方向（而不是其大小）发生了变化，即

$$v_{rf} = -(v_1 + v_e) \tag{1.182}$$

在与电子碰撞后，原子的速度为

$$v_{1f} = V_{CM} + \left(\frac{m_e}{M_1 + M_e}\right) v_{rf}$$

$$= \frac{M_1 v_1 - m_e v_e}{M_1 + m_e} - \left(\frac{m_e}{M_1 + m_e}\right)(v_1 + v_e) \tag{1.183}$$

$$\approx v_1 - \frac{2m_e v_e}{M_1}$$

其中，与M_1相比，M_e可以忽略。因碰撞而导致的原子能量变化为

$$\Delta E = \Delta\left(\frac{1}{2}M_1 v_1^2\right) \approx M_1 v_1 (v_1 - v_{1f}) = 2M_e v_e v_1 \tag{1.184}$$

碰撞后电子的速率为

$$v_{ef} = V_{CM} - \left(\frac{m_1}{M_1 + m_e}\right) v_{rf}$$

$$= \frac{M_1 v_1 - m_e v_e}{M_1 + m_e} + \left(\frac{M_1}{M_1 + m_e}\right)(v_1 + v_e) = 2v_1 + v_e \tag{1.185}$$

或者，电子速率的增加为

$$\Delta v_e = v_{ef} - v_e = 2v_1 \tag{1.186}$$

金属中传导电子的数目近似等于原子的数量密度N。但是，只有那些速率处于费米速率v_f的Δv_e范围内的电子才能够参与使原子减速的过程。所以，金属中对原子减速有效的电子密度为

$$n_e \approx N\left(\frac{\dfrac{\Delta v_e}{2}}{v_f}\right) = \left(\frac{v_1}{v_f}\right) N \tag{1.187}$$

撞击原子的有效电子电流为

$$I_e = n_e v_{r0} = n_e(v_1 + v_e) \approx n_e v_e \tag{1.188}$$

而有效电子与单个原子的碰撞率是$\sigma_e I_e$，其中σ_e是运动原子与导电电子的交互作用截面。于是，阻止本领就是一个运动原子对有效电子的能量损失率除以原子的速率，即

$$\left(-\frac{dE}{dx}\right)_e = \frac{\sigma_e I_e \Delta E}{v_1} \tag{1.189}$$

将式（1.184）、式（1.187）和式（1.188）代入式（1.189），并把 v_e 和 v_1 分别书写为 $(2E_f/m_e)^{1/2}$ 和 $(2E/M_1)^{1/2}$，可得

$$\left(-\frac{\mathrm{d}E}{\mathrm{d}x}\right)_e = 8\sigma_e N\left(\frac{m_e}{M_1}\right)^{1/2} E^{1/2} = kE^{1/2} \tag{1.190}$$

其中

$$k = 8\sigma_e N\left(\frac{m_e}{M_1}\right)^{1/2} \tag{1.191}$$

对于同类原子，$k = 3.0 NZ^{2/3}\,\mathrm{eV}^{1/2}/\mathrm{nm}$，或者 $S_e = k'E^{1/2}$，其中同类原子 $k' = 3 \times 10^{-15} Z^{2/3}\,\mathrm{eV}^{1/2}\mathrm{cm}^2$。对于 $0 < E < 37Z^{7/3}$（keV），两个等式均有效。

例如，对 M_2 为 Si，$k'_{\mathrm{Si}} \approx 0.2 \times 10^{-15}\,\mathrm{eV}^{1/2}\mathrm{cm}^2$。表 1.7 列出了在本小节中讨论过的不同类型交互作用的核及电子的能量损失率。

表 1.7　不同类型交互作用的核及电子的能量损失率

交互作用类型	核的能量损失率 $\left(-\dfrac{\mathrm{d}E}{\mathrm{d}x}\right)_n$	公式号	电子的能量损失率 $\left(-\dfrac{\mathrm{d}E}{\mathrm{d}x}\right)_e$	公式号
高 E	$\dfrac{4N\pi Z^4 a_0^2 E_R^2}{E_i}\ln\left(\dfrac{a^2 C^2 E_i^2}{4a_0^2 E_R^2 Z^4}\right)$	式（1.134）	$N\pi\dfrac{Z_1^2 Z_2 \varepsilon^4}{E_i}\dfrac{M}{m_e}\ln\left(\dfrac{\gamma_e E_i}{I}\right)$	式（1.173）
低 E	一般表达式 $\dfrac{8.462 \times 10^{-15} NZ_1 Z_2 M_1 S_n(\in)}{(M_1 + M_2)(Z_1^{0.23} + Z_2^{0.23})}$	式（1.169）	$k'E^{1/2}$ $k' = 3.83\dfrac{Z_1^{7/6} Z_2}{M_1^{1/2}(Z_1^{2/3} + Z_2^{2/3})^{3/2}}$	式（1.178） 式（1.179）
	反平方 $\dfrac{\pi^2}{4}a^2 NE_a\gamma$	式（1.159）	$kE^{1/2}$	式（1.190）
	托马斯 - 费米屏蔽 $K\dfrac{NZ_1 Z_2}{Z^{1/3}}\dfrac{M_1}{M_1 + M_2}$ 其中，$Z^{1/3} = (Z_1^{2/3} + Z_2^{2/3})^{1/2}$，$K = \left(\dfrac{\pi}{e}\right)\varepsilon^2 a_0 = 2.8 \times 10^{-15}\,\mathrm{eV}\cdot\mathrm{cm}^2$	式（1.163）	$k = 8\sigma_e N\left(\dfrac{m_e}{M_1}\right)^{1/2}$ 适用于 $0 < E < 37Z^{7/3}$（keV）	式（1.191）

1.3.2　穿越距离范围的计算

目前已开发了两种主要能量损失形式的表达式：①离子与靶原子核的碰撞；②离子与固体中电子的交互作用。假设这两种能量损失的形式彼此是独立的。基于这个近似的假设，可以把单个弹射体的总能量损失写成各个单独贡献之和，即

$$\left(-\frac{\mathrm{d}E}{\mathrm{d}x}\right)_T = NS_T = N[S_n(E) + S_e(E)] \tag{1.192}$$

对这个表达式进行积分，可以得出一个初始能量为 E_i 的弹射体（运动）停止前在靶中将穿越的总距离 R 为

$$R = \int_0^R \mathrm{d}x = \frac{1}{N}\int_0^{E_i} \frac{\mathrm{d}E}{[S_n(E) + S_e(E)]} \tag{1.193}$$

该距离被称为"平均的总穿越距离范围",它在对离子在非晶靶中的平均穿透深度进行估算时是一个有用的量。总的来说,将式(1.138)计算得到的核的阻止本领代入式(1.194),即可获得只由核的阻止作用所导致的总路径长度。

$$R = \int_0^{E_i} \frac{\mathrm{d}E}{NS_n(E)}\frac{\pi}{2} \tag{1.194}$$

$$R(E_i) = \left(\frac{1-m}{2m}\right)\frac{\gamma^{m-1}}{NC_m}E_i^{2m} \tag{1.195}$$

在约化的符号形式中,将式(1.153)给出的阻止本领代入,可得

$$\rho_x = \int_0^{\in} \frac{\mathrm{d}\in}{S_n(\in)} \tag{1.196}$$

即可得

$$\rho_x = \frac{1-m}{m\lambda_m}\in^{2m} \tag{1.197}$$

对只需应用反平方作用势的核阻止的情况,总路径长度的估算可遵循以下方法。

$$\frac{\mathrm{d}E}{\mathrm{d}x} = N\int_{\check{T}}^{\gamma E_i} T\sigma_s(E_i,T)\mathrm{d}T$$

$$= \frac{\pi^2}{4}a^2 NE_a\gamma \tag{1.198}$$

$$\sigma_s(E_i,T) = \frac{\pi^2 a^2 E_a \gamma^{1/2}}{8E_i^{1/2}T^{3/2}}$$

所以

$$\bar{x} = \overline{R}_{\text{total}} = \int_0^{E_i} \frac{\mathrm{d}E'}{(\mathrm{d}E/\mathrm{d}x)_n} = \int_0^{E_i} \frac{\mathrm{d}E'}{\frac{\pi^2}{4}a^2 NE_a\gamma}$$

$$= \frac{4E_i}{\pi^2 a^2 NE_a\gamma}, E_i \leqslant E_a \tag{1.199}$$

但是,需要重点关注的是总路径范围到入射粒子路径的初始方向上的投影(见图1.21);而且,还应知道投影范围内的偏差,因为所有粒子所经受的碰撞序列并不相同。所以,定义:$\overline{R}_p$ = 平均投影范围,$\overline{\Delta R}_p$ = 投影范围的标准偏差。

计算 $\overline{R}_p$ 的方法已经由 Lindhard 等人[16]开发了。在传输的能量 T 与粒子总

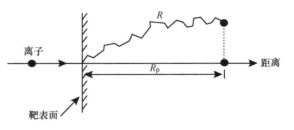

图1.21 入射到靶上的一个离子的总路径长度 R 和总投影范围 R_p

能量相比很小的情况下，$\overline{R_p}$ 的微分方程的解为

$$\overline{R_p} = \int_0^{E_i} \frac{\mathrm{d}E'}{\beta_1(E')}\exp\left[\int_{E_i}^{E'}\frac{\alpha_1(x)\,\mathrm{d}x}{\beta_1(x)}\right] \tag{1.200}$$

其中，$\alpha_1(E) = \dfrac{\mu}{2}N\dfrac{S_n(E)}{E}$。

$$\beta_1(E) = N\left[S_n(E) + S_e(E) - \frac{\mu}{2}\frac{\Omega_n^2(E)}{E}\right] \tag{1.201}$$

其中，$\Omega_n^2(E) = \displaystyle\int_0^\infty T_n^2 2\pi b\,\mathrm{d}b$。

通过定义 R_c（弦范围）和 $R_\perp$（垂直于初始方向的范围）可以计算标准偏差，因此，从图 1.22 得到如下关系式。

$$\overline{R_c^2} = \overline{R_p^2} + \overline{R_\perp^2} \tag{1.202}$$

以及一个相关的量为

$$\overline{R_r^2} = \overline{R_p^2} - \frac{1}{2}\overline{R_\perp^2} \tag{1.203}$$

于是，对于 $T \ll E$ 的情况，有

$$\overline{R_r^2(E)} = \int_0^E \frac{2\,\overline{R_p(E')}\,\mathrm{d}E'}{\beta_2(E')}\exp\left[\int_E^{E'}\frac{3\alpha_2(x)}{\beta_2(x)}\mathrm{d}x\right] \tag{1.204}$$

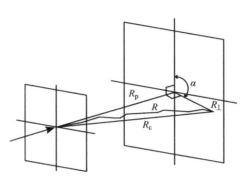

图 1.22　路径范围参数（R、R_p、R_c、$R_\perp$）定义的示意图

并且

$$\overline{R_c^2(E)} = \int_0^E \frac{2\,\overline{R_p(E')}\,\mathrm{d}E'}{N[S_n(E') + S_e(E')]} \tag{1.205}$$

于是，$\overline{\Delta R_p}$ 可由式（1.206）得到。

$$(\overline{\Delta R_p})^2 = \frac{2\,\overline{R_r^2(E)} + \overline{R_c^2(E)}}{3} - (\overline{R_p})^2 \tag{1.206}$$

其中，$\alpha_2(E) = \alpha_1(E)/2$，$\beta_2(E) = \beta_1(E) - N\mu\Omega_n^2(E)/E$。

对于托马斯 - 费米作用势，可以对积分式进行数值估算；如果 S_n 和 S_e 的近似值与下面的值一起使用，积分式也可以通过分析加以估算：

$$\Omega_n^2(E) = \frac{4M_1M_2}{3(M_1 + M_2)}S_n^0 E \tag{1.207}$$

在 LSS 的形式中，平均总路径长度的计算公式为

$$\rho_R = \int_0^\epsilon \frac{\mathrm{d}\epsilon}{[S_n(\epsilon) + S_e(\epsilon)]} = \int_0^\epsilon \frac{\mathrm{d}\epsilon}{[S_n(\epsilon) + k\epsilon^{1/2}]} \tag{1.208}$$

式（1.208）必须使用不同的 k 值进行数值积分。对于特殊的 Z_1、Z_2 和 E_i，应先计算 ϵ 和 k，然后从图 1.23 中读取 ρ_R 值，并使用式（1.139）和式（1.141）将它转换成 R，而 $\rho_R = 3.06\varepsilon$。

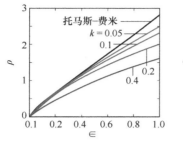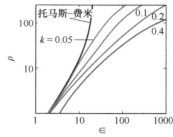

图 1.23 对不同的电子阻止参数 k 值计算得到的约化路径范围–能量图

$$R = \frac{6EM_2(M_1 + M_2)(Z_1^{2/3} + Z_2^{2/3})^{1/2}}{\rho Z_1 Z_2 M_1} \tag{1.209}$$

其中，R 的单位为 nm，E 的单位为 keV，ρ 的单位是 g/cm³。最应重点关注的范围量是平均的路径投影范围 R_p，它也是常常要测量的量程。在高能量下，$S_e >> S_n$，$R \approx R_p$；在低能量下，$S_n \approx S_e$，$R_p < R$。这方面的差异随 M_2/M_1 的增大而变得更大。LSS 理论也分析过这个问题。

在低 $\in$ 或 ρ_R（且 k 值也小）的情况下，对于 $M_2/M_1 = 1/2$，$R/R_p \approx 1.2$；$M_2/M_1 = 1$，$R/R_p \approx 1.6$；$M_2/M_1 = 2$，$R/R_p \approx 2.2$。

在高能量（$\in$ 大）的情况下，对于所有的 k，$R/R_p \to 1$。最后，作为一个普适的近似[16]，有

$$\frac{R}{R_p} \approx 1 + B\frac{M_2}{M_1} \tag{1.210}$$

其中，B 是随 E 和 R 缓慢地发生变化的函数。在核阻止占主导的能量区域，$M_1 > M_2$，$B = 1/3$。在较高能量处，增高的电子阻止导致 B 值变小。当 $M_1 < M_2$ 时，大角度散射扩大了 R 和 R_p 之间的差值。但是，对于这些碰撞，电子的阻止（作用）还是相当可观的，它部分地抵消了差值的增加。所以，在大范围的条件下，$B = 1/3$ 是一个合理的近似，有

$$R_p \approx \frac{R}{1 + \frac{M_2}{3M_1}} \tag{1.211}$$

路径范围的离散可以使用 Lindhard 等人[17]的理论进行计算。对于核阻止占主导且 $M_1 > M_2$ 的情况，也就是在小角度散射的情况，有

$$2.5\Delta R_p \approx 1.1R_p\left[\frac{2(M_1 M_2)^{1/2}}{M_1 + M_2}\right] \tag{1.212}$$

或者

$$\Delta R_p \approx \frac{R_p}{2.5} \tag{1.213}$$

对于高能离子，减慢下来的路径本来就是在初始运动方向上的一条直线，因为整个过程是仅有少量离散的电子阻止，只在其末端有少量因核碰撞而导致的离散（见图 1.24a）。在 S_n 和 S_e 较为接近的较低能量处，离子的路径遵循带有很多大偏折的锯齿形的轨迹，且两次碰撞之间的距离随离子能量的下降和横截面的增加而减小，（见图 1.24b）。入射粒子是按高斯分布的，即

$$N(x) = N_\mathrm{p} e^{-1/2X^2} \tag{1.214}$$

其中，$X = (x - R_\mathrm{p})/\Delta R_\mathrm{p}$，$\Delta R_\mathrm{p}$ 是标准偏差（见图 1.25）。如果 R_p 处的峰值浓度是 N_p，则在距离 $x = R_\mathrm{p} \pm \Delta R_\mathrm{p}$ 处，入射粒子数 $N(x)$ 会下降到 $N_\mathrm{p}/e^{1/2}$。如果透过表面垂直地观察靶的内部，则每单位面积注入的离子数 N_s 为

$$N_\mathrm{s} = \int_{-\infty}^{+\infty} N(x) \mathrm{d}x \tag{1.215}$$

或者，因为 $\mathrm{d}x = \Delta R_\mathrm{p}\mathrm{d}X$，且高斯曲线是对称的，则有

$$N_\mathrm{s} = 2\Delta R_\mathrm{p} N_\mathrm{p} \int_0^{\infty} e^{-1/2X^2}\mathrm{d}X \tag{1.216}$$

也可以写为

$$N_\mathrm{s} = \Delta R_\mathrm{p} N_\mathrm{p} \sqrt{2\pi} \left(\sqrt{\frac{2}{\pi}} \int_0^{\infty} e^{-1/2X^2}\mathrm{d}X \right) \tag{1.217}$$

式（1.217）中括号内的那个积分式是误差函数，它在 $X \to \infty$ 时趋向于 1。这样，如果 N_s 是进入靶内的离子数/cm^2，有

$$N_\mathrm{p} = \frac{N_\mathrm{s}}{\sqrt{2\pi}\Delta R_\mathrm{p}} \approx \frac{0.4N_\mathrm{s}}{\Delta R_\mathrm{p}} \tag{1.218}$$

所以，注入离子的密度为

$$N(x) = \frac{0.4N_\mathrm{s}}{\Delta R_\mathrm{p}} \exp\left\{ -\frac{1}{2}\left(\frac{x - R_\mathrm{p}}{\Delta R_\mathrm{p}}\right)^2 \right\} \tag{1.219}$$

例如，如果将 5×10^{15} i/cm^2（i 代表离子）的 40keV 硼离子注入硅中，则 $R_\mathrm{p} \approx 160\mathrm{nm}$，$\Delta R_\mathrm{p} \approx 54\mathrm{nm}$，$N_\mathrm{p} \approx 4 \times 10^{20}$ a/cm^3（a 代表原子）。注意，根据入射体数量分布的高斯特性，在 $x \approx R_\mathrm{p} \pm 2\Delta R_\mathrm{p}$ 处，浓度会下降 10 倍，而在 $x \approx R_\mathrm{p} \pm 3\Delta R_\mathrm{p}$ 处下降 20 倍。

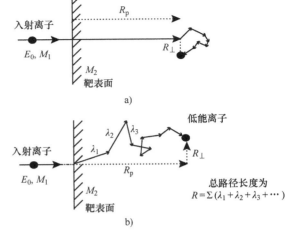

图 1.24　对应于入射到靶上的高能离子和低能离子的总路径长度、投影的路径范围和垂直范围

a）高能离子　b）低能离子

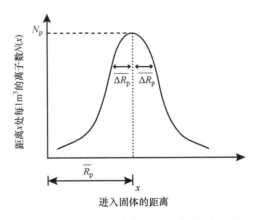

图 1.25　用于显示离子注入路径投影范围的入射体数量高斯分布参数

$\overline{R_\mathrm{p}}$—入射范围　$\overline{\Delta R_\mathrm{p}}$—离散或标准偏差　N_p—注入离子的最大浓度

Littmark 和 Ziegler[18] 采用 LSS 处理方法来描述电子和核阻止作用，已经对原子序数 Z 为 1~92 的原子的注入射程范围进行了求解。对于每一种用作靶的原子，在一个很宽的能量范围内，针对 $1 \leqslant Z \leqslant 92$ 的入射体，将平均的离子深度、纵向和横向的离散度编撰并绘制了图表。下面的案例摘录于参考文献 [18]。

案例 1.3 2MeV 氦离子向硅中的注入

Zeiger[18]对大范围的离子和靶原子的入射粒子路程范围参数进行绘制和列表。对于入射硅靶的 2MeV 氦离子，其路程范围和离散度分别是 7.32μm 和 0.215μm。如果假设 He$^+$ 的剂量为 10^{15}i/cm^2，则应用式（1.218）给出在 7.32μm 深度处 He 的峰值浓度约为 1.86×10^{19}a/cm^3，近似为 6.2×10^{-4}a。式（1.219）给出了沉积氦原子的分布为

$$N(x) = 1.86 \times 10^{19} \exp\left\{-\frac{1}{2}\left(\frac{x - 7.32}{0.215}\right)^2\right\}$$

其中，x 的单位为 μm。

除了已列表的路程范围数据，Ziegler 还开发了以蒙特卡罗（Monte Carlo）为基础的计算机程序（SRIM 程序），用于计算物质中的离子输运[20]。下面的例子即使用了从 SRIM 程序取出的数据。

案例 1.4 Al 向 Ni 中的注入

类似的例子是将诸如铝元素以较低的能量注入镍靶中进行计算。在此案例中，使用了 SRIM 程序的输出结果。选择在镍靶中 200keV 铝离子，投影路程范围为 135nm，具有 44nm 的纵向离散。代入式（1.216）得到，对 10^{15}i/cm^2 的 Al$^+$ 剂量而言，Al 峰值浓度为 9.1×10^{19}a/cm^3。SRIM 程序也产生了一个让使用者得以确定浓度的量。在离子路程范围图中浓度的单位是（a/cm^3）/（a/cm^2），并且在图上注入离子分布范围的最大值是 8×10^4（a/cm^3）/（a/cm^2）。用 Al$^+$ 剂量 10^{15}i/cm^2 与该最大值相乘，可以得出与解析解很接近的 8×10^{19}a/cm^3。

本章以中子-核碰撞的描述开始，利用中子无电荷的特点，以硬球近似来描述交互作用。此外，开发了弹性和非弹性散射中的能量传输表达式，分析了（n, 2n）和（n, γ）反应并确定了传输的能量。表 1.2 总结了这些反应类型的能量传输和能量传输截面。入射体-靶交互作用的描述被拓展到了与以下两个重要情况相关的离子-原子和原子-原子的碰撞：离子辐照（或注入），以及在反应堆材料中与中子发生初始碰撞后点阵中原子之间的交互作用。原子间的作用势构成了描述原子间交互作用和确定能量传输截面的基础。表 1.3 汇总了用于描述这些交互作用的重要作用势。

接着，碰撞运动学被用来对碰撞原子轨迹和由此所传输的能量和能量传输截面进行描述。因为不存在单一的原子间作用势可以描述整个距离（能量）范围内的交互作用，所以在不同的能量范围内针对不同的交互作用类型分析了所传输的能量和能量传输截面。卢瑟福散射被用于描述轻的高能离子，并分别处理了慢的重离子、高能重离子和相对论性电子。表 1.5 汇总了不同原子-原子碰撞的能量传输和能量传输截面。

为了确定高能原子/离子通过弹性/核碰撞和与靶的电子碰撞而传输给固体的能量损失，开发了能量损失的理论。通过核阻止和电子阻止能量范围的讨论，分析了这两类碰撞。表 1.7 总结了不同交互作用类型的阻止本领。最后，阻止本领被用来开发了固体内离子的穿透深度范围、投影范围及浓度分布的表达式。

专用术语符号

a——屏蔽半径

a_0——氢原子的玻尔半径

a_U——普适（通用）的屏蔽半径

A——原子质量，或玻恩－迈耶关系式（1.47）中指数项前的常数

b——冲击参数

B——玻恩－迈耶关系式（1.47）中指数项中的常数

C——式（1.49）屏蔽的库仑势中的常数，$C = 0.8853$

c——光速

D——最近邻原子间的距离

E_a——使得 $\rho_0 = a$ 的 E_i 值

E_b——$b = a$ 时得出 $T \geqslant E_d$ 的 E_i 值

E_d——位移能量

E_D——麦克斯韦核温度，$E_D = kT$

E_f——最终的能量

E_γ——γ 射线的能量

E_i——入射粒子的能量

$E_{v,i}^f$——空位和间隙原子的形成能

$E_{v,i}^m$——空位和间隙原子的迁移能

E_m'——质心系统中入射粒子的动能

E_m''——（n，2n）反应后中子的动能

E_M'——质心系统中靶粒子的动能

E_M''——（n，2n）反应后质心的能量

E_R——里德伯能量

E_T——总能量

$\bar{I}$——激发－电离能级

k_e——库仑常数

m——入射粒子的质量

M——靶原子的质量

N——原子的数量密度

N_p——注入离子的峰值浓度

N_s——注入的离子密度，其单位是"（注入）离子数/单位面积"

p_e——电子的动量

Q——核的激发能

r_e——最近邻原子间的距离

$\dot{r}$——极坐标系中的径向速度

R——离子的范围

R_{eff}——有效的复合半径

R_{p}——投射范围

ΔR_{p}——投射范围的标准偏差

s——幂指数

S_{e}——电子的阻止本领

S_{n}——原子核的阻止本领

t——时间，或式（1.142）中的无量纲碰撞参数

T——碰撞中传输的能量

$\check{T}$——传输的最小能量

$\hat{T}$——传输的最大能量

$\overline{T}$——传输的平均能量

T_l——（n，2n）反应后向靶原子传输的能量

$V(r)$——势能

v_{c}——入射粒子在质心系中的速度

V_{c}——靶粒子在质心系中的速度

v'_{c}——碰撞后入射粒子在质心系中的速度

V'_{c}——碰撞后靶原子在质心系中的速度

v''_{c}——（n，2n）反应后中子在质心系中的速度

V''_{c}——（n，2n）反应后靶原子在质心系中的速度

V_{CM}——质心在实验室（坐标）系中的速度

v_l——入射粒子在实验室（坐标）系中的速度

v'_l——碰撞后入射粒子在实验室（坐标）系中的速度

V'_l——碰撞后靶原子在实验室（坐标）系中的速度

V''_l——（n，2n）反应后靶原子在实验室（坐标）系中的速度

Z——原子序数

β——v/c，即"速度（v）与光速（c）之比"

$\chi(r)$——屏蔽函数

χ_{U}——通用（普适）屏蔽函数

ε——单位电子电荷

ε_0——介电常数

$\in$——式（1.139）中无量纲的约化能量参数

ϕ——无限远距离处的渐近散射角

ϕ——质心坐标系中的散射角

$\dot{\psi}$——极坐标系中的角速度

ψ——实验室坐标系中被撞击原子的散射角

λ——两次碰撞事件之间的平均自由程

λ_m——拟合变量，见式（1.144）

λ'——见式（1.143），$\lambda' = 1.309$

μ——约化的质量，见式（1.63）

θ——实验室坐标系中的散射角

ρ——碰撞中两个原子中心之间的距离

ρ_e——电子云密度

ρ_0——两个粒子靠得最近时的距离，当 $\psi = \pi/2$ 时的 r 值

ρ_x——式（1.140）中无量纲的约化距离参数

$\sigma(E_i)$——总的原子碰撞截面

$\sigma(E_i, T)$——微分能量传输截面

$\sigma(E_i, \phi)$——微分角碰撞截面

$\sigma(E_i, E_\phi, \Omega)$——双微分碰撞截面

$\sigma(E_i, Q_j, \phi)$——非弹性碰撞微分角截面

$\sigma(E_i, Q_j, T)$——非弹性碰撞微分能量传输截面

Ω——入射粒子被散射进去的立体角

$\mathrm{d}\Omega$——微分立体角元

ξ_e——$Z_1^{1/6}$

习　题

1.1　一个 0.5MeV 的中子分别撞击一个质量 $A = 27$（Al）和 $A = 207.2$（Pb）、初始为静止状态的靶原子。计算在发生一次正面碰撞后，中子与靶原子的速度和能量。

1.2　将一个效率为 100%（即进入检测器的粒子能一个不漏地被记录到）、面积为 $1\mathrm{cm}^2$ 的检测器放置在与靶的距离为 r 的位置上（该靶被设定为"零尺寸"，即它只是"一个点"）。靶被中子轰击。假设只发生弹性散射，且散射在所有方位角上是对称的，散射截面也是各向同性的：

①　在图中所示的位置 1 和 2 处检测到的粒子数量比为多少？

②　被散射进入环绕 $\theta_1 = 5°$ 和 $\theta_2 = 85°$ 方向角增量为 10° 范围内的粒子数量比为多少？

③　假设微分散射截面不是各向同性而是 $\sigma_s(E_i, \theta) = \cos\theta$ 的情况下，重复本题①和②两部分的计算。

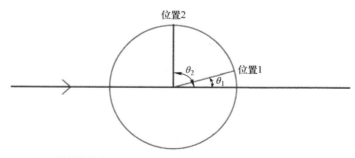

$\mathrm{d}\theta$ = 散射角增量
$\mathrm{d}\Omega$ = θ 固体角增量
θ = 实验室系统中的散射角

1.3　一块钛板在垂直方向受到 $10^{14}\mathrm{n}/(\mathrm{cm}^2 \cdot \mathrm{s})$ 的轰击。这块板的全部表面积都受到

中子束的轰击。

① 计算在（ i ）$85° \leqslant \theta \leqslant 86°$ 和（ ii ）$5° \leqslant \theta \leqslant 6°$ 处每秒被散射的粒子数。钛板的尺寸是 $1 cm^2$，厚 $0.6 mm$。散射在 $2.87b$ 总散射截面内是各向同性的。

② 用粒子轰击同一个靶体，微分角散射截面正比于 θ^2。计算在间隙（ i ）内的原子通量高出间隙（ ii ）内通量的比值。在两种情况下进行微分截面的完全积分。

③ 在如下假设条件下近似计算②中的积分：假设在每个积分区间中微分角散射截面为常数，并等于那个积分区间中心的值。

1.4　推导运动学因子 K，定义 $K = E_f/E_i$，其中 E_i 和 E_f 分别是碰撞前和碰撞后入射体的能量。

1.5　下面这个公式把分别在实验室和质心坐标系内的散射角 θ 和 ϕ 联系了起来：

$$\tan\theta = (M/m)\sin\phi / [1 + (M/m)\cos\phi]$$

其中，m 和 M 分别是入射体和靶原子的质量。在以下三种情况下讨论这个表达式：$m = M$，$m \gg M$，$m \ll M$。

1.6　推导正文中的式（1.24）。

1.7　推导正文中的式（1.39）。

1.8　对于两个碰撞中的粒子，写出以下各个物理量的表达式：

① 系统的总能量 E_T。

② 质心的能量 E_{CM}（由 V_{CM} 和系统的总质量确定）。

③ 在质心坐标系中可用于转化的能量 E。已知 $E = E_T - E_{CM}$ ［见式（1.61）］。

1.9　对如下的硬球作用势：

$$V_{HS}(r) \begin{cases} = 0, r > r_0 \\ = 1, r \leqslant r_0 \end{cases}$$

由式（1.76）推导 b 和 ϕ 之间的关系式。要求确保解答对 $b > r_0$ 都是正确的。

1.10　作为描述在中间分隔距离（即在库仑排斥与封闭壳层排斥之间）的条件下原子–原子交互作用的方法，逆幂（指数）作用势常被写成 $V(r) = constant/r^n$ 的形式。例如，可以将反平方（$n = 2$）函数与 $r = a$ 处的屏蔽库仑作用势拟合而得到相同的斜率、坐标和曲率。这个函数为

$$V(r) = z_1 z_2 \varepsilon^2 a / (r^2 e)$$

写出遵从反平方作用势函数的原子–原子交互作用的截面 $\sigma_s(E_i, T)$ 和 $\sigma_s(E_i, \phi)$。

1.11　将在习题 1.10 中得到的结果与采用玻恩–迈耶作用势和简单库仑作用势得到的结果进行比较。对它们之间的相似性和区别加以评述。

1.12　分别采用硬球势和反平方作用势函数计算由一个 $100 keV$ 镍原子碰撞另一个镍原子时所传输的平均能量。

1.13　用物理的原理解释为什么由库仑排斥导致的散射截面取决于传输的能量，而中子–核交互作用不是。

1.14　在单纯库仑作用势的假设条件下，试确定冲击参数 $b = 1 nm$ 时，一个 $100 keV$ 硼原子碰撞硅靶时的最靠近间距。

1.15 1MeV Al^+ 离子被加速并垂直射向纯镍靶试样的表面。

① 计算离子的总路径长度，并提供离子平均投射范围的估算值。

② 若入射离子剂量为 $10^{16}i/cm^2$，估算最大的铝浓度和铝分布的半高峰宽。使用 $S_e(E) = k'E^{1/2}$，其中，$k' = 2 \times 10^{-16} eV^{1/2} cm^2$。

1.16 一个 10MeV 的硅离子射进硅晶体。

① 计算硅离子的能量随其在晶体内穿行距离和穿入深度的变化。假设以电子的阻止作用为主。

② 写出注入的硅离子（浓度）随深度的分布，并给出其离散度。

1.17 计算一个能量的阈值，高于此值时的卢瑟福散射截面可适用于：（i）接近于正面的碰撞；（ii）He^{2+} 和 H^+ 在硅和钯中的所有碰撞事件。

1.18 2MeV He^{2+} 被 25nm 厚的金箔背散射出来（$\theta = 180°$）。请确定由放置在与入射束成 180°方向的检测器所测量到的背散射离子最高和最低能量值。设 $k = 0.14 \times 10^{-15} eV^{1/2} cm^2$。基于下列 $1/N(dE/dx)$（单位：$eV/(10^{15} a/cm^2)$）的值，通过内插或外插方法确定阻止本领：

能量/MeV	1.6	2.0
金	122.3	115.5
铝	47.5	44.25

1.19 假设阻止本领可由如下函数描述：$S = C + KE^{1/22}$，其中 C 和 K 为常数。

① 推导一个粒子穿透范围随其能量变化的表达式。

② 随能量增大、K 增大和 C 增大，这个穿透范围分别是增大还是减小？

1.20 是什么使得高能电子阻止本领增大了？是投射离子的最大能量？是它增加了的电荷，还是它的质量？

1.21 一个 2MeV 的质子射入铅靶内。

① 假设为弹性碰撞，计算能从质子传输给铅的最大能量。

② 一个铅离子将需要多大的能量，才能在铅 - 铅碰撞中具有与①部分的质子 - 铅原子碰撞中相同的最大能量传输？

1.22 一个铁粒子在一块天然的铀中被释放了。为了让铁粒子尽可能靠近铀粒子，应使铁粒子处于带电较多的状态，还是采用一个较轻的同位素？假设可以适用库仑作用势。

1.23 用 1.85MeV 质子轰击一片含有 F^{19} 的薄膜。发生了如下反应：$F^{19} + p \rightarrow O^{16} + \alpha$。该反应的 Q 值为 8.13MeV。交互作用之后，在与入射质子束成直角的方向上见到有一个 α 粒子逸出。请问这个 α 粒子和氧原子的能量是多少？这两个粒子各自传输给一个稳态的铁原子的最大能量会有多大？

1.24 一个能量为 1MeV 的氦原子被射入铁中。假设电子的阻止截面为常数（$88 \times 10^{-5} eV cm^2$），请问氦原子在铁中穿行 500nm 后，它的能量是多少？如果氦原子穿行 500nm 后与一个铁原子发生碰撞，它传输给铁原子的最大能量是多少？假设铁的原子密度为 $8.5 \times 10^{22} a/cm^3$。此时，其阻止本领是常数的假设还适用吗？

参 考 文 献

1. Ullmaier H, Schilling W (1980) Radiation damage in metallic reactor materials. In: Physics of modern materials, vol I. IAEA, Vienna
2. Lamarsh JR (1971) Introduction to nuclear reactor theory. Addison-Wesley, Reading, MA
3. Doran DG (1972) Neutron Dispalcement Cross Sections for Stainless Steel and tantalum based on a Lindhard model. Nucl Sci Eng 49:130
4. Odette GR (1972) Energy Distribution of neutrons from (n,2n) reactions. Trans Am Nucl Soc 15:464
5. Segev M (1971) Inelastic matrices in multigroup calculation, ANL-7710. Argonne National Lab, Argonne, IL, p 374
6. Evans RD (1955) The atomic nucleus. McGraw-Hill, New York
7. Chadderton LT (1965) Radiation damage in crystals. Methuen, London
8. Born M, Mayer JE (1932) Zur gittertheorie der ionenkristalle. Z Physik 75:1
9. Firsov OB (1957) Calculation of the interaction potential of atoms for small nuclear separations. Zh Eksper Teor Fiz 32:1464
10. Firsov OB (1957) Calculation of atomic interaction potentials. Zh Eksper Teor Fiz 33:696
11. Brinkman JA (ed) (1962) Radiation damage in solids. Academic, New York
12. Abrahamson AA (1963) Repulsive interaction potentials between rare-gas atoms. Homonuclear two-center systems. Phys Rev 130:693
13. Thompson MW (1969) Defects and radiation damage in metals. Cambridge University Press, Cambridge
14. Lindhard J, Nielsen V, Scharff M (1968) Approximation method in classical scattering by screened Coulomb fields. Mat Fys Medd Dan Vid Selsk 36(10):1–32
15. Winterbon KB, Sigmund P, Sanders JB (1970) Spatial distribution of energy deposited by atomic particles in elastic collisions. Mat Fys Medd Dan Vid Selsk 37(14):1–73
16. Lindhard J, Scharff M, Schiott HE (1963) Range concepts and heavy ion ranges. Mat Fys Medd Dan Vid Selsk 33(14):3
17. Lindhard J, Winther A (1964) Stopping power of electron gas and equipartition. Mat Fys Medd Dan Vid Selsk 34:1
18. Littmark U, Ziegler JF (1980) Handbook of range distributions of energetic ions in all elements. Pergamon, New York
19. Nastasi M, Mayer JW, Hirvonen JK (1996) Ion-Solid Interactions: fundamentals and applications. Cambridge University Press, Cambridge
20. Ziegler JF (2015) SRIM The stopping and range of ions in solids. IIT Co. (www.srim.org)

第 2 章
原子的位移

2.1 位移的基本理论

被外来辐照粒子撞击而离开其原来点阵位置的能量为 T 的原子称为初级撞出原子，即 PKA。这个原子穿过点阵运动时会遭遇其他点阵原子。这种遭遇事件有可能引发足够的能量传输，使这个点阵原子从其位置移出，这就形成了两个移位的原子。如果这种碰撞事件的序列持续下去，将会产生一系列第三级撞出原子，从而导致一个碰撞级联。碰撞级联是在点阵的局部区域内由点阵空位和以间隙原子形式滞留其近旁的原子所组成的一个空间团簇。这一现象能够对合金的物理和力学性能产生意义深远的作用，这将在后面的论述中得以证实。这里，重点关注的是如何能使位移级联得以定量化。也就是说，一个能量为 E_i 的中子撞击一个点阵原子，将会产生多少个点阵原子的位移？第 1 章中已经详细讨论过了中子 – 原子核以及原子 – 原子碰撞的特性。现在，将开发一个模型用来确定被一个能量为 T 的 PKA 导致位移的原子数。

回忆一下对辐照损伤的定量化，需要对损伤率方程求解，即

$$R_d = N \int_{\check{E}}^{\hat{E}} \phi(E_i) \sigma_D(E_i) dE_i \tag{2.1}$$

其中，N 是点阵原子的数量密度，$\phi(E_i)$ 是与能量相关的粒子通量，$\sigma_D(E_i)$ 是与能量相关的位移截面。位移截面是由入射粒子所导致点阵原子位移的概率，即

$$\sigma_D(E_i) = \int_{\check{T}}^{\hat{T}} \sigma(E_i, T) \nu(T) dT \tag{2.2}$$

式（2.2）中的 $\sigma(E_i, T)$ 是能量为 E_i 的一个粒子将反冲能 T 传输给一个被撞击点阵原子的概率，$\nu(T)$ 则是因这样一次碰撞而发生移位的原子数。第 1 章提供了出现在式（2.2）中针对不同能量范围内的不同类型粒子的能量传输截面。本章将致力于提供积分函数中的第二项 $\nu(T)$，即由能量为 T 的一个初级反冲原子所产生的原子位移事件数，以及让两次位移得以相继发生的反冲能 T 的极限。最后，将提出上述位移截面及对位移发生率的表达式。

2.1.1 位移的概率

首先，定义 $P_d(T)$ 为一个被撞击原子接收能量 T 而发生位移的概率。显然，为了产生一个位移，存在某一个必需被传输的最小能量，称该能量为 E_d。E_d 的大小取决于点阵的晶体结构、入射 PKA 的方向、点阵原子的热能等。这些内容将在后面详细讨论。按照 E_d 的定

义，对于 $T < E_d$，位移概率为零。如果在所有条件下 E_d 是一个固定值，则对于 $T \geqslant E_d$，位移概率就应当是 1。于是，最简单的位移概率模型将是一个如图 2.1 所示的阶梯函数，即

$$P_d(T) = \begin{cases} 0, & T < E_d \\ 1, & T \geqslant E_d \end{cases} \tag{2.3}$$

但是，因为鉴于前面提到的一些因素，E_d 对于所有碰撞并不都是常数。可以预期，点阵原子的原子振动效应会降低 E_d 值，或者会给位移概率引入一个 kT 量级的自然"宽度"。而且，正如后面会讨论的，结晶度的影响也会强烈贡献于 E_d 的模糊效应。事实上，图 2.1 及式（2.3）都只对 0K 下的非晶态固体是严格正确的。一个较为现实的描述如图 2.2 所示，并被表达为

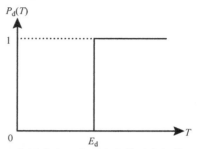

图 2.1　假设存在一个明晰的位移能阈值 E_d，作为传输给点阵原子动能函数的位移概率 $P_d(T)$

$$P_d(T) = \begin{cases} 0, & T < E_{d_{m,n}} \\ f(T), & E_{d_{min}} \leqslant T < E_{d_{min}} \\ 1, & T \geqslant E_{d_{min}} \end{cases} \tag{2.4}$$

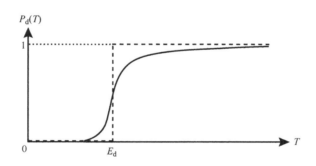

图 2.2　考虑了因原子振动、杂质原子等对位移能阈值 N_d 产生的不确定效应，作为传输给点阵原子动能函数的位移概率 $P_d(T)$

其中，$f(T)$ 是在 0 和 1 之间平滑变化的函数。目前已给出了位移概率，下一步任务就是找出作为被传输能量函数的位移数。Kinchin 和 Pease[1] 开发了一个简单理论，用于找到在给定固体点阵中由一个能量为 T 的 PKA 初始产生的移位原子的平均数。他们的分析基于下列几项假设：

1）级联是由原子间双体弹性碰撞的一个序列所产生的。

2）对 $T > E_d$ 的 PKA 而言，位移概率是 1，见式（2.3）。

3）当初始能量为 T 的原子从一次能量为 T' 的碰撞中逸出，接着又发生了一次能量为 ε 的新的反冲时，假设并没有任何能量传递给点阵，即 $T = T' + \varepsilon$。

4）电子的阻止所造成的能量损失由截止能量 E_c 确定。如果 PKA 的能量大于 E_c，则在电子阻止造成的能量损失将 PKA 能量下降到 E_c 值之前，不会发生其他点阵原子的位移。对

于所有小于 E_c 的能量，电子阻止效应都被忽略，即只发生原子间的碰撞。

5）能量传输截面是由硬球模型给定的。

6）假设固体中原子的排布是随机的。这就是说，忽略了晶体结构所导致的影响。

假设1）是所有认为"级联是由孤立点缺陷组成"的理论的基础。消除这一项的限制意味着如第3章中所讨论的那样，可以把级联表述为一个位移尖峰。假设2）则是忽略了结晶度和原子振动的影响，因为若考虑这两项，就会给（位移概率的）分布增加一个自然宽度或"模糊"效应。后面，将对假设3）~6）进行更加符合实际情况的处理。

2.1.2 原子位移的 Kinchin – Pease 模型

考虑当一个 PKA 首次撞击一个处于点阵稳态位置的原子时，产生了两个运动中的原子。碰撞后，PKA 余下的能量为 $T-\varepsilon$ 而被撞击原子接收了能量 $\varepsilon-E_d$，可得

$$\nu(T) = \nu(T-\varepsilon) + \nu(\varepsilon-E_d) \tag{2.5}$$

其中，E_d 是反应中消耗的能量。根据"假设3）"（$\varepsilon \gg E_d$），可以忽略与 ε 相比要小得多的 E_d，则式（2.5）成为

$$\nu(T) = \nu(T-\varepsilon) + \nu(\varepsilon) \tag{2.6}$$

因为传输的能量 ε 是未知的，所以式（2.6）还不足以确定 $\nu(T)$。因为 PKA 和点阵原子完全是同类的，ε 可以是 0 和 T 之间的任何一个能量值。但是，如果知道了一次碰撞中传输处在 $(\varepsilon, \varepsilon+d\varepsilon)$ 范围中的能量的概率，就可以通过将式（2.6）乘以该概率并对所有 ε 的允许值进行积分，从而得到发生位移的平均数。

利用硬球模型的"假设5）"，对于同类原子，能量传输的截面为

$$\sigma(T,\varepsilon) = \frac{\sigma(T)}{\gamma T} = \frac{\sigma(T)}{T} \tag{2.7}$$

而对于 $\gamma=1$（同类原子），能量为 T 的 PKA，将 $(\varepsilon, \varepsilon+d\varepsilon)$ 范围内的能量传输给被撞击原子的概率为

$$\frac{\sigma(T,\varepsilon)d\varepsilon}{\sigma(T)} = \frac{d\varepsilon}{T} \tag{2.8}$$

将式（2.6）的等号右侧乘以 $d\varepsilon/T$，并从 0 到 T 积分，得到

$$\nu(T) = \frac{1}{T}\int_0^T [\nu(T-\varepsilon) + \nu(\varepsilon)]d\varepsilon \tag{2.9}$$

$$= \frac{1}{T}\left[\int_0^T \nu(T-\varepsilon)d\varepsilon + \int_0^T \nu(\varepsilon)d\varepsilon\right]$$

如果将式（2.9）的第一个积分的变量从 ε 改变为 $\varepsilon'=T-\varepsilon$，则有

$$\nu(T) = \frac{1}{T}\int_0^T \nu(\varepsilon')d\varepsilon' + \frac{1}{T}\int_0^T \nu(\varepsilon)d\varepsilon \tag{2.10}$$

实际上这是两个相同积分的总和。所以

$$\nu(T) = \frac{2}{T}\int_0^T \nu(\varepsilon)d\varepsilon \tag{2.11}$$

在对式（2.11）求解之前，让我们考察一下在位移阈值 E_d 附近 $\nu(\varepsilon)$ 的行为。显然，当

$T < E_d$ 时没有位移；且当 $0 < T < E_d$ 时，有

$$\nu(T) = 0 \tag{2.12}$$

如果 $E_d \leqslant T < 2E_d$，就有可能出现 2 种结果。第一种结果是被撞击原子从它的点阵位置被位移，而 PKA 则以小于 E_d 的能量留下来并落入那个点阵位置。第二种情况是，如果原始的 PKA 并没有将能量 E_d 传输给被撞击原子，这个原子将会留在其点阵位置而不发生位移。不论发生了哪种情况，对于能量在 E_d 和 $2E_d$ 之间的一个 PKA 而言，都总共只会产生一个的位移，也即当 $E_d < T < 2E_d$ 时，有

$$\nu(T) = 1 \tag{2.13}$$

利用式（2.12）和式（2.13），可以将式（2.11）中的积分限拆分为三个范围，即 $0 \sim E_d$、$E_d \sim 2E_d$ 和 $2E_d \sim T$ 并加以计算，即

$$\nu(T) = \frac{2}{T}\Big[\int_0^{E_d} 0\,\mathrm{d}\varepsilon + \int_{E_d}^{2E_d} 1\,\mathrm{d}\varepsilon + \int_{2E_d}^{T} \nu(\varepsilon)\,\mathrm{d}\varepsilon \Big]$$

由此得到

$$\nu(T) = \frac{2E_d}{T} + \frac{2}{T}\int_{2E_d}^{T} \nu(\varepsilon)\,\mathrm{d}\varepsilon \tag{2.14}$$

可以通过乘以 T 并对 T 微分来求解式（2.14），可得

$$T\frac{\mathrm{d}\nu}{\mathrm{d}T} = \nu \tag{2.15}$$

其解为

$$\nu = CT \tag{2.16}$$

再将式（2.16）代入式（2.14）可得

$$C = \frac{1}{2E_d} \tag{2.17}$$

所以，当 $2E_d \leqslant T < E_c$ 时，有

$$\nu(T) = \frac{T}{2E_d} \tag{2.18}$$

积分的上限被设定为 E_c [依据假设 4)]。当一个能量 $T \geqslant E_c$ 的 PKA 生成时，它所产生的位移数是 $\nu(T) = E_c/2E_d$。因此，Kinchin – Pease（K – P）模型的完整结果可归纳为

$$\nu(T) = \begin{cases} 0, & T < E_d \\ 1, & E_d \leqslant T < 2E_d \\ \dfrac{T}{2E_d}, & 2E_d \leqslant T < E_c \\ \dfrac{E_c}{2E_d}, & T \geqslant E_c \end{cases} \tag{2.19}$$

注意：如果忽略 E_c，$T/(2E_d)$ 是一个正确的平均位移数，这是因为位移数可能在 0（没有超过 E_d 的能量传输）到 $T/E_d - 1$（每次碰撞都只传输刚够导致移位的能量）的范围内变化；而对于大的 T 值，$T/E_d \gg 1$。因此，$\nu(T)$ 的最大值就是 T/E_d。式（2.19）所描述的完整位移函数如图 2.3 所示。

2.1.3 位移能量

在碰撞中，一个点阵原子必须接收一个最小量的能量才能从其点阵位置被移出，这就是位移能量或位移阈值 E_d。如果被传输到的能量 $T < E_d$，则被撞击的原子将只在其平衡位置处振动，但不会被位移。这些振动会通过势场的交互作用而传输给邻近原子，而能量则以热的形式显现。因此，点阵中原子的势场成了被撞击原子为了被位移而必须穿越的势垒，这就是位移阈值的来源。

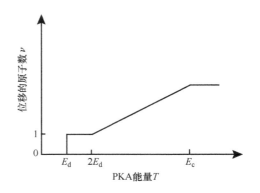

图 2.3　按照 Kinchin - Pease 模型计算的级联中被移位的原子数随 PKA 能量的变化

因为金属是晶体，一个平衡点阵位置周围的势垒在所有方向上不是均匀的。事实上，在某些方向上，周围的原子将从被撞击原子那儿取走较大的能量，这就形成了高势垒。沿着高对称性的方向则存在着一些低位移阈值的开放的方向。因为反冲方向是由碰撞事件确定的，而碰撞事件本身是一个随机过程，反冲方向也完全是随机的。所以，在辐照损伤计算中常常被提及的那个单一的位移能量值，其实是平衡点阵位置周围势垒的球面平均值。

E_d 值可以由 Seitz[2] 的论证加以粗略的估算。对大多数金属来说，升华能 E_s 为 5～6eV。因为与从晶体内部取走一个原子相比，在升华过程中由于将原子从晶体表面移走，会有多达一半的键被打断，于是从内部移走一个原子的能量就是 10～12eV。如果一个原子在其阻力最小的方向上从其点阵位置运动到一个间隙原子位置，同时让邻近的原子发生弛豫（一种绝热运动）的时间也是允许的，这就需要 $2E_s$ 的能量。然而，被撞击原子并不总是沿着阻力最小的方向被弹射，时间上也未必能让邻近的原子发生弛豫，所以实际上就需要更大的能量（可能是 4～5E_s）。因此，预计 E_d 应为 20～25eV。

如果点阵原子之间的交互作用势是已知的，那就能够精确地确定位移能量。这是通过将原子沿某一给定方向移动，并对移动中的原子和沿被撞击原子轨迹上所有其他最邻近原子之间的交互作用能求和来实现的。当总势能达到一个最大值时，该位置对应于一个鞍点，在鞍点处原子的能量（E^*）与其在平衡位置的能量 E_{eq} 之差表征了在这个特定方向上的位移能量的阈值。因为这些碰撞中的交互作用能仅为数十电子伏，所以玻恩－迈耶作用势是最适合描述交互作用的作用势。这样的计算可以在所有方向上进行，并加以平均从而获得某一特定固体的平均 E_d 值。

为了领会交互作用能或势垒随晶体方向而变化的重要性，考虑铜的情况。在立方点阵中，有三个可能被认为是容易位移的晶体学方向：<100>、<110> 和 <111>。其中，<110> 和 <111> 分别是面心立方（fcc）和体心立方（bcc）点阵的最密排方向。图 2.4 所示为一个原子是怎样沿着 fcc 点阵中的每一个方向进行移位的。在每种情况下，在朝移动方向的 L 原子的方向上移位的 K 原子都将穿过一组势垒原子 B 的中点，这些 B 原子有着取决于该方向的排列构型。对于在 <110> 方向移位的那个 K 原子，这些 B 原子位于与 K 原子路径垂直的一个矩形的角隅处。当 K 原子穿过势垒时，它在此种掠射式的碰撞中损失了一些动能并在开始时就构成了势垒原子的势能。该能量无须在 4 个 B 原子之间等同地分享。通过画出在 B 原子所在位置势垒平面上的一组相等的 E_d 轮廓线来说明这一过程（见图 2.5）。于是，如果 K 原子在碰撞事件中只接收到了数量为 $E_d < 110 >$ 的能量，且若其初始方向被包含在了以 $< 110 >$ 方向为中心的一个立体角锥之内，则 K 原子就会发生移位。如果能量很小，锥体与 B 原子平面的交截形成一个圆，但随着撞击中所传输能量的增加，则锥体的交截线将显著偏离真正的圆形（见图 2.5）。

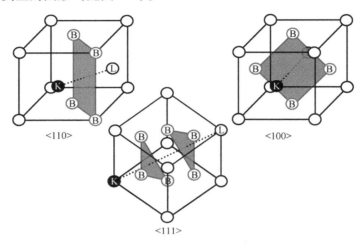

图 2.4　fcc 点阵中不同方向上的被撞击原子 K 和势垒原子 B

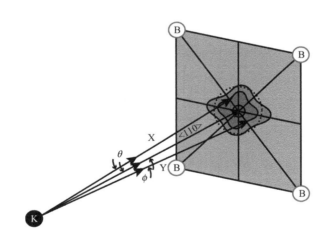

图 2.5　一个被撞击原子 K，在它沿着靠近 $< 110 >$ 方向、朝向由势垒原子 B 所定义的
势垒平面行进的过程中，在势垒平面上遇到的等 E_d 轮廓线图[3]

　　事实上，这些轮廓线是由一个复杂但具备对称性特征的三维表面与那个以原子 K 为中心所描述的球体交截而生成的。该轮廓线的图形可以通过一些方法加以构建，即既考虑在每个点上 K 原子与各个 B 原子之间的交互作用，同时又考虑这 5 个原子的每一个原子与晶体内部邻近区域的其他原子之间的交互作用。这当然是一个非常困难的任务，它的求解十分依赖于交互作用势。

　　至少在原则上，可以获得重点关注的有关阈值随方向变化的所有信息。图 2.6 所示为在 fcc 的铜和金中位移阈值随方向的变化。注意：沿 $< 100 >$ 和 $< 111 >$ 的位移阈值是低的，但

是由于沿 <111> 方向上势垒原子的间距大，以及该单位晶胞的体对角线上原子之间的两组势垒的间距也大，所以沿 <111> 方向的位移阈值是高的。

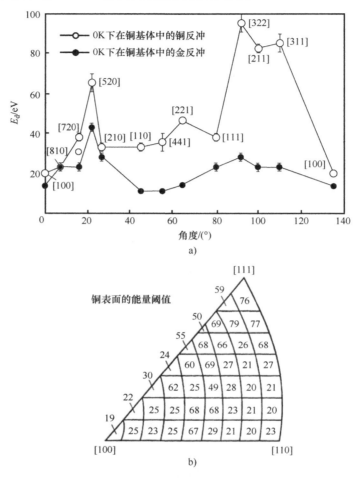

图2.6　在 fcc 的铜和金中位移阈值随方向的变化
a）铜和金在铜基体中的反冲能量 E_d[3]　　b）铜的阈值能量表面[4]

　　这种相关性在一个 fcc 点阵和相互排斥的抛物线型函数的例子中将得到进一步说明。图2.7所示为从 fcc 晶体单胞立方面上的一个点阵原子，它从某一次碰撞中接收了能量。它的飞行轨迹沿着 <100> 方向，而该方向上与单胞侧面的四个面心原子均为等距离。在 fcc 点阵中，每个原子都被 12 个最近邻的原子所包围。位移能量将与几个重要的因素相关。

　　它们是势垒原子 B 的数量，冲击参数 z（即与 B 原子最接近的距离），以及从点阵位置处的 K 原子到势垒之间的距离 y。表2.1列出了 fcc 点阵中的这几个物理量。原子位移所需要的能量随 B 和 y 的增大而增大，但随 z 的增大而减小。因为在 <110> 方向的 z 最小，所以穿透是最困难的。而且，因为 $z_{100} < z_{110}$，$y_{100} > y_{110}$，这两个因素都使沿 <110> 方向比沿 <100> 方向位移更容易一些。接下来举一个 fcc 中沿 <100> 方向位移的特定例子，并计算一个 E_d 的值。

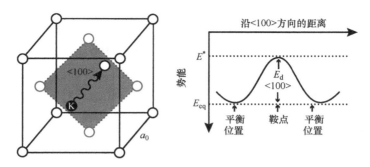

图 2.7 fcc 点阵中沿 < 100 > 方向一个点阵原子的位移及该原子在沿该路径各位置处的能量变化[5]

表 2.1 fcc 点阵中用于确定 E_d 的参数

方向	B 原子数	冲击参数, z	到势垒的距离, y
< 100 >	4	$\dfrac{a}{2}$	$\dfrac{a}{2}$
< 110 >	4	$\dfrac{\sqrt{6}}{4}a$	$\dfrac{\sqrt{2}}{4}a$
< 111 >	3	$\dfrac{a}{\sqrt{6}}$	$\dfrac{a}{3}$

在正常点阵中单个原子的能量为

$$E_{eq} = -12U \tag{2.20}$$

其中，U 是晶体的每个原子的能量。因为在升华过程中仅有一半的键被破坏，所以这个能量为

$$E_s \approx 6U \tag{2.21}$$

又因为 $E_s = 4 \sim 5\text{eV}$，则 $U \approx 1\text{eV}$。

为了描述固体中点阵原子被推挤到一起时的交互作用，使用一个与玻恩－迈耶作用势相反的简单抛物线相互排斥函数，即

$$V(r) = \begin{cases} -U + \dfrac{1}{2}k(r_{eq} - r)^2, & r < r_{eq} \\ 0, & r \geqslant r_{eq} \end{cases} \tag{2.22}$$

其中 k 是用来表征势的相互排斥位置的力常数。这个力常数可表达为[5]

$$ka^2 = \frac{3v}{\beta} \tag{2.23}$$

其中，k 是力常数；a 是点阵常数；v 是一个原子的特定体积，$v = a^3/4$；β 是压缩率。

在这个例子中，被撞击原子与组成正方形势垒的四个原子之间的平衡间距 $r_{eq} = a/\sqrt{2}$。当原子位于正方形势垒的中心时，它与在角隅上相距 $a/2$ 处的四个原子发生交互作用。因此，在鞍点位置的被撞击原子能量为

$$E^* = 4V\left(\frac{a}{2}\right) = 4\left[-U + \frac{1}{2}(ka^2)\left(\frac{1}{\sqrt{2}} - \frac{1}{2}\right)^2\right] \tag{2.24}$$

于是，在 < 100 > 方向的位移能是

$$E_d < 100 > = \varepsilon^* - \varepsilon_{eq} = 8U + 2(ka^2)\left(\frac{1}{\sqrt{2}} - \frac{1}{2}\right)^2 \qquad (2.25)$$

金属的 ka^2 和 U 的典型值分别为 60 和 1eV，所以 $E_d < 100 > \approx 13.1eV$。这与图 2.6 给出的值基本一致。表 2.2 列出了用于位移计算的有效位移能量的推荐值。注意，对于过渡金属，可接受的 E_d 值是 40eV。

表 2.2　用于位移计算的有效位移能量的推荐值[6]

金属	点阵	最小 E_d/eV	E_d/eV
Al	fcc	16	25
Ti	hcp	19	30
V	bcc	—	40
Cr	bcc	28	40
Mn	bcc	—	40
Fe	bcc	20	40
Co	fcc	22	40
Ni	fcc	23	40
Cu	fcc	19	30
Zr	hcp	21	40
Nb	bcc	36	60
Mo	bcc	33	60
Ta	bcc	34	90
W	bcc	40	90
Pb	fcc	14	25
不锈钢	fcc	—	40

注：fcc—面心立方；hcp—密排六方；bcc—体心立方。

2.1.4　电子能量损失的极限

2.1.3 小节已经建立了导致一个点阵原子位移所需能量传输的下限 E_d，现在把注意力放到碰撞的低能区域（$T < 10^3 eV$），$S_n \gg S_e$，可以假设 PKA 损失的几乎所有能量都消耗于弹性碰撞（见图 1.18）。然而，随着 PKA 能量增加，因电子激发和电离而造成的总能量损失所占比例也随之增加，直至超过了截断能量 E_x，$S_e > S_n$。

所以，为了更好地描述可用于位移碰撞的动能的变化，有必要对式（2.19）中 $\nu(T)$ 的表达式进行修正。

图 2.8 所示为由电子与核的阻止作用导致的能量损失随反冲能量的变化，使用了式（1.163）

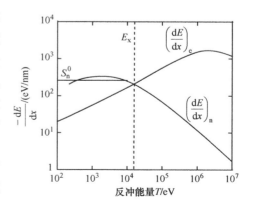

图 2.8　由电子与核的阻止作用导致的能量损失随反冲能量的变化[7]

和托马斯－费米的结果，后者表明，式（1.163）计算得到的石墨中碳反冲的$(dE/dx)_n$数据预示了其常数值为250eV/nm，至少对高达E_a的能量而言，这还是很好的近似。注意：在高能量（$T \gg E_x$）下，几个数量级的电子能量损失占主导地位。但是，在低能量（$T \ll E_x$）下，情况相反。

幸好，因为与硬球模型的偏离，当平均能量远低于$\check{T}/2$时，初级反冲产生了二次激发。这些情况几乎总是出现在电子激发可以被忽略的能量范围内。为了让$\nu(T)$达到一个合理的近似，需要计算弹性碰撞中PKA所耗数的能量E_c，即

$$E_c = \int_0^{\check{T}} \frac{(dE/dx)_n dE}{(dE/dx)_n + (dE/dx)_e} \tag{2.26}$$

这样，就可以在$\check{T} = E_a$的条件下，使用式（1.190）的$(dE/dx)_e$和式（1.130）的$(dE/dx)_n$。修正以后的损伤函数则是以E_c代替原始方程式（2.19）中的T得到的，故

$$\nu(T) = \frac{E_c}{2E_d} \tag{2.27}$$

作为对E_c的估算，可以采用一个能量为E的运动原子所能传输给一个电子的最大能量，即

$$\frac{4m_e}{M}E \tag{2.28}$$

$$E_c = \frac{M}{4m_e}I \tag{2.29}$$

Kinchin 和 Pease[1] 将 E_c 和 E_x 视为相等，意味着超过 E_x 的所有能量都在电子激发中损失了，而位移则由所有 E_c 以下的能量损失所产生。图 2.9 显示了采用林汉德的 $(dE/dx)_n$ 对石墨计算得到的 $\nu(T)$。注意：该简单理论只是对能量低于 E_c 的反冲给出了合理的描述，但对于 $T > E_c$，电子激发中的能量损失则是重要的。

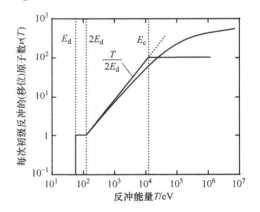

图 2.9 每次初级反冲产生的移位原子数与 $T/(2E_d)$ 的简单 K－P 结果的比较[7]

2.2 K－P 位移模型的修正

2.2.1 在能量平衡中 E_d 的考虑

Snyder 和 Neufeld[8] 做了这样的假设：E_d 是在每次碰撞中被消耗的能量，这就得以把 K－P 位移模型的假设 3）中的关系式写成

$$T = T' + \varepsilon + E_d \tag{2.30}$$

并且，不管它们的能量有多小，碰撞后这两个原子都会移动。与 K－P 模型比较，可以设想：此时由于增加了一项能量损失，$\nu(T)$ 将会降低。但是，因为原子可以带着小于 E_d 的能量离开碰撞，这又会造成 $\nu(T)$ 的升高。$\nu(T)$ 的这两项变化几乎抵消，所以其结果与 K－P

模型非常相似，即

$$\nu(T) = 0.56\left(1 + \frac{T}{E_d}\right), \quad T > 4E_d \tag{2.31}$$

2.2.2　真实的能量传输截面

K-P位移模型最主要的弱点是其中关于硬球碰撞的假设［假设5）］。事实上，可以使用较为真实的能量传输截面，并同时保持式（2.19）的正比性。Sanders[9]采用一个逆指数势（r^{-s}）求解了式（2.5），从而获得

$$\nu(T) = s\left(2^{\frac{1}{s+1}} - 1\right)\frac{T}{2E_d} \tag{2.32}$$

对于反平方势，则有

$$\nu(T) = 0.52\frac{T}{2E_d} \tag{2.33}$$

这么一来，K-P的结果下降了2倍。

但是，使用这个势也有缺点，因为它被应用于级联中的所有碰撞，其实它的有效性区域只限于使 $\rho < 5a$ 的那些 T 值。从物理上来说，散射的真实作用在于在低于 E_d 的亚阈值范围内，有较大数量的碰撞会产生反冲能量 T，且在该范围内这些碰撞原子就会从倍增链中被移出。

多年以来，研究者们对下列情况很感兴趣，即式（2.19）的计算结果将金属中的 $\nu(T)$ 高估了2~10倍[10]，而至今还一直试图在宽能量范围（如在金中50~200keV的反冲原子）内测量 $\nu(T)$ 的能量相关性，他们给出的结果为二次方的关系而不是线性的关系。

1969年，Sigmund[11]采用了不一样的方法应对这个问题，他把反冲密度 $F(T,\varepsilon)\mathrm{d}\varepsilon$ 定义为以 $(\varepsilon, \varepsilon + \mathrm{d}\varepsilon)$ 范围内某个能量反冲的原子平均数，并将它考虑成由于初级离子的能量从 T 减小到零所产生的结果。反冲密度可以表达为使用托马斯-费米微分截面[12]的幂次定律的近似形式，即

$$\sigma(T,\varepsilon) \propto T^{-m}\varepsilon^{-1-m} \tag{2.34}$$

其中，$0 \leqslant m \leqslant 1$。对于 $T \gg \varepsilon \gg U_b$，有

$$F(T,\varepsilon) = \frac{m}{\psi(1) - \psi(1-m)}\frac{T}{(\varepsilon + U_b)^{1-m}\varepsilon^{1+m}} \tag{2.35}$$

其中

$$\psi(x) = \frac{\mathrm{d}[\ln\Gamma(x)]}{\mathrm{d}x} \tag{2.36}$$

U_b 是一个原子离开点阵位置所损失的结合能，$\Gamma(x)$ 是伽马函数或称为"广义阶乘函数"。因为当 $\varepsilon > E_d$ 时就会有一个反冲原子被位移，所以，对于 $T \gg E_d \gg U_b$，有

$$\nu(T) = \int_{E_d}^{T}\mathrm{d}\varepsilon F(T,\varepsilon) = \frac{\left(1 + \dfrac{U_b}{E_d}\right)^m - 1}{\psi(1) - \psi(1-m)}\left(\frac{T}{U_b}\right) \tag{2.37}$$

m 的值是这样选择的[13]：$\sigma(T,\varepsilon)$ 描述了在低能量（也就是 $2E_d \leqslant T \leqslant 100E_d$）下的碰撞。这就约束了 $m \leqslant 1/4$。对于 $m = 0$，式（2.37）写为

$$\nu(T) = \frac{6}{\pi^2}\frac{T}{U_b}\ln\left(1 + \frac{U_b}{E_d}\right) \tag{2.38}$$

这是位移过程的上限，因为置换碰撞所造成缺陷的损失已经被忽略了。

金属中位移的重要特征是孤立的一个点缺陷具有很大的复合体积，相当于原子体积的100倍甚至更大。因此，E_d是一个试图逃离复合体积的原子损失给环境的能量，其结果是在级联过程中很多缺陷通过置换碰撞而消失了[14]。结合能U_b仅是几个电子伏，因而与E_d相比是可忽略的，于是式（2.38）简化成

$$\nu(T) = \frac{6}{\pi^2}\frac{T}{E_d} = 1.22\left(\frac{T}{2E_d}\right) \tag{2.39}$$

与采用考虑置换碰撞的式（2.19）相比，式（2.39）的计算结果增大了22%左右。

2.2.3　电子激发导致的能量损失

即使对于$E > E_c$，PKA与电子的碰撞和与点阵原子的碰撞也会产生能量损失。这两个过程可以分别加以处理，可以由各自独立的能量传输截面来表征。这里，就如Olander[5]对电子激发引起的能量损失提供的较真实的处理（假设4）那样，对最初由Lindhard等人[15]提出的公式化进行了汇总。

当一个PKA在固体内穿过dx的距离时，有可能发生三件事：①与一个电子碰撞；②与一个原子碰撞；③什么也没发生。设$p_e d\varepsilon_e$是在dx距离内PKA与一个电子发生碰撞，并在$(\varepsilon_e, d\varepsilon_e)$范围内把能量传输给电子的概率，则有

$$p_e d\varepsilon_e = N\sigma_e(T, \varepsilon_e)d\varepsilon_e dx \tag{2.40}$$

其中，$\sigma_e(T, \varepsilon_e)$是从PKA向电子的能量传输截面。类似地，对于PKA和点阵原子之间的能量传输可写成

$$p_a d\varepsilon_a = N\sigma_a(T, \varepsilon_a)d\varepsilon_a dx \tag{2.41}$$

而在dx距离内什么也没有发生的概率就是

$$p_0 = 1 - \int_0^{\varepsilon_{e,max}} p_e d\varepsilon_e - \int_0^{\varepsilon_{a,max}} p_a d\varepsilon_a$$

$$= 1 - Ndx\left[\sigma_e(T) - \sigma_a(T)\right] \tag{2.42}$$

其中，$\varepsilon_{e,max}$和$\varepsilon_{a,max}$分别是能量为T的一个PKA有可能传输给电子和原子的最大能量。对三种过程的发生概率进行适当加权，并在允许的能量传输范围内积分，把$\nu(T)$的守恒方程改写为

$$\nu(T) = \int_0^{E_{a,max}} \left[\nu(T - \varepsilon_a) + \nu(\varepsilon_a)\right]p_a d\varepsilon_a +$$

$$\int_0^{E_{e,max}} \nu(T - \varepsilon_e)p_e d\varepsilon_e + p_0\nu(T) \tag{2.43}$$

将P_e、P_a和P_0进行代换，可得到

$$\left[\sigma_a(T) + \sigma_e(T)\right]\nu(T) = \int_0^{\varepsilon_{a,max}} \left[\nu(T - \varepsilon_a) + \nu(\varepsilon_a)\right]\sigma_a(T, \varepsilon_a)d\varepsilon_a +$$

$$\int_0^{\varepsilon_{e,max}} \nu(T - \varepsilon_e)\sigma_e(T, \varepsilon_e)d\varepsilon_e \tag{2.44}$$

因为与 T 相比，传输给一个电子的最大能量是非常小的，可以将 $\nu(T - \varepsilon_e)$ 展开成泰勒级数并截去其第二项之后的各项，即

$$\nu(T - \varepsilon_e) = \nu(T) - \frac{\mathrm{d}v}{\mathrm{d}T}\varepsilon_e \qquad (2.45)$$

而式（2.44）中最后一项可以写为

$$\int_0^{\varepsilon_{e,\max}} \nu(T - \varepsilon_e)\sigma_e(T,\varepsilon_e)\mathrm{d}\varepsilon_e = \nu(T)\int_0^{\varepsilon_{e,\max}} \sigma_e(T,\varepsilon_e)\mathrm{d}\varepsilon_e - $$

$$\frac{\mathrm{d}\nu}{\mathrm{d}T}\int_0^{\varepsilon_{e,\max}} \varepsilon_e\sigma_e(T,\varepsilon_e)\mathrm{d}\varepsilon_e \qquad (2.46)$$

式（2.46）等号右边的第一个积分是 PKA 与电子碰撞的总截面，并取消了式（2.44）等号左边的对应项。式（2.46）等号右边的第二个积分是固体的电子阻止本领除以原子密度。将式（2.46）和式（2.45）合并，有

$$\nu(T) + \left[\frac{(\mathrm{d}T/\mathrm{d}x)_e}{N\sigma(T)}\right]\frac{\mathrm{d}\nu}{\mathrm{d}T} = \int_0^{T_{\max}} \left[\nu(T - \varepsilon) + \nu(\varepsilon)\right]\left[\frac{\sigma(T,\varepsilon)}{\sigma(T)}\right]\mathrm{d}\varepsilon \qquad (2.47)$$

这里，由于 T 和 σ 这两个量指的都是"与原子碰撞"，所以它们的下标"a"已被删除。式（2.47）可以采用硬球假设求解，但是其中 $(\mathrm{d}E/\mathrm{d}x)_e$ 由式（1.190）给定，也即 $(\mathrm{d}E/\mathrm{d}x)_e = kE^{1/2}$，从而可得

$$\nu(T) = \frac{2E_d}{T} + \frac{2}{T}\int_{2E_d}^T \nu(\varepsilon)\mathrm{d}\varepsilon - \frac{kT^{1/2}}{\sigma N}\frac{\mathrm{d}\nu}{\mathrm{d}T} \qquad (2.48)$$

简化以后的最后结果为

$$\nu(T) = \left[1 - \frac{4k}{\sigma N(2E_d)^{1/2}}\right]\left(\frac{T}{2E_d}\right), \quad T \gg E_d \qquad (2.49)$$

其中，k 是取决于原子数量密度 N，以及原子序数的一个常数。σ 是与能量无关的硬球碰撞截面。注意，如果在基本的积分方程中对电子阻止效应进行了恰当考虑的话，则那个将电子能量损失区域与原子碰撞分离，因而具有确定 E_e 能量的整体概念就可以不必考虑了。

可是，式（2.49）还是因为使用了硬球假设而倍受困扰。林汉德认识到，为了保证获得可靠的预测，必须使用真实的能量传输截面。林汉德也相信，参数 $\nu(T)$ 不必只被解释为每个原始的 PKA 所产生的位移数，也可以被取作初始 PKA 的部分能量，这部分能量被传输给了点阵原子（而不是电子），并使自己的速度减慢下来。实际上，PKA 与原子和电子的两种碰撞是彼此竞争的。但是，这两种过程仍可作为独立的事件加以处理。因此，$\nu(T)$ 的表达式需要重新表述。

1975 年，Norgett、Robinson 和 Torrens[17] 提出了一个用于计算每个 PKA 产生的位移数的模型，即

$$\nu(T) = \frac{\kappa E_D}{2E_d} = \frac{\kappa(T - \eta)}{2E_d} \qquad (2.50)$$

其中，T 是 PKA 的总能量，η 是在碰撞级联中因电子激发而损失的能量，E_D 是可用于通过弹性碰撞产生原子位移的能量，被称为"损伤能量"。κ 是位移效率，$\kappa = 0.8$，与 M_2、T 和温度无关。E_D 被定义为

$$E_D = \frac{T}{[1 + k_N g(\in)]} \tag{2.51}$$

非弹性能量损失是按照林汉德的方法［采用通用的函数 $g(\in)$ 数值近似计算］加以计算的，即

$$g(\in) = 3.4008 \in^{1/6} + 0.40244 \in^{3/4} + \in \tag{2.52}$$

$$k_N = 0.1337 Z_1^{1/6} \left(\frac{Z_1}{A_1}\right)^{1/2}$$

其中，$\in$ 是约化的能量，可表示为

$$\in = \left(\frac{A_2 T}{A_1 + A_2}\right)\left(\frac{a}{Z_1 Z_2 \varepsilon^2}\right) \tag{2.53}$$

$$a = \left(\frac{9\pi^2}{128}\right) a_0 (Z_1^{2/3} + Z_2^{2/3})^{-1/2}$$

其中，a_0 是玻尔半径，ε 是单位电子的电荷。如果 $E_d \approx 40\text{eV}$，则 $\nu = 10E_d$，其中 E_d 单位是 keV。

位移函数也可以写成用损伤能量函数 $\xi(T)$ 修正的 K–P 结果，由式（2.54）表示。

$$\nu(T) = \xi(T)\left(\frac{T}{2E_d}\right) \tag{2.54}$$

其中

$$\xi(\in) = \frac{1}{1 + 0.1337 Z_1^{1/6}\left(\frac{Z_1}{A_1}\right)^{1/2}(3.4008 \in^{1/6} + 0.40244 \in^{3/4} + \in)} \tag{2.55}$$

式（2.55）给出了与式（2.50）相同的结果，只是并不包括位移效率 κ。图 2.10 所示为 Kinchin–Pease 结果中计及损伤效率时产生的效果。注意：随反冲能量的降低，损伤效率函数的值趋近于 1.0。随反冲能量的增加，轻质材料的损伤效率下降得更快。

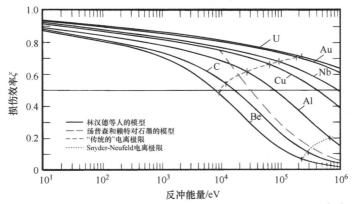

图 2.10　电子能量损失对可用于产生原子位移的能量的影响[16]

2.2.4　结晶性的效应

到目前为止的分析中都假设级联发生在由原子的随机阵列所组成的固体之中。但是，当晶体结构的有序性［假设 6)］得以考虑时，就会产生两个会使 PKA 所产生的位移数改变的重要效应：聚焦效应和通道效应。聚焦效应是指依靠沿着一列原子近乎正面的碰撞而实现的

能量和/或原子的传输；而通道效应是指在晶体结构中原子沿着开放的方向（通道）实现的长程位移，在晶体结构中一个原子通过与通道壁发生掠射式的碰撞而行进，而通道壁恰恰就是原子的阵列。这两个过程都能导致间隙原子远离初始的 PKA 或级联而实现长程的传输。这两个过程也造成了每个 PKA 导致的位移数 $\nu(T)$ 下降，正如由简单 K – P 模型计算所得到的那样。

1. 聚焦效应

聚焦效应最早是在阈值能量 E_d 与方向的相关性中发现的。例如，在 fcc 点阵中，与其他晶向相比，<100> 和 <110> 方向的位移总是以最低的能量传输而发生。因为初级撞出的方向是随机的，所以聚焦效应出现在偏离密排方向的尺度合适的极角范围以内想必是可能的。如果只有精确的正面碰撞才会产生直线性的碰撞链，这一现象的现实意义就很小，因为其概率极低。

沿着某一原子列的聚焦可以用硬球近似来解析。某一特定晶体学方向上的原子间距用 D 表示。图 2.11 显示了某一列中的两个原子，其中碰撞的序列是由最初在以 A 为中心位置的那个原子启动的。该原子接收了能量 T 并以与原子列成 θ_0 的角度离开。虚线圆显示该原子撞击到原子列中下一个原子 B 时的瞬时位置。撞击球的半径 R 由玻恩 – 迈耶势获得。冲击把能量 T 的一部分传输给了第二个原子 B，然后 B 原子在与原子列成 θ_1 角度的 PB 连接线方向离开。根据图 2.11，也可看出

$$\overline{AP}\sin\theta_0 = \overline{PB}\sin\theta_1 \tag{2.56}$$

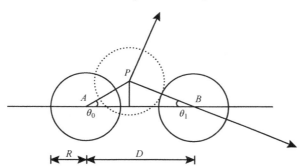

图 2.11　在假设为硬球碰撞条件下的简单聚焦效应

如果 θ_0 和 θ_1 较小，则式（2.56）也可近似成

$$\overline{AP}\theta_0 \approx \overline{PB}\theta_1 \tag{2.57}$$

如果 θ_0 和 θ_1 极小，还能得到

$$\overline{AP} \approx \overline{AB} - \overline{PB} = D - 2R$$

又因为 $\overline{PB} = 2R$，故

$$(D - 2R)\theta_0 = 2R\theta_1 \tag{2.58}$$

$$\theta_0(D - 2R) = \theta_1(2R) \tag{2.59}$$

如果进一步定义一个聚焦参数，即

$$f \equiv \frac{\theta_1}{\theta_0} \tag{2.60}$$

则由式（2.59）可得

$$f = \frac{D}{2R} - 1 \tag{2.61}$$

由此可以得到下列不等式：

$$\begin{cases} D > 4R & |\theta_0| < |\theta_1|, f > 1 \\ D < 4R & |\theta_0| > |\theta_1|, f < 1 \end{cases} \tag{2.62}$$

接着考虑进一步的碰撞，在动量脉冲到达第 n 个原子时，角度之间的关系式为

$$\theta_n = \begin{cases} f\theta_{n-1} \\ f^2\theta_{n-2} \\ f^3\theta_{n-3} \\ \vdots \\ f^n\theta_0 = \left(\frac{D}{2R} - 1\right)^n\theta_0 \end{cases} \tag{2.63}$$

或者最终成为

$$\theta_n = (f)^n\theta_0 = \left(\frac{D}{2R} - 1\right)^n\theta_0 \tag{2.64}$$

式（2.64）表明，如果 $D > 4R$，则聚焦参数 $f > 1$，这使得角度 θ_n 在持续碰撞中逐渐增加。反之，如果 $D < 4R$，则 $f < 1$ 且角度 θ_n 将逐步收敛到零。

在持续发生碰撞之后，也会呈现一组条件，因此而导致散射角 θ_n 既不发散也不收敛。这些"临界聚焦（$\theta_n = \theta_{n+1} = \cdots$）"的条件可以被确定如下。通过对 $\triangle APB$ 应用正弦定律，可以把 B 原子的反冲角与 A 原子的初始方向关联起来，即

$$\frac{\sin(\pi - \theta_0 - \theta_1)}{\sin\theta_0} = \frac{D}{2R} \tag{2.65}$$

它可简化成

$$\frac{\sin(\theta_0 + \theta_1)}{\sin\theta_0} = \frac{D}{2R} \tag{2.66}$$

临界聚焦的条件是 $\theta_1 = \theta_0$。将此等式应用到式（2.66）可得

$$\frac{\sin2\theta_0}{\sin\theta_0} = 2\cos\theta_0 = \frac{D}{2R} \tag{2.67}$$

并且

$$\cos\theta_0 = \cos\theta_c = \frac{D}{4R} \tag{2.68}$$

或当 $\cos\theta_0 \geq D/(4R)$ 时将发生聚焦，并且有

$$\cos\theta_c = \frac{D}{4R} \tag{2.69}$$

式（2.60）也表明，动量的聚焦倾向于优先发生在沿原子间距 D^{hkl} 最小的 $<hkl>$ 方向的原子列，或者沿原子密排的方向。

如果将原子看作其半径具有随能量而变的相关特性，就可以确定在任一给定碰撞角方向上得以发生聚焦的最大可能的能量。关键是允许原子间的势随其间距的变化而变化。临界的

聚焦能量 E_{fc}^{hkl} 定义为低于 $f<1$ 和 $D<4R$ 的能量，此时聚焦是可能的。在硬球模型中，发生正面碰撞时的动能 E 和势能 $V(r)$ 之间的关系由式（1.80）给出，即 $V(2R) = E/2$。如果 $V(r)$ 是用玻恩-迈耶势［即式（1.47）］来描述的话，则 $V(r) = A\exp(-r/B)$，并且有

$$E = 2A\exp\left(-\frac{2R}{B}\right) \qquad (2.70)$$

对于正面碰撞，$\theta_c = 0°$，所以 $\cos\theta_c = \dfrac{D}{4R} = 1$，于是有

$$E_{fc} = 2A\exp\left(\frac{-D}{2B}\right) \qquad (2.71)$$

这意味着，对 $E \geqslant E_{fc}$ 的情况而言，任何大于零的角度都会导致散焦，或者当能量为 E_{fc} 时，聚焦只在 $\theta = 0°$ 的情况下才可能发生。于是，临界聚焦角显然取决于那个入射体的能量。角度与能量的关系需要通过 D 项与 E_{fc} 表示，即

$$D = 2B\ln\left(\frac{2A}{E_{fc}}\right) \qquad (2.72)$$

现在，对于任意能量为 T、间距达到 $4R$ 的原子，有

$$4R = 2B\ln\left(\frac{2A}{T}\right) \qquad (2.73)$$

组合式（2.72）与式（2.73），可得

$$\frac{D}{4R} = \cos\theta_c = \frac{\ln\left(\dfrac{2A}{E_{fc}}\right)}{\ln\left(\dfrac{2A}{T}\right)}, \quad T < E_{fc} \qquad (2.74)$$

注意：临界聚焦的条件可以用以下两种方式表示。

方式1：$E_{fc} = 2A\exp\left(\dfrac{-D}{2B}\right)$。该条件给出了正面碰撞（$\theta_c = 0°$）情况下发生聚焦的能量 E_{fc}。

方式2：$\cos\theta_c = \dfrac{\ln\left(\dfrac{2A}{E_{fc}}\right)}{\ln\left(\dfrac{2A}{T}\right)}$。该条件给出了与正面碰撞的 θ_c 之间的最大角度偏差，在此偏差条件下能量为 T 的一个 PKA 能够启动一个聚焦碰撞的序列。

根据方式1的表达式，显而易见聚焦是晶体学方向的函数，因为 D 是晶体结构的函数，即

$$E_{fc}^{hkl} = 2A\exp\left(\frac{-D^{khl}}{2B}\right) \qquad (2.75)$$

例如，在 fcc 点阵中，有

$$D^{<100>} = a$$

$$D^{<110>} = \frac{\sqrt{2}}{2}a$$

$$D^{<111>} = \sqrt{3}a$$

所以，根据 $D^{<110>} < D^{<100>} < D^{<111>}$，就有 $E_{fc}^{<110>} > E_{fc}^{<100>} > E_{fc}^{<111>}$

在铜中，$E_{fc}^{<110>}$ 的典型值是 80eV；在金中，该值是 600eV。在任何情况下，E_{fc} 都比初始 PKA 的能量小得多。

从前述的讨论可以明显看到，只有当被散射的原子处在原子列的角度 θ_c 范围以内时，聚焦才是适用的，此时才有可能导致一个聚焦序列。所以，确定一个被撞出原子的初始方向处在环绕原子列、顶角为 θ_c 的锥体内的概率是重要的。

对于随机的起始方向，当能量为 T 时产生一个聚焦碰撞序列的概率为

$$P_f(T) = \frac{\theta_c^2}{4} \tag{2.76}$$

将式（2.69）中的 $\cos\theta_c$ 展开，对于小的 θ_c，有

$$1 - \frac{1}{2}\theta_c^2 \approx \frac{D}{4R}$$

代入式（2.76），可得

$$P_f(T) = \frac{1}{2}\left(1 - \frac{D}{4R}\right) \tag{2.77}$$

或

$$P_f(T) = \frac{1}{2}\left[1 - \frac{\ln\left(\frac{2A}{E_{fc}}\right)}{\ln\left(\frac{2A}{T}\right)}\right]$$

$$= \frac{1}{2}\left[\frac{\ln\left(\frac{T}{E_{fc}}\right)}{\ln\left(\frac{E_{fc}}{2A}\right) + \ln\left(\frac{T}{E_{fc}}\right)}\right] \tag{2.78}$$

因为 $E_{fc}/(2A) \ll 1$，$T/E_{fc} \approx 1$，则

$$P_f(T) = \begin{cases} \dfrac{1}{2}\dfrac{\ln\left(\dfrac{T}{E_{fc}}\right)}{\ln\left(\dfrac{E_{fc}}{2A}\right)}, & T < E_{fc} \\[4mm] 0, & T > E_{fc} \end{cases} \tag{2.79}$$

对于晶体中的 n 个等效方向，有

$$P_f(T) = \frac{n}{2}\frac{\ln\left(\dfrac{T}{E_{fc}}\right)}{\ln\left(\dfrac{E_{fc}}{2A}\right)} \tag{2.80}$$

例如，在铜中，$E_{fc} \approx 80\text{eV}$，对于 $A \approx 20000\text{eV}$，$P_f(60\text{eV}) \approx 0.026n$。对于 $n = 12$，则 $P_f \approx 0.3$（即30%）。聚焦指的是通过弹性碰撞沿某一条直线进行的能量传输，但是没有涉及质量的传输。接下来，将要讨论"置换碰撞"，那是能量和质量两者都发生传输的情况。

2. 置换碰撞

除了能量的传输以外，如果第一个原子的中心移动超过了点阵中两个原子占位的中点，

也可能通过撞击原子把被撞击原子置换的方式而发生质量的传输。在对聚焦的分析中，假设了硬球碰撞。但是，如果假设原子存在一定的柔性，就会发生三件事情：

对一个特定的冲击参数，硬球模型高估了它的散射角，因而聚焦的程度想必也被高估了。

早在干扰真正抵达之前，阵列中的原子就感受到了正在前来的干扰的影响，使得原子也已经处于运动的状态。由于 D 减小了，聚焦效应也就被强化了。于是，置换成为可能。

根据图 2.12，随着碰撞的进行，A_n 和 A_{n+1} 原子之间的距离 x 连续减小。质心的速率为

$$V_{CM} = \left(\frac{M_1}{M_1 + M_2}\right)v_1 + \left(\frac{M_2}{M_1 + M_2}\right)v_2$$

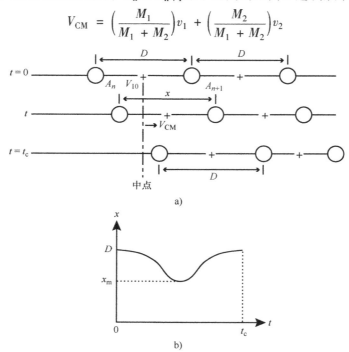

图 2.12　在交互作用势持续作用下的碰撞期间，聚焦链内的正面碰撞[5]

a）在由左侧原子启动的碰撞期间各个原子的位置　b）碰撞期间 A_n 和 A_{n+1} 原子的间距

其中，v_1 和 v_2 是实验室坐标系中的速度。由定义的相对速度 $g = v_1 - v_2$ 可得

$$v_1 = V_{CM} + \left(\frac{M_2}{M_1 + M_2}\right)g$$

$$v_2 = V_{CM} + \left(\frac{M_1}{M_1 + M_2}\right)g$$

两个粒子的总动能为

$$KE = \frac{1}{2}M_1 v_1^2 + \frac{1}{2}M_2 v_2^2$$

用 g 和 V_{CM} 形式写出，则有

$$KE = \frac{1}{2}(M_1 + M_2)V_{CM}^2 + \frac{1}{2}\mu g^2$$

其中，μ 是约化质量，$\mu = M_1 M_2/(M_1 + M_2)$。总动能被分成两部分：一是因实验室坐标系移动所导致的；另一个是因两个粒子相对运动所导致的。总能量守恒的公式为 $E_r + V(x) = E_{r0}$，其

中，$v(x)$ 是正面碰撞的间隔距离为 x 时的势能，E_{r0} 是在间隔距离为无限大（即初始间距）处的相对动能，而 E_r 是在任意点处的相对动能。将动能以相对速度 g 的形式重写，可得

$$\frac{1}{2}\mu g^2 + V(x) = \frac{1}{2}\mu g_0^2$$

并且，有

$$g_0 = v_{10}$$

其中，g_0 是初始速度。该方程应当是从 1.2.2 小节的分析中就被认可了的。提醒一下：在 $x = x_{\min}$，$V(x_{\min}) = \mu g_0^2/2$ 时，若 $M_1 = M_2$，则 $g_0 = v_{10}$，$V = E/2$。

另外，假设在初始间隔处两个原子的交互作用能是 $V(D) \ll \mu g_0^2/2$。间隔距离随时间的变化速率等于相对速度，即

$$\frac{\mathrm{d}x}{\mathrm{d}t} = -g \tag{2.81}$$

将碰撞时间取为到达最接近点的距离所需时间的两倍，有

$$t_c = 2\int_D^{x_m} \frac{\mathrm{d}x}{g} = -2\int_{V(D)}^{V(x_m)} \frac{\mathrm{d}V}{g\mathrm{d}V/\mathrm{d}x} \tag{2.82}$$

其中，x_m 是最接近点的距离。

因为 $V(x) = A\exp(-x/B)$，则有

$$\frac{\mathrm{d}V}{\mathrm{d}x} = -\frac{A}{B}\exp\left(-\frac{x}{B}\right) = -\frac{V}{B} \tag{2.83}$$

并且

$$\begin{aligned} g &= \left\{\left[\frac{1}{2}\mu g_0^2 - V(x)\right]\frac{4}{M}\right\}^{1/2} \\ &= \left[\left(\frac{E}{2} - V\right)\frac{4}{M}\right]^{1/2} \\ &= 2\left(\frac{E}{2M} - \frac{V}{M}\right)^{1/2} \end{aligned} \tag{2.84}$$

其中，对于同类原子，$\mu = M/2$，并且 $\mu g_0^2/2 = Mv_{10}^2/4 = E/2$。将式（2.83）和式（2.84）代入式（2.82）得到

$$t_c = B\left(\frac{2M}{E}\right)^{1/2} \int_{V(D)}^{E/2} \frac{\mathrm{d}V}{V\left(1 - \frac{2V}{E}\right)^{1/2}} \tag{2.85}$$

$$= 2B\left(\frac{2M}{E}\right)^{1/2} \operatorname{artanh}\left[1 - \frac{2V(D)}{E}\right]^{1/2} \tag{2.86}$$

注意：硬球半径的定义已被用作上限，也就是 x_m 被取为 $2R(E)$。对于 $V(D)/E \ll 1$，有

$$t_c = B\left(\frac{2M}{E}\right)^{1/2} \ln\left[\frac{2E}{V(D)}\right] \tag{2.87}$$

因为质心速度是 $v_{10}/2 = (E/2M)^{1/2}$，在碰撞时间 t_c 内质心运动的距离 x 按式（2.88）计算。

$$x = t_c\left(\frac{E}{2M}\right)^{1/2} \tag{2.88}$$

如果 $x > D/2$，A_n 原子将停止在初始的中间点右侧且发生置换，A_n 将占据 A_{n+1} 原子的点

阵位置。通过把 t_c 从式（2.87）代入式（2.88），可以将距离 x 与能量相关联，即

$$\frac{x}{B} = \ln\left[\frac{2E_r}{V(D)}\right] \tag{2.89}$$

对于 $x = D/2$，有

$$\exp\left(\frac{D}{2B}\right) = \frac{2E_r}{A\exp\left(\dfrac{-D}{B}\right)}$$

而置换能 E_r 成为

$$E_r = \frac{A}{2}\exp\left(\frac{-D}{2B}\right) \tag{2.90}$$

根据上面的讨论，并与式（2.71）进行比较后可以得到，当碰撞链中传送的能量满足如下条件时，聚焦置换是可能的，即

$$E > E_r = \frac{A}{2}\exp\left(\frac{-D}{2B}\right) = \frac{1}{4}E_{fc} \tag{2.91}$$

于是，得到了聚焦置换，或者说，当 $E_{fc} < T < E_{fc}$ 时为聚焦置换；当 $T < E_{fc}/4$ 时为聚焦的动量/能量包。

因此，当 E 是在 E_r （$= E_{fc}/4$）和 E_{fc} 之间时，质量传输有可能发生；从之前的例子可知，E_r 大致与位移能 E_d 相同或略低。图2.13显示的是聚焦和置换碰撞都落在 PKA 的能谱上的情况。

3. 辅助聚焦

在前面的聚焦分析中，还没有考虑到周围原子或最邻近原子的影响。由于它们对运动原子的排斥作用，它们倾向于起

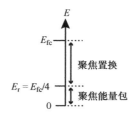

图 2.13　对聚焦能量传输和聚焦置换序列的能量标尺

"透镜"和对聚焦过程助推的作用。这种辅助聚焦的净结果是提高了聚焦的临界能量 E_{fc}，使聚焦更有可能发生。第二点，某个聚焦事件周围的原子环也倾向于通过掠射式碰撞而消耗其能量。这个作用通过原子环的振动运动来加强，它能够随温度而增加。置换链的长度和链内碰撞的数量均随温度下降而增加。周围原子运动的加剧又进一步增加了碰撞序列的能量损失。干扰碰撞序列的其他效应是合金元素和缺陷，诸如间隙原子、空位和位错。图2.14显示了在室温下的铜中初始能量为 E 的聚焦链中碰撞的数量以及聚焦概率。采自 Chadderton[18] 的表2.3是在考虑到周围原子的（辅助聚焦）作用而修正的 fcc 和 bcc 点阵中不同方

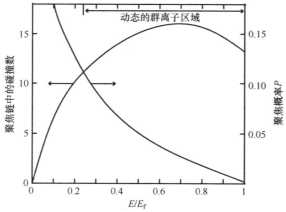

图 2.14　室温下铜中一个 <110> 碰撞序列内碰撞链的长度和概率[5]

向的聚焦能和置换能。注意：在所有情况下，当聚焦过程受到周围原子辅助时，聚焦能都会变得较大。

表2.3 考虑了受到辅助聚焦作用后，fcc和bcc点阵中E_{fc}^{hkl}表达式及 fcc和bcc点阵中置换能E_r^{hkl}的表达式[18]

E_{fc}^{hkl}表达式		
$<hkl>$	面心立方	体心立方
$<100>$	$\dfrac{A(D^{110})^2}{2B^2}\exp\left(-\dfrac{D^{110}}{4B}\right)^{\uparrow}$	$2A\exp\left(-\dfrac{D^{111}}{B\sqrt{3}}\right)$
$<110>$	$2A\exp\left(-\dfrac{D^{110}}{2B}\right)$	$\dfrac{4\sqrt{2}(D^{111})^2 A}{15B^2}\exp\left(-\dfrac{D^{111}\sqrt{5}}{2\sqrt{3}B}\right)^{\uparrow\uparrow}$
$<111>$	$\left(\dfrac{6}{19}\right)^{1/2}\dfrac{A(D^{110})^2}{B^2}\exp\left(-\dfrac{D^{110}}{2B}\left(\dfrac{19}{12}\right)^{1/2}\right)^{\uparrow}$	$2A\exp\left(-\dfrac{D^{111}}{2B}\right)$

E_r^{hkl}表达式		
$<hkl>$	面心立方	体心立方
$<100>$	$5A\exp\left(-\dfrac{D^{110}}{D\sqrt{2}}\right)$	$\dfrac{A}{2}\exp\left(-\dfrac{D^{100}}{2B}\right)$
$<110>$	$\dfrac{A}{2}\exp\left(-\dfrac{D^{110}}{2B}\right)$	$3A\exp\left(-\dfrac{D^{110}}{2B}\right)$
$<111>$	$4A\exp\left(-\dfrac{D^{110}}{B\sqrt{3}}\right)$	$2A\exp\left(-\dfrac{D^{111}}{2B}\right)$

注：↑—在（110）面内；↑↑—受到辅助聚集。

4. 通道效应

通道效应是高能的撞出原子沿晶体点阵中的开放方向深入的长程位移。图2.15a所示为一个原子在晶体点阵中的一个开放通道中以螺旋线方式深入的示意图。图2.15b所示为fcc点阵中沿特定晶体学方向的轴向和平面通道。原子通道壁是由原子列构成的。如果通道周围的原子列是密堆排列的，则原子间的离散斥力被"抹去"，原子看起来是在一个半径为R_{ch}的

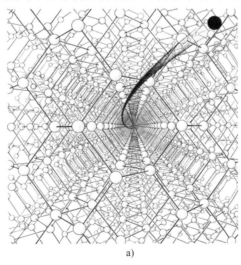

a)

图2.15 通道效应

a）在晶体点阵的通（沟）道中运动的一个原子[19]

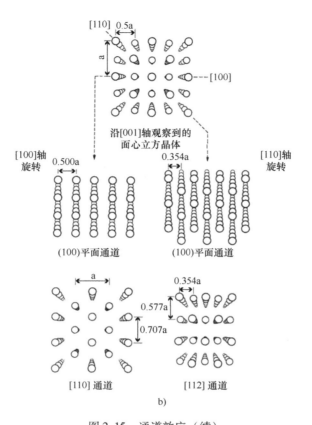

沿[001]轴观察到的
面心立方晶体

[100]轴
旋转

[110]轴
旋转

(100)平面通道　　　　(100)平面通道

[110] 通道　　　　[112] 通道

b)

图 2.15　通道效应（续）

b）fcc 点阵中轴向和平面型的通（沟）道[20]

长圆柱管道中行进。可以通过将 πR_{ch}^2 等同于通道的横截面面积来确定 R_{ch} 的值。如果运动原子的侧向振荡的幅值与 R_{ch} 相比是小的，则在与通道轴线呈横向的方向上，由通道壁提供的势阱近似为抛物线形。

运动原子与通道壁之间的交互作用（见图 2.16），可以用一个谐波形态的沟通道势描述，即

$$V_{ch}(r) = kr^2 \qquad (2.92)$$

其中，r 是离轴线的侧向距离，k 是取决于描述原子 - 原子排斥力作用和通道尺寸 R_{ch} 的力常数。使用玻恩 - 迈耶势来描述在该能量区间的原子 - 原子交互作用，则 k 成为

$$k = \frac{A}{DB}\left(\frac{2\pi R_{ch}}{B}\right)\exp\left(\frac{-R_{ch}}{B}\right) \qquad (2.93)$$

其中，D 是形成通道的原子列中的原子间距。运动原子以沿通道轴（见图 2.16）的速度分量进入通道，该速度分量为

$$V_{z0} = \left(\frac{2E}{M}\right)^{1/2}\cos\theta_0 \qquad (2.94)$$

其中，$(2E/M)^{1/2} = V_0$。由于传输给电子云的非弹性能量损失，

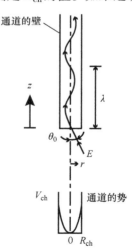

图 2.16　进入了通道的
原子的轨迹[5]

轴向速度会渐渐降低。在由式（2.95）给出的周期 τ 内，运动原子在 r 方向上经历了简单的谐波运动，即

$$\tau = 2\pi\left(\frac{M}{2k}\right)^{1/2} \tag{2.95}$$

对于 $\theta_0 = 0°$，振荡的初始波长等于 $V_{z0}\tau$，或者为

$$\lambda = 2\pi\left(\frac{E}{k}\right)^{1/2} \tag{2.96}$$

侧向振荡的幅值由射入角 θ_0 和射入原子的动能 E 确定。当原子进入通道时，原子速度的 r 分量为

$$V_{r0} = \left(\frac{2E}{M}\right)^{1/2}\sin\theta_0 \cong \left(\frac{2E}{M}\right)^{1/2}\theta_0 \tag{2.97}$$

所以动能的径向分量是 $E\theta_0^2$，它等于在横向幅值下的势能 kr_{max}^2。令动能和势能相等并对 r_{max} 求解，可得

$$r_{max} = \left(\frac{E}{k}\right)^{1/2}\theta_0 \tag{2.98}$$

而通道内原子的轨迹为

$$r = \theta_0\left(\frac{E}{k}\right)^{1/2}\sin\left[\left(\frac{k}{E}\right)^{1/2}Z\right] \tag{2.99}$$

于是，让横向幅值 r_{max} 与通道半径 R_{ch} 相等，即可获得临界角 θ_{ch}（小于该临界角时，通道效应可能发生）为

$$\theta_{ch} = R_{ch}\left(\frac{k}{E}\right)^{1/2} \tag{2.100}$$

注意：正如预想的那样，θ_{ch} 随 E 的升高而降低。当两次碰撞之间的平均自由程大约为几个原子间距的量级时，大角度碰撞成为可能，而通道效应消失。通道概率的确定是困难的，因为必须要有某个原子被撞出并进入通道，然而通道轴线附近是没有原子的。所以，通道效应事件有可能始于对构成通道壁的某个原子的撞击。如果进入角度足够小，通道效应就有可能开始形成。

通道效应没有能量的上限。相反，θ_{ch} 恰恰会随 E 的增加而变得更小。当波长约为 nD 或者几个原子间距（$n \approx 2$）时，会产生最小的通道能。从本质上来看，这是因为由通道壁产生的脉冲和横向振荡之间形成了共振。进入通道的原子轨迹终止于某一次剧烈的碰撞。再次提醒一下：以上处理只有在 $\lambda \gg D$ 的条件下才是有效的。在式（2.96）中求解 E，并让 $\lambda = 2D$，得到 $E_{ch} \approx 0.1kD^2$。对于铜，E_{ch} 约为 300eV。因为 k 随质量的增加而增加，所以对于大的质量，E_{ch} 就较大。通道效应是高能现象，所以对于轻原子是最显著的；而聚焦效应是低能现象，对重原子是最显著的。

5. 聚焦效应和通道效应对位移的影响

晶体效应的概率是反冲能的函数。$P(T)$ 被用作 P_f 或 P_{ch}。但是因为 $E_f \approx 100eV$，P_f 是相当小的。借助于对式（2.14）的修订，描述级联效应的方程式就可得到修订，以考虑晶体效应，即

$$\nu(T) = P(T) + [1 - P(T)]\left[\frac{2E_d}{T} + \frac{2}{T}\int_{2E_d}^{T}\nu(\varepsilon)\,\mathrm{d}\varepsilon\right] \tag{2.101}$$

式（2.101）等号右侧的第一项表示了单独的移位原子，它是当PKA在第一次碰撞时被通道化了或被聚焦了的情况下所产生的；第二项给出了在第一次碰撞中做了一次通常位移行为的某一PKA所产生的位移数。假设 $P \neq P(T)$，式（2.101）对 T 微分可得

$$T \frac{\mathrm{d}\nu}{\mathrm{d}T} = (1 - 2P)\nu + P \tag{2.102}$$

而对 T 积分可得

$$\nu(T) = \frac{CT^{(1-2P)} - P}{1 - 2P} \tag{2.103}$$

其中的常数 C 可由代入式（2.101），从而得到

$$C = \frac{1 - P}{(2E_{\mathrm{d}})^{1-2P}}$$

从而产生了最终的解，即

$$\nu(T) = \frac{1 - P}{1 - 2P}\left(\frac{T}{2E_{\mathrm{d}}}\right)^{1-2P} - \frac{P}{1 - 2P} \tag{2.104}$$

如果 P 很小，$\nu(T)$ 可以近似为

$$\nu(T) = \left(\frac{T}{2E_{\mathrm{d}}}\right)^{1-2P} \tag{2.105}$$

应该看到，在高能条件下最重要的晶体效应是通道效应。例如，如果 $P = 7\%$，铁中一个10keV PKA 将产生 100 个位移，也大约就是 $P = 0$ 时产生数量的一半。图2.17所示为产生通道效应的 PKA 能量范围。注意：通道效应是一种高能现象，它与发生替换的能量之间存在一个能量的间隙，低于通道效应能量时才会发生替换或者聚焦能量的传输；而高于该能量时才会发生通道效应。基于位移的 K-P 模型和对基本模型所做的不同修正，接下来将确定移位的原子数。

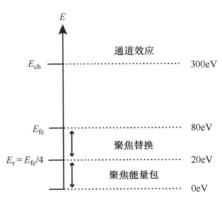

图2.17　发生聚焦能量传输、聚焦替换和通道效应的能量范围

2.3　位移截面

现在，可以利用本章前面几节的结果来定义位移截面，即

$$\sigma_{\mathrm{D}}(E_{\mathrm{i}}) = \int_{\check{T}}^{\hat{T}} \nu(T)\sigma(E_{\mathrm{i}}, Q_{\mathrm{j}}, T)\mathrm{d}T \tag{2.106}$$

其中，$\nu(T)$ 是由一个能量为 T 的 PKA 所造成的位移数，$\sigma(E_{\mathrm{i}}, Q_{\mathrm{j}}, T)$ 是能量传输截面的一般形式，而 $\check{T}$ 和 $\hat{T}$ 则分别是最小和最大的传输能量。位移截面这个量首先出现在式（2.2）中，它给出了一个能量为 E_{i} 的入射中子所产生的平均位移数，可以将这一表达式应用于不同的散射区域来确定它们各自对总位移数的贡献。

将首先使用基础的 K-P 结果对每一类型的交互作用确定 $\sigma_{\mathrm{D}}(E_{\mathrm{i}})$，然后再加到修订的公式之中。

2.3.1 弹性散射

首先考虑弹性散射的 $\sigma_s(E_i, T)$。由式（1.19）可得

$$\sigma_s(E_i, T) = \frac{4\pi}{\gamma E_i} \sigma_s(E_i, \phi)$$

对于各向同性散射的情况，有

$$\sigma_s(E_i, \phi) = \frac{\sigma_s(E_i)}{4\pi}$$

$$\sigma_s(E_i, T) = \frac{\sigma_s(E_i)}{\gamma E_i}$$

所以，有

$$\sigma_{Ds}(E_i) = \frac{\sigma_s(E_i)}{\gamma E_i} \int_{E_d}^{\gamma E_i} \nu(T) \, \mathrm{d}T \tag{2.107}$$

如果希望考虑在诸如快堆系统中各向异性的弹性散射，弹性散射截面的角度相关性可以被写成一系列的勒让德（Legendre）多项式，即

$$\sigma_s(E_i, \phi) = \frac{\sigma_s(E_i)}{4\pi} \sum_{l=0}^{\infty} a_l(E_i) P_l(\cos\phi) \tag{2.108}$$

其中，$\sigma_s(E_i)$ 是能量为 E_i 的入射中子的总弹性散射截面，P_l 是第 l 项勒让德多项式，而 a_l 值是截面扩张式中与能量相关的系数。在热堆或快堆所遇到的中子能量范围，仅保留前两项（即 $l=0$ 和 $l=1$）就足够了。因为 $P_0 = 1$，$P_1 = \cos\phi$，所以有

$$\sigma_s(E_i, \phi) = \frac{\sigma_s(E_i)}{4\pi} \big[1 + a_1(E_i)\cos\phi \big] \tag{2.109}$$

然后，已知 $\cos\phi = 1 - [2T/(\gamma E_i)]$，将式（2.109）代入式（2.106）中，可得

$$\sigma_{Ds}(E_i) = \frac{\sigma_s(E_i)}{\gamma E_i} \int_{E_d}^{\gamma E_i} \nu(T) \Big[1 + a_1(E_i)\Big(1 - \frac{2T}{\gamma E_i} \Big) \Big] \mathrm{d}T \tag{2.110}$$

2.3.2 非弹性散射

因为非弹性散射在质心坐标系中是各向同性的，所以有

$$\sigma_{sj}(E_i, Q_j, \phi) = \frac{\sigma_{sj}(E_i, Q_j)}{4\pi} \tag{2.111}$$

式（1.30）给出了在共振区域中非弹性散射的能量传输截面，即

$$\sigma_{sj}(E_i, Q_j, T) = \frac{\sigma_{sj}(E_i, Q_j)}{\gamma E_i} \Big[1 + \frac{Q_j}{E_i}\Big(\frac{1+A}{A} \Big) \Big]^{-1/2}$$

于是

$$\sigma_{Dsj}(E_i) = \sum_j \frac{\sigma_{sj}(E_i, Q_j)}{\gamma E_i} \Big[1 + \frac{Q_j}{E_i}\Big(\frac{1+A}{A} \Big) \Big]^{-1/2} \int_{\check{T}_j}^{\hat{T}_f} \nu(T) \, \mathrm{d}T \tag{2.112}$$

其中，$T(E_i, Q_j, \phi)$ 的最小值和最大值由式（1.27）给出，分别取 $\cos\phi = -1$ 和 1，可得

$$\hat{T}_j = \frac{\gamma E_i}{2}\left[1 + \frac{1+A}{2A}\frac{Q_j}{E_i} + \left(1 + \frac{Q_j}{E_i}\frac{1+A}{A}\right)^{1/2}\right]$$

$$\check{T}_j = \frac{\gamma E_i}{2}\left[1 + \frac{1+A}{2A}\frac{Q_j}{E_i} - \left(1 + \frac{Q_j}{E_i}\frac{1+A}{A}\right)^{1/2}\right]$$

2.3.3　（n，2n）和（n，γ）位移

对于（n，2n）反应的位移截面，可以写成

$$\sigma_{D(n,2n)}(E_i) = \int_0^{E_i - E'_m} \sigma_{(n,2n)}(E_i, T)\frac{T}{2E_d}dT \tag{2.113}$$

其中，$\sigma_{(n,2n)}(E_i, T)$ 由式（1.40）给出。

由（n，γ）反应导致的位移截面可以写成

$$\sigma_{D\gamma}(E_i) = \sigma_\gamma \int_0^{\check{T}} \frac{T}{2E_d}dT \tag{2.114}$$

但是，由于已经假设点阵原子反冲时带有的平均能量为

$$\overline{T} = \frac{\hat{T}}{2} = \frac{E_\gamma^2}{4(A+1)c^2}$$

并且对于一个给定的同位素，E_γ 是已知的或能够测量的，所以式（2.114）可以简化为

$$\sigma_{D\gamma} = \sigma_\gamma \frac{\overline{T}}{2E_d} = \sigma_\gamma \frac{E_\gamma^2}{8E_d(A+1)c^2} \tag{2.115}$$

因此，由于这类形式的中子交互作用所导致的总位移截面就成为

$$\sigma_D(E_i) = \sigma_{Ds}(E_i) + \sigma_{Dsj}(E_i) + \sigma_{D(n,2n)}(E_i) + \sigma_{D\gamma}$$

$$= \frac{\sigma_s(E_i)}{\gamma E_i}\int_{E_d}^{\gamma E_i}\frac{T}{2E_d}\left[1 + a_1(E_i)\left(1 - \frac{2T}{\gamma E_i}\right)\right]dT +$$

$$\sum_j \frac{\sigma_{sj}(E_i, Q_j)}{\gamma E_i}\left[1 + \frac{Q_j}{E_i}\left(\frac{1+A}{A}\right)\right]^{-1/2}\int_{\check{T}_j}^{\hat{T}_j}\frac{T}{2E_d}dT + \tag{2.116}$$

$$\int_0^{E_i - E'_m} \sigma_{(n,2n)}(E_i, T)\frac{T}{2E_d dT} +$$

$$\sigma_\gamma \frac{E_\gamma^2}{8E_d(A+1)c^2}$$

其中各项分别对应于弹性散射、在共振区域内的非弹性散射、（n，2n）反应及（n，γ）反应。

2.3.4　K－P模型的修正和总位移截面

位移截面可根据2.2节中对基本的 K－P 模型所做的各种假设的放宽情况进行修正。表2.4对这些修正进行了汇总。通过把假设1）和3）合并为单个常数 C'，并应用考虑结晶性效应的式（2.104），就这样将这些修正项应用于基本的 K－P 结果，从而把式（2.116）

转换为

$$
\sigma_{\mathrm{D}} = \frac{\sigma_{\mathrm{s}}(E_{\mathrm{i}})}{\gamma E_{\mathrm{i}}} \int_{E_{\mathrm{d}}}^{\gamma E_{\mathrm{i}}} \Big[\frac{1-P}{1-2P} \Big(C'\xi(T)\,\frac{T}{2E_{\mathrm{d}}} \Big)^{(1-2P)} - \frac{P}{1-2P} \Big] \times
$$

$$
\Big[1 + a_1(E_{\mathrm{i}})\Big(1 - \frac{2T}{\gamma E_{\mathrm{i}}} \Big) \Big] \mathrm{d}T +
$$

$$
\sum_j \frac{\sigma_{\mathrm{s}j}(E_{\mathrm{i}},Q_j)}{\gamma E_{\mathrm{i}}} \Big[1 + \frac{Q_j}{E_{\mathrm{i}}}\Big(\frac{1+A}{A} \Big) \Big]^{-1/2} \times
$$

$$
\int_{\check{T}_j}^{\hat{T}_j} \Big[\frac{1-P}{1-2P}\Big[C'\xi(T)\,\frac{T}{2E_{\mathrm{d}}} \Big]^{1-2P} - \frac{P}{1-2P} \Big] \mathrm{d}T +
$$

$$
\int_0^{E_{\mathrm{i}}-E_m'} \sigma_{(\mathrm{n,2n})}(E_{\mathrm{i}},T) \Big\{ \frac{1-P}{1-2P}\Big[C'\xi(T)\,\frac{T}{2E_{\mathrm{d}}} \Big]^{1-2P} - \frac{P}{1-2P} \Big\} \mathrm{d}T +
$$

$$
\sigma_\gamma \Big[\frac{1-P}{1-2P}\Big(C'\xi(T)\,\frac{E_\gamma^2}{8E_{\mathrm{d}}(A+1)c^2} \Big)^{1-2P} - \frac{P}{1-2P} \Big] \tag{2.117}
$$

表 2.4 对位移截面的修正

假设	对 $\nu(T)=T/(2E_{\mathrm{d}})$ 的校正	正文中的公式编号
3）E_{d} 的损失	$0.56\Big(1 + \dfrac{T}{2E_{\mathrm{d}}} \Big)$	式（2.31）
4）电子能量损失的截止	$\xi(T)\Big(\dfrac{T}{2E_{\mathrm{d}}} \Big)$	式（2.54）
5）实际的能量传输截面	$C\dfrac{T}{2E_{\mathrm{d}}}$，$0.52 < C \leqslant 1.22$	式（2.33）、式（2.39）
6）结晶性的度量	$\dfrac{1-P}{1-2P}\Big(\dfrac{T}{2E_{\mathrm{d}}} \Big)^{1-2P} - \dfrac{P}{1-2P}$ $\sim \Big(\dfrac{T}{2E_{\mathrm{d}}} \Big)^{1-2P}$	式（2.104） 式（2.105）

如果采用较为简化的对结晶性效应的表达式（2.104），就可以把式（2.117）写成

$$
\sigma_{\mathrm{D}} = \frac{\sigma_{\mathrm{s}}(E_{\mathrm{i}})}{\gamma E_{\mathrm{i}}} \int_{E_{\mathrm{d}}}^{\gamma E_{\mathrm{i}}} \Big\{ \Big[C'\xi(T)\,\frac{T}{2E_{\mathrm{d}}} \Big]^{(1-2P)} \Big\} \Big[1 + a_1(E_{\mathrm{i}})\Big(1 - \frac{2T}{\gamma E_{\mathrm{i}}} \Big) \Big] \mathrm{d}T +
$$

$$
\sum_j \frac{\sigma_{\mathrm{s}j}(E_{\mathrm{i}},Q_j)}{\gamma E_{\mathrm{i}}} \Big[1 + \frac{Q_j}{E_{\mathrm{i}}}\Big(\frac{1+A}{A} \Big) \Big]^{-1/2} \int_{\check{T}_j}^{\hat{T}_j} \Big[C'\xi(T)\,\frac{T}{2E_{\mathrm{d}}} \Big]^{1-2P} \mathrm{d}T +
$$

$$
\int_0^{E_{\mathrm{i}}-E_m'} \sigma_{(\mathrm{n,2n})}(E_{\mathrm{i}},T) \Big[C'\xi(T)\,\frac{T}{2E_{\mathrm{d}}} \Big]^{1-2P} \mathrm{d}T +
$$

$$
\sigma_\gamma \Big[C'\xi(T)\,\frac{E_\gamma^2}{8E_{\mathrm{d}}(A+1)c^2} \Big]^{1-2P} \tag{2.118}
$$

或者

$$
\sigma_{\mathrm{D}} = \sigma_{\mathrm{Ds}} + \sigma_{\mathrm{Di}} + \sigma_{\mathrm{D(n,2n)}} + \sigma_{\mathrm{D}\gamma} \tag{2.119}
$$

Doran[21] 使用林汉德的能量配分理论计算了不锈钢的位移截面，如图 2.18 所示。

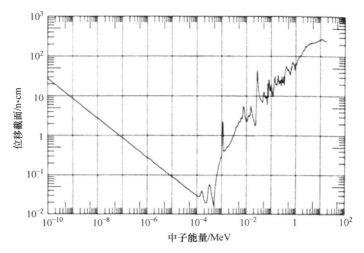

图 2.18 基于林汉德模型和 ENDF/B 散射截面计算的不锈钢位移截面[21]

2.4 位移率

回忆一下式（2.1）所给出的位移率为

$$R = \int_{\check{E}}^{\hat{E}} N\phi(E_i)\sigma_D(E_i)\mathrm{d}E_i$$

这指的是位移率密度，也就是单位时间、单位体积内的位移总数[#/（cm³ s）]。为了粗略估算一下它的数量级，将位移截面简化如下。忽略（n，2n）和（n，γ）反应对位移的贡献，以及对简单的 K-P 位移模型所做的全部修正［也就是采用 $\nu(T) = T/(2E_d)$］，并忽略相对于 E_i 的 E_d，那么由弹性和非弹性散射中子导致的位移截面就变为

$$\sigma_D(E_i) = \frac{\sigma_s(E_i)}{\gamma E_i}\int_{E_d}^{\gamma E_i}\frac{T}{2E_d}\Big[1 + a_1(E_i)\Big(1 - \frac{2T}{\gamma E_i}\Big)\Big]\mathrm{d}T +$$

$$\sum_j\frac{\sigma_{sj}(E_i, Q_j)}{\gamma E_i}\Big[1 + \frac{Q_j}{E_i}\Big(\frac{1+A}{A}\Big)\Big]^{-1/2}\int_{\check{T}_j}^{\hat{T}_j}\frac{T}{2E_d}\mathrm{d}T \tag{2.120}$$

假设弹性散射是各向同性的（$a_1 = 0$），忽略非弹性散射，并在上下限 γE_i 和 E_d 之间进行积分，即

$$\sigma_D(E_i) = \frac{\sigma_s(E_i)}{\gamma E_i}\int_{E_d}^{\gamma E_i}\frac{T}{2E_d}\mathrm{d}T \tag{2.121}$$

如果 $\gamma E_i > E_c$，则

$$\sigma_D(E_i) = \frac{\sigma_s(E_i)}{\gamma E_i}\Big(\int_{E_d}^{2E_d}\mathrm{d}T + \int_{2E_d}^{E_c}\frac{T}{2E_d}\mathrm{d}T + \int_{E_c}^{\gamma E_i}\frac{E_c}{2E_d}\mathrm{d}T\Big) \tag{2.122}$$

$$= \frac{\sigma_s(E_i)}{2\gamma E_i E_d}\Big(\gamma E_i E_c - \frac{E_c^2}{2}\Big)$$

如果选择 $\gamma E_i \approx E_c$，则有

$$\sigma_D(E_i) \approx \left(\frac{\gamma E_i}{4E_d}\right)\sigma_s(E_i) \qquad (2.123)$$

而式（2.1）就变为

$$R_d = \frac{N\gamma}{4E_d}\int_{E_d/\gamma}^{\infty}\sigma_s(E_i)E_i\phi(E_i)\,\mathrm{d}E_i \qquad (2.124)$$

$$= N\sigma_s\left(\frac{\gamma \overline{E_i}}{4E_d}\right)\phi \qquad (2.125)$$

其中，$\overline{E_i}$ 是平均的中子能量，而 ϕ 是能量在 E_d/γ 以上的中子总通量，而括号中的项是每个中子所产生的位移数量（Frenkel 对）。假设各向同性散射和忽略非弹性散射的有效性见图 2.19 和 2.20。实质上，在中子能量低于 1 至几个 MeV 的情况下，这两项近似都是合理的。

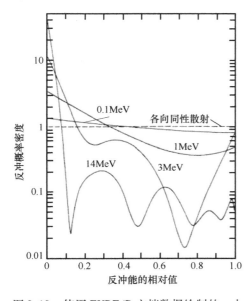

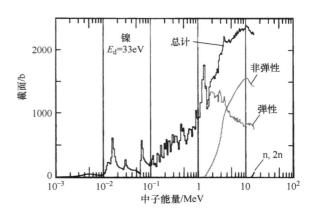

图 2.19　使用 ENDF/B 文档数据绘制的、由快中子弹性散射产生的反冲能量谱[22]

图 2.20　镍的位移截面，用来说明弹性和非弹性（散射）所占的份额[21]

案例 2.1　铁的中子辐射

第一个例子，在可以被认为是快堆堆芯典型的某一快中子通量下，由 0.5Mev 中子在铁中所造成的损伤。

$$N = 0.85 \times 10^{23}\,\mathrm{a/cm^3}\,(\text{a 代表原子})$$

$$\sigma_s = 3 \times 10^{-24}\,\mathrm{cm^2}$$

$$\phi = 10^{15}\,\mathrm{n/(cm^2 \cdot s)}\,(\text{n 代表中子})$$

$$\frac{\gamma E_1}{4E_d} = 350\,\mathrm{a/n}$$

$R_d = 9 \times 10^{16}\,\mathrm{a/(cm^3 \cdot s)}$，或者 $R_d/N \approx 10^{-6}$ dpa/s 或者约 32dpa/年。这等价于每隔 12 天

会有一个原子从正常的点阵位置被移位。

第二个例子可以用来说明 MTR 型热中子研究堆的铝燃料板中的位移率。在此情况下，有

$$E_i \approx 0.5 \text{MeV}$$
$$N = 0.6 \times 10^{23} \text{a/cm}^3$$
$$\sigma_s = 3 \times 10^{-24} \text{cm}^2$$
$$\phi = 3 \times 10^{13} \text{n/(cm}^2 \cdot \text{s)}$$
$$\frac{\gamma E_i}{4 E_d} = 690 \text{a/n}$$

$R_d = 4 \times 10^{15} \text{a/(cm}^3 \cdot \text{s)}$，或者 $R_d/N \approx 7 \times 10^{-8} \text{dpa/s}$ 或者约 2dpa/年。注意，尽管在铝中每个中子产生的位移数几乎是在铁中的 2 倍，但是其损伤率却是很低的，因为这种堆型的快中子通量低得多。

2.5 性能变化和辐照剂量的关联

计算 R_d 的终极目的是为了提供材料在辐照下某个特定性能变化程度的预测。其中，力学性能可以是屈服强度、肿胀、脆化程度等。回忆一下在引言中说到的，之所以要确定移位原子数，是因为无法直接由粒子通量来描述考虑性能的变化（见图 0.1）。虽然与曝光单位（如中子通量）相比也算是一种改进，但仅靠位移率不可能说明所观察到的宏观变化，所以将损伤与宏观性能变化关联起来的一种半经验方法已经开发出来了，它被称为损伤函数法。在该方法中，用辐照某一时间 t 后某些宏观性能的变化来取代原子位移率。位移截面则由对特定力学性能的损伤函数 $G_i(E)$ 所取代，因此有

$$\Delta P_{ij} = \iint G_i(E) \phi_j(E,t) \, \mathrm{d}E \mathrm{d}t \tag{2.126}$$

其中，ΔP_{ij} 是在某一中子通量辐照下，在辐照时间 t 期间发生的、以 i 为标记的那个性能的变化，而 $\phi_j(E,t)$ 是第 j 个中子的微分谱。假设能量 – 时间之间的可分离性，$\phi_j(E,t) = \phi_f(E,t)$，则式（2.126）可改写为

$$\Delta P_{ij}^{(k)} = t \int G_i^{(k)}(E) \phi_j(E) \, \mathrm{d}E \tag{2.127}$$

式（2.127）中的上标是指第 k 次迭代循环。

我们的目的是想由一套测量得到的 ΔP_i 值导出一个单一的函数 $G_i(E)$。将 $\Delta P_{ij}^{(k)}$ 和 $\phi_j(E)$［连同 $G_i(E)$ 或 $G_i^{(0)}(E)$ 的初始近似值］作为输入参数，就可以使用计算机编码产生一系列的迭代解 $G_i^{(k)}(E)$。当所有测量/计算值之比 $\Delta P_{ij}/\Delta P_{ij}^{(k)}$ 的标准偏差达到与其实验不确定性相符的某一较低值时，就获得了一个合适的近似解。将会看到，如此得到的损伤函数对输入的初始近似值是高度敏感的，如图 2.21 所示。但是请注意：因为 $G_i(E)$ 曲线的形状与位移函数是相同的，所以显然它们是互相关联的。但是，该结果也告诉我们，只计算位移数并不能充分懂得辐照的效应，不能将辐照效应处理为一个黑盒子。还有，为了知道损伤对材料性能的影响，必须理解这些缺陷在形成后的变迁。图 2.22 所示的肿胀、辐照诱发偏析、电阻率随辐照剂量的变化更加深化了此种认识。注意：对于三种性能（肿胀、辐照诱发偏聚和电阻率）的变化，从与剂量的函数相关性来看它们之间是完全不同的。尽管性能变化肯定与位移损伤有关，然而变化的性质是不均匀的，会随所测的性能而显著变化。下一

章将探索辐照损伤随时间和空间的分布。但是在详细考察损伤区域之前，先通过处理带电粒子（如离子和电子）所造成的损伤来完成有关位移是如何产生的论述。

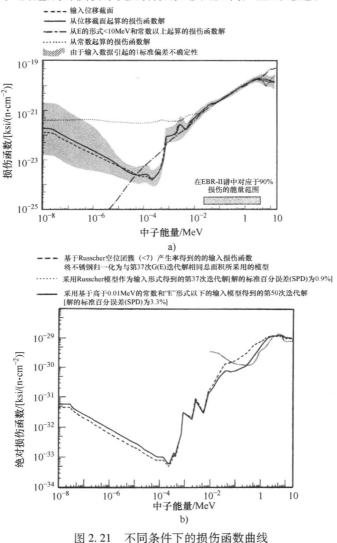

图 2.21　不同条件下的损伤函数曲线

a) 480℃下辐照和测试的 304 不锈钢的 60ksi 屈服强度损伤函数[23]　　b) 不锈钢 $\overline{\varepsilon}/\overline{\sigma}$ 性能变化 2.0×10^{-8}/psi 时的损伤函数[24]

注：1ksi = 1000psi = 6.895MPa。

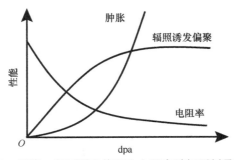

图 2.22　肿胀、辐照诱发偏聚和电阻率随辐照剂量的变化

2.6　带电粒子辐照产生的位移

带电粒子产生的位移不同于中子产生的位移，这是因为当中子行进穿过点阵时，除了弹性碰撞，它们还通过电子激发而损失能量。图 2.23 显示了在以离子－固体交互作用相关的能量范围内，以能量为主的能量损失机制的优势地位随能量变化发生的权衡；而图 2.24 显示了离子剩余的能量随离子穿透深度的变化。注意：在浅深度处电子的阻止作用占优势，但是在接近穿透深度范围的末端处，弹性碰撞会占优势。

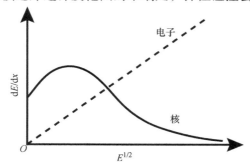

图 2.23　在与离子－固体交互作用相关的
能量范围内，核与电子阻止本领随能量的变化

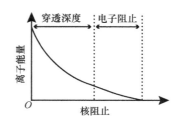

图 2.24　一个离子入射到某一个靶和
电子与核阻止占主导区域的残余范围

由某个带电粒子产生的位移数的表达式，能够通过 2.2.3 小节所给出的电子激发导致 PKA 的能量损失的分析推导出来，恰如式（2.40）~式（2.49）所叙述的那样。式（2.44）描述了 PKA 对靶中原子和电子的能量损失。重新审视这一分析，假设所跟踪的粒子是入射离子。正如在式（2.45）中所做的，可以将 $\nu(T-\varepsilon_a)$ 和 $\nu(T-\varepsilon_e)$ 项展开成泰勒级数，并删去第二项之后的级数，由此可得

$$\nu(T-\varepsilon_a) = \nu(T) - \frac{d\nu}{dT}\varepsilon_a$$

$$\nu(T-\varepsilon_e) = \nu(T) - \frac{d\nu}{dT}\varepsilon_e \tag{2.128}$$

对包含 $\nu(T-\varepsilon_a)$ 和 $\nu(T-\varepsilon_e)$ 项的两项积分可以得到如下通用的形式。

$$\int_0^{\varepsilon_{max}} \nu(T-\varepsilon)\sigma(T,\varepsilon)d\varepsilon = \nu(T)\int_0^{\varepsilon_{max}}\sigma(T,\varepsilon)d\varepsilon - \frac{d\nu}{dT}\int_0^{\varepsilon_{max}}\varepsilon\sigma(T,\varepsilon)d\varepsilon \tag{2.129}$$

$$= \nu(T)\sigma(T) - \frac{d\nu(T)}{dT}S(T)$$

其中，$S(T)$ 是阻止截面。因为在这一处理中，离子是入射体，根据已确立的惯例，也就是入射粒子的能量为 E_i，它把能量 T 传输给了靶体的原子和电子，且最大能量传输为 $\hat{T}$，由此式（2.129）可重写为

$$\int_0^{\hat{T}} \nu(E_i-T)\sigma(E_i,T)dT = \nu(E_i)\int_0^{\hat{T}}\sigma(E_i,T)dT - \frac{d\nu}{dE}\int_0^{\hat{T}}T\sigma(E_i,T)dT \tag{2.130}$$

$$= \nu(E_i)\sigma(E_i) - \frac{d\nu(E_i)}{dE}S(E_i)$$

这里，式（1.79）被用来将微分能量传输截面 $\sigma(E_i, T)$ 的积分转换成总的碰撞截面 $\sigma(E_i)$，而式（1.129）被用来将 $T_\sigma(E_i, T)$ 的积分转换成阻止截面 $S(E_i)$。将式（2.129）和式（2.130）的结果应用于式（2.44），可得

$$\mathrm{d}\nu(E_i) = \frac{\mathrm{d}E}{S(E_i)} \int_0^{\hat{T}} \nu(T)\sigma(E_i, T)\mathrm{d}T \qquad (2.131)$$

因为重点关注的是在离子穿行的全范围内的位移总数，而不是在试样的某一 $\mathrm{d}x$ 距离内特定的位移数量，所以能够在离子能量损失的全范围内对式（2.131）积分，从而获得由具有初始能量 E_i 的入射离子所产生的位移数，即

$$\nu(E_i) = \int_0^{E_i} \frac{\mathrm{d}E'}{S(E')} \int_{E_d}^{\hat{T}} \nu(T)\sigma(E', T)\mathrm{d}T \qquad (2.132)$$

$$= \int_0^{E_i} \sigma_d(E') \frac{\mathrm{d}E'}{S(E')}$$

以及

$$\int_{E_d}^{\hat{T}} \nu(T)\sigma(E', T)\mathrm{d}T \equiv \sigma_d(E') \qquad (2.133)$$

其中，$E' = E'(x)$ 是离子能量作为穿行路径长度 x 的函数，随着该离子的行进，能量 E' 降低到零。举一个简单例子，已知重点关注的是离子穿行于某一固体时所产生的碰撞数。取 I 作为离子通量，其单位为 $i/(\mathrm{cm}^2 \cdot s)$，可以将在单位横截面面积、厚度为 $\mathrm{d}x$ 的某一体积元中每秒发生的碰撞数（离子把 $(T, T+\mathrm{d}T)$ 范围内的能量传输给了该体积元中的原子）写为

$$NI\sigma(E, T)\mathrm{d}x \qquad (2.134)$$

单位时间、单位体积内的碰撞数是 $NI\sigma(E, T)$［次碰撞/$(\mathrm{cm}^3 \cdot s)$］，正是由于深度 x 处的这些碰撞，发生了 $(T, T+\mathrm{d}T)$ 范围内的能量传输。每次碰撞产生一个能量为 T 的 PKA 时，所导致的移位原子数是 $\nu(T)$。所以，在深度 x 处移位原子的产生率为

$$R_d(x) = NI \int_{E_d}^{\gamma E} \sigma(E, T)\nu(T)\mathrm{d}T \qquad (2.135)$$

注意：以上并没有考虑 I 是 x（或 E）的函数，且 $I(x) \neq I_0$。E 是 x 的函数，因为离子会因能量损失给了靶体的电子而减速。$E(x)$ 的函数形式能够使用 $\mathrm{d}x = kE^{1/2}$ 而估算为

$$E(x) = \left[(E_i)^{1/2} - \frac{1}{2kx} \right]^2 \qquad (2.136)$$

其中 E_i 是当离子撞击靶体时的初始能量。每秒每个原子的移位原子数是 $R_d(x)/N$，而在深度 x 处的 $\dfrac{\mathrm{dpa}}{i/\mathrm{cm}^2}$ 是 $R_d(x)/NI$。假设 $\sigma(E, T)$ 可以用卢瑟福散射来描述，对来自 K – P 模型的 $\nu(T)$ 采用林汉德处理方法，又假设 $\xi = 0.5$，可得

$$\frac{R_d}{NI} = \int_{E_d}^{\gamma E_i} \frac{1}{2} \frac{\pi Z_1^2 Z_2^2 \varepsilon^4}{4} \left(\frac{M + M_i}{M} \right)^2 \frac{1}{E_i} \frac{4 M_i M}{(M + M_i)^2} \frac{1}{T^2} \frac{T}{2 E_d} \mathrm{d}T \qquad (2.137)$$

$$= \frac{\pi Z_1^2 Z_2^2 \varepsilon^4}{4 E_i E_d} \left(\frac{M_i}{M} \right) \ln \frac{\gamma E_i}{E_d}$$

将该结果应用于 0.5MeV 入射质子在铁的表面产生约 10^{-18} dpa/(i·cm^{-2})。入射到镍的 20MeV C$^+$ 在表面产生约 3×10^{-8} dpa/(i·cm^{-2})，但是在损伤峰值时则是该值的 50 倍。可以将这些数值与 0.5MeV 中子在铁中造成的损伤率进行比较。

$$\frac{R_d}{N\phi} = \left(\frac{\gamma E_i}{4E_d}\right)\sigma_s$$

$$= 350 \times 3 \times 10^{-24}$$

$$= 1 \times 10^{-21}$$

$$\tag{2.138}$$

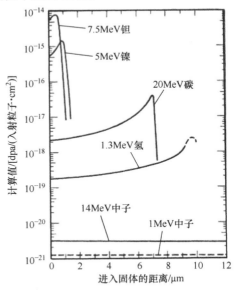

0.5MeV 中子与 20MeV C$^+$ 的比较显示，在此能量范围内 C$^+$ 产生的位移比中子所产生的要高 3000 倍。图 2.25 比较了不同质量和能量的离子产生的位移率随穿透深度的变化。正如预期的那样，能量相同但质量较重的离子会在较短距离内积累能量，从而导致了较高的损伤率。注意：因为与离子相比，中子具有大的碰撞平均自由程，因此在毫米数量级的距离范围内中子的损伤能是低的和恒定的。

图 2.25　镍中不同能量粒子的位移 – 损伤效率[25]

专用术语符号

　a——点阵常数

　a_0——氢原子的玻尔半径

　A——原子质量，或玻恩 – 迈耶关系式（1.47）中指数前的常数

　B——晶体点阵中势垒原子间的间距，或玻恩 – 迈耶关系式中指数中的常数

　c——光速

　D——晶体点阵中最近邻原子间的距离

　E_C——截止能量；临界的聚焦能量

　E_{ch}——临界的通道能量

　E_{fc}——临界的聚焦能量

　E_d——位移能量

　E_D——损伤能量

　E_i——入射体能量

　E_r——临界的替代碰撞能量

　E_s——升华能量

　E_γ——γ 射线能量

　E'_m——质心坐标系中射入（靶体）粒子的动能

E''_m——（n，2n）反应后中子的能量

E^*——鞍点处的能量

E_{eq}——平衡点阵位置原子的能量

f——聚焦参数

g——相对速度，$g = v_1 - v_2$

G——损伤函数

$\bar{I}$——激发－电离能级

k——力的常数；电子能量损失项 $kE^{1/2}$ 中的参数

m——射入（靶体）粒子的质量；幂次（指数）定律中的 $1/s$

m_e——电子的质量

M_1——入射粒子的质量

M_2——靶（体）的质量

N——原子的数量密度

P，P_e，P_a——概率，以及电子和原子的概率

P_{ch}——通道概率

P_d——位移概率

P_f——聚焦概率

Q——原子核的激发能

r_{eq}——原子间的平衡间距

r_{max}——通道原子的横向振幅

R——原子的半径

R_{ch}——通道的半径

R_d——位移率 [次位移/（$cm^3 \cdot s$）]

s——幂次定律中的指数

S，S_e，S_n——阻止本领，以及电子的和核的阻止本领

t_e——碰撞时间

T——碰撞中传输的能量

$\check{T}$——传输的最小能量

$\hat{T}$——传输的最大能量

$\bar{T}$——传输的平均能量

T_l——（n，2n）反应后传输给靶材原子的能量

U——晶体中每个原子的能量

U_b——离开点阵位置时一个原子失去的结合能

$V(r)$——势能

v_1——实验室坐标系中入射粒子的速度

v_2——实验室坐标系中靶的速度

V_{CM}——质心在实验室坐标系中的速度

Y——与原子势垒的距离

z——冲击参数

Z——原子序数

β——可压缩性

ε——式（2.52）中二次原子撞出能量单位电荷

ε_{eq}——处于正常位置的原子的能量

ε^*——鞍点处原子的能量

$\in$——约化的 PKA 能量

ϕ——中子的通量

Φ——注量

γ——$4M_1M_2/(M_1+M_2)^2$

η——在 NRT（Norgett – Robinson – Torrens）模型中损失于电子激发的能量

κ——位移的效率

μ——约化的质量

v——原子的比体积

$\nu(T)$——位移函数

θ——实验室坐标系中的散射角

θ_c——临界聚焦角

θ_{ch}——临界通道角

$\sigma(E_i)$——总的原子碰撞截面

$\sigma(E_i,T)$——微分能量传输截面

σ_D——位移截面

σ_s——散射截面

σ_{sj}——第 j 次共振的非弹性散射截面

$\sigma_{(n,2n)}$——（n,2n）反应的截面

σ_γ——（n, γ）反应的截面

τ——通道原子的振荡周期

ξ——损伤的能量效率，见式（2.50）

习　题

2.1　请完成以下计算：

① 应用简单的 M – P 模型，并假设只有各向同性的弹性散射，试计算受到注量为 10^{22} n/cm² 的快中子（2MeV）辐照的镍中每个原子的位移数（dpa）。

② 应用电子 – 原子能量传输的相对论性表达式，试分别计算在铝和钨中将一个原子位移所需要的最小能量。

2.2　在（n, 2n）反应中，只有在第一个中子发射以后，在质量为 M 的核素中，原子核的残留激发能超过中子结合能的情况下，第二个中子才有可能被发射。在第一个中子发射以后的反冲能被取为平均值（$\cos\phi = 0$）。试写出在第二个中子发射后反冲能的表达式。

2.3　一个 ^{56}Fe 的核经受（n, γ）反应并导致释放了平均能量为 7MeV 的单个 γ 射线。如果有一个钢的部件被安置在反应堆中，此处峰值热（中子）通量为 10^{14}n/（cm²　s），而

热中子/快中子通量之比为 1 （其中 $E_{ave}^{fast} \geqslant 1MeV$），试确定经历了康普顿散射的快中子、反冲核和 γ 射线产生的相对位移率。假设 $\sigma_{(n,\gamma)} \sim 4b$，$\sigma_s \sim 3b$。

2.4 一个铁块暴露于 20MeV 的 γ 辐照源。

① 试回答铁中电子最可能与 γ 射线发生何种交互作用？

② 假设发生了已在①中选定的反应，如果位移能为 40eV，试问这个反应有可能导致一个铁原子的位移吗？

2.5 一个热中子导致了如下反应：

$$^{27}Al + n \longrightarrow ^{28}Al + \gamma$$

γ 射线的能量为 1.1keV，它将与电子发生交互作用。试问：最可能发生的事件是什么？在此事件中，传输的最大能量是多少？如此产生的那个电子有足够的能量让一个铝原子位移吗（假设位移能量为 25eV）？而反冲的铝原子还能使另一个铝原子位移吗？

2.6 ^{56}Fe 中（n, γ）反应释放了一个瞬间发生的能量为 $E_\gamma = 7MeV$ 的 γ 射线。

① 此时反应产物 ^{57}Fe 核的反冲能量是多少？

② 假设 $E_d = 40eV$，试确定每次 ^{57}Fe 反冲产生的位移原子数。

③ 如果快中子堆中的中子通量的热（中子）份额为 10^{13} n/（cm² · s），由 ^{56}Fe 中（n，γ）反应引起的损伤产生率是多少？

④ 如果快中子的通量由 $\phi_f(E_n) = 10^{15}\delta(e_n - 0.5)$，其中 E_n 的单位是 MeV，请问在铁中由快中子导致的损伤产生率是多少？

请利用③和④中的 K－P 位移公式，0.5MeV 中子的散射截面为 3b。另外，对③部分的计算，请采用 $\sigma_a^{56} \approx 2.5b$。

2.7 假设原子－原子交互作用可以被处理为"近似正面的碰撞"，于是玻恩－迈耶势就是其合适的（作用）势函数。试通过点阵常数 a，写出 fcc－镍晶体中沿着［110］方向非助推临界聚焦的阈值能量表达式。

2.8 对处于 400℃ 平衡态的铁，假设发生了聚焦碰撞，采用玻恩－迈耶势计算的允许等价硬球半径，试问在沿［100］和［110］方向两个碰撞链的最紧密间隔会发生多大的改变？

2.9 请完成以下计算：

① 试计算处于助推聚焦条件下的金晶体中，<111> 方向的聚焦能量。

② 请问在没有助推聚焦的条件下，沿 <111> 方向会发生聚焦事件吗？

③ 金在 <111> 方向聚集能量的实验值为 21000eV。试将计算的答案与该实验值作比较。

2.10 请完成以下计算：

① 试确定 fcc 铜和铁中 <111>、<110> 和 <100> 方向的临界聚焦能。

② 画出镍和铁中沿 <111> 方向的 θ_c 随 $T < E_c$ 的变化，并对它们的相似和区别之处进行评议。

（c）对镍和铁的 <110> 方向做同样的计算。

（d）采用反平反作用势 $V(r) = A/r^2$（其中 $A = 1.25eV \cdot nm^2$）重复计算（a）和（b）两部分的内容。

（e）在怎样的能量范围内会发生聚焦替代事件？只发生聚焦能量包的话又会怎样？

2.11　对于习题 2.10 中所说的聚焦过程，试给出聚焦的临界聚焦角 θ_c 将取决于入射粒子能量的物理解释。

2.12　一个 30keV 的离子进入了固体点阵内的一个通道并损失了能量。试通过式（1.191）确定在该离子从通道解脱之前将穿行的距离。已知最小通道能量为 300eV。采用 $k = 3.0NZ^{2/3}\,\text{eV}^{1/2}/\text{nm}$，其中 N 是金属中的原子数量密度（单位：nm^{-3}）。

2.13　如果在碰撞级联中要考虑到通道事件的发生，此时被位移的平均原子数为

$$\nu(T) = \left(\frac{T}{2E_d}\right)^{1-2p}$$

其中，p 是一个处于通道之中的能量为 E 的原子损失能量的概率。假设 $p \neq f(E)$，$T \gg E_d$，$p \ll 1$。假设在镍中 100eV 质子由于弹性碰撞而损失了全部能量，试确定：

① 在固体中穿行单位长度所损失的能量 $\mathrm{d}E/\mathrm{d}x$。

② 在固体中的（穿行距离）范围。

2.14　铜晶体受到了能量单一（2MeV）的轰击。

① 采用简单的 K－P 模型和下列数据，试计算平均的原子位移率：铜的点阵参数 = 0.361nm，原子量 = 63.54amu，位移能量 = 40eV，$\phi = 10^{13}\,\text{n}/(\text{cm}^2 \cdot \text{s})$（2MeV），$\sigma_s = 0.5 \times 10^{-24}\,\text{cm}^2$（2MeV）。

② 重复①部分的计算，但不再使用 2MeV 的中子，改用同样注量的单一能量热中子束，$\sigma_{\text{th}} = 3.78 \times 10^{-24}\,\text{cm}^2$，反冲能量约为 382eV。

③ 假如把林汉德的损伤能量函数 $\xi(T)$ 考虑进来，①部分的答案将会受到怎样的影响？

④ 如果通道化的概率分别为 1%、5%、10%，①部分的答案将会受到怎样的影响？

2.15　对于习题 2.14 中所说的 2MeV 中子轰击问题，将如何进行沿 [110] 方向非助推的临界聚焦事件阈值能量的计算？

2.16　假设习题 2.14 中的铜靶受到 2MeV 氦离子束（而不是 2Mev 中子束）的轰击。试计算在试样表面的位移率，并与习题 2.14 的计算结果进行比较。

2.17　与习题 2.14 中相同的铜试样经受着注量为 $10^{15}\,\text{cm}^{-2} \cdot \text{s}^{-1}$ 的 500keV 铜离子的轰击。试计算：①试样表面的位移率；②损伤峰值的位置。

参 考 文 献

1. Kinchin GH, Pease RS (1955) Rep Prog Phys 18:1
2. Seitz F (1949) Disc Faraday Soc 5:271
3. Bacon DJ, Deng HF, Gao F (1993) J Nucl Mater 205:84
4. King WE, Merkle KL, Meshii M (1983) J Nucl Mater 117:12–25
5. Olander DR (1976) Fundamental aspects of nuclear reactor fuel elements. US DOE, Washington, DC
6. ASTM E521 (1996) Standard practice for neutron radiation damage simulation by charged-particle irradiation. Annual Book of ASTM Standards, vol 12.02. American Society for Testing and Materials, Philadelphia
7. Robinson MT (1969) Defects and radiation damage in metals. Cambridge University Press, Cambridge
8. Snyder WS, Neufeld J (1955) Phys Rev 97(6):1636
9. Sanders JB (1967) Dissertation, University of Leiden

10. Kohler W, Schilling W (1965) Nukleonik 7:389
11. Sigmund P (1969) Appl Phys Lett 14(3):114
12. Lindhard J, Nielsen V, Scharff M (1968) Kgl Dan Vidnsk Selsk Mat Fyf Medd 36(10)
13. Sigmund P (1969) Rad Eff 1:15–18
14. Erginsoy C, Vineyard GH, Englert A (1964) Phys Rev 133A:595
15. Lindhard J, Nielsen V, Scharff M, Thomsen PV (1963) Dan Vidnsk Selsk Mat Fyf Medd 33:1
16. Robinson MT (1972) The dependence of radiation effects on the primary recoil energy. In: Corbett JW, Ianiello LC (eds) Proceedings of radiation-induced in metals, CONF-710601, USAEC Technical Information Center, Oak Ridge, TN, 1972, p 397
17. Norgett MJ, Robinson MT, Torrens IM (1975) Nucl Eng Des 33:50–54
18. Chadderton LT (1965) Radiation damage in crystals. Wiley, New York
19. Brandt W (1968) Sci Am 218:90
20. Datz S, Noggle TS, Moak CT (1965) Nucl Instr Meth 38:221
21. Doran DG (1971) Displacement cross sections for stainless steel and tantalum based on a lindhard model, USAEC Report, HEDL-TME-71-42. WADCO Corporation, Hanford Engineering Development Laboratory, Hanford
22. Robinson MT (1996) J Nucl Mater 216:1–28
23. Simmons RL, McElroy WN, Blackburn LD (1972) Nucl Technol 16:14
24. McElroy WN, Dahl RE, Gilbert ER (1970) Nucl Eng Des 14:319
25. Kulcinski GL, Brimhall JL, Kissinger HE (1972) Production of voids in pure metals by high-energy heavy-ion bombardment. In: Corbett JW, Ianiello LC (eds) Proceedings of radiation-induced voids in metals, CONF-710601, USAEC Technical Information Center, Oak Ridge, p 453

第 3 章

损伤级联

3.1 位移平均自由程

在前两章对级联过程的讨论中，还没有考虑移位原子的空间排布，并且曾假设所产生的每个 Frenkel 对被保留下来且没有发生湮灭。可是，这些 Frenkel 对的空间排布，对于确定它们得以不被湮灭或被团簇化而变得不可动的数目来说，则是至关重要的。为了揭示被损伤区域会是什么样子，需要知道级联过程产生的位移是集中的还是分散的。这一方面的有用工具是位移碰撞的平均自由程，也就是被传递能量大于 E_d 的两次碰撞之间的平均距离，从而得知发生的位移之间的间距有多大，进而得知 Frenkel 对之间的分隔距离。

根据定义，平均自由程 $\lambda = 1/(N\sigma)$，而相应的位移截面为

$$\sigma'_d(E) = \int_{E_d}^{E} \sigma(E, T) \, \mathrm{d}T \tag{3.1}$$

这是指能量传递超过 E_d 的碰撞位移事件的截面，并以点阵原子之间的微分能量传递截面的形式给出。注意：σ'_d 与入射体（不管它是中子还是离子）无关，或者广义来说与损伤源无关。采用等效硬球模型来估算 σ'_d，可得

$$\sigma(E, T) = \frac{\sigma(E)}{\gamma E}$$

已知 $\gamma = 1$，所以代入式（3.1）并积分，得到

$$\sigma'_d(E) = \int_{E_d}^{E} \frac{\sigma(E)}{E} \mathrm{d}T = \sigma(E) \left(1 - \frac{E_d}{E}\right) \tag{3.2}$$

其中，$\sigma(E) = 4\pi r^2$ 是点阵原子之间的总碰撞截面，于是有

$$\sigma'_d(E) = 4\pi r^2 \left(1 - \frac{E_d}{E}\right) \tag{3.3}$$

其中，r 是能量相关的等价硬球半径，使用玻恩－迈耶作用势可得

$$\sigma'_d(E) = \pi B^2 \left[\ln\left(\frac{2A}{E}\right)\right]^2 \left(1 - \frac{E_d}{E}\right) \tag{3.4}$$

而位移平均自由程 λ 成为

$$\lambda = \frac{1}{N\pi B^2 \left[\ln\left(\frac{2A}{E}\right)\right]^2 \left(1 - \frac{E_d}{E}\right)} \tag{3.5}$$

本章补充资料可从 https：//rmsbook 2ed. engin. umich. edu/movies/下载。

在铜中铜原子的位移平均自由程和总碰撞截面（见图3.1）表明，随着运动原子能量的下降，碰撞截面缓慢增加，但是在能量稍高于E_d处的平均自由程变得非常小。注意：在临界区域（$\lambda \approx 0.2\,\text{nm}$）内，或者说，能量范围为$50 \sim 100\,\text{eV}$的区域内，在撞击路径中的每个点阵原子都被移位了。

能量分别为300keV和1MeV的初级反冲原子和由硅、铜和金的自离子辐照所产生的平均自由程如图3.2所示。对于中子－铜原子核交互作用，$\bar{T} = \gamma E_i/2 \approx 2E_i/A$，其中$E_i$是中子能量，$A$是原子质量。典型地，$E_i \approx 0.5\,\text{MeV}$（对于热堆或快堆），$A \approx 60$（不锈钢），则有$\bar{T} \approx 15\,\text{keV}$。所以，在大反冲能量区域，发生位移事件地点距离很大（15keV时约100nm），但是随着反冲能量的降低，其间的间隔逐渐接近原子间距，此时沿反冲路径的每个原子都被移位了。

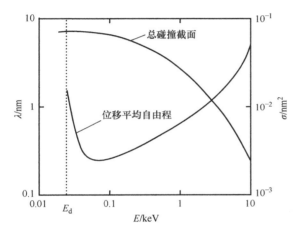

图3.1　铜中运动的铜原子的位移平均
自由程和总碰撞截面[1]

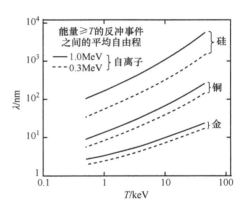

图3.2　能量分别为300keV和1MeV的硅、
铜和金初级反冲撞出原子和由自离子辐照
产生的平均自由程[2]

3.2　初级反冲谱

通过对位移平均自由程的分析，可以初步了解缺陷的空间分布情况。Brinkman[3]首先将级联绘制成为一个由间隙原子壳层包围、而核心具有很高空位密度的位移闪峰（见图3.3）。Seeger[4]又对该图进行了修订，以便描述结晶特性如聚焦能量包（聚焦碰撞），以及由置换碰撞和沟道效应产生的长程质量传输，它还把高空位浓度的核心称为贫化区（见图3.4）。

在进一步完善损伤能量分布图的过程中，考虑另外两个量是有帮助的。第一个是贮存能的深度分布$F_D(x)$，式（3.6）定义。

$$F_D(x)\,\mathrm{d}x = \mathrm{d}E = NS_n E(x)\,\mathrm{d}x \tag{3.6}$$

采用核的阻止本领及由幂律相互作用势给定的范围，产生了$F_D(x)$的简单形式，即

$$F_D(x) = \frac{T}{2mR}\left(1 - \frac{x}{R}\right)^{\frac{1}{2m}-1} \tag{3.7}$$

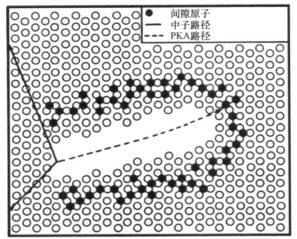

图 3.3　Brinkmam 绘制的位移
闪峰图的原始版本[3]

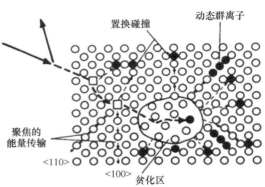

图 3.4　Seeger 改绘的 Brinkman 位移闪峰图的
修订版本，考虑了损伤级联的结晶特性[4]

其中，T 是 PKA 能量，R 是 PKA 范围，$m = 1/s$（s 是幂律指数）。如果 $N_d(x)$ 是在深度 x 处每单位深度内发生的位移事件数，则采用修正的 K – P 模型或 $x = 0.8$ 条件下 NRT 模型 ［如式（2.50）］，并用 $F_D(x)$ 代替 E_D，可得

$$\frac{N_d(x)}{\phi} = \frac{0.8F_D(x)}{2E_d} \tag{3.8}$$

而作为深度的函数，以 dpa 为单位的位移率就变为

$$dpa(x) = \frac{N_d(x)}{N} = \frac{0.4F_D(x)}{NE_d}\phi \tag{3.9}$$

在反冲全程范围内产生的总 dpa 可以通过式（2.51）在反冲全程范围 R 内得到的损伤能量 E_D 代替 $F_D(x)$ 加以估算，即

$$dpa \approx \frac{\phi 0.4E_D}{NRE_d} \tag{3.10}$$

第二个重要概念是初级反冲谱。在辐照期间所产生的、能量在 T 和 $T + dT$ 之间的反冲原子密度是辐照损伤中一个重要的量。反冲密度取决于入射体的能量和质量，它给出了靶中位移损伤密度的一种度量。作为反冲能量函数的反冲密度被称为初级反冲谱，由式（3.11）给出。

$$P(E_i, T) = \frac{1}{N}\int_{E_d}^{T} \sigma(E_i, T')\,dT' \tag{3.11}$$

它是发生在最小位移能 E_d 和能量 T 之间的反冲事件的份额，而 N 是初级反冲（事件）的总数，而 $\sigma(E_i, T)$ 是能量为 E_i 的某个粒子通过能量传输产生能量为 T 的一次反冲事件的截面。图 3.5 显示了入射在铜靶上的不同质量 1MeV 入射体的反冲分数。注意：虽然质量较高的入射体会在较高能量处产生较多的反冲，但差别并不是很大。

对于缺陷的产生，最重要的并不是某一特定能量的反冲数；而是每次反冲所产生的损伤能量加权的反冲数。这个量是根据反冲谱每次反冲所产生的缺陷数或损伤能量"加权"而

确定的，即

$$W(E_i, T) = \frac{1}{E_D(E_i)} \int_{E_d}^{T} \sigma(E_i, T') E_D(T') dT'$$

(3.12)

其中，$E_D(T)$ 是能量为 T 的一次反冲所产生的损伤能量。

$$E_D(E_i) = \int_{E_d}^{\hat{T}} \sigma(E_i, T') E_D(T') dT' \quad (3.13)$$

而 $\hat{T} = \gamma E_i$。

对于库仑交互作用和硬球交互作用的两类极端情况，微分能量传送横截面为

$$\sigma_{\text{Coul}}(E_i, T) = \frac{\pi M_1 (Z_1 Z_2 \varepsilon^2)^2}{E_i T^2} \quad (3.14)$$

$$\sigma_{\text{HS}}(E_i, T) = \frac{A}{E_i} \quad (3.15)$$

忽略电子激发，令 $E_D(T) = T$，并将式（3.14）和式（3.15）代入式（3.12），可以得到对于这两类交互作用的加权平均反冲谱，即

$$W_{\text{Coul}}(T) = \frac{\ln T - \ln \check{T}}{\ln \hat{T} - \ln \check{T}}$$

(3.16)

$$W_{\text{HS}}(T) = \frac{T^2 - \check{T}^2}{\hat{T}^2}$$

(3.17)

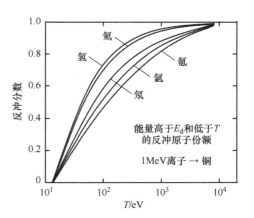

图 3.5 铜中 1MeV 粒子的积分初级反冲谱

注：所绘制的曲线是通过式（3.11）计算在阈值能量 E_d 和反冲能量 T 之间的初级反冲事件的积分分数。[2]

其中 $\check{T} = E_d$。图 3.6 所示为对 1MeV 粒子辐照铜、采用式（3.16）和式（3.17）计算后用曲线表示的加权反冲谱。库仑势为质子辐照提供了很好的近似，而硬球势则是对中子辐照的很好近似。库仑力可以延伸到无限远，且随粒子接近目标靶而缓慢增大。在硬球交互作用中，只有当粒子和目标靶靠近到了间隔为硬球半径时，它们彼此才会"感知得到"，而此时排斥力一下子就达到了无限大。所以，屏蔽的库仑力最适合用来描述重离子辐照，其结果是库仑交互作用趋于产生很多低能量的 PKA，而硬球碰撞产生了数量较少、但能量较高的 PKA。注意：图 3.6 显示了不同辐照类型之间 $W(T)$ 的巨大差异。尽管与轻离子相比，重离子较好地再现了中子反冲的能量分布，但其实两者在"尾部"的分布状况都并不精确。这并不意味着离子不宜用来模拟辐照损伤，而是意味着产生的损伤是不同的，所以在评估辐照导致的微量化学和微观结构变化时，务必考虑到这一点。

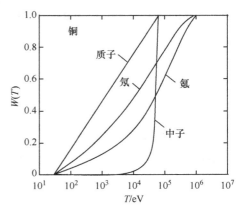

图 3.6 1MeV 粒子在铜中的加权反冲谱[2]

注：表征质子和中子的曲线分别是用式（3.14）和式（3.15）计算，其他粒子的 $W(T)$ 则是采用林汉德截面计算的，其中包括了电子激发。

由图 3.7 可知，不同类型粒子所产生的损伤类型不同。例如，电子和质子等轻离子会产生诸如孤立的 Frenkel 对或小团簇中的损伤，而重离子和中子则产生大团簇中的损伤。对镍进行 1MeV 粒子辐照，有一半的质子产生了小于 1keV 的反冲能量，平均能量为 60eV，而氦的入射在大约 30keV（能量）处产生了相同数目的反冲，而平均能量为 5keV。因为屏蔽的库仑势控制了带电粒子的交互作用，反冲趋向于在较小能量处被加权。对于未屏蔽的库仑交互作用，产生一次能量为 T 的反冲的概率随 $1/T^2$ 而变化。因为与中子的交互作用如同硬球一般，所以其概率与反冲能量无关。

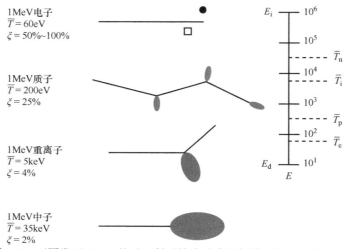

图 3.7　不同类型 1MeV 粒子入射到镍中造成的损伤形态、位移效率和
平均反冲能量的差异[6]

3.3　级联损伤能和级联体积

由能量为 E_i 的高能入射体形成的体积为 V_{cas} 的一个级联中的能量密度由参考文献 [7]
给出，即

$$\overline{\Theta}_D \approx \frac{E_D}{NV_{cas}} \tag{3.18}$$

其中，E_D 是式（2.50）中定义的损伤能量，N 是靶的原子密度。为了得到级联的体积，需要知道损伤能量沿深度的分布。Averback[2] 指出，级联体积可近似为

$$V_{cas} = \frac{4\pi}{3}\left[\left(\delta\Delta X\right)^2 + 2\left(\delta Y\right)^2\right]^{3/2} \tag{3.19}$$

其中，$(\Delta X)^2$ 和 Y^2 分别是单个级联事件所贮存损伤能分布的纵向矩和横向矩；δ 是考虑了单个级联和由输运理论所确定的平均级联之间差异而引入的一个折算因子。

当式（3.18）和式（3.19）用来描述一个级联的空间拓展程度时，级联的其他特性就是温度和暂存的寿命。级联的有效温度可由式（3.20）估算。

$$\overline{\Theta}_D = 3k_B T_{max} \tag{3.20}$$

其中，k_B 是玻尔兹曼常数。级联的寿命或它的热闪峰可以通过求解一个点热源的能量在三维空间中传播的热方程来估算。温度分布图中的方差 R^2 为

$$R^2 = 4D\tau \tag{3.21}$$

其中，τ 是级联的寿命，$D = \kappa_T / C_p$ 是热扩散系数，κ_T 是热传导率，C_p 是比热容。于是，损伤能量为

$$E_D = \frac{4}{3}\pi R^3 U_a N \tag{3.22}$$

其中，U_a 是每个原子的能量。将式（3.21）和式（3.22）联用并对 τ 求解，即可确定级联的寿命，即

$$\tau = \frac{1}{4D}\left(\frac{3E_D}{4\pi N U_a}\right)^{2/3} \tag{3.23}$$

如果根据靶的熔点温度来估算 U_a，则 $U_a \approx 0.3\mathrm{eV}$ 和 $D \approx 10^{12}\,\mathrm{nm}^2/\mathrm{s}$，此时一个 1keV 级联的寿命约为 $10^{-12}\mathrm{s}$ 数量级，或者是点阵振动的几个周期。

3.4 辐照损伤的计算机模拟

基于本章上文的相关模型，迄今为止只关注到了由高能粒子入射到靶上所造成的损伤随时间和空间变化的解析解。后面将会看到，通过一些先进的仪器技术（诸如透射电子显微镜、X 射线散射仪、小角中子散射仪和正电子湮没谱仪等），能够观测到缺陷的团簇。但是，这些仪器的分辨率还不足以实现单个缺陷的成像，也无法摄取级联过程随时间的演变。为了更好地理解级联过程随时间和空间的演变，势必需要求助于计算机模拟。对于位移级联中原子行为的模拟，主要有三种建模方法：二元碰撞近似（BCA）方法、分子动力学（MD）方法以及动力学蒙特卡罗（KMC）方法[8]。下面将逐一简要讨论。

3.4.1 二元碰撞近似（BCA）方法

对于在统计上有重要意义的数量条件下考察高能量级联过程的碰撞阶段，BCA 模拟是有用的。BCA 模拟只考虑在某一时刻两个发生碰撞的原子之间的相互作用，并随后对下一时刻依次进行分析[8]。模拟过程只追踪那些高能量的原子，因此计算效率非常高。当碰撞能量远大于原子位移能量时，在 BCA 模拟中所忽略的多体作用对原子运动轨迹的影响很小，因此 BCA 方法为碰撞阶段提供了很好的近似。当碰撞能量接近甚至小于原子位移能量时，级联的弹道特性（如替位碰撞次序和聚焦碰撞次序）也能被 BCA 模拟计算合理地获取。当初级反冲能高于 20keV 时，级联可能在一个以上的区域内造成损伤。因为反冲原子的高能碰撞之间的平均自由程随着能量的升高而增大，在高能碰撞的作用下，高能级联将由多个损伤区域（或称亚级联）所组成，由于高能的碰撞，它们在空间上是很分散的。当联通的反冲原子发生了能量损失并不再保持联通时，初级的或者高能的次级反冲之间发生的联通也将贡献于亚级联的形成。

BCA 模型有两种不同的类型。用于晶体靶材的称为二组元晶体（BC）模型，它们参照 MD 模型，其中所有原子均被赋予确定的初始位置[9]。对于不具长程有序结构的材料（非晶固体）则可采用蒙特卡罗（MC）模型，采用随机统计方法对目标原子加以定位并确定碰撞参数。此类 MC 模型与用于跟踪介质内中子数目的输运理论模型类似。

BC 模型的一个应用案例为 MARLOWE 计算机程序开发[10]。MARLOWE 程序可以不受晶体对称性和化学成分的限制而对晶体靶材进行建模。所有的碰撞参数均由粒子的空间位置计算得到。程序内置了一些原子间势能的数据，可供用户在描述原子碰撞时选用。可以通过

局部或非局部的形式把非弹性能量损失进行定义，但仅局限于动能与速度成比例（$E^{1/2}$）的范围。图 3.8 所示为早期用 MARLOWE 程序对铜内 200keV 级联的模拟结果。通常只有诸如核聚变反应堆中产生的极高能量的中子才会发生如此高能量的级联。PKA 自图 3.8 中右下角（如箭头所示）产生，并以 200keV 动能向左推进。图中深色圆球为位移原子，浅色圆球是成了空位的点阵位置。注意：一个完整的级联是由若干个子级联组成的。

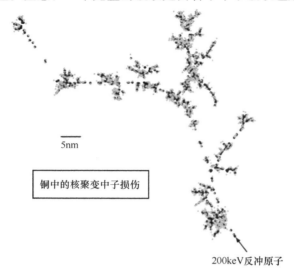

图 3.8　由 MARLOWE 程序 BCA 得到的铜中 200keV 级联碰撞阶段模拟结果[8]

　　BC 模型的另一个应用案例（见图 3.9）展示了级联是如何在空间扩展的。该图是 0K 温度下 bcc 结构的铁在与 5keV 的 PKA 交互作用后间隙原子和空位的反冲轨迹及最终的模拟结果[11]。在模拟过程中，假设包含 30 个点阵原子位置的球形区域内，所有的空位和间隙原子都将自动地复合。注意：图 3.9a 中闪峰中心处的次级撞出原子（SKA）发生了联通，这使得级联向点阵右上半部分扩展成为可能，如图 3.9b 所示。本质上讲，图 3.9b 中对角线右上

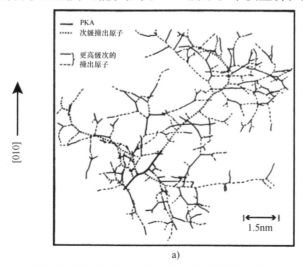

a）

图 3.9　5keV PKA 作用下铁中位移闪峰的计算机模拟

a）反冲轨迹

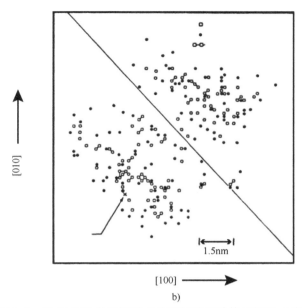

b)

图 3.9 5keV PKA 作用下铁中位移闪峰的计算机模拟（续）

b）碰撞级联终结（0K）时的空位和间隙原子

注：图中所有平面外损伤均已投影到了（001）面上，b图中的对角线显示了 SKA 的通道效应。[11]

方的全部损伤都是次级碰撞的联通所致。

SRIM[12]（以前称作 TRIM）是另一类基于 BCA 方法的计算机程序。该程序采用蒙特卡罗技术描述入射粒子的运动轨迹，以及其中入射粒子在非晶固体中产生的损伤，这在第 1 章中已简要介绍过了。SRIM 采用了一个与介质密度及与此相关的两次碰撞事件之间恒定的平均自由程所设定的最大影响参数，它被用来为每次碰撞选择影响参数并确定散射平面。其中，质心散射角由一个"神奇的"公式确定，并得到了已公开发表的完整数据表格的验证，它能够反映与 ZBL "通用"势能的分散性差异。非弹性能量损失是利用程序附带的表格数据、基于有效电荷的公式化计算而得。图 3.10 所示为能量为 3MeV 的质子入射镍靶的 SRIM

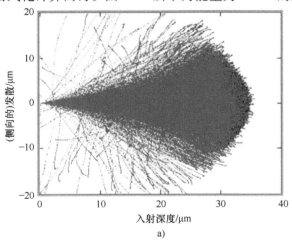

a)

图 3.10 能量为 3Mev 的质子入射镍靶的 SRIM 模拟结果

a）粒子轨迹

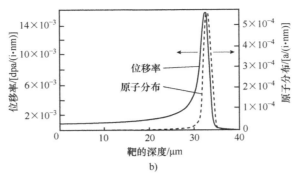

图 3.10　能量为 3Mev 的质子入射镍靶的 SRIM 模拟结果（续）

b）原子分布与位移率分布曲线

模拟结果。图 3.10a所示为经 10000 次 MC 计算后得到的入射粒子轨迹，而图 3.10b 所示则为原子分布及位移率随入射深度的变化曲线。

3.4.2　分子动力学（MD）方法

分子动力学（MD）是描述碰撞级联的第二类主要方法。MD 是一种原子尺度的建模与模拟方法，其中的粒子就是构成所分析材料的那些原子的集合[13]。一项潜在的假设是可以将离子和电子视为单一和经典的整体。这么一来，原子的行为就可以遵照牛顿和哈密顿所建立的经典力学原理进行描述了。用最简单的物理学术语，MD 可以被概括为一种"粒子追踪"的方法。就其实施过程而言，MD 是在恰当地设定原子间作用及合理的初始和边界条件后，通过牛顿运动方程的直接数值积分得到由 N 个粒子构成的系统的运动轨迹。

在真实的原子间作用势及合理的边界条件下，包含级联的求解域内所有原子的运动状态可以通过级联演变的不同阶段加以描述。分析形式的原子间函数需将作用在一个原子上的力表示为该原子与体系内其他原子之间距离的函数。所得结果具有和所采用的势函数 V 同等重要的物理意义。为了获得稳定的点阵组态，建模时需要同时考虑原子间的引力和斥力。当原子间势已被推导得到后，参与模拟原子系统的总能量就可通过对所有原子求和来计算。作用于原子上的力可以由原子间作用势的梯度得到，进而通过 $F = ma$ 计算原子运动的加速度，并可在适当小的时间步条件下通过数值积分方法求解原子运动方程。计算机程序在很小的时间步下对这些方程数值求解，随后在当前时间步结束时对作用在原子上的力重新进行计算，并用于下一时间步的计算。求解过程将循环进行，直至体系达到预期的状态。图 3.11 所示为一典型的 MD 模拟的计算流程图，从中可以看到某些特

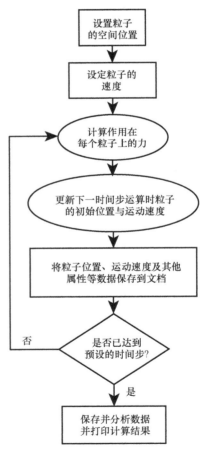

图 3.11　MD 模拟的计算流程图[13]

点。在计算流程中，力的计算量最大。因此，在不违背物理本质描述（模拟真实性）的前提下，MD 模拟的计算效率取决于使力的计算尽可能地简便到何种程度。由于力是通过势函数 V 的梯度计算得到的，势函数 V 的描述规范从根本上决定了模拟结果的物理真实性与计算效率之间如何取舍[13]。

MD 模拟的时间步必须很小[$(5\sim10)\times10^{-15}$ s 或 $5\sim10$ fs]，因此 MD 模拟运行的时间范围通常不会超过 100ps。在周期性边界条件限制下，为了排除级联与体系自身周期性映像发生交互作用的影响，模拟计算的元胞需要设置得足够大。因此，对于能量较高事件的模拟，其计算元胞中需要有数量较大的原子。随着起始的初级动能 E 的增加，就需要有越来越大量的晶块参与到事件的计算之中。由于晶块的尺寸粗略地与动能 E 成正比，计算所需的时间也将大致以 E^2 的比例增加。对计算时间的要求限制了 MD 模拟的统计能力。然而，MD 模拟可以在原子尺度上详尽地提供损伤过程的空间扩展程度，这是其他模拟技术所无法企及的。

级联模拟开始于让构成待研究体系的原子块体达到热平衡。这个过程通常需要大约 10ps 的模拟时间，以确定在所模拟的那个温度下点阵的振动。然后，通过给其中一个原子指定的动能和初始方向启动级联模拟。为了得到足够的结果用来展示体系在任何能量和温度下的平均行为，这样的级联模拟必须运行多次。可以通过选择不同的 PKA 能量或 PKA 方向，或者这些参数的组合，进一步对新的起始晶块作热平衡，以此引入统计学意义上的可变性。这种旨在获得任意条件下缺陷产生的良好统计描述所需要的模拟运行次数并不大。通常，为了获得有关产生的缺陷平均数的一个小标准误差，大约需要运行 $8\sim10$ 次模拟。

一种用于 MD 模拟的此类代码是由 Finnis 编写的 MOLDY 代码，它使用由 Finnis 和 Sinclair 开发的原子间势[14]，随后 Calder 和 Bacon[15] 又对其加以改进并应用于级联模拟。该代码仅描述原子之间的弹性碰撞，而不考虑诸如电子激发和电离的能量损失机制。在 MD 模拟中对 PKA 设定的能量（级联能，E_{MD}）就对应于式（2.50）所给出的损伤能 E_D 值。表 3.1 列出了铁的 T 和 v_{NRT} 的对应值和损伤能与 PKA 能的比值，同时也列出了产生 T 的中子能量作为铁的平均反冲能。注意：随着能量的增高，损伤能 E_D 和 PKA 能 T 之间的差异增大。事实上，高能的原子会通过电子激发以及核反应的组合而持续地损失能量，所以典型的 MD 模拟在时间为零时就有效地排除了电子组分的影响。

表 3.1　典型的铁中原子位移级联参数[16]

中子能量 E_i/MeV	平均 PKA 能 T/keV①	相应的损伤能 $E_d\approx E_{MD}$/keV②	NRT 位移	比值 E_d/E_{MD}	模拟的元胞尺寸 /原子数
0.00335	0.116	0.1	1	0.8634	3456
0.00682	0.236	0.2	2	0.8487	6750
0.0175	0.605	0.4	5	0.8269	
0.0358	1.24	1.0	10	0.8085	54,000
0.0734	2.54	2.0	20	0.7881	
0.191	6.60	5.0	50	0.7570	128,000
0.397	13.7	10.0	100	0.7292	250,000
0.832	28.8	20.0	200	0.6954	~0.5M
2.28	78.7	50.0	500	0.6354	~2.5M

（续）

中子能量 E_i/MeV	平均 PKA 能 T/keV[①]	相应的损伤能 $E_d \approx E_{MD}/\text{keV}$[②]	NRT 位移	比值 E_d/E_{MD}	模拟的元胞尺寸 /原子数
5.09	175.8	100.0	1000	0.5690	~5 – 10M
12.3	425.5	200.0	2000	0.4700	~10 – 20M
14.1[③]	487.3	220.4	2204	0.4523	

① 铁（原子）与一个特定能量的中子发生弹性碰撞产生的平均反冲能。

② 由式（2.50）确定的损伤能。

③ 和 D – T 聚变能的产生有关。

图 3.12 所示为 100K 温度下，铁中 20keV MD 级联模拟得到的典型点缺陷组态。图 3.12a所示为在峰值无序时的级联组态，而图 3.12b 所示为级联复合后的级联。值得注意的是，从 0.48ps 到 15ps 两个时刻之间，残留损伤有了颇大的减少。这个结果表明，由 PKA 导致的实际损伤比起由 K – P 或 NRT 模型计算的总的位移数量要小得多。虽然级联各阶段的"静态"图像有助于理解级联如何发展，但直接看到级联随时间的瞬态演变无疑是一个好得多的工具。这可以通过在 Web 站点（https：//rmsbook2ed. engin. umich. edu/movies/）查看"Movie 3.1"来实现。这个 MD 模拟影片显示了从 100K 温度下铁中 20keV 的反冲到约 5ps 的级联淬火过程中的级联演变。请注意在峰值弹道阶段（约 1ps）和淬火结束（约 5ps）之间，缺陷密度有了显著的差异。

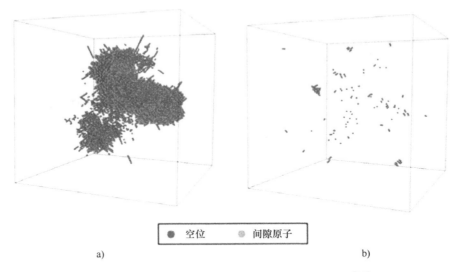

● 空位　　● 间隙原子

a)　　　　　　　　　　　　　　b)

图 3.12　100K 温度下 20keV 模拟的典型级联结构[16]

a）在峰值损伤态（0.48ps）　b）最终缺陷组态（15ps）

3.4.3　动力学蒙特卡罗（KMC）方法

本小节的目标是模拟原子体系在碰撞事件期间和紧跟着事件后的动态演化过程。在这一类原子尺度的模拟方法中最有效的工具是分子动力学。它通过随时间向前推进把经典运动方程加以集成，体系的行为将自然而然地显现出来，不需要使用者凭借直觉或进一步输入其他参数。然而，该方法的一个重大的限制是，它需要足够短（约 10^{-15} s）的时间步长的准确积分，使原子振动得以鉴别。因此，总的模拟时间典型地被限制在小于 1ns，而期望研究的过程（例如，一个级联事件后缺陷的扩散和湮灭，或者是空洞－位错微结构的演化）却常常在长得多的时间尺度（甚至长达数年）上发生。这就是一个所谓的 时间尺度问题 。

一个体系长时间的动力学过程通常是由状态间的扩散性跳跃所组成的，KMC 方法正是试图利用这一事实去克服这个时间尺度的限制。这些状态间的转换可以直接处理，而无须跟踪每个振动周期的轨迹。用于辐照损伤研究的 KMC 方法代表着 MC 方法的一个子集，它为描述这样的物理系统的主方程提供了一种解决方案，该系统的演化由可能的状态之间的一组已知转换速率所控制。KMC 模型的主要内容是一组对象（点缺陷、点缺陷团簇、溶质和杂质）和一组反应（或规则），这些反应（或规则）描述了这些对象经历扩散、发射和反应的方式及其发生的速率。模型的求解是对各种可能状态的转换进行随机选择，并基于相应的转换比率所确定的概率来决定是否接受它们。物理状态转换机制的概率被计算成为模拟所需要的玻耳兹曼因子频率，而事件是按照导致微观组织结构演变的概率而进行的。

给定一组与体系不同状态相关的速率常数，KMC 提供了一种在状态空间内让正确的轨迹动态延伸的方法。KMC 模拟的基本步骤可以概括如下：

1）计算一个给定事件发生的概率（即比率）。

2）把所有事件的概率相加以得到累积的分布函数。

3）生成一个随机的数并以此从所有可能的事件中选择一个事件。

4）在所有可能事件的比率的倒数和的基础上增加模拟时间。

5）根据所执行的事件执行所选择的事件和所有自发事件。

6）重复步骤 1）~4），直至达到所需要的模拟条件。

KMC 模型的优势在于其在全 3D 模拟中以原子级的高分辨率捕获空间相关性的能力，同时它可以忽略 MD 模型捕获原子振动时所受到的时间尺度限制。在 KMC 中，个别的点缺陷、点缺陷团簇、溶质和杂质都被视为对象，不论它们被置于一个基础的晶体学点阵之中或之外，均可对这些对象随时间的演化进行建模。根据模型在处理个别事件之间的时间步长或步骤的不同，KMC 模型有两个一般的方法，即"对象 KMC（object KMC，OKMC）"和"事件 KMC（event KMC，EKMC）"[18,19]。其中，OKMC 又可以进一步细分为：一种是明确用来处理原子和原子相互作用的技术，称为原子 KMC（atomic KMC，AKMC）；另一种则是跟踪点阵的缺陷，但没有具备分辨原子排布分辨率的技术，叫作点阵 KMC（lattice KMC，LKMC）。后一种技术更常被称为对象蒙特卡罗（object Monte Carlo）法，并被用在诸如 BIGMA[20] 或 LAKIMOCA[21] 等代码中。

辐照损伤的 KMC 建模包括跟踪所有缺陷、杂质和溶质的位置和历程作为时间的函数，以预测微观结构的演化。这些模拟的起始点是由 MD 模拟获得的初级损伤状态及位移或损坏率，用于设定缺陷引入的时间尺度。随后，适当的扩散和解离激活能确定了所有反应－扩散事件的速率，由这些速率控制随后的演化或事件进展。发生在不同类别事件之间的反应和反应速率是关键的输入参数，并且假定它们是已知的。缺陷以其正比于扩散率的概率（比率）进行随机的扩散跳跃（在一维、二维或三维尺度内，取决于缺陷的性质）。类似地，团簇解离率由解离的概率决定，而该解离概率正比于粒子与团簇的结合能。在这些模拟中，被考虑会发生的事件包括扩散、发射、辐照，也许还有嬗变。

如果把速率参数的列表恰当地构造出来，KMC 动力学可以给出精确的体系状态演化过程，就意义而言，它在统计上与长分子动力学模拟是难以区分的。KMC 是介观尺度上进行动态预测的最有效的方法，而不需要采取一些尚不太可靠的模型假设。它也可以被用于更高层次的处理方法，如在速率理论模型或有限元模拟中提供参数的输入和（或）验证。此外，即使是更精确的模拟手段（例如，利用加速分子动力学或即时动力学蒙特卡罗）可行的情况下，KMC 的高效性也使它对不同条件下的快速扫描和模型研究是最适合的。因此，其结果是 KMC 可以达到非常长的时间尺度，典型可达到秒的量级，常常更可远超这个量级。

"Movie 3.2"（https：//rmsbook2ed. engin. umich. edu/movies/）是 KMC 具有在较大时间尺度上捕获辐照损伤过程的能力的一个例子，那是 Fe-0.2Cu-0.6Si-0.7Ni-12.4Mn 钢（类似于一个压力容器钢）在 327℃下 20keV 级联的 KMC 模拟。模拟结果表明，在超过几年或是超出级联淬火时间很多个数量级的时长期间，镍（绿色）、锰（黑色）、硅（蓝色）和铜（红色）在级联碎片（用黄色表示的空位）处的富集。注意：镍和硅的配对和溶质原子在空位团簇处的集聚。

AKMC 是 KMC 方法的一个变种，它通过模拟基本的原子水平的机制，可在原子尺度上模拟具有复杂微观结构材料的演化。这种方法已被广泛应用于相变研究，如沉淀、相分离和（或）有序化[17]。尽管它的算法相当简单，但对于真实材料（与二元合金相反）而言，该方法在大多数情况下都是比较复杂的。首先，当所研究系统的化学组分很复杂，包含着多种元素或具有复杂的晶体结构时，系统的总势能（即内聚模型）的建立将会变得困难。其次，要了解过程中所有可能的事件和它们发生的速率也是不方便的。对于假设为刚性的点阵，迁移的路径是容易确定的，团簇膨胀型的方法可以被拓展用来确定作为局部化学环境的函数的点阵鞍点的能量。可是，当局部环境差异极大时，可能需要花费非常大量的计算时间。此外，在通常遵循 AKMC 处理跳转到 1nn（1 nearest neighbor）最邻近位置的简单程式中，复杂的关联运动无法被建模。另一个缺点是刚性点阵的使用（为了提高效率）可能导致微结构组元被处理得过于近似（甚至是不真实的），如非共格的碳化物析出物、自间隙原子（SIA）团簇或者间隙原子位错环等。

在 OKMC 中，个别对象的演化是基于包含单个原子扩散跳跃的时间尺度来模拟的，这受制于非常快速的事件。于是，这种方法在高温和（或）高剂量条件下是无效的。其困难在于，为了模拟宏观的力学行为必须专注于快速动力学，这就要对足够高的剂量条件建模，该方法对此却无能为力。目前，OKMC 方法大多应用于研究初级损伤的退火或温度变化对损伤累积过程的影响。但是它们也可用来研究 3D 与 1D 运动的比较、SIA 团簇的可动性[22-25]或理论假设的确证，如阱强度的分析描述[26]。EKMC 模型中事件间的时间步长要长得多，这就要求在每一轮（道次）的蒙特卡罗扫描中都要发生一个反应，诸如类似缺陷之间的集聚、异号缺陷之间的湮灭、团簇的离解或是新级联的引入等。因此，EKMC 可以模拟长得多的时间尺度和在较高剂量下材料行为的演化。

综上所述，MD 和 KMC 方法所覆盖的辐照时间尺度如图 3.13 所示。MD 模拟在 ns 范围内是可行的，而 KMC 模拟将范围扩展到了秒的量级。这个时间尺度之外还有许多过程在发生，此时通常需要采用速率理论来建模，这将在第 5 章及后面的章节讨论。

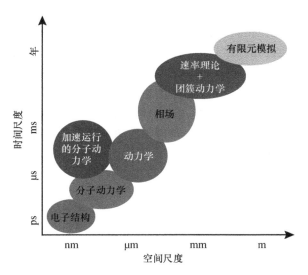

图 3.13 辐照损伤演化的时间尺度和对应的模拟方法（由 F. Gao 提供）

3.5 级联发展的各个阶段

级联的最终状态是极其重要的，因为级联的末尾就是缺陷扩散、集聚和破坏的起点，它构成了本书第 2 部分所要谈到的"可观察到的辐照效应"的内容。图 3.14 所示为一个级联在两个不同时刻的 2D 截面，对应于级联的早期阶段和接近最终的时候。这里我们再次强调，损伤状态只需在 2ps（见图 3.14a）和 18ps（见图 3.14b）之间的时间内就弛豫到了极大的程度。

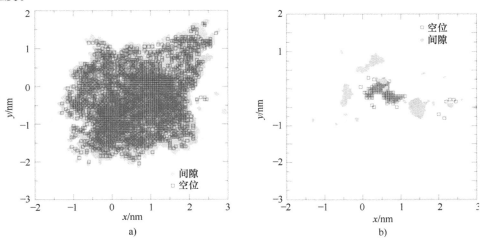

图 3.14 300K 下铜中一个 30keV 位移级联在其进入碰撞后早期的 2ps 和已接近结束的 18ps 时的 MD 模拟（在巴塞罗那超级计算中心进行的计算，由 M. Catula 和 Tomas Diaz de la Rubia 提供）

a）$t = 2$ps b）$t = 18$ps

图 3.15 所示为在两个时刻的径向成对关联函数。成对关联函数描述了原子的分离，对晶态的固体而言它将以一系列闪峰的方式（借助于它们的长程有序关联）出现，对于液体或非晶固体（其中只有最近邻和次近邻的关联）而言，则以光滑变化的函数形式出现。如图所示，短时间内位移闪峰核心内的原子排列与液体相似，然而其最终的排列则恢复到了晶态的排布。级联中原子的均方原子位移随时间急速地增高（见图 3.16），表明达到峰值损伤的时间后产生了位移级联中原子集聚运动的块体！综合来看，由图 3.14 ~ 图 3.16 可知，损伤正随时间的推进而退火消失。这个退火是伴随着级联能量的下降而发生的。事实上，退火发生在周期的尾部，这时级联能量下降，故称为淬火阶段。

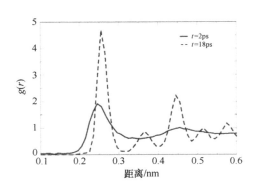

图 3.15　图 3.14 中碰撞级联的成对关联
数，显示了 2ps 时位移级联区的非晶特征
和 18ps 后有了很大程度的回复（在
巴塞罗那超级计算中心进行的计算，
由 M. Catula 和 Tomas Diaz de la Rubia 提供）

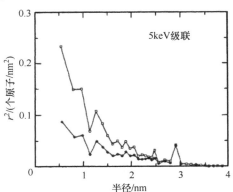

图 3.16　在碰撞阶段末尾 $t = 0.12$ps 时
（底部曲线）和在冷却阶段末尾 $t = 10$ps 时
（顶部曲线），在铜中一个 5keV 级联的
积分扩散系数随离开级联中心距离
的变化[27]

现在，可以描述级联如何随时间演变的图像。级联的发展包括以下几个阶段：碰撞、热闪峰、淬火、退火。

在碰撞阶段初级反冲启动了一个位移碰撞的级联，并一直延续到没有原子具有足够的能量去产生进一步的位移。在此阶段的末尾（持续时间 <1ps），损伤由高能的移位原子和空缺的点阵位置构成。但是，还没有时间形成稳定的点阵缺陷。在热闪峰阶段，在高储存能量密度的区域内，移位原子的碰撞能量在其邻近原子间被分享。闪峰的发展需要约 0.1ps 的时间，闪峰可能占据几个区域，区域内能量高得足以使原子像熔融的材料那样。随着能量被转移到周围的原子上，熔融的区域回到了凝聚的状态，或者叫作淬火阶段，并建立起了热力学平衡（约 10ps）。淬火阶段可能花费几皮秒的时间，在此期间，或以点缺陷或以缺陷团簇的形式，稳定的点阵缺陷形成了。但是，在此阶段，缺陷的总量还是大大少于碰撞阶段发生移位的原子数。

退火阶段包括缺陷的进一步重排和交互作用，这个阶段是由于可动点阵缺陷的热激活扩散而发生的。根据定义，退火阶段延续到所有可动的缺陷全都离开了级联区域，或者在此区域内有另一个级联发生时结束。因此，时间尺度从纳秒（ns）到几个月，取决于温度和辐照条件。退火阶段是本书第 2 部分有关"辐照损伤的物理效应"的内容，它将是损伤级联和可观察到的辐照效应之间的纽带。

3.6 级联结构内缺陷的行为

固体内在位移级联及其空间分布中存在的缺陷实际数目确定了缺陷对辐照后微观组织的作用。将位移效率 ξ 定义为在级联淬火中幸存的、发射产生的弗兰克对（NRT dpa）的份额。MD 模拟位移级联提供了低温下离子辐照中铁的位移效率与反冲的相关性，如图 3.17 所示。当反冲能量很低时，随着级联能量的增加，ξ 值迅速地从零增加到 1.0 以上。ξ 值之所以会超过 1.0，应当归因于改进的 K−P 模型无法描述多晶材料内的位移，因为在反冲能量接近于位移能量的阈值 E_d 时，位移强烈地取决于晶体学取向。实际的位移能量阈值随晶体学方向的变化而变化，在 ［100］ 方向会低至约 19eV（见图 2.6）。因此，在低温下用所推荐的平均值 40eV 作为位移能量所预示的缺陷数偏少[28]。对于铜中 5keV 级联而言，随着反冲能量增大，ξ 值稳定地下降到约 0.3。在高 PKA 能量（20keV 以上）的情况下，多个亚级联的形成使 ξ 值得以近似地保持恒定，直到 PKA 能量达到 500keV。把图 3.17 与图 3.5 和图 3.6所示的反冲谱及加权的反冲谱比较，说明具有较低 PKA 能量的电子和轻离子将产生接近于 1.0 的 ξ 值，而产生高 PKA 能量的重离子和中子将导致 ξ 值达到渐近于 0.3。

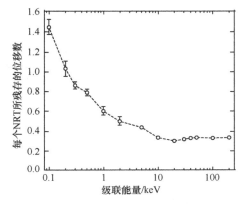

图 3.17　在 100K 温度的铁中 MD 缺陷与 NRT 位移的比值随级联能量的变化[16]

位移级联效率 ξ 由以下几个分量构成：

$\gamma_{i,v}$——孤立的点缺陷分数（份额）。

$\delta_{i,v}$——包括诸如双间隙原子等可动缺陷团簇在内的团簇分数（份额）。

ζ——级联淬火后，在其后的短时间（$>10^{-11}$s）的级联内热扩散期间，原来处于孤立或团簇形态的缺陷发生重新复合的分数（份额）。

它们通过式（3.24）关联起来。

$$\xi = \delta_i + \gamma_i + \zeta = \delta_v + \gamma_v + \zeta \tag{3.24}$$

如图 3.18 所示，按照 NRT 模型，缺陷以空位和间隙原子形态生成的历史。级联淬火后，在同一级联（内剂量复合）中的缺陷团簇和点缺陷之间，将有一定份额的缺陷通过重新复合事件而湮灭，对 0.3 的位移效率而言，ζ 值约为 0.07。

团簇化了的份额 δ 包括大尺寸的、不动团簇和小尺寸的缺陷团簇，它们在一定的辐照温度下也可能变得可动，但对空位和间隙原子是不一样的。对一个 5keV 级联而言，δ_i 值约为 0.06，而 δ_v 值接近 0.18。有一些这样的缺陷也可能从团簇"蒸发"或逃脱而成为"可获得的"（见图 3.18）。

这么一来，就只剩下了孤立的点缺陷份额 γ 还需要加以确定。这些缺陷可能会向阱迁动，或形成团簇，或与已存在的团簇发生交互作用，缺陷也可能流动到晶界并在那儿沉淀下来，从而导致辐照诱发偏析（RIS）效应。因为它们影响辐照的显微结构的潜力是如此强大，于是在那些脱离团簇的缺陷中，这一类缺陷构成了所谓的自由迁动缺陷（FMD）。回忆

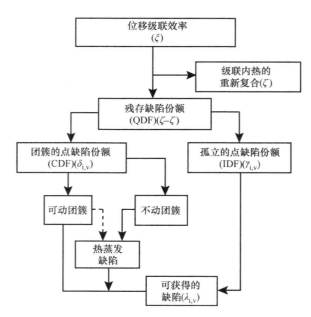

图 3.18　贡献于残存缺陷各个份额的孤立点缺陷、可动缺陷团簇及热蒸发缺陷团簇
之间的相互关系，它们在辐照效应中都是"会起作用的"[28]

一下：电子和轻离子会以孤立 Frenkel 对缺陷的形式产生大份额的这类缺陷，这就增大了它们保留为孤立缺陷而非团簇形式的相似性。

虽然图 3.7 中描述的四种入射粒子类型之间在能量上存在等价性，但它们所传输的能量和缺陷的产生效率却有超过一个数量级的差别！这可以用不同类型粒子产生的级联形貌之间的差别得到解释。中子和重离子产生的是密集的级联，这导致了冷却或淬火阶段大量的重新复合。可是，电子恰恰只能产生少量分隔得很开的 Frenkel 对，因而只有很低的概率发生重新复合。由于库仑交互作用，质子会产生小尺寸的、但少量分隔得很远的级联以及许多孤立的 Frenkel 对，因此其位移效率就落在了由电子和中子所确定的两个极端情况之间。

这样，γ 的数值就已经被估算为 $0.01 \sim 0.10$，取决于 PKA 的能量和辐照温度，温度越高，γ 的数值越低。由于这个参数的重要性，可以采用 Naundorf[29] 的分析方法来估算自由迁动缺陷的份额，这个方法基于两个要素。第一是传输给原子的能量只足够产生单独一个 Frenkel 对。第二是这个 Frenkel 对位于重新复合（交互作用）半径之外，所以既不会与邻近的 Frenkel 对重新复合、也不会发生团簇化。这个模型将追随每一次碰撞的发生并计算所有被产生且保留为"自由"的缺陷的份额。按照 Naundorf 的做法，自由的单个 Frenkel 对又按它们被产生的代次加以分类，即相对量 η_1 是由初级碰撞（第一代）所产生的，而 η_2 是第二级碰撞（第二代）产生的相对量。于是，所产生的"自由"的单个 Frenkel 对的总份额为

$$\eta = \sum_i \eta_i \tag{3.25}$$

其中由初级碰撞产生的份额为

$$\eta_1 = \frac{\beta_p}{\sigma_d} \int_{E_d}^{\gamma E_i} \sigma(E_i, T) \, \mathrm{d}T \tag{3.26}$$

由第二级碰撞产生的份额为

$$\eta_2 = \frac{1}{\sigma_d} \int_{E_d}^{\gamma E_i} \sigma(E_i, T) \left[\frac{Z(T)\beta_A(T)}{\sigma_A(T)} \right] dT \int_{E_d}^{2.5E_d} \sigma(T, T') dT' \tag{3.27}$$

其中，$\sigma(E_i, T)$ 是一个入射粒子到一个点阵原子的能量传输截面，$\sigma(T, T')$ 是固体中同类原子之间的能量传输截面，$Z(T)$ 是由一个能量为 T 的 PKA 沿着其路径所产生的高于 E_d 的次级碰撞总数。于是，入射离子的初级位移截面 σ_p 为

$$\sigma_p = \int_{E_d}^{\gamma E_i} \sigma(E_i, T) dT \tag{3.28}$$

总的位移截面 σ_d 由 K－P 模型给出，即

$$\sigma_d = \int_{E_d}^{\gamma E_i} \sigma(E_i, T) \nu(T) dT \tag{3.29}$$

两个初级碰撞之间的距离按指数定律分布，即

$$W(\lambda) = \frac{1}{\lambda_p} \exp\left(-\frac{\lambda}{\lambda_p} \right) \tag{3.30}$$

而其平均距离为

$$\lambda_p = \frac{\Omega}{\sigma_p} \tag{3.31}$$

其中，Ω 是原子体积。两个连续碰撞之间的距离必须大于一个适当的交互作用半径 r_{iv}（这使所产生的彼此邻近的 Frenkel 对不致重新复合或团簇化）的条件，使得所有自由的单个 Frenkel 对的总数下降了，即

$$\beta_p = \exp\left(-\frac{r_{iv}}{\lambda_p} \right) \tag{3.32}$$

这在图 3.19[30] 中有所说明。这个模型提供了产生自由迁动缺陷的效率。针对不同质量和能量的几个离子的计算结果见表 3.2。η 值的范围从质子辐照的 24% 到重离子（氙）辐照的 3%。将此模型应用于图 3.7 中所示的几种情况，得到如下的 η 值：1.0（MeV 电子）、0.2（3.4MeV 质子）、0.04（5.0MeV Ni^{++} 离子）、0.02［中子（裂变谱）］。

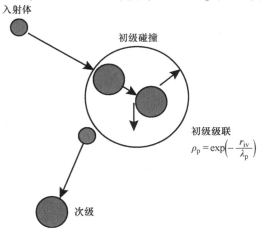

图 3.19 交互作用半径对单个 Frenkel 对的产生所发生影响的说明

表 3.2　采用林汉德的分析微分碰撞截面计算的、不同类型离子（$E_d = 40\text{eV}$，$r_{iv} = 0.7\text{nm}$）
辐照在镍中所产生的 Frenkel 对的 σ_p/σ_d 值和相对量 η_{calc}[29]

辐照	σ_p/σ_d（%）	η_{calc}（%）
1MeV H$^+$	37.0	24.0
2MeV H$^+$	30.0	19.2
2MeV Li$^+$	27.0	16.9
1.8MeV Ne$^+$	16.0	8.7
300keV Ni$^+$	5.1	2.3
3MeV Ni$^+$	7.5	3.8
3.5MeV Kr$^+$	5.9	3.0
2keV O$^+$	42.0	9.8

这些结果也可与基于 Rehn 等人[31] 的试验分析（见图 3.20）进行计算得到的结果比较。图中的数据均人为地将 1MeV 质子辐照设定为 1.0 并进行了归一化。这些数据与刚才出示的结果均表明，在低反冲能量条件下，自由迁动缺陷的份额接近于 1.0，随着反冲能量增加，这个份额的值下降到 0.02 ~ 0.05。

正如前面讨论过的和图 3.17 所示的那样，新近的结果[32] 已经确认：重离子或中子辐照如此低的 FMD 效率无法用前期级联内的缺陷湮灭（级联内的湮灭）解释。

事实上，级联损伤产生的空位和间隙原子起到了 FMD 的湮灭位置的作用，从而降低了 FMD 的产生效率。因此，级联的残留物导致了点缺陷的

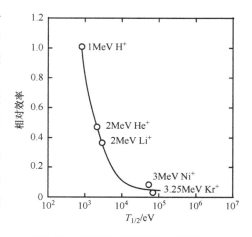

图 3.20　不同质量和能量的离子产生
自由迁动缺陷的相对效率[31]

阱强度上升；再者，原始级联中的重新复合也与试验测得的低 FMD 效率有关。尽管原子位移的 NRT 表述提供了 PKA 所产生的 Frenkel 对数量的估算方法，但它没有精确地描述热闪峰中的原子交互作用，因而对缺陷正确组态的描述仍不适用。MD 模拟可以用于此项目，并已确认由位移级联产生缺陷并不如 NRT 公式所预言的那样有效。事实上，对能量高于 2keV 的级联而言，ν 只是 ν_{NRT} 的 20% ~ 40%。从 MD 对几个金属的分析结果[33] 发现，Frenkel 对的数量取决于 PKA 的动能 T，即

$$\nu_{MD} = AT^n \tag{3.33}$$

其中，A 和 n 是只与金属类型和温度稍有依存关系的两个常数。图 3.21 所示为不同金属 ν_{MD} 随 T 的变化。注意：在很大的损伤能量范围内，这个函数将 Frenkel 对产生的行为描述得很好。也应注意：在图 3.21 中，所有的结果全落在了由实线所示的 NRT 的数值以下。Frenkel 对较低的产生效率，似乎是在无序态核心的周边产生了紧靠着空位的 SIA（这在聚焦碰撞链终结时成为占主导的过程）及在热闪峰过程中形成的核心具有高动能的结果，这些都促进了 SIA – 空位的重新复合。

从图3.21所示的结果，还看不到与晶体结构有什么值得注意的关联，因为其中有3个fcc金属（Al、Ni、Cu）、2个hcp金属（Ti、Zr）、1个bcc金属（Fe）和一个有序的$L1_2$结构（Ni_3Al），它们的ν_{FP}值都沿着各自的晶体结构线而并不分散。另外，存在着与金属的原子质量的关联性，因为ν_{MD}和A显示出了随T变化的一种关系。n随原子质量的变化是微弱的，却是确凿的。缺陷产生效率随原子质量的下降似乎是由热闪峰效应使重新复合得以增强而导致的。随着级联能量增高，级联有着一种分裂成为亚级联的趋势。因为一个级联所产生的缺陷比相同总能量的两个级联所产生的要少，使用亚级联的形成将使图3.21中直线的斜率增大。在较轻的金属中，向亚级联的转变发生在较低能量处，这可能是导致缺陷产生效率随原子质量变化的原因。注意：n与原子质量只稍有关联而已。

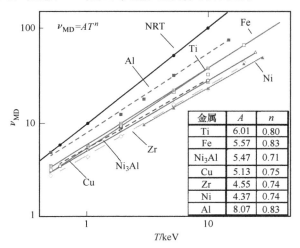

图3.21　100K温度下Cu、Fe、Ti、Zr、Ni_3Al及10K温度下Al和Ni所产生的Frenkel
对数量随损伤能量T的变化[33]

MD模拟也已被用于研究合金中缺陷的产生[34,35]。人们可以期待在合金中溶质原子之间的质量差别将会干扰诸如聚焦和通道化等晶体学过程，从而导致产生比在纯金属情况下更多的Frenkel对。在固溶高达15%（摩尔分数）金的铜中，MD模拟显示在弹道阶段中，较大的金原子降低了聚焦位移事件的长度，从而使无序的强度和寿命及热闪峰的温度得以增强。可是，发现在很宽的T范围内，ν_{FP}不随合金成分的变化而变化。对Fe-Cr合金进行的类似研究使这些结果更具体化了。"Movie 3.3"（https：//rmsbook2ed. engin. umich. edu/movies/）显示了Fe-10%Cr合金中级联的形成和冷却过程，其中黄色的球是空位，灰色的是铁间隙原子，而绿色则是铬间隙原子。在此模拟中，铬被模拟为较大的溶质，所以在冷却后遗留的间隙原子数量以铁原子为主，因为它们所造成的点阵畸变程度小于由尺寸过大的铬原子。

图3.21所示为100K或更低温度下的MD计算结果。由于辐照温度对诸如团簇等缺陷的运动及它们的稳定性的影响，它对金属中辐照损伤的演变有着强烈的作用。辐照温度对Frenkel对的产生也有影响。图3.22所示为温度升高到900K（627℃）时几个不同PKA能量在α-Fe中每个级联所产生的Frenkel对数量随温度的变化。注意：温度的影响虽然小，但对不同的能量趋势是一致的，即较高的辐照温度下产生的Frenkel对都较少。较低的Frenkel

对产生效率被认为是由于随着 T_{irr} 升高热闪峰的寿命增长，这让较多的缺陷在冷却之前可以运动，从而让较多的空位－间隙原子在级联区域内发生重新复合。对此有贡献的因素可能是聚焦碰撞顺序的长度较短（因为原子的动能较高）导致了空位－间隙原子分隔距离的缩短。

在诸如 Ni_3Al 等有序合金（见图 3.21）中，Frenkel 对的产生与纯金属（例如，与镍比较）相似。除了 Frenkel 对以外，在这些体系中还

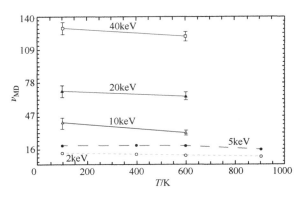

图 3.22　在 α－Fe 中每个级联所产生的 Frenkel 对数量随 PKA 能量和辐照温度的变化[33]

可能发生反位缺陷或非晶化。反位缺陷是由那些占据了亚点阵中规则正常位置的错误类型的原子所组成的。这些反位缺陷被观察到它们随式（3.33）中 T 的 1.25 次方（$n=1.25$）而增加，而不是像在 Frenkel 对的情况下 n 为 0.75。如果无序的程度足够大，就可能发生非晶化。反位缺陷在熔化的级联核心内的形成说明了热闪峰在此类缺陷形成中的重要性。在有序结构中提高辐照温度，对缺陷形成的影响是增加了反位缺陷的数量，这首先是因为降低了聚焦碰撞序列的长度。

由于它们发生在无缺陷材料中，所以级联的 MD 模拟结果应当被看作为是发生在工程材料中的一种近似。实际的材料含有间隙和置换性的杂质原子，以及原本存在的如位错、晶界、自由表面等缺陷。为了得到材料对一个 PKA 的真实响应，这些微观结构特征必须加以考虑。

最简单的微观结构不完整性是点缺陷的聚集。考虑以下三种点缺陷团簇的影响[36]。

1）在一个含有 30 个空位和由 1 个 "2－间隙原子" 团簇和一个 "7－间隙原子" 团簇组成的间隙原子缺陷的理想晶体中，刚从一个 10keV 级联淬火得到的缺陷碎片。

2）同样的 30 个空位，但被重新配置成一个 "6－空位" 的空洞、一个 "9－空位" 的空位圈，以及由 4 个 "2－空隙原子"、一个 "3－空隙原子" 和一个 "8－间隙原子" 团簇。

3）第三种配置是单个的 "30－空位" 的空洞。

平均来说，在经受一次 10keV 级联后，在含有这些缺陷配置的区域内，每 NRT dpa 所残留的缺陷都少于具有上述前两种取向配置的一个理想晶体中的缺陷，但是多于 "30－空位" 空洞的情况。总之，MD 模拟表明，当在含有缺陷的材料中有级联启动时，缺陷的产生效率会先有一个下降。

对工程合金而言，晶界是本来就有的，它们对辐照损伤微观组织的影响可能非常重要。辐照损伤控制的一个关键策略是采用具有高缺陷阱密度的微观组织，诸如可以由纳米晶所能达到的程度，而纳米晶接近于级联的尺寸。在晶粒度为 10nm 的 bcc－Fe 纳米晶结构中，经受了 10keV 或 20keV 级联之后所进行的缺陷产生过程的 MD 模拟表明，尽管残留的空位数与单晶差不多，但间隙原子数却低得多，如图 3.23a 所示。在纳米晶材料中，间隙原子的团簇化也低得多，正如在纳米晶和单晶 Fe 中被包含在团簇中的残留间隙原子和空位的份额所示（见图 3.23b）。另外，在纳米晶材料内温度对团簇化的影响是相反的。在 100K 和 600K 之

间，对单晶铁而言，团簇中的间隙原子份额增加了，而纳米晶铁中却下降。可是，单晶铁的空位团簇份额降低了，而纳米晶铁却增高了。

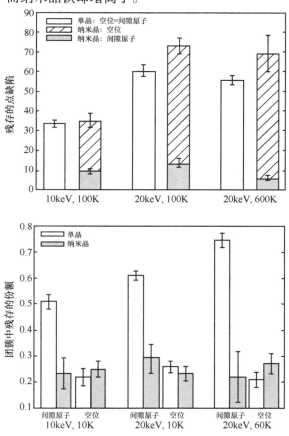

图 3.23　100K 或 600K 温度下，以及对 10keV 和 20keV 团簇而言，在单晶和纳米晶铁中残存的点缺陷（间隙原子和空位）份额和在团簇中残存的份额[16]

a）残存的点缺陷份额　b）在团簇中残存的份额

附近自由表面的存在可能影响初级损伤的形成。与块状材料中级联的形成相反，在靠近表面的级联中残留的空位数将超过间隙原子数，因为间隙原子在表面的损失导致了大尺寸空位团簇的形成。这一过程对于薄膜（100nm）的原位离子辐照实验和在中等能量下进行的块体离子辐照中缺陷的分析都是重要的，在这两种情况下分析的体积都会受到邻近表面的影响。MD 模拟已经表明，对于 10～20keV PKA 表面级联中的稳定间隙原子的产生与块体级联没有大的差别，但是，表面级联的稳定空位数却要大许多，这是因为间隙原子有可能像单个的间隙原子或可动的团簇那样，通过溅射或输运到表面而损失，从而减少了重新复合的发生。与块体辐照相比，间隙原子的级联内团簇化也相对无大变化，但是团簇中每 NRT dpa 的空位份额比块体辐照增高了 20%～40%。空位团簇的尺寸分布也有很大变化，在表面级联中产生的团簇较大。

现在，已经掌握了辐照的物理和力学效应的演变所需要的对损伤状态的表述。结合了能量传输截面的 K–P/NRT 模型提供了由具有某种质量和能量的入射粒子计算发生在固体中位移数量的手段。对所导致级联的空间的、时间的和热的表述为我们提供了估算级联淬火阶段残留的缺陷数量的方法，这也会在此后较长时间内影响微观组织。至此，工作重点放在了级联淬火阶段的结尾（它在初始碰撞事件的 10ps 时间内完成）时材料状态的物理和定量描述上。由此向前，接下来将关注微观组织的演变。在（反应堆）堆芯内，这种演变将延续数周、数月乃至数年，在时间跨度上约达 18 个数量级，这方面的内容构成了"辐照损伤的物理效应"，它将是本书第 2 部分的焦点。

专用术语符号

A——原子量；或者是玻恩－迈耶势函数式（1.47）中指数项前面的常数

B——玻恩－迈耶势函数式（1.47）中指数项内的常数

C_p——比热容

D——热扩散率

E_a——每个原子的能量

E_d——位移能量

E_D——损伤能量

E_i——入射体能量

F_D——能量的深度分布

k_B——玻尔兹曼常数

m——幂（指数）定律中的 1/s

M_1——入射体的质量

M_2——靶的质量

N——原子数密度

N_d——单位深度的位移数

$P(E_i, T)$——初级反冲谱

r_{iv}——重新复合半径

R——点阵中离子/原子的穿行范围

R^2——式（3.21）表示的温度分布的离散度

s——幂次定律中的指数

T——碰撞中传输的能量

$\check{T}$——传输的最小能量

$\hat{T}$——传输的最大能量

$\overline{T}$——传输的平均能量

U_a——每个原子的能量

V_{cas}——级联的体积

$W(\lambda)$——描述初级碰撞事件之间距离的函数

$W(E_i, T)$——加权的初级反冲谱

ΔX——级联的纵向矩

Y——级联的横向矩

Z——原子序数

$Z(T)$——由一个能量为 T 的 PKA 所产生的高于 E_d 的次级碰撞份额

β_p——由 r_{iv} 范围内重新复合造成的 Frenkel 对数量下降的因子

δ——级联收缩因子

$\delta_{i,v}$——空位和间隙原子的团簇化份额

ε——单位电荷

φ——中子通量

γ—— $4M_1M_2/(M_1+M_2)^2$

$\gamma_{i,v}$——孤立的点缺陷份额

η——NRT 模型中损失于电子激发的能量,也即"级联中产生的总共 # 个自由 Frenkel 对"的能量

η_1——由初级碰撞产生的缺陷份额

η_2——由次级碰撞产生的缺陷份额

λ——平均自由程

$\nu(T)$——位移函数

ν_{FP}——Frenkel 对的数目

Θ——级联能量密度

$\sigma(E,T)$——微分能量传输截面

$\sigma'_D(E)$——原子间碰撞的位移截面

σ_d——总的位移截面

σ_p——入射离子的初级位移横截面

τ——级联寿期

ξ——位移效率

ζ——级联中初始团簇化、随后又发生湮灭的空位和间隙原子的份额

习　题

3.1　对应于 1 ~ 10,000eV 的 PKA 能量范围,按十进制计算,画出镍的一个 PKA 的平均自由程。请问,在什么能量下平均自由程最小?用式(1.50)确定玻恩 – 迈耶常数和对应于 $E_d = 40\text{eV}$ 时的平均自由程。

3.2　在损伤级联的形貌中,中子和质子的加权反冲谱的形状差别意味着什么?

3.3　对于入射到镍的 1MeV 中子,试确定它的下列参数:

① 损伤能量。

② 有效级联温度。

③ 用 $U_a \sim 0.3\text{eV}$ 和 $D \sim 10^{12}\text{nm}^2/\text{s}$ 计算它的概率寿命。

3.4　如果要对位移级联进行模型化,什么是合适的模型化工具:动力学蒙特卡罗(KMC)还是分子动力学(MD)?为什么?

3.5　基于应用 SRIM 方面的专业技能,当用镍离子对一个钢试样(Fe – 18Cr – 9Ni)进行辐照时,可以选择在接近表面处或在峰的附近进行观察。注入的镍离子会改变试样的局部

化学成分，为了减轻这方面的影响，应当在接近表面的区域还是在损伤峰值附近的区域内观察样品？为什么？

参 考 文 献

1. Olander DR (1976) Fundamental aspects of nuclear reactor fuel elements, TID-26711-P1. Technical Information Service, Springfield
2. Averback RS (1994) J Nucl Mater 216:49
3. Brinkman JA (1956) Amer J Phys 24:251
4. Seeger A (1958) On the theory of radiation damage and radiation hardening. In: Proceedings of the Second United Nations international conference on the peaceful uses of atomic energy, Geneva, vol. 6. United Nations, New York, p 250
5. Nastasi M, Mayer JW, Hirvonen JK (1996) Ion-solid interactions: fundamentals and applications. Cambridge University Press, Cambridge
6. Was GS, Allen TR (1994) Mater Charact 32:239
7. Sigmund P (1981) Sputtering by ion bombardment: theoretical concepts. In: Behrisch R (ed) Sputtering by particle bombardment, Springer, Berlin, p 9
8. Heinisch HL (1996) J Metals, Dec:38
9. Robinson MT (1994) J Nucl Mater 216:1
10. Robinson MT, Torrens IM (1974) Phys Rev B 9:5008
11. Beeler JR (1966) Phys Rev 150:470
12. Ziegler JF, Biersack JP, Ziegler MD (2008) SRIM—The Stopping Range of Ions in Matter, Ion Implantation Press (http://www.srim.org)
13. Cai W, Li J, Yip S (2012) Molecular Dynamics in Konings RJM (ed.) Comprehensive nuclear materials, 1.09:249. Elsevier, Amsterdam
14. Finnis MW, Sinclair JE (1984) Phil Mag A50:45–55; (1986) Erratum Phil Mag A53:161
15. Calder AF, Bacon DJ (1993) J Nucl Mater 207:25–45
16. Stoller RE (2012) Primary radiation damage formation. In: Konings RJM (ed) Comprehensive nuclear materials, 1.11:293. Elsevier, Amsterdam
17. Becquart CS, Wirth BD (2012) Molecular dynamics. in Konings RJM (ed) Comprehensive nuclear materials, 1.14:393. Elsevier, Amsterdam
18. Dalla Torre, J, Bocquet, J-L, Doan NV, Adam E, Barbu A (2005) Phil Mag 85:549
19. Lanore JM (1974) Rad Eff 22:153
20. Caturla MJ, Soneda N, Alonso E, Wirth BD, Diaz de la Rubia T, Perlado JM (2000) J Nucl Mater 276:13
21. Domain C, Becquart CS, Malerba L (2004) J Nucl Mater 335:121
22. Heinisch HL, Singh BN, Golubov SI (2000) J Nucl Mater 276:59
23. Souidi A, Becquart CS, Domain C et al (2006) J Nucl Mater 355:89
24. Arevalo C, Caturla MJ, Perlado JM (2007) J Nucl Mater 362:293
25. Heinisch HL, Trinkaus H, Singh BN (2007) J Nucl Mater 367–370:332
26. Malerba L, Becquart CS, Domain C (2007) J Nucl Mater 360:159
27. Diaz de la Rubia T, Averback RS, Benedek R, King WE (1987) Phys Rev Lett 59(19):1930
28. Zinkle SJ, Singh BN (1993) J Nucl Mater 199:173
29. Naundorf V (1991) J Nucl Mater 182:254
30. Was GS, Allen TR (2007) Radiation effects in solids. In: Sickafus KE, Kotomin EA, Uberoage BP (eds) NATO science series, vol 235. Springer, Berlin, pp 65–98
31. Rehn LE, Okamoto PR, Averback RS (1984) Phys Rev B 30(6):3073
32. Iwase A, Rehn LE, Baldo PM, Funk L (1996) J Nucl Mater 238:224–236
33. Bacon DJ, Gao F, Osetsky YN (2000) J Nucl Mater 276:1–12
34. Deng HF, Bacon DJ (1996) Phys Rev B 54:11376
35. Calder AF, Bacon DJ (1997) In: Proceedings of symposium on microstructure evolution during irradiation, vol 439. Materials Research Society, Pittsburgh, PA, p 521
36. Stoller RE, Guiriec SC (2004) J Nucl Mater 329–333:1228

第4章

点缺陷的形成与扩散

想要懂得辐照对材料的影响，第一步就应当在原子尺度上知道辐照损伤的本质。在前面几章中，已经给出了通过一个高能粒子的动能传递，令一个原子从其点阵位置发生位移过程的定量描述。这个发生反冲的点阵原子在穿越晶体的过程中，又会与其近邻原子发生碰撞，也会使它们从原来的位置发生位移。这么一个由原始粒子起动的原子碰撞级联过程最终将产生一些空缺的点阵位置和等同数量的发生了位移的原子，它们挤入点阵的间隙之中。这些基本的缺陷（空位和间隙原子）构成了所有已被观察到的辐照对材料物理和力学性能影响的基础。确定这些基本缺陷的浓度和扩散就是本章的主题。

4.1 辐照诱发缺陷的性质

任何晶体点阵内都存在各种类型的缺陷，它们包括下列几种。

1）点缺陷（0D）：空位和间隙原子。

2）线缺陷（1D）：位错线。

3）面缺陷（2D）：位错环。

4）体缺陷（3D）：空洞、气泡、层错四面体。

其中，最基本的是点缺陷。根据参考文献［1］，接下来从间隙原子开始讨论。

4.1.1 间隙原子

间隙原子是指不在晶体内规则点阵位置上的原子。在各种立方晶体点阵中有两类宽松的间隙位置：八面体位置和四面体位置，下面将扼要加以讨论。

面心立方（fcc）点阵是一个具有边长为 a（点阵常数）单胞的立方体，其中的原子位于立方体的角隅和面心（见图4.1）。每个角上的原子为 8 个单胞所共有，而每个面上的原子为 2 个单胞所共有，所以每个单胞的原子数是 8（角上原子数）$\times 1/8 + 6$（面上原子数）$\times 1/2 = 4$。八面体位

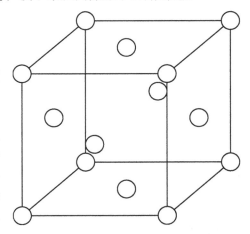

图4.1 面心立方（fcc）点阵单胞

置是指被由 6 个点阵原子作为顶点的八面体所包围的一种间隙位置。fcc 点阵中每个单胞有

本章补充资料可从 https：//rmsbook 2ed. engin. umich. edu/movies/下载。

4 个八面体位置，分别位于中心和边棱处。中心的那个八面体位置完全处于 fcc 点阵以内，而边棱处的每个八面体位置都由 4 个单胞所共有（见图 4.2a），所以每个单胞的八面体间隙位置总数为 1 + 12 个边棱 ×1/4 = 4。fcc 点阵内也有位于由点阵原子构成的四面体间隙（见图 4.2b）。fcc 点阵单胞中共有 8 个四面体位置（每个角隅上各有一个）。

体心立方（bcc）点阵中，原子处于单胞的角上，还有一个在单胞的中心，所以每个单胞总共 2 个原子：1 + 8 个角隅位置 ×1/8 = 2（见图 4.3）。八面体间隙位置位于单胞的面上和边棱上，位置总数为 6 个面 ×1/2 + 12 个边棱 ×1/4 = 6（见图 4.4a）。四面体间隙位置位于 bcc 点阵的面上，并处于面的中心，这样其位置总数为 6 个面位置 ×4 ×1/2 = 12（见图 4.4b）。

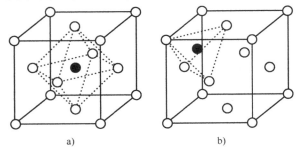

图 4.2　fcc 点阵单胞中的间隙位置

a）八面体位置　b）四面体位置

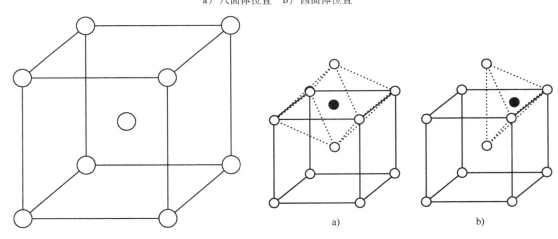

图 4.3　体心立方（bcc）点阵单胞

图 4.4　bcc 点阵单胞中的间隙位置

a）八面体位置　b）四面体位置

密排六方（hcp）点阵单胞不是立方体而是六方体，它用 c/a 加以定义，其中 a 是规则六边形的边长，而 c 是单胞的高（见图 4.5）。每个 hcp 点阵单胞中共有 6 个原子：角上 12 个原子，每个原子被 6 个单胞所共有（=2），加上上、下端面上 2 个原子各被 2 个单胞所共有（=1），单胞内 $c/2$ 的高度处还有 3 个原子（=3）。每个单胞有 6 个八面体位置，它们全部都在单胞内（见图 4.6a）。另外，每个单胞共有 6 个四面体位置，其中 4 个全在单胞里面；还有 6 个，每个都被 3 个单胞所共有，等效为 2 个四面体位置（见图 4.6b）。

以上列出的间隙原子简图不是准确的物理图形，因为在金属中自间隙原子（SIA）的稳定组态是哑铃形或分裂的间隙原子组态，即两个原子都与单个点阵位置连接在一起，或者是"共同享有"单个点阵位置。因为原子核是彼此排斥的，所以原子总是在能量最低的方向上

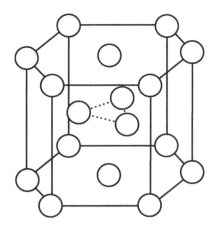

图 4.5　密排六方（hcp）点阵单胞

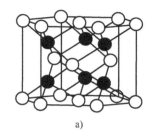 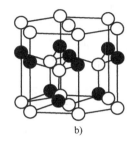

a)　　　　　　　　　　b)

图 4.6　密排六方（hcp）点阵单胞中的间隙位置

a）八面体位置　b）四面体位置

排列。其结果是，哑铃形的轴在 fcc 金属中沿着 〈100〉 方向，在 bcc 金属中沿 〈110〉 和 〈111〉 方向，而在 hcp 金属中沿 〈0001〉 方向（见图 4.7）。

为了在一个点阵位置容纳两个原子，邻近哑铃的原子就会稍稍偏离于它们的点阵位置，然后这又会对邻近的原子产生干扰，如此循环。这些位移从缺陷处向外散发而构成一个弹性位移场。位移场的对称性可以从 bcc 点阵中 SIA 的组态得到反映（见图 4.8）。

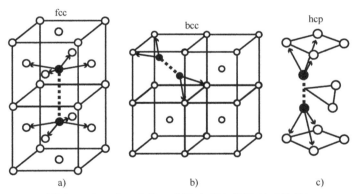

a)　　　　　　　　　　b)　　　　　　　　　　c)

图 4.7　fcc、bcc 和 hcp 点阵中 SIA 的组态（排布）

a）fcc 点阵　b）bcc 点阵　c）hcp 点阵

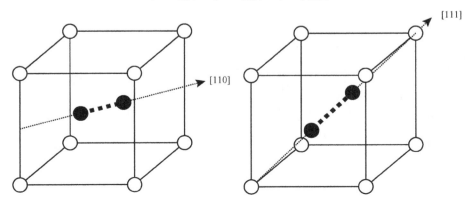

图 4.8　bcc 点阵中分裂的间隙原子

考虑 fcc 铝中 〈100〉 方向的一个哑铃形间隙原子组态。两个哑铃之间的分开距离大约为 0.6a。而 fcc 点阵中最近邻间距是沿 〈110〉 的，间距为 $a/\sqrt{2}$，所以一个 〈100〉 哑铃的分隔距离比无畸变点阵中的最近邻间距小约20%。每个哑铃的 4 个近邻把一个原子作为间隙原子插入（或从中移走一个原子以便产生一个空位），由此确定在点阵中造成的畸变量。由 SIA 产生的高弛豫体积导致了大的点阵畸变，这会造成与其他 SIA 及其他点阵缺陷（位错、杂质原子等）的强烈交互作用。这种弹性交互作用的净效应则是可动 SIA 被这些缺陷所吸引的。在若干金属中弛豫体积的试验值见表4.1。

表 4.1　由不同来源编撰而成的用于表征金属中辐照诱发点缺陷性质的物理量的数值[1]

	物理量名称	符号	单位	Al	Cu	Pt	Mo	W
间隙原子	弛豫体积	V_{relax}^i	原子体积	1.9	1.4	2.0	1.1	
	形成能	E_f^i	eV	3.2	2.2	3.5		
	T_m 温度①下的平衡浓度	$C_i(T_m)$	—	10^{-18}	10^{-17}	10^{-6}		
	迁移能	E_m^i	eV	0.12	0.12	0.06		0.054
空位	弛豫体积	V_{relax}^v	原子体积	0.05	−0.2	−0.4		
	形成能	E_f^v	eV	0.66	1.27	1.51	3.2	3.8
	形成熵	S_f^v	k	0.7	2.4			2
	T_m 温度①下的平衡浓度	$C_v(T_m)$	—	9×10^{-6}	2×10^{-6}			4×10^{-5}
	迁移能	E_m^v	eV	0.62	0.8	1.43	1.3	1.8
	自扩散的激活能	Q_{vSD}	eV	1.28	2.07	2.9	4.5	5.7
	Frenkel 对的形成能	E_f^{FP}	eV	3.9	3.5	5		

① 通过假设 $S_i^f = 8k$ 估算得到。

4.1.2　多间隙原子

多间隙原子是在高温下由可动的 SIA 集聚而成的。多间隙原子具有数量级为 1eV 的高结合能。因为要把一个 SIA 从大尺寸的团簇中分离出来所需要的能量接近于 SIA 的形成能（2 ~ 4eV），所以，在低温下 SIA 团簇非常稳定而且难以发生分解。

根据计算机模拟预测，fcc 金属中稳定的双间隙原子组态是在最近邻位置上两个平行的哑铃（见图4.9）。根据计算机模拟预测，fcc 金属中稳定的 3 - 间隙原子组态是在最近邻位

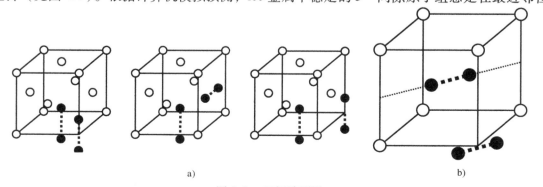

a)　　　　　　　　　　　　　　　　　b)

图 4.9　双间隙原子

a）fcc 点阵中稳定的、亚稳的和新稳定的双间隙原子原子组态　b）bcc 点阵中的双间隙原子组态

置上 3 个正交 〈100〉 的哑铃, 而 bcc 金属中预料的双间隙原子组态是在最近邻位置上 2 个 〈110〉 哑铃。

4.1.3　间隙原子 – 杂质复合体

金属中的杂质原子是 SIA 的有效陷阱。在空位不可动的较低温度下, 由尺寸偏小的原子与间隙原子组成的稳定复合体不会发生热分解。此时, 一个可能的组态是一个哑铃原子被杂质原子所取代而构成的混合哑铃 (见图 4.10a), 结合能为 0.5 ~ 1.0eV 数量级。尺寸偏大的杂质对间隙原子的捕捉能力较弱 (见图 4.10b)。

间隙原子 – 杂质复合体只需要很小的激活能就可以通过所谓的锁笼运动令自己实现重新取向。如图 4.10a 所示, 杂质原子可以在中心八面体显示的位置之间跳跃, 从而与邻近的基体原子形成新的混合哑铃。因为所有混合哑铃都有朝向锁笼的杂质原子端, 故锁笼运动中并不会有长程的运动。在锁笼内重新取向的激活能仅约为 0.01eV。

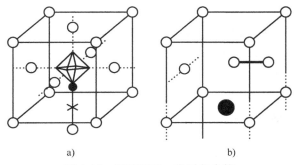

图 4.10　间隙原子 – 杂质复合体

a) fcc 点阵中由尺寸偏小的杂质原子与基体点阵原子组成的混合哑铃组态,
八面体顶角处是杂质原子可能的另外位置, 因为它可以和单胞中其他的 "面上"
原子构成哑铃　b) fcc 点阵中捕捉一个间隙原子使它与尺寸偏大的杂质原子构成一个哑铃

"Movie 4.1" 和 "Movie 4.2" (https: //rmsbook2ed. engin. umich. edu/movies/) 显示了 Fe – 10% Cr 合金中, 紧接着一次位移级联后, 原子行为与溶质原子相对尺寸的函数关系。在 "Movie 4.1" 中, 铬被模拟为尺寸偏大的溶质, 而在 "Movie 4.2" 中铬算是尺寸偏小的。请注意紧接着级联的冷却期之后在间隙原子团簇中发生的变化。与 "Movie 4.1" 中尺寸偏大的铬相比, "Movie 4.2" 中较多尺寸偏小的铬被铁间隙原子所俘获, 这就导致含铬的小尺寸间隙原子团簇数量增多了。

4.1.4　空位

空位, 或 "缺失的点阵原子", 是金属晶体中最简单的点缺陷。所有的计算和计算机模拟都表明, 单个的空位是一个缺失的点阵原子, 其最近邻原子都向着空位内部发生了 (位移) 弛豫。

SIA 有着高的形成能 (>2.0eV)、大的弛豫体积 (约 2Ω) 和低的迁移能 (<0.15eV), 因而有很高的易动性。另一方面, 空位却有着低的形成能 (<2.0eV)、小的弛豫体积 (0.1 ~ 0.5Ω) 和高的迁移能 (>0.5eV), 因此, 比 SIA 的易动性低得多 (见表 4.1)。而且, 在立方金属中, 空位的应变场是各向同性的, 这使得它很难被研究。

4.1.5 多空位

与间隙原子团簇相比，多空位的结合能很小（0.1eV），但是它们常在辐照金属中被观察到。图 4.11 所示为 fcc 和 bcc 点阵中多空位团簇的组态。对 Ni 来说，双空位的迁移能（0.9eV）小于单个空位（1.32eV），但是随着团簇尺寸的增大，迁移能也增大。因为 4 - 空位团簇只有通过分解才能迁移，所以它是进一步团簇化的第一个稳定的核心。

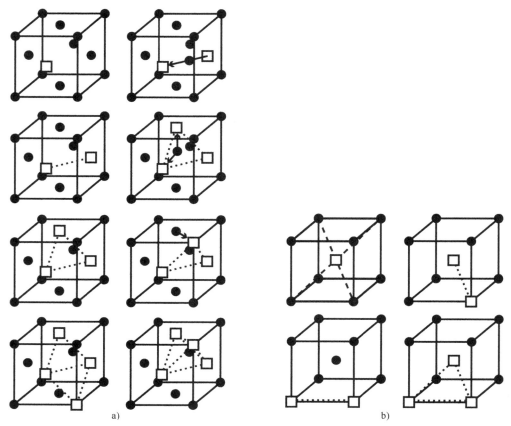

图 4.11 fcc 和 bcc 点阵中多空位团簇的组态
a）fcc 点阵 b）bcc 点阵

4.1.6 溶质 - 缺陷和杂质 - 缺陷团簇

为了使固体的总自由能下降，空位会与尺寸偏大或偏小的杂质原子结合在一起。在 fcc 点阵中，一个空位与一个尺寸偏大的溶质原子结合能的估算值为 0.2 ~ 1.0eV[2]。因此，这些溶质原子可以成为点阵中空位的有效的阱。

4.2 点缺陷形成的热力学

即使没有被辐照过，晶体也不可能在一个有限的温度下以绝对完美的状态存在。从统计学的角度讲，总是会有某一个有限的概率，通过局部起伏集中足够的能量，从而在晶体点阵中生成某一个缺陷。在大多数情况下，晶体的体积是恒定的假设都是合理的，并可适用亥姆霍兹（Helmholtz）自由能函数。参照参考文献［3］，如果系统处于恒压状态，则有

$$F \approx G = U + pV - TS = H - TS \tag{4.1}$$

其中，U 是内能，H 是组成该系统的 N 个原子的总焓，S 代表系统中的无序程度（熵），它可表征为

$$S = k\ln w \tag{4.2}$$

其中，w 是可能的不同原子组态的数目，k 是玻耳兹曼常数。

设想晶体有 N 个可获得位置的 n 个缺陷，由此造成的自由能的增加量为

$$\Delta G_f = n\Delta H_f - T\Delta S \tag{4.3}$$

其中，ΔH_f 是由于缺陷的引入（生成）带来的焓的增加，ΔS 是总的熵的变化，它们可通过如下途径加以确定。

对于一个缺陷，有 N 个可获得位置，所以有 N 个可能的组态。如果有 n 个缺陷，第一个缺陷有 N 个组态、第三个缺陷有（$N-1$）个组态、第三个缺陷有（$N-2$）个组态，以此类推，直到第 n 个缺陷有（$N-n+1$）个组态。于是，总共就有 $N(N-1)(N-2)\cdots(N-n+1)$ 个组态。但是，由于它们并非全是不同的状态，而且缺陷是无法区分的，所以上述的总数可以有 $n!$ 种方式在 N 个位置中将 n 个缺陷加以区分。因此，可能的不同组态数为

$$w = \frac{N(N-1)(N-2)\cdots(N-n+1)}{n!} \tag{4.4}$$

或

$$w = \frac{N!}{n!\,(N-n)!} \tag{4.5}$$

于是，混合能为

$$\Delta S_{\text{mix}} = k\left[\ln N! - \ln n! - \ln(N-n)!\right] \tag{4.6}$$

采用斯特林（Stirling）近似（如果 x 很大，$\ln x! \approx x\ln x$），可得

$$\Delta S_{\text{mix}} = k\ln w \approx k\left[N\ln N - n\ln n - (N-n)\ln(N-n)\right] \tag{4.7}$$

除了 ΔS_{mix}，还有一项来自缺陷存在的振动无序对 ΔS 的贡献。按照点阵运动的爱因斯坦（Einstein）模型，原子被表达为 $3N$ 个独立谐振子，与之相关的熵为

$$S_f = 3k\ln\left(\frac{kT}{\hbar\nu_E}\right) \tag{4.8}$$

其中，ν_E 是谐振子的天然频率，$\hbar$ 是约化普朗克常数。如果每个缺陷都将其 z 个近邻的振动频率改变为 ν_r，则熵为

$$S_f' = 3kz\ln\left(\frac{kT}{\hbar\nu_r}\right) = 3kz\left[\ln\left(\frac{kT}{\hbar\nu_E}\right) + \ln\left(\frac{\nu_E}{\nu_r}\right)\right] \tag{4.9}$$

对 n 个缺陷，由振动无序引起的总的熵变为

$$n(S_f' - zS_f) = \Delta S_f = 3nkz\ln\left(\frac{\nu_E}{\nu_r}\right) \tag{4.10}$$

将熵变的两个贡献值代入自由能方程，可得

$$\Delta G_f = n\Delta H_f - kT\left[N\ln N - n\ln n - (N-n)\ln(N-n) + n\ln\left(\frac{\nu_E}{\nu_r}\right)^{3z}\right] \tag{4.11}$$

在平衡状态下，N 将使 $\mathrm{d}\Delta G_f/\mathrm{d}n = 0$ 得以满足，可得

$$\frac{\Delta H_f}{kT} = \ln\left[\frac{N-n}{n}\left(\frac{\nu_E}{\nu_r}\right)^{3z}\right] \tag{4.12}$$

假设 $n \ll N$，并使 $n/N = C$（浓度分数），可得

$$C = \left(\frac{\nu_E}{\nu_r}\right)^{3z} \exp\left(\frac{-\Delta H_f}{kT}\right) \tag{4.13}$$

将 $(v_E/v_r)^{3z}$ 写进熵项就得到了熟悉的方程，即

$$C = \frac{n}{N} = \exp\frac{\Delta S_f}{k}\exp\frac{-\Delta H_f}{kT} = \exp\left(\frac{-\Delta G_f}{kT}\right) \tag{4.14}$$

对空位，有

$$C_v = \exp\left(\frac{S_f^v}{k}\right)\exp\left(\frac{-E_f^v}{kT}\right) \tag{4.15}$$

对间隙原子，有

$$C_i = \exp\left(\frac{S_f^i}{k}\right)\exp\left(\frac{-E_f^i}{kT}\right) \tag{4.16}$$

其中，$E_f^v = \Delta H_f^v$ 和 $E_f^i = \Delta H_f^i$ 是相应的缺陷类型的形成能，而 $\Delta S_f^v = S_f^v$，$\Delta S_f^i = S_f^i$。在金属中，E_f^v 和 E_f^i 的典型值分别约为 1eV 和 4eV。因此，空位的形成能比间隙原子的形成能要小很多（见表4.1），故在热平衡状态下，$C_v \gg C_i$。接下来，以一个案例进行说明。

案例4.1　计算室温和低于熔点10℃的温度下铝中空位和间隙原子的平衡浓度。

1）在 $RT = 20℃$ 或 273K 的条件下，由表4.1可知

$$E_f^v \approx 0.66\text{eV}, \quad S_f^v \approx 0.7k$$

$$E_f^i \approx 3.2\text{eV}, \quad S_f^i \sim 8k$$

将它们代入式（4.15）和式（4.16）得到

$$C_v = \exp\left(\frac{S_f^v}{k}\right)\exp\left(\frac{-E_f^v}{kT}\right) \approx 1.6 \times 10^{-11}$$

$$C_i = \exp\left(\frac{S_f^i}{k}\right)\exp\left(\frac{-E_f^i}{kT}\right) \approx 5.0 \times 10^{-51}$$

2）在低于熔点10℃或650℃（923K）的条件下，由式（4.15）和式（4.16）可得

$$C_v = \exp\left(\frac{S_f^v}{k}\right)\exp\left(\frac{-E_f^v}{kT}\right) \approx 5.0 \times 10^{-4}$$

$$C_i = \exp\left(\frac{S_f^i}{k}\right)\exp\left(\frac{-E_f^i}{kT}\right) \approx 9.8 \times 10^{-15}$$

除了做试验，还可以怎样得到 E_f^v 的估算值呢？设想在刚性晶体内创建一个（等于一个原子所占的）体积为 $\Omega = 4\pi r_a^3/3$ 的空腔，其中，Ω 是原子体积，r_a 是原子半径。由于必须保持体积守恒，所以把空腔中的材料均匀地散布到晶体的表面上。如果晶体是个球体，有

$$R' = R + \Delta R \tag{4.17}$$

因为晶体是刚体介质，所以体积是守恒的，即

$$4\pi R^2 \Delta R = \frac{4}{3}\pi r_a^3 \tag{4.18}$$

如果晶体比原子的尺寸大得多，则 $R \gg r_a$，$\Delta R \ll R$，并且有

$$\Delta R = \frac{r_a^3}{3R^2} \tag{4.19}$$

如果 E_f^v 是有空腔和无空腔晶体的表面能之差，σ 是单位面积的表面能，则

$$E_f^v = 4\pi r_a^2 \sigma + 4\pi\sigma(R+\Delta R)^2 - 4\pi R^2 \sigma$$
$$\approx 4\pi\sigma(r_a^2 + 2R\Delta R) \tag{4.20}$$

式（4.20）等号右边前二项是与空位形成后内外表面有关的能量，最后一项是空位形成前晶体表面的能量，而 ΔR^2 项已被忽略。将式（4.19）中的 ΔR 代入可得

$$E_f^v = 4\pi\sigma\left(r_a^2 + \frac{2}{3}\frac{r_a^3}{R}\right)$$
$$= 4\pi\sigma r_a^2\left(1 + \frac{2}{3}\frac{r_a}{R}\right) \tag{4.21}$$

因为 $r_a \ll R$，有

$$E_f^v \approx 4\pi\sigma r_a^2 \tag{4.22}$$

对于大多数金属，$\sigma \approx 10\mathrm{eV/nm^2}$，$r_a \approx 0.15\mathrm{nm}$，所以 $E_f^v \approx 2\mathrm{eV}$。

如果将晶体作为一个弹性介质处理，可以得到 E_f^v 的不同表达式，即

$$E_f^v = 4\pi r_a^2 \sigma - 12\pi r_a \frac{\sigma^2}{\mu} + 6\pi r_a \frac{\sigma^2}{\mu} \tag{4.23}$$

其中，第一项为空腔的表面能，第二项是因表面张力使表面收缩引起的表面能下降量，第三项是固体内储存的弹性能，μ 是晶体的切变模量，$E_f^v \approx 1\mathrm{eV}$。注意：在晶体内插入一个间隙原子将产生大于 r_a 的位移，导致产生较大的形成能。

4.3 点缺陷的扩散

由于热振动，点阵中的原子始终处于运动的状态，这意味着点阵中的点缺陷也一直在运动。热振动的无规则特性造成了原子会借助与其周围处于热平衡状态的缺陷而随机行走称为自扩散。如果纯金属中有外来的原子，它们的扩散称为异扩散。当晶体内缺陷的局部浓度梯度出现而驱动原子朝着消除这个梯度的方向运动时，就发生了自扩散。扩散是由浓度梯度以外的力（如应力或应变、电场、温度等）所驱动的。在最一般的意义上，扩散是由化学势的差异所驱动的。在多晶体内，扩散是一种由于晶界、内表面、位错等的存在而发生的复杂机制。接下来，沿用参考文献［2］中的分析方法，以单晶体中的扩散开始，随后再将讨论扩展到包括多晶体的情况。

4.3.1 扩散的宏观表述

扩散受到菲克（Fick）于1880年推导的两个基本定律的制约。由于已经关注到了宏观扩散过程的普遍特性，它们适用于物质的任何状态。菲克第一定律是扩散中的某一类别（元素、缺陷等）的通量 J 与它的浓度梯度之间的关系，即

$$J = -D\,\nabla C \tag{4.24}$$

其中，D 是扩散系数，∇C 是浓度梯度。

对于一维扩散，有

$$J = -D \frac{\partial C}{\partial x} \tag{4.25}$$

负号（ - ）表示扩散是朝着扩散中的元素类别的浓度降低的方向进行的。通常，D 的单位是 cm^2/s 或 m^2/s；对温度为 20 ~ 1500℃的固体而言，$10^{-20} cm^2/s < D < 10^{-4} cm^2/s$。

菲克第二定律给出了系统中浓度梯度与扩散导致的浓度变化速率之间的关系，即

$$\frac{\partial C}{\partial t} = -\nabla J = \nabla D \nabla C$$

在一维情况下，可简化为

$$\frac{\partial C}{\partial t} = \frac{\partial}{\partial x} \left(D \frac{\partial C}{\partial x} \right) \tag{4.26}$$

如果 D 不是浓度的函数，可以把式（4.26）写成

$$\frac{\partial C}{\partial t} = D \nabla^2 C$$

$$= D \frac{\partial^2 C}{\partial x^2} \tag{4.27}$$

如果能够在各种测量的基础上确定 D，在某些有限的条件下，就可以对式（4.26）和式（4.27）求解。虽然菲克定律提供了扩散在宏观尺度上的描述，但是也需要在微观水平上了解扩散。扩散按若干种可能的机制进行，取决于扩散中的原子、缺陷等类别和基体点阵的性质。4.3.2 小节将考察这些机制，然后在微观水平上推导出扩散过程的数学描述。

4.3.2 扩散的机制

为了得到扩散的理论描述，首先考虑点阵中一个原子从其稳定位置跳跃到另一个位置的基元动作。点阵扩散有几种机制，有些需要缺陷的存在，有些则并不需要，一般可以分为以下类型[5]。

1）交换机制和环机制：交换机制（见图 4.12）由位于邻近晶体点阵位置的两个原子（相互）交换它们的点阵位置的动作所构成，这种机制并不需要缺陷的存在，而且在密排点阵中，这一机制很难实现，因为这需要晶体发生大的变形，因此激活能很高。环机制（见图 4.13）的能量要求没那么高，但需要 3 ~ 5 个原子的协作运动。不过，出现这样动作的概率较低，需要的能量仍然很高，所以在含有缺陷的晶体中，交换机制和环机制都不重要。

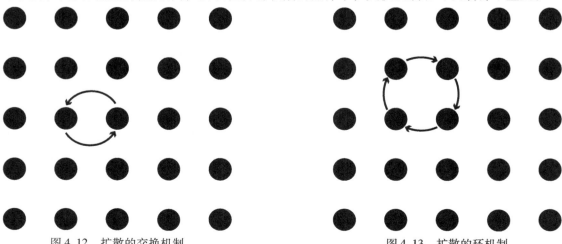

图 4.12 扩散的交换机制　　　　　　　　　　图 4.13 扩散的环机制

2）空位机制：这是发生在金属和合金中最简单的扩散机制（见图4.14）。通过一个原子从其点阵位置向一个空缺位置的跳跃而发生扩散。为了原子能通过这一机制运动，一个邻近空位的存在是必要的。因为空位的运动与原子的运动是反方向的，所以空位型的扩散被看成原子的运动，或是等价的空位运动。不过，空位扩散的扩散系数并不等于原子扩散的扩散系数。

3）间隙原子机制：这一机制包含着一个原子从其间隙位置向另一个间隙位置的运动（见图4.15）。为了在晶体内推动这个原子越过分隔这两个间隙位置的势垒原子，需要相当大的能量（请参考第2章位移能的计算中势垒原子的作用）。实际的情况是，这个机制只有当扩散中的原子类别比基体点阵原子要小时才会发生。

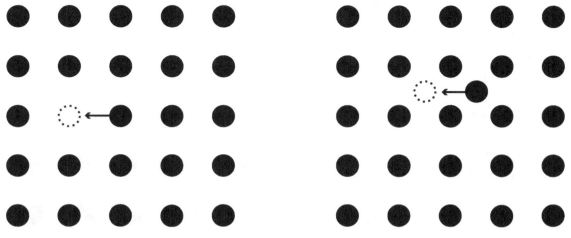

图4.14　扩散的空位机制　　　　　　　图4.15　扩散的间隙原子机制

4）填隙机制：这种机制包括邻近点阵原子向一个间隙位置的位移，一般发生在原子直径相差不大的时候。这种机制有两个变种：一是位移的原子沿着一条直线运动的共线变种（见图4.16a），二是点阵原子向间隙位置运动时，与间隙原子向点阵位置位移的原子运动的方向成一定角度的非共线变种（见图4.16b）。

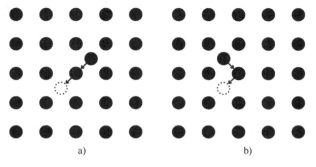

a)　　　　　　　　　　　　　　b)

图4.16　扩散的填隙机制

a）共线的方式　b）非共线的方式

5）哑铃间隙原子机制：这是一个间隙原子和一个点阵原子绕着单个的点阵位置对称地发生位移的过程，这么一来，它们分享了那个点阵位置。图4.17所示为单个点阵位置被两个原子分享的二维简图。回忆一下4.1节中的讨论，对间隙原子来说，哑铃是非常稳定的组态，哑铃可以有几个优先的方向，取决于点阵的结构，取最小能量的方式排布。

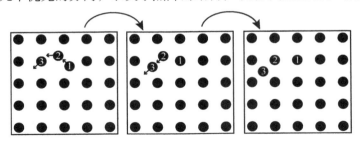

图4.17　扩散的哑铃间隙原子机制

6）挤入机制：这个机制是当有一个原子被强挤进一个点阵平面，但它并不处于一个间隙位置时发生的过程。为了容纳这个原子，可能多达10个点阵常数范围内的所有点阵原子都会发生相对于它们点阵位置的漂移。这样的组态被想象为不只是2个原子，而是沿着一列散布着的超过10个原子的一个"哑铃"（见图4.18）。实际上，在讨论聚焦碰撞时已经见过"挤入"现象了。重新考察一下图3.4，可以看到由位移闪峰导致的挤入。这一组态是不稳定的，只会在撞击原子的能量被消耗时临时存在。

尽管固体中原子的扩散有那么多不同的机制，但扩散通常都是通过空位或填隙机制发生的。最后，需要得到的是扩散的各项宏观参数（如自扩散系数）与缺陷的扩散系数所代表的缺陷跳跃的基元动作或微观过程之间的数学关系。假定自扩散过程是由缺陷完全随机的行走所构成的，即不存在缺陷相继跳跃之间的关联性。

尽管这对于缺陷的扩散是合理的，但对原子扩散却并不完全正确。如前所述，缺陷和原子的跳跃是由于极高频的热振动而产生的。德拜（Debye）频率约为$10^{13} s^{-1}$。原子跳跃的频率要低几个数量级，如在700 ℃下约为$10^8 s^{-1}$。这意味着每当发生10^5次振动，就有一次足够大的热起伏使一个原子得以克服将其与下个稳定位置隔开的能垒。

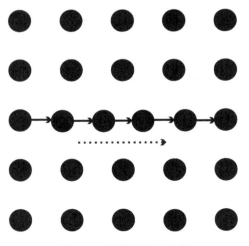

图4.18　扩散的挤入机制

4.3.3　扩散的微观表述

设想时间为零（即$t=0$时），单个的杂质原子被放置在晶体内的一个位置（即被定为坐标原点）上。然后原子以完全随机的方式开始跳跃。每次跳跃的距离为λ，但是因为介质被假定是各向同性的，所以每次跳跃都是任意的，并且与前一次跳跃无关。过了时间t之后，测量粒子从原点位移的距离r。如果这样的试验被重复几次，因为过程是随机的，r就不同。相反，位移将按照有关函数$P_t(r)$分布，其中$P_t d^3 r$是在时间t后在离开原点的距离为r处的体积单元$d^3 r$中找到原子的概率。最能描述迁移程度的量是均方位移$\overline{r^2}$，它由分布

的统计学二次矩所给定，即

$$\overline{r^2} = \int_{\text{all space}} r^2 P_t(r)\,\mathrm{d}^3 r = 4\pi \int_0^\infty r^4 P_t(r)\,\mathrm{d}r \tag{4.28}$$

接下来，首先在不知道 $P_t(r)$ 的条件下计算 $\overline{r^2}$。

如果原子在单位时间里做了 Γ 次跳跃，这相当于在 t 时间间隔内跳跃次数为 n，即

$$n = \Gamma t \tag{4.29}$$

每次跳跃用一个矢量 $\boldsymbol{\lambda}_i$ 表示，其中下标 i 指的是第 i 次跳跃。矢量全都有相同的长度 λ_i，但方向是随机的。在 n 次跳跃后，扩散中的原子位置（见图 4.19）就是 $\boldsymbol{\lambda}_i$ 的矢量和，即

$$r = \boldsymbol{\lambda}_1 + \boldsymbol{\lambda}_2 + \boldsymbol{\lambda}_3 + \cdots + \boldsymbol{\lambda}_n \tag{4.30}$$

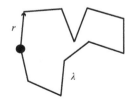

图 4.19　各向同性固体中缺陷的随机跳跃

位移平方的大小由 r 与其自身的标量（乘）积得到，即

$$r^2 = rr = (\boldsymbol{\lambda}_1 + \boldsymbol{\lambda}_2 + \boldsymbol{\lambda}_3 + \cdots + \boldsymbol{\lambda}_n)(\boldsymbol{\lambda}_1 + \boldsymbol{\lambda}_2 + \boldsymbol{\lambda}_3 + \cdots + \boldsymbol{\lambda}_n) \tag{4.31}$$

两个和的标量积等价于和的平方，即

$$r^2 = \sum_{i=1}^n \boldsymbol{\lambda}_i \boldsymbol{\lambda}_i + 2 \sum_{i=1}^{n-1} \sum_{j\neq i}^n \boldsymbol{\lambda}_i \boldsymbol{\lambda}_j \tag{4.32}$$

式（4.32）的第一项等于 $n\lambda^2$，第二项可以改写成

$$\boldsymbol{\lambda}_i \boldsymbol{\lambda}_j = \lambda^2 \cos\theta_{ij} \tag{4.33}$$

因此

$$r^2 = n\lambda^2 + 2\lambda^2 \sum_{i=1}^{n-1} \sum_{j\neq i}^n \cos\theta_{ij} \tag{4.34}$$

或者

$$r^2 = n\lambda^2 \left(1 + \frac{2}{n} \sum_{i=1}^{n-1} \sum_{j\neq i}^n \cos\theta_{ij} \right) \tag{4.35}$$

将大量试验的 r^2 数据取平均值即可得到均方位移。$\cos\theta_{ij}$ 项的取值范围为 $-1\sim1$，由随机弹跳的特性可知，对任意 i、j 组合 $\cos\theta_{ij}$ 的平均值都是零。因此，最后一项消失，可得

$$\overline{r^2} = n\lambda^2 \tag{4.36}$$

或

$$\overline{r^2} = \lambda^2 \Gamma t \tag{4.37}$$

式（4.37）把均方位移与跳跃距离和跳跃频率的微观性质联系起来。

接下来，从宏观的角度计算 $\overline{r^2}$。

当 $t=0$ 时，有 N 个杂质原子被引入一个母体晶体的有限区域内。因扩散（随机的跳动）的结果，这 N 个原子被以 $C(r,t)$ 所描述的方式从原点散布开来，$C(r,t)$ 可以通过菲克第二定律求解得到（假设 D 不是浓度的函数），即

$$\frac{\partial C}{\partial t} = D \frac{1}{r^2} \frac{\partial}{\partial r} \left(r^2 \frac{\partial C}{\partial r} \right) \tag{4.38}$$

式（4.38）的初始条件是 $C(r,0)=0$，$r\neq0$。因为这 N 个原子留在了晶体内，$C(r,t)$

受到如下的约束：

$$\int_0^\infty 4\pi r^2 C(r,t)\,\mathrm{d}r = N \tag{4.39}$$

式（4.39）的边界条件是在无穷远处浓度下降为零，即 $C(\infty,t)=0$。根据初始和边界条件限制，对式（4.38）求解可得

$$C(r,t) = N\frac{\exp\left(-\dfrac{r^2}{4Dt}\right)}{(4\pi Dt)^{3/2}} \tag{4.40}$$

过了时间 t 后，在 r 和 $r+\mathrm{d}r$ 之间的一个球形壳层内找到单个原子的概率（在问题的宏观扩散描述意义上）等同于在时间 t 之后，位于相同体积元内的 N 个原子的比例。$P_t(r)$ 和 $C(r,t)$ 由式（4.41）关联。

$$P_t(r) = \frac{C(r,t)}{N} = \frac{\exp\left(-\dfrac{r^2}{4Dt}\right)}{(4\pi Dt)^{3/2}} \tag{4.41}$$

于是，均方位移为

$$\overline{r^2} = 4\pi\int_0^\infty r^4 P_t(r)\,\mathrm{d}r$$

$$= \frac{4\pi}{(4\pi Dt)^{3/2}}\int_0^\infty r^4\exp\left(-\frac{r^2}{4Dt}\right)\mathrm{d}r \tag{4.42}$$

或

$$\overline{r^2} = 6Dt \tag{4.43}$$

与微观的解，即式（4.37）中的 $\overline{r^2}=\lambda^2$ 比较，得到

$$D = \frac{1}{6}\lambda^2\Gamma \tag{4.44}$$

这就是爱因斯坦公式，表征微观扩散参数 λ 和 Γ 与宏观扩散参数 D 之间的关系。

4.3.4 跳跃频率 Γ

设跳跃频率 Γ 为一个原子在 1s 内跳跃的总数。所以，在时间增量 δt 内，预期有 $\Gamma\delta t$ 次跳跃。$\Gamma\delta t$ 与 z（最近邻的位置数）、P_v（一个给定近邻点阵位置成为空缺的概率）和 ω（一个原子跳跃到一个特定位置的频率）成正比。因此，一个原子跳跃到任意近邻平衡的频率 Γ 是跳跃到单个位置的频率（ω）、最近邻位置数（z）和那个位置成为空缺的概率（P_v）的乘积，即

$$\Gamma = zP_v\omega \tag{4.45}$$

并且，有

$$D_a^v = \frac{1}{6}z\lambda^2 P_v\omega \tag{4.46}$$

式（4.46）中适当地引入了下标 "a" 和上标 "v"，用来表示 D_a^v 是一种通过空位进行的原子扩散系数。还应注意：跳跃距离 λ 与点阵参数的关系是 $\lambda=Aa$，其中 A 取决于扩散机制和晶体结构。$\dfrac{1}{6}zA^2$ 这一项常常被缩写为单一的参数 α，于是，式（4.46）可改写为

$$D_a^v = \alpha a^2 P_v \omega \qquad (4.47)$$

如果空位的运动是随机的，则

$$P_v = N_v$$

$$D_a^v = \alpha a^2 N_v \omega \qquad (4.48)$$

接下来，看看怎样由特定的扩散过程和晶体结构来确定 α 的一个案例。

案例 4.2 bcc 和 fcc 点阵中空位和间隙原子的扩散机制

对于一个 bcc 结构中的扩散空位机制而言，每个原子有 8 个最近邻（$z=8$），跳跃距离（$A=\sqrt{3}/2$）与 a 关联，所以 $\alpha=1$；而对于 bcc 点阵中简单的间隙原子扩散机制，$z=4$，$A=1/2$，所以 $\alpha=1/6$。

对于 fcc 点阵中的空位机制，$z=12$，$A=1/\sqrt{2}$，所以 $\alpha=1$。对于 fcc 点阵中的间隙原子机制，$z=12$，$A=1/2$，所以 $\alpha=1/2$。

在继续讨论前，有必要指出空位扩散与借助于空位自扩散进行的原子扩散之间的区别。在确定式（4.45）中 Γ 的各个参数时提到过，Γ 依赖于 P_v，它是邻近点阵位置成为空缺的概率。这是原子通过空位跳跃的必要条件。可是，如果我们下一步跟踪着空位的迁移，则 Γ 必然依赖于邻近空位的点阵位置被一个原子充填的概率。除了最极端的情况，在其他所有情况下，这个概率都近似等于1，所以，空位扩散方程即

$$D_v = \alpha a^2 \omega \qquad (4.49)$$

式（4.49）不同于用因子 N_v 描述的空位自扩散。

4.3.5 跳跃频率 ω

在计算跳跃频率 ω 时，将忽略原子运动的细节，而用两个平衡位置中间包含着一个原子的"激活复合体"或"区域"替代。每秒扩散的原子数的计算方法：将激活复合体的数量 N_m，乘以原子穿过这个壁垒运动的平均速度 $\bar{v}$，并除以壁垒的宽度 δ。于是，跳跃频率为

$$\omega = \frac{N_m \bar{v}}{\delta} \qquad (4.50)$$

其中，N_m 是激活复合体的摩尔分数。推动一个原子穿过这个壁垒所做的功等于这个区域吉布斯（Gibbs）自由能的变化 ΔG_m，即

$$\Delta G_m = \Delta H_m - T\Delta S_m \qquad (4.51)$$

处于图 4.20 中鞍点区域内原子的平衡摩尔分数 N_m 可以利用 ΔG_m 进行计算；之前，已经以同样的方式计算出了 N_v。那时通过混合空位将每摩尔分子自由能提升了 ΔG_v，现在改用激活复合体将每摩尔分子自由能提升了 ΔG_m。对于空位和复合体，理想的混合熵是一样的，所以平衡态下，在任意时刻从 N 个原子中取走的 n_m 个原子将处在鞍点的邻近区

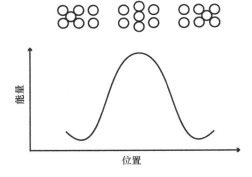

图 4.20 激活的复合体从一个稳定位置穿越鞍点到达另一个稳定位置的路径

域内，有

$$\frac{\eta_{\mathrm{m}}}{N} = N_{\mathrm{m}} = \exp\left(\frac{-\Delta H_{\mathrm{m}} + T\Delta S_{\mathrm{m}}}{kT}\right) = \exp\left(\frac{-\Delta G_{\mathrm{m}}}{kT}\right) \qquad (4.52)$$

由式（4.50）可知，$\omega = N_{\mathrm{m}}\bar{v}/\delta$ 和 $\bar{v}/\delta$ 是鞍点处的原子跳跃到新位置的频率（称为 ν）。因此，从 N 个原子中每秒钟有 $n_{\mathrm{m}}\nu$ 个（原子）从一个位置跳跃到另一个给定的位置，而平均的跳跃频率为

$$\frac{n_{\mathrm{m}}\nu}{N} = \omega = \nu\exp\left(\frac{-\Delta G_{\mathrm{m}}}{kT}\right) = \nu\exp\left(\frac{\Delta S_{\mathrm{m}}}{k}\right)\exp\left(\frac{-\Delta H_{\mathrm{m}}}{kT}\right)$$

$$= \nu\exp\left(\frac{S_{\mathrm{m}}}{k}\right)\exp\left(\frac{-E_{\mathrm{m}}}{kT}\right) \qquad (4.53)$$

其中，ν 是德拜频率（约为 $10^{13}\,\mathrm{s}^{-1}$），而 $E_{\mathrm{m}} = \Delta H_{\mathrm{m}}$，$S_{\mathrm{m}} = \Delta S_{\mathrm{m}}$。

一个较为精确的处理方法是考虑如下事实，即并非所有的跳跃方向均等同，这种非等同性反映在频率之中。所谓的"多频率模型"被用来描述稀有合金中的扩散[6]。对于 fcc 合金中的空位 – 原子跳跃，有 5 种频率值得关注，如图 4.21 所示，显示为阴影的溶质原子将以跳跃频率 ω_2 与空位交换。在溶质原子附近，溶剂原子可能会有与纯溶剂的 ω_0 特征值不同的跳跃频率。ω_1 是指一个溶质原子的两个最近邻的一对位置之间的溶质 – 空位跳跃频率。ω_3 是指从第一个近邻位置向较远（第二、第三或第四位置）的跳跃（称为"分离的跳跃"）频率。最后，ω_4 是指跳到第一近邻位置上的反向跳跃（称为"结合的跳跃"）频率。因此，每一个跳跃频率都将有一个与激活焓 H_{j} 和一个指数前因子 ν_{j} 相关的阿伦尼乌斯（Arrhenius）型温度关系，并有如下形式的方程：

$$\omega_{\mathrm{j}} = \nu_{\mathrm{j}}\exp\left(\frac{-H_{\mathrm{j}}}{kT}\right) \qquad (4.54)$$

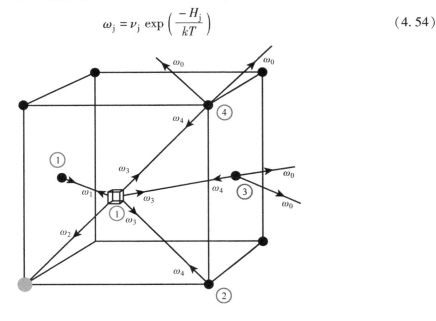

图 4.21　fcc 晶体中空位 – 原子跳跃的频率 ω_{j}

注：箭头表示空位运动的方向。圆圈里的数字表示与原点的溶质原子近邻的排序[6]。

4.3.6　扩散系数方程

现在，可以写出缺陷运动和借助于缺陷途径的原子运动的扩散系数的表达式了。

1）空位扩散系数为

$$D_v = \alpha a^2 \omega$$

其中，$\omega = \nu \exp\left(\dfrac{-\Delta G_m^v}{kT}\right) = \nu \exp\left(\dfrac{S_m^v}{k}\right)\exp\left(\dfrac{-E_m^v}{kT}\right)$，于是有

$$D_v = \alpha a^2 \omega = \alpha a^2 \nu \exp\left(\frac{S_m^v}{k}\right)\exp\left(\frac{-E_m^v}{kT}\right) \tag{4.55}$$

2）空位的自扩散系数是空位扩散系数与最近邻位置成为空缺的概率（N_v）的乘积，即

$$D_{vSD} = D_a^v = \alpha a^2 N_v \omega$$

其中

$$N_v = \exp\left(\frac{-\Delta G_f^v}{kT}\right) = \exp\left(\frac{S_f^v}{k}\right)\exp\left(\frac{-E_f^v}{kT}\right)$$

于是

$$D_{vSD} = D_a^v = \alpha a^2 \nu \exp\left(\frac{S_f^v + S_m^v}{k}\right)\exp\left(\frac{-E_f^v - E_m^v}{kT}\right) \tag{4.56}$$

3）间隙原子的扩散系数为

$$D_i = \alpha a^2 \omega$$

或

$$D_i = \alpha a^2 \nu \exp\left(\frac{S_m^i}{k}\right)\exp\left(\frac{-E_m^i}{kT}\right) \tag{4.57}$$

4）间隙原子的自扩散系数是间隙原子扩散系数乘以临近位置含有间隙原子的概率 N_i，即

$$D_a^i = \alpha a^2 N_i \omega$$

其中

$$N_i = \exp\left(\frac{-\Delta G_f^i}{kT}\right) = \exp\left(\frac{S_f^i}{k}\right)\exp\left(\frac{-E_f^i}{kT}\right)。$$

于是

$$D_a^i = \alpha a^2 \nu \exp\left(\frac{S_f^i + S_m^i}{k}\right)\exp\left(\frac{-E_f^i - E_m^i}{kT}\right) \tag{4.58}$$

这些扩散系数方程在细节上都是不同的，但在形式上是相似的，因为它们都由两个因子组成：一个是与温度无关的常数，另一个是包含能量项的温度指数。所有扩散系数方程都可改写成如下形式，即

$$D = D_0 \exp\left(-\frac{Q}{kT}\right) \tag{4.59}$$

其中，$D_0 = \alpha a^2 \nu \exp(S_m/k)$ 是与温度无关的项，Q 是激活能。

对空位扩散，有

$$Q_v = E_m^v \tag{4.60}$$

对空位自扩散，有

$$Q_a^v = E_f^v + E_m^v \qquad (4.61)$$

对间隙原子扩散，有

$$Q_i = E_m^i \qquad (4.62)$$

对间隙原子自扩散，有

$$Q_a^i = E_f^i + E_m^i \qquad (4.63)$$

由此可见，晶体中原子扩散的激活能既取决于缺陷的形成能，也取决于它们在晶体点阵的周期性场内迁动所需要的能量。可以通过试验来确认 D 和 Q 与温度的关系。对 fcc 和 bcc 点阵中不同扩散机制的扩散系数表达式 $D = \alpha a^2 N \omega$（其中 $\alpha = zA^2/6$）中的各项参数见表 4.2。

表 4.2 对 fcc 和 bcc 点阵中不同扩散机制的扩散系数表达式
$D = \alpha a^2 N \omega$（其中 $\alpha = zA^2/6$）中的各项参数

扩散机制		z	A	α	N	D
fcc	空位扩散	12	$1/\sqrt{2}$	1	1	$a^2\omega$
	空位自扩散	12	$1/\sqrt{2}$	1	N_v	$a^2 N_v \omega$
	间隙原子扩散	12	$1/2$	$1/2$	1	$\frac{1}{2}a^2\omega$
	间隙原子自扩散	12	$1/2$	$1/2$	N_i	$\frac{1}{2}a^2 N_i \omega$
bcc	空位扩散	8	$\sqrt{3}/2$	1	1	$a^2\omega$
	空位自扩散	8	$\sqrt{3}/2$	1	N_v	$a^2 N_v \omega$
	间隙原子扩散	4	$1/2$	$1/6$	1	$\frac{1}{6}a^2\omega$
	间隙原子自扩散	4	$1/2$	$1/6$	N_i	$\frac{1}{6}a^2 N_i \omega$

案例 4.3 fcc 铜在 500℃下 D_a^v 和 D_a^i 的确定。

对于铜，有

$$E_f^v = 1.27\,eV, \quad E_f^i = 2.2\,eV$$

$$E_m^v = 0.8\,eV, \quad E_m^i = 0.12\,eV$$

$$S_f^v = 2.4k, \quad S_f^i \approx 0$$

忽略 S_m^v 和 S_m^i。

对于 fcc 点阵，$a \approx 0.3\,nm$，对于空位，$z = 12$，$A = 1/\sqrt{2}$，对于间隙原子，$z = 8$，$A = 1/2$，可得

$$D_v = \alpha a^2 \nu \exp\left(\frac{-0.8}{kT}\right) \approx 5 \times 10^{-8}\,cm^2/s$$

$$D_i = \alpha a^2 \nu \exp\left(\frac{-0.12}{kT}\right) \approx 7 \times 10^{-4}\,cm^2/s$$

$$D_a^v = \alpha a^2 \nu \exp\left(\frac{2.4k}{k}\right) \exp\left(\frac{-1.27 - 0.8}{kT}\right) \approx 3 \times 10^{-15}\,cm^2/s$$

$$D_a^i = \alpha a^2 \nu \exp\left(\frac{-2.2 - 0.12}{kT}\right) \approx 3 \times 10^{-18}\,cm^2/s$$

注意：与空位相比，间隙原子的迁移能较小，所以 $D_i/D_v \approx 10^4$；与空位相比，间隙原子的形成能非常高，所以 $D_a^i/D_a^v \approx 10^{-3}$。空位扩散和空位自扩散的 $\ln D - 1/T$ 曲线的比较如图 4.22 所示。注意，空位扩散系数比空位自扩散系数大，且斜率较小。

323℃下 bcc 铁中自间隙原子的（扩散）行为见 Movie 4.3（https：//rmsbook2ed. engin. umich. edu/movies/）。在此动画中，绿色球是间隙原子，红色球是空缺的点阵位置，而它们在一起形成了两个绿球共享单个点阵位置的一个 SIA 哑铃（组态）。这个 SIA 起始于一个〈110〉分离的哑铃，然后转动成为一个〈111〉哑铃，并穿过〈111〉挤入鞍点位置而做一维运动。"Movie 4.4"则是一个由两个平行的〈111〉分离的哑铃所组成的双 SIA，它沿着〈111〉方向移动并转动到不同的〈111〉型取向。

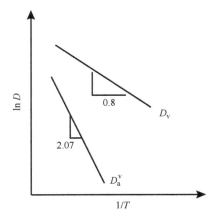

图 4.22　空位扩散和空位自扩散的
$\ln D - 1/T$ 曲线的比较

4.4　关联的扩散

此前假设不考虑在晶体点阵内存在的缺陷，原子的逐次跳跃完全是随机的或互不关联的。这意味着 n 次跳跃之后，对第 $(n+1)$ 次跳跃而言，所有方向上的可能性都是等同的。空位或间隙原子也是如此，因为它们周围的所有结构元素在任何时间始终是一样的。由于点阵原子的振动频率比跳跃频率大几个数量级，因此在连续跳跃时，缺陷周围区域会迅速建立平衡，下一次跳跃发生时，上一次跳跃不会影响其方向。但正如参考文献［5］及下文所述，原子扩散并不总是如此。

如果我们考虑用一个放射性示踪子来跟踪原子扩散的情况，此时若在其直接的近邻位置有个空位，示踪子将进行一次跳跃。如果第二次跳跃的概率在所有方向上都是一样的，则第二次跳跃与它的第一次是不相关的。可是，第二次跳跃时，示踪子到达的位置在它到达时是空缺的，因此，在它打算进行第二次跳跃时，从那个它已经到达了的位置出发的概率比原子周围的任何其他位置都要大。那么，两次跳跃还是相关的，因为示踪子返回到它先前那个位置的概率大于它在任何其他方向上跳跃的概率。换句话说，示踪子向其出发方向上运动的趋势比向它前进方向运动的趋势要大，或者根据式（4.35）可以看到，$\cos\theta_2 < 0$。

由于示踪子向它出发的那个方向上运动的可能性最大，示踪子将得以移动一个比借助于空位的运动要短一些的（净）距离。因此，示踪子的自扩散系数（这是该过程速率的一个度量）小于构成点阵的原子的自扩散系数，这是因为示踪子的自扩散是相关联的随机行走，而空位的运动及因此构成点阵的原子的运动是不相关的。

在简单的间隙原子机制中，关联效应是不存在的，但是有着由填隙机制所产生的运动关联性。在空位和填隙机制中，$D_{\text{tracer}} < D_{\text{lattice}}$，并且有

$$f = \frac{D_{\text{tracer}}}{D_{\text{lattice}}} \tag{4.64}$$

f 称为 Haven 系数，它是扩散随机程度的一个度量。根据式（4.35）随机行走时位移平方的测量的讨论，有

$$r^2 = n\lambda^2 \left(1 + \frac{2}{n} \sum_{i=1}^{n-1} \sum_{j \neq i}^{n} \cos\theta_{ij}\right)$$

其中，均方位移是由所有 $\cos\theta_{ij}$ 取平均值得到的。在此表达式中，括号内的项是 f，而对

随机行走而言，$f=1$，因为所有 $\cos\theta_{ij}$ 的平均值为 0。但是，当相继的跳跃之间存在关联时，$f\neq1$。所以，对于规则点阵中示踪子扩散的空位机制，有

$$f_{\mathrm{v}} = \frac{1+\overline{\cos\theta}}{1-\overline{\cos\theta}} \tag{4.65}$$

而对于间隙原子机制，有

$$f_{\mathrm{i}} = 1+\overline{\cos\theta} \tag{4.66}$$

因为在这两种情况下，$\overline{\cos\theta}<0$，所以 $f<1$。

f_{v} 的一个简单表示方法为

$$f_{\mathrm{v}} = \frac{1-P}{1+P}$$

其中，P 是示踪子跳跃到一个邻近空位的概率，$(1-P)$ 是作为点阵原子跳跃的结果而让一个邻近空位离开的概率。一级近似下，P 等于示踪子周围最近邻点阵位置数 z 的倒数。因此，有

$$f = \frac{1-\dfrac{1}{z}}{1+\dfrac{1}{z}} = \frac{z-1}{z+1} \tag{4.67}$$

对于 fcc 点阵，有

$$f = \frac{1-\dfrac{1}{12}}{1+\dfrac{1}{12}} = \frac{12-1}{12+1} = 0.85$$

对于 bcc 点阵有

$$f = \frac{1-\dfrac{1}{8}}{1+\dfrac{1}{8}} = \frac{8-1}{8+1} = 0.78$$

对于简单立方（sc）点阵，有

$$f = \frac{1-\dfrac{1}{6}}{1+\dfrac{1}{6}} = \frac{6-1}{6+1} = 0.71$$

所以，在对扩散系数 D 的微观描述 [式（4.44）] 中，采用了一个相关系数来说明关联的扩散，即

$$D = \frac{1}{6}f\lambda^2\Gamma = f\alpha a^2\omega \tag{4.68}$$

这么一来，正确的相关系数 f 实际上由 f' 和 f'' 这两项组合而成，即 $f=f'f''$。f'' 的量在式（4.64）中描述过（称为 f），而 f' 与示踪子原子和缺陷在基元动作中所移动的距离差别有关，即

$$f' = \frac{\lambda_{\mathrm{tracer}}}{\lambda_{\mathrm{defect}}} \tag{4.69}$$

在空位的情况下，$f'=1$，因为 $\lambda_{\mathrm{tracer}}=\lambda_{\mathrm{vacancy}}$，或者说在一次跳跃中示踪子和缺陷移动

的距离是相等的。这对简单的间隙原子机制也是正确的。但是，在填隙机制的情况下，示踪子是从有关间隙位置移动到一个点阵位置（或相反）。在这两种情况下，它移动的距离为 λ_{tracer}。可是，一个点阵原子从一个间隙位置到一个点阵位置的路程，与一个从邻近的间隙原子位置位移到点阵位置的原子，在外表上看是完全一样的。因此，一个点阵原子从间隙位置向点阵位置的跳跃需要（对共线方式而言）点阵原子移动 $2\lambda_{tracer}$ 的距离，或者说 $f' = \lambda_{tracer}/(2\lambda_{tracer}) = 0.5$。而对于非共线的情况，$f' = 4\lambda_{tracer}/(6\lambda_{tracer}) = 2/3$。表 4.3 列出了不同晶体点阵内最常遇到的扩散机制的相关系数。

表 4.3　不同晶体点阵内最常遇到的扩散机制的相关系数[5]

晶体点阵	扩散机制		相联系数
简单立方	空位扩散		0.65311
	间隙原子扩散	共线方式	0.80000
		非共线方式	0.96970
面心立方	空位扩散		0.72722
	间隙原子扩散	共线方式	0.66666
		非共线方式	0.72740
体心立方	空位扩散		0.72722
密排六方	空位扩散		0.78121

4.5　多组元体系中的扩散

到目前为止，关于扩散的讨论都只适用于纯的或单一组元的体系，还没有考虑过多个组元（如在纯金属或合金中的杂质）的情况。这些体系中的扩散曾经在 1947 年由 Smigelskas 和 Kirkendall[7] 做过试验，还有 1948 年由 Darken[8] 加以分析过。结果表明，在一个二元（A - B）体系中，两个组元的扩散系数可以表达为

$$\widetilde{D} = D_A N_B + D_B N_A \tag{4.70}$$

其中，D_A 和 D_B 是组元的本征扩散系数，且是成分的函数，而 $\widetilde{D}$ 是互扩散系数。因为偏扩散系数取决于合金的成分，故 $\widetilde{D}$ 是一个关于浓度的复杂、非线性函数。可是，在稀溶液（$N_B \to 0$，$N_A \to 1$）的情况下，互扩散系数近似等于溶质（B）的偏扩散系数。

只要简单回顾一下试验的精确度和其中含义的简要评述，就可以体会到这个结果的重要性。在柯肯德尔的试验中，钼丝被缠绕在一块黄铜（70Cu - 30Zn）上，然后再镀上厚厚的铜。钼丝是不会溶解在铜中的，它只是起着原始界面上的惰性标记物的定位作用。当这个组合体在熔炉里加热时，钼丝标记物朝向铜的反向边彼此间发生移动，这表明离开铜的材料比进入它的要多一些，这意味着锌的扩散系数大于铜。

空位机制是唯一可以用来解释标记物移动的扩散机制。如果锌是通过空位机制进行扩散的，那么在一个方向上锌原子的通量必然等于相反方向上空位的通量，离开铜的锌原子数也会由进入铜的空位数平衡。但是，空位被内部的阱所吸收，其结果是铜的体积缩小了，标记物将向更加靠近的方向移动。关于原子流动反映着缺陷流动的概念，将在有关辐照诱发偏聚（RIS）的第 6 章中深入探讨，RIS 是通过反柯肯德尔效应而发生的。

4.6 沿高扩散速率途径的扩散

被用作工程结构材料的金属和合金是多晶体，因此它们是不均匀的，因为它们包含着晶界、位错，以及由于存在析出相或第二相等而导致的内界面。为了理解这些系统中的扩散，必须讨论这些线性的、平面的和区域性的缺陷对扩散过程的影响。单晶体和多晶体之间的主要区别在于，后者是由随机定向的晶体聚集体所构成的。多晶体结构很少表现出扩散的各向异性。主要差别在于，线性的和平面的缺陷是高扩散速率的途径，沿着它们的扩散速度比借助于点缺陷的扩散（体扩散）快得多。

晶界是重要的高扩散速率途径，因为其原子堆垛密度较低。晶界扩散有几个模型，它们都假定晶界有一个宽度 δ 为 $0.3 \sim 0.5$nm。其中一个基于晶界位错模型的模型值得特别的关注。在此模型中，晶界被认为是一系列的刃型位错，其位错密度（单位长度的位错数）随互相接触的两个晶粒之间的位向角差 θ 的增大而增大（见图4.23）。由图4.23可知

$$d \sin \frac{\theta}{2} = \frac{b}{2} \tag{4.71}$$

因此，相邻位错之间的距离随位向角差 θ 的增大而减小。由许多刃型位错组成的小角晶界可以被认为是一列原子堆垛最松散的平行通道。在此区域内，应变是高的，但堆垛是松散的，所以沿着位错线核心的扩散系数将是最高的。

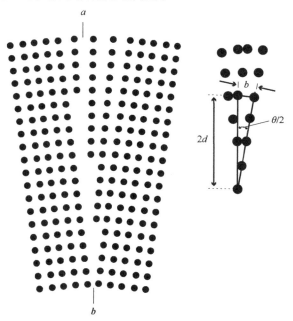

图4.23　小角晶界的位错模型，以及倾斜角 θ、伯格斯（Burgers）矢量 b 和位错间距 d 之间的关系

按照这个模型，沿着晶界的扩散应当是各向异性的，且依赖于 θ 角。晶界被描述为厚度为 δ 的均匀片，也可以被看作半径为 p 而间距为 d 的许多管道组成的平面阵列。于是，晶界扩散系数 D_{gb} 就与被描述为 D_p 的沿位错核心的扩散（也称为"管道扩散"）联系起来，即

$$D_{gb}\delta = D_p \frac{\pi p^2}{d} \qquad (4.72)$$

将式（4.71）中的 d 代入，可得

$$D_{gb}\delta = D_p \pi p^2 \left(\frac{2\sin\theta/2}{b} \right) \qquad (4.73)$$

$$\approx \frac{D_p \pi p^2 \theta}{b}$$

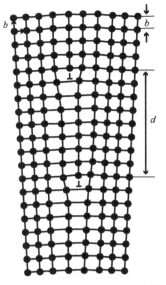

图 4.24　图 4.23 所示晶界位错模型的放大图

为了显示外加的半平面可以被看作刃型位错，把图 4.23 所示的晶界位错模型放大后如图 4.24 所示。事实上，沿着晶界的扩散速率随取向差 θ 的增大而增大，$\theta = 45°$ 时达到最大值（见图 4.25）。当 $\theta > 45°$ 时，晶界的位错模型不再适用，因为此时位错之间的距离将比点阵常数还小。

这个结果还表明，在多晶体的扩散系数的平均值 $\overline{D}$ 和晶粒尺寸 d 之间应该有一定的关系，因为随晶粒尺寸下降，单位体积内的晶界面积增大了。因此，$\overline{D}$ 应当随晶粒尺寸减小而增大，如图 4.26 所示。于是，可以将固体内发生体扩散（空位机制）和晶界扩散的扩散系数写成

$$\overline{D} = D_a^v \exp\left(\frac{-Q_a^v}{kT} \right) + D_{gb} \exp\left(\frac{-Q_{gb}}{kT} \right) \qquad (4.74)$$

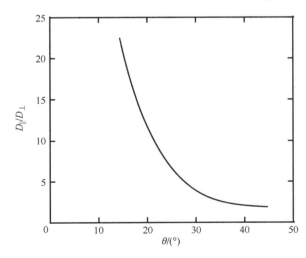

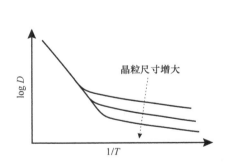

图 4.25　晶界取向差角 θ 对原子沿晶界扩散的影响[5]　　图 4.26　多晶固体中晶粒尺寸对扩散特性的影响

其中，D_a^v 和 Q_a^v 是指空位自扩散，而 D_{gb} 和 Q_{gb} 指的是晶界扩散。在多数金属中，$Q_a^v \approx 2Q_{gb}$，所以在低温下以晶界扩散为主，高温下则以块体扩散或体积扩散为主（见图 4.26）。

沿着位错核心的管道扩散也可能影响到低温下的点阵扩散，总的扩散系数可以简单地估算为

$$\overline{D} = gD_p + (1 - g)D_a^v \qquad (4.75)$$

其中，$\overline{D}$ 是平均的扩散系数，D_p 是位错的扩散系数，D_a^v 是自扩散系数，而 g 是扩散中的原子消耗在位错内的时间分数。随着位错密度的增大，g 也增大，因为 $D_p > D_a^v$，$\overline{D}$ 也就增大。

这个普遍性的公式也可应用于发生在固体内、外表面上的界面或表面扩散。一般说来，对点阵内的缺陷来说，与原子的束缚越松散，其扩散激活能就越低。扩散系数就越大。所以，表面扩散需要的激活能比其他的扩散形式要低，因为每个表面原子都只有它们在块体内一半的最近邻原子数，通常有

$$Q_{surface} < Q_{gb} < Q_p < Q_a^v$$

所以，有

$$D_{surface} > D_{gb} > D_p > D_a^v \tag{4.76}$$

专用术语符号

a——点阵常数

A——取决于几何（形状）和扩散机制的一个因子

C——浓度

D_x^y——借助于 y（进行扩散）的类别 x 的扩散系数

D_{gb}——晶界扩散的扩散系数

$\widetilde{D}$——互扩散系数

$\overline{D}$——多晶材料中扩散系数的平均值

$D_{lattice}$——点阵原子的扩散系数

D_p——管道扩散的扩散系数

D_{tracer}——示踪原子的扩散系数

E——能量

f——相关（黑雯）系数

F——亥姆霍兹自由能

g——扩散类别在一个位错内扩展的时间份额

G——吉布斯自由能

H——焓

J——通量（流量）（cm^{-2}）

k——玻耳兹曼常数

n——缺陷数量

n_m——激活了的复合体数量

N——（点阵）位置数

P_v——一个点阵位置处于空缺状态的概率

p——压力

Q——激活能

R——半径

r_a——原子半径

S——熵

T——温度

U——内能

V——体积

z——最近邻（原子或位置）数

α——$zA^2/6$

δ——一个激活了的复合体内阱的宽度；或者晶界的宽度

γ——（堆垛）层错能

Γ——跳跃频率

κ_r——热导率

Λ——跳跃距离

μ——切变模量

ν——频率；或者是泊松比

ν_E——振（动）子的天然频率

ν_r——受到干扰的振（动）子频率

σ——表面能

$\bar{v}$——在式（4.50）中，在激活了的复合体内原子穿越阱运动的平均速度

ω——朝向单个位置的跳跃频率

Ω——原子体积

a——作为下标，代表原子

E——作为下标，代表对 ν 的天然贡献

f——作为下标，代表形成

gb——作为下标，代表晶界

i——作为下标，代表间隙原子

v——作为下标，代表空位

m——作为下标，代表迁移

p——作为下标，代表管道

r——作为下标，代表对 v 的振动贡献

th——作为下标，代表热

FP——作为上标，代表 Frenkel 对

i——作为上标，代表间隙原子

v——作为上标，代表空位

mix——作为上标，代表混合

习　　题

4.1　许多金属具有 bcc 和 fcc 结构，可以观察到，当它们从一种结构转变成为另一种结构时的体积变化不大。假设没有体积变化，请计算出 D_{fcc}/D_{bcc} 的比值，其中 D_{fcc} 和 D_{bcc} 是在相应结构中金属原子的最近距离。

4.2　对于镍点阵，请计算沿着 $<110>$ 方向的原子链的下列参数：

① 单位链长度的原子数。

② 单位面积中链的数目。

③ 两者的乘积。这个乘积代表什么？

4.3　过去，研究人员有时会把间隙原子看作一个正常的点阵原子向间隙位置转移的产物，因而导致了空位和间隙原子浓度之间的"一对一"关系。可是，在给定的温度下，平衡的空位数一般都比平衡的间隙原子数高出几个数量级，请解释这一现象。

4.4　间隙原子的弛豫体积$|V| > 1.0$，而空位的弛豫体积$|V| < 1.0$，请解释这一现象。

4.5　用朝向一个特定近邻位置的跳跃频率ω和点阵常数a来考察：对于一个平衡位置是在八面体间隙位置的杂质原子来说，它在 fcc 点阵和 bcc 点阵中的扩散系数分别是多少？

4.6　考虑一个半径为R的球体形状的刚性晶体。在该球体中心创建一个半径为r（等于一个原子半径）的空腔。此时，将空腔内的材料均匀地扩张到球体的表面（假定可以这么做到）而使球体的半径增大到R'。

① 如果原子半径为 0.15nm 和本征的表面能$\sigma \approx 10eV/nm^2$，请证明：一个空位的形成能约为 2eV。

② 如果这个晶体不是刚性固体，而是被处理为一个弹性的连续体，这将如何影响到①部分所计算得到的E_f^v值？为什么？

4.7　请计算 484℃下铜中间隙原子和空位的扩散系数（忽略混合熵的贡献，点阵常数a = 0.361nm）。同时，计算空位的自扩散系数，并说明为什么自扩散系数比空位的扩散系数小得多？

4.8　在比铜的熔点低 10℃的温度下进行的实验室试验中，得到有 0.02% 的原子位置是空位。而在 500℃下，空位原子比例为5.7×10^{-8}。

① 空位形成能是多少？

② 800℃下，每立方厘米有多少个空位？

4.9　对于习题 4.7 中的情况，请确定空位和间隙原子的热平衡浓度。

参 考 文 献

1. Ullmaier H, Schilling W (1980) Radiation damage in metallic reactor materials. In: Physics of modern materials, (vol. 1). IAEA, Vienna
2. Hackett MJ, Was GS, Simonen EP (2005). J ASTM Int 2(7)
3. Thompson MW (1969) Defects and radiation damage in metals. Cambridge University Press, Cambridge
4. Shewmon PG (1989) Diffusion in solids. The Minerals, Metals and Materials Society, PA
5. Mrowec S (1980) Defects and diffusion in solids, an introduction. Elsevier, New York
6. LeClaire AD (1978) J Nucl Mater 69–70:70
7. Smigelskas A, Kirkendall E (1947) Trans AIME 171:130
8. Darken L (1948). Trans AIME 175:184–201

第5章

辐照增强扩散和缺陷反应速率理论

在前面的章节中，已经提供了有关固体内点缺陷的形成、运动或扩散，以及在辐照和未经辐照的金属中遇到的某些常见缺陷团簇类型的组态等方面的知识。显然，缺陷聚集体（诸如空洞、位错环等）的形成、长大和分解均依赖于点缺陷的扩散及其与其他缺陷聚集体之间的交互作用。但是，它们也取决于固体中点缺陷的浓度。在任意位置和时刻，点缺陷的浓度都处于产生和消失的平衡状态，这可以由点缺陷平衡方程组恰当地描述。辐照过的金属中扩散率的增高或者原子可动性的增强缘于以下两个因素：①缺陷浓度的增加；②新类型缺陷的产生。

回忆一下，以空位机制方式进行的点阵原子扩散可表示为

$$D_a^v = f_v D_v C_v$$

其中，f_v 为相关系数，D_v 为空位扩散系数，C_v 为空位浓度。因此，金属中空位浓度的增高将使原子的扩散系数增大。然而，如果还有其他（如间隙原子、双空位等）扩散机制也在运作，则原子的总扩散系数 D_a 可写成

$$D_a = f_v D_v C_v + f_i D_i C_i + f_{2v} D_{2v} C_{2v} + \cdots$$

另外，还可以通过那些通常在热平衡条件下并不存在的缺陷类别打开新的通道，使得金属中原子的扩散得到增强。在辐照条件下，D_a 也被写成 D_{rad}。

本章将在辐照增强扩散的框架下，寻求对点缺陷平衡方程组在不同温度和微观组织结构区间内的瞬时和稳态解[1,2]。方程组的求解结果将被用于确定辐照增强的扩散系数。然后，运用缺陷反应速率理论来理解点缺陷与各种缺陷集聚体如何交互作用。辐照增强扩散和缺陷反应速率理论对于将在第6~10章中谈到的辐照微观组织结构演变是非常重要的。

5.1 点缺陷平衡方程组

由于两者之间的竞争过程，辐照诱发的空位和间隙原子的浓度会发生变化。Frenkel 缺陷是由高能粒子与点阵原子间的碰撞而产生的。这些缺陷可能通过空位和间隙原子的复合，或者通过与缺陷的阱（空洞、位错、位错环、晶界或析出相）的反应而消失。不同缺陷类别的缺陷浓度局部变化可以被描述为如下几个过程的净结果：①局部的产生速率；②与其他类别缺陷的反应；③缺陷进入或离开某个局部体积的扩散或者缺陷扩散流的离散度。这里将给予关注的主要反应是，空位 – 间隙原子的复合（v + i→□，□代表一个点阵位置）和点缺陷与阱的反应（v + s→s 和 i + s→s）。这两个相互竞争的过程在数学上可以被描述为如下化学速率方程组，即

$$\frac{\mathrm{d}C_\mathrm{v}}{\mathrm{d}t} = K_0 - K_\mathrm{iv}C_\mathrm{i}C_\mathrm{v} - K_\mathrm{vs}C_\mathrm{v}C_\mathrm{s}$$

$$\frac{\mathrm{d}C_\mathrm{i}}{\mathrm{d}t} = K_0 - K_\mathrm{iv}C_\mathrm{i}C_\mathrm{v} - K_\mathrm{is}C_\mathrm{i}C_\mathrm{s}$$

(5.1)

其中，C_v 为空位浓度；C_i 为间隙原子浓度；K_0 为缺陷产生速率；K_iv 为空位－间隙原子复合的速率系数；K_vs 为空位－阱反应速率系数；K_is 为间隙原子－阱反应速率系数。

K_iv、K_vs 和 K_is 项都是一般形式的速率常数 $K_{j\mathrm{X}}$，描述了单位点缺陷浓度中有 j 个点缺陷与 X 类型的阱发生反应的损耗率。对于诸如双空位、三空位和间隙原子等的缺陷集聚体，也可以写出类似的公式。注意：这两个方程均为非线性微分方程，因为 K_is 和 K_vs 之间的区别，相对于空位和间隙原子它们并不相互对称，因而很难求得解析解。化学速率方程组这个名称中的"化学"指的是均匀的反应，其中，速率只取决于浓度（"质量作用定律"），而与反应物的局部分布 $C(r)$ 无关。因此，均匀性及由此导致的化学动力学要求 $\nabla C \approx 0$。这么一来，当考虑诸如位错、晶界，空洞和析出相界面等局部阱时，就出现了一个问题：这些局部阱扰乱了关于基体金属空间均匀性的假设，现在，在基体金属中局部存在着一股朝向最靠近阱的、具有方向性的净可动点缺陷流。缺陷流的这种离散性等价于在动力学平衡方程组中增加了另一个"反应"项 $\nabla \cdot D \nabla C$。于是，局部有效的方程组变为

$$\frac{\partial C_\mathrm{v}}{\partial t} = K_0 - K_\mathrm{iv}C_\mathrm{i}C_\mathrm{v} - K_\mathrm{vs}C_\mathrm{v}C_\mathrm{s} + \nabla \cdot D_\mathrm{v}\nabla C_\mathrm{v}$$

$$\frac{\partial C_\mathrm{i}}{\partial t} = K_0 - K_\mathrm{iv}C_\mathrm{i}C_\mathrm{v} - K_\mathrm{is}C_\mathrm{i}C_\mathrm{s} + \nabla \cdot D_\mathrm{i}\nabla C_\mathrm{i}$$

(5.2)

这些方程的求解，除了要有初始的可动缺陷空位和间隙原子局部浓度，还需要提供对边界条件的说明。可是，如果缺陷的平均分隔距离大于阱之间的平均距离，即阱的浓度高于缺陷密度，则可以假定 $\nabla C \approx 0$。这相当于把阱视为均匀分布的，所以式（5.1）可以适用。

为了求解式（5.1），提出了下面的模型。纯金属受到辐照后只产生了数量相等的单个空位和单个间隙原子，而且间隙原子与它的空位之间不存在空间上的联系。间隙原子和空位按随机行走扩散的方式发生迁移，并通过相互的复合或者在不能饱和的固定阱处发生湮灭。在金属中阱和缺陷是均匀分布的。金属的扩散系数是它通过空位和间隙原子扩散所产生的各项之和。于是，该模型就有了如下的一些限制条件：

1）该模型只适用于纯金属。这么一来，由键合和相互关联效应所带来的缺陷与不同原子种类的结合，以及对缺陷迁动的限制都被忽略了，即 $f = 1$。

2）阱的浓度和强度与时间无关，或者说是不会过饱和。

3）除了相互复合，还忽略了其他缺陷－缺陷之间的交互作用（如双空位或双间隙原子的形成）。

4）缺陷向阱扩散的偏向因子被取为 1（即没有特殊的点缺陷在特殊的阱处发生优先的吸收）。

5）不考虑缺陷进出特定体积的扩散项。

6）忽略了热平衡下的空位浓度。

于是，速率常数为

$$K_\mathrm{iv} = 4\pi r_\mathrm{iv}(D_\mathrm{i} + D_\mathrm{v}) \approx 4\pi r_\mathrm{iv}D_\mathrm{i}$$

(5.3)

因为 $D_i \gg D_v$，有

$$K_{is} = 4\pi r_{is} D_i \qquad\qquad (5.4)$$

$$K_{vs} = 4\pi r_{vs} D_v \qquad\qquad (5.5)$$

其中，r_{iv}、r_{vs} 和 r_{is} 为下标所指类别的缺陷（$i-v$）间反应的交互作用半径，代表表面的半径，即如果缺陷穿过这么大小的表面，它将会湮灭。D_i 和 D_v 分别是间隙原子和空位的扩散系数。产生项 K_0 是有效的点缺陷产生速率，所谓"有效"只是指那些可以自由地迁动并导致长程扩散的点缺陷的产生速率（见第 3 章）。式(5.3)～式(5.5)中各项表达式的推导将在5.3 节给出。

注意：由于速率常数可能相差多达几个数量级，所以这些方程是刚性的。这就是说，在间隙原子移动之后所需时间增量的数量级实在太小，以至根本无法显示任何空位的移动。因此，这些方程必须采用刚性方程的数值方法加以求解。但是，通过审视解析解，还只能在几个有限情况下获得对过程的一些认识。例如，缺陷浓度最初是呈线性增加的（$C_v = C_i = K_0 t$），随后的变化则依赖于温度 T 和阱浓度 C_s 的值。接下来将对以下四个不同的区间（同时考虑到 T 和 C_s）求得式（5.1）的解析解：①低温和低阱密度（低 T 和低 C_s）；②低温和中等阱密度（低 T 和中等 C_s）；③低温和高阱密度（低 T 和高 C_s）；④高温（高 T）。

5.1.1　情况 1：低温和低阱密度

在低温和低阱密度条件下，式（5.1）的近似解如图 5.1 所示。起初，缺陷浓度依照 $dC/dt = K_0$ 建立，并且 $C_i \sim C_v$，因而 $C_i = C_v = C = K_0 t$。此时，缺陷浓度太低了，复合和阱都不可能影响到缺陷的增多。当产生速率被复合速率补偿时，点缺陷的增多开始变得稳定。在

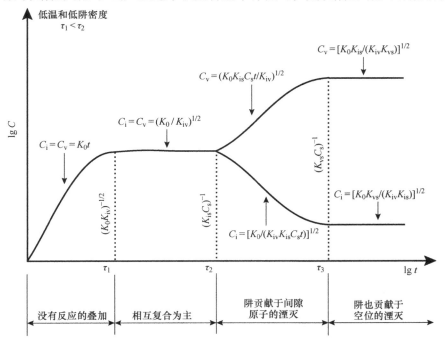

图 5.1　在低温和低阱密度条件下，空位和间隙原子浓度与
时间的 $\lg C - \lg t$ 图[2]

产生速率受到复合速率平衡的这个时间区间，舍去式（5.1）的最后两项，并求解 准稳态浓度方程。

$$\frac{\mathrm{d}C}{\mathrm{d}t} = K_0 - K_{\mathrm{iv}}C^2 = 0\,(\,C = C_{\mathrm{i}} = C_{\mathrm{v}}\,) \tag{5.6}$$

得到浓度解为

$$C = \left(\frac{K_0}{K_{\mathrm{iv}}}\right)^{1/2} \tag{5.7}$$

将该浓度取为与浓度增高段的浓度相等，即

$$K_0 t = \left(\frac{K_0}{K_{\mathrm{iv}}}\right)^{1/2} \tag{5.8}$$

由此求得一个时间值 t，从此时刻开始，由复合造成的缺陷浓度损失得以补偿辐照引起的产生速率，即

$$t = \tau_1 = (K_0 K_{\mathrm{iv}})^{-1/2} \tag{5.9}$$

其中，τ_1 是一个时间常数，或者是开始相互复合的一个特征时间。

最后，间隙原子、空位将先后开始寻找阱，而阱也将开始贡献于湮灭。在 τ_2 时刻，C_{i} 和 C_{v} 保持近似相等，τ_2 是间隙原子与阱反应过程的时间常数。因为 $D_{\mathrm{i}} > D_{\mathrm{v}}$，与空位相比，有较多的间隙原子消失在阱，可描述为

$$\frac{\mathrm{d}C_{\mathrm{i}}}{\mathrm{d}t} = -K_{\mathrm{is}}C_{\mathrm{i}}C_{\mathrm{s}} \tag{5.10}$$

所以，间隙原子浓度减小而空位浓度提高（因为对空位而言仅有的阱是间隙原子，而间隙原子却被损失于阱），由此得到

$$C_{\mathrm{v}}(t) = \left(\frac{K_0 K_{\mathrm{is}}C_{\mathrm{s}}t}{K_{\mathrm{iv}}}\right)^{1/2}$$

$$C_{\mathrm{i}}(t) = \left(\frac{K_0}{K_{\mathrm{iv}}K_{\mathrm{is}}C_{\mathrm{s}}t}\right)^{1/2} \tag{5.11}$$

式（5.11）的推导见本章正文后面的"习题 5.15"。这么一来，只要把限定准稳态时间段内的浓度，与间隙原子的增多/空位的衰减时段的浓度（见图 5.1）取为相等，就可以获得如下等式。

$$C_{\mathrm{v}} = \left(\frac{K_0}{K_{\mathrm{iv}}}\right)^{1/2} = \left(\frac{K_0 K_{\mathrm{is}}C_{\mathrm{s}}t}{K_{\mathrm{iv}}}\right)^{1/2}$$

$$C_{\mathrm{i}} = \left(\frac{K_0}{K_{\mathrm{iv}}}\right)^{1/2} = \left(\frac{K_0}{K_{\mathrm{iv}}K_{\mathrm{is}}C_{\mathrm{s}}t}\right)^{1/2} \tag{5.12}$$

对时间的求解就得出了增高区间开始的时间常数，即

$$t = \tau_2 = (K_{\mathrm{is}}C_{\mathrm{s}})^{-1} \tag{5.13}$$

再过后不久，在时刻 τ_3 将达到真正的稳态。τ_3 是空位和阱交互作用的最慢过程的时间常数。设定 $\mathrm{d}C_{\mathrm{v}}/\mathrm{d}t = \mathrm{d}C_{\mathrm{i}}/\mathrm{d}t = 0$，则式（5.1）给出空位和间隙原子的稳态浓度为

$$C_{\mathrm{v}}^{\mathrm{ss}} = -\frac{K_{\mathrm{is}}C_{\mathrm{s}}}{2K_{\mathrm{iv}}} + \left(\frac{K_0 K_{\mathrm{is}}}{K_{\mathrm{iv}}K_{\mathrm{vs}}} + \frac{K_{\mathrm{is}}^2 C_{\mathrm{s}}^2}{4K_{\mathrm{iv}}^2}\right)^{1/2}$$

$$C_{\mathrm{i}}^{\mathrm{ss}} = -\frac{K_{\mathrm{vs}}C_{\mathrm{s}}}{2K_{\mathrm{iv}}} + \left(\frac{K_0 K_{\mathrm{vs}}}{K_{\mathrm{iv}}K_{\mathrm{is}}} + \frac{K_{\mathrm{vs}}^2 C_{\mathrm{s}}^2}{4K_{\mathrm{iv}}^2}\right)^{1/2} \tag{5.14}$$

因为空位和间隙原子产生的数量相同，又以相同的量的消失于复合，因此，在稳态下，它们损失于阱处的数量一定也是相等的，即

$$K_{vs}C_v = K_{is}C_i \tag{5.15}$$

对于低温和低阱密度的情况，C_s 很小，式（5.14）中的空位和间隙原子浓度近似为

$$C_v^{ss} \approx \sqrt{\frac{K_0 K_{is}}{K_{iv} K_{vs}}} ; C_i^{ss} \approx \sqrt{\frac{K_0 K_{vs}}{K_{iv} K_{is}}} \tag{5.16}$$

将它们取为与第一区间（缺陷增多，即 $0 \sim \tau_1$ 阶段）相等的数值，可得

$$C_v = \left(\frac{K_0 K_{is} C_s t}{K_{iv}}\right)^{1/2} = \left(\frac{K_0 K_{is}}{K_{iv} K_{vs}}\right)^{1/2} \tag{5.17}$$

当稳态开始时，对时间的求解得到了时间常数，即

$$t = \tau_3 = (K_{vs} C_s)^{-1} \tag{5.18}$$

事实上，图 5.1 显示的缺陷增多阶段只是一个示意图，并非真实的增多过程。各阶段之间的转变也不是突然的。例如，如果阱密度被假设为 0，则式（5.1）的精确解为

$$C_v(t) = \sqrt{\frac{K_0}{K_{iv}}} \tanh(\sqrt{K_{iv} K_0 t}) \tag{5.19}$$

5.1.2 情况 2：低温和中等阱密度

阱密度的增加有着使 τ_2 向 τ_1 靠近的作用（见图 5.2）。也就是说，以在阱处湮灭的减少为代价，相互复合的区间收缩了。事实上，当式（5.20）成立时，τ_1 和 τ_2 之间的平台就会消失。

$$\tau_1 = \tau_2 \ 或 (K_0 K_{iv})^{-1/2} = (K_{is} C_s)^{-1} \tag{5.20}$$

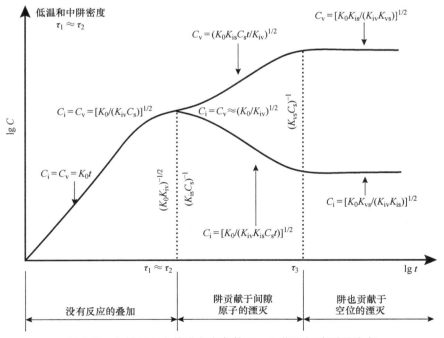

图 5.2 在低温和中等阱密度条件下，空位和间隙原子浓度
与时间的 $\lg C - \lg t$ 图[2]

5.1.3 情况3：低温和高阱密度

高阱密度的主要效应是，由于 $C_s \gg C_v$，间隙原子会在短时间内（早于找到空位前）找到阱（见图5.3）。这就是说，缺陷达到线性增多（间隙原子损失于阱）的时间 τ_2，比由空位－间隙原子的交互作用而达到准稳态的时间 τ_1 还要短。在此情况下，间隙原子的浓度进入了产生和在阱内湮灭的准稳态，即

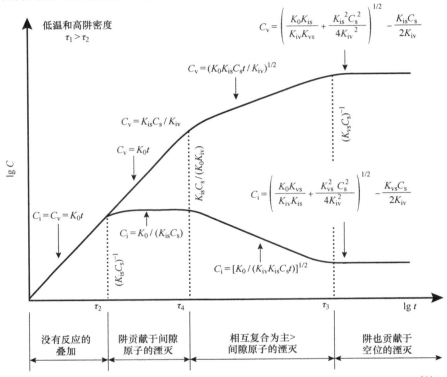

图5.3　在低温和高阱密度条件下，空位和间隙原子浓度与时间的 $\lg C - \lg t$ 图[2]

$$\frac{dC_i}{dt} = 0 = K_0 - K_{is} C_i C_s \qquad (5.21)$$

由此求得准稳态浓度为

$$C_i = \frac{K_0}{K_{is} C_s} \qquad (5.22)$$

将线性增多区间的间隙原子浓度与准稳态区间取为相等，可得

$$K_0 t = \frac{K_0}{K_{is} C_s} \qquad (5.23)$$

对 t 求解就给出了时间常数 τ_2，即

$$t = \tau_2 = (K_{is} C_s)^{-1} \qquad (5.24)$$

注意：因为间隙原子在慢慢地找到空位之前就已经找到了阱，所以空位浓度仍旧以 $C_v = K_0 t$ 继续增高。不久之后，间隙原子在阱中的湮灭和与空位的复合两个过程之间的竞争就出现了，即

$$K_{is} C_i C_s = K_{iv} C_i C_v \approx K_{iv} C_i K_0 t \qquad (5.25)$$

间隙原子进入阱和相互复合占主导地位这两种情况之间的过渡时间常数为

$$t = \tau_4 = \frac{K_{is} C_s}{K_{iv} K_0} \tag{5.26}$$

在 τ_4 之后的区间内，C_v 上升了，但比较缓慢，而 C_i 则缓慢地下降，分别按式（5.27）变化，并在 $t = \tau_3$ 时达到稳态，即

$$C_v = (K_0 K_{is} C_s t / K_{iv})^{1/2} \tag{5.27}$$

$$C_i = [K_0 / (K_{is} K_{iv} C_s t)]^{1/2}$$

$$\tau_3 = \frac{1}{K_{vs} C_s} \tag{5.28}$$

并且，有

$$C_v^{ss} = -\frac{K_{is} C_s}{2K_{iv}} + \left(\frac{K_0 K_{is}}{K_{iv} K_{vs}} + \frac{K_{is}^2 C_s^2}{4 K_{iv}^2} \right)^{1/2}$$

$$C_i^{ss} = -\frac{K_{vs} C_s}{2K_{iv}} + \left(\frac{K_0 K_{vs}}{K_{iv} K_{is}} + \frac{K_{vs}^2 C_s^2}{4 K_{iv}^2} \right)^{1/2} \tag{5.29}$$

注意：此时的稳态浓度与之前情况 1 给出的式（5.14）相同，但是没有将 C_s 项简化处理，因为现在的情况下阱密度很高，不该被忽略。

5.1.4 情况 4：高温

在高温下，缺陷在阱处的湮灭速率会使间隙原子浓度保持得很低（见图 5.4）。因为复合没有太多贡献，速率方程成为

$$\frac{dC_v}{dt} = K_0 - K_{vs} C_s C_v$$

$$\frac{dC_i}{dt} = K_0 - K_{is} C_s C_i \tag{5.30}$$

而稳态的浓度解为

$$C_v = \frac{K_0}{K_{vs} C_s}, \quad C_i = \frac{K_0}{K_{is} C_s} \tag{5.31}$$

间隙原子在阱处湮灭的特征时间为

$$K_0 t = \frac{K_0}{K_{is} C_s} \Rightarrow t = \tau_2 = (K_{is} C_s)^{-1} \tag{5.32}$$

空位在阱处湮灭的特征时间为

$$K_0 t = \frac{K_0}{K_{vs} C_s} \Rightarrow t = \tau_3 = (K_{vs} C_s)^{-1} \tag{5.33}$$

图 5.4 所示的空位和间隙原子浓度随时间的变化忽略了热空位的存在，而热空位在较高温度条件下可能会是重要的。在较高温度下，辐照诱发的空位和间隙原子的增多如图 5.5 所示，其中也包括最初存在的热平衡空位。还应当注意阱（位错）密度和缺陷产生速率的影响。

图 5.5a 表明，阱密度的增加降低了空位浓度，这是因为阱吸收了空位（正比于 K_{vs} 的损失项）。另外，对于固定的阱密度，高的位移速率导致了高的空位浓度，这是因为此时空位

的产生速率高于被阱吸收造成的损失速率。间隙原子的情况也一样，如图 5.5b 所示。间隙原子浓度曲线中的弯折处对应于空位变得可动并通过复合而贡献于间隙原子损失的温度，如图 5.3 所示。对比图 5.5a 和图 5.5b 可知，在反应堆构件的实际温度范围内，间隙原子的平衡浓度可忽略，而空位不可忽略。

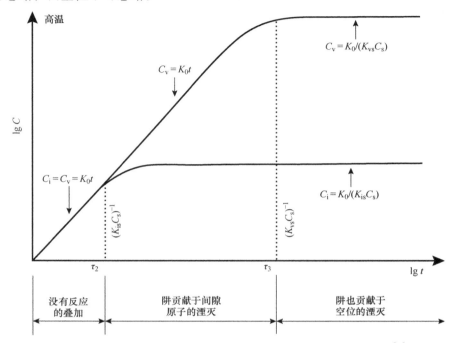

图 5.4　在高温条件下，空位和间隙原子浓度与时间的 $\lg C - \lg t$ 图[2]

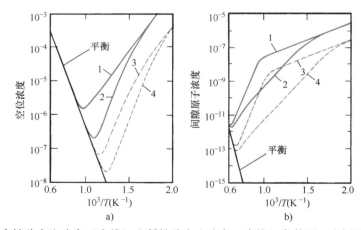

图 5.5　在高缺陷产生速率（实线）和低缺陷产生速率（虚线）条件下，在辐照金属内稳态的空位浓度和间隙原子浓度

a）空位浓度　b）间隙原子浓度

注：对每个缺陷的产生速率而言，上部（1、3）和下部（2、4）曲线分别代表小的和大的位错密度。[3]

　　求解点缺陷平衡方程组的主要目的是获得 C_i 和 C_v 值，从而确定 D_{rad}，而 $C_i D_i$ 和 $C_v D_v$ 的总和就是 D_{rad}。上述讨论表明，可以用这些特征时间数据去解释以恒定的通量等温辐照一定

时间 t 以后的辐照增强扩散的试验结果。表5.1列出了在点缺陷平衡方程中受速率限制过程的时间常数。低阱密度时，复合在短时间内占据主导，接着是间隙原子及随后的空位在阱处湮灭，其中空位湮灭是最慢的过程，它控制着稳态的实现。高阱密度时，早期以阱处间隙原子的湮灭为主，接着是相互的复合，随后是空位损失于阱。作为一项规律，$\tau_1 < \tau_2$ 时相互的复合占主导，而当 $\tau_2 < \tau_1$ 时，阱占主导。总之，影响 C_i 和 C_v 的关键因素是产生速率、缺陷可动性和阱的浓度。

表5.1　在点缺陷平衡方程组中受速率限制过程的时间常数

时间	数值	过程
τ_1	$(K_0 K_{iv})^{1/2}$	相互复合开始
τ_2	$(K_{is} C_s)^{-1}$	间隙原子开始损失于阱
τ_3	$(K_{vs} C_s)^{-1}$	空位开始损失于阱
τ_4	$\dfrac{\tau_1^2}{\tau_2} = \dfrac{K_{is} C_s}{K_0 K_{iv}}$	相互复合主导着间隙原子损失于阱

5.1.5　点缺陷平衡方程组的特性

点缺陷平衡方程组及其求解过程有着一些有趣的特性，为空位和间隙原子在点阵原子扩散过程中的行为提供了进一步的理解。它们包括以下内容：

1）5.1.4小节提到过的空位浓度实际上是 $C_v - C_v^0$，其中 C_v^0 为空位的热平衡浓度。在高温辐照（$T/T_m \geqslant 0.5$）下，C_v^0 不可忽略。然而，在关注的全部辐照温度范围内，$C_i^0/C_i \leqslant 1$。

2）在阱和热空位都不存在的情况下，C_i 可以与 C_v 交换，即任何时候 $C_v = C_i$ 均成立。

$$\frac{dC_v}{dt} = K_0 - K_{iv} C_i C_v$$
$$\frac{dC_i}{dt} = K_0 - K_{iv} C_i C_v \tag{5.34}$$

已知 $D_{rad} = D_i C_i + D_v C_v$，$C_v = C_i$，但是又因为 $D_i \gg D_v$，于是，间隙原子对原子可动性的贡献比空位大得多。

3）如果只有一种类型的阱，则在稳态条件下有

$$K_0 = K_{iv} C_i C_v + K_{vs} C_v C_s$$
$$K_0 = K_{iv} C_i C_v + K_{is} C_i C_s \tag{5.35}$$

或

$$K_{vs} C_v = K_{is} C_i \tag{5.36}$$

此时，间隙原子和空位在阱处被吸收的速率相等，或者说阱的净吸收速率为零。即使在有多种类型阱的情况下，如果阱对空位和间隙原子有相同的"强度"，则朝向任意一个阱的净通量均为零。

4）因为 K 值不同（$K_{vs} \neq K_{is}$），阱项的加入扰乱了 C_i 和 C_v 的对称性。但是，在稳态下，$D_i C_i$ 和 $D_v C_v$ 的对称性却是存在的（因为 $K_{is} \propto D_i$ 和 $K_{vs} \propto D_v$）。其结果是，空位和间隙原子对

原子可动性的贡献程度是一样的，两者的作用无从辨别。所以，在稳态下，有

$$0 = K_0 - K_{iv}C_iC_v - K'_{vs}D_vC_vC_s$$
$$0 = K_0 - K_{iv}C_iC_v - K'_{is}D_iC_iC_s \tag{5.37}$$

其中，K 项可被写成 $K = K'D$，可得

$$D_vC_vK'_{vs}C_s = D_iC_iK'_{is}C_s \tag{5.38}$$

所以，如果 $K'_{vs} \approx K'_{is}$，则 $D_iC_i = D_vC_v$，这意味着空位和间隙原子等同地对原子可动性做出了贡献。即使间隙原子的稳态浓度比空位的稳态浓度低得多，它们各自对原子可动性的贡献也是一样的，因为间隙原子的扩散速率较快。对于任意一个特殊的阱，它想要长大的话，务必对空位或间隙原子具有净偏向。在实际金属中，K_{vs} 和 K_{is} 都是不相等的。特殊的阱总是对某些类别的点缺陷具有偏向性，从而使阱得以长大。阱的这种行为将在 5.3 节做较详细的叙述。

5.1.6 简单点缺陷平衡模型的缺点

简单点缺陷平衡模型忽略了实际体系的大量特征，为了获得准确的结果，这些特征必须要被考虑进去。例如，没有考虑阱强度的变化，随着辐照剂量的持续增大，由于贫化区和缺陷团簇的形成，阱强度的变化就会发生。此外，阱的偏向性也被忽略了，而此种偏向性正是影响辐照组织结构演变的一项重要因素，这将在第 7 章和第 8 章中得以证实。缺陷 – 缺陷及缺陷 – 杂质间的交互作用也被忽略了。缺陷 – 缺陷间的交互作用对空洞和间隙原子环核胚的形成非常重要，如果发现有较大的团簇需要给出适当的解释，这种交互作用就不能被忽略了。实际上，在相互复合的区间内，发现空位团簇增加了 D_{rad}，但是在高阱密度和高温条件下，空位团簇并不重要，此时朝向固定阱的退火占据着主导[4]。最后，该方程组不能兼顾缺陷的梯度及在简单形式下的浓度梯度。在诸如辐照诱发偏聚（第 6 章）等过程中，其影响是非常重要的，此时缺陷的通量导致合金元素的浓度梯度升高。这些过程可能会显著改变阱的行为及其偏向性。

5.1.7 存在级联时的点缺陷平衡方程组

在级联过程中，空位和间隙原子是同时产生的，但处于被偏聚的方式以致它们在空间的分布是彼此分离的[5]。在最初的热退火阶段后，空位偏聚在空位富集区域（如图 3.3 和图 3.4）。因为间隙原子的高浓度和高可动性，它们马上开始形成团簇[6]并同时开始扩散。在级联的分子动力学模拟中，即使是在低能（1 ~ 2keV）级联中，也都持续地观察到间隙原子形成团簇的现象。可是，在较高能的级联中可能发生较多间隙原子的团簇化，因为在这些级联中间隙原子的浓度可能较高。研究发现，这些团簇即使在高温下也是稳定的。通常情况下，全部的间隙原子似乎倾向于分为三个部分：①反向扩散到空位富集区域并通过与空位的复合而损失了；②通过交互作用和团簇化而成为不可动的；③离开级联区域并进行长距离的迁移。这三部分的相对比例可能受到级联区域的大小、形貌及其附近阱排布情况的影响。

级联核心中的所有空位都会在碰撞事件后的"冷却"时期内集聚，最终发生崩塌而形成空位环或层错四面体。在重点关注的温度范围内，空位环内空位的不可动性只是暂时的，它们很快就会在随后的热退火中被重新发射，并作为自由迁移中的空位而可能成为包括空洞在内的各种阱俘获的对象。在高温（如肿胀的峰值温度）下，空位环因为其高的线张力而

变得热不稳定，并将通过空位的发射而发生收缩。空位从空位环蒸发并从空位富集区离开，造成了显微组织结构的演变（如空洞的长大）和宏观的变形。

另一方面，在间隙原子环中，间隙原子的不可动性是永久的。由于较高的间隙原子环形成能，它们在生成的那一刻起就被锁定在了间隙原子环中。它们不会被空洞俘获，只会通过吸收间隙原子的净流动而长大为网络，或者被位错扫过或级联叠加而破坏。空位环的寿命由热退火主导，而间隙原子环的寿命则受破坏过程所制约。

对级联过程中空位和间隙原子的上述描述，意味着在可动点缺陷的产生过程中存在着一种不对称性（由此进入了微观组织机构演变的平均场描述，接着则是速率理论的方法）。首先，集聚到团簇以内的空位比例似乎不会与间隙原子的比例相同。其次，即使它们相同，空位环仍有可能通过蒸发提供可动的空位，而间隙原子团簇却不能。因此，正是在级联过程中产生的空位和间隙原子团簇在稳定性和寿命方面的差别，造成了可能被阱俘获的空位和间隙原子的数量产额出现了偏差。这种产额偏差有可能成为在级联损伤条件下空洞长大和肿胀的潜在驱动力。

应当指出，产额偏差的概念对低剂量和高剂量辐照的情况都是确实存在的。即便是在高剂量的条件下，一个能够让产额偏差持续运作的过程是辐照期间位错片段的攀移或滑移。可动位错片段持续扫过间隙原子团簇，并阻止高浓度间隙原子以团簇的形式集聚。可是，在电子辐照下只产生了 Frenkel 对的情况下，此种偏差并不存在。

在级联产生的情况下，式（5.1）必须予以修正，以便把产额偏差的影响考虑进去。如果 ε_r 是在级联中复合的缺陷分数，而 ε_v 和 ε_i 分别是团簇化的空位和间隙原子的分数，那么孤立的空位和间隙原子的产生率由式（5.39）给定。

$$K_v = K_0(1 - \varepsilon_r)(1 - \varepsilon_v)$$
$$K_i = K_0(1 - \varepsilon_r)(1 - \varepsilon_i) \tag{5.39}$$

此时，点缺陷平衡方程组成为

$$\frac{dC_v}{dt} = K_0(1 - \varepsilon_r)(1 - \varepsilon_v) - K_{iv}D_vC_v - K_{vs}C_vC_s + L_v$$

$$\frac{dC_i}{dt} = K_0(1 - \varepsilon_r)(1 - \varepsilon_i) - K_{iv}D_vC_v - K_{is}C_iC_s \tag{5.40}$$

其中，L_v 是各种阱的热空位产生率（8.2.1 小节中有较详细的讨论）。

单个间隙原子（SIA）团簇的持续产生是一个关键的过程，它导致在级联条件下的微观组织结构演变在定性上有别于电子辐照产生 Frenkel 对期间的演变。对于电子辐照，式（5.1）描述的是缺陷浓度的演变。而对于在引发级联的辐照中产生团簇的情况，应当采用式（5.40）。

可是，另外一个影响孤立缺陷浓度的因素是 SIA 团簇的可动性。这些团簇已被发现显示着孤立点缺陷的一维（1D）而不是三维（3D）的迁动特性。这种高可动性导致了 SIA 团簇从块体被持续地排除，并进一步加剧了缺陷的不平衡状态。注意：由 1D 迁移排除 SIA 团簇意味着，为了在高剂量下阻遏间隙原子团簇的增长，并不需要通过位错扫过团簇。

为了计算级联条件下损伤的积累，需要在式（5.40）中把可滑动的 SIA 团簇浓度包括进来，即

$$\frac{dC_v}{dt} = K_0(1 - \varepsilon_r)(1 - \varepsilon_v) - K_{iv}D_vC_v - K_{vs}C_vC_s + L_v$$

$$\frac{dC_i}{dt} = K_0(1 - \varepsilon_r)(1 - \varepsilon_i) - K_{iv}D_vC_v - K_{is}C_iC_s \qquad (5.41)$$

$$\frac{dC_{giL}(x)}{dt} = K_{giL}(x) - K_g(x)C_iC_{giL}(x)$$

其中，$C_{giL}(x)$ 是浓度，$K_{giL}(x)$ 是产生速率，$K_g(x)$ 是间隙原子与尺寸为 x 的可滑动 SIA 环团簇交互作用的速率常数。式（5.40）的求解将在第 8 章的 8.3.8 小节针对空洞肿胀时讨论。

5.2 辐照增强扩散

在纯金属中，辐照条件下的扩散系数由式（5.42）给定。

$$D_{rad} = D_vC_v + D_iC_i \qquad (5.42)$$

由于辐照产生的空位和间隙原子浓度比热产生的浓度高得多，辐照增强的扩散系数也显著高于热扩散系数。尽管存在缺陷，看一下简单的点缺陷平衡方程组能把辐照对扩散的影响估算到怎样好的程度还是很有意思的。图 5.6 所示为 40℃、2.5MeV 电子以 $3.7 \times 10^{15}\,\mathrm{m^{-2}\,s^{-1}}$ 的注量辐照退火态 Ag – 30% Zn 合金的 $\lg D_{rad}$ – $\lg t$ 的关系曲线[2]。细实线是间隙原子和空位的分项，而粗实线则是 Sizmann[2] 通过式（5.42）计算的两项之和；虚线为试验测量数据。试验测量了齐纳（Zener）弛豫时间 τ_z（见参考文献 [1]），它正比于 D_{rad}。试验结果证实，例如在低温和低阱密度的情况下，D_{rad} 最大值的存在。这一结果也显示了间隙原子分项是在还没有达到稳态 τ_3 的时间段内起主导作用，因为对 $\tau < \tau_3$ 而言，$D_i > D_v$（由假设设定），$C_i > C_c$。

另一个精彩的例子是由 Rothman[1] 提供的，那是在净损伤率 $K_0 = 10^{-6}\,\mathrm{dpa/s}$ 的

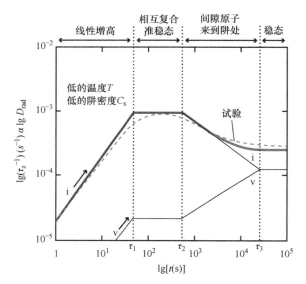

图 5.6　计算（实线）和试验测量（虚线）得到的 $\lg D_{rad}$ 和 $\lg [t(s)]$ 的关系曲线[2]

注：细实线是空位和间隙原子项，粗实线是两项之和。

辐照条件下，对点阵内含有位错密度为 $10^{11}\,\mathrm{m^{-2}}$ 的铜（类似于快速反应堆堆芯结构材料）在 200℃ 下自扩散所计算的 D_{rad} 与测定值的比较。在此情况下，$D_{rad} \approx 6.5 \times 10^{-21}\,\mathrm{m^{-2}\,s^{-1}}$。已知热扩散系数约为 $1.4 \times 10^{-27}\,\mathrm{m^{-2}\,s^{-1}}$，这表明辐照所导致的扩散系数大大增高了（$>10^6$）。如图 5.7 所示，当温度低于 575℃ 时，对于这样的缺陷产生速率（$K_0 = 10^{-6}\,\mathrm{dpa/s}$，曲线 1），$D_{rad}$ 就已经超过热平衡的自扩散系数。图 5.7 中的各条曲线描述了不同产生速率和缺陷密度的综合影响。注意：在低温下，相互复合占主导，而 D_{rad} 的激活能为 $E_m^v/2$（所有曲线）。在

低阱密度下［位错密度 $\rho_d = 10^{11}\,\mathrm{m}^{-2}$（曲线1），此时 $\rho_d \sim 4\pi r_{vs} C_s = 4\pi r_{ls} C_s$］，随着温度的升高，相互复合区段与热平衡空位提供的扩散间接相关。在高阱密度下［位错密度 ρ_d 为 $10^{14}\,\mathrm{m}^{-2}$（曲线2）和 $10^{15}\,\mathrm{m}^{-2}$ 位错（曲线3）］，相互的复合为在一个确定的临界温度下固定阱处发生退火提供了途径，该临界温度的确定方法如下。

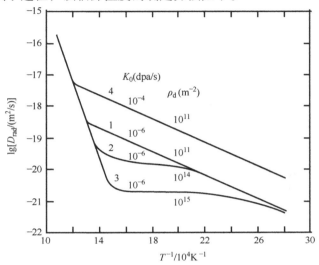

图5.7　在缺陷产生速率和位错密度的不同组合条件下，计算的铜自扩散系数 D_{rad} 与温度的关系[1]

$1—K_0 = 10^{-6}\,\mathrm{dpa/s}$，$\rho = 10^{11}\,\mathrm{m}^{-2}$　　$2—K_0 = 10^{-6}\,\mathrm{dpa/s}$，$\rho = 10^{14}\,\mathrm{m}^{-2}$

$3—K_0 = 10^{-6}\,\mathrm{dpa/s}$，$\rho = 10^{15}\,\mathrm{m}^{-2}$　　$4—K_0 = 10^{-4}\,\mathrm{dpa/s}$，$\rho = 10^{11}\,\mathrm{m}^{-2}$

根据式（5.36），对于单一类型的阱，有

$$C_i K_{is} = C_v K_{vs} \text{ 或 } C_i = \frac{C_v K_{vs}}{K_{is}} \tag{5.43}$$

在稳态下，式（5.29）适用，它们可以被写成以下形式，即

$$C_v = \frac{K_{is} C_s}{2K_{iv}} \left[\left(1 + \frac{4K_0 K_{iv}}{K_{is} K_{vs} C_s^2} \right)^{1/2} - 1 \right]$$

$$C_i = \frac{K_{vs} C_s}{2K_{iv}} \left[\left(1 + \frac{4K_0 K_{iv}}{K_{is} K_{vs} C_s^2} \right)^{1/2} - 1 \right] \tag{5.44}$$

再定义参数 η 为

$$\eta = \frac{4K_0 K_{iv}}{K_{vs} K_{is} C_s^2} \tag{5.45}$$

然后，使用式（5.44）可以获得 C_v，即

$$C_v = \frac{F(\eta) K_0}{K_{vs} C_s} \text{ 或 } C_v K_{vs} C_s = F(\eta) K_0 \tag{5.46}$$

其中

$$F(\eta) = \frac{2}{\eta} \left[(1 + \eta)^{1/2} - 1 \right] \tag{5.47}$$

式（5.46）表明，$F(\eta)$ 确定了被阱吸收的缺陷数与缺陷形成总速率的关系。如果 $\eta \to 0$，则 $F(\eta) \to 1$，即所有的缺陷全部损失于阱而无一损失于复合。在大 η 的极限情况下，

$F(\eta) \approx 2/\eta^{1/2}$，$F(\eta) \rightarrow 0$，表明相互的复合主导着缺陷的损失。当 $F(\eta) = 1/2$ 时，损失于阱的缺陷和复合的量相等，发生这一情况时的 η 为

$$\eta = \frac{4K_0 K_{\mathrm{iv}}}{K_{\mathrm{vs}} K_{\mathrm{is}} C_{\mathrm{s}}^2} = 8 \tag{5.48}$$

式（5.48）可以在临界温度以下（此时，相互复合占主导）求解，而在临界温度以上时缺陷损失于阱将占主导（在第 8 章内描述相互复合对空洞长大的影响时，将重新讨论 η 项）。运用针对 K_{iv}、K_{is} 和 K_{vs} 的式（5.3）~式（5.5），并分别定义 $K'_{\mathrm{iv}} = 4\pi r_{\mathrm{iv}}$，$K'_{\mathrm{is}} = 4\pi r_{\mathrm{is}}$ 和 $K'_{\mathrm{vs}} = 4\pi r_{\mathrm{vs}}$，式（5.48）可改写为

$$\frac{4K_0 K'_{\mathrm{iv}} D_0^{\mathrm{i}} \exp\left(\dfrac{-E_{\mathrm{m}}^{\mathrm{i}}}{kT}\right)}{K'_{\mathrm{vs}} D_0^{\mathrm{v}} \exp\left(\dfrac{-E_{\mathrm{m}}^{\mathrm{v}}}{kT}\right) K'_{\mathrm{is}} D_0^{\mathrm{i}} \exp\left(\dfrac{-E_{\mathrm{m}}^{\mathrm{i}}}{kT}\right) C_{\mathrm{s}}^2} = 8 \tag{5.49}$$

其中，$E_{\mathrm{m}}^{\mathrm{i}}$ 和 $E_{\mathrm{m}}^{\mathrm{v}}$ 是迁移能，D_0^{i} 和 D_0^{v} 分别是间隙原子和空位扩散系数表达式中的指数前因子。公式（5.49）可简化为

$$T_{\mathrm{c}} = \frac{E_{\mathrm{m}}^{\mathrm{v}}}{k \ln\left(\dfrac{2D_0^{\mathrm{v}} C_{\mathrm{s}}^2 K'_{\mathrm{is}} K'_{\mathrm{vs}}}{K_0 K'_{\mathrm{iv}}}\right)} \tag{5.50}$$

在最高温度下，D_{rad} 被热空位所超越（图 5.7 中的所有曲线）；而在复合区间内，K_0 增加到 $10^{-4}\,\mathrm{dpa/s}$（曲线 4），使得 D_{rad} 提高了 10 倍。

图 5.8 所示为在不同阱湮灭概率 P 条件下，镍样品在 $10^{-6}\,\mathrm{dpa/s}$ 的辐照速率下计算得出的辐射增强扩散系数，其中 P^{-1} 表示一个缺陷在创建和在阱湮灭之间平均跳动的次数[7]。描述辐照增强扩散的扩散速率 D_{rad} 为实线。左边的虚线是热扩散系数 D_{th}，右边的水平实线为由弹道混合引起的扩散系数 D_{m}[8]，其讨论在第 10 章内。

D_{rad} 和 D_{th} 曲线间的差别在于辐照增强扩散的影响。如图 5.8 所示，辐照能够导致扩散系数有几个数量级的增加。

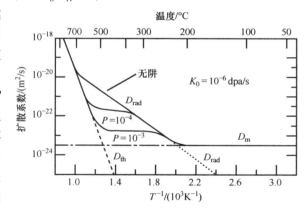

图 5.8 在经受 $10^{-6}\,\mathrm{dpa/s}$ 位移速率的辐照期间，镍基合金的扩散系数与 $1/T$ 的关系曲线[7]

注：D_{rad} 是根据速率理论计算得到的适用于各种阱的湮灭概率 P，由位移混合所导致的扩散系数为 D_{m}，而 D_{th} 为热扩散系数。

5.3 缺陷反应

在点缺陷平衡方程组中，每一项都代表一种反应。反应发生的速率依赖于参与反应缺陷种类的性质。参照参考文献［3］，将建立点缺陷平衡方程组中每一种反应的速率的表达式，因为它们将被用于描述诸如空洞长大和位错攀移等过程。已知可动点缺陷的运动可以被描述

为一种随机的行走过程，当这些缺陷中的一种遇到了晶体中会与之紧密束缚在一起的另一种缺陷时，这两个相遇事件参与者中的一个或两个就被认为已从固体中消失。这样的例子包括与自由表面、晶界、位错和空洞等发生交集的空位或者间隙原子，或者空位遇到空位、间隙原子遇到间隙原子，或者空位遇到间隙原子。显然，这些反应的速率都正比于参与反应的两种缺陷的浓度，或者：

$$A \text{ 和 } B \text{ 的反应速率} = K_{AB} C_A C_B \tag{5.51}$$

其中，C_A 和 C_B 分别为 A 和 B 两类反应粒子的浓度，单位为粒子数目/cm^3，K_{AB} 为反应的速率常数，单位为 cm^3/s。两个可动粒子（高温下的空位和间隙原子）间，或者可动缺陷与稳定缺陷间（如在低温下，空位不可动而间隙原子可动），或者间隙原子与位错、晶界和空位间都可能发生反应。

在处理点缺陷和阱间反应时重点关注的有两类过程，即反应速率控制的反应和扩散控制的反应。在反应速率控制的反应过程中，参与反应的任意一类必不存在宏观的浓度梯度。如果一个反应物的尺寸较大（与原子尺寸相比），或者一方是强烈的阱，则在固定缺陷附近就有可能形成浓度梯度。点缺陷之间的反应是反应速率控制过程的例子。一旦缺陷浓度梯度被建立，那么整个过程就会受到可动种类的缺陷朝固定阱的扩散速率所制约。自由表面、空洞和晶界就属于这种情况。这些缺陷通常不能通过速率控制反应理论进行处理。

作为反应速率控制过程的第一个例子，试分析空位 – 空位反应，请考虑以下反应，即

$$v + v \rightarrow v_2 \tag{5.52}$$

该反应只朝着前进方向进行，具有速率常数为 K_{2v} 的特征。在这个例子中，假设一个空位是固定的，另一个是可动的。每立方厘米内双空位的形成速率表示为

$$R_{2v} = P_{2v} C_v \tag{5.53}$$

其中，C_v 为单空位浓度，P_{2v} 是每秒内另一空位跳到与一特定空位最靠近的点阵位置的概率（见图 5.9）。如果对某一特定空位来说，其最靠近的近邻位置被另外一个空位占据了，那么双空位就将会形成，因此，P_{2v} 取决于晶体结构。以 fcc 点阵结构为例，其 12 个最靠近的近邻位置是等价的，因此，有

$$P_{2v} = 12 P_x \tag{5.54}$$

其中，P_x 为每秒内另一个空位跳到其周围最靠近的近邻位置的概率。P_x 正比于以下参数：

1）从另一空位可能跳到的与其最靠近的点阵位置周围的位置数（见图 5.9 中灰色圆圈标示的 7 个空位）。

2）这些点阵位置中的一个被空位占据的概率 N_v。

3）空位的跳跃频率 ω。

P_x 可表示为

$$P_x = 7 N_v \omega \tag{5.55}$$

同时，可以把空位位置的分数写成 $N_v = C_v \Omega$，其中 C_v 是空位的体积浓度，Ω 为原子体积。将式（5.54）和（5.55）代入式（5.53）得

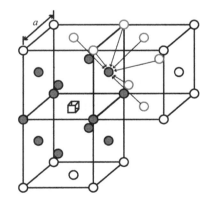

空位

空位的最近邻

最近邻的最近邻

其他点阵位置

图 5.9　在 fcc 点阵中，形成一个双空位的最近邻位置[3]

$$R_{2v} = 84\omega\Omega C_v^2 \tag{5.56}$$

与反应速率的定义［见式（5.51）］进行比较，反应速率常数 K_{2v} 可表示为

$$K_{2v} = 84\omega\Omega \tag{5.57}$$

在 fcc 点阵结构中，$D = a^2\omega$，因此，有

$$K_{2v} = \frac{84\Omega D_v}{a^2} \tag{5.58}$$

虽然速率常数的表达式是针对空位 – 空位反应推导获得的，但是同样的公式也可适用于占据着 fcc 点阵的置换位置的任意种类反应物（如杂质）间的任何反应。它也可适用于其他点阵类型，但式（5.58）中的"84"（或者称为组合因子 z）取决于晶体结构。这个组合因子是与粒子交互作用截面类似的一个固态情况下的因子。

在前面这个例子中，强制规定了其中一个反应物是固定的。当反应发生在两个可动的反应物中时，速率为 $(K_{AB} + K_{BA}) C_A C_B$，其中 K_{AB} 为假定 B 为不可动反应物时计算的速率常数，反过来对 K_{BA} 也一样，即假定 A 为不可动反应物时计算的速率常数。因此，如果两个空位都是可动的，该结果将乘以系数 2，$K_{2v} + K_{2v} = 2K_{2v}$。基于这样的背景知识，为了得到反应速率系数的表达式，接下来将把注意力转向点缺陷平衡方程组中的各个项。

5.3.1 缺陷的产生

点缺陷平衡方程组式（5.1）中的第一项为空位和间隙原子的产生速率，这已经在第 2 章内由式（2.125）确定，其括号内的项用符号 ν_{FP} 给出

$$K_0 = \xi\nu_{FP}\sigma_s N\phi \tag{5.59}$$

对于不锈钢，$\nu_{FP} \approx 30$ 个 Frenkel 对/撞击，$\sigma_s \approx 3 \times 10^{-24} \mathrm{cm}^2$，$N \approx 7 \times 10^{22} \mathrm{cm}^{-3}$。$\xi$ 项为位移效率（第 3 章），它考虑了因级联内发生的复合和团簇化造成的自由迁动中的点缺陷数量的减少。

5.3.2 复合

式（5.1）中的第二项 $K_{iv}C_vC_i$ 是复合速率。对于空位和间隙原子，速率常数 K_{iv} 是相同的，因为它们必定是以相同的速率彼此之间发生复合的。空位和间隙原子间的反应非常重要，因为其结果是相互的湮灭，或者回到理想的点阵内。假设有一个稳定的空位和一个可动的间隙原子，它们只有在间隙原子跳到最靠近空位的近邻位置时才会复合，此时就能确定 fcc 点阵中一个八面体间隙原子的复合速率常数。对一个空缺的点阵而言，有 6 个最邻近于它的八面体阵点位置，而每个间隙原子位置又有 8 个最靠近的八面体型近邻原子，由此可得重组因子等于 48，则

$$K_{iv} = \frac{48\Omega D_i}{a^2} \tag{5.60}$$

可是，这很不切合实际，因为间隙原子的稳定形式是分离的间隙原子，并且空位和间隙原子总是由于它们的应变场而彼此吸引，使得他们总是在比最近邻间距还大的条件下就发生了自发的复合。因此，较为现实的重组因子 z_{iv} 估计为 500，即

$$K_{iv} = \frac{z_{iv}\Omega D_i}{a^2}$$

$$z_{iv} \approx 500 \tag{5.61}$$

5.3.3 缺陷在阱处的损失

损失项代表着所有可能造成空位和间隙原子损失的阱。这些阱可分为以下三大类：

1）中性（无偏向性）阱，对于捕获一种类型的缺陷与另一种类型的缺陷没有偏向性。吸收的速率正比于点缺陷扩散系数和块体金属中与在阱表面点缺陷浓度差的乘积。属于此类的阱有空洞、非共格析出相和晶界。

2）偏向性的阱，对某一类缺陷的吸引具有超过另一类的偏向性。位错就表现出了对间隙原子的吸收比空位具有更强的偏向性。这样的偏向性缘于间隙原子移动到位错核心附近有助于降低它的应力梯度。因为间隙原子的吸收增强了位错的攀移，所以位错是一个不可能饱和的阱。在此大类中，将考虑两类位错：①未辐照金属中的和源于未发生错排弗兰克（Frank）环的位错网络；②间隙原子位错环。

3）可变的偏向性阱，例如，共格析出相作为俘获缺陷的阱，依然保留着其偏向的特性，直到它被俘获的那个缺陷被相反类型的缺陷所湮灭。杂质原子和共格析出相都起着复合中心的作用，但其能力有限。

5.3.4 阱强度

反应速率常数描述了点缺陷和阱（它可以是另一个缺陷之间的反应），被记作 K_{jX}，其中 j 是可动的点缺陷，X 为阱。这么一来，它们既包括了点缺陷的扩散系数，还包括了关于反应发生趋势的描述。这对于描述与缺陷性能无关的阱吸收缺陷的趋势常常是有用的。阱强度的单位为 cm^{-2}，反映的是阱对缺陷的强化或吸引力。对于中性的阱，阱强化独立于缺陷性能。阱强化用 K_{jX}^2 表示，定义为

$$\text{吸收速率} = K_{jX} C_j C_X = k_{jX}^2 C_j D_j \tag{5.62}$$

所以

$$k_{jX}^2 = \frac{K_{jX} C_X}{D_j} \tag{5.63}$$

或者

$$k_j^2 = \sum_X k_{jX}^2 \tag{5.64}$$

速率常数和阱强度通常被用作描述固体中阱对缺陷所施加作用的项。物理上，k_j^{-1} 是 j 类型自由缺陷在固体内被俘获前所行走的平均距离。

在进一步处理不同的阱类型之前，首先看一下两种基本反应过程（反应速率控制的过程和受扩散限制的过程）的速率常数。我们以反应速率控制的过程开始介绍。

5.4 反应速率控制的过程

5.4.1 缺陷 - 空洞交互作用

对于那些俘获过程受到点缺陷进入阱位置的速率控制的反应，可以使用式（5.61）。对

于缺陷－空洞反应，有待确定的项是复合因子。对于一个空洞，球形表面点阵格点的数量为 $4\pi R^2/a^2$，其中被一个点阵格点占据的面积近似为 a^2。于是，速率常数成为

$$K_{vV} = \frac{4\pi R^2 \Omega D_v}{a^4} = \frac{4\pi R^2 D_v}{a}$$

$$\Omega \approx a^3$$

$$K_V = \frac{4\pi R^2 \rho_V}{a} \tag{5.65}$$

其中，ρ_V 是固体中空洞的浓度。

5.4.2 缺陷－位错交互作用

考虑轴线与位错线一致并包围着它的一个圆柱体，而且只要有任意一个空位一旦进入其中就必被位错俘获（见图5.10）。圆柱体在每个与位错线发生交集的晶面上有 z_{vd} 个原子位置。这个圆柱体确定了位错的俘获半径，或者说凡是进入此半径内的缺陷均将损失于阱。如果点阵内的原子面间距是 a，则每单位位错线长度内有 z_{vd}/a 个俘获的位置。设 ρ_d 为晶体内位错线的密度（其单位是每立方厘米固体中位错线的长度（cm），或者可表示为 cm^{-2}），于是每单位体积就有 $z_{vd}\rho_d/a$ 个俘获位置。如果单位体积内空位浓度为 C_v，则空位位置的分数为 $C_v\Omega$。对于空位跳跃速率 ω，单位 cm^3 内空位被位错俘获的速率由式（5.66）给定：

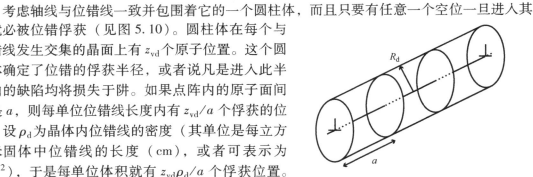

图5.10 由包围着一根位错线、半径为 R_d 的圆柱体所定义的俘获体积，以及在距离为 a 的晶体平面上阱的位置

$$R_{vd} = \frac{z_{vd}\rho_d}{a}C_v\Omega\omega \tag{5.66}$$

R_{vd} 的单位为 cm$^{-3}\cdot$s^{-1}，因为 $\Omega\approx a^3$、$D_v = a^2\omega$ 和 $z_{vd}\neq z_{id}$，可以得到

$$R_{vd} = D_v z_{vd}\rho_d C_v$$

$$K_{vd} = D_v z_{vd}, k_{vd}^2 = z_{vd}\rho_d$$

$$R_{id} = D_i z_{id}\rho_d C_i$$

$$K_{id} = D_i z_{id}, k_{id}^2 = z_{id}\rho_d \tag{5.67}$$

5.5 受扩散限制的反应

缺陷和阱间的反应并不总具有以反应速率限制的特征。缺陷浓度梯度驱动的反应应当是受扩散限制的，必须加以区别对待。这类反应包括缺陷－空洞、缺陷－晶界之间的交互作用，有时缺陷－位错的交互作用也是。遵循参考文献［3］的顺序，将从缺陷－空洞反应开始探讨这些反应。

5.5.1 缺陷－空洞反应

考虑单位体积内有 ρ_V 个空洞的情况，每个空洞阱的半径为 R，这些空洞吸收了存在于固体内、处在球形阱之间的某种特殊类型点缺陷。先关注单个的球形空洞，每个球形空洞周

围的单胞或者俘获体积被定义为与每个球联系在一起的固体的一部分。于是，每个球周围的俘获体积的半径（见图5.11）被确定为

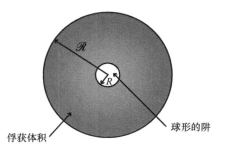

$$\left(\frac{4}{3} \pi \mathscr{R}^3 \right) \rho_V = 1 \tag{5.68}$$

于是，点缺陷的扩散方程将在 $R \leqslant r \leqslant \mathscr{R}$ 的球形壳体内求解。将时刻为 t、俘获体积内半径为 r 位置处的点缺陷浓度记作 $C(r, t)$。这样的俘获体积定义意味着在其边界即 $r = \mathscr{R}$ 处，没有净的点缺陷通量，这被写成

图5.11 用于确定被一个球形的阱吸收的缺陷的扩散控制速率常数所用的体积单元

$$\left(\frac{\partial C}{\partial r} \right)_{\mathscr{R}} = 0 \tag{5.69}$$

而在球形空洞表面（$r = R$）的点缺陷浓度为

$$C(R, t) = C_R \tag{5.70}$$

C_R 的值取决于反应的过程。对于不溶性的气体原子，这个球形就是气泡，则 $C_R = 0$。对于点缺陷是空位或间隙原子的气泡或空洞，$C_R = C_{v,i}^0$，也就是热平衡态的缺陷浓度。

假如缺陷是在俘获体积内均匀地产生的，除空洞球外也不存在其他的阱，则浓度 $C(r,t)$ 通过求解带有一个源项的体扩散方程来确定，即

$$\frac{\partial C}{\partial t} = \frac{D}{r^2} \frac{\partial}{\partial r} \left(r^2 \frac{\partial C}{\partial r} \right) + K_0 \tag{5.71}$$

其中，D 是缺陷的扩散系数（假设与浓度无关），K_0 是由式（5.59）给出的单位体积内缺陷的产生速率。

当固体在点缺陷为可动状态的温度下受到辐照时，粒子被阱俘获而导致的损失被其产生的速率部分补偿，以致浓度随时间缓慢地发生变化（$\frac{\partial C}{\partial t} \approx 0$），式（5.71）可简化成

$$\frac{D}{r^2} \frac{d}{dr} \left(r^2 \frac{dC}{dr} \right) = -K_0 \tag{5.72}$$

受到式（5.69）和式（5.70）边界条件制约的式（5.72）的解为

$$C(r) = C_R + \frac{K_0}{6D} \left[\frac{2\mathscr{R}^3 (r - R)}{rR} - (r^2 - R^2) \right] \tag{5.73}$$

因为在许多情况下俘获体积都比阱要大得多，而且只在非常靠近阱的地方浓度才会快速变化，所以俘获体积被分成两个区域（见图5.12）。区域1内，扩散项要比源项大得多，于是式（5.72）可被近似为

$$\frac{1}{r^2} \frac{d}{dr} \left(r^2 \frac{dC}{dr} \right) = 0 \tag{5.74}$$

它的边界条件是

$$C(R) = C_R \tag{5.75}$$

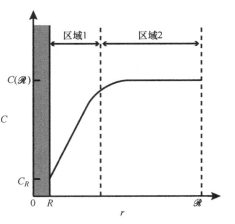

图5.12 在缺陷具有均匀的体产生速率的球形壳体内求解扩散方程时应重点关注的两个区域

$$C(\infty) = C(\mathscr{R}) \tag{5.76}$$

对受到式（5.75）和式（5.76）边界条件制约的式（5.74）求解可得

$$C(r) = C_R + \left[C(\mathscr{R}) - C_R \right] \left[1 - \left(\frac{R}{r} \right) \right] \tag{5.77}$$

在空洞表面的粒子通量由式（5.78）确定。

$$J = -D \left(\frac{\mathrm{d}C}{\mathrm{d}r} \right)_R \tag{5.78}$$

使用式（5.77）可得

$$J = \frac{-D \left[C(\mathscr{R}) - C_R \right]}{R} \tag{5.79}$$

点缺陷被空洞吸收的速率为

$$-(4\pi R^2) J = 4\pi RD \left[C(\mathscr{R}) - C_R \right] \tag{5.80}$$

为了满足俘获体积内产生的点缺陷全被空洞吸收的要求，有

$$\frac{4}{3}\pi (\mathscr{R}^3 - R^3) K_0 = 4\pi RD \left[C(\mathscr{R}) - C_R \right] \tag{5.81}$$

如果 $\mathscr{R}^3 \gg R^3$，式（5.81）所描述的平衡关系变成

$$C(\mathscr{R}) = C_R + \frac{K_0 \mathscr{R}^3}{3RD} \tag{5.82}$$

假设式（5.80）中的 $C(\mathscr{R}) \gg C_R$，用 C 替代 $C(\mathscr{R})$，可以通过将式（5.80）乘以单位体积内的空洞数 ρ_V，得到点缺陷被空洞扩散控制吸收的总速率为

$$吸收率/\mathrm{cm}^3 = 4\pi RD\rho_V C \tag{5.83}$$

于是，点缺陷与半径为 R 的理想球形阱之间的扩散控制反应的速率常数为

$$K_{\mathrm{iV}} = 4\pi RD_{\mathrm{i}}$$
$$K_{\mathrm{vV}} = 4\pi RD_{\mathrm{v}} \tag{5.84}$$
$$k_{\mathrm{V}}^2 = 4\pi R\rho_V$$

其中，K 的下标是指发生反应的缺陷类别，即空位或间隙原子（v，i）和空洞 V。

5.5.2　缺陷 – 位错反应

缺陷和位错间的扩散控制反应的发生，在很大程度上相同于球形阱的情况，但是在圆柱坐标上。考虑到阱的捕获半径为 $\mathscr{R}$，位错密度为 ρ_{d}，定义单元体积为

$$(\pi \mathscr{R}^2) \rho_{\mathrm{d}} = 1 \tag{5.85}$$

扩散方程为

$$\frac{D}{r} \frac{\mathrm{d}}{\mathrm{d}r} \left(r \frac{\mathrm{d}C}{\mathrm{d}r} \right) + K_0 = 0 \tag{5.86}$$

具有以下边界条件，即

$$C(R_{\mathrm{d}}) = C_{R_{\mathrm{d}}} \tag{5.87}$$

$$\left(\frac{\mathrm{d}C}{\mathrm{d}r} \right)_{\mathscr{R}} = 0 \tag{5.88}$$

由此求得

$$C(r) = C_{R_{\mathrm{d}}} + \frac{K_0 \mathscr{R}^2}{2D} \left[\ln \left(\frac{r}{R_{\mathrm{d}}} \right) - \frac{1}{2 \left(\frac{r^2 - R_{\mathrm{d}}^2}{\mathscr{R}^2} \right)} \right] \tag{5.89}$$

类似于图 5.12 中区域 1 内球形阱情况，但是用圆柱几何取代，扩散方程为

$$\frac{1}{r}\frac{\mathrm{d}}{\mathrm{d}r}\left(r\frac{\mathrm{d}C}{\mathrm{d}r}\right) = 0 \tag{5.90}$$

具有以下边界条件，即

$$C(R_{\mathrm{d}}) = C_{R_{\mathrm{d}}} \tag{5.91}$$

$$C(\mathscr{R}) = C \tag{5.92}$$

由此求得

$$C(r) = C_{R_{\mathrm{d}}} + \left[C(\mathscr{R}) - C_{R_{\mathrm{d}}}\right]\frac{\ln(r/R_{\mathrm{d}})}{\ln\left(\dfrac{\mathscr{R}}{R_{\mathrm{d}}}\right)} \tag{5.93}$$

朝向位错线的缺陷流量描述为

$$J = -D\left(\frac{\mathrm{d}C}{\mathrm{d}r}\right)_{R_{\mathrm{d}}} = \frac{-D\left[C(\mathscr{R}) - C_{R_{\mathrm{d}}}\right]}{R_{\mathrm{d}}\ln\left(\dfrac{\mathscr{R}}{R_{\mathrm{d}}}\right)} \tag{5.94}$$

单位长度位错线的吸收速率 $= -(2\pi R_{\mathrm{d}})J$

$$= \frac{2\pi D\left[C(\mathscr{R}) - C_{R_{\mathrm{d}}}\right]}{\ln\left(\dfrac{\mathscr{R}}{R_{\mathrm{d}}}\right)} \tag{5.95}$$

在捕获体积内位错的产生速率　　$= \pi(\mathscr{R}^2 - R_{\mathrm{d}}^2)K_0 \tag{5.96}$

因此，在捕获体积内产生的所有缺陷均被位错捕获，即

$$\frac{2\pi D\left[C(\mathscr{R}) - C_{R_{\mathrm{d}}}\right]}{\ln\left(\dfrac{\mathscr{R}}{R_{\mathrm{d}}}\right)} = \pi(\mathscr{R}^2 - R_{\mathrm{d}}^2)K_0 \tag{5.97}$$

$$C(\mathscr{R}) = C_{R_{\mathrm{d}}} + \frac{K_0\mathscr{R}^2}{2D}\ln\left(\frac{\mathscr{R}}{R_{\mathrm{d}}}\right), \quad \frac{R_{\mathrm{d}}}{\mathscr{R}} \ll 1 \tag{5.98}$$

所以，从式（5.94）中可得，单位体积内位错捕获缺陷的速率 $= \dfrac{2\pi D\rho_{\mathrm{d}}C}{\ln(\mathscr{R}/R_{\mathrm{d}})}$，空位和间隙原子的速率常数为

$$K_{\mathrm{vd}} = \frac{2\pi D_{\mathrm{v}}}{\ln\left(\dfrac{\mathscr{R}}{R_{\mathrm{vd}}}\right)}$$

$$K_{\mathrm{id}} = \frac{2\pi D_{\mathrm{i}}}{\ln\left(\dfrac{\mathscr{R}}{R_{\mathrm{id}}}\right)} \tag{5.99}$$

$$k_{\mathrm{vd}}^2 = \frac{2\pi\rho_{\mathrm{d}}}{\ln\left(\dfrac{\mathscr{R}}{R_{\mathrm{vd}}}\right)}$$

$$k_{\mathrm{id}}^2 = \frac{2\pi\rho_{\mathrm{d}}}{\ln\left(\dfrac{\mathscr{R}}{R_{\mathrm{id}}}\right)} \tag{5.100}$$

注意到，由于捕获半径的差异，空位和间隙原子的结合因子并不相同。间隙原子的捕获半径稍大于空位的捕获半径，这正是间隙原子位错偏差的起源。

5.6 混合速率控制

当反应速率由多个过程的组合所决定时，将发生混合速率控制。此时，可以通过把几个过程速率常数的倒数相加，得到由于扩散和表面附着这两个平行步骤引起的阻力，以此来确定组合过程的速率常数。对于空洞的情况，使用式（5.65）和式（5.84）所给出的速率常数，得到

$$\frac{1}{K_{\text{eff}}} = \frac{1}{K_{\text{reaction}}} + \frac{1}{K_{\text{diffusion}}} \tag{5.101}$$

由此得到有效速率常数为

$$K_{\text{eff}} = \frac{4\pi RD}{1 + \dfrac{a}{R}}, \quad k_{\text{eff}}^2 = \frac{4\pi R\rho_{\text{V}}}{1 + \dfrac{a}{R}} \tag{5.102}$$

对大的球体，$a/R \to 0$，故只需考虑扩散的速率常数。这个结果表明，当球的半径小到接近点阵常数时，只有反应速率对球形阱俘获动力学的限制是重要的。

对于位错，由被看成一个反应速率控制过程的扩散控制过程计算得到的俘获速率为

$$K_{\text{diffusion}} = \frac{2\pi D}{\ln\left(\dfrac{\mathscr{R}}{R_{\text{d}}}\right)} \tag{5.103}$$

$$K_{\text{reaction}} = z_{\text{d}}D$$

由此给出的混合控制的有效速率常数为

$$K_{\text{eff}} = \frac{D}{\dfrac{1}{z_{\text{d}}} + \dfrac{\ln\left(\dfrac{\mathscr{R}}{R_{\text{d}}}\right)}{2\pi}}, \quad k_{\text{eff}}^2 = \frac{\rho_{\text{d}}}{\dfrac{1}{z_{\text{d}}} + \dfrac{\ln\left(\dfrac{\mathscr{R}}{R_{\text{d}}}\right)}{2\pi}} \tag{5.104}$$

考虑到 z_{d} 是半径为 R_{d} 的一个环形面积乘以单位面积的原子数，对 fcc 点阵的（100）面，单位面积的原子数是 $2/a^2$，当 $R_{\text{d}} \approx 0.6\text{nm}$ 和 $a \approx 0.3\text{nm}$ 时，有

$$\frac{K_{\text{reaction}}}{D} = z_{\text{d}} = \frac{2\pi R_{\text{d}}^2}{a^2} = 24 \tag{5.105}$$

如果位错线密度为 10^{10}cm^{-2}，则 $K_{\text{diffusion}}/D = 2\pi/\ln(\mathscr{R}/R_{\text{d}}) = 1.4$。所以，缺陷被位错俘获的过程是由扩散控制的。

5.7 缺陷-晶界反应

正如在第 6 章中将要讨论的，在辐照诱发偏聚（RIS）的情况下，点缺陷与晶界的交互作用是重要的。根据 Heald 和 Harbottle[9] 的分析，晶界的阱强度由一个半径为 a 的球形晶粒来确定，其晶界的缺陷浓度等于热平衡值，它与辐照诱发的缺陷浓度相比可以忽略不计。于是，在晶粒内部，因被阱俘获而导致的缺陷损失由式（5.106）给定。

$$k^2DC = (z_d\rho_d + 4\pi R_V\rho_V)DC \tag{5.106}$$

其中，k^2是由于位错和空洞造成的晶粒内部的阱强度，而扩散方程为

$$\frac{d^2C}{dr^2} + \frac{2}{r}\frac{dC}{dr} + \frac{K_0}{D} - k^2C = 0 \tag{5.107}$$

它的边界条件是 $C(r=a)=0$ 和 $C(r=0)=$ 有限。受到边界条件制约的式（5.107）求解得到

$$C(r) = \frac{K_0}{Dk^2}\left[1 - \frac{a}{r}\frac{\sinh(kr)}{\sinh(ka)}\right] \tag{5.108}$$

而流向晶界的点缺陷总通量 A 由式（5.109）给定。

$$A = -4\pi r^2 D\frac{\partial C}{\partial r}\bigg|_{r=a} = \frac{4\pi K_0 a}{k^2}[ka\cot(ka) - 1] \tag{5.109}$$

采用速率理论的公式化表示，式（5.109）就被写成

$$A = z_{gb}DC_0 \tag{5.110}$$

其中，z_{gb}是单个晶界的阱强度，C_0是在晶粒中心（$r=0$）的缺陷浓度（见图5.13）。

$$C_0 = C(r=0) = \frac{K_0}{Dk^2}\left[1 - \frac{ka}{\sinh(ka)}\right] \tag{5.111}$$

由式（5.109）~式（5.111），可以得到晶界的阱强度 z_{gb}为

$$z_{gb} = 4\pi a\left[\frac{ka\cosh(ka) - \sinh(ka)}{\sinh(ka) - ka}\right] \tag{5.112}$$

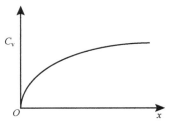

图5.13　空位与晶界之间的扩散控制反应

对于小晶粒和低的阱强度，$ka\to0$，于是，有

$$z_{gb}(ka\to0) = 8\pi a = 4\pi d \tag{5.113}$$

其中，d（$=2a$）是晶粒的直径。如果阱强度很大，$ka\to\infty$，则有

$$z_{gb}(ka\to\infty) = 4\pi ka^2 = \pi kd^2 \tag{5.114}$$

晶界的阱强度是z_{gb}与用单位体积内晶粒数表示的晶粒密度［或 $\rho_{gb} = 6/(\pi d^3)$］的乘积，可得

$$k_{gb}^2(ka\to0) = \frac{24}{d^2}, \quad K_{jgb} = 4\pi D_j d \tag{5.115}$$

$$k_{gb}^2(ka\to\infty) = \frac{6k}{d}, \quad K_{jgb} = \pi kD_j d^2 \tag{5.116}$$

其中，j = i 或 v。

通常，$k^2 \sim 10^{11}\text{cm}^{-2}$，$d > 10^{-3}\text{cm}$，所以式（5.116）是晶界阱强度的一个合适的表达式。事实上，无论何时，只要$(z_d\rho_d + 4\pi R_V\rho_V) > 1/d$，晶界的阱强度都可以由式（5.116）给定。

5.8　共格析出相和溶质

这些偏向性可变的阱，作为捕获空位和间隙原子的陷阱，不像无限阱那样缺陷被吸收后会丧失其特性。空位和间隙原子被陷阱吸引的根源在于陷阱与点阵之间的共格关系所产生的

应变场的释放。共格析出相是指析出相的点阵平面与基体是互相连贯的一种结构，但是，由于点阵参数的不同，在彼此的点阵平面被强制相互匹配的界面处就存在着一个应变场。尺寸偏大或偏小的溶质原子是共格析出相能否得以存在的一个限制性条件。阱的强度受到界面能否保持或捕获一个缺陷的耐久力的限制，直到有一个反缺陷到达并与之湮灭。因此，在此缺陷处既无任何物质的聚集，也不发生热发射。界面确实显示为缺陷的偏向性，而这个偏向性在固体中起着偏向性阱的作用。例如，如果固体中的偏向性阱偏向于间隙原子，则 $k_i^2 > k_v^2$，于是陷阱的界面将获得比间隙原子稍多一些的空位。这些过量的空位又会导致阱的表面成为（与空位比较）对间隙原子更为有效的阱。两者对陷阱的偏向性记作 Y_v 和 Y_i，Brailsford 和 Bullough[10]，以及 Olander[3]对这些偏向因子有过详细的分析，而空位和间隙原子在阱处的吸收速率由式（5.117）给定。

$$A_v^{CP} = 4\pi R_{CP} D_v C_v \rho_{CP} Y_v = K_{vCP} C_v \rho_{CP}$$
$$A_i^{CP} = 4\pi R_{CP} D_i C_i \rho_{CP} Y_i = K_{iCP} C_i \rho_{CP}$$
$$(5.117)$$

如果在陷阱处不可能有稳态的缺陷聚集，就不会有任何净的物质流进或流出阱，此时有

$$4\pi R_{CP} \rho_{CP} D_v C_v Y_v = 4\pi R_{CP} \rho_{CP} D_i C_i Y_i \qquad (5.118)$$

所以

$$Y_i = \frac{D_v C_v}{D_i C_i} Y_v \qquad (5.119)$$

速率常数和阱强度为

$$K_{vCP} = 4\pi R_{CP} D_v Y_v , \quad k_{vCP}^2 = 4\pi R_{CP} \rho_{CP} Y_v$$
$$K_{iCP} = 4\pi R_{CP} D_i Y_i , \quad k_{iCP}^2 = 4\pi R_{CP} \rho_{CP} Y_i$$
$$(5.120)$$

所以，不一样的偏向性阱扮演着一个有趣的角色，当在块体中点缺陷对不同阱强度显示出相对不同的响应时，它们调节着各自吸引点缺陷的优先选择性。

表 5.2 列出了各种缺陷-缺陷和缺陷-阱之间反应的速率常数。

表 5.2　各种缺陷-缺陷和缺陷-阱之间反应的速率常数

反应的种类		速率常数	阱的强度	正文内的公式编号
v + v		$K_{2v} = \dfrac{z_{2v} \Omega D_v}{a^2}$	—	式（5.58）
i + i		$K_{2i} = \dfrac{z_{2i} \Omega D_i}{a^2}$	—	式（5.58）
v + i		$K_{iv} = \dfrac{z_{iv} \Omega D_i}{a^2}$	—	式（5.61）
v，i + 空洞	反应速率控制	$K_{vV} = \dfrac{4\pi R^2 D_v}{a} \quad K_{iV} = \dfrac{4\pi R^2 D_i}{a}$	$k_{vV}^2 = k_{iV}^2 = \dfrac{4\pi R^2 \rho_V}{a}$	式（5.65）
	扩散控制	$K_{vV} = 4\pi R D_v \quad K_{iV} = 4\pi R D_i$	$k_{vV}^2 = k_{iV}^2 = 4\pi R \rho_V$	式（5.84）
	混合速率控制	$K_{vV} = \dfrac{4\pi R D_v}{1 + \dfrac{a}{R}} \quad K_{iV} = \dfrac{4\pi R D_i}{1 + \dfrac{a}{R}}$	$k_{vV}^2 = k_{iV}^2 = \dfrac{4\pi R \rho_V}{1 + \dfrac{a}{R}}$	式（5.102）

（续）

反应的种类		速率常数	阱的强度	正文内的公式编号
v, i + 位错	扩散控制	$K_{vd} = \dfrac{2\pi D_v}{\ln\left(\dfrac{\mathscr{R}}{R_{vd}}\right)}$ $\quad K_{id} = \dfrac{2\pi D_i}{\ln\left(\dfrac{\mathscr{R}}{R_{id}}\right)}$	$k_{vd}^2 = \dfrac{2\pi\rho_d}{\ln\left(\dfrac{\mathscr{R}}{R_{vd}}\right)}$ $\quad k_{id}^2 = \dfrac{2\pi\rho_d}{\ln\left(\dfrac{\mathscr{R}}{R_{id}}\right)}$	式（5.99） 式（5.100）
	反应速率控制	$K_{vd} = z_{vd}D_v \quad K_{id} = z_{id}D_i$	$k_{vd}^2 = z_{vd}\rho_d \quad k_{id}^2 = z_{id}\rho_d$	式（5.67）
	混合速率控制	$K_{vd} = \dfrac{D_v}{\dfrac{1}{z_{vd}} + \dfrac{\ln\left(\dfrac{\mathscr{R}}{R_{vd}}\right)}{2\pi}}$ $\quad K_{id} = \dfrac{D_i}{\dfrac{1}{z_{id}} + \dfrac{\ln\left(\dfrac{\mathscr{R}}{R_{id}}\right)}{2\pi}}$	$k_{vd}^2 = \dfrac{\rho_d}{\dfrac{1}{z_{vd}} + \dfrac{\ln\left(\dfrac{\mathscr{R}}{R_{vd}}\right)}{2\pi}}$ $\quad k_{id}^2 = \dfrac{\rho_d}{\dfrac{1}{z_{id}} + \dfrac{\ln\left(\dfrac{\mathscr{R}}{R_{id}}\right)}{2\pi}}$	式（5.104）
v, i + 晶界	扩散控制	$K_{vgd} = 4\pi D_v d \quad K_{igb} = 4\pi D_i d$ $K_{vgd} = \pi k D_v d^2 \quad K_{igb} = \pi k D_i d^2$	$k_{gd}^2 = 24/d^2,\ d < 10^{-3}$ cm $k_{gd}^2 = 6k/d,\ d > 10^{-3}$ cm	式（5.115） 式（5.116）
v, i + 共格析出相		$K_{vCP} = 4\pi R_{CP}D_v Y_v,$ $K_{iCP} = 4\pi R_{CP}D_i Y_i$	$k_{vCP}^2 = 4\pi R_{CP}\rho_{CP}Y_v,$ $k_{iCP}^2 = 4\pi R_{CP}\rho_{CP}Y_i$	式（5.120）

5.9 点缺陷的回复

当辐照过的材料被退火时，它们将呈现几个阶段或温度区间，分别对应于缺陷因相互湮灭或因扩散至阱而导致的损失。试验研究中采用等时退火，接着在低温下通过电阻率测量来表征主要的缺陷回复过程。辐照和电阻率测量都是在低温（如4K）下进行，因为在此温度下缺陷为不可动的，热散射对电阻率的贡献也最小。退火试验中任何一个给定阶段的外观表现取决于所用的时间和温度，常常更取决于辐照的时间和温度。因此，它们无法被精确地确定。

因为电阻率正比于辐照产生的所有点缺陷的总浓度，所以，单位辐照剂量引起的电阻率增量就是在给定辐照温度下所产生的稳定缺陷浓度的一个度量。于是，测量作为辐照温度函数的电阻率变化 $\Delta\rho$ 就提供了缺陷反应动力学的相关信息。例如，如果发生了空位与间隙原子的组合，接着就会出现 $\Delta\rho$ 随温度的下降。图5.14是在4K下电子辐照的纯铜中，用分数表示的缺陷浓度随温度的变化（$\Delta\rho/\Delta\rho_0$正比于N/N_0）。注意：退火过程有5个主要的阶段。

基于单个间隙原子模型，阶段 I 相应于 SIA 迁移的开始。事实上，阶段 I 由5个子阶段 $I_A \sim I_E$ 组成，如图5.15所示。铜的阶段 I 退火的详细情况见表5.3。较低温度下的几个子阶段（I_A、I_B 和 I_C）都是因为互相靠近的几个 Frenkel 对的崩塌。也就是说，如果离得足够远而无法脱开彼此吸引力的空位-间隙原子对将不发生复合，因此间隙原子只会与它配对的空位复合。不同阶段（I_A、I_B 和 I_C）之间的差别，可能是由于点阵中交替的间隙结构或由于它们分离的方向不同而引起的。

阶段 I_D 和 I_E 是由于间隙原子的长程迁移导致的复合而出现的。阶段 I_D 是由于间隙原子与在同一位移事件中产生的空位发生关联性复合而出现的。阶段 I_E 则是由于间隙原子与不同位移事件中产生的空位发生非关联性复合而出现的。在这些情况下，回复可能由几十个或

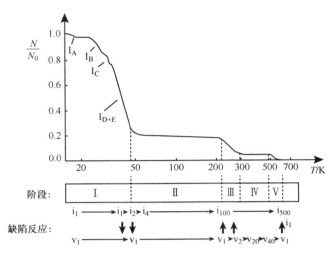

图 5.14　在电子辐照后的纯铜中退火的各个阶段和缺陷反应[11]

注：i_1 和 v_1 分别表示单个间隙原子和空位，而 i_2 和 v_2 为双间隙原子和双空位。

几百个跳跃所组成。当 Frenkel 对的密度足够小，以致间隙原子到一个不同位移事件中产生的空位之间的平均距离大大超过它与同一位移事件中产生的空位之间的平均距离时，可以观察到阶段 I_D 和 I_E。注意：间隙原子的团簇化也会与复合一起发生，这与阶段 I 的末尾尚有一些间隙原子得以留存下来，以及在此阶段的回复不完全都是有关系的。

阶段 II 的回复体现了小尺寸间隙原子团簇和 SIA - 杂质团簇的迁移和长大，在铜中，这一阶段发生在 50 ~ 200K 的温度范围内。阶段 II 的电阻率改变得最小，这说明了杂质在此阶段的重要性。杂质也可能捕获间隙原子，从而延迟了团簇化反应。在不纯的材料中，或者当纯材料受到了来自 SIA - 杂质团簇的掺杂时，阶段 II 也会比较明显。

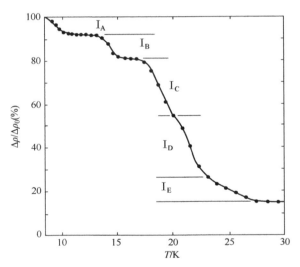

图 5.15　在 4.5K 下用 3MeV 电子辐照到 $\Delta\rho_0 = 4 \times 10^{-9}\ \Omega\cdot cm$ 的铂试样的等时退火曲线[11]

注：对每个 $\Delta T/T = 3.5\%$ 的温度阶梯而言，
等时退火的时间都是 20min。

表 5.3　铜的阶段 I 退火[12]

子阶段序号	I_A	I_B	I_C	I_D	I_E
温度/K	16	28	32	39	53
激活能/eV	0.05	0.085	0.095	0.12	0.12
反应次序	1	1	1	1	1
跳跃数	1	1	1	10	10^4
杂质的影响	—	小的下降	—	大的下降	大的下降

（续）

子阶段序号	I_A	I_B	I_C	I_D	I_E
剂量的影响	—	—	—	—	移动到较低的温度（T）
下降中的 e^- 能量	增高		降低		增高

在阶段Ⅲ中，空位发生迁移，并在间隙原子团簇处湮灭。空位的迁移也造成了空位的聚集，并在阶段Ⅲ的末尾让一些由小尺寸的空位团簇和较大的间隙原子环所组成的缺陷保留了下来。在阶段Ⅳ中，空位团簇长大到像小的空洞那样的尺寸，可以在透射电子显微镜中观察到。杂质也会影响到空位的团簇化，并使得阶段Ⅳ的回复过程发生变化。阶段Ⅴ对应于空位团簇的热分解，接着空位在间隙原子环处湮灭，以致到了阶段Ⅴ的末尾，所有的辐照损伤终将完全被排除。

发生在阶段Ⅲ之后的那些特别的过程未必都很确定，其中有几个理由。在一些金属（如铝、铂、金）中，阶段Ⅲ之后回复就完全了，因为显然有如此大量的可动空位在间隙原子团簇处损失了，以致残留的空位团簇就不可能大得足以在阶段Ⅲ中保留下来。电子辐照不太容易形成多重缺陷的结构，所以阶段Ⅳ和阶段Ⅴ也难以确定。缺陷的团簇较容易由中子或离子辐照形成，它们产生了大的缺陷级联，其中空位核心与间隙原子壳层的分离会增强缺陷集聚的反应。在此情况下，有份额大得多的空位和间隙原子会在阶段Ⅰ和阶段Ⅲ中分别被保留下来。这也意味着退火的行为是与辐照粒子有关的。而且，辐照所产生和演变的团簇几何形态的多样性也造就了它们与许多回复途径相关的非常复杂的微观结构。

专用术语符号

A——缺陷向阱的流动速率

a——点阵常数，也可以是"晶粒半径"

C——浓度

C_{giL}——可动的单个间隙原子团簇浓度

C_{iv}——间隙原子、空位的浓度

C_R——空洞边界处的空位浓度

C_s——阱的浓度

d——晶粒直径

D_{rad}——照辐增强的扩散系数

D_{th}——热扩散系数

D_m——弹道混合的扩散系数

D_0^y——借助于 y（缺陷）的扩散系数中的指数前因子

D_x^y——借助于 y（缺陷）的 x 类别（缺陷或原子）的扩散系数

E_m^y——缺陷 y 的迁移能

f——相关系数

i——间隙原子

v——空位

s——阱

J_x——穿越标记平面的 x 原子或缺陷的流量（通量）

k——玻耳兹曼常数

k_{jX}^2——阱 X 对缺陷 j 的（吸引）强度

K_0——缺陷的产生速率

K_{gb}——缺陷 - 晶界交互作用的速率常数

K_g——间隙原子与可动的单个间隙原子环交互作用的速率常数

K_{giL}——可动的单个间隙原子环的产生速率

K_{id}——间隙原子 - 位错交互作用的速率常数

K_{iv}——空位 - 间隙原子（重新）复合的速率常数

K_{is}——间隙原子 - 阱反应的速率常数

K_{vd}——空位 - 位错交互作用的速率常数

K_{vs}——空位 - 阱反应的速率常数

K_v^2——双空位形成的速率常数

L_v——热空位产生项

N——原子份额

r_{iv}——空位 - 间隙原子复合半径

r_{is}——间隙原子 - 阱复合半径

r_{vs}——空位 - 阱复合半径

P——阱的湮灭概率

P_{2v}——每秒形成一个双空位的概率

P_x——每秒一个空位跳跃进入到一个空位的最近邻位置的概率

R_d——位错核心的半径

R_{id}——间隙原子与位错之间的反应速率

R_{vd}——空位与位错之间的反应速率

R_{2v}——双空位的形成速率

$\mathscr{R}$——一个球形阱周围的元胞或俘获体积的半径

t——时间

T——温度

T_c——由式（5.50）定义的临界温度

ν_2——双空位的记号

z_{gb}——单个晶界的阱强度

z_{xy}——x 和 y 之间反应的组合数

$\varepsilon_{i,v}$——团簇化了的间隙原子、空位的份额

ε_r——级联过程中缺陷复合的份额

φ——粒子的通量

ρ_d——位错密度

η——式（5.45）定义的参数

σ_s——微观散射截面

τ_x——过程的时间常数

ω——跳跃频率

Ω——原子体积

ξ——产生的效率项

A——作为下标，代表原子

CP——作为下标，代表共格析出相

d——作为下标，代表位错

g——作为下标，代表可动的

gb——作为下标，代表晶界

giL——作为下标，代表可动的间隙原子环

i——作为上标或下标，代表间隙原子

m——作为下标，代表迁移

Rad——作为下标，代表处于辐照下

r——作为下标，代表复合

R——作为下标，代表空洞半径

s——作为下标，代表阱

V——作为下标，代表空洞

v——作为上标或下标，代表空位

习　　题

5.1　辐照期间点缺陷浓度的增长可由下式表示：

$$\frac{\mathrm{d}C_v}{\mathrm{d}t} = K_0 - K_{iv}C_iC_v - K_{vs}C_vC_s + \nabla \cdot (D_v\nabla C_v)$$

$$\frac{\mathrm{d}C_i}{\mathrm{d}t} = K_0 - K_{iv}C_iC_v - K_{is}C_iC_s + \nabla \cdot (D_i\nabla C_i)$$

如果辐照的是一个不存在缺陷的单晶体，如何简化这些方程？在此情况下，空位和间隙原子浓度之间是什么关系？如果以一个含有缺陷的试样开始，空位和间隙原子的浓度是否会不一样？

5.2　对于500℃下辐照的纯镍，完成以下问题。

① 计算空位和间隙原子的稳态浓度，已知条件如下。

$K_0 = 5 \times 10^4\,\mathrm{dpa/s}$　　$\Delta H_m^v = 0.82\,\mathrm{eV}$　　$C_s = 10^9\,\mathrm{cm}^{-3}$　　$\Delta H_m^i = 0.12\,\mathrm{eV}$

$r_{iv} = r_{is} = r_{vs} = 10a$　　$\Delta S_m^v = \Delta S_m^i = 0$　　$\nu = 10^{13}\,\mathrm{s}^{-1}$　　$a = 0.352\,\mathrm{nm}$

② 如果位错密度为$10^{12}\,\mathrm{cm}^{-2}$，试确定什么温度下得以通过在固定的阱处的相互复合实现退火。

5.3　一根半径$R = 10\,\mathrm{nm}$而长度$L \gg R$的理想单晶铜丝（圆柱体）在400℃下被辐照，只有表面是它的阱。

① 假定复合过程可忽略，试在稳态下，对$x =$间隙原子或空位求解扩散方程：$\partial C_x/\partial t =$

$K_0 + D_x\nabla^2 C_x$，从而获得空位和间隙原子浓度的变化。在表面处，应使用什么边界条件？在求解方程时，应注意问题的对称性，以便消去$\nabla^2 C_x$表达式中的项。

② 计算在表面处的吸收速率（单位面积和时间内吸收的缺陷数）。（提示：记住$\nabla^2 C_x$是连续的。）

5.4 采用缺陷产生速率K_0和位错阱强度ρ_d计算铜在$T/T_m = 0.5$温度下的稳态辐照增强的扩散系数。

5.5 假设有种金属，其间隙原子－阱和空位－阱的交互作用半径相等。在较低但不可忽略不计的阱密度条件下进行两次辐照。两次辐照的位移速率相同。在第二次辐照中，少量合金化元素的加入使得间隙原子的扩散系数增高了一倍，却没有改变空位的扩散系数。稳态的空位浓度与间隙原子浓度之比将有多大的变化？试从物理学角度解释两次辐照中点缺陷发生了什么。

5.6 一个铝试样在室温（20℃）保温并受到通量为$10^{14} n/(cm^2 \cdot s)$、具有$1MeV$单一能量的中子束辐照。假设俘获半径$r_{iv} = r_{is} = r_{vs}$，全都近似等于$10a$。

① 在多大的阱密度时，缺陷在阱处的湮灭会超过它们相互的复合？

② 铝原子因辐照增强的稳态扩散系数是多少？它与未经辐照时的扩散系数相比如何？

③ 试验证在②中计算的结果是否确实代表稳态条件，即$dC_v/dt = dC_i/dt = 0$。

5.7 一个无缺陷的铝晶体受到位移速率为$10^{-5} dpa/s$的辐照。

① 分别计算$T = 100℃$和$500℃$时稳态的点缺陷浓度。

② 一旦达到了稳态，立即停止辐照。试计算复合的时间常数随温度的变化。

③ 人们想要测量辐照过的铝中缺陷的浓度，假如辐照过程耗时$100s$。试确定在多大的温度范围内，缺陷浓度能在这段时间内保持在辐照结束时数值的1%以内。假设缺陷的复合因子$z = 500$。

5.8 遵循点缺陷向球形阱扩散速率的分析，推导一个位错周围空位浓度分布的表达式。什么是空位被位错捕获的速率？

5.9 对fcc点阵的镍，确定空位被位错捕获是扩散控制的过程还是反应速率控制的过程？而间隙原子被位错捕获又是什么过程呢？已知：z_d是位错周围（由捕获半径确定的）环形面积乘以单位面积原子数；r_{vd}（空位的捕获半径）$= 0.6nm$；r_{id}（间隙原子的捕获半径）$= 0.7nm$；$\rho_d = 10^{10} cm^{-2}$。

5.10 已知$v + s \rightarrow s$过程的时间常数$\tau_3 = (K_{vs} C_s)^{-1}$。在足够高的温度下，空位是可动的，以致$v + v \rightarrow v_2$反应有可能使得空位浓度不再随时间增加。如果因为形成双空位而使空位消耗的速率为$K_{vv} C_v^2$，试确定稳态启动的时间常数。

5.11 一个具有低阱密度（$\tau_1 < \tau_2$）的fcc铜试样在低温（$T/T_m = 0.3$）下受到辐照，直到达到稳态为止。随后，所有阱瞬间消失而到达一个新的稳态。试确定两个稳态之间C_v和C_i变化的大小。

5.12 试解释观察到的如下一些现象的原因（或是可能的原因）：

① 若辐照通量一样，当铜试样受到$1MeV$铜离子辐照时，表面的位移速率是受到$1MeV$质子辐照时的1000倍，为什么？

② 采用$3MeV$硼离子对铜进行散射试验时发现，它与采用卢瑟福散射公式计算的结果很不一致，为什么？

③ 采用 2MeV 氦离子对铜单晶进行辐照，发现散射的产额只是辐照多晶样品时的 5%，为什么？

④ 对金属采用高通量的中子辐照并不产生原子扩散系数可测量得到的增加，为什么？

⑤ 将两块金属压在一起并加热到 $0.5T_m$。观察到在界面处金属原子发生相互混合。在尝试确定哪种缺陷造成互混时发现，空位占的 100% 原子互混。这是正确的还是错误的？为什么？

5.13　两位工程师在争论，怎样可以检测到辐照期间所产生的高点缺陷浓度对 500℃ 下镍的形变速率。工程师 1 认为，人们可以在相应温度下将试样辐照到合适的通量，然后从反应堆取出，再加热到一定温度后测量。工程师 2 则坚持认为，停止辐照后点缺陷浓度几乎会立即衰减，所以必须在原位检测。哪一位是对的？为什么？（提示：只需考虑最慢的缺陷，忽略点缺陷的复合，还要考虑唯一存在的阱是位错，其浓度为 $10^9\,\mathrm{cm}^{-2}$，D_v^{Ni}（500℃）$\approx 10^{-8}\,\mathrm{cm}^2$，$a \approx 0.3\mathrm{nm}$。）

5.14　假设一个含有缺陷阱的固体在只有空位可动的 T_0 温度下被辐照。

① 对高阱密度的情况，试估算阱对间隙原子湮灭有贡献的时间 t_1（忽略缺陷的复合）。

② 对低阱密度的情况，试估算复合对空位湮灭有贡献的时间 t_2（忽略阱的作用）。

③ 说明为了强行使得 $t_1 = t_2$，可以对辐照过程或对材料的微观组织做些什么改变？

假设存在一个准稳态，分别在① 的 t_1 和② 的 t_2 开始。

5.15　请说明对于在低温（$T/T_m < 0.2$）下受到中子辐照的一个低阱密度的金属，当阱贡献于间隙原子的湮灭时，随时间变化的空位和间隙原子浓度可以写成以下形式：

$$C_v = (K_0 K_{is} C_{st}/K_{iv})^{1/2}$$

$$C_i = [K_0/(K_{iv}K_{is}C_{st})]^{1/2}$$

提示：将这种情况视为介于准稳态和稳态之间的情况，使得 $\mathrm{d}C_i/\mathrm{d}t < 0$ 和 $\mathrm{d}C_v/\mathrm{d}t > 0$，并将点缺陷平衡方程组写为不等式形式。

5.16　作为辐照增强扩散试验的一部分，两个双层的低阱密度试样在低温下被辐照。如果第二个试样的位移速率是第一个试样的 5 倍，它们辐照增强扩散系数的差别为多少？

参 考 文 献

1. Rothman SJ (1983) Effects of irradiation and diffusion in metals and alloys. In: Nolfi FV (ed) Phase transformations during irradiation. Applied Science Publisher, New York, pp 189–211

2. Sizmann R (1978) The effect of radiation upon diffusion in metals. J Nucl Mater 69(70):386–412

3. Olander DR (1976) Fundamental aspects of nuclear reactor fuel elements, TID-26711-P1. Technical Information Service, Springfield, VA

4. Lam NQ (1975) J Nucl Mater 56:125–135

5. Woo CH, Singh BN (1990) Phys Stat Sol (b) 159:609

6. Woo CH, Singh BN, Heinisch HL (1991) J Nucl Mater 179–181:951

7. Wiedersich H (1986) In: Johnson RA, Orlov AN (eds) Physics of radiation effects in crystals. Elsevier Science, New York, p 237

8. Matteson S, Roth J, Nicolet M (1979) Rad Eff 42:217–226

9. Heald PT, Harbottle JE (1977) J Nucl Mater 67:229–233

10. Brailsford AD, Bullough R (1972) J Nucl Mater 44:121–135

11. Ehrhart P, Robrock KH, Schober HR (1986) Basic defects in metals. In: Johnson RA, Orlov AN (eds) Physics of radiation effects in crystals. Elsevier Science Publishers, Amsterdam, p 3

12. Agullo-Lopez F, Catlow CRA, Towsend PD (1988) Point defects in materials. Academic Press Inc, San Diego, pp 198–203

第Ⅱ部分　辐照损伤的物理效应

第6章

辐照诱发偏聚

高温下辐照的一个影响深远的后果是在金属中溶质和杂质元素在空间的重新分布。这个现象导致了接近表面、位错、空洞、晶界和相界区域内合金元素的富集或贫化。图6.1所示为在轻水堆堆芯处约300℃下被辐照到几dpa剂量的300系列不锈钢中，跨越一条晶界两侧的溶质元素浓度分布。可以看到，晶界处Cr、Mo和Fe有明显的贫化，而Ni和Si富集了。晶界处如此剧烈的浓度变化将造成固体局部性能的改变，有可能引发许多会使部件完整性降级的过程。因此，了解辐照诱发偏聚（RIS）对于反应堆的作用是十分重要的。

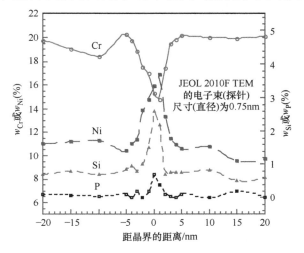

图6.1 在轻水堆堆芯处约300℃下被辐照到几dpa剂量的300系列不锈钢中，晶界附近Cr、Ni、Si和P的辐照诱发偏聚[1]

最早由Anthony[2]在1972年提出，后来由Okamoto和Weidersich[3]在1973年观察到，RIS源于缺陷流动和合金元素流动之间的耦合。辐照产生了点缺陷和缺陷团簇，它们在整个材料中是近似随机分布的。那些可动且未被复合的缺陷，在位错、晶界和其他缺陷阱处被接纳而重新回到了晶体点阵之中。如第5章所示，点缺陷流向了那些在空间分立着的阱。因为原子经由缺陷的途径而移动，所以原子的流动也就与缺陷的流动相关。任何缺陷与某一特殊合金化组元的优先组合，和/或在缺陷的扩散过程中某一组元的优先参与，都将导致该合金化元素的净流动与缺陷的流动相耦合。元素的流动造成了它在缺陷附近的积累或贫化，并由此导致了在原先均匀的合金相中的浓度梯度。浓度梯度又诱发了偏聚元素的反向扩散，这样一旦由缺陷驱动的合金元素流动与扩散驱动的反向扩散之间达到平衡，一种准定常态就可能被建立起来。

图6.2所示为高温下受辐照的50%A–50%B二元合金中辐照诱发偏聚过程的示意图。正如第5章所述，空位和间隙原子向晶界的流动，导致了晶界浓度分布的形成。在空位的情况下（见图6.2a），空位向晶界的流动被原子在相反方向的流动所平衡。可是，如果空位的流动中A原子的参与大于它在合金中的摩尔分数（此时B原子的参与就少了），于是在晶界处就会有A的净损失和B的净增多，从而产生了浓度的梯度（见图6.2c）。下面考虑间隙原子，它们向晶界的流动也构成了A和B原子的流动。在间隙原子的流动中，如果B原子

的参与大于它在合金中的摩尔分数（这样，A 原子的参与就必然少于它在合金中的摩尔分数），于是就会造成晶界处 B 原子的净增加和相应的 A 原子的净减少。这些过程如图 6.2b 所示。这个例子说明，空位和间隙原子向晶界的流动，都会导致一个合金元素的净堆积和另一个合金元素相应的贫化。当两个过程都在发生的时候，元素 A 是富集了还是贫化了，取决于原子与这个或那个缺陷流动的耦合关联性的相对程度。

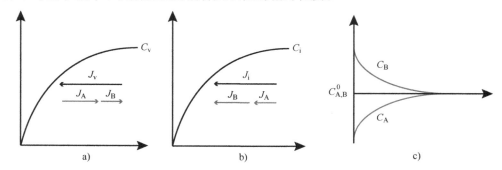

图 6.2　50% A – 50% B 二元合金系统中辐照诱发偏聚过程的示意图

a）空位向晶界的流动（J_v）与总数相等而反向流动的 A 原子和 B 原子流动相平衡（$J_v = J_A + J_B$）时的空位浓度分布　b）间隙原子向晶界的流动（J_i）与总数相等而同向流动的 A 原子和 B 原子以间隙原子的身份迁移相平衡（$J_i = J_A + J_B$）时的间隙原子浓度分布　c）由此产生的 A 原子和 B 原子的浓度分布

本章将重点关注在浓的二元和三元合金系统中的 RIS，探索 RIS 与温度、剂量和剂量率的关系。

6.1　浓二元合金中的 RIS

为了将"浓"合金区别于"稀"合金，假定"浓合金"是指其中置换溶质的浓度高于百分之几。下面将谈到的偏聚模型也完全适用于描述那些原子尺寸差别很大的合金体系，还包括了对"稀溶液"中存在的尺寸偏小的组元的限制。

由 Wiedersich[4] 开发的溶质偏聚模型如下。接下来，将考虑一个随机分布在整个固体中的 A 和 B 两元素组成的二元固溶体。在辐照作用下，按照点缺陷平衡方程组，局部的空位和间隙原子的浓度随时间发生了变化，即

$$\frac{\partial C_v}{\partial t} = -\nabla \cdot J_v + K_0 - R$$

$$\frac{\partial C_i}{\partial t} = -\nabla \cdot J_i + K_0 - R$$

(6.1)

其中，$-\nabla \cdot J_v$ 和 $-\nabla \cdot J_i$ 分别是空位和间隙原子通量的离散度，K_0 是 Frenkel 对产生的速率，而 $R = K_{iv} C_i C_v$ 是空位和间隙原子复合的速率。还应注意：为了简单起见，已经把矢量符号省略了，因此仍然应当始终关注它们的方向。在没有阱的情况下，式（6.1）与式（5.1）等同，但含有一个梯度项。合金元素 A 和 B 的守恒方程为

$$\frac{\partial C_A}{\partial t} = -\nabla \cdot J_A$$

$$\frac{\partial C_B}{\partial t} = -\nabla \cdot J_B$$

(6.2)

式（6.1）和（6.2）中缺陷和原子（移动）的通量是因为受到了化学势梯度产生的力的作用。事实上，这些方程应当对化学势求解，然而为了方便起见，将利用通量与浓度梯度之间的关系。原子和缺陷之间的耦合则基于简单的物理模型。注意：在自离子轰击的情况下，还需要将一个由注入元素的浓度引起的产生项包括进来。

假设 A 原子和 B 原子的扩散运动只是由于空位的流动或是间隙原子的跳跃而发生的。原子和缺陷流动之间重要的一类耦合方式是间隙原子的流动驱动了处于点阵位置 A 原子和 B 原子的流动，其数量和方向均与间隙原子的流动相等，穿越任意一个固定的点阵平面或称"标识晶面"，即

$$J_i = J_A^i + J_B^i \tag{6.3}$$

类似地，如果是空位的流动驱动着 A 原子和 B 原子的流动，则其数量相等但方向相反地穿越"标识晶面"，即

$$J_v = -(J_A^v + J_B^v) \tag{6.4}$$

式（6.3）、式（6.4）及此后使用的标记中，下标是指所考虑的那个通量的类别，而上标则是因其驱动而发生流动、并与之互补耦合的那个类别。一般来说，空位和间隙原子通过与 A 原子和 B 原子耦合而流动的通量的分配将不会与合金中元素的摩尔分数 N_A 和 N_B 的比例相同。这就是说，如图 6.2 及相关表述所示，空位有可能优先通过 A 原子耦合而迁动，而间隙原子则优先通过 B 原子耦合而迁动。

原子和缺陷的通量可以采用偏扩散系数，通过各自类别的梯度来表达，即

$$D_A^v = \frac{1}{6}\lambda_v^2 z_v N_v \omega_A^v f_A^v \tag{6.5}$$

其中，ω_A^v 是 A 原子与在其一个邻近的位置上的空位发生互换的跳跃频率，N_v 是空位的原子份额，z_v 是 A 原子的最近邻数，而 λ_v 是跳跃距离。f_A^v 项是 A 原子被空位迁动的相关因子，该因子考虑到了在初始跳跃后 A 原子会有高于随机概率的跳跃概率，使得 A 原子在后续的跳跃中具有与其初始跳跃相反方向位移的分量。在合金中，f 与合金成分密切相关，但为简化起见，在下面的推导中将它忽略，则

$$D_A^v = \frac{1}{6}\lambda_v^2 z_v N_v \omega_A^v \tag{6.6}$$

而通过与 A 原子耦合的空位偏扩散系数为

$$D_v^A = \frac{1}{6}\lambda_v^2 z_v N_A \omega_v^A \tag{6.7}$$

注意：$\omega_A^v = \omega_v^A = (\omega_{Av})$，因为无论哪个跳跃频率都包含着一个给定的 A 原子 – 空位对的交换。将这些因子组合到式（6.6）和式（6.7）（现在两式变得一样了）的等号右侧，则扩散系数被定义为

$$d_{Av} = \frac{1}{6}\lambda_v^2 z_v \omega_{Av} \tag{6.8}$$

于是，有

$$D_A^v = d_{Av} N_v$$
$$D_v^A = d_{Av} N_A \tag{6.9}$$

对于 B 原子，其互补方程由式（6.10）给定。

$$D_B^v = d_{Bv} N_v$$
$$D_v^B = d_{Bv} N_B \qquad (6.10)$$

同时，有

$$d_{Bv} = \frac{1}{6} \lambda_v^2 z_v \omega_{Bv} \qquad (6.11)$$

其中，ω_{Bv} 是 B 原子 – 空位对的有效交换 – 跳跃频率，它包含着一个将空位与 B 原子之间可能的键合或排斥考虑进去的因子。

假如迁动都借助于间隙原子机制而发生，那么通过与间隙原子耦合时 A 原子和 B 原子的偏扩散系数和通过与元素耦合时间隙原子的偏扩散系数将具有相似性，即

$$D_A^i = \frac{1}{6} \lambda_i^2 z_i \omega_A^i \qquad (6.12)$$

式（6.12）与式（6.6）类似。可是，此时却忽略了一个事实，那就是间隙原子的迁动是较为复杂的，因为在任意一次间隙原子跳跃中都有不止一个原子被深深地牵涉其中。因此，间隙原子的偏扩散系数为

$$D_A^i = d_{Ai} N_i$$
$$D_i^A = d_{Ai} N_A \qquad (6.13)$$

以及

$$D_B^i = d_{Bi} N_i$$
$$D_i^B = d_{Bi} N_B \qquad (6.14)$$

d_{Ai} 和 d_{Bi} 的表达式将取决于间隙原子机制，因而将比式（6.8）和式（6.11）更复杂。当把偏扩散系数写成 $D = dN$ 的形式时，进一步假设，尽管因子 N 中存在着空间的依存性，ds 却是与成分无关的。

不同原子和缺陷类别"平均的"或"总的"扩散系数为

$$D_v = d_{Av} N_A + d_{Bv} N_B$$
$$D_i = d_{Ai} N_A + d_{Bi} N_B \qquad (6.15)$$
$$D_A = d_{Av} N_v + d_{Ai} N_i$$
$$D_B = d_{Bv} N_v + d_{Bi} N_i \qquad (6.16)$$

利用偏扩散系数和总扩散系数，可以写出相对于固定在晶体点阵上的坐标系的原子和缺陷通量为

$$J_A = -D_A \chi \nabla C_A + d_{Av} N_A \nabla C_v - d_{Ai} N_A \nabla C_i$$
$$J_B = -D_B \chi \nabla C_B + d_{Bv} N_B \nabla C_v - d_{Bi} N_B \nabla C_i \qquad (6.17)$$
$$J_v = d_{Av} N_v \chi \nabla C_A + d_{Bv} N_v \chi \nabla C_B - D_v \nabla C_v$$
$$= (d_{Av} - d_{Bv}) N_v \chi \nabla C_A - D_v \nabla C_v \qquad (6.18)$$
$$J_i = -d_{Ai} N_i \chi \nabla C_A - d_{Bi} N_i \chi \nabla C_B - D_i \nabla C_i$$
$$= -(d_{Ai} - d_{Bi}) N_i \chi \nabla C_A - D_i \nabla C_i$$

其中，$\chi = 1 + \dfrac{\partial \ln \gamma_A}{\partial \ln N_A} = 1 + \dfrac{\partial \ln \gamma_B}{\partial \ln N_B}$ 考虑到了化学势梯度 A 原子和 B 原子真正的扩散驱动力与浓度梯度的差别，而 γ_A 和 γ_B 是活度系数。J_v 和 J_i 表达式［式（6.18）］的第二个等号是在忽

略了缺陷的存在产生的微小干扰而得到的，于是有 $\nabla C_B = -\nabla C_A$。这个等式描述了由空位和间隙原子机制产生的柯肯德尔效应。这就是说，以相反方向穿过"标识晶面"的 A 原子和 B 原子通量之间的差别是由适当的缺陷通量得以补充的。

接下来，简要地谈谈热力学因子 χ。在描述各个类别 A、B、i 和 v 的通量时，假定它们的流动是由浓度梯度所驱动的，即

$$J_k = -\sum_{j=1} D_{kj} \nabla C_k \tag{6.19}$$

事实上，流动确实是由化学势梯度 μ_k 驱动的，所以应当把式（6.19）写成

$$J_k = -\sum^{j=1} L_{kj} X_k \tag{6.20}$$

其中，L_{kj} 是类别 k 和 j 的传输系数或昂萨格（Onsager）系数，它包含类似式（6.19）中的 D_{kj} 那样的动力学信息，而 X_k 是类别 k 的驱动力，对其扩散流动来说，它就是类别 k 的化学势梯度。L_{kj} 是基础的动力学量，通常，它可以用来预测 RIS 和传输行为。特别有意思的是那些非对角线项 $L_{kj(k \neq j)}$，它们包含着与类别 k 和 j 之间耦合的流通行为有关的动力学信息。这些非对角线项对于理解 RIS 过程是至关重要的，因为它们包括了有关溶质 – 缺陷耦合的信息，如空位的拖曳作用，而这恰恰就是无法从那些对角线项得到的。

对类别 k 的扩散而言，其驱动力 X_k 就是类别 k 的化学势梯度，即

$$X_k = -\nabla \mu_k \tag{6.21}$$

化学势梯度被写成

$$\nabla \mu_k = kT \frac{\nabla C_k}{C_k} \left(1 + \frac{\partial \ln \gamma}{\partial C_k} \right) \tag{6.22}$$

其中

$$\chi = \left(1 + \frac{\partial \ln \gamma}{\partial C_k} \right) \tag{6.23}$$

将 χ 的表达式代入式（6.22）可得

$$\nabla \mu_k = \chi_k \frac{\nabla C_k}{C_k} kT \tag{6.24}$$

再将式（6.24）代入式（6.21），并写成通常的形式，可得

$$X_k = -\chi_k \frac{\nabla C_k}{C_k} kT \tag{6.25}$$

式（6.16）中的 D_A 和 D_B 可以用昂萨格系数写成

$$D_A = kT \left[\left(\frac{L_{AA}^v}{C_A} - \frac{L_{AB}^v}{C_B} \right) + \left(\frac{L_{AA}^i}{C_A} - \frac{L_{AB}^i}{C_B} \right) \right] \chi$$

$$D_B = kT \left[\left(\frac{L_{BB}^v}{C_B} - \frac{L_{AB}^v}{C_A} \right) + \left(\frac{L_{BB}^i}{C_B} - \frac{L_{AB}^i}{C_A} \right) \right] \chi \tag{6.26}$$

而式（6.16）表示的 d_{Av}、d_{Ai}、d_{Bv}、d_{Bi} 等各项又可被写成

$$d_{Av} = \frac{L_{AA}^v + L_{AB}^v}{C_A C_v}, d_{Ai} = \frac{L_{AA}^i + L_{AB}^i}{C_A C_i}$$

$$d_{Bv} = \frac{L_{BB}^v + L_{AB}^v}{C_B C_v}, d_{Bi} = \frac{L_{BB}^i + L_{AB}^i}{C_B C_i} \tag{6.27}$$

其中，下标 i，v 分别表示由间隙原子和空位作为媒介的系数。将式（6.26）和式（6.27）代入式（6.17）和式（6.18），就得到了用 L-系数表示的原子和缺陷通量。L_{kj} 通常无法直接测量，这使得它们难以从试验获得。不过，如果溶质、溶剂、空位和间隙原子的跳跃频率是已知的，那么它们还是可以得到的。回忆一下 4.3.5 小节，多重频率模型可以提供感兴趣的各个类别的跳跃频率，则 L-系数便可根据这些频率加以计算。特定的跳跃频率值可以用从头计算法来确定。参考文献［5］提供了利用从头计算法确定跳跃频率和采用参考文献［6］的方法计算 L-系数的实例。

现在回到确定浓度分布的方法，在式（6.17）与式（6.18）的四个通量方程中，只有三个是独立的，因为穿过"标识晶面"的原子通量和缺陷通量必须平衡，即

$$J_A + J_B = J_v + J \tag{6.28}$$

为了获得原子和缺陷在时间和空间上的分布，必须在合适的初始和边界条件下对式（6.1）和式（6.2）中的一组耦合的偏微分方程求解。将式（6.17）、式（6.18）和式（6.28）中给出的通量插入式（6.1）和式（6.2），得到

$$\frac{\partial C_v}{\partial t} = \nabla \left[-(d_{Av} - d_{Bv})\chi\Omega C_v \nabla C_A + D_v \nabla C_v \right] + K_0 - R$$

$$\frac{\partial C_i}{\partial t} = \nabla \left[(d_{Ai} - d_{Bi})\chi\Omega C_i \nabla C_A + D_i \nabla C_i \right] + K_0 - R \tag{6.29}$$

$$\frac{\partial C_A}{\partial t} = \nabla \left[(D_A\chi \nabla C_A) + \Omega C_A(d_{Ai}\nabla C_i - d_{Av}\nabla C_v) \right]$$

注意，括号里的项正是各个相关类别的通量 J。原子份额 N 已按照 $N = \Omega C$ 被换算成了体积浓度，其中 Ω 是合金的平均原子体积。当少量的缺陷浓度被忽略时，对元素 B 的方程为 $C_B = 1 - C_A$。

假设已经达到了稳态，那么可以对式（6.17）、式（6.18）和式（6.28）的通量方程做出某些定性的结论。在稳态条件下，有

$$J_A = J_B = 0 \tag{6.30}$$

如果忽略固体中缺陷的偏向性效应，由于空位和间隙原子的产生和复合的数量都是相等的，有

$$J_i = J_v \tag{6.31}$$

利用式（6.28）、式（6.30）和式（6.31）把式（6.17）中与 J_A 相关的 ∇C_i 消去，可以得到

$$\nabla C_A = \frac{N_A N_B d_{Bi} d_{Ai}}{\chi(d_{Bi}N_B D_A + d_{Ai}N_A D_B)}\left(\frac{d_{Av}}{d_{Bv}} - \frac{d_{Ai}}{d_{Bi}}\right)\nabla C_v \tag{6.32}$$

式（6.32）是空位浓度梯度与 A 原子浓度梯度之间的关系式。显然，合金组元 A 的梯度方向与空位的梯度方向之间的关系，是由 d_{Av}/d_{Bv} 和 d_{Ai}/d_{Bi} 这两个数值的相对大小决定的。结合式（6.8）和式（6.11），可得到

$$d_{Av} = \frac{1}{6}\lambda_v^2 z_v \omega_{Av}$$

$$d_{Bv} = \frac{1}{6}\lambda_v^2 z_v \omega_{Bv}$$

以及

$$\omega_{Av} = \nu \exp\left(\frac{\Delta S_m^{Av}}{k}\right) \exp\left(\frac{-E_m^{Av}}{kT}\right), \omega_{Bv} = \nu \exp\left(\frac{\Delta S_m^{Bv}}{k}\right) \exp\left(\frac{-E_m^{Bv}}{kT}\right)$$

于是，有

$$\frac{d_{Av}}{d_{Bv}} \approx \exp\left(\frac{E_m^{Bv} - E_m^{Av}}{kT}\right) \tag{6.33}$$

因为 A 和 B 的 ΔS_m 差别很小，类似地，有

$$\frac{d_{Ai}}{d_{Bi}} \approx \exp\left(\frac{E_m^{Bi} - E_m^{Ai}}{kT}\right) \tag{6.34}$$

所以，辐照期间空位的浓度总是随朝向某一个缺陷阱的方向逐渐下降的，而式（6.32）预示，如果 $dA_i/dB_i > dA_v/dB_v$，即如果 A 原子通过间隙原子的优先传输超过了它通过空位的优先传输，则元素 A 会在阱处富集；反之亦然。

案例 6.1　B – 25% A 合金中的偏聚。

以一个 B – 25% A 合金（其中 B = Ni 和 A = Cu）为例，不管是 A 或 B 都不存在与缺陷优先结合的倾向。给定两种成分通过空位和间隙原子迁移的能量值为

$$E_m^{Av} \approx 0.77\,\mathrm{eV} \quad E_m^{Ai} \approx 0.10\,\mathrm{eV}$$
$$E_m^{Bv} \approx 1.28\,\mathrm{eV} \quad E_m^{Bi} \approx 0.15\,\mathrm{eV}$$

于是，由式（6.33）和式（6.34），有

$$\frac{d_{Av}}{d_{Bv}} - \frac{d_{Ai}}{d_{Bi}} = \exp\left(\frac{1.28 - 0.77}{kT}\right) - \exp\left(\frac{0.15 - 0.1}{kT}\right)$$
$$= \exp\left(\frac{0.51}{kT}\right) - \exp\left(\frac{0.05}{kT}\right)$$
$$\gg 0$$

因为 $(d_{Av}/d_{Bv} - d_{Ai}/d_{Bi})$ 为正（> 0），A 原子的浓度梯度也和空位的浓度梯度有同样的趋势，所以 A 原子在阱处贫化。如果这个阱是个自由表面，则 A 原子在表面贫化。如果这个阱是个晶界，则 A 原子在晶界贫化。此时，和通过与间隙原子的耦合相比，会有较多的 A 原子通过与空位的耦合而离开阱。图 6.3 所示为在 500℃温度和 $10^{-3}\,\mathrm{dpa/s}$ 位移速率条件下 A 原子浓度的变化（自由表面附近 A 原子浓度随辐照时间的变化）。注意：A 原子浓度在阱表面处的下降是与贫化区背后 A 原子的集聚相平衡的。随着辐照剂量的增加，贫化区的深度和宽度增大，直到因为巨大的浓度梯度导致了反向（返回）的扩散，并在 $t > 10^4\,\mathrm{s}$ 时建立起"稳态"的条件为止。

6.1.1　耦合偏微分方程的求解

式（6.29）所给出的偏微分方程组系统必须通过数值方法才能求解。通过平面几何或球面几何，都可以得到解。在 Perks 代码[7]中，合金元素的偏聚是在邻近于一个平面处建模的，那是一个诸如晶界或自由表面等的理想点缺陷阱。另一类平面则是远离建模条件的，那是在没有浓度梯度的晶粒中心部位。通过考虑由热或辐照产生的各个类别的流通，该模型计算了主要元素的浓度变化。点缺陷的损失是因为它们相互发生复合，在固定的阱、边界表面

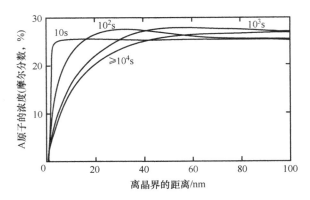

图6.3　在500℃温度和10^{-3}dpa/s位移速率条件下 B – 25% A（B = Ni，A = Cu）合金内表面附近
A 原子的浓度分布随辐照时间的变化[4]

注：$E_m^{Av} \approx 0.77$eV，$E_m^{Ai} \approx 0.10$eV，$E_m^{Bv} \approx 1.28$eV 和 $E_m^{Bi} \approx 0.15$eV。

及均匀和不随时间变化分布的位错处发生湮灭所致。由辐照诱发的微观组织变化的详情难以确切地加以考虑，但是可以通过剂量来调节阱的强度来模拟微观组织中阱的产生和积累增多。

一旦通量得以计算，其离散度就可用于式（6.29）的连续性方程所需要的时间积分。程序对各个类别的浓度独立地进行计算。该方法的优点在于只要把各个浓度求和，计算中的任何误差都将变得显而易见。

内部边界条件是块体材料的"代表性特点"，即不存在原子和缺陷类别的浓度梯度，以致此处各个类别的净通量始终为零。表面或晶界是由辐照作为点缺陷的理想阱而产生的，因而在阱处它们的浓度始终保持在其初始值（$dC_k/dt = 0$）。为了保证固体中的原子数不变，边界处的原子通量全部为零。

6.1.2　间隙原子的键合

那些尺寸偏小的溶质可以紧紧尾随着间隙原子而形成间隙原子 – 溶质复合体，以"溶质间隙原子"的身份进行迁动。6.1 节所述的 RIS 模型可以基于被 A 原子和 B 原子非杂乱占据的间隙原子分别在扩散系数 d_{Ai} 和 d_{Bi} 中加以考虑[4]，以此描述溶质 – 间隙原子的键合。于是，A 间隙原子和 B 间隙原子的浓度表示为

$$C_{Ai} = C_i \frac{C_A \exp\left(\dfrac{E_b^{Ai}}{kT}\right)}{C_A \exp\left(\dfrac{E_b^{Ai}}{kT}\right) + C_B} \tag{6.35}$$

$$C_{Bi} = C_i \frac{C_B}{C_A \exp\left(\dfrac{E_b^{Ai}}{kT}\right) + C_B} \tag{6.36}$$

其中，E_b^{Ai} 是把一个 B 间隙原子转变为一个 A 间隙原子所获得的平均能量。E_b^{Ai} 项被认为是有效的 A 间隙原子结合能。显然，与间隙原子键合的溶质原子必将借助于间隙原子的流入阱而造成它在阱处的富集。

案例 6.2　Ni - Si 合金中通过间隙原子键合发生的偏聚。

在间隙原子与尺寸偏小的原子有着强烈键合倾向的合金体系中，将发生偏聚。试考虑 B - 5%A 合金，其中 B 和 A 分别是 Ni 和 Si，且间隙原子会与 A 原子发生优先的联合。图 6.4 所示为辐照温度为 500℃时计算得到的合金组元 A（Si）的浓度分布。注意：A 原子在表面发生了强烈的偏聚，这可以从式（6.36）的参数中得以理解。已知 $E_m^{Av} = E_m^{Bv} = 1.28\text{eV}$，$E_m^{Ai} = 0.09\text{eV}$，$E_m^{Bi} = 0.15\text{eV}$，而结合能 $E_b^{Ai} = 1.0\text{eV}$，于是，有

$$\frac{d_{Av}}{d_{Bv}} - \frac{d_{Ai}}{d_{Bi}} = 1 - \exp\left(\frac{E_b^{Ai} - E_m^{Ai} + E_m^{Bi}}{kT}\right) < 0$$

由式（6.32）可知，表面强烈富集了 Si。结合能部分来源于 Ni 和 Si 的原子尺寸差别。这里，溶质原子 Si 要小得多，所以按照 6.1.3 小节的论述，Si 被预想会在表面发生偏聚。这样的结果不仅得到了先前计算的支持，也被试验所确认。图 6.5 表明，在适中的温度下受到辐照的 Ni - 1%Si 合金中确实发生了 Si 在表面的偏聚。也应当注意：在 Ni - Si 系统中，Si 的溶解度极限约为 10%（摩尔分数），而 Si 达到了超过其溶解度极限的偏聚程度时可能会导致 Ni_3Si 的析出。因此，辐照诱发偏聚的一个重要结果是它可能导致局部浓度超过溶解度极限并造成第二相的析出。辐照也可能起到稳定第二相（在热力学平衡条件下并不存在）的作用，反之亦然。这些过程将在第 9 章中讨论。

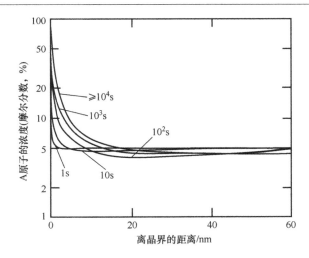

图 6.4　在 500℃温度和 10^{-3}dpa/s 位移速率条件下辐照的 B - 5%A（B = Ni，A = Si）合金内表面附近 A 原子的浓度分布随辐照时间的变化[4]

注：$E_m^{Av} = E_m^{Bv} = 1.28\text{eV}$，$E_m^{Bi} = 0.15\text{eV}$，$E_b^{Ai} = 1.0\text{eV}$，$E_m^{Ai} = 0.09\text{eV}$。

6.1.3　溶质原子尺寸的影响

溶质原子之间尺寸的差别在决定偏聚的程度和方向中起着主要的作用[8]。为了降低点阵中储存的应变能，尺寸偏小的溶质置换原子将优先与间隙位置中的溶剂原子发生交换，而尺寸偏大的溶质原子将趋于留在原位或者返回置换位置。从应变能角度的考虑，也预示了空位将优先地与尺寸偏大的溶质原子交换。因此，在高温辐照期间，尺寸偏小的溶质原子作为

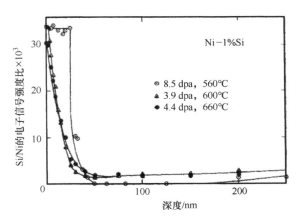

图6.5　在560～660℃温度、10^{-3}dpa/s位移速率条件下，用3.5MeV^{58}Ni$^+$辐照到3.9～8.5dpa剂量后，Ni－1%Si合金试样表面测量到的浓度随深度变化的曲线[8]

间隙原子发生迁动的份额，或者尺寸偏大的溶质原子朝着空位流动的反方向迁动的份额，都有可能大大超过合金中溶质的份额。换句话说，溶质与溶剂原子之间尺寸差异的任何变化都将导致辐照诱发偏聚产生，并朝向阱流动的空位和间隙原子的成分构成均不同于合金的名义成分。在缺陷朝向阱的流动通量中，尺寸错配的溶质原子的这种不成比例的参与势将导致缺陷阱附近尺寸偏小溶质的富集和尺寸偏大溶质的贫化。因为对于空位和间隙原子型两种缺陷来说，受到辐照的固体表面才是它们的不可能饱和的阱，所以在适当温度下进行辐照时，靠近含有错配溶质原子的合金表面区域将形成浓度的梯度。

表6.1列出了若干溶质－溶剂组合的体积错配度及理论预测和试验观察到的在辐照下发生偏聚的方向。注意，正的错配应当导致在阱处的贫化（－），而负的错配引起阱处的富集（＋）。

表6.1　溶质原子尺寸对辐照诱发偏聚的影响[9-11]

溶剂－溶质	体积错配度（%）	预测的偏聚方向	观察到的偏聚方向
Pd－Cu	－20	＋	＋
Pd－Fe	－27	＋	＋
Pd－Mo	－3	＋	＋
Pd－Ni	－26	＋	＋
Pd－W	－2	＋	＋
Al－Ge	－37	＋	＋
Al－Si	－45	＋	＋
Al－Zn	－19	＋	＋
Fe－Cr	＋4	－	－
Mg－Cd	－19	＋	＋
Ti－Al	－3	＋	＋
Ti－V	－26	＋	＋
Ni－Al	＋52	－	－
Ni－Au	＋55	－	－
Ni－Be	－29	＋	＋

（续）

溶剂－溶质	体积错配度（%）	预测的偏聚方向	观察到的偏聚方向
Ni－Cr	+1	－	－
Ni－Ge	－5	+	+
Ni－Mn	+32	－	－
Ni－Mo	+31	－	－
Ni－Sb	+21	－	－
Ni－Si	－16	+	+
Ni－Ti	+57	－	－
Cu－Ag	+44	－	－
Cu－Be	－34	+	+
Cu－Fe	－8	+	+
Cu－Ni	－7	+	+
SS①－Ni	－3	+	+
SS①－Cr	+5	－	－
SS①－Si	－3	+	+
SS①－C	+54	－	－
SS①－Mn	+3	－	－
SS①－Mo	+36	－	－
SS①－Cu	+9	－	－

① SS 指的是 316 不锈钢，采自参考文献［10］。

案例 6.3 Ni－1%Al 合金中由原子尺寸效应驱动的偏聚。

这是 Ni－Al 系统中原子尺寸效应的一个例子。按照表 6.1，在 Ni 点阵中，Al 是尺寸偏大的溶质，E_m^{Al-v} 将小于 E_m^{Ni-v}，因为尺寸偏大的 Al 会优先地与空位发生交换。按照式（6.33）和式（6.34），$d_{Av}/d_{Bv} > d_{Ai}/d_{Bi}$，所以预测 Al 会在表面贫化。事实上，对 510℃ 下辐照到 10.3dpa 和 620℃ 辐照到 10.7dpa 的 Ni－1%Al 合金中 Al 的偏聚测量表明，伴随着表层以下溶质浓度的重新分布，在表面确实存在 Al 的强烈贫化（见图 6.6）。恰恰就在表层以下 Al 的堆积使其浓度超过了溶解度极限并诱发了第二相的形成，这将在第 9 章讨论。

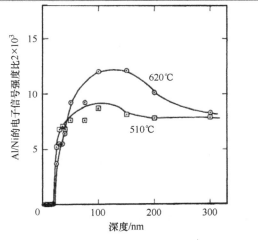

图 6.6 用 3.5MeV⁵⁸Ni⁺ 以试样表面约 10^{-3} dpa/s 的位移速率，在 510℃ 和 620℃ 下分别辐照到 10.3dpa 和 10.7dpa，测量到的 Ni－1%Al 合金中 Al/Si 电子信号强度比随深度的变化[8]

6.1.4 温度的影响

通过对式（6.29）的求解，得到了如图 6.7 所示 B－25%A 合金的 RIS 与温度的关系。

注意：随着温度升高，表层 A 原子浓度的变化变得平坦。这是因为 d_{Av}/d_{Bv} 和 d_{Ai}/d_{Bi} 之间的
差别随温度的升高而下降。图 6.8 显示，
阱表面处的稳态浓度随温度升高经历了穿
越"极小/极大"的变化过程，这可以得
到解释如下：高温下，高的热空位浓度会
导致高的合金元素扩散速率和与缺陷的高
复合率；后者又使得流向阱的缺陷通量下
降，因此溶质偏聚的量也下降；而前者
（即高的合金元素扩散速率）却又增加了
已偏聚合金元素的反向扩散。在低温下，
空位的可动性低，辐照诱发的过量空位浓
度也相应地增高了，以致缺陷的复合占了
支配地位，于是流向阱的缺陷通量下降，
偏聚也就下降。在中间温度下，热空位浓

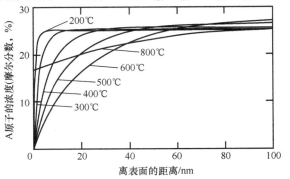

图 6.7　与图 6.3 所示同一 B－25％A 合金
（B = Ni，A = Cu）和相同辐照条件下，A 原子
的稳态浓度分布随温度的变化[4]

度变得不那么重要，辐照诱发的过量空位浓度也相对较低。此时，缺陷的复合率低，因此缺
陷主要向阱流动，便发生了严重的偏聚。

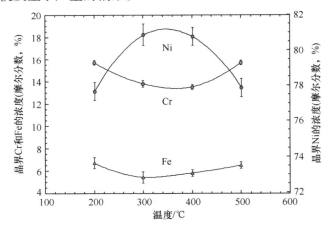

图 6.8　用 3.4MeV 质子，以 7×10^{-6} dpa/s 的位移速率，在 400℃下辐照到
1dpa 的 Ni－18Cr－9Fe 合金中，Ni、Cr 和 Fe 的晶界偏聚随温度的变化[12]

6.1.5　剂量率的影响

剂量率的下降将使得 RIS 随温度变化的曲线向低温方向漂移，如图 6.9 所示。位移率较
低的曲线向较低温方向的漂移，可解释如下。在给定温度下，较低的点缺陷产生率意味着空
位和间隙原子较慢地加入到点阵中去，或者说在时间跨度上会较宽一些。可是，它们的热可
动性并未改变，同时加入点阵中的缺陷数量较少，所以与发生复合的概率相比，它们有较大
的概率可以找到阱（即流动到阱）。因此，在给定温度下，较低的位移率将趋于增加阱的作
用，而不是复合的作用，从而导致了较大程度的偏聚。在高温下，较低的位移率意味着辐照
产生的空位将有较少的冲撞，这样它们对偏聚的作用就会小于高剂量的情况，所以偏聚的程

度也就随剂量率的下降而下降。

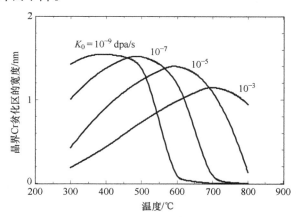

图 6.9　采用 RIS 的 MIK 模型计算的晶界 Cr 贫化随剂量率的变化[13,14]

6.2　三元合金中的 RIS

工程合金很少是简单的二元合金。大多结构合金都含有多种溶质，它们各自在实现合金的性能中起着特殊的作用。因为结构不锈钢主要由 Fe、Cr 和 Ni 组成，所以本书将重现一下辐照下三元合金与时间和空间相关的浓度方程是怎么建立起来的。下面是 Lam 等人[15]对一个含有浓度为 C_A、C_B 和 C_C（单位体积内的原子数）的 A、B、C 组元的三元合金所给出的叙述的浓缩。先按照式（6.37）写出合金中通过 A、B、C 原子而分配到它们中间去的缺陷通量。

$$J_i = J_i^A + J_i^B + J_i^C$$
$$J_v = J_v^A + J_v^B + J_v^C$$
（6.37）

其中，下标表示缺陷通量的类别（i 代表间隙原子，v 代表空位），上标表示借此而发生缺陷流动互补的（原子）类别（即原子 A、B 或 C）。偏间隙原子通量是与相应的原子通量同方向的，而偏空位通量则与原子通量反方向，即

$$J_i^A = J_A^i, \quad J_i^B = J_B^i, \quad J_i^C = J_C^i$$
$$J_v^A = -J_A^v, \quad J_v^B = -J_B^v, \quad J_v^C = -J_C^v$$
（6.38）

而式（6.37）可以写成

$$J_i = J_A^i + J_B^i + J_C^i$$
$$J_v = -(J_A^v + J_B^v + J_C^v)$$
（6.39）

这些方程表示了穿越任意一个固定点阵平面的缺陷和原子通量。

就像缺陷成分那样，合金的成分随时间和空间的变化也可以由"守恒方程"描述，即

$$\frac{\partial C_A}{\partial t} = -\nabla \cdot J_A$$

$$\frac{\partial C_B}{\partial t} = -\nabla \cdot J_B$$
（6.40）

$$\frac{\partial C_C}{\partial t} = -\nabla \cdot J_C$$

其中，J_A、J_B 和 J_C 是合金元素的总通量，它们可以被分配到与之发生流通的空位和间隙原子的偏通量中去。

$$J_A = J_A^v + J_A^i$$
$$J_B = J_B^v + J_B^i \tag{6.41}$$
$$J_C = J_C^v + J_C^i$$

缺陷和原子的通量则用不同类别的浓度梯度表示为

$$J_k^i(\equiv J_i^k) = -D_k^i \chi \nabla C_k - D_i^k \nabla C_i$$
$$J_k^v(\equiv -J_v^k) = -D_k^v \chi \nabla C_k + D_v^k \nabla C_v \tag{6.42}$$

其中，$k = A$、B 或 C，而 χ 是把原子的浓度梯度与化学势梯度联系起来的热力学因子 [见式（6.17）和式（6.18）]，D_k^i 和 D_k^v 分别是 k 原子因与间隙原子和空位耦合而产生的偏扩散系数，而 D_i^k 和 D_v^k 分别是间隙原子和空位因与原子耦合而产生的偏扩散系数。这些偏扩散系数具有如下形式，即

$$D_k^i = d_{kj} N_j$$
$$D_j^k = d_{kj} N_k \tag{6.43}$$

其中，$j = i$ 或 v，$N_j = \Omega C_j$，$N_k = \Omega C_k$ 分别是缺陷和 k 原子的原子份额，Ω 是合金中的平均原子体积，d_{kj} 则是结伴的原子－缺陷对 kj 的扩散率系数。

$$d_{kj} = \frac{1}{6} \lambda_k^2 z_k \omega_{kj}^{\text{eff}} \tag{6.44}$$

其中，λ_k 是跳跃距离，z_k 是配位数，ω_{kj}^{eff} 是原子－缺陷对的有效跳跃或交换频率。于是，间隙原子和空位的总扩散系数可定义为

$$D_i = \sum_k d_{ki} N_k$$
$$D_v = \sum_k d_{kv} N_k \tag{6.45}$$

对于原子，也可写出

$$D_k = d_{ki} N_i + d_{kv} N_v \tag{6.46}$$

对于任意一个合金组元与间隙原子交互作用生成相互束缚着的原子－间隙元素复合体的合金体系来说，间隙位置被考虑是被 A，B，C 原子以与二元体系一样的方式非随机地占据的。对于优先的 A 原子－间隙原子键合，有类似于式（6.35）和式（6.36）的表达式，即

$$C_{Ai} = C_i \frac{C_A \exp\left(\dfrac{E_b^{Ai}}{kT}\right)}{C_A \exp\left(\dfrac{E_b^{Ai}}{kT}\right) + C_B + C_C}$$

$$C_{Bi} = C_i \frac{C_B}{C_A \exp\left(\dfrac{E_b^{Ai}}{kT}\right) + C_B + C_C} \tag{6.47}$$

$$C_{Ci} = C_i \frac{C_C}{C_A \exp\left(\dfrac{E_b^{Ai}}{kT}\right) + C_B + C_C}$$

其中，E_b^{Ai} 是将一个 B – 间隙原子（对）或 C – 间隙原子（对）改变成为一个 A – 间隙原子（对）所获得的平均能量。根据式（6.40）、式（6.42）、式（6.43）、式（6.44）和式（6.37），相当于固定在晶体点阵上的配位系统而言，缺陷和原子的通量为

$$J_i = -(d_{Ai} - d_{Ci})\Omega C_i \chi \nabla C_A - (d_{Bi} - d_{Ci})\Omega C_i \chi \nabla C_B - D_i \nabla C_i$$

$$J_v = (d_{Av} - d_{Cv})\Omega C_v \chi \nabla C_A + (d_{Bv} - d_{Cv})\Omega C_v \chi \nabla C_B - D_v \nabla C_v$$

$$J_A = -D_A \chi \nabla C_A + d_{Av}\Omega C_A \nabla C_v - d_{Ai}\Omega C_A \nabla C_i \qquad (6.48)$$

$$J_B = -D_B \chi \nabla C_B + d_{Bv}\Omega C_B \nabla C_v - d_{Bi}\Omega C_B \nabla C_i$$

$$J_C = -D_C \chi \nabla C_C + d_{Cv}\Omega C_C \nabla C_v - d_{Ci}\Omega C_C \nabla C_i$$

忽略由点缺陷的存在所引起的微小干扰，则 $C_A + C_B + C_C = 1$，$\nabla C_C = -(\nabla C_A + \nabla C_B)$。式（6.48）的 5 个通量中，只有 4 个是独立的，因为穿越一个标识平面的（所有）缺陷和原子的通量必然是平衡的，即

$$J_A + J_B + J_C = J_i - J_v \qquad (6.49)$$

一个用来描述固体中原子和缺陷的空间和时间依存性的 4 个耦合偏微分方程组，可以通过将式（6.48）给出的缺陷和原子通量代入式（6.40）和（6.1）来确定，即

$$\frac{\partial C_v}{\partial t} = \nabla \cdot \left[-(d_{Av} - d_{Cv})\Omega C_v \chi \nabla C_A - (d_{Bv} - d_{Cv})\Omega C_v \chi \nabla C_B + D_v \nabla C_v \right] + K - R$$

$$\frac{\partial C_i}{\partial t} = \nabla \cdot \left[(d_{Ai} - d_{Ci})\Omega C_i \chi \nabla C_A + (d_{Bi} - d_{Ci})\Omega C_i \chi \nabla C_B + D_i \nabla C_i \right] + K - R$$

$$\frac{\partial C_A}{\partial t} = \nabla \cdot \left[D_A \chi \nabla C_A + \Omega C_A (d_{Ai}\nabla C_i - d_{Av}\nabla C_v) \right]$$

$$\frac{\partial C_B}{\partial t} = \nabla \cdot \left[D_B \chi \nabla C_B + \Omega C_B (d_{Bi}\nabla C_i - d_{Bv}\nabla C_v) \right] \qquad (6.50)$$

式（6.50）的数值解是针对一个辐照下的平板试样求得的。晶界被等同于一个自由表面，而且只对单一晶粒进行了计算，这为的是取得问题对称性的优点。初始条件就是合金的热力学平衡。晶界处的条件被确定如下。在晶粒中央，所有的浓度梯度皆取为零。晶界处，间隙原子和空位的浓度均被固定为它们的热平衡值。晶界处的原子浓度由试样内原子数的守恒来确定。假定初始状态下原子浓度是均匀的。用于计算 Fe – Cr – Ni 合金中元素偏聚的参数，由 Lam 模型[15]和 Perks 模型[7]中给出。式（6.50）可在稳态下求解，从而提供空位梯度和原子梯度之间的关系。已知该关系是一个行列式 M，而且是浓度和扩散率的函数。对于三组元合金来说，该行列式就以对二元合金的式（6.32）同样的方法加以确定[16]：

$$M_j = \frac{\nabla C_j}{\nabla C_v} = \frac{\dfrac{d_{jv}C_j}{D_j}\sum\limits_{k \neq j}\dfrac{d_{ki}C_k}{D_k} - \dfrac{d_{ji}C_j}{D_j}\sum\limits_{k \neq j}\dfrac{d_{kv}C_k}{D_k}}{\chi \sum\limits_{k}\dfrac{d_{ki}C_k}{D_k}} \qquad (6.51)$$

这个行列式可用来帮助确定 Fe – Cr – Ni 合金中偏聚的主要机制。

表 6.2 列出了 7 种合金中 Cr、Fe 和 Ni 计算的行列式数值，假设是它们与空位的优先耦合导致了偏聚，即将这三个元素的间隙原子扩散系数取成彼此相等。表 6.2 中也列出了 Cr、Fe 和 Ni（在晶界处富集或贫化的）偏聚的倾向，它们是在晶界处用俄歇电子谱分析（AES）和在扫描电子显微镜中的能量分散谱仪（STEM/EDS）测量得到的。各个合金中，

若某元素的行列式值（M）为正，该元素发生贫化；而若 M 为负，则该元素发生富集。注意：在 7 个所研究的合金中，各个元素行列式值 M 的符号（＋或－）均与（STEM/EDS 或 AES）的测量和计算结果一致。这个例子也表明 Cr 总是贫化，Ni 总是富集，而 Fe 取决于 Ni 和 Cr 的相对浓度，有可能富集或贫化。在 Fe – Cr – Ni 系统中，Cr 扩散较快而 Ni 较慢，Fe 居中。当 Ni 的浓度水平相对高于 Cr 时，晶界处 Ni 的大量富集不能由 Cr 的贫化所补偿，则 Fe 也必然贫化。但是，当 Cr 的浓度水平相对高于 Ni 时，将发生反向的变化，即 Fe 出现富集。注意：Cr 和 Ni 并不总是相互排斥的，正如在 Fe – 24Cr – 24Ni 合金中看到的，其中 Ni 的富集强于 Cr 的贫化，此时 Fe 也还是出现贫化了。

这个例子暴露了 RIS 的一个关键的过程，即在偏聚行为中合金成分所起的作用。当阱的附近成分开始发生变化时，该区域中元素的扩散率也会发生变化，因为扩散是与成分相关的。为了恰当地确定 RIS 的程度，需要考虑变化中的局部成分的影响，接下来会在 6.3 节中加以讨论。

表 6.2　Ni – Cr – Fe 和 Fe – Cr – Ni 合金中的偏聚行为，与反向柯肯德尔效应所做预想的比较

合金	M_{Cr}	M_{Fe}	M_{Ni}	参考文献	Cr	Fe	Ni	分析方法
Ni – 18Cr	3.9	—	– 3.9	[16]	贫化	–	富集	AES & STEM/EDS
Ni – 18Cr – 9Fe	5.0	0.4	– 5.4	[17]	贫化	贫化	富集	AES & STEM/EDS
Fe – 16Cr – 24Ni	4.0	3.6	– 7.6	[18]	贫化	贫化	富集	AES
Fe – 20Cr – 24Ni	5.0	2.4	– 7.4	[18]	贫化	贫化	富集	AES & STEM/EDS
Fe – 24Cr – 24Ni	6.3	1.8	– 8.5	[18]	贫化	贫化	富集	AES
Fe – 24Cr – 19Ni	6.5	– 1.8	– 4.7	[18]	贫化	富集	富集	AES
Fe – 20Cr – 9Ni	5.0	– 3.0	– 2.0	[18]	贫化	富集	富集	AES & STEM/EDS

注：行列式数据（M）是由式（6.51）计算的。

6.3　局部成分变化对 RIS 的影响

已经确知，RIS 之所以发生，是因为各个溶质与缺陷的耦合存在差异。而且，耦合强度的差别影响了偏聚的程度。因此，当阱附近的浓度与块体中的浓度出现重大差别时，溶质的扩散率也将改变，为了准确地确定浓度的分布，浓度的这种变化必须加以考虑[14]。

在 Perks 模型中，与缺陷 j 耦合而迁动的元素 k 的偏聚率是用式（6.33）给出的通用形式的扩散率来描述的，即

$$d_{kj} = \frac{1}{6} \lambda_j^2 z_j \nu \exp \left(\frac{S_m^j}{k} \right) \exp \left(\frac{-E_m^{kj}}{kT} \right)$$

或者，用简化的符号写成

$$d_{kj} = d_0^{kj} \exp \left(\frac{-E_m^{kj}}{kT} \right) \tag{6.52}$$

其中，指数前的项被归纳为一个单项 d_0^{kj}。在式（6.50）的多数解中，每个元素的迁移能被假定是相同的，而指数前因子的差别造成了偏聚率的差异。为了考虑成分变化着的固溶体中的扩散，指数内的迁移能必须被表达为成分的函数[13,17,18]，如下所述。

对于一个原子迁动来说（以 Fe – Cr – Ni 点阵中 Cr 的迁动为例），它必须从其在点阵中的平衡位置（具有平衡能量 $E_{\mathrm{eq}}^{\mathrm{Cr}}$）开始运动，在它抵达一个新的点阵位置之前，必须穿越一个势能最大的位置（被称为鞍点，具有鞍点能量 $ES_{\mathrm{Fe-Cr-Ni}}^{\mathrm{Cr}}$）。能量之间的这个关系如图 6.10 所示。对原子 – 空位交换而言，迁移能就是鞍点能与平衡能之差：

$$E_{\mathrm{m}}^{\mathrm{Cr-v}} = ES_{\mathrm{Fe-Cr-Ni}}^{\mathrm{Cr}} - E_{\mathrm{eq}}^{\mathrm{Cr}} \qquad (6.53)$$

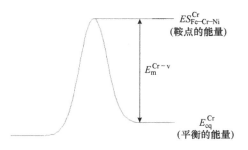

图 6.10　在 Fe – Cr – Ni 合金中原子 – 空位交换的迁移能的确定[14]

在一个简单模型中，平衡能可以被描述为最近邻原子间的交互作用能：

$$E_{\mathrm{eq}}^{\mathrm{Cr-v}} = Z\big[C_{\mathrm{Cr}} E_{\mathrm{CrCr}} + C_{\mathrm{Ni}} E_{\mathrm{NiCr}} + C_{\mathrm{Fe}} E_{\mathrm{FeCr}} + C_{\mathrm{v}} E_{\mathrm{Cr-v}} \big] \qquad (6.54)$$

其中，Z 是最近邻的原子数，C 是原子和（或）缺陷的原子浓度，E_{kj} 是一个原子 k 与另一个原子（或空位）j 之间（成）对的交互作用能。而非同类近邻之间（成）对的交互作用能，则被定义为同类原子对（即 Ni – Ni 和 Cr – Cr）能量的线性平均值减去任意原子对（即 Ni – Cr）的有序能：

$$E_{\mathrm{NiCr}} = \frac{E_{\mathrm{NiNi}} + E_{\mathrm{CrCr}}}{2} - E_{\mathrm{NiCr}}^{\mathrm{ord}} \qquad (6.55)$$

将式（6.53）结合到式（6.55）中去，并要求 $C_{\mathrm{Fe}} + C_{\mathrm{Cr}} + C_{\mathrm{Ni}} = 1$，则 Cr，Ni 和 Fe 通过与空位耦合而迁移的能量可表达为

$$E_{\mathrm{m}}^{\mathrm{Cr-v}} = ES_{\mathrm{Fe-Cr-Ni}}^{\mathrm{Cr}} - Z\left[\frac{1}{2}(C_{\mathrm{Cr}}+1)E_{\mathrm{CrCr}} + \frac{C_{\mathrm{Ni}}}{2}E_{\mathrm{NiNi}} + \frac{C_{\mathrm{Fe}}}{2}E_{\mathrm{FeFe}} + C_{\mathrm{v}}E_{\mathrm{Cr-v}} \right] +$$
$$ZC_{\mathrm{Ni}}E_{\mathrm{NiCr}}^{\mathrm{ord}} + ZC_{\mathrm{Fe}}E_{\mathrm{FeCr}}^{\mathrm{ord}} \qquad (6.56\mathrm{a})$$

$$E_{\mathrm{m}}^{\mathrm{Ni-v}} = ES_{\mathrm{Fe-Cr-Ni}}^{\mathrm{Ni}} - Z\left[\frac{1}{2}(C_{\mathrm{Ni}}+1)E_{\mathrm{NiNi}} + \frac{C_{\mathrm{Cr}}}{2}E_{\mathrm{CrCr}} + \frac{C_{\mathrm{Fe}}}{2}E_{\mathrm{FeFe}} + C_{\mathrm{v}}E_{\mathrm{Ni-v}} \right] +$$
$$ZC_{\mathrm{Cr}}E_{\mathrm{NiCr}}^{\mathrm{ord}} + ZC_{\mathrm{Fe}}E_{\mathrm{FeNi}}^{\mathrm{ord}} \qquad (6.56\mathrm{b})$$

$$E_{\mathrm{m}}^{\mathrm{Fe-v}} = ES_{\mathrm{Fe-Cr-Ni}}^{\mathrm{Fe}} - Z\left[\frac{1}{2}(C_{\mathrm{Fe}}+1)E_{\mathrm{FeFe}} + \frac{C_{\mathrm{Cr}}}{2}E_{\mathrm{CrCr}} + \frac{C_{\mathrm{Ni}}}{2}E_{\mathrm{NiNi}} + C_{\mathrm{v}}E_{\mathrm{Fe-v}} \right] +$$
$$ZC_{\mathrm{Cr}}E_{\mathrm{FeCr}}^{\mathrm{ord}} + ZC_{\mathrm{Ni}}E_{\mathrm{FeNi}}^{\mathrm{ord}} \qquad (6.56\mathrm{c})$$

为了确定式（6.56）中的迁移能，必须先计算（成）对的交互作用能和鞍点的能量。对同类原子构成的成对的交互作用能就是内聚能 E_{coh} 除以最近邻键对的数量，即

$$E_{\mathrm{CrCr}} = \frac{E_{\mathrm{coh}}^{\mathrm{Cr}}}{\left(\dfrac{Z}{2}\right)} \qquad (6.57\mathrm{a})$$

$$E_{\mathrm{FeFe}} = \frac{E_{\mathrm{coh}}^{\mathrm{Fe}}}{\left(\dfrac{Z}{2}\right)} \qquad (6.57\mathrm{b})$$

$$E_{\mathrm{NiNi}} = \frac{E_{\mathrm{coh}}^{\mathrm{Ni}}}{\left(\dfrac{Z}{2}\right)} \qquad (6.57\mathrm{c})$$

因为纯 Fe 和纯 Cr（在室温下）都以 bcc 结构存在，所以为了应用于不锈钢，必须将 Fe

和 Cr 转换成 fcc 结构所需要的能量考虑进去，这样才能在确定 E_{CrCr} 和 E_{FeFe} 时恰当地描述平衡能，即

$$E_{CrCr}^{fcc} = E_{CrCr}^{bcc} + \Delta G_{Cr}^{bcc \to fcc} \tag{6.58a}$$

$$E_{FeFe}^{fcc} = E_{FeFe}^{bcc} + \Delta G_{Fe}^{bcc \to fcc} \tag{6.58b}$$

非同类原子构成的成对的交互作用能则由同类原子间交互作用能的平均值减去任意原子对（即 Ni – Cr）的有序能而得到

$$E_{NiCr} = \frac{E_{NiNi} + E_{CrCr}}{2} - E_{NiCr}^{ord} \tag{6.59a}$$

$$E_{FeCr} = \frac{E_{FeFe} + E_{CrCr}}{2} - E_{FeCr}^{ord} \tag{6.59b}$$

$$E_{FeNi} = \frac{E_{FeFe} + E_{NiNi}}{2} - E_{FeNi}^{ord} \tag{6.59c}$$

最后，原子与空位所构成的成对的交互作用能就与纯金属的形成能联系了起来，并被表达为

$$E_{Cr-v} = \frac{E_{coh}^{Cr} + E_f^{Cr-v}}{Z} \tag{6.60a}$$

$$E_{Ni-v} = \frac{E_{coh}^{Ni} + E_f^{Ni-v}}{Z} \tag{6.60b}$$

$$E_{Fe-v} = \frac{E_{coh}^{Fe} + E_f^{Fe-v}}{Z} \tag{6.60c}$$

其中 E_f^{k-v} 是纯 k 中空位的形成能。

现在，剩下需要确定的最后一个量是鞍点的能量，它是利用纯 Fe、Cr 和 Ni 的鞍点能量来计算的。纯金属中的鞍点能量是通过在纯金属中复制一个空位的迁移能来计算的。例如，假定纯 Cr 中有一个原子和一个空位被抽取出来而放在一个鞍点位置，则抽出一个 Cr 原子的能量为

$$E_{Cr} = Z(C_{Cr}E_{CrCr} + C_v E_{Cr-v}) \tag{6.61}$$

抽出一个空位的能量为

$$E_v = Z(C_v E_{vv} + C_{Cr}E_{Cr-v}) \tag{6.62}$$

因为纯金属中 $C_{Cr} + C_v = 1$，又因为 $C_v \ll C_{Cr}$，故 $E_{Cr} + E_v$ 成为

$$E_{Cr} + E_v = Z(E_{CrCr} + E_{Cr-v}) \tag{6.63}$$

式（6.63）表示了纯 Cr 的平衡能。把原子放到一个具有能量的鞍点位置，使得

$$E_m^{Cr-v} = ES_{pure}^{Cr} - (E_{Cr} + E_v) = ES_{pure}^{Cr} - Z(E_{CrCr} + E_{Cr-v}) \tag{6.64}$$

于是，纯金属中的鞍点能量就可表示为

$$ES_{pure}^{Cr} = E_m^{Cr-v} + Z(E_{CrCr} + E_{Cr-v}) \tag{6.65}$$

在被称为"改进的反向柯肯德尔（Perks）模型"（即 MIK 模型[14]）中所叙述的这个方法被用来模拟 RIS，其结果与在 $200 \sim 600{}^\circ\!C$ 温度和辐照剂量高达 3dpa 的条件下，对一定范围内的 Fe 基和 Ni 基奥氏体合金的测量结果进行了比较。RIS 结果清楚地证明，在确定 RIS 成分分布时考虑阱附近成分变化的重要性（见图 6.11）。而且，在一定的合金、剂量和辐照

温度范围内（见图 6.12），MIK 模型计算局部成分变化对 RIS 影响的结果与在受到辐照的 Fe – 20Cr – 24Ni 合金晶界处 Ni 浓度的 AES 测量值的符合程度远比原始的 Perks 模型好得多。把局部成分变化包括在内的 RIS 模拟使得与试验数据更加符合。这些数据也被用来说明在中等温度下 Fe – Cr – Ni 合金的 RIS 中空位的重要性。MIK 模型计算既没有包括（与）间隙原子的键合（即 $E_b^{ik} = 0$），也没有把任何合金元素的优先析出包括到间隙原子的流通中来。该模型与测量的良好符合只是因为在空位流通中考虑到了合金元素的优先析出。因此，在 Fe – Cr – Ni 体系中，原子通过与空位耦合的迁动似乎是 RIS 的首要机制。

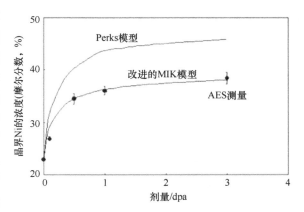

图 6.11　改进的反向柯肯德尔（MIK）模型计算的 RIS 结果与 Perks 模型结果[14] 和 AES 测量结果的比较，显示了在模拟 RIS 时考虑阱处局部浓度变化的重要性

注：试验测量是在 400℃ 和 7 × 10⁻⁶ dpa/s 位移速率的条件下，采用 3.2MeV 质子对 Fe – 20Cr – 24Ni 合金辐照进行的。

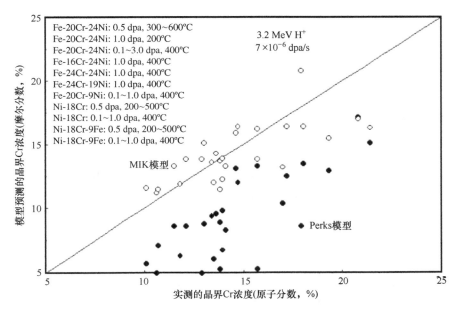

图 6.12　在一定的剂量和温度范围内，MIK 模型被用于几个合金得到的计算结果及其与测量的比较[14]

6.4　溶质对 RIS 的影响

固体中杂质的存在可能影响晶界处 RIS 的倾向性。我们已经假设：那些与点阵原子相比尺寸偏大或偏小的溶质可以成为空位或间隙原子的陷阱。点缺陷被溶质原子捕捉有可能使空位和间隙原子得以相互复合的份额（即机会）增加，从而降低了流向阱的份额，并使偏聚

的程度下降。Mansur 和 Yoo[19] 得到的点缺陷平衡方程也包括了点缺陷的捕捉。他们通过减去和加上在陷阱处的被捕捉和复合，以及从陷阱处被释放的对应项，从而把捕捉也包括了进去。此外，描述被捕捉的缺陷守恒方程也被加入了。其结果是，由式（6.1）点缺陷的平衡被表示如下。

对空位，有

$$\frac{\partial C_v}{\partial t} = \nabla \cdot D_v \nabla C_v + K_0 - K_{iv} C_i C_v +$$

$$\sum_l \tau_{vl}^{-1} C_{vl} - C_v \sum_l K_{il} C'_{il} - C_v \sum_l \kappa_{vl} (C_l^t - C'_{vl} - C'_{il}) - K_{vs} C_v \qquad (6.66)$$

对间隙原子，有

$$\frac{\partial C_i}{\partial t} = \nabla \cdot D_i \nabla C_i + K_0 - K_{iv} C_i C_v +$$

$$\sum_l \tau_{il}^{-1} C_{il} - C_i \sum_l K_{vl} C'_{vl} - C_i \sum_l \kappa_{il} (C_l^t - C'_{vl} - C'_{il}) - K_{is} C_i \qquad (6.67)$$

在式（6.66）和式（6.67）中，要对所有类型（$l = 1, 2, \cdots, n$）的陷阱进行加和。同样，下列方程也应对每个缺陷类型（$l = 1, 2, \cdots, n$）相加。

对陷阱（其浓度一般都是位置和时间的函数），有

$$\frac{\partial C_l^t}{\partial t} = f_l(r, t) \qquad (6.68)$$

对被捕捉的空位，有

$$\frac{\partial C_{vl}^t}{\partial t} = C_v \kappa_{vl} (C_l^t - C'_{vl} - C'_{il}) - \tau_{vl}^{-1} C'_{vl} - C_i K_{vl} C'_{vl} \qquad (6.69)$$

对被捕捉的间隙原子，有

$$\frac{\partial C_{il}^t}{\partial t} = C_i \kappa_{il} (C_l^t - C'_{vl} - C'_{il}) - \tau_{il}^{-1} C'_{il} - C_v K_{il} C'_{il} \qquad (6.70)$$

在式（6.66）和式（6.67）中，前面的三项与式（6.1）中的相同，而余下的项具有如下的含义。参照自由空位的方程，其第四项是被捕捉空位从阱处的释放，变量 τ_{vl}^{-1} 是空位在 l 捕捉位置被捕捉的平均时间。平均捕捉时间被表示为 $\tau_{jl} = (b^2/D_j^0) \exp\left[\left(E_b^{jl} + E_m^j\right)/(kT)\right]$，其中 j 表示 i 或 v，D_j^0 是扩散系数 $D_j = D_j^0 \exp\left[-E_m^j/(kT)\right]$ 的指数前项，b 是原子间距的量级，E_b^{jl} 是在 l 陷阱处点缺陷的键合能，E_m^j 是点缺陷的迁移能。第五项是空位与被捕捉的间隙原子复合的速率，其中 K_{jl} 是复合反应的速率常数，$K_{il} = 4\pi r_{il} D_v$，$K_{vl} = 4\pi r_{vl} D_i$，其中 r_{il} 和 r_{vl} 表示复合体积各自的半径。第六项描述了自由空位在 l 型陷阱处的（被）捕获。浓度差（$C_l^t - C'_{vl} - C'_{il}$）考虑了如下的事实，$l$ 型陷阱已经有 $C_{vl}^t/C_l^t + C_{il}^t/C_l^t$ 的份额被空位和间隙原子所占据，因此再也没有可作为自由缺陷的陷阱了。这也说明了为什么一个给定的陷阱可以有与空位和间隙原子的键合能，却不可能同时捕获两者，因为当其中一个被捕获了，这个位置就成了复合的中心。$\kappa_{vl} = 4\pi r'_{vl} D_v$ 和 $\kappa_{il} = 4\pi r'_{il} D_i$ 这两项表示的是俘获系数（与复合系数类似），r'_{vl} 和 r'_{il} 分别是 l 型陷阱对两种点缺陷的捕获半径。最后，第七项是缺陷对所有内在阱的损失，K_{js} 是所有阱的速率常数。

式（6.66）~式（6.70）被代入式（6.50）中，作为空位和间隙原子的浓度，并以原先

求解时被记作 MIK – T 的 MIK 代码变种的相同方法求解。图 6.13a 所示为在 400℃ 和 10^{-5}dpa/s 剂量率、间隙原子和空位的键合能最高达 1.0eV 的辐照条件下，含有浓度为 1% 的尺寸偏大溶质的 Fe – 16Cr – 13Ni 合金中捕获情况的计算结果，以晶界 Cr 含量随辐照剂量变化的曲线表示。图 6.13b 显示，捕获使 RIS 达到最大值的温度推移到了一个稍低的温度。注意：若要由捕获来降低 RIS 的量，需要在 1.0eV 量级的高键合能。其主要的影响是降低了晶界 Cr 贫化的量（程度），其次的影响是减慢了随剂量变化的偏聚速率。图 6.14 所示为加入尺寸偏大的溶质对受质子辐照的 Fe – Cr – Ni 合金中晶界 Cr 贫化和 Ni 富集的影响，试验结果定性地遵循着这些模型的计算结果。

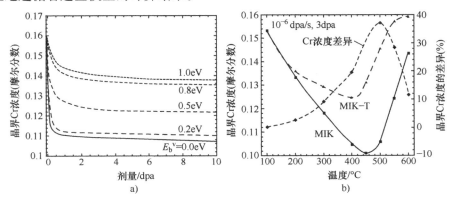

图 6.13　计算的晶界 Cr 浓度[20]

a）用 MIK – T 模型，对 Fe – 16Cr – 13Ni 合金在 400℃ 和 10^{-5}dpa/s 条件下计算，以键合能的函数来表示

b）用（MIK – T – MIK）/MIK × 100% 模型，在恒定的剂量率 10^{-5}dpa/s

和剂量为 3dpa 的条件下计算，以温度的函数来表示

尽管这些模型在预测偏聚的方向和程度中取得了成功，但它们还是不完整的。这些模型还只针对二元和三元合金体系进行了开发，而实际的工程合金可能含有 10 ~ 20 种合金元素。尽管有些合金元素只有极小量，但它们仍然可能对于合金的行为施加非常大的影响。Perks 模型和 MIK 模型只适用于溶质原子而并不适用于诸如 B，C 和 N 等细小尺寸的间隙原子。而且，为精确模拟 RIS 所需要的许多热力学参数都是未知的，必须进行估计，这就会给结果带来不确定性。虽然存在这些缺点，但是它们还是可以为真实的合金体系中的 RIS 提供一些合理的解释。

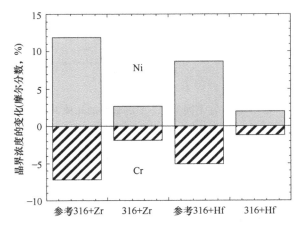

图 6.14　400℃ 下剂量达到 3.0dpa（Zr）和 2.5dpa（Hf）的辐照条件下，掺杂有尺寸偏大杂质的 Fe – Cr – Ni 合金和无掺杂的参考合金中晶界 Cr 和 Ni 的浓度比较[20,21]

6.5 奥氏体合金中 RIS 的举例

RIS 是高温下暴露于辐照的结构材料中一个极其重要的问题。晶界成分的改变，除了可能引起对诸如晶间腐蚀（IGC）和晶间应力腐蚀开裂（IGSCC）等过程的敏感性，还可能造成微观组织的变化（析出、位错环结构，孔洞结构等）。例如，试验测定发现，在辐照过的不锈钢中晶界上的 Cr 总是贫化的，晶界 Cr 的损失可能导致对 IGC 和 IGSCC 的敏感性，因为通过生成极薄的保护性 Cr_2O_3 膜，为合金提供了钝化的效果。正如将在第 15 章中讨论的，在用于沸水堆（BWR）的常规水成分中，288℃下进行的慢应变速率试验表明，随着剂量增加到超过了某个准阈值水平，以断口表面所显示的晶间（断裂）刻面百分数衡量的 IGSCC 的程度急速上升。图 6.15 表明，晶界 Cr 含量也因为 RIS 而随辐照剂量迅速下降。Cr 的损失可能增加合金对辐照助推应力腐蚀开裂（IASCC）的敏感性，尽管与此同时，微观组织的其他变化也正在发生。

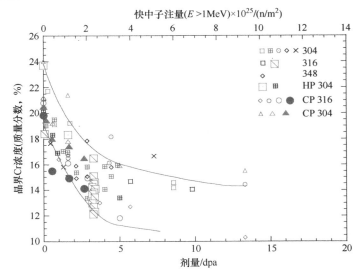

图 6.15　在不同条件下受到辐照的几种 300 系列不锈钢中晶界 Cr 浓度随剂量的变化[22]
注：RIS（的程度）随剂量一起升高，但剂量超过约 5dpa 后这种变化降至最低。

在约 288℃ 下辐照的奥氏体不锈钢中，Si 也被观察到随剂量增高发生非常强烈的偏聚，如图 6.16 所示。如此高浓度的 Si 是用 STEM/EDS 测量得知的。由于受到该技术空间分辨率的限制，测量得到的 Si 的质量分数也许比晶界处 Si 的实际浓度（质量分数）低了多达 3~5 倍，也就是说晶界处 Si 的浓度会超过 20%。因为 Si 可溶于高温的水中，可能还会促进晶界处 Si 的溶解，从而进一步导致 IGC 和 IGSCC 速率的增加。

除了 Fe、Cr 和 Ni 的偏聚，微量的合金元素也在辐照下表现出 RIS。图 6.17a 所示为 360℃ 下 2MeV 质子辐照到 5dpa 的商业纯 304 不锈钢中 Cr 和 Ni 的行为。除了 Cr 的贫化，晶界处 Mn 也贫化了（见图 6.17b）。Mn 的行为类似于 Cr 是因为两者都是尺寸偏大的溶质，所以在辐照下都贫化了。反过来，与 Ni 类似，Si 在晶界处强烈地富集了。事实上，如图 6.16所示，即使剂量高达 13dpa，Si 的富集仍未出现饱和。

痕量元素也会发生 RIS。这些元素难以采用能量分散谱仪（EDS）测量，因为它们的（原子）质量数很低。可是，原子探针层析术（APT）能够追溯些元素在晶界处的行为。图 6.17（c）是同一商业纯 304 合金中晶界处 B、C 和 P 的成分分布。注意：在原始的、未受辐照的合金中都观察到了所有这三个元素在晶界处的富集（实心记号）。辐照之后，P 富集了，C 贫化了，而 B 保持不变。

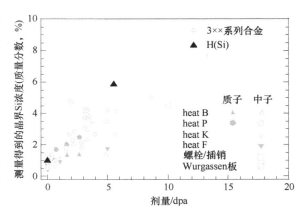

图 6.16 中子或质子辐照到 13dpa 的 300 系列不锈钢中硅的晶界偏聚

正如第 5 章所讨论的那样，所有的界面全是点缺陷的阱。既然阱的强度随阱的类型会有不同，偏聚应当也会在晶界以外的其他阱处发生。图 6.18a 所示为 Cr、Ni、Si 和 Mn 在位错环核心处的偏聚。注意，它们的偏聚行为和在晶界处是一样的，即 Ni 和 Si 富集，Cr 和 Mn 贫化。图 6.18b 显示，对痕量元素 C、P 和 Cu 而言，也是一样的。虽然晶界被认为是较强的阱，但图 6.19 表明，位错环处 RIS 的程度也十分类似于晶界处的偏聚。

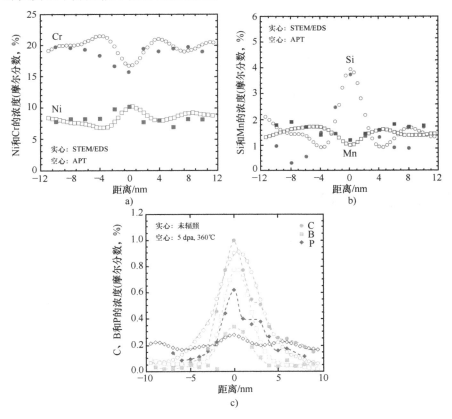

图 6.17 360℃下辐照达到 5dpa 后商业纯 304 不锈钢中跨域晶界的成分分布[23]

a）主要合金元素 Cr 和 Ni　b）微量的合金元素 Mn 和 Si　c）元素 B、C 和 P

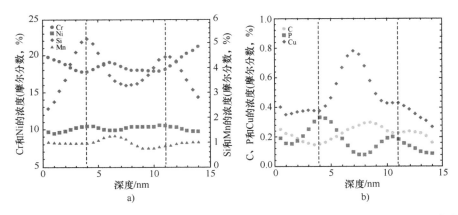

图 6.18　360℃辐照到 5dpa 后的商业纯 304 不锈钢中，跨越一个位错环的成分分布[23]

a）元素 Cr、Ni、Mn 和 Si　b）元素 C、P 和 Cu

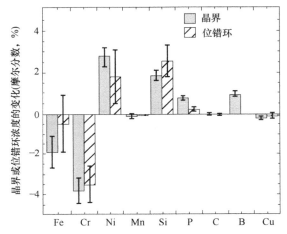

图 6.19　360℃辐照到 5dpa 后的商业纯 304 不锈钢中晶界处与位错环处成分变化的比较[23]

6.6　铁素体合金中的 RIS

铁素体钢中 RIS 也很重要，特别是那些压力容器钢，其中诸如 P 等间隙原子杂质在晶界的偏聚可能会对晶界的脆化产生严重的后果。与奥氏体钢相比，对于铁素体钢中合金元素的偏聚只做了很少的研究工作。关于间隙原子杂质偏聚的计算模型，也没有被开发得像对置换性的溶质那么完备。Faulkner[24] 曾经评述了相关的偏聚数据和机制，他指出铁素体钢中的 RIS 是借助于缺陷 – 杂质复合体进行的，他还认为，其他元素对晶界处位置的竞争在决定某一个特定杂质的偏聚程度时起着重要的作用。关注于 P 的偏聚行为，人们假定自间隙磷原子复合体的迁动快得足以让其在跨越晶界面时的浓度保持均匀。P 的最高晶界浓度为

$$C_P^{max} = C_g \frac{E_b}{E_f} \left[\frac{C_g^j \exp\left(\frac{E_b^j}{kT}\right)}{\sum_j C_g^j \exp\left(\frac{E_b^j}{kT}\right)} \right] \left[1 + \frac{\xi K_0 F(\eta)}{ADk^2} \exp\left(\frac{E_f^i}{kT}\right) \right] \tag{6.71}$$

其中，C_g是晶粒内的杂质总浓度，E_b^i是点缺陷、自间隙原子和杂质原子之间的键合能，而E_f是间隙原子形成能，C_g^j是晶粒内杂质原子j的浓度。第一个中括号内的分母项是所有参与（晶界）位置竞争过程元素的点缺陷键合能项的总和。第二个中括号中，ξ是缺陷产生的效率，$F(\eta)$是一个复合项，K_0则是缺陷产生率，A与点缺陷周围原子的振动熵有关，D是缺陷的扩散系数，而k^2是阱的强度。

发生晶界偏聚之后，杂质浓度将由晶界处的位置竞争所决定，其中 P 的浓度为：

$$C_P^* = C_P^{\max} = \frac{C_g^P \exp\left(\dfrac{Q_P}{kT}\right)}{C_g^j \exp\left(\dfrac{Q_j}{kT}\right) + C_g^P \exp\left(\dfrac{Q_P}{kT}\right)} \tag{6.72}$$

其中，C_g^P是 P 的浓度，C_g^j是晶粒内其他杂质元素的浓度，而 Q_P 和 Q_j 分别是 P 和其他元素 j 的溶质晶界键合能。设想在偏聚达到稳态时 C_P^* 的值最大。达到稳态之前，晶界处的浓度按式（6.73）随时间变化。

$$\frac{C_P(t) - C_g}{C_P^* - C_g} = 1 - \exp\left(\frac{4D_c t}{\alpha^2 d^2}\right) \mathrm{erfc}\left(\frac{2\sqrt{D_c t}}{\alpha d}\right) \tag{6.73}$$

其中，D_c是点缺陷–杂质复合体的扩散系数，α 是富集比，d 是晶界的宽度。铁素体钢中 P 的偏聚试验测量结果如图 6.20 所示。注意，尽管 P 的浓度都随剂量增加而增加，但因合金不同而有很大的变化。这种差别可能是因为 P 与其他杂质（最主要的是 C）在晶界处的位置竞争。A533B 钢中 P 的晶界浓度被显示具有如此高的水平，是因为它的 C 含量低。图 6.21 所示为晶界处 P 和 C 的位置竞争，当 C 的水平低时，P 的偏聚最高。

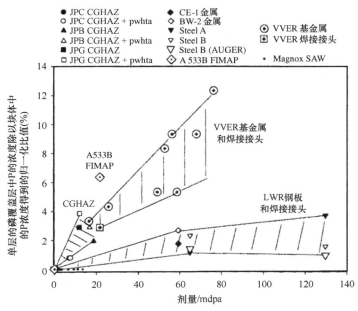

图 6.20　在轻水反应堆（LWR）用的 C–Mn SMA 钢板、焊接接头和晶粒粗大的热影响区（CGHAZ）结构中，以及 VVER 基金属和焊接接头中，辐照诱发的晶界处单原子层的磷覆盖层中 P 的浓度变化与剂量的关系[24]

注：纵坐标是覆盖层中 P 的浓度（%）除以块体中的 P 浓度得到的归一化比值。

除了 Magnox SAW（186～311℃），其他试验钢的辐照温度都是 275～290℃。

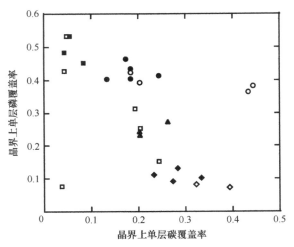

图 6.21 热时效态和辐照后的铁素体合金晶界处，磷和碳的单原子层覆盖层的变化[24]

在诸如 9 – 12% Cr 铁素体 – 奥氏体（F – M）钢等 Cr 含量较高的合金中，晶界处 Cr 的行为备受关注，因为它具有生成脆性富 Cr 相的潜在可能性。虽然已经看到在奥氏体钢中 Cr 是贫化的，但它在 F – M 钢中却是富集的[25-27]。在 400℃ 下用 2MeV 质子辐照到 7dpa 的 Fe – 9Cr – 1Mo 合金（T91）中偏聚行为的一个例子如图 6.22 所示。注意：晶界处 Cr、Ni、Si 和 Cu 全都富集了，与此同时，Fe 则贫化了。图 6.23 是 RIS 随温度的变化，峰值发生在 400 ~ 450℃。当温度继续升高时，Cr 的富集变弱，当温度接近 700℃时，Cr 开始贫化。

对于 bcc Fe – Cr 合金中对空位和间隙原子的扩散而言，参照图 6.24 中 Cr 与 Fe 的扩散系数比（D_{Cr}/D_{Fe}）随温度的变化，就可以理解这种行为。注意：在较低温度下，对间隙原子（i）而言的 Cr 与 Fe 的扩散系数比超过了对空位（v）而言的（见图 6.24 中分别标注 v 和 i 的两条实线）。这意味着，与借助于空位的流动离开晶界的 Cr 原子相比，有较多的 Cr 原子借助于间隙原子的流动到达晶界，这就造成了 Cr 的富集。但是，在较高温度下，情况恰好相反，于是使得 Cr 贫化了。Cr 的富集与贫化行为的转换就发生在 Cr 对 Fe 的空位扩散系数比正好跨越它们对间隙原子的那个比值的时候，从而导致了 Cr 偏聚的方向发生逆转。对于间隙原子

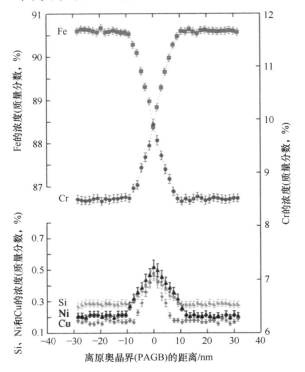

图 6.22 400℃下辐照到 7dpa 的 Fe – 9Cr – 1Mo（T91）合金中 Fe、Cr、Ni、Si 和 Cu 的 RIS 分布[26]

和空位而言，Cr 对 Fe 的空位扩散系数比的自然对数都是大于 1 的，这表明，不管通过哪个

点缺陷的扩散，Cr 的扩散都比 Fe 快一些。当间隙原子和空位的扩散系数比相等时（即在那个交叉点所对应的温度），间隙原子对 Cr 富集的贡献和空位造成的 Cr 的贫化达到平衡。但是，当间隙原子的扩散系数比大于空位的扩散系数比时（即在低于那个交叉点的温度下），间隙原子对 Cr 富集的贡献超过了空位造成的 Cr 的贫化，从而导致了净的 Cr 富集。反之，在

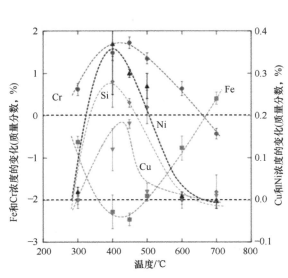

图 6.23　用 2.0MeV 质子辐照到 3dpa 的 Fe – 9Cr – 1Mo（T91）合金中晶界成分随温度的变化[26]

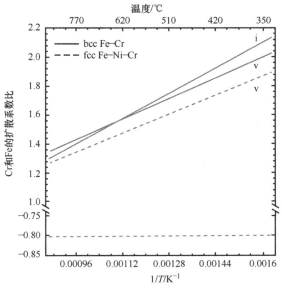

图 6.24　与 fcc Fe – Ni – Cr 合金（虚线）比较，bcc Fe – Cr 合金（实线）中 Cr 和 Fe 间隙原子扩散系数的比值随温度的变化[25]

高于那个交叉点的温度下，空位造成的 Cr 的贫化超过了间隙原子对 Cr 富集的贡献，从而导致了净的 Cr 贫化。图 6.25 所示为 bcc Fe – Cr 合金中由反向柯肯德尔（IK）机制所导致的 Cr 的偏聚行为随温度的变化。注意：RIS 的 IK 模型与试验数据非常符合，还把 700℃ 时 Cr 的偏聚行为发生逆转也捕捉到了。

回忆一下，在奥氏体合金中，整个温度范围内 Cr（在晶界处）都是贫化的。发生这种情况的原因在于，对间隙原子而言，Cr/Fe 扩散系数比一直都比对空位而言更低（见图 6.24 中对 i 和 v 的虚线），所以 RIS 是受空位扩散驱动的，这意味着 Cr 总是贫化的。这就解释了为什么在奥氏体钢 RIS 的 IK 模型中间隙原子的影响可以忽略（"忽略"意味着 Fe、Cr

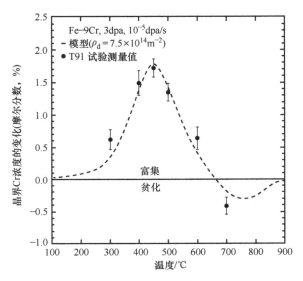

图 6.25　用 IK 模型计算的 Fe – 9Cr 合金中晶界 Cr 浓度，与 10^{-5} dpa/s 下辐照到 3dpa 的 T91 合金试验测量值的比较[25]

和 Ni 间隙原子的迁移能被设定为彼此相等，也就不再存在通过间隙原子流动的净偏聚了。）

6.7 晶界结构对 RIS 的影响

在第 5 章中推导的晶界阱强度只是针对理想的晶界而言的。可是，不是所有晶界都是相同的，更不可能是理想的，实际的阱强度随晶界结构的不同而变化。由于晶界的复杂性及其多种多样可能的结构排布，确定一个特定晶界结构的阱强度是不可能的。但是，晶界结构可以被划分成几个大类，即低角晶界（LAB）、重位点阵（CSL）晶界和高角晶界（HAB），这样一来，就可以去探索它们之间的相对阱强度[28]。

6.1 节中描述的 RIS 公式可以被用来作为晶界特性的函数，进而确定 RIS，此时将晶界处理为具有（某种）效率的一个阱，而这个阱的效率则是晶界取向差角的函数。通常一个较高的取向差角将导致较高的阱强度，而较低的取向差角和接近于高角的 CSL 晶界的取向差角具有较低的阱效率。通过把式（6.1）和式（6.2）中的缺陷通量加以配分，从第一个晶面流入晶界的缺陷通量被清晰地模型化为

$$J_v = J_v^0 + J_v^1$$
$$J_i = J_i^0 + J_i^1 \tag{6.74}$$

其中，J_v^0 和 J_i^0 是晶界交互作用距离以内缺陷的通量，J_v^1 和 J_i^1 是晶界交互作用距离之外缺陷的通量。假定离开晶界交互作用距离以内区域的点缺陷是由点缺陷沿着晶界的扩散，以及关注的那个晶界处湮灭点密度所定义的。

依据参考文献［28］的观点，晶界附近的缺陷通量 J_v^0 和 J_i^0 可以与沿着晶界的通量 J_v^{gb} 和 J_i^{gb} 联系起来。于是，对于 HAB，有

$$J_{v/i}^0 = \frac{2J_{v/i}^{gb}\delta}{x_{gb}} \tag{6.75}$$

对于 LAB，有

$$J_{v/i}^0 = \frac{J_{v/i}^{gb}}{x_{gb}} \tag{6.76}$$

其中，x_{gb} 是晶界湮灭位置之间的距离，δ 是晶界厚度。进入晶界的缺陷通量 J_v^{gb} 和 J_i^{gb}，由一个近似的缺陷在晶界内的扩散系数所决定，该扩散系数被定义为

$$D_k^{gb} = g_k a^2 Z f_k^{gb} \nu_0 \sum_j C_j \exp\left[-\frac{(E_a^{z,k} - a^2 \gamma_{gb})}{kT}\right] \tag{6.77}$$

其中，g_k 是一个取决于点阵几何结构、数量级为 1 的无量纲常数，a 是点阵参量（常数），Z 是配位数，f_k^{gb} 是晶界内 k 型缺陷的相关系数，ν_0 是"期待的频率"，γ_{gb} 是关注的那个特定晶界的能量。在多组元系统中，C_j 是晶界附近组元 z 的份额（%），$E_a^{z,k}$ 是组元 z 对 k 型缺陷的迁移能。

由式（6.77）可以明显看到，随着晶界能量 γ_{gb} 的增高，晶界扩散系数将以指数方式增大。对于高能的晶界，缺陷进入晶界的通量足够快，以致其边界条件接近于理想阱的行为。对于不同类型的晶界结构，晶界取向差角与晶界能量之间的关系可以用经典的晶界结构理论[28]加以描述。

由模型算得的结果与试验测量值进行了比较，显示了一般意义上的一致[28]。采用式（6.74）和式（6.75），以及式（6.77）中的 D_k^{gb} 求解式（6.29），给出在 400℃下辐照的

bcc Fe－Cr 合金中晶界处 Cr 的浓度随晶界的取向差角的变化（见图 6.26）。更广义地说，图 6.27 显示了对包括 LAB 和 HAB 在内的宽范围取向差角的模型预示。这样的公式化不仅适用于晶界，甚至也可应用于比理想的阱强度要弱的所有阱（如位错、析出相的界面等）。

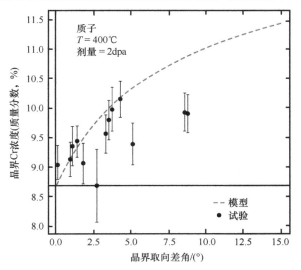

图 6.26　在 400℃下用质子辐照到 2dpa 剂量的 bcc Fe－Cr 合金中，在 LAB 范围内，模型预示和观察得到的条状（铁素体）晶界 Cr 浓度[28]

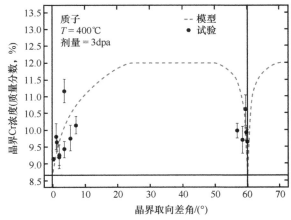

图 6.27　在 400℃下用质子辐照到 2dpa 剂量的 bcc Fe－Cr 合金中，对很宽范围取向差角的 LAB 和 HAB 而言，模型预示和试验得到的晶界 Cr 浓度[28]

专用术语符号

a——点阵参数（常数）

A——与振动熵有关的项，见式（6.71）

C_x——类别 x（合金组元或缺陷）的浓度

C_P^*——稳态下铁素体钢中 P 在晶界的最大偏聚

d——晶粒尺寸

D_k^{gb}——类别 k（合金组元或缺陷）的晶界扩散系数

d_{xy}——偏扩散系数除以 N_y

d_0^x——类别 x（合金组元）扩散系数的指数前项

D——扩散系数

D_x^y——x 借助于 y 发生迁动时的偏扩散系数

$E_a^{z,k}$——对类型 k 缺陷而言的 z 分量迁移能

E_{eq}^x——类别 x（合金组元）的平衡能

E_b^{xz}——类别 x（合金组元）与缺陷 z 的键合能

E_f^x——类别 x（合金组元）的形成能

E_m^{xz}——x 借助于缺陷 z 发生迁动时的迁移能

E_{xy}——类别 x 和 y 之间的交互作用能

E_{xy}^{ord}——类别 x 和 y 的有序（化）能

ES_{alloy}^x——合金中元素 x 的鞍点能量

F——相关系数

f_k^{gb}——晶界中缺陷类别 k 的相关因子

$F(\eta)$——式（6.71）中的复合项

i——间隙原子的记号

k——玻耳兹曼常数

k^2——阱的效率

v——空位的记号

s——阱的记号

J_x——跨越一个标记平面的原子或缺陷 x 的通量

K_0——缺陷产生的速率

K_{xy}——x 和 y 的反应速率常数

L_{ij}——昂萨格系数

M_j——类别 j 的行列式［由式（6.51）定义］

N_x——类别 x 的摩尔分数

Q_j——溶质 j 的晶界键合能

r_{xy}——缺陷 x 被阱 y 俘获的半径

R——复合率

S_m^x——类别 x 的迁移熵

t——时间

T——温度

X_{gb}——晶界湮灭位置之间的距离

X_i——类别 i 的扩散驱动力

z——最近邻（原子）数

Z——配位数

α——富集比

δ——晶界厚度

χ——由式（6.18）定义的热力学因子

γ_{gb}——晶界能

γ_x——类别 x 的活度系数

κ_{xy}——缺陷 x 被阱 y 俘获的系数

Λ——跳跃距离

μ——化学势

ν_0——期望的频率

ω——跳跃频率

Ω——原子体积

τ——时间常数

ξ——缺陷的产生效率

eq——作为下标，代表平衡

f——作为下标，代表形成

g——作为下标，代表杂质

gb——作为下标，代表晶界

l——作为下标，代表阱的类型

m——作为下标，代表迁动（迁移）

v——作为下标，代表空位

j——作为上标或下标，代表缺陷的类别

k——作为上标，代表溶质或缺陷

Ord——作为上标，代表有序化

t——作为上标，代表阱

z——作为上标，代表合金的组元

习　题

6.1　一个 Cu – 20Al 合金样品在500℃下受到辐照，试问：

① 铝会偏聚到表面或从表面偏聚吗？请做出解释。（假设缺陷与铝和铜的结合并不优先）

② 如果间隙原子与尺寸偏小的原子存在强的键合（成为一种优先的结合），那么应对①部分的回答做何种改变？（假设 $E_b^{Cu-i}=1eV$）

③ 在 $T=100℃$ 的条件下（此时空位不可动），再次回答①部分的问题。

6.2　Ni – 18Cr 合金在400℃下受到辐照。

① 测量了晶界处铬的浓度，发现铬贫化了。请问对铬而言，行列式的符号是什么？

② 如果发现镍的块体浓度（质量分数）从82%降到了70%。假定其他都不变，铬的行列式又将发生什么变化？请说说你的假设。

③ 如果铬的空位扩散系数下降，则铬的偏聚浓度分布又会变得怎样？

6.3　Fe – 18Cr – 8Ni 合金受到辐照，辐照诱发偏聚使其晶界成分发生了变化。假定

$\Delta Cr = -5$ 和 $\Delta Ni = +3$，试计算在块体金属中和在晶界处镍和铬元素的等价值为多少。采用舍夫勒（Schaeffer）图的方式，说明晶界区域与块体有多大差异？如果在同样条件下受到辐照的是 $Fe - 18Cr - 20Ni$ 合金，又将发生什么改变？

6.4　对于 $Fe - 18Cr - 20Ni$ 三元合金，在500℃下辐照时，请确定铁会发生富集还是贫化？（已知数据如下）

参数	Fe	Cr	Ni
E_m^v	1.2eV	1.2eV	1.32eV
E_m^i	0.15eV	0.23eV	0.16eV
E_f^v	1.49eV	1.49eV	1.49eV
E_f^i	4.08eV	4.08eV	4.93eV

注：采用参数 $S_f^v \approx 2.4k$，但忽略 S_f^i，S_m^v 和 S_m^i。

参 考 文 献

1. Bruemmer SM, Simonen EP, Scott PM, Andresen PL, Was GS, Nelson LJ (1999) J Nucl Mater 274:299–314
2. Anthony TR (1972) In: Corbett JW, Ianniello LC (eds) Radiation-induced voids in metals and alloys, AEC symposium series, Conf-701601, p 630
3. Okamoto PR, Harkness SD, Laidler JJ (1973) ANS Trans 16:70
4. Wiedersich H, Okamoto PR, Lam NQ (1979) J Nucl Mater 83:98–108
5. Choudhury YS, Barnard L, Tucker JD, Allen TR, Wirth BD, Asta M, Morgan D (2011) J Nucl Mater 411:1
6. Serruys ZY, Brebec G (1982) Phil Mag A46:661
7. Perks JM, Marwick AD, English CA (1986) AERE R 12121 (June)
8. Rehn LE, Okamoto PR, Potter DI, Wiedersich H (1978) J Nucl Mater 74:242–251
9. Rehn LE (1982) In: Picraux ST, Choyke WJ (eds) Metastable materials formation by ion implantation. Elsevier Science, New York, p 17
10. Okamoto PR, Wiedersich H (1974) J Nucl Mater 53:336–345
11. Kornblit L, Ignatiev A (1984) J Nucl Mater 126:77–78
12. Was GS, Allen TR, Busby IT, Gan I, Damcott D, Carter D, Atzmor M, Konik EA (1999) J Nucl Mater 270:96–114
13. Was GS, Allen TR (1993) J Nucl Mater 205:332–338
14. Allen TR, Was GS (1998) Acta Mater 46:3679
15. Lam NQ, Kumar A, Wiedersich H (1982) In: Brager HR, Perrin JS (eds) Effects of radiation on materials, 11th Conference, ASTM STP 782, American Society for Testing and Materials, pp 985–1007
16. Watanabe S, Takahashi H (1994) J Nucl Mater 208:191
17. Grandjean Y, Bellon P, Martin G (1994) Phys Rev B 50:4228
18. Nastar M, Martin G (1999) Mater Sci Forum 294–296:83
19. Mansur LK, Yoo MH (1978) J Nucl Mater 74:228–241
20. Hackett MJ, Was GS, Simonen EP (2005) J ASTM Int 2(7)
21. Fournier L, Sencer BH, Wang Y, Was GS, Gan J, Bruemmer SM, Simonen EP, Allen TR, Cole JI (2002) In: Proceedings of the 10th International conference on environmental degradation of materials in nuclear power systems: Water Reactors. NACE International, Houston
22. Was GS (2004) Recent developments in understanding irradiation assisted stress corrosion cracking. In: Proceedings of the 11th International conference on environmental degradation of materials in nuclear power systems: water reactors, American Nuclear Society, La Grange Park, IL, pp 965–985
23. Jiao Z, Was GS (2011) Acta Mater 59:1120
24. Faulkner RG, Jones RB, Lu Z, Flewitt PEJ (2005) Phil Mag 85(19):2065–2099
25. Wharry JP, Was GS (2014) Acta Mater 65:42
26. Wharry JP, Jiao Z, Was GS (2012) J Nucl Mater 425:117
27. Little E (2006) Mater Sci Technol 22:491
28. Field KG, Barnard LM, Parish CM, Busby JT, Morgan D, Allen TR (2013) J Nucl Mater 435:172–180

第7章

位错的微观结构

辐照对于材料微观结构影响最深远的后果之一是位错环的形成。位错环具有一种吸引间隙原子的倾向，因而对于辐照后微观结构的演化有着强烈的影响。它们也影响着辐照材料的变形行为，因而也会影响它们的韧性和硬化情况，正如将在第 12 章中加以讨论的那样。本章将回顾一下位错的起源和特性，位错的可动性和增殖，以及它们的应力、应变和能量；还将考察位错环的特性，介绍其形核和长大的模型。最后，将讨论堆垛层错四面体（SFT）。有关位错更深层次的讨论，读者可参阅参考文献 [1-4]。

7.1 位错线

晶体内位错的发现源于人们对一个晶体发生切变所需应力的测量值与理论值之间不一致的思考。考虑一下使晶体沿一个给定的原子面发生切变所需要的应力。一个原子距离的切变需要使那个原子面上方的原子相对于其下方的原子整体地移动一个点阵间距（见图 7.1）。为了到达鞍点，每个原子都必须水平地移动一个原子半径的距离 a。由于两个原子面间相距约 $2a$，在鞍点的切应变 $\gamma \approx a/2a \approx 1/2$。在一个理想的弹性晶体内，切应力与切应变之比即为弹性模量，即

$$\frac{\sigma_s}{\gamma} = \mu \tag{7.1}$$

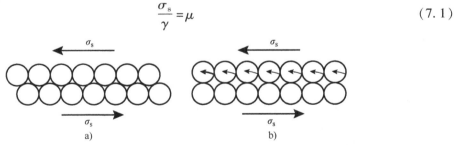

图 7.1　滑移面上下方原子的原始位置和在切应力 σ_s 作用下导致滑移面上方原子滑移所需的运动

a）原始位置　b）滑移所需的运动

对于典型的切变模量 17GPa 和切应变 1/2 而言，由式（7.1）计算可得切应力约为 8.5GPa。可是，以镁为例，试验测得在约 1MPa 的切应力下就产生了变形，是理论值的 $1/10^4$！原因就在于位错的存在，它为晶体提供了小得多的切应力。

位错是一条线，它形成了晶体内滑移了和还未滑移的区域之间的一个边界。位错线的两个基本类型是刃型和螺型。在刃型位错中，被切开表面上方的原子沿着垂直于位错线的方向

本章补充资料可从 https：//rmsbook2ed. engin. umich. edu/movies/下载。

移动。刃型位错也可以被看作一个额外原子半平面的插入（见图7.2）。在螺型位错中，被切开表面上方的原子沿着与位错线平行的方向移动（见图7.3a）。螺型位错本身是一个极轴，螺旋形的晶面坡道围绕它盘旋着类似于停车库的坡道（见图7.3b）。此外，还有混合位错，其中原子的移动既不平行也不垂直于位错线，而是与之呈某个任意的角度。图7.4所示为晶体中的一条混合位错，其位错线是弯曲的。注意：分隔晶体已滑移和还未滑移区域的边界是弯曲的。在 A 点（朝向前方的面），位错具有纯粹的刃型特性。在 B 点（侧面），位错是纯螺型的。在这两点之间，位错是混合型的，其螺型和刃型特性的比例则沿着位错线的距离而连续变化。图7.5所示为一条混合位错的构成。

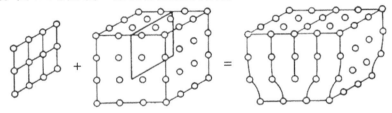

图 7.2　被描述为滑移面上方一个额外原子半平面的刃型位错

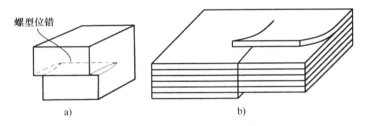

图 7.3　螺型位错及其特性示意图
a）切开晶体后原子沿平行于切割线方向移动而形成的螺型位错
b）展示螺位错"停车库坡道"特性的示意图（其中原子面以位错线为轴旋转）

位错线也可以成为一个闭合的环，而不是一条终止于晶体表面的线。如图7.6所示，沿 ABCD 将晶体切开并将原子平行于这个平面移动，然后把它们重新接合在一起。注意：位错线的 AB 和 DC 两个片段有着刃型特性，而 BC 和 AD 为螺型特性。AB 和 DC 两个片段的符号相反，一个半平面在被切开表面之上，而另一个则在其下。BC 和 AD 两个螺型片段也一样。这个环被称为理想的位错环。

现在设想，并不让原子做平行于切开平面的移动（正如在理想位错环的例子中所做的那样），而代之以在切开处充填更多的原子。此时，在切开面两侧原子

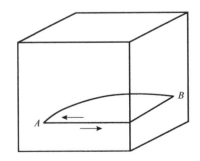

图 7.4　在 A 点弯曲的位错线具有纯刃型特性，在 B 点为纯螺型特性，而沿着弯曲长度上的位错则具混合特性

的移动是垂直于那个表面的。如图7.7所示，如果把一盘原子插入那个切开面，则位错环的所有片段均具有纯刃型特性。这与兼具刃型和螺型特性的理想位错环截然不同。这种位错环被称为棱柱位错环或弗兰克（Frank）位错环。另外，还有一个变种则是从切开面抽走一盘原子，而非插入额外的原子面。

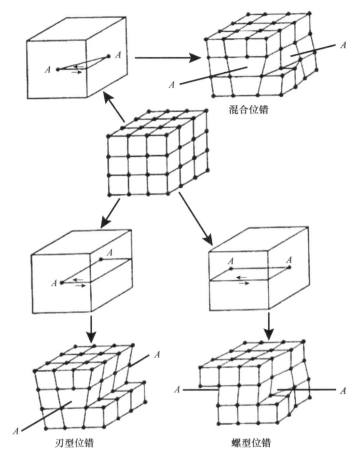

图 7.5　一条混合位错的构成

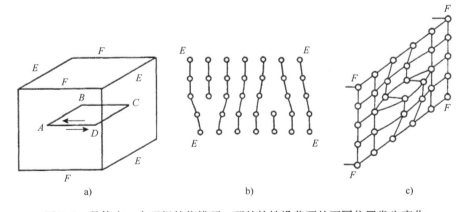

图 7.6　晶体内一个理想的位错环，环的特性沿着环的不同位置发生变化

7.1.1　位错的运动

位错能够以两种模式运动：滑移和攀移。滑移是位错在它的滑移面上的运动，是一种保守性质的运动，因为并不需要为此而发生长程的质量传输。试验已经表明，位错速度的对数

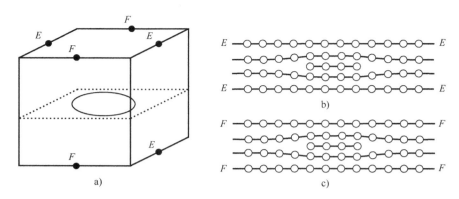

图 7.7　在点阵原有原子面之间插入一个圆形原子平面而形成的弗兰克位错环

正比于导致滑移的切应力的对数，即

$$\ln v_{g} \propto \ln \sigma_{s} \tag{7.2}$$

这意味着切应力与位错速度之间保持一种指数定律的关系，即

$$v_{g} = \left(\frac{\sigma_{s}}{\sigma_{D}} \right)^{m} \tag{7.3}$$

其中，m 是应力指数（约为 1.65），σ_{D} 是产生 0.01m/s 位错速度所需要的应力值[5]。试验也表明，位错速度的对数正比于绝对温度 T 的倒数，即

$$\ln v_{g} \propto \frac{1}{T} \tag{7.4}$$

由此得到了滑移中的位错速度与应力和温度关系的表达式为

$$v_{g} = f(\sigma) \exp\left(\frac{-E}{kT} \right) \tag{7.5}$$

当位错滑动时，它们使得滑移面上方的晶体相对于其下方发生位移。如果有个刃型位错滑移到表面，其结果是在表面形成一个大小等于矢量的台阶（见图 7.8）。螺型位错也将在表面产生一个台阶，但那是在与位错线垂直的那个面上（见图 7.9）。当理想位错环到达表面时，也将导致晶体的位移。图 7.10 所示为滑移面上方的晶体相对于其下方的位移。注意，正如图 7.8 和图 7.9 所示，此时发生的位移和位错在与表面交截处的特性完全一致。

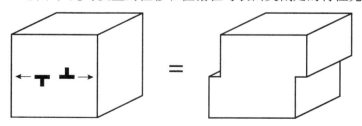

图 7.8　刃型位错运动到晶体表面所产生的滑移

弗兰克位错环在本质上是一个刃型位错。这类环的滑移面是由环的边缘与邻近晶体的交截所确定的，并由一个让环平面上下方的晶体凸出来的柱形表面构成。由图 7.11 可知，如果有个位错环滑动到表面，表面原子的位移方式。可是，这样的运动模式在能量上是不利的，这类位错环的运动更有可能通过攀移的模式而不是滑动。

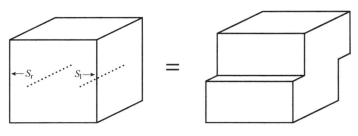

图 7.9　螺型位错运动到晶体表面所产生的滑移

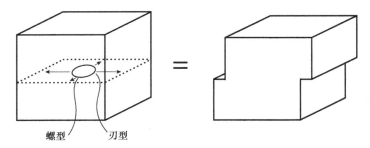

图 7.10　一个理想位错环运动到晶体表面所产生的滑移

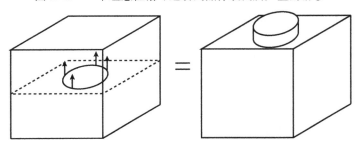

图 7.11　一个弗兰克位错环运动到晶体表面所产生的滑移

位错也可以通过一个称为攀移的非保守过程运动。与螺型位错能够在任意一个包含这个位错的原子面上滑动不同，对于刃型位错和棱柱位错环而言，攀移是一个重要的过程，因为它们不像螺型位错那样可以在包含位错的任意一个平面滑移，对刃型位错而言，只有一个可能的滑移平面。攀移是额外的原子半平面通过如下各种机制所发生的扩展或退缩：空位的吸收或发射，间隙原子的吸收，或者是空位团簇或单个间隙原子的发射或吸收。图 7.12 所示为刃型位错通过核心处吸收一个空位的正攀移。为了让刃型位错得以向上运动一个点阵间距，沿着朝纸面向内延伸的刃型位错核心处的所有原子都得吸收一个空位。正攀移导致额外半平面尺寸的减小，而负攀移则造成额外半平面尺寸的增大。正攀移与压缩应变有关，将会受到垂直于额外平面的压缩应力分量的助推。与之相似，垂直于额外平面的拉伸应力将促进其生长，因而有利于负攀移。因为在本质上是刃型位错，弗兰克位错环以相似的方式攀移，此时正攀移导致环的收缩，而负攀移使它长大。注意：产生滑移的应力和导致攀移的应力有着根本的差别。滑移因切应力而发生，而攀移则由正应力引起。

因为攀移需要空位穿过点阵发生朝向或离开那个额外半平面的运动，因而攀移的速率将受制于空位的扩散系数和它们的浓度。在未经辐照的固体内，这意味着在高温下，攀移将是

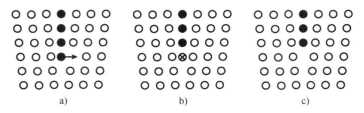

图 7.12　刃型位错通过吸收其核心处的空位而实现正攀移

最重要的。可是，在辐照过的固体内，即便是在较低温度下，空位数量的增多也使得攀移变得更为重要。此外，增加的间隙原子浓度意味着它们也能以与空位的作用相反的方向促进攀移。

7.1.2　位错的描述

位错的描述由两项参数组成，即定义位错线方向的矢量 s 和定义原子偏离平衡阵点的伯格斯（Burgers）矢量 b。伯格斯矢量按如下规则确定：

1）沿着位错线设定一个正方向 s。

2）构筑一个垂直于位错线的平面。

3）在远离位错核心的理想晶体区域内任选一个起始点，环绕着位错线在纸面内完整地画一个逆时针方向的回路。

4）伯格斯矢量 b 就是最终将回路闭合所需要的那个矢量。

以上规则对于螺型位错的应用示意如图 7.13 所示。遵循这个规范，刃型位错的伯格斯矢量是垂直于位错线的。而螺型位错的伯格斯矢量则平行于位错线。

图 7.13　找到由位错线方向 s 表征的位错伯格斯矢量 b 的规则

对于刃型位错，可以依照如下的手续确定其伯格斯矢量。沿着正的 s 方向观察位错线，围绕着位错作一个逆时针方向的回路。那么，连接终点至起始点的矢量即为其伯格斯矢量。图 7.14 所示为采用该规则确定伯格斯矢量的一个例子。注意：把哪个方向称为正方向无关紧要，但是为了确定晶体内位错线和额外半平面的取向，必须接纳一个规范。如果从相反的方向去看，b 也将成为反方向了。其中主要的是 s 相对于 b 之间关系的认定。遵循这个规范，图 7.15a 所示为一个线方向 s 指向纸面内的位错，而它的 b 则指向左边。图 7.15b 中的位错与图 7.15a 的那个是等同的，因为它们的 s 和 b 之间的关系是一样的。可是，图 7.15c 所示的位错，其符号是相反的。

对于螺型位错，考虑一个左手螺旋（逆时针方向旋转，见图 7.16）的情况。按此规范，s 和 b 是同向的。图 7.17a 所示为一个伯格斯矢量与 s 同方向的螺型位错。图 7.17b 所示的位错与图 7.17a 中的那个是等同的，而图 7.17c 的位错则与另外两个的符号相反。

刃型位错在其伯格斯矢量的方向上滑移。螺型位错则在与其伯格斯矢量垂直的方向上滑移。采用如下的规范来确定一条位错线的运动方向：运动的正方向是在平行于滑移面的一个平面上，将位错线做逆时针方向旋转、并从位错线本身的正方向旋转 90° 而得到的。其规则由图 7.18a 加以说明。图 7.18b、c 所示分别为刃型位错和螺型位错运动的正方向。图 7.19

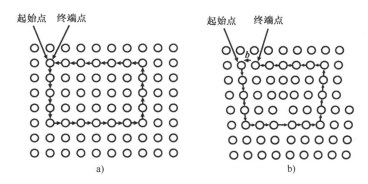

图 7.14　遵循图 7.13 所示规则，在理想晶体区域和含有一个刃型位错的
区域内，对应于刃型位错的伯格斯回路

a）理想晶体区域　b）刃型位错区域

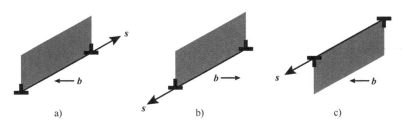

图 7.15　两个同号和一个符号相反的刃型位错的举例

a）同号 1　b）同号 2　c）符号相反

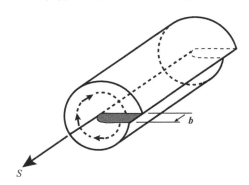

图 7.16　遵循图 7.13 所示规则，对应于螺型位错的伯格斯回路

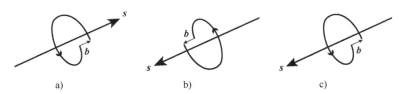

图 7.17　两个同号和一个符号相反的螺型位错的举例

a）同号 1　b）同号 2　c）符号相反

所示为位错环的运动方向，那是一个仅由单个伯格斯矢量表征的"理想位错环"，沿着位错
线其刃型/螺型特性则是变化的。

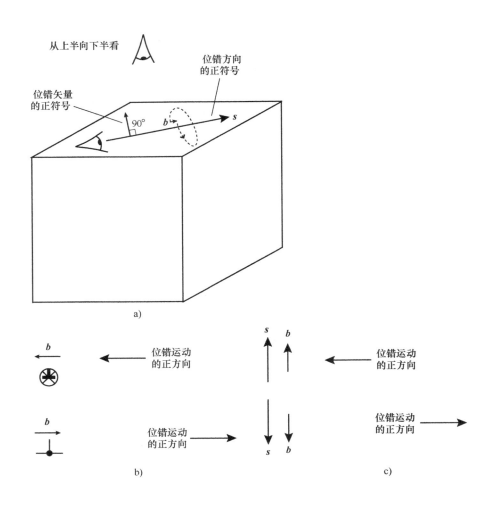

图 7.18　确定在滑移面内位错运动方向的规则，以及对刃型
位错和螺型位错运动正方向的举例

a）规则　b）刃型位错运动正方向　c）螺型位错运动正方向

7.1.3　位移、应变和应力

　　位错彼此之间有着交互作用，位错也通过它们的应力场与其他微观结构特征发生交互作用。所以，建立位错周围的应力和应变场，以及与位错线关联的能量是重要的。本小节将以螺型位错开始，然后再处理刃型位错。先回忆一下螺型位错的取向，其中伯格斯矢量是平行于位错线的，这意味着原子的位移发生在位错线的方向。如果在圆柱坐标系中描述这个螺型位错（见图 7.20），沿着 r 或 θ 方向没有位移，于是有

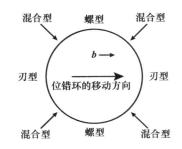

图 7.19　由单个伯格斯矢量表征的
理想位错环运动的正方向

$$u_r = u_\theta = 0 \tag{7.6}$$

在笛卡儿直角坐标系中，xy 平面内的位移为零。仅有的位移是在 z 方向，根据检视的结果可以得到，在圆柱坐标系中满足：

$$u_z = \frac{b}{2\pi}\theta, \quad u_x = u_y = 0 \tag{7.7}$$

而在直角坐标系中满足：

$$u_z = \frac{b}{2\pi}\arctan\frac{y}{x} \tag{7.8}$$

其中，b 是伯格斯矢量的模。由弹性理论，可以根据位移计算应变：

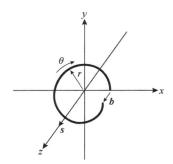

图 7.20　直角坐标系中的螺位错

$$\varepsilon_{\theta z} = \frac{1}{r}\left(\frac{\partial u_z}{\partial \theta}\right) = \frac{b}{2\pi r}, \quad \varepsilon_{rr} = \varepsilon_{\theta\theta} = \varepsilon_{zz} = \varepsilon_{r\theta} = \varepsilon_{rz} = 0 \tag{7.9}$$

而在直角坐标系中满足：

$$\varepsilon_{xz} = \frac{b}{2\pi}\frac{y}{x^2+y^2} = \frac{b}{2\pi r}\sin\theta$$

$$\varepsilon_{yz} = -\frac{b}{2\pi}\frac{x}{x^2+y^2} = -\frac{b}{2\pi r}\cos\theta \tag{7.10}$$

$$\varepsilon_{xx} = \varepsilon_{yy} = \varepsilon_{zz} = \varepsilon_{xy} = 0$$

于是，螺型位错的应力场由应力 – 应变关系确定：

$$\sigma_{\theta z} = \mu\varepsilon_{\theta z} = \frac{\mu b}{2\pi}r, \quad \sigma_{rr} = \sigma_{\theta\theta} = \sigma_{zz} = \sigma_{r\theta} = \sigma_{rz} = 0 \tag{7.11}$$

$$\sigma_{xz} = \frac{\mu b}{2\pi}\frac{y}{x^2+y^2} = \frac{\mu b}{2\pi r}\sin\theta$$

$$\sigma_{yz} = -\frac{\mu b}{2\pi}\frac{x}{x^2+y^2} = -\frac{\mu b}{2\pi r}\cos\theta \tag{7.12}$$

$$\sigma_{xx} = \sigma_{yy} = \sigma_{zz} = \sigma_{xy} = 0$$

对于图 7.21 所示的刃型位错，其原子的位移是在 x 方向。这里，原子的位移并不那么简单，但是已知位错在沿 z 轴的任一点处是类似的，因此其应力状态是平面应力型的。在直角坐标系中，刃型位错周围的位移场为

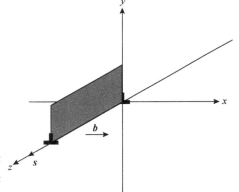

图 7.21　直角坐标系中的刃型位错

$$u_x = \frac{b}{2\pi}\left(\arctan\frac{y}{x} + \frac{\lambda+u}{\lambda+\mu}\frac{xy}{x^2+y^2}\right)$$

$$u_y = \frac{b}{2\pi}\left[\frac{-\mu}{2(\lambda+2\mu)}\log\frac{x^2+y^2}{c} + \frac{\lambda+\mu}{\lambda+2\mu}\frac{y^2}{x^2+y^2}\right] \tag{7.13}$$

$$u_z = 0$$

其中，常数 c 是为了使 log 项无量纲化而添加的，但这并不重要，因为应力和应变都是位移的导数。推导得到的应变为

$$\varepsilon_{xx} = -\frac{by}{2\pi} \frac{\mu y^2 + (2\lambda + 3\mu) x^2}{(\lambda + 2\mu)(x^2 + y^2)^2}$$

$$\varepsilon_{yy} = \frac{by}{2\pi} \frac{(2\lambda + \mu) x^2 - \mu y^2}{(\lambda + 2\mu)(x^2 + y^2)^2}$$ (7.14)

$$\varepsilon_{xy} = \frac{b}{2\pi(1-\nu)} \frac{x(x^2 - y^2)}{(x^2 + y^2)^2}$$

$$\varepsilon_{zz} = \varepsilon_{xz} = \varepsilon_{yz} = 0$$

其中，ν 是泊松比，λ 是拉梅（Lamé）常数，而 $\nu = \dfrac{\lambda}{2(\lambda + \mu)}$。于是，刃型位错周围的应力为

$$\sigma_{xx} = \frac{-\mu b}{2\pi(1-\nu)} \frac{y(3x^2 + y^2)}{(x^2 + y^2)^2} = \frac{-\mu b}{2\pi(1-\nu)r} \sin\theta(2 + \cos 2\theta)$$

$$\sigma_{yy} = \frac{\mu b}{2\pi(1-\nu)} \frac{y(x^2 - y^2)}{(x^2 + y^2)^2} = \frac{\mu b}{2\pi(1-\nu)r} \sin\theta\cos 2\theta$$

$$\sigma_{xy} = \frac{\mu b}{2\pi(1-\nu)} \frac{x(x^2 - y^2)}{(x^2 + y^2)^2} = \frac{\mu b}{2\pi(1-\nu)r} \cos\theta\cos 2\theta$$ (7.15)

$$\sigma_{zz} = \nu(\sigma_{xx} + \sigma_{yy}) = \frac{-\mu\nu by}{\pi(1-\nu)(x^2 + y^2)} = \frac{-\mu\nu b}{\pi(1-\nu)r} \sin\theta$$

$$\sigma_{xz} = \sigma_{yz} = 0$$

在圆柱坐标系中，刃型位错周围的应力为

$$\sigma_{rr} = \sigma_{\theta\theta} = \frac{\mu b}{2\pi(1-\nu)} \frac{\sin\theta}{r}$$

$$\sigma_{r\theta} = \frac{-\mu b}{2\pi(1-\nu)} \frac{\cos\theta}{r}$$ (7.16)

$$\sigma_{zz} = \frac{-\mu\nu b}{2\pi(1-\nu)} \frac{\sin\theta}{r}$$

$$\sigma_{\theta z} = \sigma_{rz} = 0$$

7.1.4 位错的能量

在任意一个受到应力作用的弹性介质中都储存着能量。对一个棒施加拉伸应力就会在一个弹性固体内部产生正比于应力的拉伸应变。考虑棒内一个单位尺寸的立方体。此时，应力 σ 就是作用于这个立方体横截面上的全部力。应变则是立方体在应力方向上被拉长的分量距离。所以，对立方体做的功（能量/单位体积）就是力乘以距离，即

$$W = \int_0^{\varepsilon_{max}} \sigma \mathrm{d}\varepsilon$$ (7.17)

根据图 7.22，有

$$W = \frac{\sigma_{max} \varepsilon_{max}}{2}$$ (7.18)

对于广义的应力场，单位体积的储存能为

$$W = \frac{1}{2}(\sigma_{xx}\varepsilon_{xx} + \sigma_{yy}\varepsilon_{yy} + \sigma_{zz}\varepsilon_{zz} + \sigma_{xy}\varepsilon_{xy} + \sigma_{xz}\varepsilon_{xz} + \sigma_{yz}\varepsilon_{yz}) \tag{7.19}$$

而在圆柱面坐标系中:

$$W = \frac{1}{2}(\sigma_{rr}\varepsilon_{rr} + \sigma_{\theta\theta}\varepsilon_{\theta\theta} + \sigma_{zz}\varepsilon_{zz} + \sigma_{r\theta}\varepsilon_{r\theta} + \sigma_{rz}\varepsilon_{rz} + \sigma_{\theta z}\varepsilon_{\theta z}) \tag{7.20}$$

其中,$\sigma_{ij} = \sigma_{ji}$。将式(7.20)应用于螺型位错,可得

$$W = \frac{\sigma_{\theta z}\varepsilon_{\theta z}}{2} = \frac{\mu b^2}{8\pi^2 r^2} \tag{7.21}$$

单位长度位错线的弹性能则为

$$E_l = \int_{r_c}^{R} W 2\pi r \mathrm{d}r = \frac{\mu b^2}{4\pi}\int_{r_c}^{R}\frac{\mathrm{d}r}{r} = \frac{\mu b^2}{4\pi}\ln\left(\frac{R}{r_c}\right) + \varepsilon_c \tag{7.22}$$

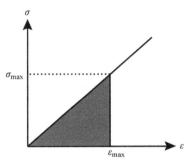

积分的上、下限是位错核心的半径 R 和 r_c。位错核心的半径 r_c 是一个距离,低于该距离时线弹性原理不再满足,在数值上通常取伯格斯矢量模的几倍。R 是单晶体的外部尺寸;或者对于多晶体材料,R 可被取成晶粒的半径。可是,还有一个约束条件是其他位错的存在,即便是在退火很完全的金属中,位错密度仍有约 $10^8 \mathrm{cm}^{-2}$ 也应当考虑。所以,R 常被取为与下一个位错距离的一半。不过,弹性能对 R 并不十分灵敏,因为它只出现在对数(ln)项中。ε_c 项是位错核心半径内的能量,它未被包含在积分之中,因为这个区域内并不满足线连续弹性理论。

图 7.22 显示应变场中储存能的弹性应力 - 应变曲线

假设位错核心内的应力水平为 $\mu/30$,然后位错核心半径 r_c 为 $5b$,此时 ε_c 近似为 $\mu b^2/10$,这个位错核心能量值大约是弹性应变场能量(ln 项)的 10% ~ 20%。

对于刃型位错,采用与螺型位错相同的方法确定的单位长度弹性能为

$$E_l = \frac{\mu b^2}{4\pi(1-\nu)}\ln\left(\frac{R}{r_c}\right) + \varepsilon_c \tag{7.23}$$

式(7.23)与螺型位错的差别只在第一项的分母中多了一个因子 $(1-\nu)$,或者说,对于 $\nu \approx 0.3$,这个因子约为 1.6。对典型的 R 和 r_c 数值,$\mu b^2/2 \leqslant E_l \leqslant \mu b^2$。单位长度刃型位错线的弹性能也称为线张力,并记作 Γ。通常,Γ 的值取 $\mu b^2/2$。

7.1.5 位错的线张力

在均匀的外加切应力 σ_s 作用下,长度为 $\mathrm{d}s$ 的位错线片段在垂直于 $\mathrm{d}s$ 的方向上移动的距离为 $\mathrm{d}l$(图 7.23)。由该片段移动引起滑移面上方的晶体相对于其下方的平均位移为

$$\mathrm{d}x = \left(\frac{\mathrm{d}s\mathrm{d}l}{A}\right)b \tag{7.24}$$

其中,A 是滑移面的面积。产生切应力的力是 $\sigma_s A$,所做的功为

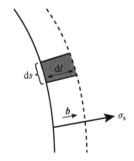

$$\mathrm{d}W = F\mathrm{d}x = \sigma_s A\left(\frac{\mathrm{d}s\mathrm{d}l}{A}\right)b$$

$$= \sigma_s b\mathrm{d}s\mathrm{d}l \tag{7.25}$$

图 7.23 在伯格斯矢量方向扫过了 $\mathrm{d}s\mathrm{d}l$ 区域的位错线片段

因为力等于功除以它所施加的距离得到的商，有

$$F = \frac{\mathrm{d}W}{\mathrm{d}l} = \sigma_s b \mathrm{d}s \tag{7.26}$$

那么，单位长度上的力为

$$F_l = \frac{\mathrm{d}W/\mathrm{d}l}{\mathrm{d}s} = \sigma_s b \tag{7.27}$$

考虑一条弯曲的位错线。线张力产生了一个向内的径向力，它力图将位错线绷直。只有当存在一个切应力抵抗着这个线张力时，位错才能保持弯曲。接下来确定使其保持弯曲所需要的切应力。考虑图 7.24 所示的位错线片段，由切应力产生的向外的力为

$$\sigma_s b \mathrm{d}s = 2\sigma_s b R \mathrm{d}\theta \tag{7.28}$$

而向内的约束力为

$$2\Gamma\sin(\mathrm{d}\theta) \approx 2\Gamma \mathrm{d}\theta \tag{7.29}$$

由式（7.28）和式（7.29），有如下力的平衡，即

$$2\Gamma \mathrm{d}\theta = 2\sigma_s b R \mathrm{d}\theta \tag{7.30}$$

求解 σ_s 即可得到用线张力表示的切应力，即

$$\sigma_s = \frac{\Gamma}{bR} \tag{7.31}$$

如果 $\Gamma \approx \mu b^2/2$，则

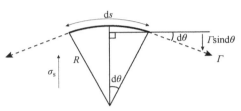

图 7.24 由切应力 σ_s 作用在位错线片段上的向内约束力

$$\sigma_s = \frac{\mu b}{2R} \tag{7.32a}$$

如果 $\Gamma \approx \mu b^2$，则

$$\sigma_s = \frac{\mu b}{R} \tag{7.32b}$$

有一种固体内位错增殖的机制称为弗兰克 – 里德（Frank – Read）机制。这种机制如图 7.25所示，它的发生过程如下。一个由 ABCD 定义的位错线片段，其伯格斯矢量 **b** 与位错线、滑移面的取向使得 AB 和 DC 段不可动而只有 BC 段在滑移面内。该位错片段在 B 和 C 两点被钉扎了。假定此时温度足够低，以致攀移不是一个可能发生的选项。于是，在给定应力下，作为对应力的响应，BC 片段稍稍弓出而成为弯曲的形状，正如式（7.32a）对位错的线张力所预言的那样：如果 $l = 2R$，$\sigma_s \approx \mu b/l$。当由位错线弯曲引起的向内的力不再足以与外加应力产生的力平衡时，位错变得不稳定，并且进一步弓出而成为图 7.25c 所示的组态。注意：在这一状态下，由于位错片段 P 和 P′ 的特性相反，如果位错继续弓出，它们将彼此接触而湮灭，留下一个理想晶体的区域和一个理想的位错环。然后，外加应力将导致位错环的扩张，还将开始从同一 BC 片段产生新的位错环的过程。只要这些环向远离源的方向扩展，这个过程能持续进行，一个如此被钉扎的位错可以产生许多位错环。图 7.26 所示为硅晶体中弗兰克 – 里德源的 TEM 显微照片。最终，由先前产生的位错环导致的背应力将对源产生一个阻挡的力，该过程就将停止。由位错塞积引起的背应力将在第 12 章讨论。

7.1.6　作用在位错上的力

在本小节中，考虑将外应力施加到含有一个位错的固体上。例如，施加到含有一个刃型

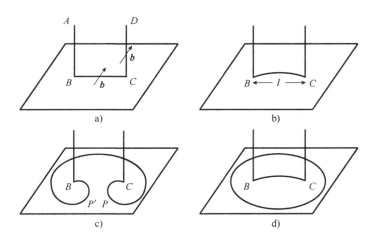

图 7.25 产生位错的弗兰克－里德源

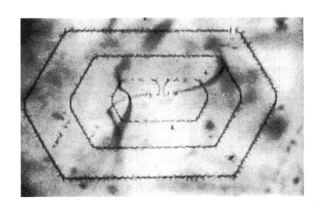

图 7.26 硅晶体中弗兰克－里德源的 TEM 显微照片[6]

位错的固体上（见图 7.27）的切应力 σ_{xy} 所产生的该位错沿 $+x$ 方向的运动。当它使位错移动 L 时，加在单位长度位错线上的应力所做的功将等于 $\sigma_{xy}bL$。于是，作用在位错上的力 $F = \sigma_{xy}b$。注意：这个力是施加在 $+x$ 方向的。

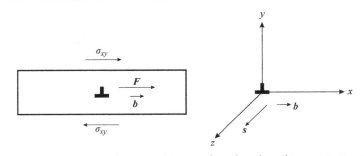

图 7.27 由切应力 σ_{xy} 施加在一个特性为 $s|001|$、$b|100|$ 的刃型位错上的力

对于螺型位错，施加切应力 σ_{yz} 导致一个沿 $+x$ 方向的力 $\sigma_{yz}b$（图 7.28）。施加切应力

σ_{xz}则产生了沿$-y$方向的力$-\sigma_{xz}b$，而位错的运动与滑移面垂直。

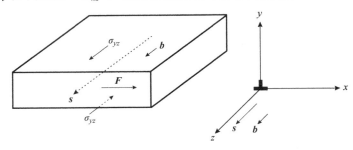

图 7.28 由切应力σ_{yz}施加在一个特性为$s\lvert001\rvert$、$b\lvert001\rvert$的螺型位错上的力

那么，如果将应力施加到一个刃型位错上，是否会产生一个垂直于滑移面的力呢？施加到图 7.29 中一个刃型位错上的拉应力σ_{xx}将对位错产生一个向下的力$-\sigma_{xx}b$。此时，位错对这个应力响应的唯一方式只能是攀移。

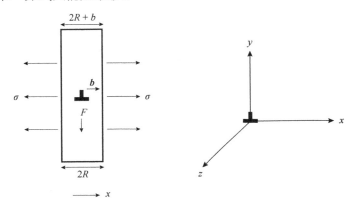

图 7.29 由正应力σ_{xx}施加在一个特性为$s\lvert001\rvert$、$b\lvert100\rvert$的刃型位错上的力

最后，希望能够确定当固体承受一个广义应力时，作用在任意一个位错上的力。例如，如果让位错沿着$+z$方向而其滑移面与y轴垂直，则其伯格斯矢量可表示为

$$\boldsymbol{b} = b_x\boldsymbol{i} + b_z\boldsymbol{k} \tag{7.33}$$

其中，b_x和b_z分别是伯格斯矢量的刃型和螺型分量，$\boldsymbol{i}$和$\boldsymbol{k}$分别是x和z方向的单位矢量。这是一个混合位错，因为它的伯格斯矢量包含了多于一个方向的分量。施加在含有位错的晶体表面的外应力包括 6 个分量：σ_{xx}、σ_{yy}、σ_{zz}、σ_{xy}、σ_{xz}、σ_{yz}。其中只有σ_{yz}和σ_{xy}才对刃型位错施加一个力，从而导致其在滑移面内运动。应力分量σ_{xz}和σ_{xx}将导致位错垂直于滑移面的运动。σ_{zz}和σ_{yy}都不做功。于是，施加在单位长度位错线上的总的力为

$$\boldsymbol{F} = (\sigma_{xy}b_x + \sigma_{yz}b_z)\boldsymbol{i} - (\sigma_{xx}b_x + \sigma_{xz}b_z)\boldsymbol{j} \tag{7.34}$$

其中，第一项为平行于滑移面的力分量，第二项是垂直于滑移面的力分量，而$\boldsymbol{n} = (\boldsymbol{i}, \boldsymbol{j}, \boldsymbol{k})$定义了单位矢量。

具有混合特性的位错代表着由一个任意的应力场施加于位错上的力的最一般的情况。对于一个混合型位错，伯格斯矢量为

$$\begin{aligned}\boldsymbol{b} &= b_x\boldsymbol{i} + b_y\boldsymbol{j} + b_z\boldsymbol{k} \\ &= b_1\boldsymbol{i} + b_2\boldsymbol{j} + b_3\boldsymbol{k}\end{aligned} \tag{7.35}$$

因此，将任意一个应力 σ_{ij} 对具有式（7.35）所描述的伯格斯矢量的位错所做功的增量写成

$$\delta W = \sum_{\substack{i=1 \\ j=1}}^{3} b_i \sigma_{ij} n_j \mathrm{d}A \tag{7.36}$$

或者，用矩阵符号表示为

$$\mathrm{d}W = \underline{b}\ \underline{\sigma}\ n\mathrm{d}A \tag{7.37}$$

其中，$\underline{\sigma}$ 是应力张量，n 是垂直于滑移面的单位矢量，而 b 是伯格斯矢量。实际上，b 是一个柱矢量，所以式（7.37）又被写成

$$\mathrm{d}W = \underline{b}^{\mathrm{T}}\ \underline{\sigma} n \mathrm{d}A \tag{7.38}$$

$n\mathrm{d}A$ 项可以写成 $\mathrm{d}A$，而 $\mathrm{d}A$ 恰恰为

$$L(\boldsymbol{s} \times \mathrm{d}\boldsymbol{l}) \tag{7.39}$$

其中，$\boldsymbol{s}$ 是位错线方向的单位矢量，L 是位错线的长度，而 $\mathrm{d}\boldsymbol{l}(=\mathrm{d}x\boldsymbol{i}+\mathrm{d}y\boldsymbol{j}+\mathrm{d}z\boldsymbol{k})$ 则是滑移面内的单位矢量，且垂直于 $\boldsymbol{s}$ 和 $\boldsymbol{n}$。已知 $b=b_x\boldsymbol{i}+b_y\boldsymbol{j}+b_z\boldsymbol{k}$，所以 b 只在 $\mathrm{d}\boldsymbol{l}$ 方向上有分量。因为 $\boldsymbol{A}\cdot\boldsymbol{B}\times\boldsymbol{C}=\boldsymbol{A}\times\boldsymbol{B}\cdot\boldsymbol{C}$，于是有

$$\mathrm{d}W = L\ \underline{b}^{\mathrm{T}}\ \underline{\sigma} \times \underline{s} \cdot \mathrm{d}\boldsymbol{l} \tag{7.40}$$

$$\frac{1}{L}\mathrm{d}W = \underline{b}^{\mathrm{T}}\ \underline{\sigma} \times \underline{s} \cdot \mathrm{d}\boldsymbol{l} \tag{7.41}$$

式（7.41）中的 $\underline{b}^{\mathrm{T}}\ \underline{\sigma} \times \underline{s}$ 项就是因为存在一个可能使位错移动的外加应力作用在单位长度位错线上的力，并写成：

$$\boldsymbol{f} = \underline{b}^{\mathrm{T}}\ \underline{\sigma} \times \underline{s} \tag{7.42}$$

式（7.42）称为 Peach – Koehler 方程。

将 Peach – Koehler 方程应用于具有伯格斯矢量和位错线方向分别为 $b\begin{vmatrix}1\\0\\0\end{vmatrix}$ 和 $s\begin{vmatrix}0\\0\\1\end{vmatrix}$ 的一个刃型位错上，如图 7.30 所示。

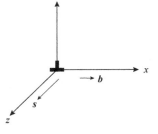

图 7.30 为确定一个广义应力场对刃型位错施加的力而设定的位错取向

把式（7.42）右边的第一个量写成：

$$\underline{b}^{\mathrm{T}}\ \underline{\sigma} = b\,|100|\begin{vmatrix}\sigma_{xx} & \sigma_{xy} & \sigma_{xz}\\ \sigma_{yx} & \sigma_{yy} & \sigma_{yz}\\ \sigma_{zx} & \sigma_{zy} & \sigma_{zz}\end{vmatrix} = b\,|\sigma_{xx} \quad \sigma_{xy} \quad \sigma_{xz}| \tag{7.43}$$

然后得出它与 s 的矢量叉乘积，即

$$\underline{b}^{\mathrm{T}}\ \underline{\sigma} \times \underline{s} = b\begin{vmatrix}\boldsymbol{i} & \boldsymbol{j} & \boldsymbol{k}\\ \sigma_{xx} & \sigma_{xy} & \sigma_{xz}\\ 0 & 0 & 1\end{vmatrix} \tag{7.44}$$

这个矢积或行列式是 $b\sigma_{xy}\boldsymbol{i} - b\sigma_{xx}\boldsymbol{j}$，而作用在位错上的力为

$$\boldsymbol{f} = b\sigma_{xy}\boldsymbol{i} - b\sigma_{xx}\boldsymbol{j} \tag{7.45}$$

注意：$f_x = b\sigma_{xy}$ 是在 $+x$ 方向的滑动力，而力的分量 $f_y = -b\sigma_{xx}$ 是在 $-y$ 方向的攀移力。只有 σ_{xy} 和 σ_{xx} 才会对具有本例中设定的伯格斯矢量和线方向的那个位错施加力的作用。

如图 7.31 所示，其伯格斯矢量和位错线方向由 $b\begin{vmatrix}0\\0\\1\end{vmatrix}$ 和 $s\begin{vmatrix}0\\0\\1\end{vmatrix}$ 给定的一个螺型位错，有

$$\underline{b}^{\mathrm{T}}\,\underline{\underline{\sigma}} = b\,|\,001\,|\begin{vmatrix}\sigma_{xx} & \sigma_{xy} & \sigma_{xz}\\ \sigma_{yx} & \sigma_{yy} & \sigma_{yz}\\ \sigma_{zx} & \sigma_{zy} & \sigma_{zz}\end{vmatrix} = b\,|\,\sigma_{zx}\quad \sigma_{zy}\quad \sigma_{zz}\,| \tag{7.46}$$

然后，取与 s 的矢量积叉乘，即

$$\boldsymbol{f} = \underline{b}^{\mathrm{T}}\,\underline{\underline{\sigma}}\times\underline{s} = b\begin{vmatrix}\boldsymbol{i} & \boldsymbol{j} & \boldsymbol{k}\\ \sigma_{zx} & \sigma_{zy} & \sigma_{zz}\\ 0 & 0 & 1\end{vmatrix} = b\sigma_{yz}\boldsymbol{i} = b\sigma_{zx}\boldsymbol{j}$$

$$\tag{7.47}$$

而 $f_x = b\sigma_{zy}$，$f_y = -b\sigma_{zx}$。注意：只有 σ_{zy} 和 σ_{zx} 才会对在本例所设定的那个位错施加一个力。

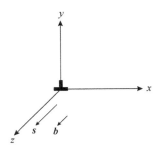

图 7.31　为确定一个广义应力场对螺型位错施加的力而设定的位错取向

7.1.7　位错间交互作用

Peach – Koehler 方程也能用来确定由第二个位错产生而施加在一个位错上的应力，差别在于，此时应力是由一个广义的应力场而非外加的应力所致。本小节将逐个考察刃型 – 刃型、螺型 – 螺型和刃型 – 螺型位错之间的交互作用，并以刃型 – 刃型位错交互作用开始。

1. 刃型 – 刃型位错交互作用

为了找到因位错（1）的存在而施加在位错（2）上的力，将位错（1）放在坐标原点而位错（2）在某个任意位置（见图 7.32a）。按照 Peach – Koehler 方程，这个力是 $\boldsymbol{f} = \underline{b}^{\mathrm{T}}_{(2)}\,\underline{\underline{\sigma}}_{(1)}\times\underline{s}_{(2)}$，其中包括位错（2）的伯格斯矢量和位错线方向，以及位错（1）的应力。于是，矢量积中的第一项成为

$$\underline{b}^{\mathrm{T}}\,\underline{\underline{\sigma}} = \underbrace{b\,|\,100\,|}_{(2)}\underbrace{\begin{vmatrix}\sigma_{xx} & \sigma_{xy} & 0\\ \sigma_{yx} & \sigma_{yy} & 0\\ 0 & 0 & \sigma_{zz}\end{vmatrix}}_{(1)} = b\,|\,\sigma_{xx}\quad \sigma_{xy}\quad 0\,| \tag{7.48}$$

则有

$$\boldsymbol{f} = \underline{b}^{\mathrm{T}}\,\underline{\underline{\sigma}}\times\underline{s}_{(2)} = b\begin{vmatrix}\boldsymbol{i} & \boldsymbol{j} & \boldsymbol{k}\\ \sigma_{xx} & \sigma_{xy} & 0\\ 0 & 0 & 1\end{vmatrix} = b\sigma_{xy}\boldsymbol{i} - b\sigma_{xx}\boldsymbol{j} \tag{7.49}$$

于是，作用在刃型位错（2）上的力可以写成

$$\boldsymbol{F} = \underbrace{\frac{\mu b b^{(2)}}{2\pi(1-\nu)r}(\cos\theta\cos2\theta)\boldsymbol{i}}_{F_x(\theta)} + \underbrace{\frac{\mu b b^{(2)}}{2\pi(1-\nu)r}\sin\theta(2+\cos2\theta)\boldsymbol{j}}_{F_y(\theta)} \tag{7.50}$$

而在 xy 平面内力的分量如图 7.32b 所示，而且还是图 7.32c 中 θ 的函数。

注意，如果刃型位错（2）有相同的 s，但其伯格斯矢量却在反方向，那么对所导致的

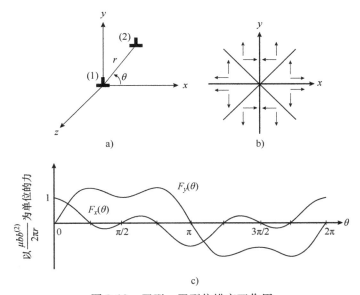

图7.32 刃型–刃型位错交互作用

a) 为确定由刃型位错（1）作用在刃型位错（2）上的力而设定的位错取向

b) xy 平面内力的 x 分量和 y 分量 c) 它们作为 θ 的函数

力的效应简单地是在式（7.50）中的每一项都改变符号，但它们的数值不变。如果刃型位错（2）的伯格斯矢量为 $b\begin{vmatrix}0\\1\\0\end{vmatrix}$，则之前的分析变为

$$\bar{b}^{\mathrm{T}}\underline{\underline{\sigma}} = \underbrace{b\,|\,010\,|}_{(2)}\underbrace{\begin{vmatrix}\sigma_{xx} & \sigma_{xy} & 0\\ \sigma_{yx} & \sigma_{yy} & 0\\ 0 & 0 & \sigma_{zz}\end{vmatrix}}_{(1)} = b\,|\,\sigma_{xy} \quad \sigma_{yy} \quad 0\,| \tag{7.51}$$

$$\boldsymbol{f} = \bar{b}^{\mathrm{T}}\underline{\underline{\sigma}} \times \underset{(2)}{s} = \mathrm{b}\begin{vmatrix}\boldsymbol{i} & \boldsymbol{j} & \boldsymbol{k}\\ \sigma_{xy} & \sigma_{yy} & 0\\ 0 & 0 & 1\end{vmatrix} = b\sigma_{yy}\boldsymbol{i} - b\sigma_{xy}\boldsymbol{j} \tag{7.52}$$

此时，力的 x 分量产生一个指向右方的正攀移力，而力的 y 分量则产生一个负的（即向下的）滑移力。

2. 螺型–螺型位错交互作用

对于图7.33a所示的两个螺型位错，由螺型位错（1）施加在螺型位错（2）上的力为

$$\boldsymbol{f} = \underline{b}^{\mathrm{T}}\underline{\underline{\sigma}} \times \underset{(2)}{s} = b\begin{vmatrix}\boldsymbol{i} & \boldsymbol{j} & \boldsymbol{k}\\ \sigma_{xz} & \sigma_{yz} & 0\\ 0 & 0 & 1\end{vmatrix} = b\sigma_{yz}\boldsymbol{i} - b\sigma_{xz}\boldsymbol{j} \tag{7.53}$$

其中，力的 x 分量 $b\sigma_{yz}$ 向右，而 y 分量 $-b\sigma_{xz}$ 向下（见图7.33）。作用在螺型位错（2）上的力可写成

$$\boldsymbol{F} = \frac{\mu bb^{(2)}}{2\pi r}(\cos\theta\boldsymbol{i} + \sin\theta\boldsymbol{j}) \tag{7.54}$$

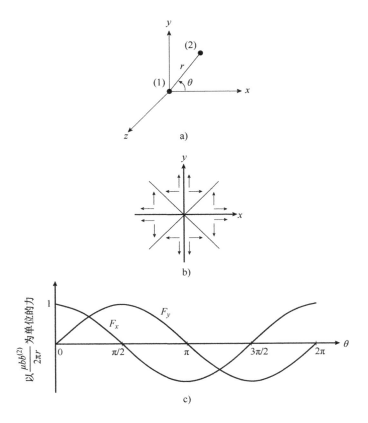

图 7.33　螺型 - 螺型位错交互作用

a）为确定由螺型位错（1）作用在螺型位错（2）上的力而设定的取向　b）xy 平面内由另一位错作用在螺型位错上力的 x 分量和 y 分量　c）它们作为 θ 的函数

式（7.54）的这个力垂直于位错线的方向。如果两个位错同号，它是排斥力；如果两者异号，则为相互吸引。由在（r，θ）处的位错施加在原点处的位错的力，与由原点处位错施加在（r，θ）处位错的力，数值相等但符号相反。在 xy 平面内力的分量如图 7.33b 所示，而它们作为 θ 的函数如图 7.33c 所示。

3. 刃型 - 螺型位错交互作用

最后一个例子是确定由图 7.34 所示的刃型 - 螺型位错之间的交互作用力。已知刃型位错没有 xz 或 yz 应力分量，而它们正是让螺型位错运动所需要的。所以，可以得出如下规则：对于具有 b

$$\begin{vmatrix} 1 \\ 0 \\ 0 \end{vmatrix} 和 s \begin{vmatrix} 0 \\ 0 \\ 1 \end{vmatrix}$$

的刃型位错，对它产生力的应力只有 σ_{xx} 和 σ_{xy}。位错周围的应力场具有 σ_{xx}、σ_{yy}、σ_{zz}

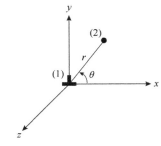

图 7.34　为确定由刃型位错（1）作用在螺型位错（2）上的力而设定的取向

和 σ_{xy} 分量。对于具有 $b \begin{vmatrix} 0 \\ 0 \\ 1 \end{vmatrix}$ 和 $s \begin{vmatrix} 0 \\ 0 \\ 1 \end{vmatrix}$ 的螺型位错，对它产生力的应力只有 σ_{xz} 和 σ_{yz}。位错周围的应力场也有 σ_{xz} 和 σ_{yz} 两个分量。

7.1.8 扩展位错

面心立方（fcc）点阵中滑移发生在（111）面和 <110> 方向，如图 7.35 所示。伯格斯矢量是 $a/2$ [110]，它是连接立方体角隅原子与邻近的立方面中心原子的最短点阵矢量。可是，（111）滑移面上原子的排布使得 <110> 方向并非最容易滑移的途径。图 7.35b 所示为密排的（111）面上原子的排布。（111）面是以 $ABCABC\cdots$ 的顺序堆垛起来的，这就使得 A 面原子的中心落在了彼此的顶部，对 B 和 C 原子面也类似（都一样）。图 7.35b 所示的矢量 $b_1 = a/2$ [$10\bar{1}$] 是观察到的滑移方向。可是，假如把原子看成硬球，这个方向却代表着一条高能量的途径，因为原子想要从 B 位置移动到另一个位置的话必须攀越 A 原子。一个较简便的途径则是采取矢量 b_2 和 b_3 的方式，它们都是沿着 A 原子的"谷"分布的。位错反应由式（7.55）给定，即

$$b_1 \rightarrow b_2 + b_3, \quad \frac{a}{2}[10\bar{1}] \rightarrow \frac{a}{6}[2\bar{1}\bar{1}] + \frac{a}{6}[11\bar{2}] \tag{7.55}$$

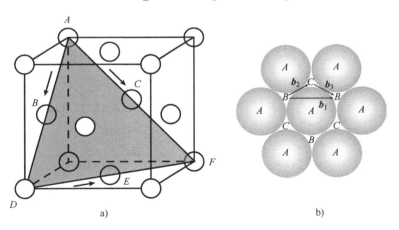

图 7.35 fcc 点阵中的滑移

a）fcc 点阵中密排的（111）滑移面 b）滑移方向

从本质上说，全位错的伯格斯矢量 b_1 已经被分解成了两个不全位错 b_2 和 b_3。图 7.36a 是（111）面上不全位错的原子排布，而图 7.36b 所示为全位错分解成两个不全位错的矢量图解。这两个不全位错常称为肖克莱（Shockley）不全位错，而两个不全位错的组合称为扩展位错。分解与位错的特性无关，两个不全位错以保持着彼此之间平衡宽度的整体单元的方式运动。不全位错之间的空间称为错排堆区域或堆垛层错，它的大小取决于堆垛层错能（SFE）。SFE 越低，不全位错之间的分隔越大；SFE 越高，它们就靠得越近。在交滑移中堆垛层错很重要，为了让交滑移得以发生，不全位错必须重新复合。扩展位错也发生在密排六方（hcp）点阵中，但在 bcc 金属中并不常被观察到。

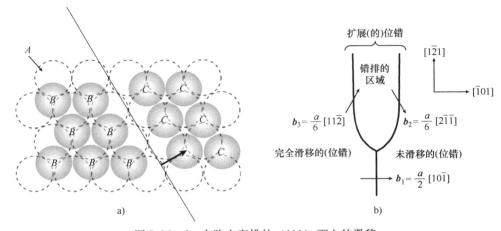

图 7.36 fcc 点阵中密排的（111）面上的滑移

a）Shockley 不全位错中原子的位置　b）全位错分解成不全位错

7.1.9 扭折和割阶

刃型位错和螺型位错都可能在其位错线内通过与其他位错的交互作用而生成割阶或台阶。一般有两种类型的割阶。第一类割阶是处在滑移面内而不与之垂直的割阶，称为扭折。图 7.37a 所示为躺在刃型位错滑移面内、具有螺型特性扭折的刃型位错，而图 7.37b 所示则

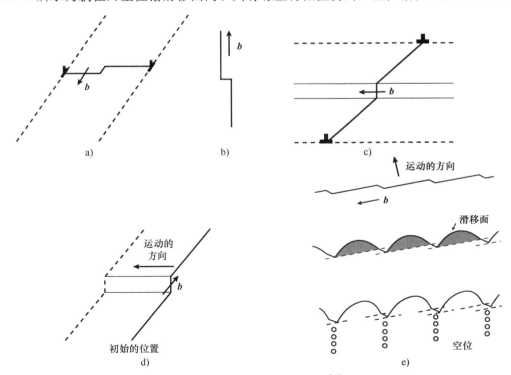

图 7.37 位错的扭折和割阶[7]

a）带有螺型特性扭折的刃型位错　b）带有刃型取向扭折的螺型位错　c）刃型位错中的刃型割阶
d）螺型位错中的刃型割阶和位错运动的方向　e）一个如 d）那样的带有刃型割阶的螺型位错部分的运动，
显示了割阶之间螺型位错片段的弓出，并在割阶的后部留下了空位

是带有刃型取向扭折的螺型位错。扭折是不稳定的，因为它们在滑移过程中可能变成直线和湮灭。第二类割阶如图7.37c所示，其割阶和位错本身都是刃型取向的。这两类割阶都能够滑移，因为它们都处在位错的滑移面内。带有割阶的刃型位错与普通刃型位错的运动之间的差别在于，它们不是沿着单一的平面滑移，而是在一个阶梯形的面内滑移。

塑性变形中十分重要的另外一类割阶如图7.37d所示。那是含有刃型取向割阶的螺型位错。要让这个螺型位错带着它的割阶一起移动到新位置的唯一途径，是通过割阶的攀移。图7.37e所示为一个带割阶的螺型位错的运动，那是外加应力作用下割阶之间的位错片段在滑移面内弓出，而随着位错在其滑移面内运动，割阶的后部遗留下了空位。

7.2 包围着层错的位错环和堆垛层错四面体

由于它们在辐照材料中的重要性，本节将以较大篇幅讨论弗兰克位错环。弗兰克位错环在辐照材料中之所以重要，是因为它们常常形核于位移级联过程中。回忆一下，级联是由被间隙原子壳层包围着的空位核心所组成的（见图3.3和图3.9）。假如空位核心或间隙原子壳层崩塌而集聚到了一个密排的面上，就有可能生成弗兰克位错环。这两种情况下都可能形成堆垛层错。空位集聚产生内禀层错，而间隙原子集聚则导致外禀层错。这些层错可描述如下。

在规则的密排点阵（如fcc、hcp）中，原子层都遵从规则的堆垛顺序。在fcc点阵中，堆垛顺序是ABCABCABC…，这表明每个第三原子层正好躺在第一层的上方。抽去一层原子将在堆垛顺序中导致一个断层或错排。抽去一个原子面产生了一个内禀层错，也称为"单错排"，与单错排相关的位错为S-位错，形成S-弗兰克位错环（见图7.38a）。例如，堆垛顺序被改变成ABCAB/ABCABC…，其中"/"用来标记那个错排的或被抽去的原子面。插入一个额外的原子面，则将产生一个"双错排"，其堆垛顺序为ABCAB/A/CABC…（见图7.38b）。这是一个外禀的或"双"错排，与之关联的位错为D-位错，形成D-弗兰克位错环。S-弗兰克位错环和D-弗兰克位错环的伯格斯矢量是一样的。因为弗兰克位错环是由插入或抽去密排原子面而产生的，b一定是与（111）面垂直且其长度等于原子面间距 $a/\sqrt{3}$，（所以伯格斯矢量被描述为 $b = a/3$ [111]，由于在其滑移平面上移动非常困难，滑行平面实际上是由环的边缘定义的圆柱体，弗兰克位错环被认为是"固着的"或不可动的，因为其滑移面是由环周边的投影所确定的柱面，并与环的平面相垂直，或在其上，或在其下（见图7.11）。弗兰克位错环也可能通过自催化或与另外一个位错线的反应形成一个"理想的位错环"而变成"无错排"。这一过程将在第12章介绍。

辐照材料中可能形成的另一种位错组态是堆垛层错四面体（SFT）。SFT是一种三维的堆垛层错组态，具有四面体的形状。SFT被认为是直接由级联过程中产生的空位团簇演化而来。它们也被认为是由弗兰克位错环演化而来。在fcc点阵中，弗兰克位错环总是在（111）面上。图7.39a所示为（111）面上的一个三角形位错环，其边缘平行于〈110〉方向。平行于〈110〉方向的弗兰克位错环可以通过分裂成一个肖克莱位错 $a/6$ [211] 和一个"压杆位错"而降低它的能量。肖克莱位错的滑移面也是（111）面，但是这与含有弗兰克位错环的情况不同。图7.39b所示为由弗兰克位错环的三边生产了三个肖克莱位错中的两个，并沿（111）面上行。每个肖克莱位错都在其后面，在原来由弗兰克位错环的一边所占据的位

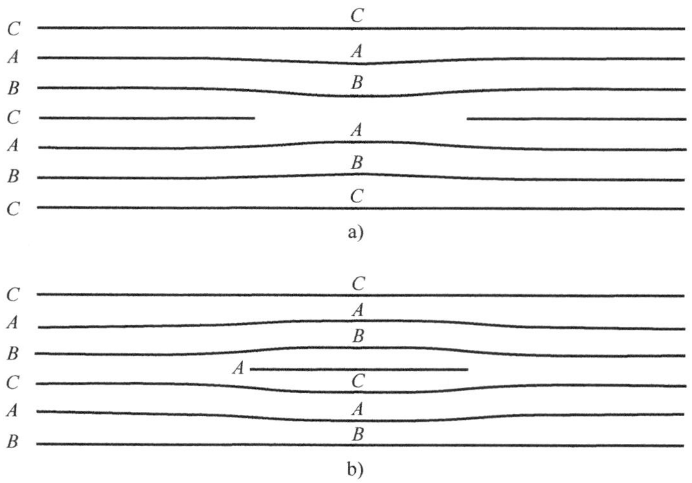

```
C ————————————————————— C —————————————
A ————————————————————— A —————————————
B ————————————————————— B —————————————
C —————————————                      —————————————
A ————————————————————— A —————————————
B ————————————————————— B —————————————
C ————————————————————— C —————————————
```

a)

```
C ————————————————————— C —————————————
A ————————————————————— A —————————————
B ————————————————————— B —————————————
B ————————————————————— 
C —————————— A ————————— C —————————————
A ————————————————————— A —————————————
B ————————————————————— B —————————————
```

b)

图 7.38　内禀和外禀层错的示意图

a）内禀层错　b）外禀层错

置（三角形的边缘）留下一个 $a/6$［110］"压杆位错"。现在，弗兰克位错环内所含的堆垛层错在"压杆位错"处发生弯曲，并在肖克莱位错的密排的（111）面上扩展。随着肖克莱位错在图 7.39b 所示的面内上行，它们最终在其滑移面的交集处相遇，而肖克莱位错的交集导致形成了沿四面体的其余三个边缘处的"压杆位错"。最终的组态是一个四面体，其各个面都是堆垛层错，其边角则是"压杆位错"（见图 7.39c）。此时，弗兰克位错和肖克莱位错皆不再存在。

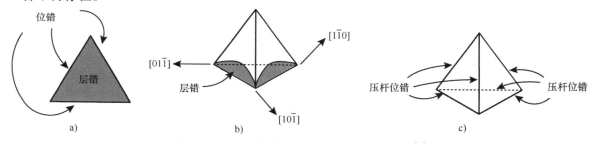

图 7.39　由四面体的各个面上的错排形成 SFT[1]

　　位错也会与 SFT 发生交互作用。分子动力学（MD）模拟显示，（111）滑移面上一个分解成为两个 $a/6$［121］肖克莱不全位错的 $a/2$［110］位错与 SFT 的交互作用可能有几个不同的类型[8]。当 SFT 处于位错的滑移面上时，SFT 可能被位错切割，并通过滑移面上方结构的迁移得以回复、重新获得其原始的形状。交互作用也可能在 SFT 中产生凸缘，它会降低组态的稳定性并导致分解。TEM 观察表明，SFT 可能在通道内被位错切割多次。

7.3　缺陷的团簇

　　正如第 3 章所述，由于在级联内发生的复合，级联产生的缺陷份额是 NRT 模型所预示的 20%～40%。其中，并非所有缺陷都以单个间隙原子或孤立空位的形态出现。缺陷的主要份额大多是以团簇的形式而不是单个缺陷的形式生成。空位团簇可能长大成为空洞，那是一个既影响尺寸（第8章）又影响力学性能（第12章）的重要微观结构特性。如果团簇是稳定的，它们也可能发生迁移而离开级联区域，并在位错或晶界之类的"阱"处被吸收。间隙原子和空位团簇必须分别加以处理，因为间隙原子团簇是稳定的，而空位团簇不稳定。空位团簇的可动性与间隙原子团簇很不一样，间隙原子团簇表现出比空位团簇高得多的可动性。

7.3.1 形成团簇的缺陷份额

级联内缺陷的团簇化是重要的，因为它促进了扩展缺陷的形核。间隙的团簇化可能以如下两种方式之一发生。第一种方式是间隙原子团簇发生在碰撞和热尖峰阶段之间的过渡期中产生，在此期间由于受到初始的冲击波，原子从级联中心位移并被推到间隙位置。另一种方式是，在热尖峰阶段，临近的间隙原子之间的弹性交互作用所引发的短程扩散，使得"间隙原子"团簇得以发生。团簇化的概率和团簇的尺寸随 PKA 能量的增大而增大，此时与空位相比，将有较高比例的自间隙原子（SIA）形成团簇[9]。图 7.40 是由 MD 模拟所预示的，在 100K 下几种金属和 Ni_3Al 中形成团簇的间隙原子份额随 PKA 能量的变化[10]，注意，随着损伤模式由单纯的位移变为级联形态，团簇化的份额随 T 的升高而迅速增大。与 Frenkel 对的生成效率不同（见图 3.21），团簇化的份额随金属种类不同而不同，虽

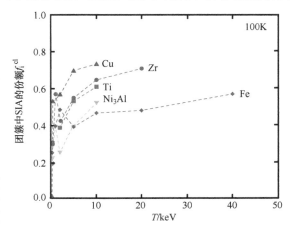

图 7.40　100K 温度下几个金属和 Ni_3Al 中作为至少含有两个间隙原子的团簇而残留下来的 SIA 份额 f_i^{cl}[10]

然这里只显示了 5 种金属，但团簇化似乎是根据晶体结构发生的，fcc 结构的团簇化份额最高，bcc 结构的团簇化份额最低，hcp 结构介于两者之间。

由图 7.40 还可看到，随着 T 的连续增高，团簇化份额会达到饱和。这似乎是因为极高能的级联破解成为几个与较低能量的级联相似的"次级联"。这么一来，就在具有较低能量级联代表性的数值处，出现了残留的缺陷份额和团簇化份额的平台。形成次级联的一个例子如图 7.41 所示，那是 100K 温度下铁中发生的 100keV 级联；为了便于比较，图中也将 5keV 和 10keV 级联叠加画进了同一原子块体中。

MD 模拟结果表明，在 100K 和 600K 温度下，对高于 5keV 的 PKA 能量[12]，Cu 的团簇里面间隙原子的份额比 α－Fe 高出 45% ~ 70%，试验证据显示，Cu 中团簇密度甚至比 Fe 中的密度高出多达 10^3 倍[13]。为何有如此巨大的差异尚未被认知，这有可能将在下一节中加以讨论的团簇性质方面的原因。

在 100K、600K 和 900K 温度下，MD 模拟得到的级联期间间隙原子团簇化与级联能量的关系如图 7.42 所示，其中，图 7.42a 中每个能量处尺寸为 2 或更大团簇的平均数除以残留的间隙原子数；而图 7.42b 中是除以 NRT 模型所针对那个温度所预测的位移原子数。注意：

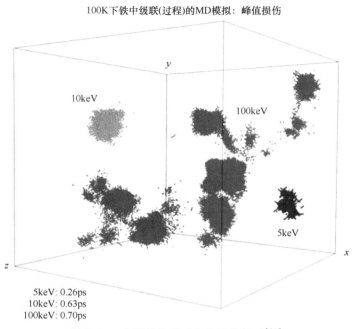

100K下铁中级联(过程)的MD模拟：峰值损伤

5keV: 0.26ps
10keV: 0.63ps
100keV: 0.70ps

图 7.41　次级联的形成与能量的关系[11]

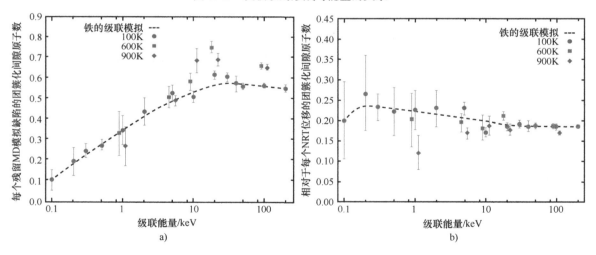

a)　　　　　　　　　　　　　　b)

图 7.42　相对于 MD 模拟预测所发生的缺陷总数和相对于 NRT 位移，包含在团簇中的残留间隙原子的份额[11]
a）MD 模拟预测　b）NRT 位移

　　在较低的能量下，数据的相对分散性却要高得多，这和图 3.17 所示的缺陷残留的情况相似。团簇中间隙原子的平均份额约为 PKA 能量高于 5keV 时 NRT 位移的 20%，它相当于残留的间隙原子总数的约 50%。尽管现在无法辨清 10keV 以下时温度的系统性影响，但还是存在着在较高能量下团簇化随温度升高而增大的趋势。这可以在图 7.42a 中看得较为清楚。在较高温度下，间隙原子的团簇化增多了，这是因为在较高温度下级联过程更具冲击性和较长的寿命，此时间隙原子可以有较多时间进行扩散和交互作用。本书 3.6 节和图 3.22 提到：Frenkel 对的产生随温度升高会稍有下降。综合这些结果，温度的影响可以被描述为：随着温度的升高，形成团簇的间隙原子的数量在下降，而其 f_i^{cl} 份额却有净增大。温度对于间隙原子团簇化的这种影响，与试验观察到间隙原子团簇化份额随温度升高而增大的结果是一致的[14]。

依据团簇尺寸来显示团簇化对团簇尺寸的依赖关系，团簇化的份额有可能爆棚。如图 7.43 所示，在辐照温度为 100K 时，Cu 中尺寸分别约为 2、3 和 4 的团簇内 SIA 的份额随损伤能量的变化。注意：团簇份额对最小团簇尺寸十分灵敏，特别是在较低的损伤能量下，将导致 f_i^{cl} 参数的净下降。

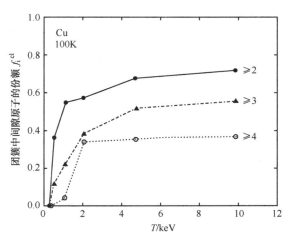

图 7.43　100K 温度下 Cu 中尺寸 ≥2、≥3、≥4 或更大的团簇中残留的 SIA 份额[10]

在级联的核心部位，也会发生空位的团簇化，其程度随所在的点阵而变化。基于被辐照金属中空位团簇的尺寸和数量密度的测量，团簇中空位的份额估计不大于 15%。对级联能量为 10～50keV 而言，级联期间空位团簇化（以 NRT 位移的份额度量或表示）随能量和温度的变化如图 7.44 所示。结果被表示成第一、第二和第四最近邻（NN）的团簇化判据。图 7.42b 和图 7.44 的比较表明，即便采用第四 NN 判据，在级联过程中，Fe 中空位的团簇化程度仍低于间隙原子的团簇化。这与在 Fe 中难以形成看得见的空位团簇的试验观察，以及在辐照的铁素体合金的正电子湮灭研究[15]中只找到了相对少量的空位团簇的

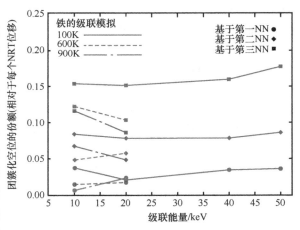

图 7.44　用团簇化的空位数除以 NRT 位移表示的空位团簇化程度随级联能量的变化[11]

事实，都是相符的。考虑到小尺寸团簇的可见性，实际的份额也许会大一些，还应注意到以下事实，即在 7.3.2 小节将看到，空位团簇并不如间隙原子团簇那么近于稳定。空位团簇化随级联能量的变化类似于间隙原子团簇；在最低能量下团簇化基本为零，然而它迅速地随级联能量而升高，并在大约 10keV 以上变得与能量无关。可是，空位团簇化随温度升高而下降，这与空位团簇是热不稳定的性质也是相符的。

7.3.2　团簇的类型

团簇的结构因晶体的结构而变化很大[13,16]。在 α－Fe 中，MD 模拟显示，小尺寸的单个间隙原子团簇（<10SIA）的最稳定排布是一组 〈111〉 群离子。稳定性排名下一个的是 〈110〉 群离子。随着团簇长大（>7SIA），只有两个排布是稳定的，即 〈111〉 和 〈110〉 群离子。这些群离子也可起到形成伯格斯矢量分别为 1/2 〈111〉 或 〈100〉 的理想间隙原子

位错环核心的作用。

在 fcc – Cu 中，〈100〉哑铃是 SIA 的稳定排布，其中最小的团簇是两个〈100〉的哑铃。较大的团簇可能有两种排布，即一组〈100〉哑铃或一组〈110〉群离子，它们都以 {111} 作为惯态面。在它们长大期间，团簇转变为包围着错排的、伯格斯矢量为 1/3〈111〉的弗兰克位错环和伯格斯矢量为 1/2〈110〉的理想位错环。Fe 和 Cu 中 SIA 环的结合能如图 7.45 所示。注意：Cu 中 SIA 环的结合能稍高于 α – Fe 中的 SIA 环，这与 MD 模拟所预示的 Cu 具有较高的团簇份额是一致的。图 7.46 所示为经 30keV Cu$^+$ 辐照后的 Cu 薄膜中间隙原子团簇和细小间隙原子环的微观照片。注意，这些缺陷团簇的尺寸只有几纳米，但是团簇的密度却可能达到极高的水平（见图 7.47）。

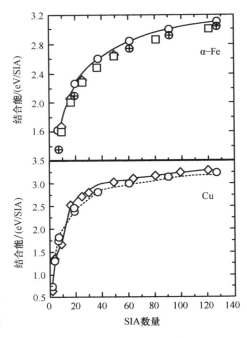

图 7.45　α – Fe 和 Cu 中不同形状和伯格斯矢量 SIA 环的结合能[13]

与间隙原子团簇相比，空位团簇的稳定性要低一些。在 α – Fe 内最稳定的空位团簇组态，或者是集结于相邻两个（100）面上的一组双空位，或者是在一个（110）面上的一组最近邻空位。在团簇生长期间，第一类稳定组态导致了伯格斯矢量为〈100〉的理想位错环，而第二类发生非层错化而成为伯格斯矢量为 1/2〈111〉的理想位错环。空位环也可能存在于层错化的组态。当空位数达到约 40 时，这些位错环通常会非层错化为理想的环[12]。

在 fcc 的 Cu 中，最稳定的空位团簇组态是 SFT 和在（111）面上层错化的团簇，后者生成伯格斯矢量为 1/3〈111〉的弗兰克位错环。在 α – Fe 和 Cu 中，各种空位组态的结合能如图 7.48 所示。注意，团簇内空位的键合能要比图 7.45 所示的间隙原子键合能小得多。对空位而言，在四缺陷团簇中每个缺陷的键合能都小于 0.4eV，而对间隙原子的键合能约为 1.2eV。TEM 观察[18]显示，在许多金属中，级联生成了尺寸只有几纳米的空位位错环和 SFT（见图 7.49）。

7.3.3　团簇的可动性

在金属中，高能反冲原子的碰撞级联中产生的 SIA 有可能形成，成为沿着密排方向的群离子和耦合的群离子团簇。这些群离子和团簇（本质上是小尺寸的全位错环）可以通过只需极低激活能（<0.1eV）的热激活滑移而发生 1D 随机步进方式的迁动[19]。"Movie7.1"（https：//rmsbook2ed. engin. umich. edu/ movies/）显示了 400℃下用 150keV 铁离子辐照的超高纯（UHP）铁中团簇的形成和 1D 滑移。在这个以两倍于实际时间显示的实时记录中，团簇恰好刚开始形核。与缺陷的 3D 迁动相比，在级联区域内，1D 迁动中的 SIA 和 SIA 团簇与其他缺陷交互作用的概率要小得多。通过 1D 滑移进行的团簇迁动，有可能由于热激活或与另一缺陷的交互作用而改变它们的伯格斯矢量，并在另一个密排面上继续它们的 1D 滑移。其

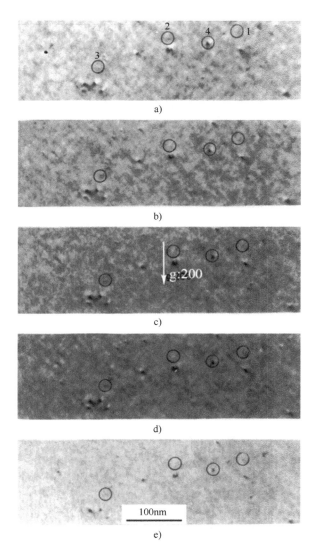

图 7.46 经 30keV Cu^+ 辐照的 Cu 薄膜中间隙原子团簇和细小间隙原子环的微观照片[17]

注：照片中，缺陷用圆圈加以标示。

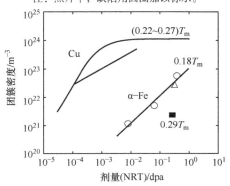

图 7.47 在低于 $0.3T_m$ 的温度下用裂变中子辐照的 α – Fe 和 Cu 中测得的

团簇密度随辐照剂量的变化[13]

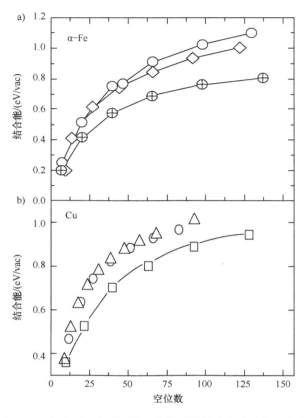

图 7.48 α – Fe 和 Cu 中不同形状空位环的结合能和伯格斯矢量[13]

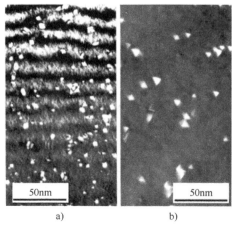

a)   b)

图 7.49   200℃下辐照剂量达 1.1×10^{22} 个中子/m^2 的金中缺陷团簇和
400℃下辐照剂量达 4.4×10^{21} 个中子/m^2 的银中层错四面体的透射电镜照片[18]

a）金中缺陷团簇 b）银中层错四面体

结果是形成了一个由若干 1D 滑移的片段所组建的 3D 扩散通道，并被称为"混合的 1D/3D"缺陷迁动（见图 7.50）。

可是，并非所有的团簇皆可动。除了稳定的、包围着错排面的弗兰克位错环，SIA 可能

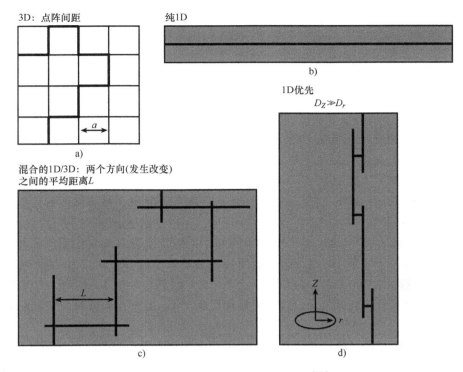

图 7.50 缺陷迁动途径的示意图[20]

a）晶体点阵上的 3D 随机步进　b）1D 随机步进　c）在不同的随机密排方向上由若干 1D 滑移的片段构成
的 3D 扩散通道混合的 1D/3D 迁动　d）择优的 1D 迁动，它由同一方向上若干个 1D 随机步进的片段
（它们受到偶然跳跃至邻近原子列而发生的间断）所构成

形成亚稳的 SIA 排布，由于热尖峰的终止，它们并不重组为稳定的、可滑移的形态。此时，它们会变得很重要，因为如果它们不从级联区域迁离，就有可能作为扩展缺陷的形核位置。图 7.42 表明，由于热尖峰阶段的终止而处于亚稳的、不可动组态的 SIA 团簇的份额为 10% ~30%。这些团簇的形态随晶体结构而异。在 hcp 金属中，细小的不可动团簇在 (0001) 基面上形成密排原子的三角形排布。在 α - Fe 中，三个 SIA 也可以形成平行于 (111) 面的三角形，但与 (111) 面有所偏移。如果团簇形成了包围错排的位错环，诸如 fcc 中的 b = 1/3 〈111〉、bcc 中的 1/2 〈110〉 和 hcp 中的 1/2 〈0001〉，则它们是本征不可动的，即不可能滑移的。它们运动的能力将来自于这些扩展缺陷的团簇化群离子的形态。它们有着一种最适合被描述为小尺寸的理想间隙原子环的形态，其伯格斯矢量 b 分别为 1/2 〈110〉 (fcc)、1/2 〈111〉 (bcc) 和 1/3 〈11 - 20〉 (hcp)。表 7.1 列出了由空位和间隙原子形成的可滑移与不可动位错环的伯格斯矢量。

表 7.1　fcc、bcc 和 hcp 点阵中可滑移和不可动位错环的伯格斯矢量汇总[10]

晶体结构	矢量	团簇的可动性
fcc	b = 1/2 〈110〉	可滑动
	b = 1/3 〈110〉	不可动
	SFT（空位）	不可动

（续）

晶体结构	矢量	团簇的可动性
bcc	$\boldsymbol{b} = 1/2 \langle 111 \rangle, \langle 100 \rangle$	可滑动
	$\boldsymbol{b} = 1/2 \langle 110 \rangle$	不可动
hcp	$\boldsymbol{b} = 1/3 \langle 11\bar{2}0 \rangle$	可滑动
	$\boldsymbol{b} = 1/2 \langle 10\bar{1}0 \rangle, 1/2 \langle 0001 \rangle$	不可动

可动团簇可以和其他团簇或如氦等杂质原子交互作用。"Movie7.2"～"Movie7.4"（https://rmsbook2ed. engin. umich. edu/movies/）显现了在有杂质氦原子存在的情况下小尺寸间隙原子团簇的行为。"Movie7.2"中，bcc - Fe 中的一个 SIA（绿球）与两个置换的 He（浅蓝球）交互作用，导致 He 的复合和弹射进入一个间隙位置，并从该位置发生迁动和俘获其他置换的 He 原子。"Movie7.3"显示了一个包含 6 个 SIA 的团簇与 3 个置换的 He 原子之间的交互作用。此时，3 个 He 原子团簇中的两个发生了复合与弹射的交互作用，产生了一个由 4 个 SIA 和一个间隙 He 原子组成的团簇，以及一个由一个间隙 He 原子和一个置换 He 原子组成的团簇。"Movie7.4"展示了一个 6 - SIA 团簇与一个 4 - He/6 - 空位团簇之间的交互作用，其中空位用红球表示。该交互作用引起了 He 的复合和弹射，导致一个 4 - He/1 - SIA 团簇的生成。

大多数 SIA 团簇都是可滑移的。在 α - Fe 和 Cu 中，2～3 个间隙原子的团簇会发生沿群离子方向的 1D 滑移[13]。在这些小尺寸团簇中，群离子可以发生转动，从而使得滑移在另一个等价的方向上发生。这样的转动在本质上将导致三维的运动。对三个间隙原子的团簇而言，转动的频率较低，且两种缺陷的转动频率均随温度的升高而升高。尺寸较大的团簇在本质上是具有沿群离子轴的伯格斯矢量的全位错环，所以它们的运动可被认为是在一维方向上受到热助推的滑移。图 7.51 所示为 α - Fe 中 19 个和 91 个 SIA 组成的团簇。正如图中所示，

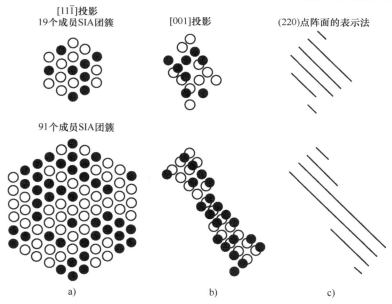

图 7.51　19 个和 91 个 SIA 团簇在 [11$\bar{1}$] 和 [001] 方向的投影及由团簇占据的附加（220）点阵面[21]

注：实心和空心圆分别代表 〈111〉 群离子和溢出为哑铃状的质量中心。

在每个团簇的右边，这两个位错环都扩展到了 6 个（220）面。这些团簇的运动是一维的，并沿着〈111〉方向。团簇运动的一个特点是有效相关系数大于 1，也就是说，已经运动了一步的团簇有着高的概率在同一方向做下一步的运动。"Movie7.5"是 287℃下在 bcc – Fe 中一个含有 19 个 SIA 团簇的 MD 模拟。团簇显示了在伯格斯矢量方向上的一维运动。

在 α – Fe 和 Cu 中团簇运动的激活能分别为 0.022 ~ 0.026eV 和 0.024 ~ 0.030eV[13]。激活能通常与团簇的尺寸有微弱的相关性，因此团簇的跳跃频率可写成

$$\nu_n = \nu_0 n^{-s} \exp\left(-\frac{\langle E_m \rangle}{kT}\right) \qquad (7.56)$$

其中，$\langle E_m \rangle$ 是平均有效激活能，ν_0 是与尺寸无关的指数前因子，n^{-s} 项与团簇尺寸有关，s 被近似取成 0.65 是为了描述 α – Fe 和 Cu 中指数前因子与团簇尺寸的关系。图 7.52 所示为作为团簇尺寸函数的总指数前因子。这样的关系很像与团簇中 SIA 群离子组态被增强的集聚有关，这导致了相继跳跃的概率增大。

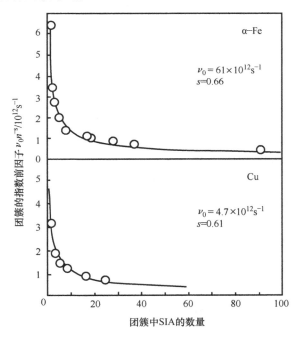

图 7.52 对 α – Fe 和 Cu 而言，式（7.56）中指数前因子 $\nu_0 n^{-s}$ 与团簇尺寸的关系[13]

已有的观察表明，团簇的可动性依赖于成分。在 Fe 中加入 Cr 会使团簇的可动性大大下降。"Movie7.6"是 UHP Fe 和 Fe – 8% Cr 在同样的辐照条件（300℃、150keV 的铁离子）下，位错环跃动的比较。注意：纯铁中一维的环运动是明显的，而 Fe – 8% Cr 中则相对少见。

形成全位错环的空位团簇也是本征可滑移的。MD 模拟表明，Cu 和 α – Fe 中分别具有 $b = 1/2 \langle 110 \rangle$ 和 $1/2 \langle 111 \rangle$ 的理想空位位错环的可动性，只比相同数量的间隙原子群离子团簇稍低一些[13]。图 7.53 所示为针对含有 37 个缺陷的一个团簇的结果。只要它们以理想环的形式存在，那么它们都是可动的。只要没有崩塌成一个位错结构，或者形成一个弗兰克位错环或 SFT，空位团簇都是不可动的。

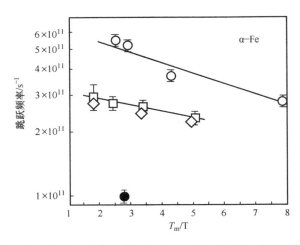

图 7.53　375℃下 Fe 中空位环（方块和菱形）和 SIA 环（圆形）的跳跃频率与约化温度的
倒数（T_m/T）的关系[13]

7.4　扩展缺陷

正如我们在前几节中说过，空位和间隙原子可能通过团簇化而形成其他类型的缺陷，它们在确定辐照对于固体的物理和力学性能的影响时是重要的。原则上，点缺陷的团簇可以是一维（线）、二维（盘）或三维（空洞）的。那些团簇在一起的，并在数量上大于先前讨论过的空位和间隙原子，将在晶体点阵中集聚为特殊的组态。特别是，它们将构成最小能量的组态，即三维成一孔洞，二维成一环或厚度等于伯格斯矢量的一薄片，且躺在两个相邻的密排面之间。

可以想象，辐照损伤事件之后，位移闪峰的核心崩塌（或空位凝聚）到（111）面上而形成一个空位盘。盘的能量可被写成

$$E_d = 2\pi r_d^2 \gamma \tag{7.57}$$

其中，r_d 是盘的半径，γ 是金属的表面能。对于少量的空位，具有最低能量的集聚体形式是球形的空洞。半径为 r_V 的球形空洞的能量为

$$E_V = 4\pi r_V^2 \gamma \tag{7.58}$$

如果 Ω 是原子体积，则空洞中的空位数为

$$n_V = \frac{4}{3} \frac{\pi r_V^3}{\Omega} \tag{7.59}$$

于是，如果 n_V 表示空位数，则空洞的能量就成为

$$E_V = 4\pi \left(\frac{3n_V \Omega}{4\pi} \right)^{2/3} \gamma = (6n_V \Omega \sqrt{\pi})^{2/3} \gamma \tag{7.60}$$

对于大量的空位，更加稳定的组态则是平面的环，这将在稍后加以讨论。

空位团簇的另一种可能的组态是 7.2 节所述的层错四面体（SFT）。SFT 的能量由式（7.61）给定[4, 22, 23]。

$$E_{\mathrm{SFT}} = \frac{\mu L b^2}{6\pi(1-\nu)}\left[\ln\left(\frac{4L}{a}\right) + 1.017 + 0.97\nu\right] + (\sqrt{3}L)^2\gamma_{\mathrm{SFE}} \tag{7.61}$$

其中，ν 是泊松比，a 是点阵参数，γ_{SFE} 是层错能，L 是四面体的边长，$L = a(n_{\mathrm{V}}/3)^{1/2}$。

在有可能存在高间隙原子浓度的贫化区域边缘附近，可能发生类似于有间隙原子凝聚的过程。如 7.2 节所述，间隙原子凝聚到一个密排面上会产生一个额外的原子层，并在堆垛顺序中造成两个断层。如果盘的半径是 r_{L}，则错层环空位或间隙原子的能量为

$$E_{\mathrm{L}} = 2\pi r_{\mathrm{L}}\Gamma + \pi r_{\mathrm{L}}^2\gamma_{\mathrm{SFE}} \tag{7.62}$$

其中，第一项是位错线的能量，第二项是与堆垛层错相关的能量，而 Γ 是单位长度位错线的能量。面心立方点阵中，错层的位错环躺在原子密度为 $4/(\sqrt{3}a^2)$ 的 {111} 面上；或者说，每个原子所占的面积为 $\sqrt{3}a^2/4$。所以，由 n 个空位（或间隙原子）组成的环的半径为

$$r_{\mathrm{L}} = \left(\frac{\sqrt{3}a^2 n}{4\pi}\right)^{1/2} \tag{7.63}$$

用 μb^2 近似表示 Γ，μ 和 b 分别是切变模量和伯格斯矢量，则式（7.62）变为

$$E_{\mathrm{L}} = 2\pi\mu b^2\left(\frac{\sqrt{3}a^2 n}{4\pi}\right)^{1/2} + \pi\left(\frac{\sqrt{3}a^2 n}{4\pi}\right)\gamma_{\mathrm{SFE}} \tag{7.64}$$

对错层的和理想的位错环能量更精确的表达式见参考文献 [4, 6, 22 - 24]；由参考文献 [24] 可见，错层的弗兰克环的能量为

$$E_{\mathrm{F}} = \frac{2}{3}\frac{1}{(1-\nu)}\mu b^2 r_{\mathrm{L}}\ln\left(\frac{4r_{\mathrm{L}}}{r_{\mathrm{c}}} - 2\right) + \pi r_{\mathrm{L}}^2\gamma_{\mathrm{SFE}} \tag{7.65}$$

而理想位错环的能量[18]则是

$$E_{\mathrm{P}} = \left\{\frac{2}{3}\frac{1}{(1-\nu)} + \frac{1}{3}\left[\frac{2-\nu}{2(1-\nu)}\right]\right\}\mu b^2 r_{\mathrm{L}}\ln\left(\frac{4r_{\mathrm{L}}}{r_{\mathrm{c}}} - 2\right) \tag{7.66}$$

其中，r_{c} 是位错核心的半径。式（7.65）和式（7.66）对间隙原子环和空位环都适用，由此可以得到一个理想位错环和弗兰克环之间的能量差为

$$\Delta E = \pi r_{\mathrm{L}}^2\gamma_{\mathrm{SFE}} - \frac{1}{3}\left[\frac{2-\nu}{2(1-\nu)}\right]\mu b^2 r_{\mathrm{L}}\ln\left(\frac{4r_{\mathrm{L}}}{r_{\mathrm{c}}} - 2\right) \tag{7.67}$$

因此，如果满足式（7.68），势将发生环的无错层化，即

$$\gamma_{\mathrm{SFE}} > \frac{\mu b^2}{3\pi r_{\mathrm{L}}}\left[\frac{2-\nu}{2(1-\nu)}\right]\ln\left(\frac{4r_{\mathrm{L}}}{r_{\mathrm{c}}} - 2\right) \tag{7.68}$$

不锈钢中空洞肿胀的高敏感性和 Zr 中不存在孔洞的现象，定性地与图 7.54 所示的这些扩展缺陷的形成能都是相符的。应用上述方程得到的 316 不锈钢和 Zr 中缺陷盘、空洞、理想位错环、错层环和 SFT 的形成能，如图 7.54 所示。图题中提供了计算所用的材料参数。注意，一般说来，Zr 中错层的缺陷比在不锈钢中更稳定，而不锈钢中的空洞（缺陷）比在 Zr 中稳定。在不锈钢中，尺寸相对大些的孔洞是稳定的；而在很大的缺陷层错尺寸以下，错层环的能量仍然比理想位错环低。在 Zr 中，错层环和 SFT 都比空洞更稳定。

已知只有少量空位的空洞是稳定的组态，那么怎样才能观察到空位数量超过几个数量级的大空洞呢？对大多数金属而言，低温（$< 0.2T/T_{\mathrm{m}}$）下的辐照会导致空位和间隙原子的集聚而形成被位错包围的团簇，即位错环和 SFT（在低 SFE 的金属中）。在较高温度下，空位也能集聚而形成空洞。空洞会出现在一个 $1/3 < T/T_{\mathrm{m}} < 1/2$ 的温度带范围内，此时诸如氦气

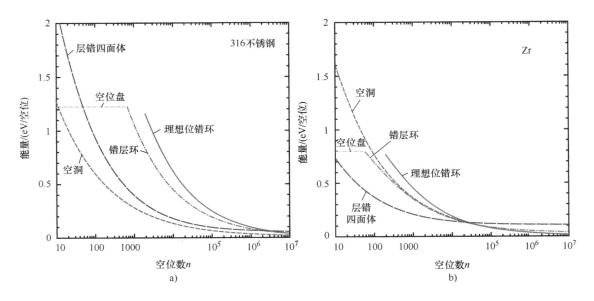

图 7.54 316 不锈钢和 Zr 中各种空位团簇的形成能，与团簇中空位数对数（log）的函数关系

a）316 不锈钢 b）Zr

注：不锈钢的材料参数为 $\gamma_{SFE} = 35 mJ/m^2$，$\gamma = 1.75 J/m^2$ 和 $\mu = 82 GPa$；

Zr 的材料参数为 $\gamma_{SFE} = 102 mJ/m^2$，$\gamma = 1.40 J/m^2$ 和 $\mu = 33 GPa$。

这样的不溶性气体具有很强的稳定空洞的作用。在低于 $T/3T_m$ 的温度下，空位是不可动的，因而不足以在与迁动中的间隙原子发生湮灭之前到达空洞位置。况且，由级联引起的空位崩塌形成的位错环是稳定的，不会在低温下发生热分解，因而使得可用于孔洞长大的空位数量变少了。在极高温度下，热平衡的空位浓度与辐照诱发的空位浓度相当，因而空洞将由于空位的发射而收缩。有关空洞和气泡的形核与长大，将在第 8 章中详细讨论。

7.5 有效缺陷的产生

对缺陷团簇重要性具备了较深刻的认识之后，可以开始拓展和完善有关缺陷产生过程的描述。微观结构的演化最终是由迁动的空位和间隙原子缺陷份额（$MDF_{v,i}$）控制的。而 MDF 中最直接的部分则是那些孤立的点缺陷的份额（$IDF_{v,i}$）（第 3 章已讨论过），那是在位移级联中直接产生的；第二部分是可动的团簇份额 $MCF_{i,v}$（在 7.3.3 小节中讨论），它由可动的间隙原子团簇和可动的空位团簇组成；第三部分则是通过蒸发从团簇中释放出来的缺陷 $EDF_{v,i}$，在极高温下，这部分对空位和间隙原子而言是最重要的。这三个孤立的缺陷来源合计构成了迁动的缺陷份额 $MDF_{v,i}$。Zinkle 和 Singh[25] 构建了一个展示各种缺陷形式演化的流程图（见图 7.55），它是在图 3.18 所示的那个较简单情况的基础上，把用虚线方框内的一些演化过程也包括进来加以扩充而成。Zinkle 和 Singh 将可以测定 $MDF_{v,i}$ 值的相关试验进行了汇总，发现在 $3\% < MDF_i < 10\%$ 和 $1\% < MDF_v < 10\%$ 的范围内，各个部分的百分数都与计算得到的 NRT 产率大致相符。尽管由试验推算的定量数据存在着相当大的不确定性，所得

到的数据范围仍可用来推定所预想的可能达到的缺陷份额。

这些过程的重要性在于，它们常常不在传统的微观结构演化速率理论模型中被提及。为了构建一个精准的级联损伤条件下缺陷产生和集聚的物理模型，以下各项都是不可或缺的：

1）大部分缺陷都以空位团簇和间隙原子团簇的形式不均匀地产生，其余则是孤立的空位和间隙原子。

2）吸收可动间隙原子团簇和在阱处附近自由迁动的间隙原子的阱。

3）在团簇内或以孤立形态存在的间隙原子和空位的份额不必相等，这与空位和间隙原子的自由迁动份额呈不对称产生的事实是等价的。

4）从级联淬火时形成的团簇中空位的蒸发，导致了对于自由迁动空位份额的另一个贡献，这与温度是无关的。

正如本章随后几节及第8章对空洞形成和长大的讨论中将要展示的，级联期间的团簇化及间隙原子和空位团簇的热稳定性导致了迁动空位和间隙原子供应的不对称性，这被称为"产生阱"，该"阱"成了位错环和空洞形核及长大的强大驱动力。

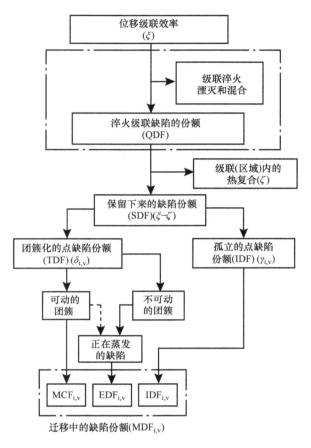

图 7.55　用于计算从孤立的缺陷、可动的缺陷团簇和正在蒸发的缺陷提供给迁动缺陷的份额的流程图[25]

7.6　位错环的形核和长大

由空位和间隙原子凝聚导致的位错环产生于相应缺陷的团簇，取决于抵达核胚的缺陷通量，它们或将收缩或将长大。一旦核胚达到一个临界尺寸，位错环就能稳定并且长大，直到它们与其他环或网络位错密度交互作用而发生"非错排化"。本节将讨论位错环的形核、生长和非错排化的过程，它们决定了辐照下金属的位错微观结构。

7.6.1　位错环的形核

已有一些人试图确定位错环和孔洞的形核率。本小节将遵循由 Russell 等人[26]研发的处理方法，它基于空位和间隙原子的稳态浓度并假设满足稀溶液热力学的规律。该方法忽略了级联的效应。然后，将引入团簇化理论并展示如何能将它用于环的形核问题，不只是点缺陷，也会考虑到缺陷团簇的形成。

作为第一步，把一个尺寸为 n 的缺陷团簇的形核率，表达为处于一个团簇尺寸的阶段空间内邻近尺寸团簇类别之间的通量。先只考虑单一类型的缺陷（如空位），任意两个邻近尺寸类别之间团簇的通量可写成

$$J_n = \beta_v(n)\rho(n) - \alpha_v(n+1)\rho(n+1) \tag{7.69}$$

其中，$\rho(n)$ 和 $\rho(n+1)$ 分别是单位体积内含有 n 个和 $(n+1)$ 个空位的环的数目。$\beta_v(n)$ 是一个 $n-\text{mer}$ 环俘获空位的速率，而 $\alpha_v(n+1)$ 则是一个 $(n+1)-\text{mer}$ 环损失空位的速率。式（7.69）中第一项表示，由于一个 $n-\text{mer}$ 尺寸类别团簇俘获一个空位使 $n+1$ 尺寸类别环数目得以增加一个。而第二项是由于发射一个空位使得 $(n+1)-\text{mer}$ 尺寸类别环的数目失去一个。图 7.56 是阶段空间中由式（7.69）描述的几个过程。在稳态情况下，$J_n = 0$，式（7.69）变为

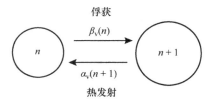

图 7.56　在一个团簇尺寸的阶段空间内，控制邻近尺寸类别之间团簇通量的俘获和发射过程示意

$$\alpha_v(n+1) = \beta_v(n)\frac{\rho^0(n)}{\rho^0(n+1)} \tag{7.70}$$

其中，$\rho^0(n)$ 是 $n-\text{mer}$ 空位环的平衡浓度。将 $\alpha_v(n+1)$ 由式（7.69）代入到形核率的式（7.70）中，可得

$$
\begin{aligned}
J_n &= \beta_v(n)\left[\rho(n) - \rho(n+1)\frac{\rho^0(n)}{\rho^0(n+1)}\right] \\
&= -\beta_v(n)\rho^0(n)\left[\frac{\rho(n+1)}{\rho^0(n+1)} - \frac{\rho(n)}{\rho^0(n)}\right]
\end{aligned}
\tag{7.71}
$$

其中，括号中的项恰是 $\rho(n)/\rho^0(n)$ 比率的微分，即 $\partial[\rho(n)/\rho^0(n)]/\partial n$。于是，形核率成为

$$J_n = -\beta_v(n)\rho^0(n)\frac{\partial[\rho(n)/\rho^0(n)]}{\partial n} \tag{7.72}$$

其中

$$\rho^0(n) = N_0 \exp\left(-\frac{\Delta G_n^0}{kT}\right) \tag{7.73}$$

其中，N_0 是单位体积内的形核位置数，而 ΔG_n^0 是 $n-\text{mer}$ 空位环的形成自由能。

有 k 个空位组成的空位环的稳态形核率也可以被表示为环的浓度、空位跳入环内的频率和跳跃距离的乘积，即

$$J_k = \rho_k^0 \beta_k Z \tag{7.74}$$

其中，ρ_k^0 和 β_k 是临界尺寸 k 时 $\rho^0(n)$ 和 $\beta_v(n)$ 的值，而 Z 是 Zeldovich 因子，它取决于临界尺寸时接近最大值的 ΔG_n^0 的曲率。如果把此区域（见图 7.57 中的下面那条曲线）内的 ΔG_n^0 近似为抛物线，则有

$$Z = \left[-\frac{1}{2\pi kT}\frac{\partial^2 \Delta G_n^0}{\partial n^2}\right]_{n_k}^{1/2} \tag{7.75}$$

其中，微分项在临界环尺寸 n_k 条件下进行计算，其值就是在最大值下面 kT 单位处 ΔG_k^0 的宽度，为 0.05 数量级。

现在考虑在建立空位环形核过程的公式时，还存在间隙原子的情况。任意两个尺寸类别

（如 n 和 $n+1$）的环之间的通量成为

$$J_n = \beta_v(n)\rho(n) - \alpha_v(n+1)\rho(n+1) - \beta_i(n+1)\rho(n+1) \qquad (7.76)$$

其中，所有各项之前均已定义了，而 $\beta_i(n+1)$ 是一个 $(n+1)$-mer 俘获间隙原子的速率。间隙原子的发射概率很小，已被忽略。图 7.58 所示为在式（7.76）所描述的一个阶段空间中发生的各种过程。

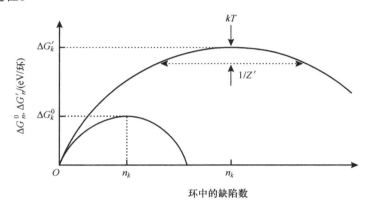

图 7.57　形核曲线示意图，其中显示了对团簇形核重要的一些参数[26]

注：ΔG_k^0 是无间隙原子存在情况下形核的激活能垒，而 $\Delta G_k'$ 则是在空位团簇形核过程中存在间隙原子时的那个量。

空位从一个空位环发射的速率受到温度、团簇尺寸和点阵能量的制约。由于缺陷的份额高达 10^{-4}，团簇在其最邻近区域拥有一个缺陷只可能有这么一个小小的时间份额。空位环发射空位的概率应该也只在这个时间段中可能稍稍受到间隙原子的一些影响，要不然甚至什么影响也没有。所以，可以得出以下结论，α_v 应当是一个无间隙原子系统的特征值。式（7.76）中取 $J=0$，等于是平衡了尺寸类别，因为在此尺寸类别之间并没有净的通量（即 $J=0$）。如果忽略间隙原子的存在，则由式（7.76）可得

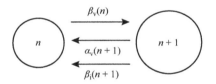

图 7.58　在一个团簇尺寸的阶段空间中，控制着邻近尺寸类别团簇之间通量的俘获和发射过程的说明，其中也包括了间隙原子俘获的效应

$$\alpha_v(n+1) = \frac{\beta_v(n)\rho^0(n)}{\rho^0(n+1)} \qquad (7.77)$$

综合式（7.76）和式（7.77），可得

$$J_n = \beta_v(n)\left\{\rho(n) - \rho(n+1)\left[\frac{\rho^0(n)}{\rho^0(n+1)} + \frac{\beta_i(n+1)}{\beta_v(n)}\right]\right\} \qquad (7.78)$$

因为 $\rho^0(n) = N_0\exp(\Delta G_n^0/kT)$，则有

$$\frac{\rho^0(n)}{\rho^0(n+1)} = \exp\left(\frac{\delta G_n^0}{kT}\right) \qquad (7.79)$$

其中，$\delta G_n^0 = \Delta G_{n+1}^0 - \Delta G_n^0$。$\delta G_n^0$ 项是在现有的过饱和条件下由单个的空位生成含有 $j+1$ 和 j 个空位的环的自由能之差。现在以与式（7.79）类似的方式，定义新的函数 n、$\rho'(n)$ 和 $\delta G_n'$，即

$$\frac{\rho'(n)}{\rho'(n+1)} = \frac{\rho^0(n)}{\rho^0(n+1)} + \frac{\beta_i(n+1)}{\beta_i(n)} = \exp\left(\frac{\delta G_n'}{kT}\right) \tag{7.80}$$

$$\delta G_n' = \Delta G_{n+1}' - \Delta G_n' \tag{7.81}$$

因为式（7.80）中的 $\beta_i(n+1)/\beta_i(n)$ 项，$\Delta G_n'$ 一般不是一个自由能。利用式（7.80）中的表达方式，可以将式（7.80）代入式（7.78）而采用 $\rho'(n)/\rho'(n+1)$ 项把 J_n 的方程改写成

$$J_n = \beta_v(n)\left[\rho(n) - \rho(n+1)\frac{\rho'(n)}{\rho'(n+1)}\right] \tag{7.82}$$

将式（7.82）重排可得

$$J_n = -\beta_v(n)\rho'(n)\frac{\rho(n+1)}{\rho'(n+1)} - \frac{\rho(n)}{\rho'(n)} \tag{7.83}$$

注意，有

$$\frac{\left[\dfrac{\rho(n+1)}{\rho'(n+1)} - \dfrac{\rho(n)}{\rho'(n)}\right]}{\Delta n} = \frac{\partial\left(\dfrac{\rho(n)}{\rho'(n)}\right)}{\partial n} \tag{7.84}$$

由式（7.82）可得

$$J_n = -\beta_v(n)\rho'(n)\frac{\partial[\rho(n)/\rho'(n)]}{\partial n} \tag{7.85}$$

式（7.85）是基本的通量方程。再将式（7.85）重排，两边取自然对数并从 $j=0$ 到 $j=n-1$ 求和，得到

$$\sum_{j=0}^{n-1}\ln\left[\frac{\rho'(j)}{\rho'(j+1)}\right] = \sum_{j=0}^{n-1}\left\{-\ln\left[\frac{\beta_i(j+1)}{\beta_v(j)} + \exp\left(\frac{\delta G_j^0}{kT}\right)\right]\right\} \tag{7.86}$$

$$\ln\left[\frac{\rho'(n)}{\rho'(n)}\right] = \sum_{j=0}^{n-1}\left\{-\ln\left[\frac{\beta_i(j+1)}{\beta_v(j)} + \exp\left(\frac{\delta G_j^0}{kT}\right)\right]\right\} \tag{7.87}$$

可以对两个边界条件加以验证。第一个是 $\rho'(0)$ 的大小，随着 $\beta_i(n)/\beta_v(n) \to 0$，$\rho'(0) = \rho^0(0)$，而 $\rho^0(0) \to N_0$，$\rho'(0)$ 可以通过单位体积内的形核位置数来计算。因为 N_0［以及 $\rho'(0)$］与环的浓度无关，可以写出如下方程，即

$$\ln\left[\frac{\rho'(n)}{\rho'(0)}\right] = \sum_{j=0}^{n-1}\left\{-\ln\left[\frac{\beta_i(j+1)}{\beta_v(j)} + \exp\left(\frac{\delta G_j^0}{kT}\right)\right]\right\} = \frac{-\Delta G_n'}{kT} \tag{7.88}$$

$$\Delta G_n' = kT\sum_{j=0}^{n-1}\ln\left[\frac{\beta_i(j+1)}{\beta_v(j)} + \exp\left(\frac{\delta G_j^0}{kT}\right)\right] \tag{7.89}$$

因为 $\beta_i(n)/\beta_v(n) \to 0$，$\rho'(0) \to \rho^0(0)$，而且 $\rho^0(0)$ 也就是 N_0（即单位体积内的形核位置数），有

$$\rho'(n) = N_0\exp\left(\frac{-\Delta G_n'}{kT}\right) \tag{7.90}$$

$\Delta G_n^0 =$ 无间隙原子时的激活能垒

$\Delta G_n' =$ 有间隙原子时的激活能垒

图 7.57 中上面的曲线展示了 $\Delta G_n'$ 随 n 的变化。注意：$\Delta G_n' > \Delta G_k^0$，由于间隙原子对空位环形核过程的阻止作用，就需要一个较大尺寸的环。两条曲线的最大值发生在 n_k、ΔG_k^0 和 n_k'、$\Delta G_k'$。

现在，稳态的环形核速率可以由式（7.85）对 J_n 的表达式进行计算，即

$$J_k = Z'\beta_k\rho_k' \tag{7.91}$$

其中，J_k 是环跨越高度等于 $\Delta G_k'$ 的势垒而逃逸的速率，它的单位是环$/(\text{cm}^3 \cdot \text{s})$。$\beta_k$ 项是单个空位冲撞尺寸为 n_k' 的环的速率。而 Z' 项可表示为

$$Z' = \left(-\frac{1}{2\pi kT} \frac{\partial^2 \Delta G_n'}{\partial n^2} \right)_{n_k'}^{1/2} \tag{7.92}$$

其中，下标（n_k'）表示二阶导数是在 $n = n_k'$ 处算得的。因为与式（7.75）中的 Z 有关，它的值就是在最大值以下 kT 单位处 $\Delta G_k'$ 的宽度。从式（7.69）发现二阶导数是

$$\frac{1}{kT}\left(\frac{\partial^2 \Delta G_n'}{\partial n^2}\right)_{n_k'} = \left\{\left(\frac{1}{kT}\frac{\partial^2 \Delta G_n^0}{\partial n^2}\right)\left[\exp\left(\frac{1}{kT}\frac{\partial \Delta G^0}{\partial n}\right)\right]\right\}_{n_k'} \tag{7.93}$$

$$\rho_k' = N_0 \exp\left(-\frac{\Delta G_k'}{kT} \right) \tag{7.94}$$

其中，$\Delta G_k'$ 由式（7.89）在 n_k' 处的计算确定。

稳态的形核速率不会在过饱和或温度发生突变之后立即得以确立，而总是要滞后一个特征的时间 τ，称为"孕育期"，并由式（7.95）给定[26]。

$$\tau = 2(\beta_k Z'^2)^{-1} \tag{7.95}$$

式（7.89）和式（7.94）也适用于间隙原子环的形核，但 Z'、β_k 和 ρ_k 是间隙环的而非空位环的，此时间隙环的 $\Delta G_n'$ 则是

$$\Delta G_n' = kT\sum_{j=0}^{n-1} \ln\left[\frac{\beta_v(j+1)}{\beta_i(j)} + \exp\left(\frac{\delta G_j^0}{kT}\right)\right] \tag{7.96}$$

其中，δG_j^0 是在无空位的条件下形成 $j+1$ 和 j 个间隙原子位错环的生成能之间的差，β_k 是临界尺寸的环俘获间隙原子的总速率，$1/Z'$ 是在 $\Delta G_k'$ 最大值以下的一个 kT 距离 $\Delta G_n'$ 的宽度（对间隙原子而言），而在临界核胚内的净间隙原子数记作 n_k'。临界的环尺寸 n_k' 发生在 $\Delta G_k'$ 最大值处，并可通过 $\partial \Delta G_n'/\partial n = 0$ 求解并确定 n_k'。

形核速率的较新处理方法是需要将式（7.69）中所有的通量全都取成与稳态的通量 J_{ss} 相等，于是得到一组方程[27]：

$$J_1 = \beta_v(1)\rho(1) - \alpha(2)\rho(2) = J_{ss} \tag{7.97}$$

$$J_2 = \beta_v(2)\rho(2) - \alpha(3)\rho(3) = J_{ss} \tag{7.98}$$

$$J_3 = \beta_v(3)\rho(3) - \alpha(4)\rho(4) = J_{ss} \tag{7.99}$$

$$\vdots$$

$$J_{n-1} = \beta_v(n-1)\rho(n-1) - \alpha(n)\rho(n) \tag{7.100}$$

其中，$n = n_v^{\max}$。令所有 $k \leq 2$ 时收缩与长大项之比 $\alpha_k/\beta_v^k = r_k$，并取 $r_1 = 1$，此时将 J_k 的方程乘以所有 $k \leq i$ 的 r_k 的乘积，就可以求解这组方程。也就是说，式（7.98）乘以 r_2，而式（7.99）乘以 r_2 和 r_3。如果将所得的方程相加，除了 r_1 和 r_n，所有 r_k 将被消去而得到

$$J_1 = J_{ss} = \frac{\beta_v(1)\rho(1) - \alpha(n)\rho(n)\prod_{j=2}^{n-1} r_j}{1 + \sum_{k=2}^{n-1}\prod_{j=2}^{k} r_j} \tag{7.101}$$

如果注意到，对于形核问题，单个的缺陷浓度 $\rho(1)$ 总是比 $\rho(n)$ 大许多；对 $n > n_v^*$ 而言，收缩与长大项之比 r_j 总是小于 1，这样式（7.101）分子中的那个乘积项也就被消去了。因此，式（7.101）成为

$$J_{ss} = \beta_v(1)\rho(1)\left(1 + \sum_{k=2}^{n-1}\prod_{j=2}^{k} r_j\right)^{-1} \tag{7.102}$$

计算 J_{ss} 的这个方法的优点在于，不再需要 Zeldovich 因子及为了计算它而不得不做的那些近似处理。

基于空位和间隙原子的参数，以及在辐照条件下它们在固体中似乎都应当处于过饱和状态，Russell[26] 认为间隙原子环比空位环更容易形核，因为间隙原子环的形核对空位的介入远不如空位环对间隙原子的介入那么灵敏。他得出该结论的主要理由是在辐照期间 S_i 要比 S_v 大好几个数量级，因为间隙原子的平衡浓度极低。即便如此，与相当低剂量辐照后稳定的环长大过程的观察结果不同，空位和间隙原子环通过这个机制的形核都是很困难的。

7.6.2　团簇化理论

位错环的形核在本质上是一个团簇化过程，为此，即便是存在着其他类型的缺陷，仍需要有数量足够多的同一种类型的缺陷发生团簇化，以便生成一个得以保留并长大的临界尺寸的核胚。团簇将会收缩还是长大，取决于缺陷在团簇上的净凝聚率。将上一节对阶段空间中团簇行为的描述加以推广，以空位环为例，由 j 个空位组成的空位团簇 γ_j 将会收缩还是长大，取决于：

$$\frac{d\nu_j}{dt} = K_{0j} - \sum_{n-1}^{\infty}\left[\beta_{v_n}(j) + \beta_{i_n}(j)\right]\nu_j - \sum_{n=1}^{J}\alpha_{v_n}(j)\nu_j +$$

$$\sum_{n=1}^{j-1}\beta_{v_n}(j-n)\nu_{j-n} + \sum_{n=1}^{\infty}\beta_{i_n}(j-n)\nu_{j+n} +$$

$$\sum_{n=1}^{\infty}\alpha_{v_n}(j+n)\nu_{j+n} + \text{补充的损失项} \tag{7.103}$$

其中，β_{v_n} 和 β_{i_n} 是迁动中的缺陷团簇 v_n 或 i_n 被尺寸为 ν_j 的团簇俘获的速率，而 α_{v_n} 是相应的发射或热分解速率。公式等号右手边（RHS）的第一项是尺寸为 j 的团簇的直接产额。第二项是由于一个空位或一个尺寸为 n（$1 \le n < \infty$）的间隙原子团簇的吸收，使尺寸类别为 j 的团簇数量发生的损失。第三项是由于尺寸为 n 的空位团簇的发射，使尺寸类别为 j 的团簇数量发生的损失。第四项和第五项分别是由于空位团簇被较小尺寸类别的团簇吸收和由于间隙原子团簇被较大尺寸类别的团簇吸收，使尺寸类别为 j 的团簇数量发生的增多。第六项是由于从较大尺寸类别中空位团簇的失去而导致尺寸类别为 j 的团簇数量的增多，而"补充的损失项"则是为可能贡献于尺寸类别为 j 的团簇数量的其他机制而预留的计算空间。

式（7.103）无须进一步的简化就可以数值求解。但是，对于大尺寸的团簇和长的辐照时间，所需要的方程数量将极大。所以，引入的一项主要简化方法是，团簇的长大或收缩只需要单个点缺陷的加入或损失，从而得到

$$\frac{\mathrm{d}\nu_j(t)}{\mathrm{d}t} = K_{0j} + \beta(j-1,j)\nu_{j-1}(t) + \alpha(j+1,j)\nu_{j+1}(t) - \tag{7.104}$$

$$[\beta(j,j+1) + \alpha(j,j-1)]\nu_j(t), \quad j \geq 2$$

如果假设 j 是一个连续的变量，并在式（7.104）中采用泰勒级数展开而将所有的函数都与它们在尺寸 j 处的数值联系起来，这样，简化了的描述就成了一个在尺寸空间中的连续扩散近似，被称为福克尔－普朗克（Fokker-Planck）方程：

$$\frac{\partial \nu_j(t)}{\partial t} = K_{0j}(t) - \frac{\partial}{\partial j}\{\nu_j(t)[\beta(j,j+1) - \alpha(j,j-1)]\} +$$

$$\frac{1}{2}\frac{\partial^2}{\partial j^2}\{\nu_j(t)[\beta(j,j-1) + \alpha(j,j+1)]\} \tag{7.105}$$

式（7.105）还可进一步简化为

$$\frac{\partial \nu_j(t)}{\partial t} = K_{0j}(t) - \frac{\partial}{\partial j}F_{v_j}\nu_j(t) + \frac{\partial^2}{\partial j^2}D_{v_j}\nu_j(t) \tag{7.106}$$

$$= K_{0j}(t) - \frac{\partial}{\partial j}\left[F_{v_j}\nu_j(t) - \frac{\partial}{\partial j}D_{v_j}\nu_j(t)\right]$$

式（7.106）等号右侧的第一项是尺寸为 j 的团簇的直接产率。第二项是由于一类点缺陷比另一类点缺陷过量凝聚所引起的在尺寸空间中的漂移，即

$$F_{v_j} = (z_v D_v C_v - z_i D_i C_i) \tag{7.107}$$

这个漂移项对于团簇尺寸分布向较大尺寸的漂移是有贡献的。这个漂移项确保了一个大的团簇在辐照场内不可逆地长大，不过，由于微观组织处于不断的演变之中，漂移的贡献并不随辐照剂量的增大而保持恒定。团簇的演化对空位和间隙原子的浓度比也是非常敏感的，因为 F_v 包含着它们所做贡献的差异，甚至符号也会发生改变。其结果是，F_v 的符号取决于整体的微观组织。

第三项是尺寸空间内的扩散，D_{v_j} 是辐照增强的扩散系数，可表示为

$$D_{v_j} = \frac{1}{2}(z_v D_v C_v + z_i D_i C_i) \tag{7.108}$$

扩散项导致了团簇的尺寸分布随剂量的增大而宽化。扩散项是产生下述现象的原因，即同时被引入且尺寸相同的两个不同团簇，稍后有可能因与点缺陷的随机相遇而变得尺寸不同。

Golubov 等人[28]讨论了式（7.106）近似解的算法。福克尔－普朗克方程的特点如图 7.59 所示，其中展示了在不同辐照剂量下，初始位错密度为 10^{13} m^{-2} 的不锈钢内间隙原子环尺寸分布的变化，辐照剂量率为 10^{-6} dpa/s，温度 550℃。注意：随着剂量增加，平均环尺寸增大[式（7.106）中的漂移项]，尺寸分布也变宽[式（7.106）中的扩散项]。随着小团簇的长大和它们几何形状的改变，对自由迁动中的缺陷的俘获效率也在变化。对于很大的团簇尺寸，福克尔－普朗克方程显得过于简单了，因为缺陷的产生和团簇的长大取决于微观组织。为了确切预示缺陷团簇的行为，受到损伤的微观组织对它们演变的影响必须加以考虑。

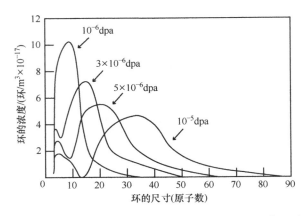

图 7.59　在不同辐照剂量下，原始位错密度 $\rho_d = 10^{13}$ m^{-2} 的

不锈钢内间隙原子环尺寸分布的变化[29]

注：辐照剂量率为 10^{-6} dpa/s，温度为 550℃。

7.6.3　基于团簇动力学模拟的团簇演化

缺陷团簇的演化也可以采用团簇动力学方法得以建模。经典的速率理论通过团簇的特性、原子组态和尺寸（或包含在其中的点缺陷数量）定义一个缺陷团簇，但是它基于平均场的概念而并不考虑它的空间位置，该理论假设每个团簇的浓度都是均匀的。在诸如浅表层的离子注入、极薄的试样或者微观组织不均匀的块体试样等场合，对于在空间上有所变化的损伤的产生或者对于一些特殊效应（如表面阱及位错交互作用等）的精准处理，必须把空间依存性引入以速率理论为基础的模型中。这种与空间相关的团簇动力学代码就是 PA-RASPACE，它把一个空间维度编入，旨在处置那些关键的物理变量取决于它们在某一主要空间方向所处位置的情况。

正如参考文献［30］所述，PARASPACE 可以处理本征缺陷（自间隙原子或空位）及外来的气体原子（氦、氢等）的团簇。因为自间隙原子（I）和空位（V）在单一团簇中共存的概率极小（因为它们之间的复合倾向强烈），故不考虑混合的 I – V 团簇。团簇只用一个数字下标 j 描述，它就是这个团簇所含的点缺陷数目的绝对值，还用一个符号标记团簇的特性（"–"指 I 团簇而"＋"指 V 团簇）。选用了两个符号 NI 和 NV，它们分别是在最大的 I 团簇和 V 团簇中自间隙原子和空位的数目。在物理意义上，这些数字设定了一个"相空间"，其中团簇间可以交互作用，并确保点缺陷各自的数量不变。在数值上，这些数字（与空间网格数 NX 一起）也确定了所要求解的方程数。NI 和 NV 被选得足够大是为了不让计算结果受到所设定"相空间"的影响。因为系统可能持续地朝着较大的团簇演化，初始设定的 NI 和 NV 值在高剂量下也许会变得有限。这时，在 PARASPACE 代码内部会持续地通过在"相边界"处的浓度及其梯度（相对于 j）进行核查。如果在边界处超过了确定的阈值，NI 和 NV 值就会被自动调高，时间也会被重新设置到发生这一事件前的最后一步。

针对一维的空间依存性，描述缺陷演化的常微分方程（ODE）系统就改变成了偏微分方程（PDE）系统，而此 PDE 一般具有如下常见的形式，即

$$\frac{\partial C_j^{x_n}}{\partial t} = \phi \times P_j(x_n) + D_j \frac{\partial^2 C_j^{x_n}}{\partial x^2} + \text{GRT} + \text{GRE} + \text{ART} - \text{ARE} \qquad (7.109)$$

其中，$C_j^{x_n}$ 是处于 x_n（nm）深度位置的第 j 团簇的体积浓度（nm^{-3}），ϕ 是辐照粒子通量（$nm^{-2} \cdot s^{-1}$），$P_j(x_n)$ 是在辐照下第 j 团簇的产生"概率"（粒子$^{-1} \cdot nm^{-1}$），它是通过 SRIM（与 MD 联用于级联过程内缺陷复合与团簇化）方法得到的。D_j 是第 j 团簇的扩散率，GRT 是第 j 团簇通过其他团簇之间的俘获反应（$A + B \to j$）而产生的速率，GRE 是第 j 团簇通过其他团簇的发射过程（$C \to j + B$）而产生的速率，ART 是第 j 团簇通过它与其他团簇之间发生的俘获反应（$j + B \to C$）导致的湮灭速率，而 ARE 是第 j 团簇通过它自身的发射过程（$j \to A + B$）导致的湮灭速率。

这些反应项在不同的团簇之间稍有差别，对设定的"相空间"（$\Lambda = [-NI, NV]$）而言，对于 $j = NV$ 或 $-NI$，则准确的方程为

$$\frac{\partial C_j^{x_n}}{\partial t} = \phi \times P_j(x_n) + D_j \frac{\partial^2 C_j^{x_n}}{\partial x^2} + \sum_{\substack{m+p=j \\ m,p \neq 0 \\ m,p \in \Lambda}} k_{m,p}^+ C_m^{x_n} C_p^{x_n} - \sum_{\substack{m \neq j \\ m \neq 0 \\ m, m+j \in \Lambda}} k_{m,j}^+ C_m^{x_n} C_j^{x_n} - k_j^- C_j^{x_n}$$

(7.110)

其中，k^+ 是俘获反应常数，而 k^- 是发射反应常数。

初始情况下，空位和间隙原子的浓度都被设为等于它们的热平衡值，而在全部深度网格处所有团簇尺寸都取为零。在每个深度网格处引入相同的一组团簇，式（7.110）中的 PDE 就被转换成 ODE，于是 ODE 的数目等于团簇总数乘以深度网格的总数。这样，除了被强加了"黑阱"边界条件的表面，在所有深度网格处，PDE 中的扩散项被离散成式（7.111），即

$$D_j \frac{\partial^2 C_j^{x_n}}{\partial x^2} = D_j \frac{\dfrac{C_j^{x_n+1} - C_j^{x_n}}{x_{n+1} - x_n} - \dfrac{C_j^{x_n} - C_j^{x_n-1}}{x_n - x_{n-1}}}{\dfrac{x_{n+1} - x_{n-1}}{2}}$$

(7.111)

团簇动力学建模应用的一个实例是在 80℃ 用通量为 $1.6 \times 10^{11} i/(cm^2 \cdot s)$ 的 1MeV Kr^+ 离子辐照的 Mo 薄箔。图 7.60 所示为试验观察（见图 7.60a）和采用 PASASPACE 团簇动力

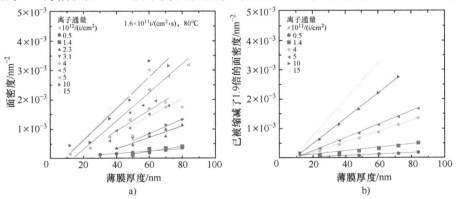

图 7.60 在 80℃ 离子通量为 $1.6 \times 10^{11} i/(cm^2 \cdot s)$ 辐照的不同厚度 Mo 薄箔中试验和模型预示的可观察到的缺陷环（直径$\geqslant 1.3nm$）面密度[30]

a）试验观察 b）模型预示

注：模型预示的密度被缩减了 1.9 倍以便照顾到那些由于衬度不够在试验中未能观察到的缺陷环。

学代码建模（见图7.60b）得到的缺陷环（直径≥1.3nm）的面密度。注意：在很宽的剂量范围内，两者得到的环面密度定性上有着极好的一致性。

7.7　位错环的长大

位错环的长大也可以由福克尔–普朗克方程确定，它提供了所有尺寸的环的尺寸分布（见图7.59）。把式（7.104）应用于间隙原子环的情况，可以得到如下形式的一个方程，即

$$\frac{di_j}{dt} = K_{0j} + [\beta_v(j+1) + \alpha_i(j+1)]i_{j+1} - [\beta_v(j) + \beta_i(j) + \alpha_i(j)]i_j + \beta_i(j-1)i_{j-1}$$

(7.112)

其中，i_j是尺寸为j的间隙原子环的浓度，式（7.112）等号左侧的项是尺寸为j的间隙原子环的数量随时间变化的速率。$\beta_k(j)$和$\alpha_k(j)$两项分别是被尺寸为j的环吸收和发射k型缺陷的速率。等号右侧的第一项则是尺寸为j的团簇的直接产生速率。实际上，这一项从零一直到四面体团簇（$j=4$）都是不同的。方括号内的第一项是由于尺寸为$j+1$的团簇发射一个间隙原子或吸收一个空位而导致尺寸为j的团簇的产生。方括号内的第二项是由于吸收一个空位或间隙原子，或者发射一个间隙原子而导致的尺寸为j的团簇的丧失。最后一项则是由于尺寸为$j-1$的团簇俘获一个间隙原子而导致尺寸为j的团簇的增多。求解式（7.112）可得到环的尺寸随时间的变化，它展示了间隙原子环随剂量或时间的演化。

Pokor等人[31]利用福克尔–普朗克方程，通过均匀介质中的化学反应速率理论对环数量的演化进行了建模。在处理时，他们允许在级联过程中生成多达4个缺陷的团簇，并对缺陷团簇浓度的一组方程求解，其中包括对个别间隙原子或空位的2个方程和对尺寸高达N的环群的$2N$个方程。这套公式的物理意义被体现在了对各种缺陷类型k的缺陷俘获速率β和发射速率α（作为团簇尺寸的函数）的以下表达式中[31]，即

$$\beta_k(j) = 2\pi r(j) z_c(j) D_k C_k$$

(7.113)

$$\alpha_k(j) = 2\pi r(j) z_c(j) \frac{D_k}{\Omega} \exp\left(-\frac{E_{bk}(j)}{kT}\right)$$

(7.114)

其中，$r(j)$是尺寸为j的间隙原子环的半径，D_k和C_k是缺陷k的扩散系数和浓度，$z_c(j)$是对尺寸为j的间隙原子环的"阱"强度因子，$E_{bk}(j)$是由j个缺陷组成的k型团簇的结合能。Pokor等人[31]给出了$z_c(j)$和E_b^i的如下表达式，即

$$z_c(j) = z_i + \left(\sqrt{\frac{b}{8\pi a}} z_{li} - z_i\right)\frac{1}{j^{a_{li}/2}}$$

(7.115)

$$E_b^i = E_f^i + \frac{E_b^{2i} - E_f^i}{2^{0.8} - 1}[j^{0.8} - (j-1)^{0.8}]$$

(7.116)

其中，z_i是一条直的位错线对间隙原子的"阱"强度因子，a是点阵参数，b是伯格斯矢量的标量，z_{li}和a_{li}是用来描述"阱"随团簇尺寸演化的两个参数[32]。对结合能项，E_f^i是一个间隙原子缺陷的形成能［见式（4.16）］，E_b^{2i}是含有2个间隙原子的团簇的结合能，j是尺寸为j的团簇内的缺陷数，该表达式取自分子动力学模拟[33,34]。

为了计及网络位错密度随剂量发生湮灭的影响，他们假设密度变化的速率正比于$\rho^{3/2}$，

则 $\mathrm{d}\rho/\mathrm{d}t = -Kb^2\rho^{3/2}$，得到位错密度随 $1/t^2$ 的下降（见 7.8 节）。在受辐照的金属中，随剂量的增加，网络位错密度向一个饱和值演变。有人观察到，在 $400\sim600℃$ 的温度范围内，不锈钢网络位错密度达到了约 6×10^{-14} m^{-2} 的饱和值[35]。对于在 $330℃$ 和高达 40dpa 剂量的辐照下三个不同级别的不锈钢，用式（7.112）~式（7.116）计算的团簇建模结果，在图 7.61 中与测量数据的比较显示出相当好的一致性。位错的回复在微观结构的演变中起了重要的作用，因为它体现了阱密度的变化。如果没把初始位错网络的回复考虑进去，就会在 316 不锈钢中得到一个网络结构与真实情况相比更快饱和的计算结果。控制辐照微观结构的最灵敏的参数是温度、剂量、材料常数及初始的网络位错密度。

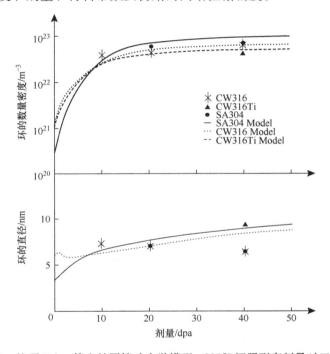

图 7.61　按照 Pokor 等人的团簇动力学模型，$330℃$ 辐照到高剂量时三种级别
不锈钢中弗兰克环密度和尺寸的演化[31]

确定环尺寸分布的较简单方法是忽略那些大于四面体间隙原子的缺陷团簇的形成，从而限制尺寸类别的数量并简化关于团簇的描述。Stoller 等人[36]用如下方程描述较大尺寸的环的演化，即

$$\frac{\mathrm{d}\rho_j}{\mathrm{d}t} = i_{j-1}\tau_j^{-1} - i_j\tau_{j+1}^{-1} \tag{7.117}$$

其中，ρ_j 是半径为 r_L 的给定尺寸类别中环的数目，τ_j 是一个尺寸为 j 的环长大到下一个较大尺寸类别前的寿命，即

$$\tau_j = \int_{r_j}^{r_{j+1}} \left(\frac{\mathrm{d}r_L}{\mathrm{d}t}\right)^{-1} \mathrm{d}r_L \tag{7.118}$$

$$\frac{\mathrm{d}r_L}{\mathrm{d}t} = \frac{\Omega}{b}\left[z_{iL}(r_L)D_iC_i - z_{vL}(r_L)D_v(C_v - C_{vL})\right] \tag{7.119}$$

其中 z_{iL} 和 z_{vL} 由式（5.100）给定，$C_{vL} = C_v^0 \exp\ (E_F \Omega / kT)$，而 E_F 是由式（7.65）确定的错排环的能量。图 7.62a 比较了初始网络位错密度分别为 3×10^{15} m^{-2}（实线）和 3×10^{13} m^{-2}（虚线）的 316 不锈钢计算的最高错排环密度和低注量快中子堆数据的温度依存性（随温度的变化）。图 7.62b 所示为 500℃下辐照的固溶退火 316 不锈钢中环密度随辐照剂量的变化。

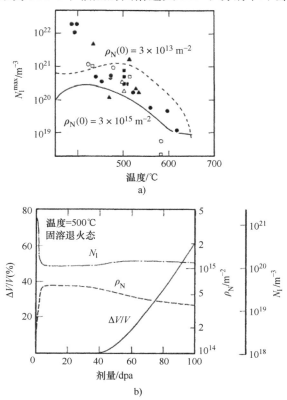

图 7.62　错排环密度与温度、辐照剂量的关系[36]

a）计算得到的最大错排环密度与低通量快中子堆（测量）数据随温度变化的比较

b）500℃下固溶退火的不锈钢中错排环密度随辐照剂量的变化

Semenov 和 Woo[37]考虑了与环尺寸变化速率有关的，包括间隙原子团簇和空位团簇吸收相关的项，利用式（7.119）阐明了产生阱的作用，即

$$\frac{dr_L}{dt} = \frac{\Omega}{b} \left[J_i - J_v + J_v^e + J_i^{cl} - J_v^{cl} \right] \tag{7.120}$$

其中，J_i、J_v、J_v^e、J_i^{cl} 和 J_v^{cl} 分别是单个间隙原子、单个空位、空位热发射、间隙原子团簇和空位团簇的通量。将各项通量[36]代入即得

$$\frac{dr_L}{dt} = \frac{K_0}{(\rho_N + \rho_L)b} \left(\frac{k_V^2(\varepsilon_i - \varepsilon_v') + k_d^2 \bar{z}(1 - \varepsilon_i)}{k^2} - \frac{K^e}{K_0} \right) \tag{7.121}$$

其中，K_0 是缺陷产生速率，K^e 是空位热发射速率，ρ_N 和 ρ_L 是网络和环位错的密度，$\varepsilon_{i,v}$ 分别是因级联过程内的团簇化而不可动的间隙原子和空位份额，$\varepsilon_v' = \varepsilon_v - K^e/K_0$，$z_d$ 是位错阱，

$k_{V,d}^2$是空洞和位错的阱强度，k^2是总的阱强度，而 $\bar{z} = \dfrac{z_d k_c^2}{k^2 + z_d k_d^2}$。对有效点缺陷产生速率为 10^{-7} dpa/s 的 316 不锈钢而言，其稳态间隙原子环的长大速率随温度的变化如图 7.63 所示。长大速率以伯格斯矢量为单位，即 "b/dpa"。注意，环的长大速率在低温和高温下都很小，恰恰是在约 500℃ 的中间温度时达到峰值。

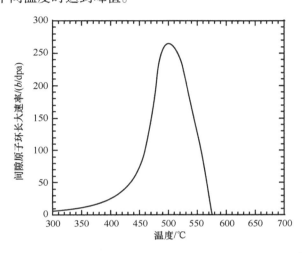

图 7.63　316 不锈钢中间隙原子环的长大速率随温度的变化[38]

7.8　回复

长大中的位错环最终都会与网络位错或者它们彼此相遇。环得以长大到的最大半径 R_{max} 受到环的密度 ρ_L 的制约，并由 $(4\pi/3)\,\rho_L R_{max}^3 = 1$ 给定。当环与环发生交互作用时，它们会接合在一起并贡献于网络位错密度。个别的位错与环的交互作用导致环的非错排化，也将贡献于网络（在 12.3 节中讨论）。随着位错密度的增大，环与网络交互作用的速率将增大，环的半径将进一步受到网络位错密度的限制，正如式（5.85）所示，$(\pi R_{max}^2)\,\rho_N = 1$。

可是，辐照后微观结构的观察确认了位错密度会达到饱和，这意味着必然存在网络位错被排除而不让它们堆积起来的过程。回复的过程可以用来解释辐照下位错密度变化的行为。高温下受到应力作用的固体内位错密度变化速率被假设按式（7.122）进行。

$$\dot{\rho} = B\rho - A\rho^2 \tag{7.122}$$

其中，ρ 是可动位错的密度，A 和 B 是常数［注意：给出了位错密度变化速率的式（7.122）在本质上只是表象的表达式，该物理过程更精确的表述则由式（7.117）提供］。式（7.122）的第一项是位错的产生速率，第二项是其湮灭速率。之所以有损失项，是因为假设符号相反的成对位错相遇会发生相互湮灭，这意味着其反应速率将正比于在一个给定时刻存在的位错数的平方。Garner 和 Wolfer[39] 指出，位错的产生速率正比于 $b^2\phi\rho^{1/2}$，于是式（7.122）可写成

$$\dot{\rho} = B\rho^{1/2} - A\rho^{3/2} \tag{7.123}$$

其中，$B \approx b^2\phi$ 和 $A \approx v_c$，而 v_c 是位错的攀移速度（见第 13 章）。在稳态（$d\rho/dt = 0$）条件

下，位错的饱和密度为 $\rho_s = B/A$。这样，式（7.122）的解为

$$\frac{\rho(t)}{\rho_s} = \frac{1 - e^{-x} + \sqrt{\rho_0/\rho_s}(1 + e^{-x})}{1 + e^{-x}\sqrt{\rho_0/\rho_s}(1 - e^{-x})}$$ （7.124）

其中，ρ_0 是初始的位错密度，而

$$x = A\sqrt{\rho_s t} = \sqrt{\rho_s} v_c t$$ （7.125）

退火的 316 不锈钢采用饱和（ρ_s）和初始（ρ_0）位错密度分别为 $6 \times 10^{14}\,\mathrm{m^{-2}}$ 和 $3 \times 10^{12}\,\mathrm{m^{-2}}$，20% 冷加工的 316 不锈钢的 $\rho_0 = 7 \times 10^{15}\,\mathrm{m^{-2}}$，由式（7.123）计算的位错密度如图 7.64a 所示。式（7.124）中的 x 与辐照注量的关系是由以下情况确定的，即在 $2 \times 10^{26}\,\mathrm{n/m^2}$ 辐照注量下退火的 316 不锈钢的位错密度达到了 $2 \times 10^{14}\,\mathrm{m^{-2}}$，相关数据如图 7.64b 所示。注意：图 7.64a 的模拟结果与测量数据符合得很好。图中显现的一致性也证明初始位错和辐照期间产生的位错在吸收点缺陷的能力方面并无不同。

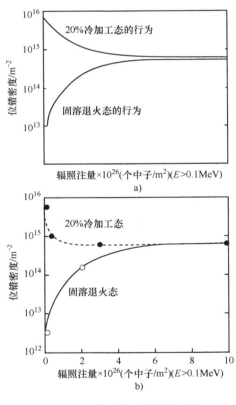

图 7.64　位错密度曲线[34,40]

a）采用式（7.139）计算的 500℃ 中子辐照下 316 不锈钢中位错密度的演化，其初
始位错密度分别为 $7 \times 10^{15}\,\mathrm{m^{-2}}$（冷加工态）和 $4 \times 10^{12}\,\mathrm{m^{-2}}$（退火态）
b）在 EBR - Ⅱ 反应堆中测量的 500℃ 下辐照后 20% 冷加工和退火态 316 不锈钢中的位错密度

7.9　间隙原子环微观结构的演变

间隙原子环总数的演变可以通过它对温度和剂量的响应得以描述。对轻水反应堆操作来说，重要的温度范围为 270～340℃。在某些厚的部件（如压水反应堆的围板）中也可能由 γ 射线加热而达到更高的温度。这个温度范围常被称为由低温（50～300℃）向高温（300～700℃）行为的"过渡区域"。低于 300℃ 时，在 TEM 中位错的微观结构是以高密度的"黑斑"[因为缺陷的团簇太小了（＜2nm），难以分辨]、位错网络和低密度的弗兰克环为特征的。在不锈钢中观察到了极小百分数的细小环，它们是 SFT，比起 Ni 或 Cu 团簇中的 25%～50% 少了许多[10]。接近 300℃ 时，辐照诱发的微观结构从主要以细小位错环为主变为由较大尺寸的错排环和网络位错所组成（见图 7.65）。图 7.66 所示为在高温下辐照后的大位错环。高于 300℃ 时，弗兰克环的数目开始下降。如图 7.67 所示，在 400～600℃ 时，中子辐照的奥氏体不锈钢中错排环的密度有超过 1000 倍的明显下降。环的尺寸随温度的增高最终导致了环的非错排化速率的增高，这促成了高温下弗兰克环数量的减少。

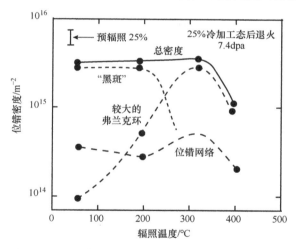

图 7.65　在 50～400℃ 的范围内，中子辐照的奥氏体不锈钢中
辐照温度对各类位错密度的影响[41]

在低的辐照温度下，环的密度迅速增大并达到饱和。图 7.68 所示为接近 300℃ 时受到辐照的奥氏体不锈钢中环密度的增大。在低于约 300℃ 的温度下，环的尺寸对注量相对不灵敏。在这样的低温下，当新环的产生和现有环的破坏达到平衡时，环的尺寸和密度作为一个总量在动力学上变得稳定。在低温区间内随着温度的升高，细小环的密度下降而环的尺寸增大。

在约 300℃ 以上，位错的微观结构演变成为由弗兰克环和网络位错所组成。环的密度在几个 dpa 剂量下就饱和了，而且该密度一直在动力学的意义上保持到较高的辐照剂量水平。随着温度升高，位错网络的密度正比于错排环的密度而增加，但总的位错密度预计在 300℃ 和 370℃ 之间将大体保持不变。在较高温度区间（400～600℃），位错总量由低密度的弗兰克环和位错网络组成。之后，如果其他的微观结构变化过程（诸如空洞和气泡的形核和长

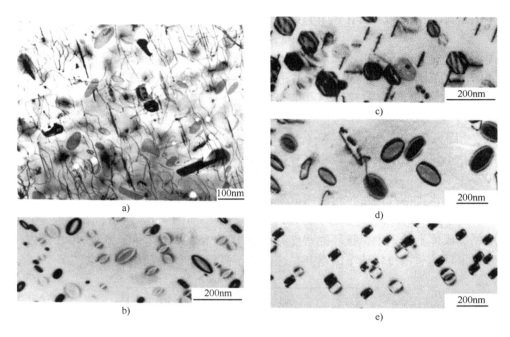

图 7.66　500℃下辐照剂量达 10dpa 的 300 系不锈钢中大尺寸弗兰克环的
TEM 图像及在受到辐照的 Al、Cu、Ni 和 Fe 中的图像[18,42]

a）300 系不锈钢　b）Al　c）Cu　d）Ni　e）Fe

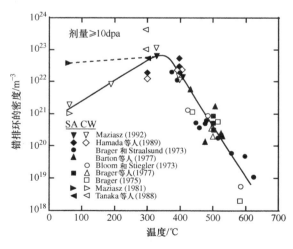

图 7.67　在中等温度范围（400～600℃）内，温度对中子辐照的
奥氏体不锈钢中弗兰克环密度的影响[41]

大）也在发生的话，位错结构的演变实际上可能较缓慢地发生。

　　有关缺陷团簇的形核和变化的描述为理解下一章中讨论的空洞长大现象提供了一定的背景知识。正如即将看到的，空洞的形成和长大本质上是与缺陷团簇的产生和它们长大成为环密切相关的，因为这样的微观结构构成了制约空洞消失的关键的阱。

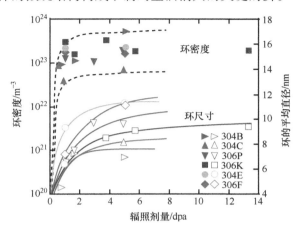

图 7.68 约 300℃ 温度下，不同奥氏体不锈钢中弗兰克环的密度和
尺寸随着辐照剂量增大到 13dpa 的变化[43]

专用术语符号

a——点阵参量（晶格常数）

A——滑移面的面积

$\boldsymbol{b}$——伯格斯矢量

$C_{v,i}$——空位、间隙原子的浓度

$C_{v,i}^0$——空位、间隙原子的热平衡浓度

d^x——由 x 过程产生的团簇扩散性拓展的强度

$D_{v,i}$——空位、间隙原子的扩散系数

D_{k_j}——在缺陷 k 和团簇尺寸 j (k_j) 的尺寸空间中的扩散项，见式（7.106）

D_l——攀移扩散系数

E——能量

E_b——键合能

E_f——形成（生成）能

E_l——位错环的能量

E_m——迁移能

$\langle E_m \rangle$——团簇运动的有效激活能

f_i^{cl}——团簇中间隙原子的份额

F_{k_j}——在缺陷 k 和团簇尺寸 j (k_j) 的尺寸空间中的漂移速度，见式（7.106）

G_j——类别 j 的有效 Frenkel 对的生成速率

ΔG——自由能的变化

G_0——标准自由能

i_n——包含 n 个间隙原子的团簇

k——玻耳兹曼常数

$k^{+/-}$——团簇动力学中过程 +／- 的速率常数，见式（7.110）

$k_{v,i}^2$——对空位、间隙原子的总阱强度

l——位错线片段的长度

L——层错四面体的角缘长度

J——形核流，或通量

K_0——缺陷产生（生成）速率

K_e——空位热发射速率

m——位错速度和切变应力关系式中的应力指数

$\boldsymbol{n}$——单位矢量

n_k，n_k'——临界团簇尺寸

N_d——单次级联中生成的缺陷平均数

N_{il}——间隙原子环的数量密度

N_0——单位体积内的点阵位置数，或形核位置数

P_i——长成一个间隙原子团簇的概率

P_m——环的形核概率

r——缺陷团簇的半径

r_c——位错核心的半径

r_L——环的半径

r_k——临界团簇半径

$\boldsymbol{s}$——位错线的正方向

T——温度，或初级冲撞原子（PKA）的能量

$S_{v,i}$——空位、间隙原子的过饱和度

u_{ij}——位移矢量的分量

v_g——位错滑移的速度

v_n——包含 n 个空位的团簇

V——体积

W——功

$z_{v,i}$——空位，间隙原子的阱因子

Z——Zeldovich 因子，见式（7.75）

α_j——类别 j 的发射率

β_j——类别 j 的吸收率

γ——切应变，或表面能

γ_{SFE}——（堆垛）层错能

δ——孔洞壁的厚度

ε_c——与位错核心有关的应变

ε_{ij}——应变的分量

ε_{i0}——在级联过程中生成的、以不可动团簇形式存在的间隙原子份额

Γ——位错线张力

　　λ——拉梅常数

　　λ_d——两个发生合并的连续间隙原子团簇之间的平均自由程

　　μ——切变模量

　　ν——泊松比，或跳跃频率

　$\rho(n)$——尺寸为 n 的缺陷团簇的数量密度

　　ν_s——由于吸收单个缺陷引起的团簇漂移项的强度

　　Ω——原子体积

　　ρ_x——独立实体 x 的密度

σ，σ_{ij}——应力和应力分量

　　σ_s——切变应力

　　σ_D——使位错获得 0.01m/s 速度所需要的切变应力值

　　τ——孕育期，见式（7.95）

　　τ_d——位错环的寿命

　　c——作为下标，代表位错核心；作为上标，代表合并

　　d——作为下标，代表位错

　　i——作为下标，代表间隙原子

　　k——作为下标，代表临界团簇尺寸

　　L——作为下标，代表环

　　F——作为下标，代表弗兰克环

　　N——作为下标，代表位错网络

　　P——作为下标，代表理想的环

　　v——作为下标，代表空位

　　0——作为下标，代表初始（态）的

　　cl——作为上标，代表团簇

　　s——作为上标，代表单个的缺陷

　　+——作为上标，代表俘获

　　–——作为上标，代表发射

习　题

7.1　试画出构成如下位错的额外半个原子面的台球模型：

① fcc 点阵（111）面中 $a/2$［110］刃型位错。

② bcc 点阵（110）面中 $a/2$［111］刃型位错。

7.2　试验发现，对于某个确定的材料，当它处于弹性的应力状态时，其体积不变。请问该材料的泊松比是多少？

7.3　请问一个直径为 10cm 的铜球经受 12MPa 静水压力时的体积为多少？

7.4　假设原子是硬的弹性球，试证明当球按密排方式排布时的泊松比为 1/3。

7.5　对于 fcc 晶体的（111）面上的一个圆形（原子）盘来说：

① 请推导其能量与空位数的函数关系。

② 请问一个球形的孔洞在瞬间转变成一个空位盘之前，它能包容多少个空位？

7.6　已知固体中的储存能会随位错的增多而增加。

① 试计算位错密度为 $10^{12} m^{-2}$ 的铝的这个能量。

② 前已指出如果施加剪切应力 σ_s，这个能量将会增加。假定①部分中刃型位错的直线片段是间距相等的方（格）形网络，请确定要将每个位错片段弓出到成为半圆形所需的剪切应力 σ_s，并计算所导致的储存能增加量。

7.7　点阵常数 $a = 2 \times 10^{-8}$ cm 的简单立方晶体薄片（晶体厚度不超过 1mm），如果它被弯曲到曲率半径为 10cm，计算其中刃型位错的密度。

7.8　在如下图所示的圆形切变位错环中，设 x 轴为所画的伯格斯矢量方向，z 轴在环的平面内但与伯格斯矢量垂直，y 轴垂直于环的平面。设 θ 是从 A 点测量的圆的极角。在环上的任意一点 θ 处，伯格斯矢量都具有垂直于那个位置位错线的刃型分量 b_e 和平行于位错线的螺型分量 b_s。

① 试利用在环的任意点处具有这两个分量的矢量 b（大小和方向）是恒定的这个事实，推导出 b_e 和 b_s 随 θ 变化的表达式。

② 设想有一个剪切应力 σ_{xy} 被施加在环上，请说明为什么加在位错线上的力总是径向的，且其大小都为 $\sigma_{xy}b$。

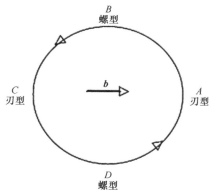

7.9　请画出刃型位错和螺型位错周围的应力场随 θ 的变化，特别是画出如下内容：

① 刃型位错周围 σ_{xx}、σ_{yy}、和 σ_{xy} 随 θ 的变化。

② 螺型位错周围 σ_{xz} 和 σ_{yz} 随 θ 的变化。

7.10　对于下图所示的位错：

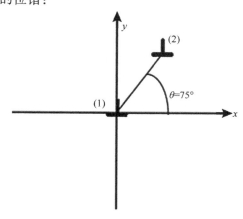

① 试计算由于位错（1）的存在而加在位于 $\theta = 75°$ 处的位错（2）上力的分量的大小。

② 重复①部分的计算，但 $\theta = 0°$、$30°$、$45°$ 和 $90°$。

③ 若位错（2）在 $\theta = 30°$ 位置：它将会朝向位错（1）滑移还是向远离位错（1）的方向发生滑移？它将会向上还是向下攀移？为什么？

7.11　对于下图所示的位错（1）（$s = [001]$，$b = b [100]$）和位错（2）（$s = [00\overline{1}]$，$b = b [0\overline{1}0]$），请回答以下问题：

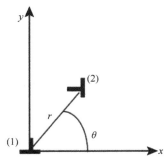

① 计算位错（1）施加于位错（2）上的力。

② 位错（2）将朝哪个方向攀移或滑移？

③ 说出这两个过程与应力和温度的关系，以及在什么条件下两个过程中的一个将对蠕变有所贡献。

7.12　一个具有 $s = k$ 和 $b = bj$ 性质的刃型位错躺在 $x = X$ 平面内。计算在下列三种情况下，由于原点处的固定位错（$s = k$）将经受的滑移和攀移力的极大值和极小值所在的 y 坐标（分开计算）：

① $b = bi$。

② $b = bj$。

③ $b = b\left(\dfrac{1}{2}i + \dfrac{\sqrt{3}}{2}j\right)$。

7.13　$s = [001]$ 和 $b = b [100]$ 的刃型位错（1）位于坐标系的原点。另一个 $s = [001]$ 和 $b = b [\sqrt{2}\sqrt{2}0]$ 的刃型位错（2）位于距离刃型位错（1）为 r 且与 x 轴呈 45° 逆时针（CCW）方向。

① 计算位错（1）施加于位错（2）的滑移和攀移力。

② 作图表示给定距离 r 的情况下，作用于位错（2）的力随 θ 的变化（$0 \leqslant \theta \leqslant 2\pi$）。

7.14　针对在两个互相垂直的位错（1）和位错（2）之间的下列四种交互作用情况，计算位错（1）施加于位错（2）的局部力：

$$s_1 = [001] \qquad s_2 = [010]$$

$$b_1 = b\begin{cases} [100] \\ [100] \\ [100] \\ [010] \end{cases} \qquad s_2 = b\begin{cases} [100] \\ [010] \\ [001] \\ [010] \end{cases}$$

其中，第一个位错穿过 $x = y = 0$ 且平行于 z 轴，而第二个位错穿过 $x = X$ 和 $z = 0$ 平行于 y 轴。

① 试问在何种情况下作用于位错（2）的总力为零？

② 如果位错可以弯曲，假定位错（2）在穿过 $x = 0$ 时保持为直线，试简要地画出其可能的形状。

参 考 文 献

1. Weertman J, Weertman J (1964) Elementary dislocation theory. Macmillian, London
2. Hull D, Bacon DJ (1984) Introduction to dislocations. Pergamon, Oxford
3. Friedel J (1964) Dislocations. Pergamon, New York
4. Hirth JP, Lothe J (1982) Dislocations in crystals, 2nd edn. Wiley Interscience, New York
5. Reed-Hill RE, Abbaschian R (1994) Physical metallurgy principles, 4th edn. PWS, Boston
6. Hull D, Bacon DJ (2001) Introduction to dislocations, 4th edn. Butterworth Heinemann, Philadelphia
7. Dieter GE (1976) Mechanical metallurgy, 2nd edn. McGraw-Hill, New York, p 180
8. Osetsky YN, Stoller RE, Matsukawa Y (2004) J Nucl Mater 329–333:1228–1232
9. Bacon DJ, Osetsky YN, Stoller RE, Voskoboinikov RE (2003) J Nucl Mater 323:152–162
10. Bacon DJ, Gao F, Osetsky YN (2000) J Nucl Mater 276:1–12
11. Stoller RE (2012) Primary radiation damage formation. In: Konings RJM (ed) Comprehensive nuclear materials. Elsevier, Amsterdam, p 293
12. Phythian WJ, Stoller RE, Foreman AJE, Calder AF, Bacon DJ (1995) J Nucl Mater 223:245–261
13. Osetsky YN, Bacon DJ, Serra A, Singh BN, Golubov SI (2000) J Nucl Mater 276:65–77
14. Gao F, Bacon DJ, Flewitt PEJ, Lewis TA (1997) J Nucl Mater 249:77–86
15. Valo M, Krause R, Saarinen K, Hautojarvi P, Hawthorne JR (1992) In: Stoller RE, Kumar AS, Gelles DS (eds) Effects of radiation on materials, ASTM STP, vol 1125. American Society for Testing and Materials, West Conshohocken, pp 172–185
16. Stoller RE (2000) J Nucl Mater 276:22–32
17. Jenkins ML, Kirk MA (2001) Characterization of radiation damage by transmission electron microscopy. Institute of Physics, Philadelphia
18. Kiritani M (1994) J Nucl Mater 216:200–264
19. Osetsky YN, Sera A, Singh BN, Golubov SI (2000) Philos Mag A 80:2131
20. Heinisch HL, Singh BN, Golubov SI (2000) J Nucl Mater 283–287:737
21. Wirth BD, Odette GR, Marondas D, Lucas GE (2000) J Nucl Mater 276:33–40
22. Johnson RA (1967) Phil Mag 16(141):553
23. Jossang T, Hirth JP (1966) Phil Mag 13:657
24. Kelly BT (1966) Irradiation damage to solids. Pergamon, New York
25. Zinkle SJ, Singh BN (1993) J Nucl Mater 199:173–191
26. Russell KC, Powell RW (1973) Acta Meta 21:187
27. Stoller RE, Odette GR (1987) In: Gerner FA, Packan NH, Kumar AS (eds) Radiation-induced changes in microstructure: 13th international symposium (Part I), ASTM STP 955. American Society for Testing and Materials, Philadelphia, pp 358–370
28. Golubov SI, Ovcharenko AM, Barashev AV, Singh BN (2001) Phil Mag A 81(3):643–658
29. Ghoniem NM, Sharafat S (1980) J Nucl Mater 92:121–135
30. Xu D, Wirth BD, Li M, Kirk MA (2012) Acta Mater 60:4286–4302
31. Pokor C, Brecht Y, Dubuisson P, Massoud JP, Barbu A (2004) J Nucl Mater 326:19–29
32. Duparc AH, Moingeon C, Smetniansky-de-Grande N, Barbu A (2002) J Nucl Mater 302:143
33. Soneda N, Diaz de la Rubia T (1998) Phil Mag A 78(5):995
34. Osetsky YN, Serra A, Victoria M, Golubov SI, Priego V (1999) Phil Mag A 79(9):2285
35. Garner FA, Kumar AS (1987) Radiation-induced changes in microstructure: 13th international symposium (Part I), ASTM STP 955. American Society for Testing and Materials, Philadelphia, pp 289–314
36. Stoller RE, Odette GR (1987) In: Garner FA, Packan NH, Kumar AS (eds) Radiation-induced changes in microstructure: 13th international symposium (Part I), ASTM STP 955. American Society for Testing and Materials, Philadelphia, p 371
37. Semenov AA, Woo CH (2003) Phil Mag 813:3765–3782
38. Eyre BL, Bullough R (1965) Phil Mag 12:31
39. Garner FA, Wolfer WG (1982) In: Brager HR, Perrin JS (eds) Effects of radiation on materials: 11th conference, ASTM STP 782. American Society for Testing and Materials, West Conshohocken, p 1073
40. Garner FA (1994) In: Frost BRT (ed) Materials science and technology (chapter 6), vol 10A. VCH, New York, p 419
41. Zinkle SJ, Maziasz PJ, Stoller RE (1993) J Nucl Mater 206:266–286
42. Mansur LK (1994) J Nucl Mater 216:97–123
43. Edwards DJ, Simonen EP, Bruemmer SM (2003) J Nucl Mater 317:13–31

第8章

辐照诱发的空洞和气泡

空洞和气泡的形成和长大是高温辐照环境下受到强烈关注的材料功能特性。最早在辐照后的金属中观察到空洞的论文是由 Cauthorne 和 Fulton[1] 在 1967 年发表的。由于空洞形成和长大时固体会发生体积的肿胀,所以空洞会对材料性能造成深远的影响。资料表明,这一令人惊讶的发现让科学家们不得不匆忙应对,设法去理解这一现象及其对反应堆内材料造成的后果,从而使得美国增殖反应堆计划被延误了将近十年。自那时起,科学家们付出了大量的努力去理解它们的形成和长大。图 8.1 所示为辐照后的不锈钢、铝和镁中产生空洞的例子。如此尺寸和数量密度的空洞可能导致百分之几十的体积增加,并可转化为宏观线性尺寸的显著变化。设计能够承受如此数量级肿胀的反应堆很快成了一项重大的挑战。

空洞的形成与长大和气泡有很多共同之处。可是因为它们的特性,空洞本质上是一个中

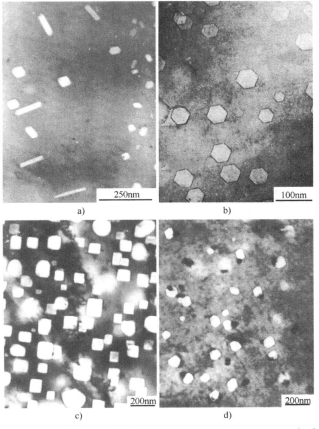

图 8.1　在不锈钢、铝和镁中辐照诱发空洞的 TEM 显微照片[2,3]

a) 不锈钢　b) 铝　c)、d) 镁

空的腔体，但气泡力学则较为复杂。正是基于某些金属经辐照时会嬗变而生成不可溶解的气体这一事实，引起了人们对辐照后金属中气泡问题的关注。当金属受到辐照时，有可能生成大量惰性气体的气泡，这极大地改变了金属的物理和力学性能。快中子和热中子谱反应堆因嬗变产生了氦气，而聚变反应堆的第一层壁由于等离子体中的反应产物所累积的大量气体而容易形成气泡。在反应堆系统中有许多气泡形成并改变着材料性能的例子，其中最重要的一个例子是裂变反应堆的结构材料。本章将着重阐述空洞和气泡形成和长大的理论，并说明影响反应堆系统中这些过程的最重要的因素。

8.1 空洞形核

固体中空洞形成的驱动力是辐照导致的空位过饱和，其定义为

$$S_v = \frac{C_v}{C_v^0} \tag{8.1}$$

其中，C_v^0 是空位的热平衡浓度。在辐照期间，缺陷发生反应并形成了团簇，而团簇或因相同类型缺陷的相互吸收而长大，或因相反类型缺陷的吸收而缩小。为了让一个空位团簇成长为一个空洞，必须使所吸收的空位数高于所吸收的间隙原子数的净增加。于是，应对平衡空洞分布函数 $\rho^0(n)$（这里 n 是空洞中的空位数）重点关注，这个函数是由固体中空位的过饱和度演化而来。该分布函数给出了每一尺寸级别中空位团簇的数量。在非平衡条件下，将出现从一个尺寸级别空洞向下一个较大尺寸级别空洞的净通量 J，这就是形核的流量，正是重点关注并想要寻找的量。然后，还将考虑形核过程中如果存在惰性气体的影响。

8.1.1 平衡的空洞尺寸分布

与第 4 章中讨论的点缺陷情况类似，遵循参考文献 [4] 中的推导，平衡的空洞尺寸分布是由包含了空位团簇分布 $\rho^0(n)$ 的一个系统的吉布斯自由能变化确定的，即

$$G = G_0 + \sum_n \rho^0(n) G_n - kT \sum_n \ln w_n \tag{8.2}$$

其中，G_0 是理想点阵的自由能，第二项是形成一个空洞分布所做的功，而最后一项是熵对点阵中空洞可能的分布方式数的贡献。G_n 是形成一个尺寸为 n 的空洞所需要的吉布斯自由能（可逆功），即

$$G_n = H_n - TS_n = E_n + pV_n - TS_n \tag{8.3}$$

其中，E_n 是形成一个有 n 个空位的空洞所需要的能量，V_n 是体积变化（$= n\Omega$），p 是静压应力（水静应力），S_n 是与该过程相关的过剩熵，w_n 是在固体中安放 $\rho^0(n)$ 个尺寸为 n 的空洞方式数。

忽略式（8.3）右边的最后两项，则 G_n 简化为 $G_n \approx E_n$。

对于较大的 n 值，空洞的能量可以用表面能表示为

$$E_V = 4\pi R_V^2 \gamma \tag{8.4}$$

其中，γ 是固体的单位面积表面能，而 R_V 是空洞的半径，它与空洞中空位数的关系为

$$n = \frac{4\pi R_V^3}{3\Omega} \tag{8.5}$$

其中，Ω 是原子体积。注意，式（8.5）的表达式与式（7.58）是相同的，也和针对一个空位开发的极端情况，即式（4.22）一样。然而，式（8.4）只是一个近似值，因为能量应该适当地把表面的收缩和固体中贮存的弹性能［见式（4.23）］包括进来。结合式（8.4）和式（8.5）可得

$$E_n = (36\pi\Omega^2)^{1/3}\gamma n^{2/3} \tag{8.6}$$

式（8.2）的最后一项是温度和混合熵的乘积。它可以通过在每单位体积包含了 N_0 个点阵位置的一个晶体中，计算可能的空洞分布方式的数目来获得。这与 4.2 节中对空位所使用的计算步骤相同，并导出为

$$w_n = \frac{n^{\rho^0(n)}\left(\dfrac{N_0}{n}\right)!}{\left[\dfrac{N_0}{n} - \rho^0(n)\right]! \ [\rho^0(n)]!} \tag{8.7}$$

现在，定义一个尺寸为 n 的空洞的化学势为 μ_n，它与吉布斯自由能有关，并表示为

$$\mu_n = \frac{\partial G}{\partial \rho^0_{(n)}}\bigg|_{T,p,n} \tag{8.8}$$

将式（8.7）代入式（8.2）中，对式（8.7）中的阶乘项使用斯特林（Stirling）公式近似处理，并按式（8.8）所要求的那样取导数（因为 $\Delta G = G - G_0$，则 $\partial G = \partial \Delta G$），从而得到

$$\mu_n = E_n + kT\ln\left[\frac{\rho^0(n)}{N_0}\right] \tag{8.9}$$

因为空位浓度是低的，所以与 N_0 相比已经忽略了 $\rho_0(n)$。对于单空位（$n=1$）而言，式（8.9）可简化为

$$\mu_v = E_v + kT\ln\left(\frac{C_v}{N_0}\right) \tag{8.10}$$

因为固体中的平衡空位浓度为

$$C^0_v = N_0\exp\left(\frac{-E^v_f}{kT}\right) \tag{8.11}$$

将式（8.11）中的 N_0 代入式（8.10）可得

$$\mu_v = kT\ln\left(\frac{C_v}{C^0_v}\right) = kT\ln S_v \tag{8.12}$$

化学平衡的判据是系统中反应物的化学势和产物的化学势相同，即

$$n\mu_v = \mu_n \tag{8.13}$$

于是，将式（8.9）和式（8.12）代入化学平衡判据的式（8.13），可得

$$\rho^0(n) = N_0\exp(n\ln S_v - \xi n^{2/3}) \tag{8.14}$$

其中

$$\xi = (37\pi\Omega^2)^{1/3}\frac{\gamma}{kT} \tag{8.15}$$

将式（8.15）代入式（8.14），并仅考虑在指数内的项，有

$$n\ln S_v - \xi n^{2/3} = n\ln S_v - \frac{(36\pi\Omega^2)^{1/3}\gamma n^{2/3}}{kT} \tag{8.16}$$

将式（8.14）表达为 $\rho^0(n) = N_0\exp[-\Delta G_n^0/(kT)]$，可以得出对 ΔG_n^0 的表达式为

$$\Delta G_n^0 = -nkT\ln S_v + (36\pi\Omega^2)^{1/3}\gamma n^{2/3} \tag{8.17}$$

式（8.17）正是在某一个特殊位置处形成一个由 n 个空位组成的球形空洞所引起的固体自由能变化。在简明表示式（8.17）原理的图 8.2 中，自由能被绘制为空洞中空位数的函数。注意：式（8.17）的第一项随 n 线性下降，而第二项随 $n^{2/3}$ 增大。考虑到每一项中因子的大小不同，由此得到的总和是在 n^* 值处出现最大值的一条曲线。这就是一个空洞核胚的临界尺寸，即由核胚长成一个空洞所必须达到的尺寸。在临界点处，空位的补给和移动都会造成系统吉布斯自由能的降低，所以这是个不稳定的点。当高于临界尺寸时，空位给核胚的补给会导致自由能的下降，这意味着对空洞的长大是有利的；而空位的损失会造成自由能的增加，则不利于核胚的长大。也要注意：热起伏给核胚尺寸提供了一个增量，促使其临界尺寸变得更大，从而使稳定的空洞形核变得较为困难。

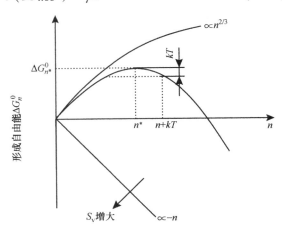

图 8.2　显示一个含有 n 个空位的球形空洞的形成自由能 ΔG_n^0 及热起伏对临界尺寸空洞核胚的作用的示意图

8.1.2　空洞的形核率

空洞核胚（由 n 个空位构成）的形核率可以采用第 7 章中描述空位环的形核及参考文献［5］~［7］中所开发的相同公式体系来描述。但是，为了保持连贯性，本小节针对空洞核胚的情况重复进行了推导。基于式（7.70），尺寸为 n 的一个空洞核胚形核率可表示为

$$J_n = \rho^0(n)\beta_v(n)Z \tag{8.18}$$

其中，$\rho^0(n)$ 是尺寸为 n 个空位的空洞浓度，$\beta_v(n)$ 是吸收率，而 Z 是 Zeldovich 因子（7.6.1 小节中所定义的），而空洞浓度可表示为

$$\rho^0(n) = N_0\exp\left(\frac{-\Delta G_n^0}{kT}\right) \tag{8.19}$$

其中，N_0 是固体中有可能形成空洞的点阵位置数，而 ΔG_n^0 是由式（8.17）给出的、固体中形成空洞的自由能变化，ΔG_n^0 是对临界空洞核胚尺寸而言的值，ΔG_k^0 则是形成（尺寸为 n_k 的核胚尺寸的）空洞的活化自由能壁垒（见图 8.3 中下部曲线），即

$$\Delta G_k^0 = -n_k kT\ln S_v + (36\pi\Omega^2)^{1/3}\gamma n_k^{2/3} \tag{8.20}$$

空洞形核率就是由式（8.18）给出的形核流量。空洞形核流量 J_n 和活化壁垒 ΔG_k^0 适用于只存在空位的情况。但是，在辐照下所产生的空位和间隙原子数量是相同的，所以必须考虑间隙原子的存在。现在我们就考虑间隙原子也会碰撞到空洞的情况。与刚刚提到的分析相似，但是因为引入了另一种类的缺陷（间隙原子），使问题变得较为复杂，间隙原子的存在会使空洞形核较为困难。

现在考虑空位团簇在某一有吸引力的特殊位置的形核[4-6]，如围绕一个位错的压应力

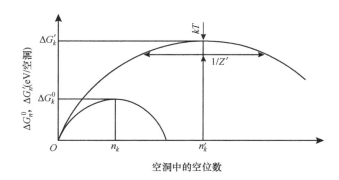

图 8.3　形核曲线的示意图[6]

注：该图显示了空洞形核中几个重要的参数；ΔG_k^0 是若不存在间隙原子
时空洞形核的活化壁垒，而 $\Delta G_k'$ 是形核过程中存在间隙原子时的活化壁垒。

场处。先做下列假设。

1）点阵处于热平衡和动力学平衡，最小限度地受到热位移和热闪峰的影响。

2）唯有单空位和溶剂元素的单个间隙原子是存在的可动点缺陷。

3）缺陷遵循稀溶液热力学。

4）空位和间隙原子总是以稳态的浓度而存在。

因为热闪峰寿命极短（10^{-12} s），在相似的时间间隔内应该得以达到动态的平衡，所以假设 1）是合理的。一般来说，假设 2）是满足不了的，因为气体的原子常常是存在的，且已知它在形核中扮演着一个重要的角色（8.1.3 小节已谈到过）。对于低缺陷浓度（$\leqslant 10^{-4}$ 摩尔分数），假设 3）应该是满足的。最后的假设 4）是一个粗略的简化，因为微观结构总是随着导致阱强度的辐照剂量的增加而持续演变，因此缺陷浓度也是持续变化的。

以下由动力学考虑的空洞形核率的推导，与对缺陷环的处理相似，其中形核率被表达为在一个团簇尺寸范围内相邻尺寸级别之间团簇流动的通量。这个通量是浓度与速率的乘积，或者是浓度、跳跃频率和跳跃距离的乘积。任意两个尺寸级别（如 n 和 $n+1$）之间的通量为

$$J_n = \beta_v(n)\rho(n) - \alpha_v(n+1)\rho(n+1) - \beta_i(n+1)\rho(n+1) \tag{8.21}$$

其中，$\rho(n)$ 和 $\rho(n+1)$ 分别是每单位体积内 $n-\mathrm{mer}$（代表净含 n 个空位的空洞）和 $(n+1)-\mathrm{mer}$ 的数量。$\beta_v(n)$ 是 $n-\mathrm{mer}$ 的空位捕获率，而 $\alpha_v(n+1)$ 和 $\beta_i(n+1)$ 分别是 $(n+1)-\mathrm{mer}$ 产生的空位流失率和间隙原子捕获率。式（8.21）中第一项表示由 n 尺寸级别的空洞捕获了一个空位而增多至 $(n+1)$ 尺寸级别。第二项是 $(n+1)$ 尺寸级别流失了一个空位导致的数量损失，而第三项是 $(n+1)$ 尺寸级别因捕获了一个间隙原子而导致的损失。间隙原子发射是低概率事件而被忽略了。图 8.4 所示为在相空间中由式（8.21）所描述的不同过程。

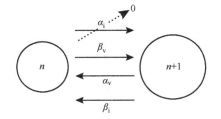

图 8.4　在某一空洞尺寸相空间内控制着邻近空洞尺寸之间空位和间隙原子通量的各个过程示意图

在式（8.21）中取 $J=0$，相当于将各个尺寸级别设定为初始的平衡态，因为此时各尺寸级别之间没有净通量（正如 7.6 节中讨论的）。如果忽略了间隙原子的存在，可以将式（8.21）写成

$$\alpha_v(n+1) = \frac{\beta_v(n)\rho^0(n)}{\rho^0(n+1)} \tag{8.22}$$

综合式（8.21）和式（8.22）可得

$$J_n = \beta_v(n)\left\{\rho(n) - \rho(n+1)\left[\frac{\rho^0(n)}{\rho^0(n+1)} + \frac{\beta_i(n+1)}{\beta_v(n)}\right]\right\} \tag{8.23}$$

因为，$\rho^0(n) = N_0\exp\left[-\Delta G_n^0/(kT)\right]$，可得

$$\frac{\rho^0(n)}{\rho^0(n+1)} = \exp\left(\frac{\delta G_n^0}{kT}\right) \tag{8.24}$$

其中，$\delta G_n^0 \equiv \Delta G_{n+1}^0 - \Delta G_n^0$。现在定义新的函数 n、$\rho'(n)$ 和 $\delta G_n'$，通过与式（8.24）类推得到

$$\frac{\rho'(n)}{\rho'(n+1)} = \frac{\rho^0(n)}{\rho^0(n+1)} + \frac{\beta_i(n+1)}{\beta_v(n)} = \exp\left(\frac{\delta G_n'}{kT}\right) \tag{8.25}$$

其中

$$\delta G_n' = \Delta G_{n+1}' - \Delta G_n' \tag{8.26}$$

因为式（8.25）中的 $\beta_i(n+1)/\beta_v(n)$ 项，$\Delta G_n'$ 不是通常意义上的自由能。通过将式（8.25）代入式（8.23），以 $\rho'(n)/\rho'(n+1)$ 形式重写 J_n 的等式，有

$$J_n = \beta_v(n)\left[\rho(n) - \rho(n+1)\frac{\rho'(n)}{\rho'(n+1)}\right] \tag{8.27}$$

将式（8.27）重排可得

$$J_n = -\beta_v(n)\rho'(n)\left[\frac{\rho(n)}{\rho'(n)} - \frac{\rho(n+1)}{\rho'(n+1)}\right] \tag{8.28}$$

$$\frac{\left[\frac{\rho(n)}{\rho'(n)} - \frac{\rho(n+1)}{\rho'(n+1)}\right]}{\Delta n} = \frac{\partial\left[\frac{\rho(n)}{\rho'(n)}\right]}{\partial n} \tag{8.29}$$

结合式（8.27）和式（8.28）可得

$$J_n = -\beta_v(n)\rho'(n)\frac{\partial\left[\frac{\rho(n)}{\rho'(n)}\right]}{\partial n} \tag{8.30}$$

式（8.30）是通量的基本方程。对两边取自然对数并重排式（8.25），从 $j=0$ 至 $j=n-1$ 求和，有

$$\sum_{j=0}^{n-1}\ln\left[\frac{\rho'(j)}{\rho'(j+1)}\right] = \sum_{j=0}^{n-1}\left\{-\ln\left[\frac{\beta_i(j+1)}{\beta_v(j)} + \exp\left(\frac{\delta G_j^0}{kT}\right)\right]\right\} \tag{8.31}$$

$$\ln\left(\frac{\rho'(n)}{\rho'(0)}\right) = \sum_{j=0}^{n-1}\left\{-\ln\left[\frac{\beta_i(j+1)}{\beta_v(j)} + \exp\left(\frac{\delta G_j^0}{kT}\right)\right]\right\} \tag{8.32}$$

基于以上推导，可以确认两个边界条件。第一个边界条件是 $\rho'(0)$，只需注意到当 $\beta_i(n)/\beta_v(n) \to 0$ 时，$\rho'(0) = \rho^0(0)$；第二个边界条件是 $\rho^0(0) \to N_0$，可以对它进行估算，即单位体积的形核位置数。因为 N_0［及 $\rho'(0)$］与空洞浓度无关，可以得到

$$\ln\left(\frac{\rho'(n)}{\rho'(0)}\right) = \sum_{j=0}^{n-1}\left\{-\ln\left[\frac{\beta_i(j+1)}{\beta_v(j)} + \exp\left(\frac{\delta G_j^0}{kT}\right)\right]\right\} \tag{8.33}$$

$$= \frac{-\Delta G_n'}{kT}$$

因为当 $\beta_i(n)/\beta_v(n) \to 0$ 时，$\rho'(0) \to \rho^0(0)$，而 $\rho^0(0) \to N_0$，即单位体积的形核位置数，于是有

$$\rho'(n) = N_0\exp\left(\frac{-\Delta G_n'}{kT}\right) \tag{8.34}$$

并且 ΔG_n^0 是没有间隙原子条件下的活化壁垒，而 $\Delta G_n'$ 是有间隙原子条件下的活化壁垒。

图 8.3 中的上部曲线显示了 $\Delta G_n'$ 随 n 的变化。注意：$\Delta G_n'$ 比 ΔG_k^0 大，且因为间隙原子对空洞形核过程的妨碍作用而需要一个较大的空洞尺寸。两条曲线的最大值分别发生在 n_k、ΔG_k^0 和 n_k'、$\Delta G_k'$ 处。

现在，稳态的空洞形核率可以通过式（8.30）中对 J_n 的表达式来计算，有

$$J_k = Z'\beta_k\rho_k' \tag{8.35}$$

其中，J_k 是空洞在超越了以空洞数 /（$\mathrm{cm^3 \cdot s}$）为单位的势垒高度 $\Delta G_k'$ 而逃逸出来的速率。β_k 是单个空位撞击到尺寸为 n_k' 的一个空洞上的速率。如果假设团簇为球形的，则空位撞击的速率被表达为由球形阱吸收的点缺陷的速率常数［见式（5.84）］。因为空洞核胚很小，捕获速率具有混合控制的类型，其中扩散和反应速率两者的限制有着一定的影响，则有

$$\beta_v(n) = \frac{4\pi R_V D_v C_v}{1 + \dfrac{a}{R_V}} \tag{8.36}$$

其中，a 是点阵常数，假设空位离开一个空洞的速率取决于空洞的尺寸，而并不取决于空位或间隙原子浓度或者动力学的细节。注意：对于大的空洞，$a/R_V \to 0$ 和 $\beta_v(n)$ 均具有纯粹的扩散特性。

Z' 项与 Z 类似，但是在存在间隙原子的情况下，有

$$Z' = \left[-\frac{1}{2\pi kT}\frac{\partial^2\Delta G_n'}{\partial n^2}\right]_{n_k'}^{1/2} \tag{8.37}$$

式（8.37）等号右边方括号的下标 n_k'，表明二阶导数是在 $n = n_k'$ 处求值。其值是在低于最大值的 kT 单位处 $\Delta G_k'$ 的宽度，大约为 0.05 量级。根据式（8.25）可得二阶导数为

$$\frac{1}{kT}\left(\frac{\partial^2\Delta G_n'}{\partial n^2}\right)_{n_k'} = \left\{\left(\frac{1}{kT}\frac{\partial^2\Delta G_n^0}{\partial n^2}\right)\left[\exp\left(\frac{1}{kT}\frac{\partial\Delta G^0}{\partial n}\right)\right]\right\}_{n_k'} \tag{8.38}$$

$$\rho_k' = N_0\exp\left(-\frac{\Delta G_k'}{kT}\right) \tag{8.39}$$

其中，$\Delta G_k'$ 是由式（8.33）在 n_k' 处取值确定。

因为临界空洞核胚尺寸被取为 $\Delta G_n'$ 曲线的最大值，对式（8.17）求微分，并将结果代入式（8.33）即可求得 $\Delta G_n'$ 值，而 $\Delta G_n'$ 的最大值则通过设 $\partial\Delta G_n'/\partial n = 0$ 来确定。

$$n_k' = \frac{32\pi\gamma^3\Omega^2}{3(kT)^3\left\{\ln\left[\dfrac{\beta_v(n) - \beta_i(n+1)}{\beta_v^0(n)}\right]\right\}^3} \tag{8.40}$$

其中，$C_v/C_v^0 = \beta_v(n)/\beta_v^0(n)$。因为 $R_V = \left(\dfrac{3}{4}\dfrac{n\Omega}{\pi}\right)^{1/3}$，对应于 n_k' 的半径是

$$r_k' = \frac{2\gamma\Omega}{kT\ln\left\{\left[\dfrac{\beta_v(n)-\beta_i(n+1)}{\beta_v^0(n)}\right]\right\}} \tag{8.41}$$

注意：当 $\beta_i \to \beta_v$，$r_k' \to \infty$ 时（即空位和间隙原子的捕获率相同时），则临界空洞的核胚尺寸将被要求为 ∞。

当 $S_v = 430$ 和 $T = 627{}^\circ\!C$ 时，$\rho'(n)$ 在不同 β_i/β_v 值下的团簇尺寸 n 如图 8.5 所示。注意：对于某一固定的空位到达率而言，若提高间隙原子到达率将会产生影响。随着到达率比例 β_i/β_v 的提高，空洞浓度分布的斜率 $\mathrm{d}\rho/\mathrm{d}n$ 处处都在下降，原因是增加间隙原子通量会增加给定尺寸为 n 的核胚实际缩小到下一个最小尺寸 $(n-1)$ 的比例，而为了保持约束分布，需要通过减少尺寸为 n 的核的浓度相对于尺寸为 $(n-1)$ 的核的浓度来平衡这一增加的比例。

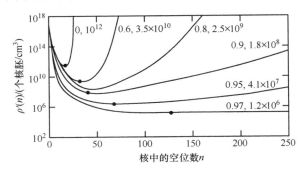

图 8.5　当核胚的净流量被约束为零时，空洞核胚的浓度随它们尺寸的变化[8]

注：图中的参数是到达率比例 β_i/β_v 和未被约束系统的形核率（单位为 $\mathrm{cm}^{-3}\cdot\mathrm{s}^{-1}$）。对本图所涉及的例子而言，$T = 627{}^\circ\!C$，$S_v = 430$，实心圆点指的是 $n(x)$ 的最小值。

到达率比例 β_i/β_v 的增加也会使分布 $\rho'(n)$ 的最小值向较大的尺寸和较低的浓度偏移。因为形核率是正比于 $\rho'(n)$ 的，随着到达率比例的增加，形核率通过 $\rho(n)$ 最小值的下降和宽化而急剧降低。如图 8.5 所示，当到达率比例从 0 增加到 0.97 时，形核率会下降约 6 个数量级。

为了在 β_i/β_v 接近 1 时实现空洞形核，就需要更高的空位过饱和度。形核对空位过饱和度的强依赖性只受到达率比例的极轻微影响。如图 8.6 所示，在 627℃ 下过饱和度增高 10 倍就造成了形核率从 1 增加到 10^{15} 个空洞核/$(\mathrm{cm}^3 \cdot \mathrm{s})$。

图 8.7 所示为温度对某一固定形核率所要求的空位浓度 C^* 的影响，由不同到达率比例 β_i/β_v 所给定的一组曲线表示。在大多数温度范围内，C^* 均随温度的增加而增加，尽管此时过饱和度 $S_v = C_v/C_v^0$ 还在

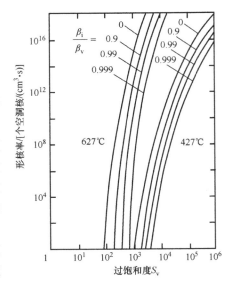

图 8.6　形核率随空位过饱和度的变化[8]

注：图中所注的参数是到达率比例 β_i/β_v 和温度。

下降。注意：在低扩散系数的低温下，C_v 值较高且没有多大损失。在中间温度下，C_v 值较小，此处空位在阱的湮灭和损失较大。但是，在 $C_v^0 \sim C_v$ 的高温下 C_v 值又变高了。参数 p 是每次缺陷跃迁时造成该缺陷在阱处湮灭的概率。p 值的范围从 10^{-7}（退火金属的典型值）至 10^{-3}（重度冷加工金属的典型值）。

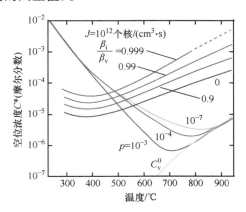

图 8.7 由缺陷对的生成率为 $K_0 = 10^{-3}$ 个摩尔分数/s 所造成的稳态空位浓度 C^{*} [8]

注：曲线上的参数 p 是每次跳跃所导致的某个缺陷在现存阱（如位错）处被湮灭的概率。标记为 C_v^0 的曲线是空位的热平衡浓度。由到达率比例 β_i/β_v 标记的一组曲线显示了为达到 10^{12} 个空洞核/（cm³·s）的形核率所要求的空位浓度。该形核率是在由曲线参数所表征的下曲线的交点处的温度和空位浓度条件下所得到的。在固定的参数值下，如果温度高于（或低于）曲线交点的温度时，该形核率会较高（或较低）。

图 8.8 所示为几种缺陷生成率 K_0 和形核率 J，以及阱 – 湮灭概率为 10^{-7} 和到达率比例

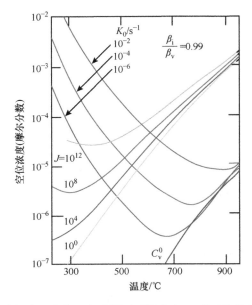

图 8.8 几种缺陷生成率和在阱处湮灭概率为 10^{-7} 时的稳态空位浓度，以及到达率比例为 0.99 时对几种形核率所要求的空位浓度 [8]

注：形核率是由曲线相交点处温度下读出的缺陷生成率得到的。

为 0.99 时的稳态空位浓度。缺陷生成率和形核率曲线的交点提供了在该交点温度下的空位浓度。较高的空位生成率促进了较大的空位浓度和更高的形核率。

总而言之，空洞形核率是活化势垒高度的函数。如果存在间隙原子的话，将提升活化的壁垒，从而降低形核率。对于一个空洞得以存活和长大的临界空洞尺寸半径是活化壁垒高度的函数，而较大的活化壁垒高度要求较大的临界空洞尺寸。所以，空位过饱和度，以及间隙原子与空位到达率比例 β_i/β_v 的降低，都将使形核率大大提高。

8.1.3 惰性气体的作用

到目前为止，一直假设有了某个空位的过饱和度就足以产生一个空洞的核胚。众所周知，惰性气体原子有可能起到稳定空洞核胚并帮助其形核过程的作用。事实上，有证据表明气体原子总是参与到空洞的形核过程之中[6-10]。因此，已经提出了一些涉及惰性和非惰性气体参与形核过程的理论[9-11]。在此，将考虑一个针对有关不可动的惰性气体的简单处理方法[4,9]，这只是对已开发理论的一种延伸。同时，将重点关注氦气，因为它常常由堆芯结构材料的嬗变反应所产生。

在空洞形成的温度范围内，相对于空位和间隙原子而言，氦气是非常不可动的。一旦氦气被一个空洞核胚捕获，它就很难重新回到基体中去。所以，有氦气存在的形核不要求考虑在一个空洞核胚形成过程中氦原子与空位和间隙原子之间的交互作用。相反，可以将惰性气体原子看成由点缺陷迁动而形成空洞核胚时的位置来分析这个问题。从本质上说，这是不均匀的空洞形核过程而不是 8.1.2 小节中描述的均匀形核过程。

当有气体参与时，空洞行为的范围描述与 8.1.2 小节和参考文献［6］中给出的描述类似。先给空洞指定两个坐标，分别表明空洞所包含的空位含量（n）和气体原子数（x）（见图 8.9）。空洞捕获空位后向 $+n$ 方向移动，而由于空位的热发射或间隙原子的捕获就向相反方向移动：

$$\dot{n} = \beta_v^0 n^{1/3} - \alpha_v - \beta_i^0 n^{1/3} \tag{8.42}$$

其中，β_v^0 和 β_i^0 是空位和间隙原子对空洞的到达率，α_v 是空位从空洞的发射率，因子 $n^{1/3}$ 则表示捕获率与空洞尺寸的相关性。类似地，由捕获气体原子产生了 $+x$ 方向的移动，而由气体原子的"重新溶解"，即因辐照把气体原子击出而返回到基体，或由于气体原子的热发射，则产生反方向的移动：

$$\dot{x} = \beta_x^0 n^{1/3} - \alpha_x - xK_x^c \tag{8.43}$$

其中，β_x^0 是气体原子的到达率，α_x 是气体原子的发射率，而 K_x^c 是气体原子的重新溶解率。

对于空洞内空位和气体原子浓度处于平衡的情况，包含 n 个空位和 x 个气体原子的充气空洞核胚的分布如下：

$$\rho^0(n, x) = N\exp\left[\frac{-\Delta G^0(n, x)}{kT}\right] \tag{8.44}$$

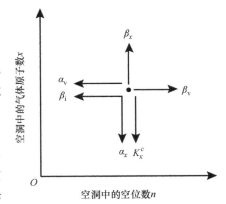

图 8.9 空洞形核的变量的 "变化区间（或方向）"[8]

注：图中显示了空洞在点缺陷捕获 （β_i，β_v，β_x）或 损失（α_v，α_x，K_x^c）之后的运动。

其中，$\Delta G^0(n,x)$ 是充气空洞的形成自由能，指的也就是 $(n,x)-\mathrm{mer}$。对于捕获了一个空位的 $(n-1,x)-\mathrm{mer}$，就会有一个 $(n,x)-\mathrm{mer}$ 发射一个空位，而对于捕获了一个气体原子的 $(n,x-1)-\mathrm{mer}$，也就会有一个 $(n,x)-\mathrm{mer}$ 发射一个气体原子。于是，有

$$\rho^0(n-1,x)\beta_v^0(n-1)^{1/3} = \rho^0(n,x)\alpha_v(n,x) \tag{8.45}$$

并且

$$\rho^0(n,x-1)\beta_x^0(x-1)^{1/3} = \rho^0(n,x)\alpha_x(n,x) \tag{8.46}$$

将式（8.45）和式（8.46）代入式（8.42）和式（8.43）以消去 $\alpha_v(n,x)$ 和 $\alpha_x(n,x)$，从而得到

$$\dot{n} = \beta_v^0 n^{1/3}\left\{1 - \frac{\beta_i^0}{\beta_v^0} - \exp\left[\frac{1}{kT}\frac{\partial \Delta G^0(n,x)}{\partial n}\right]\right\} \tag{8.47}$$

$$\dot{x} = \beta_x^0 n^{1/3}\left\{1 - \frac{xK_x^c}{\beta_x^0 n^{1/3}} - \exp\left[\frac{1}{kT}\frac{\partial \Delta G^0(n,x)}{\partial x}\right]\right\} \tag{8.48}$$

式（8.47）和式（8.48）就是空洞在 (n,x) 相空间中的变化速率。但是，重点关注的是形核率，这需要进一步开发，详细的描述可参阅参考文献 [4]。

以气体原子团簇的分布（M_x）为起点，M_x 是每单位体积含有 x 个气体原子的气体原子团簇的数量。在固体中，总的氦气浓度为

$$M = \sum_{x=1} x M_x \tag{8.49}$$

式（8.49）中的 M 由嬗变反应导致的氦气生成率所确定。假设空洞的形核是在每个以单位体积内 M_x 个形核位置为特征的气体原子团簇上各自同时独立发生的。形核受到空位和间隙原子过饱和度的驱动。除了在气体团簇位置的非均匀形核，假设在固体中的 N_0 个点阵位置上也会发生均匀形核。所以，总的形核率是均匀和非均匀形核率总和，即

$$J = J_{\mathrm{hom}} + \sum_x J_x \tag{8.50}$$

其中，J_{hom} 由式（8.35）给出。为了获得总形核率，还需要确定在 M_x 气体团簇位置上的非均匀形核率 J_x。

包含了 n 个空位和 x 个气体原子的氦气空洞核胚的分布，即 $\rho^0(n,x)$，受控于如下的反应，即

$$n\mathrm{v} = \mathrm{v}_{nx} \tag{8.51}$$

其中，v_{nx} 定义了一个由 n 个空位和 x 个气体原子组成的空洞。因为氦气是不可动的，也就不需要任何用来体现空洞和固体块体之间气体原子平衡的化学反应式。于是，化学平衡的判据就是

$$n\mu_v = \mu_{nx} \tag{8.52}$$

而具有 n 个空位和 x 个气体原子的一个空洞的化学势是

$$\mu_{nx} = \frac{\partial G}{\partial \rho^0(n,x)} \tag{8.53}$$

用公式表述的气体 – 空位团簇的总吉布斯自由能，与前面对只有空位的情况所进行的分析类似。类似于对空洞的式（8.2），现在的总吉布斯自由能是

$$G = G_0 + \sum_x \sum_n \left[\rho^0(n,x) G_{nx} - kT \ln w_{nx}\right] \tag{8.54}$$

其中 w_{nx} 是在 M_i 个位置上排布 $\rho^0(n,x)$ 个空洞的方式的数量，即

$$w_{nx} = \frac{M_x(M_x-1)\cdots\{M_x-[\rho^0(n,x)-1]\}}{[\rho^0(n,x)]!} = \frac{M_x!}{[M_x-\rho^0(n,x)]!\,[\rho^0(n,x)]!} \tag{8.55}$$

将式（8.55）应用于式（8.54），使用式（8.54）来确定式（8.53）中的化学势，可得

$$\mu_{nx} = G_{nx} + kT\ln\left[\frac{\rho^0(n,x)}{M_x}\right] \tag{8.56}$$

由 n 个空位和 x 个气体原子形成一个空洞核胚的可逆功是[4,12]

$$G_{nx} = (36\pi\Omega^2)^{1/3}\gamma n^{2/3} - xkT\ln\left(\frac{MHn\Omega}{xkT}\right) \tag{8.57}$$

式（8.57）的第一项是产生一个无气体但包含 n 个空位的空洞所做的功，它与式（8.6）中给出的空洞形成的功相同。第二项是将氦气从固体移动到空洞的功，该项中的 H 是氦溶入金属中的亨利（Henry）定律常数。式（8.57）中 G_{nx} 的表达式被代入式（8.56）中具有 n 个空位和 x 个气体原子的一个空洞的化学势表达式中。让式（8.52）与式（8.12）中给出的 μ_v 相等，并对 $\rho^0(n,x)$ 求解，可得

$$\rho^0(n,x) = M_x\exp\left[n\ln S_v - \xi n^{2/3} + x\ln\left(\frac{MHn\Omega}{xkT}\right)\right] \tag{8.58}$$

式（8.58）中，除了指数里面增加的一项以及指数前的那个因子，其余与式（8.14）一样。事实上，当 $x=0$ 和 $M_x=N_0$ 时，式（8.58）就可简化为式（8.14）。

使用式（8.44）将 M_x 替代 N_0 可得

$$\Delta G^0(n,x) = -nkT\ln S_v + (36\pi\Omega^2)^{1/3}\gamma n^{2/3} - xkT\ln\left(\frac{MHn\Omega}{xkT}\right) \tag{8.59}$$

图 8.10 所示为作为空洞中的空位数 n 和气体原子数 x 函数的空洞形成自由能。在 $x=0$

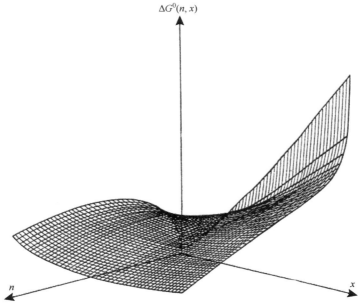

$\Delta G^0(n,x)$

图 8.10　空洞的形成自由能随空洞中的空位数 n 和气体原子数 x 变化的示意图[12]

注：$S_v=600$，$p_0=507\text{MPa}$，$T=500\text{℃}$，$\gamma=1\text{J/m}^2$。

（没有气体）处，该曲面与 $n - \Delta G_0$ 平面的交线对应于图 8.5 中的 $\beta_i/\beta_v = 0$ 曲线，其中 ρ' 被绘制成式（8.34）中 n 的函数，$\rho'(n) = N_0 \exp[-\Delta G_k'/(kT)]$，而 $\beta_i/\beta_v = 0$，则 $\Delta G_n' = \Delta G(n, x = 0)$。注意：空洞中的气体原子将形核的能垒降低到了以无气体空洞为特征的那个能垒值以下。由图 8.10 可知，在曲面表面上的鞍点发生在 $n = 11$ 和 $x = 0$ 处。但是，该图没有把间隙原子包括在内（$\Delta G_n'$ 图也是如此），而这间隙原子应当被包括在与均匀形核情况所用的方法完全相同的分析中。

形核率的确定是采用与均匀形核相同的方法处理的，由此得到了一个形核的流量，即

$$J_{k,x} = Z_x' \beta_{kx} \rho_k'(n, x) \tag{8.60}$$

其中

$$Z_x' = \left[\frac{-1}{2\pi kT} \frac{\partial^2 \Delta G'(n, x)}{\partial n^2} \right]^{1/2}_{n = n_k} \tag{8.61}$$

$$\rho'(n, x) = M_x \exp\left[-\frac{\Delta G'(n, x)}{kT} \right] \tag{8.62}$$

$$\Delta G'(n, x) = kT \sum_{x=0}^{n} \left\{ \ln\left(\frac{\beta_i^0}{\beta_v^0} \right) + \exp\left[\frac{1}{kT} \frac{\partial \Delta G^0(n, x)}{\partial n} \right] \right\} \tag{8.63}$$

Z_x' 和 $\rho_k'(n_k, x)$ 值应在临界空洞尺寸 n_k 处计算，而 β_{kx} 是在空位对一个临界尺寸空洞的撞击率。

为了确定金属中气体原子团簇处空洞的形核率，必须估算在不同团簇尺寸中的可用气体的分布 M（原子数/cm^3）。为了简化起见，假设其分布为 $M_x = M_1^{-(x+1)}$，该分布必须满足式（8.49）。图 8.11 所示为氦气总含量为 0.001%（相当于在 5×10^{22} n/cm^2 注量下不锈钢包壳中预期产生的氦气量）的条件下，基于式（8.60）~式（8.63）的可用气体分布计算结果。

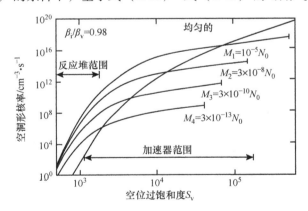

图 8.11　500℃下氦原子团簇处的空洞形核率 J 和均匀形核率 J_{hom} 随空位过饱和度的变化[13]

注：氦气的总含量为 0.001%。

注意：在反应堆中预期的空位过饱和度区域中，在氦原子团簇处的非均匀形核远超过均匀形核。这个行为构成了常被观察到的氦气强化空洞形核现象的理论佐证。均匀和非均匀形核的相对重要性，会按照氦气的浓度变化而发生偏移，这是因为 $J_{\text{hom}}(n)$ 正比于 N_0，而 $J_x(n)$ 正比于 M_x。在低注量下均匀形核占主导，因为此时没有足够的氦气驱动非均匀形核。但是，因为 J_{hom} 是很低的，在嬗变反应产生足够的氦气以驱动产生高的非均匀形核率之前，

观察不到空洞。在物理学上，该孕育期就是过饱和度呈现一次阶梯式的跃增后达到稳态所需要的弛豫时间。不管有无气体存在，空洞形成的弛豫时间为

$$\tau = (2\beta_k Z'_k)^{-1} \tag{8.64}$$

它的值等价于 $10^{22}\,\mathrm{n/cm^2}$ 注量。

总之，气体原子的作用是通过将稳态空洞核胚的临界半径降低到低于无气体时空洞的临界半径，从而大大提高空洞的形核率。所以，相对于原始的晶格，气体原子被引入点阵中（无论是由嬗变还是加速器注入）都会促进空洞的形成。

8.1.4 具有产出偏差的空洞形核

在 7.5 节和 7.6.2 小节讨论间隙原子团簇时，曾经对在级联损伤条件下位错环的演化进行过讨论。同理，可以采用相同的处理方法开发专门针对空洞形核的一套公式[14]。给定一个球形空洞中的空位数，它可以写为

$$\frac{\mathrm{d}n_{\mathrm v}}{\mathrm{d}t} = \frac{3n_{\mathrm v}^{1/3}}{a^2}(D_{\mathrm v}C_{\mathrm v} - D_{\mathrm i}C_{\mathrm i} - D_{\mathrm v}C_{\mathrm v}^0) \tag{8.65}$$

$$C_{\mathrm v}^{\mathrm V} = C_{\mathrm v}^0 \exp\left(\frac{2\gamma\Omega}{kTR_{\mathrm V}}\right) \tag{8.66}$$

其中，$a = [3\Omega/(4\pi)]^{1/3}$，$n_{\mathrm v}$ 是空洞中的空位数，$R_{\mathrm V} = an_{\mathrm v}^{1/3}$，$\Omega$ 是原子体积。现在，漂移速度 $F(n)$（源于福克尔 – 普朗克处理）是等于式（8.65）中 RHS 的一个单项。由 $D(n)$ 项所描述的扩散传播是由单个缺陷的跳跃、级联和空位发射所做贡献的总和，并写为

$$D(n) = D^s(n) + D^c(n) + D^e(n) \tag{8.67}$$

$$D^s(n) = \frac{3n^{1/3}}{2a^2}[D_{\mathrm v}(C_{\mathrm v} - C_{\mathrm v}^0) + D_{\mathrm i}C_{\mathrm i}] \tag{8.68}$$

$$D^c(n) = \frac{3n^{2/3}}{4a}\left[\frac{K_{\mathrm v}^{\mathrm{eff}}\langle N_{\mathrm{dv}}^2\rangle}{k_{\mathrm v}N_{\mathrm{dv}}} + \frac{K_{\mathrm i}^{\mathrm{eff}}\langle N_{\mathrm{di}}^2\rangle}{k_{\mathrm i}N_{\mathrm{di}}}\right] \tag{8.69}$$

$$D^e(n) = \frac{9D_{\mathrm v}C_{\mathrm v}^0 n^{2/3}}{2a^2} \tag{8.70}$$

其中，K_j^{eff} 是自由点缺陷的有效生成率，N_{dj} 和 $\langle N_{\mathrm{dj}}^2\rangle$ 分别是在单个级联中产生的自由点缺陷的平均数和平方的平均数，而 k_j^2 是 j 类型点缺陷的总阱强度。对于通用动力学方程的求解，类似于间隙原子团簇的情况，并已在参考文献［14］中给出。对于小的临界空位尺寸的情况，空洞形核概率 P_m 为

$$P_m \approx \left[\frac{\beta}{6\pi R_{\mathrm{cr}}n_{\mathrm{cr}}}\frac{(D_{\mathrm v}C_{\mathrm v} - D_{\mathrm i}C_{\mathrm i})}{D_{\mathrm i}C_{\mathrm i}(1 + dn_{\mathrm{cr}}^{1/3})}(n_0 - n_{\mathrm{v0}})\right]^{1/2} \times$$

$$\exp\left[-\frac{\eta(\beta/R_{\mathrm{cr}})n_{\mathrm{cr}}^{2/3} - n_0^{2/3}}{1 + 1/(d^e n_{\mathrm{cr}}^{1/3}) + d^c/d^e}\right] \tag{8.71}$$

其中，n_0 是初始空洞核胚尺寸（一般约为 4 个空位），n_{v0} 是一个空洞核胚的最小尺寸，低于它就不再算得上是一个空洞了（一般为 2~3 个空位），$d = d^c + d^e$，$\beta = 2\gamma\Omega/(kT)$，且 R_{cr} 和 n_{cr} 是临界尺寸核胚的尺寸和空位含量。假设产出偏差是在高温下空洞长大的主要驱动力，则 $(D_{\mathrm v}C_{\mathrm v} - D_{\mathrm i}C_{\mathrm i})/D_{\mathrm i}C_{\mathrm i}$ 被估算为 ε_i，ε_i 是在级联中产生的以不可动团簇形式存在的间隙原子分数。在一个空洞接收了净空位通量（$D_{\mathrm v}C_{\mathrm v} > D_{\mathrm i}C_{\mathrm i}$）而长大的条件下，$R_{\mathrm{cr}}$ 项可由式（8.65）和

式（8.66）确定。

$$R_{cr} = \frac{\beta D_v C_v^V}{D_v C_v - D_i C_i - D_v C_v^V} \tag{8.72}$$

$$R(n) = an^{1/3}$$

d^c 和 d^e 项分别是使团簇发生扩散性拓展的强度和相对于单个点缺陷的空位发射的扩散传播的强度，有

$$d^c = \frac{D^c(n_{cr})}{n_{cr}^{1/3} D^s(n_{cr})}, \quad d^e = \frac{D^e(n_{cr})}{n_{cr}^{1/3} D^s(n_{cr})} \tag{8.73}$$

式（8.71）中的 $\eta = 0.55 \sim 0.84$。

将式（8.71）应用于不同的 d^c 和 d^e，以及一个尺寸为 4 个空位的空洞核胚，计算表明尺寸约为 100 个空位的临界空位团簇的形核概率为 $10^{-6} \sim 10^{-4}$（见图 8.12），则其形核率为

$$J \approx \frac{K_{cl}^{eff}}{N_d} P_m \tag{8.74}$$

其中，K_{cl}^{eff} 是点缺陷以团簇和自由形式（生成）的有效产生率；N_d 是在单个级联中产生的点缺陷总数的平均值，而 ε_i 是在级联中以不可动团簇形式产生的间隙原子分数。图 8.13 所示为退火态铜在 250℃、300℃ 和 350℃ 下，以及在不同的表面能 γ_s 和 d^e 值下计算的空洞形核率与试验数据的比较。空洞的形核率在 $10^{15} \sim 10^{18}$ 个空洞核/（$cm^3 \cdot s$）的范围内，大于常规形核理论预测的形核率。因此，产出偏差的作用是使形核率增高。

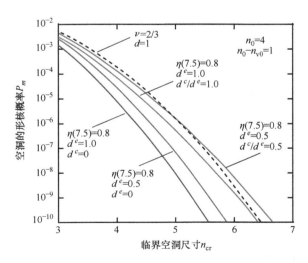

图 8.12 式（8.71）对初始空洞尺寸为 4 个空位和最小尺寸为 1 个空位计算得到的形核概率，以及在不同 d^c 和 d^e 的值时形核概率随临界空洞尺寸 n_{cr} 的变化关系[14]

注：图中的 $\nu = \dfrac{(D_v C_v - D_i C_i)\left[1 - \exp\left(\dfrac{-\beta}{R_{cr}}\right)\right]}{D_i C_i}$。

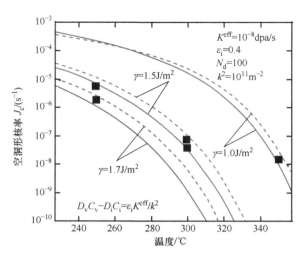

图 8.13　位移率为 10^{-8} dpa/s 的辐照情况下，退火态铜中空洞形核率与
辐照温度的关系[14]

8.2　在空洞长大过程中对缺陷阱的处理

在确定了固体中空洞的形核率表达式后，本节确定空洞核胚长大成稳态空洞的速率。正如前面提到的，假设形核和长大阶段在时间上是分离的，而且只有在空洞核胚确实已经形成后它才开始长大。当然，这是对反应堆内真实情况的一种简化，其实在堆内稳态空洞核的长大与形核是同时发生的。

空洞的长大是通过求解第 5 章中开发的点缺陷平衡方程组来确定的。这些方程提供了得以驱动形核和长大过程的空位和间隙原子的过饱和度。固体中空位和间隙原子的浓度则是通过让所有机制下缺陷的产生率和去除率相等来确定的。这么一来，时间导数被消除了，而所求得的解就具有了稳态解的形式。然而，因为缺陷浓度是随时间或剂量而变化的，求得的稳态解只在短时间内是有效的，故被定义为"准稳态"。因为与缺陷数量增减的响应时间相比，由微观组织演化导致的阱强度的变化是缓慢的，所以准稳态的解还是有价值的。在本质上，通过设定一个得以适当表征其阱强度的初始条件，对这些阱强度的点缺陷平衡方程组求解，然后计算和修正在此条件下的阱强度并反复迭代，就能够解决这个问题。

假设在整块金属上缺陷的产生率和去除率是均匀的。显然，在靠近阱处会存在很强的梯度。但是，如果将阱强度均匀化或展宽化，它们就可以被忽略，也就是用空间上均匀的点缺陷吸收体替代实际存在的离散的阱，这么一来，在均匀阱和不均匀阱的情况下，对缺陷吸收的聚合效应就是相同的了。阱强度按第 5 章中所描述的确定。空洞的长大则按照由 Brailsford 和 Bullough[15] 开发的速率理论并遵循如下简化处理步骤加以计算：

1）离散的阱用连续的或展宽的阱分布替代。

2）每个阱被给定某一强度，这样朝向展宽的阱的缺陷流量与真实材料中朝向实际阱的流量是相同的。

3）步骤 1）和 2）舍去了 C_v 和 C_i 的空间相关性，于是点缺陷平衡方程组成为

$$\frac{\partial C_{v}}{\partial t} = K_{0} - \sum_{X} A_{v}^{X} - R_{iv}$$

$$\frac{\partial C_{i}}{\partial t} = K_{0} - \sum_{X} A_{i}^{X} - R_{iv} \qquad (8.75)$$

其中，等号右侧的第一项是空位和间隙原子的产生率，第二项是对所有阱（X）的损失率，而最后一项是空位 – 间隙原子的重新复合而导致的损失率。

4）空位和间隙原子的浓度 C_{v} 和 C_{i} 由式（8.75）计算。由缺陷流向阱而导致的阱强度变化也被计算了，计算过程由步骤1）开始，随时间和剂量的变动进行迭代。

对缺陷 – 阱反应的反应速率常数和已确定的速率强度已在第 5 章中确定并汇总在表 5.2 中。阱被分为中性的（空洞、晶界、非共格的析出物）、有偏向的（位错网络和位错环），或者可变偏向的（共格的析出物和尺寸过大或过小的溶质原子等）三类。对于所有的阱类型，缺陷的吸收率均正比于点缺陷的扩散系数和块体与阱表面之间的缺陷浓度差。阱表面的间隙原子浓度与其在块体内的浓度值相比是不重要的，可以忽略不计，位错环除外。对于空位的情况，其在位错网络核心的浓度总是保持在平衡的浓度。对于空洞和位错环，在阱表面的空位浓度也必须加以确定。一旦阱强度和阱表面的缺陷浓度已知，就可以确定由空洞核胚对缺陷的净吸收率，并使用该信息来确定空洞长大速率。

8.2.1　阱表面的缺陷吸收率和浓度

本小节主要讨论如何根据阱的类型来分类确定每一相关阱的缺陷吸收率表达式。吸收率的一般形式为

$$A_{j}^{X} = k_{X}^{2} D_{j} (C_{j} - C_{j}^{X}) = k_{X}^{2} D_{j} C_{j} - L_{j}^{X} \qquad (8.76)$$

其中，A_{j}^{X} 是由阱 X 对缺陷 j 的吸收率，k_{X}^{2} 是阱 X 的强度，D_{j} 是缺陷 j 的扩散系数，C_{j} 和 C_{j}^{X} 分别是缺陷 j 在金属基体内和在阱表面的浓度，而 L_{j}^{X} 是由阱 X 对缺陷 j 的热发射率。注意：对于中性阱，阱强度仅取决于阱的特性而与缺陷无关。这是使用阱强度而不使用反应速率常数来书写缺陷损失项的优点。

1. 中性阱

点缺陷流向空洞造成的基体内点缺陷的损失率可以写为

$$A_{j}^{V} = k_{V}^{2} D_{v} (C_{v} - C_{v}^{V}) = k_{V}^{2} D_{v} C_{v} - L_{v}^{V}$$

$$A_{i}^{V} = k_{V}^{2} D_{i} C_{i} \qquad (8.77)$$

其中，k_{V}^{2} 是表 5.2 中所给定的某一空洞的阱强度，C_{v}^{V} 是在空洞表面的空位浓度，L_{v}^{V} 是阱表面的空位热发射率，且所有空洞都被假设为具有相同的尺寸。缺陷流向非共格析出相的损失率是

$$A_{v}^{IP} = k_{IP}^{2} D_{v} C_{v}$$

$$A_{i}^{IP} = k_{IP}^{2} D_{i} C_{i} \qquad (8.78)$$

而空位流向晶界的损失速率是

$$A_{v}^{gb} = k_{gb}^{2} D_{v} C_{v}$$

$$A_{i}^{gb} = k_{gb}^{2} D_{i} C_{i} \qquad (8.79)$$

其中，阱强度由表 5.2 中给出，而热发射项已被忽略。

在式（8.77）~式（8.79）中，尚有待确定的项是在空洞表面的空位浓度 C_v^V，计算方法如下。根据式（4.15）可知，固体中空位的热平衡浓度是

$$C_v^0 = \frac{1}{\Omega}\exp\left(\frac{S_f}{k}\right)\exp\left(\frac{-H_f}{kT}\right)$$

其中

$$H_f = E_f + p\Omega \qquad (8.80)$$

对于被包埋在点阵中的单个空位，$p\Omega$ 项可以忽略。可是，在空洞周围的固体中，这一简化是不适用的，因为在这儿由空洞中气体产生的力（如表面张力、压力），或者是外部的水静应力在起着作用。例如，空洞表面的存在产生了一个表面张力，它可以采用图 8.14 确定如下：

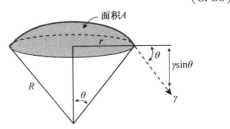

图 8.14　半径为 R 的一个空洞的表面张力示意图

$$\frac{力}{单位面积} = \frac{2\pi r\gamma\sin\theta}{A} \approx \frac{2\pi r\gamma}{\pi r^2}\theta = \frac{2\pi r\gamma}{\pi r^2}\left(\frac{r}{R}\right) = \frac{2\gamma}{R} \qquad (8.81)$$

这里做的近似处理是，对于小的 θ，用 θ 代替了 $\sin\theta$。因此，在式（8.80）中的 p 项变为

$$p = -\frac{2\gamma}{R} \qquad (8.82)$$

式（8.82）中加了一个负号是因为表面张力以向内的方向作用于空洞而使空洞收缩。于是，在空洞表面的空位浓度成为

$$C_v^V = \frac{1}{\Omega}\exp\left(\frac{S_f}{k}\right)\exp\left(-\frac{E_f}{kT}\right)\exp\left(-\frac{p\Omega}{kT}\right) \qquad (8.83)$$

其中

$$C_v^0 = \frac{1}{\Omega}\exp\left(\frac{S_f}{k}\right)\exp\left(-\frac{E_f}{kT}\right) \qquad (8.84)$$

由式（8.82）取代 $p\Omega$ 中的 p，可得

$$C_v^V = C_v^0\exp\left(\frac{2\gamma\Omega}{RkT}\right) \qquad (8.85)$$

此时，式（8.77）成为

$$A_v^V = k_V^2 D_v\left[C_v - C_v^0\exp\left(\frac{2\gamma\Omega}{RkT}\right)\right] \qquad (8.86)$$

2. 偏向性的阱

缺陷流向网络位错的损失率为

$$A_v^N = k_{vN}^2 D_v(C_v - C_v^0) = k_{vN}^2 D_v C_v - L_v^N \qquad (8.87)$$

$$A_i^N = k_{iN}^2 D_i C_i$$

其中，阱强度在表5.2中给出，而 C_v^0 项是空位的热平衡浓度。对于有间隙原子位错环，其损失项为

$$A_v^L = k_{vL}^2 D_v (C_v - C_v^L) = k_{vL}^2 D_v C_v - L_v^L \tag{8.88}$$

$$A_i^L = k_{iL}^2 D_i (C_i - C_i^L) = k_{iL}^2 D_i C_i - L_i^L$$

其中，间隙原子位错环的阱强度与网络位错的阱强度是相同的，因为它们的位错核心是相同的。然而，在这类阱表面的缺陷浓度与热平衡的值是不同的，因为将空位或间隙原子添加到位错环中，会分别导致环的尺寸收缩或扩大，而这需要能量的变化。与一个位错环平衡的空位和间隙原子浓度分别是 C_v^L 和 C_i^L。遵循参考文献［4］的分析，通过考虑包含 n_v 个空位和 n_i 个间隙原子的一块金属（它与位错环的平衡浓度分别为 C_v^L 和 C_i^L）的吉布斯自由能，以及包含 m_i 个间隙原子的单个间隙原子位错环，就可以确定与该位错环平衡的缺陷浓度。

$$G = G_0 + E_L(m_i) + n_v \mu_v + n_i \mu_i \tag{8.89}$$

在式（8.89）中，G_0 是没有间隙原子位错环但含有浓度为 C_v 和 C_i 的缺陷的固体的自由能，$E_L(m_i)$ 是环的能量，而 $\mu_{i,v}$ 是固体中间隙原子和空位的化学势。对于化学势将会趋于平衡的系统，在固体和该环之间的点缺陷传输务必不造成系统的自由能发生变化，即

$$\delta G = \left(\frac{dE_L}{dm_i}\right)\delta m_i + \mu_v \delta n_v + \mu_i \delta n_i = 0 \tag{8.90}$$

因为环里的间隙原子数必定来自该块体，有

$$\delta m_i = \delta n_v - \delta n_i \tag{8.91}$$

由式（8.90）和式（8.91）消除 δm_i，可得：

$$\left(\frac{dE_L}{dm_i}\right)\delta n_v - \left(\frac{dE_L}{dm_i}\right)\delta n_i + \mu_v \delta n_v + \mu_i \delta n_i = 0 \tag{8.92}$$

因为空位和间隙原子浓度的变化是随意的且彼此不相关，两者变化的系数被设为零，由此得到

$$\frac{dE_L}{dm_i} + \mu_v = 0 \tag{8.93}$$

$$\frac{dE_L}{dm_i} - \mu_i = 0$$

由式（8.12）可知，浓度分别为 C_v^L 和 C_i^L 的空位和间隙原子的固体的化学势为

$$\mu_v = kT \ln \frac{C_v^L}{C_v^0} \tag{8.94}$$

$$\mu_i = kT \ln \frac{C_i^L}{C_i^0}$$

对处于平衡的空位和间隙原子，有

$$C_v^L C_i^L = C_v^0 C_i^0 \tag{8.95}$$

或者，由式（8.93）得到

$$\mu_v = -\mu_i \tag{8.96}$$

分别针对空位和间隙原子合并式（8.93）和式（8.94），可得

$$C_v^L = C_v^0 \exp\left(-\frac{dE_L/dm_i}{kT}\right) \tag{8.97}$$

$$C_i^L = C_i^0 \exp\left(\frac{dE_L/dm_i}{kT}\right)$$

使用式（7.62）计算一个弗兰克环的能量为

$$E_L = 2\pi\mu b^2 \left(\frac{\sqrt{3}a^2 m_i}{4\pi}\right)^{1/2} + \pi\left(\frac{\sqrt{3}a^2 m_i}{4\pi}\right)\gamma_{SFE}$$

为简化起见，再把第二项舍去，则 dE_L / dm_i 成为

$$\frac{dE_L}{dm_i} = \frac{\Theta}{2\sqrt{m_i}} \tag{8.98}$$

其中，$\Theta = 2\pi\mu b^2 \left(\frac{\sqrt{3}a^2}{4\pi}\right)^{1/2}$，代入式（8.97）得到

$$C_v^L = C_v^0 \exp\left(-\frac{\Theta}{2\sqrt{m_i}kT}\right) \tag{8.99}$$

$$C_i^L = C_i^0 \exp\left(\frac{\Theta}{2\sqrt{m_i}kT}\right)$$

注意：与一个间隙原子位错环平衡的空位浓度低于固体中的平衡空位浓度，而间隙原子的情况则相反。于是，由式（8.88）得到在环处空位和间隙原子的吸收率为

$$A_v^L = z_v D_v \rho_L \left[C_v - C_v^0 \exp\left(-\frac{\Theta}{2\sqrt{m_i}kT}\right)\right] \tag{8.100}$$

$$A_i^L = z_i D_i \rho_L \left[C_i - C_i^0 \exp\left(\frac{\Theta}{2\sqrt{m_i}kT}\right)\right]$$

3. 可变的偏向性阱

对可变的偏向性阱，其阱强度已在式（5.120）中给出，即

$$k_{vCP}^2 = 4\pi R_{CP} \rho_{CP} Y_v$$

$$k_{iCP}^2 = 4\pi R_{CP} \rho_{CP} Y_i$$

其中，Y_v 和 Y_i 是析出物对空位和间隙原子的阱强度，而点缺陷流向共格析出相的损失率为

$$A_v^{CP} = k_{vCP}^2 D_v C_v = 4\pi R_{CP} \rho_{CP} C_v Y_v \tag{8.101}$$

$$A_i^{CP} = k_{iCP}^2 D_i C_i = 4\pi R_{CP} \rho_{CP} C_i Y_i$$

8.2.2 点缺陷平衡

目前，已经有了各类阱对缺陷吸收率的表达式，现在就可以写出辐照条件下固体的稳态点缺陷平衡公式为

$$K_0 - \sum_X A_v^X - R_{iv} = 0$$

$$K_0 - \sum_X A_i^X - R_{iv} = 0 \tag{8.102}$$

式（8.102）的最通用形式为

$$K_0 - k_v^2 D_v (C_v - C_v^X) - K_{iv} C_v C_i = 0$$

$$K_0 - k_i^2 D_i (C_i - C_i^X) - K_{iv} C_v C_i = 0 \tag{8.103}$$

其中，k_v^2 和 k_i^2 分别是对空位和间隙原子损失的总阱强度，即

$$k_v^2 = k_{vV}^2 + k_{vIP}^2 + k_{vgb}^2 + k_{vN}^2 + k_{vL}^2 + k_{vCP}^2$$

$$k_i^2 = k_{iV}^2 + k_{iIP}^2 + k_{igb}^2 + k_{iN}^2 + k_{iL}^2 + k_{iCP}^2 \tag{8.104}$$

C_v^X 和 C_i^X 是在阱表面的空位和间隙原子浓度。现在，因为式（8.103）中缺陷产生率和重新复合率相等，且在共格析出相处不会发生点缺陷的净增加，于是，有

$$\sum_X A_v^X = \sum_X A_i^X \qquad (8.105)$$

或者

$$A_v^V + A_v^{IP} + A_v^{gb} + A_v^N + A_v^L + A_v^{CP} = A_i^V + A_i^{IP} + A_i^{gb} + A_i^N + A_i^L + A_i^{CP} \qquad (8.106)$$

所以，有

$$(k_{vV}^2 + k_{vIP}^2 + k_{vgb}^2 + k_{vN}^2 + k_{vL}^2 + k_{vCP}^2) D_v C_v - L_v^V - L_v^N - L_v^L$$
$$= (k_{iV}^2 + k_{iIP}^2 + k_{igb}^2 + k_{iN}^2 + k_{iL}^2 + k_{iCP}^2) D_i C_i - L_i^L \qquad (8.107)$$

其中，L 项是缺陷从阱向外的热发射。

将第 5 章和第 7 章中有关阱强度和热发射的公式代入，可得

$$4\pi R_V \rho_V D_v \left[C_v - C_v^0 \exp\left(\frac{2\gamma\Omega}{RkT} \right) \right] + z_v \rho_N D_v (C_v - C_v^0) + 4\pi R_{CP} \rho_{CP} D_v C_v Y_v +$$
$$z_v \rho_L D_v \left[C_v - C_v^0 \exp\left(-\frac{\Theta}{2\sqrt{m_i kT}} \right) \right]$$
$$= \pi R_V \rho_V D_i C_i + z_i \rho_N D_i C_i + 4\pi R_{CP} \rho_{CP} D_i C_i Y_i + \qquad (8.108)$$
$$z_i \rho_L D_i \left[C_i - C_i^0 \exp\left(\frac{\Theta}{2\sqrt{m_i kT}} \right) \right]$$

为简化起见，式（8.108）对晶界和非共格析出相的各项都已经被忽略了。因为间隙原子的热平衡浓度，C_i^0 极小，间隙原子从环（向外）的热发射也可以被忽略。

8.3 空洞长大

目前已确立了固体中每个阱的缺陷吸收率，本节将关注空洞以开发一个描述空洞长大速率的表达式。空洞长大方程从空位向一个空洞核胚的净流量开始加以推导。一个空洞对空位的净吸收率是

$$A_{net}^V = A_v^V - A_i^V = 4\pi R D_v (C_v - C_v^V) - 4\pi R D_i C_i \qquad (8.109)$$

其中，R 是空洞的半径（为简化起见，省去了下标 V），C_v 和 C_i 是固体中的空位或间隙原子的浓度，C_v^V 是空洞表面处的空位浓度，且忽略了间隙原子从空洞向外的热发射。

空洞体积的变化率恰恰就等于净吸收率乘以缺陷体积 Ω，即

$$\frac{dV}{dt} = 4\pi R \Omega [D_v (C_v - C_v^V) - D_i C_i] \qquad (8.110)$$

空洞体积可表示为

$$V = \frac{4}{3}\pi R^3 \qquad (8.111)$$

由此可以获得空洞长大方程的通用形式为

$$\frac{dR}{dt} = \dot{R} = \frac{\Omega}{R} [D_v (C_v - C_v^V) - D_i C_i] \qquad (8.112)$$

由于本节的目的在于确立空洞长大方程的一个表达式，为此首先要确定 C_v、C_i 和 C_v^V 的值。因此，一般的求解程序是在某个空洞半径的初始值 R_0 处，由式（8.75）中的点缺陷

平衡方程求解 C_v 和 C_i 值；然后将 C_v 和 C_i 值代入式（8.112），求得空洞尺寸从 R_0 增加至 R' 的增量。因为阱强度随空洞尺寸而变化，所以为了求解下一个空洞长大增量，必须获得更新了的 C_v 和 C_i 值。这样，该过程被一再迭代以便描述空洞尺寸随时间或剂量的变化。该计算过程可以用数值法进行，并且采用小的时间步长，为此可将阱强度假设为常数而让时间在此期间内的增量最小化。在这种方法求解空洞尺寸时，也能在各个时间步长边界处使微观组织的变化得以体现。

虽然空洞长大方程的数值解可以产生最精确的结果，但却没能提供与空洞长大期间有关的一些控制性过程的认识。Brailsford 和 Bullough[15] 将式（8.75）的解代入式（8.112）中以获得一个近似的解析结果，该结果提供了理解控制空洞长大参数的一个出色工具。Mansur[5,16] 进一步发展了该分析方法，并用于开发影响空洞长大的关键参数相关性的表达式。回到稳态下的点缺陷平衡方程组作为开始，以便确定空位和间隙原子的体浓度 C_v 和 C_i。在式（8.75）中设空位和间隙原子浓度随时间的变化率为零，则

$$K_0 - \sum_X A_v^X - R_{iv} = 0 \tag{8.113}$$

$$K_0 - \sum_X A_i^X - R_{iv} = 0$$

或者

$$K_0 - K_{iv}C_iC_v - K_{vs}C_vC_s = 0$$
$$K_0 - K_{iv}C_iC_v - K_{is}C_iC_s = 0 \tag{8.114}$$

其解为

$$C_v = \frac{-K_{is}C_s}{2K_{iv}} + \left(\frac{K_0 K_{is}}{K_{iv}K_{vs}} + \frac{K_{is}^2 C_s^2}{4K_{iv}} \right)^{1/2} \tag{8.115}$$

$$C_i = \frac{-K_{vs}C_s}{2K_{iv}} + \left(\frac{K_0 K_{vs}}{K_{iv}K_{is}} + \frac{K_{vs}^2 C_s^2}{4K_{iv}} \right)^{1/2}$$

其中，C_s 是阱浓度。参考表 5.2 写出空位和间隙原子在阱处的反应速率常数作为阱强度，从而可得

$$C_v = \frac{-k_i^2 D_i}{2K_{iv}} + \left[\frac{K_0 k_i^2 D_i}{K_{iv}k_v^2 D_v} + \frac{(k_i^2)^2 D_i^2}{4K_{iv}} \right]^{1/2} \tag{8.116}$$

$$C_i = \frac{-k_v^2 D_v}{2K_{iv}} + \left[\frac{K_0 k_v^2 D_v}{K_{iv}k_i^2 D_i} + \frac{(k_v^2)^2 D_v^2}{4K_{iv}} \right]^{1/2}$$

给出以下定义：

$$\eta = \frac{4K_{iv}K_0}{D_i D_v k_v^2 k_i^2} \tag{8.117}$$

$$k_v^2 = z_v\rho_d + 4\pi R\rho_V + 4\pi R_{CP}\rho_{CP} \tag{8.118}$$

$$k_i^2 = z_i\rho_d + 4\pi R\rho_V + 4\pi R_{CP}\rho_{CP}$$

为了简单起见，忽略了晶界、非共格析出相，以及对空洞和共格析出相的偏向性因素，而位错网络和位错环则用密度 $\rho_d = \rho_N + \rho_L$ 的一个单项来表示。结合式（8.117）和式（8.118），则式（8.116）可写成

$$C_v = \frac{D_i k_i^2}{2K_{iv}} \left[(\eta + 1)^{1/2} - 1 \right] \tag{8.119}$$

$$C_i = \frac{D_v k_v^2}{2K_{iv}} \left[(\eta + 1)^{1/2} - 1 \right]$$

结合式（8.112），空洞长大速率可写成

$$\dot{R} = \dot{R}_0 X(\eta) \tag{8.120}$$

其中

$$\dot{R}_0 = \frac{\dfrac{K_0(z_i - z_v)\rho_d \Omega}{R(z_v \rho_d + 4\pi R \rho_V)}}{z_i \rho_d + 4\pi R \rho_V + 4\pi R_{CP}\rho_{CP}\left[1 + \dfrac{(z_i - z_v)\rho_d}{z_v \rho_d + 4\pi R \rho_V} \right]} \tag{8.121}$$

式（8.121）可以通过忽略分母中方括号内的最后一项加以简化，因为差值（$z_i - z_v$）很小，简化后可得

$$\dot{R}_0 = \frac{K_0(z_i - z_v)\rho_d \Omega}{R(z_v \rho_d + 4\pi R \rho_V)(z_i \rho_d + 4\pi R \rho_V + 4\pi R_{CP}\rho_{CP})} \tag{8.122}$$

$\dot{R}_0$ 项与温度无关，且正比于位错对间隙原子的偏向（$z_i - z_v$）及缺陷产生率 K_0。

$X(\eta)$ 项可表示为

$$X(\eta) = F(\eta) - 2\zeta \tag{8.123}$$

$$F(\eta) = \frac{2}{\eta} \left[(\eta + 1)^{1/2} - 1 \right] \tag{8.124}$$

其中，η 是式（8.117）中定义的无量纲参数。

将式（8.123）代入式（8.120）可得

$$\dot{R} = \dot{R}_0 F(\eta) - 2\dot{R}_0 \zeta \tag{8.125}$$

函数 $F(\eta)$ 中的 η 可以通过式（8.104）（或表 5.2）将 k_v^2 和 k_i^2 代入来简化，从而可得

$$\eta = \frac{4K_{iv}K_0}{D_i D_v (z_i \rho_d + 4\pi R \rho_V + 4\pi R_{CP}\rho_{CP})(z_v \rho_d + 4\pi R \rho_V + 4\pi R_{CP}\rho_{CP})} \tag{8.126}$$

利用 $z_i \cong z_v$ 的近似关系，并用式（5.61）消去 K_{iv}，可得

$$\eta = \frac{4z_{iv}K_0 \Omega}{D_v a^2 (z\rho_d + 4\pi R \rho_V + 4\pi R_{CP}\rho_{CP})^2} \tag{8.127}$$

将 η 的表达式代入式（8.124）以获得一个 $F(\eta)$ 的表达式。该函数描述了均匀的重组对空洞长大的作用（见图 8.15）。当重组可忽略时，$K_{iv} \to 0$，$\eta \to 0$，并且 $F \to 1$，或者 $\lim\limits_{\eta \to 0} F(\eta) = 1$。

现在针对式（8.125）中的第二项，为简化起见，定义如下。

$$\dot{R}_{th} = -2\dot{R}_0 \zeta \tag{8.128}$$

此时，式（8.125）可写成

$$\dot{R} = \dot{R}_0 F(\eta) + \dot{R}_{th} \tag{8.129}$$

式（8.128）中的 ζ 项是温度的函数，并表达为

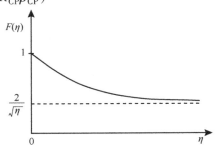

图 8.15　式（8.124）中函数 $F(\eta)$ 随 η 的变化

$$\zeta = \zeta(T) = \frac{D_v (z_v \rho_d + 4\pi R \rho_V) [z_i \rho_d + 4\pi (R \rho_V + R_{CP} \rho_{CP})]}{2K_0 (z_i - z_v) \rho_d [z_v \rho_d + 4\pi (R \rho_V + R_{CP} \rho_{CP})]} \times$$

$$\{4\pi R_{CP} \rho_{CP} C_v^V + z_v [\rho_N (C_v^V - C_v^0) + \rho_L (C_v^V - C_v^L)]\} \tag{8.130}$$

由此可得

$$\dot{R}_{th} = -2\dot{R}_0 \zeta = \frac{-2D_v (z_v \rho_d + 4\pi R \rho_V)[z_i \rho_d + 4\pi (R \rho_V + R_{CP} \rho_{CP})]}{2K_0 (z_i - z_v) \rho_d [z_v \rho_d + 4\pi (R \rho_V + R_{CP} \rho_{CP})]} \times$$

$$\frac{\dfrac{K_0 (z_i - z_v) \rho_d \Omega}{R(z_v \rho_d + 4\pi R \rho_V)}}{z_i \rho_d + 4\pi R \rho_V + 4\pi R_{CP} \rho_{CP}\left[1 + \dfrac{(z_i - z_v)\rho_d}{z_v \rho_d + 4\pi R \rho_V}\right]} \times$$

$$\{4\pi R_{CP} \rho_{CP} C_v^V + z_v [\rho_N (C_v^V - C_v^0) + \rho_L (C_v^V - C_v^L)]\} \tag{8.131}$$

通过 $z_i \cong z_v$ 的近似关系，可删除式（8.131）中的很多项，简化后为

$$\dot{R}_{th} = \frac{-D_v \Omega}{R(z_i \rho_d + 4\pi R \rho_V + 4\pi R_{CP} \rho_{CP})} \times \tag{8.132}$$

$$\{4\pi R_{CP} \rho_{CP} C_v^V + z_v [\rho_N (C_v^V - C_v^0) + \rho_L (C_v^V - C_v^L)]\}$$

将式（8.85）和式（8.99）中的 C_v^V 和 C_v^L 分别代入式（8.132），可得

$$\dot{R}_{th} = \frac{-D_v \Omega}{R(z_i \rho_d + 4\pi R \rho_V + 4\pi R_{CP} \rho_{CP})} \times$$

$$\left\{4\pi R_{CP} \rho_{CP} C_v^0 \exp\left(\frac{2\gamma \Omega}{RkT}\right) + z_v \left[\rho_N C_v^0 \exp\left(\frac{2\gamma \Omega}{RkT}\right) - \rho_N C_v^0 + \right.\right. \tag{8.133}$$

$$\left.\left. \rho_L C_v^0 \exp\left(\frac{2\gamma \Omega}{RkT}\right) - \rho_L C_v^0 \exp\left(-\frac{\Theta}{2\sqrt{m_i kT}}\right)\right]\right\}$$

对于所有小的 x 值采纳 $\exp(x) \approx x + 1$，但式（8.133）的指数项的第一项除外，从而得到

$$\dot{R}_{th} = \frac{-D_v \Omega}{R(z_i \rho_d + 4\pi R \rho_V + 4\pi R_{CP} \rho_{CP})} \times$$

$$\left\{4\pi R_{CP} \rho_{CP} C_v^0 \exp\left(\frac{2\gamma \Omega}{RkT}\right) + \right. \tag{8.134}$$

$$\left. z_v C_v^0 \left[\rho_N \frac{2\gamma \Omega}{RkT} + \rho_L \left(\frac{2\gamma \Omega}{RkT} + \frac{\Theta}{2\sqrt{m_i kT}}\right)\right]\right\}$$

将式（8.134）中的 C_v^0 项取出并放进系数项，则得到

$$\dot{R}_{th} = \frac{-D_v \Omega C_v^0}{R(z_i \rho_d + 4\pi R \rho_V + 4\pi R_{CP} \rho_{CP})} \times$$

$$\left[4\pi R_{CP} \rho_{CP} \exp\left(\frac{2\gamma \Omega}{RkT}\right) + z_v \rho_N \frac{2\gamma \Omega}{RkT} + z_v \rho_L \left(\frac{2\gamma \Omega}{RkT} + \frac{\theta}{2\sqrt{m_i kT}}\right)\right] \tag{8.135}$$

式（8.135）就是简化了的热发射项表达式，它表征了缺陷从阱的热发射。它与缺陷产生率无关，但强烈依赖于温度。注意：在极低温度下，因为 D_v 和 C_v^0 这两项，$\dot{R}_{th} \rightarrow 0$。

由式（8.120）确定的空洞半径随时间的变化率 $\dot{R}$ 可以被用来确定空洞的体积肿胀速率，即

$$\frac{dV}{dt} = 4\pi R^2 \dot{R} \tag{8.136}$$

空洞的肿胀可以用空洞的尺寸分布来表示。如果 $\rho_V(R)\,dR$ 是每立方厘米固体中半径处于 R 和 $R+dR$ 之间的空洞数量，则总的空洞数量密度是

$$\rho_V = \int_0^\infty \rho_V(R)\,dR \tag{8.137}$$

空洞的平均尺寸为

$$\overline{R} = \frac{1}{\rho_V}\int_0^\infty R\rho_V(R)\,dR \tag{8.138}$$

空洞的肿胀量由固体的体积变化来定义，即

$$\frac{\Delta V}{V} = \frac{4}{3}\pi\int_0^\infty R^3\rho_V(R)\,dR \tag{8.139}$$

如果空洞的尺寸分布很窄，可以将式（8.139）中的积分近似处理而成为

$$\frac{\Delta V}{V} = \frac{4}{3}\pi\,\overline{R}^3\rho_V \tag{8.140}$$

本节所提供的方程可以确定在辐照下某一固体中空洞的长大速率，从而确定该固体的肿胀率。接下来将论述不同参数对空洞长大的作用。

8.3.1　温度相关性

图 8.16 所示为空洞肿胀随辐照温度的变化。注意，肿胀常常是用某一个中间温度处达到的峰值加以表征的。这样的行为应当被视为类似于 RIS 的温度相关性，因为从本质上看它们的起源相同。低温下低的缺陷可动性限制了空洞的长大；而在高温下，由于过饱和度的损失所导致的缺陷浓度向热平衡值靠近，也限制了空洞的长大。在关于空洞长大方程的分析

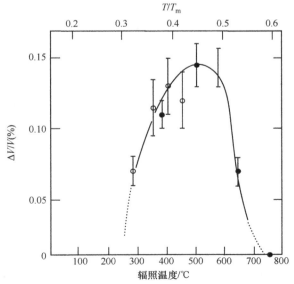

图 8.16　中子辐照注量为 $5\times10^{19}\,n/cm^2$ 时镍的肿胀随辐照温度的变化[17]

中，两个对温度高度敏感的参数是空位的扩散系数 D_v 和空位的平衡浓度 C_v^0。$\dot{R}_0 F(\eta)$ 项的温度相关性被包含在由 D_v 控制的参数 η 中。在低温下，因为空位实际上是不可动的，肿胀程度是低的。低 D_v 值使 η 变大而使 F 变小，导致了 $\dot{R}_0 F(\eta)$ 项的低值。因为 $\dot{R}_{th}$ 项正比于 $D_v C_v^0$，所以它趋近于零。因为在低温下 $F(\eta)$ 和 $\dot{R}_{th}$ 两者都变小了，空洞将停止长大。在这些条件下，空位浓度集聚升高，且空位和间隙原子难以复合。

在高温下，由空洞向外发射空位抵消了由辐照所驱动的空位净流入，从而抑制了空洞的肿胀。当空洞长大方程中 η 变小和 $F \rightarrow 1$ 时，$\dot{R}_{th}$ 项也会增大（但是在负方向），并在最高温度下占据了主导地位。因此，可以预期在某一个中间温度将出现长大速率的最大值，在此温度下热发射和相互复合都变得不太重要，而朝向空洞的空位净流量则是最大的。图 8.17 所示为空洞肿胀率的两个部分怎样组合起来导致了在中间温度下产生一个峰值。该现象被发现对所有金属都是正确的。

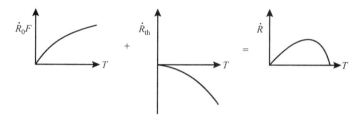

图 8.17　由两个肿胀率分量 $\dot{R}_0 F$ 和 $\dot{R}_{th}$ 构建的空洞总肿胀率 $\dot{R}$

图 8.18a 所示为在 BN – 350 反应堆中被辐照过的 Fe – Cr – Ni 合金的空洞肿胀随剂量和温度的剧烈变化。所有数据都对应于一个固定的时间段的辐照，反映了在堆芯中剂量率随位置不同的变化。实心符号代表被发现空洞的试样，而空心符号则是未显现空洞的试样。注意：且不考虑与剂量和剂量率是否有关，空洞的形核均发生在 302～307℃ 极窄的温度阈值

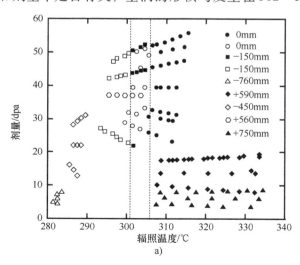

a)

图 8.18　在 BN – 350 反应堆中辐照的 Fe – Cr – Ni 合金肿胀的剂量 – 温度关系图
（显示了肿胀的狭窄温度阈值范围）[18] 及空洞密度和空洞尺寸、温度相关性的示意图
a）肿胀的剂量 – 温度关系图

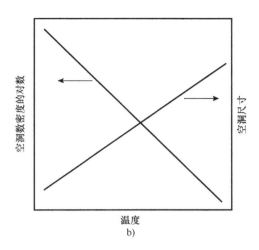

b)

图 8.18　在 BN – 350 反应堆中辐照的 Fe – Cr – Ni 合金肿胀的剂量 – 温度关系图
（显示了肿胀的狭窄温度阈值范围）[18] 及空洞密度和空洞尺寸、温度相关性的示意图（续）
b）空洞密度和空洞尺寸、温度相关性的示意图

范围内，这说明了空洞的形成对温度有着高度的敏感性。空洞数量密度和尺寸随温度变化的一般行为如图 8.18b 所示。随温度升高，空洞密度呈对数规律下降而尺寸增大，这是一个典型行为，即在低温下，由空洞形核占主导过程，此时空洞长大缓慢，而在高温下是由空洞长大占主导的过程，此时驱动空洞长大的自由能差较小。

图 8.19 所示为在某一压水堆中用于连接围筒与幅板的围筒螺栓的显微组织照片。在此情况下，螺栓头部最靠近堆芯，接收了最高剂量并暴露在冷却剂中，因而温度也是最低的。γ 射线加热导致其温度沿螺栓长度超过了冷却剂的温度（约 320℃）。尽管剂量稍有变化，但仍可以通过处于最低温度的位置（头部）没有空洞而在最高温度的位置（螺杆）具有最大空洞尺寸，可以看到温度起着主导的影响。

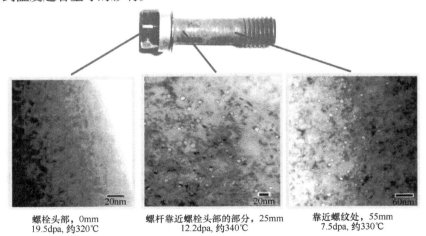

螺栓头部，0mm　　　螺杆靠近螺栓头部的部分，25mm　　　靠近螺纹处，55mm
19.5dpa，约320℃　　　12.2dpa，约340℃　　　7.5dpa，约330℃

图 8.19　压水堆中冷作的 316 不锈钢围筒螺栓的肿胀程度随沿螺栓长度不同位置的变化
注：螺栓头部离堆芯最近，沿螺栓长度的温度分布是由 γ 射线加热和是否螺栓暴露于
冷却剂的综合影响所造成的（由美国太平洋西北国家实验室的 S. M. Bruemmer 和 Garner FA 提供）。

8.3.2 剂量相关性

在设计和运行辐照环境下的部件时，懂得肿胀怎样随剂量的变化是非常重要的，因为空洞存在着形成和长大的可能性。从 8.3.1 小节的讨论中可知，因为在 $\dot{R}_0$ 和 $F(\eta)$ 项中存在缺陷产生率 K_0，这个相关性变得复杂了。所以，本小节将遵循 Mansur[5] 的研究，采用一种不同的方法来确定空洞长大速率与剂量的关系。已知式（8.119）中给出的 C_v 和 C_i 表达式为

$$C_v = \frac{D_i k_i^2}{2K_{iv}} \left[(\eta + 1)^{1/2} - 1 \right]$$

$$C_i = \frac{D_v k_v^2}{2K_{iv}} \left[(\eta + 1)^{1/2} - 1 \right]$$

式（8.117）中给出的 η 为

$$\eta = \frac{4K_{iv}K_0}{D_i D_v k_v^2 k_i^2}$$

此时，可以将式（8.119）的方括号中的项写为

$$\left[(\eta + 1)^{1/2} - 1 \right] = \left[\left(1 + \frac{4K_{iv}K_0}{D_i D_v k_v^2 k_i^2} \right)^{1/2} - 1 \right] \tag{8.141}$$

这样，$D_v C_v$ 和 $D_i C_i$ 可写为

$$D_v C_v = \frac{D_v D_i k_i^2 z_v}{2K_{iv}} \left[\left(1 + \frac{4K_{iv}K_0}{D_i D_v k_v^2 k_i^2} \right)^{1/2} - 1 \right] \tag{8.142}$$

$$D_i C_i = \frac{D_v D_i k_v^2 z_v}{2K_{iv}} \left[\left(1 + \frac{4K_{iv}K_0}{D_i D_v k_v^2 k_i^2} \right)^{1/2} - 1 \right]$$

忽略热发射并代入式（8.112）可得

$$\dot{R} = \frac{\Omega D_v D_i}{2RK_{iv}} \left[\left(1 + \frac{4K_{iv}K_i}{D_i D_v k_v^2 k_i^2} \right)^{1/2} - 1 \right] (k_v^2 z_v - k_i^2 z_i) \tag{8.143}$$

依据式（8.104）将 k_v^2 和 k_i^2 代入，并且仅考虑共格析出相、网络位错和位错环，可得

$$\dot{R} = \frac{Q D_v D_i}{2RK_{iv}} \left[\left(1 + \frac{4K_{iv}K_0}{D_i D_v k_v^2 k_i^2} \right)^{1/2} - 1 \right] \times \tag{8.144}$$

$$\left[4\pi R_{CP}\rho_{CP} (z_i^{CP} z_v - z_v^{CP} z_i) + \rho_L(z_i^L z_v - z_v^L z_i) + \rho_N(z_i^N z_v - z_v^N z_i) \right]$$

在仅考虑空洞和总位错密度的情况下对式（8.144）进行简化，有

$$\dot{R} = \frac{\Omega D_v D_i}{2RK_{iv}} \left[\left(1 + \frac{4K_{iv}K_p}{D_i D_v k_v^2 k_i^2} \right)^{1/2} - 1 \right] \rho_d(z_i^d z_v - z_v^d z_i) \tag{8.145}$$

$(z_i^d z_v - z_v^d z_i)$ 项是位错与空洞相比的偏差，它是空洞长大还是缩小倾向的决定性因素。如果 $z_i^d z_v > z_v^d z_i$，或写成 $z_i^d / z_v^d > z_i / z_v$，则空洞发生长大；若在反方向上不相等，则空洞缩小。其他阱的存在将会通过它们包含在 k_v^2 和 k_i^2 项中的参数影响肿胀。阱强度越高，空洞长大速率越小，因为缺陷会向那些阱流失。

式（8.145）的限制性行为是当复合占主导使得 $4K_{iv}K_0/(D_i D_v k_i^2 k_i^2) \gg 1$（复合导致的缺陷消失远比消失于阱要多）和消失于阱占主导使得 $4K_{iv}K_0/(D_i D_v k_v^2 k_i^2) \ll 1$ 的两种情况[5]。假设除了空洞外仅有的阱是网络位错，有

$$\dot{R} = \frac{\Omega}{R} \left(\frac{D_i D_v K_0}{z_i^N z_v^N K_{iv}} \right)^{1/2} \frac{Q_i^{1/2} Q_v^{1/2} (z_i^N z_v - z_v^N z_i)}{(1 + Q_v)^{1/2} (1 + Q_i)^{1/2}} \quad (\text{复合占主导}) \tag{8.146}$$

$$\dot{R} = \frac{\Omega K_0 Q_i Q_v}{R \rho_N (1 + Q_v)(1 + Q_i)} (z_i^N z_v - z_v^N z_i) (\text{阱占主导}) \tag{8.147}$$

$$Q_{i,v} = \frac{z_{i,v}^N \rho_N}{4 \pi R \rho_V z_{i,v}} \tag{8.148}$$

式（8.148）是位错阱强度和空洞阱强度之比。注意，当复合占主导时，长大速率取决于 $K_0^{1/2}$，见式（8.146）。但是，当阱占主导时，式（8.147）显示长大速率正比于 K_0。用式（8.147）乘以 $4 \pi R^2 \rho_V$ 并设定 $\Omega = 1/N_0$，则可以得到位置密度的体积肿胀率为

$$\frac{d(\Delta V/V)}{dt} = K_0 \left(\frac{z_i - z_v}{z_v} \right) \frac{Q}{(1 + Q)^2} \tag{8.149}$$

这与忽略共格析出相的作用而由式（8.122）得到的表达式相同。对于 $Q = 1$ 和 $z_i - z_v = 0.01$，有

$$\frac{\Delta V}{V} \cong 1/4 \times 剂量 \tag{8.150}$$

Garner[19]指出，在一个宽泛的剂量范围内，奥氏体不锈钢中稳态肿胀率约为 $1\%/\text{dpa}$（见图8.20）。图8.20所示的线性相关性与阱占主导的过程相符，但是系数是式（8.150）预测值的4倍。这一差别似乎是由于肿胀率理论模型中还未加以考虑的团簇的作用。仔细观察级联中空位和间隙原子的行为，说明形成团簇的空位和间隙原子的份额比迄今为止已考虑到的要大。空位团簇形成于接近级联心部的位置，而间隙原子团簇在靠近级联的周边形成。可动的间隙原子可以通过团簇整体的迁移而到达阱。空位团簇通过热发射过程所发射的空位也能自由到达阱。因为团簇中间隙原子与空位的份额并不相同，它们的热稳定性也是不同的，空位和间隙原子团簇之间这方面的差异导致了空位与间隙原子有效生成率的差异，叫作"生成偏差"。它会影响空洞的肿胀，其净结果是团簇的阱强度比可测量的位错环阱强度要大得多，导致了空洞肿胀的驱动力比按肿胀率方程考虑的要大很多。这是所观察到的稳态肿胀与剂量的相关性比由肿胀率方程预测的要大的原因之一。

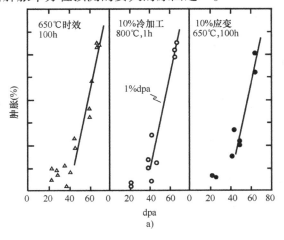

图8.20 奥氏体不锈钢中肿胀的变化规律

a）在 BOR-60 堆 400~500℃辐照条件下时效的 OKH16N15M3B 钢中肿胀的早期发展[20]

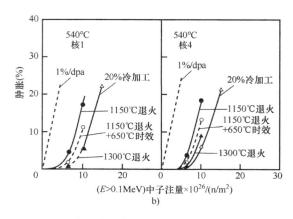

图 8.20　奥氏体不锈钢中肿胀的变化规律（续）

b）540℃下在 EBR – Ⅱ 堆中名义上相似的两炉次 316 不锈钢的肿胀行为随初始条件的变化[21]

8.3.3　位错作为偏向性阱的作用

合金的位错结构可以对肿胀行为产生深远的影响。式（8.122）表明，偏向性阱（如位错和中性阱）都是空洞长大所必需的。如果去除这种偏向，即 $z_i = z_v$，则 $\dot{R}_0 = 0$，此时肿胀不会发生，因为缺陷会均匀流向每一个阱。

位错与空洞的阱强度之比 Q 对 $\dot{R}_0$ 的相关性如图 8.21 所示。注意，$\dot{R}_0$ 是在 $Q = 1$ 或者是当空位流向空洞和位错的量相等时的最大值。$Q > 1$ 区域是低剂量区域的代表，此时 R 和 ρV 都很小，所以空位在现有位错网络处的消失占主导。这就是冷加工合金肿胀不大的原因。当 $Q \approx 1$ 时，空位流向空洞和位错的量近似相等，这正是偏向性施加着其最大影响的区域。如果空位和间隙原子流向阱的量是相等的，而有较多的间隙原子流向了位错，则一定会有较多的空位流向空洞。当 $Q \approx 1$ 时，流量是相等的，所以偏向性对于促进空洞的长大是最有

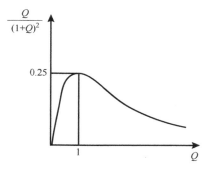

图 8.21　式（8.149）表述的肿胀率随位错与空洞的阱强度比 Q 的变化

效的。当 $Q < 1$ 时，在损失项中缺陷朝向空洞的流动占主导，而由于仍有少量缺陷流向位错，因而偏向性对于点缺陷通量不平衡的产生并不非常有效，所以空位和间隙原子向空洞的流动在数量上相似，空洞的长大趋慢或停止。虽然在冷加工材料中位错对间隙原子表现出轻微的偏好（$\beta_d/\beta_v \geqslant 1$），但是位错为空位提供了那么多的阱以致空位过饱和度的作用影响基本是成倍地增大了，从而导致了低的空洞形核率和长大速率。按照同样的机制，晶界也为点缺陷提供了非偏向性的阱，并且假如晶界面积足够大（如晶粒非常小）的话，它将使得空位的过饱和度保持在过低的水平，从而使空洞无法长大。图 8.22 所示为某些奥氏体不锈钢和铁素体 – 马氏体合金的肿胀率与阱强度比 Q 的关系。实际上，图 8.21 所示的相关性在实践中是得到遵守的。

冷加工对材料在反应堆内辐照下肿胀行为的作用如图 8.23 所示。图 8.23a 所示为冷加工对在 EBR – Ⅱ 堆中 650℃下辐照到 33dpa 和 50dpa 水平的 316 不锈钢肿胀的作用。注意：

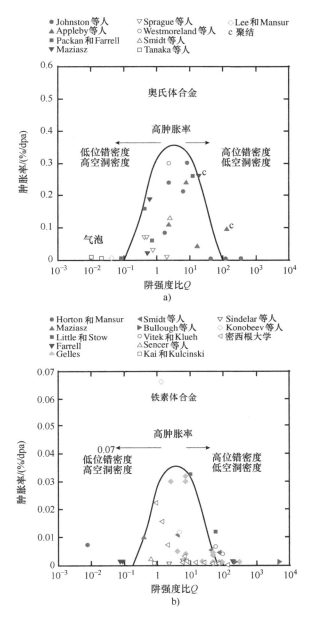

图 8.22　试验观察到的肿胀率随阱强度比 Q 的变化

a）奥氏体不锈钢[5]　b）铁素体－马氏体不锈钢

在这两个辐照水平下，肿胀量均随冷加工量的增大而下降。图 8.23b 所示为冷加工对肿胀随温度变化的影响，那是因为肿胀峰的数值随着冷加工水平增大而受到了抑制。图中的数据取自在 RAPSODIE 反应堆中辐照到 20～61dpa 剂量水平下的某不锈钢。图 8.23c 所示为冷加工对 304 不锈钢肿胀与剂量的相关性的影响，冷加工量的提高使肿胀量下降，但是随冷加工量的增加，肿胀下降的速率也在降低。也应当注意：这些数据表明冷加工的首要作用是扩展了瞬时肿胀的区域，而不在于改变它的稳态肿胀率。

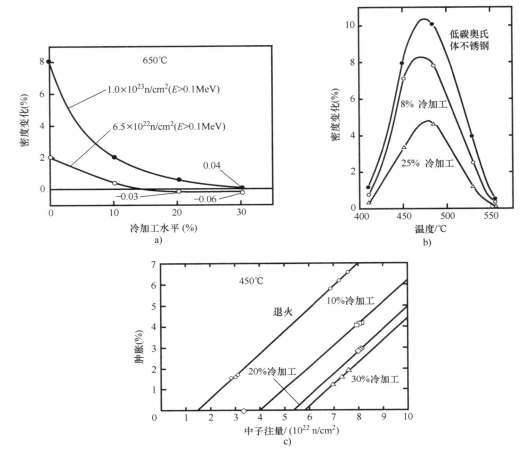

图 8.23　冷加工对材料在反应堆内辐照下肿胀行为的作用

a）冷加工度对 EBR - Ⅰ堆中 650℃下辐照至 33dpa 和 50dpa 的 316 不锈钢肿胀的作用[22]

b）RAPSODIE 堆中不同温度下受到剂量达 20～71dpa 辐照的 316 不锈钢肿胀随冷加工水平的变化[23]

c）冷加工对 EBR - Ⅱ堆中 450℃下中子辐照的 304 不锈钢肿胀的作用[24]

8.3.4　剂量率相关性

　　峰值肿胀温度的位置取决于剂量率、阱强度和导致缺陷损失的主导模式。当剂量率增加时，有更多的点缺陷产生了，但它们的迁移速度不变。为在稳态下以较高的剂量率排除缺陷就要求有较高的点缺陷浓度，从而导致有较多的空位 - 间隙原子发生复合，而被空洞吸收的空位的净吸收量下降，并因此降低了空洞的长大速率。所以，随着剂量率增加，钟形的肿胀曲线向较高的温度移动。图 8.24 所示为式（8.125）中 $F(\eta)$ 项随温度变化的相关性，显示了肿胀峰的位置随剂量率 K_0 的偏移，与图 6.9 所示 RIS 随剂量率的变化类似。另外，在某一给定温度下，随剂量率的增加，空洞长大速率降低。在热发射不容忽略的那些温度下，空洞长大速率是剂量率的复杂函数。尽管如此，试验数据仍然证实了剂量率对肿胀的作用。图 8.25 所示为退火和冷加工的 316 不锈钢在 562～610℃下随一系列剂量率变化的肿胀行为。注意：在某一给定的剂量下提高剂量率具有降低肿胀率的作用，但在稳态下，所有数据都有相似的斜率，这表明剂量率的首要作用只是在肿胀转变期间内得以显现。

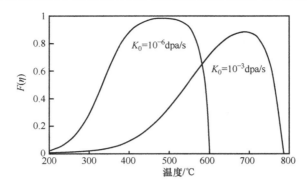

图 8.24 式 (8.125) 中函数 $F(\eta)$ 随温度的变化[15]

注：说明峰值温度随剂量率 K_0 的偏移。用于构建曲线的参数为，$\rho_d = 10^9 \, \text{cm}^{-2}$，
$E_f^v = 1.6 \, \text{eV}$，$z_i - z_v = 0.01$，$z_v = 1$，$4\pi R\rho_V = 10^{11} \, \text{cm}^{-2}$，$D_v = \exp[-1.4 \, \text{eV}/(kT)] \, \text{cm}^2/\text{s}$。

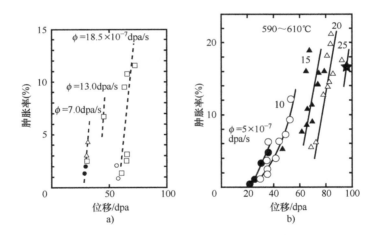

图 8.25 退火和冷加工的 316 不锈钢在 562~610℃下随一系列剂量率变化的肿胀行为[25,26]

a) 562℃下，RAPSODIE 堆中位移率对用于燃料包壳的退火态 316 不锈钢肿胀率的作用

b) 在 590~610℃下，PHENIX 堆中冷作 316 不锈钢燃料销包壳的肿胀率

如果把温度标尺向上延升，可以看到复合率与在阱处吸收率仍可保持相同的相对比例。事实上，通过让该比例不变，就能获得温度和剂量率之间的一种关系，并称之为"温度的漂移"。

8.3.5 辐照变量漂移

变量漂移的概念被开发出来是为了给辐照中影响肿胀的诸多变量之间关系[16]提供更好的认识。这一概念认为，在保持描述辐照期间缺陷行为的一个物理量不变的前提下，当一个辐照变量发生变化时，能够求得它所引起的其他变量的漂移。有两个这样的物理量适合描述由复合占主导的缺陷损失。复合时间达到 τ 时单位体积的缺陷数量为

$$N_R = K_{iv} \int_0^\tau C_i C_v \, dt \tag{8.151}$$

当固体处于稳态且其缺陷浓度由复合控制时，由式（8.116）可得

$$C_v = \left(\frac{K_0}{K_{iv}} \frac{z_i D_i}{z_v D_v} \right)^{1/2} \tag{8.152}$$

$$C_i = \left(\frac{K_0}{K_{iv}} \frac{z_v D_v}{z_i D_i} \right)^{1/2}$$

将式（8.152）代入式（8.151）得到

$$N_R = K_0 \tau \tag{8.153}$$

时间达到 τ 时单位体积内损失于阱的缺陷数量为

$$N_{Sj} = \int_0^\tau K_j C_j \, dt \tag{8.154}$$

其中，K 是损失率，C 是缺陷浓度，下标 j 表示缺陷类型。将式（8.152）代入式（8.154），得到针对空位的公式为

$$N_{Sv} = \frac{K_v}{(K_0 K_{iv})^{1/2}} \left(\frac{z_i D_i}{z_v D_v} \right)^{1/2} \Phi \tag{8.155}$$

其中，Φ 是剂量，针对间隙原子的表达式也与此相同。

这些定义可以用来确定三个变量（温度、剂量和剂量率）中任意两个之间的关系，此时只需将第三个量定为常数。例如，在稳态的、以复合占主导的区域，可以要求在某一固定温度下，剂量 1 和剂量率 1 的 N_S 与剂量 2 和剂量率 2 的 N_S 是相等的。

$$\frac{K_v}{(K_{0_1} K_{iv})^{1/2}} \left(\frac{z_i D_i}{z_v D_v} \right)^{1/2} \Phi_1 = \frac{K_v}{(K_{0_2} K_{iv})^{1/2}} \left(\frac{z_i D_i}{z_v D_v} \right)^{1/2} \Phi_2$$

消去其中相等的项，得到

$$\frac{\Phi_2}{\Phi_1} = \left(\frac{K_{0_1}}{K_{0_2}} \right)^{1/2} \tag{8.156}$$

对于给定的某一剂量率变化，通过将相同项取成相等的值即可确定在恒定剂量下为保持 N_S 不变所要求的温度偏移；可是，在固定剂量下的结果为

$$\left(\frac{D_v}{K_0} \right)_1^{1/2} = \left(\frac{D_v}{K_0} \right)_2^{1/2} \tag{8.157}$$

或者，代入式（4.55）中的 D_v，$D_v = D_0 \exp[-E_m^v/(kT)]$，则

$$T_2 - T_1 = \frac{\dfrac{kT_1^2}{E_m^v} \ln\left(\dfrac{K_{0_2}}{K_{0_1}} \right)}{1 - \dfrac{kT_1}{E_m^v} \ln\left(\dfrac{K_{0_2}}{K_{0_1}} \right)} \tag{8.158}$$

于是，对于剂量的变化，在固定的剂量率下，为保持 N_S 不变所要求的温度漂移为

$$(D_v^{1/2} \Phi)_1 = (D_v^{1/2} \Phi)_2 \tag{8.159}$$

将 D_v 替换后可得

$$\frac{\Phi_2}{\Phi_1} = \exp\left[\frac{E_m^v}{2k}\left(\frac{1}{T_2} - \frac{1}{T_1}\right)\right] \tag{8.160}$$

重新整理后可得

$$T_2 - T_1 = \frac{\dfrac{-2kT_1^2}{E_m^v}\ln\dfrac{\Phi_2}{\Phi_1}}{1 + \dfrac{2kT_1}{E_m^v}\ln\dfrac{\Phi_2}{\Phi_1}} \tag{8.161}$$

还有另一个重要的温度漂移，此时并不要求 N_S 不变，对现在的情况而言，是要求空位朝向某一特定阱的流动超过间隙原子的净通量不变，正是这个净通量与空洞肿胀行为相关。对于复合占主导的区域，按这种方式推导的、要求保持肿胀率（N_R）不变的温度漂移为

$$T_2 - T_1 = \frac{\dfrac{kT_1^2}{E_m^v + 2E_f^v}\ln\dfrac{K_{0_2}}{K_{0_1}}}{1 - \dfrac{kT_1}{E_m^v + 2E_f^v}\ln\dfrac{K_{0_2}}{K_{0_1}}} \tag{8.162}$$

其中，E_f^v 是空位的形成能。

本小节所谈到的影响漂移的不同变量在以下列各图中加以说明。图 8.26 所示为 N_S 不变 [如式（8.156）] 的情况，在200℃、不同剂量率条件下，阱处被吸收的间隙原子数随剂量的变化。图 8.27 所示为 N_S 不变 [如式（8.158）]、剂量恒定的情况下，对应于三个不同空位迁移能值，温度漂移随剂量率的变化，而图 8.28 则是剂量率恒定 [如式（8.161）] 的情况下相同的关系。图 8.29 所示为恒定剂量率下保持肿胀率 N_R 不变 [如式（8.162）] 的情况下温度漂移随剂量的变化。如图 8.30 所示，温度漂移概念在覆盖了由式（8.162）给出的剂量率超过 5 个数量级的范围内，均很好地描述了镍中肿胀 – 温度关系曲线峰值的漂移行为。

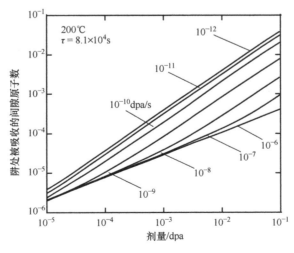

图 8.26　在200℃、不同剂量率条件下，阱处被吸收的间隙原子数随剂量的变化[27]

温度偏移方程的一般形式为[28,29]

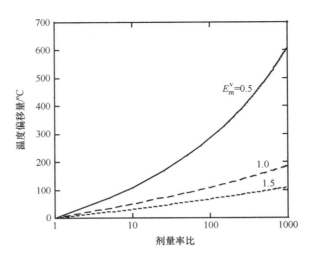

图 8.27　为了维持在阱处相同的点缺陷吸收量，在恒定的剂量条件下所要求的、以 200℃
作为参考起算的温度偏移随剂量率（它被相对于初始剂量率归一化为比值）的变化[27]
注：曲线显示的结果分别对应于三个不同的空位迁移能。

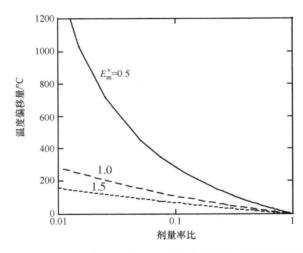

图 8.28　为了维持在阱处相同的点缺陷吸收量，在恒定剂量率条件下所要求的、以 200℃ 作为
参考起算的温度偏移随剂量率（它被相对于初始剂量率归一化为比值）的变化[27]
注：曲线显示的结果分别对应于三个不同的空位迁移能。

$$T_2 - T_1 = \frac{\dfrac{kT_1^2}{E_\mathrm{m}^\mathrm{v} + n(E_\mathrm{f}^\mathrm{v} + E_*^\mathrm{v})}M}{1 - \dfrac{kT_1}{E_\mathrm{m}^\mathrm{v} + n(E_\mathrm{f}^\mathrm{v} + E_*^\mathrm{v})}M} \tag{8.163}$$

其中

$$M = \left[\ln \frac{K_{0_2} k_{\mathrm{i}_1}^2 k_{\mathrm{v}_1}^2}{K_{0_1} k_{\mathrm{i}_2}^2 k_{\mathrm{v}_2}^2} + \ln B \right] \tag{8.164}$$

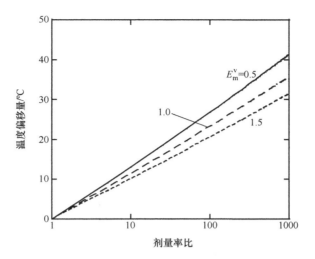

图 8.29 为了维持肿胀量不变，在恒定剂量条件下所要求的、以 200℃ 作为参考起算的温度偏移量随剂量率（它被相对于初始剂量率归一化为比值）的变化

注：曲线显示的结果分别对应于三个不同的空位迁移能，而空位形成能为 1.5eV。

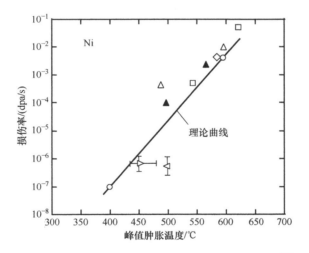

图 8.30 出现峰值肿胀的温度随剂量率发生的偏移[5]

注：图中点是试验数据，线是由理论计算得到的。

$$B = \left[\frac{k_{i_2}^2 \exp\left(\dfrac{-E_*^v}{kT_2} \right) - k_{v_2}^2 \exp\left(\dfrac{-E_*^i}{kT_2} \right)}{k_{i_1}^2 \exp\left(\dfrac{-E_*^v}{kT_1} \right) - k_{v_1}^2 \exp\left(\dfrac{-E_*^i}{kT_1} \right)} \right]^2 \tag{8.165}$$

式（8.163）中的 n 值是由导致点缺陷损失的主导过程所确定的。对于以阱吸收为主导的情况，$n=1$；对于以复合为主导的过程，$n=2$；而 B 值则由点缺陷损失的主导过程和空洞的长大模式一起确定的。在间隙原子和空位都是由扩散控制的情况下：

$$B = \frac{\rho_{d_2}}{\rho_{d_1}}, \quad n = 1 \tag{8.166}$$

$$B = \frac{r_{c_1}}{r_{c_2}} \left[\frac{\rho_{d_2}}{\rho_{d_1}} \right]^2, \quad n = 2 \tag{8.167}$$

其中，r_c 是复合体积的半径，ρ_d 是位错密度。$E_*^{v,i}$ 项代表点缺陷在扩散至空洞时必须克服的高于正常点阵迁移能的额外能量，它只在受反应速率控制的情况下才是非零值。对于间隙原子和空位受反应速率控制的情况，有

$$B = \frac{\rho_{d_2}}{\rho_{d_1}} \left[\frac{z_i^d \exp\left(\dfrac{-E_*^v}{kT_2}\right) - z_v^d \exp\left(\dfrac{-E_*^i}{kT_2}\right)}{z_i^d \exp\left(\dfrac{-E_*^v}{kT_1}\right) - z_v^d \exp\left(\dfrac{-E_*^i}{kT_1}\right)} \right], \quad n = 1 \tag{8.168}$$

$$B = \frac{r_{c_2}}{r_{c_1}} \left[\frac{k_{i_2}^2 \exp\left(\dfrac{-E_*^v}{kT_2}\right) - k_{v_2}^2 \exp\left(\dfrac{-E_*^i}{kT_2}\right)}{k_{i_1}^2 \exp\left(\dfrac{-E_*^v}{kT_1}\right) - k_{v_2}^2 \exp\left(\dfrac{-E_*^i}{kT_1}\right)} \right], \quad n = 2 \tag{8.169}$$

对于间隙原子受反应速率控制而空位受扩散控制的情况，有

$$B = \frac{\rho_{d_2}}{\rho_{d_1}} \left[\frac{bz_i^d - z_v^d R_v \exp\left(\dfrac{-E_*^i}{kT_2}\right)}{bz_i^d - z_v^d R_v \exp\left(\dfrac{-E_*^i}{kT_1}\right)} \right], \quad n = 1 \tag{8.170}$$

$$B = \frac{r_{c_1}}{r_{c_2}} \left[\frac{bk_{i_2}^2 - k_{v_2}^2 R_v \exp\left(\dfrac{-E_*^i}{kT_2}\right)}{bk_{i_1}^2 - k_{v_1}^2 R_v \exp\left(\dfrac{-E_*^i}{kT_1}\right)} \right]^2, \quad n = 2 \tag{8.171}$$

其中，R_v 是空洞半径，b 是伯格斯矢量。点缺陷损失的主导过程和空洞长大的模式影响着温度漂移表达式的形式。当复合占主导时，温度漂移较小，因为 $2E_f^v$ 出现在分母中。但是当阱占主导时，它的值是 E_f^v。这是因为当阱占主导时，辐照诱发的空洞长大速率正比于发生率，而如果复合占主导，空洞长大速率正比于发生率的平方根 ［见式（8.146）和式（8.147）］。但是，两种情况下热发射率都取决于温度的相同幂次。因此，在复合占主导的情况下，由于温度稍有增高，在某一给定的剂量率增加后，一个给定的热发射率与辐照诱发的空洞长大速率的初始比值有可能得以恢复。

8.3.6 生成偏差的作用

现在，必须考虑级联生成的情况，其中空位和间隙原子团簇及位错环都会在损伤过程中形成。然而，空位团簇是不稳定的，它们会发射空位，而成为自由迁移的空位会被各种阱（包括空洞）所俘获。由于间隙原子的形成能高，它们在团簇中的不可动性是永久的。所以在级联损伤过程中，空位和间隙原子的生成之间有一个偏差。已知点缺陷平衡方程组，即式（5.1），该式考虑到了空位和间隙原子参与构成团簇，以及从空位团簇中空位的发射。使用阱强度替代反应速率常数，下面这个点缺陷平衡方程组被重写为[30]

$$\frac{dC_v}{dt} = K_0(1-\varepsilon_r)(1-\varepsilon_v) - k_v^2 D_v C_v - K_{iv} D_i C_i C_v + L_v$$

$$(8.172)$$

$$\frac{dC_i}{dt} = K_0(1-\varepsilon_r)(1-\varepsilon_i) - k_i^2 D_i C_i - K_{iv} D_i C_i C_v$$

其中，ε_r 是在级联过程中发生复合的缺陷分数，而 ε_v 和 ε_i 分别是团簇化的空位和间隙原子分数；k_v^2 和 k_i^2 分别是空位和间隙原子的总阱强度，有

$$k^2 = k_V^2 + k_N^2 + k_{vcl}^2 + k_{icl}^2 \qquad (8.173)$$

其中，下标"V"和"N"分别指的是空洞和网络位错，而下标"vcl"和"icl"分别代表位错和间隙原子的环或团簇；K_{iv} 是复合系数，L_v 是由式（8.174）给出的热发射项，即

$$L_v = L_v^V + L_v^N + L_v^{icl} + L_v^{vcl} \qquad (8.174)$$

肿胀率由式（8.110）给出，即

$$\frac{d(\Delta V/V)}{dt} = 4\pi R\Omega[D_v(C_v - C_v^0) - D_i C_i]$$

它考虑了团簇形成所导致的生成偏差，可以忽略复合的影响而由式（8.172）和式（8.174）确定稳态的肿胀率，从而得到[30]

$$\frac{d(\Delta V/V)}{dt} = \frac{z_i k_v^2 k_d^2(1-\varepsilon_v)K}{k_v^2 k_i^2} + \frac{k_v^2(\varepsilon_i - \varepsilon_v)K}{k_i^2} + \frac{k_v^2 L_v}{k_v^2} - k_V^2 D_v C_v^V \qquad (8.175)$$

其中，z_i 是位错偏差，$K = (1-\varepsilon_r)K_0$，C_v^V 是在空洞表面处的空位浓度。式（8.175）中的肿胀率可以重写为两项贡献之和：位错偏差驱动的贡献和生成偏差驱动的贡献，即

$$\frac{d(\Delta V/V)}{dt} = \left.\frac{d(\Delta V/V)}{dt}\right|_{db} + \left.\frac{d(\Delta V/V)}{dt}\right|_{pd}$$

或者

$$\left.\frac{d(\Delta V/V)}{dt}\right|_{db} = \frac{z_i k_v^2 k_d^2(1-\varepsilon_v)K}{k_v^2 k_i^2} + \frac{k_v^2}{k_v^2}[L_v^V + L_v^N - (k_V^2 + k_N^2)D_v C_v^V] \qquad (8.176)$$

$$\left.\frac{d(\Delta V/V)}{dt}\right|_{pb} = \frac{k_v^2(\varepsilon_i - \varepsilon_v)K}{k_i^2} + \frac{k_v^2}{k_v^2}[L_v^{vcl} + L_v^{icl} - (k_{vcl}^2 + k_{icl}^2)D_v C_v^V] \qquad (8.177)$$

在式（8.176）中，第一项对应于可动空位（由通常的位错偏差所导致的）偏差地到达空洞处所造成的肿胀，第二项对应于空位从空洞的发射（趋向于使空洞退火）和从位错网络的发射（它增加了肿胀）所造成的影响。式（8.176）中的肿胀率没有包括在级联损伤期间所形成的间隙原子和空位团簇所造成的影响。在式（8.177）中，第一项代表间隙原子团簇化（有利于空洞的肿胀）所造成的间隙原子朝向空洞的通量的下降。第二项则代表了在线张力作用下空位从空位环蒸发而到达空洞的通量。另外，间隙原子环的线张力有利于对空位的吸收，否则，间隙原子会被空洞获得。

这里，假设了间隙原子没有团簇化，也就是 $\varepsilon_i = 0$，而且因为热和偏差所驱动的退火，空位环的寿命是有限的，于是式（8.177）中的第二项可以与式（8.176）中的第一项和 ε_v 项抵消。因此，级联坍塌成空位环并不对肿胀率产生任何值得关注的影响。伴随着间隙原子环中间隙原子的固定不动性及随后它们因位错的扫过和级联坍塌所造成的破坏，从空位环再次发射空位实质上是产生了驱动肿胀的一个生成偏差［根据式（8.177）］，正如之前已在本节中讨论过的。

在电子辐照下，没有级联的影响，也就是说 $\varepsilon_i = \varepsilon_v = 0$，$K = K_0$。所以，在此情况下，肿胀纯粹是由位错偏差所驱动的，且 $\dfrac{\mathrm{d}(\Delta V/V)}{\mathrm{d}t}\bigg|_{db}$ 是唯一的贡献。然而，在级联损伤的情况下，ε_i 或 ε_v 都不可能为零。为了简化起见，可以使用前面得到的结果[30]，也就是因两者相互抵消，使式（8.177）中空位环的贡献得以消失。这样，$\dfrac{\mathrm{d}(\Delta V/V)}{\mathrm{d}t}\bigg|_{pd}$ 可表示为

$$\frac{\mathrm{d}(\Delta V/V)_{pb}}{\mathrm{d}t} = \frac{k_v^2}{k_i^2}\varepsilon_i K \tag{8.178}$$

注意：ε_i 不必很大，只需百分之几就足以对总稳态肿胀率造成大约 1% K 数量级的显著贡献。

正如前面几个段落所述，"生成偏差"的起源在于以级联形式产生损伤的特殊性。该偏差的物理原因是在级联区域中，以热稳定团簇形式存在的某一特定分数间隙原子的不可动性。在高温下的辐照期间，空位会从坍塌的或尚未坍塌的级联中蒸发，不仅会扩散至间隙原子团簇，还会扩散到空腔。因此，被束缚在团簇中的间隙原子数近似地代表了可用于空洞长大的空位数。这基本上就是生成偏差的强度。

生成偏差与位错偏差的净结果是完全相同的，那就是额外空位的产生。但是，显而易见的是，两种机制中所包含的物理过程是非常不同的。在位错偏差的情况下，预期间隙原子会迁移到位错处，在这儿因为应变场的交互作用使间隙原子优先地被湮灭。在级联损伤的情况下，该机制将不会有效运行，因为大量以间隙原子团簇形式存在的间隙原子是不可动的。在"生成偏差"的情况下，是间隙原子与间隙原子的交互作用决定了这个偏差，而不是间隙原子与位错的交互作用。

但是，如 5.1.7 小节和 7.3.3 小节所讨论的，更多最近的研究工作已经显示间隙原子团簇可以具有非常高的一维可动性。这种高的可动性使它们逃离了在阱（如晶界）处的湮灭，从而在没有要求位错移动下产生了一个"生成偏差"。那么，SIA 团簇是由可滑移（g）和不可动（s）分量组成的，即 $\varepsilon_i = \varepsilon_i^g + \varepsilon_i^s$。在滑动 SIA 团簇情况下，在式（8.172）的点缺陷平衡方程组中加入附加的公式以描述滑动 SIA 团簇[31]，即

$$\frac{\mathrm{d}C_v}{\mathrm{d}t} = K_0(1-\varepsilon_r)(1-\varepsilon_v) - k_v^2 D_v C_v - K_{iv}D_i C_i C_v + L_v$$

$$\frac{\mathrm{d}C_i}{\mathrm{d}t} = K_0(1-\varepsilon_r)(1-\varepsilon_i) - k_i^2 D_i C_i - K_{iv}D_i C_i C_v \tag{8.179}$$

$$\frac{\mathrm{d}C_{gicl}(x)}{\mathrm{d}t} = K_{gicl}(x) - k_g^2 D_{gicl} C_{gicl}(x)$$

其中，$C_{gicl}(x)$ 是浓度，$K_{gicl}(x)$ 是生成率，k_g^2 是阱强度，D_{gicl} 是尺寸为 x 的滑动 SIA 团簇的扩散系数。滑动团簇的阱强度可以写为

$$k_g^2 = 2\left(\frac{\pi r_d \rho_d}{2} + \pi r_V^2 \rho_V + \sigma_{vcl}\rho_{vcl} + \sigma_{icl}\rho_{icl}\right)^2 \tag{8.180}$$

其中，σ_{vcl} 和 σ_{icl} 是交互作用的截面，ρ_{vcl} 和 ρ_{icl} 分别是固定空位和可动 SIA 团簇的数量密度。注意，σ_{vcl} 和 σ_{icl} 正比于环的周长和对应的捕获半径（类似于位错的 r_d）的乘积。

肿胀可以从式（8.179）和式（8.110）的解计算得到，写入式（8.179）以包括式（8.173）

的单个阱强度，可得

$$\frac{dC_v}{dt} = K_0(1-\varepsilon_r)(1-\varepsilon_v) - (k_V^2 + z_v^d\rho_d + z_v^{icl}k_{icl}^2 + z_v^{vcl}k_{vcl}^2)D_vC_v - K_{iv}D_iC_iC_v + L_v$$

$$\frac{dC_i}{dt} = K_0(1-\varepsilon_r)(1-\varepsilon_i) - (k_V^2 + z_v^d\rho_d + z_i^{icl}k_{icl}^2 + z_i^{vcl}k_{vcl}^2)D_iC_i - K_{iv}D_iC_iC_v$$

$$\frac{dC_{gicl}}{dt} = K_{gicl} - D_{gicl}C_{gicl}k_g^2 = K_{gicl} - 2D_{gicl}C_{gicl}\left(\frac{\pi r_d\rho_d}{2} + \pi r_V^2\rho_V + \sigma_{vcl}\rho_{vcl} + \sigma_{icl}\rho_{icl}\right)^2 \tag{8.181}$$

在稳态下并忽略复合，式（8.181）变为

$$K_v = D_vC_v(k_V^2 + z_v^d\rho_d) + D_vC_vz_v^{icl}k_{icl}^2 + D_vC_vz_v^{vcl}k_{vcl}^2 + 2D_vC_v\Lambda x_g\sigma_{icl}\rho_{icl}$$

$$K_i = D_iC_i(k_V^2 + z_v^d\rho_d) + D_vC_vz_v^{icl}k_{icl}^2 + D_iC_iz_v^{vcl}k_{vcl}^2 - 2D_vC_v\Lambda x_g\sigma_{icl}\rho_{icl} \tag{8.182}$$

$$K_{gicl} = D_{gicl}C_{gicl}k_g^2$$

其中

$$K_v = K_0(1-\varepsilon_r)(1-\varepsilon_v) \tag{8.183}$$

$$K_i = K_0(1-\varepsilon_r)(1-\varepsilon_i)$$

$$\Lambda = \sqrt{\frac{k_g^2}{2}}$$

空位过饱和度由 D_vC_v 和 D_iC_i 之间的差获得，使用式（8.182）中的前两个等式得到

$$D_vC_v - D_iC_i = B_d\frac{z_v^d\rho_d}{k_V^2 + z_v^d\rho_d}D_vC_v + \frac{\varepsilon_i^gK_0(1-\varepsilon_r)}{k_V^2 + z_v^d\rho_d}\left(1 - \frac{\sigma_{vcl}\rho_{vcl} + \sigma_{icl}\rho_{icl}}{\Lambda}\right) \tag{8.184}$$

其中，ε_i^g 是间隙原子在滑动团簇中分数，B_d 是由 $B_d = (z_i^d - z_v^d)/z_v^d$ 给出的位错偏差项，肿胀率由式（8.185）给出。

$$\frac{d(\Delta V/V)_{pb}}{dt} = k_V^2(D_vC_v - D_iC_i) - 2D_{icl}^gC_{icl}^gx_g\Lambda\pi r_V^2\rho_V \tag{8.185}$$

将式（8.184）代入式（8.185），肿胀率成为

$$\frac{d(\Delta V/V)_{pb}}{dt} = K_0(1-\varepsilon_r)\left\{B_d\frac{k_V^2z_v^d\rho_d}{(k_V^2 + z_v^d\rho_d)(k_V^2 + z_v^d\rho_d + z_v^{icl}k_{icl}^2 + z_v^{vcl}k_{vcl}^2)} + \right.$$

$$\left. \varepsilon_i^g\left[\frac{k_F^2}{k_V^2 + z_v^d\rho_d}\left(1 - \frac{\sigma_{vcl}\rho_{vcl} + \sigma_{icl}\rho_{icl}}{\Lambda}\right) - \frac{\pi r_V^2\rho_V}{\Lambda}\right]\right\} \tag{8.186}$$

式（8.186）等号右侧方括号中的第一项表征了位错偏差的影响，而第二项描述了生成偏差。因子 $(1-\varepsilon_r)$ 表明了缺陷的级联内复合，它是反冲能的函数且降低了与 NRT 值 K_0 相比的缺陷生成率。肿胀率也是反冲能的函数，因为取决于 ε_i^g，它随 PKA 能量的增加而增加，达到 $10 \sim 20keV$。

位错偏差和生成偏差的作用是非常不同的。位错偏差仅依赖于微观结构并预示了持续的空洞长大。生成偏差取决于微观结构，可能是正的或负的。式（8.186）中的第一项降低了生成偏差的作用，因为 SIA 团簇是在不动空位和 SIA 团簇处复合所造成的。同时，第二项产生于空洞对 SIA 团簇的捕获。后面这一项可以等于零甚至为负，因此两个偏差因子的组合并不一定会导致更高的肿胀率。

仅考虑 Frenkel 对的产生，由式（8.122）给出的肿胀率预测了在某一较低的位错密度

下肿胀率是小的。如果是这种情况，则肿胀率在低剂量下完全退火好的金属中应该是小的。试验已证明，在完全退火的纯铜中，在裂变中子达到大约 0.01dpa 辐照下，空洞肿胀约是 1%/dpa[32]，这与在高剂量下辐照的材料中所发现的最大肿胀率相似。参考式（8.186），在退火态材料中，位错偏差项是可以忽略的。在低剂量下，空洞尺寸是小的，所以与 SIA 可滑移团簇交互作用的空洞截面（$\pi r_V^2 \rho_V / \Lambda$）是小的 [而且，在低剂量下，团簇密度是小的，所以在式（8.186）第二栏中的括号中该项约为 1]。因此，由生成偏差所驱动的肿胀率为

$$\frac{d(\Delta V/V)}{dt} \approx K_0(1 - \varepsilon_r)\varepsilon_i^g \frac{k_V^2}{k_V^2 + z_v^d \rho_d} \tag{8.187}$$

其中，$z_v^d \rho_d \ll k_V^2$，肿胀率由级联参数确定，即

$$\frac{d(\Delta V/V)}{dt} \approx K_0(1 - \varepsilon_r)\varepsilon_i^g \tag{8.188}$$

注意，式（8.188）中所给出的肿胀率是最大肿胀率，该肿胀率能够由生成偏差所取得。参照式（8.187）并假设可动 SIA 团簇与空洞和不动团簇没有交互作用，肿胀率可表示为

$$\frac{d(\Delta V/V)}{dt} \approx \frac{1}{2}K_0(1 - \varepsilon_r)\varepsilon_i^g \tag{8.189}$$

这里阱强度比 $k_V^2/(k_V^2 + z_v^d \rho_d) = 1/2$，在式（8.148）中，当 $Q = 1$ 时取得该值。数据已表明，$1 - \varepsilon_r = 0.01$，ε_i^g 与级联的 MD 模拟很好地相符合，产生了约 1%/dpa 的最大肿胀率。

生成偏差可以解释了一些额外观察到的现象。Golubov 等人[31] 和 Singh 等人[34] 比较了在 2.5MeV 电子、3MeV 质子和裂变中子在约 520K 下辐照的退火态铜的微观组织。对于所有这些辐照，损伤率约为 10^{-8}dpa/s。平均反冲能量估计分别约为 0.05keV、1keV 和 60keV，且初级损伤形式是 Frenkel 对电子、小的级联对质子和大的级联对中子。因此，级联效率（$1 - \varepsilon_r$）对电子是最高的，对中子是最低的。如果位错偏差是肿胀的主因，则肿胀率是正比于损伤率的，并且必然是对电子辐照最高和对中子辐照最低。图 8.31 所示的肿胀率是完

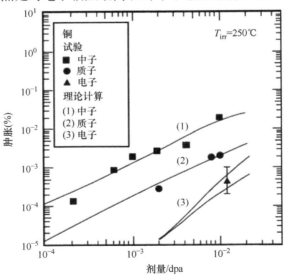

图 8.31　2.5MeV 电子、3MeV 质子和裂变中子辐照后，实验室测量和计算的铜中空洞肿胀[31]

注：电子的计算采用 Frenkel 对 3D 模型（PF3DM）进行，对质子和裂变中子辐照采用生成偏置模型（PBM）。

全不同的，中子辐照的肿胀率大约为 50 倍的电子辐照肿胀率。质子辐照介于两者之间。这些结果能够从式（8.186）得到理解。在电子辐照下，只有右侧的第一项在起作用，因为 $\varepsilon_i^g = 0$。这种情况下该肿胀率是低的，因为其位错密度较低。在级联损伤条件下，损伤率是小的，因为级联效率较低。但是在这种情况下，$\varepsilon_i^g \neq 0$ 且式（8.186）右侧的第二项是占主导的。

SIA 团簇的级联生成也能影响空洞由损伤积累所造成的形核。在稳态下，团簇的阱强度 k_{vcl}^2 和 k_{icl}^2 由参考文献 [31] 给出，即

$$k_{vcl}^2 = \frac{\varepsilon_v^s K_v}{D_v \exp\left(\dfrac{-E_{vcl}}{kT}\right)(k_V^2 + z_v^d \rho_d) - \varepsilon_i^g K_v}(k_V^2 + z_v^d \rho_d)\left(1 - \frac{1}{x_{vcl}^s}\right) \qquad (8.190)$$

$$k_{icl}^2 = \frac{\varepsilon_i^s}{\varepsilon_i^g}(k_V^2 + z_v^d \rho_d)\left(1 - \frac{1}{x_{icl}^s}\right) \qquad (8.191)$$

其中 E_{vcl} 是空位与空位团簇的有效结合能，$x_{vcl,icl}$ 是空位和 SIA 滑动团簇的平均尺寸，$\varepsilon_i^{s,g}$ 是间隙原子在不可动（s）和可滑动（g）团簇中的分数。根据式（8.191），不动 SIA 团簇的稳态阱强度是反比于在级联中以可动 SIA 团簇形式所产生的 SIA 的分数。因此，当 $\varepsilon_i^g \to 0$ 时，$k_{icl}^2 \to \infty$，或者，随着滑动团簇中的间隙原子分数趋于零时，不动团簇的阱强度接近无限大。这种情况可以在中子辐照所产生的大级联，结合可使团簇固定不动的杂质而被发现。在很多合金中观察到的"孕育期"可能就是因为该过程。一个可能的场景是在孕育期，因为团簇的高密度，RIS 对材料的 SIA 团簇进行了纯净化。在足够高的剂量下，高数量密度的 SIA 团簇通过吸收多余的空位而降低，从而恢复了损伤累积的条件并因此使空洞长大。

如采用福克尔-普朗克方程（见 7.6 节）所展示的对团簇的描述，注意到团簇尺寸由参数 D 而变宽并由参数 F 而漂移。因此，随着剂量增加，福克尔-普朗克方程的解描述了空洞尺寸分布的变宽，以及随剂量分布的空洞平均尺寸的增高。这种一般行为可以与 Fe-Cr-Ni 在 650℃ 下辐照的试验肿胀结果相比较。由图 8.32 可知，分布的平均尺寸随着分布的相应变宽从 9dpa 下的 11nm 增加至 80dpa 下大于 50nm，因为肿胀主要是对分布的平均尺寸的漂移敏感，当长大率与扩散性变宽相比很大时，获得了线性的肿胀（$\Delta V/V \propto$ 剂量），这种情况下肿胀率则仅由偏移的力给出。

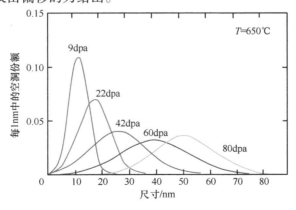

图 8.32 650℃ 辐照下 Fe-Cr-Ni 合金中试验测量的空洞尺寸分布[33]

8.3.7 应力相关性

式（8.125）和式（8.129）表明空洞（半径）长大率是由两个分量组成的。$\dot{R}_{th}$ 是热发射项，因此是唯一受应力状态或惰性气体压力影响的部分。因此，惰性气体压力和应力仅仅是在 $\dot{R}_{th}$ 变得极其显著时，即在温度高于肿胀峰值温度时，才开始影响长大率。当固体在静压力下，空洞包含了对空洞表面施加压力的气体时，则在空洞和位错处的平衡空位浓度会与在无压力、无气体状态下不同。Brailsford 和 Bullough 的研究表明，压力（但不是外部应力）会影响与空洞相平衡的空位浓度。因此，在力学平衡状态下，含气体的空洞的力平衡为

$$\sigma = p - \frac{2\gamma}{R} \tag{8.192}$$

其中，σ 是流体静压力，p 是空洞中的气体压力（对于非平衡态气泡的情况，合适的应力是应力张量的径向分量 σ_r）。在无气体的情况下，空洞表面的空位浓度由式（8.85）得出

$$C_v^V = C_v^0 \exp\left[-\frac{\Omega}{kT}\left(p - \frac{2\gamma}{R} \right) \right] \tag{8.193}$$

类似地，靠近位错网络的平衡空位浓度为

$$C_v^N = C_v^0 \exp\left[-\frac{\sigma\Omega}{kT} \right] \tag{8.194}$$

应用由式（8.193）给出的空洞表面的平衡空位浓度和式（8.194）给出的位错网络的平衡空位浓度，重复空洞长大方程的解法来修订式（8.135）中（$\rho_{CP} = \rho_L = 0$）的热发射项 R_{th}，可得

$$\dot{R}_{th} = \frac{D_v C_v^0 \Omega^2 z_v \rho_d \left(\sigma + p - \frac{2\gamma}{R} \right)}{RkT(z_v \rho_d + 4\pi R \rho_V)} \tag{8.195}$$

注意：当外部应力和气体压力的总和超过了由表面拉力造成的应力时，因热发射而导致的收缩将替代应力增强导致的长大，此时有

$$\sigma + p > \frac{2\gamma}{R} \tag{8.196}$$

注意：对于不含气体的受应力的固体，当 $\sigma > 2\gamma/R$ 时，会发生应力增强的长大。对于含有 x 个气体原子的空洞，式（8.196）成为

$$\sigma = \frac{2\gamma}{R} - \left(\frac{3xkT}{4\pi R^3} \right) \tag{8.197}$$

在 $d\sigma/dR = 0$ 处的空洞半径被称为临界空洞半径，可表示为

$$R_{cr} = \left(\frac{9xkT}{8\pi\gamma} \right)^{1/2} \tag{8.198}$$

将式（8.198）代入式（8.197），可以得到在临界空洞尺寸下的应力，这是空洞无限长大的临界应力，即

$$\sigma_{cr} = \frac{4\gamma}{3}\left(\frac{8\pi\gamma}{9xkT} \right)^{1/2} \tag{8.199}$$

钢中应力对空洞长大的作用如图 8.33 所示。注意：当应力低时，应力在高剂量下几乎没有作用；但是当应力增加时，肿胀在相当低的剂量下快速增加。图 8.34 中也表述了在应

力下空洞长大中存在的氦气。

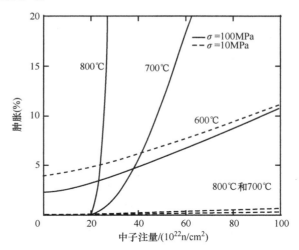

图 8.33 不同应力水平和温度下应力增强的肿胀与中子注量的函数[35]

但是，这种计算方法预测空洞长大率是正比于应力的，这与观察到的 $1\%/dpa$ 是相反的。而且，如图 8.34 所示，只在非常高的温度下应力才具有显著的作用。试验数据已表明应力的主要作用在于缩短了瞬态肿胀区域，而不是在稳态区域提高肿胀率。图 8.35 所示为在 PHENIX 堆中辐照的改进型 316 不锈钢中应力对肿胀的作用。注意：随着应力的增加，在低剂量下肿胀率斜率就接近于一个固定值。应力也可以影响空洞核胚的稳定性，这解释了所观察到的更快速的形核现象。

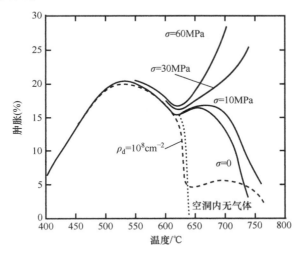

图 8.34 钢中应力增强的空洞长大的温度相关性[36]

注：实心曲线适用于 $10^8 cm^{-2}$ 的位错密度和 $10^{-10}\%/s$ 的氦气产生率。

在空洞形核率的（定量表述）开发中，形核流量和尺寸为 n 的空洞数量密度分别由式（8.18）和式（8.19）描述，对于不包含间隙原子的空位凝聚的情况，有

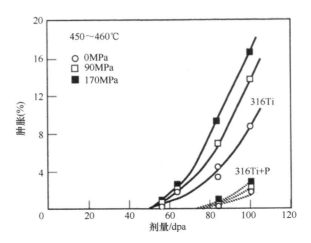

图 8.35　应力对在 PHENIX 堆中以压力管形式被辐照的两种改进型 316 不锈钢肿胀的作用[37]

$$J_n = Z\beta N_0 \exp\left(\frac{-\Delta G_n^0}{kT}\right), \qquad \rho^0(n) = N_0 \exp\left(\frac{-\Delta G_n^0}{kT}\right)$$

由式（8.17）可以得到尺寸为 n 的空洞形成的自由能为

$$\Delta G_n^0 = -nkT\ln S_v + (36\pi\Omega^2)^{1/3}\gamma n^{2/3}$$

描述一个外部静应力 σ_h 的应用，可得

$$\Delta G_n^0(\sigma_h) = -nkT\ln S_v + (36\pi\Omega^2)^{1/3}\gamma n^{2/3} - n\sigma_h\Omega \qquad (8.200)$$

$$\Delta G_n^0(\sigma_h) = \Delta G_n^0(0) + n\sigma_h\Omega \qquad (8.201)$$

注意，至于空洞中气体压力 p 的作用，也可以通过增加一项 $np\Omega$ 加以考虑。

当间隙原子存在时，自由能由式（8.33）得

$$\Delta G_n' = kT\sum_{j=0}^{n-1}\ln\left[\frac{\beta_i(j+1)}{\beta_v(j)} + \exp\left(\frac{\delta G_j^0}{kT}\right)\right]$$

其中，δG_j^0 是没有间隙原子存在的情况下，一个空洞从 j 个空位变为 $j+1$ 个空位的自由能增量。通过假设应力仅影响该自由能壁垒（而不影响临界形核尺寸），而且每个原子的能量对应力的贡献不取决于团簇中的原子数量，则能够以式（8.201）[38]中类似的方法来近似处理式（8.33）中的自由能，即

$$\Delta G_n'(\sigma_h) = \Delta G_n'(0) + n\sigma_h\Omega \qquad (8.202)$$

那么，根据式（8.35），在均质的共沉淀环境中，受应力的与未受应力的稳态形核率之比是

$$\frac{J_n(\sigma_h)}{J_n(0)} = \frac{\exp\left[\frac{-(\Delta G_n' - n\sigma_h\Omega)}{kT}\right]}{\exp\left(\frac{-\Delta G_n'}{kT}\right)} \qquad (8.203)$$

利用式（8.22）和式（8.23），按照在受应力和未受应力状态中空洞数量密度之比来书写形核流量之比，可得

$$\frac{J_n(\sigma_h)}{J_n(0)} = \frac{Z'(\sigma_h)\beta_n(\sigma_h)\rho_n(\sigma_h)}{Z'(0)\beta_n(0)\rho_n(0)} = \frac{Z'(\sigma_h)\beta_n(\sigma_h)\exp[-\Delta G_n'(\sigma_h)]}{Z'(0)\beta_n(0)\exp[-\Delta G_n'(0)]} \qquad (8.204)$$

如果抵达率之比 $\beta_n(\sigma_h)/\beta_n(0)$ 和 Z' 都对应力水平不敏感[39]，则式（8.204）成为

$$\frac{\rho_n(\sigma_h)}{\rho_n(0)} \approx \exp\left(\frac{n\sigma_h\Omega}{kT}\right) \tag{8.205}$$

> **案例 8.1　应力对空洞密度的作用**
>
> 　　假设外部应力为 100MPa，且在温度为 450℃ 下的空洞团簇尺寸约为 15，式（8.205）给出了空洞数量密度增加了约 6 倍。但是，对于 200MPa 应力下，增加近 34 倍，而对于 300MPa，大约增加 200 倍。因为应力和温度都在指数中呈现，因子随应力的增加和温度的降低而快速增加（见图 8.36）。根据图 8.35，当应力增加时，达到稳态肿胀率的时间降低，这可以由应力增强的形核来解释，这在较低温度下是更重要的，与应力对稳态肿胀率的作用相反。

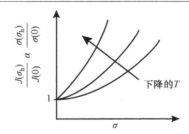

图 8.36　空洞形核率和空洞数量密度随应力和温度的变化［见式（8.205）］

8.3.8　RIS 的作用

　　根据 6.4 节的内容，合金元素的 RIS 在阱处发生，这可能包括了空洞，其结果是生成一个被包覆的空洞，即该空洞的壳层演化成与基体不同的化学成分。对于奥氏体不锈钢，空洞包覆层相比于基体是富镍而铬贫化的。化学成分变化的主要影响是扩散系数的变化导致了空洞捕获效率的变化。在壳层中对空位的捕获效率是[16,40]

$$z_v^V(r_V) = \frac{1 + \dfrac{\delta}{r_V}}{1 + \dfrac{D_v\delta}{D_v^S r_V}} \tag{8.206}$$

其中，r_V 是空洞半径，δ 是壳层的厚度，而 D_v^S 是在壳层中的空位扩散系数。重回到与化学成分相关的 D_v，在壳层中，D_v^S 的表达式在 6.4 节中确定。如果 $D_v^S < D_v$，$D_i^S \approx D_i$，则采用空洞长大方程中捕获效率的表达式导致了空洞长大率降低的结果。

　　包覆层更重要的作用是在点缺陷和被包覆层包围了的空洞之间的弹性交互作用，而包覆层具有与基体不同的弹性常数。结果是空洞对缺陷的捕获效率发生变化。因弹性常数差异导致的捕获效率为

$$z_{i,v}^V(r_V) = \left[\frac{r_V}{r_c} + \frac{r_V}{(r_c+\delta)^2}\frac{D_{iv}}{w_{i,v}}\right]^{-1} \tag{8.207}$$

其中，r_c 是空洞加包覆层的半径，且传送速率 $w_{i,v}$ 可表示为

$$w_{i,v} = \frac{D_{i,v} \exp \dfrac{-E_{i,v}^*}{kT}}{a} \qquad (8.208)$$

其中，a 是点阵常数，E^* 是在最大正值处的排斥交互作用能。如果壳层比基体更硬的话，E^* 的符号是正的（排斥）。因为 E^* 正比于点缺陷弛豫体积的平方，对间隙原子的阱效率比对空位要小些，因为对间隙原子需要更大的斥力，所以更硬的壳层导致了对间隙原子的斥力比对空位更大，使带包覆层的空洞中空洞的形核和长大更快速（见图 8.37）。

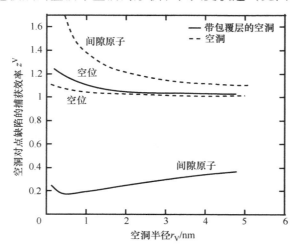

图 8.37　空洞和带包覆层的空洞对扩散到来的点缺陷的捕获效率随空洞半径 r_V 的变化[16]

注：空洞，特别是小尺寸的空洞，会优先捕获间隙原子；而对于带包覆层的空洞，这种优先性则相反。

　　因应变能的变化造成了对位错缺陷扩散通过壳层的一个能量壁垒，壳层中的剪切模量或点阵常数的变化也会造成空洞俘获空位和间隙原子优先性的变化。当偏聚导致的壳层具有比周围基体稍高些的剪切模量或点阵常数，则空洞成为一个对空位具有极高优先权的阱而使肿胀增加。相反地，剪切模量或点阵常数的减低应导致空洞肿胀的减小。图 8.38 表明了剪切

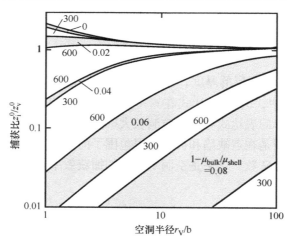

图 8.38　具有 2 个原子层的壳层厚度和表面应力为零的带包覆层的空洞的捕获比 z_i^0/z_v^0 [41]

模量 $(1 - \mu_{\text{bulk}} / \mu_{\text{shell}})$ 对间隙原子/空位捕获比的影响。对于小空洞，剪切模量仅百分之几的变化可能导致捕获比几个数量级的变化。Allen 等人[42] 比较了具有不同镍含量的一系列合金的肿胀和 RIS 行为。对于不同化学成分空洞壳层点阵常数的计算，表明了肿胀行为能够由在空洞表面的点阵常数的降低来解释（见图 8.39）。事实上，偏聚导致了较小的点阵常数和较小的剪切模量，使得较软的壳层降低了空洞肿胀。

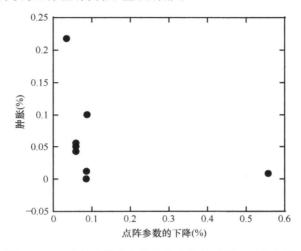

图 8.39 肿胀的降低是点阵参数变化的函数，随着空洞
表面的 RIS 所导致的点阵参数的下降，肿胀降低[42]

8.3.9 空洞点阵

目前已经发现，在辐照后的金属中，空洞将自己排列成周期性的点阵，并且以周期性缺陷团簇的壁组织起来。图 8.40a 所示为在 800℃ 下经受 8.5MeV Ta⁺ 辐照至 300dpa 剂量下的 bcc - Nb 金属中的空洞点阵，而图 8.40b 所示为在 3dpa 剂量辐照后的 Cu 中的 {001} 平面缺陷壁的周期性排列。在 bcc 金属中，空洞点阵比在 fcc 金属中更容易形成。尽管在镍、铝和不锈钢中也已发现了点阵。但是只要产生了级联，它们的形成便与辐照粒子的种类无关。空洞点阵是一种自组织形式，它是作为复杂体系对外部激励的响应而发生的。相信自组织是在驱动系统远离平衡态的外力使得系统部件之间发生集合交互作用所导致的。在辐照过的固体中，相信空洞的排列方式是与点阵结构上点缺陷的集合作用相联系的。壁的形成被限制在 $0.2 \sim 0.4 T_{\text{m}}$ 的温度范围内，而空洞点阵的形成则发生在稍高的温度下。它们的特征是有序的缺陷结构与主点阵是部分或全部同构的[44]。

至今，对空洞点阵形成的充分理解还是欠缺的，但是理论还是能够说明在空洞点阵形成中的众多参数的作用。动力学速率理论和不稳定性阈值的确定能够解释目前很多的观察。在粒子轰击期间缺陷的传输和反应已经通过对周期性的缺陷壁和空洞点阵采用非线性扩散 - 反应方程进行了建模。各向同性扩散 - 反应模型可以描述均质缺陷团簇分布的失稳条件并预测特征的周期性的长度，但必须进行大幅修订以描述有序缺陷排布和点阵结构之间的结构和取向的关系。这些特性的可能理由：①缺陷之间的弹性交互作用在壁形成中可能是重要的；②低维缺陷的传输对空洞和气泡点阵形成可能是重要的。总之，当下面的一般性条件满足时，就会形成有序缺陷结构[43]：

1）在级联冷却的崩塌期间，空位凝聚进团簇。

2）位错偏差使间隙原子对空位优先吸收。

3）可动点缺陷的产生和扩散不对称，存在生成偏差。

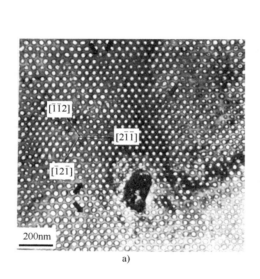
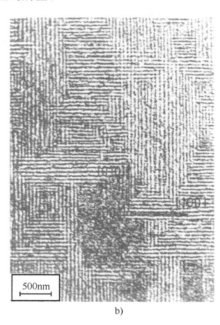

a)　　　　　　　　　　　　　　　　b)

图 8.40　800℃下 8.5MeV Ta⁺ 辐照至 300dpa 的 bcc – Nb 中的空洞点阵及
辐照至 0.65dpa 的铜中缺陷的 {001} 平面缺陷壁的周期性排列[43,44]

a）空洞点阵　b）平面缺陷壁的周期性排列

4）在团簇缺陷的演化过程中某种程度的各向异性。这可能是由点缺陷的扩散各向异性或由其演化的后期阶段缺陷团簇之间的各向异性的弹性交互作用所触发的。

空洞有序化的两个特征如下：①空洞点阵的对称性和晶体取向与主点阵总是相同的；②空洞点阵是在中子和重离子而不在电子辐照下形成的。空洞点阵是在级联损伤条件下（中子或离子辐照下）形成的，但是不在电子辐照下产生，这是在级联中直接产生热稳态 SIA 团簇的一维运动的关键作用的强有力证据。在立方金属中，空洞有序化可能是由一维 SIA 环的一维滑动而产生的。该机制也提供了对邻近晶界处肿胀被增强了的一种解释。群离子的作用还不清楚，因为其有效扩散范围有限[44]。但是，已经表明，当由群离子机制引起自间隙原子的各向异性传送时（即在一些晶体方向上的传送优于其他晶体方向），占据了空间位置，形成一个规则点阵的空洞，一般来说，它会比随机分布的空洞长大得快些[45]。但是，空洞点阵会形成而随机分布空洞不得不消失，这能够通过随机的空洞粗化而发生。因为这种情况下的空洞演化对空洞长大率中的空间变化是敏感的，甚至小部分间隙原子像群离子一样运动能够显著影响空洞总体的空间行为，导致随机分布的空洞随机波动以较低的长大率而溶解，且空洞的形核和长大形成了一个规则的点阵。不管其基本的粒子 – 反粒子关系，建议用于解释空洞点阵形成的所有模型的总体结果是 v – 型和 SIA 型缺陷行为（产生、扩散和湮灭）的基本不对称性，是有序的缺陷结构在粒子轰击下的金属中形成的必需的先决条件。

8.3.10 微观结构和化学成分的作用

合金的微观组织结构会对空洞形核和长大产生显著的影响。微观结构特征（如化学成分、溶质的添加和析出相结构）是影响空洞行为的几个最重要的因素。

1. 主要元素的成分

在简单的 Fe – Cr – Ni 奥氏体合金中，随着镍含量的增加，肿胀急剧下降，在摩尔分数大约为 50% 时达到最小值。如图 8.41 所示，对不同粒子的辐照，肿胀率随镍含量的变化都遵循类似的关系。如图 8.42 所示，镍含量对肿胀的作用主要是由于肿胀孕育剂量的变化。事实上，图 8.43 中的数据表明，在稳态下，肿胀率在很宽的镍含量范围内是相同的。

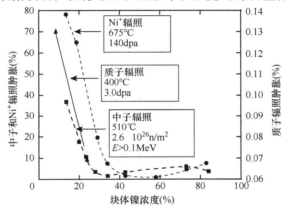

图 8.41　不同粒子（中子、Ni[+] 及质子）辐照对块体镍浓度的肿胀的作用[42]

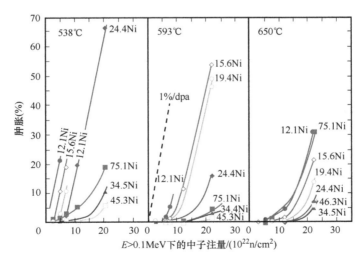

图 8.42　温度和镍含量对 EBR – II 堆中 Fe – 15Cr – xNi 三元合金肿胀的影响[46]

铬含量也会影响奥氏体合金的肿胀。如图 8.44 所示，铬的摩尔分数从 15% 提高到 30% 导致了较大的肿胀。对于铬的系统性作用，可获得的数据比镍的要少，但是已有的数据大致说明，肿胀是随铬含量的增加而单调增加的。在铁素体合金中，肿胀是一个小得多的问

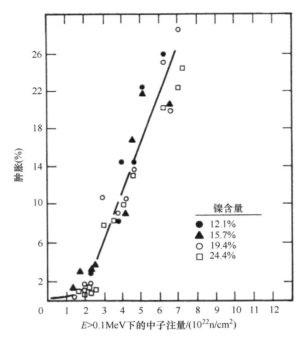

图 8.43　在 EBR – Ⅱ堆中，400～510℃温度下镍含量在 12.1%～24.4% 时

Fe – 15Cr – xNi 三元合金的肿胀情况[46]

题，但是会在铬的摩尔分数在约 15% 时达到最大。图 8.45 所示为 675℃下 Fe – Cr – Ni 合金中镍和铬对肿胀的作用。

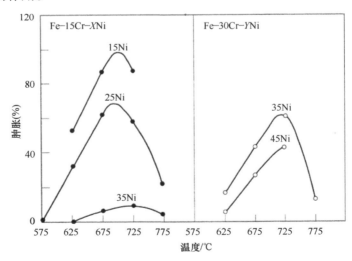

图 8.44　在 5MeV Ni[+] 辐照至 140dpa 剂量下，铬含量对 Fe – Cr – Ni 合金肿胀的影响[19]

2. 溶质添加

空洞肿胀应通过添加少量元素而得以抑制。少量元素与空位或间隙原子以足够强度结合来减少有效的可动性，从而阻止缺陷抵达阱并促进复合。溶质对点缺陷平衡方程组的作用在 6.4 节中已有描述。溶质添加对空洞肿胀的作用可以通过求解式（6.66）～式（6.70）来

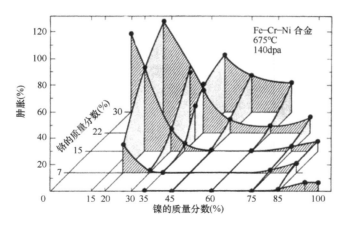

图 8.45 5MeVNi$^+$ 在 675℃ 下辐照至 140dpa 剂量下，Fe－Cr－Ni 合金肿胀随镍和铬含量变化的二维关系图[19]

注：肿胀是由步进高度技术测量的。

确定。形核速率按照式（8.35）计算，空洞肿胀率按照式（8.112）计算。数值方法求解的结果[47]表明，随着结合能的增加值，空洞形核的激发能增加（见图 8.46）。如图 8.47 所示，随结合能增加，空洞肿胀率降低。溶质添加对空洞肿胀的净作用如图 8.48 所示，表明

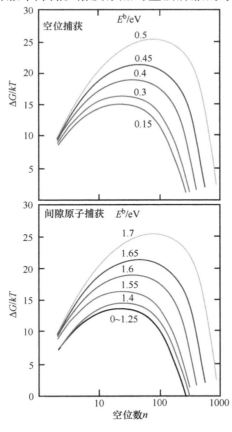

图 8.46 杂质的捕获对空洞形核自由能的作用[47]

注：上部曲线是对空位的捕获，下部曲线是对
间隙原子的捕获。从曲线计算得到的形核率是以 eV 为单位的结合能的函数。

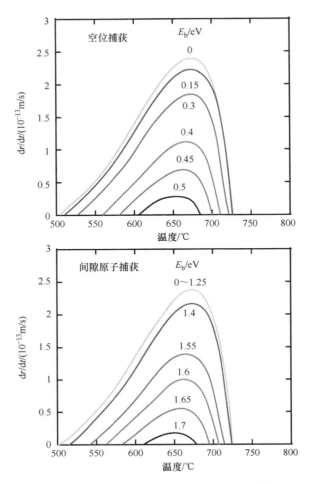

图 8.47　杂质捕获对空洞长大率的作用[47]

注：上部曲线是对空位的捕获，下部曲线是对间隙原子的捕获。

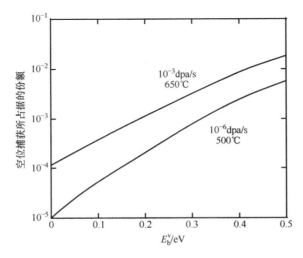

图 8.48　在典型的带电粒子和快堆剂量率和温度条件下，空位捕获所占据的捕获分数随结合能的变化[47]

注：在这些条件下捕获所占据的分数是小的，即使是在高的空位结合能下。

对应于增加的溶质浓度和结合能,空洞肿胀降低。溶质对肿胀的作用的数据总体上与模型是一致的。如图8.49所示,Si和P强烈影响奥氏体不锈钢的肿胀。事实上,Si是快速扩散的元素,它变更了与其他溶质原子的扩散比。如图8.50所示,P对肿胀的作用是确实延长了对较大剂量的孕育期。过大的溶质(如Hf)在抑制约300℃下辐照的不锈钢中的空洞形核具有相似的作用。同时其他元素也是重要的,如图8.51所示,将质量分数约1%的Hf添加到316不锈钢中,导致了500℃Ni$^+$辐照至50dpa剂量下空洞的形成,与参考的316不锈钢相比,孕育剂量只有20dpa。

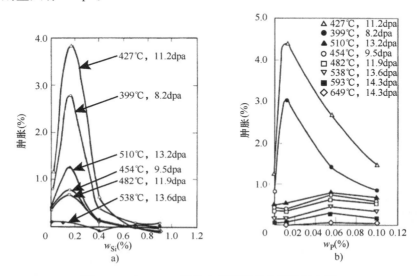

图8.49 在EBR-Ⅱ堆中不同温度和剂量组合下,
Si和P对退火态Fe-25Ni-15Cr肿胀的影响[48]

a) Si b) P

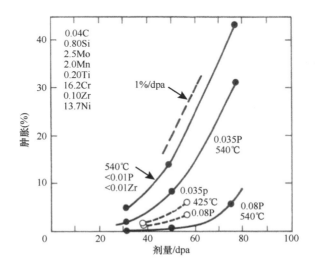

图8.50 在425℃下,EBR-Ⅱ堆中P含量对含Ti的316钢的肿胀的影响[49]

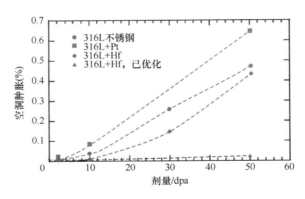

图 8.51　500℃下至少受到 50dpa 的 5MeV Ni^{2+} 离子辐照，
对掺有质量分数约为 1% Hf 的 316 不锈钢的肿胀的抑制作用[50]

3. 析出物

析出物可以作为空位 – 间隙原子湮灭的复合位置以减少空洞肿胀。析出物也能抑制位错的攀移，那是位错作为间隙原子的优先阱从而推迟空洞的长大所必需的。

事实上，析出物能够以三种方式影响空洞长大[51]。首先是一个直接作用，附着于析出物的空洞能够经受巨大的长大率，因为析出物成了点缺陷的收集器。通过改变固体的总阱强度或通过改变基体的特征，析出物也可以间接影响空洞长大。

如在 5.8 节中讨论的，共格沉淀被认为是约束缺陷的复合效应发生的位置，因为饱和陷阱的分布，需要一种作为缺陷捕获、缺陷热释放及与反缺陷的外在复合之间平衡结果的稳态占位的可能性。然而，非共格沉淀相得以接受任何过量的点缺陷通量，这发生在撞击它的时候。这些析出物能够作为缺陷集聚的位置，然后传送至空洞。

尽管析出物，作为缺陷的阱或复合的位置，存在着对空洞的长大施加强烈影响的潜在可能性，但是析出物对空洞长大作用的测量却没能显示析出物扮演了如此重大的作用。

4. 晶界

在多晶材料中，空洞在整个晶粒中不是均匀分布的。通常观察到的是在邻近晶界处的某一区域内是没有空洞的。该区域从晶界延伸至进入晶粒内的一个大致固定的距离，并被称为"零空洞区"，如图 8.52 所示。对于离子辐照后的镍和铁素体 – 马氏体合金 HT9 中的板条晶界。仅考虑 Frenkel 对产生，如电子辐照，这些零空洞区的发生是因为空位扩散到了晶界阱，将靠近晶界处空位的过饱和度降低到了维持空洞形核所要求的水平之下。注意：在图 8.53 中零空洞区的发生是与晶界的阱强度相关的。同样的例子中，一个随机的高角晶界（HGB）表现出一个清晰的零空洞区（见图 8.53a），但是一个重合位置点阵边界（CSLB）却没有展示出这种区域（见图 8.53b）。这种差异是可能的，因为 CSLB 的低能量导致了低的阱强度。图 8.53c 所示为在铁素体 – 马氏体 HT9 中的不均匀空洞分布的一个极端例子，这可能是因为靠近晶界处有很多的零空洞区。

图 8.54 所示为归一化的空位过饱和度（S/S_0）随晶界距离与晶粒直径之比（r/d_g）的变化。其中两个特征具有重要意义。第一，不管晶粒尺寸，在晶界处空位浓度都下降至接近零，这大大降低了在其邻近区域中的空位过饱和度。第二，随着晶粒尺寸的增大，空位过饱和度轮廓图与深度相关部分都向更深地延伸至晶粒内部，它的峰值在晶粒变小时也变小了。

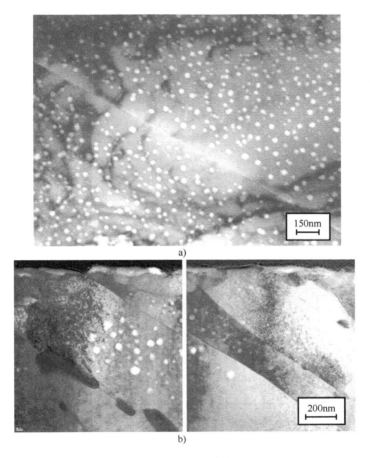

图 8.52 TEM 照片之一

a）离子辐照的镍中空洞剥蚀区[52]　b）在 $1 \times 10^{-4}\%$ 的 He 注

入后，再在 460℃下用 5MeV Fe^{2+} 辐照至 375dpa 的 HT9 合金中靠近板条晶界区

图 8.55 表明，计算的晶粒尺寸相关的过饱和度与试验测量的肿胀都是晶粒尺寸的函数。随晶粒尺寸的减小，越来越多的空位在的晶粒内部产生并试图扩散至晶界处湮灭。因此，其中的空位过饱和度能够支持空位形核的固体体积，都随着晶粒尺寸的减小而降低。其含义则是空洞肿胀能够通过减少晶粒尺寸使之低于某临界尺寸而能够得到抑制。

图 8.55 所示的数据来自于 1MeV 电子辐照，在固体中产生了均匀分布的孤立 Frenkel 对。在此情况下，依据随机的三维扩散并采用传统的速率理论的单个间隙原子对位错偏差吸引的论述，就能够理解损伤的积累。相反，在级联损伤条件下，空洞的形核和长大在紧邻沿晶界的零空洞区的区域中得到增强，称之为峰值区，如图 8.56所示。该峰值区被确信是生成偏差导致的结果。细小间隙原子团簇的一维滑动会将 SIA 从晶粒内部移除至晶界，移动的距离高达几微米。结果是在形成级联的情况下邻近零空洞区的峰值区中产生了高的空位过饱和度。因此，在级联损伤条件下观察到了峰值区的形成以及在单一位移条件期间峰值区的消失，它们像是因为反冲能的差异而出现的。结果是在级联损伤条件下，空洞肿胀会首先随晶粒尺寸增加而增加，而在峰值区极大值覆盖时其尺寸达到晶粒尺寸的最大值。然后，肿胀则

随晶粒尺寸而下降，并在晶粒尺寸大于峰值区宽度的尺寸下变为与晶粒尺寸无关。

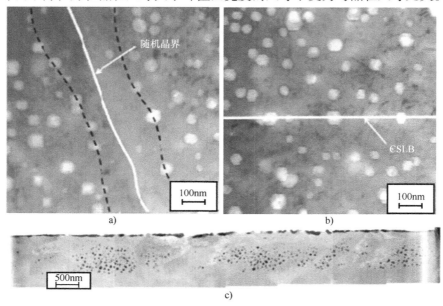

图 8.53　TEM 照片之二

a）在 Fe – 15Cr – 15Ni 中的随机晶界处　b）476℃下中子辐照至 18dpa 后的

CSLB 处[53]　c）在 460℃辐照至 375dpa 的 HT9 合金中（由 K. Sun 提供）

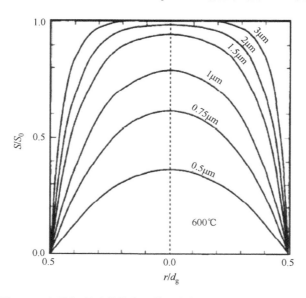

图 8.54　873K 下 1MeV 电子辐照过的某奥氏体不锈钢中，对不同晶粒尺寸 d_g 计算得到的

归一化空位过饱和度（S/S_0）[54]

注：$r/d_g = 0$ 和 $r/d_g = 0.5$ 分别指的是晶粒中央和晶界所在的位置。

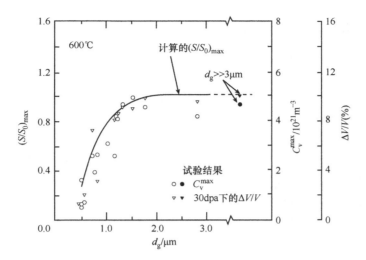

图 8.55　873K 下 1MeV 电子辐照后的某奥氏体不锈钢中，最大空位过
饱和度 $(S/S_0)_{\max}$（也即在 $r/d_g = 0$ 处）随晶粒尺寸 d_g 的变化[54]

注：为比较起见，图中也画出了不同晶粒尺寸下测得的空洞密度 $C_v^{\max}$ 和肿胀 $\Delta V/V$ 值。

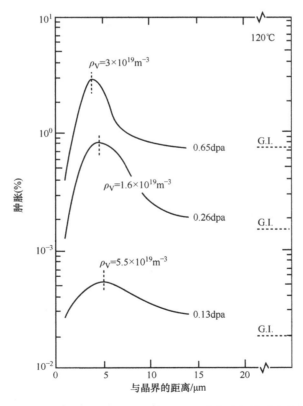

图 8.56　393K 下裂变中子辐照过的铝中，空洞肿胀随与晶界距离的变化[54]

注：峰值肿胀区内的空洞密度（ρ_V）和晶粒内部（G.I.）的空洞肿胀水平都已显示和标注。

8.3.11　反应堆运行历史的作用

目前对金属中空洞行为的很多认识都来自于反应堆中的辐照。试验数据被用作验证模型的有效性并提供材料参数为模型提供基准。至今大多数模型都把反应堆参数（温度、剂量率、应力）假设为不随时间变化的，而事实是，无论是商用反应堆还是试验反应堆，在运行期间由于停堆－启动循环，这些参数的变化可能相当大。在六个月至一年的整个辐照试验过程中经历多次功率降低（因此温度降低）是很平常的事。Garner[55]引证的一个例子表明，在600℃下辐照3年，第一年就经历了237次温度的下降，其间温度甚至跌至50℃。尽管在这些低于靶温度下所积累的剂量是低的（在第一年的3.5dpa中只涉及了0.1dpa），它们却仍可能对微观结构产生深远的影响。

图8.57a所示为日本材料试验反应堆（JMTR）中400℃下辐照的 Ni－2.0Si 样品中，基于"常规"的和有了很大改进的两种温度控制情况下所发现的位错环尺寸和数量密度差别的比较。在低温但中子通量非零期间，较小的环平均尺寸和较大的数量密度很可能是额外的环形核所造成的结果。该低温微观组织却仍旧保留在"名义"辐照温度标注的测试数据中，从而导

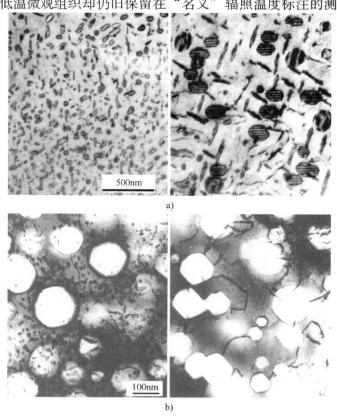

图 8.57　温度变化对辐照材料的影响[56]

a）JMTR 中400℃下辐照至剂量约为 $10^{24} n/m^2$ 的 Ni－2.0Si 合金中，温度控制对位错环形成和
长大的影响。左侧是"常规"控制（$0.92 \times 10^{24} n/m^2$，$E > 1.0 MeV$），而右侧是改进的控制（$0.96 \times 10^{24} n/m^2$）

b）在 FFTF 中600℃下辐照的 Fe－15Cr－16Ni 中，停堆率对小尺寸位错环的影响。左侧图像是在功率停堆期间
经历了缓慢的温度降低，相比之下，右侧的样品则是在停堆时经历了温度极快速减低

致相比于温度得到控制的情况下环尺寸分布的差别。在某一高温微观组织中低温环的形核也还可能影响到空洞微观组织的演化。

图 8.57b 所示为在快通量试验设施（FFTF）中的材料开放试验装置（MOTA）中，Fe－15Cr－16Ni 合金在 600℃ 辐照至具有可比性的剂量后的微观组织。左侧的试样被放在了装置中，反应堆在 6h 后发生了停堆，期间温度降低了 50～100℃，然后再花费了 6h 让其通量也逐渐降低。冷却期间的辐照肯定与细小位错环结构的形成有关。中子通量和温度在几分钟内迅速下降，快速停堆期间没有观察到细小的环结构。可见，温度的快速下降并没有在中间温度区间积累足够剂量为位错环形核提供机会。

这些观察到的现象的重要性是双重的。第一，被引入高温微观结构的某些低温位错微观组织有可能改变该微观结构的进一步演化，既影响到环也影响到空洞的演化。第二，只需要极小的剂量（＜0.1 dpa）就足以使细小的环结构形核，而该细小环结构在高温下持续辐照期间仍保持稳定。这些数据也为位错环的形核率提供了额外信息，表明形核率也许要比目前模型能够解释的还要高一些。

8.4　气泡

到目前为止，一直将空洞视为真正空的空腔，它们通过吸收空位而长大和收缩。同时，也已考虑了气体原子对空洞形核与空洞表面平衡空位浓度的影响。但是，还没有讨论因气体而造成的空洞内压力的大小，以及这对空洞长大可能产生的影响；也还没有关注过空洞和气泡之间的区别。科研人员一直很想回答的一个问题是，空洞中必须有多少气体才能被认为是一个气泡？从实践意义上看，两者在程度和特性上的区别是很大的。如果由于气体对表面能和由其压力的作用导致腔体成了球形，该腔体就被认为是一个气泡。这是在透射电子显微镜中对空洞和气泡进行区分的基本方法。由于点阵的周期性，腔体的表面会被位于点阵密排面上的小刻面局部修饰。但是，如果因为气体的存在而使表面能发生了变化，或者如果气体的压力足够高，那么空腔在形状上还是球形。当然，非常大的空洞会接近于球形，因为随着空洞半径的增大，小刻面的贡献势将消失。

因为不可溶的气体常常是由某些元素经辐照发生嬗变而形成的，所以会形成惰性气体的气泡，从而改变了合金的力学和物理性能。气泡的形成取决于气体（以单个原子或以复合体的形式）的可动性、形成一个稳定核胚的最小气体原子数量，以及能够用于增强核芯稳定性的点阵空位比率。

气泡在辐照下形核，然后长大或者重新溶解。其判据是，当一个随机扩散中的气体原子最有可能遭遇一个已存在的气泡核胚，而不是参与产生一个新的气泡核胚时，形核将会中止。所产生的气泡密度与气体扩散系数的平方根成反比，因而随温度的下降而增大。

关于辐照下气泡形核，有如下的假设。均匀成核的前提是，气泡是通过背景原子总量中的气体原子在随机基础上的相互作用而长大的。因此，不必考虑那些局部作用，诸如级联过程、在点阵缺陷处的析出、杂质的集聚等。关于稳定的核胚，假设一对气体原子在抵抗热离解方面是稳定的，还假设相对于单个的气体原子，一对气体原子的激活能大得足以使单个气体原子的运动被忽略。

本节将首先考虑气泡力学，随后建立与空洞的长大很相似的气泡长大模型。

8.4.1　气泡力学

对于镶嵌在固体介质中半径为 R 的一个气泡，由于气泡的存在造成固体自由能的变化是

$$\mathrm{d}G = V\mathrm{d}p + \gamma\mathrm{d}A \tag{8.209}$$

因为

$$V\mathrm{d}p = \mathrm{d}(pV) - p\mathrm{d}V \tag{8.210}$$

对于理想气体，$pV = $ 常数，$V = 4\pi R^3/3$，则

$$\frac{\mathrm{d}G}{\mathrm{d}R} = -4\pi R^2\left(p - \frac{2\gamma}{R}\right) \tag{8.211}$$

设 $\mathrm{d}G/\mathrm{d}R = 0$，得到

$$p = \frac{2\gamma}{R} \tag{8.212}$$

因此，一个气泡的平衡条件是由力的平衡（$p = 2\gamma/R$）来表述的，其中由气体向外施加压力 p 与因表面张力而产生的向内作用的力 $2\gamma/R$ 平衡。当存在应力时，力的平衡成为

$$p = \frac{2\gamma}{R} - \sigma \tag{8.213}$$

其中，正的应力是拉应力。

所有气泡模型都需要一个有关气泡中的气体原子数量和其半径之间的特定关系。范德瓦耳斯（van der Waals）状态方程被用来描述气泡内惰性气体的热力学状态。设 n_x 是半径为 R 的球形气泡中的气体原子数（a），而气体密度是 ρ_g（a/nm^3），则有

$$n_x = \frac{4}{3}\pi R^3 \rho_g \tag{8.214}$$

由理想气体定律（$pV = nkT$），有

$$p\frac{V}{n} = kT \quad \text{或} \quad \frac{p}{\rho_g} = kT \quad \text{或} \quad p = \frac{3nkT}{4\pi R^3} \tag{8.215}$$

采用力学平衡的式（8.212）消去式（8.214）和式（8.215）中的 ρ_g 和 p，可得

$$n_x = \frac{4}{3}\pi R^3 \frac{2\gamma}{RkT} \tag{8.216}$$

$$= \frac{8\pi R^2 \gamma}{3kT}$$

对于小的 R，并且 $1/\rho_g$ 不正比于 R，必须考虑气体原子自身所占据的体积。设法修改式（8.215）使其包含一个 B 项，它是温度和压力的函数。由此可以得到一个如下形式的范德瓦耳斯状态方程：

$$p\left(\frac{1}{\rho_g} - B\right) = kT \quad \text{或} \quad \frac{1}{\rho_g} = B + \left(\frac{kT}{2\gamma}\right)R \tag{8.217}$$

而式（8.216）成为

$$n_x = \frac{8\pi R^2 \gamma}{3\left(kT + \frac{2B\gamma}{R}\right)} = \frac{\frac{4}{3}\pi R^3}{B + \left(\frac{kT}{2\gamma}\right)R} \tag{8.218}$$

对于大的 R，理想气体近似可以适用，然而对于非常小的 R，需要采用浓密气体的极限。物理学上，有一个每个原子占据的最小体积 B，且随着 R 的下降，每个原子占据的体积将接近于该极限值，结果是

$$\frac{1}{\rho_g} = B（浓密气体极限）\tag{8.219}$$

$$\frac{1}{\rho_g} \approx \left(\frac{kT}{2\gamma}\right)R（理想气体极限）\tag{8.220}$$

注意：对于 500℃下的不锈钢，$\gamma \approx 1.75\text{J/m}^2$，$2\gamma/(kT) \approx 328\text{nm}^{-2}$，于是有

$$\frac{1}{\rho_g} \approx 3 \times 10^{-4}R$$

对应于式（8.219）和式（8.220）的极限情况是

$$n_x = \frac{4\pi R^3}{3B}（对于小的 R）\tag{8.221}$$

$$n_x = \frac{4\pi R^2}{3}\frac{2\gamma}{kT}（对于大的 R）\tag{8.222}$$

如果式（8.212）得不到满足，则该气泡被称为"非平衡气泡"，也就是说，该气泡与固体并不处于平衡状态。通常，力学平衡是由空位流向气泡提供了为容纳气体原子流入所需要的额外体积而得以维持的。式（8.212）是否得到满足，取决于气泡对空位和气体原子的相对吸收率。一个半径为 R 的气泡可以被看成是缺失了 $(4\pi R^3/3)/\Omega$ 个基体原子，其中 Ω 是原子体积。一个半径为 R 的空球可以被认为是由 n_v 个空位所组成的，n_v 可表示为

$$n_v = \frac{\frac{4}{3}\pi R^3}{\Omega}\tag{8.223}$$

处于力学平衡状态下一个半径为 R 的球体中的气体原子数量由式（8.218）给出。于是，一个平衡气泡中容纳每个气体原子所需要的空位数是

$$\frac{n_v}{n_x} = \left(\frac{kT}{2\gamma}\right)\frac{R}{\Omega} + \frac{B}{\Omega}\tag{8.224}$$

注意：n_x 随 R^2 增加，但 n_v 随 R^3 增加，所以为了保持平衡，必须相应地为容纳每个气体原子相应地增加空位的数量。

采用式（8.213）并由式（8.215）代入 p 来计算应力，即

$$\sigma = \frac{2\gamma}{R} - \frac{3n_x kT}{4\pi R^3}\tag{8.225}$$

其中，σ 是水静应力。对于非稳态气泡长大的临界气泡半径，通过设 $d\sigma/dr = 0$ 并对 R 求解来确定，即

$$R_c = \left(\frac{9n_x kT}{8\pi\gamma}\right)^{1/2}\tag{8.226}$$

将式（8.226）中的 R_c 代入式（8.225）可得

$$\sigma_c = \left(\frac{128\pi\gamma^3}{81n_x kT}\right)^{1/2}\text{ 或 }n_x = \frac{128\pi\gamma^3}{81\sigma_c^2 kT}\tag{8.227}$$

通过将式（8.216）和式（8.226）用气泡中的气体原子数 n_x 表示，并消去 n_x，得到临界气泡半径 R_c 与平衡气泡半径 R_0 相关的表达式为

$$R_c = \sqrt{3} R_0 \qquad (8.228)$$

而用 R_0 表示的临界应力为

$$\sigma_c = \frac{4\sqrt{3}\gamma}{9 R_0} \qquad (8.229)$$

将式（8.222）代入式（8.225）以消去 n_x，可以得到施加的应力、初始气泡尺寸和临界气泡尺寸之间的关系为

$$\sigma_c = \frac{2\gamma}{R_c} \left(1 - \frac{R_0^2}{R_c^2} \right) \qquad (8.230)$$

式（8.229）和式（8.230）提供了采用外加应力和气泡尺寸表述的气泡稳定性准则。对于尺寸为 R_0 的气泡，式（8.229）给出了稳定性所需要的临界应力。对于气泡尺寸 $R_0 < R_c$ 的固体，施加一个拉应力 σ_c 将导致气泡长大到由式（8.230）所确定的尺寸 R_c。如果 $R_0 > R_c$，或者 σ_c 大于式（8.229）等号右边的值，则气泡将无约束地长大。或者，对于某一给定的外加应力，式（8.229）给出了稳定性所需的临界气泡半径。对于承受着应力 σ 的固体内的一个无气体空洞，式（8.226）可能相当于一个稳定性方程。对于式（8.213）中 $p = 0$ 的情况，有 $\sigma = 2\gamma/R$。式（8.229）中的数字系数约为 0.77，这比对空洞的那个系数小约 3 倍。这一差异缘于气泡中的气体压力有助推应力增大的作用。

8.4.2 长大定律

类似于空洞长大，一个气泡体积随时间变化的速率等于空位和间隙原子被吸收的速率之差，以及这两种点缺陷所带来的体积差，即

$$\frac{\mathrm{d}}{\mathrm{d}t}\left(\frac{4}{3} \pi R^3 \right) = \Omega \left[4\pi R D_{\mathrm{v}} (C_{\mathrm{v}} - C_{\mathrm{v}}^{\mathrm{V}}) - 4\pi R D_{\mathrm{i}} (C_{\mathrm{i}} - C_{\mathrm{i}}^{\mathrm{V}}) \right] \qquad (8.231)$$

所以长大定律为

$$\frac{\mathrm{d}R}{\mathrm{d}t} \equiv \dot{R} = \frac{Q}{R} \left[D_{\mathrm{v}} (C_{\mathrm{v}} - C_{\mathrm{v}}^{\mathrm{V}}) - D_{\mathrm{i}} (C_{\mathrm{i}} - C_{\mathrm{i}}^{\mathrm{V}}) \right] \qquad (8.232)$$

其中，$C_{\mathrm{v}}^{\mathrm{V}}$ 和 $C_{\mathrm{i}}^{\mathrm{V}}$ 是气泡表面的空位和间隙原子浓度，而 C_{v} 和 C_{i} 是在块状固体中的点缺陷浓度。为了将气泡内气体压力的影响包括在内，由式（8.85）给出的在气泡表面的热力学空位浓度被改进为

$$C_{\mathrm{v}}^{\mathrm{V}} = C_{\mathrm{v}}^0 \exp\left[\frac{-\Omega}{kT}\left(p - \frac{2\gamma}{R} \right) \right] \qquad (8.233)$$

对于间隙原子，也有

$$C_{\mathrm{i}}^{\mathrm{V}} = C_{\mathrm{i}}^0 \exp\left[\frac{\Omega}{kT}\left(p - \frac{2\gamma}{R} \right) \right] \qquad (8.234)$$

其中，C_{v}^0 和 C_{i}^0 分别是无应力固体中空位和间隙原子的热力学平衡浓度，而指数项反映了作用在固体上一个机械应力的存在，该应力等于 $p - 2\gamma/R$。因为 C_{i}^0 值非常小，所以式（8.234）中的间隙原子项可以忽略。

设定式（8.232）中 $\mathrm{d}R/\mathrm{d}t = 0$，并将式（8.233）中的 $C_{\mathrm{v}}^{\mathrm{V}}$ 代入所产生的表达式中，取

对数并重排，可得[56,57]

$$R_c = \frac{2\gamma}{p + \dfrac{kT}{\Omega}\ln S_v} \tag{8.235}$$

其中，S_v 是有效空位过饱和度，可表示为

$$S_v = \frac{D_v C_v - D_i C_i}{D_v C_v^0} \tag{8.236}$$

现在，将式（8.215）的 p 代入式（8.235）并重排，可得

$$g(R_c) = R_c^3 - \frac{2\gamma\Omega}{kT\ln S_v}R_c^2 + \frac{3n_x\Omega}{4\pi\ln S_v} = 0 \tag{8.237}$$

当 R_c 是实根时，函数 $g(R_c)$ 所表示的表达式为零。图 8.58 针对三个条件绘制了径向长大速率与空洞半径的函数关系。曲线 I 是当式（8.23）具有 3 个实根的情况，曲线 II 显示了至少 2 个实根是相等的情况，而曲线 III 只有 1 个实根[57]。在情况 I 中，根被表示为 R_c^B 和 R_c^V。一个包含了足够多气体原子（介于 R_c^B 和 R_c^V 之间）的空洞会收缩回到 R_c^B。含有相同数量气体原子但半径小于 R_c^B 的空洞会长大至 R_c^B 后停止。最后，含有相同数量气体原子但半径大于 R_c^V 的空洞，将会受偏差驱动长大机制的驱动而无限长大。随着气体原子数量的增加，在图 8.58 中式（8.237）发生的变化进程依次由曲线 I ~ III 表示。在曲线 III 的情况下，气体原

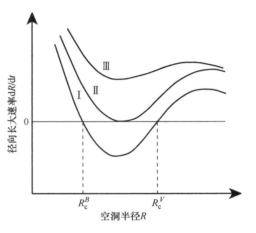

图 8.58 随空洞中氦气量（或 S_v）的增高，空腔的径向长大速率与空洞半径的函数关系[56]

子的数量大到足以使得曲线不与 $dR/dt = 0$ 轴相交，此时这些空腔将仅靠偏差驱动机制而长大。在某个临界的气体原子数量下，函数 dR/dt 曲线与 $dR/dt = 0$ 轴只有一个交点，这个情况就由曲线 II 表示，与之相应的气体原子数量被记作 n_x^*；而对应于 R_c^B 和 R_c^V 一致条件下的最小临界半径被记作 R_c^*。n_x^* 的值是一个空腔所能包含的最大气体原子数量，此时，这个空腔依然存在一个临界半径，其最小值为 R_c^*。

最小临界半径 R_c^* 可以由式（8.237）对 R_c 求导数而得

$$\frac{dg(R_c)}{dR_c} = 3R_c^2 - \frac{4\gamma\Omega}{kT\ln S_v}R_c \tag{8.238}$$

将式（8.237）和式（8.238）同时取为零，得到了最小的临界半径为

$$R_c^* = \frac{4\gamma\Omega}{3kT\ln S_v} \tag{8.239}$$

并由式（8.226）得到

$$n_x^* = \frac{128\pi\gamma^3\Omega^2}{81(kT)^3(\ln S_v)^2} \tag{8.240}$$

Stoller 等人[57]指出，采用一个形状因子 F_V，就可以将式（8.240）写成适用于非球形

的空腔，由此得到

$$n_x^* = \frac{32 F_V \gamma^3 \Omega^2}{27 (kT)^3 (\ln S_v)^2} \tag{8.241}$$

其中，对于一个球形空腔，$F_V = 4\pi/3$。Stoller 等人还提到，如果采用一个硬球状态方程而不是理想气体定律，将可获得物理上更加合理的解，而由理想气体定律预测的肿胀孕育时间常常是过长的。

还应注意的是，当用 $\Omega/\ln S$ 取代 σ 时，式（8.240）和式（8.228）是一样的。这表明，不管固体是处在一个实际应力还是由辐照诱发的空位过饱和度所定义的有效应力的作用之下，其稳定性的判据是相同的。如图 8.58 所示，一个具有负空位过饱和度的气泡是稳定的，而具有正过饱和度则可能是稳定的或亚稳定的，取决于过饱和的程度、气体含量和气泡尺寸。对于一个恒定的应力或恒定的辐照诱发的空位过饱和度，当通过气体的吸收达到了稳定性极限值的时候，气泡就借助于空位的吸收开始长大并逐渐演变为一个空腔。式（8.239）和式（8.226）就描述了气泡 – 空洞转化的判据。

式（8.232）可以被用来计算因气泡肿胀而导致的肿胀速率，此时需要假设所有的气体全部都在气泡之内（但无须严格分辨加以确认），并且全是理想的气体，于是得到

$$p = \frac{n_x kT}{\frac{4}{3}\pi R^3 \rho_B} \tag{8.242}$$

其中，ρ_B 是总的气泡密度，$n_x = \dot{x}t$ 是在固体中以速率 $\dot{x}$ 嬗变产生的气体浓度。于是，因气泡长大导致的固体肿胀速率是

$$\frac{d(\Delta V/V)}{dt} = \left(\frac{4\pi R^2 \rho_B}{\Omega}\right)\frac{dR}{dt} \tag{8.243}$$

8.4.3　位错环崩出造成的气泡长大

虽然在微观尺度上看，空位扩散是导致气泡长大的主要机制，但在高的气体压力情况下，气泡长大的另一个机制是位错环的崩出。如果气泡中的压力足够大，则附近固体中的应力有可能达到位错源能够被激发的水平，从而导致气泡通过崩出一个位错环而长大（见图 8.59）。回忆一下：启动一个弗兰克 – 里德源所需要的应力约是 $\mu b/l$，其中 l 是钉扎点缺陷之间的间距。最容易被激发的将是 $l \approx r_0$（r_0 是气泡半径）的那些位错源。于是，要让气泡产生位错所需要的额外压力为 $\mu b/r_0$。为确定产生棱柱位错所需要的额外压力的大小，可以采用将产生与气泡尺寸相等的位错环时气泡自由能变化与位错环自身能量进行类比的方法[59]。增大气泡尺寸所做的功是

$$\Delta F = -p\,dV = -\left(p - \frac{2\gamma}{r_0}\right)\pi r_0^2 b \tag{8.244}$$

其中，p 是气泡中的压力，V 是气泡体积，γ 是表面能，而 b 是伯格斯矢量的大小（即矢量的"模"）。忽略层错能的贡献，由式（7.64）给出的半径 r_0 的棱柱位错环的能量近似为

$$E_L = \frac{\mu b^2 r_0}{2(1 - \nu)}\ln\frac{4r_0}{r_c} \tag{8.245}$$

其中，r_c 是位错核芯的半径。对于从能量角度看可能的位错环形成，有

$$\left(p - \frac{2\gamma}{r}\right)\pi r_0^2 b > \frac{\mu b^2 r_0}{2(1-\nu)}\ln\frac{4r_0}{r_c} \tag{8.246}$$

或者，将 E_L 近似为 $\pi\mu b^2 r_0$，得

$$p > \frac{2\gamma + \mu b}{r_0} \tag{8.247}$$

对于典型的 γ 和 μ 值，在气泡能够产生和扩张之前，气泡中的气体压力必须比 $2\gamma/r_0$ 高出约一个数量级。

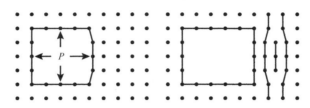

图 8.59　通过位错环崩出机制导致气泡长大的示意图[58]

8.4.4　气泡点阵

类似于空洞点阵，高含量氦气的存在能够导致气泡点阵的形成。事实上，在低于 $0.3T_m$ 温度下注入 He 后的 bcc、fcc 和 hcp 金属中，都观察到了气泡点阵的形成。Cu 中氦的气泡排成了平行于基体 <111> 方向的密堆行列。Johnson 等人[60]测得的 Cu 中氦气泡超点阵的点阵常数 $a_{He} = 7.6$ nm，这相当于 10^{25} 个气泡/m^3 的气泡密度。图 8.60 所示为在 500℃ 下 40keV He^+ 辐照至 $5 \times 10^{21} i/m^2$ 剂量后，Mo 中氦气泡超点阵的透射电镜明场照片。尽管有人预期，与驱动生成空洞点阵同样的力也足以生成气泡点阵，但是因为压力过高的气泡紧密排列的间距可能导致某些额外的相互作用，诸如由位错环崩出而造成的气泡长大等。

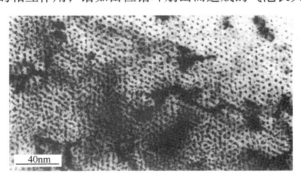

图 8.60　500℃下受到 40keV He^+ 辐照至 $5 \times 10^{21} i/m^2$ 剂量后，Mo 中形成的氦气泡超点阵[43]

8.4.5　氦气的产生

在气泡形成和长大过程中，另一个重要角色是氦气的产生。在反应堆中，氦气是受到合金中 B 和 Ni 含量控制，并通过以下单步反应和两步反应而产生的。

$$^{10}B(n,\alpha)^7Li \tag{8.248}$$

$$^{58}\text{Ni}(n,\gamma)^{59}\text{Ni}(n,\alpha)^{56}\text{Fe} \tag{8.249}$$

^{10}B 的热中子（n，α）反应的截面很大，约为 3837b，而式（8.249）所示反应的热中子截面分别是 4.6b 和 12.3b。所以，对热中子反应堆而言，在寿命的早期就由硼的嬗变产生了大量氦气，但是氦气的这个来源很快就在大约 1dpa（10^{21} n/cm^2）的辐照下耗尽了。

在较高的中子剂量下，不锈钢中 Ni 的存在提供了一个较小但持续的氦气源。^{59}Ni 不是自然产生的同位素，而是由^{58}Ni 产生的。因此，对氦气的这一项贡献包含了相对于单步阈值（n，α）反应所产生氦气的延迟[61]。因为该续发的两步事件都与随能量降低而增加的反应截面有关，而且其第二步反应还在 203eV 处表现出一个共振的现象，所以在快堆的近堆芯边界处和远离堆芯区域，氦气产生率都增加了。

镍有 5 种自然产生的稳定同位素，其中^{58}Ni 和^{60}Ni 分别有 67.8% 和 26.2% 的自然丰度，而^{61}Ni、^{62}Ni 和^{64}Ni 总共约为 6.1%。在辐照开始时并没有自然的^{59}Ni 或^{63}Ni。辐照期间，在一个高热中子谱中，所有镍的同位素都会强烈嬗变，主要嬗变成下一个更高位同位素数的镍。^{59}Ni 的半衰期为 76000 年，它逐渐嬗变为^{60}Ni，同时^{58}Ni 的浓度持续地下降。因此，^{59}Ni 浓度在 4 × 10^{22} n/cm^2 热中子注量时上升到一个峰值，此时 59/58 同位素的比例达到峰值（约 0.04），然后下降，如图 8.61 所示。

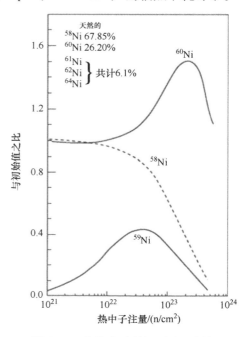

图 8.61 在热中子谱辐照过程中嬗变诱发的三个镍同位素的演化[62]

在这方面，热中子堆在低剂量和较低剂量率环境中产生了较多的氦气，与快堆相比，低剂量氦所诱发的肿胀在热中子堆中成了一个更大的潜在问题。图 8.62 所示为热中子堆中含

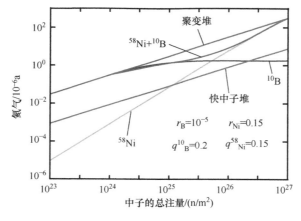

图 8.62 在热中子堆、聚变堆谱和快中子堆谱中，不锈钢的氦气集聚与中子注量的关系[27]

注：图中，r 是合金中 B 或 Ni 的摩尔分数；q 是图中所列同位素的初始分数。

有 ^{59}Ni 和 ^{10}B 的合金中的氦气产生率。注意：在低注量下，^{10}B 对氦气产生率的贡献占主导地位，而在较高注量下，^{58}Ni 的贡献占主导地位。为了比较，图中也显示了在快堆和聚变堆中同一合金的氦气集聚情况。注意：在聚变堆中氦气的集聚与在热中子堆中差不多，两者都比快堆中要高。

式（8.249）所示的两步反应还有另一个重要的后果。基于 γ 射线发射的 ^{59}Ni 反冲每次事件只产生了大约 5 个位移，而且通常也不显著增加位移的剂量。但是，同位素 ^{59}Ni 却经历了与热中子和共振（约 0.2keV）中子的三次强反应，其中两次是高放热反应，且会显著提升每个原子位移数 n_a（dpa）水平。以最高至最低的热中子截面排序，这些反应是产生 ^{60}Ni 的（n，γ）反应，然后分别是产生氦的（n，α）反应和产生氢的（n，p）反应。

即使是在热中子 - 快中子之比相对较低的情况下，上述反应序列也能够产生大量的氦气。例如，在压水堆的围 - 幅板组件中的 316 幅板螺栓，在沿其长度的方向上可能会经受到的 He 的摩尔分数与 n_a 之比约为 $(3 \sim 8) \times 10^{-6}$/dpa[61]，而在快堆中这个 He 的摩尔分数与 n_a 之比只为 $0.1 \sim 0.2 \times 10^{-6}$/dpa。在热化光谱中，后两个反应能迅速掩盖了在高中子能量下由镍引起的气体生成。^{59}Ni(n,α) 反应以 4.8MeV α 粒子形式释放了 5.1MeV 能量，其中大部分的能量损失是由导致了显著热能存积的电子损失造成的，但是每次事件只产生了约 62 个原子位移和一个承载着 340keV 能量的反冲 ^{56}Fe（这比大多数初级撞出原子的能量大得多），还产生了约 1700 次 ^{56}Fe 位移/每次事件。

图 8.63 所示为在高度热化的轻水谱中，在热中子 - 快中子比为 2.0 的条件下，对纯镍而言，dpa 随时间增加的一个例子。注意：图中由计算得到的增加只顾及了 ^{59}Ni（n，α）反应。作为 ^{59}Ni（n，p）和 ^{59}Ni（n，γ）反应的结果，还产生了 n_a 的额外增加，从而导致在达到约 40dpa 的计算剂量之前，因为三个 ^{59}Ni 反应就已经达到了约两倍的 n_a。

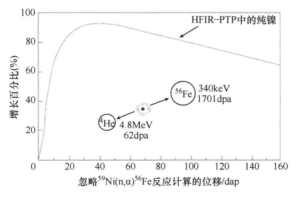

图 8.63 当纯镍处于 HFIR 测试堆周边的靶位置（这里热中子 - 快中子之比为 2.0）受到辐照时，因 ^{59}Ni 产生氦气的作用所造成 n_a 的增加[62]

已经观察到了 ^{59}Ni 的嬗变作用和位移过程之间联系的另一个更强有力的例子[62]。在重水慢化的反应堆（如 CANDU）中，堆芯内热中子 - 快中子比大约是 10，但是远离堆芯，该比值接近 1000。对远离堆芯运行了 18.5 年的高镍合金 X - 750 承压力弹簧检测后发现，它们发生了完全弛豫。由关于 ^{59}Ni 贡献的计算推论，完全的弛豫早在 3 ~ 4 年内就发生了，而不是基于不考虑 ^{59}Ni 的贡献计算所预测到的 650 ~ 700 年。所以，在这种情况下，^{59}Ni 贡献

了 n_a 损伤的近 95%。另外，计算还得出，在弹簧的中截面处，1.1×10^{-3}a 的氦气在开始的 3 年内就已经产生了，而当考察经过 18.5 年辐照暴露后的弹簧时发现，其中已产生了约 2×10^{-2}a 的氦气。图 8.64 所示为用于 CANDU 堆中 X-750 弹簧合金中 H、He 和位移损伤计算随注量变化的关系。注意，在寿命期末（约 4.5×10^{23} n/cm^2）的损伤水平约为 65dpa，其中近 62dpa 来自于 ^{59}Ni 的反冲，He 水平是 2.2×10^{-2}a（3.38×10^{-4}a He/dpa）且 H 水平是约 4.5×10^{-3}a（6.9×10^{-5}a/dpa）。这么高浓度的 He 和潜在的 H，势将造成合金中形成严重的气泡和肿胀。

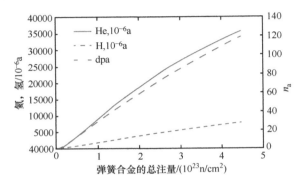

图 8.64　CANDU 堆中 X-750 弹簧合金的 He、H 和 dpa 的
产生量随注量的变化（由 CANDU 所有者提供）

^{59}Ni 的序列反应的另一个后果是由 γ 加热诱发的温度升高。在 ^{59}Ni 的峰值水平达到 4×10^{22} n/cm^2 时（见图 8.61），由高能（n，α）和（n，p）反应产生镍的核加热率分别是 0.377W/g 和 0.023W/g，这明显高出了天然镍约 0.03W/g 的中子加热水平。因此，^{59}Ni 峰值水平下的 γ 加热率必须加上镍的约 0.4W/g 核加热增加量。根据钢中的镍含量和 γ 加热的水平（这是厚板内部温度升高的主要原因），此种额外的加热贡献可能很大，也可能很小。

γ 加热也是热中子-快中子（T/F）比和中子通量的敏感函数，在 HFIR 试验堆的中心部位（这里 T/F 比约是 2.0），γ 加热率约为 54W/g。可是，在压水反应堆中，堆芯内部的奥氏体合金构件中的 T/F 比要低 2～10 倍，具体取决于其位置，而在围幅板组件中 γ 加热率是 1～3W/g。在此情况下，特别是对高镍合金而言，额外的 0.4W/g 核加热可能是对其总加热中重要的补充，但其补充的程度会随时间发生变化。

专用术语符号

　　a——点阵常数

　　$A_{v;i}^{X}$——空位或间隙原子被阱 X 的吸收率

　　B——气泡中单个气体原子所占据的体积

　　B_d——由式（8.184）$B_d = (z_i^d - z_v^d)/z_v^d$ 所定义的位错偏差项

　　C_{giL}——可滑移的 SIA 环的浓度

　　C_j——j 类型的浓度

　　C_j^0——j 类型的热平衡浓度

C_v^L——与一个位错环处于平衡的空位浓度

C_v^V——空洞表面的空位浓度

D_j——j 类型的扩散系数

D^c——由级联导致的扩散性展宽

D^e——由空位发射导致的扩散性展宽

D^s——由单个缺陷跳跃导致的扩散性展宽

E——能量

E_b^j——j 类型的结合能

E_f^j——j 类型的形成能

E_m^j——j 类型的迁移能

E_{vL}——空位与空位团簇的有效结合能

$E_*^{v,i}$——见式（8.167）所给出的定义

F_V——形状因子（对球形粒子，为 $4\pi/3$）

$g(R_c)$——式（8.216）定义的空位长大速率因子

G——自由能

G_0——理想点阵的自由能

ΔG——自由能的变化

ΔG_n^0——无间隙原子空洞形核的激活势垒

$\Delta G_n'$——有间隙原子空洞形核的激活势垒

H——焓，或者式（8.57）中的亨利定律常数

J——形核电流

k——玻耳兹曼常数

k_g^2——一维扩散中的 SIA 团簇的阱强度

k_X^2——阱 X 的阱强度

k_j^2——j 类型阱的总强度

k_{cl}^{eff}——团簇中的（和自由形式的）缺陷的有效产生率

K_j——j 类型的损失率

K_{iv}——空位 – 间隙原子复合率

k_j^{eff}——j 类型自由缺陷的有效生成率

K_0——缺陷的生成率

k_x^c——气体原子的重新溶解率

l——团簇至晶界的距离

L_j——j 类型阱的热发射率

m_i——间隙原子环中的间隙原子数

M——氦的浓度

M_x——x 气体原子的氦团簇

n——空洞中的空位数量

n_{cr}——一个临界尺寸空洞中的空位数量

n_k，n'_k——临界空洞核胚团簇尺寸

n_{vi}——空位和间隙原子数

N_{dj}——单个级联中产生的 j 类型缺陷的平均数

N_0——单位体积内的点阵位置数

N_R——单位体积内已经复合了的缺陷数

N_S——单位体积内消失于阱的缺陷数

p——气体压力

P_m——尺寸为 m 的空洞核胚的形核概率

Q——阱强度比

R——半径

r_c——复合体积的半径，或位错核心的半径，见式（8.245）

r_0——棱柱形位错环半径

R——空洞或气泡半径

R_g——晶粒半径

R_c——临界气泡半径

R_{cr}——临界空洞半径

R_{iv}——空位 – 间隙原子复合率

R_{max}——饱和空洞尺寸

R_0——平衡气泡半径

$\dot{R}$——半径变化速率，或长大速率

r_k，r'_k——临界空洞核胚半径

S——熵

S_j——j 类型缺陷的过饱和度

T——温度

V——体积

$\Delta V/V$——体积分量的份额

w_n——将尺寸为 n 的 $\rho^0(n)$ 个空洞从固体中除去可选的方法数

x——空洞中的气体原子数

$x_{vcl,icl}$——空位和 SIA 可滑移团簇的平均尺寸

z_v——空位的偏置因子

z_i——间隙原子的偏置因子

z_{iv}——空位 – 间隙原子复合的组合因子

Z——Zeldovich 因子

Z'——有间隙原子存在或承受应力的固体中的 Zeldovich 因子

α_j——j 类型缺陷的发射率

β——式（8.71）中定义的 $2\gamma\Omega/kT$

β_j——j 类型缺陷的吸收率

δ——空洞壳层的厚度

ε_i^g——可滑移团簇中间隙原子的份额

ε_j——损失于团簇的 j 类型缺陷的份额

ε_r——在级联冷却期间发生复合的 Frenkel 对的份额

Φ——注量或剂量

γ——表面能

γ_{SFE}——堆垛层错能

Λ——式（8.182）中被定义为 $(k_g{}^2/2)^{1/2}$

η——如式（8.117）中所定义

μ——剪切模量

μ_x—— x 类型缺陷的化学势

ν——泊松比

θ——如式（8.81）所示的表面与空洞切线的夹角

Θ——如式（8.98）所定义

ρ——空洞尺寸的分布

ρ_x——实体 x 的密度

σ_{icl}——SIA 环的交互作用截面

σ_{vcl}——空位环的交互作用截面

σ_h——静水应力

Σ_s——宏观的中子散射截面

τ——时间常数

Ω——原子体积

ξ——如式（8.15）所定义

ζ——如式（8.130）所定义

B——作为下标，代表气泡

cr——作为下标，代表临界尺寸

CP——作为下标，代表共格析出相

d——作为下标，代表位错

db——作为下标，代表位错偏置

g——作为下标，代表可滑移团簇或气体

gb——作为下标，代表晶界

g——作为下标，代表可滑移 SIA 环

hom——作为下标，代表均匀的

i——作为下标，代表间隙原子

icl——作为下标，代表 SIA 环

IP——作为下标，代表非共格沉淀析出相

j——作为下标，代表缺陷类别的代号

L——作为下标，代表位错环

N——作为下标，代表网络位错

pb——作为下标，代表生成偏置

s——作为下标，代表阱

v——作为下标，代表空位

V——作为上标或下标，代表空洞

vcl——作为下标，代表空位环

0——作为上标或下标，代表平衡

c——作为上标，代表级联

E——作为上标，代表空位发射

g——作为上标，代表可滑移的

L——作为上标，代表（缺陷）环

m——作为上标，代表尺寸为 m 的空洞核胚中的空位数

s——作为上标，代表单个的缺陷，或不可滑移的

*——作为上标，代表最小临界值

′——作为上标，代表存在间隙原子的情况下

习　题

8.1　在一个间隙原子的作用可以忽略（即 $\beta_i/\beta_v = 0$）的固体中：

① 试确定其临界空洞核胚的尺寸（用空位数和空洞尺寸表示）。

② 试示意说明其临界空洞核胚中的空位数随（i）温度、（ii）空位过饱和度、（iii）空洞表面能和（iv）间隙原子存在的变化。

③ 当存在惰性气体时，对①和②的回答将如何改变？

8.2　试确定500℃辐照下 316 不锈钢（$a = 0.3\,\text{nm}$，$\gamma = 1.75\,\text{J/m}^2$）中产生空位过饱和度达 10^3 的临界空洞核胚尺寸。

8.3　试推导式（8.40）。

8.4　试计算并画出不锈钢（$T_m = 1823\,\text{K}$）的相对空洞长大速率 $\dot{R}/\dot{R}_0$ 随 T/T_m 的变化，已知：$Q_f^v = 1.4\,\text{eV}$，$Q_m^v = 1.09\,\text{eV}$，$\rho_d = 10^{10}\,\text{cm}^{-2}$，$\Sigma_s = 0.3\,\text{cm}^{-1}$，$\phi = 10^{14}\,\text{n/(cm}^2 \cdot \text{s)}$，位移数/中子数 = 100，$z_{iv} = 30$，$z_i = 1.02$，$z_v = 1.00$，$a^3 = \Omega = 0.011\,\text{nm}^3$，$kT/2\gamma = 0.01\,\text{nm}^2$，$v = 10^{13}\,\text{s}^{-1}$。

不把空洞视为阱（$\rho_V \approx 0$）和析出相（$\rho_{CP} \approx 0$），也不把位错环视为阱（$\rho_L \approx 0$）。假设空位的扩散系数 $D_v = v a^2 \exp[-Q_m^v/(kT)]$，平衡的空位浓度 $C_v^0 = \Omega^{-1} \exp[-Q_f^v/(kT)]$，并假设空洞直径为50nm。

8.5　空腔的生长方程为

$$\frac{\mathrm{d}R}{\mathrm{d}t} = \frac{\Omega}{R}\left[D_v(C_v - C_v^V) - D_i C_i\right]$$

假设阱强度和温度较低，如果辐照剂量加倍，试回答空腔生长速率会发生什么变化？如果停止辐照，但试样仍保持在辐照时的那个温度下，试解释又会发生什么？

8.6　经受中子辐照后的固体导致了空洞的生成和长大。在时间 t_1，位错密度达到了 $10^9\,\text{cm}^{-2}$，此时所有直径为100nm的空洞密度为 $10^{14}\,\text{cm}^{-3}$，空洞的生长速率为零。可是，在没有热发射的情况下，该金属瞬间受到了应变，以至于其位错密度升高了10倍，而空洞长大速率增高到了 $8 \times 10^{-2}\,\text{nm/s}$。试确定，为了抑制空洞的长大，需要在什么方向施加多

大的静水应力？假设固体内无位错环，空洞也无气体。

8.7 已经发现，当受到快中子谱辐照时，纯镍对于空洞生长高度灵敏。在镍中除了空洞外还发现了位错环。Fe – 18Cr – 8Ni 不锈钢对空洞的生成不太敏感，发现了错排的 Frank 环，可是空洞也是存在的。随着不锈钢中镍含量的增加，对其进行了两项观察。发现空洞生成的敏感性下降了，而存在的空洞被富镍的壳层包围着。请利用如下信息，解释这几个观察到的结果。

$$\gamma/\gamma_{\mathrm{SFE}}\Big|_{\mathrm{NI}} < \gamma/\gamma_{\mathrm{SFE}}\Big|_{\mathrm{Fe}},\ R_{\mathrm{Ni}} < R_{\mathrm{Fe}}$$

元素	Cr	Fe	Ni
$\sigma_{\mathrm{eff}}(\mathrm{n},\ \alpha)$	0.20	0.23	4.20

8.8 试回答以下问题。

① 试解释肿胀与辐照温度关系呈现特征性钟形曲线的理由。

② 在下列情况影响下，曲线将如何变化，并说明为什么：（ⅰ）辐照前冷加工，（ⅱ）添加杂质，（ⅲ）晶粒尺寸。

③ 试解释为什么肿胀与蠕变会相互影响。

8.9 假设你正在为先进的增殖反应堆设计不锈钢的燃料包壳。你的目标是推迟空洞的形核并使空洞长大最小化。在包壳制造过程中，你可以控制的因素有：晶粒尺寸、冷加工程度、析出相的密度和钢的杂质含量。从设计的角度，你还可以在100℃的温度窗口内控制包壳的正常运行温度。

试使用空洞形核和长大理论，你可以怎样利用上述这五个参数来达到目标？回答应尽可能量化。

8.10 退火是从合金中排除辐照损伤的一个方法。对于具有位错环和空洞群体的不锈钢而言，试回答将钢在600℃退火数小时后将会发生什么。在叙述退火过程中的变化时，请说明相对的速率和变化的终点。

8.11 在没有气体原子的情况下，想要通过400℃下的热处理消除铜中的空洞。试计算，消除原始半径为5nm和30nm的空洞所需要的退火时间。铜的表面自由能为1.73J/m^2。

8.12 已知气泡中的气体原子数可以表达为 $m = (4\pi R^3/3)\rho_{\mathrm{g}}$，而气体原子密度 ρ_{g} 可表达为 $1/\rho_{\mathrm{g}} = B + [kT/(2\gamma)]R$，其中 B 是密集气体的极限。

① 证明伴随着同尺寸气泡集聚而增大的体积 $(\Delta V/V)_{\mathrm{final}}/(\Delta V/V)_{\mathrm{initial}} = \sqrt{2}$。

② 假设在 UO_2 中总的气体平衡可表达为 $YF't = mN$，其中，Y 为一次裂变事件中产生的惰性气体量，F' 为裂变速率密度，m 为每个气泡中的气体原子数，N 为气泡密度；并假设所有气体都在气泡内，试开发一个体积肿胀率的表达式，并说明它与燃耗时间的关系。

③ 请考虑以下两个问题：（ⅰ）气体会留在基体内吗？（ⅱ）气体会重新溶解吗？

参 考 文 献

1. Cauthorne C, Fulton E (1967) Nature 216:575
2. Jenkins ML, Kirk MA (2001) Characterization of radiation damage by transmission electron microscopy. Institute of Physics Publishing, Philadelphia
3. Adda U (1972) In: Corbett JW, Ianiello LC (eds) Proceedings of radiation-induced voids in metals, CONF-710601, USAEC Technical Information Center, Oak Ridge, TN, 1972, p 31
4. Olander DR (1976) Fundamental aspects of nuclear reactor fuel elements, TID-26711-P1. Technical Information Center, USERDA, Washington, DC
5. Mansur LK (1994) J Nucl Mater 216:97–123
6. Russell KC (1971) Acta Met 19:753
7. Powell RW, Russell KC (1972) Rad Eff 12:127
8. Katz JL, Wiedersich H (1972) In: Corbett JW, Ianiello LC (eds) Proceedings of radiation-induced voids in metals, CONF-710601, USAEC Technical Information Center, Oak Ridge, TN, 1972, p 825
9. Russell KC (1979) Acta Met 26:1615
10. Packan NH, Farrell K, Stregler JO (1978) J Nucl Mater 78:143
11. Wiedersich H, Katy JL (1979) Adv Colloid Interface Sci 10:33
12. Russell KC (1972) Acta Met 20:899
13. Katz JL, Wiedersich H (1973) J Nucl Mater 46:41
14. Semenov AA, Woo CH (2002) Phys Rev B 66:024118
15. Brailsford AD, Bullough R (1972) J Nucl Mater 44:121–135
16. Mansur LK (1978) Nucl Technol 40:5–34
17. Brimhall JL, Kissinger HE, Kulcinski GL (1972) In: Corbett JW, Ianiello LC (eds) Proceedings of radiation-induced voids in metals, CONF-710601, USAEC Technical Information Center, Oak Ridge, TN, 1972, p 338
18. Garner FA, Porollo SI, Vorobjev AN, Konobeev YuV, Dvoriashin AM (1999) In: Ford FP, Bruemmer SM, Was GS (eds) Proceedings of the 9th international symposium on environmental degradation of materials in nuclear power systems: water reactors, the minerals, metals and materials society, Warrendale, PA, p 1051
19. Garner FA (1984) Irradiation performance of cladding and structural steels in liquid metal reactors, chap 6. In: Frost BRT (ed) Materials science and technology, vol 10A, nuclear materials, part I. VCH, New York
20. Krasnoselov VA, Prokhorov VI, Koleskikov AN, Ostrovskii ZA (1983) Atomnaya Energiya 54(2):111–114
21. Garner FA, Bates JF, Mitchell MA (1992) J Nucl Mater 189:201–209
22. Brager HR, Garner FA (1979) Effects of radiation on structural materials the 9th international symposium, STP 683. America Society for Testing and Materials, Philadelphia, PA, 1979, pp 207–232
23. Dupouy JM, Lehmann J, Boutard JL (1978) In: Proceedings of the conference on reactor materials science, vol. 5, Alushta, USSR. Moscow, USSR Government, pp 280–296
24. Busboom HJ, McClelland GC, Bell WL, Appleby WK (1975) Swelling of types 304 and 316 stainless steel irradiated to 8×1022 n/cm^2, general electric company report GEAP-14062. General Electric Co., Sunnyvale
25. Seran LJ, Dupouy JM (1982) In: Effects of radiation on materials the 11th international symposium, STP 782. American Society for Testing and Materials, Philadelphia, PA, 1982, pp 5–16
26. Seran LJ, Dupouy JM (1983) In: Proceedings of the conference on dimensional stability and mechanical behavior of irradiated metals and alloys, vol 1, Brighton. British Nuclear Energy Society, London, 1983, pp 22–28
27. Mansur LK (1993) J Nucl Mater 206:306–323
28. Mansur LK (1978) J Nucl Mater 78:156–160
29. Mansur LK (1978) Nucl Technol 40:5–34
30. Woo CH, Singh BN (1990) Phys Stat Sol (b) 159:609
31. Golubov SI, Barashev AV, Stoller RE (2012) In: Konings RJM (ed) Comprehensive Nuclear Materials, 1.13. Elsevier, Amsterdam
32. Singh BN, Foreman AJE (1992) Philos Mag A 1992(66):975
33. Abromeit C (1994) J Nucl Mater 216:78–96
34. Singh BN, Eldrup M, Horsewell A, Earhart P, Dworschak F (2000) Philos Mag 80:2629

35. Brailsford AD, Bullough R (1973) J Nucl Mater 48:87
36. Brailsford AD, Bullough R (1972) British Rep AERE-TB-542
37. Dubuisson P, Maillard A, Delalande C, Gilbon D, Seran JL (1992) Effects of Radiation on materials the 15th international symposium, STP 1125. American Society for Testing and Materials, Philadelphia, PA, 1992, pp 995–1014
38. Brager HR, Garner FA, Guthrie GL (1977) J Nucl Mater 66:301–321
39. Wolfer WG, Foster JP, Garner FA (1972) Nucl Technol 16:55
40. Brailsford AD (1975) J Nucl Mater 56:7
41. Wolfer WG, Mansur LK (1980) J Nucl Mater 91:265
42. Allen TR, Cole JI, Gan J, Was GS, Dropek R, Kenik EA (2005) J Nucl Mater 341:90–100
43. Ghoniem NM, Walgraef DJ, Zinkle S (2002) Comput Aided Mater Des 8:1–38
44. Jager W, Trinkaus H (1993) J Nucl Mater 205:394–410
45. Woo CH, Frank W (1985) J Nucl Mater 137:7
46. Garner FA (1984) J Nucl Mater 122–123:459–471
47. Mansur LK, Yoo MH (1978) J Nucl Mater 74:228–241
48. Garner FA, Kumar AS (1987) Radiation-Induced Changes in Microstructure the 13th International Symposium, STP 955 (Part 1). American Society for Testing and Materials, Philadelphia, PA, 1987, pp 289–314
49. Garner FA, Brager HR (1985) J Nucl Mater 133–134:511–514
50. Gan J, Simonen EP, Bruemmer SM, Fournier L, Sencer BH, Was GS (2004) J Nucl Mater 325:94–106
51. Brailsford AD, Mansur LK (1981) J Nucl Mater 103–104:1403–1408
52. Shiakh MA (1992) J Nucl Mater 187:303–306
53. Sekio Y, Yamashita S, Sakaguchi N, Takahashi H (2014) J Nucl Mater 458:355–360
54. Singh BN, Zinkle SJ (1994) J Nucl Mater 217:161–171
55. Garner FA, Sekimura N, Grossbeck ML, Ermi AM, Newkirk JW, Watanabe H, Kiritani M (1993) J Nucl Mater 205:206–218
56. Mansur LK, Coghlan WA (1983) J Nucl Mater 119:1–25
57. Stoller RE, Odette GR (1985) J Nucl Mater 131:118–125
58. Evans JH (1978) J Nucl Mater 76–77:228–234
59. Trinkaus H (1983) Rad Eff 78:189–211
60. Johnson PB, Mazey DJ, Evans JH (1983) Rad Eff 78:147–156
61. Garner FA (2012) Radiation damage in austenitic steels. In: Konings RJM (ed) Comprehensive Nuclear Materials, 4.02:33. Elsevier, Amsterdam
62. Garner FA, Griffiths M, Greenwood LR, Gilbert ER (2010) In: Proceedings of the 14th international conference on environmental degradation of materials in nuclear power systems—water reactors. American Nuclear Society, 1344–1354

第9章
辐照下相的稳定性

　　辐照可能通过改变物相的稳定性而严重影响到它们在材料中的形成或溶解。辐照改变相稳定性最直接的方式是使溶质的局部富集或贫化，以致超越了其溶解度极限。然而，辐照也能通过反冲溶解把相溶解，产生反位缺陷导致无序化，还会引起异类相的形核和长大。在特殊条件下，辐照也可能导致亚稳相的形成，其中包括非晶化。由于合金的相结构会严重影响材料的物理和力学性能，对于工程材料而言，懂得辐照如何影响相稳定性是非常重要的。

9.1　辐照诱发偏聚和辐照诱发析出

　　在第4章讨论的辐照增强扩散（RED）和第6章讨论的辐照诱发偏聚（RIS）解释了辐照怎样增进合金中原子的传输，以及空位和间隙原子的流动与溶质和溶剂原子之间的耦合如何导致在缺陷阱（诸如自由表面、晶界、位错、析出相界面等）处溶质原子的富集或贫化。如果局部溶质浓度超过了溶解度极限，溶质的富集或贫化可能直接导致析出相的形成，或者如果溶质含量被降到溶解度极限以下，也会造成析出相的溶解。回忆一下 RIS 与温度变化的关系：在低温下，RIS 变得最小，这是由于此时缺陷可动性低而空位–间隙原子复合率高，限制了它们在阱处湮灭的数量；在高温下，高的平衡空位浓度导致了较快的"返回扩散"，从而限制了 RIS 的程度。可是，在中温下大量溶质原子参与了缺陷的流动，造成了阱处显著的偏聚。图 9.1 所示为 RIS 导致的溶质偏聚示意图，显示了 RIS 如何能导致阱处析出相的形成或溶解。溶质在阱处的富集（见图 9.1a）

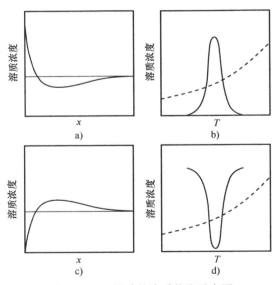

图 9.1　RIS 导致的溶质偏聚示意图

a）在阱处溶质的富集　b）其相应的溶质浓度被提升到高于溶解度极限　c）在阱处溶质的贫化　d）其相应的溶质浓度被下降到低于溶解度极限

可能局部地将局部浓度升高到溶解度极限（图 9.1b 中用虚线表示）以上。于是，过量的溶质可能以第二相的方式析出。如果第二相已经存在，则溶质的贫化（见图 9.1c）会导致那个相的局部溶解（见图 9.1d）。

　　本章补充资料可从 https：//rmsbook 2ed. engin. umich. edu/movies/下载。

作为曾在 6.1.2 小节描述过的辐照诱发析出相的生成和溶解的经典例子，图 9.2 和图 9.3 所示为 Ni - Si 和 Ni - Al 固溶合金中 RIS 的情况。溶质在阱中大量富集的结果就是第二相的析出。在 Ni - Si 系中相对于 Ni、Si 的尺寸较小，所以在辐照期间会在阱处富集（见图 9.2）。RIS 导致 Si 在 Ni 中偏聚到了远高于其溶解度的水平，从而生成了 γ' - Ni_3Si 析出相。Ni_3Si 在表面、晶界和位错环处析出。反过来，在 Ni - Al 系的情况，Al 原子的尺寸比 Ni 大，在辐照下 Al 在阱处贫化，如图 9.3 所示。因为 Ni - Al 合金起初是均匀的合金，其中 Al 含量低于 Al 的溶解度极限，故辐照的结果是在那些地方原有的析出相发生了溶解，辐照前并无析出相存在。可是，正如图 9.3 所示，在贫化区区域背后，Al 发生了富集，在远离阱界面的局部地方其富集的程度超出了溶解度水平，因而导致了在离晶界和位错环不远的亚表

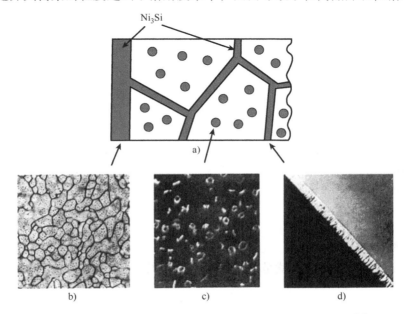

图 9.2　固溶的 Ni - 6Si 合金中 γ' - Ni_3Si 在缺陷阱处的形成[1]

a）整体形貌示意　b）表面涂层　c）晶粒内部的阱　d）晶界

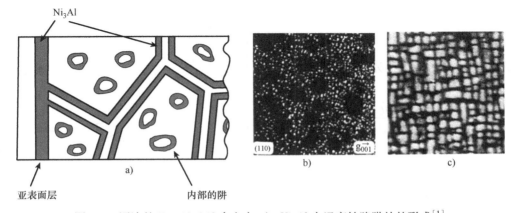

图 9.3　固溶的 Ni - 12.8Al 合金中 γ' - Ni_3Al 在远离缺陷阱处的形成[1]

a）整体形貌示意　b）γ' - Ni_3Al 的亚表面层　c）在远离位错环处 Ni_3Al 的形成

面层内有 Ni_3Al 析出。这两个例子都是由于 RIS 引起溶质的富集或贫化而导致固溶体内某个元素的含量越过了溶解度线的结果，这构成了辐照条件下相不稳定性的一个主要机制。

9.2　反冲溶解

碰撞级联期间发生的原子位移能以冲击的方式把析出相中的原子推送到周围的基体中，从而对析出相的溶解有所贡献。本节总结一下由 Nelson 等人[2]提出的有关析出相反冲溶解的模型（NHM）。如果固体中原子的位移速率为 $K_0\,dpa/s$，从析出相表面逸出的原子通量（每秒单位面积原子数）可写成 ζK_0。对半径为 r_p 的球形析出相粒子，其体积收缩率可写成

$$\frac{dV}{dt} = -4\pi r_p^2 \zeta K_0 \Omega \tag{9.1}$$

其中，Ω 是原子体积。

由溶质的反冲重溶引起的（析出相）溶解，受到由溶质原子向析出相扩散而导致的析出相长大的平衡。即便溶质正在析出相和基体之间进行着重新分布，溶质的总浓度 C 却是固定的，并可表达为

$$C = \frac{4}{3}\pi r_p^3 \rho C_p + C_s \tag{9.2}$$

其中，ρ 是析出相的密度，C_p 和 C_s 分别是析出相和基体中溶质的浓度。由于溶质流量引起的析出相长大速率为

$$\frac{dV}{dt} = \frac{3DC_s r_p}{C_p} \tag{9.3}$$

其中，D 是溶质的扩散系数。

于是，析出相的净长大速率就是由于反冲溶解［见式（9.1）］和由于溶质从固溶体的扩散［见式（9.3）］这两项之和，可写成

$$\frac{dV}{dt} = -4\pi r_p^2 \zeta K_0 \Omega + \frac{3DC_s r_p}{C_p} \tag{9.4}$$

将式（9.2）的 C_s 代入，可得

$$\frac{dV}{dt} = -4\pi r_p^2 \zeta K_0 \Omega + \frac{3DC r_p}{C_p} - 4\pi r_p^2 D\rho \tag{9.5}$$

再把式（9.5）写成径向长大定律，即

$$\frac{dr_p}{dt} = -\zeta K_0 \Omega + \frac{3DC}{4\pi r_p C_p} - r_p^2 D\rho \tag{9.6}$$

图 9.4 所示为正经受着辐照诱发溶解的析出相粒子的长大速率，表示出了式（9.6)的关系，可见对于小尺寸的析出相，长大速率为正，即粒子会长大；但

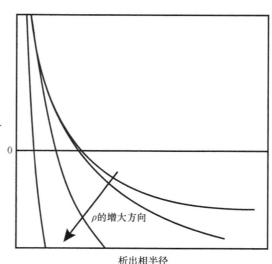

图9.4　正经受着辐照诱发溶解的析出相粒子的长大速率[2]

在较大尺寸时，其表面积变大了，析出相将溶解。对于长大速率恰为零的粒子尺寸，溶解与重新析出的过程互相平衡。注意：辐照的效应在于导致了一种逆向的粗化，其中与较大的粒子相比，较小的粒子更稳定，这与奥斯特瓦尔德（Ostwald）熟化的情况相反。

溶质浓度的分布可以采用一个单元模型加以确定，该模型假定所有析出相粒子尺寸相同，每一个析出相粒子都分别处在一个半径为 L 的基体单元之中，并满足 $(4/3)\pi L3\rho = 1$。在 Wilkes 模型[3] 中，重溶过程把溶质原子均匀地滞留在整个基体单元之中，它构成了扩散方程的稳态解中溶质的一个来源项。图 9.5 所示为析出相周围基体中的溶质来源项。扩散方程是 $\frac{\partial C}{\partial t} = D\nabla^2 C + \zeta K_0$，其边界条件是：在单元边界处（$r = L$）$\left.\frac{\partial C}{\partial r}\right|_{r=L} = 0$，在析出相表面的溶质浓度等于平衡浓度 $[C(r_p) = C_e]$，于是，浓度的分布 $C(r)$ 为

$$C(r) = C_e + \frac{\zeta K_0 r_p^2}{2\Omega D(L^3 - r_p^3)}\left[\frac{2L^3(r - r_p)}{rr_p} - r^2 + r_p^2\right] \tag{9.7}$$

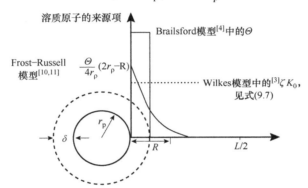

图 9.5 当发生辐照诱发重新溶解时，不同模型对于从析出相粒子逸出溶质原子来源项的处理结果

注：r_p 是析出相的半径，L 是粒子间距，R 是 Frost–Russell 模型[10, 11] 中的反冲半径，而 δ 是在 Brailsford 模型[4] 中环绕 r_p 粒子的壳层厚度。

图 9.6a 所示为式（9.7）所描述的浓度分布，表明溶质浓度由析出相边界 r_p 处开始上升并在接近单元边界 L 处变得平缓。稳态的单元边界浓度 $C(L)$ 可以被写成一个过量的浓度，即

$$\chi = \frac{2D\Omega}{\zeta K_0}\left[C(L) - C_e\right]$$
$$= L\frac{2(r_p/L) - 3(r_p/L)^2 + (r_p/L)^4}{1 - (r_p/L)^2} \tag{9.8}$$

图 9.6b 所示为析出相和单元的半径之比（r_p/L）的函数。注意：对于固定的单元尺寸，单元边界的浓度就开始上升，因为稳态的溶质过饱和度随着析出相表面积的增大而增大。当析出相尺寸变大，析出相表面将接近单元的壁，此时"返回扩散"变得越来越重要，导致了浓度的下降。大多数实际的情况是析出相的体积分数很小，所以析出相的尺寸分布处在图 9.6b 中曲线的左半边。其结果是在达到稳态之前，细小的析出相将经历一次溶质的净损失。

简单的 NHM 模型对来源项处理的一个改进是，假设粒子之间彼此相距相当远（即一个

粒子发生的溶解－重新析出不受其他粒子的影响），还假设重新溶解是在半径为 r_p 的粒子周围厚度为 δ 的壳层内以均匀的速率进行的（见图9.5）[4]。对于一个初始尺寸为 r_0 的析出相，其最终尺寸为

$$r_0^3 - r_p^3 = \frac{3\delta^2 r_p (3r_p + 2\delta)}{8\pi D\rho_p \left[(r_p + \delta)^3 - r_p^3 \right]} \left(-\frac{\Theta}{4\pi r_p^2} \right) \tag{9.9}$$

其中，Θ 是由重新溶解所引起的析出相体积的变化率。在此模型中，辐照的效应是使得析出相从其原始尺寸缩小50%[3]。注意：在 $\delta \to \infty$ 的情况下，则原始尺寸缩小到式（9.6）给出的结果。

这个结果可以与 Wagner[5]、Lifshitz 和 Slyosov[6] 描述的析出相热粗化行为做比较，即

$$\bar{r}_p^3 - \bar{r}_0^3 = \frac{8DC_e\gamma V_m^2 t}{9RT} \tag{9.10}$$

其中，$\bar{r}_0$ 是析出相的初始平均半径，C_e 是半径无限大的析出相中溶质的溶解度，V_m 是摩尔体积，γ 是粒子－基体界面能，而 R 是摩尔气体常数。把辐照诱发的重新溶解和辐照增强的扩散考虑进去，最大的稳定粒子尺寸[7-9]为

$$r_{max} = \left(\frac{3aD}{lfK_0} \right)^{1/2} \tag{9.11}$$

其中，a 是点阵间距，l 是级联的线性尺度，f 是溶解的溶质原子份额，而乘积 lf

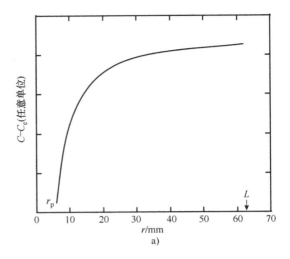

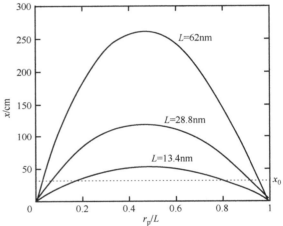

图9.6 由式（9.7）得到的基体中的稳态溶质浓度和由式（9.8）得到的稳态边界溶质浓度[3]
a）稳态溶质浓度 b）稳态边界溶质浓度

是由重新溶解引起的收缩[2]。如果开始时粒子大于最大的稳定尺寸，则最大的尺寸按式（9.12a）下降。

$$r_{max}(K_0 t) - r_{max}(K_0 t_0) = -lfK_0(t - t_0) \tag{9.12a}$$

如果开始时粒子比平衡的尺寸分布小得多，则粒子尺寸按式（9.12b）上升。

$$r_{max}^3(K_0 t) - r_{max}^3(K_0 t_0) = 9aD(t - t_0) \tag{9.12b}$$

注意：式（9.12b）与描述热粗化的式（9.10）相似。

对 Wilkes 单元模型的改进是为重新沉积的溶质提供一个来源项，它比让溶质在单元内（Wilkes[3]）或在壳层中（Brailsford[4]）均匀沉积更符合实际。Frost 和 Russell[10,11] 采用基体中反冲起动时的那个速率（它取决于离开析出相中心的距离 r），按式（9.13）对溶质在基体内重新沉积的速率进行模型化。

$$G(r) = \frac{\Theta}{4rR}[r_p^2 - (r - R)^2] \qquad (9.13)$$

其中，Θ 是每个原子的重新溶解比率，R 是反冲距离（见图 9.5）。用空间相关的来源项 $G(r)$ 对扩散方程求解，即

$$\frac{\partial C}{\partial t} = D\nabla^2 C + G \qquad (9.14)$$

$$C(r) = C_0 + \frac{\Theta}{48RD}[r^3 - r_p^3 - 4R(r^2 - r_p^2) -$$

$$6(r_p^2 - R^2)(r - r_p) - 3(r_p - R)(r_p + R)^3]\left(\frac{1}{r} - \frac{1}{r_p}\right) \qquad (9.15)$$

其中，C_0 是初始的溶质浓度，最大溶质浓度为

$$C_{max} = C_0 + \frac{\Theta R^2}{12D}\left(1 - \frac{R}{4r_p}\right) \qquad (9.16)$$

最大溶质浓度正比于重新溶解的速率，并略依赖于析出相尺寸。

不同尺寸粒子的反向粗化速率可以通过粒子附近扩散的计算来确定[10,11]。计算假定其单元边缘处的浓度就是平均的基体浓度，也不存在朝向或离开某个半径 r_m 的析出相溶质的净通量，可得

$$\frac{dr_p}{dt} = \left(1 - \frac{r_p}{r_m}\right)\frac{1}{r_p^2}\frac{L}{(L - r_p)}\frac{\Theta R^3}{48} \qquad (9.17)$$

此时，是否发生溶解取决于 r_m 的值。假设 $r_p \ll L$，初始析出相尺寸为 r_0，则

$$\frac{r_p^3(t)}{r_0^3} = 1 + \frac{t}{\tau_A}\left(r_p \ll r_m, \tau_A = \frac{48r_0^3}{\Theta R^3}\right) \qquad (9.18)$$

$$\frac{r_p^2(t)}{r_0^2} = 1 - \frac{t}{\tau_B}\left(r_p \gg r_m, \tau_B = \frac{24r_m r_0^2}{\Theta R^3}\right) \qquad (9.19)$$

$$r_p - r_m = (r_0 - r_m)\exp\left(-\frac{t}{\tau_C}\right)\left(r \cong r_m, \tau_C = \frac{48r_m^3}{\Theta R^3}\right) \qquad (9.20)$$

注意：当粒子尺寸小于 r_m 时，粒子尺寸与时间的关系为 $r_p^3 \propto t$，而当尺寸大于 r_m 时，则 $r_p^2 \propto t$。在所有情况下，当 R、r_0 和 r_m 都是 10nm 数量级时，τ 为 $10/\Theta \sim 100/\Theta$。在快中子反应堆条件的情况下，$\Theta \approx 10^{-7} s^{-1}$，所以 $10^8 s \leqslant \tau \leqslant 10^9 s$，这相当于 3～30 年。在重离子辐照下，$\Theta \approx 10^{-3} s^{-1}$，所以 $10^4 s \leqslant \tau \leqslant 10^5 s$。由于孕育期随 r^3 变化，较大的析出相粒子甚至需要更长的时间才会发生反向的粗化。因此，由反冲引起的重新溶解所导致的辐照诱发反向粗化，被认为只有在极长时间暴露以后才会发生。

如图 9.7 所示，用一系列图形简明地展示了随剂量增大，辐照对析出相稳定性的效应。辐照之前，析出相处于与基体溶质浓度 C_e 平衡的状态（见图 9.7a）。辐照导致了析出相表面的溶解和靠近界面的基体溶质浓度的增高，因为此时开始有溶质原子从析出相往外扩散出去了（见图 9.7b）。重新溶解与重新析出达到平衡，导致了稳态的浓度分布（见图 9.7c）。溶质局部的过饱和可能导致基体中新的析出相形核（见图 9.7d），或者如果析出相彼此间隔很宽，基体中的溶质达不到稳态所需的值，则析出相将继续溶解（见图 9.7e）。

想要确定一个相在辐照下的稳定性是很复杂的，因为它受到多个参数的影响，诸如位移

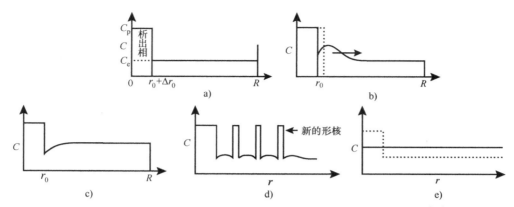

图 9.7 作为剂量的函数，辐照诱发的析出相溶解和析出过程示意图[12]
a) 未辐照态 b) 低剂量下表面的溶解 c) 稳态 d) 由于基体中局部的溶质过饱和所引发的
新析出相形核 e) 由于低的析出相密度而使析出相发生持续的溶解

速率、温度和阱强度等。通过对两个过程（弹道混合和辐照增强的互扩散）的考虑，可以得到对一个析出相稳定性的估算。这个问题已由 Abromeit 等人[13] 做了分析，在此综述如下：假定析出相是因弹道混合而被溶解的，其近似的速率为

$$R_m = \beta K_0 \Omega \tag{9.21}$$

其中，$K_0\Omega$ 是位移速率（dpa/s），β 是一个将位移速率与析出相的溶质损失联系起来的一个因子。类似地，由于辐照增强扩散导致的析出相形成或长大的速率为

$$R_g = \alpha \widetilde{D} \tag{9.22}$$

其中，α 是常数，而 $\widetilde{D}$ 是互扩散系数。这样，溶解度极限可以通过让两个过程相等而获得，即

$$\alpha \widetilde{D} = \beta K_0 \Omega \tag{9.23}$$

由第 5 章稳态的点缺陷平衡方程组及所定义的变量，可得

$$K_0 - K_{iv} C_i C_v - D_v k_s^2 C_v = 0$$
$$K_0 - K_{iv} C_i C_v - D_i k_s^2 C_i = 0 \tag{9.24}$$

其中，$K_{iv} = 4\pi r_{iv} D_i/\Omega$，而 $k_s^2 = 4\pi r_s C_s/\Omega$ 是阱强度。注意：在这个分析中对空位和间隙原子的阱强度不做区分。

当复合主导着缺陷的损失时，有

$$\widetilde{D} = A K_0^{1/2} D_i^{1/2} \left(\frac{\Omega}{4\pi r_{iv}}\right)^{1/2} \tag{9.25}$$

而当在阱处的缺陷湮灭主导时，$\widetilde{D}$ 与温度无关，可以写成

$$\widetilde{D} = \frac{A K_0}{k_s^2} \tag{9.26}$$

A 是一个描述通过空位或间隙原子的原子传输效率的常数。从式（9.25）和式（9.26）消去 $\widetilde{D}$，即可确定复合还是阱处湮灭为主导的两个区域的边界，可得

$$K_0 = k_s^4 D_i \left(\frac{\Omega}{4\pi r_{iv}}\right) \tag{9.27}$$

如图 9.8 所示，式（9.27）由一个平面 P_1 表示，它表示出了溶解度作为损伤率、温度和阱强度的函数。从式（9.23）和式（9.26）中消去 $\widetilde{D}$，得到临界的阱强度为

$$k_c^2 = \frac{A\alpha}{\beta\Omega} \qquad (9.28)$$

式（9.28）在图 9.8 中被表示为平面 P_2。最后，按照式（9.23）和式（9.26），一个与温度有关的边界将两相区域从单相区域分隔了开来，并给定

$$K_0 = \left(\frac{A\alpha}{\beta}\right)^2 \frac{D_i}{4\pi r_{iv}\Omega} \qquad (9.29)$$

式（9.29）在图 9.8 中表示为斜平面 P_3。析出相在 P_3 以下和 P_2 的左边是稳定的，由于扩散系数的增高和临界阱强度 k_c^2 数值的增大，代表着两相结构稳定性的区域大小随温度的升高而扩大。

式（9.21）中的 β 项简化为 $\beta = \beta_1 V_c/\Omega$，其中 β_1 是常数，V_c 是碰撞级联的体积，因而正比于级联半径 r_c 的三次方[13]。溶解在基体中的溶质由于级联而重新析出的过程受到互扩散的控制，包括菲克定律所给定的速率常数 $\alpha = 4\alpha_1/r_c^2$ 的影响，其中 α_1 是常数。把 α 和 β 的这些表达式代入式（9.28）和式（9.29）得到

$$k_c^2 = \frac{3\pi A\alpha_1}{\beta_1}\frac{1}{r_c^5} \qquad (9.30)$$

$$K_0 = \left(\frac{A\alpha_1}{\beta_1}\right)^2 \frac{3D_i\Omega}{4\pi^3 r_{iv}}\frac{1}{r_c^{10}} \qquad (9.31)$$

注意，临界阱强度和产率/温度关系均表现出与级联尺寸极强的相关性。这个模型被应用于在一定的温度和位移速率范围内受到 300keV Cu^{2+} 辐照的 Cu – 48Ni – 8Fe 合金的情况。图 9.9 所示为初级反冲速率随 $1/T$ 的变化，显示了两相结构的辐照诱发溶解。注意，对于辐照诱发溶解随温度的增强，存在一个临界的位移速率。图中画出的一条线是式（9.31）与数据的最佳拟合，由此得到的级联半径约为 2.7nm。

总之，辐照诱发溶解是影响析出相稳定性的关键过程。辐照引起了析出相外表面的重新溶解，然后相结构的演化由重新溶解和重新析出速率的相对快慢所决定。从本质上说，相的稳定性受到固体中动力学过程的控制。除了溶解，相的稳定性还受到辐照诱发无序化的影响，具体内容见 9.3 节所述。

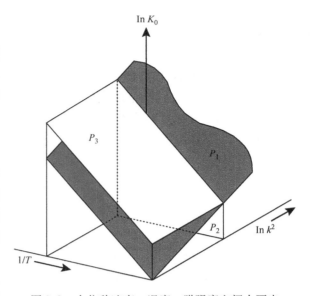

图 9.8　在位移速率 – 温度 – 阱强度空间中画出的受到辐照的析出相稳定性图[13]

注：平面 P_1 把复合与湮灭区域分隔开来，析出相在斜平面 P_3 以下并一直到 P_2 的左边是稳定的。

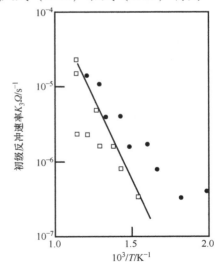

图 9.9　受到 300keV Cu^{2+} 辐照的 Cu – 48Ni – 8Fe 合金中两相结构的稳定性[13]

注：实心圆表示两相结构的辐照诱发无序化，而空心方块表示无辐照效应。直线是式（9.31）的最佳拟合。

9.3 辐照无序化

9.2 节介绍的 NHM 模型最初是既为反冲溶解又为无序化溶解而研发的。本节中，无序化是指由于辐照而导致的长程有序的缺失。在无序化的情况，假设位移发生在表面的一个厚度为 l 的壳层内，并通过向基体的扩散而损失溶质原子。同时，假设实际上这些溶质原子只有一部分（f）溶解在基体中了。定义 $\xi = lf$ 作为溶解参数，于是式（9.1）中的溶解速率成为

$$\frac{\mathrm{d}V}{\mathrm{d}t} = -4\pi r_{\mathrm{p}}^2 \xi K_0 \tag{9.32}$$

由于存在无序化溶解，析出相尺寸的变化速率为

$$\frac{\mathrm{d}r_{\mathrm{p}}}{\mathrm{d}t} = -\xi K_0 + \frac{3DC}{4\pi r_{\mathrm{p}} C_{\mathrm{p}}} - r_{\mathrm{p}}^2 D\rho \tag{9.33}$$

除了第一项外，式（9.33）与式（9.6）一样。Russell[14] 指出，因为 $l \approx 10\mathrm{nm}$，故 $f \approx 1$，$\xi = lf \approx 10\mathrm{nm}$。将这个值与描述反冲溶解的式（9.6）中相应的那一项（其中 $\zeta\Omega \approx 10^{-4}\mathrm{nm}$）比较，表明无序化溶解速率比反冲溶解高得多，所以无序化溶解是更为有效的过程。结合图 9.4 可知，对效率较高的无序化溶解而言，稳定的析出相尺寸将更低。

辐照是通过产生空位、间隙原子和反位缺陷而使合金无序化的，此时原子被重新定位于"互补的位置"，破坏了合金的有序度。但是，只要扩散得以发生，无序的合金将回到其平衡状态。事实上，由辐照产生的高浓度空位和间隙原子可以通过辐照增强扩散推进有序化过程。由此可见，辐照导致发生了两个相反的过程：无序化和有序化。Liou 和 Wilkes[15] 从 Bragg - Williams 关于原子排列在两个亚点阵 α 和 β 中的二元合金长程有序度的定义出发，描述了合金因辐照而发生的有序度变化速率。长程有序度参数被定义为

$$S = \frac{(f_{\mathrm{A}\alpha} - X_{\mathrm{A}})}{(1 - X_{\mathrm{A}})} \tag{9.34}$$

其中，$f_{\mathrm{A}\alpha}$ 是 A 原子处在一个 α 阵点位置的概率，X_{A} 是 A 原子的原子占比。当 $S = 1$ 和 $S = 0$ 时，合金分别为完全有序和完全无序。

在辐照条件下，有序化速率可以被写成辐照诱发无序化与热重新有序化之间的竞争，即

$$\frac{\mathrm{d}S}{\mathrm{d}t} = \left(\frac{\mathrm{d}S}{\mathrm{d}t}\right)_{\mathrm{irr}} + \left(\frac{\mathrm{d}S}{\mathrm{d}t}\right)_{\mathrm{th}} \tag{9.35}$$

辐照引起的无序化速率可写成

$$\left(\frac{\mathrm{d}S}{\mathrm{d}t}\right)_{\mathrm{irr}} = -\varepsilon K_0 S \tag{9.36}$$

其中，ε 是无序化效率，或者是复位与移位原子之比，在中子辐照条件下数量级为 $10 \sim 100$。

热驱动的有序 - 无序转变可写成一个化学反应式，其中处于错误点阵位置上的 A 和 B 原子被交换成了处于正确位置上的 A - B 原子对，即

$$(\mathrm{A} - \mathrm{B})_{\mathrm{wrong}} \underset{K_{\mathrm{w}}}{\overset{K_{\mathrm{c}}}{\rightleftharpoons}} (\mathrm{A} - \mathrm{B})_{\mathrm{correct}} \tag{9.37}$$

其中，速率常数 K_{c} 和 K_{w} 为

$$K_c = \nu_c \exp\left(\frac{-U}{kT}\right) \tag{9.38a}$$

$$K_w = \nu_w \exp\left(\frac{-U + V_T}{kT}\right) \tag{9.38b}$$

其中，U 是反应的能垒和激活能，V_T 是当错误的 A - B 原子对转换成正确的 A - B 原子对时能量的下降，而 $\nu_{c,w}$ 则分别是正确和错误原子对的频率因子。化学反应速率方程的解给出了如下用平衡有序参数 S_e 表示的有序参数与时间 t 的关系，即

$$\frac{(1 - S)}{(1 - S_e)} = \coth(k_0 t + y) \tag{9.39}$$

其中，y 是常数，而 k_0 是由式（9.40）定义的速率常数。

$$k_0 = \left[\nu_v C_v \exp\left(\frac{-E_{mO}^v}{kT}\right)(Z_\alpha + Z_\beta - 2) + \nu_i \sigma C_i \exp\left(\frac{-E_{mO}^i}{kT}\right)\right]\left(\frac{X_A}{X_B}\right)^{1/2} \times$$

$$Z_\beta \exp\left(\frac{-V_O}{2kT}\right) \tag{9.40}$$

其中，$2\nu_v = (\nu_c \nu_w)_v^{1/2}$ 和 $3\nu_i = (\nu_c \nu_w)_i^{1/2}$ 分别是空位和间隙原子交换的频率因子，E_{mO}^v 和 E_{mO}^i 是空位和间隙原子为有序化而动迁的能量，Z_α 是一个 β 位置最近邻的 α 位置数，而 Z_β 含义相反，其中 α 和 β 指的是两个亚点阵，σ 是计及反应途径数量和它们概率的一个参数，X_A 和 X_B 分别是 A 和 B 原子的摩尔分数。V_O 是有序化的激活能，$V_O = AV$，其中 A 与晶体结构有关（对于 fcc，$A = 6$；对于 bcc，$A = 14$），而 $V = V_{AB} - (V_{AA} + V_{BB})/2$，其中 V_{XY} 项是相应原子对的能量。热致有序参数对时间的微分可写成[15]

$$\left(\frac{dS}{dt}\right)_{th} = \frac{k_0(1 - S)}{(1 - S_e)} - (1 - S_e)k_0 \tag{9.41}$$

对式（9.35）[其中各项由式（9.36）和式（9.41）给出]的稳态解为

$$S = 1 + \varepsilon K_0 - \frac{(1 - S_e)}{2k_0}\left(\varepsilon^2 K_0^2 + 4k_0^2 + \frac{4k_0 \varepsilon K_0}{(1 - S_e)}\right)^{1/2} \tag{9.42}$$

Liou 和 Wilkes[15] 将式（9.42）作为温度和剂量率的函数应用于 AuCu₃ 系统。正如预想的那样，在任意温度下提高剂量率的效果是有序度的下降（见图 9.10）。还有，对任意一个给定的剂量率而言，温度升高导致较大的有序度。显示辐照与温度对合金有序度的竞争效应的另一个方法如图 9.11a 所示。这里，S_e 的平衡值是 1.0，但合金正处于观察到的有序度 $S_{observed} < S_e$ 的状态。低温下，缺陷的可动性受限，辐照的效应是使合金无序化。而在高温下，辐照的效应却是增加

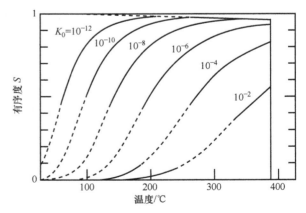

图 9.10　不同剂量率辐照下 Cu₃Au 的稳态长程有序度[15]

缺陷的可动性，使合金的有序度向处于初始态以上但并不完全平衡状态平衡值靠近。这就是说，在高温下辐照助推了有序化。图 9.11b 所示的例子进一步说明了这个行为，那是发生在

一个固溶体合金中从无序的 α 相向有序的 α' 相的一级转变。在辐照条件下，有序相在低温下成得无序，如图 9.11c 所示转变回 α 相。由于无序化的程度取决于剂量率，在较高剂量率下，图 9.11c 中相图的相区形状将发生变化。相区与剂量率的依赖关系示意如图 9.11d 所示，其中有序相区随剂量率升高而持续地收缩。

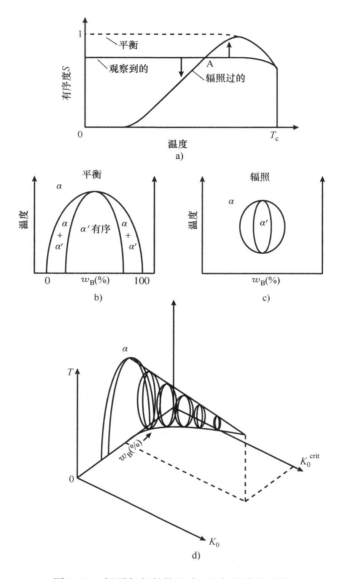

图 9.11　辐照与相结构有序/无序的关系示意

a）辐照对一个并不处于平衡有序 Se 状态下的相结构的有序参数随温度变化关系的影响

b）显示由无序 α 相向有序 α' 相一级相变的平衡相图　c）辐照导致的相图改性，反映了 a 图中给出的有序度变化　d）"辐照改性的相图"与剂量率的变化

由辐照诱发的无序化所导致的相图变化，构成了一种"辐照改性的相变"，因为无序化可以改变合金的相结构。有序态是固体自由能最小化的原子排布。于是，辐照诱发的无序化

将固体的自由能提高到了平衡值以上。因此，在辐照下，合金中相邻相之间可能达到一个新的自由能平衡。图 9.12 所示为当辐照诱发了金属间化合物 β 相的自由能升高而导致了一个部分无序 β′ 相的形成时，由自由能曲线的公切线决定的 α 和 γ 相成分会如何发生变化。注意：虽然有序的 β 相处在与成分为 C_A 的 α 相平衡的状态，但是辐照诱发的部分无序化使 β 相的自由能增高到了 β′，现在，处于与 α 和 β′ 相平衡的 A 的浓度是 C'_A。进一步的辐照可能导致完全无序化的 β″

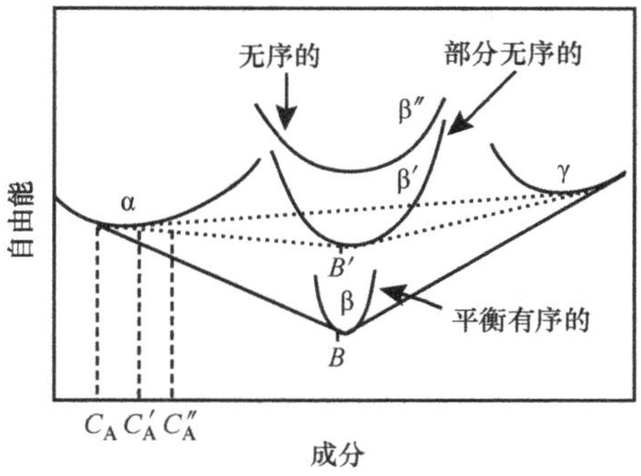

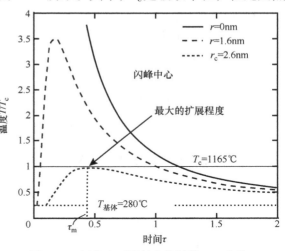

图 9.12 一个具有有序金属间化合物 β 的合金相图示意，由于辐照使得自由能升高而发生向 β′ 的部分无序化，以及向 β″ 的完全无序化转变[14]

相，因而不形成其他的相。注意：有序 - 无序转变的能量一般在 0.1 ~ 0.6eV/a 范围内[16]。

辐照对有序化的作用也可以借助于级联的热闪峰模型（3.3 节和 10.2.4 小节中讨论）加以理解。在级联核心内的能量密度可以达到让该区域出现类似液体那样结构的程度。Wollenberger[12] 测定了级联内在离闪峰中心不同距离处的温度随时间的变化（其中温度用无序化温度 T_c 做了归一化），对 Ni 得到的结果如图 9.13 所示。其中，r_c 是级联半径，在此处热闪峰期间的任何时刻温度都恰好达到无序化温度，对本例而言，$r_c = 2.6$nm。于是，可假设在此半径以内区域的温度超过 T_c 因而导致级联中心的无序化。据推测，级联的外部区域温度低于 T_c 但空位密度高，因而将发生重新有序化。事实上，当一个新级联的壳层与有关老级联的无序区域重叠时，剩余的无序度将下降，从而导致每个级联的无序化效率随辐照通量增加而降低。这种重叠过程的结果是，即使在高辐照通量下，长程无序参数也不会完全消失。

在空位不可动的低温下，某些系统中辐照诱发的无序化可能非常迅速地发生。例如，NiAl$_3$ 相 （DO$_{11}$） 在辐照下极不稳定[17]，室温下受到 500keV Kr 达到 2×10^{14}i/cm^2 剂量后就成为无序了[18]。另外，Fe$_3$Al （bcc）和 FeAl （bcc - B2） 在剂量达到 40dpa 的 2.5MeV Ni$^+$ 辐照后仍只发生了部分无序化[19]。因此，在合金的有序 - 无序转变反应中，除了剂量，还有有序因素起着作用。

图 9.13 闪峰内不同径向位置处，一次热闪峰的温度随时间的变化

9.4 非共格析出相形核

辐照能在合金中诱发析出相的形成。在辐照条件下，析出相的形核和长大可以被表达为由于溶质高度过饱和而发生的空位和间隙原子之间的化学效应。溶质过饱和提供了反应的驱

动力。Maydet 和 Russell[20] 为辐照下球形非共格析出相的长大开发了一个模型，在此对该模型进行介绍。

析出相用两个变数表征：溶质原子数 x 和过量的空位数 n，n 是由析出相导致位移的基体原子数与 x 的差。原子体积比基体（相）大的析出相必然会有 $n>0$，以便缓解应变能，而原子体积较小的析出相必然会有 $n<0$。析出相的行为用它在坐标为 n 和 x 的相空间内的运动来描述，很像在第 7 章和第 8 章中对位错环和空洞的处理。图 9.14 所示为析出相可以怎样通过俘获溶质原子 β_x、空位 β_v 或间隙原子 β_i，或者通过发射溶质原子 α_x 或空位 α_v 而在相空间内运动。粒子在相空间内运动的速度，等于溶质或缺陷的补充频率乘以跳跃的距离，即

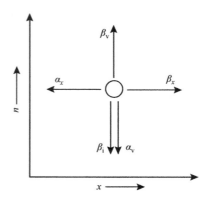

图 9.14　在 (n, x) 相空间中，显示着导致析出相不同运动轨迹的各个过程[20]

$$\dot{x} = \beta_x(n,x) - \alpha_x(n,x) \tag{9.43}$$

$$\dot{n} = \beta_v(n,x) - \alpha_v(n,x) - \beta_i(n,x) \tag{9.44}$$

β_x、β_i、β_v 是由缺陷和溶质的浓度和扩散系数决定的，而 α_x、α_v 以如下方式确定。

和空洞的形核一样，对大于某个尺寸的析出相的长大而言，存在着一个能垒，以致小于此尺寸的析出相将彼此保持平衡并以相同的速率长大和缩小。这就是说，过量的 $(n, x-1)$ 析出相粒子增加一个溶质原子而成为 (n, x) 粒子的过程被一个相反的过程所平衡。这对于过量的 $(n-1, x)$ 粒子增加一个空位而成为 (n, x) 粒子的过程同样适用。于是，(n, x) 粒子的平衡数量为

$$\rho_p^0(n,x) = \frac{1}{\Omega_m}\exp\left(-\frac{\Delta G_p^0(n,x)}{kT}\right) \tag{9.45}$$

其中，Ω_m 是基体相的原子体积，$\Delta G_p^0(n, x)$ 是由 n 个基体空位与 x 个溶质原子形成析出相的自由能。$(n, x-1)$ 粒子与 (n, x) 粒子之间的平衡可以写成

$$\beta_v(n-1,x)\rho_p^0(n-1,x) = \alpha_v(n,x)\rho_p^0(n,x) \tag{9.46}$$

$$\beta_x(n,x-1)\rho_p^0(n,x-1) = \alpha_x(n,x)\rho_p^0(n,x) \tag{9.47}$$

将式（9.45）代入式（9.46）和式（9.47），并将 $\Delta G_p^0(n, x)$ 用微分代替，可得

$$\alpha_v(n,x) \approx \beta_v(n,x)\exp\left[\frac{1}{kT}\frac{\partial \Delta G_p^0(n,x)}{\partial n}\right] \tag{9.48}$$

$$\alpha_x(n,x) \approx \beta_x(n,x)\exp\left[\frac{1}{kT}\frac{\partial \Delta G_p^0(n,x)}{\partial x}\right] \tag{9.49}$$

其中，式（9.46）和式（9.47）中的 $\beta_v(n-1, x)$ 和 $\beta_x(n, x-1)$ 随 n 和 x 只发生缓慢的变化，所以已经用它们在 (n, x) 处的值取代了。

当含有过饱和溶质和空位的固溶体形成一个析出相时，自由能的变化可表示为

$$\Delta G_p^0 = -nkT\ln S_v + (36\pi\Omega^2)^{1/3}\gamma x^{2/3} - xkT\ln S_x + \frac{\Omega E x\left(\delta - \dfrac{n}{x}\right)^2}{9(1-\nu)} \tag{9.50}$$

其中，S_v 和 S_x 分别是空位和溶质的过饱和度，Ω 是析出相的原子体积，$\delta = (\Omega - \Omega_m)/\Omega_m$，$\gamma$ 是基体 – 析出相的界面能，E 是弹性模量，ν 是泊松比，其余变量如前已定义。前两项与式（8.17）给出的由空位过饱和生成空洞的表述相同，其中第一项来自于空位过饱和而第二项是界面能的贡献（与在聚合体内置换空位数的溶质原子数有关）。第三项反映了溶质过饱和度的作用（类似于空位过饱和度），最后一项则计及了与无应力条件（由 $\delta = n/x$ 给定）相比，由空位的过量或不足而导致的弹性（体积）应变能。将式（9.48）和式（9.49）中的 $\alpha_v(n,x)$ 和 $\alpha_x(n,x)$ 代入式（9.43）和式（9.44）得到

$$\dot{x} = \beta_x(n,x) - \alpha_x(n,x) = \beta_x(n,x)\left[1 - \exp\left(\frac{1}{kT}\frac{\partial \Delta G_p^0}{\partial x}\right)\right] \tag{9.51}$$

$$\dot{n} = \beta_v(n,x) - \alpha_v(n,x) - \beta_i(n,x) = \beta_v(n,x)\left[1 - \frac{\beta_i(n,x)}{\beta_v(n,x)} - \exp\left(\frac{1}{kT}\frac{\partial \Delta G_p^0}{\partial n}\right)\right] \tag{9.52}$$

其中，根据式（9.50），有关指数的自变量可确定为

$$\frac{1}{kT}\frac{\partial \Delta G_p^0}{\partial x} = -\ln S_x + \frac{2Ax^{-1/3}}{3} + B\left(\delta^2 - \frac{n^2}{x^2}\right) \tag{9.53}$$

$$\frac{1}{kT}\frac{\partial \Delta G_p^0}{\partial n} = -\ln S_v - 2B\left(\delta - \frac{n}{x}\right)$$

$$A = \frac{(36\pi\Omega^2)^{1/3}\gamma}{kT}$$

$$B = \frac{\Omega E}{9kT(1-\nu)} \tag{9.54}$$

在 (n,x) 空间内，析出相的行为可以通过在 (n,x) 空间内构建"结点线"加以描述，沿那条线处的 $\dot{x}$ 和 $\dot{n}$ 各自被取为零，即

$$n = x\left\{\delta + \frac{1}{2B}\ln\left[S_v\left(1 - \frac{\beta_i}{\beta_v}\right)\right]\right\}, \quad \dot{n} = 0 \tag{9.55}$$

$$n = x\delta\left(1 + \frac{2A}{3B\delta^2 x^{1/3}} - \frac{1}{\delta^2 B}\ln S_x\right)^{1/2}, \quad \dot{x} = 0 \tag{9.56}$$

在 (n,x) 空间内，结点线在一个临界点处会聚并交叉，在超过该点后它们又发散了（见图9.15）。同时求解式（9.55）和式（9.56）可得到临界点 (n^*, x^*) 为

$$x^* = -\frac{32\pi\gamma^3\Omega^2}{3(\Delta\phi)^3} \quad \text{或} \quad r_p^* = -\frac{2\gamma\Omega}{\Delta\phi} \tag{9.57}$$

$$n^* = x^*\left\{\delta + \frac{1}{2B}\ln\left[S_v\left(1 - \frac{\beta_i}{\beta_v}\right)\right]\right\} \tag{9.58}$$

其中，x^* 和 r_p^* 通过 $x^* = \frac{4\pi r_p^2}{3\Omega}$ 联系起来，而因辐照而修正了的自由能可表示为

$$\Delta\phi = -kT\ln\left\{S_x\left[S_v\left(1 - \frac{\beta_i}{\beta_v}\right)\right]^\delta\right\} - \frac{kT}{4B}\left\{\ln\left[S_v\left(1 - \frac{\beta_i}{\beta_v}\right)\right]\right\}^2 \tag{9.59}$$

图9.15是为 $\delta > 0$ 的情况而构建的，即相对溶质而言，空位是过量的。在此条件下，高于 $\dot{n} = 0$ 线的区域内包含着过量的空位，它们发射的趋势大于俘获的趋势，因而将导致生成 $\dot{n} < 0$ 的析出相；或者说会发生收缩。对 $\dot{x} = 0$ 的结点线的情况正相反，此时富含空位的析出

相将通过俘获溶质而降低其应变能，导致 $\dot{x}>0$ 并有助于析出相的长大。正如上所述，粒子是否长大是由它处在临界点所定义的坐标系象限确定的。析出相处在象限 1 中将长大，处在象限 3 中则缩小，而处于象限 2 和 4 的粒子的行为取决于俘获项的数值。处在结点线之间的析出相不能逃逸（不会消失，只会长大或缩小，尺寸有变化）。若 $x>x^*$，则析出相将长大；若 $x<x^*$，则析出相缩小。一般说来，辐照将使 $\delta>0$ 的析出相趋于稳定，而使 $\delta<0$ 的粒子失稳。注意：$\delta<0$ 的不稳定情况意味着 $\Delta\phi>0$，这只会在式（9.59）的第一项为正时才可能发生，因为只要 $\beta_i/\beta_v<1$，第二项就总

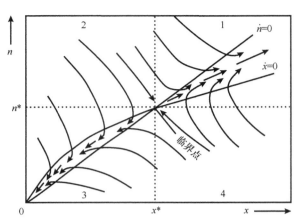

图 9.15　在 (n, x) 相空间内，一个在辐照条件下（具有比基体相原子体积大）的"超尺寸"非共格析出相是否长大的结点线、临界点和析出相轨迹[20]

是负的。从物理学的角度看，这意味着因为有净的空位到达析出相，那些需要空位使自己长大的析出相，也就是相对溶质而言，空位是过量的（$\delta>0$）"超尺寸"的析出相将因为辐照而得以稳定化。

对于"小尺寸（$\delta<0$，相对溶质而言，空位是欠量的）"的析出相，它要从一个并无过高应变能的、只是稍有过饱和的固溶体中长大，粒子就必须将空位发射到基体中。在没有过量空位的情况下，这很容易做到，因为空位以相同的速率到达和离开，界面既不长大也不缩小，不难使空位净流出而实现粒子的长大。在辐照下，空位的发射速率不变，但到达速率却上升了几个数量级。所以，几乎不可能达到空位的净发射。相反，将在溶质稍有过饱和的面内存在溶质原子的净增益。因此，过量的空位会使"小尺寸"析出相失稳。同样的讨论也被用于理解"超尺寸"析出相的稳定化。

式（9.59）中给出的势函数具有自由能的某些性质。它可以预测一个给定尺寸的析出相在辐照下是否稳定，也提供了稳定析出相的最小尺寸。如果没有辐照产生的过量空位，式（9.59）中的 $\Delta\phi$ 成为 $\Delta\phi=-kT\ln S_x$，这就是 Gibbs-Thompson 方程。辐照的效果是将析出相的有效自由能曲线纵向移动了 $\delta kT\ln[S_v(1-\beta_i/\beta_v)]$。如果 $\Delta\phi<0$，大于 x^* 的析出相将是稳定的；如果 $\Delta\phi>0$，所有析出相都将缩小（见图 9.16）。对于这个合金而言，θ 相是热稳定的，而 ψ 相不是。凭借着 δ 符号的影响，辐照的效果是使得 θ 相（$\delta<0$）失稳而让 ψ 相

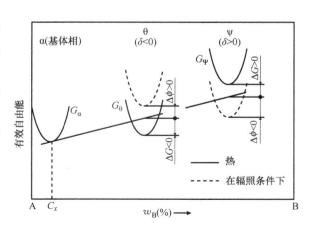

图 9.16　在析出相为热稳定（θ）和热不稳定（ψ）的情况下，显示辐照对非共格析出相稳定性的影响的示意相图[21]

（δ > 0）稳定。注意：稳定性的次序被辐照颠倒过来了，以致 θ 相将溶解而 ψ 相将析出。辐照下 ψ 相的析出是在欠饱和固溶体内发生辐照诱发析出的一个例子。

由于辐照而诱发的析出相形核率也可估算。形核率是指每单位时间和体积内长大并超过一个确定的 x 值的析出相核胚的数目[22]。在稳态条件下，形核通量与 x 无关，在任意一个 x 值时形核率可给定为

$$J_p(x) = \sum_{n=-\infty}^{\infty} [\beta_x(x)\rho_p(n,x) - \alpha_x(n,x)\rho_p(n,x+1)] \tag{9.60}$$

由于应变能的影响，当 n 值较大时，求和迅速收敛。图 9.17 所示为辐照下的 Al − 2Ge 系中形核率如何随空位和溶质的过饱和度变化而变化。正如预想的那样，形核率随 S_x 和 S_v 的增大而增大，但对 S_x 更灵敏。图 9.17a 表明，过量的空位只对析出相形核有巨大的作用。过量的空位将形核率从无穷小提高到一个得以导致高密度析出相的高数值。图 9.17b 表明，过量溶质的效应则是使形核率多少降低了一些，但是与空位引起的巨大增强相比，下降的程度是小的。因此，辐照成了一个工具，可用来产生一些本来无法获得的新相，也可用来避免生成一些本来稳定的相。

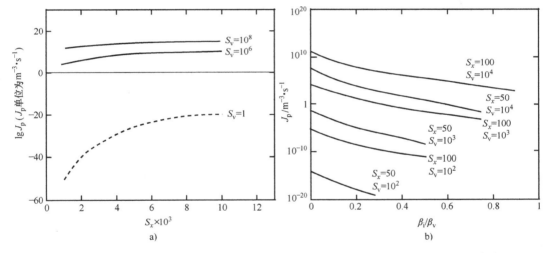

图 9.17　辐照下的 Al − 2Ge 系中形核率如何随空位和溶质的过饱和度变化而变化[21]

a）基于 27℃下 Ge 在 Al 中的固溶体，在不同的空位过饱和度水平下形核率随溶质过饱和度的变化

b）基于 127℃下 Ge 在 Al 中的固溶体，在几个不同水平溶质和空位过饱
和度的条件下，间隙原子 − 空位到达率之比对形核率的影响

9.5　共格析出相形核

9.4 节的分析适用于由于辐照使非共格析出相从固溶体的析出。本节考虑由于辐照使共格析出相的析出。两者的差别在于析出相表面点缺陷的行为。正如第 8 章所示，非共格析出相的行为像空洞，其中的缺陷可被吸收和发射。可是，共格析出相的界面起着缺陷陷阱的作用，以致缺陷保持着其本性。共格析出相的这一特点使得在确定析出引起的自由能的变化时，可以把二维（n，x）的问题简化成为一维（x）的问题。正如所 Russell[14] 总结的那样，

Cauvin 和 Martin[23] 把辐照下析出相尺寸的准平衡分布 $\rho'(x)$ 描述为

$$\frac{\rho'(x)}{\rho'(x+1)} = \frac{\rho^0(x)}{\rho^0(x+1)} B(x) \tag{9.61}$$

其中，$\rho^0(x)$ 是不存在辐照所产生缺陷的情况下平衡的尺寸分布，而 $B(x)$ 被定义为

$$B(x) = \frac{\beta_v(x)[\rho_v(x) + \rho_n(x)] + \beta_i(x)[\rho_i(x) + \rho_n(x)]}{[\beta_v(x) + \beta_i(x)]\rho_t(x)} \tag{9.62}$$

其中，$\rho_i(x)$ 是含有被俘获间隙原子的团簇数，$\rho_v(x)$ 是含有被俘获空位的团簇数，$\rho_n(x)$ 是没有被俘获缺陷的团簇数，而 $\rho_t(x) = \rho_i(x) + \rho_v(x) + \rho_n(x)$。$B(x)$ 是到达析出相而却并未导致缺陷湮灭的溶质的份额。由于热和辐照而发生变化的溶解度由 $C_{irr} = C_0 B(\infty)$ 联系了起来。除了平衡的自由能，还有一个准自由能 $\Delta G'(x)$，它由准平衡的析出相尺寸分布给定为

$$\frac{\rho'(x)}{\rho'(x+1)} = \exp\left(\frac{1}{kT}\frac{\partial \Delta G'}{\partial x}\right) \tag{9.63}$$

正如在未被辐照的固溶体中那样，如果 $G(x)$ 有最大值，就存在亚稳的条件，那么在辐照状态下为了达到亚稳态 $G'(x)$ 就必须有个最大值。已知 $\rho^0(x) = \exp[-G^0(x)/(kT)]$，则式（9.63）可改写为

$$\frac{\partial G'(x)}{\partial x} = \frac{\partial \Delta G^0(x)}{\partial x} + kT\ln B(x) \tag{9.64}$$

$B(x)$ 有两种形式，取决于 σ 项的符号，而 σ 被定义为

$$\sigma = \frac{1 - \dfrac{p_i}{p_v}}{1 - \dfrac{\beta_i}{\beta_v}} \tag{9.65}$$

其中，$p_{i,v}$ 是一个特殊的俘获位置被一个间隙原子或空位占据的概率。无论是其中的何种情况，随着 x 的增大，B 值都会接近一个常数，对于较大的 x，也以类似的方式变化，即

$$\frac{\partial \Delta G^0(x)}{\partial x} = -kT\ln S_x \tag{9.66}$$

而式（9.64）可写成

$$\frac{\partial G'(x)}{\partial x} = -kT\ln S_x + kT\ln B(x) \tag{9.67}$$

图 9.18 所示为式（9.64）在辐照下对不同 σ 值的固溶体准自由能表达式中的各项。当 $\sigma < 0$ 时，如果 $-kT\ln B_\infty > -kT\ln S_x$，则解将是亚稳的（见图 9.18a）。当 $\sigma > 0$ 时，则对 $\partial G_0'(x)/\partial x = 0$ 的解可能有 0、1 或 2 个根。如果有 0 个根，则固溶体是稳定的。如果有 1 个根，解是亚稳的（见图 9.18b）。但是在 2 个根的情况下（见图 9.18c），解在 x^{**} 值以下是亚稳的，析出相绝不可能长到大尺寸。注意，在此模型中，辐照总是会降低固溶度。

表 9.1 列出了欠饱和二元合金中的辐照诱发析出。注意：析出相可能以多种粒子类型、并在很大的温度（T）和剂量率（G）范围内发生。这两个变量之间的关系是重要的（见图 9.18d、e）。图 9.18d 所示曲线是几个欠饱和的 Ni-Si 固溶体合金在 1MeV 电子辐照条件下得到的，并用实心圆点勾画出了 γ'-Ni_3Si 相从固溶体析出的区域。图 9.18e 所示为 Al-Zn 合金中固溶度随剂量的变化。与无辐照时的固溶度极限虚线相比，随着剂量率的增大，Al-Zn 合金中 GP 区富 Zn 的团簇需要在更高的温度下生成。这两个例子表明，在析出相并

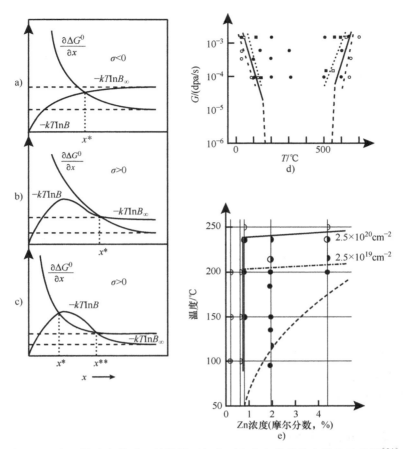

图 9.18 由于缺陷在粒子 – 基体界面复合而发生变化的稳定性的示意图[24]

a）$\sigma < 0$，1 个根　b）$\sigma > 0$，1 个根　c）$\sigma > 0$，2 个根[23]　d）在 1MeV 电子辐照下欠饱和的 Ni – Si 固溶体中，
Ni$_3$Si，γ'相的析出行为与剂量率 – 温度的关系（- - - 代表 Ni – 6% Si，—— 代表 Ni – 4% Si，

……代表 Ni – 2% Si　e）Al – Zn 相图中在一定的 Zn 浓度范围内，随着 1MeV 电子辐照剂量的增加，
富 Zn 团簇或 GP 区稳定温度的提高［偏右边（或左边）的半圆点表示高（或低）辐照通量的数据；
实心（或空心）圆点记号表示发生（或不发生）辐照诱发析出；虚线是无辐照情况下稳定性的极限］

不热稳定的温度下，对欠饱和固溶体实施辐照，可以导致析出。它们也表明了在辐照诱发析出时温度和剂量率之间的强烈耦合作用。

表 9.1 欠饱和二元合金中的辐照诱发析出[24]

合金	辐照粒子	析出相	形貌
MgCd	e$^-$	Mg$_3$Cd	—
AlZn	n	βZn	均匀析出
	e$^-$	GP 区和 β Z$_N$	均匀析出
AlAg	e$^-$	（100）Ag 富集片	均匀析出
NiBe	N$^+$	βNiBe	间隙原子位错环处
	e$^-$	βNiBe	均匀析出和间隙原子位错环处

（续）

合金	辐照粒子	析出相	形貌
NiSi	n	$\gamma'Ni_3Si$	间隙原子位错环处
	Ni^+	$\gamma'Ni_3Si$	间隙原子位错环处
	e^-	$\gamma'Ni_3Si$	间隙原子位错环处
	H^+	$\gamma'Ni_3Ni$	共格，由缺陷产生的不均匀性所触发
NiGe	e^-	$\gamma'Ni_3Ge$	在空腔和位错线处
CuBe	e^-	GP 区	均匀析出
	Cu^+	γ	在级联处
PdMo	Cu^+	Mo	在位错环处
PdFe	H^+	$\gamma'Pd_3Fe$	在位错环处
PdW	H^+, N^+, e^-	bcc W	在位错环处
WRe	n	WRe_3, $W-Re$	均匀析出
FeV	e^-	尚未被鉴定	均匀析出
FeCr	e^-	尚未被鉴定	均匀析出
各种三元系	n, 离子, e^-	成分发生变化	—

总而言之，辐照可以通过多种过程影响相的稳定性：溶质的富集或贫化、析出相的重新溶解、析出相的无序化、辐照诱发的非共格和共格析出相的形核。辐照也能诱发一些在平衡条件下并不稳定的相或亚稳相的形成。亚稳相的形成在9.6节中讨论。

9.6 辐照诱发析出举例

本节将列举包括铁素体 - 马氏体钢和奥氏体不锈钢中辐照诱发析出的几个实例。这些例子的块体来自提供了局部成分（而不是晶体结构）信息的原子探针层析（APT）试样。通常，一旦局部成分超过了相界就会发生不同相的析出，所以析出的早期阶段应当更确切地被称为溶质的团簇化，即只是局部成分发生了溶质富集，但尚未达到形成明显相的程度。因此，在本节中，此种区域一般都指的是溶质团簇，除非不同的相已经被明确地鉴别了。

9.6.1 铁素体 - 马氏体钢

铁素体 - 马氏体（F - M）钢是快中子堆围护、导管，以及轻水堆替代核心结构部件的候选材料。它们含有质量分数为9% ~ 12%的 Cr 和若干少量的合金元素，设计用于高温下的抗蠕变性能。在辐照下形成的析出相对合金成分非常灵敏，如图9.19所示，该图显示了400℃下经过2MeV质子辐照达7dpa剂量后，在原子探针尖端试样内生成的团簇图像。注意：合金T91中形成了富 Cu 和富 Ni/Si 的团簇，但因为钢的 Cr 含量低而未见富 Cr 相。在含 Cr 较多的HCM12A 和 HT9 合金中观察到了富 Cr 团簇的形成。Cu 的质量分数为1.02%的 HCM12A 中形成了富 Cu 的团簇/析出相，但是 Cu 的质量分数为0.04%的 HT9 中并没有富 Cu 的团簇/析出相。可是，这三个合金中均形成了富 Ni/Si 的团簇，因为它们的 Ni 和 Si 含量相似。

团簇倾向于在微观组织中存在的缺陷处非均匀地形核，这些缺陷起着点缺陷阱的作用，

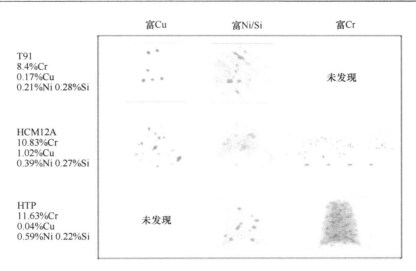

图 9.19　T91、HCM12A 和 HT9 合金在 400℃ 下经 2 MeV 质子辐照达 7dpa 剂量所诱发的
富 Cu、富 Ni/Si 和富 Cr 团簇[25]

因而它们也是辐照诱发偏聚的场所。图 9.20 所示为 Ni/Si 团簇形核的一些实例：在 HT9 的晶界上（见图 9.20a）、在 HCM12A 的位错环和位错线上（见图 9.20b）、HT9 中存在的碳化铬相上（见图 9.20c）。HCM12A 合金在 400℃、相对低的 3.5MeV Fe^{2+} 辐照剂量（3.5dpa）下就开始生成了富 Cu 团簇，并随后辐照持续至 5MeV Fe^{2+}，又有富 Ni/Si 的团簇形成（见图 9.21）。这现象是令人惊讶的，因为在这些相似成分的合金中，需要超过 100dpa 的剂量才能产生可以在 TEM 中观察到的空洞。对图 9.21 更细致的检视表明，形成富 Ni/Si 和富 Cu 团簇的位置是相互关联的，如图 9.22 所示。事实上，富 Ni/Si 团簇好像是在早先形成的富 Cu 团簇上形成的。富 Cr 团簇形成得较慢，因而它们的密度低得多，尺寸也很小。

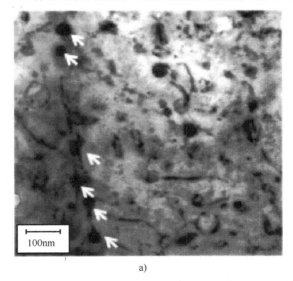

100nm

a)

图 9.20　Ni/Si 团簇或析出相与各种显微组织阱的"联结"
a）460℃ 下经受 Fe^{2+} 辐照至 188dpa 的 HT9 合金中在晶界处[26]

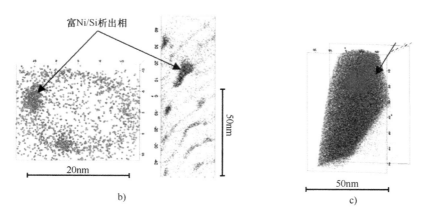

富Ni/Si析出相

50nm

20nm

b)

50nm

c)

图 9.20　Ni/Si 团簇或析出相与各种微观组织阱的"联结"（续）

b）400℃下经受质子辐照至 7dpa 的 HCM12A 合金中的位错环和位错线　c）500℃下经受 Fe^{2+}
辐照至 250dpa 的 HT9 合金中在 $Cr_{23}C_6$ 碳化铬析出相粒子

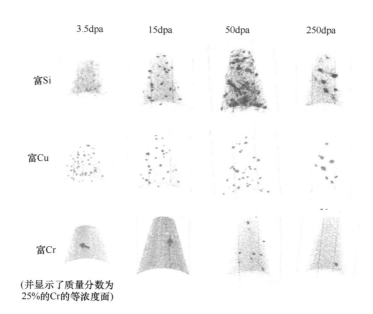

| | 3.5dpa | 15dpa | 50dpa | 250dpa |

富Si

富Cu

富Cr

（并显示了质量分数为
25%的Cr的等浓度面）

图 9.21　400℃下经受 5MeV Fe^{2+} 辐照，从 3.5dpa 到 250dpa 的 HCM12A
合金中（Ni/Si，富 Cu 和富 Cr）团簇/析出相的演变与剂量的关系

随着剂量增大，团簇的密度和尺寸一开始都增加，随后密度下降但尺寸继续增大。
图 9.23 所示为 400℃辐照条件下 T91 和 HCM12A 合金中这样的粗化过程。正如预想的那样，
温度升到 500℃导致了较大的团簇但密度较低（见图 9.23b）。直到剂量增高至 250dpa 以上，
团簇还在发生变化。事实上，不只是团簇的尺寸和密度，它们的成分和结构也都在改变。
图 9.24 所示为 400℃下辐照剂量分别达到 15dpa 和 250dpa 时在 T91 合金中富 Ni/Si/Mn 团簇
的例子。注意，在 15dpa 剂量时团簇还相当稀疏，在团簇核心处的成分仅达到约 20% Ni -
20% Si 以及很少量的 Mn。这样的成分下，它好像只是一个富 Ni/Si 的团簇而不是一个特别

的相。可是，到了250dpa剂量时，团簇的成分已经是18% Mn – 52% Ni – 24% Si，这十分接近于G相（$Mn_6Ni_{16}Si_7$）的成分，TEM中的电子衍射也证实了它的G相结构。因此，点缺陷阱处辐照诱发偏聚（RIS）导致了溶质富集的团簇，其后团簇又演变成了特别的相。

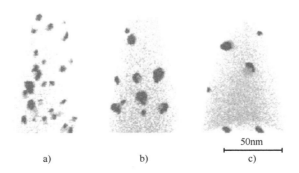

a)   b)   c)

图9.22   在不同温度下经受2MeV质子辐照到达不同剂量的HCM12A合金中富Ni/Si/Mn和富Cu团簇/析出相[27]

a）400℃下达7dpa剂量   b）500℃下达7dpa剂量   c）在500℃下经受Fe^{2+}辐照至50dpa

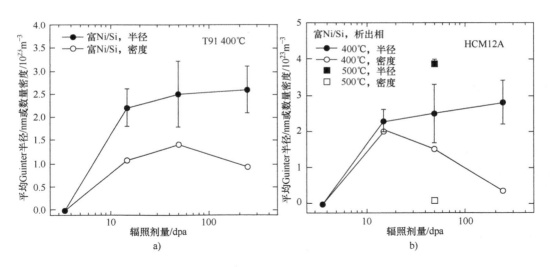

图9.23   在不同温度下经受5MeV Fe^{2+}辐照至250dpa的不同合金中，富Ni/Si团簇尺寸和数量密度随辐照剂量的演变

a）400℃下的T91合金   b）400℃和500℃下的HCM12A合金

在极高剂量（≥250dpa）下，辐照诱发了一个富Cr相的生成。图9.25所示为M2X析出相明场TEM照片，它们在一定的晶体学惯习面上析出。

9.6.2 奥氏体不锈钢

奥氏体不锈钢内的辐照诱发析出也有多种方式，十分类似于FM钢。形成的常见析出相是G相（$Mn_6Ni_{16}Si_7$），γ'（Ni_3Si）和富Cu的团簇。图9.26所示为商业纯的304不锈钢在360℃下经受2MeV质子剂量达10dpa的辐照导致了Ni、Si和Cu向诸如位错环这样的较大团簇偏聚。在存在的位错环处观察到了数量密度很高的Ni/Si和Cu团簇。在如此的低剂

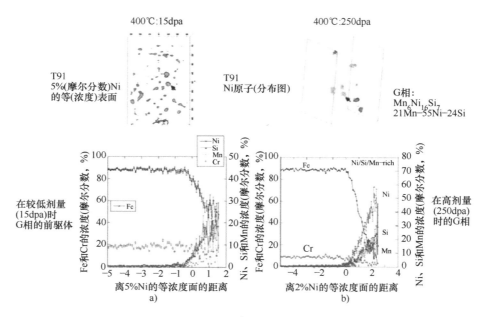

图 9.24　400℃下经受 5MeV Fe^{2+} 辐照到 15dpa 和 250dpa 的 T91
合金中富 Ni/Si/Mn 团簇成分随辐照剂量的演变

a）15dpa　b）250dpa

量下，团簇只是溶质浓度增高了的区域而不是分离的相，因为它们的浓度还很低。较高剂量（46dpa）的辐照大大提高了 Ni 和 Si 浓度并形成了 G 相，正如 TEM 中的电子衍射所证实的那样[29]。由 Jiao 和 Was[30] 首先观察到的 Cu 团簇在当时是未曾预想到的，就好像是在 Cu 含量较高（质量分数为 0.42%）的该合金某炉次中出现过的情况。

与 8.3.10 小节中谈到的空洞的情况类似，缺陷阱的存在造成了很大的空位和间隙原子浓度分布梯度，越是靠近阱处，过饱和程度就越低。因此，析出的驱动力被降低了，在这些阱的周围形成了剥蚀区。图 9.27a 所示为在 360℃下辐照至 5dpa 的 HP304 + Si

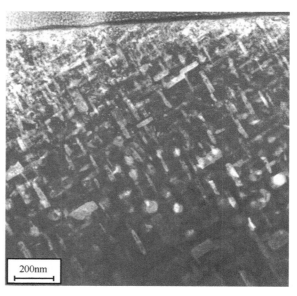

图 9.25　460℃下经受 5MeV Fe^{2+} 辐照至 450dpa
的 HT9 合金中形成的富 Cr 的 M2X 析出相明场 TEM 照片

钢中的一条晶界，该处发生了富 Ni/Si 团簇的剥蚀。图 9.27b 所示为在 400℃下辐照至 7dpa 的 HCM12A 钢中一个碳化铬粒子周围的剥蚀区。注意：在此情况下，在相界附近，富 Ni/Si 和富 Cr 的析出相都被剥蚀了。

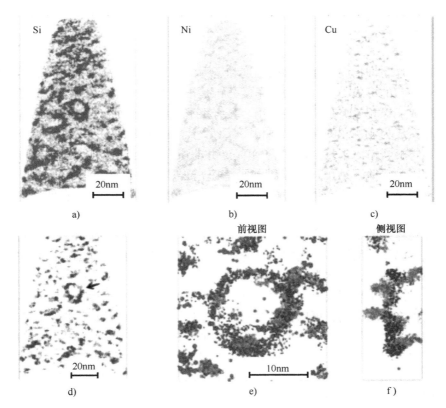

图 9.26 360℃下经受 2MeV 质子辐照达 10dpa 剂量的商业纯 304 不锈钢 APT 针尖
试样中的 Si、Ni 和 Cu 的原子分布图[28]

a）Si 的原子分布图 b）Ni 的原子分布图 c）Cu 的原子分布图 d) ~ f）经过滤的原子分布图

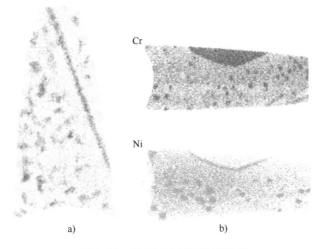

图 9.27 富 Ni/Si 团簇的剥蚀区

a）在 360℃经受 2MeV 质子辐照剂量达 5dpa 的高纯度 304 不锈钢 + Si 钢中的晶界附近[30]

b）在 400℃经受 2MeV 质子辐照剂量达 7dpa 的 HCM12A 钢中的碳化铬 – 基体相界面附近[25]

9.7 亚稳相

因为亚稳相这个词指的是在通常的温度和压力条件下自由能高于稳定相的相，所以为了解释辐照下亚稳相的形成，先以热力学角度分析是很自然的。实验结果似乎已经表明，热力学对于判断形成亚稳相趋势具有重要作用。具有很窄溶解度范围和复杂晶体结构的金属间化合物是通过相变成为亚稳相的首要候选相[19]。另外，由辐照诱发的缺陷增多引起的自由能变化也给热力学解释增添了复杂性[31]。可是，并非所有的相变都可以在纯粹的热力学基础上得到解释，因为辐照下的固体通常都与平衡态离得很远。辐照可以被认为与淬火过程相似，其中原子的排布在本质上是在碰撞事件之后的弛豫期间被确定的。在低温下，动力学受到制约，复杂的晶体结构不太容易形成。辐照一般产生固溶体、简单的立方结构或非晶态结构。可是，亚稳体系的结构会受到体系平衡态性质的影响。那些有着许多金属间化合物的合金体系将生成非晶相，而没有金属间化合物的合金常显示生成固溶体的倾向。在原子可动性变得重要的高温条件下，则常常会形成平衡相。

亚稳相可以由中子辐照或离子辐照、离子注入及离子束混合而生成。各种离子辐照技术诱发的相变过程之间的区别，可以提供对制约亚稳相形成机制的认识。例如，在离子辐照实验中，辐照的主要结果是对点阵施加的损伤。可是，在离子注入中，注入离子的不同类别也对靶材提供了化学成分的改变。离子束混合实验则是为了通过快速改变膜层块体的成分以远离平衡状态而发生相变。辐照生成的亚稳相通常由四种类型的相变产生[32]：①有序 – 无序转变；②晶体结构转变 A→B；③晶体结构 A→准晶结构；④晶体结构 A→非晶结构。前三种会在本节扼要讨论，而非晶化将在9.8节中讨论。想要了解有关亚稳相形成更详细的资讯，读者可参阅参考文献［33］。

9.7.1 有序 – 无序转变

在9.3节中曾讨论过有序 – 无序转变及其在相稳定性中的作用。可是，辐照诱发的无序也跟亚稳相的生成有关。事实上，人们相信许多化合物在电子辐照下发生非晶化之前先经历了化学无序化的过程。Luzzi 和 Meshii[34] 展示了经受辐照的 32 种化合物，它们全都发生了化学无序化，而其中 15 种被非晶化了。他们得出的结论是，辐照诱发的化学无序化为非晶化提供了驱动力，并引用纯金属中难以形成非晶结构的事实来支持这一观点。无序化与非晶化之间的关联也取决于辐照的条件，特别是辐照粒子的质量，以及损伤是通过 Frenkel 对（电子辐照）还是在级联过程（重离子辐照）中被引入的。有序 – 无序转变焓与晶体 – 非晶转变焓之间的比较表明，$\Delta H_{O-D} \approx 5\Delta H_{c-a}$[16]。所以，事实上，无序化的焓变可能足以诱发非晶化。无序化对启动非晶化转变的作用将在9.8节中讨论。

9.7.2 晶体结构转变

大量实例表明，在离子辐照下发生了从一种晶体结构向另一种晶体结构的转变。最简单的一个例子是在辐照下纯镍金属从 fcc 向 hcp 的转变。研究发现，这样的转变在各种不同种类粒子的辐照期间发生，包括中子、化学惰性元素诸如 He 和 Ar、类金属 P 和 As，还有自辐照[35]。对 P 注入的高纯 Ni 的观察[36] 揭示了 hcp 新相和 fcc 基体相之间存在类似于 fcc→

hcp 马氏体相变的取向关系。这让人相信，此时 Ni 中发生的确实是马氏体相变。TEM 检验显示，对于注入 Sb 的 Ni，在超过注入深度达 20nm 的地方有 hcp 粒子，但是直到深度为 130nm 处还存在 "去通道化"，这表明缺陷的分布在结构转变中起着作用。

离子辐照也被发现在铁基奥氏体合金中诱发了 bcc 与 fcc 之间的相变[37]。最有说服力的例子是在注入 $3 \times 10^{16}/\text{cm}^2$ 的 160keV Fe^+ 后，304 不锈钢中发生了 fcc→bcc 转变。虽然这样的注入剂量只使合金的 Fe 摩尔分数增高了约 1%，而其名义成分的 Fe 的摩尔分数为 67%，但 fcc→bcc 的结构转变还是发生了。两者之间的取向关系既不是 Kurdjumov - Sachs，也不是 Nishijima - Wasserman 关系（它们是在离子辐照的钢中[37]常见的关系），而遵循如下关系，即

$$(100)_{\text{bcc}} \| (100)_{\text{fcc}}, [010]_{\text{bcc}} \| [011]_{\text{fcc}} \qquad (9.68)$$

Follstaedt[38]认为，发生的转变并不一定是马氏体相变，但是辐照导致的缺陷浓度及其扩散速率都得以增高，可能与这种结构转变有关。还应当指出，这种转变在本质上与 Ni 在辐照下发生的转变不同，后者是从亚稳态向平衡结构的转变，而在 Ni 无辐照的情况下，发生的是从平衡的 fcc 结构向亚稳的 hcp 结构的转变。

合金的生成热对于是否形成亚稳相可能有很强的影响。图 9.28 所示为几个二元金属体系的辐照诱发固溶度随生成热 ΔH_{f} 的变化。样品是多层形式的，在 77K 下受到了 400keV Kr^+ 离子的轰击。所有体系的 ΔH_{f} 均为正值，这意味着在热平衡条件下，在这些体系的各组元之间没有或者只存在有限的可混性。注意：具有相同结构组元的那些体系，以及具有不同结构组元的体系的数据点，都处在光滑的曲线上。在 $\Delta H_{\text{f}} \approx 12\text{kJ/mol}$ 的范围内，两条曲线都从完全（100%）的固溶度快速下降到了 15% 以下。可是，即便在 ΔH_{f} 的数值很大时，固溶度仍不为零。

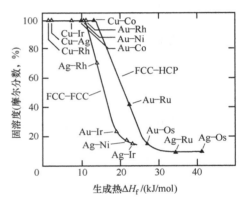

图 9.28 具有正生成热的二元金属体系的辐照诱发固溶度[39]

在辐照增强的扩散低得足以保持过饱和固溶体相温度的情况下，亚稳固溶体也可以通过位移混合的机制而生成。对多层 Ag - Cu 靶的离子束混合形成了跨越相图的连续亚稳固溶体系列。尽管 Cu - Ag 系是一个具有相当低互溶度的简单共晶相图，辐照还是产生了一个亚稳的、跨越了整个 Cu - Ag 系成分的 fcc 结构单相固溶体[40]。因为离子束混合主要是在固态下进行的，诸如 Ag - Ni 的几乎完全不互溶的体系中也可实现宽成分的固溶体。即便是在 Au - Fe 和 Au - V 二元系中，它们分别表现为具有大的溶解度间隙和几个金属间化合物相的较复杂相图，在离子束混合期间，在富 Fe 和富 V 端的固溶体处还是形成了 bcc 结构，即跨越两个体系成分的亚稳固溶体[41]。在所有情况下，固溶体的点阵参数都随成分平滑地变化，与适当的终端数之间的费伽德（Vegard）定律只有很小或中等的偏离。

9.7.3　准晶的形成

离子辐照某些特殊的铝合金所生成的准晶相是特殊的亚稳相。这些相显示为长程有序，

却具有晶体学对称性所不允许的，诸如 5 次或 6 次的对称性。准晶相是由美国国家标准局的 Shectman 等人[42]发现的。准晶具有位置的有序性，但既非周期性的，也非随机间隔排布的；取而代之的是准周期性地间隔排布。这意味着在给定了一个单胞位置之后，其余单胞的位置都是按照一种可以预期的、非完全重复的顺序来确定的。因为这些结构像晶体一样高度有序，却不是周期性的，而是准周期性的，所以它们被称为准周期晶体，简称准晶。

由离子辐照生成的准晶首先是在 Al - Mn 系中，后又扩展至三元和四元系。在这些初始的实验中，准晶相是在 80℃下用 400keV Xe 离子辐照至剂量为 $2 \times 10^{15} \sim 10 \times 10^{15} \mathrm{i/cm^2}$、成分为 $Al_{84}Mn_{16}$ 的 Al 和 Mn 交替的多层样品而生成的[43,44]。结果表明，在 80℃或以上温度下，无须另外的热处理，即只用辐照就生成了一种二十面体相，而 60℃下生成的是非晶相。二十面体是一种规则的多面体，具有 20 个等同的三角形面，30 条边线和 12 个角点。像是足球表面的黑色五边形就以一个二十面体的角点为中心。观察到的这项与试样温度的关系似乎说明二十面体相并不是在密集的离子级联过程中，而更像是在其后的缺陷演变中形成的。类似的结果也用独立式的 Al - Fe 多层膜获得了[45]，说明多层膜或非晶样品都有可能被转变成准晶相。除了温度以外，试样的成分对准晶的形成有重要的作用，说明准晶是在很确定的成分和温度范围内生成的。

9.8　非晶化

辐照可以在合金中诱发非晶相的形成。虽然对于一个合金来说可以存在的相空间极大，其中却只有一点对应于自由能的绝对最小值，这一点代表了平衡相。只要有足够的时间，在任意一个高于 0K 的温度下，系统总将找到那个点并让自己稳定在平衡相的状态。然而，自由能相空间中一般总还有其他的一些极小值的点，它们有着不一样的深度。这些其他的极小值就对应于亚稳相。在这些相中，有一些表现为十分类似于平衡相的成分短程有序（CSRO），但却有着不一样的成分长程有序。类似地，在小尺度范围内原子的空间排布着拓扑短程有序（TSRO）十分接近于平衡相，但是具有不同的长程有序（诸如 fcc 与 hcp 相的对比）。一般来说，有可能存在许多具有 CSRO 和 TSRO 的相，它们差不多与平衡相等同。这类亚稳相的常见例子包括玻璃及与平衡相稍有差异的点阵单胞的结晶性固体。

有人认为，在具有较大负生成热的合金中，化学短程有序的破裂会导致点阵的失稳和非晶相的生成[46]。事实上，有关金属间化合物辐照的数据支持了这类的结论[22,46]。与这些观察矛盾的是电子辐照的结果：往往在无序相的形成之前就发生了完全的长程无序[32,47]。对于诸如 NiAl 或 FeTi 这些金属间化合物而言，电子辐照将它们无序化，却并不使化合物非晶化[48]。用轻离子辐照产生了与电子辐照大致相同的结果，非晶相也难以形成，这说明 CSRO 的破裂并不足以使点阵失稳，肯定有其他的机制（如拓扑无序[48-52]）导致了非晶化。事实上，正如 9.7 节讨论过的，对于诱发了从稳定的 fcc 向亚稳的 hcp 相变的 Ni 自离子辐照，显然并没有其他化学组分的参与，一定是 Ni^+ 离子束将拓扑无序引入了该体系的缘故。本节将讨论化合物的生成热、晶体结构差异、金属间化合物的溶解度范围和临界的缺陷密度在非晶相生成中所起的作用。

9.8.1　化合物的生成热和晶体结构差异

在金属 - 金属体系中，化合物的生成热与非晶相形成之间有一个明显的关系，即生成热负得越多，在辐照下越易于非晶化。一幅原子半径比与采用米德马（Miedema）模型[54] 计算的生成热之间关系的图显示了发生非晶化的那些情况（见图 9.29）。事实上，如果生成热大于约 10kJ/mol 就不会成为非晶态。可是，即使生成热更高（如 Cr/Ag、Co/Cu、Fe/Cu 和 Co/Au），在离子辐照下照样会生成非晶结构。Au – Ir、Au – Ru 和 Au – Os 体系中的某些特定成分，其生成热在 19 ~ 27kJ/mol 范围内，辐照也生成了非晶结构[39]。

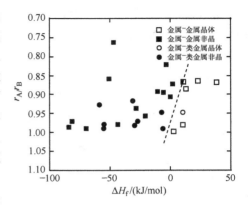

图 9.29　等原子化合物的原子半径比与其生成热之间的关系[53]

还有人观察到，辐照下生成了简单结构的结晶相，诸如固溶体或简单的立方结构，而非晶相则由更复杂的结构形成。这可以用热闪峰之后的弛豫阶段时间较短解释。在弛豫期间，原子试图重新排布。如果弛豫时间长得足以让析出相形核，就可能形成结晶相。形核所需要的时间受到温度、核胚的结晶结构，以及由热处理或离子束辐照而得以均匀化了的膜层成分的强烈影响。如果总体的成分并不接近于平衡相图中的简单晶体结构，也不存在足以推进原子发生明显运动的强化学驱动力和可动性，结晶相的形成就会被抑制。

结构差异对辐照诱发非晶化倾向的作用可以借助于一幅 A – B 合金的二元相图（见图 9.30a）、该合金的自由能示意图（见图 9.30b）及相应的多型性相图（见图 9.30c）得以理解[55]。注意：图 9.30c 中的 T_0 曲线是从给定温度下固相与液相（或非晶相）自由能曲线的交点得到的。T_0^α 线定义了 α 固溶体的热力学成分的极限。当由辐照混合诱发的浓度分布局部超出了这些极限时，α 固溶体相对于液（非晶）相来说是过热了，因而也就不稳定了。因为熔化只是一个局部的现象，与长程有序无关，也因为没观察到固相能耐受太大的过热，于是在这些成分极限之外观察到的 α 固溶体代表着一种不稳定状态。在热闪峰演变结束之前，此种状态好像已经发生了熔化或非晶化。这就引出了固相形成的第一个基本规则。

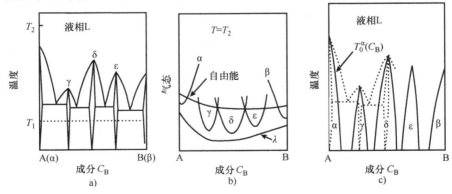

图 9.30　二元相图[55]

a）A – B 合金的二元相图　b）合金在 T_2 温度的自由能示意图　c）对应于 a 图中平衡相图的多型性相图

注：虚线是原始平衡相图的部分。实线是每个相代表性的 T_0 线。T_0 线确定了从液态形成多型性固体的区域，而该区域外的区域对应于液态或非晶（多型性）态。

Johnson 等人[55]认为一直到 T_0^α 和 T_0^β 曲线的极限（也就是 α 和 β 的典型性相图的极限以内），两侧的 α 和 β 固溶体都可能形成。在这些极限以外，相对于非晶化或熔化，所形成的固溶体则是过热和不稳定的。其次，具有宽的平衡均匀性范围（即图 9.30 中宽的多型性极限），并与 α 或 β 固溶体相有着低能界面的金属间化合物，有可能在瞬发的级联过程中生成，只要它们各自的长大动力学允许它们有高的长大速率；具有窄的均匀性范围和复杂化学有序单胞的化合物则形成不了。最后，只要离子诱发的成分分布范围 C_B（z）处于结晶相的多型性极限以外，都可能生成非晶相。此外，当多型性极限允许化合物形成，但其生成或长大动力学过程缓慢时，也可能发生非晶化。

Martin[56] 提出了一个非晶化理论，它在本质上与 Johnson 的理论类似。在这个模型中，为了得到一个受到辐照而发生了改变的扩散方程，他在热激活跳跃之外，又增加了弹道辐射反冲重溶的位移跳跃。这样，辐照的实际作用是使体系在 T 温度下呈现出一种无辐照时在 T' 温度下稳定的布局：$T' = T(1 + D_B/D')$，其中 D' 是热激活的扩散系数，D_B 是包含了弹道效应的扩散系数（见图 9.31）。理论预示了在 T 温度下，对有两个固态相的平衡态合金辐照可能将其有效温度升高至 T'_1；或者，在足够强的辐照下甚至升高至 T'_2。在 T'_1 温度下，受到辐照的合金处于一种由成分不同的非晶和晶体相组成的稳定状态。强到足以把有效温度升高到 T'_2 的辐照，则将产生一个均匀的非晶合金。

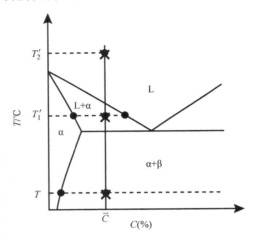

图 9.31　在 T 温度下经受辐照的平衡两相合金可能的布局[55]

注：辐照使合金温度升高到有效温度 T'_1 时，形成成分不同的非晶相和晶体相，而更强的辐照使合金温度升高到 T'_2，则形成单一的均匀非晶相。

9.8.2　化合物的溶解度范围和临界缺陷密度

金属间化合物因辐照而倾向于非晶化显然与各相内的溶解度大小有关。这就是说，那些溶解度有限或成分范围较窄的合金，其非晶转变倾向较大。这种关系也与如下的概念相符，即在非晶转变可能发生之前，必定已经达到了一个临界能量或缺陷密度。如果缺陷晶态的总自由能大于非晶态，就将发生自发的相变。与这个临界自由能相关的是临界缺陷浓度。如果在辐照下可以达到这个临界缺陷浓度，晶体就将弛豫成为较低自由能（非晶）的状态。对于硅和锗，这个临界缺陷浓度被估算为 0.02[57]。非晶化所需缺陷浓度可以基于生成一个 Frenkel 对所引起的点阵能量增加的量进行估算。每个 Frenkel 对将使合金的能量上升一个等于其缺陷生成焓 ΔH_{i-v} 的量。让合金能量上升 ΔH_{c-a} 所需的空位 – 间隙原子对的浓度 C_{i-v} 可以由式（9.69）估算。

$$\Delta H_{c-a} = C_{i-v}\Delta H_{i-v} \tag{9.69}$$

假定非晶化的临界空位 – 间隙原子对浓度约为 0.01，对 fcc 金属而言，ΔH_{i-v} 和 ΔH_{c-a} 分别大约是 5eV 和 0.06eV/a[16]。但是，尽管在反应堆堆芯元件的温度下不可能有这么高的值，但实验室在空位不可动的温度进行的试验条件下，可以达到这样的水平。

根据图 9.32 所示的自由能图，可以了解缺陷密度和溶解度之间的联系。比起那些具有宽成分范围的化合物，不存在成分范围或者成分范围有限的化合物的自由能增加幅度更大。较大的自由能增加是由于化合物不能在被设定的成分范围以外保持平衡。这表现在自由能随成分狭窄并陡峭地升高的曲线中。对有序相金属间化合物而言，自由能的增加不仅是来自点缺陷，还缘于在局部非化学计量成分区域内的反位缺陷。这个溶解度规则与 Johnson 的热力学分析[55] 非常相符。注意：对于 $NiAl_3$，只要与化学计量成分稍有偏离就会导致自由能很大的升高。因此，与 NiAl 相比，$NiAl_3$ 的临界反位缺陷密度较低。

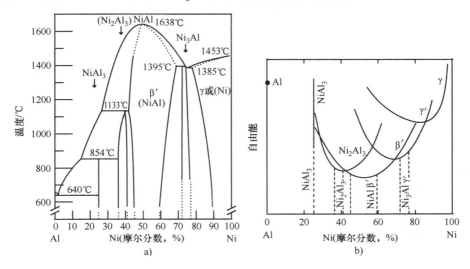

图 9.32　Ni – Al 相图和在辐照温度下假设的自由能图[19]

a）Ni – Al 相图　b）在辐照温度下假设的自由能图

反位缺陷在非晶化过程中可能扮演着一个关键的角色，因为计算表明，仅计及点缺陷，临界缺陷密度可能难以达到。可是，缺陷浓度强烈依赖于原子的可动性，而金属间化合物的迁移率在很大程度上是未知的，所以缺陷浓度的估算还难以确定。况且，临界缺陷密度强烈依赖于温度，温度越高，需要的浓度越高。

观察表明，在辐照时成为非晶的化合物并未显示预先形成了位错环的迹象[31,58]，这进一步支持了存在临界缺陷密度的观点。虽然已经假设达到临界缺陷浓度将导致非晶转变，但通过间隙原子或空位团簇崩塌成为小的位错环，也可缓解与点缺陷相关的高自由能。可是，观察结果表明，材料要么直接相变为非晶，要么形成位错环。

因为位错环的形成需要较大的可动性，在受到辐照的金属中与位错环形核相关的最大缺陷浓度约为 10^{-4}[59]，几乎比非晶化低了两个数量级，这表明在非晶化过程中缺陷的可动性是个关键的因素。这个观察与缺陷可动性低的金属间化合物中容易发生非晶化，而在可动性高的纯金属和固溶体中优先形成位错环（的事实）是一致的。

9.8.3　非晶化的热力学和动力学

在许多方面，晶态 – 非晶态（C→A）转变可以通过与熔化的相似性加以理解。例如，已知非晶化是以不均匀的方式发生的，类似于熔化的第一级形核和长大过程的特点。此外，布里渊（Brillouin）散射研究表明，金属间化合物经历了切变模量的软化，这也和许多金属开始熔化时观察到的现象相似。有鉴于此，C→A 转变可被认为是熔化转变的一类。Okamoto 等人[60]写过一篇有关晶态－非晶态相变物理的综合性评述。在此，把他们文章谈到的辐照在此转变中的作用引述如下。

液态－玻璃态转变由一个叫作"玻璃转变温度（T_g）"的温度表征。玻璃转变不是一个热力学意义上的相变，而更像是弛豫过程中的一个时刻点，此刻原子排布的平衡无法在实验期间得以实现。从这个角度看，它更多的是取决于观察的时间尺度的一个动力学参数。理想晶体和缺陷晶体的玻璃转变自由能变化曲线如图 9.33 所示。熔化温度分别用 T_m^0 和 T_m^d 表示。图 9.33 中还表示了两个玻璃转变温度，T_g 对应于未弛豫的玻璃态，而 T_k 是理想的玻璃转变温度。因为玻璃转变温度与时间有关，这就有必要假设存在某有关温度 T_k，叫作"理想的玻璃转变温度"，低于该温度时转变绝不发生。注意，这些点均具有比理想晶体或缺陷晶体都高的自由能。

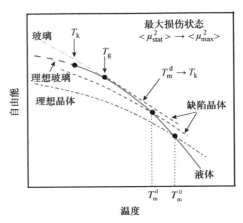

图 9.33 理想晶体、液相和两个缺陷晶体的吉布斯自由能随温度变化的示意图[60]

注：T_m^0 和 T_m^d 分别是理想晶体和缺陷晶体的热力学熔化温度，T_g 是未弛豫的玻璃相的动力学玻璃转变温度，T_k 是理想的玻璃转变温度。

正如 Okamoto 等人[60]所说，熔化的最简单模型之一是由 Lindemann[61]所提出的，即当原子从平衡位置的均方根热位移 $\langle \delta_{vib}^2 \rangle^{1/2}$ 大得足以侵占到其最近邻时，或者当其振动幅度约为原子间距的 50% 时，晶体就发生熔化。因此，当 $\langle \delta_{vib}^2 \rangle^{1/2}$ 达到一个临界值，它等于最近邻间距 r_{nn} 的某个分数 $\langle \delta_{vib}^2 \rangle^{1/2}/r_{nn}$ 时，熔化就发生了。晶体点阵的谐振德拜模型中，在高于德拜温度（Θ_0）的温度 T，理想晶体原子的均方根热位移为

$$\langle \delta_{vib}^2 \rangle = \frac{36\pi^2 \hbar^2 T}{Mk\Theta_0^2} \tag{9.70}$$

其中，$\hbar$ 是普朗克常数，k 是玻耳兹曼常数，而 M 是原子的质量。因为当 $\langle \delta_{vib}^2 \rangle$ 达到某个临界值时才发生熔化，于是根据式（9.70）可知，理想晶体的熔化温度为

$$T_m^0 = \frac{Mk\Theta_0^2}{36\pi^2 \hbar^2} \langle \delta_{crit}^2 \rangle \tag{9.71}$$

总的均方根原子位移由热的 $\langle \delta_{vib}^2 \rangle$ 和静态的 $\langle \delta_{stat}^2 \rangle$ 两个分量组成，后者 $\langle \delta_{stat}^2 \rangle$ 源于缺陷结构，诸如点缺陷、反位缺陷、固溶体中溶质和溶剂原子之间的尺寸失配、缺陷团簇及杂质等。于是，林德曼熔化判据的普适形式成为

$$\langle \delta_{crit}^2 \rangle = \langle \delta_{stat}^2 \rangle + \langle \delta_{vib}^2 \rangle \tag{9.72}$$

其中，$\langle \delta_{crit}^2 \rangle$ 是个常数。结合图 9.33，这个判据是说，可以由两个途径让晶体熔化：一是把它加热至熔点 T_m^0（$\langle \delta_{crit}^2 \rangle = \langle \delta_{stat}^2 \rangle$）；二是提高晶体中静态无序的量 $\langle \delta_{stat}^2 \rangle$，直到其自由能与液态的相等。随着损伤程度的增大，由自由能曲线与过冷液体的缺陷交点所确定的缺陷晶体熔化温度 T_m^d 下降，如图 9.33 所示。当缺陷晶体的自由能曲线与过冷液体曲线相切时，

就达到了最大的损伤状态,如图9.33中最上面的虚线所示。

最大损伤状态($\langle\delta_{\text{stat}}^2\rangle = \langle\delta_{\text{crit}}^2\rangle$,或者是在$T_{\text{m}}^{\text{d}} = 0$处)是缺陷晶体内损伤积累的理论上限。图9.34所示为一个缺陷晶体的多型性熔化曲线,其中$\langle\delta_{\text{stat}}^2\rangle$表示晶体中所有缺陷影响的总和。线性的区段遵从式(9.72)。沿着$T = T_{\text{m}}^{\text{d}}$的熔化曲线,式(9.72)成为

$$\langle\delta_{\text{crit}}^2\rangle = \langle\delta_{\text{stat}}^2\rangle + \frac{36\pi^2\hbar^2 T_{\text{m}}^{\text{d}}}{Mk\Theta_0^2} \tag{9.73}$$

将式(9.73)写成式(9.71)的形式,可得

$$T_{\text{m}}^{\text{d}} = \frac{Mk\Theta_0^2}{36\pi^2\hbar^2}\langle\delta_{\text{crit}}^2\rangle \tag{9.74}$$

其中,缺陷晶体的德拜温度Θ_{d}可表示为

$$\Theta_{\text{d}}^2 = \Theta_0^2\left(1 - \frac{\langle\delta_{\text{stat}}^2\rangle}{\langle\delta_{\text{crit}}^2\rangle}\right) \tag{9.75}$$

在理想晶体中,$\langle\delta_{\text{stat}}^2\rangle\to 0$,$\Theta_{\text{d}}^2\to\Theta_0^2$和$T_{\text{m}}^{\text{d}}\to T_0^{\text{d}}$。注意,式(9.74)显示了熔化温度与$\langle\delta_{\text{stat}}^2\rangle$之间的正比关系(见图9.34),是与式(9.75)给出的德拜温度有关的。还有,因为Θ_{d}^2正比于剪切模量μ_{d},熔化温度的线性下降也意味着无序化诱发的剪切模量正在以与$\langle\delta_{\text{stat}}^2\rangle$之间同样的函数关系发生变化。基于这些正比性,可以写出

$$\frac{T_{\text{m}}^{\text{d}}}{T_{\text{m}}^0} = \frac{\mu_{\text{d}}}{\mu_0} = \frac{\Theta_{\text{d}}^2}{\Theta_0^2} = \left(1 - \frac{\langle\delta_{\text{stat}}^2\rangle}{\langle\delta_{\text{crit}}^2\rangle}\right) \tag{9.76}$$

如果有可能把辐照产生的缺陷与固体中的均方根位移联系起来,就可以利用式(9.76)直接把非晶化判据确定下来。然而这是不可能的,于是采用另外两种方式来确定非晶化判据,一是通过无序化,二是通过自由能变化。

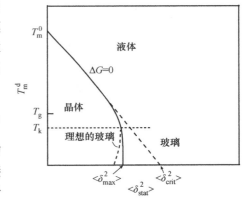

图9.34 普适的T_0曲线[60]

注:该图示意地展示了用$\langle\delta_{\text{stat}}^2\rangle$度量的静态
原子无序对缺陷晶体熔化温度T_{m}^{d}的影响。
$\langle\delta_{\text{max}}^2\rangle$和$\langle\delta_{\text{crit}}^2\rangle$分别是对
热力学和机械熔化而言的$\langle\delta_{\text{stat}}^2\rangle$临界值。

1. 由无序化驱动的辐照诱发非晶化

由9.7节可知,无序能足以驱动C→A转变。事实上,辐照诱发有序-无序转变的化学速率理论可以用来确定截止温度,低于该温度时非晶化才能发生。在此模型[62]中,长程有序度参数的变化率由辐照引起的无序项和热导致的重新有序项组成,这与9.3节的情况相似,即

$$\frac{\text{d}S}{\text{d}t} = -\varepsilon K_0 S + \nu\exp\left(\frac{-U}{kT}\right)\left[C_{\text{A}}(1-C_{\text{A}})(1-S)^2 - \right. \tag{9.77}$$
$$\left.\exp\left(\frac{-V}{kT}\right)(S + C_{\text{A}}(1-C_{\text{A}})(1-S)^2)\right]$$

其中,U是A-B原子对互换的能垒;V是有序化能,写成$V = V_{\text{AB}} - (V_{\text{AA}} + V_{\text{BB}})/2$,$V_{\text{AB}}$、$V_{\text{AA}}$和$V_{\text{BB}}$分别是A-B、A-A和B-B原子对的结合能;其余的几项已在9.3节中定义了。第一项是辐照诱发的无序化速率,第二和第三项是热(导致的)重新有序化和无序化的速率。CuTi系中长程有序度参数(S/S_0)随温度变化的一个例子如图9.35所示,其中也表示

出了非晶化剂量随温度的变化。注意，当温度低于约 $-53℃$ 时，有序度参数降为零，这就是截止温度 T_C，它与非晶化的启动温度 T_{c-a} 相符。当温度稍高于截止温度时，$dS/dt \approx 0$，截止温度与损伤率 K_0 之间的关系可通过把式（9.77）中的 dS/dt 取为零而写成，即

$$\varepsilon K_0 S_0 = \nu \exp\left(\frac{-U}{kT_C}\right)\left[C_A(1 - C_A)(1 - S_0)^2 - \right.$$

$$\left. \exp\left(\frac{-VS_0}{kT_C}\right)(S_0 + C_A(1 - C_A)(1 - S_0)^2)\right] \tag{9.78}$$

其中，S_0 是长程有序度参数的稳态值。对典型的 V 值，方括号内的指数为 $10^{-21} \sim 10^{-5}$ 数量级，故第二项可忽略，式（9.78）的表达式可对 T_C 求解，即

$$T_C = U\left[k\ln\left(\frac{\nu C_A(1 - C_A)(1 - S_0)^2}{\varepsilon K_0 S_0}\right)\right]^{-1} \tag{9.79}$$

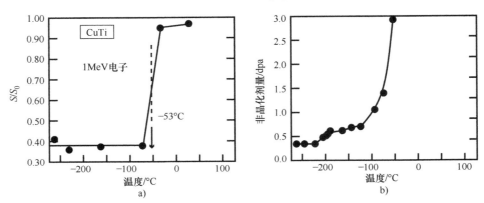

图 9.35　1MeV 电子辐照下，CuTi 的长程有序度参量 S/S_0 和
CuTi 的临界非晶化剂量随温度的变化[60]

a）CuTi 的长程有序度参量 S/S_0 随温度的变化　b）CuTi 的临界非晶化剂量随温度的变化

式（9.79）给出了辐照下固体的截止温度或温度 T_{c-a} 的估计值。注意，它依赖于位移速率，也依赖于每个位移的替换数 ε。于是，发生非晶化的温度将取决于辐照的粒子和剂量率。图 9.36 所示为不同类型粒子辐照下发生非晶化的临界剂量与温度关系的示意图。T_{c-a} 是一个温度，只有低于此温度才能实现完全的非晶化；T_{a-c} 是一个温度，超过此温度是晶体化合物不可能被非晶化，它与辐照的条件无关；而 T_{th} 则是热致（或热驱动）再结晶温度。Okamoto 等人[60] 把辐照诱发非晶化的动力学特征描述如下：

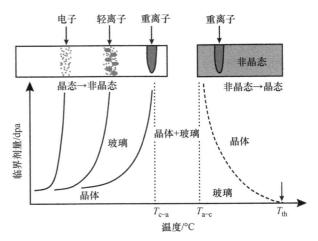

图 9.36　不同类型粒子辐照下发生非晶化
的临界剂量与温度关系的示意图[60]

1) 对一个特定的粒子和剂量率，存在一个温度，在此温度下，损伤的产生和回复这两个相互竞争的过程恰巧平衡。低于这个温度时损伤产生的过程超过回复的过程，晶体可以完全被非晶化。

2) 在远离临界剂量率和（临界）温度的低温条件下，非晶化均匀地发生。当温度低到接近截止温度时，发生不均匀的非晶化。

3) 当剂量率固定时，T_{c-a} 随辐照粒子质量的增加而升高。

4) T_{c-a} 是一个动力学参量，与剂量率等辐照的变量有关。剂量率越高，T_{c-a} 值越高。

5) 存在一个温度 T_{a-c}，温度高于它时非晶化是不可能发生的。T_{a-c} 取决于靶的温度，而与辐照变量无关。

6) 在 T_{a-c} 和 T_{th} 之间的温度，辐照可诱发 A→C 转变，转变所需的剂量与温度有关。

图 9.37 所示为 NiAl 和 NiTi 中辐照诱发非晶化 – 温度关系的两个例子。图 9.38 则展示了在近似相等的剂量率下，T_{c-a} 温度怎样随粒子的类型而变化。显然，用重离子辐照可以在比用电子辐照宽得多的温度范围内诱发非晶化，因为离子可以在比电子小得多的体积内传输大得多的能量。在 MeV 级范围内的电子辐照产生的是孤立的位移（单个的 Frenkel 对），而重离子辐照导致的是级联位移，其有效的位移率高到足以使损伤率超过回复率。

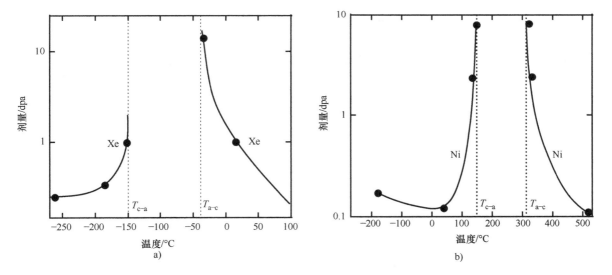

图 9.37 对于晶态和非晶态 NiAl 和 NiTi，离子诱发非晶化和晶化的总位移剂量随温度的变化[60]

a) NiAl b) NiTi

Okamoto 等人[60,63]把有序化与均方静态位移联系起来，得到

$$\langle \delta_{stat}^2 \rangle \propto (1 - S^2) \tag{9.80}$$

同时，由式（9.76）可知，$\langle \delta_{stat}^2 \rangle$ 正比于剪切模量 μ，因而 $\mu \propto (1 - S^2)$。图 9.39 所示为 Zr_3Al 在非常接近于通过数据拟合得到的直线与非晶合金的水平线相交的一个点处发生非晶化，这表明非晶化过程的启动既与均方化学无序参量（$1 - S^2$）有关，并且由式（9.80）可见，也与均方静态位移有关。在非晶化中无序对非晶化的作用的另一个例子如图 9.40 所示，该图所示为在两个温度下 1MeV 电子辐照和在 22℃ 离子辐照期间 Zr_3Al 的 S 与辐照剂量

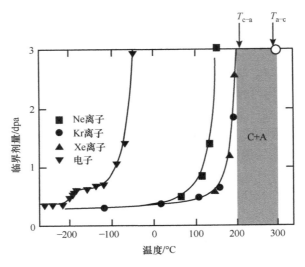

图 9.38　用 1MeV 电子和 1MeV Ne、Kr 和 Xe 离子辐照（它们的剂量率全部都是 $10^{-3}\,\mathrm{dpa/s}$），CuTi 的临界非晶化剂量随温度的变化[60]

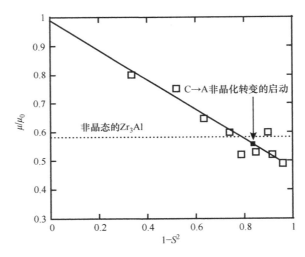

图 9.39　受 1MeV Kr 离子辐照的 Zr_3Al 中，随无序程度（$1-S^2$）增大，切变模量发生的相对变化[60]
注：虚线代表非晶相中的相对切变模量，垂直箭头指的是非晶化过程的启动。

之间的关系。图中非晶化的启动用箭头示出，虽然不同粒子非晶化的启动在不同的剂量下发生，但它们的有序参量却大致相同。这项观察的重要性在于当无序化的动力学在粒子和温度之间显现差异时，非晶化仅取决于 S 的大小，而不取决于达到 S 的方式。图 9.41[60,63] 是另外一个例子，该图所示为在对 Nb 进行 B 离子注入的情况下，非晶化的启动与均方根静态位移之间的关系。当均方根静态位移达到有个临界值时，非晶化就会发生。

2. 自由能驱动的辐照诱发非晶化

非晶化也可以通过对相变自由能的考虑得到解释，正如 Motta 等人[64,65] 所做的那样。非晶化的判据是在辐照下的自由能变化 ΔG_{ir} 必须大于 C→A 转变的自由能变化 ΔG_{ca}，即

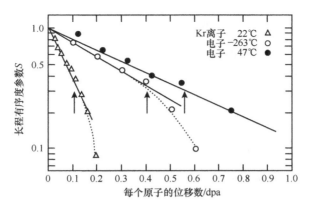

图9.40 在 -263℃和47℃下 1MeV 电子辐照和在22℃下 1MeV Kr 离子辐照期间，
Zr_3Al 的长程有序度参数 S 与损伤 – 辐照剂量之间的关系[60]

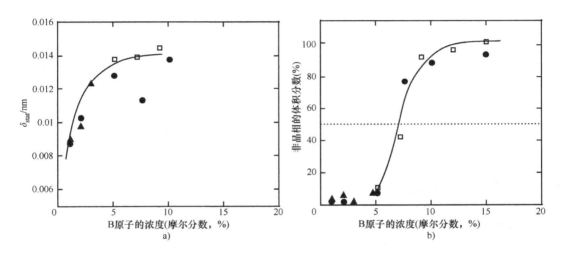

图9.41 平均静态位移 δ_{stat} 和非晶相的体积分数与注入 Nb 中的 B 原子浓度之间的关系[38]

a）平均静态位移 δ_{stat} 与 B 原子浓度关系 b）非晶相的体积分数与 B 原子浓度关系

$$\Delta G_{irr} \geqslant \Delta G_{ca} \tag{9.81}$$

ΔG_{irr} 项包括所有由辐照产生的缺陷，可以写成代表化学无序的 ΔG_{dis} 和所有其他缺陷的 ΔG_{def} 的和，即

$$\Delta G_{irr} = \Delta G_{def} + \Delta G_{dis} = \sum_j (C_j E_j - T\Delta S_j) + \Delta C_{AB} NV - T\Delta S_{dis} \tag{9.82}$$

其中，C_j 是缺陷 j 的浓度；E_j 是生成能；V 是有序能；ΔS_j 和 ΔS_{dis} 分别是由点缺陷和反位缺陷引起的排布熵变；ΔC_{AB} 项是 A – B 对数量的改变，由长程有序度参数 S 决定，并写成

$$\Delta C_{AB} = N[A(1 - S^2) + B(1 - S)] \tag{9.83}$$

其中，N 是单位 mole 的阵点位置数；A 和 B 是在有序相中对应位置上的摩尔分数。缺陷浓度由式（5.1）的缺陷平衡方程组给定。式（9.81）~式（9.83）和式（5.1）能被用来确定辐照剂量与非晶化、损伤率和温度之间的关系。Motta 利用这个关系确定了电子对 Zr_3Fe 的辐照，即

$$\Phi_a K_0^{1/2} = B\exp\left(\frac{-E_m^i}{2kT}\right) \tag{9.84}$$

其中，Φ_a 是到达非晶化的辐照剂量，K_0 是损伤率，E_m^i 是间隙原子迁移能，B 是常数；图9.42所示的计算结果与图9.43所示的观测结果符合得很好。

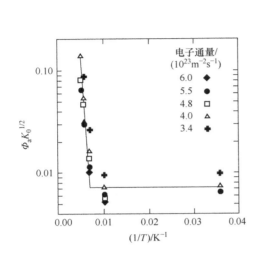

图 9.42　$\Phi_a K_0^{1/2}$ 与 $1/T$ 的关系[64]

注：曲线由数据拟合得到，表明存在两个区域，
即低温下的非热激活区和较高温度下的热激活区。

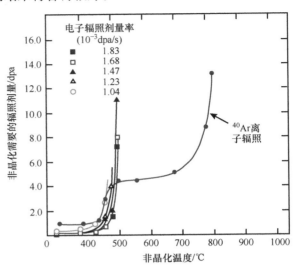

图 9.43　电子和 Ar 离子辐照期间，Zr_3Fe
非晶化所需要的剂量[64]

9.9　辐照下相的稳定性

辐照下工程合金中相的稳定性具有很大的工艺重要性。不锈钢被广泛应用于现有及先进反应堆系统的堆芯部件，对不锈钢的研究也最为全面。据观察，奥氏体不锈钢被辐照时大约有 10 个不同的相会受到影响[66-68]。这些相可被分成三大类[66]：辐照诱发的、辐照变性的和辐照增强的相。表9.2 列出了属于每个大类的相，以及它们的晶体学和形貌方面特点的描述。辐照诱发的相包括 γ'、G 和 M_xP 相，它们只会在辐照下而不会在热的条件下出现。辐照变性的相包括 η（M_6C），Laves 和 M_2P（FeTiP）。辐照增强的相则是在热处理中规则地产生的相，然而在反应堆辐照条件下它们会在较低温度下产生得更快或更多，这类相包括 M_6C、$M_{23}C_6$ 和 MC 碳化物，以及金属间化合物相 σ 和 χ。

表 9.2　中子辐照后奥氏体不锈钢合金中观察到的相[66,67]

辐照	相	晶体结构	点阵参数/nm	形貌特征	与 γ 基体的取向关系	体积错配度
诱发的	γ'（Ni_3Si）相	立方	0.35	球状	立方平行	-0.1
	G 相		1.12	小杆状	随机	0.05
	M_2P	六方	$0.6(c/a\approx0.6)$	薄条状	$(1210)_{ppt}\parallel(010)_\gamma$	-0.4
	Cr_3P	四方	$0.92(c/a\approx0.5)$	—	—	~0

（续）

辐（射）照	相	晶体结构	点阵参数/nm	形貌特征	与γ基体的取向关系	体积错配度
变性的	η（M_6C）相	立方	1.08	菱形（斜方）	立方平行或孪晶关系	0.1
	Laves 相（A_2B）	六方	0.47（$c/a \approx 0.77$）	错排的条状	各种	−0.05
	M_2P					
增强的	MC	立方	0.43	球状	球状①	0.7
	η（M_6C）相					
	$M_{23}C_6$	立方	1.06	菱形板片	立方平行或孪晶关系	0.1
	Laves 相（A_2B）					
	σ	六方	0.88（$c/a = 0.52$）	各种	各种	~0
	χ	立方	0.89	各种	各种	0.05

① 此处原书中为"Spherical"，译为"球状"，但原书此处应为误写。

图 9.44 所示为温度 – 剂量图，从中可以找到表 9.2 列出的各个相。注意，虽然只需要大约 10dpa 的辐照通量就能使这些相出现了，但更重要的参数却是温度。在固溶 – 退火的 316 不锈钢中，几乎没有证据表明在低于 370℃ 时有值得关注的辐照诱发析出。在这一类合金中被发现仅形成 γ' – Ni_3Si 相，它在轻水反应堆堆芯部件中和在 360℃ 下受到质子辐照后均被观察到了[69]。γ' 相也已在快中子堆中、低至 270℃ 的温度下受到辐照的 316 不锈钢中检测到了[66]。在 400 ~ 550℃ 之间，在快中子堆辐照期间 γ' – Ni_3Si 相会稳定形成，在 Si 和 Ti 含量较高的钢中生成得最多。在此温度范围内的混合谱反应堆中，316 不锈钢中生成了如 $M_{23}C_6$ 和 M_6C 等富 Cr 的相，在 Ti 改性的钢中则生成富 Ti 的 MC[66]。在 500 ~ 600℃ 范围内，形成了一些辐照诱发和辐照变性的相，包括 G 相（$M_6Ni_{16}Si_7$）、M_6C、Laves 相，以及硫化

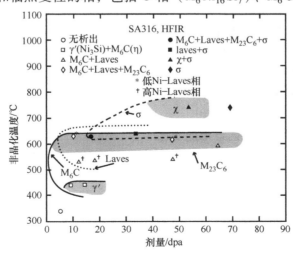

图 9.44 高通量同位素反应堆（HFIR）中辐照的固溶 – 退火态 316 不锈钢中析出相的形成与剂量和温度的关系[67]

物和硅化物。G 相的体积分数是钢的 Si、Ti 和 Nb 含量的函数，随合金成分的增加而增加。

这些相的形貌外观可以与辐照对相稳定性的效应联系起来。在不锈钢中，辐照对析出最大的影响在很大程度上是通过辐照诱发偏聚造成的溶质富集实现的。回顾第 6 章，对奥氏体不锈钢辐照导致了阱处 Si 和 Ni 的富集，因而辐照下出现的许多相都富含这些元素中的一种或两种。辐照增强的扩散影响到了 MC 的析出，这是因为与热的条件相比，它促进了 MC 的长大。尽管一般都预测在辐照下尺寸过大的相更稳定，而偏小的相不太稳定，但在表 9.2 中列出的相中有三个相与基体至少有 10% 的正体积错配度，它们中间只有 M_6C 在很宽的辐照条件下是稳定的。MC 和 $M_{23}C_6$ 都是尺寸过大的，这有利于让空位过饱和，但同时也因为 RIS 而使它们主要的合金元素 Cr 发生贫化。相反，有几个尺寸偏小的相也会受到辐照的诱发或增强（Laves、M_2P 和 γ'）。显然，溶质偏聚效应及其他材料和辐照参数对辐照下显示稳定的相有着重要的作用。

专用术语符号

a——点阵参数

A——与晶体结构对有序能存在的相关性有关联的项

C_e——基体中溶质的浓度

C_i——元素类别 i 的浓度

C_p——析出相中溶质的浓度

D——扩散系数

$\tilde{D}$——互扩散系数

E——弹性模量

E_{mO}^j——缺陷 j 有序化需要的迁移能

G——与溶质来源有关的项

ΔG_p——析出相生成的自由能

$\Delta G'$——析出相生成的准自由能

ΔG_{ac}——非晶化导致的自由能变化

ΔG_{irr}——辐照导致的自由能变化

ΔG_{def}——缺陷导致的自由能变化

ΔG_{dis}——化学无序化导致的自由能变化

$\hbar$——普朗克常数

ΔH_f——生成热

ΔH_{i-v}——缺陷生成焓

ΔH_{c-a}——晶态 - 非晶态转变的焓

J_p——析出相的形核率

K——玻耳兹曼常数

k_O——有序化反应的速率常数

k_s^2——阱的强度

K_{iv}——复合的速率常数

K_0——缺陷产生速率

L——单元单胞尺寸

M——原子质量

n——析出相中过量的空位数

N——原子的数量密度

p_x——陷阱位置被类别 x 占据的概率

Q——有序化的激活能

r_c——级联半径

r_p——析出相半径

r_j——类别 j 的复合半径

r_{nn}——最近邻原子间距

R——金属 – 类金属的原子尺寸比

R_m——由弹道冲击混合引起的析出相溶解速率

R_s——由辐照增强扩散引起的析出相长大速率

S——长程有序参数

S_e——有序参数的平衡值

S_j——类别 j 的过饱和度

$S_{observed}$——观察到的长程有序参数

S_0——有序参数的稳态值

S_v——空位过饱和度

S_x——溶质过饱和度

ΔS_{dis}——由反位缺陷引起的配置组态熵的变化

ΔS_j——由点缺陷引起的配置组态熵的变化

t——时间

T——温度

T_C——截止温度

T_{a-c}——晶体不能被非晶化的最低温度

T_{c-a}——晶体可以被完全非晶化的最高温度

T_g——玻璃转变温度

T_k——理想的玻璃转变温度

T_m——熔化（熔点）温度

U——有序化反应的能垒

V——体积，或有序化参数

V_0——当长程有序参数 $S=1$ 时的激活能

V_T——当一个错误的 A – B（原子）对转变为正确的 A – B 对时能垒的下降

V_c——级联体积

V_m——摩尔体积

V_{ij}——类别 i 和 j 之间的结合（键合）能

x——一个析出相中的溶质原子数

X_j——类别 j 的摩尔分数

Z_α——一个 β 位置的最近邻 α 位置数

Z_β——一个 α 位置的最近邻 β 位置数

α——式（9.22）中的常数

α_j——类别 j 的发射率

β——式（9.21）中的常数

β_j—— 类别 j 的俘获率

δ——析出相相对于基体的体积分数差，或反冲溶解模型中的壳层厚度

$<\delta_{\text{crit}}^2>^{1/2}$——均方位移的临界值

$<\delta_{\text{stat}}^2>^{1/2}$——固体中静态无序的量

$<\delta_{\text{vib}}^2>^{1/2}$——均方根热位移

ε——无序化效率

γ——粒子 – 基体界面能，或表面能

μ——切变模量

ν——泊松比

ν_j——缺陷 j 的频率因子

ν_c——正确的 A – B 原子对的频率因子

ν_w——错误的 A – B 原子对的频率因子

Θ——析出相体积的重新溶解速率

Θ_0——德拜温度

ρ——密度

ρ_p——析出相的数量密度

ρ_p^0——析出相的平衡数量密度

ρ'——析出相的准平衡数量密度

σ——式（9.40）中的参数

σ_D——位移截面

τ——时间常数

Ω——原子体积

ξ——式（9.32）中的溶解参数

ζ——式（9.1）中的常数

i——作为上标或下标，代表间隙原子

v——作为上标或下标，代表空位

d——作为下标，代表有缺陷的

def——作为下标，代表缺陷

dis——作为下标，代表无序的

e——作为下标，代表溶解度

irr——作为下标，代表辐照

m——作为下标，代表基体

max——作为下标，代表最大的

O——作为下标，代表有序化

p——作为下标，代表析出相

s——作为下标，代表溶质

th——作为下标，代表热的

x——作为下标，代表溶质原子

0——作为下标，代表初始的

习　题

9.1　一个球形析出相是在 T 温度下通过随机形核过程长成的，而另一个同种的析出相是在相同的温度、在辐照条件下长成的。辐照下长大到相同的析出相体积分数需要的时间是在纯粹热时效条件下的一半。计算在此温度下，热和辐照条件之间这个相变过程的激活能的差异。请说明计算中所用的关键假设。

9.2　304 不锈钢是什么相？304 不锈钢中辐照诱发偏聚会使这个相趋于稳定还是不稳定？请解释为什么。

9.3　对于 316 不锈钢，在空位过饱和度 $S_v = 10^4$ 和溶质过饱和度 $S_x = 10^2$ 的辐照下，请找出能使尺寸偏大 5% （$\delta = 0.05$）的析出相稳定的间隙原子与空位的到达（速）率之比（β_i/β_v）。将结果画成 573 ~ 873K 的温度函数图。忽略弹性模量随温度的变化，采用 $E = 200\mathrm{MPa}$ 和 $\nu = 0.3$。

9.4　对于 Ni – 5% Al 合金中的 γ' 析出相，由于反冲溶解而发生收缩，以及由于溶质从固溶体中扩散进来而长大。

① 确定 γ' 析出相的临界半径（小于它将发生长大而大于它将发生收缩）。

② 将你的结果与当析出相尺寸由溶解无序化过程制约条件下所预测的情况进行比较。

采用如下的辐照条件：$\varphi_f = 10^{15} \mathrm{n/(cm^2 \cdot s)}$ （$E \approx 0.5\mathrm{MeV}$），$\rho = 10^{15}\mathrm{cm^{-3}}$，$\zeta\Omega = 10^{-4}\mathrm{nm}$，$\xi = 10\mathrm{nm}$，$D = 10^{-15}\mathrm{cm^2/s}$。

9.5　对于 9.4 题的合金，画出最大的稳定粒子尺寸随 f 的变化，f 是对经受着辐照诱发重溶的析出相在一次级联过程中溶解的摩尔分数。请在 $0 < f < 1$ 和 $l = 10\mathrm{nm}$ 的范围内作图。

9.6　对于受到位移速率为 $10^{-3}\mathrm{dpa/s}$，$5\mathrm{MeV Ni^{++}}$ 离子辐照的 Ni – 25Al （γ' 相），无序化效率为 30，请估算一下它因为辐照而发生的无序化速率。

9.7　近期有报道说发现了一种新的微观结构缺陷组合体，因为它与空位密切相关而被称为 "黑洞"（$z_v^{BH} > z_i^{BH}$）。请描述一下，若这些黑洞和那些通常的缺陷阱阵列同时存在，将对下列事项产生怎样的影响：①空洞形核率；②临界空洞尺寸；③空洞长大速率；④非共格析出相（$\delta > 0$）的稳定性；⑤非共格析出相的形核率。

9.8　在 Ni – Al 系的富 Ni 端，Al 在 Ni 中的固溶体叫作 γ 相，具有 fcc 晶体结构。在靠近 Ni – 50% Al 的成分，有一个 β 相（bcc）为稳定结构。在给定的信息条件下（辐照温度 = 500℃，$\nu = 0.35$，$E = 150\mathrm{GPa}$，$a_\beta = 0.3574\mathrm{nm}$，$a_\gamma = 0.490\mathrm{nm}$），请确定为形成 NiAl （β）相所需要的 S_v 和 β_i / β_v 窗口：①Al 在 Ni 中的饱和固溶；②过饱和固溶，$S_x = 2.0$；③欠饱和固溶，$S_x = 0.5$。

9.9　应用非晶相形成的相关规则，判断在 Ni - Al 相图的各个单相区和两相区中形成非晶相的相对难易程度，并说明理由。

9.10　辐照诱发非晶化的一个理论要求空位和间隙原子缺陷的浓度达到 2% 的水平，在这一点处此时受影响的体积将发生非晶化。请通过计算 300K 温度下允许点缺陷浓度达到临界浓度值的间隙原子的迁移焓，确定这在 NiAl（β'—bcc）中是否可能。假设阱的浓度很低，位移速率为 $10^{-4} \mathrm{dpa/s}$。

9.11　请在下列辐照和材料参数条件下，估算 $5 \mathrm{MeVNi}^{2+}$ 离子辐照下 $\mathrm{NiAl_3}$ 的晶态 - 非晶态的转变温度：$K_0 = 10^{-3} \mathrm{dpa/s}$，$U = 0.1 \mathrm{eV}$，$\nu = 10^{13} \mathrm{s}^{-1}$，$\varepsilon = 30$。

参 考 文 献

1. Rehn LE (1982) In: Picraux ST, Choyke WJ (eds) Metastable materials formation by ion implantation. Elsevier Science, New York, pp 17–33
2. Nelson RS, Hudson JA, Mazey DJ (1972) M Nucl Mater 44:318–330
3. Wilkes P (1979) J Nucl Mater 83:166–175
4. Brailsford AD (1980) J Nucl Mater 91:221–222
5. Wagner C (1961) Z Elektrochem 65:581–591
6. Lifshitz IM, Slyozov VV (1961) Phys Chem Solids 19:35–50
7. Frost HJ, Russell KC (1983) In: Nolfi FV (ed) Phase transformations during irradiation. Applied Science, New York, p 75
8. Baron M, Chang H, Bleiberg ML (1977) In: Bleiberg ML, Bennett JW (eds) Radiation effects in breeder reactor structural materials. TMS-AIME, New York, pp 395–404
9. Bilsby CF (1975) J Nucl Mater 55:125–133
10. Frost HJ, Russell KC (1982) Acta Metal 30:953–960
11. Frost HJ, Russell KC (1981) J Nucl Mater 103–104:1427–1432
12. Wollenberger H (1994) J Nucl Mater 2116:63–77
13. Abromeit C, Naundorf V, Wollenberger H (1988) J Nucl Mater 155–157:1174–1178
14. Russell KC (1984) Prog Mater Sci 28:229–434
15. Liou K-Y, Wilkes P (1979) J Nucl Mater 87:317–330
16. Nastasi M, Mayer JW, Hirvonen JK (1966) Ion-solid interactions: fundamentals and applications. Cambridge University Press, Cambridge, p 342
17. Potter DI (1983) In: Nolfi FV (ed) Phase transformations during irradiation. Applied Science, New York, p 213
18. Eridon J, Rehn L, Was G (1987) Nucl Instr Meth B 19/20:626
19. Brimhall JL, Kissinger HE, Charlot LA (1983) Rad Eff 77:273
20. Maydet SI, Russell KC (1977) J Nucl Mater 64:101–114
21. Russell KC (1979) J Nucl Mater 83:176–185
22. Mruzik MR, Russell KC (1978) J Nucl Mater 78:343–353
23. Cauvin R, Martin G (1981) Phys Rev B 32(7):3322–3332
24. Martin G, Bellon P (1997) In: Ehrenreich H, Spaepen F (eds) Solid state physics: advances in research and applications, vol 50. Academic, New York, pp 189–332
25. Jiao Z, Shankar V, Was GS (2011) J Nucl Mater 419:52–62
26. Was GS, Jiao Z, Getto E, Sun K, Monterrosa AM, Maloy SA, Anderoglu O, Sencer BH, Hackett M (2014) Scripta Mater 88:33–36
27. Jiao Z, Was GS (2012) J Nucl Mater 425:105–111
28. Chen Y, Chou PH, Marquis EA (2014) J Nucl Mater 451:130–136
29. Jiao Z, Was GS (2014) J Nucl Mater 449:200–206
30. Jiao Z, Was GS (2011) Acta Mater 59:1220–1238
31. Brimhall JL, Simonen EP (1986) Nucl Instr Meth B 16:187
32. Was GS, Eridon JM (1987) Nucl Instr Meth B 24/25:557

33. Was GS (1989) Prog Surf Sci 32(3/4):211
34. Luzzi DE, Meshii M (1986) Scr Metal 20:943
35. Johnson E, Wohlenberg T, Grant WA (1970) Phase Transitions 1:23
36. Grant WA (1981) Nucl Instr Meth 182/183:809
37. Johnson E, Littmark U, Johnson A, Christodoulides C (1982) Phil Mag A 45:803
38. Follstaedt DM (1985) Nucl Instr Meth B 78:11
39. Peiner E, Kopitzki K (1988) Nucl Instr Meth B 34:173
40. Tsaur BY, Lau SS, Mayer JW (1980) Appl Phys Lett 36:823
41. Tsaur BY, Lau SS, Hung LS, Mayer JW (1981) Nucl Instr Meth 182/813:1
42. Shectman D, Blech I, Gratias D, Cahn JW (1984) Phys Rev Lett 53:1951
43. Knapp JA, Follstaedt DM (1985) Phys Rev Lett 55(15):1591
44. Lilienfield DA, Nastasi M, Johnson HH, Ast AG, Mayer JW (1985) Phys Rev Lett 55 (15):1587
45. Lilienfield DA, Mayer JW (1987) Mat Res Soc Symp 74. Materials Research Society, Pittsburgh, p 339
46. Ossi PM (1977) Mater Sci Eng 90:55
47. Luzzi DE, Mori H, Fujita H, Meshii M (1984) Scr Metal 18:957
48. Pedraza DF (1987) Mater Sci Eng 90:69
49. Pedraza DF (1990) Rad Eff 112:11
50. Pedraza DF, Mansur LK (1986) Nucl Instr Meth B 16:203
51. Pedraza DF (1986) J Mater Res 1:425
52. Simonen EP (1986) Nucl Instr Meth B 16:198
53. Alonso JA, Somoza S (1983) Solid State Comm 48:765
54. Miedema AR (1973) J Less Comm Metals 32:117
55. Johnson WL, Cheng Y-T, Van Rossum M, Nicolet M-A (1985) Nucl Instr Meth B 7/8:657
56. Martin G (1984) Phys Rev B 30:1424
57. Swanson ML, Parsons JR, Hoelke CW (1971) Rad Eff 9:249
58. Brimhall JL, Kissinger HE, Pelton AR (1985) Rad Eff 90:241
59. Brimhall JL, Simonen EP, Kissinger HE (1973) J Nucl Mater 48:339
60. Okamoto PR, Lam NQ, Rehn LE (1999) In: Ehrenreich H, Spaepen F (eds) Solid state physics: advances in research and applications, vol 52. Academic, New York, pp 2–137
61. Lindemann FA (1910) Z Phys 11:609
62. Dienes GJ (1955) Acta Metal 3:549
63. Lam NQ, Okamoto PR, Li M (1997) J Nucl Mater 251:89–07
64. Motta AT, Howe LM, Okamoto PR (1999) J Nucl Mater 270:174–186
65. Motta AT (1997) J Nucl Mater 244:227–250
66. Mansur LK (1987) In: Freeman GR (ed) Kinetics of nonhomogeneous processes. Wiley, New York, pp 377–463
67. Maziasz PJ, McHargue CJ (1987) Int Mater Rev 32(4):190–218
68. Maziasz P (1993) J Nucl Mater 205:118–145
69. Was GS (2004) In: Proceedings of the 11th international conference on environmental degradation of materials in nuclear power systems: water reactors. American Nuclear Society, La Grange Park, IL, pp 965–985

第 10 章

离子辐照的独特效应

本章将重点关注离子轰击金属和合金所特有的一些过程。离子轰击在聚变反应堆系统中是重要的，其中的反应产物由高能的氦和氢（氘和氚）离子组成，它们会撞击反应堆的第一壁和其他部件。在实验室试验中，离子注入（II）、离子束混合（IBM）和离子束助推沉积（IBAD）被用来研究离子－固体的交互作用，以及用来产生新相和独特的微观结构。一般说来，材料的离子束改性或离子－固体交互作用这个主题很宽泛，对其进行全面的论述超出了本书的范围。读者可参阅有关的一些优秀教材和综述文献，如参考文献 [1 − 5]。当然，本章将会重点关注在离子－固体交互作用期间发生的那些过程及其在靶中所导致的独特微观组织结构或相，如位移混合、择优溅射、吉布斯吸附和晶粒长大等，这些过程的组合一起改变了靶的原始状态。已知，离子不仅产生了损伤，它们留存在靶内还会导致靶的化学成分变化。在中子辐照情况下，这些影响着靶的表面结构和化学成分（溅射、反冲混合和吉布斯吸附）的过程是被忽略的，然而在离子辐照下，这些过程可能是极其重要的。

本章将以简要介绍离子辐照技术为开始，为后面将论述的对离子辐照效应的理解做准备。然后将阐述离子辐照对化学成分、微观组织结构和新相形成的作用，接着就如聚变堆第一壁将会经历的那样在高剂量和高温下或者在实验室的低温条件下，介绍由气体轰击所产生的效应。最后介绍由离子束助推沉积导致的表面膜形成的独特过程。

10.1 离子辐照技术

由离子束进行金属表面改性可以通过不同的方法来实现，每一种都对特定的场合有其自身的优势。主要的方法包括离子注入、离子束混合、离子束助推沉积和等离子体源离子注入，如图 10.1 所示。每种技术都将被扼要介绍并考量它们改变靶材化学成分的能力。

离子注入是用能量范围从几十万电子伏特至几百万电子伏特的离子束对目标靶的轰击。离子束通常是单一能量的，只包含单一的荷电状态，且一般（但不总是）需要进行质量分析。由于弹性碰撞过程的随机性，离子会以高斯分布状态驻留，高斯平均值以投射范围 R_p 为中心，半高宽（FWHM）$\approx 2.35\Delta R_p$，其中 ΔR_p 是平均值的标准偏差。

尽管这是一个简单的过程，但是从改变表面化学成分的角度看，该技术有一些缺点。首先，因为注入分布的深度随 $E^{1/2}$ 而变化，对大多数重离子而言，在最普通的注入机中可以达到的几十万电子伏特范围的能量将会导致投射范围小于100nm。而百万电子伏特范围的能量则是穿透进入微米范围所要求的。其次，溅射将把得以注入的粒子种类的浓度限制为等于溅

本章补充资料可从 https：//rmsbook 2ed. engin. umich. edu/movies/下载。

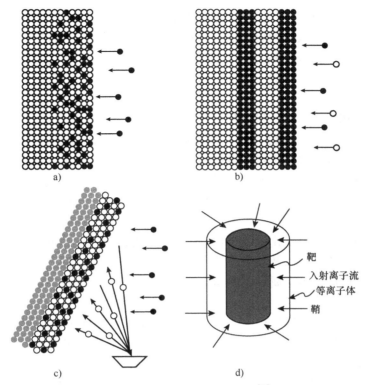

图 10.1　离子束表面改性技术[3]

a）直接离子注入　b）离子束混合　c）离子束助推沉积　d）等离子体源离子注入

射收得率倒数的一个值（见 10.2.1 小节）。由于这些能量下离子轰击金属时溅射收得率处于 2～5 范围以内，故被注入离子种类的最大浓度分别是 20%～50%。分布的形状和位置可能也是一个缺点。在腐蚀过程中，顶部几个单分子层的化学成分是最重要的，块体的改性发生在相当大的深度处，而使表面常常倾向于变为以注入原子种类为主的成分。当注入诱发了相变时，直接注入的有效性或效率则是较小的。最后，人们通常期待通过把金属离子注入纯金属或合金中，以求获得特定的表面化学成分。实际上，尽管大多数商业注入机都能够产生大流量的惰性气体，但是为了产生实用流量的金属离子，更精心策划的注入手段才是所要求的。离子束混合（IBM）提供了克服直接离子注入缺点的一个方法。

IBM 是指轰击前先在靶的表面均匀沉积双层或多层的元素。隐含在 IBM 背后的理念是通过将预先沉积成交替的，且有确定厚度比的几个合金组分的分层均匀化的方法，在各分层混合之后，得以生成一个具有所期待最终成分的表面合金层。IBM 克服了离子注入的几个缺点。首先，因为可以将惰性贵重的气体用于混合，就免去了生成金属离子束的必要。惰性气体并不在固体中产生任何化学效应，且能够在大多数商业注入机中以高流量束的形式被生成。其次，因为最终的化学成分是由层厚度之比来控制的，所以没有对化学成分范围的限制。这也排除了离子注入的另外两个缺点，即注入离子种类分布的均匀性和表面缺损。IBM 导致了在整个离子穿透深度内非常均匀的化学成分，包括非常靠近表面的区域，这正是离子注入的问题所在。最后，如果元素层被制作得足够薄，为达到完全混合所需的剂量可能要比由直接注入产生高浓度合金所需的低好几个数量级。

如果这一过程在低温下进行，结果常常是过饱和固溶体或非晶态结构形式的亚稳合金。这样，其微观组织结构可以由随后的退火处理加以控制。尽管 IBM 有很多优点，但它还是存在穿透深度有限这一同样的缺点。表面厚度仍然受到离子投射范围的制约，对数百 keV 的重离子而言，离子投射范围是 100nm。这个问题的一个解决方案是采用离子束辅助沉积技术。

离子束助推沉积和离子束增强沉积（IBAD/IBED）是指在离子束的辅助下进行膜的生长。在该技术中，在用低能（约 1keV）离子束轰击的同时通过物理气相沉积（PVD）在基底上生成一层膜。这种方法的优点有很多。第一，对膜的厚度实际上没有限制，而且因为在膜生长过程中进行了轰击，膜的成分等还可以得到改性。第二，与气相沉积同时进行的离子轰击提供了一个原子间混合的界面，从而增强了它与基底的黏结性。界面处的化学成分梯度可以由沉积速率和离子通量控制。第三，在膜的生长期间，表面的可动性被增强了，这使晶粒尺寸和形貌、织构、密度、化学成分和残余应力状态的控制成为可能。这些微观性质主要是通过控制原子的沉积速，以及离子通量离子与原子抵达率的比例、离子能量、注量和种类一起共同确定的。因此，纯金属、固溶体合金、金属间化合物和许多金属基化合物都可采用这一技术来生长表面膜。

最后一项技术是等离子体源离子注入（PSII）。在这项技术中，靶被直接放在等离子体源内，然后施加一个偏压高达（−40 ~ −100）keV 的负电势脉冲。围绕着靶形成了一个等离子体包套，离子被垂直于靶表面加速而穿越此包套。相对于传统的瞄准线注入，PSII 还具有一些潜在的优点，包括免除了对靶的操控和光栅束扫描的需要、不再需要对靶的遮蔽（残留的剂量问题）和离子源硬件的操作，控制都是在接近接地电位的条件下做的，也较便于将试验结果换算至大尺度和/或更重的靶。

所有这些技术都涉及高能离子与固体的交互作用，以及构成这一交互作用的物理过程，诸如溅射、吉布斯吸附、反冲注入、位移混合、辐照增强扩散和辐照诱发偏聚等。这些过程影响了靶材的化学成分和微观组织结构及相结构，它们构成了所观察到的金属或合金物理和力学性能变化的基础。第 7~9 章描述了由辐照产生的微观组织结构和相的变化，本章将重点关注辐照对化学成分的作用及离子辐照特有的另外一些效应，如晶粒长大、织构改变及在高气体加载过程中表面形貌的变化。

10.2　化学成分的变化

在离子轰击下会有各种过程发生，其中某些过程产生的影响远比中子辐照更深远，而另一些则与中子辐照相同。重离子轰击导致了原子从表面的溅射，在靶靠近表面的区域引起了化学成分的变化。在（0.3 ~ 0.5）T_m 的温度下，吉布斯吸附造成最上面两个原子层的化学成分变化，这有可能影响到溅射的过程。其中最初的无序化机制是碰撞混合或弹道混合，这可以被定性地归类为反冲注入和级联（各向同性）的混合。

"反冲注入"指的是由一个轰击离子产生的一个靶原子的直接位移。涉及其他一些靶原子的间接过程则统称为"级联混合"。参考一些涉及将离子注入固体中的一个双分子层或镶嵌在单一原子的薄标记层的试验，反冲注入导致了对给定初始成分分布的偏移和宽化，同时级联混合造成了成分分布的进一步宽化。但是，除了碰撞混合，热过程也可能变得重要，它将导致辐照增强扩散（第5章）。当流向阱的缺陷通量与溶质靶体原子通量耦合时，就有可能发生辐照增强偏聚，导致某一合金组分在缺陷阱处的集聚或贫化（第6章）。本节将论述溅射、吉布斯吸附、反冲注入和级联混合等各个物理过程的演化。前面几章已经说到了辐照增强扩散和辐照诱发偏聚，所以在本节将只在与其他过程组合的情况下，全面描述在离子轰击下的化学成分变化。

10.2.1　溅射

溅射是确定离子轰击下表面化学成分的一个关键因素，主要是通过择优溅射的作用。不同元素以不同概率溅射，而表面化学成分是这些概率的函数。本小节将简要描述物理溅射的过程，随后讨论择优溅射对合金表面化学成分的影响。

1. 基本模型

在离子轰击下固体表面受到了侵蚀。侵蚀率由溅射产率 Y 表征，被定义为每个入射粒子所发射的平均原子数。Y 取决于靶的结构和化学成分、入射束参数及试验的几何配置。对于中等质量的离子和 keV 级的轰击离子能量，$0.5 \leqslant Y < 20$。

溅射过程中，原子被从外表面层发射出去（见图 10.2）。在碰撞中轰击离子将能量传递给靶原子，靶原子又以足够高的能量反冲而产生其他的反冲。一些反方向的反冲将以足够能量与表面相交，穿过表面而离开表面。正是这些反冲构成了大部分溅射产率，它正比于被移位或反冲的原子数。在线性级联区域，反冲数正比于在核能损失中每单位深度所沉积的能量，其实就是入射离子传递给靶原子后留下来的能量[6-9]。如果在级联体积中只有很少部分的靶原子处于运动状态，那么此碰撞级联是线性的。对于一个块体级联，这意味着产生了低密度的点缺陷。如将它应用于溅射，这意味着与受到轰击粒子作用的表面区域内的靶原子数相比，溅射产率必须是小的。实际上，除了那些由能量范围为 $1 \sim 10\text{MeV}$ 的重型离子轰击重靶所产生的级联，金属中的级联都是接近线性的。入射到表面粒子的溅射产率可以表达为

$$Y = \Lambda F_D(E_0) \tag{10.1}$$

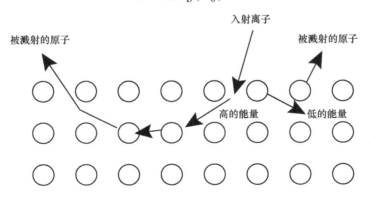

图 10.2　由入射离子动量的反向传递而导致溅射的示意图

其中，Y 是每个入射粒子所发射的原子数，E_0 是入射粒子的能量，Λ 是一个包含了诸如表面结合能和离子入射角度相关性等所有材料性能的参数，F_D 是在表面处每单位深度内留存下来的能量密度，取决于入射离子的类型、能量和方向以及靶参数 Z_2、M_2 和 N。Λ 的推导涉及关于能够克服表面势垒并从固体逃逸出来的反冲原子数的描述。Sigmund[6] 采用托马

斯－费米屏蔽函数推导了 Λ 的一个表达式，即

$$\Lambda = \frac{0.042}{NU_0} \qquad (10.2)$$

其中，N 是原子数量密度，U_0 是表面结合能，它可由升华热估算。

留存能 F_D 可表示为

$$F_D(E_0) = \alpha \frac{dE}{dx}\Big|_n \qquad (10.3)$$

其中，$dE/dx|_n$ 是由核的阻止而导致的能量损失率，α 是考虑了离子束对表面的入射角和因大角度散射事件影响的一个修正因子。α 随入射角的增加而增大，这是因为此时在表面内留存的能量也随之增大；由于同一原因，α 也随 M_2/M_1 的增大而增大。采用反平方作用势〔见式（1.59）〕，$dE/dx|_n$ 可写成

$$\frac{dE}{dx}\Big|_n = NS_n = N\frac{\pi^2}{2}Z_1Z_2\varepsilon^2 a \frac{M_1}{M_1 + M_2} \qquad (10.4)$$

其中，N 是原子数量密度，S_n 是核的阻止本领，a 是屏蔽半径，Z 和 M 分别是原子序数和原子质量，下标"1"和"2"分别指入射原子和靶原子。使用托马斯－费米截面[10]计算的核阻止本领为

$$S_n(E) = 4\pi aZ_1Z_2\varepsilon^2 \frac{M_1}{M_1 + M_2}S_n(\epsilon) \qquad (10.5)$$

其中，$S_n(\epsilon)$ 是下降了的阻止本领〔由式（1.148）得知〕，于是，下降了的能量 ϵ〔由式（1.139）得到〕可表示为

$$\epsilon = \frac{M_2}{M_1 + M_2}\frac{a}{M_2Z_1Z_2\varepsilon^2}E \qquad (10.6)$$

将 1keV Ar 和 10keV O 入射到 Cu，分别得到 $a = 0.0103$nm，$\epsilon = 0.008$ 和 $a = 0.0115$nm，$\epsilon = 0.27$。对于 1keV 和 10keV 之间的离子能量，ϵ 值在 $0.01 \sim 0.3$ 的范围内，或者说是刚刚低于 $dE/dx|_n$ 的平台水平。采用与能量无关的 $S_n(\epsilon)$ 值 ~ 0.327〔由式（1.150）算得〕给出，Ar 入射到 C 和 O 入射到 Cu 的平台值 $dE/dx|_n$ 分别约为 1240eV/nm 和 320eV/nm。使用式（10.2）中对 Λ 的表达式，式（10.1）中的溅射收得率为

$$Y = 0.528\alpha Z_1Z_2 \frac{M_1}{U_0(M_1 + M_2)}S_n(\epsilon) \qquad (10.7)$$

对于 Ar 入射到 Cu 的情况，$NS_n = dE/dx|_n = 1240$eV/nm，$U_0 \approx 3$eV，$\alpha \approx 0.25$，$\Lambda = 0.0165$nm/eV 和 $N = 85$a/nm^3，并得出 $Y \approx 5.1$。图 10.3 所示为溅射产率随入射角、靶原子/入射离子质量比、入射离子的原子序数和离子能量的变化。因为有较多的离子能量被遗留在靠近表面的区域，越是偏离法向入射，溅射增加得越多。对于固定的入射离子能量，溅射产率随离子的原子序数（Z）的变化也相同。在低能量下溅射产率是低的，这是因为只有少量的能量遗留在表面区域。类似地，因为弹性散射截面随入射能量增大而下降，所以在高能下遗留在表面区域的能量减少，因而溅射产率也降低了。结果是峰值出现在中等能量处，此时在近表面区域内遗留的能量是高的。

溅射产率可以用于确定注入种类离子的稳态浓度方法[1]，具体如下。假设正在将元素 A 的离子注入元素 B 的靶内，其中 $N_{A,B}$ 是原子浓度，而 $S_{A,B}$ 是元素 A 和 B 的溅射通量。于是，在任一时间，有

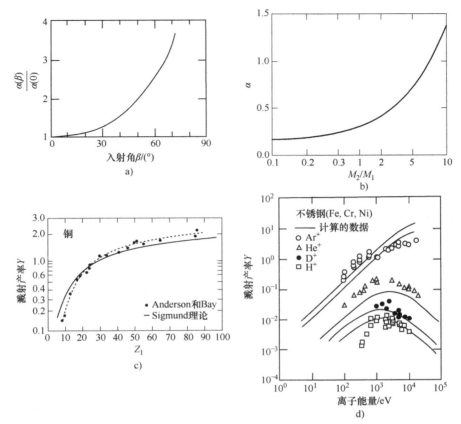

图 10.3　溅射产率随（从表面法线测得的）入射角 β、入射离子的原子序数、通过
式（10.3）中的 α 因子算得的靶原子/入射离子质量比及入射离子能量的变化[7-9]

a）入射角 β　b）入射离子的原子序数　c）靶原子/入射离子质量比　d）入射离子能量

$$\frac{S_B}{S_A} = \chi\left(\frac{N_B}{N_A}\right) \tag{10.8}$$

其中，χ 是将一个 B 原子溅射而离开表面的概率与一个入射的 A 原子离开表面的概率的比值。入射的 A 原子通量 ϕ_A 是与由溅射差额产生的总溅射通量相关的，有

$$\phi_A Y = S_A + S_B \tag{10.9}$$

在稳态下，因注入造成的 A 原子增量等于由溅射而损失的原子数，所以靶中 A 原子的总数量没有净变化，即 $\phi_A = S_A$。将 S_A 代入式（10.9）得到 $S_B = (Y-1)\phi_A$。再将 S_A 和 S_B 代入式（10.8），即可得出稳态的表面化学成分，即

$$\frac{N_A}{N_B} = \chi(Y-1)^{-1} \tag{10.10}$$

对于 $\chi = 1$ 的情况，式（10.10）成为

$$\frac{N_A}{N_A + N_B} = \frac{1}{Y} \tag{10.11}$$

这表明注入种类元素的浓度直接由溅射产额确定。

2. 择优溅射

当高能离子撞击一个由合金构成的靶时，并非靶的所有元素都以相同溅射产率被溅射。在被溅射原子的通量中，每个入射离子对合金的 A 原子的溅射产率[11]为

$$Y_A = \int_0^\infty \sigma_A(x)[C_A(x)/\Omega]dx \tag{10.12}$$

其中，$\sigma_A(x)$ 是在深度 $x \geqslant 0$ 处入射离子将 A 原子从表面（$x=0$）处撞击而进入 $x<0$ 区域中的截面，$C_A(x)$ 是在深度 x 处合金中 A 元素的摩尔分数，Ω 是平均原子体积。定义每单位深度的概率为 $p_A(x)$，它是在深度 x 处存在的一个 A 原子被一个射入离子弹射的概率，表示为

$$p_A(x) = \frac{\sigma_A(x)}{\Omega} \tag{10.13}$$

A 原子的溅射产率可表示为

$$Y_A = \int_0^\infty C_A(x)p_A(x)dx \tag{10.14}$$

合金溅射的首要作用是与个别元素的溅射事件和对溅射产率有贡献的物理变量相关的，它们全部都被包含在溅射概率 p_A 之中，而 p_A 取决于入射离子的类型和能量，被溅射原子的类型及其表面结合能等。因为对不同原子种类而言，溅射概率 p_i 是不一样的，因此会发生择优溅射。

合金中溅射的二次效应通过因子 $C_A(x)$ 体现在式（10.14）中，它给出了 A 原子得以占据一个点阵位置的概率。其结果是，在式（10.14）中，合金组分的溅射产率将通过因子 $C_A(x)$ 而受到影响。实际上，被溅射的原子来自图 10.1 所示的阴影层，其贡献随深度呈指数下降。衰减的长度为两个原子层的数量级。因此，式（10.14）中的积分可以被式（10.15）取代[6,7,12]。

$$Y_A \, \bar{p}_A C_A^s \tag{10.15}$$

其中，$\bar{p}_A$ 是每个入射离子将处于表面层中的 A 原子溅射出去的平均总溅射概率，C_A^s 是 A 原子在表面层中的平均原子浓度，由上标 s 标注。该层的厚度还没有很好的定义，但是一般认为应取一个或两个原子层来确定 C_A^s，因为溅射离子主要来自第一原子层。

合金中组分原子的溅射概率差异是由传输给质量各异的原子的能量、动量及表面能不同造成的。然而，一个具有均匀块体化学成分的半无限合金靶的持续溅射最终必然会导致一种稳态，此时被溅射离开表面的原子通量的化学成分就等于合金块体的化学成分。Wiedersich 等人[11]已经表明，用通量为 ϕ [i/(cm² · s)] 的离子轰击一个二元合金 AB 所导致的原子移除率为

$$\frac{dN}{dt} = \phi(Y_A + Y_B) \tag{10.16}$$

所以，被溅射的表面下陷的速率可以由每单位面积的原子损失总速率来计算，即

$$\dot{\delta} = \frac{d\delta}{dt} = \phi\Omega\frac{dN}{dt} = \phi\Omega(\bar{p}_A C_A^s + \bar{p}_B C_B^s) \tag{10.17}$$

其中，δ 是因溅射而被移除的表面层厚度。

在试样表面形成的一块固体壳层元素种类为 i 的净累积速率（$0 \leqslant x < x_0$）为

$$\frac{\mathrm{d}N_i}{\mathrm{d}t} = \phi\left[C_i^{\mathrm{b}}\left(\frac{\alpha}{\Omega^{\mathrm{b}}}\right) - Y_i \right] \tag{10.18}$$

其中，C_i^{b} 是块体合金中组分 i 的原子浓度，由上标 b 标注。α 是每个入射离子所移除的体积，而 Ω^{b} 是块体合金的平均原子体积。于是，注入离子的净累积速率为

$$\frac{\mathrm{d}N_0}{\mathrm{d}t} = \phi(1 - Y_0) \tag{10.19}$$

在稳态下，式（10.18）和式（10.19）括号内的项必须为零，有

$$Y_1 : Y_2 : Y_3 \cdots = C_1^{\mathrm{b}} : C_2^{\mathrm{b}} : C_3^{\mathrm{b}} \cdots \tag{10.20}$$

$$Y_0 = 1 \tag{10.21}$$

这就是说，在溅射通量中合金组分元素的比例与块体合金中的比例是相同的，只是它们的浓度被重新发射出来的溅射离子均匀稀释了。注意，溅射原子的稳态通量没有包含择优溅射的信息。有关择优溅射的信息，可以通过式（10.15）给定的近似值，从近表面区域的稳态浓度中获得。将式（10.15）代入式（10.20）得到

$$\frac{p_1}{p_2} = \frac{C_1^{\mathrm{b}} C_2^{\mathrm{s}}}{C_1^{\mathrm{s}} C_2^{\mathrm{b}}} \quad \text{或} \quad \frac{C_1^{\mathrm{s}}}{C_2^{\mathrm{s}}} = \frac{C_1^{\mathrm{b}} p_2}{C_2^{\mathrm{b}} p_1} \tag{10.22}$$

也就是说，在达到稳态之后，溅射概率正比于所讨论的那个元素块体浓度和表面浓度之比。溅射离子的溅射概率可以由表面浓度获得，即

$$p_0 \approx \frac{1}{C_0^{\mathrm{s}}} \tag{10.23}$$

Lam 和 Wiedersich[13] 描述了一个 $p_{\mathrm{A}}^{\mathrm{s}} > p_{\mathrm{B}}^{\mathrm{s}}$ 的二元合金 AB 在近表面化学成分上发生的择优溅射随时间的演化，也就是说，此处发生了 A 原子的择优溅射（见图10.4）。注意，起初，在溅射通量（上面的虚线）中的 A 原子浓度是大于块体合金中 A 原子浓度的。可是，随着表面化学成分的变化（图10.4中下面的虚线）及近表面层的成分的变化，在某一轰击时间过后，当被溅射原子通量的化学成分变得与块体合金化学成分相等时，将会达到稳态，这是由物质守恒定律决定的。也就是说，A 原子的表面浓度将演化到一个稳定状态，此时相对于 B 原子，A 原子较高的溅射概率是被较低的 A 原子浓度抵消了。

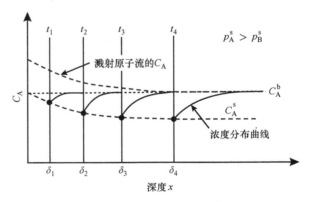

图10.4　择优溅射对试样近表面区域的化学成分和被溅射原子通量随时间演化影响的示意图[13]

考虑一个二元合金，满足 $C_{\mathrm{A}}^{\mathrm{b}} = C_{\mathrm{B}}^{\mathrm{b}} = 0.5$。于是，由式（10.22）可得

$$\frac{C_{\mathrm{A}}^{\mathrm{s}}}{C_{\mathrm{B}}^{\mathrm{s}}} = \frac{\bar{p}_{\mathrm{B}}}{\bar{p}_{\mathrm{A}}} \tag{10.24}$$

如果测得的表面浓度是 $C_{\mathrm{A}}^{\mathrm{s}} = 0.33$ 和 $C_{\mathrm{B}}^{\mathrm{s}} = 0.67$，则 $\bar{p}_{\mathrm{A}} : \bar{p}_{\mathrm{B}} = 2.0$。相反，如果测得 A 原子和 B 原子的稳态被溅射通量比为 1.0（$Y_{\mathrm{A}} : Y_{\mathrm{B}} = 1.0$），那么 $S_{\mathrm{A}} : S_{\mathrm{B}} = 1.0$。这就是说，对被

溅射原子通量的测量无法获得表面的化学成分。因此，必须直接并独立地进行表面化学成分的测量。

10.2.2　吉布斯吸附

吉布斯吸附（或热表面偏聚）是指合金通过将其自身的表面化学成分重新调整到不同于块体，以降低合金自由能的过程[14]。在金属系统中，这种成分的变化可能是很大的，但是其效应只局限于一个或两个原子层。因为块体与表面的体积比十分巨大，故块体的化学成分不会受到实质性的影响。在温度高到足够让扩散以合理的速度进行的情况下，这样的重新调整会自发地发生。考虑成分为 C_A^s 和 C_B^s（与块体成分 C_A^b 和 C_B^b 不同）的一个表面层。在平衡条件下，表面的化学成分与块体的化学成分关系[14]为

$$\frac{C_A^s}{C_B^s} = \frac{C_A^b}{C_B^b} \exp\left(-\frac{\Delta H_A}{kT}\right) \tag{10.25}$$

其中，ΔH_A 是吸附热，它被定义为与合金块体中的一个 A 原子与表面的一个 B 原子发生交换有关的焓的变化。在高温下，A 原子的净通量迁动 J_A 接近平衡，即

$$J_A \Omega = \left[(\nu_A^{b\to s} C_A^b C_B^s) - (\nu_A^{s\to b} C_A^s C_B^b) \right] \zeta, \tag{10.26}$$

其中，ζ 是原子层厚度，$\nu_A^{b\to s}$ 和 $\nu_A^{s\to b}$ 分别是 A 原子由块体向表面和表面向块体的跳跃频率。等号右边的第一项和第二项分别是 A 原子从块体向表面和从表面向块体的通量。或者，在平衡状态下（$J_A = 0$），有

$$\frac{\nu_A^{b\to s}}{\nu_A^{s\to b}} = \frac{C_A^s}{C_A^b}\frac{C_B^b}{C_B^s} \tag{10.27}$$

将式（10.27）代入式（10.25）可得

$$\nu_A^{s\to b} = \nu_A^{b\to s} \exp\left(-\frac{\Delta H_A}{kT}\right) \tag{10.28}$$

这说明，对某一表面偏聚的元素（必须具有 $\Delta H_A < 0$），由于吸附热的缘故，相对于它在块体内的迁移焓，它从表面跳回块体内的激活焓被有效地增高了。通过降低 A 原子被热激活而从表面向块体跳跃的概率，表层与块体之间的浓度差得以建立和保持。因吉布斯吸附（GA）造成的表面浓度增高将导致偏聚元素因溅射而损失增多。由 GA 导致的某一元素持续的择优损失需要较高的扩散（$T \geq 0.5 T_m$），但是，因为溅射增强了热扩散，GA 的作用在 $T \cong 0.3 T_m$ 的温度下变得很显著。可是，无热位移混合过程将与 GA 的作用对抗相反。在稳态下，GA 的作用是将恰好低于表面层的合金浓度抑制到某一浓度值，从而使表面层的浓度得以保持在由择优溅射（PS）所决定的值。因此，在离子轰击下，表面浓度将受到这两个过程（GA 和 PS）的影响。Lam 和 Wiedersich[13]提供了离子轰击期间由 GA 和 PS 同时作用所导致的表面成分（变化）动力学行为的示意描述。在图 10.5 所示的例子中，GA 导致了 A 原子的表面浓度起初高于块体浓度的水平，这由 A 原子表面浓度的阶梯状变化所显现。这导致 A 原子的 PS 被增强了，因为溅射原子通量主要来自于表面的第一原子层。接着，为了力图重建热力学平衡，次表面层中的 A 原子浓度势将被降低。经过一段时间 t_1 之后，A 原子浓度的分布又恢复到类似于原始的状态，即在表面处 A 原子有一个阶梯状的富集，但是相对于原始态，表面浓度还是下降了一些，阶梯之后浓度又是降低的。随着轰击时间的增加，A 原子的表面浓度持续下降，且 A 原子贫化的区域不断加深和宽化。当溅射原子通量

的成分与合金的块体相等时，即达到了
稳态。

10.2.3 反冲注入

入射离子束将它的动量部分分给了
固体的原子和电子。因此，在位移过程
中原子的动量分布不是各向同性的，并
且原子将在入射束的方向上被择优地重
新安置。这没有在入射束方向上导致任
何明显的净原子传输，因为固体将松弛
到接近其正常的密度，也就是说，在入
射束方向上的反冲原子的通量会被相反
方向上松弛而导致的均匀原子通量所补
偿。在合金中，重新安置的截面和反冲

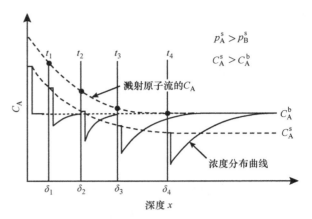

图 10.5　GA 和 PS 效应的共同作用对近表面
化学成分和被溅射原子流随
时间演化的示意描述[13]

原子的范围取决于原子核的电荷和质量，以至于在一般情况下，相对于较重的组元，较轻的
组元原子将在入射束方向上被优先传输。这可以被描述为，为了将原子密度维持在一个合适
的值，某些合金组分元素的原子向靶内较深区域迁动的通量，受到了组分元素其余部分的反
方向通量的补偿，也就是说，穿越靶内任意一个平行于表面的平面上的原子净通量近似为
零。如此表达的"反冲注入"被用来描述在平行于某些类型原子的入射束方向上，相对于
其他类型原子的净传输。有关反冲注入的机制已由 Sigmund 等人[15-17]提出，在本小节中进
行如下综述。

设由元素 1 和元素 2 [分别用 M_i、Z_i 表示，它们的浓度为 C_i（$i = 1$，2），且 $C_1 + C_2 = 1$]
组成的均匀二元合金中，某单个的离子（M_0，Z_0）沿一条直线减慢到一个完全确定的范围
R 时的平均注入效应。在沿其路径的（x，dx）单元中以能量为（T，dT）产生的 i 元素反
冲的数量为

$$NC_i \mathrm{d}x \sigma_{0i}[E(x), T] \tag{10.29}$$

其中，$E(x)$ 是在深度为 x 处的离子能量，σ_{0i} 是在入射离子 0 和原子 i 之间的弹性散射截面。
由 LSS 理论可知，一个反冲原子的弹射范围 R_p 为

$$R_p = R_i(T) \left[\frac{T}{\gamma_{0i}E(x)} \right]^{1/2} \tag{10.30}$$

其中，R_i 是路径的长度，反冲被假设为在直线轨迹上减慢至一个完全确定的长度范围，而
$\gamma_{ij} = 4M_iM_j/(M_i + M_j)^2$。于是，撞击注入的总效应 P_i 就是反冲数量的积分，其范围为

$$P_i = NC_i \int_0^R \mathrm{d}x \int_0^{\gamma_{0i}E(x)} \sigma_{0i}[E(x), T] R_i(T) \left[\frac{T}{\gamma_{0i}E(x)} \right]^{1/2} \mathrm{d}T \tag{10.31}$$

基于幂律定律散射，式（10.31）被表示为

$$\sigma_{ij}(E, T) = C_{ij} E^{-m} T^{-1-m}, \quad i, j = 0, 1, 2, \quad 0 < m < 1$$

$$C_{ij} = B_1 a_{ij}^{2(1-m)} \left(\frac{M_i}{M_j} \right)^m (Z_i Z_j)^{2m} \tag{10.32}$$

$$a_{ij} = B_2 (Z_i^{2/3} Z_j^{2/3})^{-1/2}$$

其中，B_1 和 B_2 是常数。如第 1 章所述，通过偏阻止本领截面来确定路径长度范围 $R_i(T)$，即

$$S_{ij}(E) = \int T' \mathrm{d}\sigma_{ij}(E, T') \tag{10.33}$$

执行式（10.31）和式（10.33）中的积分，并除以弹射范围，可得

$$Q_i = \frac{P_i}{R_p} = \frac{1-m}{m(1+2m)} \gamma_{01}^{2m-1} \frac{C_i}{(A_{i1}+A_{i2})} \tag{10.34}$$

$$A_{ij} = C_j \left(\frac{\gamma_{ij}}{\gamma_{0i}}\right)^{1-m} \left(\frac{a_{ij}}{a_{0i}}\right)^{2(1-m)} \left(\frac{M_i^2}{M_0 M_j}\right)^m \left(\frac{Z_j}{Z_0}\right)^{2m} \tag{10.35}$$

其中，0 是入射离子，i 是被离子撞出的原子，而 j 是随后由第 i 个原子撞出的原子。Q_i 是每个入射离子在离子束方向上深度为 R_p（即离子的范围）内被反冲注入的"等效" i 原子数。Q_i 中对它与 i 相关性起主导作用的项是式（10.35）中的因子 M_i^{2m}。这说明反冲注入更倾向于较轻的离子种类，因为在给定能量区间（T，$\mathrm{d}T$）的 i 原子反冲数正比于 $M_i^{-m} Z_i^{2m}$，所以它对重组分原子的作用是最大的。但是，在某一给定能量 T 的 i 原子反冲范围正比于 $M_i^{-m} Z_i^{-2m}$，故它对轻组分的作用是最大的。因此，综合效应或"数量×范围"则正比于 M_i^{-2m}。

举个例子，考虑 Ar 离子对 PtSi 的轰击。对于在离子穿透范围内被反冲注入的各个类型原子的"等效"数量为

$$\begin{cases} Q_{\mathrm{Pt}} = 0.034, Q_{\mathrm{Si}} = 0.37 \ (m = 0.5) \\ Q_{\mathrm{Pt}} = 0.019, Q_{\mathrm{Si}} = 0.94 \ (m = 0.33) \end{cases}$$

在这两种情况下，相对于 Pt，Si 都有一个净输运。有一个类似的试验，用 300keV Xe 离子轰击含有 Pt 标记层的 Si，其结果如图 10.6 所示。注意，"离子–Si 撞击"的偏移大于"离子–Pt 撞击"的偏移，这导致了相对于 Pt 的离开表面，有了一个 Si 离开表面的净输运。这个结果的重要意义在于，基于靶中某一类型原子的质量，其优先的输运可能会对固体的混合有所贡献。

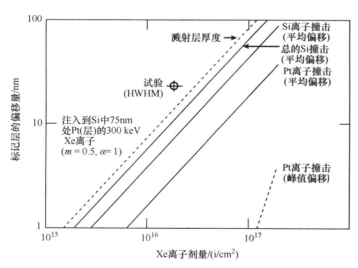

图 10.6 对于入射到 Si 中 75nm 处一片 Pt 薄层上的 300keV Xe 离子，采用 Sigmund 反冲注入模型计算得到标记层发生的偏移[16]

10. 2. 4 级联（各向同性、位移）混合

能量从固体的反冲原子向其他原子的快速传输导致了级联内反冲方向的有效随机化。其结果是，在高能级联中大多数的原子重新定位事件导致了各向同性的混合而不是反冲注入。分子动力学计算表明，在一个位移事件中发生的位置替换数导致了每产生的一对缺陷所对应的原子平均平方扩散距离 $<x^2> \approx 30a^2$，其中 a 是最近邻原子的距离。因此，一个原子尺度上的清晰界面被展宽了 $<x^2>^{1/2}$ 的倍数，或者说是对 1dpa 的剂量，大约为 5 个原子平面的宽度。宽化的程度正比于剂量的平方根，所以这样多层靶的 IBM 是将固体均匀化的有效手段。

如同中子辐照那样，对靶的离子辐照也会造成一个碰撞级联的产生。取决于离子的质量和能量，级联中的能量密度可在 $10^{-3} \sim 10\mathrm{eV/a}$ 范围内。级联的扩展和淬灭时间分别为 $10^{-14}\mathrm{s}$ 和 $10^{-12}\mathrm{s}$ 数量级。区分单个级联和级联重叠是重要的。在一个经受了 $1\mu\mathrm{A/cm}^2$［对单个带电离子而言为 $6 \times 10^{12}\mathrm{i/(cm^2 \cdot s)}$］的电流密度（正比于剂量率）离子轰击的靶中，在某一给定的材料区域中，将以大约 1s 为时段间隔，持续发生直径约为 4nm 的级联。也就是说，每一该体积的材料每秒都将经历一次级联。为了避免发生级联重叠，总剂量必须保持在约 $10^{13}\mathrm{i/cm^2}$ 以下。已知，即便是在级联重叠区域，级联寿命也只有约 $10^{-12}\mathrm{s}$，所以除非同时还有某些热扩散的参与，否则级联与级联之间也不会有时间上的短暂交集。在单个级联内，平均的位移距离总是非常小的。例如，如果每个 Frenkel 对都被替换了，平均的反冲距离约为 1nm（R_{recoil}），因为被替换的原子数 N_{d} 与级联中央核心内的总原子数 N_{cas} 之比远小于 1，所以级联内的平均原子位移（$R_{\mathrm{recoil}} \times N_{\mathrm{d}}/N_{\mathrm{cas}}$）是可被忽略的。只有在级联结束后，在辐照增强扩散的帮助下，才有可能发生明显的混合效应。在 $10^{16}\mathrm{i/cm^2}$ 剂量下，注入区域接收了超过 10^3 的持续重叠的级联，则弹道混合的累积作用不再可以忽略不计。

1. 弹道混合

回忆一下，以扩散系数形式生成的热扩散的原子模型为式（4.44），由此可得

$$D = \frac{1}{6}\lambda^2 \Gamma \tag{10.36}$$

其中，Γ 是总跳频率，而 λ 是跳跃长度。如果假设级联混合中动量传输的分布是各向同性的，其结果就会是一个累积的随机步行样式的位移过程。通过引入一个有效扩散系数 $D^{*[18,19]}$ 来表征这个输运过程，即

$$D^* = \frac{1}{6}R^2 F \tag{10.37}$$

其中，R 是在碰撞级联中一个原子的均方根位移，而 $F(x)$ 是由入射粒子通量 ϕ 产生的原子位移率速率（dpa/s）。F 可以按如下方法由 K – P 位移模型加以估算。由式（2.1）和式（2.2）可得

$$\frac{R_{\mathrm{d}}}{N} = F = \int \phi(E)\sigma_{\mathrm{D}}(E_{\mathrm{i}})\mathrm{d}E_{\mathrm{i}} \tag{10.38}$$

$$\sigma_{\mathrm{D}}(E_{\mathrm{i}}) = \int \sigma_{\mathrm{s}}(E_{\mathrm{i}}, T)\nu(T)\mathrm{d}T \tag{10.39}$$

假设粒子通量为单一能量，弹道散射为各向同性，则

$$\nu = \frac{\overline{T}}{2E_d} \tag{10.40}$$

$$\sigma_D = \frac{\overline{T}}{2E_d}\sigma_s \tag{10.41}$$

由此可得

$$F = \phi\sigma_s\frac{\overline{T}}{2E_d} \tag{10.42}$$

由平均能量损失的定义，$dE/dx|_n = \overline{T}/\lambda = N\sigma_s\overline{T}$，并将$\overline{T}$代入式（10.42）可得

$$F = \frac{\phi\left.\frac{dE}{dx}\right|_n}{2E_d N} \tag{10.43}$$

其中，$dE/dx|_n$是每单位深度遗留并进入原子过程的离子能量，而E_d是位移能量。将式（10.43）代入式（10.37），可得

$$D^* \approx \frac{R^2\phi\left.\frac{dE}{dx}\right|_n}{12E_d N} \tag{10.44}$$

级联混合的作用是使得一个原来尖锐的界面变得模糊，或者是将δ函数展宽成为一个高斯分布。接下来，分析图10.7所示级联混合对某个靶中三个不同成分分布情况的作用。由菲克第二定律可得

$$\frac{\partial C}{\partial t} = -\nabla\cdot D\nabla C = -D\nabla^2 C, \quad D\neq f(C) \tag{10.45}$$

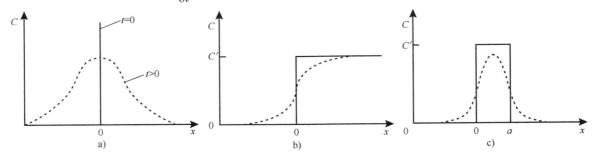

图10.7　离子束混合对薄膜、（双层）半无限固体对及（多层）有限厚度的薄膜的作用示意
a）薄膜　b）（双层）半无限固体　c）（多层）有限厚度的薄膜

情况1：薄膜

对于图10.7a所示的几何状况，边界条件为

$$\begin{cases} 对于|x|>0，当t\rightarrow 0时，C\rightarrow 0 \\ 对于x=0，当t\rightarrow 0时，C\rightarrow 1 \end{cases}$$

$\int_{-\infty}^{\infty} C(x,t)dx = \alpha$，其中$\alpha$是靶中溶质的总量。假设该层无限薄，则对菲克第二定律求解为

$$C(x,t) = \frac{\alpha}{\sqrt{4\pi Dt}}\exp\left(\frac{-x^2}{4Dt}\right) \tag{10.46}$$

其中，变量 $\sigma^2 = 4Dt$；标准偏差 $\sigma = (4Dt)^{1/2}$；而半高全宽（FWHM）为 2.35σ。由式（10.44）得到级联混合导致的 FWHM 增量为

$$\Delta \mathrm{FWHM} = 2.35\sqrt{4Dt} \approx R\left[\frac{2\frac{\mathrm{d}E}{\mathrm{d}x}\Big|_{\mathrm{n}}\phi t}{E_{\mathrm{d}}N}\right]^{1/2} \tag{10.47}$$

注意，由 $\Delta \mathrm{FWHM}$ 描述的薄膜展宽正比于 $(\phi t)^{1/2}$；或者说，有效离子混合系数 $4Dt$ 正比于 ϕt。图 10.8 表明，正如式（10.47）所预示的，由 $4Dt$ 给出的混合是正比于剂量的。

例如，150keV Kr^+ 轰击含有一个图 10.7a 所示薄膜的 Ni 样品，产生 10nm 的 $\Delta \mathrm{FWHM}$ 所需要的剂量为

$$\Delta \mathrm{FWHW} = 10\mathrm{nm} \approx R\left[\frac{2\frac{\mathrm{d}E}{\mathrm{d}x}\Big|_{\mathrm{n}}\phi t}{E_{\mathrm{d}}N}\right]^{1/2} \tag{10.48}$$

于是，对于 $\mathrm{d}E/\mathrm{d}x\,|_{\mathrm{n}} = N\sigma_{\mathrm{s}}\overline{T}$，式（10.48）可表示为

$$\Delta \mathrm{FWHM} = 10\mathrm{nm} \approx R\left[\frac{2\sigma_{\mathrm{s}}\overline{T}\phi_t}{E_{\mathrm{d}}}\right]^{1/2} \tag{10.49}$$

对于 $\sigma_{\mathrm{s}} \approx 10^{16}\mathrm{cm}^2$，$\overline{T} \approx E_{\mathrm{i}} = 150\mathrm{keV}$，$E_{\mathrm{d}} \approx 15\mathrm{eV}$ 和 $R \approx 1.5\mathrm{nm}$，导致一个 10nm 的 $\Delta \mathrm{FWHM}$ 所需要的剂量是 $8.5 \times 10^{14}\mathrm{i/cm}^2$。如果用 He^+ 代替 Kr^+，则需要的剂量为 $3.5 \times 10^{15}\mathrm{i/cm}^2$。

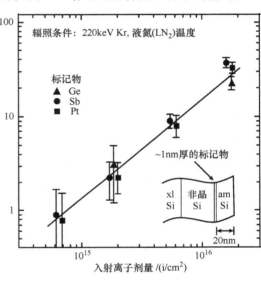

图 10.8 在非晶态 Si 中不同标记物的标记物混合数据，显示了有效离子混合扩散系数 $4Dt$ 和剂量 ϕt 之间的关系[1]

情况 2：（双层）半无限固体对

对于如图 10.7b 所示的双层固体，其边界条件为

$$\begin{cases} \text{对于 } x < 0, \text{ 当 } t = 0 \text{ 时，} C = 0 \\ \text{对于 } x > 0, \text{ 当 } t = 0 \text{ 时，} C = C' \end{cases}$$

在边界条件约束下，菲克第二定律的解为

$$C(x,t) = \frac{C'}{2}\left[1 + \mathrm{erf}\left(\frac{x}{\sqrt{4Dt}}\right)\right] \tag{10.50}$$

图 10.9 表明，正如式（10.50）所预示的那样，对几个双层系统而言，由 $4Dt$ 描述的跨越双层界面的混合随剂量的变化确实是线性的，虽然其比例常数与系统有关。

情况 3：（多层）有限厚度的薄膜

对于如图 10.7c 所示的一个有限厚度的薄膜而言，边界条件为

$$\begin{cases} \text{对于 } 0 < x < a, \text{ 当 } t = 0 \text{ 时，} C = C' \\ \text{对于 } x < 0, x > a, \text{ 当 } t = 0 \text{ 时，} C = 0 \end{cases}$$

它的解为

$$C(x,t) = \frac{C'}{2}\left[\text{erf}\left(\frac{x}{\sqrt{4Dt}}\right) - \text{erf}\left(\frac{x-a}{\sqrt{4Dt}}\right)\right] \tag{10.51}$$

2. 化学成分对离子束混合的影响作用

二元合金系统中混合现象的观察揭示了一些在混合的量程度方面的巨大差别，它们是不能用弹道效应加以解释的。例如，在 Cu – Au 系中的混合比在 Cu – W 系中高出了一个数量级[21,22]，而在 Si 和 Ge 中，即使是对质量相似的元素而言，标记层的混合也有很大的差别[23]。这些系统在碰撞的意义上来说都是相似的体系，其中组元元素的质量比都是相似的，所以，在弹道混合模型中，它们的行为理应也是相似的。然而，恰恰相反，碰撞的意义上相似的体系却表现出非常不一样的混合速率（见图10.9）。而且，在辐照增强扩散受到抑制的77K温度下，混合居然也发生了。

Johnson[24–29]考虑到了二元合金组元的化学性质，从而第一次认识到了扩散基本上主要是由化学势的梯度 $\nabla\mu(x)$ 所驱动的，而且菲克定律只对理想溶液适用。更普遍地说，形成非理想溶液的两个金属的互扩散，人们应当把 $\nabla\mu(x)$ 与 $\nabla C(x)$ 联系起来。这可以通过一个修正了的 D' 替代 D 即可实现，D' 考虑到了柯肯德尔效应，它描述了通过扩散发生的相互混合，即

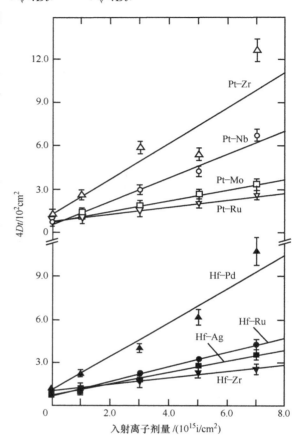

图10.9　77K下受到600keV Xe^{2+} 辐照的几个双层样品的界面混合（$4Dt$）随剂量的变化[20]

$$D' = (D_A^0 C_B + D_B^0 C_A)\left[1 + \frac{\partial\ln\gamma(C_A)}{\partial\ln C_A}\right] \tag{10.52}$$

$$= D\left(1 - \frac{2\Delta H_{mix}}{kT}\right)$$

其中，D 是无偏置条件下混合的速率系数，γ 是活度系数，而 ΔH_{mix} 是由式（10.53）给定的混合熵。

$$\Delta H_{mix} = 2\delta C_A C_B$$

$$\delta = z\left(H_{AB} - \frac{H_{AA} + H_{BB}}{2}\right) \tag{10.53}$$

其中，z 是配位数（即最近邻原子数），H_{ij} 是原子对之间的势，或"原子对熵"。由6.1节可知，式（10.52）中方括号里的第二项也被称为热力学因子 χ。简单地说，式（10.52）表

示，当势能取决于原子排布时，原子的随机步伐就将受到偏置。所以，混合速率不仅取决于单位时间内随机步伐的次数，也取决于 Darken 偏置的程度。图 10.10 所示为 ΔH_{mix} 对几个双层系统混合速率的影响。式（10.52）可以被用来获得发生扩散的有效温度 kT_{eff}[28]。在 Pt – Au 系中，kT_{eff} 的值为 $1 \sim 2eV$。这意味着，当粒子动能为 $1eV$ 数量级时，将对离子混合发生显著的影响！

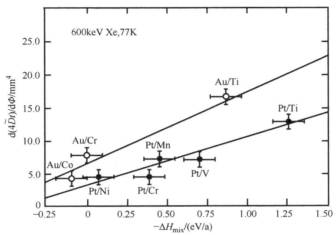

图 10.10 77K 下受到 600keV Xe^{2+} 辐照后的几个二元金属系统双层试样中，混合热对观察到的混合率的影响[24]

如果混合取决于固体的热力学性质，则它应当取决于内聚能 ΔH_{coh}，它是固体内原子被束缚在一起紧密程度的量度。事实上，如果画出 d（4Dt）/dϕ 随 ΔH_{mix} 变化的曲线，可以注意到两者紧密的关系（见图 10.11）。我们感兴趣的 1eV 能量范围是与位移级联的热化区间相联系的，它可以被描述为一个热闪峰。热闪峰对扩散的影响已由 Rossi 和 Nastasi[30] 处理过了，他们从 Vineyard 的热闪峰模型[31] 出发，其中在各向同性的均匀介质中热传导的非线性傅里叶方程为

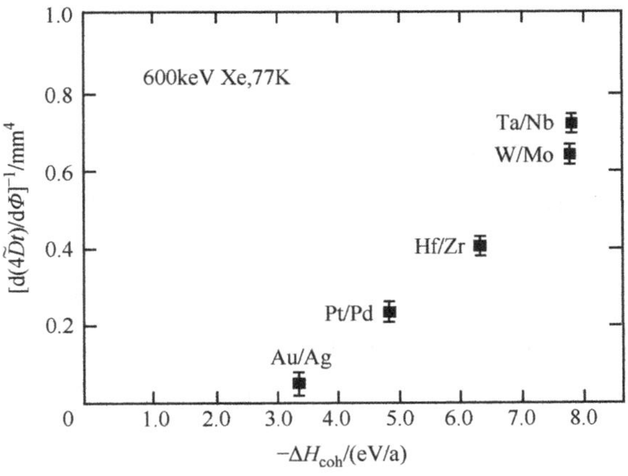

$$\nabla \kappa \cdot \nabla T = c \frac{\partial T}{\partial t} \qquad (10.54)$$

图 10.11 在 77K 受到 600keV Xe^{2+} 辐照后的几个二元金属系统中，平均内聚能对离子混合的影响[29]

其中，$\kappa = \kappa_0 T^{n-1}$ 是热扩散率，$c = c_0 T^{n-1}$ 是比热容，κ_0 和 c_0 是常数，而 $n \geq 1$。当 $t = 0$ 时，沿着与圆柱体轴的垂直距离为 r 处能量密度恒定为 ε 的无限长直线上，引入一个圆柱形的闪峰，其温度分布的初始条件为

$$Q = \int c dT = \left(\frac{c_0}{n}\right) T^n (r, 0) \qquad (10.55)$$

在初始环境温度为 0 的条件下，根据式（10.55）边界条件对式（10.54）进行求解，

可以得到温度在空间和时间的分布，即

$$T(r,t) = \left(\frac{n\varepsilon}{4\pi\kappa_0 t}\right)^{1/n}\exp\left(-\frac{c_0 r^2}{4\pi\kappa_0 t}\right) \tag{10.56}$$

将 η 定义为每单位闪峰长度上一个闪峰内发生的原子跳跃的总次数，与热扩散类似，把跳跃速率的阿伦尼乌斯行为假设为 $R = A\exp(-Q/kT)$，则 η 可表示为

$$\eta = \int 2\pi r dr \int A\exp\left[\frac{-Q}{T(r,d)}\right]dT \tag{10.57}$$

对式（10.57）积分，可得

$$\eta = \frac{\eta^3 \Gamma(2n) A\varepsilon^2}{8\pi\kappa_0 c_0 Q^{2n}} \tag{10.58}$$

其中 $\Gamma(2n)$ 是以 $2n$ 为自变量的伽马函数。在中等温度下，$n=1$，此时式（10.58）成为

$$\eta = \frac{A\varepsilon^2}{8\pi\kappa c Q^2} \tag{10.59}$$

再次回到描述具有 $|\Delta H_{mix}| > 0$ 的二元系统的式（10.52），则在温度 T 时有效的跳跃率可写成

$$R_{eff} = A\exp\left(\frac{-Q}{kT}\right)\left(1 - \frac{2\Delta H_{min}}{kT}\right) \tag{10.60}$$

而式（10.57）成为

$$\eta_c = \int 2\pi r dr \int A\exp\left[\frac{-Q}{kT(r,t)}\right]\left[1 - \frac{2\Delta H_{min}}{kT(r,t)}\right]dt \tag{10.61}$$

其中，η 的下标指的是化学的偏置。取 $n=1$，并在闪峰尺寸和寿命期间进行积分，得到

$$\eta_c = \frac{A\varepsilon^2}{8\pi\kappa c Q^2}\left(1 - \frac{4\Delta H_{min}}{Q}\right) \tag{10.62}$$

由于激活能是用内聚能加以度量的，取 $Q = -s_2 \Delta H_{coh}$，其中 s_2 是常数。在辐照 $\Phi(\text{i}/\text{cm}^2)$ 剂量后，固体内的跳跃总数等于 $\eta_c\Phi/\rho$，其中 ρ 是原子密度。于是，混合速率为

$$\frac{d(4Dt)}{d\Phi} = \frac{\eta_c r_c^2}{\rho} \tag{10.63}$$

其中，r_c 是特征的跳跃距离。假设 r_c 与原子间距关系为 $r_c = s_1\rho^{-1/3}$，可以得到

$$\frac{d(4Dt)}{d\Phi} = \frac{K_1\varepsilon^2}{\rho^{5/3}(\Delta H_{coh})^2}\left(1 + \frac{K_2\Delta H_{mix}}{\Delta H_{coh}}\right) \tag{10.64}$$

其中，K_1 取决于 κ，c 和 A，而 $K_2 = 4/s_2$。图 10.12 所示为式（10.64）中大量二元系统中混合随 $\Delta H_{mix}/\Delta H_{coh}$ 比值的变化，两者显示出良好的相关性，说明了即使是在并不发生辐照增强扩散（RED）的温度下，化学成分对离子束产生的混合确实有着很强的影响作用。随着温度的升高，RED 也将对混合有所贡献。

图 10.13 所示为在受到 Si^+ 离子辐照的 $Nb-Si$ 双层试样中相互混合的 Si 的量[32]。在高温下，数据遵循着具有 0.9eV 激活能的阿伦尼乌斯型热激活。随着温度的下降，互混的量不再持续下降，而保持在由元素的弹道混合所决定的一个值的水平上，该值与温度有关。仅由温度诱发的混合（即热混合）由图 10.13 中左边的实线表示，其激活能为 2.7eV。于是，RED 就是显示阿伦尼乌斯行为的两条曲线之间的差值。注意，低温下的混合不是由辐照产

生的扩散增强所导致的，而是弹道混合所致。混合的总量可以用有效扩散系数[25]加以描述，即

$$D = D_{\text{ballistic}} + D_{\text{rad}}\exp\left(\frac{-Q}{kT}\right)$$

（10.65）

式（10.65）右边的第一项是由弹道混合产生的，与温度无关；第二项由辐照增强扩散产生，具有阿伦尼乌斯型温度关系，其中 Q 是表观激活能。根据式（10.65）可以确定这两项对扩散有同等贡献的那个温度为

$$T_c = \frac{Q}{k\left[\ln\left(\dfrac{D_{\text{rad}}}{D_{\text{ballistic}}}\right)\right]}$$

（10.66）

假设在表观激活能与基体的内聚能 ΔH_{coh} 之间存在一种度量关系。例如 $Q = S\Delta H_{\text{coh}}$，其中 S 是一个度量因子，可得

$$T_c = \frac{S\Delta H_{\text{coh}}}{k\left[\ln\left(\dfrac{D_{\text{rad}}}{D_{\text{ballistic}}}\right)\right]}$$

（10.67）

对于几个双层系统，采用度量因子 $S = 0.1$ 计算得到的临界温度随平均内聚能的变化如图 10.14 所示[33]。注意，正如式（10.67）所示，临界温度与内聚能之间呈线性关系。空位迁移能与内聚能也有度量关系，这意味着辐照增强扩散缘于空位的迁移。

除了靶的均匀化，位移混合是研究辐照下相变非常有效的手段。在辐照下相的稳定性已在第9章中讨论过了，但是 IBM 为研究离子诱发的相形成提供了一个独特的机会。图 10.15 所示为在 Ni – Al 二元系中，如何得以通过离子辐照使双层的楔形试样成为覆盖整个的成分范围，而其中的相又如何演变成为随成分变化的函数。图 10.16 也表明，在大多数情况下，所形成的相与 IBM、惰性元素的直接离子注入、将 A 直接注入 B 或将 B 直接注入 A 的辐照方式无关。

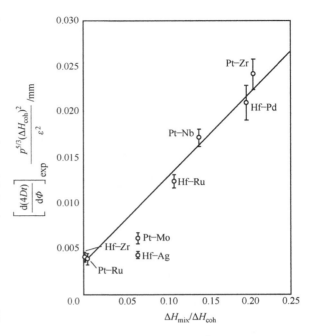

图 10.12　77K 下受到 600keV Xe^{2+} 辐照的几个金属双层样品中，辐照下界面处的混合效果与 $\Delta H_{\text{mix}}/\Delta H_{\text{coh}}$ 比值之间的关系[20]

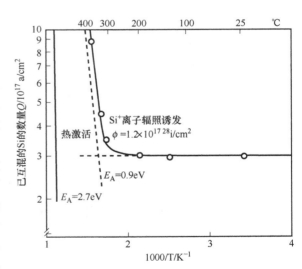

图 10.13　受到 $1.2 \times 10^{17} i/cm^2$ $^{28}Si^+$ 的剂量辐照后的 Nb – Si 双层试样中，已互混的 Si 的数量的对数随温度倒数的变化[32]

注：实线是与温度无关的部分（接近水平的虚线）和受到热激活（激活能 $E_A \approx 0.9eV$）部分（高斜率的虚线）一起拟合得到的。

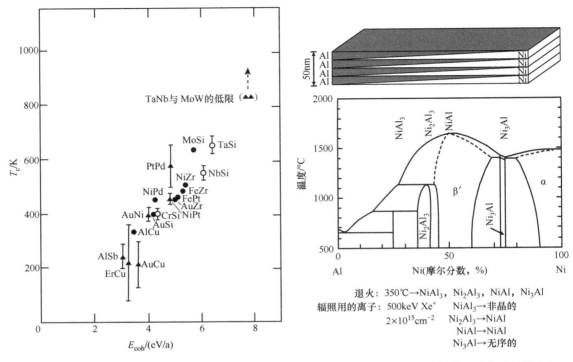

图 10.14　平均内聚能与临界温度 T_c 之间的关系[33]

注：T_c 是由辐照增强扩散和由离子冲击
过程导致的混合相等的温度。

图 10.15　Ni – Al 多层试样内两元素片的排布和
平衡相图，以及试样 350℃ 预退火后用剂量为 2 ×
10^{15} i/cm² 的 500keV Xe⁺ 辐照得到的结果[34]

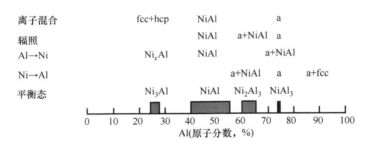

图 10.16　用不同离子束处理制备的 Ni – Al 二元系微观结构汇总[35]

10.2.5　影响表面成分变化的组合过程

考虑到前几节中所述的所有过程的作用，Lam 和 Wiedersich[13] 通过编制一个描述二元
合金受到离子轰击期间缺陷和原子浓度在时间和空间上演化的耦合偏微分方程组，构建了一
个离子轰击诱发成分改变的表象模型。这组公式的编制是基于一组扩散和反应速率方程，也
就是描述合金成分和缺陷浓度变化的时间速率，含有源和阱的菲克第二定律，即

$$\frac{\partial C_v}{\partial t} = -\nabla \cdot (\Omega J_v) + K_0 - R \tag{10.68}$$

$$\frac{\partial C_i}{\partial t} = -\nabla \cdot (\Omega J_i) + K_0 - R \tag{10.69}$$

$$\frac{\partial C_A}{\partial t} = -\nabla \cdot \left[(\Omega J_A) - D_A^{disp} \nabla C_A \right] \qquad (10.70)$$

其中，K_0 和 R 是与位置和空间都有关的空位与间隙原子产生和重新复合的速率，而 D_A^{disp} 是仅由位移过程导致的扩散系数。对一个半无限的靶，采用适当的初始和边界条件（如 Lam[13,36-38] 所述），通过式（10.68）~式（10.70）的数值求解，可以确定与时间有关的原子和缺陷浓度分布。这组公式涵盖了 DM（位移混合）、RED 和 RIS 过程。通过将表面层处理为一个分离的相，吉布斯吸附和择优溅射也可以被容纳在该模型中。鉴于该表象模型的结构，这些计算可以用来确定表面和次表面的成分变化与材料及辐照变量之间的依赖关系，并将各个别过程的贡献分离开。可是，因为模型中需要的许多参数是未知的，所以与试验的定量比较是困难的。尽管如此，在若干二元合金中离子轰击诱发的成分重新分布的半定量模型化已经被实现了。

　　Wiedersich 等人[11,34] 提供了关于一个合金受到轰击期间发生的不同过程，以及这些过程是如何影响表面成分的简明描述。计算是通过将所包括的 PS、DM、RED、GA 和 RIS 等过程之间的不同组合进行的。图 10.17 所示为 400℃ 下受到 5keVAr 离子轰击的 Cu − 40%（摩尔分数）Ni 合金中 Cu 浓度分布和试样表面位置随时间的演变。吉布斯吸附导致了开始时（1s）Cu 的表面浓度的富集。10^2s 后，溅射过程择优地把 Cu 从表面排出，导致了相对于块体的 Cu 在表面的贫化。4×10^3s 之后达到了稳态，Cu 在表面是贫化的，但是它沿深度的分布却继续反映着 GA 的作用。还应注意，由于溅射的作用，随着辐照剂量增大所导致的表面凹陷。

　　图 10.18 所示为合金表面 Cu 浓度随时间的变化。注意，在没有辐照的情况下（曲线1），GA 导致了 Cu 在第一表面层中的强烈富集。如果只考虑辐照期间 PS 和 RED 的作用（曲线2），它们导致了 CsCu 单调下降到了稳态，其值由溅射概率之比和块体浓度决定。如果 GA 也包括在内（曲线3），CsCu 将因辐照增强的吸附而在短时间内快速增高，然后又缓慢地下降至稳态。DM 的参与会降低 GA 的作用（曲线4）。如果只考虑 PS、RED 和 RIS（曲线5），CsCu 快速地降低至稳态，因为此时偏聚的作用占主导。如果 GA 加入的话（曲线6），则 RIS 的影响会受到掩盖。最后，DM 的加入（曲线7），或者当所有的过程全都包括在内的话，CsCu 将在初期增大，然后向稳态值下降。过程之间的不同组合对稳态 Cu 浓度分布的影响如图 10.19 所示。

10.2.6　离子注入期间注入原子的再分布

　　在图 10.17 ~ 图 10.19 中给出的注入例子，是用惰性气体离子轰击一个合金，所以对合金的化学组分并不产生影响。在离子注入中，除了它们对各个表面过程的影响，被注入离子的浓度也是应当密切跟踪的。Lam 和 Leaf[39] 开发了一个动力学模型，用于描述在注入过程中这些动力学过程对于被注入原子在空间的重新分布。空间非均匀的损伤率和离子沉积率的作用，以及作为受到溅射和外来原子进入系统内结果的被轰击表面的运动，都得加以考虑。需要针对不同温度、离子能量和离子 − 靶（指的是不同离子和不同靶材）的组合，其中 A 原子以通量 φ 被注入基底 B，计算被注入原子浓度在时间和空间上分布的演变。按照类似于式（10.68）~式（10.70）的一组动力学方程，空位、B 间隙原子、A 间隙原子、A 原子 − 空位复合体及自由置换的 A 溶质原子的局部浓度，均将随注入时间发生变化。在与母材基

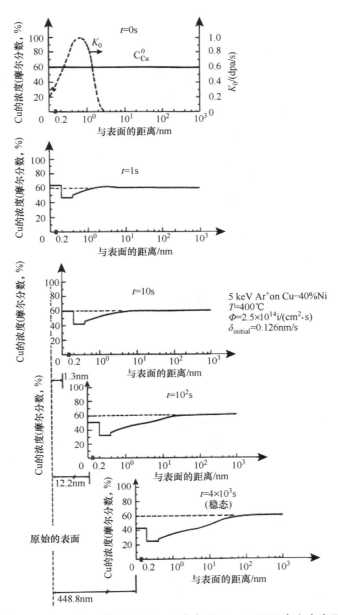

图 10.17　400℃下受到 5keV Ar$^+$轰击的 Cu – 40% Ni 合金中表面
Cu 的浓度和位置随时间的演变[11]

体中溶质浓度逐步建立的同时，表面也经受着由溅射和外来原子的进入而发生的位移。溅射导致表面的凹陷，而注入造成体积的膨胀。表面的净位移率由离子的收集和溅射速率之间的竞争所控制。

　　表面和次表面合金成分在时间和空间上的演变，可以由热力学平衡条件开始，通过适用于半无限介质的这组方程求解而得到。已对低能和高能 Al$^+$ 和 Si$^+$ 注入 Ni 进行了样品的计算，因为从以往的研究已经知道，在受辐照的 Ni 中，Si 在与缺陷流动相同的方向上偏聚，而 Al 的偏聚则与缺陷流动反向[40]。在 500℃下 50keV 注入期间，Ni 中 Al 和 Si 溶质的重新

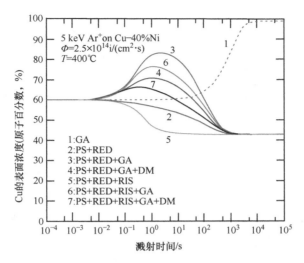

图 10.18　GA、PS、RED、DM 和 RIS 等过程的不同组合对图 10.17 所描述的
Cu – 40% Ni 合金中 Cu 表面浓度随时间演变的影响[11]

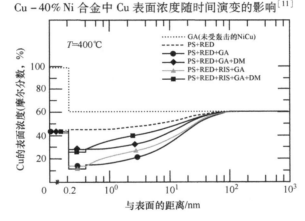

图 10.19　与图 10.16 中所提到的同样 5 种过程，以不同方式的组合对于
稳态 Cu 浓度分布的影响[11]

分布分别如图 10.20 和图 10.21 所示。

在 Al 注入的情况，C^s_{Al} 随时间的推移而增大达到 50%（摩尔分数）的稳态值，这受注入元素的偏溅射产额的控制。稳态值大大高于极高能量注入所得到的，因为在高能注入中溅射可忽略，C^s_{Al} 受 RIS 控制。不过，因为溅射的缘故，遗留在样品中注入原子的总浓度却小得多。而且，稳态下的注入元素浓度分布的形状由控制表面边界条件的 PS 控制，也受 RED 和 RIS 控制。

Si 浓度分布的演变与 Al 非常相同，这是因为它们的 RIS 行为不一样。在短时间注入后，Si 由于 RIS 而在表面发生富集，Si 分布曲线的峰开始向试样内部移动（见图 10.21）。随着时间的增长，C^s_{Si} 单调上升，并在 $t \geqslant 2 \times 10^4 s$ 时达到 100%（摩尔分数）的稳态值。与 Al 的情况不同，Si 的分布显示了一种注入元素分布的明显迁移而进入了超过寻常范围的区域。这里预示的 Si 分布曲线峰向试样内部迁动，与 Mayer 等人[41]在高温下 Si 注入 Ni 的试验测量数据是一致的。

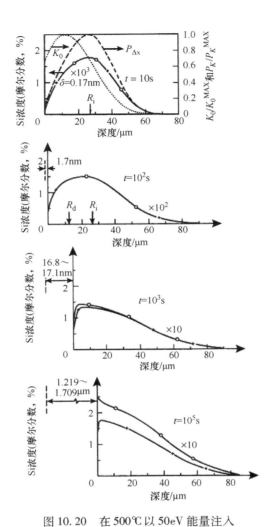

图 10.20 在 500℃ 以 50eV 能量注入
Ni 期间 Al 浓度分布的演变[13]

注：归一化的损伤率 K_0 和离子的沉积率 P 见第一幅
分图中，由溅射产生的表面位移 δ 也被显示了。注意，
在各分图中，浓度的分布都被乘了不同的因子。

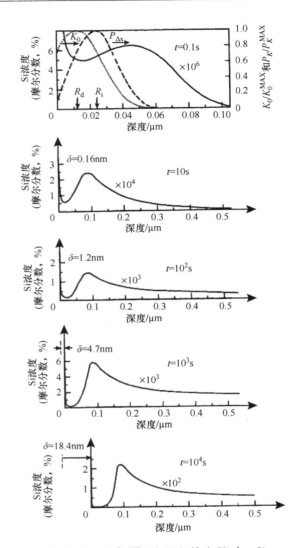

图 10.21 500℃ 下 50keV Si 注入 Ni 中，Si
浓度分布的演变[13]

注：归一化的损伤率 K_0 和离子的沉积率 P
见第一幅分图中，由溅射产生的表面位移
δ 也被显示了。

10.3 离子注入的其他效应

除了前两节已经叙述过的那些过程，还有几个过程必须在离子－固体交互作用期间加以考虑。例如，在离子轰击时位移级联与表面发生交集，有可能在表面产生一个穴坑。"Movie 10.1"（https：//rmsbook2ed. engin. umich. edu/movies/）展示了 100keV Xe 离子撞击金靶的 MD 模拟。在表面不受约束的情况下，损伤区域的膨胀与表面发生交集，随后的冷却导致了

可能改变靶其他性能的表面穴坑。接下来，本章还将讨论诸如晶粒长大、织构的演变、位错微结构的形成、气泡的形成及由于电子激发导致的位移等其他过程，而在最后会介绍 IBAD。

10.3.1 晶粒长大

离子诱发的晶粒长大，已经在纯金属和多层样品中观察到了。Liu 和 Mayer[42] 在经受 150～580keV 能量范围的惰性气体 Ar、Kr 和 Xe 离子辐照的纯镍膜中观察到了晶粒长大。在他们的试验中，晶粒尺寸随剂量而增大，在约 $1 \times 10^{16} i/cm^2$ 时达到饱和。他们发现，与热退火的试样中晶粒尺寸的宽发散程度相比，辐照试样中的晶粒尺寸近似均匀。他们也观察到饱和的晶粒尺寸与辐照离子类别有关，而在高剂量下，晶粒尺寸与辐照剂量关系不大（见图 10.22）。由晶界附近位移闪峰造成的局部损伤可能是晶粒长大的驱动力。观察到的晶粒长大被解释成晶粒受到严重损伤后的重新有序化或长大并进入未受损伤的邻近晶粒中的过程。一个局部长大中的晶粒能量的下降量，等于从被消耗的区域释放的能量与扩张晶界所需要的能量之差。当晶粒很小时，整个晶粒受到损伤的概率较大，这可以解释最初晶粒的快速长大。随着辐照过程的继续进行，大晶粒消耗了小晶粒，所以平均晶粒尺寸增大了。当正在长大中的晶粒的平均直径接近损伤体积的尺寸时，由单个碰撞级联严重损伤整个晶粒的概率下降了，某些晶粒以消耗其他晶粒为代价而得以长大的机会也就少了。因此，随着晶粒尺寸增大，晶粒长大的速率逐渐降低。

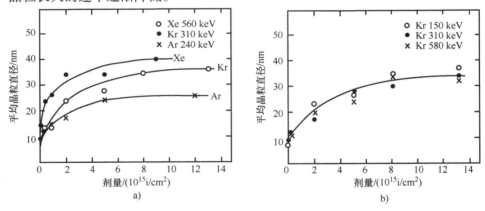

图 10.22 平均晶粒直径随剂量的变化[42]

a）240keV Ar、310keV Kr 和 560keV Xe 离子辐照多晶的镍膜 b）150keV、310keV 和 580keV Kr 离子辐照多晶的镍膜

与相同平均成分的共沉积 Ni－Al 膜受到轰击而长大相比，在 Ni－Al 多层膜的混合过程中晶粒的长大速率被提高了 2.2 倍（见图 10.23）。这样的增强现象可以采用混合热的概念加以理解，即采用在一个圆柱形热闪峰的单位长度上，一次闪峰中所诱发的原子跳跃总数（η）的约翰逊（Johnson）表达式理解。假设这个 η 值正比于晶界的可动性，就可以在式（10.64）中把晶粒尺寸 d 与原始的晶粒尺寸 d_0 和 η 的关系为

$$(d^3 - d_0^3)/\phi \alpha \varepsilon^2 \Delta H_{coh}^2 [1 + K_2(\Delta H_{min}/\Delta H_{coh})] \qquad (10.71)$$

由于对共蒸发膜而言 $\Delta H_{mix} = 0$，测得的可动性比值应该是

$$\frac{(d^3 - d_0^3)|_{ML}/\phi|_{ML}}{(d^3 - d_0^3)|_{CO}/\phi|_{CO}} = 1 + K_2(\Delta H_{mix}/\Delta H_{coh}) \qquad (10.72)$$

在已知 Ni－20%（摩尔分数）Al 合金的内聚能和混合热的情况下，式（10.72）中的

比值为 3.0，与测量值 2.2 相当。这些结果表明，混合热似乎在离子诱发的晶粒长大和 IBM 中起着作用。

10.3.2 织构

目前，已经有许多有关膜的离子束混合和离子束助推的沉积中织构效应的报道。Alexander 等人[43] 和 Eridon 等人[44] 发现，在成分为 Ni-20%（摩尔分数）Al 的多层膜中将 Ni 和 Al 的混合，导致了 hcp[45,46] 和 fcc（γ）相的形成。γ 相有着强烈的 ⟨111⟩ 织构，而 hcp 相有 ⟨001⟩ 织构。两相的织构都是以密排面与膜表面平行的方式排布的。

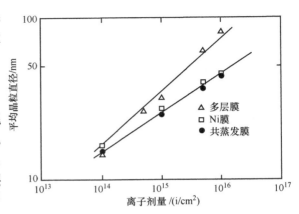

图 10.23　在经受 700keV Xe 离子辐照的 40nm 厚的 Ni 膜、Ni-20% Al 多层膜和 Ni-20% Al 共蒸发膜中观察到的离子诱发晶粒长大现象[42]

这些织构的形成和离子辐照的入射方向相对于膜表面的交角无关。织构的形成似乎受到密排面契合的驱动。Ahmed 和 Potter[47] 发现，Ni 受到 1.2×10^{18} i/cm² 剂量 Al 的辐照，造成了 350nm 的 β′ 相晶粒，相对于底层的 Ni，其取向符合 Nishiyama 关系[48]。离子束助推的沉积期间发生的织构演变将在 10.7 节中讨论。

10.3.3 位错微结构

作为对由高剂量注入元素导致的高表面应力的响应，离子注入有可能诱发高位错密度的形成，其深度分布远远超过了注入层[49]。图 10.24 所示为受到能量在 40~110keV 区间的不同离子（C、Fe、W、Ar）、剂量达到 10^{18} i/cm² 注入后的 α-Fe 中导致的位错密度随深度的分布。注意，虽然在图 10.24 所示的所有情况下投射离子的深度均小于 50nm，注入所诱发的位错密度峰却出现在 5~10μm 深度范围之间，且延伸至 100μm 甚至更宽。微结构以密集的位错网络为特征，其位错密度随注入剂量和注入离子的半径而增大。X

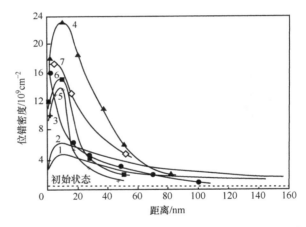

图 10.24　受离子辐照的 α-Fe 中位错密度随深度的变化[49]
1—C: 40keV, 1×10^{16} i/cm²　2—C: 40keV, 1×10^{18} i/cm²
3—Fe: 68keV, 1×10^{18} i/cm²　4—W: 110keV, 2×10^{17} i/cm²
5—Ar: 50keV, 2×10^{16} i/cm²,　6—Ar: 50keV, 5×10^{16} i/cm²
7—Ar: 50keV, 1×10^{17} i/cm²
注: 其中 1~4 是脉冲辐照，而 5~7 是持续的辐照。

射线衍射测量表明其应力超过了屈服应力，并导致了 10% 范围内的塑性应变。

由离子注入产生的高密度位错网络可能诱发再结晶，从而进一步影响到注入元素的分布。Ahmed 和 Potter[47] 在 25℃ 和高温（300~600℃）下进行了将 180keV Al 注入纯 Ni 中的研究。高温下，在最低的注量（约 10^{15} i/cm²）时微观组织以个别的位错环为主。这些位错环束缚住了间隙原子或空位、由穿透进入 Ni（靶材）结构的高能 Al 离子所产生的缺陷以及从 Ni 点阵位置（被轰击出来的）移位原子等的集聚。随着注入的进一步进行，位错环发生攀移，与其他环发生交集和反应，在达到 $2.1 \times 10^{17} i/cm^2$ 剂量后形成了复杂的位错网络。当达到 $3 \times 10^{17} i/cm^2$ 剂量时，有了三维的空位聚集体。

相对地说，在 $23 \sim 600℃$ 范围和剂量小于 $10^{18} cm^{-2}$ 时，被注入 Ni 中的 Al 的成分分布与温度关系不大。可是，在较高剂量下，注入物的分布将发生巨大变化，此时浓度分布曲线变得平坦且有大量 Al 被移送至较大的深度（见图 10.25）。同样的变化也发生在室温注入后 $600℃$ 退火 15min 的情况。在大于 180keV Al 离子的穿透范围（约 100nm）的深度处生成的微观结构对于决定注入浓度分布的稳定性起着重要的作用。

在室温注入后约 300nm 深度处存在着位错环。这些环是错排的弗兰克环，直径为 $5 \sim 10nm$，其数量密度随剂量的增加而增加，在 $3 \times 10^{18} i/cm^2$ 剂量时达到约 $4 \times 10^{16} i/cm^2$。不过，当材料被加热到 $600℃$ 时，注入层背后的位错被消除了。这是通过再结晶而发生的，它也造成了注入 Al 的再分布，以下将说明所发生的过程。

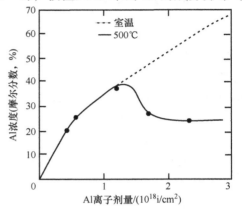

图 10.25　Al 浓度的峰值随 500℃ 下注入 Ni 的 Al 离子注量的变化[47]

在室温注入之后，有一个非晶相延伸到了 160nm 的深度。细小的 β' 和 γ 晶体分别从 160nm 延伸到了 300nm 和从 300nm 到 400nm。而位错和位错环的深度则超过 800nm。在室温注入或高温注入之后进行的 $600℃$ 时效处理，导致了在 $800 \sim 1000nm$ 深度内细小晶粒结构的再结晶。在这两个例子中，Al 原子必须穿过相对纯净的 Ni 基材才能实现浓度的再分布，这只有在发生了某种快速扩散过程中才能实现。这得益于那些细小的晶粒，它们是在比注入层更深的那些严重位错化的高位错密度区域的再结晶所形成的，为异常快速的扩散提供了大角度晶界作为扩散通道。受限于再结晶的程度，成分也会到达一个平台。如图 10.26 所示，再

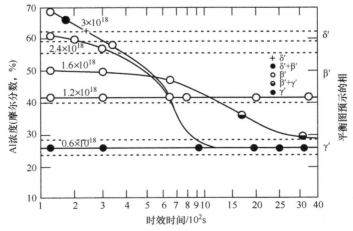

图 10.26　600℃ 下剂量为 $0.6 \times 10^{18} \sim 3.0 \times 10^{18} i/cm^2$ 之间时 Al 浓度随时间的变化[47]

注：在注入层中观察到的相用符号写在曲线上，而基于平衡相图预示会存在的相被标示在右边的纵坐标上。

分布只在高于一个阈值的剂量时发生，由此说明了辐照损伤在再结晶过程中的作用。这个例子有助于将被注入的元素类别、辐照损伤的特性，以及那些可能会被注入领域影响到的再结晶和反常的快速扩散等过程联系起来。

10.4　高剂量气体（轰击）载荷：起泡和剥落

聚变堆的第一壁和分流器被认为会经受到作为聚变反应产物的高通量、中至低能量的氘和氚离子的辐照。低于 1MeV 的氦在表面以下约 1μm 处会停止下来，而在高通量下长时间的暴露可能会导致非常高的氦含量水平。正如第 8 章讨论过的，在预想的温度（400 ～ 700℃）和辐照损伤产生的高浓度缺陷的帮助下，氦将是可动的，还会形成气泡。气泡的长大和聚合导致了起泡的形成，并造成表面的剥落，如图 10.27 所示。图 10.28a 所示为金属表面下短距离内高 He 载荷的结果。气泡被束缚在表面以下固体的一个狭窄带内。在那里，它们有可能长大，也可能集聚形成较大的气泡，或者由于气泡间的应力而导致气泡间的断裂（见图 10.28a）。高剂量 He 轰击的 Ni 试样表面层横截面照片（见图 10.28b）表明，气泡微结构只局限于浅表层区域。因为气泡并不处于平衡状态，所以产生了应力。这就是说，由于受到表面张力的影响，气泡内气体的压力并不平衡，产生了一个作用于气泡上的径向应力 σ_{rr}，即

$$\sigma_{rr} = p - \frac{2\gamma}{r} \tag{10.73}$$

Wolfer[52] 开发了一个气泡间平均应力场的表达式，即

$$\frac{\overline{\sigma}}{\mu} = \left[f_{He} \frac{p}{\mu\rho\Omega} - \frac{2\gamma}{\mu\Omega} \left(\frac{4\pi\rho_B}{3} \right)^{1/3} S^{2/3} \right] F(S) \tag{10.74}$$

其中，μ 是切变模量，$f_{He} = m\rho_B\Omega$，m 是一个气泡中气体的原子数，ρ_B 是气泡密度，Ω 是金属原子的原子体积，ρ 是气泡中的 He 密度，γ 是表面能，而 $S = f_{He}/\rho$。对于随机排布的气泡和 $\rho \sim 1.0$，函数 $F(S)$ 被定义为

$$F(S) = (0.827S^{1/3} - S)^{-1} \tag{10.75}$$

因为极限拉伸强度（UTS）决定了 fcc 金属的韧性和穿晶断裂，也决定了 bcc 和 hcp 金属的穿晶解理断裂，而 fcc 和 bcc 的 UTS 大约分别为 0.003μ 和 0.01μ，因此，$\overline{\sigma} \approx 0.01\mu$。于是，为了达到由应力导致气泡间断裂应力所需的相应 He 浓度如图 10.29 所示。对于 $\rho = 1$，临界的 He 浓度为 20% ～ 40%。Wolfer 还确认了处在平行于表面的气泡平面内的另外一个应力，叫作侧向应力 σ_L（见图 10.30）。由式（10.76）可知，侧向应力依赖于肿胀速率 $\dot{S}$。

$$\sigma_L = \frac{-\dot{S}E}{(1-\nu)} \tag{10.76}$$

其中，E 是弹性模量，ν 是泊松比。所以，起泡的形成分两个过程进行。断裂在表面以下深度 t_B 开始，当气泡长大到局部应力达到足以使毗邻气泡的平面裂开的程度时，此时气泡半径 r 为最大值。然后，钱币形状的裂纹开始扩展，直到其直径达到 D_B，此时存在的侧向载荷已满足弯折条件，即

$$D_B = 1.55 \left[\frac{\mu}{(1-\nu)P} \right]^{1/2} t_B^{3/2} \tag{10.77}$$

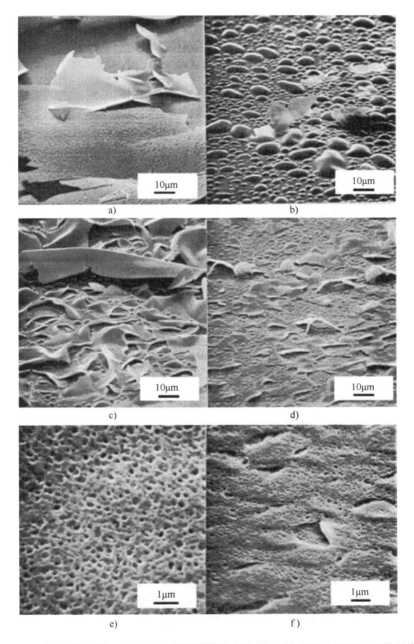

图 10.27　受到不同剂量 100keV He 离子辐照的多晶 Ni 试样表面（凹凸）显微照片[50]
　　　a）2×10^{184} i/cm² 垂直入射　b）2×10^{183} i/cm² 垂直入射
　　　c）1×10^{193} i/cm² 垂直入射　d）2×10^{193} i/cm² 垂直入射
e）1.2×10^{204} i/cm² 垂直入射　f）3.4×10^{193} i/cm² 与法线成 60°角入射

其中

$$P = - \int_0^{t_B} \sigma_L \mathrm{d}t_B \qquad (10.78)$$

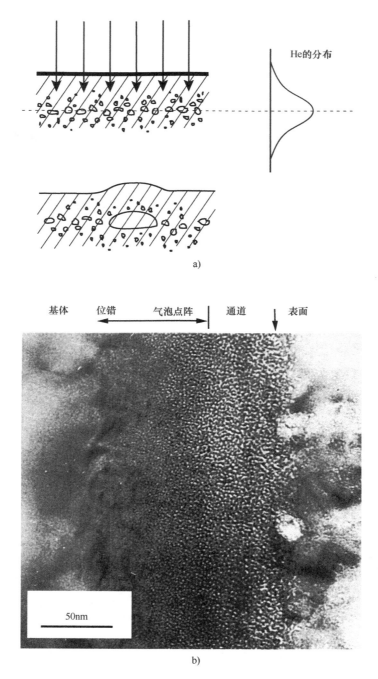

图 10.28　高剂量 He 离子轰击[51]

a）受到高剂量 He 离子轰击的试样表面下气泡的集聚　b）高剂量 He 离子注入后的 Ni 试样
表面层的横截面照片［显示了位错（深部）、气泡点阵（中部）和连接的通道（浅表层）］

　　注意，试验已经证明，当 $0.85 < m < 1.5$ 时，气泡的底面直径与其厚度之间的关系为 $D_B \approx t_B^m$；这个关系支持了“侧向应力是气泡形成的原因”的观点[52]。另外，钱币形状的裂纹继续扩展直到发生分离，导致了如图 10.27 所示的碎片和剥落。

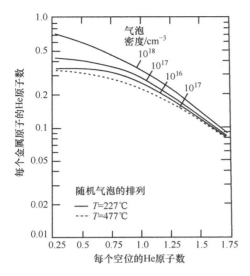

图 10.29 在随机气泡的情况下，注入 He 的临界浓度随气泡内 He 浓度的变化[52]

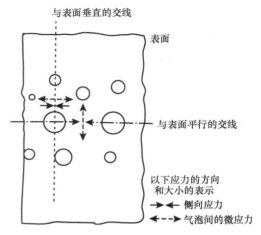

图 10.30 受到 He 离子注入后带有气泡的 Ni 金属层横截面示意图[52]

注：定义了侧向应力和气泡间的应力。

极高的 He 剂量或在高温下的注入，常常会导致海绵型的结构，其表面由一系列穴坑组成，如图 10.31 所示。在气泡可动的极高温下，穴坑也可能是气泡与表面发生交集的结果。可是，高剂量离子注入可能导致严重的拓扑表面变化，这也是许多研究的课题。

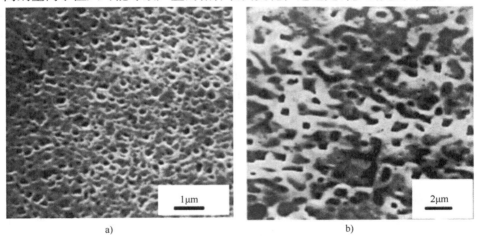

图 10.31 辐照的 Nb 表面的穴坑[53]

a) 23℃下 1.2×10^{20} i/cm^2 b) 823℃下 3×10^{17} i/cm^2

10.5 固相和惰性气体点阵

室温下惰性气体的高剂量注入有可能导致一种不同的现象：固态的气泡。据观察，注入各种母体金属中的 Ar、Kr 和 Xe 形成了由注入的惰性气体晶体所组成的固体气泡。在 Ni 和

Al 中，这些气体析出成为与母体点阵具有相同晶体结构的固体，并与基体外延对齐。这些气体的固相在 $10^{20}\,m^{-2}$ 的剂量范围内形成，在 Ni 中的析出相尺寸约为 1.5nm，而在 Al 中高达 4.7nm[54,55]。析出相的点阵参数大于母相，并随惰性气体的原子量增大而增大。点阵参数也随剂量的增大而增大，并趋于达到一个饱和值，如图 10.32 所示。析出相的密度有可能非常高，达到 $10^{24}\,m^{-3}$ 的范围。固态气体的平均压力可能由平均气体密度、点阵常数和气体的状态方程所决定，据估计会达到超过 4000MPa。尽管在室温下要将气体固化所需要的压力取决于气体的类别（Kr 为 800MPa 而 Ar 为 1150MPa），计算得到的数值仍然要比这些高出好几倍。对于 Kr 在 Ni 中的情况，惰性气体被

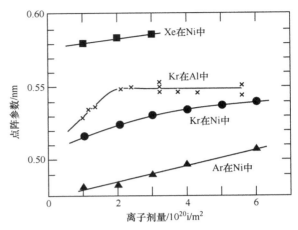

图 10.32　镍中 Xe、Kr、Ar 和铝中 Kr 的固态惰性气体析出相的点阵参数随室温下注入离子剂量的变化[54,55]

Kr – Kr 和 Kr – Ni 原子之间的原子间力作用下保持固态。随着析出相尺寸增大，气体原子间的平均间距也增大，而 Kr – Kr 的交互作用逐渐减弱。最终，气体压力降低到容许固态的 Kr 融化。如同在晶态金属母体中那样，高剂量 Kr 注入非晶的 TiCr 中也会导致晶态 Kr 的析出，但在此种情况下，固态的 Kr 还诱发了母体局部晶化为 bcc 结构。

　　与第 8 章所介绍的空洞点阵类似，室温下的高剂量注入也可能导致气泡点阵的形成。气泡点阵已经在用 He 或 Kr 辐照的 Cu、Ni、Au、Ti 和不锈钢中观察到了。在 fcc 点阵中，气泡点阵在平行于基体的 <111> 迹线方向形成紧密的排列[56]，可以用 7.6nm 的点阵常数来描述，相应的气泡密度为 $10^{25}\,m^{-3}$。在 hcp 点阵中，气泡的排列平行于基面，类似于空洞有序化的情况[57]。气泡点阵的形成与所用的惰性气体无关，也与气泡内存在的气体是气态还是固态无关。

10.6　电子激发引起的位移

　　在固体的高能粒子辐照中，辐照粒子的动能通过弹性碰撞和电子激发分别传输给了点阵和电子系统。一方面，传输给点阵系统的能量直接诱发了原子的位移。另一方面，在电子激发过程中，原子的位移有可能是由于辐照粒子的间接能量传输所导致的。可是，一般认为在金属中通过电子激发引起的原子位移是难以发生的，因为有着大量传导电子将能量快速地耗散了。即便如此，在近十年中，甚至在金属靶中还是发现了高密度的电子激发[58,59]。

　　在描述通过电子激发过程产生的原子位移时，有相关的科研人员提出了热闪峰模型和库仑爆炸模型。在热闪峰模型中，由入射离子激发的靶电子能量，在电子体系中快速的能量扩散之后，通过电子 – 点阵交互作用而传输给了点阵系统。在库仑爆炸模型中，沿着入射离子的轨迹，由于电子激发而被电离的邻近靶原子，由于相互的库仑斥力而获得了方向向外的动量，从而诱发了原子的位移。

　　按照弹性碰撞和电子激发对缺陷的产生和湮灭所做贡献的认真考虑，由电子激发的缺陷产生截面 $\sigma_{\mathrm{d}}^{\mathrm{e}}$ 可以从高电子阻止本领的区域 $[\,S_{\mathrm{e}} > 20\mathrm{MeV}/(\mathrm{mg}\cdot\mathrm{cm}^{-2})\,]$ 内的总缺陷产生截面中抽取出来。图 10.33 所示为在此区域内对于辐照的 $\sigma_{\mathrm{d}}^{\mathrm{e}}$ 在 100MeV 和 GeV 离子辐照铁时随 S_{e} 的变化[60]，图中也标示了以前用 GeV 离子所做试验的结果[59]。如图 10.33 所示，对于 100MeV 离子辐照的 $\sigma_{\mathrm{d}}^{\mathrm{e}}$ 大于 GeV 离子辐照的 $\sigma_{\mathrm{d}}^{\mathrm{e}}$，即使是在 S_{e} 值相同时。因为在 100MeV 时离子的速度比在 GeV 时要低得多，甚至在 S_{e} 值相同时 $\sigma_{\mathrm{d}}^{\mathrm{e}}$ 也还存在的差别被称为"速度效应"。图 10.33 中的数据可以采用初级电离速率作为一个"标尺因子"而重新画出，即

$$\frac{\mathrm{d}J}{\mathrm{d}x} = \frac{Z^{*2}\alpha}{I_0 v^2}\ln\left(\frac{2m_{\mathrm{e}}v^2}{0.048I_0}\right) \tag{10.79}$$

其中，$\mathrm{d}J/\mathrm{d}x$ 是单位路径长度上被一个入射离子电离的 Fe 原子数，Z^* 是有效电荷，I_0 是被束缚得最松垮的电子的电离势，v 是离子的速度，α 是一个取决于靶材的常数（对 Fe 而言是 7.78eV），m_{e} 是电子的质量。在高 S_{e} 区域内，图 10.33 中的数据被重新画在图 10.34 内，显示的是 $\sigma_{\mathrm{d}}^{\mathrm{e}}$ 随 $\mathrm{d}J/\mathrm{d}x$ 的变化。$\sigma_{\mathrm{d}}^{\mathrm{e}}$ 和 $\mathrm{d}J/\mathrm{d}x$ 之间的相关性非常高，所有的数据全部塌缩在了单一的直线上。由电子激发的缺陷产生截面（$\sigma_{\mathrm{d}}^{\mathrm{e}}$）与电离速率（$\mathrm{d}J/\mathrm{d}x$），存在着如此好的线性关系，表明在 Fe 中由电子激发产生的原子位移可以被库仑爆炸机制所触发[60]。

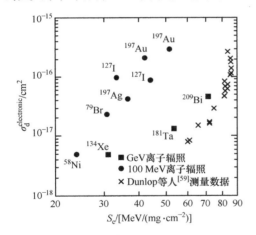

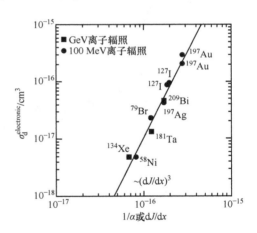

图 10.33　在高 S_{e} 区域内，辐照时由电子激发的缺陷产生截面 $\sigma_{\mathrm{d}}^{\mathrm{e}}$ 随 S_{e} 的变化[60]

图 10.34　在高 S_{e} 区域内，对辐照时由电子激发的缺陷产生截面 $\sigma_{\mathrm{d}}^{\mathrm{e}}$ 随初级电离速率 $\mathrm{d}J/\mathrm{d}x$ 的变化[60]

10.7　离子束助推沉积

　　据观察，用高能粒子轰击一个正在生长中的薄膜会改变一些对薄膜和涂层性能很关键的特征和性质，诸如与基底的黏着性、致密化、残余应力、晶体学织构、晶粒尺寸和形貌，光、电荷传输性能，以及硬度和韧性。由一个离子源同时进行的薄膜沉积和定向的离子轰击通常被称为离子束助推沉积（IBAD），但由若干个变体和不同的名称所构成，包括离子辅助涂层、离子助推沉积（IAD）、离子气相沉积（IVD）、离子束增强沉积（IBED）和动力学

反冲混合（DRM）。

IAD 的优势在于，它能通过在薄膜生成期间改变其表面过程而实现对薄膜微结构和性能的更有效调控。如图 10.35 所示，它们的性能受到微观组织的控制，而微结构受到发生在沉积期间的许多过程所控制，诸如凝结、再蒸发、可动性、团簇化、溅射和阴影作用等。在物理的或反应性的沉积期间，能够被用于调控沉积的过程参数仅被限于沉积速率、基底温度、基底的晶体学取向以及沉积室压力。而 IBAD 的优势在于，离子束提供了一些补充的手段来控制表面的过程，从而调控薄膜的微结构和性能，它们包括离子类型、能量和通量，离子与沉积表面的角度及轰击离子与沉积原子到达速率之比。本节将重点关注那些控制着诸如密度、晶粒尺寸和形貌、残余应力和晶体学织构等微结构的过程。有关通过 IBAD 技术对材料改性的更多资料可参阅参考文献 [1，4，5，61]。

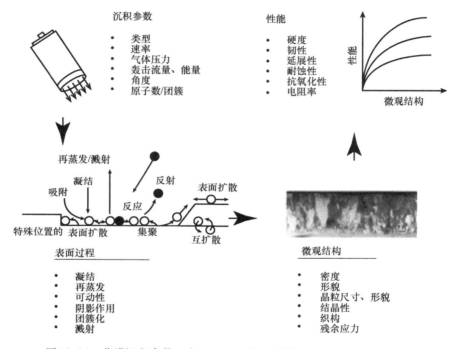

图 10.35　薄膜沉积参数、表面过程、微观结构和性能之间的相互影响

10.7.1　微观结构

沉积膜的微观结构是由形核和长大过程决定的。图 10.35 左下边的图像说明了发生在晶体表面的原子过程。来自（压力为 p 的）蒸汽的、质量为 M 的原子，以式（10.80）给出的速度撞击表面。

$$R = p(2\pi MkT)^{-1/2} \tag{10.80}$$

其中，k 是玻尔兹曼常数，T 是绝对温度。撞击表面的单个原子在表面上扩散，直到它们由于诸如蒸发、形成一个临界尺寸的晶核、被一个已存在的团簇所俘获或陷入某个特殊的点阵位置等过程而失去其"单个原子"的性质。以上这些过程都由一个时间常数为特征。真实的表面是高度缺陷的，由凸缘、扭折、位错和点缺陷等构成，这些缺陷可能会改变一个新增原子或团簇与表面的结合能，从而改变这些过程的能量状态。小团簇的重排可通过与基底材料的互扩散、得以形成较稳定形状的表面扩散，以及缺陷的退火等方式实现。

如图 10.36 所示，可以观察到了几个不同的薄膜生长模式[4]。层模式或 Frank – van der Merwe 模式将薄膜的生长描述为完全覆盖表面的逐层生长。岛模式或 Volmer – Weber 模式将薄膜的生长描述为，在发生表面的完全覆盖之前，是几层厚的岛屿的生成与长大。最后，介于两者之间的 Stranski – Krastanov 模式是一个中间的情况，即先形成一个单层，接着是岛屿的生长。事实上，生长的模式受到膜与基底交互作用的控制：当凝聚的原子彼此之间的束缚比基底的束缚更为强烈时将形成岛屿生长；当与基底的交互作用较强，但随着各层逐个被生成而单调下降时，就出现逐层的生长。在结合能的单调下降受到某些因素（如点阵错配度或取向）干扰时，就会发生 Stranski – Krastanov 模式生长，此时更有利于岛屿的形成。

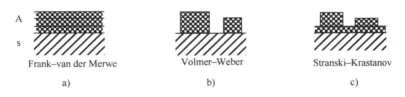

图 10.36　薄膜生长常用的三个模型[4]

a）Frank – van der Merwe　b）Volmer – Weber　c）Stranski – Krastanov

膜的形核和长大强烈地受到基底温度的影响。气相沉积金属膜的晶粒结构强烈地依赖于基底的相对温度（T/T_m），这可用一个区域模型加以描述[62]（见图 10.37）。按照这个模型，在区域 I（$T/T_m < 0.15$）中，沉积的特征是被沉积原子在表面的可动性受限，因而得到细小的等轴晶（5~20nm）。在区域 II（$0.3 < T/T_m < 0.5$）中，沉积原子具有足够的可动性，以致在下一层材料沉积之前，晶粒可以长得较大。此区域中的晶粒结构为直径小于膜厚度的柱状晶。区域 I 和区域 II 之间是区域 T，这是一个等轴晶与柱状晶之间的过渡区。在区域 III（$T/T_m > 0.5$）中，沉积原子的高可动性使得直径超过膜厚的巨大柱状晶的生长成为可能。

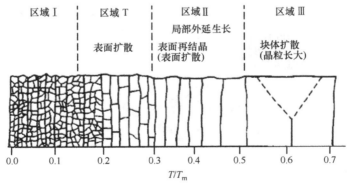

图 10.37　蒸汽沉积金属薄膜晶粒结构的区域模型[62]

离子束对薄膜生长的作用将取决于离子的类型、能量，以及离子与沉积原子之间的相对通量比。离子轰击对薄膜生长的作用可以用离子通量与原子通量之比、离子与原子的到达速率之比 R 或每个原子沉积的平均能量 E_a 加以描述，E_a 是 R 和离子能量 E_{ion} 的乘积，则

$$R = \frac{J_i}{J_a} \tag{10.81}$$

其中，J_i 和 J_a 分别是离子和原子的通量，则

$$E_a = E_{ion}R = E_{ion}\left(\frac{J_i}{J_a}\right) \tag{10.82}$$

这些参数将被用于描述离子轰击对沉积薄膜生成和长大过程演变的作用。

以沉积期间 Ar 的溅射为例，离子轰击对膜的微观结构演变的作用如图 10.38 所示。注意，溅射气体的压力越高，可能的碰撞中心的密度越高，此时，注入离子在朝向基底穿行途中，被反射的中性原子通过碰撞事件而损失能量的概率也就越高。因此，在生长中的膜表面，轰击粒子被反射的中性原子的能量与溅射气体的压力之间存在着反比关系，这使得溅射过程可以与 IBAD 过程中所用的平均离子能量 E_a 直接加以比较。区域 I 以具有沿晶界的管道和力学强度很差的柱状晶为特征。高 Ar 压力的存在提高了温度，使得在区域 I 的结构是稳定的，这有可能是气体被俘获在晶界处的缘故。当新增原子的扩散过于有限而根本无法克服阴影的影响时，就会产生区域 I 的结构。阴影产生了开放的晶界，特别是在倾斜入射流动的情况下，因为处于高处的点会比低处接收更多的通量。因为基底的粗糙度、不均匀的择优形核或初始晶核的形状等因素，表面粗糙度还会进一步升高。区域 T 或称"过渡的微观结构"，也是受阴影效应主导的，但是表现为纤维状的较细小结构，并具有较好的力学完整性。区域 II 的微观结构是在 $T/T_m = 0.3 \sim 0.5$ 时形成的，它是由新增原子的表面扩散过程主导的，其结构为晶界处具有良好力学完整性的柱状晶、平整的表面刻面，对惰性气体的压力还有一定的敏感性。区域 III 的结构形成于 $T/T_m \approx 0.5$，它是由块体扩散主导的。回复与再结晶过程通常发生在此温度区间，它受到晶粒的应变能和表面能最小化的驱动。在区域 III 中，柱状晶发生再结晶而形成等轴晶。

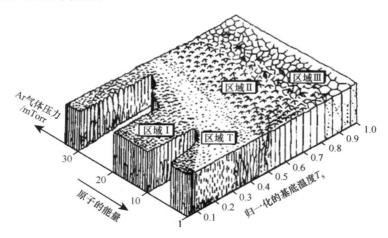

图 10.38　膜的结构随溅射气体压力/IBAD 能量和归一化为熔点温度 T_m 的基底温度 T_s 变化的关系[63,64]

注：1mTorr = 0.133Pa。

1. 致密化

在膜的生长期间，离子轰击的主要后果之一是致密化。IBAD 能够使沉积的诸如 ZrO_2[65] 或 TiN[66] 等氧化物或氮化物密度得到明显提高，但是它也能让金属膜的密度有所提

高[4]。在新增原子低可动性的情况下，带有空洞的柱状微结构生成，并导致了区域Ⅰ中的阴影效应[67]。随着温度和沉积速率的变化，发生了从低的堆积密度（0.7）到完全致密的膜之间的过渡[68]。在硬球模型中，沉积中的粒子球体在随机的点处与表面发生了交集，并假设除非是在与其他两个球发生接触的地方由于弛豫而陷进了邻近的"凹袋"之中，否则它们会被黏附在那里。这么一来就产生了沿着倾斜于入射方向，其间还带有"管道"的柱状晶。有关此时膜结构和密度变化如图10.39所示。当加入一个热激活过程以模拟与温度有关的扩散过程时，发现将会在相当于$0.3T_m$的温度下生成一个致密的微结构。通过表面以下一个区域中的沉积能量模拟了一次热闪峰过程，该区域对应于适当的轰击离子能量范围，借助热扩散率耗散其能量，并允许在邻近点阵位置之间发生热激活的跳跃。模拟计算表明，在靠近表面处发生了柱状晶之间的某种"桥接"，但通常并不出现膜的致密化。

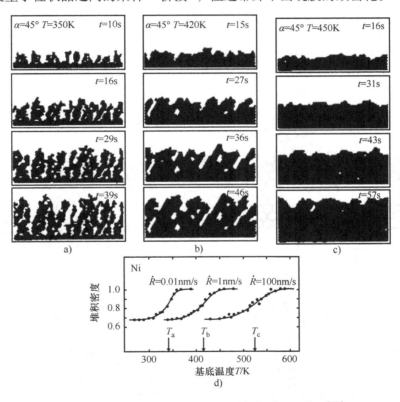

图10.39 采用2D硬球生长模型模拟的膜生长模型[68]

a）$\alpha=45°$，$T=350K$ b）$\alpha=45°$，$T=420K$ c）$\alpha=45°$，$T=450K$ d）基底温度T与堆积密度的关系曲线

注：图中显示了温度对膜的堆积密度的影响，多重模拟结果的汇总表明，温度确实影响到了堆积密度，沉积速率也改变了过渡温度和过渡曲线的尖锐程度。

接下来考虑碰撞级联的模拟，其中动量是通过向前的反冲和溅射而传输的[69]。质量传输和合并的分布是采用TRIM.SP编码计算的，其结果被用于一个2D模型。在表面以下3nm深度范围内观察到了区域Ⅰ微观结构的致密化，这是被撞击出的原子充填了空洞的结果。模型计算重现了ZrO_2和CeO_2的试验结果。模型的进一步改进则利用了试验确定的溅射速率和受到O^{2+}离子束侵蚀速率损伤的层厚度，其中溅射率超过了沉积率[70]。这个模型将溅射、离子注入、反冲注入和从非化学计量成分的区域扩散等过程组合到了一起。如果允许多余原子向表面的扩散稍稍多于向块体内的扩散，此时可以发现模拟与试验结果符合得很好。

采用原子间交互作用的伦纳德－琼斯（Lennard－Jones）势，并将基底温度设为绝对零度来考察膜的微观结构，2D 分子动力学模拟可被用来考察微观结构、平均密度和在蒸汽和溅射范围内的低能沉积原子的外延性。致密化的程度随离子能量的增高而增高，在典型的溅射粒子能量下，相对密度超过了 0.9。如图 10.40 所示，用 100eV Ar$^+$ 对 Ni 进行 IBAD，在碰撞序列中产生了原子的重新排列，这导致了结构中空洞的崩塌和在表面的原子输运。以一个 30°角入射和 $R=0.16$ 的离子撞击为例，离子轰击对膜微观结构演变的影响如图 10.41a 所示。堆积密度随给定能量粒子的到达率之比的增加而增加，这与临界粒子流密度的试验结果相符。界面处外延性的程度也随到达率之比及粒子能量而增大，如图 10.41b 所示。这些分子动力学模拟表明，膜原子的向前反冲要么充填了空洞，要么让空洞保持开放直到被入射蒸汽流所充填。这个过程和表面原子的可动性是初级的机制，在新增原子可动性低的条件下，借助于该机制，离子轰击促进了沉积膜的致密化。

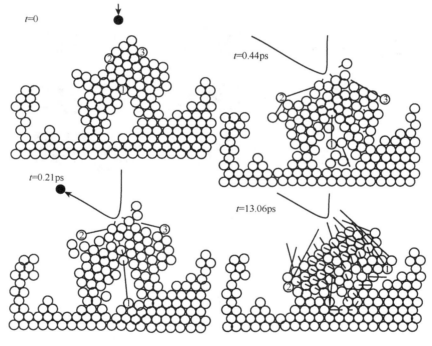

图 10.40　100eV Ar$^+$ 轰击多孔结构 Ni 膜所产生原子排布的 2D 分子动力学模拟[71]

注：涉及的影响包括向前的反冲、侧向的位移和点阵向较致密排布的崩塌。

离子轰击对非晶 Ge 中空洞占比的影响如图 10.42 所示。注意，膜中空洞占比与每个沉积原子能量（E_a）的线性关系一直保持到约 5eV/a，超过此值后即到达了稳态的空洞密度。该结果说明，在离子辅助的沉积过程中决定膜微结构的重要因素是粒子通量与能量的乘积。正如在有关残余应力的节中将会看到的，微观结构决定了应力的性质。

2. 晶粒的尺寸与形貌

物理气相沉积（PVD）膜的晶粒尺寸和形貌与基底温度有很大关系，更具体地说，在

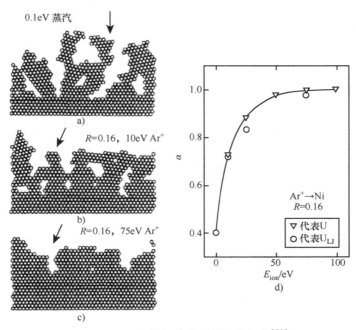

图 10.41 沉积期间膜微观结构的演变[72]

a）0.1eV 蒸汽原子垂直入射 b）10keV Ar^+ 在 $R=0.16$ 和与法线成30°角轰击 c）75keV Ar^+ 在 $R=0.16$
和与法线成30°角轰击 d）Ar^+ 在 $R=0.16$ 条件下轰击 Ni 膜时，离子能量 E_{ion} 对外延生长的程度 α 的影响

一个特殊的温度区间内，晶粒尺寸和形貌强烈地受到主导的形核和长大机制的制约。因为 IBAD 已被证明改变了膜沉积的形核和早期长大阶段，所以它也应当会影响晶粒的尺寸和形貌。已知离子轰击扰乱了区域 I 中的柱状晶结构和开放的晶界，如果基底被加热，就可能产生晶粒的长大。一个例子是通过磁控溅射在高速钢（HSS）表面生长的 TiN 膜[74]。膜的晶粒尺寸呈双峰分布，这是在碳化物上发生外延形核的结果。不加偏置长成的膜在 550~650℃ 之间发生了明显的晶粒长大。基底偏置的加入产生了 300eV

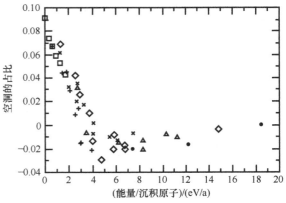

图 10.42 非晶 Ge 中空洞的占比随每个
沉积原子能量 E_a 的变化[73]

离子以 0.6 的到达率轰击长大中的膜。离子轰击干扰了 HSS 中的双峰晶粒长大，产生了在晶界无空洞的致密结构，晶粒尺寸下降到了 50nm。观察到的是典型的区域 T 的微观结构，这被归因于过渡温度移到了较低的相对温度（T/T_m），因为 TiN 中膜的生长可能依赖于 Ti 新增原子的可动性。由于引起了持续的晶粒再次形核，基底偏置的加入使得晶粒尺寸下降了。采用能量标尺取代气体压力的改进结构（见图 10.43）说明区域 T 的宽化是轰击粒子能量降低所产生的主要效果。

图 10.44a 所示为 E_a 对用双离子溅射沉积的 Ag 膜中晶粒尺寸的影响。E_a 是计算的每个

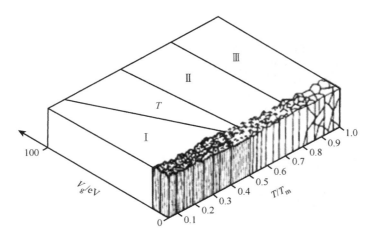

图 10.43　基于图 10.38 中膜的改进结构[64]

注：本图更直观地显示了离子能量对膜结构的影响。

膜原子的能量，其中也包括了从被溅射的粒子通量中留下的能量。注意，晶粒尺寸随每个原子能量的增大而减小，并在约 50eV/a 时达到饱和。如图 10.44b 所示，Cu 膜是在不同的 R 值、62eV 和 600eV 的离子能量条件下沉积的。离子能量为 62eV 的 IBAD 没有使晶粒尺寸产生改变，但是对于较高的离子能量，当 $R = 0.02$ 时，晶粒尺寸明显下降。在临界的 R 值以上，晶粒尺寸达到饱和，最高的能量产生了最大的晶粒尺寸下降［600eV 时下降了 30nm，125eV 时下降了 70nm（图中未画出）］。62 ~ 103℃ 的基底温度产生了与 600eV 离子轰击相同的饱和晶粒尺寸，但在 230℃ 的温度下达到的饱和晶粒尺寸稍大一些（40nm）。

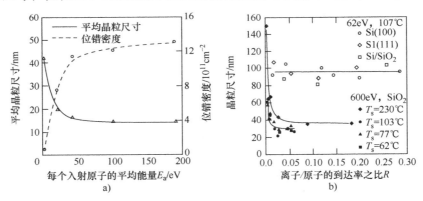

图 10.44　晶粒尺寸与形貌分析[75,76]

a）用双离子溅射沉积的 Ag 膜中晶粒尺寸和位错密度随 E_a 的变化

b）在不同 IBAD 过程参数（包括 R 值、离子能量和基底温度）条件下沉积的 Cu 膜中晶粒尺寸的变化

通常，在区域Ⅰ和区域 T 的温度区间内，偏置溅射或 IBAD 条件下生长的膜都表现出晶粒尺寸的下降和对柱状晶结构的干扰。这反映了离子轰击对晶粒形核的影响。偶然观察到的晶粒尺寸增大表明还存在着其他促进晶粒长大的因素（如较高的温度或高的应变能等），对某些材料或在某些沉积条件下，它们也许会起主导的作用。

10.7.2　残余应力

尽管已经证明 IBAD 能使沉积膜残余应力的大小和符号发生显著变化，但人们对残余应力产生的机制却知之甚少。残余的拉应力可能是在结构弛豫减缓沉积率时，由致密化或晶粒长大所导致的。结构弛豫使得系统的自由能最小化，并导致膜的比体积下降，直到膜不再受到约束为止。如果膜在几何上仍受到基底的约束，其体积的弛豫会被抑制，从而在膜和基底中产生残余应力（和应变）。导致不同比体积的物相变化也会产生拉应力或压应力，这取决于体积变化的符号。压缩残余应力的产生机制包括热闪峰、反冲注入和被俘获的轰击气体。沉积膜中残余应力生成的共同特点是，它们通常都是发生在沉积过程之后。

1. 气相沉积膜中应力的来源

残余应力的一个来源是膜和基底之间热膨胀的失配。当温度发生变化时，这种失配导致了应力的产生。在一个黏附于无限大基底上的膜内所产生的残余应力 σ^R 为

$$\sigma^R = E_f \Delta\alpha \frac{T_R - T}{1 - \nu_f} \tag{10.83}$$

其中，E_f 和 ν_f 分别是膜的弹性模量和泊松比，T 是温度，而 T_R 是应力为零时的参考温度，$\Delta\alpha = \alpha_f - \alpha_s$，下标 f 和 s 分别指膜和基底。由热膨胀失配产生的残余应力常常发生在沉积之后的冷却阶段。除了热膨胀的差异，当一个多晶膜在具有非共格界面的基底上生长时，并不存在会在其表面层沉积时产生应力的明显机制。当结构试图产生应力时，表面的扩散将允许原子发生位移而让应变得以弛豫。这种情况不同于会带来共格应变的共格单晶膜。但是，作为随后发生的扩散效应的结果，也会在沉积膜中产生内应力。这种内应力的生成涉及消除膜中存在的那些与自由体积有关的缺陷等机制[77, 78]。

如果正在生长中的膜中有点缺陷被俘获，它们就会给膜带来自由体积。随后，它们在晶界或位错处的消失将诱发固有残余应力，如图 10.45a 所示。固体的化学势为

$$\mu = \mu_0 + \sigma_n \Omega + kT \ln \frac{C}{C_0} \tag{10.84}$$

其中，C/C_0 是过量的点缺陷浓度，μ_0 是参考化学势，σ_n 是垂直于位错或晶界的应力。当 $\mu = \mu_0$ 时，平衡的内应力由式（10.85）给定，即

$$\sigma_{eq}^R = \left(\frac{kT}{\Omega}\right) \ln \frac{C}{C_0} \tag{10.85}$$

注意，此应力在它所要求的点阵扩散温度下随时间而发展，因此它是在沉积过程之后才发生的。此应力可能是拉应力（空位的消失），也可能是压应力（间隙原子的消失）。

正如关于微观结构演变中所述，沉积膜的晶界处常常含有以细小空洞形式存在的自由体积（见图 10.45b）。随后的扩散或烧结将消除这些空洞并诱发残余拉应力。应力的最大值是刚沉积的膜中空洞的曲率半径 r 的函数，即

$$\sigma_{eq}^R = \frac{2\gamma_s}{r} \tag{10.86}$$

其中，γ_s 是表面能。

晶界内的自由体积也可以通过晶粒长大而除去，如图 10.45c 所示。随着小晶粒的消失，应力得以产生，并为将应变能贡献给晶界两侧原子的化学势提供了机会。与此过程有关的应

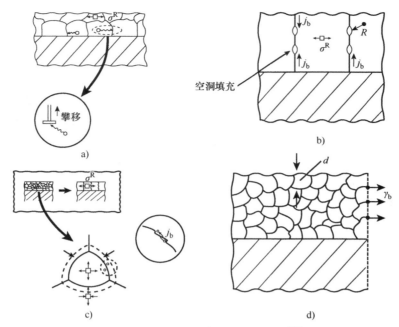

图 10.45　薄膜中残余拉应力的来源[77]

a）点缺陷在刃型位错或晶界处湮灭　b）通过填充在晶界处去除空洞　c）晶粒长大　d）晶界

变为

$$\varepsilon = 6\left(\frac{1}{d} - \frac{1}{d_0}\right)\Delta a \tag{10.87}$$

其中，d 是最后的晶粒尺寸，d_0 是膜沉积时 d 的初始值，Δa 是单位面积的晶界自由体积。

应变能对化学势差的贡献为

$$\Delta\mu_s = \frac{1}{2}E\Omega\varepsilon^2 \tag{10.88}$$

其中，Ω 是原子体积，E 是弹性模量。把这个势加到由晶界曲率产生的那个势，得到

$$\Delta\mu_b = \left(\frac{2\gamma_b}{d}\right)\Omega \tag{10.89}$$

其中，γ_b 是晶界能。把化学势差取为零，就得到了平衡的残余应力。取 $\Delta\mu_s = \Delta\mu_b$，可得

$$\sigma_{eq}^R = \frac{3\gamma_b}{2\Delta a} \tag{10.90}$$

它发生在平衡的晶粒尺寸，即

$$d_{eq} = \frac{3(1-\nu)d_0^2\gamma_b}{4E(\Delta a)^2} \tag{10.91}$$

综上所述，可知在由晶界扩散产生应力的温度下，应力也总是随时间而发展，且总是拉应力性质的。

最后，应当注意与晶界有关的应力（见图 10.45d），即

$$\sigma^R \approx \frac{\gamma_b}{d} \tag{10.92}$$

应力的其他来源还包括沉积期间杂质的参与和沉积后发生的相变。这两项都会在膜生成

之后导致可能诱发残余应力（拉应力或压应力）的体积变化。

2. IBAD 中应力的来源

残余压应力在 PVD 膜中并不多见，但在 IBAD 生成的膜中却经常可以观察到。对其来源提出的解释包括热闪峰、反冲注入及被俘获的轰击气体。对于磁控溅射沉积的薄膜而言，研究发现存在一种过渡性的压力状态，当低于这个压力时，膜处于受压状态；而高于它时膜是受拉状态。按照离子轰击对膜的致密化和晶粒形貌的影响，高能粒子轰击被认为将抑制欠致密区域I结构的形成，从而导致拉应力的降低，并最终在足够低的压力下形成压缩性的内应力[79]。图 10.46 所示为膜的微观结构随新增原子动能的演变。当新增原子动能极低时［图 10.46a、b中的情况（1）］，结构中有许多缺陷，诸如大的微孔、开放的空洞并开始形成微柱状的洞等；当达到中等能量时［图 10.46a、b 中的情况（2）］，微孔变小而原子的网络变得更紧密，在这种紧凑但依旧是多孔性的网络中，拉应力达到最大，因为跨越小缺陷的原子间的短程吸引的交互作用可以最有效地发挥作用；而当动能较大时［图 10.46a、b 中的情况（3）］，缺陷逐渐消失，完好的层状晶体结构逐渐形成，导致应力几乎为零。注意，在用400eV Ar 离子轰击的 W 膜中（见图 10.46c），残余应力与轰击粒子能量与图 10.46a、b 所示模型遵循着相同的依赖关系。

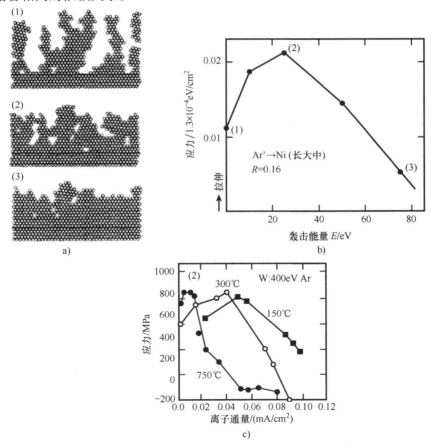

图 10.46 膜的微观结构随新增原子动能的演变[1,79]

a）微观结构随着入射原子动能增高的演变 b）Ar 离子助推气相沉积 Ni 膜的 MD 模拟
c）在 b 图中的情况（2）时，同时用 400eV Ar 离子轰击辅助气相沉积 W 膜

3. 级联碰撞模型

导致零应力状态的离子流与蒸发粒子流量之比，被称为临界离子–原子到达率之比。在假设应力退火要求正在生长的膜中每个原子至少陷入过一次碰撞级联的前提条件下，采用级联碰撞模拟可以确定这个临界的离子–原子到达率之比[1]。如果受一个级联影响的平均体积为 V_{cas}，膜中平均的原子密度为 N，则每个级联影响到的平均原子数为 NV_{cas}。于是，临界离子–原子通量比 $(J_i/J_a)_c$ 的下限（忽略级联之间的重叠）为

$$(J_i/J_a)_c = (NV_{cas})^{-1} \qquad (10.93)$$

级联体积可以通过离子在固体中的投射范围与离子的能量联系起来[1]，从而得到 $(J_i/J_a)_c$ 随离子能量变化关系为

$$(J_i/J_a)_c = \begin{cases} 150E^{-1.59} & (0.2\text{keV} < E_{ion} < 2\text{keV}) \\ 4760E^{-2.04} & (2\text{keV} < E_{ion} < 5\text{keV}) \end{cases} \qquad (10.94)$$

式（10.94）所给出的临界离子–原子到达率之比随离子能量的变化被显示为空心圆（○），并把它与图 10.47 中应力起伏的试验数据（×）进行了比较。注意，试验数据与能量遵循着 $E^{-3/2}$ 的依赖关系，这和基于碰撞级联模型的计算结果相符合。

4. 向前反冲模型

利用高能粒子轰击形成的膜中可能产生残余应力的另一种机制是基于喷丸或向前反冲[73]。在这个机制中，原子被一系列初级和反冲的撞击从其平衡位置移出，产生了一种体积的畸变。在较低的沉积温度（$T/T_m < 0.25$）下，质量的传输和缺陷的可动性都低得足以将体积畸变凝固在原位置。相对的体积畸变（即应变）ε 正比于从平衡位置移位的原子数份额 n/N，即

$$\varepsilon = \frac{Kn}{N} \qquad (10.95)$$

其中，K 是比例因子，N 是原子的数量密度。将 Sigmund[81] 关于向前溅射的概念应用于正在长大中的膜（见 10.2.1 小节），n 由向前溅射的收得率 Y（a/i）与离子的通量 ϕ 之乘积给出，即

$$n = Y\phi \qquad (10.96)$$

对于多晶靶，收得率 Y 可表示为

$$Y = GF \qquad (10.97)$$

其中，F 是每单位深度上残留下来的能量密度，G 是一个与材料性质相关的项，对低能碰撞（≤keV）而言，G 可表示为

$$G = \frac{0.042}{NU_{coh}} \qquad (10.98)$$

其中，U_{coh} 是内聚能。低能的玻恩–迈耶原子间作用势被假设用于体现原子间的交互作用。这样，滞留下来的能量可表示为

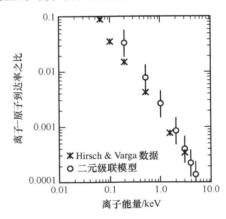

图 10.47　应力退火条件下 Ge 的 IBAD 膜中，计算结果和试验观察的临界离子–原子到达率之比随 Ar 离子能量的变化[80]

$$F = \alpha\left(\frac{M_2}{M_1}\right)S_n(E_{ion}, Z, M)N \tag{10.99}$$

其中，α 是一个与能量无关的函数，M_1 和 M_2 分别是投射束和靶材的质量，S_n 是约化的核阻止本领的函数，而 E_{ion} 是离子的能量。在 $0.675 < M_2/M_1 < 4.8$ 的范围内，α 可以近似表示为一个与能量无关的表达式，即

$$\alpha = 0.07\left(1 + \frac{M_2}{M_1}\right) \tag{10.100}$$

对于低的投射束能量（$E/E_c \ll 1$，其中 E_c 是库仑能量，即在 $50 \sim 100$keV 量级），约化的阻止本领 S_n 可近似为

$$S_n \simeq 3.33\left(\frac{E_{ion}}{E_c}\right)^{1/2} \tag{10.101}$$

于是，应变的表达式为

$$\varepsilon = \frac{K'\phi\sqrt{E_{ion}}}{N} \tag{10.102}$$

其中，K' 是常数。将 ε 代入胡克（Hook）定律公式即可得到膜内的应力，即

$$\sigma^R = \frac{K'\phi\sqrt{E_{ion}}EM_2}{N_0(1-\nu)\rho} \tag{10.103}$$

其中，E 是弹性模量，ν 是泊松比，N_0 是阿伏伽德罗常数，而 ρ 是密度。式（10.102）中靶材的弹性和物理性质可被合并为一个参数，即

$$Q = \frac{EM_2}{(1-\nu)\rho} \tag{10.104}$$

参数 Q 代表着每摩尔储存的弹性能。对于残余压应力，一个简化的表达式为

$$\sigma^R = k\phi\sqrt{E_p}Q \tag{10.105}$$

其中，因子 k 包含着 N_0 和其他数值性的常数。

应力随摩尔体积 $M_2\rho$ 的变化表明，高能粒子与膜靶之间的交互作用产生的应力不是常数，而与原子的排布有关。它与粒子能量呈平方根的关系，这是能量随核的阻止本领变化的直接后果，说明原子的强化机制是受动量驱动的。此外，通过摩尔体积改进了的这一模型预示了残余应力与弹性性质的依赖关系，表明了原子体积随应变的变化。残余应力与 Q 的线性关系如图 10.48 所示，其中展示了用不同的离子束技术对不同靶材进行的沉积过程[73]。

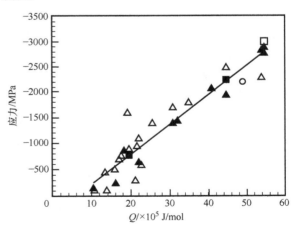

图 10.48　对于不同沉积技术制备的各种膜而言，内应力随弹性能 Q 的变化[73]

5. 由俘获气体产生的残余应力

当轰击气体进入膜中时，不管是在膜基体的点阵中，还是以气体充满空洞的形式，都可能诱发膜中的残余应力。IBAD 通常是用惰性气体（Ne、Ar、Kr、Xe）进行的，将其动量分了一些给新增原子，这就导致了气体的加入。因为气体在金属中本质上是不可溶的，所以气体原子就将析出而进入细小的气泡之中，从而对基底施加应力（见图10.49）。将膜建模为一个等效球体，其中空洞和球体半径的选择是为了保持合适的空洞体积，此时制约球体边界位移 u 的方程为

$$\frac{\mathrm{d}^2 u}{\mathrm{d}r^2} + \frac{2}{r} \cdot \frac{\mathrm{d}u}{\mathrm{d}r} - \frac{2u}{r^2} = 0 \tag{10.106}$$

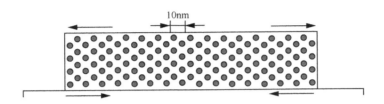

图 10.49　在 IBAD 膜内由于气体被气泡俘获而产生的应力来源示意

式（10.106）的解为

$$u = A/r^2 + Br \tag{10.107}$$

$$\varepsilon_{rr} = \frac{\mathrm{d}u}{\mathrm{d}r} = -\frac{2A}{r^3} + B \tag{10.108}$$

$$\varepsilon_{\theta\theta} = \varepsilon_{\phi\phi} = \frac{u}{r} = \frac{A}{r^3} + B$$

$$\sigma_{rr} = 2\mu\varepsilon_{rr} + \lambda(\varepsilon_{rr} + 2\varepsilon_{\theta\theta}) \tag{10.109}$$

$$\sigma_{\phi\phi} = \sigma_{\theta\theta} = 2\mu\varepsilon_{\theta\theta} + \lambda(\varepsilon_{rr} + 2\varepsilon_{\theta\theta})$$

其中，ε 是应变，σ 是应力，μ 是切变模量，λ 是拉梅（Lame）系数，而 A 和 B 是常数。使用如下边界条件：

1）等效球体表面为零位移，即在 $r = r_0$ 处，位移 $u = 0$，以此来考虑基底对膜的约束，它造成了一个双轴的应力状态。

2）在空洞表面，气体的压力与应力相等，即 $\sigma_{rr}(r = r_0) = -p$，由此可得

$$B = \frac{-p}{2\mu[2(1/f)^3 + 1] + 3\lambda}$$

$$A = -Br_0^3 \tag{10.110}$$

$$\sigma_{rr} = \frac{3p(2\mu + \lambda)}{4\mu(1/f) + (2\mu + 3\lambda)} \tag{10.111}$$

其中，f 是空洞的体积分数，$f = (r_i/r_0)^3$。对于一个非晶态的氧化铝，假设 $f = 0.3$、$\nu = 0.3$ 和 $E = 150\text{MPa}$，可得 $\mu = 67\text{MPa}$ 和 $\lambda = 101\text{MPa}$，于是 $\sigma_{rr} \approx -0.53p$。图10.50 所示为采用不同类型轰击气体形成的一个 IBAD 膜所导致的残余应力（见表10.1）。

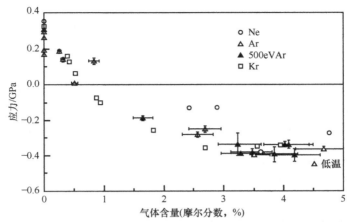

图 10.50 对非晶态氧化铝膜而言，残余的膜应力随气体压力和气体类型的变化[82]

表 10.1 沉积膜中残余应力的来源

应力来源	方程式		拉伸（+）/压缩（-）
热膨胀	$\sigma^R = E_f \Delta\alpha \dfrac{T_R - T}{1 - \nu_f}$	(10.83)	+ / -
点缺陷消除	$\sigma_{eq}^R = \left(\dfrac{kT}{\Omega}\right)\ln\dfrac{C}{C_0}$	(10.85)	+
消除晶界空洞	$\sigma_{eq}^R = 2\gamma_s / r$	(10.86)	
薄膜中的晶粒生长	$\sigma_{eq}^R = 3\gamma_b / (2\Delta a)$	(10.90)	
晶界	$\sigma^R \approx \gamma_b / d$	(10.92)	
沉淀物	—		+ / -
杂质	—		
级联碰撞	$(J_i/J_a)_c = \begin{cases} 150E^{-1.59} & (0.2\text{keV} < E_{ion} < 2\text{keV}) \\ 4760E^{-2.04} & (2\text{keV} < E_{ion} < 5\text{keV}) \end{cases}$	(10.94)	-
向前反冲	$\sigma^R = k\phi\sqrt{E_p Q}$	(10.105)	
困气	$\sigma_{rr} = \dfrac{3p(2\mu + \lambda)}{4\mu(1/f) + (2\mu + 3\lambda)}$	(10.111)	

10.7.3 膜的织构

通常，PVD 沉积的材料薄膜都以最高原子密度的平面平行于基底的方式生长，所以 fcc 膜有〈111〉织构，bcc 膜有〈110〉织构，而 hcp 膜（对理想的 c/a 而言）有〈0002〉织构。在各种织构中，最容易的通道方向如下，即

$$\text{fcc}\quad \langle110\rangle\langle100\rangle\langle111\rangle$$
$$\text{bcc}\quad \langle111\rangle\langle100\rangle\langle110\rangle$$
$$\text{hcp}\quad \langle11\bar{2}0\rangle\langle0002\rangle$$

在 IBAD 过程中，晶体学织构的发展可能与离子在晶体点阵内的通道方向有关联，而能量滞留的密度与通道的深度有关联。因此，在 fcc 晶体中，通道难易程度的排序为〈110〉〈200〉〈111〉。

离子轰击会导致最容易沿着离子束轴线的通道方向排列的择优取向发生改变。因此，对 fcc 膜以法向入射的离子束，将导致其取向从〈111〉织构转为〈110〉织构。而以某个角度入射的离子束将根据晶体学产生不同的织构，织构效应看起来对高能束最敏感，因为此时每个离子所影响到的体积最大，且有较大的穿透深度。对 Al 膜沉积期间离子轰击的试验表明，尽管 Al 在 PVD 沉积期间形成了非常强的 〈111〉 织构，沉积期间的离子轰击还是诱发了由离子通道机制驱动的、同样强的 〈110〉 织构[83]。

一般认为，由于溅射率下降，沿着排列在入射离子束通道方向上发生的晶粒择优长大，对 IBAD 期间的晶体学织构的形成是有责任的[84,85]。在某些材料中，排列或不排列在该方向上的溅射产率之间可以相差 5 倍[86]。而这一差别导致了排列在该方向上的晶粒的净长大速率比不排列在该方向的晶粒大。新沉积层在已形成织构的晶粒上朝着低的溅射产率的取向、以外延方式长大，这些晶粒最终构成了膜的主体。同样的过程也被认为是控制了表面粗糙度的演变，特别是在表面扩散十分有限的沉积条件下。

离子轰击期间离子通道和择优溅射的概念如图 10.51 所示。一个沿着排列在晶体内开放通道方向撞击晶体的离子将被俘获在通道内，并通过电子能量的传输（而不是进行高角度的核碰撞）缓慢地损失其能量。最终结果是离子向晶体深处移动，而能量在离表面深处被滞留了下来。进入晶体深处的能量滞留也意味着，对被通道俘获的离子而言，溅射产率将是低的。这与并不沿着通道取向的入射离子和晶体的交互作用是不一样的。此时，在表面附近的离子具有较高的概率发生大角度的碰

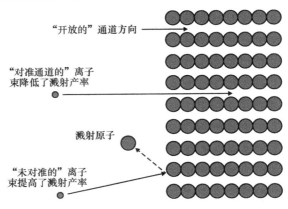

图 10.51　离子轰击期间离子通道和择优溅射的概念

撞，并在表面附近通过弹性交互作用而导致能量的滞留及较高的溅射产率。因此，在通道和非通道离子之间可以观察到的差异在于，在通道的情况下溅射产较低。

膜沉积期间，晶粒以若干不同的晶体学取向在基底上形成。如果在膜长大期间有离子束入射到膜上，并且离子的能量超过通道能量，和那些通道并不排列在入射束方向上的小晶体块相比，在离子束方向上有开放通道的小晶体块将具有较低的溅射产率。结果是排列在通道方向上的小晶体块溅射产率较低。所以，通道方向排列在入射方向上的小晶体块将有较高的存活概率。溅射产率下降也意味着排列在通道方向上的生长速率升高。这个织构演变的概念可以用来调控"面外织构"和"面内织构"。

图 10.52 所示为 IBAD 期间膜织构的调控。在 fcc 金属中，由于 （111） 面的堆积密度高和能量低，其生长平面为 （111）（见图 10.52a）。这就是说，这个平面的堆积生长在热力学意义上来说是优先的。可是，在 fcc 点阵中最容易的通道方向是 ［110］。因此，如果离子束以垂直于表面的方向入射，其 ［110］ 方向平行于束方向的小晶体块将优先长大，这样 （110） 面外织构就成为优先。因为与沿 ［111］ 排列的晶块相比，［110］ 排列的晶体块具有较高的存活概率，（110） 织构将是优先的，其结果是形成了强的 （110） 织构，其中晶粒形核和生长都快于 （111） 晶粒，因为它们的溅射产率较低，表面的原子可动性也低。因为该织构是高度不平衡的，原子的可动性（膜的温度）在维持离子诱发的 （110） 织构中起着重要的作用。

"面内织构"的调控与"面外织构"的调控方式大致相同，如图 10.52b 所示，是在离子轰击下一个 bcc（如 Nb）膜的生长。当以 PVD 方法沉积时，Nb 显示了 （110） 生长织构。在

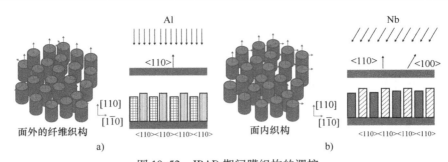

图 10.52　IBAD 期间膜织构的调控

a）fcc Al 中（110）纤维织构　b）IBAD 生成的面内织构

bcc 点阵中，最容易的通道方向是［100］。可是，这里的目标是调控生成"面内织构"，而不是"面外织构"。Nb 晶体具有（110）生长织构，其中［110］方向是垂直于基底表面的。［100］方向与［110］方向成 45°角。因此，以 45°角入射的离子轰击将使得其［100］方向排列得与离子束方向平行。这就会在膜表面上迫使面内的［1$\bar{1}$0］方向与离子束的投射平行，从而导致了［1$\bar{1}$0］"面内织构"的形成。因离子轰击并不会干扰"面外织构"的生成。因此，在离子束助推下形成的膜同时以 {110}"面外织构"和 {110}"面内织构"的方式生长。

在这两种情况下，后续的膜生长受到排列和非排列晶粒之间溅射产率差别的控制。如图 10.53 所示，随着长大过程的进行，排列的晶粒以比非排列的晶粒更快的速率生长。最终，排列的晶粒"彼此搭桥"并集聚，导致了膜织构的饱和。生长速率的差异和"搭桥"的发生也为具有织构的膜的表面粗糙度提供了解释[87,88]。

综上所述，与膜沉积相结合的离子轰击可以为膜的微观结构和性能提供非常有效的调控。由 IBAD 带来的沉积膜结构和性能的改变如图 10.54 所示，图中圆圈内标注的数字是指特定性能试验的结果（1～4 是残余应力的调控，15 是膜与基底的黏着性，7 是织构，16 是硬度）。注意，大多数的现象都发生在平均能量 1～100eV/a 之间的沉积。

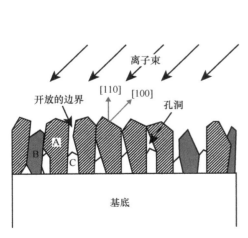

图 10.53　IBAD 过程中排列的晶粒以
消耗非排列晶粒的方式长大

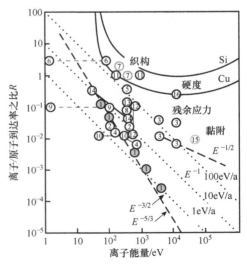

图 10.54　到达率之比和离子能量的参数空间简图[89]

注：本图显示了已被观察到的离子束所激发的现象发生的区域。右上角划出的区域代表 Cu 和 Si 完全被溅射除去了，而左下角的空白区域则代表已被发现了的正常热激活过程的区域。

专用术语符号

a——屏蔽半径，或最近邻距离

c——比热容

C——浓度

$dE/dx|_n$——由于核阻止的能量损失率

d——晶粒尺寸

D——扩散系数

D_B——鼓泡直径

D^*——有效扩散系数

D'——考虑了扩散混合的修正扩散系数

E——能量，或杨氏模量

E_a——每个沉积原子的能量

E_c——库仑能

E_{coh}——凝聚能

E_d——位移能

E_{ion}——离子能

E_{mix}——混合能

F——位移速率（dpa/s），或单位深度沉积能量密度

F_D——沉积能量

H_{ij}——类型 i 和 j 的原子对之间的势能

ΔH_{coh}——凝聚热

ΔH_A——吸附热

ΔH_{mix}——混合热

I_0——电离势

J——式（10.79）中定义的电离速率

J_a——气相沉积中的原子通量

J_i——类型 i 的原子通量，或 IBAD 中的离子通量

k——玻耳兹曼常数

K_0——缺陷产生率

m——气泡中的气体原子数

m_e——电子质量

M——原子质量

n——原子数

N——原子的数量密度

p——气泡中的气体压力或蒸汽压力

p_i——类型 i 的原子的溅射概率

$\bar{p}_i$——类型 i 的原子的平均总溅射概率

P——载荷

P_i——反冲注入的总效应，见式（10.31）

Q——活化能，或每摩尔存储的弹性能量

Q_i——在深度 R_p 处反冲注入的 i 个原子的等效数目

r_c——热尖峰中的特征跳跃距离

r——空间的曲率半径

R——离子范围；或碰撞级联中原子的均方根；或空位 – 间隙复合率；或离子 – 原子到达率比；或热尖峰中的跳跃率；或真空中的原子碰撞率

R_d——位移率

R_p——投影距离

R_{recoil}——反冲距离

ΔR_p——投射（深度）距离的标准偏差

S——标度因子

S_e——电子阻止本领

S_i——i 型原子溅射通量

S_n——核的阻止本领

S_X——元素 X 的溅射通量

t——时间

t_B——泡壳厚度

T——温度，或碰撞事件中传递的能量

T_{eff}——扩散发生的有效温度

u——位移

U_{coh}——内聚能

U_0——表面结合能

v——离子速度

V——体积

Y——溅射产率

z——配位数

Z——原子序数

α——式（10.3）的常数，在式（10.79）中定义不同；或 IBAD 中的外延程度；或热膨胀系数

χ——溅射 B 原子与溅射 A 原子的概率之比

δ——溅射去除的表面层厚度

$\Delta\alpha$——热膨胀系数差

ε——单位电荷，或级联中的能量密度，或应变

ϵ——折合能量

λ——拉梅系数，或跳跃长度

ϕ——离子或原子的通量

γ——活度系数，或表面能

γ_b——晶界能

Γ——总跳跃频率

η——每单位长度的热尖峰中的原子跳跃数

κ——热扩散率

Λ——式（10.2）中包含材料参数的溅射产率中的因子

μ——剪切模量，或化学势

ν——每个初级撞出原子的位移数，或泊松比

$\nu_i^{s\to b}$——原子 i 从表面到块体的跳跃频率

$\nu_i^{b\to s}$——原子 i 从块体到表面的跳跃频率

Ω——原子体积

ρ——原子密度

ρ_B——气泡密度

σ_d——位移截面

σ_d^e——电子激发的位移截面

σ^R——沉积膜中的残余应力

σ_s——散射截面

$\sigma_{0,i}$——离子与 i 原子间的弹性散射截面

σ_i——i 型原子的表面射出截面

σ_L——固体中的侧向应力

$\bar{\sigma}$——平均应力

ξ——原子层厚度

B——作为上标，代表块体；作为下标，代表级联或气泡（或泡罩）

R——作为上标，代表残余应力

s——作为上标，代表表面；作为下标，代表散射或基板

A——作为下标，代表吸附

d——作为下标，代表位移的

D——作为下标，代表位移

f——作为下标，代表膜

i——作为下标，代表入射的（离子）

P——作为下标，代表投射

cas——作为下标，代表级联

eq——作为下标，代表平衡

习　　题

10.1　利用关于粒子的 δ 函数分布如何通过扩散而扩展的描述，计算在 20℃ 和 800℃ 的温度下，$t = 1\min$ 时间后，Pt 中①空位、②间隙原子核、③由空位机制扩散的自示踪剂的初始峰值分布的宽度。

10.2　考虑一个二元合金的薄膜，其中表面是仅有的缺陷阱。在低温下薄膜处于热平衡

状态，然后它被瞬间加热到接近熔点。试定性地描述空位浓度和成分分布图的演变。

10.3　在 Si 基底上沉积了一个双层膜：50nm Ni 在下，50nm Pd 在上。采用 300keV Kr^+ 以 $40\mu A/cm^2$ 的流量辐照进行 40s 的混合。

① 画出混合以后 Pd 的浓度分布。

② 如果 Pd 的溅射产率为 13，而 Kr 被溅射的概率差不多是 Pd 的一半，试问被注入试样内 Kr 的最大量为多少？

10.4　在 500keV Kr^+ 以 $1\mu A/cm^2$ 的电流流量辐照期间 $Ni-1\%Si$ 合金被加热到 500℃。

① 哪些物理过程对决定表面浓度是重要的？

② 假如各个过程都是独立于其他过程进行的，它们各自对表面成分的影响是什么？

③ 估算一下这些过程对表面浓度的综合作用，并为支持你对以下情况的回答提供论据：（i）热过程主导着纯碰撞过程；（ii）纯碰撞过程主导着热过程。

试画出在（i）和（ii）两种情况下成分随深度变化的曲线图。

已知 $C_{Si}^B = 0.01$，$C_{Ni}^B = 0.99$，$\Delta H_m^{Si} = -0.1eV$，$\bar{p}_{Si}/\bar{p}_{Ni} = 2.0$，$\Delta H_m^{Ni,v} = 0.77eV$，$\Delta H_m^{Ni,i} = 0.1eV$，$\Delta H_m^{Si,v} = 0.28eV$，$\Delta H_m^{Si,i} = 0.15eV$，$R_{Si} = 0.1176nm$，$R_{Ni} = 0.1245nm$，$\dfrac{C_A^{surface}}{C_B^{surface}} = \dfrac{C_A^{bulk}}{C_B^{bulk}}\exp\left(\dfrac{-\Delta H_A}{kT}\right)$，$\dfrac{\bar{p}_A}{\bar{p}_A} = \dfrac{C_A^{bulk}}{C_B^{surface}}\dfrac{C^{bulk}}{C_A^{surface}}$。

10.5　成分为 $A-50\%$（摩尔分数）B 的均匀 A-B 合金在 400℃ 下受到 5keV Ar^+ 的轰击。假设轰击后表面成分为 30% A 和 70% B，试描述哪个过程或者哪些过程组合有可能导致表面成分的这一改变，以及哪个过程起主导作用。

已知 A 原子通过空位发生迁移的熵 $\Delta H_{m,A}^v = 0.7eV$，B 原子通过空位发生迁移的熵 $\Delta H_{m,B}^v = 0.9eV$，A 和 B 原子通过间隙原子发生迁移的熵 $\Delta H_{m,A}^i = \Delta H_{m,B}^i = 0.1eV$，A 原子被 B 原子吸附的熵 $\Delta H_A = -0.3eV$，A 原子的溅射概率 $p_A^s = 3a/i$，$p_B^s =$ B 原子的溅射概率 $= 4a/i$，$C_A =$ 常数 $\times (d_{Av}/d_{Bv}-d_{Ai}/d_{Bi})C_v$，$d_{Av} \propto \exp(-\Delta H_m,A/kT)$，$C_A^s/C_B^s = (C_A^b/C_B^b)\exp(-\Delta H_A/kT)$。

10.6　试解释为什么离子束混合实验结果常常和混合的弹道理论的预测结果不一致？应怎样考虑试样温度的影响？

10.7　一个多晶 Si 试样受到 500keV Al^+ 轰击，剂量为 $5 \times 10^{15} i/cm^2$。假设 $R_p = 260nm$ 和 $\Delta R_p = 94nm$，除了在 $0.8 R_p$ 处的几个峰，损伤的深度分布曲线均有相同的形状，试采用合理的假设计算材料内的峰值损伤。

离子的分布由 $N(x) = N_p\exp(-X^2/2)$ 给定，其中 $X = (x-R_p)/\Delta R_p$，$N_p = 0.4N_s/\Delta R_p$。假设电子的阻止能力随能量的变化遵循 $kE^{1/2}$（其中 $k = 1.5 \times 10^{-16}eV^{1/2}cm^2$）。

基于反平方规律的能量传输截面为

$$\sigma(E,T) = \frac{\pi^2 a^2 E_a \gamma^{1/2}}{8E^{1/2}T^{3/2}}$$

基于卢瑟福散射的能量传输截面为

$$\sigma(E,T) = \frac{\pi b_0^2 E\gamma}{4T^2}$$

另外，已知 $N = 3 \times 10^{22} a/cm^3$，$E_c = 28keV$，$E_a = 14keV$，$E_b = 14keV$，$E_d = 30eV$，$a = a_B/(z_1 z_2)^{1/6}$，$a_B = 0.053nm$，$b_0 = z_1 z_2 \varepsilon^2/\eta E$，$\varepsilon^2 = 2a_B E_R$。

10.8　试解释什么是内聚能和混合热，它们近似的大小是多少？它们会对离子束混合产生怎样的影响？

10.9　用 100keV Ar^+ 以 $40\mu A/cm^2$ 的流通密度辐照 Cu – 40% Ni 靶：

① 确定 500℃ 辐照条件下哪个元素将在表面发生偏聚。

② 在一张简图上画出 400℃ 下在如下辐照过程中表面浓度随时间的变化：（i）仅为 GA；（ii）PS + RED；（iii）PS + RED + GA；（iv）PS + RED + RIS。

已知 $\Delta H_{m,v}^{Cu} = 0.77eV$，$\Delta H_{m,v}^{Ni} = 0.82eV$，$\Delta H_{m,i}^{Cu,Ni} = 0.12eV$，$\Delta H_A^{Cu} = -0.25eV$，$P_{Cu} = 5.5$，$P_{Ni} = 2.75$（单位为原子/离子单位浓度）。

10.10　在鼓泡直径约 $2t_B$（其中 t_B 是鼓泡罩的深度）的条件下，试确定氦气泡导致不锈钢内发生鼓泡的侧向载荷。

参 考 文 献

1. Nastasi M, Mayer JW, Hirvonen JK (1996) Ion-solid interactions: fundamentals and applications. Cambridge University Press, Cambridge
2. Komarov F (1992) Ion beam modification of materials. Gordon and Breach, Philadelphia
3. Was GS (1989) Prog Surf Sci 32(3/4):211–312
4. Smidt F (1990) Int Mater Rev 35(2):61–128
5. Hirvonen JK (1991) Mater Sci Rep 6:251–274
6. Sigmund P (1969) Phys Rev 184:383
7. Smith DL (1978) J Nucl Mater 75:20–31
8. Sigmund P (1981) Sputtering by particle bombardment I. Springer, Berlin, p 9
9. Winters HF (1976) In: Kaminsky M (ed) Radiation effects in solid surfaces. American Chemical Society, Washington, DC, p 1
10. Lindhard J, Nielsen V, Scharff M (1968) Kgl Danske Videnskab Selskab Mat Fys Medd 36 (10):1
11. Wiedersich H, Andersen HH, Lam NQ, Rehn LE, Pickering HW (1983) In: Poate JM, Foti G, Jacobson DC (eds) Surface modification and alloying, NATO series on materials science. Plenum, New York, p 261
12. Falcone G, Sigmund P (1981) Appl Phys 25:307
13. Lam NQ, Wiedersich H (1987) Nucl Instr Meth B 18:471
14. Wynblatt P, Ku RC (1979) In: Johnson WC, Blakely JM (eds) Interfacial segregation. American Society for Metals, Metals Park, OH, p 115
15. Sigmund P (1979) J Appl Phys 50(11):7261
16. Sigmund P, Gras-Marti A (1981) Nucl Instr Meth 182/183:25
17. Gras-Marti A, Sigmund P (1981) Nucl Instr Meth 180:211
18. Myers SM (1980) Nucl Instr Meth 168:265
19. Anderson HH (1979) Appl Phys (Germany) 18:131
20. Workman TW, Cheng YT, Johnson WL, Nicolet MA (1987) Appl Phys Lett 50(21):1485
21. Westendorp H, Wang ZL, Saris FW (1982) Nucl Instr Meth 194:453
22. Wang ZL, Westendorp JFM, Doorn S, Saris FW (1982) In: Picraux ST, Choyke WJ (eds) Metastable materials formation by ion implantation. Elsevier, New York, p 59
23. Paine BM, Averback RS (1985) Nucl Instr Meth B 7(8):666
24. Johnson WL, Cheng Y-T, Van Rossum M, Nicolet M-A (1985) Nucl Instr Meth B 7(8):657
25. Van Rossum M, Cheng Y-T (1988) Defect Diffusion. Forum 57(58):1
26. Cheng Y-T, Workman TW, Nicolet M-A, Johnson WL (1987) Beam-solid interactions and transient processes, vol 74. Materials Research Society, Pittsburgh, p 419
27. Ma E, Workman TW, Johnson WL, Nicolet M-A (1989) Appl Phys Lett 54(5):413
28. Cheng Y-T, Van Rossum M, Nicolet M-A, Johnson WL (1984) Appl Phys Lett 45(2):185
29. Van Rossum M, Cheng Y-T, Nicolet M-A, Johnson WL (1985) Appl Phys Lett 46(6):610
30. Rossi F, Nastasi M (1991) J Appl Phys 69(3):1310
31. Vineyard GH (1976) Rad Eff 29:245
32. Matteson S, Roth J, Nicolet M (1979) Rad Eff 42:217–226
33. Cheng Y-T (1989) Phys Rev B 40(10):7403–7405

34. Hung LS, Mayer JW (1985) Nucl Instr Meth B 7(8):676
35. Was GS, Eridon JM (1987) Nucl Instr Meth B 24(25):557
36. Lam NQ, Leaf GK, Wiedersich H (1980) J Nucl Mater 88:289
37. Lam NQ, Wiedersich H (1982) In: Picraux ST, Choyke WJ (eds) Metastable materials formation by ion implantation. Elsevier, New York, p 35
38. Lam NQ, Wiedersich H (1981) J Nucl Mater 103(104):433
39. Lam NQ, Leaf GK (1986) J Mater Res 1:251
40. Rehn LE, Okamoto PR (1983) In: Nolfi FV (ed) Phase transformations during irradiation. Applied Science, New York, p 247
41. Mayer SGB, Milillo FF, Potter DI (1985) In: Koch CC, Liu CT, Stoloff NS (eds) High-temperature ordered intermetallic alloys, vol 39. Materials Research Society, Pittsburgh, p 521
42. Liu JC, Mayer JW (1987) Nucl Instr Meth B 19(29):538
43. Alexander D, Was G, Rehn LE (1990) Materials research symposium, vol 157. Materials Research Society, Pittsburgh, PA, p 155
44. Eridon J, Rehn L, Was GS (1987) Nucl Instr Meth B 19(20):626
45. Eridon J, Was GS, Rehn L (1987) J Appl Phys 62(5):2145
46. Johnson E, Wohlenberg T, Grant WA (1979) Phase Trans 1:23
47. Ahmed M, Potter DI (1987) Acta Metal 35(9):2341
48. Nishiyama Z (1978) In: Fine ME, Meshii M, Wayman CM (eds) Martensitic transformations, vol 7. Academic, New York
49. Didenko AN, Kozlov EV (1993) Sharkeev YuN, Tailashev AS, Rajabchikov AI, Pranjavichus L, Augulis L. Surf Coat Technol 56:97–104
50. Behrisch R, Risch M, Roth J, Scherzer BMU (1976) Proceedings of the 9th symposium on fusion technology. Pergamon, New York, pp 531–539
51. Ullmaier H (1983) Rad Eff 78:1–10
52. Wolfer WG (1980) J Nucl Mater 93(94):713–720
53. Behrisch R, Scherzer BMU (1983) Rad Eff 78:393–403
54. Birtcher RC, Jäger W (1987) Ultramicroscopy 22:267–280
55. Liu AS, Birtcher RC (1989) Materials research society symposium, vol 128. Materials Research Society, Pittsburgh, pp 303–308
56. Johnson PR (1983) Rad Eff 78:147–156
57. Mazey DJ, Evans JH (1986) J Nucl Mater 138:16–18
58. Iwase A, Iwata T (1994) Nucl Instr Meth Phys Res B 90:322
59. Dunlop A, Lesueur D, Legrand P, Dammak H, Dural J (1994) Nucl Instr and Meth Phys Res B 90:330
60. Chimi Y, Iwase A, Ishikawa N, Kambara T (2002) Nucl Instr Meth Phys Res B 193:248–252
61. Auciello O, Kelly R (eds) (1984) Ion bombardment modification of surfaces fundamentals and applications. Elsevier, New York
62. Grovenor CRM, Hentzell HTG, Smith DA (1984) Acta Metall 32:773
63. Thornton JA (1982) Coating deposition by sputtering, in deposition technologies for film and coatings. In: Bunshah RF (ed) Noyes Publications, Park Ridge, Chap 5
64. Messier R, Giri AP, Roy RA (1984) J Vac Sci Technol, A 2:500
65. Martin PH, Netterfield RP, Sainty WG (1984) J Appl Phys 55:235
66. Smidt FA (1988) In: Proceedings of DOE workshop on "coatings for advanced heat engines" Conference 870762, V-29, US Department of Energy, Washington, DC
67. Yamada I (1977) In: Proceedings of Int Ion Engin Cong, Kyoto, p 1177
68. Muller K-H (1985) J Appl Phys 58:2573
69. Muller K-H (1986) J Appl Phys 59:2803
70. Muller K-H, Netterfield RP, Martin PJ (1987) Phys Rev B 35:527
71. Netterfield RP, Muller K-H, McKenzie DR, Goodman MJ, Margin PF (1988) J Appl Phys 63:760
72. Muller K-H (1987) Phys Rev B 35:7906
73. Windischmann (1992) Crit Rev Solid States Mater Sci 17:547–596
74. Hibbs MK, Johannsson BO, Sundgren JE (1984) Helmersson. Thin Solid Films 122:115
75. Greene JE, Motocka T, Sundgren J-E, Lubben D, Gorbatkin S, Barnett SA (1987) Nucl Instrum Meth Phys Res B27:226
76. Roy RA, Cuomo JJ, Yee DS (1988) J Vac Sci Technol, A 6:1621
77. Evans AG, Hutchinson JW (1995) Acta Metall Mater 43:2507–2530
78. Doerner MF, Nix WD (1983) CRC Crit Rev Solid States Mater Sci 14:224
79. Muller KH (1987) J Appl Phys 62:1796

80. Brighton DR, Hubler GK (1987) Nucl Instrm Meth Phys Res B28:527
81. Sigmund P (1981) Sputtering by particle bombardment I. Springer, Berlin, p 1
82. Parfitt L, Goldner M, Jones JW, Was GS (1995) J Appl Phys 77:3029
83. Ma Z, Was GS (1999) J Mater Res 14(10):4051–4061
84. Bradley RM, Harper JME, Smith DA (1986) J Appl Phys 60:4160–4164
85. Bradley RM, Harper JME, Smith DA (1987) J Vac Sci Technol A5:1792–1793
86. Roosendaal HE (1981) Sputtering by particle bombardment I. Springer, Berlin, p 217
87. Ji H, Was GS (1999) Nucl Instr Meth In Phys Res B 148:880–885
88. Ji H, Was GS (1999) J Mater Res 14:2524
89. Harper JME, Cuomo JJ, Gambino RJ, Kaufman HE (1984) In ion bombardment modification of surfaces: fundamentals and applications. Elsevier Science, Amsterdam, pp 127–162, Chap 4

第11章

用离子模拟中子辐照效应

　　各种高能粒子被用来进行辐照效应的研究：中子、电子、轻离子和重离子。高能离子可用来获知在反应堆部件中产生的中子辐照效应。近几年来，离子辐照在这一领域应用的关注度有所提高，这有几方面的原因，其中包括避免了中子辐照带来的高残留放射性，也减少了为研究材料辐照采用试验堆的必要性。由离子辐照导致的损伤状态和微观组织，以及用离子辐照模拟中子辐照可以达到的程度，主要取决于粒子的类型和损伤率。本章将以简要评述不同类型粒子的损伤函数、初级反冲谱及其缺陷产生效率，也会讨论粒子类型对微观结构和微化学的作用，接着讨论经辐照后的微观组织结构对力学性能的影响，还将讨论辐照的剂量，剂量率和温度等参数的作用，以及各种粒子源对参数空间的约束，并与中子辐照效应进行讨论和比较。

11.1　采用离子辐照替代中子辐照的动机

　　20 世纪六七十年代，重离子辐照被开发出来，其目的就是模拟中子损伤，以支持快增殖反应堆计划[1-3]。离子辐照并同时注入 He 也已被用来模拟与聚变反应堆工程计划相关联的 14MeV 中子损伤效应。离子（这里被定义为任何一种带电粒子，包括电子）辐照应用于中子辐照损伤研究，对轻水反应堆领域是至关重大的，可设法解决诸如受辐照影响的堆芯材料的应力腐蚀开裂（SCC）[4-6]等问题。离子辐照也正被用来获知反应堆压力容器钢、锆合金燃料包壳和先进反应堆概念材料辐照后的微观结构。

　　采用离子辐照来研究中子损伤有着重大的积极作用，因为这种技术既可以为一些基础过程提供答案，还能大大节省时间和金钱。中子辐照试验不适合涉及宽泛范围的各种不同条件的研究，而这些条件正好就是研究基本损伤过程所要求的。采用离子辐照进行的辐照损伤试验可以方便地在很宽的数值范围内改变各种辐照参数，诸如剂量、剂量率、温度等。

　　在试验反应堆内，典型的中子辐照试验要求长达几年的堆芯暴露，才得以达到对于加速了的辐照后试验可以感知的注量水平。此外，还需要花费至少一年的时间用于封装体设计、准备、拆卸和冷却。采用诸如俄歇电子谱分析（AES）和原子探针层析（APT）等技术进行的微化学变化分析，借助扫描透射电子显微镜 - 能量分散谱（STEM - EDS）进行的微观组织结构变化分析，以及力学性能或 SCC 评估，可能需要额外花费几年的时间，因为操控带放射性的样品还要求一些预防护措施以及特殊的试验装置和仪器。这么一来，从辐照到微观分析和力学性能/SCC 试验的单次循环就可能花费 3 ~ 5 年的时间。如此冗长的一次循环时间跨度将不允许辐照和材料条件进行重复试验，而这恰恰是任何一个试验研究计划的关键所在。为试验设计和辐照所需的很长的前置时间，也会降低获得新数据时试图辐照程序细节的灵活性。由于循环时间长，以及对于专用装置和专用样品操控的苛严要求，中子辐照试验的费用是非常高的。

相比于中子辐照，离子辐照在循环时间长度和费用方面具有很大的优势。任何类型的离子辐照几乎都可以在几十小时的时间内达到 1~10dps 范围的损伤水平。离子辐照只产生少量或根本不产生残余放射性，操控样品时无须采取特别的预防措施。这些特点使离子辐照的循环时间长度和费用大幅降低。于是，接下来的挑战则是验证中子辐照和离子辐照结果的等效性。

需要回答的关键问题是怎样对中子和带电粒子辐照试验得到的结果进行比较？例如，对于 8.5 个月内在堆芯 288℃的温度下经受了 $1 \times 10^{21} n/cm^2$（$E > 1MeV$）注量中子辐照的一个部件，怎样与如下两个条件下离子辐照试验获得的结果进行比较：①采用 3MeV 质子，在 400℃以剂量率 10^{-5}dpa/s（约 1 天）达到 1dpa（每个原子的位移）；②采用 5MeV Ni^{2+} 在 500℃以剂量率 5×10^{-3}dpa/s（约 1h）达到 10dpa。需要加以区分的第一个问题是用什么作为辐照效应的度量。在轻水反应堆（LWR）中辐照助推应力腐蚀开裂（IASCC）问题中所关注的是两种辐照效应：一是主要合金元素或杂质朝向晶界的偏聚，这会导致材料的脆化或加剧晶间应力腐蚀开裂（IGSCC）过程；二是基体的硬化，它会导致局部的变形和脆化。在前一种情况下，合适的辐照效应度量是晶界处合金元素的浓度聚集或偏聚到晶界的杂质，这个量值可以通过诸如 AES 或 STEM – EDS 等分析技术加以测量。后一种情况下辐照效应的度量则是位错环、黑斑和总位错网络的性质、尺寸、密度和分布，以及它们怎样影响到合金变形行为的机制。因此，无论是中子辐照还是离子辐照试验，这些特定的、可测量的辐照效应都是能被确定的。

接下来，需要确定的是怎样将离子辐照的试验结果转化为描述中子辐照环境下的材料行为。也就是说，想要获得与中子辐照效应相同度量的辐照效应的离子辐照条件是什么？这是一个关键的问题，对于辐照后的试验程序来说，材料最终状态是确定等效性的重要因素，但无法用来推定达到这一最终状态所经历的途径是否等效。所以，如果设计出的离子辐照试验能获取与中子辐照试验中观察到的辐照效应相同的度量，那么辐照后试验所获得的数据才是等效的。在这种情况下，离子辐照就可以为中子辐照提供一个直接的替代方法。尽管中子辐照似乎还将需要被用来评定用于反应堆的材料，但离子辐照可以通过测量一些最重要的参数变量，为阐明辐照损伤机理和筛选材料提供了一种低成本和快速的手段。

11.2　与离子辐照相关的辐照损伤

确定带电粒子和中子辐照效应的度量之间等效性的首要挑战是使用一个通用的剂量单位。对于带电粒子，它是积分的电流或电荷，单位是 Q/cm^2。辐照后材料的性能可以较成功地采用 dpa 作为暴露程度的一种度量进行比较。中子辐照的基本可测量的剂量单位是高于某一阈值 x 的能量（$E > xMeV$）的辐照注量，单位为 n/cm^2。如第 2 章所述的这两种度量都可以确定 dpa 的几个模型中的一个，换算成单位分别为 dpa 和 dpa/s 的剂量和剂量率。离子和中子辐照效应之间的根本差异在于粒子的能谱，而这源于产生这些粒子过程的差异性。离子是在加速器中产生、并以能量宽度很窄的单能束的形式射出的。但是，反应堆内中子能谱的能量扩展了好几个数量级，因此在导致辐照损伤的过程中表现为更复杂的源项。图 11.1 所示为中子和离子的能谱之间，以及在不同的反应堆和反应堆容器的不同部位处的中子能谱的差别。

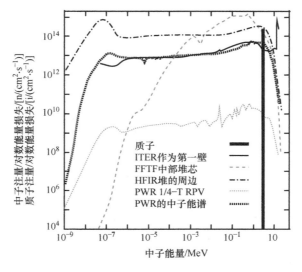

图11.1　单一能量的离子束中入射离子的能量谱和不同类型反应堆内的中子能量谱[71]

离子和中子特性的另一主要差异是它们的穿透深度。正如第2章图2.25所示，离子因其电子能量损失大而快速地损失能量，在慢化过程中其电子能量和核能损失的相对重要性不同，从而产生了一个在空间上不均匀的能量传递分布。对于由实验室规模的加速器或注入机实际上能够达到的离子能量而言，其穿透距离在 $0.1 \sim 100\,\mu m$。相比之下，依靠中子的电中性，中子能够穿透非常大的距离并在材料中数毫米的范围内产生一个空间上相对平坦的损伤分布。

正如第2章所述，每个原子的位移总数量（dpa）由 K－P 模型[8]或 NRT 模型[9]给出。该量值提供了入射粒子所产生的位移数量的合适度量，而与入射粒子的质量无关。除 dpa 以外，初级反冲谱描述了在初级反冲原子把 $T \sim T + dT$ 之间的能量传送给其他靶原子的过程中发生的相对碰撞数量。根据式（3.11），可以给出位移能量在 E_d 和 T 之间的反冲份额为

$$P(E_i, T) = \frac{1}{N} \int_{E_d}^{T} \sigma(E_i, T') dT' \tag{11.1}$$

其中，N 是初级反冲的总数，$\sigma(E_i, T')$ 是能量为 E_i 的粒子产生能量为 T' 的反冲的微分截面，E_d 是位移能量。对于质量很不一样的离子而言，它们的反冲份额只有小的差异（见图3.5）。

但是，质量不同的粒子导致的损伤形貌之间却有很大的差别。电子和质子等轻离子会产生诸如孤立的 Frenkel 对或小尺寸团簇的损伤，而重离子和中子则产生了大尺寸团簇的损伤（见图3.7）。不同质量的 1MeV 粒子对铜的辐照中，质子产生的反冲中有一半的能量低于 60eV，而 Kr 离子产生相同数量反冲时的能量在大约 150eV。因为屏蔽的库仑势控制着带电粒子的交互作用，较低能量反冲的权重占比会加大。对于未受屏蔽的库仑交互作用，产生能量为 T 的反冲的概率随 $1/T^2$ 而变化。但是，作为不带电的硬球中子与点阵原子交互作用产生能量为 T 的反冲的概率与反冲能量无关。事实上，描述在某一能量范围内损伤分布的一个更重要的参数是具有某一特定能量的缺陷份额和损伤能量的组合。如第3章所述，加权平

均的反冲谱 $W(E_i, T)$ 是经由缺陷数量或每次反冲产生的损伤能量加权的初级反冲谱，即

$$W(E_i, T) = \frac{1}{E_D(E_i)} \int_{E_d}^{T} \sigma(E_i, T') E_D(T') \, dT' \tag{11.2}$$

$$E_D(E_i) = \int_{E_d}^{\hat{T}} \sigma(E_i, T') E_D(T') \, dT' \tag{11.3}$$

其中，$\hat{T}$ 是最大反冲能量，$\hat{T} = \gamma E_i = 4E_i M_1 M_2 / (M_1 + M_2)^2$。如第 3 章所述，对于库仑交互作用和硬球交互作用这两类极端情况，其加权平均的反冲谱分别为

$$W_{Coul}(E_i, T) = \frac{\ln T - \ln E_d}{\ln \hat{T} - \ln E_d} \tag{11.4a}$$

$$W_{HS}(E_i, T) = \frac{T^2 - E_d^2}{\hat{T}^2} \tag{11.4b}$$

当用 1MeV 粒子辐照铜时，式（11.4a）和式（11.4b）用曲线表示在图 3.6 中。库仑力延伸至无限大且随粒子接近靶而缓慢增加，因此能量也缓慢增加。对于硬球交互作用的情况，直到粒子和靶的间隔达到硬球半径之前，它们彼此毫无"感知"，而在这一间隔处斥力趋于无限大。屏蔽的库仑势最适于描述重离子辐照。注意，在不同类型辐照之间 $W(E_i, T)$ 存在很大的差异。与轻离子相比，重离子更倾向于复现中子的反冲能量分布，但是在分布的"尾部"两者并不准确。这并不意味着离子用于辐照损伤的模拟效果不好，只是说明两者产生的损伤不同，如果想要产生与中子辐照相当的微化学和微观结构变化，则在设计辐照程序时就务必考虑到这种差异。

在位移级联中得以幸存的实际缺陷数量和它们在固体中的空间分布将决定对辐照后微观结构的效应。这一主题曾在第 3 章和第 7 章中讨论过，根据缺陷在固体中的行为对缺陷进行了分类。图 11.2 从晶界的观点及缺陷流怎样影响了辐照诱发的晶界偏析，总结了对损伤形貌的效应。尽管图 3.7 中描述的四种粒子类型之间具有能量的等效性，但是它们所传送的平

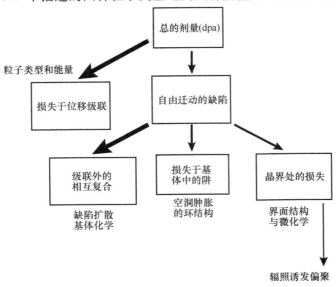

图 11.2　在位移级联中产生点缺陷之后的进程

均能量和缺陷产生的效率几乎相差两个数量级！这可以用不同粒子类型之间级联形貌的差异性来解释。中子和重离子产生密集的级联，导致了冷却或淬火阶段缺陷的大量复合。可是，电子只能产生少量间距很大且复合概率低的 Frenkel 对。质子辐照产生了小尺寸、宽间隔的级联和许多因库仑交互作用生成的孤立 Frenkel 对，因此其位移效率居于由电子和中子所定义的两种位移效率极端情况之间。

11.3 RIS 的粒子类型相关性

本节将重点比较四种粒子的辐照类型，目的是为中子和带电粒子辐照之间等效性的方法概括若干要点，进一步关注辐照诱发偏聚（RIS），并将其作为辐照效应的一种度量，用于比较不同粒子的辐照。选择 RIS 是因为它仅仅取决于点缺陷的作用，而不是它们的集聚。四种类型粒子的辐照参数在表 11.1 中给出。每项试验均由粒子类型、能量、辐照温度及报告的剂量率和总剂量所表征。最后一栏则是采用 Perk 模型[11]计算的达到稳态 RIS 分布的剂量。各栏中用"报导值"和"校正值"标记的分别为采用名义的报导值和经效率校正的剂量率的 RIS 计算结果。位移效率是采用 Naundorf 模型计算的，这在第 3 章中介绍过。

对 LWR 堆芯材料 RIS 行为重点关注的一个量值是从晶界处的 Cr 贫化量或在 Cr 浓度分布图所显示的贫化区"面积"（见图 11.3）。在非 LWR 系统中，可能也会关注其他元素，因为它们有在反应堆内析出的可能性。此时，仅以它们的"贫化"作为对贫化程度的合适度量还是有问题的。人们可以用晶界的 Cr 浓度值作为 Cr 贫化的度量；也有人使用了贫化剖面区的半高宽（FWHM）。实际上，这两种量值都是有用的，并且能从测得的贫化剖面区获得。但是，Cr 浓度分布剖面区内的面积表征的是相对于材料体内浓度的改变，并且与晶界处 Cr 的浓度或 FWHM 的值相比，它对剖面区形状的改变更为敏感。Cr 的贫化量是由浓度分布图内对该元素浓度离晶界距离的积分来确定的。

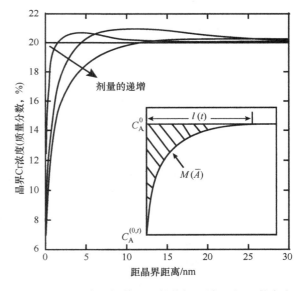

图 11.3 用于定量评估 RIS 的偏析区域面积 M 的定义

$$M = \int_0^{l(t)} \left[C_A^0 - C_A(x,t) \right] \mathrm{d}x \tag{11.5}$$

其中，M 是偏析区域的面积，C_A^0 是材料块体的 Cr 原子浓度，$C_A(x,t)$ 是晶界附近的原子浓度，$l(t)$ 则是贫化区域的半宽。

图 11.4 所示为晶界处 Cr 的贫化量，分别是表 11.1 中所列四种粒子的辐照剂量（见图 11.4a）和辐照时间（见图 11.4b）的函数。根据自由迁移缺陷的产生效率、使用剂量

率报导值和校正值计算得到的每种类型粒子辐照产生的 Cr 贫化量，分别用空心符号和实心符号表示。因为假设电子辐照产生可影响偏聚的缺陷的效率是100%，因而计及该效率后偏聚面积没有变化。但是，质子、重离子和中子辐照则是有差异的，它们都造成了偏聚量的下降。报导值和校正值差异最大的是中子，差异最小的是质子。差异不只是位移效率的函数，还是剂量率曲线斜率的函数。尽管如此，当考虑了位移效率时，预期的晶界偏聚量还是会有实质性的差异。

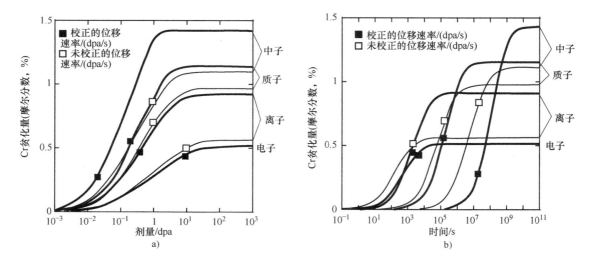

图 11.4　对几个不同粒子类型（细线）和校正了粒子效率的影响（粗线），
Cr 贫化量随辐照剂量和辐照时间的变化[10]
a）辐照剂量　b）辐照时间

表 11.1　不同类型粒子的辐照参数和导致的 RIS 的比较[10]

粒子类型	能量/MeV	辐照温度/℃	效率	剂量率/(dpa/s)		总剂量/dpa		到达稳态的剂量②/dpa	
				报导值	校正值①	报导值	校正值①	报导值	校正值①
电子	1.0	450	1.0	2×10^{-3}	2×10^{-3}	10	10	28	28
质子	3.4	360	0.2	7×10^{-6}	1×10^{-6}	1	0.2	7	3
离子	5.0	500	0.04	5×10^{-3}	2×10^{-4}	10	0.4	25	7
中子	裂变反应堆	288	0.02	$\sim 5 \times 10^{-8}$	1×10^{-9}	1	0.02	4	1.4

① 对效率校正过的值。

② 由 RIS 的 Perk 模型[11]计算的值。

　　图 11.5a 所示为对几个不同位移率辐照条件计算得到的稳态下的 Cr 贫化量，被显示为温度的函数。每项试验都在不同剂量水平下达到了稳态。在某一给定位移率下，偏聚面积在一个中间温度达到了峰值，而在较高和较低温度下都下降。这是因为在低温下缺陷的复合占优势，而在高温下逆向的扩散占优势[10]。另外，也请注意，位移率下降的作用是将曲线推移到在较低温度下达到较高的极大值。对于给定的辐照剂量，较低的位移速率使产生的稳态缺陷浓度较低，降低了因重组而损失的缺陷数量，并将曲线推移到较低的温度，从而增加了

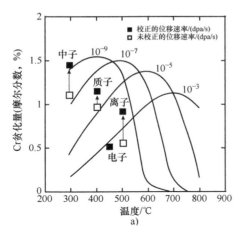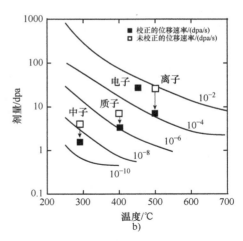

图 11.5　Cr 贫化量和达到稳定状态的剂量
与温度、剂量率和位移速率的函数关系[10]

a）Cr 贫化量　b）剂量

偏聚程度。图 11.5a 也显示了试验过程中所设定的四个参数中的三个参数（粒子类型、温度和剂量率）的作用。图中没有显示剂量的作用，因为对每项试验而言，不同剂量下达到的稳态结果已在表 11.1 中列出。

　　图 11.5b 所示为达到稳态所需要的剂量，被显示为温度和剂量率的函数。每次试验都对报告的和校正的位移率进行了标绘。注意，电子和中子辐照达到稳态的剂量之间存在巨大的差异。一般来说，在较低剂量率下的辐照将导致达到稳态的剂量较低，此时，它们的差异最大。相应地，在表 11.1 中所描述的试验中，质子和重离子的这项数据落在中子和电子之间。这可以通过对式（5.1）给出的化学速率方程组来理解，其中第一项是缺陷的生成率，第二项是因相互复合而引起的损失，而第三项是因缺陷在阱处湮灭而导致的损失。在稳态条件下，低温下 $C_{i,v} \propto K_0^{1/2}$，高温下 $C_{i,v} \propto K_0$（见第 5 章）。因此，所达到的稳态点缺陷浓度强烈依赖于其生成率。

　　图 11.6 所示为具有其源特征位移率

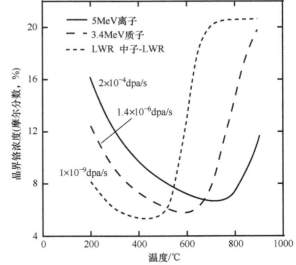

图 11.6　不同剂量率和缺陷生成效率的
粒子的晶界铬浓度与温度的关系[10]

的不同粒子的偏聚随温度变化的曲线。注意，随剂量率的增大，偏聚达到最大（浓度为最低）时的温度值会升高。这是在温度和剂量率的影响之间采取的折中方法。图 11.7 是不锈钢在较宽的温度和剂量率范围内温度和剂量率之间的相互关系。也请注意，中子辐照发生在何种反应堆内，以及发生质子和 Ni 离子辐照的区域。该图解释了为什么最高剂量率下进行的试验也得在最高温度下进行。

在比较不同类型粒子的辐照效应时考察剂量率和温度影响之间折中的一种简单方法，可在第8章中讨论的不变性要求中找到。对于一个给定的剂量率变化，想知道的是，在相同剂量下需要多大的温度变化才会导致相同数量的缺陷在阱处被吸收。在 $0 \sim \tau$ 的时间范围内，每单位体积中损失于阱处的缺陷数量为

$$N_{Sj} = \int_0^\tau k_{Sj}^2 C_j \mathrm{d}t \qquad (11.6)$$

而空位损失和间隙原子损失的比例为

$$R_S = \frac{N_{Sv}}{N_{Si}} \qquad (11.7)$$

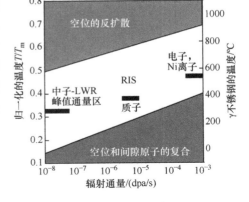

图 11.7　在辐射诱导偏聚背景下温度和剂量率之间的关系，以及中子、质子和 Ni 离子辐照的位置

其中，j = v 或 i，k_S^2 是阱的强度。量值 N_S 在描述微观组织的演化时是重要的，包括向阱处的点缺陷总通量（如 RIS）。在 $0 \sim \tau$ 的时间范围内，每单位体积内已经复合的缺陷数量为

$$N_R = K_{iv} \int_0^\tau C_i C_v \mathrm{d}t \qquad (11.8)$$

其中，K_{iv} 是空位 - 间隙原子的复合系数。N_R 是与缺陷集聚体长大相关的一个量，为了让它们得以长大，空洞和位错环等需要发生点缺陷数量的调节。

不变性要求可以用来为模拟中子辐照的离子辐照温度 - 剂量率参数的组合提供建议。以 288℃、典型的沸水反应堆（BWR）堆芯辐照条件（约 4.5×10^{-8} dpa/s）下的不锈钢为例。如果想在 7.0×10^{-6} dpa/s 的特征剂量率下进行质子辐照，然后以 1.9eV 的空位形成能和 1.3eV 的空位迁移能代入式（8.158）进行计算发现，对 400℃下的质子辐照而言，在 BWR 堆芯辐照试验（如 RIS）条件下，N_S 将会是个不变量。类似地，利用式（8.162），300℃辐照温度将导致一个不变的量 N_R（如肿胀或位错环长大）。对于 10^{-3} dpa/s 剂量率的 Ni^{2+} 辐照，相应的温度分别是 675℃（N_S 不变量）和 340℃（N_R 不变量）。换句话说，由较高剂量率所造成的温度"偏移"与感兴趣的微观组织特征有关。而且，随着剂量率差异的增大，质子和中子辐照之间的 ΔT 也显著增加。为质子辐照和 Ni^{2+} 辐照选用的名义温度分别为 360℃ 和 500℃，恰恰分别代表了在它们各自的不变量 N_S 和 N_R 极值之间采取了折中的结果。

11.4　不同粒子类型的优点和缺点

每种粒子类型在用于研究或模拟辐照效应时各有其优点和缺点。带电粒子束的共同缺点是没有嬗变反应，而且需要采用一个光栅扫描束。除了用轻离子辐照可能发生的某些轻微嬗变反应，带电粒子没有再现反应堆堆芯材料因与中子交互作用而发生的那些嬗变反应类型。其中最重要的就是 Ni 和 B 嬗变而产生了 He（见 8.4.5 小节）。但是，另一项考虑因素与光栅扫描辐照方式有关，此时靶的任何体积单元只在光栅扫描循环的部分时间暴露于带电粒子

束。对于典型的束扫描器和束参数，固体中任意一个特定体积单元只有大约 2.5% 的时间受到了轰击。于是，在循环的带电粒子束开启时间段内，瞬时剂量将是平均剂量的 40 倍（见图 11.8）。其结果是缺陷生成率非常高，因而缺陷有可能在带电粒子束再次扫描经过该体积单元之前、即在此次循环剩余的 97.5% 时间段中被退火。正因为如此，在光栅扫描系统中有效的缺陷生成率是小的，这一特点务必加以关注。

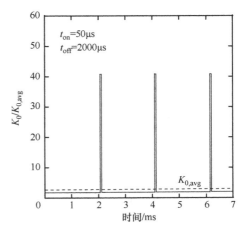

图 11.8　光栅扫描束对点缺陷瞬间产生率的影响，以及与在相同时间内连续辐照的平均产生率的比较[12]

离子辐照的一个目的是模拟中子的效应；其另一个目的是借此理解辐照损伤的基本物理过程，对此中子辐照常常是不太适合的。离子辐照可以在温度、剂量率和总剂量等控制得很好的条件下进行，然而对反应堆辐照来说，如此严格的控制却是个挑战。例如，具备主动温控功能的仪表管在设计、建造和运行方面都是十分昂贵的。即使配备了这些功能，频繁的功率变化可能也难以处置，因为通量－温度关系会发生变化，这可能导致辐照后微观组织中的假象（见8.3.11 小节和图 8.57）。另一方面，比较便宜的"兔"管辐照使用了被动的 γ 射线加热，其温度因仍然具有任意确定性而不得而知。类似地，剂量和剂量率最通常是由堆芯位置的中子模型来确定的，这也是无法验证的。由此可见，与中子辐照相比，离子辐照享有着辐照条件得到更好控制和验证的优点。表 11.2 列举了电子、重离子、质子（轻离子）等类型粒子的优缺点。

表 11.2　采用不同类型粒子辐照的优点和缺点[12]

粒子类型	优点	缺点
电子	相对简单的辐照源——TEM	能量限于约 1MeV
	使用标准的 TEM 样品	不发生级联
	高剂量率——辐照时间短	极高的电子束流（高的位移速率）会导致相对于中子辐照更大的温度漂移
		试样温度难以控制
		对束流产生强烈的"高斯"形状（即不均匀的强度分布）
		不发生嬗变
重离子	高剂量率——辐照时间短	极有限的穿透深度
	高的 T_{avg}	强烈的峰值损伤分布
	级联的发生	极高的离子束流（高的位移速率）会导致相对于中子辐照更大的温度漂移
		不发生嬗变
		有可能在高剂量情况下通过注入离子而造成成分的改变

（续）

粒子类型	优点	缺点
质子	加速的剂量率——合适的辐照	试样的激活太少
	只需合适的 ΔT	级联较小、相距较远
	穿透深度很好	不发生嬗变
	在数十微米深度内有平坦的损伤分布	只限于由热去除导致的损伤率

11.4.1　电子

电子辐照可以在高压透射电子显微镜中轻松进行，这是因为它本身就使用着一个相当简单的粒子源，即一个热灯丝或场发射的电子枪。其一个优点是用于辐照损伤的同一个仪器又能用于损伤成像。另一个优点是高剂量率只需要非常短的辐照时间，但这也将需要大的温度漂移，正如 11.3 节中所解释的。

采用 TEM 考察电子辐照有几项缺点。首先，能量一般被限定在 1MeV。该能量足以在过渡金属中产生孤立的 Frenkel 对，但产生不了级联。高剂量率需要高温，而且高温必须严密地加以监控，这在典型的 TEM 样品台中是难以精确做到的。其次，由于 TEM 中的辐照常在薄片上进行，而缺陷是在紧靠表面处产生的，它们的行为可能因表面的存在而受到影响。也许，最严重的缺点是电子束强度的高斯分布，它会在被辐照的区域产生强烈的剂量率梯度。图 11.9 所示为电子辐照后 Ni – 39% Cu 合金中晶界周围铜的成分分布。注意，虽然在晶界处有预期的局部贫化，但由于缺陷从浓度分布曲线下方的水平线所标示的辐照区域向外转移的强通量，最小值的邻近区域则是铜的强富集。该向外转移的缺陷通量造成了偏聚反方向地向缺陷阱转移。

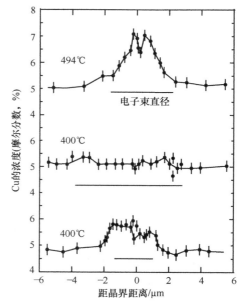

图 11.9　Ni – 39% Cu 合金中晶界处 Cu 的富集[13]

注：富集是由于从受到辐照的区域（水平线
所标示的）通过高缺陷通量的流动。

在电子辐照模拟试验中，另一个常被观察到的假象是非常宽的溶质元素的晶界富集和贫化分布。图 11.10 显示的不锈钢中 Ni 的富集，以及 Fe 和 Cr 的贫化区域均具有 75 ~ 100nm 量级的宽度，远远大于在相似条件下经中子辐照后所观察到的，以及对 RIS 的所有模型模拟计算得到的 5 ~ 10nm 的宽度。Wakai[15] 在同一合金的电子和氙离子辐照中注意到了相似的效应，他观察到在氙辐照样品中晶界周围的偏聚比电子辐照更严重且更狭窄得多（见图 11.11）。

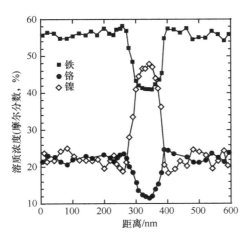

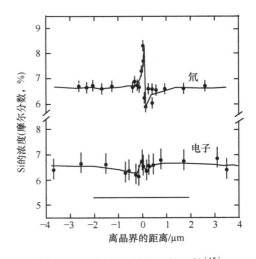

图 11.10　420℃下电子辐照至 7.2dpa 的
Fe－20Cr－25Ni－0.75Nb－0.5Si 合金中，
晶界处宽阔的元素富集和贫化浓度分布[14]

图 11.11　氚和电子辐照的比较[15]
注：本图表明氚的辐照造成了较严重但较窄的 Si 偏聚。

11.4.2　重离子

重离子具有高剂量率的优点，能在短时间内达到高的剂量积累。而且，因为重离子典型地是在几 MeV 能量范围内产生的，因此它们在产生类似于中子所产生的密集级联上非常有效（见图 3.7）。缺点是像用电子辐照那样，高的剂量率要求大的温度偏移，必须在约 500℃ 温度下辐照才能产生与约 300℃ 中子辐照类似的效应。显然，因为较高的离子辐照温度将导致退火，对于高温下中子辐照的研究，其温度上限没有太多的裕量。另一个缺点是窄的穿透深度和在此深度范围内剂量率是连续变化的。图 11.12 显示了入射到镍上的几种不同重离子产生的损伤随深度的变化。注意，损伤率是连续变化的，而且尖锐的峰位于表面下仅约 2μm 处。因此，从表面以下明确指定的几个深度处的区域必须能被重复取样，不然采得的样品剂量或剂量率会有变化。当为采集用于损伤表征的样品体积定位时，哪怕只是 500nm 的小误差就可能导致其实际剂量与目标值出现两倍的变化。

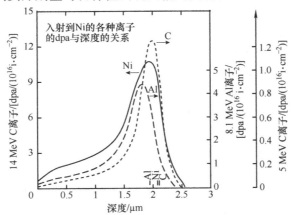

图 11.12　C、Al 和 Ni 离子辐照对 Ni 靶产生的损伤随深度的变化[16]
注：为了能达到相同的穿透深度，不同离子选用了不同的能量。

镍离子辐照不锈钢或镍基合金时的一个比较独特的问题是，除了它们会产生损伤外，每一个轰击的 Ni 离子在耗尽能量后留在靶内还构成了一个间隙原子。图 11.13a 所示为 5MeV Ni 离子辐照 Fe－15Cr－35Ni 合金导致了次表面区域发生比损伤峰值区域附近更高的肿胀。图 11.13b 所示为 Ni 离子在刚刚超过损伤峰值范围的位置停止了移动。所以，尽管峰值损伤率大约是表面处的 3 倍，但相比于表面，那儿的肿胀却被抑制了大约 5 倍[17]。原因是轰击的 Ni 离子构成了间隙原子，而损伤峰值区域附近间隙原子的过剩造成了空洞长大率的降低[18,19]。在剂量率－温度区域中，此处复合是主要的点缺陷损失机制，因为没有相应的空位产生，由 Ni 离子轰击所注入的间隙原子可能永远得不到与空位复合的机会。因此，每当有大份额点缺陷发生复合时，入射的间隙原子总是构成了在阱处被吸收的大部分点缺陷，例如在峰值肿胀的区域。

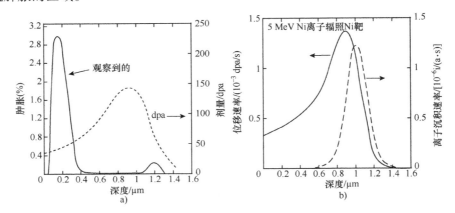

图 11.13　肿胀、剂量、位移速率和离子沉积速率与深度的关系[17,18]
a）在 625℃受 5MeV Ni 离子辐照导致的 Fe－15Cr－35Ni 次表面肿胀
b）5MeV Ni 离子辐照 Ni 靶的位移速率和离子沉积速率计算值

11.4.3　质子

在很多方面，质子辐照克服了电子和中子辐照的缺点。在仅有几百万电子伏特能量的情况下，质子的穿透深度就能超过 $40\mu m$，其损伤分布相对平坦，在数十微米深度范围内剂量率的变化不到 2 倍。而且，如此的穿透深度大得足以用来评估损伤层的各种性能，诸如采用显微硬度测量的辐照脆化，以及通过裂纹萌生试验（如慢应变速率试验）评估应力腐蚀开裂（SCC）。图 11.14 （和图 2.25）所示为 3.2MeV 质子和 5MeV Ni 离子辐照在不锈钢中损伤分布的示意图。叠加在深度标尺上的是尺寸为 $10\mu m$ 的晶粒结构。注意，在该晶粒尺寸下，即便有着大量的晶界和很大的辐照体积，其中质子造成的损伤率仍是平坦的。质子辐照的剂量率比电子或离子低 2~3 个数量

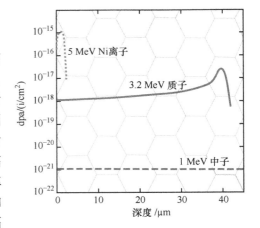

图 11.14　3.2MeV 质子和 5MeV Ni 离子辐照在不锈钢中造成的损伤分布[12]

级，因此，只需要中等程度的温度偏移，但是因为剂量率还是比中子辐照高 $10^2 \sim 10^3$ 倍，质子辐照能够在较短的合理辐照时间内达到适中的剂量。

质子辐照的优点在于，因为质子的质量比重离子小，其反冲能量也较小，它所产生的损伤级联的形貌特征尺寸也较小，所以可以对比离子或质子产生的空间间隔较宽的级联加以表征（见图 3.7）。而且，对轻离子而言，因为质子只需要几 MeV 的能量就足以克服库仑势垒，所以随着质子能量的增高，样品被激发的量也只会有少量的增加。

11.5　粒子辐照的辐照参数

在设置一项离子辐照试验的过程中，必须考虑一些参数，包括束流的特性（能量、束电流/剂量）和束 – 靶交互作用。其中最重要的考虑因素之一是穿透深度。图 11.15 所示为按 SRIM[20] 计算的质子、氦离子和镍离子在不锈钢中穿透深度范围与粒子能量之间的关系。在该能量区间内，轻离子和重离子的穿透深度差异超过了一个数量级。图 11.16 则是在质子辐照期间，描述了靶行为的其他一些参数是怎样随能量而变化的，它们是剂量率、达到 1dpa 的时间、贮存能，以及在给定的 360℃ 温度极限值下允许的最大束流，它决定了剂量率和总剂量。随着能量的升高，弹性散射截面的下降导致了表面剂量率的降低（见图 11.16a）。于是，达到某一个靶剂量水平所需要的时间及由此造成的辐照长度都快速增加（见图 11.16b）。能量的沉积与离子束能量呈线性关系，这就加大了为控制被辐照区域温度而必须移除附加热量带来的负担（见图 11.16c）。这种因离子能量较高而导致的移除热量的额外要求，将对控制某一特定靶温度的束流有所限制（见图 11.16d），而对束流或剂量率的限制又会造成需要较长时间的辐照才能达到所设定的剂量。图 11.17 总结了某一种辐照的竞争性特征是怎样随束流能量变化的，便于在选择各项束流参数时加以权衡。例如，尽管有助于增大受辐照材料体积的较大穿透深度一般是受到青睐的，然而为此需求的能量较高又导致了表面附近的剂量率较低和残余放射性较高。所以，对于质子辐照，平衡这些因素得到的最佳能量范围在 2 ~ 5MeV 之间，如图中的阴影区域所示。

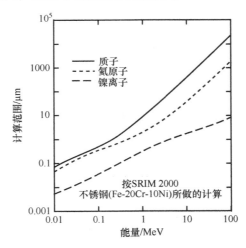

图 11.15　质子、氦原子和镍离子在不锈钢中的穿透深度范围随粒子能量的变化[12]

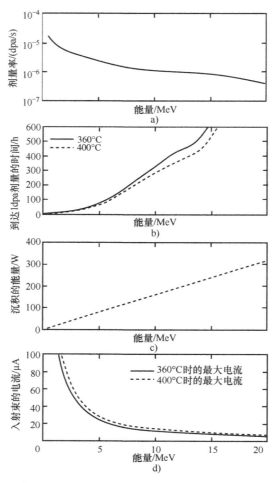

图 11.16　360℃下离子束 – 靶参数的行为随质子辐照的束能量的变化[12]

a）剂量率　b）到达1dpa剂量的时间　c）能量的沉积　d）为保持试样温度为360℃而对束流设定的限制

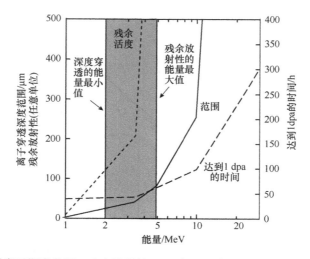

图 11.17　离子穿透深度范围、残余放射性和达到1dpa需要的时间随质子能量的变化[12]

11.6　质子辐照模拟中子辐照损伤

作为一种研究辐照损伤的工具，质子辐照已经得到了相当大的改进和优化。目前已经进行了大量的试验，并与等效的中子辐照试验进行了比较，以便确定质子辐照能否捕捉到中子辐照对微观组织、微化学和硬化产生的效应。在某些情况下，还进行了与中子辐照具有相同固有热的基准试验质子辐照，以便消除可能使得两种类型辐照粒子效应的差别变得模糊的热－热变化。下面一些例子包括了质子对几个合金的辐照效应，足以证明质子辐照具备捕捉到中子辐照的关键效应的能力。

图 11.18～图 11.21 是在 275℃ 下的中子辐照或是 360℃ 下的质子辐照达到相似剂量之后，对商业纯度（CP）的 304 和 316 不锈钢同一合金炉次的相同辐照特征项目的直接比较。图 11.18 所示为辐照至接近 1dpa 后 316 不锈钢中 Cr、Ni 和 Si 的 RIS 行为的比较。中子辐照结果用的是空心符号，质子辐照是实心符号。之所以选择这个剂量范围作为质子辐照的极端试验，为的是捕捉"W"型的铬贫化分布曲线，它是由对辐照之前就存在的晶界铬富集特征的微观结构进行辐照后产生的。注意，两个分布曲线在量级和空间跨度上都极其接近。而且，这三个元素都表现了这样的一致性。

图 11.19 所示为通过位错环尺寸分布、位错环的尺寸和密度测量所显示的辐照至相似剂量后 304

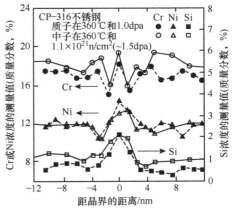

图 11.18　质子或中子辐照至相似剂量后，商业纯 316 不锈钢内 Cr、Ni 和 Si 晶界偏聚的比较[21]

和 316 不锈钢位错微观组织的一致性。注意，位错环尺寸分布的主要特征是被质子和中子两种辐照捕获的；但 304 不锈钢是尖峰分布的，而 316 不锈钢是带有一个尾部的较平坦的分布。两种辐照产生的 304 不锈钢位错环尺寸的符合性不错，而质子辐照后的 316 不锈钢的位错环则较小。质子辐照后的位错环密度大约比中子辐照小了 3 倍，此结果是预期会发生的，因为质子辐照试验所采用的最佳温度（360℃）只是以追踪到 RIS，而不是位错环微观组织为目标的，因而质子辐照温度偏高了。考虑到位错环是由级联内团簇驱动的，而且质子辐照产生的级联比中子辐照产生的级联小得多，位错环尺寸和密度如此接近多少有点引人注　。但是，质子辐照的间隙原子环的存活份额是较大的，这部分补偿了中子辐照下较大的位错环的生成率，并导致了其位错环密度在中子辐照的 1/3 以内[22]。

图 11.20 所示为两种辐照类型引起的辐照硬化的比较。结果是相近的，质子辐照导致的硬度比中子辐照稍低。图 11.21 比较了商业纯 304 不锈钢的 IASCC 敏感性，它们是通过在 BWR 正常化学成分的水中恒载荷试验（中子辐照样品）和恒拉伸应变速率试验（质子辐照样品）后测量得到的断口表面晶间断裂比例（%IG）。尽管对两种辐照样品的试验模式差别很大，但试验结果十分一致，质子和中子都在大约 1dpa 的辐照剂量下造成了 IASCC 开始萌生（见第 16 章）。

作为"IASCC 合作研究（CIR）计划"[23] 的一部分，在一项覆盖了添加 11 种溶质元素的合金和 3 种商用合金的研究中，对质子和中子辐照后的微观组织和性能进行了分析，中子辐

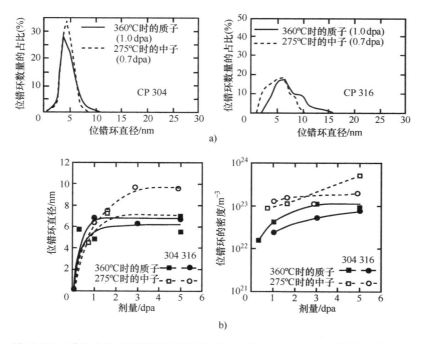

图 11.19　质子或中子辐照至相似剂量后，商业纯 304 和 316 不锈钢内位错环
尺寸分布，以及位错环直径和环数量密度的比较[21]

a）位错环尺寸分布的比较　b）位错环直径和环数量密度的比较

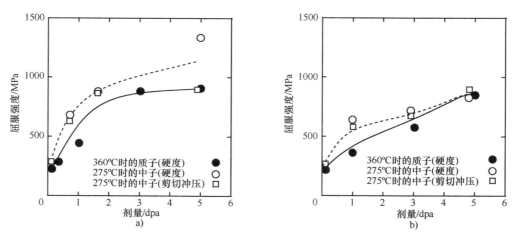

图 11.20　中子和质子辐照到相似剂量后，商业纯 304 和 316
不锈钢的硬化效应比较[21]

a）商业纯 304 不锈钢　b）商业纯 316 不锈钢

照是在 BOR - 60 反应堆中进行的，剂量为 4 ~ 47dpa。为此，制备了控制纯度的 Fe - 18Cr - 12Ni 合金炉次，并在其中添加了其他单一的溶质元素，用于测试它们对 IASCC 的影响。在该研究计划中，对 6 种溶质添加的合金和 3 种商用合金，在质子辐照到 5.5dpa（360℃）或中子辐照到 5.4 ~ 11.8dpa（320℃）后测量了晶界处的 RIS。图 11.22 所示为这些合金中 Cr、Ni、

Fe、Si 和 Mo 的晶界富集或贫化程度的一致性。在所选条件下进行的质子和中子辐照导致了合金在晶界处近乎相同的元素偏聚行为[24]。质子辐照期间稍高的温度足以提升扩散动力学，并足以补偿被提高的损伤率。

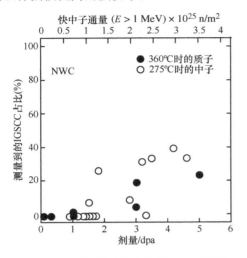

图 11.21　同一炉次的商业纯 304 不锈钢经受中子或质子辐照后的试样，在类似的应力腐蚀开裂试验后 IASCC 的比较[21]

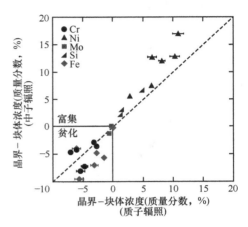

图 11.22　中子和质子辐照后的 Fe – 18Cr – 12Ni 合金中，块体（Fe、Cr、Ni）和添加的溶质（Mo、Si）元素在晶界的富集和贫化与块体成分的比较[24]

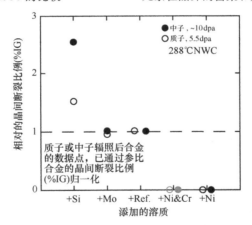

图 11.23　在模拟的正常成分水的沸水堆（BWR NWC）中，经中子和质子辐照后，添加了高纯溶质元素的 Fe – 18Cr – 12Ni 合金在恒拉伸应变速率试验（CERT）断口表面的晶间断裂比例（%IG）的比较[24]

在两套样品断口表面测量的 %IG 如图 11.23 所示，并与无额外溶质添加的 Fe – 18Cr – 12Ni 参考合金的 %IG 作了比较。一致性是相当明显的。相对于参考合金炉次，添加 Ni 或 Ni 和 Cr 完全抑制了中子和质子辐照的样品中引起的晶间断裂。而添加 Mo 后在两种粒子辐照样品中都没有对晶间断裂产生可辨别的效应。最后，Si 的添加在两种辐照样品中都导致了 %IG 的显著恶化。在全部由 IASCC 综合了众多辐照后微观组织特征得到的现有结果中，这样的一致性也许是最为值得关注的。这也强调了为了消除不同炉次材料成分变化的影响以便获得可靠的对比，采用同一炉次材料进行试验的重要性。

研究发现，在辐照下残余应力发生了弛豫。试验是对 300℃ 下 17MeV 质子辐照以后的 Inconel 718 合金[25] 进行的，也对喷丸后的 304 不锈钢在 288℃ 下用 3.2MeV 质子辐照至 2.0dpa 剂量[26]，并分别与堆内辐照的结果进行了对比。Inconel 718 合金的蠕变速率与 150 ~ 450MPa 之间的外加剪应力呈现了预期的线性相关。剂量达到 0.35dpa 后，应力松弛约为 30%，与 315℃ 堆内辐照[10] 的一致性很好，如图 11.24a 所示[27]。304 不锈钢的试验结果表明，在整个剂量范围内试样的压应力状态是逐渐松弛的，且氦的预先注入没有显著影响到松弛，如图 11.24b 所示。质子辐照的结果与基于中子辐照诱发外加应力松弛的预期之间的对比表现出了很好的一致性。

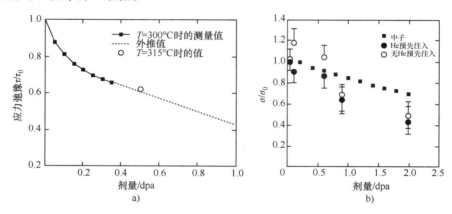

图 11.24　应力弛豫随质子辐照剂量的变化[25 - 28]

a) Inconel 718 合金经 300℃ 下 17MeV 质子辐照后的应力弛豫与堆内 315℃ 测量结果的比较

b) 304 不锈钢 288℃ 下 3.2MeV 质子辐照后的应力弛豫与中子辐照情况预测的比较

下一个例子是关于反应堆压力容器钢、锆合金和石墨。图 11.25 所示为对反应堆压力容器合金模型的一项试验，其中相同炉次的材料在大约 300℃ 的温度下用中子、电子或质子辐照，剂量跨越了 2 个数量级（$10^{-4} \sim 10^{-2}$）。试验合金包括高纯 Fe（VA），它在辐照下只发生了极小硬化；Fe - 0.9Cu 合金（VH）开始时迅速硬化，在超过一定辐照剂量后则呈现较慢的硬化速率；在所研究的剂量范围内，Fe - 0.9Cu - 1.0Mn 合金（VD）硬化速率最高。尽管这些合金的化学成分和硬化率差别很大，但它们各自在三种类型辐照下的结果显然符合得很好。

图 11.26 所示为 Zircaloy - 2 合金和 Zircaloy - 4 合金在中子和质子辐照后的硬化效果。尽管辐照没

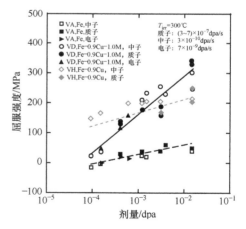

图 11.25　在约 300℃ 下经受中子、质子和电子辐照后，反应堆压力容器的模型钢发生的辐照硬化[29]

有在相同炉次材料上进行，也没有使用相似的辐照参数，但是在硬度的数量级和硬化随辐照剂量的相关性上仍有着很好的一致性。此外，图 11.27 所示为 Zircaloy - 4 合金在 310℃ 下辐照达

到5dpa后Zr（Fe，Cr）$_2$析出物发生了由质子导致的非晶化，这与在堆内观察到的现象类似。

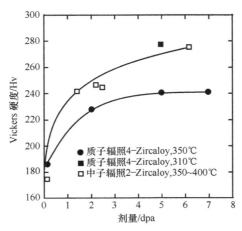

图11.26　310℃和350℃温度下受到3MeV质子辐照后Zircaloy－4合金产生的硬化，
以及与中子辐照后Zircaloy－2合金的比较[30]

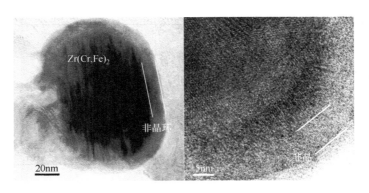

图11.27　310℃下Zircaloy－4合金受到质子辐照达到5dpa后，其中Zr（Fe，Cr）$_2$析出相
颗粒的CTEM（左）和HRTEM（右）图像，显示析出相内发生了非晶化转变[30]

为了理解辐照对腐蚀的作用，对Zircaloy－4合金在堆内和堆外的腐蚀动力学进行了广泛的研究。图11.28所示为原位的辐照－腐蚀试验[31]得到的氧化物厚度变化数据，并与由MATPRO[32]得到的堆内数据进行了比较。参考样品在不受辐照条件下的氧化物生长速率（实心圆）与堆外数据一致性很好。质子辐照数据（实心方块）也显示其（氧化物）生长率大约比未辐照情况高10倍。注意，这么高的生长率与在后过渡期的堆内行为是相似的。在此试验条件内，在该过渡期，氧化物的生长率应正比于剂量率。因此，将质子辐照的氧化物生长率与剂量率之比等同于中子辐照的该比值，就得到了中子的损伤率约为4.4×10^{-8}dpa/s，这与文献中的该数值范围[$(3.2 \sim 6.5) \times 10^{-8}$dpa/s]一致。这一关系表明，质子辐照下的氧化遵循着后过渡期的生长动力学。

正如在第13章将讨论的，在恒定载荷下辐照样品可能造成明显的辐照诱发蠕变。质子和中子辐照数据显示辐照蠕变与温度和剂量率的相关性很小，但是对超细晶粒石墨样品，在900～1200℃的温度和5～20MPa应力范围内，最大剂量达到1.0dpa的质子辐照蠕变试验，展示了其蠕变速率（s^{-1}）与施加的拉伸应力、剂量率和温度的线性关系，但在剂量达到1.0dpa前与剂量无关。这些结果与反应堆蠕变试验中得到的石墨辐照蠕变与应力的相关性有着非常好的一致性，如图11.29所示。质子辐照的蠕变速率则比反应堆数据高了大约一个数量级。这可能与在相似温度和剂量下点阵参数的变化与中子辐照后的变化相差不大有关。

这些例子体现了对现有质子和中子辐照效应之间比较资料的全面收集，并用来作为以带电粒子模拟中子辐照对合金微观组织效应的能力的很好例证。下一节将讨论的一个更严密的离子－中子模拟试验，是在高得多的剂量下进行的重离子辐照。

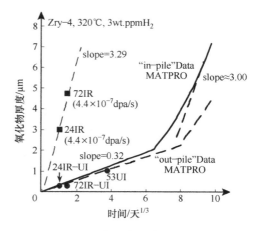

图11.28　氧化物厚度随腐蚀时间的变化，原位质子辐照－腐蚀数据[31]，以及堆内与堆外数据[32]的比较

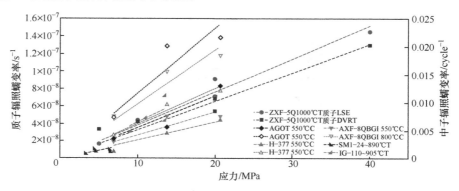

图11.29　超细晶粒石墨的质子辐照蠕变与应力的关系[33]

注：1cycle = 0.02s。

11.7　自离子辐照模拟中子辐照损伤

由11.4.2小节中列出的那些问题可知，使用重离子或自离子模拟中子辐照的挑战性比用质子模拟要大。但是，因为能够达到$10^{-4} \sim 10^{-2}$dpa/s范围的损伤率，这就能把达到几百dpa损伤程度的时间跨度从（即便是在快堆中也得需要）几十个小时压缩至几个小时，因此离子辐照的优点还是很大的。已经进行过的试验非常少，其中重离子或自离子辐照后的微观组织或性能，已与反应堆辐照的结果进行了基准测试。一项这类的研究[34]将反应堆内产生的全景辐照微观组织，与设计用来模拟该微观组织变化的自离子辐照结果进行了尽可能全方位的比较。被用作六角燃料束导管的84425炉次HT9（Fe－12Cr－1Mo）铁素体－马氏体钢（标记为ACO－3），放入快通量试验装置（FFTF）中。对该钢预先进行了"1065℃保温30min＋空冷＋750℃保温60min＋空冷"的热处理。燃料束在1985—1992年期间被放置在FFTF中若干个位置

经受辐照，累计的总辐照损伤约 155dpa，平均温度为 443℃[35]。从同一导管的存档部分取下的几块试样被放在 1.7MeV 串联加速器中，在 460℃ 温度下以 5MeV 自离子（Fe^{2+}）辐照达到了在 Kinchin-Pease（金钦-皮斯）模式下用 SRIM[36] 确定为 188dpa 的剂量。该能量的 Fe^{2+} 穿透到表面以下约 1.6μm 深度处停止下来。正如不变性理论[38] 所预测的那样，该离子辐照温度（460℃）比中子辐照温度（443℃）高了 17℃。为了模拟反应堆中的嬗变，在离子辐照之前还注入了 He，在 300~1000nm 的深度范围内 He 达到的浓度为 1×10^{-4}%，这是通过改变 5 个不同的注入能量来实现的。之所以把注入的 He 量设置在低于反应堆中所产生的量值，是为了补偿在离子辐照试验中初始的高 He/dpa 比。

图 11.30 所示为 84425 炉次的 HT9 钢在离子辐照和反应堆辐照后各种微观组织特征（位错环、析出物和空洞）互成对照的 TEM 图像。定性地说，两者全都显示了辐照所产生的相同微观组织特征。两种情况下，位错的微观组织都由位错线段（$a<100>$ 和 $(a/2)<111>$）和位错环组成，占主导的是 $a<100>$ 类型，两者有相似的环直径（约 20nm）和数量密度 $[(5~9) \times 10^{20} \, \text{m}^{-3}]$（见图 11.30a）。辐照诱发的析出物主要是 G 相，如 TEM 暗场像（见图 11.30b）所示，还有富 Cr 相（该图中未示出）。经 APT 分析确认，G 相的成分接近 $Mn_6Ni_{16}Si_7$，两种情况下都沿晶界出现，如图 11.30c 中 TEM 明场像所示。反应堆辐照下产生的富 Cr 相只含 Cr，而 Fe^{2+} 离子辐照后的富 Cr 相由 Cr 与百分之几的 C 组成。在反应堆和 Fe^{2+} 离子辐照样品中孔洞的生成是很不均匀的，它们在晶粒和板条之间的分布有很大差异。可是，其尺寸和数量密度都差不多（见图 11.30d）。

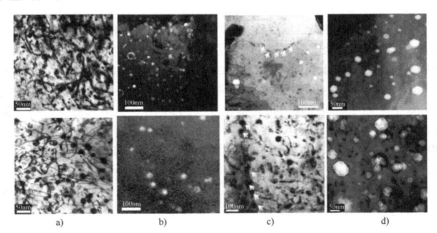

图 11.30 HT9 钢用 Fe^{2+} 辐照（460℃：188dpa 预注入 1×10^{-4}%，上排照片）后与在 FFTF 内反应堆辐照（443℃：155dpa，下排照片）后微观组织的比较[34]

a）位错线段和位错环的明场 TEM 照片 b）基体中 G 相析出物的暗场 TEM 照片 c）沿晶界 G 相析出物的明场 TEM 照片 d）空洞

作为两者的定量比较，图 11.31 所示为离子辐照与中子辐照后的缺陷尺寸比和数量密度比。两种辐照产生的孔洞肿胀几乎是等同的，但离子辐照后析出物和位错环的尺寸和密度是在反应堆中子辐照后的 2 倍之内。结果表明，正如不变性理论所预测的，只需要通过一个恰当的温度增量（17℃），反应堆辐照后的微观组织就可以用离子辐照来进行模拟。与反应堆辐照相比，损伤增量（33dpa）也很小。这些结果都说明，采用预先注入 1×10^{-4}% He 样品在460℃温度下的Fe^{2+}辐照，无论在定性还是在定量（差别在2倍以内）的意义上，都很好地模拟了443℃平均温度下快堆辐照所产生的微观组织，并达到了相似的损伤水平。

对用于堆芯围筒的固溶退火304L不锈钢和用于吊篮螺栓的冷作316不锈钢，进行了类似对F-M钢所做的一套试验[39]。两种钢的样品都在BOR-60反应堆中辐照至5.4dpa、10.3dpa和46dpa的剂量。这两个炉次钢的存档材料也分别在380℃/46和260dpa，500℃/46dpa，以及600℃/46dpa条件下，采用5MeV Ni^{2+}进行了辐照。基于对304L不锈钢位错环尺寸和密度的测量，380℃下Ni^{2+}辐照产生了接近于320℃下中子辐照所产生的位错环微观组

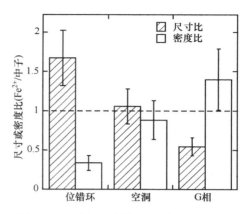

图11.31　在相似条件下离子和中子辐照产生的缺陷团簇尺寸比和数量密度比[34]

织。对于316L不锈钢，离子辐照产生的位错环密度比堆内产生的低了4倍（即图中左侧第二列显示的密度比值1/4），且没有发现层错四面体（SFT）。

在380℃下经受46dpa自离子（5MeV Fe^{2+}）辐照的304L不锈钢中，发现了富Ni/Si的团簇，而且它们很可能是G相的前驱体。某些富Ni/Si团簇在260dpa下达到了G相的化学成分[40]。但是，与在320℃下46dpa的中子辐照相比，析出物尺寸较小、密度也较低，这表明对固溶退火（SA）的304L不锈钢，可能需要大于60℃的温度偏移方可呈现相似的G相形貌。在380℃下46dpa自离子辐照后，冷加工的316不锈钢中观察到了G相析出物，尽管有大多数富Ni/Si团簇仍处于前驱体阶段。仅考虑G相颗粒，由380℃/46dpa自离子辐照产生的析出物平均尺寸略小于相同炉次样品在320℃的平均尺寸（约4nm），数量密度估计为$0.1 \times 10^{23} m^{-3}$。由380℃/46dpa自离子辐照产生的析出物平均尺寸略小于相同炉次样品在320℃/46dpa中子辐照后所发现的析出物尺寸（约5nm），但是其密度较高（据报道，中子辐照后样品的数量密度$<0.1 \times 10^{23} m^{-3}$）。冷加工的316不锈钢的温度偏移看起来小于固溶退火的304L不锈钢，这可能是由于高密度位错的影响，它们成了缺陷的阱，并缓解了高剂量率所造成的影响。

冷加工的316不锈钢经过380℃重离子辐照与320℃下中子辐照所产生的RIS相当。考察该合金中RIS时只需采用不太大的温度偏移，可能是由于强变形的微观组织是由高密度的位错阱组成的。固溶退火304L不锈钢经离子和中子相似剂量辐照后，其偏聚的程度有着重大差异，离子辐照样品的偏聚少于中子辐照。将温度提高到500℃增大了偏聚的程度，但是在较高温度下富集或贫化区的宽度会大得多。因此看来，这些试验的结果都遵循着不变性关系，它预测为了让RIS的结果匹配，比位错环或孔洞微观组织匹配需要更大的温度偏移。

专用术语符号

C_i——i型原子的浓度

E_d——位移能量

k_S^2——阱强度

$l(t)$——铬贫化区的半宽

M——式（11.5）定义的晶界铬贫化量

N_S——每单位体积损失于阱的缺陷数

N_R——每单位体积损失于复合的缺陷数

R_S——空位损失与间隙原子损失之比

T——传输的能量

$P(T)$——E_d 和 T 之间的反冲份额

$W(E_i, T)$——加权平均的反冲谱

$\sigma(E_i, T)$——$T + dT$ 区间内能量传输的散射截面

$\sigma_D(E_i)$——位移截面

习　题

11.1　辐照效应试验可以利用各种不同的高能粒子来进行。可是，有时其结果依赖于辐照离子的性质和辐照发生时的具体条件。

① 试（尽可能定量地）解释对于同样为 1MeV 能量的电子、质子、中子和 Ni 离子，它们产生的辐照效应的差别。回答中应谈及以下事项：i）反冲谱；ii）损伤函数；iii）缺陷的形式及空间分布；iv）可自由迁动的缺陷和缺陷团簇接下来的行为。

② 不幸的是，在等同的条件下，采用不同类型粒子进行的辐照并不发生。以下所列为辐照可用的每种粒子的典型温度和剂量，以及产生这些粒子需要的设备所能提供的：电子，500℃，10^{-3}dpa/s；质子，400℃，10^{-5}dpa/s；Ni 离子，500℃，10^{-3}dpa/s；中子，300℃，10^{-8}dpa/s。

请根据这些辐照条件，再次给出①问题的答案。

11.2　三种互不相干的粒子，它们分别是 1MeV 的中子、γ 射线光子和电子，在纯铁试片中穿行。对每一种粒子：①试分别计算从每一种粒子最大可能传输给 Fe 原子的能量；②说明在①中计算时所做的如何假设；③解释每种粒子随后所产生的相对损伤结果；④为了使对铁的损伤最小，在辐照源和铁试片之间如何放置屏蔽会是最佳的方案？

11.3　试计算并画出 1MeV 质子和 1MeV 中子入射到铜试样时的权重反冲谱。

11.4　应用不变性要求，试确定质子辐照应当在什么温度进行，方能产生如下的结果：①同样的 RIS 量；②与快中子堆内 500℃温度下进行的辐照同样的位错微观结构，已知质子的剂量率为 10^{-5}dpa/s，快中子堆中的损伤率为 8×10^{-8}dpa/s，$E_m^v = 1.3$eV，$E_f^v = 1.9$eV。

11.5　为了达到以下目的，请选定最佳的离子辐照技术：①在 500℃高温下进行不锈钢的高剂量（100dpa）微观组织结构研究；②对水中 Zr 合金 SCC 的辐照效应研究；③跟踪非晶化进展随辐照剂量的变化。

参 考 文 献

1. Abromeit C (1994) J Nucl Mater 216:78–96
2. Mazey DJ (1990) J Nucl Mater 174:196
3. Active Standard (1989) Standard practice for neutron irradiation damage simulation by charged particle irradiation, designation E521-89. American Standards for Testing and Materials, Philadelphia, p D-9

4. Was GS, Andresen PL (1992) JOM 44(4):8

5. Andresen PL, Ford FP, Murphy SM, Perks JM (1990) In: Proceedings of the 4th international symposium on environmental degradation of materials in nuclear power systems: water reactors. National Association of Corrosion Engineers, Houston, pp 1–83

6. Andresen PL (1992) In: Jones RH (ed) Stress corrosion cracking, materials performance and evaluation. ASM International, Metals Park, p 181

7. Sterbentz JW (2004) Neutronic evaluation of a 21 × 21 supercritical water reactor fuel assembly design with water rods and SiC clad/duct materials, INEEL/EXT-04-02096, Idaho National Engineering and Environmental Laboratory. Bechtel BWXT Idaho, LLC, Idaho Fall, ID

8. Kinchin GH, Pease RS (1955) Prog Phys 18:1

9. Norgett MJ, Robinson MT, Torrens IM (1974) Nucl Eng Des 33:50

10. Was GS, Allen T (1993) J Nucl Mater 205:332–338

11. Perks JM, Marwick AD, English CA (1986) AERE R 12121 June

12. Was GS, Allen TR (2007): In: Sickefus KE, Kotomin EA, Obervaga BP (eds) Radiation effects in solids, NATO science series II: mathematics, physics and chemistry, vol 235. Springer, Berlin, pp 65–98

13. Ezawa T, Wakai E (1991) Ultramicroscopy 39:187

14. Ashworth JA, Norris DIR, Jones IP (1992) JNM 189:289

15. Wakai E (1992) Trans JIM 33(10):884

16. Whitley JB (1978) Dissertation. Nuclear engineering, University of Wisconsin-Madison

17. Garner FA (1983) J Nucl Mater 117:177–197

18. Lee EH, Mansur LK, Yoo MH (1979) J Nucl Mater 85(86):577–581

19. Brailsford AD, Mansur LK (1977) J Nucl Mater 71:110–116

20. Ziegler JF, Biersack JP, Littmark U (1996) The stopping and range of ions in matter. Pergamon, New York

21. Was GS, Busby JT, Allen T, Kenik EA, Jenssen A, Bruemmer SM, Gan J, Edwards AD, Scott P, Andresen PL (2002) J Nucl Mater 300:198–216

22. Gan J, Was GS, Stoller R (2001) J Nucl Mater 299:53–67

23. Scott P (2003) Materials reliability program: a review of the cooperative irradiation assisted stress corrosion cracking research program (MRP-98), 1002807, Palo Alto, CA

24. Stephenson KJ, Was GS (2015) J Nucl Mater. 456:85–98

25. Scholz R, Matera R (2000) J Nucl Mater 414:283–287

26. Sencer BH, Was GS, Yuya H, Isobe Y, Sagasaka M, Garner FA (2005) J Nucl Mater 336:314–322

27. Baicry J, Mardon JP, Morize P (1987) In: Adamson RB, van Swam LFP (eds) Proceedings on seventh international symposium on Zirconium in the nuclear industry, STM STP 939, American Society for Testing and Materials, West Conshohocken, PA, p. 101

28. Garner FA (1994) Irradiation performance of cladding and structural steels in liquid metal reactors. In: Frost BRT (ed) Materials science and technology: a comprehensive treatment (Chapter 6), vol 10A. VCH, New York, p 419

29. Was GS, Hash M, Odette GR (2005) Phil Mag 85(4–7):703–722

30. Zu XT, Sun K, Atzmon M, Wang LM, You LP, Wan FR, Busby JT, Was GS, Adamson RB (2005) Phil Mag 85(4–7):649–659

31. Wang P, Was GS (2015) J Mater Res 30(9):1335–1348

32. Allison CM et al, MATPRO-A library of materials properties for light-water-reactor accident analysis, NUREG/CR-6150, EGG-2720, vol 4, pp 4–234

33. Campbell A, Campbell KB, Was GS (2013) Carbon 60:410

34. Was GS, Jiao Z, Getto E, Sun K, Monterrosa AM, Maloy SA, Anderoglu O, Sencer BH, Hackett M (2014) Scr Mater 88:33

35. Sencer BH, Kennedy JR, Cole JI, Maloy SA, Garner FA (2009) J Nucl Mater 393:235

36. Ziegler JF, Ziegler MD, Biersak JP (2010) Nucl Instr Meth Phys Res B 268:1818

37. Stoller RE, Toloczko MB, Was GS, Certain AG, Dwaraknath S, Garner FA (2013) Nucl Instr Meth Phys Res B 310:75

38. Mansur LK (1978) Nucl Technol 40:5

39. Was GS, Jiao Z, Van der ven A, Buremmer S, Edwards D (2012) Aging and embrittlement of high fluence stainless steels, final report, NEUP project CFP-09-767, December 2012

40. Jiao Z, Was GS (2014) J Nucl Mater 449:200

第Ⅲ部分　辐照损伤的
力学和环境效应

第12章

辐照硬化和辐照形变

　　金属暴露在辐照环境中会引起屈服强度在较宽温度范围内的增加，特别是在 $T_{irr} < 0.3 T_m$ 时。fcc 和 bcc 钢的典型工程应力 – 应变曲线如图 12.1 所示。注意，对这两个晶体结构而言，除了屈服强度增高，它们的韧性（用总延伸率或均匀延伸率度量）下降。辐照也使 fcc 和 bcc 金属的屈服强度 σ_y 增加得比极限抗拉强度（σ_{UTS} 或 UTS）更多。σ_y 向 σ_{UTS} 接近会导致韧性降低到极限，当 $\sigma_y = \sigma_{UTS}$ 时，均匀延伸率为零。在低温下测试的 bcc 金属中，高剂量辐照甚至会在弹性线上发生不存在缩颈变形的断裂，使它们完全变脆。在 fcc 和 bcc 金属中的辐照诱发硬化（IIH）是由第 3 章和第 7~9 章内讨论的各种缺陷的产生所造成的：①缺陷团簇；②杂质 – 缺陷团簇复合；③位错环（有层错或无层错的，空位或间隙原子型的）；④位错线（无层错的和与原始微观结构位错网络联结的位错环）；⑤空洞和气泡；⑥析出相。

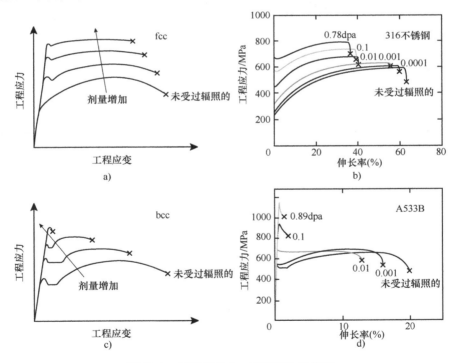

图 12.1　辐照对应力 – 应变行为的作用
a）奥氏体不锈钢（fcc）的示意图　b）316 不锈钢实例
c）铁素体钢（bcc）的示意图　d）A533B 实例

本章补充资料可从 https：//rmsbook 2ed. engin. umich. edu/movies/下载。

本章将重点关注金属中由辐照产生的各种缺陷所导致的辐照硬化机制。在讨论硬化之前，先简要回顾一下弹性和塑性理论的基本要点是有益的[1]，这将有助于理解辐照对硬化的效应。

12.1 弹性和塑性变形

12.1.1 弹性变形

在弹性区域，变形量正比于载荷，两者的关系就是胡克定律，即

$$\sigma = E\varepsilon \tag{12.1}$$

对于拉伸或压缩，σ 是应力，ε 是应变，E 是弹性模量。当拉力在 x 方向上产生伸长的同时，它也在 y 和 z 方向上产生收缩。横向应变与纵向应变是恒定比例关系，即

$$\varepsilon_{yy} = \varepsilon_{zz} = -\nu\varepsilon_{xx} = \frac{-\nu\sigma_{xx}}{E} \tag{12.2}$$

其中，ν 是泊松比，对各向同性的弹性材料，其值为 0.25，但对大多数金属而言，泊松比近似为 0.33。对于三维应力状态得到的应变见表 12.1。

表 12.1　对于三维应力状态得到的应变

应力	x - 应变	y - 应变	z - 应变
σ_{xx}	$\varepsilon_{xx} = \dfrac{\sigma_{xx}}{E}$	$E_{yy} = \dfrac{-\nu\sigma_{xx}}{E}$	$\varepsilon_{zz} = \dfrac{-\nu\sigma_{xx}}{E}$
σ_{yy}	$\varepsilon_{xx} = \dfrac{-\nu\sigma_{yy}}{E}$	$E_{yy} = \dfrac{\sigma_{yy}}{E}$	$\varepsilon_{zz} = \dfrac{-\nu\sigma_{yy}}{E}$
σ_{zz}	$\varepsilon_{xx} = \dfrac{-\nu\sigma_{zz}}{E}$	$\varepsilon_{yy} = \dfrac{-\nu\sigma_{zz}}{E}$	$\varepsilon_{zz} = \dfrac{\sigma_{zz}}{E}$

将应变分量叠加可得到

$$\varepsilon_{xx} = \frac{1}{E}\left[\sigma_{xx} - \nu(\sigma_{yy} + \sigma_{zz})\right]$$

$$\varepsilon_{yy} = \frac{1}{E}\left[\sigma_{yy} - \nu(\sigma_{xx} + \sigma_{zz})\right] \tag{12.3}$$

$$\varepsilon_{zz} = \frac{1}{E}\left[\sigma_{zz} - \nu(\sigma_{xx} + \sigma_{yy})\right]$$

再将应变分量相加可得

$$\varepsilon_{xx} + \varepsilon_{yy} + \varepsilon_{zz} = \frac{1-2\nu}{E}(\sigma_{xx} + \sigma_{yy} + \sigma_{zz}) \tag{12.4}$$

而

$$\sigma_m = \frac{\sigma_{xx} + \sigma_{yy} + \sigma_{zz}}{3} \tag{12.5}$$

其中，σ_m 是静水应力或平均应力。

$$\Delta = \varepsilon_{xx} + \varepsilon_{yy} + \varepsilon_{zz} \tag{12.6}$$

其中，Δ 是体积应变。剪切应力产生了剪切应变，遵从如下关系，即

$$\varepsilon_{xy} = \frac{\sigma_{xy}}{\mu}, \ \varepsilon_{yz} = \frac{\sigma_{yz}}{\mu}, \ \varepsilon_{xz} = \frac{\sigma_{xz}}{\mu} \tag{12.7}$$

其中，μ 是剪切模量。

对各向同性的固体而言，应力 – 应变关系包含着三个弹性常数，即 ν、E 和 μ，它们之间有如下关系，即

$$\mu = \frac{E}{2(1+\nu)} \tag{12.8}$$

在一般的各向异性线弹性固体中，有多达 21 个独立的弹性常数。由于这些常数务必遵从给定晶体结构的几何约束条件，所以在具有高对称性的晶体结构中，独立弹性常数的数有明显的下降。

对于小的弹性应变，正应力和应变的表达式与切应力和切应变方程之间并不存在耦合，所以可以通过应变求解应力。将式（12.4）改写为应力的形式表达，即

$$\sigma_{xx} + \sigma_{yy} + \sigma_{zz} = \frac{E}{1-2\nu}(\varepsilon_{xx} + \varepsilon_{yy} + \varepsilon_{zz}) \tag{12.9}$$

从式（12.9）两边减去 σ_{xx}，再把（$\sigma_{yy} + \sigma_{zz}$）代入式（12.3）可得

$$\varepsilon_{xx} = \frac{1+\nu}{E}\sigma_{xx} - \frac{\nu}{E}(\varepsilon_{xx} + \varepsilon_{yy} + \varepsilon_{zz}) \tag{12.10}$$

然后求解 σ_{xx} 可得

$$\sigma_{xx} = \frac{E}{1+\nu}\varepsilon_{xx} + \frac{\nu E}{(1+\nu)(1-2\nu)}(\varepsilon_{xx} + \varepsilon_{yy} + \varepsilon_{zz}) \tag{12.11}$$

或者用张量符号表示，即

$$\sigma_{ij} = \frac{E}{1+\nu}\varepsilon_{ij} + \frac{\nu E}{(1+\nu)(1-2\nu)}\varepsilon_{ij}\delta_{ij} \tag{12.12}$$

其中，δ_{ij} 是克罗内克（Kronecker）符号，当 $i=j$ 时 $\delta_{ij}=1$，当 $i\neq j$ 时 $\delta_{ij}=0$（注意，$\varepsilon_{ij}\delta_{ij}$ 项意味着采用了爱因斯坦求和约定）。将其展开以后，这个表达式得到了 3 个正应力方程和 6 个切应力方程。式（12.12）通常采用拉梅常数写成较为紧凑的符号，拉梅常数被定义为

$$\lambda = \frac{\nu E}{(1+\nu)(1-2\nu)} \tag{12.13}$$

再通过式（12.6）、式（12.8）和式（12.13）将 Δ、μ 和 λ 分别代入式（12.11），可得

$$\sigma_{xx} = 2\mu\varepsilon_{xx} + \lambda\Delta \tag{12.14}$$

应力和应变可以被分解为静水应力分量和偏应力分量。前者只涉及纯拉伸和压缩，而偏应力分量代表着总应力状态中的切应力。与应力偏量相关的畸变为

$$\sigma'_{ij} = \frac{E}{1+\nu}\varepsilon'_{ij} = 2\mu\varepsilon'_{ij} \tag{12.15}$$

而静水应力与平均应变之间的关系为

$$\sigma_{ii} = \frac{E}{1-2\nu}\varepsilon_{ii} = 3K\varepsilon_{ii} \tag{12.16}$$

其中，K 是弹性体积模量或本体模量 $K = E / [3(1-2\nu)]$。本体模量是静水应力与膨胀应变之比，即

$$K = \frac{\sigma_m}{\Delta} = \frac{-p}{\Delta} = \frac{1}{\beta} \tag{12.17}$$

其中，$-p$ 是静水应力，而 β 是固体的压缩系数。注意，应力张量的静水应力只会产生弹性的体积变化而不会导致塑性变形。所以，固体的屈服应力与静水应力无关。应力偏量包含着切应力，是塑性变形的主要原因。

在工程上具有重要性的两个情况是平面应力和平面应变。平面应力状态发生在一个主应力为零时，诸如载荷加在薄板的板平面内（见图 12.2a），或者内部受压的薄壁管道。在此情况下，主应力由式（12.18）给定。

$$\sigma_1 = \frac{E}{1 - \nu^2}(\varepsilon_1 + \nu\varepsilon_2)$$

$$\sigma_2 = \frac{E}{1 - \nu^2}(\varepsilon_2 + \nu\varepsilon_1) \tag{12.18}$$

$$\sigma_3 = 0$$

平面应变状态是指一个主应变为零，诸如当一个维度尺寸大大超过了其他两个维度尺寸（见图 12.2b）。此时，有 $\varepsilon_3 = (1/E)[\sigma_3 - \nu(\sigma_1 + \sigma_2)]$，与 $\sigma_3 = \nu(\sigma_1 + \sigma_2)$ 组合得到

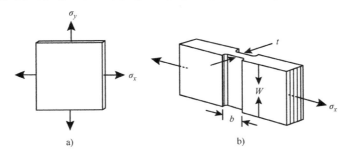

图 12.2　平面应力状态和平面应变状态举例
a）平面应力状态　b）平面应变状态

$$\varepsilon_1 = \frac{1}{E}[(1 - \nu^2)\sigma_1 - \nu(1 + \nu)\sigma_2]$$

$$\varepsilon_2 = \frac{1}{E}[(1 - \nu^2)\sigma_2 - \nu(1 + \nu)\sigma_1] \tag{12.19}$$

$$\varepsilon_3 = 0$$

注意，式（12.18）和式（12.19）中的表达式都是基于作用于主平面上的主应力和主应变。主平面是指最大正应力作用的平面，其上没有切应力。

应变能 U 是在外力作用下使一个弹性体变形所消耗的能量。在弹性形变期间所做的功以弹性能的形式储存，并在外力释放时恢复。能量是力 F 和它作用下移动距离 δ 的乘积。在弹性固体的变形过程中，力和变形量都从零开始线性增大至 $F\delta/2$。这个量就是在弹性部分应力－应变曲线下方的面积，这在第 7 章内已有论述（见图 7.22）。如果对一个立方体在 x 方向上施加一个拉伸应力，就可以写出固体应变能变化的一个表达式，即

$$dU = \frac{1}{2}Fd\delta$$

$$= \frac{1}{2}(\sigma_{xx}A)(\varepsilon_{xx}dx) \tag{12.20}$$

$$= \frac{1}{2}(\sigma_{xx}\varepsilon_{xx})(Adx)$$

因为 Adx 是体积增量，单位体积的应变能或应变能密度为

$$u = \frac{1}{2}\sigma_{xx}\varepsilon_{xx}$$

$$= \frac{1}{2}\frac{\sigma_{xx}^2}{E} \tag{12.21}$$

$$= \frac{1}{2}\varepsilon_{xx}^2 E$$

对于切应力，有

$$u = \frac{1}{2}\sigma_{xy}\varepsilon_{xy}$$

$$= \frac{1}{2}\frac{\sigma_{xy}^2}{\mu} \tag{12.22}$$

$$= \frac{1}{2}\varepsilon_{xy}^2\mu$$

在三维应力状态下的弹性应变能由式（12.21）和式（12.22）叠加可得

$$u = \frac{1}{2}(\sigma_{xx}\varepsilon_{xx} + \sigma_{yy}\varepsilon_{yy} + \sigma_{zz}\varepsilon_{zz} + \sigma_{xy}\varepsilon_{xy} + \sigma_{yz}\varepsilon_{yz} + \sigma_{xz}\varepsilon_{xz})$$

$$= \frac{1}{2}\sigma_{ij}\varepsilon_{ij} \tag{12.23}$$

由式（12.3）和式（12.7）取代应变的表达式为

$$u = \frac{1}{2E}(\sigma_{xx}^2 + \sigma_{yy}^2 + \sigma_{zz}^2) - \frac{\nu}{E}(\sigma_{xx}\sigma_{yy} + \sigma_{yy}\sigma_{zz} + \sigma_{xx}\sigma_{zz}) +$$

$$\frac{1}{2\mu}(\sigma_{xy}^2 + \sigma_{yz}^2 + \sigma_{xz}^2) \tag{12.24}$$

而由式（12.12）和式（12.24）又可得

$$u = \frac{1}{2}\lambda\Delta^2 + \mu(\varepsilon_{xx}^2 + \varepsilon_{yy}^2 + \varepsilon_{zz}^2) + \frac{1}{2}\mu(\varepsilon_{xy}^2 + \varepsilon_{yz}^2 + \varepsilon_{xz}^2) \tag{12.25}$$

注意，u 对任意一个应变分量的微分就给出了相应的应力分量，即

$$\frac{\partial u}{\partial \varepsilon_{xx}} = \lambda\Delta + 2\mu\varepsilon_{xx} = \sigma_{xx}$$

$$\frac{\partial u}{\partial \sigma_{xx}} = \varepsilon_{xx} \tag{12.26}$$

12.1.2　塑性变形

　　弹性变形只取决于应力和应变的初始状态和最终状态，而塑性变形则取决于最终状态的加载路径。流变曲线描述了使金属发生塑性流变达到任意一个给定应变所需要的应力，它由

指数规律的硬化关系给定，即

$$\sigma = K\varepsilon_p^n \tag{12.27}$$

其中，ε_p 是塑性应变，K 是 $\varepsilon_p = 1.0$ 时的应力，而 n 是形变硬化指数。注意，完全塑性行为时 $n = 0$，弹性行为时 $n = 1$。典型情况下，n 在 0.1 到 0.5 之间。不同 n 值时指数规律硬化曲线的形状如图 12.3 所示。通过拉伸试验可以很容易得到屈服强度。科研人员尝试建立一套数学关系以预测材料在任意可能的应力组合状态下开始塑性的屈服。可是，迄今为止还没有可以计算三轴应力状态下的屈服相关的应力分量与单轴拉伸中的屈服之间关系的方法。所有有关屈服的判据全是经验性的。

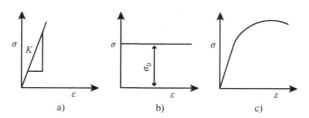

图 12.3　由式（12.27）画出的三种情况的流变曲线

a) 弹性行为，$n = 1$　b) 理想的塑性行为，$n = 0$　c) n 为中间值时的塑性行为

Von Mises[1]提议，当应力偏量的第二不变项超过某一个临界值 k^2 时将发生屈服，其中

$$k^2 = \frac{1}{6}\left[(\sigma_1 - \sigma_2)^2 + (\sigma_2 - \sigma_3)^2 + (\sigma_3 - \sigma_1)^2\right] \tag{12.28}$$

通过将式（12.28）应用于单轴拉伸试验，其中 $\sigma_1 = \sigma_y$，$\sigma_2 = \sigma_3 = 0$（σ_y 为屈服应力），即可确定 k 值，即

$$\sigma_y^2 + \sigma_y^2 = 6k^2$$

或者

$$\sigma_y = \sqrt{3}k \tag{12.29}$$

将式（12.29）代入式（12.28）就得到了熟知的 Von Mises 屈服判据的形式，即

$$\sigma_y = \frac{1}{\sqrt{2}}\left[(\sigma_1 - \sigma_2)^2 + (\sigma_2 - \sigma_3)^2 + (\sigma_3 - \sigma_1)^2\right]^{1/2} \tag{12.30}$$

如果还存在切应力的话，则有

$$\sigma_y = \frac{1}{\sqrt{2}}\left[(\sigma_{xx} - \sigma_{yy})^2 + (\sigma_{yy} - \sigma_{zz})^2 + (\sigma_{zz} - \sigma_{xx})^2 + 6(\sigma_{xy} + \sigma_{yz} + \sigma_{xz})\right]^{1/2} \tag{12.31}$$

当式（12.31）等号右边的应力差超过了单轴拉伸中的屈服应力 σ_y 时，屈服就会发生。对于纯剪切应力状态（如在扭转试验中），切应力 σ_s 就通过式（12.32）与主应力相关。

$$\sigma_1 = -\sigma_3 = \sigma_s, \ \sigma_2 = 0 \tag{12.32}$$

而在屈服点处，有

$$\sigma_1^2 + \sigma_1^2 + 4\sigma_1^2 = 6k^2, \ \sigma_1 = k \tag{12.33}$$

所以，k 就是纯剪切状态下的屈服应力。而 Von Mises 屈服判据预示了在扭转状态下的屈服应力将比单轴拉伸下的屈服应力要小，则有

$$k = \frac{1}{\sqrt{3}}\sigma_y = 0.577\sigma_y \tag{12.34}$$

另外一个用于多轴应力状态下屈服的判据是 Tresca（或称最大切应力）判据，即当最大切应力达到在单轴拉伸试验中的切应力值时发生屈服，有

$$\sigma_s^{\max} = \frac{\sigma_1 - \sigma_3}{2} \tag{12.35}$$

其中，σ_1 是代数意义上最大的主应力，σ_3 是代数意义上最小的主应力。对于单轴拉伸，$\sigma_1 = \sigma_y$，$\sigma_2 = \sigma_3 = 0$，其切变屈服应力 $\sigma_{sy} = \sigma_y/2$，此时式（12.35）成为

$$\sigma_s^{\max} = \frac{\sigma_1 - \sigma_3}{2} = \frac{\sigma_y}{2} = \sigma_{sy} \tag{12.36}$$

所以，最大切应力判据就由式（12.37）给定。

$$\sigma_1 - \sigma_3 = \sigma_y \tag{12.37}$$

对于纯切应力状态，$\sigma_1 = -\sigma_3 = k$，$\sigma_2 = 0$，所以最大切应力判据就是，当满足如下条件时将发生屈服，即

$$\sigma_1 - \sigma_3 = 2k = \sigma_y \quad \text{或} \quad k = \frac{\sigma_y}{2} \tag{12.38}$$

在表现出屈服平台的合金中，已经观察到 Tresca 判据符合得相当好[2]。通过均匀塑性流变产生屈服的合金中，一般都遵循 Von Mises 判据，或者仅与之稍有偏差。事实上，在许多实际材料中，屈服面都介于 Tresca 和 Von Mises 判据"之间"[2]。

12.1.3　拉伸试验

拉伸试验可能是验证金属的弹性和塑性行为的最佳方法。在拉伸试验中，试样受到持续增加的单轴拉伸力作用，同时观察试样的伸长。将载荷－伸长的测量数据绘制在应力－应变图中，这样就获得了工程应力－工程应变曲线。用于描述应力－应变曲线的参数为：①屈服强度；②抗拉强度；③断裂强度；④均匀应变；⑤断裂应变；⑥断面收缩率。

图12.4 所示为工程应力－工程应变曲线及用于描述试样力学行为的参数。平均纵向应力 S 是载荷 P 除以试样的初始截面面积 A_0，即

$$S = \frac{P}{A_0} \tag{12.39}$$

平均线应变 e 是试样长度的变化 δ 与其原始长度 L_0 之比，即

$$e = \frac{\delta}{L_0} = \frac{\Delta L}{L_0} = \frac{L - L_0}{L_0} \tag{12.40}$$

工程应力－工程应变曲线并不能真实反映材料的变形特性，因为它完全基于试样的原始尺寸，而试样的尺寸在试验过程中是不断变化的。

真应力 σ 和真应变 ε 则是基于试样截面积和长度的瞬时值，由此得到

$$\sigma = \frac{P}{A} = S\frac{A_0}{A} \tag{12.41}$$

$$\varepsilon = \int_{L_0}^{L_f} \frac{\mathrm{d}L}{L} \tag{12.42}$$

$$= \ln\frac{L_f}{L_0} = \ln(e + 1)$$

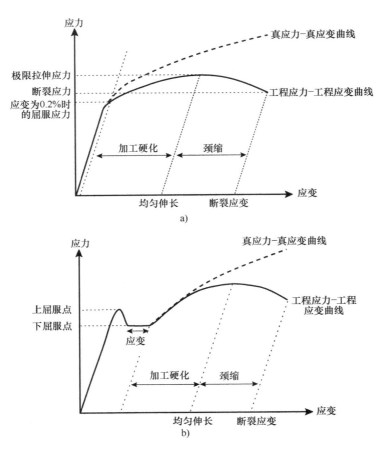

图 12.4　由 fcc 和 bcc 金属单轴拉伸试验获得的工程应力 – 工程应变曲线和
真应力 – 真应变曲线，以及定义这些曲线的关键参数
a）fcc 金属　b）bcc 金属

　　尽管在应变很小（<0.2%）时真应变与工程应变的值很接近，但在应变很大时，两者的差异非常显著。真应力和工程应力之间的关系可援引体积的守恒性加以确定，即

$$\frac{A_0}{A} = \frac{L}{L_0} = e + 1, \sigma = \frac{P}{A} = S(e+1) \tag{12.43}$$

　　在达到某个极限的载荷之前，固体在移除载荷后将恢复到原始尺寸。材料不再具有弹性变形行为的载荷即为弹性极限。如果超过了弹性极限，固体就会在载荷被除后保留那个永久变形。塑性变形开始时的应力被称为屈服应力，记作 σ_y 或 YS。屈服应力有多种定义，但是为大家普遍接受的是条件屈服强度，由应力 – 应变曲线与曲线的弹性部分平行线的交点对应的应力和 0.2% 应变偏移量决定。屈服强度被写成

$$\sigma_y = \frac{P_{(\text{strain offset} = 0.2\%)}}{A_0} \tag{12.44}$$

　　抗拉强度或极限抗拉强度（UTS）是最大载荷除以试样的初始截面积，即

$$S_u = \frac{P_{max}}{A_0} \tag{12.45}$$

最大载荷时的真应力就是真抗拉强度，它是最大载荷除以最大载荷时的试样截面积，即

$$\sigma_u = \frac{P_{max}}{A_u}, \quad \varepsilon_u = \ln\frac{A_0}{A_u} \tag{12.46}$$

由式（12.45）和式（12.46）消去 P_{max} 可得

$$\sigma_u = S_u \frac{A_0}{A_u} \tag{12.47}$$

$$= S_u \exp(\varepsilon_u)$$

断裂应力是在试样断裂时的应力，即

$$S_f = \frac{P_f}{A_0}, \quad e_f = \frac{L_f - L_0}{L_0} \tag{12.48}$$

$$\sigma_f = \frac{P_f}{A_f}, \quad \varepsilon_f = \ln\frac{A_0}{A_f}$$

在达到 UTS 之前，在标距段范围内试样的应变是均匀地发生的，一旦达到 UTS，试样开始发生颈缩或局部变形。真均匀应变 ε_u 由最大载荷时的应变给出，即

$$\varepsilon_u = \ln\frac{A_0}{A_u} \tag{12.49}$$

真断裂应变 ε_f 就是基于试样原始截面积和断裂后的截面积计算得到的真应变，即

$$\varepsilon_f = \ln\frac{A_0}{A_f} = \ln\frac{1}{1 - RA} \tag{12.50}$$

其中，RA 是断口处的断面收缩率。

$$RA = \frac{A_0 - A_f}{A_0} \tag{12.51}$$

最后，局部的颈缩应变 ε_n 是试样从最大载荷变形到断裂产生的应变，即

$$\varepsilon_n = \ln\frac{A_u}{A_f} \tag{12.52}$$

拉伸试验中最后一个重要的量是塑性失稳的开始点，当试样截面积减小导致的应力增加超过金属的承载能力时，就会出现塑性失稳。这种颈缩或局部的变形开始于最大载荷点，可由 $dP = 0$ 的条件所确定，即

$$P = \sigma A$$
$$dP = \sigma dA + A d\sigma = 0 \tag{12.53}$$
$$-\frac{dA}{A} = \frac{d\sigma}{\sigma}$$

而从体积的守恒性可得

$$\sigma = \frac{d\sigma}{d\varepsilon} \tag{12.54}$$

于是，在拉伸不稳定性处满足

$$\sigma = \frac{d\sigma}{d\varepsilon} \tag{12.55}$$

也就是说，从真应力 – 真应变曲线上找到应变硬化率等于应力的曲线点，即得到最大载荷时的颈缩点。回顾式（12.27）所给出的流变曲线关系，形变硬化指数被定义为

$$n = \frac{\mathrm{d}\ln\sigma}{\mathrm{d}\ln\varepsilon} = \frac{\varepsilon\mathrm{d}\sigma}{\sigma\mathrm{d}\varepsilon}$$

$$\frac{\mathrm{d}\sigma}{\mathrm{d}\varepsilon} = n\frac{\sigma}{\varepsilon} \tag{12.56}$$

将式（12.55）代入式（12.56），真均匀应变的简单表达式为

$$\varepsilon_{\mathrm{u}} = n \tag{12.57}$$

也就是说，真均匀应变等于指数规律硬化表达式［即式（12.27）］中的形变硬化指数。

12.1.4 屈服强度

屈服强度代表塑性变形的开始，因此是确定金属力学行为的一个关键因素。屈服可以通过研究金属在应力作用下的位错行为来理解。位错是由诸如弗兰克 – 里德这样的位错源形成的，它们又常常在其滑移面上的晶界、析出相或不可动位错等障碍处发生塞积。领先位错不仅受到外加切应力的作用，还与滑移面上其他位错发生交互作用，导致了塞积中领先位错的高应力集中。位错的塞积也对远离障碍物的位错产生背应力，阻碍它们在滑移面上运动（见图12.5）。在塞积前端的高应力有可能引起障碍物另一侧发生屈服（或在障碍处形成裂纹，见第14章）。

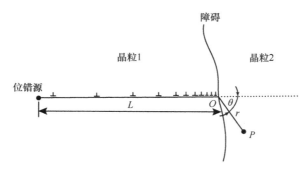

图 12.5　固体内障碍处的位错塞积

塞积中的位错数可以通过将力学平衡条件下塞积中每个位错之间 x 方向上的力相加进行估算。在滑移面上切应力 σ_{s} 作用下长度为 L 的塞积中的位错数[3]为

$$n = \frac{\pi(1-\nu)L\sigma_{\mathrm{s}}}{\mu b} \tag{12.58}$$

在距离塞积较远处，可以把包含 n 个位错的阵列视为一个伯格斯矢量等于 nb 的单个位错，其作用力等于 $nb\sigma_{\mathrm{s}}$。Stroh[4]对塞积前端的应力进行了更全面的分析，表明相邻晶粒中线 OP 的法线方向拉应力为

$$\sigma = \frac{3}{2}\left(\frac{L}{r}\right)^{1/2}\sigma_{\mathrm{s}}\sin\theta\cos\frac{\theta}{2} \tag{12.59}$$

σ 的最大值发生在 $\theta = 70.5°$，由此可得

$$\sigma = \frac{2}{\sqrt{3}}\left(\frac{L}{r}\right)^{1/2}\sigma_{\mathrm{s}} \tag{12.60}$$

作用在 OP 平面内的切应力为

$$\sigma_P = \beta \sigma_s \left(\frac{L}{r} \right)^{1/2} \qquad (12.61)$$

其中，β 是一个取向因子，其值近似等于 1。

如果障碍物是晶界，那么从晶粒 1 中塞积前端到晶粒 2 中最近的位错源的距离为 r，取塞积的长度 L 等于直径 d，则当塞积中的切应力 σ_s 达到引发屈服的切应力 σ_{sy}（即 $\sigma_s = \sigma_{sy}$）时将发生屈服（见图 12.5）。如果 σ_{sd} 是引发晶粒 2 滑移的应力，则导致屈服的切应力可表示为

$$(\sigma_{sy} - \sigma_{si}) \left(\frac{d}{r} \right)^{1/2} = \sigma_{sd} \qquad (12.62)$$

其中，σ_{si} 是摩擦应力，或者在滑移面内对抗位错运动的应力。式（12.62）可以用法向应力表示，其中 $\sigma = M\sigma_s$，而 M 是泰勒因子，它是轴向应力与切应力之比，即

$$\sigma_y = \sigma_i + M\sigma_{sd} \left(\frac{r}{d} \right)^{1/2} \qquad (12.63)$$

$$= \sigma_i + k_y d^{-1/2}$$

式（12.63）就是霍尔－佩奇（Hall－Petch）公式，它描述了屈服应力与晶粒尺寸的关系。注意，屈服强度随晶粒尺寸减小而增加。金属的屈服行为通常遵循这种关系（对于从几微米至几百微米的名义晶粒尺寸），但是在纳米范围的极小晶粒尺寸时，霍尔－佩奇公式不成立。

12.2　辐照硬化

金属的辐照通过位错源硬化和摩擦硬化产生强化。位错源硬化是指使位错在其滑移面上开始运动所需应力的增大。将一个位错释放到其滑移面中所需要的外加应力叫作脱钉或解锁应力。位错一旦开始运动，它就会受到位于滑移面附近或滑移面内的那些固有的或者由辐照诱发产生的障碍物的阻挡。这些障碍物对位错运动的阻力被称为"摩擦硬化"。这两种现象都会在本节讨论，并用于描述之前列举过的各种辐照诱发缺陷所引起的硬化。但应注意的是，位错源硬化和摩擦硬化之间的确切区别尚不清楚，因为晶格硬化产生的所有变形特征都归因于位错源硬化。之所以无法区分，是因为缺陷团簇之间的距离小于产生观察到的临界切应力的位错源长度。因此，位错源在没有来自点阵团簇干扰的情况下是不能有所动作的[5]。尽管如此，本节仍将对这两种硬化机制单独地加以讨论。首先讨论具有单一类型障碍物的单晶中的硬化机制。接着，讨论单晶中由不同来源产生硬化的叠加效应，最后将理论推广到多晶固体中。

12.2.1　位错源硬化

在辐照 fcc 金属、辐照及未辐照 bcc 金属中都发现了位错源硬化。在未辐照 bcc 金属中，位错源硬化表现为应力－应变曲线中的上、下屈服点（见图 12.4b），这一现象是位错线受到杂质原子的钉扎或阻碍而导致的。一个弗兰克－里德源在外加应力作用下得以开动之前，位错线必须先从杂质处脱钉。这需要一个比使位错运动更大的应力，导致屈服应力的下降。然后，屈服在恒定流变应力水平上继续进行（Lüders 应变区），直到开始出现加工硬化，其

进展方式和 fcc 金属相同。

位错源硬化已在辐照 fcc 金属中被发现，辐照产生的缺陷团簇在弗兰克－里德源附近将位错环扩张并允许位错源增殖所需的应力提高了。一旦外加的应力高到足以释放位错源的水平，则运动中的位错可能会破坏小的团簇，从而使继续变形所需的应力下降。

在未辐照 fcc 金属中，启动位错运动所需的应力就是金属中弗兰克－里德源的脱钉应力，由式（7.32a）给出为 $\sigma_{FR} = \mu b/l$，其中 μ 是切变模量，b 是伯格斯矢量，而 l（$=2R$）是钉扎点之间的距离（见图 7.25）。注意，这个应力与钉扎点之间的距离成反比。fcc 金属中屈服特性的逐渐显现一般可用使位错源开动所需的应力分布来解释。在低外加应力下，最容易发生动作的位错源（钉扎点分离很大）就会开始产生位错。随着位错产生并通过点阵而运动，它们就会开始发生塞积并对位错源施加一个背应力，阻止位错源开动从而产生塑性变形。随着外加应力的增大，更多的位错源被激活，位错的增殖也随之增加。

位错源硬化需要位错线片段在钉扎点之间弓出，这就需要有强钉扎作用。然而，如果位错片段在弓出发生之前就先脱钉了，则位错的释放将在较低的外加应力值下发生。也就是说，低于使弗兰克－里德源操作所需外加应力就能推动位错线片段通过钉扎点。例如，如果钉扎点由小的位错环或缺陷团簇所组成，这个过程就有可能发生。将位错线片段从小的位错环处释放所需的应力可以用在参考文献［3］中介绍的分析方法加以估算。

考虑一组排成一列的刃型位错环，每个环都有伯格斯矢量 b_l、半径 r 和间距 l，它们与伯格斯矢量为 b_e 的直线刃型位错线的相隔距离为 y，如图 12.6 所示。根据 7.1.2 小节中有关刃型位错之间交互作用的知识，其中只有 σ_{yy} 项会对位错环施加一个使其膨胀或收缩的应力。由直线刃型位错线的应力分量 σ_{yy} 对环施加的力为 $2\pi r \sigma_{yy} b_l$，它使位错环膨胀所做的功为

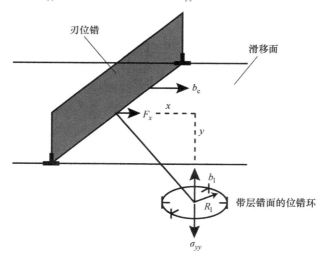

图 12.6　由在其滑移面上位于与平行于位错环平面位移距离为 y 处运动的刃型位错的应力场交互作用所导致的、带有层错性质的位错环的硬化机制[3]

$$\frac{dW}{dr} = 2\pi r \sigma_{yy} b_\ell$$

$$W = \pi r^2 \sigma_{yy} b_\ell$$

（12.64）

将由式（7.15）给出的应力 σ_{yy} 代入式（12.64），并对 x 微分，给出位错环与 x 方向的刃型位错片段之间的作用力为

$$F_x = \frac{-\partial W}{\partial x} = -\frac{\mu b_\ell b_e r^2 xy(3y^2 - x^2)}{1 - \nu} \frac{}{(x^2 + y^2)^3} \tag{12.65}$$

Singh 等人[6] 指出，这个作用力是在距离矢量与位错滑移面之间大约 $40°$ 角度达到最大值，对于 $\nu = 1/3$ 和 $b_l = b_e$，其值可写成 r/y 的函数，即

$$F_x^{\max} \approx \frac{0.28\mu b^2}{(1 - \nu)} \left(\frac{r}{y}\right)^2 \approx 0.4\mu b^2 \left(\frac{r}{y}\right)^2 \tag{12.66}$$

如果 $F = \sigma_s bl$，则有

$$\sigma_s = \frac{0.4\mu b}{l} \left(\frac{r}{y}\right)^2 \tag{12.67}$$

Singh 认为，$y = 1.5r$ 与观察到的微观结构是符合的，由此得出切变应力与位错环间距相关的表达式，即

$$\sigma_s = \frac{0.18\mu b}{l} \tag{12.68}$$

注意，这个切变应力远小于通过位错片段弓出启动一个弗兰克 - 里德源所需要的应力 $\sigma_{FR} = \mu b/l$。

Singh 等人也假定，释放过程是通过一个刃型位错片段与位错环网络之间的交互作用而发生的，因为位错环互相交织形成网络，难以清晰分离，并且不具有个体性。这个问题将在第 13 章中详细讨论，对于 $\nu = 1/3$，由式（13.23）所提供的切变应力为

$$\sigma_s = \frac{\mu b}{8\pi(1 - \nu)y} \approx \frac{0.06\mu b}{y} \tag{12.69}$$

12.2.2 摩擦硬化

摩擦硬化是指维持塑性形变所需的应力，通常被称为流变应力或摩擦应力。阻挡晶格内位错运动的力来自于位错网络和诸如缺陷团簇、位错环、析出相、空洞等障碍物。这些硬化的来源可分为长程的或短程的。长程应力是由位错之间应力场的交互作用产生的。短程应力则来自于运动中的位错与滑移面上离散的障碍物之间的交互作用。为了使位错运动而克服长程和短程这两种力所需要的总的外加切应力为

$$\sigma_F = \sigma_{LR} + \sigma_{SR} \tag{12.70}$$

其中，σ_F 是摩擦应力，下标 LR 和 SR 分别表示长程和短程应力的贡献，σ_{SR} 为

$$\sigma_{SR} = \sigma_{ppt} + \sigma_{vold} + \sigma_{loops} \tag{12.71}$$

其中等式右边的项分别对应析出相、空洞和位错环。

1. 长程应力

长程应力是运动位错与固体中位错网络的组成部分之间排斥性的交互作用产生的。平行滑移面上的位错会由于它们的应力场对彼此施加力，构成各自的长程应力场。对于刃型位错之间作用力的式（7.50），在 $\theta = 0°$ 的角度时其值为

$$F_x(0°) = F_{LR} = \frac{\mu b^2}{2\pi(1 - \nu)r} \tag{12.72}$$

取 $\nu = 1/3$，由式（5.85）得到位错之间的距离 $r = 1/\sqrt{\pi\rho_d}$，其中 ρ_d 是位错密度，则

$$F_{LR} = \frac{\mu b^2}{\frac{4}{3}\pi} \frac{\sqrt{\pi \rho_d}}{} \approx \frac{\sqrt{\pi}\mu b^2}{4}\sqrt{\rho_d} \approx \alpha \mu b^2 \sqrt{\rho_d} \qquad (12.73)$$

其中，α 是常数。克服这个力所需要的应力 $\sigma_{LR} = F_{LR}/b$，则

$$\sigma_{LR} = \alpha \mu b \sqrt{\rho_d} \qquad (12.74)$$

注意，如果长程应力等于由式（12.63）中与晶粒尺寸相关的项所给出的脱钉应力，则屈服强度可被写成

$$\sigma_y = \sigma_i + \alpha M \mu b \rho_d^{1/2} \qquad (12.75)$$

式（12.75）实际上代表了屈服强度与晶粒尺寸之间关系的另一种方式，因为已经观察到位错密度是按 $\rho_d = 1/d$ 的规律随晶粒尺寸 d 而变化。

2. 短程应力

短程应力是由运动位错与其滑移面上障碍物之间的交互作用而产生的。只有当位错接触到障碍物时才会产生短程力。短程应力可以分为非热激活的和热激活的交互作用两类。非热应力交互作用与温度无关，它会导致位错绕过障碍物发生弯曲。在热激活的过程中，位错将通过切割或者攀来克服障碍物。这两个过程都需要通过温度的升高而增加能量。在本节中，将讨论位错绕过障碍物发生弯曲和位错切割障碍物这两种情况，攀移过程将在第13章有关蠕变的内容中详细描述。

由分散的障碍物产生的摩擦应力依赖于运动位错滑移面上障碍物之间的平均间距。图 12.7 所示为一个单位面积的滑移面，它与直径为 d 的球体的一部分相交，该物体以 Ncm^{-3} 的密度杂乱无规则地分布在固体内。任何一个体积为 d 的球体都以滑移面为中心，并且都将与滑移面相交。在这个体积元中障碍物的数目为 Nd，也就是滑移面上单位面积的交集数。单位面积的交集数 Nd 与障碍物之间距离平方 l^2 的乘积是 1，由此可得障碍物之间的距离为

$$l = (Nd)^{-1/2} \qquad (12.76)$$

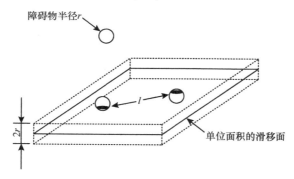

图 12.7　半径为 r、间距为 l 的两个球形障碍物与单位面积滑移面相交的简图[3]

（1）析出相　当位错遇到一个诸如非共格析出相这样的障碍物时，当它与障碍物物理接触时，就会发生短程交互作用。对于强障碍物，外加应力将导致位错在两个障碍物之间弓出。这样的弓出将继续进行到相邻的两个位错片段接触而彼此湮灭。这种夹断过程与发生在弗兰克－里德源中的情况完全相同。夹断之后，位错可以自由地沿着滑移面继续运动，直至遇到下一个障碍物而再次重复这一过程。障碍物周围留下一个位错环，对于向其滑移过来的

下一个位错而言，将是更强的障碍物（见图12.8a）。由一个尺寸为d、密度为N的障碍物阵列引起的短程应力由如下方法确定。一个刃型位错的线张力如式（7.22）为$\Gamma \approx [\mu b^2 / (4\pi)] \ln (R/r_c)$，其中$R$与晶粒半径相等，$r_c$是位错核心的半径，忽略位错核心能量。由式（7.31）可知，切应力与线张力有关：$\sigma_s = \Gamma / (bR)$。从式（7.22）取代Γ并取$R = l/2$（其中l是障碍物间距），得到

$$\sigma_s \approx \frac{\mu b}{l} \frac{1}{2\pi} \ln\left(\frac{l}{2r_c}\right) \tag{12.77}$$

将式（12.76）的l代入可得

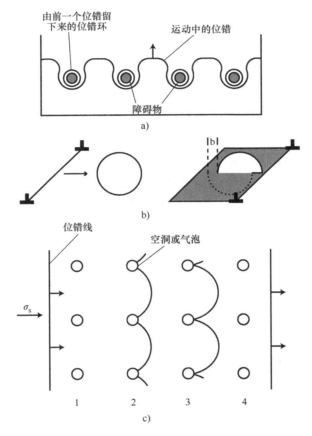

图 12.8 位错与障碍物、空洞的交互作用

a）位错环绕诸如析出相这样的硬障碍物而发生弯曲 b）位错切割诸如析出相这样的障碍物 c）位错与空洞发生交互作用

$$\sigma_s \approx \alpha \mu b \sqrt{Nd} \tag{12.78}$$

其中，$\alpha \approx [1/(2\pi)] \ln [l/(2r_c)]$。屈服时的外加应力$\sigma_y$与分切应力$\sigma_s$的相关性通过泰勒因子$M$联系，即$\sigma_y = M\sigma_s$，于是，式（12.77）可用外加应力写成

$$\sigma_y \approx \alpha M \mu b \sqrt{Nd} \tag{12.79}$$

Stoller 和 Zinkle[7] 指出，M实际上就是单轴屈服强度与分切强度之比的上限，对 fcc 和 bcc 点阵而言其值为 3.06. 式（12.79）通常被写成

$$\Delta\sigma_y = \alpha M\mu b \sqrt{Nd} \tag{12.80}$$

其中，$\Delta\sigma_y$ 表示由尺寸为 d、数量密度为 N 和强度为 α 的障碍物所导致的屈服强度增量。事实上，α 项代表着由奥罗万（Orowan）硬化模型中特定障碍物的强度。一个完全硬的障碍物的强度 $\alpha=1$。根据 Seeger[8] 的原始公式，按式（12.80）计算得到的硬化常被称为弥散障碍物的硬化。

位错弓出为障碍物提供了最显著的强化机制。不过，位错切割障碍物也能提供强化效应。Dieter[1] 把位错切割障碍物所导致的硬化归纳为以下各种机制：

1）粒子的切变在粒子两侧产生了一个宽度为 b 的台阶，此时表面积的增大需要额外做功来切割粒子。

2）如果粒子是有序结构，如金属间化合物，则切变也将在粒子内产生新的界面，这也需要额外的能量。

3）基体与粒子弹性模量的差异也会导致硬化，它影响位错的线张力，此时需要额外的应力来切割粒子。

4）因粒子与基体之间的派尔斯（Peierls）应力差异，也会导致强化。

图 12.8b 所示为一个位错切割障碍物的结果。被切割后的障碍物发生了切变，其上下两部分沿着滑移面发生位移，位移量等于位错的伯格斯矢量的大小。在同一平面上障碍物的持续切变，可以导致障碍物两部分完全分离而成为两个较小的粒子。

位错－障碍物交互作用的分子动力学（MD）模拟为其中复杂的微观结构演变过程提供了可视化手段。然而，需要注意的是，模拟结果的准确性取决于定义它们的原子间作用势函数，并且可能会受到其他因素的影响，例如模拟体积的大小和应变速率。因此，模拟的价值在很大程度上在于其定性的描述，而不是一种严格的定量解释。

"Movie12.1"~"Movie12.3"（https：//rmsbook2ed.engin.umich.edu/movies/）是在 10K 温度和 100MPa 外加应力作用下，Cu 中 Co 析出粒子与解离的刃型位错之间的交互作用随析出粒子尺寸变化的分子动力学模拟。"Movie 12.1"中的析出粒子尺寸为 1.5nm，它被刃型位错的两个不全位错所切割。"Movie 12.2"和"Movie 12.3"分别是直径为 3nm 和 5nm 的析出相粒子，尽管第一个不全位错切割了析出粒子，但紧跟其后的不全位错经受了奥罗万弯曲和弓出，从而在粒子周围留下了一个位错环，如图 12.8a 所示。"Movie 12.4"显示了 2nm Cu 析出粒子的切割。视频的第一部分展示了切割过程中位错线的行为，而第二部分展示粒子受到切割导致滑移面上方的粒子相对于下方部分发生偏移，如图 12.8b 所示。

对于由析出粒子与基体模量的差异导致硬化效应的情况，以铁素体压力容器钢中存在的大尺寸空位团簇或富 Cu 的析出相为例，Russell 和 Brown 模型[9] 最适合描述其相应的硬化效应。该模型表明，剪切屈服应力是滑移面上障碍物间距 l 和位错切割障碍物时的临界角 ϕ 的函数，即

$$\sigma_{sy} = 0.8 \frac{\mu b}{l}\cos\frac{\phi}{2}, \quad \phi \leqslant 100°$$

$$\tag{12.81}$$

$$\sigma_{sy} = 0.8 \frac{\mu b}{l}\left(\cos\frac{\phi}{2}\right)^{3/2}, \quad \phi > 100°$$

当 $\phi=0$ 时，该应力就是奥罗万应力。如果一个位错穿越一个界面，它在一侧的单位长度具有能量 E_1，而在另一侧的单位能量为 E_2，则位错的平衡要求 $E_1\sin\theta_1 = E_2\sin\theta_2$，其中

θ_1 和 θ_2 是位错与界面法线之间的夹角。如果位错在析出粒子中的能量低于基体中的能量（$E_1 < E_2$），则在位错即将脱离粒子时，ϕ 角达到最小值，即 $\phi_{\min} = 2\arcsin\ (E_1/E_2)$ 给定，此时，由式（12.81）给出强度为

$$\sigma_{sy} = 0.8\frac{\mu b}{l}\left[1 - \frac{E_1^2}{E_2^2}\right]^{1/2}, \quad \arcsin\frac{E_1}{E_2} < 50°$$

$$\sigma_{sy} = 0.8\frac{\mu b}{l}\left[1 - \frac{E_1^2}{E_2^2}\right]^{3/4}, \quad \arcsin\frac{E_1}{E_2} \geqslant 50° \tag{12.82}$$

其中

$$\frac{E_1}{E_2} = \frac{E_1^\infty\ \lg\dfrac{r}{r_c}}{E_2^\infty\ \lg\dfrac{R}{r_c}} + \frac{\lg\dfrac{R}{r}}{\lg\dfrac{R}{r_c}} \tag{12.83}$$

其中，E^∞ 是无限大介质中单位长度位错的能量，R 是位错断开时在外部的半径（取为到下一个障碍物距离的一半），r_c 是位错核心的半径。式（12.82）中的应力与粒子的间距成反比，因此随粒子半径增大而减小（析出相体积分数恒定）。然而，将式（12.83）与式（12.82）结合可以得到强度和析出粒子尺寸关系式的最大值。对于压力容器钢中的空洞或析出相而言，最大值位于大约 $2r_c$（$\approx 5a$，a 为屏蔽半径）或 1.5nm 处。

（2）空洞　位错也可以切割穿过空洞，尽管位错切割前后空洞的结构相同。析出粒子和空洞通常都被认为是 $\alpha \sim 1$ 的硬障碍物。可动位错在穿越析出粒子和穿越空洞的途径之间的区别是，对于空洞，位错片段总是以直角方式与空洞表面相遇而在穿越空洞后不留下任何位错环（见图 12.8c）。正如 Olander[3] 所述，位错切割空洞时的力为

$$F = \frac{U_V}{R} = \sigma_s bl \tag{12.84}$$

其中，U_V 是与空腔体积相等的固体弹性应变能，R 是空腔的半径，l 是位错滑移面上空洞的间距。由式（7.21）可知，螺型位错的单位体积弹性能 $W = \mu b^2/8\pi^2 r^2$。空洞 – 位错交互作用能的弹性能可以用空洞体积内的弹性能加以近似：

$$\begin{aligned}
U_v &= \int_{r_c}^{R} 4\pi r^2 W \mathrm{d}r \\
&= 4\pi\int_{r_c}^{R}\frac{\mu b^2}{8\pi^2}\mathrm{d}r \\
&= \frac{\mu b^2}{2\pi}(R - r_c) \approx \frac{\mu b^2 R}{2\pi}
\end{aligned} \tag{12.85}$$

代入式（12.84）可求解 σ_s 为

$$\sigma_s = \frac{1}{2\pi}\frac{\mu b}{l} \tag{12.86}$$

与式（7.32a）给出的奥罗万应力相比，这个应力值小了 $1/(2\pi)$，这表明位错切割空洞所需的能量比在它们之间发生弓出要小，写成式（12.80）的形式为

$$\Delta\sigma_y = \alpha M\mu b\ \sqrt{Nd}, \quad \alpha \approx 0.16 \tag{12.87}$$

为了更全面地处理位错－空洞交互作用，需要考虑镜像应力、位错自交互作用及晶体的弹性各向异性。为了使空洞表面不出现张力，必须把镜像应力加入位错应力中去。位错的自交互作用是指终止于空洞处的位错分支之间类似于偶极子的吸引力，把位错分支环绕着空洞拉近在一起，从而减弱强化效应。最后，在位错应力场的计算中，必须考虑包含空洞行的晶体的弹性各向异性。将这些因素包括在位错切割空洞所需应力的计算中，说明空洞是一个非常强的障碍物，接近于那些不可穿透的障碍物需要的奥罗万应力值。针对这些效应更详细的讨论见参考文献［10］。

"Movie 12.5"~"Movie 12.7"（https：//rmsbook2ed. engin. umich. edu/movies/）展示了位错与空洞之间的交互作用。"Movie 12.5"是在 0K 下，Cu 晶体中一个分离刃型位错的领先和拖曳不全位错与一个 3nm 空洞的交互作用。注意，在整个交互作用期间，位错线始终与空洞表面保持直角。"Movie 12.6"展示了 Fe 晶体中一个 1nm 的空洞被一个位错切割的过程，以及由于位错－空洞交互作用导致的应力－应变行为。在这三个场景中，空洞上半部分相对于下半部分的位移是明显的。最后，"Movie 12.7"则是在 100MPa 外加剪切应力作用下，一个 2.6nm 的 He 气泡受到多个位错反复剪切的情况。注意，由于滑移面上半部分相对于下半部分发生的偏移，气泡在外加应力的方向上被拉长了，类似于图 12.8b 所示的情况。

（3）位错环　可动位错与位错环之间的交互作用已在 12.2.1 小节中描述，说明式（12.68）中的应力 $\sigma_s \approx 0.2\mu b/l$ 量级，对于由式（12.76）给出的 l，该应力变为

$$\sigma_s = 0.2\mu b \sqrt{Nd} \tag{12.88}$$

该应力值要比奥罗万应力低得多。把它写成式（12.80）的形式，对于 $\alpha \approx 0.2$，则由位错环引起的屈服强度增量为

$$\Delta\sigma_y = \alpha M \mu b \sqrt{Nd} \tag{12.89}$$

"Movie 12.8""Movie 12.12"（https：//rmsbook2ed. engin. umich. edu/Movies/）展示了本章所谈到的各种位错与位错环之间的交互作用类型。在"Movie 12.8"和"Movie 12.9"中，位错与位错环是通过应力场发生交互作用的。"Movie 12.8"显示，在 Cu 晶体内，一个刃型位错（处于沿图片法线的取向：红色球体是不全位错）正与 37 个 SIA 构成的理想位错环（绿色球体）发生交互作用，这个理想位错环与位错之间相距 2 个位错环的直径。两者的伯格斯矢量都是 1/2［110］。注意，随着位错的运动，相互作用的应变场会将位错环朝着刃型位错移动方向拖拉。"Movie 12.9"展示的是在 100K 温度和 300MPa 外加应力作用下，Cu 晶体内一个刃型位错绕过一个 153 个 SIA 构成的弗兰克环。蓝色球体是 fcc 晶体内的原子，黄色球体是堆垛层错中的原子。在互不交集的交互作用情况下，弗兰克环将发生旋转而成为一个可动的理想位错环并滑动到自由表面湮灭。

"Movie 12.10""Movie 12.12"展示了位错与位错环接触情况下的交互作用。"Movie 12.10"是一个解离螺型位错在与"Movie 12.9"相同的条件下剪切一个相同的弗兰克环。注意，此时受到剪切的弗兰克环被吸收到螺型位错的核心中去了。"Movie 12.11"则是另一个例子，展示了螺型位错与一个理想位错环（具有相同的伯格斯矢量）的交互作用，此时位错环被吸收了，然后又被重新发射到了一个远离原始吸收点的地方，位错交叉滑移到不同的滑动面上。"Movie 12.12"显示了在 300K 温度下，Fe 晶体中一个正在与弗兰克环（5nm，331 个 SIA）交互作用并使之非层错化的刃型位错，其结果是环几乎被完全破坏。

另一个层错缺陷的例子是曾在第 4 章中介绍过的堆垛层错四面体（SFT），它也可以与

位错发生交互作用而对强化有所贡献。"Movie 12.13"显示的是100K温度和100MPa外加应力作用下Cu晶体中连续刃型位错与一个具有153个空位构成的SFT发生交互作用。SFT被剪切成了一个尺寸较小的SFT和一个截断基部，随后的交互作用则是这个截断基部被吸收进位错中。"Movie 12.14"是"Movie 12.13"中显示的刃型不全位错之间交互作用的详细情况，但是交互作用的速率较慢；此外，还有与一个具有45个空位的SFT的交互作用。

"Movie 12.15"～"Movie 12.17"显示的是在Cu晶体中一个螺型位错与一个SFT的交互作用。"Movie 12.15"中，一个由45个空位构成的SFT被剪切，而在"Movie 12.16"中，一个具有98个空位的SFT被吸收后又被重新发射。"Movie 12.17"显示了一个具有78个空位的SFT正在被吸收和重新发射，成了一个较小尺寸的SFT和一个截断基部。在室温下，通过在透射电子显微镜的样品台对样品动态加载，一个Cu晶体试样中位错与SFT的交互作用被拍摄成了实时动画（见"Movie 12.18"）。这些SFT通过1073K退火2h后在冰盐水中淬火引入Cu试样中。弱束暗场动画显示位错受到层错四面体的钉扎，交互作用的结果是形成了一个理想位错环。最后，"Movie 12.19"和"Movie 12.20"是在Cu晶体中一个螺型位错与多个缺陷的交互作用："Movie 12.19"是与一个具有78个空位的SFT及一个包含61个间隙原子的理想位错环的交互作用，而"Movie 12.20"是与91个间隙原子的交互作用。

3. 温度效应

障碍物的强度和密度决定了多晶体中位错运动的速度。如果位错切割或绕过障碍物的激活能是$\Delta G(\sigma_s)$，那么一个位错片段的平均速度$\bar{v}$[11]为

$$\bar{v} = \beta b\nu \exp\left(-\frac{\Delta G(\sigma_s)}{kT}\right) \tag{12.90}$$

其中，β是一个无量纲的参数，b是伯格斯矢量的模，ν是位错的基准频率，而σ_s是剪切应力。$\Delta G(\sigma_s)$项是内应力和障碍物分布的函数，对于规则排列的障碍物而言，它可以表达为

$$\Delta G(\sigma_s) = \Delta F\left(1 - \frac{\sigma_s}{\sigma_s^0}\right) \tag{12.91}$$

其中，ΔF是在没有外应力帮助的情况下克服障碍物所需要的总自由能（激活能）。σ_s^0项则是在无热能作用下位错得以通过障碍物运动所需要的应力，或者本质上是0K温度下（此时$\Delta G = 0$）的流变应力。

将它推广到不规则排列障碍物的情况[11]，式（12.91）成为

$$\Delta G(\sigma_s) = \Delta F\left[1 - \left(\frac{\sigma_s}{\sigma_s^0}\right)^p\right]^q \tag{12.92}$$

其中，$0 \leqslant p \leqslant 1$，$1 \leqslant q \leqslant 2$，而$\sigma_s^0$可表达为

$$\frac{\sigma_s}{\sigma_s^0} = \left[1 - \left(\frac{T}{T_0}\right)^p\right]^q \tag{12.93}$$

其中，当$p = 2/3$，$q = 3/2$时，可达到合理的极限值[12]。由于应变速率正比于位错平均速度（见13.1节），离散障碍物控制的塑性应变速率方程为

$$\dot{\varepsilon} = \dot{\varepsilon}_0 \exp\left\{-\frac{\Delta F}{kT}\left[1 - \left(\frac{\sigma_s}{\sigma_s^0}\right)^p\right]^q\right\} \tag{12.94}$$

式（12.94）考虑了位错越过随机排列障碍物的途径对于应力和温度的依赖性。

表 12.2 列出了长程和短程障碍物导致的硬化效应，其中短程障碍物的效应用式（12.80）描述。注意，α 的值可能因障碍物的类型不同而有较大差异。已有大量的试验工作来确定 α 的值，表 12.2 中的第 5 列是基于试验工作被普遍接受的 α 值。

表 12.2 在受到辐照的金属中，导致位错源和摩擦硬化的各类障碍物的强度

强化类型	障碍物分类	Obstacle type	应力增量	α 值
位错源		位错环	$\sigma_s = \dfrac{0.18\mu b}{l}$（孤立位错环） $\sigma_s \approx \dfrac{0.06\mu b}{y}$（位错环网络）	
摩擦力	长程	位错网络	$\sigma_{LR} = \alpha\mu b \sqrt{\rho d}$	<0.2
	短程	析出相和空洞	$\Delta\sigma_y = \alpha M\mu b \sqrt{Nd}$	1.0（弓出） 0.3~0.5（切割）
		位错环		0.25~0.5
		黑点		<0.2

12.2.3 硬化机制的叠加

正如第 7~9 章中讨论过的，辐照金属的微观组织结构可能十分复杂。在极低的剂量条件下，它由缺陷团簇和小尺寸位错环组成。随着剂量的增大，位错环的微观结构在特定的数量密度和位错环尺寸下达到饱和，随着位错环的非层错化并成为位错线网络的一部分时，位错的密度随之升高。在较高温度下，空洞和气泡对微观结构有贡献，辐照诱发析出（IIP）也会有所贡献。这些特性中的每一种对运动位错而言都是不同类型的障碍物。为了评估真实辐照微观结构的硬化效应，必须找到某些方法来考虑不同类型、尺寸、数量密度的障碍物。下面，按 Bement[13] 描述过的方法处理几种有短程和长程障碍物各种组合的特殊情况。

1. 长程应力与短程障碍物

如果点阵内存在着长程内应力，例如由相同符号伯格斯矢量的位错群引起的长程内应力，此外，如果还存在具有短程交互作用和平均间距 l_{SR} 小于长程应力平均"波长"的弥散障碍物，则平均而言，可推动位错超越短程障碍物的有效应力 σ_{SR} 是外加应力 σ_a 和 σ_{LR} 之差，而 σ_{LR} 是使位错运动穿越长程应力场所需的应力，则

$$\sigma_a = \sigma_{LR} + \sigma_{SR}, \quad l_{SR} < l_{LR} \tag{12.95}$$

因此，总的应力是由两个硬化效应分别独立地起作用的应力之和。如果存在着两个不同类型的短程障碍物，则不是这个情况。

2. 两类短程障碍物

在由两种不同类型短程障碍物所构成的辐照微观组织结构中，其叠加的硬化效应对两类障碍物的强度和相对浓度非常敏感。

（1）两种强障碍物 如果两种都是强障碍物，位错通过奥罗万机制与它们交互作用时，运动位错将无法对两者加以区分，则滑移面上两种障碍物的面密度之和 N 决定了有效的障碍物距离，即

$$l = \frac{1}{\sqrt{N_1 + N_2}} \qquad\qquad (12.96)$$

$$\frac{1}{l^2} = \frac{1}{l_1^2} + \frac{1}{l_2^2} \qquad\qquad (12.97)$$

从而得到

$$\sigma_a^2 = \sigma_1^2 + \sigma_2^2 \qquad\qquad (12.98)$$

其中，σ_1 和 σ_2 分别是平均间距为 l_1 和 l_2 的两种障碍物 1 或 2 的临界短程应力，它们分别独立地作用。"根 – 和 – 平方"模型（RSS）是由 Foreman 和 Makin[14] 提出的，适用于强度相似的障碍物。然而，位错的行为取决于障碍物的强度。图 12.9 所示为障碍物强度 α 分别为 0.1、0.5 和 0.8 时位错线在屈服前的最终组态[15]。如果在点阵中存在着可通过热激活克服的障碍物类型，并且力（F_1 和 F_2）也近似相同，那么基于上述的理由，式（12.98）也是适用的。

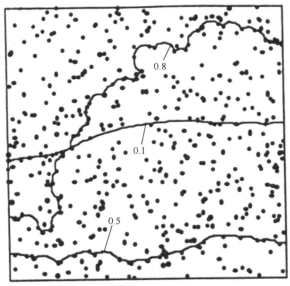

图 12.9　在不同障碍物强度 α 固定（0.1、0.5 和 0.8）时，即将屈服之前位错线形状的计算机模拟结果[15]

（2）两种强度不同的障碍物　也有强弱不同的障碍物粒子组合的几种亚类。Kocks[15] 考虑了大量弱粒子和少量强粒子的情况，当 $l_1 \ll l_2$ 时，给出了如下的条件：

$$F_1 \ll F_2 \qquad\qquad (12.99)$$

如果在外加应力作用下，位错片段在两个强障碍物之间弓出，它会在其途径上切割许多弱障碍物。位错片段弓出得越厉害，在弱障碍物处位错相邻分支之间的夹角就越大，在给定应力下位错受到的压力越小。与此同时，在强障碍物处位错的相邻分支之间的夹角就越小，位错受到的压力越大（见图 12.10）。当位错同时穿过强和弱障碍物时，就达到了临界状态。

推动位错通过这个临界组态所需的外加应力为

$$\sigma_a = \sigma_1 + \sigma_2 \qquad\qquad (12.100)$$

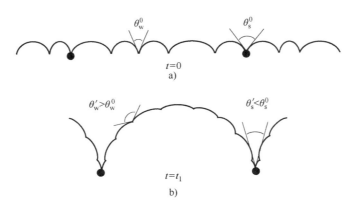

图 12.10 位错在由大量弱障碍物和少量强障碍物组成的障碍物场中运动

a）施加应力之前 b）位错运动且通过了大量弱障碍物以后

"Movie 12.21"（https：//rmsbook2ed. engin. umich. edu/movies/）是辐照 Cu 样品在应变过程中位错与缺陷交互作用的一个实时视频。样品是在美国阿贡国家实验室的 IVEM 反应堆中，在室温下用 200keV Kr^+ 辐照到剂量约为 $10^{12} i/cm^2$。辐照后样品的缺陷主要是伯格斯矢量为 $a/3 \langle 111 \rangle$ 的弗兰克环及小密度（$\approx 10\%$）的层错四面体。正如动画视频所示，位错以一种间歇抖动的方式运动，有小的位错片段从各个独立的钉扎点间挣脱而未见缺陷的吸收。

假如不存在式（12.99）中的极端条件，通过热激活穿越两类障碍物的位错运动必须用所谓的相互依存过程加以处理。对于该过程，等待时间 t_s（即位错被压在 s 类型障碍物上直到获得足够的热能而离开的平均时间）需要额外加入理论处理中，如此一来，位错穿越一个给定区域运动所需的时间正比于 $N_1 t_1 + N_2 t_2$。如果 $N_1 t_1 \gg N_2 t_2$，有效流变应力将几乎完全由 1 型障碍物所决定；在克服 1 型障碍物所需的应力作用下，2 型障碍物对位错而言是"透明的"，则

$$\sigma_a \approx \sigma_1 (N_1 t_1 \gg N_2 t_2, \sigma_1 \gg \sigma_2) \qquad (12.101a)$$

$$\sigma_a \approx \sigma_2 (N_1 t_1 \ll N_2 t_2, \sigma_1 \ll \sigma_2) \qquad (12.101b)$$

这意味着，如果将 2 型障碍物添加到恒定浓度的 1 型障碍物中，则式（12.101a）适用于低浓度的 2 型障碍物，而式（12.101b）适用于高浓度的 2 型障碍物，因此有效流变应力从 σ_1 变化到 σ_2 时有一个过渡。在 2 型障碍物的浓度极低或极高的极端情况下，穿越两类障碍物所需的应力将各自独立地确定有效流变应力。

总之，当障碍物都有相似的强度时，RSS 叠加定律 $\Delta \sigma_{yr} = \sqrt{\sum_i (\Delta \sigma_{yi})^2}$ 效果较好，而当两种障碍物强度不相似时，叠加定律（即 $\Delta \sigma_{yl} = \sum_i \Delta \sigma_{yi}$）效果更好。Odette[16] 指出，对于障碍物强度范围较宽的微观组织结构中的硬化，最好采用 RSS 模型和"线性加和"模型的组合，并加上加权参数 S，即

$$(\Delta \sigma_y - \Delta \sigma_{yr}) = S(\Delta \sigma_{yl} - \Delta \sigma_{yr}) \qquad (12.102)$$

加权参数 S 可通过式（12.103）与障碍物的强度联系起来。

$$S \approx \alpha_s - 5\alpha_w + 3.3\alpha_s\alpha_w \qquad (12.103)$$

这样，对线性加和定律，$S = 1$，而对 RSS 定律，$S = 0$。由式（12.103）可见，S 随 α_w 的增加（即较强的弱障碍物）和 α_s 的降低（即较弱的强障碍物）而增大。表 12.3 列出了不同的硬化效应采用的叠加规则。

表 12.3　硬化效应采用的叠加规则

硬化效应		叠加规则
长程应力与短程障碍物		$\sigma_a = \sigma_{LR} + \sigma_{SR}$
两类短程障碍物	两类强障碍物	$l = \dfrac{l}{\sqrt{N_1 + N_2}}$ $\sigma_a^2 = \sigma_1^2 + \sigma_2^2$
	多数弱障碍物和少数强障碍物	$F_1 < F_2$；$l_1 < l_2$ $\sigma_a = \sigma_1 + \sigma_2$
	超过势垒的热激活运动	$\sigma_a \approx \sigma_1$（$N_1 t_1 \gg N_2 t_2$，$\tau_1 \gg \tau_2$） $\sigma_a \approx \sigma_2$（$N_1 t_1 \ll N_2 t_2$，$\tau_1 \ll \tau_2$）
较宽的障碍物强度范围		$(\sigma_y - \sigma_{yr}) = S(\sigma_{y1} - \sigma_{yr})$ $S \approx \alpha_s - 5\alpha_w + 3.3\alpha_s\alpha_w$

采用式（12.80）和式（12.79），以及表 12.2 中列出的障碍物强度（$\alpha_{voids} = 1.0$），观察得到的 ρ_d 和 $(Nd)^{1/2}$ 随剂量和温度变化的依赖性趋势，Lucas[17] 在三个温度下对硬化效应随剂量的变化进行了估算（见图 12.11）。尽管这些只是预测，但它们可用于说明各种微观组织结构特征对硬化的相对贡献。在不锈钢中，低温（100℃）硬化在低剂量时以黑斑损伤和小位错环为主，而高剂量时则取决于位错网络密度。在约 400℃ 以上，空洞和气泡开始对硬化产生贡献。在中间温度范围（300℃附近），由于黑斑、位错环和 He 气泡的组合作用，硬化效应最强。在较低剂量下，空洞和位错环对硬化起主要作用，但在较高剂量时，位错微观结构和空洞成了硬化的主要来源[18]。这些预测和 300℃ 下 LWR 测得的数据[19] 有所不同，即使温度达到 400℃，也没能观察到硬度的峰值[20,21]。这可能是由于在 400℃ 以下时，位错环的微观结构对高剂量的稳定性所致。在高温（600℃）下，硬化由位错网络主导。在极高剂量下，来自空洞的贡献可能也是重要的。

12.2.4　多晶体的硬化

到现在为止，只考虑了单晶体中的硬化效应，还没考虑多晶金属中晶界的作用。在多晶体内[13]，因为受到晶粒取向不同和晶界的影响，流变应力增大。如式（12.63）所述，按照 $\sigma_y = \sigma_i + k_y d^{-1/2}$ 给出的霍尔－佩奇公式，拉伸屈服应力与晶粒尺寸 d 有关，其中 σ_i 是摩擦应力，k_y 是脱钉应力。k_y 项基于如下前提，即滑移带是应力集中区，因此，当晶界处位错塞积引起的应力集中足以在相邻晶粒中激发位错源时，整个多晶体内发生晶粒之间的塑性流变。对于铁、钢和钼，在小晶粒尺寸时，辐照对霍尔－佩奇公式的影响是增加了摩擦应力

σ_i，对 k_y 只有很小的影响。而对于大晶粒尺寸，试样屈服强度有较大增加，而 k_y 几乎降为零（见图 12.12）。

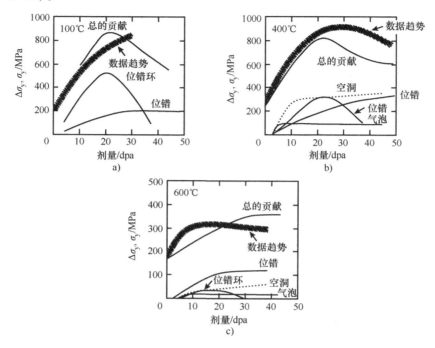

图 12.11　在 100℃、400℃ 和 600℃ 温度下，模型预估的由不同微观组织结构
特征对硬化所做贡献的数据趋势比较[17]

a）100℃　b）400℃　c）600℃

在固体塑性变形的过程中，位错密度随应变 ε 线性增大，即

$$\rho = \rho_0 + A\varepsilon \tag{12.104}$$

$$A = \frac{\beta}{d} \tag{12.105}$$

其中，β 是常数，d 是晶粒直径。根据式（12.75），屈服强度与位错密度的关系是 $\sigma_y = \sigma_i + \mu b \rho_d^{1/2}$；利用式（12.104）和式（12.105），并假设 $\rho_0 \ll A\varepsilon$，则屈服强度可被写成

$$\sigma_y = \sigma_i + \mu b \left(\frac{\beta\varepsilon}{d}\right)^{1/2} \tag{12.106}$$

它与霍尔 – 佩奇公式等价，而

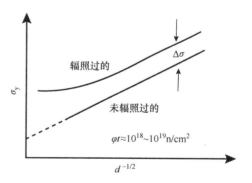

图 12.12　对铁素体钢而言，辐照
对霍尔 – 佩奇关系的影响[13]

$$k_y = \mu b (\beta\varepsilon)^{1/2} \tag{12.107}$$

在该硬化模型中，β 是由位错通道效应产生加工硬化率的度量。由于位错通道效应导致应变硬化率丧失，辐照材料中 β 接近于零，$\beta\varepsilon/d$ 变得极小，k_y 也接近于零。

利用 Fe – Mn – C 低合金钢得到的数据来记录辐照硬化的演变过程，包括霍尔 – 佩奇参数、由式（12.27）指数规律硬化方程确定的强度系数 K 和形变硬化指数 n。图 12.13 所示为随辐照剂量逐渐增高的 Fe-Cr-Mn 钢辐照硬化发展的四个阶段。阶段 A 发生在极低剂量（$10^{15} \sim 10^{16} \mathrm{n/cm^2}$）下，此时 k_y 有所增大，应力 σ_i 的增加可忽略不计，n 和 K 没有变化，其结果是上屈服点及 Lüder 应变增加。阶段 B 发生在剂量为 $10^{18} \mathrm{n/cm^2}$ 左右，σ_i 增加但 k_y 仅有很小的变化。在此阶段，n 和 K 下降，导致应力-应变曲线斜率降低而 Lüder 应变增加。阶段 C 出现在剂量约为 $3 \times 10^{18} \mathrm{n/cm^2}$ 时，以 σ_i 的连续增加和 k_y 下降为特征，n 持续下降但 K 稍有增加，导致应力-应变曲线斜率略有变化及 Lüder 应变稍有降低。在阶段 D，σ_i 继续增大而 k_y 降到接近于零，导致了应力-应变曲线斜率的进一步减小及 Lüder 应变几乎消失。尽管这些关于辐照对应力-应变行为影响的描述针对铁合金体系，但参数 σ_i 和 k_y 的变化与现有对障碍物-硬化交互作用、位错通道和晶粒尺寸效应的认识是相符的，它们强调了多晶体内辐照硬化效应随辐照注量依存关系的变化本质。不过，在试验中已经观察到 k_y 有时增高有时降低，这表明晶粒尺寸的效应并不如图 12.12 所示的那样已经被充分证实。

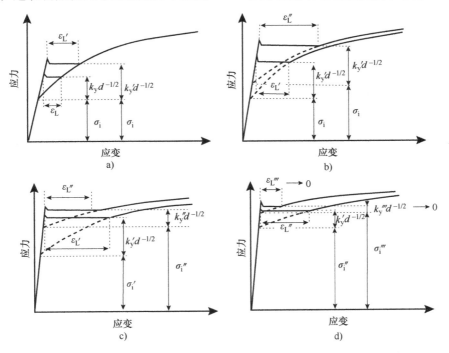

图 12.13 对于 Fe-Cr-Mn 钢，在 $80 \sim 100 ℃$ 下，不同中子辐照剂量引起的应力-应变曲线的变化[13]

a) $10^{16} \mathrm{n/cm^2}$ b) $10^{18} \mathrm{n/cm^2}$ c) $3 \times 10^{18} \mathrm{n/cm^2}$ d) $>5 \times 10^{18} \mathrm{n/cm^2}$

12.2.5 辐照硬化效应的饱和

按照式（12.80）的离散障碍物硬化模型，屈服强度的增量 $\Delta\sigma_y$ 随 $N^{1/2}$ 而增大。在没有障碍物破坏机制的情况下，N 正比于总的辐照注量，因此辐照硬化应当正比于 $(\phi t)^{1/2}$，即

$$\Delta\sigma_s \propto (\phi t)^{1/2} \tag{12.108}$$

也就是说，障碍物的数量随辐照注量增加而持续无限增加。这和第 7 章中 LWR 温度下对微观组织结构的观察结果截然相反，即剂量达到若干个 dpa 时位错环密度和尺寸出现了饱和。不过，在低剂量时，由式（12.108）所描述的硬化行为还是相当准确的。在约 $300 ℃$ 下

辐照、并在大致相同的温度下测试的几种 300 系列不锈钢的辐照硬化行为如图 12.14 所示。注意，在达到约 5dpa 前，它们的硬化行为与 $(\phi t)^{1/2}$ 的相关性符合得较好。但是，一旦位错微观结构饱和，由式（12.108）模型估算的硬化程度明显过高。

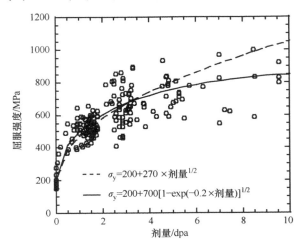

图 12.14　辐照剂量对几种在约 300℃ 下辐照和测试的 300 系列不锈钢拉伸屈服强度的影响[19]

为了解释更高剂量下的硬化饱和现象，Makin 和 Minter[23] 假设，如果在现有区域或团簇附近发生位移级联，就不会形成新的区域。这个"禁止"区域体积为 V。按照这个模型，随着浓度的增加，可以用来形成新区的体积减小，新区的形成变得更加困难。于是，区域密度随时间变化的速率 N 可表示为

$$\frac{\mathrm{d}N}{\mathrm{d}t} = \zeta \Sigma_s \phi (1 - VN) \tag{12.109}$$

其中，ζ 是每次中子碰撞所产生的区域数量（~ 1），Σ_s 是宏观散射截面，ϕ 是快中子通量。括号中的项是可以用来表示形成新区的固体体积分数。对式（12.109）积分可得

$$N = (1/V)\left[1 - \exp(-\zeta V \Sigma_s \phi t)\right] \tag{12.110}$$

　　将式（12.110）代入式（12.80）可得

$$\Delta \sigma_y = A\left[1 - \exp(B\phi t)\right]^{1/2} \tag{12.111}$$

其中，$A = \alpha M \mu b (d/V)^{1/2}$，$B = \zeta V \Sigma_s$。Higgy 和 Hammad[24] 发现，对于辐照注量超过约 $5 \times 10^{19} \mathrm{n/cm^2}$ 的 304、316 和 347 不锈钢，辐照硬化增量可采用 $B = (2 \sim 3) \times 10^{-21} \mathrm{cm^2/n}$ 的式（12.111）加以描述。Odette 和 Lucas[25] 发现，如果采用 $A \approx 670\mathrm{MPa}$，$B \approx 0.5\mathrm{dpa^{-1}}$，而 ϕt 用 dpa 作单位，或者采用 $B \approx 7 \times 10^{-22} \mathrm{cm^2/n}$，而 ϕt 用 $\mathrm{n/cm^2}$ 作单位，并且 $1\mathrm{dpa} \approx 7 \times 10^{20} \mathrm{n/cm^2}$，则同一方程适用于在约 300℃ 下辐照和测试的 300 系列不锈钢的硬化数据。注意，若 A 和 B 取相似的数值，式（12.111）可以较好拟合图 12.14 中的数据。Bement[26] 发现，对 Zircaloy -2 合金，280℃ 时 $B = 2.99 \times 10^{-21} \mathrm{cm^2/n}$。

　　注量指数小于 0.5 的情况经常被观察到。Eason[27] 在分析包含几种不锈钢的大型数据库时发现，288℃ 下屈服强度增量与辐照注量遵循的关系为

$$\Delta \sigma_y = a(\phi t/10^{20})^b \tag{12.112}$$

其中，对于 304 和 304L 型不锈钢，$a \sim 2.05$，$b = 0.124$；对于 316 型不锈钢，$a = 0.595$，

$b = 0.491$；对于 316L 型不锈钢，$a = 0.517$，$b = 0.562$；对于 347 型不锈钢，$a = 1.627$，$b = 0.124$。

Williams 和 Hunter[28] 也采用式（12.111）的改进形式，即

$$\Delta\sigma_y = A[1 - \exp(B\phi t)] \tag{12.113}$$

同时，以 $A = 152\text{MPa}$ 和 $B = 2 \times 10^{-19}\text{cm}^2/\text{n}$ 代入，对 A533 - B 钢板的硬化行为进行了拟合（见图 12.15）。

饱和是在障碍物的产生和破坏达到平衡时发生的。间隙原子和空位环是从缺陷团簇中产生的。间隙原子环随其数量的增加而尺寸长大。不过，空位环通常不稳定，其尺寸因空位的发射而收缩。间隙原子环会通过去层错化而消失。因此，对于这些缺陷，可以采用将障碍物数量与它们的寿命期 τ 联系起来的公式[29]，它们的密度将按照式（12.114）变化。

$$\frac{\mathrm{d}N}{\mathrm{d}t} = \zeta\Sigma_s\phi - \frac{N}{\tau} \tag{12.114}$$

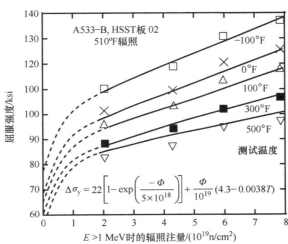

图 12.15　辐照注量对 A533 - B 钢在不同温度下测试得到的屈服强度的影响[28]

注：曲线是根据式（12.113）给出的屈服强度增量的拟合结果。1ksi ≈ 6.895MPa，℃ = (℉ - 32) ÷ 1.8。

其解的形式为

$$N = \zeta\Sigma_s\phi\tau\left[1 - \exp\left(-\frac{t}{\tau}\right)\right] \tag{12.115}$$

12.2.6　测量和预测的硬化效应比较

离散障碍物硬化模型已被应用于若干个不同合金体系的辐照硬化行为。其中最成功的应用是在奥氏体不锈钢和辐照微观结构以位错环为主的情况。图 12.16 所示为一组固溶体合金测量和计算得到的屈服强度之间的关系，这些合金都是在一个成分为 Fe - 18Cr - 12Ni - 1Mn 的母合金中加入某种元素来区分。这些合金都是在 360℃ 用 3.2MeV 质子辐照到 5.5dpa 剂量，并采用 TEM 表征了它们的微观组织结构。对每个合金都测定了缺陷环和空洞的尺寸及密度。只有 316 基体不锈钢、316 + Mo 及 316 + Ni/Cr 钢中含有空洞。图 12.16 中的屈服强度测量值实际来自于显微硬度（将在 12.2.8 小节中讨论），而计算的硬度值是由离散障碍物硬化模型，即式（12.80）确定的。在此情况下，对缺陷环取 $\alpha = 0.25$，而对空洞取 $\alpha =$

0.5 得到的拟合结果与数据符合得最好。

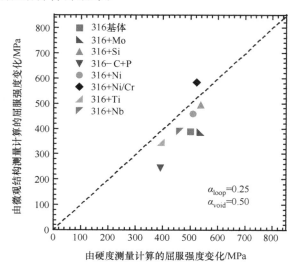

图 12.16　测量所得屈服强度和采用式（12.80）计算所得屈服强度之间的关系[30]

　　尽管图中数据位于直线的下方，0.25 的位错环强度与参考文献 [3，13，17，31－34] 中观察到的数据相符。高达 0.5 的位错环 α 值是从强化数据[35]推算而来的。空洞的 α 值（0.5）是奥罗万强化机制理论值的一半。不过，Ando 等[36]指出，与奥罗万钉扎机制相比，空腔切变更有可能导致 $\alpha=0.5$ 而不是 1.0。他们得到的结论是在某些试验中观察到的高 α 值似乎缘于空腔－析出相的关联。电子显微镜观察显示了奥氏体不锈钢中气泡和 MC 析出相同时形核和长大[37]。Kelly[38]认为，硬化来自于互相接触的两个球体而不是单个障碍物，并推导了有关气泡－析出相对的关系式，即

$$\Delta\sigma_{\text{bubble-ppt}} = \frac{0.16M\mu b}{1-\frac{\sqrt{6}}{3}\sqrt{Nd}}\sqrt{Nd}\ln\left(\frac{\sqrt{6d}}{3}\right) \tag{12.116}$$

　　由于 Cu、Ni、Mn 等溶质，以及温度和辐照注量的作用，反应堆压力容器（RPV）铁素体钢的硬化可能十分复杂。RPV 钢的硬化受到两个主要类别的超细尺度微观结构特征演变的控制：即富铜析出相（CRP）和基体特性（MF）[39]。后一类又可分为不稳定基体特性（UMF）和稳定基体特性（SMF），因而 MF = UMF + SMF。CRP 是由于辐照增强扩散（RED）而形成过饱和固溶体中的结果。这些析出相极为细小，可称为纳米尺度的缺陷，它们对强化的贡献最大（见图 12.17）。CRP 是 Cu 的质量分数高于约1% 的 RPV 钢辐照后的主要微观组织结构特征。在 Cu 的质量分数高于约1% 后，CRP 的尺寸和体积分数随 Cu 含量而增大，但在 Cu 的质量分数为 0.2% ~0.4% 的范围内，其数量密度相对并不敏感。因此，在 Cu 的质量分数约为 0.25% ~0.35% 时，CRP 在硬化效应中的占比是随 Cu 含量而增大[16]。CRP 也可能富含 Ni 和 Mn，这取决于这些溶质在钢中的含量。

　　对 SMF 的理解尚未完全清楚，但可能由一系列缺陷团簇－溶质复合物构成，其确切的性质取决于冶金变量辐照条件。硫化物、碳氮化物、富锰相、大尺寸空位团簇及不可动间隙原子环都有可能成为 SMF。SMF 是低 Cu 钢中残余硬化的原因。在辐照期间，UMF 会发生回

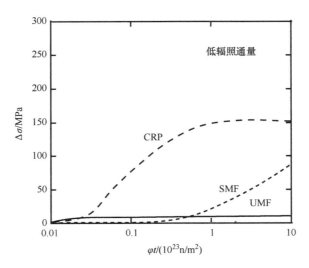

图 12.17 各项微观结构特征对铁素体压力容器钢辐照硬化的贡献[40]

复，所以它们由位移级联中直接产生的小尺寸空位和间隙原子团簇所构成。

辐照引起 RPV 钢的屈服强度增大可以表述为

$$\Delta\sigma_y = \Delta\sigma_{yp} + B(\phi t)^{1/2} \tag{12.117}$$

其中，$\Delta\sigma_{yp}$ 是 CRP 的贡献，而 $B(\phi t)^{1/2}$ 则缘于 SMF。第 2 项中的参量 B 包含由 SMF 引起的硬化效应的成分依赖性，并且在不同钢种之间有所差别。Odette 等人[41]对低 Cu（质量分数小于 0.1%）钢的 B 随成分的变化，得到

$$B = 681w_P + 460w_{Cu} + 10.4w_{Ni} + 10.7w_{Mn} - 10 \tag{12.118}$$

如图 12.18 所示，硬化效应与 Cu 含量有着极强的相关性，这对 RPV 钢和焊缝的性能有重要影响。

剂量率通过 $\Delta\sigma_{yp}$ 项影响屈服强度的增量。Odette 指出，在平台前区域，高剂量率使屈服强度向高注量方向移动（见图 12.19a）。CRP 项可以写成

$$\Delta\sigma_{yp}(\phi t_e) = \Delta\sigma_{ypm}(X)^{1/2} \tag{12.119}$$

其中，$\Delta\sigma_{ypm}$ 是硬化效应的平台值，对剂量率相对不敏感，ϕt_e 是有效注量，由 $\phi t_e \approx \phi t$ $(\phi_r/\phi)^{1/2}$ 定义，ϕ_r 是参考通量。X 项由式（12.120）给定。

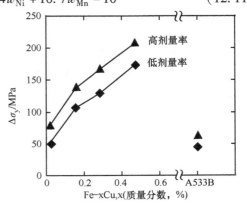

图 12.18 Cu 含量对铁素体合金钢硬化的影响[42]

$$X = \{1 - \exp[-(F\phi t_e)^\beta]\} \tag{12.120}$$

其中，F 和 β 为拟合参数，其结果是 CRP 对屈服强度的贡献可以表述为有关 ϕt_e 的函数（见图 12.19b），这表明采用有效注量可解释 CRP 引起的屈服强度增量。

试图用离散障碍物硬化模型预测辐照后的铁素体-奥氏体钢的硬化行为时不太成功，得到的结果一般都比测量值小很多[43,44]。

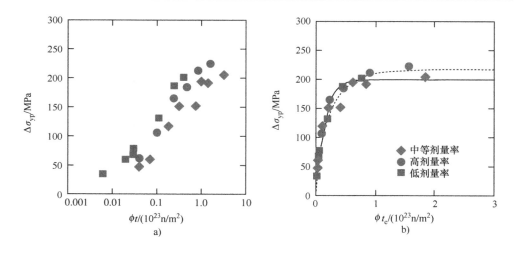

图 12.19　在 290℃ 辐照后，含 0.4%（质量分数）Cu 和 1.25%
（质量分数）Ni 的 A533B 型贝氏体钢的硬化效应[41]

a）由富 Cu 析出相产生的硬化与辐照注量的关系　b）由富 Cu 析出相引起的硬化与
有效辐照注量的关系

12.2.7　辐照退火硬化

辐照后对 bcc 金属进行退火会产生一种额外的硬化机制，称为辐照退火硬化（RAH）[45]。图 12.20 显示，含 0.0035%（质量分数）C、0.0041%（质量分数）O 和 0.0005%（质量分数）N 的铌在经受注量达到 $2 \times 10^{18} \text{n/cm}^2$ 辐照后，在不同温度下退火 2h，其屈服强度随退火温度的变化。注意，硬化现象在约 120℃ 开始出现，而在约 180℃ 达到最高，随后有所下降。不过，还有第二个更高的硬化峰值出现在 300℃，之后屈服强度再次下降直到发生回复。硬度的这些峰值被归因于金属中的杂质氧和碳。众所周知，间隙杂质原子提高了 bcc 金属的屈服强度。在辐照状态下，辐照产生的缺陷成为间隙杂质的俘获中心。退火使间隙杂质原子向缺陷团簇迁移，从而形成杂质 - 缺陷复合体或者对原有缺陷团簇的强化，这两项效应对位错滑移运动起障碍作用。

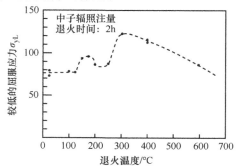

图 12.20　含 0.0035%（质量分数）C、0.0041%（质量分数）O 和 0.0005%（质量分数）
N 的铌在经受 $2 \times 10^{18} \text{n/cm}^2$ 辐照和 2h 退火后的辐照退火硬化行为[46]
注：未辐照时的屈服强度为 -40MPa。

在图 12.20 的例子中，第一个峰是由于氧向缺陷团簇的迁移，而第二个峰则缘于碳的迁移。在一定温度下测量电阻率随时间的变化可以得到电阻率变化的激活能，然后将它与杂质扩散的激活能比较就可以确定杂质类型。在铌、钒和铁合金中，导致 RAH 的主要杂质元素是氧、碳和氮。

12.2.8 硬度和屈服强度的关系

有关硬化的大量数据来自于辐照样品的压痕或剪切冲压测试。压痕技术包括维氏显微硬度和球形压痕两种。维氏显微硬度技术采用一个金刚石棱锥形压头以预设载荷压入样品（见图 12.21a）。硬度值根据压痕的形状和载荷的大小确定，反映了固体抵抗变形的度量。剪切冲压试验实质上是一种冲剪过程，一个平板冲头以恒定的速率通过一个 TEM 样品大小的盘片状试样。该盘片的上下表面都受到测试夹具的约束，测试夹具还对冲头运动进行导向。冲头载荷作为试样位移的函数进行测量，试样位移与十字头的位移等价。屈服载荷和最大载荷取自冲头载荷与冲头位移的关系曲线。这两项技术与拉伸试验相比具有一些优点，它们相对简单快捷，只需要体积小得多的辐照试样；而对于显微硬度压痕法而言，它还适用于损伤被局限于表面层的离子辐照样品。不过，辐照硬化效应通常被定义为由辐照微观组织结构引起的屈服强度增量，因此将材料的硬度测量与屈服强度相关联，从而增进硬度测量的实用性。

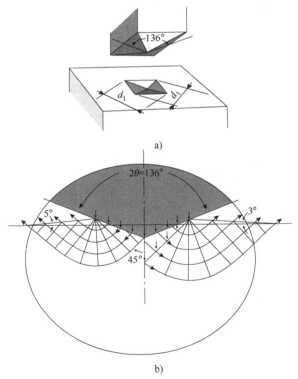

a)

b)

图 12.21　维氏显微硬度技术示意[47]

a）维氏显微硬度测量用的金刚石棱锥形压头及压头在样品
中造成的压痕　b）金属在受到维氏压痕时的流变方式

正如最初由 Tabor[48] 所说的那样，在硬度测试中所生成的压痕作为金属中永久性印痕可被辨认，所以压痕主要用作度量金属塑性特性。虽然当压头被除去时，压痕的形状和尺寸肯定会发生一些变化，但主要影响是压头周围金属的塑性流变，这意味着作用在压头上的平均压力与金属的塑性而不是弹性性质有关。Tabor[48] 指出，基于 Prandtl[49] 和 Hencky[50] 的工作，在各种不同硬度和划痕测试中，硬度测试确实也可以作为金属屈服应力的一种度量。

在压痕过程中，应力是通过压头尖端施加在金属表面。不过，由于顶尖表面并不平行于试样表面，因此压入过程中的应力状态并不是简单的压应力。相反，必须从两个方向（沿着和垂直于压头尖端的轴线方向）上考察应力。当 Huber – Mises 判据得到满足时，压入过程中就会发生塑性变形；对于二维情况，当最大切应力达到临界值 k 时，就会发生塑性变形，即

$$2k = 1.15\sigma_y \tag{12.121}$$

其中，σ_y 是屈服应力。

压入过程中，压头顶部的棱锥体形状可以被看作一个楔形物。压头顶部周围金属的塑性流变方式可用 Prandtl 解[49] 加以确定。图 12.21b 所示为维氏压痕时的流变方式。垂直于压头顶部表面的压力 P 可以计算为

$$P = 2k\left(1 + \frac{\pi}{2}\right) \tag{12.122}$$

把式（12.121）和式（12.122）组合，得到

$$P = 2k\left(1 + \frac{\pi}{2}\right) = 1.15\sigma_y\left(1 + \frac{\pi}{2}\right) = 2.96\sigma_y \tag{12.123}$$

对于维氏压头，有

$$H_v \equiv \frac{载荷}{接触面积} = 0.927P \tag{12.124}$$

其中，0.927 是棱锥体的基底面积，即其投影面积与棱锥体侧面面积之比。将式（12.123）和式（12.124）组合可得

$$H_v = 0.927P = 0.927 \times 2.96\sigma_y = 2.74\sigma_y \tag{12.125}$$

将式（12.125）写为屈服强度形式，即

$$\sigma_y = CH_v \tag{12.126}$$

其中，当 σ_y 和 H_v 的单位为 kg/mm^2 时，$C = 0.364$；而当 σ_y 的单位为 MPa 而 H_v 的单位为 kg/mm^2 时，$C = 3.55$。

Tabor 在对多种金属（铝、铜和低碳钢）进行试验时发现了相同的结果。最近，Larsson[51] 从理论和数值上研究了压痕测试过程。具体而言，他使用有限元分析方法研究了尖锐接触情况（纳米压头，维氏或圆锥形压头，甚至齿轮接触）下的材料弹性 – 塑性行为。Larsson 的有限元分析结果与 Tabor 的结果非常吻合，验证了屈服应力的确可以由维氏硬度测量加以确定。

Busby 等人[52] 总结了现有硬度和屈服强度之间的相关性，并汇编了奥氏体不锈钢和铁素体钢的硬度数据，经验性地确定了这两类钢的硬度与屈服强度之间的关系。一般来说，奥氏体不锈钢遵循的关系为

$$\Delta\sigma_y = 3.03\Delta H_v \tag{12.127}$$

铁素体钢遵循的相互关系为

$$\Delta\sigma_y = 3.06\Delta H_v \tag{12.128}$$

图 12.22 所示为这两类钢的硬度与屈服强度的相关性。这样的相关性极其接近，考虑到所使用的置信区间，可以认为是等效的。尽管数据组与线性关系拟合得很好，但是，对于奥氏体不锈钢，有迹象表明，曲线的斜率会随着硬度值的增加而减小。使用两个斜率进行拟合可得

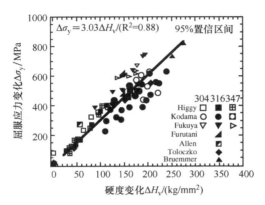

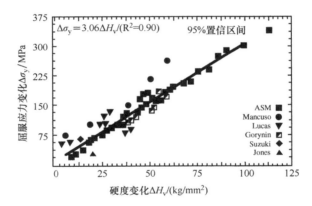

图 12.22 以屈服应力变化（$\Delta\sigma_y$）对硬度变化（ΔH_v）作图的试验数据[51]

a）奥氏体不锈钢 b）铁素体钢

注：图中也以 95% 置信区间绘制了硬度 – 屈服应力关系曲线。

$$\Delta\sigma_y = \begin{cases} 3.63\Delta H_v & ,\Delta H_v < 100 \text{kg/mm}^2 \\ 2.13\Delta H_v + 155 & ,\Delta H_v > 100 \text{kg/mm}^2 \end{cases} \tag{12.129}$$

在低载荷区域中，关系曲线的斜率接近于 Tabor 的理论值 3.55，差异来源于数据库的分散性。高载荷下斜率较低可能反映了硬度测试与拉伸测试之间的区别。尽管屈服应力是在应变近似等于 0.2% 时测量的，但硬度测试涉及更高的应变，估计为 8% ~ 18%[48,51]。因此，在较高硬度水平下，辐照金属的变形特性影响硬度和屈服强度之间的关系。

相关试验已经表明，相关系数 3.5 适用于广泛的 RPV 钢数据[53]。还应当注意，这些数据最适合简单的线性回归，在 ΔH_v 为零时和坐标轴相交于约 30MPa 处，这可能是因为 ΔH_v 对应于塑性应变为百分之几时的流变应力。在低水平硬化阶段，由于位错切割小尺寸缺陷而

使 σ_y 增加，而 ΔH_v 却没有明显增加。当缺陷硬度变得更大时，硬化达到较高水平，流变应力与屈服应力成比例增加。

12.3 辐照金属的变形

除了经历辐照硬化，受到辐照的金属还会损失韧性和加工硬化性能。在约 300℃下辐照并测试的 300 系列奥氏体不锈钢，随剂量增大其均匀伸长率的损失情况如图 12.23 所示。注意，受到 4dpa 剂量辐照后，延展性从约 20%～30% 降低到 1% 以下。正如图 12.1 所示，随辐照剂量增加，σ_{UTS} 和 σ_y 之间的差值减小，说明加工硬化率明显下降。如果金属应力–应变行为遵循式（12.27）（即 $\sigma = K\varepsilon^n$）的话，则如式（12.57）所示，真实的均匀伸长率 $\varepsilon_u = n$。因此，作为一级近似，ε_u 随辐照剂量的变化与由 n 描述的加工硬化行为变化一致。图 12.24a 中的曲线描述了不锈钢在 300～500℃的温度范围内，ε_u 随剂量的变化情况。均匀伸长率明显下降，并在剂量随温度降到 300℃时趋近于最小值。图 12.24b 更清楚地显示了韧性损失与温度的变化关系。由于轻水堆中堆芯部件一般都处于 300℃左右，因此该温度下存在最低韧性是一个主要问题。

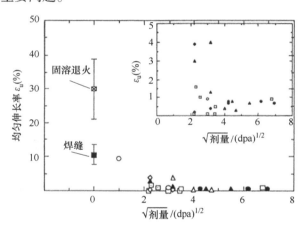

图 12.23　在约 300℃下辐照和测试的 300 系列奥氏体不锈钢，均匀伸长率随剂量平方根的变化[25]

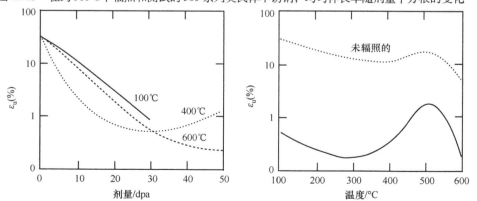

图 12.24　奥氏体不锈钢中均匀延展性随剂量和温度以及随温度的变化[17]

a）均匀延展性随剂量和温度的变化　b）均匀延展性随温度的变化

均匀延展性和加工硬化率的损失来源于相同的原因，即位错与辐照微观组织结构之间的交互作用。截至目前，只讨论了辐照如何通过障碍物对位错的钉扎而硬化。然而，位错与环的交互作用也有可能使位错环非层错化并合并到位错网络之中。在 fcc 金属中，弗兰克位错环的非层错化可以通过几种机制发生。其中一个机制[54]是，一个伯格斯矢量为 $a/2$ [$\overline{1}01$] 的可动位错（图 12.25a 中用 DB 表示）和一个具有伯格斯矢量 $a/3$ [$\overline{1}11$] 的小尺寸弗兰克环发生交集（图 12.25a 中的 $D\delta$），在位错环的平面上生成了一个伯格斯矢量为 $a/6$ [$\overline{1}2\overline{1}$] 的肖克莱（Shockley）不全位错（图 12.25a 中的 δB）。肖克莱不全位错与带层错的位错环交互作用生成了具有伯格斯矢量 $DB = D\delta + \delta B$ 的全位错，并使位错环消失了。

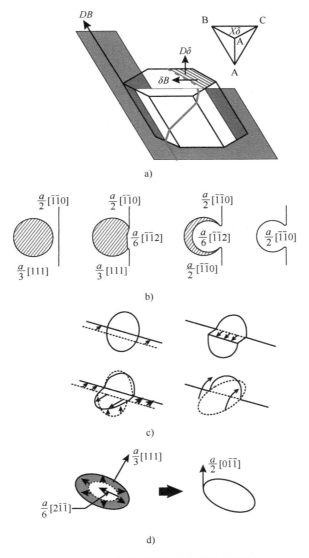

图 12.25 位错环非层错化的几种机制

a) Strudel 和 Washburn[54]   b) Gelles[55]   c) Foreman 和 Sharp[56]   d) Tanigawa[57]

当一个可动 $a/2$ [$\overline{1}\overline{1}2$] 全位错与一个不可动 $a/3$ [111] 弗兰克环发生交互作用，按照

$a/2$ $[1\bar{1}0]$ $+a/3$ $[111]$ $=a/6$ $[1\bar{1}2]$ 方式，生成一个 $a/6$ $[1\bar{1}2]$ 位错时，发生了第二类反应[55]。由此种交互作用产生的肖克莱不全位错可以扫过弗兰克环而把堆垛层错消除，并按照 $a/6$ $[1\bar{1}2]$ $+a/3$ $[1\bar{1}1]$ $=a/2$ $[1\bar{1}0]$ 方式，与弗兰克环的相反侧发生反应。图 12.25b 所示为位于图中平面的弗兰克环与正在某一个面运动的全位错发生交互作用的过程。弗兰克环被湮灭，留下了一个大致在弗兰克环所在的 {111} 面上的 $a/2$ $[1\bar{1}0]$ 位错的螺旋线圈。其结果是一个全位错与弗兰克环交互作用的非层错化产物成了全位错网络的一部分。

第三个机制[56]涉及一个可动位错与一个位错环的交集，其中环在自身上滑移并成为滑移位错的一部分，如图 12.25c 所示。最后，非层错化也可能通过在弗兰克环内部生成硬化肖克莱不全位错而被触发[57]。$a/6$ $[11\bar{2}]$ 型肖克莱不全位错环与弗兰克环之间的反应按 $a/6$ $[11\bar{2}]$ $+a/3$ $[111]$ $=a/2$ $[110]$ 进行，如图 12.25d 所示。

在 bcc 金属中，很少观察到带层错的环，因为它的高层错能导致了环尺寸非常小时发生非层错化。弗兰克环具有 $a/2$ $[110]$ 的形式，所以通过两个可能的非层错化反应：$a/2$ $[110]$ $+a/2$ $[00\bar{1}]$ $\rightarrow a/2$ $[11\bar{1}]$ 或 $a/2$ $[110]$ $+a/2$ $[\bar{1}10]$ $\rightarrow a/2$ $[010]$，堆垛层错就可能被除去，它们的结果都是一个全位错环。这两个非层错化反应的结果都是除去了位错环并使位错网络密度有所上升。

12.3.1 局域化的变形

多次剪切有可能消除位错滑移面上的缺陷团簇和析出相。因此，初始位错群在特定滑移面上穿过可以清除该滑移面上的障碍物，从而使后续位错能够相对顺畅地通过。这一过程早在 20 世纪 60 年代第一次在 bcc 金属中观察到[59,60]，被称为位错通道化的这一过程，也发生在 fcc、bcc 和 hcp 点阵中。由于通道的形成，通道内加工硬化程度随着宏观均匀应变的增加而几乎下降到零，因为此时在通道内的变形变得高度局域化。Byun 等人[61]指出，未辐照金属在高应力下会发生通道变形，而辐照金属和未辐照金属通道变形的共同特点就是高应力。

位错通道的特征由其宽度、间隔及通道内的应变量加以表述。图 12.26 所示为 360℃ 下经 3MeV 质子辐照至 5.5dpa 并在 288℃ 应变到 7% 的 Fe – 18Cr – 12Ni 钢中位错通道的 TEM 图像。请注意，在图 12.26 右图中通道与基体之间的图像反差显示通道内的障碍物大多已被清除。通道的宽度一般在 0.1μm 量级，通道之间通常间距 1～3μm。通道传播穿过整个晶粒，起始并终止于晶界。在拉伸试样中，表面晶粒的通道产生了表面台阶。图 12.27 所示为辐照后并应变至 7% 的不锈钢表面 SEM 图像，其表面台阶的大小可用原子力显微镜（AFM）加以表征。图 12.28 所示为通道与表面交叉产生高度为 h 的台阶，这是由位错通过通道而引起的。对一个高度为 h 和宽度为 w 的台阶，其通道的应变 γ 可简单地写为

$$\gamma = \frac{h}{w} \tag{12.130}$$

不过，表面上的测量将只提供表观的高度 h'、宽度 w' 和间隔 s' 值，还需要采用式（12.131）[62]转换成真实值。

$$w = w'\sin\delta - h'\cos\delta$$
$$h = \frac{h'}{\cos\alpha} \tag{12.131}$$

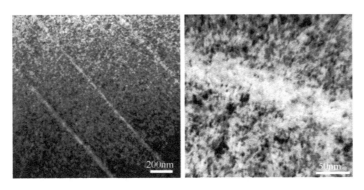

图 12.26 用 3MeV 质子在 360℃下辐照 Fe – 18Cr – 12Ni 钢至 5.5dpa 并在 288℃下应变至 7% 的
位错通道 TEM 图像（由密西根大学的 Z Jiao 提供）

图 12.27 360℃下用 3.2MeV 质子辐照到 5.5dpa 剂量，然后在 288℃氩气气氛中以
$3 \times 10^{-7} \text{s}^{-1}$ 的应变速率拉伸至 7% 塑性应变的奥氏体不锈钢中位错通道与表面
相交的 SEM 图像（由密西根大学 Z Jiao 提供）

其中，δ 是位错滑移面与试样表面的交角，α 是位错滑移方向与表面法线的交角。

通道内位错的数量 n 可以通过 $n = h/b$ 与台阶的高度联系起来，其中 b 是伯格斯矢量。Was 等人[62]证明，360℃下辐照到 5.5dpa 之后施加约 7% 应变的 316L 不锈钢中平均通道应变接近 100%，它是由超过 1000 个位错通过通道传递而引起。固体总应变的绝大部分（>90%）发生在通道内，这意味着辐照材料的行为表现出类似多层固体（如金属 – 陶瓷多层材料）的特征，其中所有的应变均发生在较软的层内。试验观察和模型计算表明，通道中留存的位错较少（几个到 50 个）[62,63]。少量位错残留在通道内的两个可能原因：当滑移面在晶粒之间紧密对齐时，位错会滑移传输到邻近晶粒；或者是由于位错与晶界的反应。当位错通道与晶界相交时，通道内的位错要么被传输到邻近的晶粒中，要么在晶界处发生塞积。当位错转输时，会在晶界内留下一个残余位错。包含晶界的位错反应可以表达为 $\boldsymbol{b}_r = \boldsymbol{b}_1 - \boldsymbol{b}_2$，其中 b_r 是留在晶界后方的残余位错的伯格斯矢量，而 $\boldsymbol{b}_1$ 和 $\boldsymbol{b}_2$ 分别是晶粒 1 和 2 内位错的伯格斯矢量。在晶界内残余位错的数量可能正比于通道高度或通道应变，因为在晶界处塞积的位错比例相对较小。

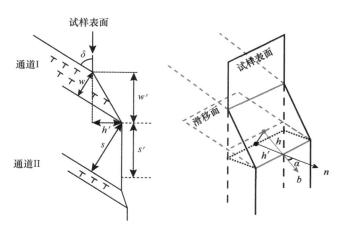

图 12.28　位错通道与表面的相交产生的一个表面上台阶[62]

注：主要参数为直接测量得到的表观高度 h'、表观宽度 w' 和表观间隔 s'，它们必须
被转换成真实高度 h、真实宽度 w 和真实间隔 s 用于确定通道内的应变。

　　位错与析出相交互作用的一个例子如图 12.29 所示，在 360℃ 受 2MeV 质子辐照至 5dpa 后在 288℃ 应变到 6% 的含 1%（摩尔分数）Si 的高纯 304 不锈钢中，由辐照诱发的富 Ni/Si 析出相的视域内位错通道的 APT 图像[64]。图像显示了其 Si 的原子分布，其中析出相由 Si 浓度（摩尔分数）≥5% 的那些区域所表征，显示为深色团簇，而 Si 原子显示为细小的灰色斑点。由斑点密度的定量化学分析表明，通道内 Si 的浓度高于不锈钢本体并且大大高于析出相之间的区域。这些观察结果表明，位错的穿越诱发了通道内析出相的溶解，从而为后续位错提供了阻力较小的路径。

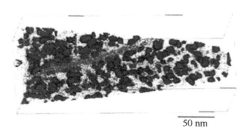

图 12.29　含 1% Si 的 304 不锈钢在 360℃ 下
辐照至 5dpa，并在 288℃ 下应变至 6% 后，
位错通道中 Si 元素的 APT 图像[64]

　　第二个例子表明位错切割空洞并未导致空洞被除去[65]。图 12.30 所示为两幅 360℃ 下用 2MeV 质子辐照到 5dpa 后在 288℃ 应变至 7% 的高纯度 Fe - 18Cr - 12Ni 合金中位错通道的 TEM 图像。注意，在图 12.30a 中，相比较来看，位错通道中见不到位错环，这可以从通道内图像衬度低于通道外来辨认。在稍微欠焦的条件下对同一区域成像，可见通道内仍存在空洞，其密度与通道外相似。这些结果表明，当变形发生时，通道内的空洞得以保留下来。

　　除了由位错滑移产生的通道化，还观察到变形孪晶的产生。变形孪晶，即机械孪晶是一种由不全位错产生的局部变形机制。在具有低堆垛层错能（SFE）的 fcc 金属中，变形孪晶由肖克莱不全位错在同一区域内连续 {111} 面上滑移形成。在这些孪晶中，切应变为 70.7%，而缺陷被不全位错的滑移所消除[66]。肖克莱不全位错是由伯格斯矢量为 1/2 ⟨110⟩ 的普通位错分解为伯格斯矢量为 1/6 ⟨112⟩ 的领先和拖尾不全位错而形成的。不全位错之间的间距或堆垛层错的宽度 d 为

$$d \approx \frac{\mu b^2}{4\pi\gamma_{SFE}}$$

$$(12.132)$$

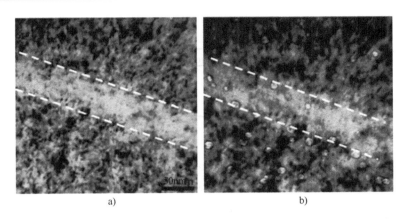

图 12.30　360℃下辐照到 5dpa 后在 288℃应变至 7% 的 Fe – 18Cr – 12Ni 合金
中位错通道的 TEM 照片[65]

a）位错环差不多已被消除的位错通道　b）在欠焦条件下通道内可见的孔洞

其中，γ_{SFE} 是堆垛层错能。在堆垛层错能低的金属中，不全位错的间距很大。Was 等人[62]在应力和应变都是最大的位错通道与晶界交集处观察到了孪晶的形成。无论是由通道化还是孪晶所产生的局部形变，都随辐照剂量的增加而快速增大。孪晶也倾向于在低温下发生。

12.3.2　变形机制图

如第 7 章所述，塑性变形由切应力、应变或应变速率，以及温度所表征。Frost 和 Ashby[67]将变形机制分为以下五类：①高于理想切变强度的流变；②由位错滑移产生的低温塑性；③由孪晶产生的低温塑性；④由位错滑移或攀移 + 滑移产生的指数规律蠕变；⑤扩散蠕变。

这些机制中的每一个都可以再细分为其他机制。当应力和温度是自变量时，金属的响应是应变速率和应变。反之，当应变速率和应变分别是自变量时，应力构成了金属的响应。

如果应变速率被选为因变量，将金属的应变速率与切应力和温度这两个自变量关联起来的简单方法是变形机制图。变形机制图是变形机制在应力 – 温度空间中的一种表达，σ_s 用归一化应力 σ_s/μ 表示（其中 μ 是切变模量）。温度用相应的归一化温度 T/T_m 表示（其中 T_m 是熔点温度）。变形机制图提供了两个自变量 σ_s 和 T 与因变量 $\dot{\varepsilon}$ 之间的关系。316 不锈钢的变形机制如图 12.31a 所示，其中归一化应力绘制在纵坐标上，而归一化温度绘制在横坐标上。图中标注区域表示各种变形机制，金属对应力/温度不同组合的应变速率响应由等应变速率的等值线给出。从根本上说，应变速率等值线以单一方程形式给出了本构关系，即

$$\dot{\varepsilon} = f(\sigma_s, T) \tag{12.133}$$

图 12.31a 说明，高于理想切变强度时，将发生塑性失稳，此时应变速率趋于无穷大，即

$$\dot{\varepsilon} = \begin{cases} \infty & ,\sigma_s \geqslant \alpha\mu \\ 0 & ,\sigma_s < \alpha\mu \end{cases} \tag{12.134}$$

其中，α 取决于晶体结构和失稳判据，但通常在 0.05 ~ 0.1。当低于理想切变强度时，流变

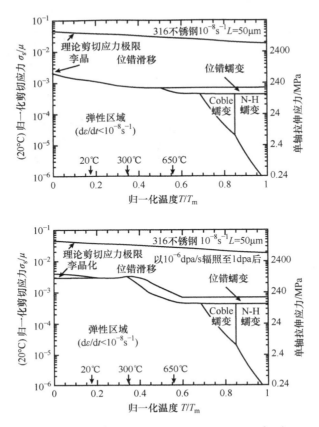

图 12.31　在未辐照和以 10^{-6}dpa/s 辐照至 1dpa 后，以 10^{-8}s^{-1} 应变速率变形的
316 不锈钢（晶粒度为 50μm）的变形机制图[68]

a）未辐照　b）以 10^{-6}dpa/s 辐照至 1dpa

以位错滑移的方式进行，而位错滑移通常受到障碍物约束。Ashby 给出了在离散障碍物控制的塑性区域内的应变速率为

$$\dot{\varepsilon} = \dot{\varepsilon}_0 \exp\left[-\frac{Q}{kT}\left(1 - \frac{\sigma_s}{\sigma_s^0} \right) \right] \tag{12.135}$$

其中，Q 是无外界应力辅助情况下克服障碍物所需激活能，σ_s^0 是流变应力的无热分量。在低温和高归一化应力条件下，观察到了孪晶的发生。Byun 等人[63]采用应力和应变表征变形，并提出多晶金属中孪晶生成应力可以由无限分离的两个不全位错的临界应力来确定，即

$$\sigma_t = 6.14\frac{\gamma_{SFE}}{b} \tag{12.136}$$

其中，b 是不全位错的伯格斯矢量。于是，孪晶生成的应变速率方程为

$$\dot{\varepsilon} = \dot{\varepsilon}_t \exp\left[-\frac{Q_t}{kT}\left(1 - \frac{\sigma_s}{\sigma_t} \right) \right] \tag{12.137}$$

其中，Q_t是在没有外加应力辅助下孪晶形核所需要的激活能，σ_t是在无热激活条件下孪晶形核所需应力，而$\dot{\varepsilon}_t$是常数。变形图的其余部分为蠕变机制，它们将在第13章详细讨论。

当应变速率为$10^{-8}\mathrm{s}^{-1}$时，辐照的影响如图12.31b所示。由于在低于约$0.5T/T_m$的温度下发生了辐照硬化，位错滑移需要的应力增加，使位错滑移的区域缩小了。高于此温度时，有可能发生辐照增强软化，导致位错滑移所需的应力降低，高温下位错滑移区域扩大。在低温和高应力下，可能发生孪晶形变。

Byun 和 Hashimoto[69]以及 Farrell 等人[70]已经构建了辐照合金的变形模式图，描述变形模式随外加应变变化的情况。316 不锈钢基于应力的变形模式图如图12.32a 所示；而基于应变的变形模式图如图12.32b 所示。在基于应力的变形图中，剂量越大，屈服强度越高，此时弹性变形区域也增大。

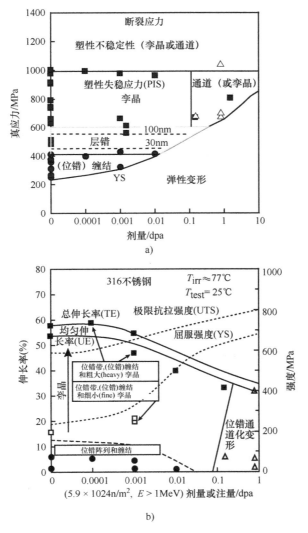

图 12.32　变形模式图[69,70]

a）316 不锈钢在真应力 - 温度空间（PIS）中基于应力的变形模式图

b）65 ~ 100℃下中子辐照后并在室温下测试的 316 不锈钢，基于应变的变形模式图

专用术语符号

A——滑移面或位错环的面积，或应变后拉伸试样的横截面面积

A_0——拉伸试样的原始应变前横截面面积

b——伯格斯矢量

d——晶粒尺寸；障碍物直径；或不全位错之间的分隔距离

e——弹性应变

E——弹性模量

F——力

h——位错通道的高度

H_v——维氏硬度

K——体积模量，或指数规律硬化方程中的常数

k——用于 Von Mises 判据的应力偏量（项）第二个不变量的平方根

k_y——（位错的）脱钉应力

L_0——拉伸试样的原始长度

L——变形后拉伸试样的长度，或滑移面上位错塞积的长度

l——滑移面上障碍物之间的距离

m——施密特（Schmidt）因子

M——泰勒因子

N——滑移面上障碍物的数量密度

n——单个（位错）塞积中的位错数量

p——静水压力

P——载荷

r——障碍物与弗兰克－里德源的距离

r_d——位错核心的半径

R——障碍物的半径

S——工程应力，或式（12.103）计算得到的权重参数

t——时间

T——温度

u——弹性应变能密度

U——U 弹性应变能

U_V——一个空洞体积的弹性应变能

V——体积

w——位错通道的宽度

W——功

α——障碍物的硬度

β——可压缩性，或加工硬化率

ϕ——中子通量

Φ——中子（束）注量

ϕ_{te}——有效中子注量

Δ——体积应变

δ——距离增量

ε，ε_{ij}——应变和应变的分量

γ——位错通道的应变

γ_{SFE}——堆垛层错能

Γ——位错的线张力

λ——拉梅系数

μ——切变模量

ν——泊松比

ρ_{d}——位错密度

σ——拉伸应力

σ_{i}——摩擦应力

σ_{m}——平均应力

σ_{s}——切应力

σ_{s}^{0}——流变应力的非热分量

σ_{y}——屈服应力

σ_{yp}——富铜析出相对屈服应力的贡献

σ_{ypm}——屈服强度平台

τ——缺陷寿命

ζ——每次中子碰撞所产生的损伤区数量

d——作为下标，代表位错

f——作为下标，代表断裂

i，j 或 x，y，z——作为下标，代表应力和应变的分量

loop——作为下标，代表（位错或其他缺陷的）环

LR——作为下标，代表长程

n——作为下标，代表颈缩

ppt——作为下标，代表析出相（沉淀相）或"物"

s——作为下标，代表切变，或"强"

SR——作为下标，代表短程

u——作为下标，代表均匀

void——作为下标，代表空洞

V——作为下标，代表空洞

w——作为下标，代表"弱"

y——作为下标，代表屈服

yr——作为下标，代表"根‐和‐平方"

yl——作为下标，代表线性加和

n——作为上标，代表形变硬化指数

习　题

12.1　辐照后微观结构决定合金的硬化程度，目标是抑制金属的辐照硬化。假设所有的硬化皆源于空洞，而并无嬗变气体的存在。对于空洞中固定数量的空位，为了限制辐照硬化，应期望小空洞密度高还是大空洞密度高？说明理由。

12.2　当空洞密度恒定时，合金因空洞半径增大而肿胀，则肿胀增加一倍将导致合金有多大程度的硬化？在此情况下，是肿胀还是空洞硬化更值得关注？

12.3　对 400℃ 下注量达到 $1 \times 10^{22} \, \text{n/cm}^2$ 的快中子（$E > 0.1 \text{MeV}$）辐照后的 316 不锈钢进行电子显微镜观察，显示有平均直径为 40nm 的空洞，其数量密度为 $2.2 \times 10^{15} \, \text{cm}^{-3}$。此外，还存在直径 16nm 的层错环，数量密度为 $1.8 \times 10^{15} \, \text{cm}^{-3}$。一个障碍物导致的切应力增量为

$$\Delta \tau = \frac{\alpha \mu b}{l} (\mu = 80 \text{GPa}, b = 2.5 \times 10^{-10} \text{m})$$

假设这两类缺陷都属于硬障碍物（空洞的 $\alpha = 1$，层错环的 $\alpha = 1/2$），它们都以规则的正方形阵列分布：①试计算由辐照引起的临界分切应力变化（$\Delta \tau$）；②正方形阵列中的粒子间距为多少？③空洞缺陷还是位错环缺陷产生的硬化效应较大？

12.4　316 不锈钢在 400℃ 注量达到 $1 \times 10^{22} \, \text{n/cm}^2$ 的快中子（$E > 0.1 \text{MeV}$）中辐照后，若同样产生如习题 12.3 中给定的空洞数量诱发硬化，试确定需要的位错环尺寸和密度。

12.5　压力容器钢在 300℃ 下受到注量达到 $1 \times 10^{20} \, \text{n/cm}^2$ 的中子辐照后，希望确定由此辐照引起的 NDT 的变化。NDT 的定义条件为 $\sigma_f = \sigma_y$ 或 $\sigma_y k_y = 4 \mu \gamma d^{-1/2}$ 的条件。辐照对位错源硬化的影响可由下式确定：

$$\text{d}(\sigma_y k_y) = \sigma_y \text{d} k_y + k_y \text{d} \sigma_y = 0$$

这是因为在辐照期间，$4 \mu \gamma d^{-1/2}$ 这一项基本恒定。

由变量 T 和 ϕt 引起的 k_y 和 σ_y 的变化（其中 ϕt 表现为辐照硬化或摩擦应力的增大）为

$$\text{d} k_y = \frac{\partial k_y}{\partial T} \text{d} T + \frac{\partial k_y}{\partial \sigma_i} \text{d} \sigma_i$$

$$\text{d} \sigma_y = \frac{\partial \sigma_y}{\partial T} \text{d} T + \frac{\partial \sigma_y}{\partial \sigma_i} \text{d} \sigma_i$$

综合上述表达式并忽略辐照对位错源硬化的影响（$\partial k_y / \partial \sigma_i = 0$ 和 $\partial \sigma_y / \partial \sigma_i = 1$），可得到转变温度 T_D 内的增量为

$$\frac{\text{d} T_D}{\text{d} \sigma_i} = - \left(\frac{\sigma_y}{k_y} \frac{\partial k_y}{\partial T} + \frac{\partial \sigma_y}{\partial T} \right)^{-1}$$

为了找到在转变温度 T_D 随辐照注量增加的相关性，需要明确摩擦应力 σ_i 与 ϕt 的关系，即

$$\text{d} T_D = \frac{\text{d} T_D}{\text{d} \sigma_i} \frac{\text{d} \sigma_i}{\text{d}(\phi t)} \text{d}(\phi t)$$

采用贫化区产生硬化效应的 Makin 理论，有

$$\sigma_i = \sigma_i^0 [1 - \exp(- \alpha V \Sigma_s \phi t)]^{1/2}$$

其中，$\sigma_i^0 = 6.64 \text{GPa}, \alpha = 1, \Sigma_s = 0.26 \text{cm}^{-1}$。已知团簇尺寸为 6nm，假定 $(\text{d} T_D / \text{d} \sigma_i) \sim 0.3℃/\text{MPa}$，

试计算在辐照注量有了 $10^{20} n/cm^2$ 的增量之后，过渡温度 T_D 时位错源硬化的增量。

12.6　应力 – 应变曲线的加工硬化区可用关系式 $\sigma = k\varepsilon^n$ 表示，其中 n 是加工硬化系数。辐照可以通过使屈服应力高于极限拉伸应力而有效地降低加工硬化系数。如果辐照使得系数 n 下降了 Δn，试采用塑性失稳判据（$d\sigma/d\varepsilon = \sigma$）计算此时均匀伸长率将下降多少？

12.7　在550℃用 3.5MeV Ni 离子以 9dpa 剂量辐照 Ni – 1Al 合金试样。产生的结构含有数量密度为 $3 \times 10^{14} V/cm^3$（V 代表空洞）的空洞分布，它们的平均直径为50nm。请采用纯 Ni 的弹性常数并假设晶粒尺寸为 $10\mu m$。

① 需要多大的应力才能使一个位错切割通过这些障碍物的阵列？其中多大的份额为全奥罗万应力？

② 假设总的空洞体积保持恒定，则需要多大的应力通过空洞长大使空洞尺寸加倍？

12.8　考虑一条位错线存在于每立方厘米有 N 个半径为 R 的气泡的固体中。对此固体施加一个切应力 τ_{xy} 使得位错沿其滑移面滑动。试问在什么条件下，位错将扫过而不是绕过这些气泡？

12.9　假设有三个 316 不锈钢的拉伸试样，其中两个是在反应堆中以 $10^{21} n/cm^2$、300℃条件下进行辐照，而另一个未辐照。这三个试样在实验室中以如下方式进行拉伸试验：两个辐照过的试样分别在室温和 300℃下测试，而未辐照试样也在 300℃下测试，均采用相同的应变速率。请在一幅图中画出它们的工程应力 – 工程应变曲线，在曲线上标示出 σ_y、σ_{UTS}、σ_f、ε_u、ε_f。简要说明各曲线所处相对位置的理由。

12.10　对于习题 12.9 中的试样，在 300℃和 700℃下受到 $10^{21} n/cm^2$ 辐照后，再在实验室中进行拉伸试验，画出它们的工程应力 – 工程应变曲线，并标示出它们的 σ_y、σ_{UTS}、σ_f、ε_u、ε_f。

参 考 文 献

1. Dieter GE (1976) Mechanical metallurgy, 2nd edn. McGraw-Hill, New York
2. Kocks UF (1970) Metal Trans 1:1121–1143
3. Olander DR (1976) Fundamental aspects of nuclear reactor fuel elements, Chap 18. TLD-26711-Pl. Technical Information Center, ERDA, Washington, DC
4. Stroh AN (1954) Proc Roy Soc Vol London 223:404–414
5. Makin MJ, Sharp JV (1965) Phys Stat Sol 9:109
6. Singh BN, Foreman AJE, Trinkaus H (1997) J Nucl Mater 249:103–115
7. Stoller RE (2000) SJ Zinkle. J Nucl Mater 283–287:349–352
8. Seeger A (1958) Proceedings of 2nd United Nations international conference on the peaceful uses of atomic energy, Geneva, vol 6. United Nations, NY, p 250
9. Russell KC, Brown LM (1972) Acta Metal 20:969–974
10. Scattergood RO, Bacon DJ (1982) Acta Metal 30:1665–1677
11. Kocks UF, Arbon AS, Ashby MF (1975) Prog Mater Sci 19:1
12. Kocks UF (1977) Mater Sci Eng 27:291–298
13. Bement AL (1972) Rev Roum Phys 17(3):361–380
14. Foreman AJE, Makin MJ (1967) Can J Physics 45:511
15. Kocks UF (1969) Physics of strength and plasticity. MIT Press, Cambridge, p 13
16. Odette GR, Lucas GE (1998) Rad Eff Defects Solid 44:189
17. Lucas GE (1993) J Nucl Mater 206:287–305
18. Was GS, Busby JT, Andresen PL (2006) Corrosion in the Nuclear Power Industry, ASM handbook, vol 13C. ASM International, pp 386–414
19. Was GS, Andresen PL (2007) Effect of irradiation and corrosion on SCC in LWRs, Corrosion in the Nuclear Power Industry, vol 13 B, Chap 5-A3. American Society for Metals, Metals Park, OH (in press)
20. Zinkle SJ, Maziasz PJ, Stoller RE (1993) J Nucl Mater 206:266–286
21. Garner FA (1993) J Nucl Mater 205:98–117

22. Kojima S, Zinkle SJ, Heinisch HL (1989) Grain size effect on radiation hardening in neutron-irradiated polycrystalline copper, fusion reactor materials semiannual progress report for period ending March 31, 1989, DOE/ER-0313/6: 43–49

23. Makin MJ, Minter FJ (1957) J Inst Metals 24:399

24. Higgy HR, Hammad FH (1975) J Nucl Mater 55:177–186

25. Odette GR, Lucas GE (1991) J Nucl Mater 179–181:572–576

26. Bement AL (1963) HW-74955, p 181

27. Eason ED (1998) Development, evaluation and analysis of the initial CIR-IASCC database, EPRI Report TR-108749, Oct 1998, pp 3–7 to 3–10

28. Williams JA, Hunter CW (1972) Effects of radiation on substructure and mechanical properties of metals and alloys, STM STP 529. American Society for Testing and Materials, Philadelphia, PA, p 13

29. Pettersson K (1992) Radiation effects on mechanical properties of light water reactor structural materials, TR1TA-MAC-0461. Materials Research Center, The Royal Institute of Technology, Stockholm

30. Was GS, Busby JT (2003) Use of proton irradiation to determine IASCC mechanisms in light water reactors: solute addition alloys, final report, project EP-P3038/C1434, Report #1007440. Electric Power Research Institute, Palo Alto, CA, April, 2003

31. Garner FA, Hamilton ML, Panayotou NF, Johnson GD (1981) J Nucl Mater 103(104): 803–808

32. Grossbeck ML, Maziasz PJ, Rowcliffe AF (1992) J Nucl Mater 191–194:808–812

33. Zinkle SJ (1992) In: Stoller RE, Kumar AS, Gelles DS (eds) Effects of radiation on materials the 15th international symposium, ASTM STP 1125. American Society for Testing and Materials, Philadelphia, PA, 1992, pp 813–834

34. Bloom EE (1976) Irradiation strengthening and embrittlement. Radiation damage in metals. American Society for Metals, Metals Park, pp 295–329

35. Hashimoto N, Wakai E, Robertson JP (1999) J Nucl Mater 273:95–101

36. Ando M, Katoh Y, Tanigawa H, Kohyama A, Iwai T (2000) J Nucl Mater 283–287:423–427

37. Maziasz PJ (1993) J Nucl Mater 205:118–145

38. Kelly PM (1972) Scr Metal 6:647

39. Odette GR, Lucas GE, Klingensmith RD, Stoller RE (1996) In: Gelles DS, Nanstad RK. Kumar AS, Little EA (eds) Effects of radiation on materials the 17th international symposium. STM STP 1270. American Society for Testing and Materials, Philadelphia, PA, 1996. pp 606–636

40. Odette GR, Mader EV, Lucas GE, Phythian W, English CA (1993) In: Kumar AS, Gelles DS. Nanstad RK, Little EA (eds) Effects of radiation on materials the 16th international symposium, ASTM STP 1175. American Society for Testing and Materials, Philadelphia, PA. 1993, p 373

41. Odette GR, Yamamoto T, Klingensmith D (2005) Phil Mag 85(4–7):779–797

42. Kasada R, Kitao T, Morishita K, Matsui H, Kimura A (2001) In: Rosinski ST, Grossbeck ML. Allen TR, Kumar AS (eds) Effects of radiation on materials the 20th international symposium. ASTM STP 1405. American Society for Testing and Materials, West Conshohocken, PA. 2001, p 237

43. Schaeublin R, Gelles D, Victoria M (2002) J Nucl Mater 307–311:197–202

44. Gupta G, Jiao Z, Ham AN, Busby JT, Was GS (2006) Microstructural evolution of proton irradiated T91. J Nucl Mater 351(1–3):162–173

45. Wechsler MS, Murty KL (1989) Metal Trans A 20A:2637–2649

46. Ohr SM, Tucker RP, Wechsler MS (1970) Phys Status Solidi A 2:559–569

47. McClintock FA, Argon AS (1966) Mechanical metallurgy of materials. Addison-Wesley, New York

48. Tabor D (1956) The physical meaning of indentation and scratch hardness. Brit J App Phy 7:159

49. Prandtl L (1920) Nachr Ges Wiss, Gottingen, p 74

50. Hencky H, Agnew Z (1923) Math Mech 3:250

51. Larsson PL (2001) Investigation of sharp contact at rigid-plastic conditions. Int J Mech Sci 43:895–920

52. Busby JT, Hash MC, Was GS (2005) J Nucl Mater 336:267–278

53. Lucas GE, Odette GR, Maiti R (1987) Sheckherd JW (1987). In: Garner FA, Henagar CH. Igata N (eds) Influence of radiation on materials properties the 13th international symposium (Part II), STM STP 956. American Society for Testing and Materials, Philadelphia, PA. pp 379–394

54. Strudel JL, Washburn J (1964) Phil Mag 9:491
55. Gelles DS (1981) In: Ashby MF, Bullough R, Hartley CS, Hirth JP (eds) Proceedings of dislocation modeling of physical systems. Pergamon, Oxford, p 158
56. Foreman AJE, Sharp JV (1969) Phil Mag 19:931
57. Tanigawa H, Kohyama A, Katoh Y (1996) J Nucl Mater 239:80
58. Eyre BL, Bullough R (1965) Phil Mag 12:31
59. Eyre BL (1962) Phil Mag 7:2107
60. Tucker RP, Wechsler MS, Ohr SM (1969) J Appl Phys 40(1):400–408
61. Byun TS, Farrell K (2004) Acta Mater 52:1597–1608
62. Was GS, Jiao Z, Busby JT (2006) In: Gdoutos EE (ed) Proceedings of the 16th European conference of fracture. Springer, Berlin
63. Byun TS, Hashimoto N (2006) J Nucl Mater 354:123–130
64. Jiao Z, McMurtrey M, Was GS (2011) Scr Mater 65:159–162
65. Jiao Z, Was GS (2010) J Nucl Mater 407:34–43
66. Byun TS, Hashimoto N, Farrell K, Lee EH (2006) J Nucl Mater 354:251–264
67. Frost HJ, Ashby MJ (1982) Deformation-mechanism maps: the plasticity and creep of metals and ceramics. Pergamon, New York
68. Zinkle SJ, Lucas GE (2003) Deformation and fracture mechanisms in irradiated fcc and bcc metals. US Department of Energy, Semi-Annual Report, DOE-ER-0313/34, p 117
69. Byun TS, Hashimoto N, Farrell K (2006) J Nucl Mater 351:303–315
70. Farrell K, Byun TS, Hashimoto N (2004) J Nucl Mater 335:471–486

第13章

辐照蠕变和长大

蠕变是金属在高温（$T/T_m > 0.3$）和恒定载荷下发生的与时间相关的变形。金属通过伸长来响应蠕变，其应变可以定义为名义应变 e，根据样品的原始长度来计算，可得

$$e = \int_{l_0}^{l} \frac{dl}{l_0} = \frac{l - l_0}{l_0} \tag{13.1}$$

或者是以一个由试样的瞬时长度确定的真应变 ε 所定义，即

$$\varepsilon = \int_{l_0}^{l} \frac{dl}{l} = \ln \frac{l}{l_0} = \ln(1 + e) \tag{13.2}$$

名义应变或工程应变与试样初始截面的名义应力或工程应力有关，而真应变则与试样瞬时截面的真应力有关。应变的分量可分为弹性、滞弹性和塑性。弹性应变是瞬时的并与时间无关，当应力去除后是可逆的。滞弹性应变也是可逆的，但取决于应变速率。而塑性应变则与时间相关且不可逆，它以试样体积守恒的形状变化或试样畸变为特征。蠕变被认为是由塑性应变中与时间有关的分量所造成的。

蠕变通常是一个与温度有关的过程，需要空位的热生成并通过体积（晶格）扩散或晶界扩散的空位运动，或者是位错越过障碍的攀移并沿滑移面的运动。空位生成和空位或位错运动的概率正比于 $\exp(-Q/kT)$，其中 Q 是速率控制过程的激活能。升高温度为位错运动提供了克服障碍物或能垒所需要的热能。蠕变也依赖于应力，它随应力变化的性质提供了有关蠕变发生机制的信息。辐照产生了额外的缺陷，所以可能会加速蠕变。辐照蠕变并不十分强烈地依赖于温度，这主要是因为空位和自间隙的生成是由高能原子发生位移而不是热过程提供的。对于处在中温区域、高中子/离子通量及低应力环境下的反应堆应用材料而言，蠕变是最重要的。但是，在试图去理解辐照在蠕变中的作用之前，先要复习一下热蠕变的主要机制，因为它是理解辐照蠕变的基础。

13.1 热蠕变

在大多数金属中，蠕变都是通过如图 13.1 所示的若干个阶段进行的。在"阶段 I"中，金属经受了应变硬化，它导致了应变速率随时间下降。长时间后由于局部的变形而发生了颈缩，从而造成应变速率的增高并进入"阶段 III"。在这两个阶段之间即为"阶段 II"，此阶段中，蠕变速率或为恒定，或为最小；应变硬化被回复所平衡，使得应变速率相对地恒定，该阶段内的蠕变被称为"稳态"或"二次"蠕变。这也是在工程上最重要的阶段，因为它消耗了材料的大部分服役寿命。描述塑性变形的变量有剪切应力 σ_s、温度 T、应变速率 $\dot{\varepsilon}$ 和应变 ε 或时间 t。在实际应用中，控制着金属中蠕变的关键独立变量是温度和时间，而

金属变形的机制可根据这些变量加以表征。正如 12.3 节中所讨论的，可以采用 Ashby 型变形机制图把不同的变形过程描述为归一化应力和相应的温度（同系温度或归一化温度，即 T/T_m）的函数。在第 12 章中，关注的是由塑性崩塌和位错滑移所描述的区域。而在本章中，将聚焦于显示与速率相关的塑性（或蠕变）区域。

图 13.2 所示为纯 Ni 的变形机制图，我们可以为它找出应变速率的方程。在位错滑移区域内，应变速率由奥罗万方程的应变速率和位错速度之间的关系所给定，并被确定如下。当一个刃型位错在晶粒内运动完全穿越过了一个滑移面时，其上半个晶体相对于下半个晶体发生了一个等于伯格斯矢量 b 的切变（见图 13.3a～b）。如果位错的运动只穿越了晶体的部分路程或距离 Δx，则其顶表面相对于底表面平移了 $b\Delta x/x$（见图 13.3c）。于是，晶体上半部分相对于下半部分的位移与晶体滑移长度的分数有关。如果滑移面的面积为 A，则 $b\Delta A/A$ 就是等价的表达式。剪切应变 ε_s 就等于位移除以晶体的高度 z，即

$$\varepsilon_s = \frac{b\Delta A}{A}\frac{1}{z} \tag{13.3}$$

zA 项就是晶体的体积 V。对于一个长度为 l，在滑移面上运动了平均距离为 $\overline{\Delta x}$ 的 n 个位错而言，位错扫过的面积 ΔA 可以被写成 $nl\,\overline{\Delta x}$，可得

$$\varepsilon_s = \frac{nbl\,\overline{\Delta x}}{V} \tag{13.4}$$

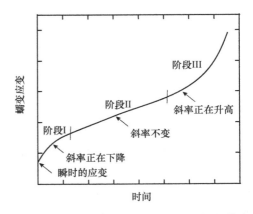

图 13.1　显示经典蠕变三阶段的金属蠕变曲线

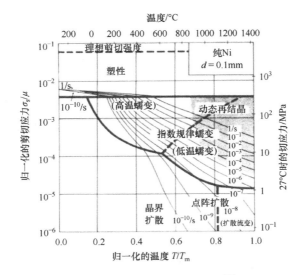

图 13.2　纯 Ni 的变形机制图[1]

注：图中应变速率和变形机制作为随归一化应变速率和
相应温度的函数给出的。

其中 nl/V 项是可动位错的密度 ρ_m，如果位错在时间间隔 Δt 内运动了一段距离，则式（13.4）可被改写为应变速率，即

$$\dot{\varepsilon}_s = \rho_m b v_d \tag{13.5}$$

其中，v_d 是位错的平均速度。式（13.5）可以用拉伸应变速率来表示，即

$$\dot{\varepsilon} = \frac{1}{2}\rho_m b v_d \tag{13.6}$$

其中 1/2 是近似的施密特取向因子。

在稳态情况下，ρ_m 只是应力和温度的函数。正如式（7.32b）所给出的，剪切应力 $\sigma_s = \mu b/R$，其中 μ 是剪切模量，R 是到下一个位错距离的一半。因为 R 正比于 $\rho^{-1/2}$，则式（7.32b）可写为

$$\rho_m = \alpha\left(\frac{\sigma_s}{\mu b}\right)^2 \tag{13.7}$$

其中，α 是一个近似等于 1 的常数。式（13.7）的形式取决于低温下限制塑性的过程、离散的障碍物、点阵的阻力或声子/电子的阻力[1]。

高温塑性可描述为

$$\dot{\varepsilon} = c\left(\frac{\sigma_s}{\mu}\right)^n \tag{13.8}$$

其中，n 在 3~10 之间变化，并且这种形式被称为幂律蠕变。幂律蠕变可以因为滑移、攀移引起的滑移或 Harper-Dorn 蠕变而发生，每个过程都可以通过与应力的不同关系来特征。在非常高的应力（$10^{-3}\mu$ 以上）水平下，应变速率高于幂律蠕变的预测值，这种情况被称为"幂律击穿"，此时蠕变速率可表示为

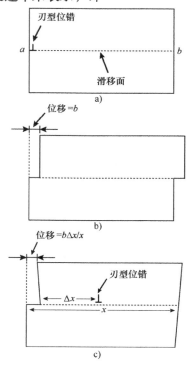

图 13.3　由于位错沿着它的滑移面运动而导致晶体上下半部的位移

$$\dot{\varepsilon} = B\exp(A\sigma_s)\exp\left(\frac{-Q}{kT}\right) \tag{13.9}$$

其中，激活能 Q 常常超过了自扩散的激活能值。

在高温和低应力（低于图 13.2 中变形机制图的右下部分）的情况下，扩散的连贯流动有可能驱动蠕变。对于由点阵扩散所控制的蠕变而言，蠕变速率可表示为

$$\dot{\varepsilon} = \frac{A\sigma_s Q D_{vol}}{kTd^2} \tag{13.10}$$

其中，D_{vol} 是体积扩散系数，d 是晶粒尺寸。当以晶界扩散为主时，则蠕变速率随 d^{-3} 而变化，即

$$\dot{\varepsilon} = \frac{A\pi\delta_{gb}\sigma_s\Omega D_{gb}}{kTd^3} \tag{13.11}$$

其中，D_{gb} 是晶界扩散系数，δ_{gb} 是晶界的有效厚度。式（13.10）和式（13.11）可组合为描述蠕变的单一方程，即

$$\dot{\varepsilon} = \frac{A\sigma_s\Omega D_{eff}}{kTd^2} \tag{13.12}$$

其中，有效扩散系数 D_{eff} 可表示为

$$D_{eff} = D_{vol}\left(1 + \frac{\pi\delta_{gb}}{d}\frac{D_{gb}}{D_{vol}}\right) \tag{13.13}$$

有关扩散蠕变更完整的讨论将在 13.1.2 小节中给出。接下来，首先聚焦于位错蠕变，因为它是与辐照蠕变主要相关的机制。

13.1.1　位错蠕变

1. 攀移和滑移

在攀移和滑移模型中，蠕变受控于被障碍物（如空洞或位错环）阻止的位错攀移至不再与障碍物相交的另一滑移面所需的时间，因此它可以自由滑移。这个在滑移面上阻止位错滑移的障碍物，会造成在其近旁另一个位错源产生额外的位错，并在其后方发生堆积，如图 13.4 所示。位错的应力场相互叠加并在对堆积头部的位错产生一个增大的应力。对于一个可动位错密度为 ρ_m 的固体，若每个受到应力 σ 驱动的位错因滑移而移动了平均距离 l，导致的应变可表示为

$$\varepsilon = \rho_m bl \tag{13.14}$$

应变速率则为

$$\dot{\varepsilon} = b\frac{d}{dt}(\rho_m l) = b\rho_m \frac{dl}{dt} + bl\frac{d\rho_m}{dt} \tag{13.15}$$

其中，dl/dt 是平均滑移速度 $\bar{v}$，$d\rho_m/dt$ 是位错的产生速率。假设 $\rho_m \bar{v} \gg l d\rho_m/dt$，因此，蠕变受位错平均滑移速度控制而不是受位错的产生速率控制，并且这样蠕变速率就与式（13.5）给出的相同，即 $\dot{\varepsilon} = \rho_m b\bar{v}$。然而，如果运动中的位错在其路径上遭遇到它必须加以克服的障碍物，则位错的速度就必须考虑它被障碍物阻挡而停留的时间，而不单单是它在滑移面上运动的时间。所以，有效的速度可被写成

$$\bar{v} = \frac{l}{t} = \frac{l}{t_c + t_g} \tag{13.16}$$

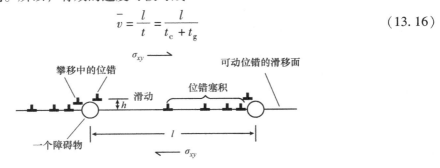

图 13.4　位错滑移面上位错在一个障碍物后面发生塞积的示意图

其中，t_g 是滑移消耗的时间，t_c 是在障碍物处被钉扎所消耗的时间，l 是两个障碍物之间的距离。位错是通过攀移到障碍物近旁的滑移面上去的方式克服障碍物的。攀移所需要的时间远大于滑移所需要的时间，所以，式（13.16）就可以简化成

$$\bar{v} \approx \frac{l}{t_c} \tag{13.17}$$

对于一个高度为 h 的障碍物，位错消耗在攀移到障碍物近旁的滑移面上去的时间可以写成

$$t_c = \frac{h}{v_c} \tag{13.18}$$

其中，v_c 是攀移速度。将式（13.17）和式（13.18）代入式（13.5）可得

$$\dot{\varepsilon} = \rho_m bl \frac{v_c}{h} \tag{13.19}$$

式（13.19）说明，蠕变速率的确定需要先确定障碍物的高度和位错的攀移速度。

2. 障碍物的高度

位错运动的障碍物通常就是其他位错。式（7.50）描述了一个静止的刃型位错作用于一个运动中的刃型位错的力。这个力有两个分量，一个在 x 轴（沿滑移面），另一个在 y 轴（垂直于滑移面）。由式（7.50）可知，这两个力分别为

$$F_x = \frac{\mu b^2}{2\pi(1-\nu)r}(\cos\theta\cos2\theta) \tag{13.20a}$$

$$F_y = \frac{\mu b^2}{2\pi(1-\nu)r}\sin\theta(2+\cos2\theta) \tag{13.20b}$$

这里去掉了各自的伯格斯矢量的符号。用 $y = r\cos\theta$ 代入 r，可得

$$F_x = \frac{G}{y}\sin\theta\cos\theta\cos2\theta = \frac{G}{y}g_x(\theta) \tag{13.21a}$$

$$F_y = \frac{G}{y}\sin^2\theta(2+\cos2\theta) = -\frac{G}{y}g_y(\theta) \tag{13.21b}$$

在式（13.21a）和式（13.21b）中，$G = \mu b^2/[2\pi(1-\nu)]$ 和 $g_{x,y}(\theta)$ 都是 θ 的函数。由外加切应力施加在运动位错上的力是 $F = \sigma_{xy}b$。这个力被来自稳态位错的排斥力所平衡，于是由式（13.21a）可得

$$\sigma_{xy}b = F_x = \frac{G}{y}g_x(\theta) \tag{13.22}$$

被阻塞的位错也受到式（13.21b）中 F_y 所提供的一个攀移力的作用。在这个力的作用下，位错将在垂直于滑移面的方向上攀移，直到它到达这么一个点，此处滑移面不与障碍物相交。在其攀移期间，两个位错之间的角度从接近 $\theta = 0$ 的值增大。回顾图 7.32 所示两个位错之间的作用力随它们的夹角和分开距离的变化。当 $0 \leq \theta \leq \pi$ 时，给定分开距离为 y，把力与角度的关系重新绘制于图 13.5 中，其中式（13.21a）和（13.21b）中角度关系由 $g_{x,y}(\theta)$ 给定，且 $y = r\sin\theta$。注意，初期两个位错之间的约束力随 θ 增大而增

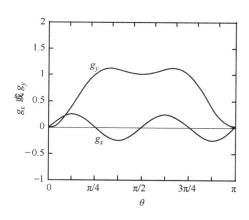

图 13.5 由一个稳态刃位错作用于另一个刃位错的力的角分量 $g_x(\theta)$ 和 $g_y(\theta)$，其中 y 是两个位错之间的垂直分隔距离

大。一旦角度达到了 $\pi/8$，此时约束力将达到最大值。如果施加应力产生的力与约束力保持平衡，则对于 $\theta > \pi/8$ 的位错，施加的应力将会超过约束力，它将越过障碍物而自由运动。在式（13.22）中将 $g_x(\theta)$ 取为它的最大值，并将这一点处的 y 值取作位错想要继续滑移所

必须克服的障碍物高度 h，此时就得到了 h 的表达式为

$$h = y = \frac{G}{4\sigma_{xy}b} \tag{13.23}$$

$$= \frac{\mu b}{8\pi(1-\nu)\sigma_{xy}} \approx \frac{\mu b}{16\sigma_{xy}}, \quad \nu \approx 1/3$$

当障碍物处的塞积中有 n 个位错时，式（13.23）中的应力要乘以 n。

3. 攀移速度

一个伯格斯矢量为 b 的刃型位错，在受到与额外原子面相垂直的正应力 σ 作用下，它将在与滑移面垂直的方向攀移。攀移是由位错核心处空位的吸收或发射而发生的。假定这一过程是沿着位错线的整个长度发生的。当固体处于一个外加应力 σ（以拉应力为正）的作用下，与位错处于平衡的空位浓度为

$$C(R) = C_v^0 \exp\left(\frac{\sigma\Omega}{kT}\right) \tag{13.24}$$

其中，Ω 是原子体积，C_v^0 是在固体中与位错相距 R 处的平衡空位浓度，而 R 是固体中两个位错之间的距离，$R = 1/\sqrt{\pi\rho_d}$，ρ_d 是位错密度，并满足 $\pi R^2\rho_d = 1$（即每个位错的面积 × 单位面积中的位错数 = 1）。R 也定义了单个可再生晶胞，平均意义上说，其可表示固体中 ρ_d 个位错的集合。

受到位错核心和单个晶胞圆柱体半径（定义为 R）之间空位浓度差的驱动，朝着位错移动的空位通量为

$$J = 2\pi r D_v \frac{dC_v}{dr} \tag{13.25}$$

其中，C_v 是 $r_c < r < R$ 区域内的空位浓度（r_c 是位错核心的半径），它由柱体坐标中的一个扩散方程所描述，即

$$\frac{1}{r}\frac{d}{dr}\left(r\frac{dC_v}{dr}\right) = 0 \tag{13.26}$$

其边界条件为

$$C_v(R) = C_v^0 \exp\left(\frac{\sigma\Omega}{kT}\right)$$

$$C_v(r_c) = C_v^0 \tag{13.27}$$

受式（13.27）边界条件约束，对式（13.26）求解可得

$$C_v = C_v^0 - C_v^0\left[1 - \exp\left(\frac{\sigma\Omega}{kT}\right)\right]\frac{\ln\dfrac{R}{r}}{\ln\dfrac{R}{r_c}} \tag{13.28}$$

当 x 取极小值时，$e^x \approx x + 1$，则式（13.28）在 $\sigma\Omega/(kT)$ 极小时为

$$C_v = C_v^0\left(1 + \frac{\sigma\Omega}{kT}\frac{\ln\dfrac{R}{r}}{\ln\dfrac{R}{r_c}}\right) \tag{13.29}$$

在 $r = r_c$ 处计算空位浓度分布的梯度，可得

$$\frac{\mathrm{d}C_\mathrm{v}}{\mathrm{d}r} = C_\mathrm{v}^0 \frac{\sigma\Omega}{kT} \frac{1}{\ln\dfrac{R}{r_\mathrm{c}}} \frac{1}{r_\mathrm{c}} \tag{13.30}$$

结合式（13.25），空位的通量为

$$J_\mathrm{v} = \frac{2\pi D_\mathrm{v} C_\mathrm{v}^0 \sigma\Omega}{kT\ln\dfrac{R}{r_\mathrm{c}}} \tag{13.31}$$

每单位长度朝着位错移动的空位通量为 $J\Omega$ 或 Jb^3，其中 $\Omega \approx b^3$。原子层的厚度为 b，所以式（13.31）除以 b 就得到了单位厚度、单位长度的空位体积流量，或者是垂直于滑移面的单位距离的空位流量，也就是攀移的速度（对于 $D_\mathrm{v} C_\mathrm{v}^0 \Omega = D_\mathrm{vol}$），即

$$
\begin{aligned}
v_\mathrm{c} &= \frac{2\pi D_\mathrm{v} C_\mathrm{v}^0 \sigma\Omega b^2}{kT\ln\dfrac{R}{r_\mathrm{c}}} \\[2mm]
&= \frac{2\pi D_\mathrm{vol}\sigma b^2}{kT\ln\dfrac{R}{r_\mathrm{c}}}
\end{aligned}
\tag{13.32}
$$

至此，有了为推导由位错攀移和超越障碍物的滑移所产生的蠕变速率所需要的全部要素。已知由式（13.19）所给出的蠕变速度 $\dot\varepsilon = \rho_\mathrm{m} bl\dfrac{v_\mathrm{c}}{h}$。在位错是由弗兰克-里德源所产生的情况下，蠕变速率可用弗兰克-里德源的密度 ρ_FR、源所扫过的面积与伯格斯矢量的乘积 Ab，以及所等待时间的倒数 v_c/h 之积表示为

$$\dot\varepsilon = \rho_\mathrm{RF} Ab\frac{v_\mathrm{c}}{h} \tag{13.33}$$

从式（13.23）和式（13.32）分别将 h 和 t_c 代入，可得

$$\dot\varepsilon = \frac{16\pi^2 \rho_\mathrm{FR} Ab^3 D_\mathrm{vol}\sigma(1-\nu)n\sigma_{xy}}{\mu bkT\ln\dfrac{R}{r_\mathrm{c}}} \tag{13.34}$$

塞积中的位错数 n 由参考文献 [2] 给出，即

$$n = \frac{\pi(1-\nu)l\sigma_{xy}}{\mu b} \tag{13.35}$$

其中，l 是塞积的长度，应力 $\sigma = n\sigma_{xy}$。代入式（13.34）可得

$$\dot\varepsilon = \frac{16\pi^2 \rho_\mathrm{FR} A D_\mathrm{vol}(1-\nu)^3 l^2 \sigma_{xy}^4}{\mu^3 kT\ln\dfrac{R}{r_\mathrm{c}}} \tag{13.36}$$

Weertman[3,4] 认为 $\rho_\mathrm{FR} Al^2$ 的量是正比于 σ_{xy}^{-1} 的，可得

$$\dot\varepsilon = \frac{C\pi^2 D_\mathrm{vol}(1-\nu)^3 \sigma_{xy}^3}{\mu^3 kT\ln\dfrac{R}{r_\mathrm{c}}} \tag{13.37}$$

其中，C 是常数。按照式（13.37），由攀移和滑移引起的蠕变速率正比于自扩散系数和应力的三次方。

4. 攀移和湮灭

攀移中的位错也可能遇到符号相反的其他位错，在它们之间会产生一个吸引力，从而推动攀移并导致位错的相互湮灭[5]。图13.6所示为在空间彼此分开、并处于不同滑移面上的若干个位错环。符号相反的位错环之间受到吸引力的作用，导致它们彼此相向攀移而发生湮灭。这是一个为限制固体内位错密度提供了某种方式的重要机制。可以采用与越过障碍物攀移相同的方程来确定蠕变速率，此时，它是由位错的滑移引起的，一旦发生湮灭，位错就会堆积在先导位错的后面（见图13.7），即

$$\dot{\varepsilon} = \rho_{\text{FR}} A b \frac{v_{\text{c}}}{h} = \frac{\rho_{\text{FR}} A b}{t_{\text{c}}} \tag{13.38}$$

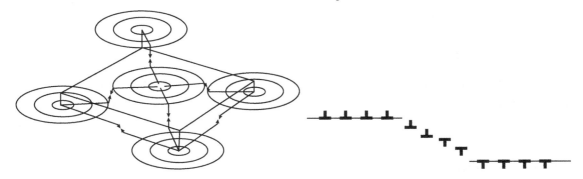

图13.6 导致彼此湮灭的位错相向攀移　　　图13.7 弗兰克－里德源的网络排列[5]
　　　　　　　　　　　　　　　　　　　　　　　　注：这些源会产生攀移至湮灭的位错。

其中，t_{c} 是由 v_{c}/h 定义的等待时间。攀移速度与式（13.32）所确定的相同。但此时高度是正在相向攀移中的两个位错之间的距离。参照由正应力导致的攀移力，式（13.22）表明

$$\sigma = \frac{F_y}{b} \approx -\frac{G}{by} \tag{13.39}$$

符号相反的两个位错互相靠拢的速率为 $2v_{\text{c}}$，把式（13.32）的 v_{c} 和式（13.39）的 σ 结合起来得到

$$\frac{\mathrm{d}y}{\mathrm{d}t} = 2v_{\text{c}} = -2\left(\frac{2\pi b D_{\text{vol}} G}{kT\ln\dfrac{R}{r_{\text{c}}}y}\right) \tag{13.40}$$

在 $t=0$ 时的 $y=h$ 和 $t=t_{\text{c}}$ 时的 $y=0$ 这两个极限值之间对式（13.40）积分，可得

$$t_{\text{c}} = \frac{kT\ln\dfrac{R}{r_{\text{c}}}h^2}{8\pi b D_{\text{vol}} G} \tag{13.41}$$

对于每个弗兰克－里德源产生的 n 个位错，每个位错的等待时间为 t_{c}/n，其中 $n \sim l/h$[3]。将式（13.41）代入式（13.38）可得

$$\dot{\varepsilon} = \frac{\rho_{\text{FR}} A b^2 8\pi l D_{\text{vol}} G}{kT\ln\dfrac{R}{r_{\text{c}}}h^3} \tag{13.42}$$

式（13.42）中的 A 是由位错扫过的面积，可近似取为 πl^2，而滑移面上位错源之间的

距离被给定为 $(h\rho_{FR})^{-1/2}$，ρ_{FR} 是位错源的密度，h 是两个位错源之间垂直于它们的滑移面的距离。将 A 和 l 的表达式代入式（13.42）可得

$$\dot{\varepsilon} = \frac{8\pi^2 b^2 D_{vol} G}{kT\rho_{FR}^{0.5}\ln\dfrac{R}{r_c}h^{4.5}} \qquad (13.43)$$

将 h［式（13.23）］和 G［见式（13.21b）后的一行］带入，有

$$\dot{\varepsilon} = \frac{C\pi^{5.5}(1-\nu)^{3.5} D_{vol}\sigma_{xy}^{4.5}}{kT\rho_{FR}^{0.5}b^{0.5}\mu^{3.5}\ln\dfrac{R}{r_c}} \qquad (13.44)$$

其中，C 是一个包含数值项的常数。注意，应力的指数被升为 4.5 而不再是在滑移模式下攀移时的 3.0。在两种攀移模式下，蠕变速率都正比于 D_{vol} 或 $\exp[-E_{vol}/(kT)]$。

13.1.2　扩散蠕变

在变形机制图的高温低应力区域中，如果忽略位错的作用，则蠕变由空位实现原子扩散的途径所控制。考虑一种有应力施加在一个边长为 d 的立方体晶粒上的理想化情况，如图 13.8a 所示。立方体的面将起到空位的源和阱的作用。在外加应力作用下，空位将沿着虚线描述的路径走，而原子则在相反方向的实线上运动。注意，空位是从受拉应力作用的面向受压应力作用的面流动的。原子则在相反方向上流动，即从受压应力作用的面向受拉应力作用的面流动。这个过程的一个较真实的现象如图 13.8b 所示。在受到压应力作用的面上，由于热激活产生一个空位需要如下的条件，即空位产生的自由能被增大了 $\sigma\Omega$，也就是转移一个 Ω 体积所消耗的功。在受到拉应力 σ 作用的面上，一个空位的产生意味着自由能将被降低同样的量 $\sigma\Omega$。因此，在平衡状态下，在各自面上的空位浓度为

$$C_v^t = C_v^0\exp\left(\frac{\sigma\Omega}{kT}\right) \qquad (13.45)$$

$$C_v^c = C_v^0\exp\left(\frac{-\sigma\Omega}{kT}\right)$$

其中，σ 为应力的大小，上标 t 和 c 分别对应于拉伸和压缩。应力作用在面积为 d^2 的空位流动速率 A 为

$$A = J_v d^2 \qquad (13.46)$$

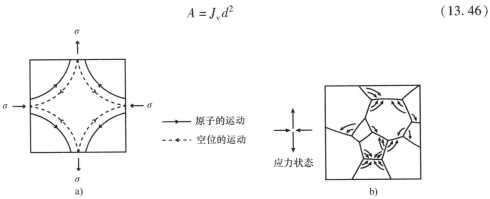

图 13.8　沿着外加应力的拉伸或压缩方向的晶粒面之间空位和原子流动的理想情况和较真实的情况
a）理想情况　b）较真实的情况

空位通量 J_v 的大小可由菲克定律给出，即

$$J_v = D_v \frac{\mathrm{d}C}{\mathrm{d}x} \tag{13.47}$$

$$\approx \kappa D_v \frac{C_v^t - C_v^c}{d}$$

其中，D_v 是空位的扩散系数，κ 是空位的平均扩散路程与立方体侧边长度 d 之间的比例系数。将式（13.45）和式（13.47）代入式（13.46），可得

$$A = D_v C_v^0 \kappa d \left[\exp\left(\frac{\sigma\Omega}{kT} \right) - \exp\left(\frac{-\sigma\Omega}{kT} \right) \right] \tag{13.48}$$

考虑到 $D_{\mathrm{vol}} = D_v C_v^0 \Omega$，而两个指数项之差可用双曲正弦函数写出，则式（13.48）可改写为

$$A = \frac{2\kappa d D_{\mathrm{vol}}}{\Omega} \sinh \frac{\sigma\Omega}{kT} \tag{13.49}$$

应变恰恰就是每单位面积（d^2）压缩面上的原子体积 Ω 再除以尺寸 d，即

$$\varepsilon = \frac{\Omega}{d^2} \frac{1}{d} \tag{13.50}$$

因为空位向边界流动的速率是 A，于是应变速率为

$$\dot{\varepsilon} = A \frac{\Omega}{d^3} = \frac{2\kappa D_{\mathrm{vol}}}{d^2} \sinh(\sigma\Omega/kT) \tag{13.51}$$

因为 $\sigma\Omega/kT$ 很小（~1），$\sinh$ 项可以被近似替代为它的函数自变量，可得

$$\dot{\varepsilon} = B_{\mathrm{vol}} \frac{D_{\mathrm{vol}} \sigma\Omega}{d^2 kT} \tag{13.52}$$

其中，B_{vol} 是常数 2κ。注意，蠕变速率是由应力的一次方控制，它又与晶粒直径的平方成反比。它与温度的关系受制于体积扩散系数 $D_{\mathrm{vol}} \exp[-E_{\mathrm{vol}}/(kT)]$，这和13.1.1小节中所说的由位错蠕变得到的关系一样。将这一机制推广到多晶[6]，得到了完全相同的表达式。根据最先推导出蠕变表达式的研究结果[7,8]，由原子通过空位的途径发生体积扩散或晶格扩散，从而引起的扩散蠕变被称之为 Nabarro – Herring（N – H）蠕变。

当温度低于 N – H 蠕变发生的温度范围时，晶界扩散主导着质量的传输。Coble[9] 在假设球形晶粒的前提下，首先推导并得到了由晶界主导的扩散所产生的蠕变速率表达式，即

$$\dot{\varepsilon} = B_{\mathrm{gb}} \frac{D_{\mathrm{gb}} \delta_{\mathrm{gb}} \sigma\Omega}{\pi d^3 kT} \tag{13.53}$$

其中，D_{gb} 是晶界扩散系数，δ_{gb} 是晶界宽度，而常数 $B_{\mathrm{gb}} \approx 148$[6]。注意，虽然它与应力的关系和 N – H 蠕变一样，但与晶粒尺寸的关系却是 d^{-3} 而不是 d^{-2}。由于晶界扩散的性质不同于体积扩散，在低温下将以 Coble 蠕变为主，在高温下则由 N – H 蠕变主导，而在中温范围内两者都有贡献。因此，扩散蠕变速率可用一个普适的方程来描述，即

$$\dot{\varepsilon} = B \frac{\sigma\Omega}{d^2 kT} D_{\mathrm{eff}} \tag{13.54}$$

D_{eff} 是由式（13.55）给定的有效扩散系数。

$$D_{\mathrm{eff}} = D_{\mathrm{vol}} \left(1 + \frac{\pi}{d} \frac{D_{\mathrm{gb}} \delta_{\mathrm{gb}}}{D_{\mathrm{vol}}} \right) \tag{13.55}$$

而常数 $B = 14$[6]。这样，晶界扩散将在比值 D_{gb}/D_{vol} 较高且晶粒尺寸 d 较小的情况下有助于提高蠕变速率。

13.2　辐照蠕变

由于热蠕变效应，辐照显著提高了蠕变速率，或者在热蠕变可以忽略不计的温度区间内，辐照也会诱发蠕变。在同样的温度下，不锈钢和锆合金的辐照蠕变速率都比热蠕变速率高得多。事实上，在轻水堆的堆芯温度下，热蠕变可以忽略不计，但辐照蠕变速率可能会超过 $10^{-6}\mathrm{s}^{-1}$。辐照增加了固体中间隙原子和空位的数量，可是这种增加效应不只是使热蠕变加速。事实上，将会看到辐照并没有（直接）使扩散蠕变速率提高。然而，应当把辐照蠕变理解成是缺陷产生增多、施加应力及形成辐照微观组织的结果。位错环和空洞的形成及长大在蠕变过程中起着重要的作用。应力诱发的位错环形核和应力诱发的间隙原子择优吸收引起的位错线弯曲，可能与蠕变行为的瞬态变化部分有关，但是稳态蠕变行为需要用位错的攀移和滑移来解释。接下来将给出辐照条件下金属中蠕变的一些机制，以及它们与独立变量（如剂量率、温度、应力）及变化中的微观组织演变之间的关系。

13.2.1　应力诱导的位错环择优形核

施加外应力可能会增大间隙型位错环在择优取向平面上形核的概率。和与外加应力平行的平面相比，间隙型位错环似乎较倾向于在与外加拉应力垂直的平面上形核。而空位型位错环则相反，它们较少在与拉应力垂直的（非对齐）平面上形核，而较倾向于在与拉应力平行的（对齐的）平面上形核。无论哪种情况，这两类位错环的优先形核都将导致固体在外加拉应力的方向上长度增加（见图13.9）。这个过程就叫作辐照蠕变的"应力诱导择优形核

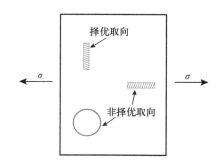

图 13.9　应力对位错环形核影响的简图

（SIPN）机制"[10]。如果 f 表示沿着（平行）应力方向的间隙型位错环的超量份额，则沿着（平行）应力方向的位错环浓度 N_{AL} 可表示为[11]

$$N_{AL} = \frac{1}{3}(1-f)N_L + fN_L \qquad (13.56)$$

而非沿着（垂直）应力方向的位错环的浓度 N_{NL} 为

$$N_{NL} = \frac{2}{3}(1-f)N_L \qquad (13.57)$$

其中，N_L 是位错环的总浓度。沿着（平行）应力方向的间隙型位错环的超量份额将由以下方式加以确定。

如果在间隙原子得以集聚而生成一个间隙型位错环之前，需要有 n 个间隙原子，作为对一个外加正应力的响应，则发生如此集聚的概率 p 将是

$$p_i = \frac{\exp\dfrac{\sigma_i n\Omega}{kT}}{\sum\limits_{j=1}^{n_0} \exp\dfrac{\sigma_j n\Omega}{kT}} \tag{13.58}$$

式（13.58）中下标 i 指的是在 n_0 个可能的位错环取向中的第 i 个取向。而在第 i 个取向下位错环的数量为

$$N_L^i = p_i N_L \tag{13.59}$$

将 f_i 定义为第 i 个取向下间隙型位错环的超量份额，有

$$p_i N_L = \frac{1}{n_0}\left(1 - \sum_{j=1}^{n_0} f_j\right) N_L + f_i N_L, \quad i = 1, 2, \cdots, n_0 \tag{13.60}$$

$$f_i = \frac{\left(\exp\dfrac{\sigma_i n\Omega}{kT} - 1\right)}{\sum\limits_{j=1}^{n_0} \exp\dfrac{\sigma_j n\Omega}{kT}} \tag{13.61}$$

通过将 n_0 个可能的取向降低为三个正交的方向，由此简化相关的描述。这样，对于一个与 $i=1$ 取向正交的单轴拉应力而言，另外两个正交的取向（$i=2,3$）将有 $\sigma_2 = \sigma_3 = 0$，并且有

$$f_1 = \frac{\left(\exp\dfrac{\sigma_1 n\Omega}{kT} - 1\right)}{\left(\exp\dfrac{\sigma_1 n\Omega}{kT} + 2\right)} \tag{13.62}$$

同时，$f_2 = f_3 = 0$。

利用式（13.62）的结果，由于位错环的数量不对称性导致的蠕变速率为

$$\varepsilon = \frac{2}{3}\left[\pi r_L^2 b N_{AL} - \frac{1}{2}\pi r_L^2 b N_{NL}\right] \tag{13.63}$$

将式（13.56）和式（13.57）中的 N_{AL} 和 N_{NL} 代入，可得

$$\varepsilon = \frac{2}{3}f\pi r_L^2 b N_L \tag{13.64}$$

其中，b 是伯格斯矢量，r_L 是位错环的平均半径。对式（13.64）所给出的蠕变应变取时间的微分，得到蠕变速率为

$$\dot{\varepsilon} = \frac{4}{3}fb\pi r_L N_L \dot{r}_L \tag{13.65}$$

将 $\rho_L = 2\pi r_L N_L$ 定义为单位体积内位错环的线长度，可得

$$\dot{\varepsilon} = \frac{2}{3}fb\rho_L \dot{r}_L \tag{13.66}$$

如果式（13.62）中 f 的表达式中指数项的变量比 1 小，则该指数项可以用 $\exp(x) \approx x + 1$ 取代，则

$$f = \frac{\sigma n\Omega}{3kT} \tag{13.67}$$

式（13.67）中应力的下标被省略了，而式（13.66）就成为

$$\dot{\varepsilon} = \frac{2}{9}\frac{\sigma n b\Omega}{kT}\rho_{\mathrm{L}}\dot{r}_{\mathrm{L}} \tag{13.68}$$

注意，蠕变速率正比于应力和位错环的长大速率 $\dot{r}_{\mathrm{L}}$。Brailsford 和 Bullough[10] 指出，如果辐照微观组织仅由位错环和空洞两种吸附陷阱组成，而且空位被空洞吸收的速率等于间隙原子被位错环吸收的速率那么蠕变速率可能与肿胀相关。在式（13.65）中，$2\pi r_{\mathrm{L}}b$（厚度为 b 的位错环的外缘面积）与 $\dot{r}_{\mathrm{L}}$ 的乘积就是位错环上增加的间隙原子的体积，乘以单位体积内 N_{L} 个位错环，就得出了由于间隙原子的净吸收引起位错环体积增加的分量。如果这正好被相应的，并且等于空位被空洞净吸收而产生的肿胀速率 $\dot{S}$ 分数所平衡的话，则式（13.65）成为

$$\dot{\varepsilon} = \frac{2}{3}f\dot{S} \tag{13.69}$$

对于 n 很小的情况，采用式（13.67）将 f 代入，得到

$$\dot{\varepsilon} = \frac{2}{9}\frac{\sigma n\Omega}{kT}\dot{S} \tag{13.70}$$

根据总位错密度为 $\rho = \rho_{\mathrm{L}} + \rho_{\mathrm{N}}$ 的情况进行归纳总结，得到

$$\dot{\varepsilon} = \frac{2}{9}\frac{\sigma n\Omega}{kT}\frac{\rho_{\mathrm{L}}}{\rho}\dot{S} \tag{13.71}$$

对于由位错环的各向异性分布导致的应变，更普遍的处理方法[12] 是采用应变张量来描述由位错环连续分布[13] 导致的体应变，即

$$\varepsilon_{ij} = \sum_{k=1}^{M}\frac{\rho^k A^k n_i^k b_j^k}{\Delta V} \tag{13.72}$$

这一方程描述了在 ΔV 体积内由 M 组位错环所导致的应变 ε，在该体积中第 k 组的位错环都有相同的伯格斯矢量、面积 A、法向量 n 和数量密度 ρ。下标 i 指的是位错环的法向量的 x、y、z 方向，而下标 j 指的是位错环伯格斯矢量在 x、y、z 方向的分量，而 M 代表在一个多晶体内的单个晶粒。对于一个单晶，有

$$\varepsilon_{ij}^k = \frac{N^k\pi\left(\dfrac{d}{2}\right)^2 n_i^k b_j^k}{\Delta V} \tag{13.73}$$

其中，N^k 是体积 ΔV 中第 k 组位错环的数量，d 是测量得到的位错环直径。式（13.73）的求解需要有一个 N^k 的表达式。以在 500℃、1dpa 及 180MPa 拉应力作用下 T91 合金的辐照为例，其 $a\langle 100\rangle$ 平面位错环分布的 TEM 图像及位错环密度和尺寸的各向异性分布如图 13.10 所示。注意，位错环优先在拉应力方向的法向形成，即

$$\frac{N^k}{N} = \alpha - \beta\theta^k \tag{13.74}$$

其中，α 和 β 是拟合常数，θ 被定义为位错环的法线与拉伸轴的夹角，如图 13.11 所示。将式（13.74）中 N^k 的表达式代入式（13.73）并加以简化[12]，得到

$$\varepsilon_i = b\rho\pi\left(\frac{d}{2}\right)^2 \frac{\displaystyle\int_{\phi=0}^{\pi/2}\int_{\theta=0}^{\pi/2} n_i(\alpha - \beta\theta)\,\mathrm{d}\phi\,\mathrm{d}\theta}{\displaystyle\int_{\phi=0}^{\pi/2}\int_{\theta=0}^{\pi/2}(\alpha - \beta\theta)\,\mathrm{d}\phi\,\mathrm{d}\theta} - \frac{1}{3}\varepsilon_{\mathrm{vol}} \tag{13.75}$$

通过从三个主要方向的应变中减去位错环导致的体积肿胀的三分之一，式（13.75）中的最后一项确保了蠕变的体积守恒。

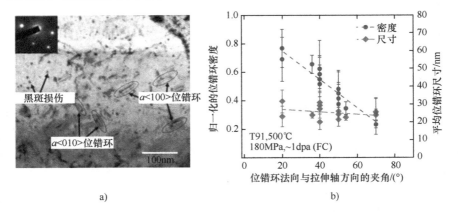

a)　　　　　　　　　　　b)

图 13.10　位错环分布的 TEM 图像及位错环密度和尺寸的各向异性分布[12]

a）在〈100〉晶带轴以 $g = \langle 110 \rangle$ 得到的 $a \langle 100 \rangle$ 位错环分布的 TEM 图像

b）500℃和 180MPa 拉应力作用下辐照后，位错环密度和尺寸的各向异性分布

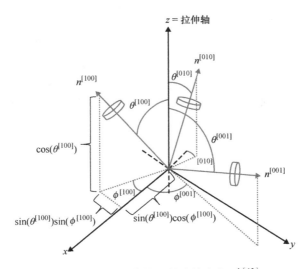

图 13.11　三组位错环的法线方向 n^k[12]

注：其中 $k = [100]$，$[010]$ 和 $[001]$。$n [100]$ 的分量是按笛卡儿坐标系加以定义的，而 z 轴为拉伸轴。

在所提供的例子中发现，由试样中观察到的位错环各向异性导致的蠕变应变只是试样中测量到的总应变的 4.4% 左右。这一观察结果与先前的工作[14]指出的"位错环各向异性导致的应变大大低于测量得到的总应变"是一致的，这表明一定还有另一种变形机制在驱动着辐照蠕变的行为。

SIPN 是否真与所观察到的蠕变应变有关还有相当大的争议。Matthews 和 Finnis[14]评述了对于 SIPN 赞成和反对的争论，他们认为，尽管观察的结果支持了拉应力使择优的位错环取向增多的看法，但即使把 n 估算得高达 10～30，测得的蠕变应变量还是比由择优取向所能提供的要高出 2～4 倍。这个模型的最大限制在于，位错环一旦得以形核，应变速率就由辐照剂量所决定，而与应力无关了。因此，一旦位错环形核完成，即使应力被撤去，蠕变还会继续。而且，如果位错环形核发生在应力加载之前，则蠕变就不应发生。显然，SIPN 无法为观察到的全部蠕变行为提供解释，但是对于所观察到的蠕变应变速率中的一部分，它可能还不失为一种可行的机制。位错环形核的一个可取之处是在外加应力作用下缺陷会被位错环择优吸收，这将在 13.2.2 小节中加以讨论。

13.2.2　应力诱导择优吸收

稳态下，存在着几个可能导致辐照和应力共同作用下固体发生蠕变的性质各异的过程。它们是：①原子从与平行于外加应力的平面向垂直于外加应力的平面的转移；②位错在倾斜于应力方向的平面上的滑移；③由于受到间隙原子的偏置作用，位错发生攀移和滑移。其中的第一个过程叫作"应力诱导择优吸收（SIPA）"，第二个过程叫作"择优吸收滑移（PAG）"[15]。PAG 也是由择优吸收所导致的，但是对于蠕变应变而言，它是一个附加的分量，因为它描述了位错滑移对蠕变应变的作用，而 SIPN 只是描述了攀移对蠕变应变的作用。第三个过程是在所有取向的（也即并非受应力助推的）位错处发生间隙原子净吸收引起的攀移和滑移过程所导致的蠕变应变，它在本质上与 13.1 节所描述的攀移和滑移机制是同样的过程，但是，现在遇到的是缺陷源为过量的间隙原子的情况。注意，这个过程是与肿胀联系在一起的，因为相应的净过剩空位会在空腔处集聚而导致肿胀。

择优吸收起源于位错和缺陷的交互作用。对于大部分 SIPA，起源是位错和缺陷的长程应力场之间的弹性交互作用。此外，影响 SIPA 起源的其他因素也有各向异性扩散和弹性扩散。尽管在交互作用影响起源的细节上有差别，但所有这些机制均导致了间隙原子被位错择优吸收。

由 j 和密度 ρ_j 所描述的被择优取向的位错，其吸收的过量间隙原子的通量为

$$J_j = \rho_j \Omega (z_i^{dj} D_i C_i - z_v^{dj} D_v C_v + z_v^{dj} D_v C_v^{dj}) \tag{13.76}$$

其中，$z_{i,v}^{dj}$ 是取向为 j 的位错的俘获效率，$D_{i,v}$ 是扩散系数，$C_{i,v}$ 是间隙原子和空位的体浓度。变量 C_v^{dj} 是与取向为 j 的位错处于平衡状态的空位浓度。对于 $j=1$ 的单轴拉应力而言，有

$$C_v^{d1} = C_v^0 \exp\left(\frac{\sigma \Omega}{kT}\right) \tag{13.77}$$

$$C_v^{d2} = C_v^{d3} = C_v^0 \tag{13.78}$$

间隙原子通量 J_j 也可以与攀移速度关联起来，即

$$J_j = b\rho_j v_j \tag{13.79}$$

其中，ρ_j 是其平面垂直于 j 的位错的密度。由式（13.79）将 J_j 代入式（13.76）并对 v_j 求解可得

$$v_j = \frac{\Omega}{b}(z_i^{dj} D_i C_i - z_v^{dj} D_v C_v + z_v^{dj} D_v C_v^{dj}) \tag{13.80}$$

将式（13.80）代入式（13.5），得到总蠕变速率为

$$\dot{\varepsilon}_j = \Omega(z_i^{dj} D_i C_i - z_v^{dj} D_v C_v + z_v^{dj} D_v C_v^{dj})\rho_j \tag{13.81}$$

但是，式（13.81）也包含了空洞肿胀的作用。蠕变速率的这个分量恰恰就等于体积肿胀的 1/3，即 $\varepsilon = (\varepsilon_1 + \varepsilon_2 + \varepsilon_3)/3$，于是肿胀应变速率 $\dot{\varepsilon}_S$ 为

$$\dot{\varepsilon}_S = \frac{\Omega}{3}\sum_{n=1}^{3}(z_i^{dn} D_i C_i - z_v^{dn} D_v C_v + z_v^{dn} D_v C_v^{dn})\rho_n \tag{13.82}$$

这样，由间隙原子在位错处的择优吸收引起的攀移所产生的蠕变速率为

$$\dot{\varepsilon}_j = \Omega(z_i^{dj}D_iC_i - z_v^{dj}D_vC_v + z_v^{dj}D_vC_v^{dj})\rho_j - \tag{13.83}$$

$$\frac{\Omega}{3}\sum_{n=1}^{3}(z_i^{dn}D_iC_i - z_v^{dn}D_vC_v + z_v^{dn}D_vC_v^{dn})\rho_n$$

在三个正交方向上，对于各向同性分布的位错，可表述为

$$\rho_1 = \rho_2 = \rho_3 = \rho/3 \tag{13.84}$$

将平衡空位密度的式（13.77）、式（13.78）和位错密度的式（13.84）代入应力方向 $j = 1 = A$（沿着位错）的式（13.84），可得

$$\dot{\varepsilon}_{\text{climb}} = \frac{2}{9}\Omega\rho\left\{\underbrace{\left[\Delta z_i^dD_iC_i - \Delta z_v^dD_vC_v\right]}_{\text{SIPA}} + \underbrace{D_vC_v^0\left[z_v^{dA}\exp\left(\frac{\sigma\Omega}{kT}\right) - z_v^{dN}\right]}_{\text{PE}}\right\} \tag{13.85}$$

其中，$\Delta z_{i,v}^d = z_{i,v}^{dA} - z_{i,v}^{dN}$，$z_{i,v}^{dA}$ 是平行应力方向的位错的俘获效率，$z_{i,v}^{dN}$ 是垂直应力方向的位错（$j = 2$）的俘获效率。方括号内的第一项是由间隙原子的择优吸收（或 SIPA）引起的位错攀移蠕变速率，即

$$\dot{\varepsilon}_{\text{SIPA}} = \frac{2}{9}\Omega\rho\left[\Delta z_i^dD_iC_i - \Delta z_v^dD_vC_v\right] \tag{13.86}$$

方括号内的第二项是由空位的择优发射（PE）[15]引起的位错攀移蠕变速率，即

$$\dot{\varepsilon}_{\text{PE}} = \frac{2}{9}\Omega\rho D_vC_v^0\left[z_v^{dA}\exp\left(\frac{\sigma\Omega}{kT}\right) - z_v^{dN}\right] \tag{13.87}$$

如果不同取向位错的俘获效率（择优性）之间的差别忽略不计，即 $\Delta z_i^d = \Delta z_v^d = 0$，则方括号内的第一项将消失，此时，蠕变速率就只受热过程的影响。

13.2.3　由择优吸收滑移引起的攀移和滑移

虽然 SIPA 为位错攀移导致的蠕变提供了一种机制，但如果它们能够借助攀移而克服在它们的滑移面上的障碍物的话，位错还可以通过滑移加速蠕变[15]。在外加应力作用下，受到钉扎的位错将发生滑移，直到它们达到由位错线张力提供的恢复力被外加应力所平衡的一种状态时停止。因为位错受到了钉扎，蠕变被 $\varepsilon = \sigma/E$ 给定的弹性应力所限制。攀移却能够让位错克服初始的钉扎点。得以释放的位错片段在两个新的钉扎点之间弓出直到其线张力再次被外加应力所平

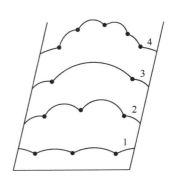

图 13.12　位错通过弓出、位错片段的钉扎和脱钉而滑移的过程（1~4）

衡。图 13.12 所示为位错的片段在钉扎点之间弓出、从钉扎点被释放，然后再次被钉扎的过程。攀移和滑移到钉扎的每一个循环构成了由攀移导致的蠕变之外另加的弹性挠度，两者一起对固体中总的蠕变应变产生作用，而位错网络始终维持着它的形状。这一机制也已被称为"瞬态蠕变"，因为它只在低剂量下发生。可是，因为位错线在攀移越过钉扎点之后还能继续弓出，它也会与稳态的蠕变有关。

与式（13.19）类似，由攀移和滑移造成的蠕变速率可以写成

$$\dot{\varepsilon}_{\text{CG}} = \varepsilon\frac{v_c}{l} \tag{13.88}$$

其中，ε 是弹性挠度引起的应变，v_c 是攀移速度，l 是钉扎点之间的距离。如果钉扎是由网络位错密度造成的，则 $l = 1/\sqrt{\pi\rho_d}$，ρ_d 是位错密度，于是式（13.88）变成

$$\dot{\varepsilon}_{CG} = \varepsilon(\pi\rho_d)^{1/2}v_c \tag{13.89}$$

攀移速度可以由式（13.80）加上或减去因为体积肿胀而产生的速度分量而得以确定，即

$$v_j = \frac{\Omega}{b}\Big[\left(z_i^{dj}D_iC_i - z_v^{dj}D_vC_v + z_v^{dj}D_vC_v^{dj}\right) -$$
$$\frac{1}{3\rho_j}\sum_{n=1}^{3}\left(z_i^{dn}D_iC_i - z_v^{dn}D_vC_v + z_v^{dn}D_vC_v^{dn}\right)\rho_n\Big] + \tag{13.90}$$
$$\frac{\Omega}{3b\rho_j}\sum_{n=1}^{3}\left(z_i^{dn}D_iC_i - z_v^{dn}D_vC_v + z_v^{dn}D_vC_v^{dn}\right)\rho_n$$

式（13.90）中各项的物理意义如下。方括号中的第一项是由作用于空位和间隙原子吸收及空位发射的所有过程所导致的攀移速度。方括号中的第二项是由于点缺陷在那些只能归因于肿胀的位错处的吸收和发射导致的攀移，从第一项中减去第二项就得到了方括号内的净结果，即只包括了那些由于应力诱导择优吸收及择优空位发射所导致的体积守恒过程所产生的攀移速度。式（13.90）的最后一项是由各向同性肿胀导致的位错攀移速度。在无肿胀的情况下，方括号中的项作用于攀移和滑移过程。利用式（13.84）和位错平均速度，可得

$$v = \frac{|v_1| + |v_2| + |v_3|}{3} \tag{13.91}$$

式（13.90）成为

$$v = \frac{\Omega}{3b}\{\,|z_i^{d1}D_iC_i - z_v^{d1}D_vC_v + z_v^{d1}D_vC_v^{d1}| + 2|z_i^{d2}D_iC_i - z_v^{d2}D_vC_v + z_v^{d2}D_vC_v^{d2}|\,\} \tag{13.92}$$

当发生了择优吸收和择优发射而并无肿胀时，被吸收的间隙原子数必然与被吸收的空位数相平衡，则

$$z_i^{d1}D_iC_i - z_v^{d1}D_vC_v + z_v^{d1}D_vC_v^{d1} = 2(z_i^{d2}D_iC_i - z_v^{d2}D_vC_v + z_v^{d2}D_vC_v^{d2}) \tag{13.93}$$

而式（13.92）就成为

$$v = \frac{2}{3}\frac{\Omega}{b}(z_i^{d1}D_iC_i - z_v^{d1}D_vC_v + z_v^{d1}D_vC_v^{d1}) \tag{13.94}$$

将由式（13.94）给定的攀移速度代入攀移和滑移的蠕变方程［式（13.89）］可得

$$\dot{\varepsilon}_{CG} = \frac{2}{3}\frac{\varepsilon}{b}\Omega(\pi\rho_d)^{1/2}(z_i^{d1}D_iC_i - z_v^{d1}D_vC_v + z_v^{d1}D_vC_v^{d1}) \tag{13.95}$$

在对式（13.95）进行一些操作后，Mansur[15]指出，攀移和滑移的蠕变速率可表示为

$$\dot{\varepsilon}_{CG} = \frac{4}{9}\frac{\varepsilon\Omega}{b}\Omega(\pi\rho_d)^{1/2}D_iC_i\Delta z_i^d \tag{13.96}$$

其中，Δz_i^d 由式（13.85）定义。注意，在式（13.86）和式（13.96）中，出现了 Δz_i^d 这一项，它表示了平行应力方向的位错与垂直应力方向的位错俘获效率的差别，因而它与应力无关。Mansur 把 Δz_i^d 写成 $\Delta z_i^d = \Delta z_i'\varepsilon$（其中 $\Delta z_i'$ 与应力无关）。于是有 $\dot{\varepsilon}_{SIPA} \propto \varepsilon$ 和 $\dot{\varepsilon}_{CG} \propto \varepsilon^2$，由于 $\varepsilon = \sigma/E$，有 $\dot{\varepsilon}_{SIPA} \propto \sigma$ 和 $\dot{\varepsilon}_{CG} \propto \sigma^2$。而且，正如 5.1.3 小节所述，在阱主导的情况下，C_i 项

正比于缺陷的产生速率 K_0，而在复合主导的情况下，C_i 项正比于 $K_0^{1/2}$。还应当注意，因为并无必要考虑在所有位错处发生的间隙原子的净择优吸收，蠕变可在无肿胀的情况下进行。

13.2.4 由位错偏置驱动的攀移和滑移

前面的分析描述了由应力诱发的间隙原子在位错处择优吸收所驱动的蠕变。蠕变速率有着攀移和滑移两个分量，蠕变过程受位错片段在攀移后的弓出控制，从而将位错片段从钉扎点释放出来。本小节中，将首先考虑由位错偏置而非位错的择优吸收所驱动的蠕变。显然，为了通过位错实现间隙原子的净吸收，需要通过固体中的其他阱实现空位的等效净吸收。这里所说的阱被假定为空洞。间隙原子在位错处被超额吸收所导致的蠕变，与本节中讨论的热蠕变攀移和滑移机制是等价的，但是间隙原子的吸收取代了空位的吸收。在此情况下，回顾用攀移速度 v_c 和障碍物的高度 h 表示蠕变速率的式（13.19）。式（13.79）给出了用间隙原子在位错处被吸收的通量表示的攀移速度。于是，对仅由于位错阱所导致的攀移，间隙原子通量的式（13.76）就可写为

$$J = \rho_m \Omega [z_i^d D_i C_i - z_v^d D_v C_v^d] \tag{13.97}$$

把式（13.97）中 J 的表达式代入式（13.79）并对 v_c 求解，可得

$$v_c = \frac{\Omega}{b}[z_i^d D_i C_i - z_v^d D_v C_v^d] \tag{13.98}$$

只要忽略热发射（即令 $C_v^{dj} \sim 0$），并要求位错的位错俘获系数并不具有与取向的相关性，于是，$z_v^{dj} = z_v^d$，$z_i^{dj} = z_i^d$，式（13.98）也可以直接从式（13.90）得到。障碍物的高度由式（13.23）给定，在位错受到障碍物塞积的情况下，应力 σ_{xy} 被 $n\sigma_{xy}$ 所代替，其中 n 是塞积中的位错数并由式（13.35）给出。将式（13.98）的 v_c、式（13.23）的 h 和式（13.35）的 n 代入式（13.19）得到

$$\dot{\varepsilon} = \frac{\rho_m l^2 \Omega 8\pi^2 (1-\nu)^2 \sigma_{xy}^2}{(\mu b)^2}[z_i^d D_i C_i - z_v^d D_v C_v^d] \tag{13.99}$$

当蠕变是由肿胀驱动时，在位错处间隙原子的吸收速率被同样数量的空位吸收速率所平衡，则

$$\rho_m(J_i^d - J_v^d) = A_v^V - A_i^V = \frac{1}{\Omega}\frac{\Delta\dot{V}}{V} \tag{13.100}$$

将式（13.100）代入式（13.99）得到

$$\dot{\varepsilon} = \frac{\rho_m}{\rho_d}\frac{8\pi^2 l^2 (1-\nu)^2 \sigma_{xy}^2}{(\mu b)^2}\frac{\Delta\dot{V}}{V} \tag{13.101}$$

其中，ρ_m/ρ_d 项是对蠕变有作用的可动位错密度的分数。还应注意，受到辐照的金属常常并不出现位错在障碍物处的堆积。在此情况下，堆积中的位错数 n 就取为 1，而蠕变速率正比于应力。Wolfer 等人[16]指出，当障碍物是弗兰克环时，蠕变速率正比于应力，即其幂指数 $n=1$。

13.2.5 瞬态蠕变

蠕变有可能发生在空位和间隙原子浓度达到稳态之前，这样的蠕变被称为"瞬态蠕变"。有三类瞬态蠕变过程最为重要，即滑移诱导的瞬态吸收、启动诱导的瞬态吸收和级

联蠕变。

1. 滑移诱导的瞬态吸收

在攀移和滑移诱导的蠕变中，攀移过程为限制步骤，因为滑移发生得极快。事实上，由于滑移过程进行得如此之快，以至于点缺陷的稳态浓度不能在位错处得以保持。其结果是，位错总是在其新的位置同时吸收空位和间隙原子而力图重新建立起稳态的点缺陷扩散分布[17]。可是，空位和间隙原子并非是等量地被吸收的，吸收速率的这种不平衡性就导致了一种被称为"滑移诱导的瞬态吸收"的瞬态蠕变形式。图5.3表明，块体的空位浓度比间隙原子浓度高出几个数量级。因此，空位向位错的流动造成了正攀移的增量，从而使位错得以从障碍物处释放并产生了由滑移导致的蠕变。图13.13所示为在稳态扩散分布达到之前由过量空位吸收所导致的攀移增量。显示为正方向的初始攀移为瞬态的空位型攀移，而发生在较长时间（$Dt = 10^8 nm^2$）的负攀移则是由位错偏置诱发的间隙型攀移。如果瞬态的正攀移大得足以使位错从障碍处脱离，它就会滑移到下一个障碍。如果瞬态的攀移无法实现，稳态的攀移将最终使位错的运动反转，即在负方向上发生脱离。一旦达到了稳态，则攀移将受控于SIPA所导致的少量净多余间隙原子。只要温度不过低使空位扩散受限，在稳态空位浓度很高的情况下，这种瞬态攀移有可能在低温下导致高的蠕变速率。

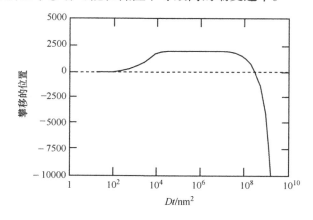

图13.13　单位长度位错的位错攀移[17]

注：位错攀移的单位归一化为稳态空位浓度除以 10^{18}。扩散系数的

单位是 nm^2/s，并假设稳态攀移率相当于间隙原子总流量的1%。

2. 启动诱导的瞬态吸收

在辐照刚开始的低温条件下，也可能发生显著的蠕变。这种蠕变过程被称为"启动诱导的瞬态吸收"，它是当间隙原子可动、但空位扩散得太慢而来不及与位错发生交互作用时，由于间隙原子在达到稳态之前就被吸收而发生的现象[18]。再次回顾图5.3，在低温下辐照启动时，空位和间隙原子的浓度都随时间线性地升高，直到间隙原子在阱处开始被吸收。在由时间常数 τ_2 所定义的时间点，间隙原子浓度达到了一个准稳态，而空位浓度却还在继续攀升。空位的持续积累造成了复合的发生，这又导致了间隙原子浓度的下降和空位积累的速度随时间变慢。随着空位浓度的额外增高，复合成为了引起间隙原子损失速率较陡的下降和空位累积速率变慢（在 $t = \tau_4$ 处）的损失过程的主要原因。最后，当空位浓度高到足以让空位与阱发生交互作用时，也就达到了稳态。

在此启动瞬态期间，间隙原子对蠕变的作用可以通过确定多余的间隙原子数 N_i 加以估算，N_i 是图 5.3 中每个时间间隔中被位错吸收的间隙原子数。例如，在 $\tau_4 - \tau_2$ 的时间间隔内产生的间隙原子数为 $K_0(\tau_4 - \tau_2)$，余下的数量为 $K_0/K_{is}C_s$，所以被位错吸收的数量为

$$N_i = K_0(\tau_4 - \tau_2) - \frac{K_0}{K_{is}C_s} \tag{13.102}$$

采用同样的分析，可以对时间间隔 $\tau_3 - \tau_4$ 内，即直到瞬态终了时，被吸收的间隙原子数进行估算。如果在式（13.96）中用 N_i 替代 C_i，间隙原子的吸收导致了攀移激活的滑移。在进入 300℃ 范围的温度下，奥氏体不锈钢中总的蠕变应变是由启动诱导的瞬态吸收所主导的，而对铁素体钢而言，则是在接近 200℃ 的温度范围（见图 13.14）。这就是说，在低温下和辐照的启动阶段，这是一个重要的蠕变机制。

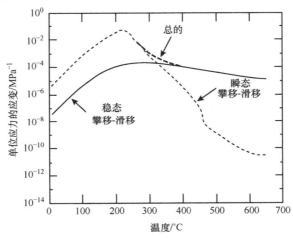

图 13.14　采用常规的使得攀移成为可能的滑移模型（稳态条件）和启动诱导的瞬态吸收
模型得到的，奥氏体钢中每单位应力的蠕变变形随温度的变化[18]

3. 级联蠕变

一个最简单的瞬态蠕变模型基于应力对位移尖峰（陡增）体积（量）的影响。如 Brinkman 和 Wiedersich[19] 所述，如果在位移尖峰（陡增）发生的期间，有一个载荷施加于一个固体，则尖峰（陡增）区域内的弹性应变将局部发生弛豫并被冻结。由此过程产生的应变速率为

$$\dot{\varepsilon}_{cas} = \varepsilon_e V_{cas} \alpha N \sigma_s \phi \tag{13.103}$$

其中，ε_e 是弹性应变，$\varepsilon_e = \sigma/E$，V_{cas} 是级联的体积，α 是每个中子散射事件的尖峰数，N 是固体中的原子数密度，σ_s 是中子散射截面，ϕ 是快中子通量。Matthews 和 Finnis[14] 指出，在中子辐照的结构材料中，该蠕变率低估了中子辐照结构材料中观察到的辐照蠕变。然而，由于缺陷的产生不会在空间和时间上连续发生，并且并非所有缺陷都会脱离损伤区域，因此由级联效应导致的应变可能是重要而应当考虑的。作为对由邻近的级联所导致的局部空位浓度起伏的响应，一个位错片段将做攀移的移动。在移动过程中，它的片段存在发生脱钉扎的概率。Mansur[20] 在攀移激活的滑移模型中考虑了级联的影响，他在式（13.19）中用被钉扎位错片段的释放频率 ω 取代 $v_c = h$，则

$$\varepsilon = \rho b l \omega \tag{13.104}$$

$$\omega = \sum_{j-1}^{h} R_j F_j \tag{13.105}$$

F_j是位错片段攀移到至少为 h 高度的频率，即

$$F_j = 4\pi N \sigma_s \phi \int_0^\infty \rho^2 P_j \mathrm{d}r \tag{13.106}$$

P_j是攀移至 j 或更远处的概率。R_j是在离脱钉扎点距离为 jb 处找到位错的概率，即

$$R_j = \frac{\rho_j}{\rho} \tag{13.107}$$

释放的频率及由这个模型所确定的蠕变速率，和由优先吸收驱动的攀移或肿胀驱动的攀移[20]所得到的蠕变速率大致是相当的。

13.2.6 位错环的去层错化

在外加应力与间隙型位错环之间，另一可能产生蠕变应变的交互作用是位错环的去层错化。正如在第 7 章所讨论过的，位错环的尺寸不断增大，最终变得不稳定和去层错化，并成为位错网络的一部分。该过程相当于产生了可动位错，然后可通过 SIPA、PAG 或间隙偏向驱动的攀移和滑移来参与蠕变过程。位错环的最大生长半径 $R_{\max}$受位错环密度控制，其计算公式为

$$\frac{4\pi}{3}\rho_L R_{\max}^3 = 1 \tag{13.108}$$

当位错环之间发生交互作用时，它们会相互结合，从而有助于提高网络位错的密度。单个位错与位错环之间的交互作用导致了位错环的去层错化，这也将有助于形成网络（见第 12 章的 12.3 节）。随着位错密度的提高，位错环与网络交互作用的速率也提高了，而位错环的半径则被限制在某一个值（约为 $\rho_N^{-1/2}$），该值与网络的网格长度处于同一数量级，其中 ρ_N是网络位错的密度。位错环的去层错化也可能有助于辐照蠕变应变。因为应力的存在将有助于取向良好的去层错化位错的形核，从而使去层错化概率提高。在位错环平面内施加切应力，将诱发更多数量的位错环在应力提供的有利方向上发生切变，从而导致晶体的净剪切，这将以蠕变的方式表现出来。如果 ρ 是总位错密度，而 ρ_s是躺在切应力最大平面上的位错环数量，则由 Lewthwaite[21] 给出的在那个方向上发生剪切的位错环数量为

$$\rho_1 = \frac{\rho_s \exp\left(\dfrac{\pi R_c^2 b \sigma}{kT}\right)}{\exp\left(\dfrac{\pi R_c^2 b \sigma}{kT}\right) + \exp\left(-\dfrac{\pi R_c^2 b \sigma}{kT}\right)} \tag{13.109}$$

其中，R_c是去层错化的临界环尺寸，其最大值由式（13.108）给定，σ 是应力。在反方向上发生剪切的位错环数量 $\rho_2 = \rho_s - \rho_1$，于是由去层错化产生的应变为

$$\varepsilon = \overline{A} b_s (\rho_1 - \rho_2) \tag{13.110}$$

其中，$\overline{A}$是位错环的平均面积，b_s是产生应变的位错反应的伯格斯矢量的大小。将 ρ_1 和 ρ_2 代入式（13.110）中，并在所有可能的位错环取向上对应变取平均（系数为 1/30），得到

$$\varepsilon = \frac{\rho \, \overline{A} b_s}{30} \left[\frac{\exp\left(\dfrac{\pi R_c^2 b\sigma}{kT}\right) - \exp\left(\dfrac{-\pi R_c^2 b\sigma}{kT}\right)}{\exp\left(\dfrac{\pi R_c^2 b\sigma}{kT}\right) + \exp\left(\dfrac{-\pi R_c^2 b\sigma}{kT}\right)} \right] \tag{13.111}$$

括号中的项可以被写成自变量的双曲线正切，即

$$\varepsilon = \frac{\rho \, \overline{A} b_s}{30} \tanh \frac{\pi R_c^2 b\sigma}{kT} \tag{13.112}$$

如果自变量比 1 小，则 $\tanh x \approx x$，所以式（13.112）成为

$$\varepsilon = \frac{\rho \, \overline{A} b_s}{30} \frac{\pi R_c^2 b\sigma}{kT} \tag{13.113}$$

如果位错环的长大是由肿胀所驱动的，则 $\rho \, \overline{A} b_s$ 由 $\Delta \dot{V}/V$ 所取代，环的体积 $\pi R_c^2 b$ 等于环内缺陷的体积 $n_c \Omega$，而 $k_L^2/(k_L^2 + k_N^2)$ 项被加上，以便将网络位错的密度也考虑进去，由此得到用肿胀速率表示的蠕变速率为

$$\dot{\varepsilon} = \frac{\Delta \dot{V}}{V} \frac{k_L^2}{k_L^2 + k_N^2} \frac{\pi R_c^2 b\sigma}{30 kT} \tag{13.114}$$

Matthews 和 Finnis[14] 指出，奥氏体合金中去层错化的半径较大，蠕变速率也会很大，但由于 bcc 金属中临界的位错环尺寸较小，其贡献将会很小。

13. 2. 7　回复蠕变

迄今为止讨论的所有辐照蠕变机制都允许或促成位错密度的增大，但没有考虑位错的消除，而这在蠕变期间也是必然发生的。Matthews 和 Finnis[14] 用蠕变速率来表述位错密度的变化，即

$$\dot{\rho} = \frac{\dot{\varepsilon}}{bl} - 2\rho^{3/2} v_c \tag{13.115}$$

其中，l 是位错滑移的平均长度，v_c 是攀移速度。第一项是由式（13.14）得到的蠕变引起的位错产生速率，而第二项则是由湮灭引起的位错损失。取稳态时密度的极限 $\dot{\rho} = 0$，则用位错密度表述的稳态蠕变速率为

$$\dot{\varepsilon} = 2bl\rho^{3/2} v_c \tag{13.116}$$

应力取决于位错密度、攀移速度和滑移长度。根据式（13.7），位错密度随应力变化，$\rho = \dfrac{\sigma^2}{\alpha^2 \mu^2 b^2}$，并为式（13.116）中的蠕变速率提供了一个 σ^3 项。对于 SIPA，从式（13.86）可得

$$v_{SIPA} = \frac{2}{9} \frac{\Omega}{b} (z_i^d D_i C_i - z_v^d D_v C_v + z_v^d D_v C_v^d) \tag{13.117}$$

将式（13.117）代入式（13.116），并取 $\Omega = b^3$，则

$$\dot{\varepsilon} = \frac{4}{9} \frac{\sigma^3 l}{\alpha^3 \mu^3} (z_i^d D_i C_i - z_v^d D_v C_v + z_v^d D_v C_v^d) \tag{13.118}$$

如果因为遇到了不可穿越的障碍物，则 l 是固定的，因而它也与应力无关，那么蠕变速率与应力的相关性是 σ^3。但是，如果 l 是由位错密度确定的，那么将式（13.88）中的 l 代入，并用应力表示位错密度，则由式（13.7）可得

$$\dot{\varepsilon} = \frac{4}{9} \frac{\sigma^2 b}{\sqrt{\pi} \alpha^2 \mu^2} (z_i^d D_i C_i - z_i^d D_v C_v + z_v^d D_v C_v^d) \tag{13.119}$$

其中与应力的相关性为 σ^2，这和式（13.99）所给出的择优吸收攀移和滑移中与蠕变速率的关系相同。

13.2.8　扩散蠕变：为什么没有辐照的影响

至此，所有讨论过的辐照蠕变机制全都基于位错的作用。这是因为，尽管扩散蠕变是一个可行的热蠕变机制，但它不受辐照影响，这可以通过以下方式理解。回顾 13.1.2 小节中关于 N－H 蠕变的讨论，在取向平行于拉应力和压应力方向的晶界处，蠕变是由平衡空位浓度差所驱动的［见式（13.45）］。在辐照条件下，式（13.47）需要修正，应将间隙原子包括在内，即

$$J_v = D_v \frac{dC_v}{dx} - D_i \frac{dC_i}{dx} \approx \kappa D_v \frac{C_v^t - C_v^c}{d} - \kappa D_i \frac{C_i^t - C_i^c}{d} \tag{13.120}$$

由式（13.45）把 C_v^t 和 C_v^c 代入，并用同样的公式把 C_i^t 和 C_i^c 代入，但由于应力对间隙原子的作用正好相反，所以指数项的自变量符号相反，即

$$J_v = \kappa D_v \frac{C_v^0 \exp\left(\frac{\sigma \Omega}{kT}\right) - C_v^0 \exp\left(-\frac{\sigma \Omega}{kT}\right)}{d} - \tag{13.121}$$

$$\kappa D_i \frac{C_i^0 \exp\left(\frac{-\sigma \Omega}{kT}\right) - C_i^0 \exp\left(-\frac{\sigma \Omega}{kT}\right)}{d}$$

当 $\sigma \Omega / (kT)$ 项与 1 相比很小时，近似得到

$$J_v = \frac{2\kappa \sigma \Omega}{dkT}(D_v C_v^0 + D_i C_i^0) \approx \frac{2\kappa \sigma \Omega}{dkT} D_v C_v^0 \tag{13.122}$$

式（13.122）中的近似来源于如下的事实，即虽然 $D_i > D_v$，但 $C_v^0 \gg C_i^0$。式（13.122）给出的空位通量与式（13.47）相同，因此辐照对 N－H 蠕变不产生影响，这是因为蠕变速率由晶界处缺陷的平衡值差所驱动，它们的数值并不依赖于基体内空位或间隙原子的浓度。辐照只是平等地向晶界增加缺陷流，而不会改变它们的净额。这些讨论也适用于 Coble 蠕变。因此，扩散蠕变不受辐照的影响，所以也不对辐照蠕变产生贡献。

13.2.9　理论与蠕变数据的比较

与热蠕变十分相似，辐照蠕变也是以初始高蠕变速率为特征的，随着辐照剂量或注量的增加而下降，并转变为稳态或二次蠕变，此时一般与剂量呈线性关系。辐照蠕变与热蠕变的区别在于数值大小。一般的辐照应变方程式为

$$\varepsilon = A\left[1 - \exp\left(-\frac{\phi t}{C}\right)\right]\sigma + B_0 \sigma^n \phi^m t \tag{13.123}$$

式（13.123）中第一项是瞬态蠕变，第二项是稳态蠕变。图 13.15 所示为 20% 冷加工 316 不锈钢样品的典型辐照蠕变曲线。辐照蠕变速率远高于仅由热过程引起的蠕变。在已讨论的机制中，SIPN 被认为最适合描述蠕变初始阶段的瞬态性质，但是它无法解释稳态蠕变。在不发生肿胀的情况下，稳态的辐照蠕变可以用式（13.16）中的第二项加以描述。图 13.16

所示的数据显示，蠕变应变速率正比于中子注量（$m=1$），也正比于应力（$n=1$）。所以，蠕变应变常常被写成单位 dpa 下单位有效应力所产生的有效应变，即

$$\frac{\dot{\overline{\varepsilon}}}{\overline{\sigma}} = B_0 \qquad (13.124)$$

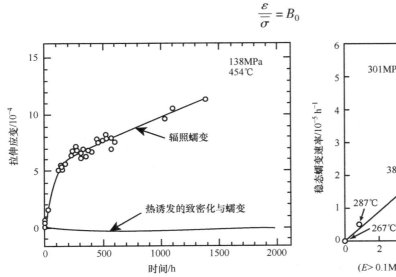

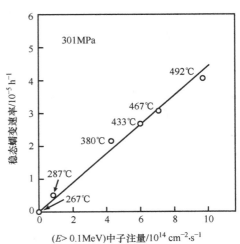

图 13.15　在 EBR-Ⅱ反应堆中，经 20% 冷加工的 316 不锈钢样品的辐照蠕变曲线[22]

图 13.16　在 BR-10 反应堆中辐照的退火 09Kh16NM3B 钢蠕变速率随中子注量的变化[22]

其中，$\dot{\overline{\varepsilon}}$ 是有效应变速率，$\overline{\sigma}$ 是有效应力，B_0 是蠕变柔量。注意，$\overline{\varepsilon}$ 上面加 "." 所代表的 "速率" 是指单位 dpa，而非单位时间。蠕变柔量 B_0 与反应堆相关条件范围内的材料成分、初始状态、通量率和温度都没有关系。

　　式（13.124）描述的辐照蠕变速率行为有大量的数据支持，图 13.17 提供了一些最有说服力的数据，给出了 $B_0 \approx 3 \times 10^{-6} \mathrm{MPa}^{-1} \mathrm{dpa}^{-1}$。蠕变速率随应力的变化指数为 $n=1$，对蠕变的 SIPA 机制提供了支持。值得注意的是，在所研究的范围内，应变表现出与温度无关的特性，这表明应变速率背后的机制是辐照蠕变而不是热蠕变，因为后者与温度的相关性相当高。还观察到，蠕变速率在低温下随 $\varphi^{1/2}$ 变化，可见 B_0 与通量率$^{-1/2}$ 的关

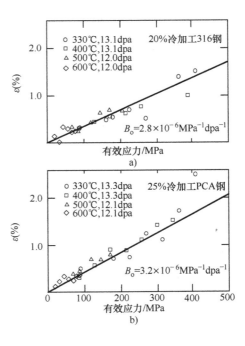

图 13.17　在 $12.0 \sim 13.3$dpa 狭窄剂量范围和 $300 \sim 600 ℃$ 温度范围内，不同材料归一化的蠕变应变随有效应力的变化[22]

a）20% 冷加工的 316 不锈钢　b）25% 冷加工的 PCA 钢

系。在 T91 铁素体 – 马氏体合金中发现，在低应力区间的蠕变速率与应力遵循着近似线性的关系；而在高应力区间，转变为随应力发生强烈的变化（$n \approx 14$），如图 13.18 所示，这表明从低应力下由 SIPA 或 PAG 主导的辐照诱导蠕变的发展，向高应力下不再遵循指数定律的转变[23]。

当蠕变期间发生空洞肿胀时，稳态的蠕变速率正比于肿胀速率，此时它们的关系由式（13.125）所示的经验方程加以描述[22]。

$$\frac{\dot{\varepsilon}}{\sigma} = B_0 + D\dot{S} \tag{13.125}$$

其中，D 是蠕变 – 肿胀的耦合系数，而 $\dot{S}$ 是单位 dpa 的瞬时体积肿胀速率。尽管式（13.125）是经验方程，但这种关系还是可以由理论得到确认。回顾有关肿胀的式（8.122），空位的热发射可以忽略，复合也被忽略了。假设只有空位和位错是缺陷的阱，而位错阱的强度远高于空位阱的强度，则式（8.122）可表示为：

$$\dot{R} = \frac{K_0(z_i - z_v)\Omega}{Rz_iz_v\rho_d} \tag{13.126}$$

而空位的肿胀速率为

$$\dot{S} = 4\pi R^2\dot{R}\rho_v = \frac{4\pi RK_0\rho_v\Omega(z_i^d - z_v^d)}{z_i^d z_v^d \rho_d} \tag{13.127}$$

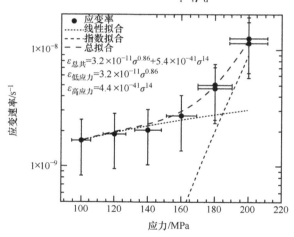

图 13.18　在 450℃、1.7×10^{-6}dpa/s 条件下，T91 合金的辐照蠕变速率随应力的变化关系（在低和高应力区内对数据进行拟合）[23]

将式（5.31）和式（5.67）中的 C_i 代入 SIPA 的表达式 [式（13.86）]，其中只保留了第一项，则蠕变速率可写成

$$\dot{\varepsilon}_{\text{SIPA}} = \frac{2}{9}\frac{\Omega\rho_d\Delta z_i^d K_0}{z_i^d \rho_d} \tag{13.128}$$

而蠕变速率与肿胀速率之比为

$$\frac{\dot{\varepsilon}_{\text{SIPA}}}{\dot{S}} = \frac{2}{9}\delta\frac{z_v^d\rho_d}{4\pi R_V\rho_V} \tag{13.129}$$

其中 $\delta = \Delta z_i^d / (z_i^d - z_v^d)$。蠕变速率与肿胀速率的线性关系也适用于攀移 – 滑移蠕变。

　　支持蠕变与肿胀耦合模型的几个最早和最有说服力的结果如图 13.19 所示，这是在 EBR－Ⅱ 反应堆中辐照的 304 不锈钢的试验结果。在 PHENIX 反应堆中进行的承压管试验中，蠕变与肿胀之间强相关性进一步证明了这种耦合关系（见图 13.20）。D 的典型值约为 $10^{-2}\mathrm{MPa}^{-1}$。Garner[22] 对 B_0 和 D 与几个影响蠕变的参数依赖关系进行了更完整的描述。尽管蠕变柔量和耦合项并不是严格的常数，但蠕变、应力、注量和肿胀之间的关系可以很好地由式（13.125）描述。辐照蠕变和它与辐照微观组织强烈依赖关系的复杂性可以从 Garner 等人[24] 的观察得到说明，在很高的辐照剂量条件下，辐照蠕变速率有可能下降到零。图 13.21 展示了这一现象，在 550℃ 下，在 EBR－Ⅱ 反应堆中辐照的不锈钢瞬态蠕变系数先增加到最大值，然后在高剂量下降低到零。注意，即便是在蠕变柔量变为零的那个点处，变

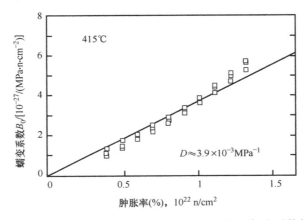

图 13.19　在 EBR－Ⅱ 反应堆中经受辐照的退火 304L 不锈钢辐照蠕变系数与肿胀率的关系[22]

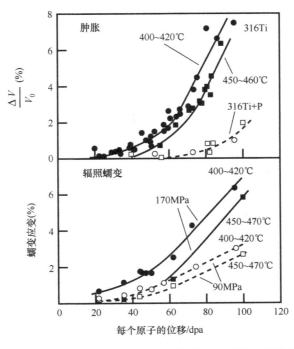

图 13.20　PHENIX 反应堆中用于承压管的两种钢中受辐照下的肿胀和蠕变应变[22]

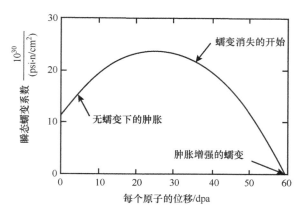

图 13.21　在 550℃的 EBR – Ⅱ反应堆内辐照不锈钢承压管，通过应变测得的
瞬态蠕变系数[22]

形也没有停止，此时的变形可认为是由肿胀引起的应变，$\varepsilon_{\mathrm{linear}} = \varepsilon_{\mathrm{swelling}}/3$。这一现象的发生可以在位错网络和位错环的微观组织结构演变中找到原因。在辐照和外加应力的作用下，蠕变对位错微观结构的各向异性是敏感的，除了 SIPN 外，它与诸如 SIPA 和 PAG 等过程也有关联。在不发生肿胀的情况下，各向异性的程度随辐照剂量的增加而增加。当空洞开始形成时，它们会吸收空位，与位错相匹配的间隙原子通量超过了无空洞时位错主导情况下的间隙原子通量，从而导致蠕变速率的增加，这与肿胀的启动是相符的。当空洞成为主导的阱时，它们会大量吸收空位和间隙原子。其结果具有双重影响：一是由于少量超过位错的间隙原子流引起的蠕变速率的降低，二是由于低的过量空位吸收引起的肿胀饱和。在蠕变是由肿胀所驱动的区间内，蠕变对合金成分和冶金条件的依赖性在很大程度上取决于肿胀对这些因素的响应。

13.2.10　辐照修正的变形机制图

　　316 不锈钢的变形机制图可能因为辐照蠕变而需要修正。图 13.22 所示为 316 不锈钢的变形机制图，其构造方式与图 12.31 相同，但应变速率为 $10^{-10}\,\mathrm{s}^{-1}$[25]。在此应变速率下，在中间温度区间内也观察到了辐照蠕变。当低于 20℃时，间隙原子的可动性下降，因而辐照蠕变速率也下降。当高于约 600℃时，Coble 蠕变成为主导的蠕变机制。因此，辐照蠕变区间就处在了中间温度和中间应力的条件下，它可以用式（13.125）给出的辐照蠕

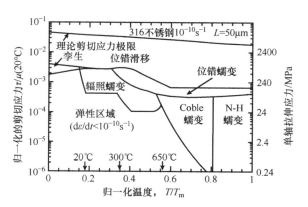

图 13.22　塑性应变速率为 $10^{-10}\,\mathrm{s}^{-1}$时，辐照到
1dpa 的 316 不锈钢的变形机制图[25]

变应变的本构方程加以描述，其中第一项是由位错蠕变引起的（在辐照蠕变期间的较低温度部分），而第二项则是由肿胀所驱动的（较高温度部分）。辐照的净效应是将与速率有关

的变形扩展到了较低的应力。

13.3　锆合金中的辐照长大和蠕变

　　除了肿胀和蠕变，在辐照条件下，某些固体内还有另一种会导致应变的现象，这种现象叫作长大。肿胀是在没有外应力的条件下固体发生的各向同性体积增加。蠕变是在外加应力条件下固体体积守恒的畸变。长大是在没有外应力的条件下固体体积守恒的畸变。长大只有在非立方系中被观察到，因为它高度依赖于晶体结构的各向异性。因此，在锆和镁等 hcp 金属中，辐照长大可能是显著的。在 863℃ 以下，锆稳定于 α 相（hcp），而在 863℃ 和 T_m 之间，则稳定于 β 相（bcc）。α–Zr 具有理想的 c/a（=1.589）。三种类型的晶面在 α–Zr 和它的合金变形和长大行为中起着关键的作用：①棱柱面 I（10$\bar{1}$0）和棱柱面 II（11$\bar{2}$0）；②角锥面（0001）；③基面（0001）。

　　另外还有（10$\bar{1}$2）和（11$\bar{2}$2）面也是重要的。棱柱面、角锥面和基面如图 13.23 所示。

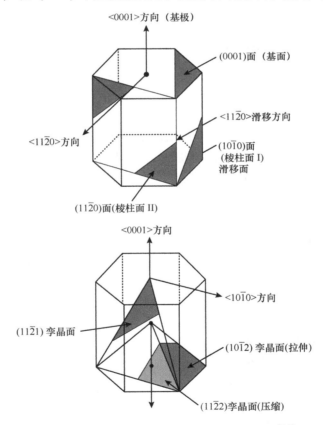

图 13.23　hcp 结构中的棱柱面、角锥面和基面[26]

　　在 hcp 金属中，变形是通过滑移和孪晶化进行的。当应力沿着 a 轴时，滑移主要发生在（10$\bar{1}$0）棱柱面 I 上的〈11$\bar{2}$0〉方向。在较高应力下，滑移可能发生在（10$\bar{1}$1）和（11$\bar{2}$1）角锥面和 $<c+a>$ 方向上，或者是沿着〈11$\bar{2}$3〉方向。在 hcp 金属中，孪晶化也是一种常见的变形模式。对于有一个分量是在四个角锥面之一上的 c 轴方向的应力，将会发生孪晶化。

沿着 c 轴方向拉伸和压缩变形时的滑移系及其随温度的变化见表 13.1。注意，需要不同水平的应力来激活不同的变形机制。因此，导致塑性变形所需的应力随方向的不同而变化。具有这种性质的晶体被称为各向异性晶体。

商业制造技术生产的锆合金部件，其中晶粒都沿着阶梯的择优方向排列。晶体方向的择优取向被称为织构。锆合金部件中织构的含义在于多晶材料中表现出单晶体的各向异性性质。而且，织构会随着变形而变化，这被称为织构的转动。织构是用 f_i 定量描述的，它是处在第 i 方向的基面分数，其中 $i=L$（纵向）、T（横向）或 N（法向）。注意，$f_L+f_T+f_N=1$ 恒成立。

表 13.1　锆合金中参与变形的滑移系

温度	拉伸（c 轴）		压缩（c 轴）	
	面	方向	面	方向
低	$(11\bar{2}1)$	$\langle \bar{1}\,\bar{1}21\rangle$	$(11\bar{2}1)$	$\langle \bar{1}\,\bar{1}23\rangle$
高	$(10\bar{1}2)$	$\langle \bar{1}011\rangle$	$(10\bar{1}1)$	$\langle \bar{1}012\rangle$

13.3.1　锆合金的辐照微观结构

为了理解各向异性固体中的长大和蠕变，必须对辐照微观组织有一定的认识。锆及其合金的晶体结构会产生各向异性扩散[27]等一系列主要后果。另一个后果是，锆中自间隙原子造成的肿胀应变与大多数立方固体相比要小得多，这使得位错与间隙原子之间的弹性交互作用比较小，导致了空位型位错环得以稳定。实际上，这种微小的肿胀失配也可以解释为何锆那么容易接收外来的间隙气体原子。锆合金的辐照微观结构可概括如下。

在中子辐照期间，$<a>$ 型 $1/3$ $\langle 1120\rangle$（棱柱面）空位和间隙型位错环发生形核和长大。在 $300 \sim 450\,^{\circ}\mathrm{C}$，这两种位错环的数量大致相等，但是，由于热发射的缘故，在此温度范围以上，空位型位错环是不稳定的。空位和间隙型位错环的相对数量取决于其邻近是否存在对间隙原子或空位的偏置阱。$<a>$ 型位错环总是把自己排列在与基面平行的原子层中，如图 13.24 所示。

在高于约 $2.5 \times 10^{25}\,\mathrm{n/m^2}$ 的辐照剂量下，$300 \sim 500\,^{\circ}\mathrm{C}$ 温度范围内，$<c>$ 型分量位错开始在角锥面和基面上产生。后者是由伯格斯矢量为 $1/6$ $\langle \overline{2023}\rangle$ 的空位型位错环组成的。基面的空位型位错环被认为是在碰撞级联中形核的，其稳定性归功于降低层错能的溶质，并将它们稳定在很小的尺寸。在环附近的位错处杂

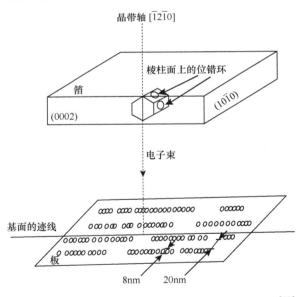

图 13.24　在辐照过的锆内基面上位错环排布的简图[28]

质的偏聚或各向异性的扩散可能是控制环长大的最重要因素。对 $<c>$ 型分量位错环而言，其他重要的因素是应力和伯格斯矢量的大小。

在所有温度下，辐照期间位错环都对网络有所贡献；在 400℃ 以下，位错网络的回复并不重要。$<c>$ 型分量的空位阱似乎是净的空位阱，而 $<c>$ 型分量的位错则可能就是净的间隙原子阱。基面上 $<c>$ 型分量的环通常都具有空位的特性，这一事实也表明，$<c>$ 型分量的网络位错也是空位的阱，因为它们都以相似的方式发生攀移。

在退火锆的辐照期间，晶界起着对间隙缺陷的阱的作用，其偏置作用取决于晶界的取向，若晶界平面平行于基面（0001）为最小。在 350~500℃ 的温度下，锆中可能形成空洞，它们的形成与杂质含量和不溶性气体的存在密切相关。空洞也倾向于在第二相粒子处形成。事实上，不溶性气体的缺乏可能是导致空洞不稳定性及 $<c>$ 型分量的位错环稳定化的原因之一。正如在立方金属中那样，不溶性气体对于小尺寸空位团簇的稳定（而不崩塌成为空位型位错环）起着重要的作用。

最后，在辐照诱发条件下（如 ZrSn 或 ZrNb 的形成，或者包含有锆和铁、铬或镍的金属间化合物相的溶解或再分布和再析出），这取决于温度、溶质含量及辐照剂量。基体内溶质的再平衡可能对蠕变和长大会有所影响。

13.3.2 辐照长大

单晶锆中的辐照长大最早是由 Buckley[29] 在 1962 年报道的。这种辐照长大表现为沿 a 轴肿胀和沿 c 轴收缩的形状改变，尺寸变化的总量导致体积的净变化为零，这与体积守恒的畸变过程相符。基于这些观察的结果，推导出了有关辐照长大的第一个模型，该模型认为间隙原子凝聚成了躺在棱柱面上的位错环，而来自贫化区的空位则崩塌形成了躺在基面上的空位环。这个过程等效于辐照诱发的点缺陷从基面向棱柱面的转移，如图 13.25 所示。单晶锆的长大随中子注量的变化，如图 13.26 所示，其中在 $<a>$ 方向存在大的正长大，在 $<c>$ 方向为负长大，而在 $<c+a>$ 方向则接近于零。但是随后，已受过辐照的锆中位错环结构的 TEM 图像仔细观察[27,28] 发现，所有辐照诱发的位错环都具有 $b = 1/3 \langle 11\bar{2}0 \rangle$ 型的伯格斯矢量，或者是 $<a>$ 型的环，而没有见到 $<c>$ 型分量的环。虽然具有 $<a>$ 型伯格斯矢量的环可能与 a 轴的肿胀有关系，但它们却与 c 轴的收缩无关。事实上，在约 10^{-4} 的初始应变之后，长大很快饱和。高剂量的辐照显示，饱和只是暂时的，当辐照剂量高于 $2.5 \times 10^{25} \text{n/m}^2$ 时，长大的应变显示出一种脱离的行为（见图 13.27）。这种脱离长大已被归因于 $<c>$ 型分量空位型位错环的形核和长大[29]。现有证据支持了具有 $1/6 \langle 20\bar{2}3 \rangle$ 伯格斯矢量的环的低密度形核，并在后续长大阶段增长为相对较大（ $>100\text{nm}$ ）的尺寸。事实上，在高辐照注量下，Zircaloy-2 合金中许多的长大应变都可以被认为是由多余的间隙原子在 $<a>$ 型环和网络位错处的湮灭而导致的，并伴随有相应的空位在 $<c>$ 型环处发生湮灭[33]。

在多晶锆合金中，辐照长大由三个部分组成：①由辐照诱发的微观结构变化（如缺陷团簇或环）引起的短时间瞬态；②与晶体学织构相关的稳态长大分量；③由脱离长大引起的、与织构相关的长时间瞬态[32]。多晶体的一个给定方向上的长大应变 d 可以用数字 f 与晶体学织构联系起来，它正比于长大的各向异性因子，则

$$G_d = 1 - 3f_d^b \tag{13.130}$$

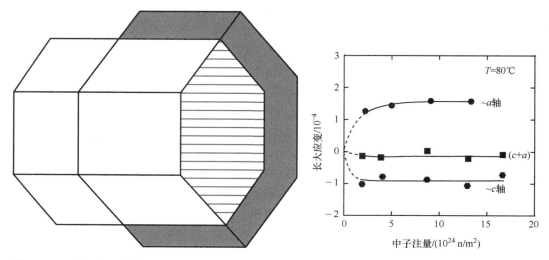

图 13.25 由间隙原子在棱柱面的凝聚和空位贫化区在基面上的崩塌引起的 α-锆单晶形状发生变化的示意图

图 13.26 80℃下，退火锆单晶的长大应变随中子注量的变化[30]

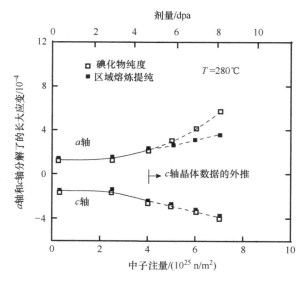

图 13.27 在 273℃高辐照注量条件下退火锆单晶的长大行为，显示在 $2.5 \times 10^{25} \mathrm{n/m^2}$ 注量时脱离长大的开始[30]

其中，f_d^b 是 d 方向上基极的分解分数。f_d^b 的值可以由 X 射线衍射得到的基极图确定，其关系式为

$$f_d^b = \sum_q V_q \cos^2 q \qquad (13.131)$$

其中，V_q 是其基极与方向 d 成角度 q 的晶粒的体积分数。如果在一个给定方向的基极的分解分数等于 1/3，那么按照式（13.130），在那个方向上的长大应当为零。在 287℃和 327℃下受到辐照的再结晶和冷加工的 Zircaloy-2 合金中，纵向、横向和厚度方向上的长大应变与该行为拟合得相当好[35]。图 13.28 说明，57℃下再结晶的 Zircaloy-2 合金展示的长大行为

也遵从式（13.130）。

辐照长大与较小晶粒合金的晶粒尺寸的依赖性较弱，较小的晶粒会导致较大的长大应变。长大还依赖于冷加工，较高的冷加工会导致较大的长大应变（见图13.29）。虽然长大与辐照注量有关，但目前还没有太多的证据支持这种流量相关性。最后，长大被观察到随温度的升高而增加，在大约400℃以上快速增加，部分原因是体积的增加。此外，一些研究提出，如铁等杂质元素有可能使$<c>$分量的位错环胚稳定化，还能使它们长大。还观察到辐照将富铁和富铬的析出相非晶化[37]，这可能导致 Fe 向基体的再分布。这种溶解过程可能是铁在高注量下稳定 $<c>$ 型分量位错环的来源。

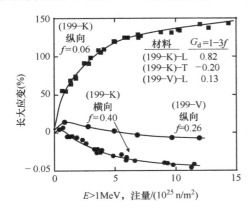

图 13.28　57℃下 Zircaloy – 2 合金片的辐照长大与织构的关系[36]

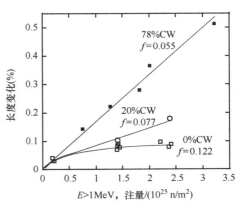

图 13.29　接近 282℃下辐照的 Zircaloy – 4 合金中，冷加工对辐照长大的影响[34]

目前存在一个模型[39]，希望通过估算间隙原子核空位在不同微观结构阱处发生湮灭的概率来捕捉长大速率对微观结构的敏感性。该模型认为，长大是由间隙原子和空位迁动的各向异性差别所驱动的，在冷加工的微观结构中，可能通过配分到 $<c+a>$ 网络位错的空位和配分到 a 型位错的间隙原子而发生 $(1-3f)$ 长大。冷加工和应力释放的 Zircaloy – 2 合金中长大速率的线性关系是受到快速的空位迁移（迁移能很低，只有 0.7eV）控制的。高辐照注量下的脱离长大则是由于出现了起着强空位阱作用的基面位错环。

13.3.3　辐照蠕变

锆合金中与时间相关的变形是由热蠕变、辐照蠕变及长大共同组成的。在反应堆温度下，尽管热蠕变的分量可能不可忽略，但通常都是很小的；而辐照蠕变和长大的分量不容易分开。未经辐照的锆合金的拉伸和蠕变性能随温度的变化，可以被分为三个区域，如图13.30所示。区域Ⅰ低于约175℃，屈服应力随温度的升高而下降，但低于屈服应力下的蠕变并不十分强烈地依赖于温度。区域Ⅱ在约175~523℃，是蠕变的绝热区域，此时机械的回复平衡了应变的时效，其净效应是蠕

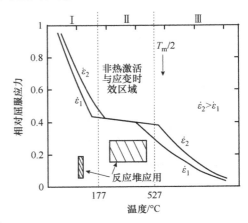

图 13.30　锆合金的屈服强度与温度的关系[34]

变与温度无关，但并不容易达到稳态的蠕变。区域Ⅲ高于 523℃，屈服应力强烈地依赖于温度，回复作用的增大导致了在恒定应力下的稳态蠕变速率。

反应堆中，蠕变遵循着如下唯象方程，即

$$\dot{\varepsilon} = A\sigma^n \phi^m G_d \exp(-Q/kT)[f(t) \text{ 或 } g(\varepsilon)] \qquad (13.132)$$

其中，$f(t)$ 和 $g(\varepsilon)$ 分别是时间和应变的函数，而其他各项都如以前所定义的。尽管通常都把与辐照流量的关系线性化，但相互关系表明，低流量 $[10^{16} \text{n}/(\text{m}^2 \cdot \text{s})]$ 时 m 的值在 0.25 和 0.85 之间变动，而高流量 $[10^{18} \text{n}/(\text{m}^2 \cdot \text{s})]$ 时上升至一个渐进值 $1.0^{[34]}$。同时也发现通量的指数随温度而下降，在 523℃ 以上（区域Ⅲ）时变得可以忽略[40]。通常，注量的依赖性也是线性的，但现有数据表明，在高注量（$>2 \times 10^{25} \text{n}/\text{m}^2$）时蠕变速率有所上升（见图 13.31）。

锆合金的蠕变与应力密切相关。在 300℃ 和低应力（$<\sigma_y/3$）下，σ 项的指数 $n=1$。当应力增加到 200~400MPa 时，$n=2$，然后在更高应力下 n 快速上升，在 600MPa 应力时可以达到 100 的数值（见图 13.32）。低于约 300℃ 时，蠕变对温度的依赖性很弱，激活能为 16~40kJ/mol（见图 13.33）。蠕变速率与温度的关系随温度的升高而快速增加，Q 有可能超过 200kJ/mol。可是，Q 的转变温度依赖于合金成分、冶金条件和应力[34]。与长大一样，蠕变也与织构密切相关，在式（13.132）中这种相关性被包含在"各向异性系数"中。然而，如图 13.34 所示，在蠕变的初期阶段与织构的关系最密切。锆合金中的蠕变被认为是通过棱柱面上 $<a>$ 型位错的滑移联同角锥面上 $<c+a>$ 型位错的二次滑移进行的。在 Zircaloy-2 和 Zr-2.5% Nb 合金中，$<a>$ 型位错的滑移提供了超过 90% 的总应变[41]。低应力下解释蠕变最合理的机制可能是 SIPA 机制。正如之前讨论过的，这一机制具有 $n=1$ 的应力关系，它和低应力下的蠕变行为是相符的。对于 SIPA 的弹性扩散起源[42]，其中间隙原子的扩散在外加应力场内是各向异性的，这与间隙原子向 $<a>$ 型位错环的配分行为相符，有助于它们的攀移和滑移。

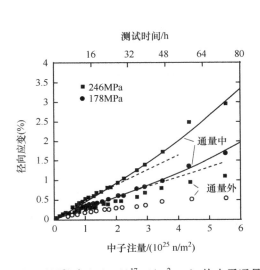

图 13.31　297℃ 和 $2.1 \times 10^{17} \text{n}/(\text{m}^2 \cdot \text{s})$ 快中子通量下照的冷加工 Zr-1.5Nb 合金管的直径方向的蠕变应变[34]

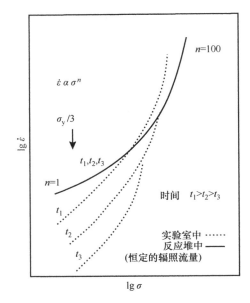

图 13.32　约 300℃ 下锆合金在反应堆中的蠕变随应力变化的示意图[34]

图 13.35 所示为对假设晶粒尺寸为 $150\mu m$、未经辐照的 Zircaloy – 4 合金计算的变形机制图[43]。该图绘制的是在应力 – 温度空间中恒定应变速率的等值线。图中假设所有的机制同时起作用，不同机制之间的边界被确定在主导的机制发生变换的位置，但该规则的一个例外情况是向位错滑移的过渡。为了保持不同区间应变速率之间的相符，设定了一个 $\widetilde{\tau}/G =$ 4.8×10^{-3} 的过渡应力，低于该应力时位错滑移不被激活。这也和合金的流变应力存在一个与温度无关的窄小区间的事实相符。

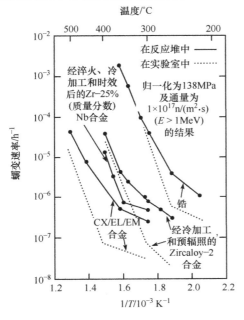

图 13.33 锆合金在反应堆中的
蠕变随温度的变化[34]

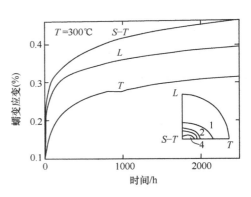

图 13.34 207MPa 和 300℃下冷加工
Zircaloy – 2 合金的蠕变[34]

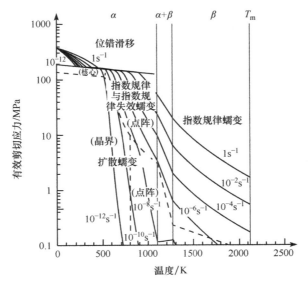

图 13.35 未经辐照的、晶粒尺寸为 $150\mu m$ 的 Zircaloy – 4 合金的变形机制图[43]

专用术语符号

A——滑移面或位错环的面积

$\bar{A}$——位错环的平均面积

a——点阵常数

b——伯格斯矢量

B_0——蠕变柔量

$C_{v,i}$——空位、间隙原子的浓度

$C_{v,i}^0$——空位、间隙原子的热平衡浓度

d——晶粒尺寸

D——蠕变 – 肿胀的耦合系数

D_{eff}——有效扩散系数

D_{gb}——晶界扩散系数

$D_{i,v}$——间隙原子、空位的扩散系数

D_{vol}——体积扩散系数

e——工程应变

E——能量，或弹性模量

E_{vol}——体积扩散的激活能

f_d^b——基极在 d 方向上的分解份额

f_i——在 i 方向上排列的间隙型位错环的份额，或 hcp 单胞的基极在 i 方向上的分解份额

F_i——力在 i 方向上的分量

F_j——位错攀移一个高度 h 的频率

G_d——各向异性因子

h——滑移面上的障碍物高度

k——玻耳兹曼常数

$k_{v,i}^2$——空位、间隙原子的总阱强度

$k_{L,N}^2$——环、网络的阱强度

l——滑移面上的滑移长度

J——流量

n——形成一个间隙型位错环所需要的间隙原子数，或一个位错塞积中的位错数

n_0——位错环可能的取向数

N——原子的数量密度

N_L——位错环的数量密度

P_j——j 或更大距离位错攀移的概率

r_c——位错核心的半径

r_L——位错环的半径

R_c——位错环得以幸存的临界尺寸

R_j——在离钉扎点的距离为 j 处找到一个位错的概率

R_{max}——位错环的最大半径

S——位错环的数量密度

$\dot{S}$——肿胀速率

t——时间

T——温度

T_m——熔化温度（熔点）

v_c——位错的攀移速度

v_d——平均的位错速度

V——体积

V_{cas}——级联的体积

V_q——基极与方向 d 交成 q 角的晶粒的体积分数

$\dfrac{\Delta \dot{V}}{V}$——肿胀速率

$z_{i,v}^{dj}$——取向为 j 的位错的俘获效率

$\Delta z_{i,v}^{d}$——取向和非取向的位错环之间俘获效率的差

α——每个中子散射事件的尖峰数，式（13.74）中的常数

β——式（13.74）中的常数

ϕ——中子通量

δ——晶界的有效厚度

ε_s——剪切应变

$\dot{\varepsilon}$——应变速率

$\dot{\bar{\varepsilon}}$——有效应变（或蠕变）速率

$\dot{\varepsilon}_m$——肿胀应变

ε——应变

ε_{ij}——应变分量

ε_e——弹性应变

ε_{vol}——体应变

μ——剪切模量

ν——泊松比

ω——被钉扎的位错片段得以释放的频率

Ω——原子的体积

ρ——位错的总密度

$\rho_{m,L,N}$——位错总密度中可动位错、位错环和网络位错的分量

ρ_{FR}——弗兰克 – 里德源的密度

σ——应力

σ_{ij}——应力的分量

σ_s——中子散射截面，或剪切应力

$\bar{\sigma}$——有效应力

θ——式（13.74）中位错环的法线与拉伸轴之间的夹角

AL——作为下标，代表取向的环

c——作为下标，代表攀移；作为上标，代表压缩

d——作为下标，代表位错

eff——作为下标，代表有效的

FR——作为下标，代表弗兰克－里德源

g——作为下标，代表滑移，或滑动

gb——作为下标，代表晶界

i——作为下标，代表间隙原子

v——作为下标，代表空位

NL——作为下标，代表非取向的环

m——作为下标，代表可动的；作为上标，代表流量指数

N——作为下标，代表网络

s——作为下标，代表剪切

S——作为下标，代表肿胀

vol——作为下标，代表体积

dA——作为上标，代表取向的位错环

dN——作为上标，代表非取向的位错环

D——作为上标，代表位错

L——作为上标或下标，代表环

V——作为上标，代表空洞

n——作为上标，代表应力指数

t——作为上标，代表拉伸

习　　题

13.1　参考第8章习题8.4中空洞长大速率的计算：

① 试计算作为温度和外加剪切应力函数的不锈钢的辐照蠕变速率。假设蠕变速率计算中的空洞数量密度为 $2 \times 10^{15}\,\mathrm{cm}^{-3}$。

② 试确定应力－温度空间中蠕变速率保持在 $0.01\%/\mathrm{h}$ 以下的窗口。

13.2　在由应力增强的空位－环崩塌机制引起辐照蠕变的 Hesketh 模型中，空位少于 m_c（约为200）的贫化区将以空位板片的形式保存在固体中。对于 $m < m_c$ 的情况，单位板片尺寸 m 的体积是 $m\Omega$。采用中子碰撞产生空位板片（或贫化区）的反平方反比函数，在无外加

应力条件下，计算在快中子注量为 $10^{20} \, \mathrm{n/cm^2}$ 时由未崩塌板片引起的肿胀速率。假设 $\Sigma_s = 0.2 \, \mathrm{cm^{-1}}$，$\Omega = 0.012 \, \mathrm{nm^3}$，而每次快中子碰撞产生 $\nu = 500$ 个 Frenkel 对。

13.3 Inconel 718 合金被用作固定反应堆现场机械部件的螺栓。螺栓的使用寿命由其源于辐照蠕变的应力弛豫。当载荷下降到其原始载荷的 10% 时，该螺栓务必调换。因为螺栓受到的辐照剂量不大，假设它在辐照期间的蠕变应变速率 $\dot{\varepsilon}$ 正比于位移损伤速率 $\dot{\phi}$ 和有效应力 σ，即

$$\dot{\varepsilon} = -B \dot{\phi} \sigma$$

① 试计算当螺栓的应力下降到原始值的 10% 时的辐照损伤（以 dpa 为单位）。假设弹性模量 E 为常数值 $7.6 \times 10^{10} \, \mathrm{Pa}$，蠕变系数 B 为常数值 $1.6 \times 10^{-6} \, \mathrm{MPa^{-1} dpa^{-1}}$。

② 由于燃料装载模式的改变，在 5% dpa 后螺栓处的 dpa 速率下降了 50%。请重新计算达到原始预载荷的 10% 时的总剂量。这是否会改变螺栓调换的时间（即其寿命）呢？

13.4 如果位错以不同的速率吸收了空位和间隙原子，就将发生攀移。攀移速度 $v_c = (J_i^d - J_v^d) b^2$，其中 J_i^d 是朝向单位长度位错的间隙原子通量，b 是伯格斯矢量。在 200℃、通量为 $10^{14} \, \mathrm{n/(cm^2 \cdot s)}$ 的单一能量（$E = 1 \mathrm{MeV}$）的中子辐照下，在 fcc 铝中，如果平均障碍物尺寸为 100nm，试计算位错攀移越过障碍物所需的平均时间。假设障碍物不是点缺陷的阱，且为扩散限制的动力学。已知，

$T_m = 660℃$，$a = 0.405 \mathrm{nm}$，$Q_f^v = 3.2 \mathrm{eV}$，$Q_m^v = 0.62 \mathrm{eV}$，$Q_f^i = 0.66 \mathrm{eV}$，$Q_m^i = 0.12 \mathrm{eV}$，$S_{th}^v = 0.7k$，$S_{th}^i = 8k$，$S_m^v = S_m^i = 0$，$\nu = 10^{13} \, \mathrm{s^{-1}}$，$\rho_d = 10^9 \, \mathrm{cm^{-2}}$，$b = 0.2 \mathrm{nm}$，$z_{id} = 1.02$，$z_{vd} = 1.0$。

13.5 在实验室内的低应力条件下，300℃ 和 700℃ 时对未受辐照的 316 不锈钢（$T_m = 1750 \mathrm{K}$）进行蠕变试验。对第二组 316 不锈钢样品，在同样的温度但中子通量为 $1 \times 10^{14} \, \mathrm{n/(cm^2 \cdot s)}$（$E > 1 \mathrm{MeV}$）的辐照下进行的试验做比较。第三组样品则是在同样的温度下，但是在这一试验温度下受到过注量为 $10^{21} \, \mathrm{n/cm^2}$ 辐照以后在实验室中进行的蠕变试验。

① 分别对两个温度绘图。试绘制、标注并解释这些试验中每一个预想的蠕变曲线。

② 在每一个试验中，你认为控制蠕变的机制是什么？

13.6 在习题 13.5 中，蠕变试验中 700℃ 辐照的 316 不锈钢试样在 1% 应变下发生了失效。这一失效被归因于氦的脆化，计算表明当时金属中氦的含量为 $10^{17} \, \mathrm{a/cm^3}$，晶粒尺寸为 20μm，失效时的肿胀量为 30%。请问：失效时的应力是多少？

13.7 热蠕变的通用方程为

$$\dot{\varepsilon} = \frac{AD\mu b}{kT} \left(\frac{\sigma}{\mu} \right)^n \left(\frac{b}{d} \right)^p$$

其中，$D = D_0 \exp(-Q/kT)$。D 是扩散系数；d 是晶粒尺寸；b 是伯格斯矢量，k 是玻尔兹曼常数，T 是温度（K），μ 是剪切模量，σ 是外加应力，n 是应力指数，p 是反晶粒尺寸指数，A 是无量纲参数。

① 描述蠕变的变量是否会受到辐照的影响？

② 如果是的话，在辐照期间，如果位移速率提高一个数量级，对于一个阱密度很低的纯合金来说，它的蠕变速率将怎样改变？

13.8 式（13.125）中描述的蠕变与肿胀之间的一般关系为

$$\bar{\dot{\varepsilon}}/\bar{\sigma} = B_0 + D\,\dot{S}$$

将此方程与习题 13.7 中描述的通用蠕变方程进行比较，实际上隐含着应力指数为 1。这说明蠕变的可能机制是什么？

参 考 文 献

1. Frost HJ, Ashby MJ (1982) Deformation mechanism maps: the plasticity and creep of metals and ceramics. Pergamon, New York
2. Olander DR (1976) Fundamental aspects of nuclear reactor fuel elements, TLD-26711-Pl. Technical Information Center, ERDA, Washington Chap. 19
3. Weertman J (1955) J Appl Phys 26(10):1213
4. Weertman J (1968) Trans ASM 61:681
5. Weertman J (1957) J Appl Phys 28(3):362
6. Cadek J (1988) Creep in metallic materials. Elsevier, New York
7. Nabarro FRN (1948) Report on Conference on Strength of Solids. Physical Society, London, p 75
8. Herring C (1950) J Appl Phys 21:437
9. Coble RL (1963) J Appl Phys 34:1679
10. Brailsford AD, Bullough R (1973) Phil Mag 27:49
11. Bullough R (1985) Dislocations and properties of real materials. In: Proceedings of royal society, London, The Institute of Metals, London, p 283
12. Cheng X, Was GS (2014). J Nucl Mater 454:255–264
13. Kroupa (1966) In: Gruber B (ed) Theory of crystal defects. Adacemic Press, New York, pp 308–311
14. Matthews JR, Finnis MW (1988) J Nucl Mater 159:257–285
15. Mansur LK (1979) Phil Mag A 39(4):497
16. Wolfer WG, Foster JP, Garner FA (1972) Nucl Technol 16:55
17. Mansur LK (1992) Mater Sci Forum 97–99:489–498
18. Grossbeck ML, Mansur LK (1991) JNM 179–181:130–134
19. Brinkman JA, Wiedersich H (1964) In: Proceedings of the symposium on flow and fracture of metals and alloys in nuclear environment, STP 380. American Society for Testing and Materials, West Conshohocken, p 3
20. Mansur LK, Coghlan WA, Reiley TC, Wolfer WG (1981) J Nucl Mater 103/104:1257
21. Lewthwaite GW (1973) Scr Metal 7:75
22. Garner FA (1994) In: Frost BRT (ed) Materials science and technology, Chap. 6, vol 10A. VCH, New York, p 419
23. Cheng X, Was GS (2015) J Nucl Mater 459:183
24. Garner FA, Grossbeck ML (1994) Fusion materials semi-annual progress report DE/ER-0313/16. US DOE, Oak Ridge, TN, Mar 1994
25. Zinkle S, Lucas GE (2003) Deformation and fracture mechanisms in irradiated FCC and BCC metals, US department of energy, semi-annual report, DOE-ER-0313/34. US DOE, Washington, DC
26. Klepfer HH (ed) (1962) Proceedings of the USAEC symposium on zirconium alloy development, US Atomic Energy Commission, GEAP4089, vol II, p 13–11
27. Griffiths M (1988) J Nucl Mater 159:190
28. Northwood DO (1977) At Energy Rev 15(4):547
29. Buckley SN (1962) Uranium and graphite. Institute of Metals, London, p 445
30. Carpenter GJC, Zee RH, Rogerson A (1988) J Nucl Mater 159:86
31. Fidleris V (1975) At Energy Rev 13:51
32. Northwood DO, Fidleris V, Gilbert RW, Carpenter GJC (1976) J Nucl Mater 61:123
33. Griffiths M, Gilbert RW (1987) J Nucl Mater 150:169
34. Fidleris V (1988) J Nucl Mater 159:22
35. Adamson RB, Tucker RP, Fidleris V (1982) Zirconium in the nuclear industry the 5th symposium, STP 754. American Society for Testing and Materials, West Conshohocken, p 208
36. Fidleris V, Tucker RP, Adamson RB (1987) Zirconium in the nuclear industry the 7th symposium, STP 939. American Society for Testing and Materials, West Conshohocken, p 49
37. Lemaignan C, Motta AT (1994) In: Frost BRT (ed) Materials science and technology, vol 10B. VCH, New York, p 1 Chap. 7

38. Zu XT, Sun K, Atzmon M, Wang LM, You LP, Wan FR, Busby JT, Was GS, Adamson RB (2005) Phil Mag 85(4–7):649–659
39. Holt RA (1988) J Nucl Mater 159:310
40. Nichols FA (1969) J Nucl Mater 20:249
41. Christodoulou N, Causey AR, Woo CH, Tome CN, Klassen RJ, Holt RA (1993) In: Kumar AS, Gelles DS, Nanstad RK, Little EA (eds) Proceedings of the 16th international symposium on effects of radiation on materials, ASTM STP 1175. American Society for Testing and Materials, West Conshohocken, pp 1111–1128
42. Woo CH (1984) J Nucl Mater 120:55
43. Wang H, Hu Z, Lu W, Thouless MD (2013) J Nucl Mater 433:188

第14章

断裂与脆化

金属的脆化是由其在断裂前发生的塑性或蠕变变形的量来度量的。与未经辐照的情况相比，辐照必然会使金属的塑性变差。断裂可以是脆性类型的，此时应该是很小的裂纹快速地扩展到整个的部件；也可能是长时间在应力作用下并且在出现明显塑性变形之后才发生的。由应力破断造成的失效是由于细小的晶间裂纹或空腔的联通发展到了整个金属内部而发生的。辐照结构材料的断裂行为不仅关系到压力容器系统的公共安全，还关系到燃料功能和电厂可靠运行情况下的经济性。因此，主要的努力已经放在了确定在各种冶金和运行条件下压力容器钢和反应堆堆芯部件合金的力学和工程极限。尽管已经为提供设计和安全保障分析编纂了大量的性能数据，但辐照对基本的断裂形核和扩展机制的效应仍处于研究之中。在本章中，将首先展示金属理论内聚强度的相关公式，接着引入断裂力学。利用这些工具，将论述脆性断裂的理论，并把该理论与金属屈服理论结合起来，讨论金属跨越弹-塑性转变的断裂行为。辐照与其他致脆效应对压力容器钢的断裂行为的影响将被探讨，随后是将断裂力学应用于裂纹的扩展和疲劳裂纹的长大。最后，将讨论高温脆化和断裂机制。

14.1 断裂类型

金属可以显现出不同的断裂类型，这取决于合金、温度、应力状态和加载速率。断裂可分为两大类：韧性断裂和脆性断裂。金属的韧性断裂以裂纹起源之前和扩展期间有明显的塑性变形为特征。金属的脆性断裂则以快速的裂纹扩展为特征，没有大的变形，微变形极小。实际上，韧性断裂和脆性断裂之间的边界是任意的，取决于所考虑的具体情况。脆性断裂常常通过解理或沿着低指数的结晶学面分离而发生。断裂的解理模式受到垂直作用于结晶学解理面的拉应力的控制。已经在 bcc 和 hcp 金属中观察到脆性断裂，但在 fcc 金属中除晶界脆化外还从未见到过脆性断裂。在多晶样品中，断裂可分为裂纹通过晶粒而扩展的"穿晶"断裂，或者是裂纹沿着晶界扩展的"晶间"断裂两类。

14.2 金属的内聚强度

从最基本的角度来说，金属的强度来源于原子间的内聚力。第1章中的图1.8展示了一个原子势函数在其平衡位置周围的变化。图14.1所示为两个原子之间内聚力随这些原子的原子间距而发生的相应变化。这条曲线是由原子之间的吸引力和排斥力所造成的。在无应变的条件下，原子的原子间距由一个长度增量 a 表示。如果晶体受到一个拉伸载荷的作用，原子间距将增大。随着原子间距增大，排斥力下降得比吸引力更快，于是原子之间的净力平衡了拉伸载荷。随着拉伸载荷的进一步增大，排斥力可忽略不计，而吸引力也因为原子间距增大而开始下降。这一点对应于曲线的最高点，等于材料的理论内聚强度。如果假定内聚力曲线可以用一条正弦曲线表示，则可以得到理论内聚强度的近似值[1]，即

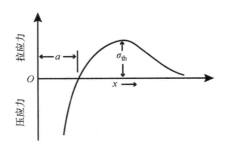

$$\sigma = \sigma_{th} \sin \frac{2\pi x}{\lambda} \qquad (14.1)$$

图 14.1　作用在一个原子的内聚力随原子间分隔距离的变化（采自参考文献 [1]）

其中，σ_{th} 是理论内聚强度，x 是波长为 λ 的点阵中原子间距的位移。对于小位移，$\sin x \approx x$，则

$$\sigma = \sigma_{th} \frac{2\pi x}{\lambda} \qquad (14.2)$$

若只考虑脆性的弹性固体，根据胡克定律，有

$$\sigma = E\varepsilon = \frac{Ex}{a} \qquad (14.3)$$

从式（14.2）和式（14.3）中消去 x，可得

$$\sigma_{th} = \frac{\lambda}{2\pi} \frac{E}{a} \qquad (14.4)$$

当脆性固体发生断裂时，产生断裂所消耗的所有功都被用于产生两个新的表面。这两个表面都具有一个表面能 γ，其单位为"能量/单位面积"。为产生断裂而对单位面积所做的功 U_f，就是图 14.1 中应力 – 位移曲线下方的面积，即

$$U_f = \int_0^{\lambda/2} \sigma_{th} \sin \frac{2\pi x}{\lambda} dx = \frac{\lambda \sigma_{th}}{\pi} \qquad (14.5)$$

其中，λ 是波长。这个能量就是产生两个新表面所需要的能量，则

$$\frac{\lambda \sigma_{th}}{\pi} = 2\gamma \ \text{或} \ \lambda = \frac{2\pi\gamma}{\sigma_{th}} \qquad (14.6)$$

将式（14.6）代入式（14.4）可得

$$\sigma_{th} = \left(\frac{E\gamma}{a} \right)^{1/2} \qquad (14.7)$$

式（14.6）提供了一个生成表面能为 γ 的两个新表面所需理论应力的估算方法。在式（14.7）中取一些典型的常数值计算得到的理论断裂强度值是在工程材料中所发现的数值的 10 ~ 1000 倍！为了弄清这个矛盾所在，Griffith[2] 提议，脆性材料包含着产生足够高应力集中的大量细小裂纹，从而在大大低于理论值的名义应力下，有局部区域达到了理论的内聚强度。

在脆性断裂过程中，当裂纹长度增加时，裂纹两侧的表面积也会增大。为克服原子的内聚力需要一定的能量，即裂纹长大需要表面能的增加。表面能增加的来源是随裂纹扩张释放的弹性应变能。Griffith 为裂纹扩展建立了如下的判据："当弹性应变能的减少量至少等于产生新的裂纹表面所需要的能量时，裂纹将会扩展。"这个判据可以用来确定引起一个特定尺寸裂纹以脆性断裂方式传播所需的拉应力大小。

如果考虑在单位厚度的平板内一个长度为 $2c$ 的椭圆形裂纹，在垂直于裂纹面的外加应

力 σ 的作用下，则裂纹的存在使得总应变能降低[3]，则

$$U_E = -\frac{\pi c^2 \sigma^2}{E} \qquad (14.8)$$

应变能的下降可被用于产生两个裂纹表面所需的能量，即

$$U_S = 4\gamma c \qquad (14.9)$$

按照格里菲斯准则，如果裂纹长度的逐渐增加并不引起系统总能量的改变，即表面能的增加完全被弹性应变能的下降所补偿，则裂纹将在一个恒定的外加应力 σ 作用下扩展。结合式（14.8）和式（14.9），Griffith 判据可以表达为

$$\frac{\partial}{\partial c}\left(4\gamma c - \frac{\pi \sigma^2 c^2}{E}\right) = 0 \qquad (14.10)$$

求解应力得到

$$\sigma_f = \left(\frac{2E\gamma}{\pi c}\right)^{1/2} \qquad (14.11a)$$

在平面应变条件下，用 $E/(1-\nu)^2$ 代替 E，可得

$$\sigma_f = \left[\frac{2E\gamma}{(1-\nu)^2 \pi c}\right]^{1/2} \qquad (14.11b)$$

式（14.11）给出了脆性材料中裂纹扩展所需的应力 σ_f 随微裂纹尺寸 c 的变化情况。

众所周知，即使是那些以完全脆性的方式失效的金属，在断裂之前都经历过某些塑性变形。因此，从严格意义上讲，用来计算断裂应力的格里菲斯方程并不适用于金属。Orowan[4] 建议，如果加入表达扩展裂纹壁所需的塑性功 γ_p，格里菲斯方程就将能更好地适用于金属的脆性断裂。在此情况下，式（14.11a）被改写成式（14.12），即

$$\sigma_f = \left[\frac{2E(\gamma + \gamma_p)}{\pi c}\right]^{1/2} \approx \left(\frac{E\gamma_p}{c}\right)^{1/2} \qquad (14.12)$$

据估算，塑性功 γ_p 为 $10^2 \sim 10^3 \text{J/m}^2$，与此相比，约为 1J/m^2 的表面能 γ 可以忽略。

14.3　断裂力学

断裂力学旨在正确描述工程材料在类似工程实践中遇到的条件下对断裂的抗力，或者说工程材料的韧性。在考虑这一问题时，将采用 Reed - Hill[6] 所介绍的 Irwin[5] 的方法，他考虑了使裂纹移动一小段距离 Δx 所做的功，并以此来确定抵抗裂纹移动的有效力。在计算这个功时，为了方便表述，他假设裂纹向后移动使裂纹闭合，而不是使之打开。因此，假设图 14.2a 代表裂纹的一端，裂纹正通过一个无限大的单位厚度板材而扩展，此板材正经受着一个均匀拉应力的载荷。在由裂纹尖端测量为 Δx 的距离范围内，拉伸应力施加在裂纹上下表面的 y 方向上（见图 14.2b）。如果在所有的点上，σ_{yy} 都被增加到与裂纹最初在 a 点处相同的数值，则这个应力将在 Δx 距离范围内使裂纹闭合。裂纹从 a 点到 b 点的扩展如图 14.2c 所示。

如图 14.2c 所示，考虑间隔 Δx 的一个宽度小单元 dx，随着裂纹的闭合，这个单元的上下两侧朝相反的方向运动了 $2Y$ 的距离。弹性理论假设裂纹表面的位移随施加在裂纹表面的假定应力 σ_{yy} 线性变化。于是，随着 σ_{yy} 增大到使裂纹闭合的数值，它对小单元 dx 所做的功为

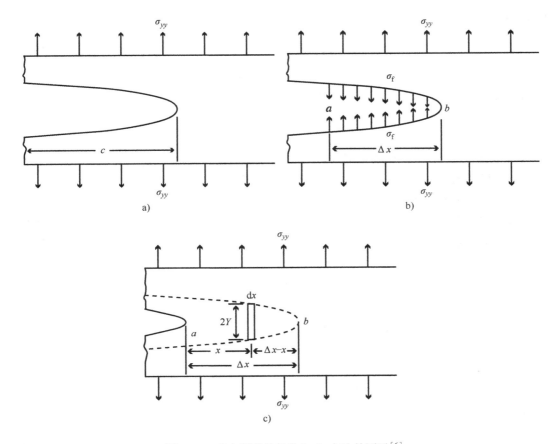

图 14.2　确定断裂条件的 Irwin 方法的图示[6]

$$dW = \frac{2Y}{2}\sigma_{yy}dx = Y\sigma_{yy}dx \tag{14.13}$$

而将裂纹在 Δx 距离内闭合所需要做的功为

$$\Delta W = \int_0^{\Delta x} Y\sigma_{yy}dx \tag{14.14}$$

进一步假设，裂纹前方的材料处于平面应力的状态。正如第 12.1 节中讨论过的，这意味着在板材平面内、平行于裂纹边缘的应力分量 σ_{zz} 等于零。在此条件下，弹性理论预示：

$$\sigma_{yy} = \frac{\sigma\sqrt{c}}{\sqrt{2x}} \tag{14.15}$$

$$Y = \frac{2\sigma\sqrt{c}}{E}\sqrt{2(\Delta x - x)} \tag{14.16}$$

其中，x 是图 14.2c 中从 a 点测量的距离，c 是裂纹的半宽，σ 是施加的外应力。对式 (14.14) 中的 ΔW 积分求值可得

$$\Delta W = \frac{\sigma^2 c\pi\Delta x}{E} \tag{14.17}$$

因为功对于距离的微分相当于力，Irwin 定义一个"裂纹扩展力"（实际上是"单位长

度的力 ）为

$$G = \frac{\Delta W}{\Delta x} = \sigma_f^2 \frac{c\pi}{E} \qquad (14.18)$$

其中，σ_f 是断裂时的外加应力。这个力可以被认为是将裂纹穿过金属移动所需要的力。注意，如果将此表达式与式（14.11a）中的格里菲斯关系比较，可得

$$G = \frac{\sigma_f^2 c\pi}{E} = 2\gamma \qquad (14.19)$$

式（14.19）显示在裂纹前进时施加在裂纹尖端单位长度的力，等于比表面能 γ 的两倍。这个结果是预想之中的，因为按照格里菲斯的概念，为推动裂纹向前扩展所消耗的功转化成了两个裂纹表面的表面能。

在这个例子中，Irwin 的分析已被应用于脆性的弹性固体中的裂纹，在此固体中裂纹的运动扩展并不包含裂纹前方的塑性变形。可是，Irwin 的方法也能应用于裂纹的前进过程中包含塑性变形的问题，此时式（14.19）成为

$$G = 2(\gamma_p + \gamma) \qquad (14.20)$$

其中，γ 是真正的表面能，γ_p 是产生表面时单位面积的塑性功。可是，在大多数实际的例子中，$\gamma_p \gg \gamma$，与 γ_p 相比，γ 可以忽略，因而有

$$G \approx 2\gamma_p \qquad (14.21)$$

在式（14.21）中，方程的右边表示使裂纹在塑性固体中得以长大所需要的单位板厚度的能量。相应地，它被称为"裂纹的抗力"，并记作 R。所以，当临界的能量释放率 G_c 等于裂纹抗力时，裂纹就开始长大。因为 R 表示裂纹长大过程中能量的消耗率，于是有

$$R = \frac{\mathrm{d}W}{\mathrm{d}c} = 2\gamma \qquad (14.22)$$

当脆性弹性板材断裂时，裂纹前方应力的纵向分量为

$$\sigma_{yy} = \frac{\sigma\sqrt{c}}{\sqrt{2x}} \qquad (14.23)$$

其中，x 是裂纹前方的距离。注意，方程右边项的分子中，有外加应力（σ）和裂纹半长度（c）平方根的乘积。这两个因素决定了裂纹前方各点处应力的总水平。外加应力越大，或裂纹长度越大，则裂纹前方任意点处的应力状态越严重。因此，在断裂分析中普遍的做法是采用一个称为"应力强度因子"的参数，它就包含了 $\sigma\sqrt{c}$。在裂纹前方的应力分量对应于平面应力条件的脆性弹性板材的情况下，应力强度因子 K 被定义为

$$K = \sigma\sqrt{c\pi} \qquad (14.24)$$

此时，可以方便地定义断裂的三种基本模式（见图14.3）。模式 I 对应于裂纹面以垂直于其自身的方式发生位移的断裂，这是典型的拉伸型断裂；在模式 II 中，裂纹的两个表面，在垂直于裂纹前缘的方向上，彼此相对发生了切变；而在模式 III 中，切变的动作平行于裂纹的前缘。

固体内裂纹附近的应力场取决于断裂的模式。在具有长度为 $2c$ 的中心裂纹的板材中发生模式 I 断裂的情况下，方程组用极坐标 r 和 θ 表述，其中 r 是在 xy 平面内从裂纹尖端到空间的一个体积元的距离，而 θ 是 r 和 x 轴之间的夹角（见图14.4）。

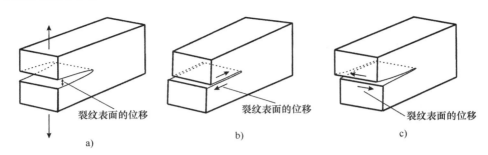

图 14.3 断裂的三种基本模式

a) 模式Ⅰ, 拉伸 b) 模式Ⅱ, 垂直于裂纹前端方向上的切变

c) 模式Ⅲ, 平行于裂纹前端方向上的切变

$$\sigma_{xx} = \sigma \left(\frac{c}{2r} \right)^{1/2} \cos \frac{\theta}{2} \left[1 - \sin \frac{\theta}{2} \sin \frac{3\theta}{2} \right]$$

$$\sigma_{yy} = \sigma \left(\frac{c}{2r} \right)^{1/2} \cos \frac{\theta}{2} \left[1 + \sin \frac{\theta}{2} \sin \frac{3\theta}{2} \right]$$

$\sigma_{zz} = 0$, 对平面应力裂纹长大 (14.25)

$\sigma_{zz} = \nu \left(\sigma_{xx} + \sigma_{yy} \right)$, 对平面应变裂纹长大

$$\sigma_{xy} = \sigma \left(\frac{c}{2r} \right)^{1/2} \sin \frac{\theta}{2} \cos \frac{\theta}{2} \cos \frac{3\theta}{2}$$

$\sigma_{yz} = \sigma_{xz} = 0$

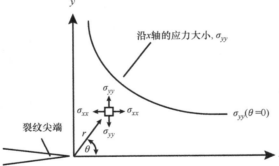

图 14.4 由式 (14.25) 给定的描述裂纹前方应力场所用的坐标系

这些方程都只在裂纹尖端有限区域内成立。应力场可以采用式 (14.24) 的应力强度因子表示。对于模式Ⅰ, 裂纹尖端附近的应力场被写成式 (14.26), 即

$$\sigma_{xx} = \frac{K_I}{(2\pi r)^{1/2}} \cos \frac{\theta}{2} \left[1 - \sin \frac{\theta}{2} \sin \frac{3\theta}{2} \right]$$

$$\sigma_{yy} = \frac{K_I}{(2\pi r)^{1/2}} \cos \frac{\theta}{2} \left[1 + \sin \frac{\theta}{2} \sin \frac{3\theta}{2} \right]$$ (14.26)

$$\sigma_{xy} = \frac{K_I}{(2\pi r)^{1/2}} \sin \frac{\theta}{2} \cos \frac{\theta}{2} \cos \frac{3\theta}{2}$$

当外加应力升高到裂纹得以快速运动的那一点时, 就达到了应力强度因子的临界值, 高于这一点时, 不稳定的裂纹扩展就将发生。这个条件被写成

$$K_c = \sigma_f \sqrt{c\pi} \qquad (14.27)$$

K_c 称为 断裂韧度 。在平面应力情况下，它可较简单地与裂纹扩展力联系起来，即

$$G_c = \frac{\sigma_f^2 c\pi}{E} = \frac{K_c^2}{E} \qquad (14.28)$$

而在平面应变情况下，式（14.28）变成

$$G_c = \frac{\sigma_f^2 c\pi (1 - \nu^2)}{E} = \frac{K_c^2 (1 - \nu^2)}{E} \qquad (14.29)$$

G_c 和 K_c 都可以被看成是表征金属对裂纹扩展的抵抗力的参数。但必须注意的是，G_c 和 K_c 之间的关系只适用于一组特殊的断裂条件，其中裂纹是在简单的拉应力作用下在板材内弹性地向前推进的，而裂纹前方的应力分量与平面应力条件或平面应变条件相对应。对于其他的断裂条件，G_c 和 K_c 之间的关系通常是不一样的。事实上，根据式（14.21），可以得到

$$G_c = \frac{\sigma_f^2 c\pi (1 - \nu^2)}{E} = 2\gamma_p = R \qquad (14.30)$$

对于模式 I 载荷下的断裂，通常将下标 I 添加到符号 K_c 和 G_c 中。因此，式（14.28）和式（14.29）给出的关系可以更恰当地表达为

$$G_{Ic} = \frac{\sigma_f^2 c\pi}{E} = \frac{K_{Ic}^2}{E} \text{ 或 } G_{Ic} = \frac{K_{Ic}^2 (1 - \nu^2)}{E} \qquad (14.31)$$

由外加应力造成的裂纹尖端的应力可以导致裂纹尖端处的塑性流变。裂纹尖端前方的塑性区呈肾形，带有在断裂面上方和下方延伸的叶瓣。在 xy 面内穿过塑性区的截面如图 14.5 所示。在裂纹面（即图 14.5 中的 xz 面）内塑性区的大小常被用作塑性区尺寸的度量。利用式（14.26）中 σ_{yy} 的表达式，并在 $\theta = 0$ 处求解，得到 $\sigma_{yy} = K_I / (2\pi r_p)^{1/2}$。求解 r_p，分别采用 $\sigma_{yy} = \sigma_y$ 和 $\sigma_{yy} = \sqrt{3}\sigma_y$ 表示平面应力和平面应变，其中 σ_y 是屈服应力，可得

对于平面应力，有

$$r_p = \frac{K_I^2}{2\pi \sigma_y^2} \qquad (14.32)$$

对于平面应变，有

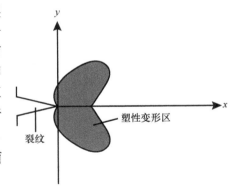

图 14.5 裂纹尖端前方的塑性区
（在 xy 平面内）的截面

$$r_p = \frac{K_I^2}{6\pi \sigma_y^2} \qquad (14.33)$$

假设应力 σ_{yy} 不超过屈服应力 σ_y，图 14.6 所示分别为平面应力和平面应变情况下裂纹前方的应力分布。注意，在平面应变情况下塑性区的尺寸比平面应力下的尺寸大约小 3 倍，这正符合式（14.32）和（14.33）的规定。

14.4　断裂力学试验

断裂力学试验的目的是测定描述金属抵抗裂纹扩展的断裂参数。模式 I 的断裂韧度就是

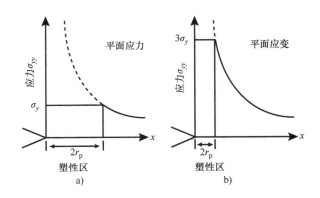

图14.6 假设 σ_{yy} 不能超过 σ_y，在平面应力和平面应变情况下裂纹前方的应力分布

a）平面应力 b）平面应变

这样一个参数，它的标准试样设计和试验方法已被开发用来测定金属的平面应变断裂韧度。这个标准化了的方法由 ASTM E399[7] 加以说明，应用于两个试样的设计，即三点加载的缺口横梁试样和紧凑拉伸试样。紧凑拉伸试样是一个普通的试样设计（见图14.7）。平面应变断裂韧度的测量依赖于线弹性断裂力学（LEFM）的可靠性。这就是说，假设在平面应变断裂过程中式（14.26）成立，因为它们是用弹性理论而不考虑塑性推导得到的。因此，为了使 LEFM 得以满足，由式（14.33）给出的裂纹前方塑性区尺寸必须很小。因为 $r_p \propto 1/\sigma_y^2$，屈服强度对塑性区尺寸有很大影响，因而对试验的适用性也有很大的影响。为了确保平面应变断裂，ASTM E399 要求试样的厚度必须是最小的尺寸。该尺寸由式（14.34）给定。

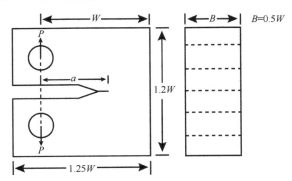

图14.7 用于平面应变断裂韧度测量的 ASTM 紧凑拉伸试样设计

$$B \geqslant 2.5\left(\frac{K_{Ic}}{\sigma_y}\right)^2 \tag{14.34}$$

其中，B 是试样厚度。此外，韧带的大小［即样品中未破裂材料的长度，由图14.7中的 $(W-a)$ 定义］也必须比塑性区的尺寸大，其大小与试样厚度 B 和裂纹长度相同，因此，其尺寸要求为

$$a \geqslant 2.5 \left(\frac{K_{Ic}}{\sigma_y} \right)^2$$

$$B \geqslant 2.5 \left(\frac{K_{Ic}}{\sigma_y} \right)^2 \qquad (14.35)$$

$$W \geqslant 5.0 \left(\frac{K_{Ic}}{\sigma_y} \right)^2$$

其中，a 是裂纹的长度。注意，式（14.35）需要一个 K_{Ic} 的值，以确保用于测量 K_{Ic} 的试样的有效性。所以，在实践中，为了确定待测金属制成的试样是否满足式（14.35）的要求，先要估算一下 K_{Ic} 的大小。对于一个紧凑拉伸试样，应力强度因子可以用所加的载荷 P、试样的尺寸 B 和 W，以及裂纹长度与试样宽度之比 a/W 表示，即

$$K = \frac{P}{BW^{1/2}} \times \frac{\left(2 + \frac{a}{W}\right)\left[0.886 + 4.64\left(\frac{a}{W}\right) - 13.32\left(\frac{a}{W}\right)^2 + 14.72\left(\frac{a}{W}\right)^3 - 5.6\left(\frac{a}{W}\right)^4\right]}{\left(1 - \frac{a}{W}\right)^{3/2}}$$

$$(14.36)$$

其中，式（14.36）右边第一项其实就是所加的应力，而第二项则反映了裂纹长度的影响。

14.5　弹 - 塑性断裂力学

平面应变断裂韧度的确定取决于 LEFM 对特定测试项目的适用性。如果屈服强度很高，试样厚度足够大，则 LEFM 适用。可是，对于低强度和高韧性的大多数金属（即便是处于已受辐照的状态），为了适用 LEFM，有可能会要求它们的厚度达到 1m。当试样内塑性区的尺寸大得足以使其弹性应力场产生畸变时，采用 K_{Ic} 来测定断裂韧度是不现实的。为了在涉及显著塑性时，测量金属的抗断裂能力，已经开发了多个其他的方法。例如，Reed - Hill[8] 介绍的 J 积分和裂纹张开位移方法就是本节将要加以简要评述的两种方法。

由 Rice 提议的 J 积分，是借助于一个取自远离裂纹尖端的积分路径替代那个靠近裂纹尖端区域的积分路径，用来表征裂纹尖端应力 - 应变场的方法。形式上，无论是对弹性还是弹塑性行为，J 积分都被定义为

$$J = \int_{\zeta} W \mathrm{d}y - T\left(\frac{\partial u}{\partial x}\right)\mathrm{d}x \qquad (14.37)$$

其中，ζ 是环绕裂纹尖端、以逆时针方向画出的一个轮廓线长度，W 是应变能密度（$\int_0^{\varepsilon} \sigma \mathrm{d}\varepsilon$），$T$ 是垂直于路径 ζ（$T_i = \sigma_{ij} n_{ij}$）中的那个单元 $\mathrm{d}s$ 的牵引矢量，u 是位移矢量（见图 14.8a）。

从物理学的角度来看，J 积分就是受到完全相同载荷但裂纹长度稍有不同的两个物体之间的势能差，即

$$J = -\frac{\mathrm{d}V}{\mathrm{d}c} \qquad (14.38)$$

其中，V 是系统的势能，J 是势能随裂纹长度变化率的负值。在试验中，dV/dc 是通过画出具有不同初始裂纹长度的两个试样的载荷 – 位移曲线加以测定的。如图 14.8b 所示，加载一个恒定的载荷导致初始长度为 c 的裂纹增加到 $c+dc$，并由此产生了一个位移增量 δ。两条 $P-\delta$ 曲线之间的面积就是能量差 dV，将它除以 dc 即为 J。

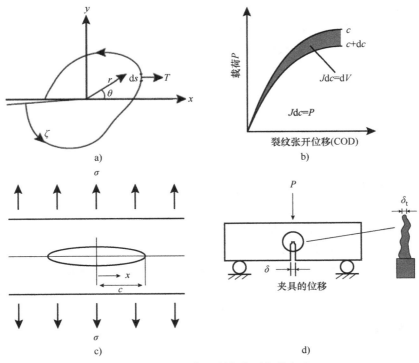

图 14.8　J 积分和裂纹张开位移方法

a）裂纹尖端的几何表述和线积分轮廓　b）对用于测定 J 积分的一个包含稍不同于初始长度裂纹的平板试样，进行恒定位移试验得到的载荷 – 位移曲线　c）COD 分析用的裂纹几何
d）采用夹具测量位移的 COD 试验装置

裂纹张开位移方法则假设，当裂纹尖端的塑性应变量达到一个取决于特定金属或合金的临界值时，裂纹开始长大。这个临界应变也可以被用作失效的一个判据。如图 14.8c 所示，在一个塑性变形发生在裂纹尖端的金属中，对于经受着均匀拉伸应力 σ 的无限大薄板中长度为 $2c$ 的裂纹，其裂纹张开位移由 Dugdale[9] 确定为

$$\delta_t = \frac{\pi c \sigma^2}{E \sigma_y} \tag{14.39}$$

将裂纹扩展力的表达式重写，式（14.31）两边都除以 σ_y，可得

$$\frac{G}{\sigma_y} = \frac{\pi c \sigma_f^2}{E \sigma_y} \tag{14.40}$$

再将式（14.39）代入式（14.40）得到

$$G = \sigma_y \delta_t \tag{14.41}$$

由此获得用临界裂纹尖端张开位移 δ_{ct} 表示的断裂应力表达式为

$$\sigma_f = \left(\frac{E}{\pi c} \sigma_y \delta_{ct} \right)^{1/2} \tag{14.42}$$

在离开裂纹中心距离为 x 处的裂纹张开位移（COD）δ 与裂纹尖端的张开位移 δ_t 之间的关系为

$$\delta = \frac{4\sigma}{E}\sqrt{c^2 - x^2 + \frac{E^2\delta_t^2}{16\sigma^2}} \tag{14.43}$$

它也可以利用图 14.8d 所示的附在试样表面的卡尺测量，由此获得图 14.8b 所示的载荷 – 位移曲线。注意，当测量是在图 14.8c 所示的试样表面进行时，$x=0$。对于线弹性行为，J 积分等同于 G。因此，对于线弹性情况，J 的失效判据也与 K_{Ic} 的失效判据相同，所以对线弹性应变的条件是

$$J_{Ic} = G_{Ic} = \frac{(1-\nu^2)K_{Ic}^2}{E} \tag{14.44}$$

随着韧性增大，许多材料并不在一个特定的 J 或 δ 值时发生灾难性的失效。相反，它们的 J 和 δ 表现出随裂纹长度增加而逐渐增大。J 随裂纹长度 c 变化的关系曲线称为 R 曲线。图 14.9 所示为韧性金属的典型 R 曲线。一开始曲线的斜率很大，由于裂纹尖端的钝化而显现有少量的表观裂纹长大。随着 J 的增大，裂纹尖端的材料局部失效而发生裂纹的推进。对弹 – 塑性变形而言，断裂韧度的度量是 J_{Ic}，它被定义为稳定裂纹长大的起始点。由图 14.9 可见，当裂纹开始长大时出现 J_{Ic}，但这一点的精确定义往往不明确。

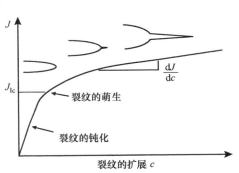

图 14.9　韧性金属的典型 R 曲线[10]

14.6　脆性断裂

断裂力学概念在脆性材料断裂方面的应用最为成功。具有脆性断裂特征的解理型断裂有三个基本因素：①三轴应力状态；②低温；③高应变状态。这三个因素并不必须同时存在才会产生脆性断裂。对大多数脆断型失效而言，三轴应力状态（如在缺口处存在的应力）和低温常常是失效的原因。可是，由于在高加载速率时这些因素得以凸显，已有多种类型的试验被用来测定材料对脆性断裂的敏感性。

脆性断裂过程由以下三个阶段组成：

1）塑性形变，包括位错沿着它们的滑移面在一个障碍处的塞积。

2）在位错塞积的前方切应力积累到一定程度而导致微裂纹的形核。

3）在某些情况下，不需要塞积中的位错产生进一步滑移，储存的应变能就会推动微裂纹发展成为完全的断裂。较为典型的情况是，金属中观察到了一种特异的长大阶段，在该阶段需要增大应力才能让微裂纹扩展。

由位错塞积导致的塑性变形在由 Cottrell[11] 提出的金属屈服理论中得到了处理。这一理论适用于那些表现有明显屈服点的金属，可以用来确定断裂应力。同时了解屈服应力和断裂强度两方面的知识，就可以推导出脆性断裂的条件。

在 bcc 金属或辐照 fcc 金属中出现较低的屈服点包含着来自辐照源的硬化和摩擦硬化的

贡献。Cottrell 假设在少数孤立的晶粒中的位错已经被解锁，或是由于相对于载荷，这些晶粒的取向在其滑移面上产生了最大的分切应力，或是因为在这些晶粒中有少量的位错源具有特别小的脱钉应力。无论是在哪种情况下，过早发生屈服的晶粒内产生的位错总是塞积在晶界处。在塞积近旁被增强的切应力会触发邻近晶粒内的位错源。因此，随着材料的流变，屈服现象就会传播扩展到整个试样。

切应力被施加到了相邻已屈服晶粒内的滑移面上，并释放了受到晶界阻挡的位错的崩塌（见图 12.5）。作用在晶粒 2 内位错源上的切应力由两个分量组成，即外加的切应力 σ_a 和因接近于晶粒 1 内位错塞积而发生的切应力。后者在式（12.62）中给出，可改写为

$$\sigma_2 = \left(\frac{d}{r}\right)^{1/2}(\sigma_a - \sigma_i) \tag{14.45}$$

其中，$\sigma_a - \sigma_i$ 是考虑到晶粒 1 塞积内位错运动受到的摩擦应力。将式（14.45）重写为外加应力和包含 $d^{-1/2}$ 的组合项，就得到了描述晶粒尺寸对屈服强度影响的霍尔 - 佩奇方程，$\sigma_y = \sigma_i + k_y d^{-1/2}$，即式（12.63），其中右边的第二项就给出了位错源的硬化对屈服应力的贡献。

Zener[12] 率先提出了在位错塞积头部产生的高应力有可能导致断裂的观念，其模型如图 14.10 所示。作用在滑移面上的切应力将位错挤压到一起。当应力达到某一临界值时，塞积头部的位错被推挤到了如此紧密的程度，以致它们结合进入一个楔形裂纹或空腔位错中，其高度为 nb，长度为 $2c$。Stroh[13] 指出，假如塞积头部的应力集中未被塑性变形所释放，则塞积处的应力为

$$\sigma = (\sigma_a - \sigma_i)\left(\frac{L}{r}\right)^{1/2} \tag{14.46}$$

其中，σ_a 是外加的切应力，L 是发生堵塞的滑移带长度，而 r 是滑移面内与领先的那个位错之间的距离。与式（14.45）类似的式（14.46）可以被视为与理论内聚强度［式（14.7）］相等。

$$(\sigma_a - \sigma_i)\left(\frac{L}{r}\right)^{1/2} = \left(\frac{E\gamma}{a}\right)^{1/2} \tag{14.47}$$

这么一来，微裂纹将在如下条件下形核：

$$\sigma_a - \sigma_i = \left(\frac{E r \gamma}{L a}\right)^{1/2} \tag{14.48}$$

如果令 $r \approx a$ 和 $E \approx 2\mu$，则式（14.48）成为

$$\sigma_a - \sigma_i = \left(\frac{2\mu\gamma}{L}\right)^{1/2} \tag{14.49}$$

但是，由式（12.58）可见，滑移带内的位错数可被表示为

$$n \approx 2(\sigma_a - \sigma_i)\frac{L}{\mu b} \tag{14.50}$$

从式（14.49）和式（14.50）中消去 L 可得

$$(\sigma_a - \sigma_i)nb \approx 2\gamma \tag{14.51}$$

这个形式的微裂纹形核方程是由 Cottrell[11] 提出的，其直接的物理意义在于，当外加切应力产生一个等于 nb 的位移所做的功，等于位错抵抗摩擦应力而运动所做的功和产生新的断裂表面所做的功之和时，将生成一个裂纹。用法向应力表示为

$$\sigma(nb) \approx 4\gamma \tag{14.52}$$

假设位错源是在直径为 d 的晶粒的中心，则 $L = d/2$，将式（14.50）代入式（14.52）可得

$$\sigma(\sigma_a - \sigma_i) = \frac{4\mu\gamma}{d} \tag{14.53}$$

但是由于在屈服应力处，σ_y 等同于 σ_a，而 $(\sigma_y - \sigma_i) = k_y d^{-1/2}$ [见式（12.63）]，于是，根据式（14.32），可得出科特雷尔 – 佩奇（Cottrell – Petch）方程为

$$\sigma = \sigma_f = \frac{4\mu\gamma}{k_y} d^{-1/2} \tag{14.54}$$

这个方程表明了将一个长度为 d 的微裂纹扩展所需要的应力。

图 14.10 中的楔形裂纹是由于 nb 个位错的崩塌而出现的，所以晶粒的伸长分数（即应变）为 nb/d。采用式（14.52），使一个尺寸为 nb 的微裂纹萌生的应变是 $\varepsilon_f = nb/d = 4\gamma/(\sigma d)$，它就是在脆性断裂情况下，当储存的弹性能驱动一个微裂纹完成断裂时所发生的断裂应变。

图 14.11 所示为典型的低碳钢中屈服应力和断裂应力与晶粒尺寸的相互关系。注意，两条线相交于一个特殊的 d 和 σ 值。这个交点就是韧 – 脆转变点。在转变点左侧，断裂和屈服同时发生。可是，断裂发生在屈服应力下，这是因为在模型中屈服必须先行发生。在转变点的右侧，先发生了屈服，σ_f 和 σ_y 之间的增量应变是由金属的加工硬化所引起的。在此过程中，金属发生的是塑性变形，断裂应力随 d 的减小而增大。参数 k_y 确定了在位错源解锁时被弛豫而进入塞积中的位错数。具有高 k_y 值的金属（如铁素体钢和钼）比具有低 k_y 值的金属（如铌和钽）更易于发生脆性断裂。在 bcc 金属中，摩擦阻力随温度下降到低于室温而快速增高，从而导致了韧 – 脆转变。

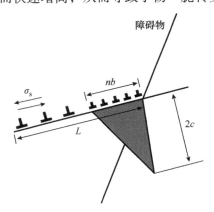

图 14.10　障碍物引起的刃型位错塞积
处微裂纹形成的简图

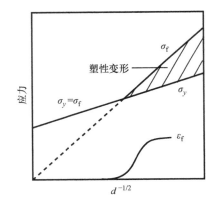

图 14.11　在低温下测试的典型低碳钢晶粒
尺寸对屈服和断裂应力的影响

科特雷尔 – 佩奇理论为辐照为什么脆化钢提供了一个解释。辐照诱发的缺陷和缺陷团簇通过增大其对位错运动的阻力而增加了屈服应力的摩擦分量 σ_i。可是，在未辐照过的 bcc 金属中，因为不存在中子所产生的点缺陷，位错源被杂质原子强烈地钉扎（导致了上、下屈服点现象），所以辐照对 k_y 只有很小的影响。这些与辐照有关的不同相互关系的净效应是，屈服强度的增加远大于断裂强度的增加。图 14.12 所示为辐照对屈服强度和断裂强度随温度

变化关系的影响。注意，由于受到辐照，屈服强度将其发生脆性断裂的温度移动到了较高的温度。低温下韧性的急剧损失其实是 σ_y 和 σ_f 对中子辐照损伤的敏感度不同所致。韧脆转变温度（DBTT）或称零韧性温度（NDT）由 $\sigma_f = \sigma_y$ 这个条件界定，由式（14.54）可得

$$\sigma_y k_y = 4\mu\gamma d^{-1/2} \qquad (14.55)$$

Bement[14] 把科特雷尔–佩奇的断裂应力方程写成

$$\sigma_f = \frac{\beta\mu\gamma_e}{k_S} d^{-1/2} \qquad (14.56)$$

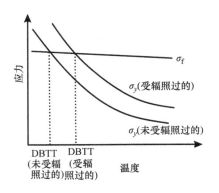

图 14.12　屈服应力和断裂强度随温度的变化，与韧性–脆转变温度之间的关系

其中，β 是与外加应力的三轴性程度有关的一个常数，$\gamma_e (= \gamma + \gamma_p)$ 是裂纹的有效表面能，$k_S = M^{-1} k_y$，其中 M 是泰勒取向因子。

由科特雷尔–佩奇方程，辐照诱发的屈服强度提高、k_S 的增大或有效表面能 γ_e 下降，都可能对脆化有促进作用。因为断裂应力 σ_f 受辐照的影响并不大，也很少像 σ_y 那样与温度相关，这些辐照诱发的性能变化有可能造成 DBTT 的明显提高（按 $\sigma_y = \sigma_f$ 判据来说）[15]，即

$$T_c = C^{-1} \left[\ln Bk_s d^{1/2} / (\beta\mu\gamma - k_y k_s) \right] \qquad (14.57)$$

其中，B 和 C 是描述 σ_i 随温度变化关系的常数（忽略长程应力），由式（14.58）给定。

$$\sigma_i = B\exp(-CT) \qquad (14.58)$$

其中，T 是绝对温度。辐照对于科特雷尔–佩奇方程的各项参数预期的影响已由 Bement 给出，见表 14.1。尽管 σ_y 肯定会随辐照量的增加而增大，这本身就说明钢的 DBTT 所发生的显著变化，但残留元素和位错通道对 σ_i 和 k_S 的影响尚不清楚。

表 14.1　辐照对科特雷尔–佩奇方程［式（14.56）］中各项参数的影响[14]

参数	含义	辐照的影响
σ_y	屈服应力	增大
$\Delta\sigma = \sigma_f - \sigma_y$	断裂的应力增量	下降
β	外加应力的三轴性	—
μ	剪切模量	—
γ_e	有效表面能（$\gamma + \gamma_p$）	下降
d	晶粒尺寸	—
k_y	Petch 斜率	下降（d 大） 变化不大（d 小）
M	泰勒取向因子	因通道效应导致的增大
σ_e	强化源开动的应力	增大
r	强化源到位错塞积的距离	因为通道效应导致的减小

有关辐照对铁、钢和钼的霍尔–佩奇关系影响的研究结果各不相同；但趋势表明，对于

晶粒相对较小（$d^{-1/2} > 4 \text{mm}^{-1/2}$）的情况，辐照 k_y 的影响较小，而在晶粒尺寸较大时 k_y 会下降到较小值。在 50℃ 下对工业纯铁（晶粒尺寸为 $50\mu\text{m}$）辐照到 $3 \times 10^{18} \text{n/cm}^2$（$E > 1\text{MeV}$）的剂量，造成其 k_y 从 396MPa $(\mu\text{m})^{1/2}$ 降到了 305MPa $(\mu\text{m})^{1/2}$[16]。

大晶粒样品 k_y 的显著下降发生在大于 10^{18}n/cm^2 的中子辐照注量，它是屈服强度大幅提高的阈值，相应地也有 DBTT 的大幅提高。在这些中子辐照条件下，在电子显微镜下已经观察到清晰的缺陷团簇和位错通道。

与这些过程不同，通过限制位错的交叉滑移和限制维持穿越晶界连续性所需的操作滑移系的数量，位错通道可能会使 k_y 值增大。按照 Johnson[17] 的 k_y 模型，在小晶粒材料中，辐照缺陷团簇对晶界附近受力的滑移几乎没有提供附加阻抗；而在粗大晶粒的材料中，在通道交叉点或在其他障碍（如碳化物）处，因位错的塞积而发生的长程应力得以超越晶界产生的背应力。也就是说，在屈服后的应变中，流变应力变成了与 k_y 的晶粒尺寸无关的因素；此外，在通道形成期间位错增殖的数量尚未知，所以晶粒尺寸对辐照过的 bcc 金属屈服和断裂的影响还不清楚。

由前面的分析可见，关于楔形裂纹中崩塌的位错数 nb 的假设，以及表面能项，对于断裂模式的应用都是重要的。正如 Griffith[2]、Orowan[4] 和 Irwin[5] 的理论所描述的，表面能在已有裂纹扩展的分析中也是重要的。辐照钢材的平面应变断裂韧度 K_{Ic} 的下降[18]部分缘于临界断裂伸长力 $G_c = K_{\text{Ic}}^2/E$ 的减小，它是由于在 $\sigma = \sigma_{\text{f}}$ 时有效表面能 $G_c = 2\gamma_{\text{e}}$ 的下降引起的。

多晶金属的有效表面能 γ_{e} 由给定解理面的本征表面能 γ 和代表一个裂缝尖端的塑性变形的 γ_{p} 所组成。裂纹尖端的塑性弛豫既可以因位错源的增殖而产生，也可由扩展的交叉滑移所产生，在塑性形变的早期阶段，这两个过程都强烈地受到辐射损伤的限制。因此，屈服时的有效表面能应当是随着中子注量的增加而接近于本征的表面能。不过，至今还没人对测量过辐照材料的 γ_{e}。

Bement[14] 所报道的 Stein 的工作中，将断裂理论拓展到本征表面能 γ 和塑性功 γ_{p} 对 bcc 金属中解理断裂的贡献。研究发现，裂纹扩展所沿着的解理面，是塑性功最小的面，而不是由本征表面能的差所确定的那个面。如果在辐照之前考虑两个潜在的断裂面，则具有最低塑性功 γ_{p} 的解理面将是发生解理断裂的操作面，即使它的本征能量 γ 也许是较大的。可是，辐照之后，如果 γ_{p} 达到了一个非常小的值，就可以假定本征表面能在解理断裂中起着控制性的作用，此时在两个（或更多个）潜在的解理面之间的排序有可能发生反转。但至今其可能性还未被探索过。

14.7　铁素体钢中的辐照诱发脆化

大多数反应堆压力容器钢有一个共同的特性，那就是随着温度下降，都会经历由韧性断裂向脆性断裂的转变。该项转变通常发生在只有约 80℃ 的温度范围内[19]。在此范围内，断裂的微观和宏观性质逐渐地由韧性的韧窝破断向沿着结晶学边界的解理变化，而在两者之间还存在着一个宽泛的混合断裂模式。认定辐照过的压力容器钢断裂特性的一个要素是缺口棒的冲击试验。接下来将讨论该项试验及其结果对断裂机制的解释。

14.7.1　缺口棒的冲击试验

尽管已开发出精心设计的断裂力学方法论及其试验样品，但简单的夏比冲击试验一直被用作确定辐照对韧性影响的主要基础。可是，由缺口棒试验（如夏比试验）得到的结果并不容易用设计要求来表示，因为无法测量在缺口处三轴应力的分量。即便如此，夏比冲击试验还是成为在全世界被广泛使用的、对脆性断裂的一项严格测试。夏比试样有正方形截面（10mm×10mm），包含一个45°的V型缺口，深2mm，底部半径为0.25mm（见图14.13）。试样被支承在水平位置，通过一个重摆锤的冲击从缺口的背面加载（冲击速度约为5m/s）。试样以$10^3 s^{-1}$数量级的应变速率被冲击弯曲并断裂。

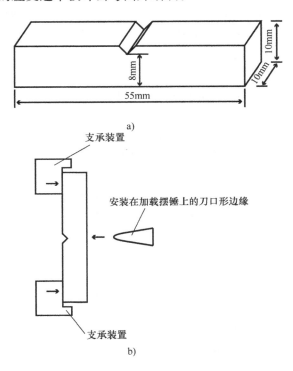

图14.13　试样及施加冲击载荷的方法

a）夏比V型缺口冲击试样　b）给试样施加冲击载荷的方法

冲击试验的主要测量指标是试样冲断过程中吸收的能量。测试棒断开之后，摆锤继续上升至一个高度，而这个高度随断裂时被吸收的能量增加而降低。断裂时被吸收的能量（通常用J表示）直接从冲击试验机的刻度盘上读出。

如果断裂是完全韧性的，消耗的能量将是高的；如果断裂是完全脆性的，消耗的能量将是低的。为使一个夏比试样断裂所需要的能量常用C_V后面跟着一个数值（如C_V41J或C_{41}）表示。因为钢吸收能量的能力随温度而变化，冲击试验提供了一个跟踪钢的断裂模式随温度变化的简便方法。一个显示由韧性向脆性行为转变的有代表性的曲线如图14.14所示。它的一个重要特点是转变并不敏锐，而是发生在一个稳定范围内。通过对断口表面的考察，可以发现以韧性方式断裂的截面的量与冲断试样时消耗的能量之间存在合理的关联。完全韧性的试样显示为粗糙或纤维状的表面，而脆性试样的表面有不规则排布的细小光亮刻面，每个刻面对应着晶体的一个解理面。在那些部分韧性部分脆性断裂的试样中，发现在截面的中央有脆性的或光亮的区域。由韧性向脆性转变的两个度量是切变断裂的百分数和横向膨胀率，两者随温度的变化都与图 14.14 所示的吸收能量曲线一样。因此，韧性向脆性行为的转变也可以通过考察冲击试样的断口表面加以跟踪。

夏比冲击试验已被广泛用于测定一些变量对韧脆转变的影响。由于缺乏吸收能量曲线的急剧转变来标志韧性和脆性行为的分离，这就给夏比冲击试验结果的解释带来了困难。不过，为方便起见，通常的做法是用金属的转变温度来表示。但是，这个术语需要小心地加以定义，因为有多种不同的表述方式。一种是取用冲击试样断裂成一半脆性和一半韧性断口表面的那个温度。第二种确定转变温度的方式是采用平均能量判据，即被吸收的能量正好等于完全韧性和完全脆性的试样断裂所需能量之差一半时的那个温度。夏比试样以固定的能量（如41J）断开的温度也被广泛用作转变温度的基础。另一种度量方式是"零韧性温度（NDT）"，它被定义为在基本没有塑性变形的情况下开始断裂的温度。对利用落锤试验测定真正 NDT 的方法，ASTM E208 – 95a 已经做了规定。根据该温度，可以计算参考温度 RT_{NDT}，即 $RT_{NDT} = T_{NDT} - 60\,°F$[20]。

图 14.15 所示为辐照对一个典型的压力容器钢夏比曲线的影响。注意，辐照导致曲线向较高温度发生了偏移，也使曲线的上平台能量（USE）下降。还有，曲线的斜率也因辐照而减小。这三个特征都会随辐照注量和硬化程度的提高而发生变化。

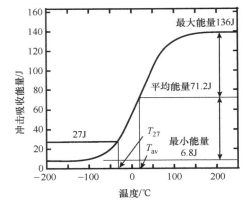

图 14.14　辐照对反应堆压力容器钢夏比冲击曲线的影响示意图
注：图中显示了 DBTT 的变化和上平台能量的降低。

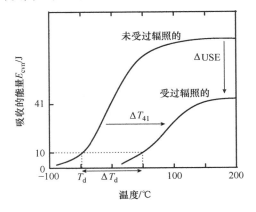

图 14.15　辐照引起的 DBTT 随屈服应力的变化

14.7.2　DBTT 和 USE 的下降

由韧性断裂向脆性断裂的转变以前曾借助于霍尔 - 佩奇关系加以探讨。研究发现，屈服强度随温度下降而减小，而断裂应力大体上与温度无关，所以就把断裂应力曲线与流变应力曲线的交点取为韧脆转变温度（DBTT）。辐照导致屈服应力增大，断裂应力与屈服应力曲线的交点向较高温度移动，因而也就抬高了 DBTT（见图 14.12）。由韧性向脆性行为的转变最普遍地采用夏比曲线与记作 C_{41} 的 41J 线的交点加以表征，而相应的未辐照和辐照条件之间的温度偏移被定义为 ΔT_{41}。Odette[21] 指出，ΔT_{41} 是 $\Delta\sigma_y$ 的非线性函数，表现为 $\Delta T_{41}/\Delta\sigma_y$ 随 $\Delta\sigma_y$ 和 T^* 的升高而升高，其中 T^* 是断裂应力和流变应力两曲线相交点的温度。因此，随着辐照硬化程度的提高，DBTT 升高的速度比线性更快。

由辐照诱发的脆化元素（如磷等）的偏聚，可能导致断裂应力的下降，从而使得 DBTT 发生额外的偏移。如第 6 章所述，辐照期间磷会向晶界偏聚，普遍认为这会降低晶界的结合力，从而导致 DBTT 的升高或下平台韧性的降低。图 14.16 中 DBTT 的额外升高被表示为 ΔT_2。如果这两个机制同时起作用的话，就会发生 ΔT 的组合偏移，其中两个分量以线性相加的方式组合，如图 14.16 所示。

辐照不仅使 DBTT 升高，还造成了在转变曲线的韧性平台处断裂时吸收能量的降低（见图 14.15）。上平台能量的变化也显现为辐照引起的屈服应力增大而导致的结果。图 14.17 所示为上平台能量的变化分数（f）随屈服应力的变化情况，并可表达为

$$f = \begin{cases} 9 \times 10^{-4} \Delta\sigma_y, & 0 < \Delta\sigma_y \leqslant 40\mathrm{MPa} \\ 9 \times 10^{-4} \Delta\sigma_y + 0.02\sqrt{\Delta\sigma_y - 40}, & \Delta\sigma_y > 400\mathrm{MPa} \end{cases} \tag{14.59}$$

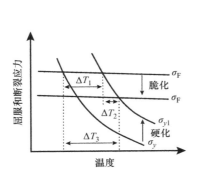

图 14.16 屈服应力和断裂应力随温度和辐照的变化，导致对 DBTT 偏移的独立贡献[22]

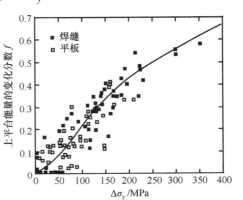

图 14.17 上平台能量的变化分数是辐照引起屈服强度增高的函数[21]

除了屈服应力曲线向较高温偏移，辐照还使曲线的斜率减小，这体现着它对温度偏移的额外贡献。Odette[21] 指出，能量-温度曲线斜率的变化可能与上平台能量（E_U）的下降有关，而辐照与未辐照的上平台能量之比（$f_{E_u} = E_{U,i}/E_U$）可经验性地与 $\Delta\sigma_y$ 关联成为

$$\Delta T_s(^\circ\mathrm{C}) \approx \frac{3720}{E_u}\left(\frac{1 - f_{E_u}}{f_{E_u}}\right) \tag{14.60}$$

于是，所导致的转变温度可表达为

$$\Delta T = \Delta T_1 + \Delta T_2 + \Delta T_s \tag{14.61}$$

上平台能量的减少已经与断裂表面剪切断裂量的增加关联起来了[23]。尽管如此，人们还是相信辐照对上平台能量（E_U）的影响缘于应变硬化程度下降和导致低韧性的流变局域化，以及因强度提高导致的三轴应力状态加剧[21]。正如第 12 章讨论的那样，以位错通道形式存在的流变局域化发生在辐照过的铁素体钢中，它对韧性断裂区间内韧性的下降可能也有贡献。

14.7.3　主曲线方法

要在辐照条件下确保反应堆压力容器钢的完整性，最重要的是能够定量地确定钢的断裂

韧度如何受到辐照的影响。辐照使得断裂韧度曲线发生了向较高温度的偏移。辐照的效应在于将断裂韧度曲线在温度标尺上向右边移动（见图 14.18）。有趣的是，辐照前后曲线的形状相似。事实上，已经观察到在铁素体钢范围内，断裂韧度转变曲线具有特征的形状。此种固定的形状意味着对这些材料而言，断裂韧度可以用一系列曲线加以描述，它们之间的差别只在于曲线在温度标尺上的位置不同而已。这就是"主曲线"概念的基础。按照此概念，断裂韧度曲线可由将主曲线固定在温度标尺上某个位置的单个参数确定。这个参数被称为 T_0，其定义为 1T（厚 25.4mm）的断裂韧度试样的中值断裂韧度等于 100MPa · $m^{1/2}$（即 91ksi · $in^{1/2}$）时的温度。于是，给出的主曲线为

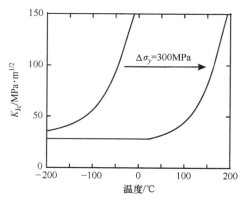

图 14.18　辐照下断裂韧度曲线的位移

$$K_{Jc(med)} = 30 + 70\exp[0.019(T - T_0)] \tag{14.62}$$

其中，T 为测试温度，T_0 是前面定义的参考温度，$K_{Jc(med)}$ 是中值断裂韧度（MPa $m^{1/2}$）。中值断裂韧度被定义为

$$K_{Jc(med)} = \sqrt{\frac{J_c E}{(1 - \nu^2)}} \tag{14.63}$$

其中，E 是弹性模量，ν 是泊松比，J_c 是在解理断裂开始时的 J 积分值，由载荷 - 位移曲线下的面积确定。

反应堆监测程序历来一直使用夏比 V 型缺口试样而不是断裂韧度试样。这些试样被封装在监测容器中接受暴露，在它们被测试后即可计算由辐照产生的吸收能量偏移。图 14.19 表明，原则上，夏比冲击试验测得的 DBTT 变化应该可以与断裂韧度曲线关联起来。

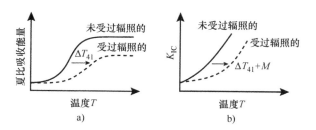

图 14.19　夏比冲击试验中 DBTT 变化在断裂韧度试验中的应用[24]

a）夏比冲击能　b）断裂韧度

具有高 Cu、Ni 和 Mn 含量，在 288℃ 辐照至 $0.74 \times 10^{19} n/cm^2$（$E > 1MeV$）[25] 的焊缝材料，在辐照前后得到的夏比曲线显示，ΔT_{41} 升高 169℃，而上平台能量减小 40J（见图 14.20）。也对在同样条件下辐照过的同一合金的 0.5T 和 1T CT 试样进行了断裂韧度试验。卸载柔度法被用来测量 J 积分随裂纹扩展的变化，由此测得 J_c 的值。采用式（14.63），它又被换算为应力强度因子的一个临界值，并使用重复试验来测量 $K_{Jc(med)}$。图 14.21 所示

的中值断裂韧度，由主曲线的定义，在 $100\mathrm{MPa}\cdot\mathrm{m}^{1/2}$ 处 T_0 值的偏移被确定为 $165℃$，这和夏比冲击试验测得的 ΔT_{41} 值（$169℃$）符合得极好。

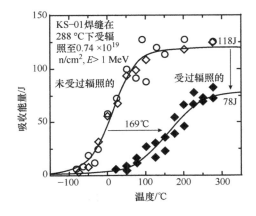

图 14.20　未受辐照条件下和 288℃ 下辐照
至 $0.74\times10^{19}\mathrm{n/cm^2}$（$E>1.0\mathrm{MeV}$）后焊缝
金属的夏比冲击吸收能量与试验温度的关系[25]

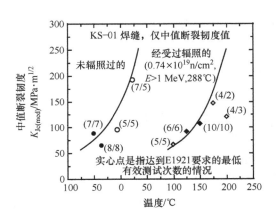

图 14.21　在与图 14.20 中夏比试验的相同条件
下，同一焊缝金属在未辐照过的条件和经受
辐照后的中值断裂韧度[25]

基于参考温度估算断裂韧度的方法采用了所谓的调整参考温度（ART）[26]，其是夏比温度偏移的函数，即

$$\mathrm{ART} = RT_{\mathrm{NDT}} + \Delta T_{41} + M \tag{14.64}$$

其中，RT_{NDT} 是未受辐照材料的参考零韧性温度，ΔT_{41} 是 $C_{\mathrm{V}}=41\mathrm{J}$ 时的夏比温度，M 是"安全裕度"，考虑到 RT_{NDT} 和 ΔT_{41} 的不确定性，对焊缝 M 值被取为 $36℃$。借助于这种方法，从夏比试样收集到的大量监测数据可以用来测定经受辐照的钢的断裂韧度，这对于确保随着压力容器老化时的完整性是极为关键的。

在对压力容器的完整性进行评估时的一个附加考虑是由其厚度建立的梯度。因为压力容器壁的厚度可能超过 $200\mathrm{mm}$，在整个容器壁的厚度范围内，中子注量、温度和应力全部都是变化的。温度和中子注量的变化将导致微观结构成为容器内位置的函数。因为在容器内直径处，注量为最大，而温度为最低，此处的硬化和脆化将是最严重的。表面的应力最大，意味着在容器内壁断裂韧度最低（见图 14.22）。

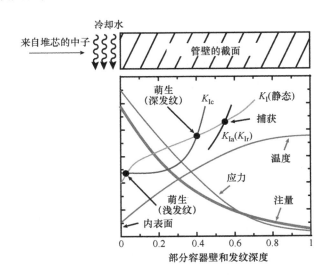

图 14.22　温度、注量、应力和通过反应堆压力容器壁厚度
产生的韧性梯度（由 EPRI 的 ST Rosinski 提供）

在内表面产生的裂纹将会在韧性增大的材料中扩展，从而提供了额外的安全裕度，防止穿壁开裂。

14.7.4　影响脆化程度的因素

由于辐照硬化是影响脆化的主要因素，因此影响硬化的某些因素也将影响脆化。包括以下因素：

①钢的微观组织和成分；②辐照暴露温度；③中子环境。

1. 微观组织和成分的影响

对改善压力容器钢韧脆转变温度很重要的是微观组织对断裂应力的影响。临界断裂应力可以通过减小钢中平均位错路径长度（λ）而得以增大，在珠光体钢中，这可以借助于减小晶粒度（$d = 2\lambda$）来实现；或者在回火钢中，借助于减小弥散碳化物的间距（$l = \lambda$）而得以实现[26,27]。尽管晶粒细化和碳化物弥散可以让断裂应力增大到比屈服应力更大的程度，从而降低静态和动态的转变温度，但辐照硬化还是可能逆转这些有利的影响。

有人提出，在细晶粒钢中大量的晶界对缺陷起到了更有效的陷阱的作用。这个作用被认为对于诸如氮这样的间隙和脆化元素来说，可较均匀地被捕获，从而减弱它们对辐照钢宏观性能的不利影响。可是，正如前面讨论过的，如磷等元素的晶界偏聚也可能导致晶界的脆化。

就像硬化的情况那样，如 Cu、Ni、Mn 和 P 等置换元素的存在也控制着用于反应堆压力容器的 Mn-Mo 钢的脆化程度。主要的硬化（因而也是脆化）的特征是富 Cu 的析出相（CRP），它由 Cu 含量高的非常细小（1~3nm）的共格析出相粒子组成，其数量密度可超过 $10^{23} \mathrm{m}^{-3}$。CRP 富含 Mn 和 Ni，以及少量的 P 和 Si。在析出相中，Ni 和 Mn 都能与 Cu 形成强键并增大析出相的体积。正因为如此，Ni 和 Mn 的含量会提高 Cu 的硬化效应。Cu 对 A533B 钢的脆化作用如图 14.23 所示。一项大型 NRL 研究了残留元素在辐照脆化中的作用，不久前得到的结论是，清洁的钢（低残留元素 P、S、Cu、Sn、As、Sb 等）意味着弱的辐照敏感性[28]。事实上，有可能开发出一种残留元素含量低的钢，它们显示了对寿命终点注量的辐照具有极弱响应（见图 12.24）。

暂且不考虑残留元素对辐射缺陷稳定性的影响，它们还有一些对冲击行为的其他本征效应，它们也被证明对于辐射脆化的敏感性很重要。那些限制交叉滑移、引起显著基体强化和减小断裂表面能的残留元素是主要的怀疑对象。P 对这三个过程都有强烈的贡献，Cu 是一种有效的固溶硬化剂，而 Si、V、Al 和 Co 都会让交叉滑移变得困难。

2. 温度的影响

正如夏比和断裂韧度曲线所示，脆化的程度总是随辐照温度升高而逐渐降低。这个效应是退火过程在较高温度下得以加速的表现。对于影响压力容器钢强度的一些机制（位错运动受到辐照诱发析出相和缺陷－溶质团簇的阻挡等）基本上都是低温过程，在钢中，当温度达到 400℃时它们都被退火而消失了。图 14.25 表明，随着辐照温度的上升，对于一个给定辐照注量而言，转变温度的升高幅度在下降。这意味着，在高温下辐照会导致比低温下更小的脆化程度。

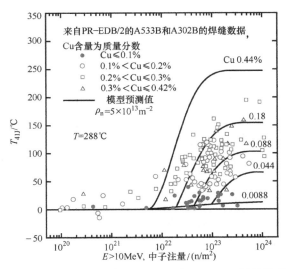

图 14.23　Cu 含量对 288℃ 下辐照过的 A533 – B 和 A302 – B 焊缝温度偏移的影响[28]

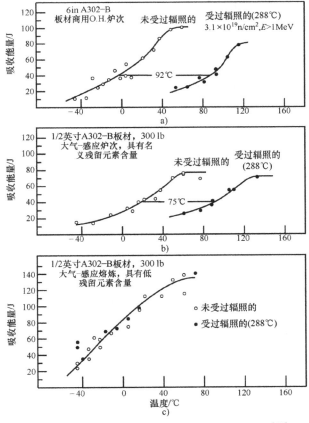

图 14.24　A302 – B 钢板辐照脆化敏感性的比较[29]

a）商业熔炼产品的炉次　b）具有名义残留元素含量的大气 – 感应熔炼

c）具有低残留元素含量的大气 – 感应熔炼

注：1lb = 0.45359237kg。

3. 中子环境的影响

众所周知，脆化程度受到中子注量的强烈影响，因为转变温度升高的幅度随注量快速增大。已有大量研究试图对转变温度偏移随中子注量的变化进行表征。一个简单的模型是

$$\Delta T_{41} = A(\phi t)^n \qquad (14.65)$$

其中，ΔT_{41} 是夏比吸收能量为 41J 时或断裂韧度为 100MPa·m$^{1/2}$ 时转变温度的偏移；ϕt 为中子注量，其单位是 n/cm^2（$E > 1.0$MeV）。指数 n 的值将取决于钢的类型。对于美标先进钢，n 的平均值为 0.5[30]，而对俄罗斯钢其值接近 0.33[31]。美国核管理委员会（NRC）的监管指南（RG 1.99 第 2 版）[32]提供了如下的关系式：

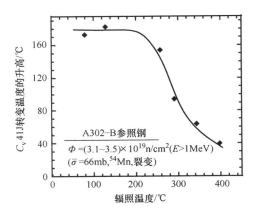

图 14.25　辐照温度对 A302 – B 钢韧脆转变温度升高的效应[19]

$$\Delta T_{41} = A\Phi^{(0.28 - 0.1\log\Phi)} \qquad (14.66)$$

其中，Φ 是中子注量，单位为 10^{19}n/cm^2（$E > 1$MeV）。一个转变温度随中子注量变化的例子如图 14.26 所示，那是一个在 290℃ 辐照的 0.24Cu – 1.6Ni 焊缝[33]，并与 NRC 监管指南 RG1.99 的规定[32]进行比较。不幸的是，不同的钢和其他因素的影响都在 A 值中有所反映，从而导致数据有很大的分散性。另外，正如图 12.17 和图 14.27 所示，在大剂量时，因为 Cu 从基体中发生了贫化，富铜析出相（CRP）对钢硬化和脆化的影响达到了饱和。

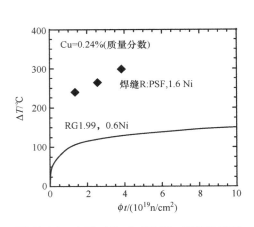

图 14.26　中子（$E > 1.0$MeV）辐照注量对 290℃ 下辐照的 0.24Cu – 1.6Ni 焊缝金属转变温度的影响[33]

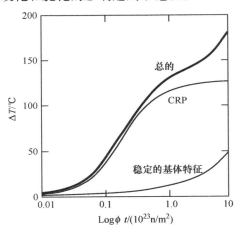

图 14.27　CRP 对转变温度与中子注量关系的影响[34]

通量或剂量率对脆化程度影响更大。在极小通量[$< 10^{14}$n/(m^2·s)]时，主要由于热过程使 Cu 的扩散程度得以增大，促进了 CRP 的长大。而在极大通量[$\gg 10^{16}$n/(m^2 s)]下，高密度的不稳定基体缺陷变得更重要了。这些缺陷使得空位和间隙原子的损失增多，减小了辐射增强的扩散程度，使 CRP 的长大变缓。在中等通量区域[$10^{15} \sim 10^{16}$n/(m^2 s)]，通量对脆化程度有重要的影响，即硬化和脆化随 $\phi^{1/2}$ 变化而变化（见图 12.19a）。人们相信，该

效应的机制与被增强的溶质俘获、被增强的缺陷复合，以及高效的辐射增强的扩散有关。

14.7.5 铁素体－马氏体钢的脆化

铁素体－马氏体（F－M）钢已被考虑用于聚变和先进的裂变反应堆系统，因为它们对肿胀和氦脆化具有抗力，也有低激活的优势。这些钢被应用于铁素体－马氏体两相状态，并可通过热处理优化其韧性和高温性能。标准的热处理包括固溶退火以达到完全的奥氏体化，随后的回火处理以减小应力并增强韧性。达到的微观组织是在具有高密度位错的铁素体基体中，以及构成亚晶界的回火马氏体条束。

不过，正如用于热反应堆压力容器的低合金钢那样，这些钢也对脆性断裂敏感。图 14.28 所示为三种 F－M 钢：改进型 9Cr－1Mo、NF616（12Cr－2W）和 HCM12A（12Cr－2W－1Cu）钢，在荷兰佩滕（Petten）高通量反应堆中经过 300℃下 2.5dpa 辐照前后的一组夏比曲线。注意，三个合金都显示了明显的转变温度偏移。相较于 NF616（12Cr－2W）钢的 225℃ 和 HCM12A（12Cr－2W－1Cu）钢的 249℃，改进型 9Cr－1Mo 钢的偏移温度为 175℃。这些钢都表现为上平台能量在 2.2～4.0J 范围内的减小。像低合金钢那样，屈服强度可以与 DBTT 关联起来，如图 14.29a 所示。可是，上平台能量的减小也与断面收缩率相关，如图 14.29b 所示。

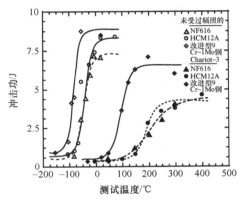

图 14.28 采用小型化夏比试样测量不同 F－M 钢的转变温度曲线（采自 [35]）

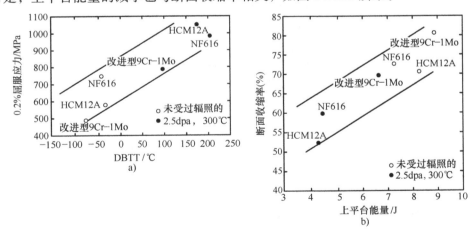

图 14.29 屈服强度与 DBTT 的关系，以及断面收缩率与上平台能量的关系[35]

a）屈服强度与 DBTT 的关系　b）断面收缩率与上平台能量的关系

14.7.6 退火和再辐照

逆转辐照引起的脆化效应的一个方法是通过热退火除去缺陷，恢复因中子辐照而降低的韧性特性。可是，退火是否成功取决于钢受到再辐照时的脆化速率。即使是已经经受过极高注量（$> 1 \times 10^{20} n/cm^2$）辐照的压力容器钢，在接近450℃的温度下退火70～150h将为转变温度提供几乎完全的恢复[30]。在这些条件下的退火产生了CRP的密度和体积分数的明显下降。退火处理也使残留下来的析出相粗化，从而导致在固溶体中Cu含量的总体下降[31]。固溶体中较小的Cu含量使得退火的合金对脆化不太敏感，表现为比未辐照条件下更小的再脆化速率。图14.30所示为退火和再辐照对A533B一级钢板脆化程度的影响。图14.30a表明ΔT_{41}随注量的增加而增大。在454℃退火72～168h范围内，不同的退火时间所得到的夏比曲线与未辐照过的曲线几乎无法区分（见图14.30b）。将原先辐照至$2 \times 10^{19} n/cm^2$后在454℃退火72h的样品，再辐照至$4.7 \times 10^{19} n/cm^2$，与原本的辐照相比，产生的硬化程度较少。测量得到的转变温度偏移（用实心符号表示）如图14.30c所示，它比NRC RG 1.162所预期的再辐照横向偏移虚线低得多。

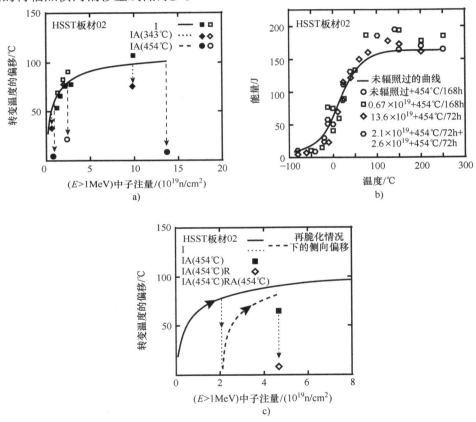

图14.30 辐照和退火对A533B钢板的转变温度偏移、夏比曲线和再辐照后的转变温度偏移的影响[31]

a）转变温度偏移 b）夏比曲线 c）再辐照后的转变温度偏移

注：a图中的实心符号表示夏比冲击吸收能量的偏移为41J，而空心符号表示断裂韧度K_{JC}的偏移为100MPa·m$^{1/2}$。

14.7.7 疲劳

当金属经受循环载荷时，会发生一些基本的结构变化。这些变化将疲劳过程划分为以下几个阶段：

1）裂纹萌生是疲劳损伤的早期发展阶段，它可以借助适当的热退火加以消除。

2）滑移带裂纹的扩展阶段，包括初始裂纹在高切变应力面上的加深，一般称为第Ⅰ阶段的裂纹长大。

3）裂纹在大拉应力面上的扩展阶段，包括明确定义在垂直于最大拉应力方向上的裂纹扩展，称为第Ⅱ阶段的裂纹长大。

4）当裂纹达到足够的长度以致留下的截面已不足以承受外加载荷时，将发生最终的韧性失效，称为第Ⅲ阶段。

疲劳寿命通过 $S-N$ 曲线测量，该曲线绘制的是到达失效的循环次数与（最大或平均）应力的关系。$S-N$ 曲线一般适用于高循环周次（$N > 10^5$）和相应寿命情况下的疲劳失效，这些情况下应力通常是弹性的，尽管也发生一些微观尺度的塑性变形。在较大应力下，形变总体为塑性特征，应变控制的低周疲劳试验适用于评定此区间内的疲劳寿命。在高周疲劳试验中，应力幅值是固定的，应力强度因子将随循环次数和裂纹长度的增加而增大，正如式（14.27）所描述的那样。因此，裂纹长度的增加与 ΔK 的变化相关，即

$$\Delta K = K_{\max} - K_{\min} = (\sigma_{\max} - \sigma_{\min})\sqrt{\pi c} \tag{14.67}$$

根据 ΔK 的大小，疲劳裂纹扩展过程分为几个阶段。疲劳过程中裂纹扩展速率记作 $\mathrm{d}a/\mathrm{d}N$，在惰性气氛中它随 ΔK 的变化如图 14.31a 所示。开始时，第Ⅰ阶段的裂纹沿着持续滑移带扩展。在多晶金属中，裂纹在仅仅延伸几个晶粒直径后，裂纹扩展就会转变为第Ⅱ阶段。第Ⅰ阶段中裂纹扩展速率一般都很小，只为每周次几纳米的数量级。第Ⅰ阶段断裂的断口表面显示为高度的切面结构。图 14.31b 所示为金属中疲劳裂纹扩展第Ⅰ和第Ⅱ阶段简图。

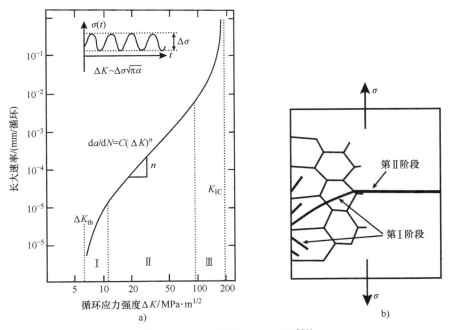

图 14.31 疲劳裂纹扩展过程[36]

a）在惰性气氛环境下疲劳裂纹扩展行为随应力强度因子 ΔK 变化的简图

b）金属中疲劳裂纹扩展的第Ⅰ和第Ⅱ阶段简图

第Ⅱ阶段裂纹的扩展是由于塑性钝化[37]而发生的，如图 14.32 所示。在载荷循环开始

时，裂纹尖端是尖锐的（见图14.32a）。随着施加拉伸载荷的增大，裂纹尖端细小的双缺口将滑移集中在沿着与裂纹面呈45°的面内（见图14.32b）。随着裂纹宽化到了最大的程度（见图14.32c），它因塑性切变而扩展得更长，与此同时，其尖端变得更钝。当改变成压缩载荷时，终端区域的滑移方向也发生反转（见图14.32d）。裂纹面被压向一起，在拉力作用下产生的新裂纹面被压向原有裂纹面（见图14.32e），在那里它部分屈曲重叠，形成重新变得尖锐的裂纹尖端。然后，重新变得尖锐的裂纹尖端则准备好在下个应力循环中向前移动并被钝化（见图14.32f）。

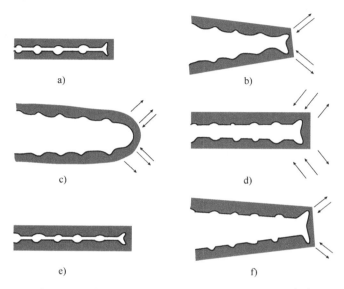

图14.32　第Ⅱ阶段疲劳裂纹扩展的塑性钝化过程[37]

为了确定第Ⅱ阶段疲劳裂纹的扩展规律，已经进行了大量的研究。一般来说，疲劳裂纹扩展速率测试的目标就是保持试样内部主要为弹性状态，从而可以采用由线弹性断裂力学所定义的裂纹尖端应力强度阐释结果。第Ⅱ阶段中的裂纹扩展速率由帕里斯方程描述，即

$$\frac{\mathrm{d}a}{\mathrm{d}N} = C(\Delta K)^n \qquad (14.68)$$

其中，$\mathrm{d}a/\mathrm{d}N$ 是每一周次中裂纹长度的增量，C 和 n 是常数，而 ΔK 是由式（14.67）给出的应力强度因子范围（注意：通常都把每周次裂纹的扩展写成 $\mathrm{d}a/\mathrm{d}N$，把裂纹扩展速率写成 $\mathrm{d}a/\mathrm{d}t$，其中 a 是裂纹长度）。除了关于 ΔK 的规定，$K_{\max}$ 对 $K_{\min}$ 的比值是描述了循环加载时平均应力的一个重要参数，记作 R 比，则 $\Delta K = K_{\max}(1 - R)$。注意，第Ⅲ阶段疲劳裂纹扩展受静态断裂韧度 K_{Ic} 的限制。疲劳裂纹扩展的萌生由应力强度增量的阈值 ΔK_{th} 确定，低于它时疲劳裂纹不会扩展。断裂韧度行为与疲劳裂纹扩展的概念密切相关，因为断裂韧度为疲劳裂纹扩展的终止提供了"寿命终点"判据。中子辐照引起的一个显著变化是断裂韧度的下降。因此，中子辐照对于压力容器钢疲劳裂纹扩展的影响十分重要。

利用线弹性断裂力学技术表征中子辐照对反应堆压力容器钢疲劳裂纹扩展行为的影响已取得重大进展。一般观察结果是，在大多数情况下，中子辐照对压力容器钢在空气环境中的疲劳裂纹扩展行为无明显不利影响（见图14.33）。在压水堆环境下，辐照没有使扩展速率增大到超过由环境本身造成的程度（见图14.34）。因此，在进行了大量测试后，没有发现

辐照对压力容器钢疲劳裂纹扩展速率存在可检测的影响。然而，如波形、载荷比，特别是环境等更宽泛的变量范围，可能协同加剧情况的恶化。环境在裂纹扩展中的作用将在第16章中讨论。

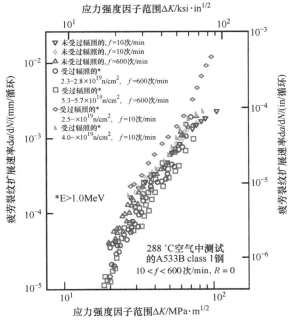

图 14.33　288℃温度下受辐照和未受辐照的 A533 - B class 1 钢的疲劳裂纹扩展行为[38]

注：1in = 2.54cm，1ksi = 6.895MPa。

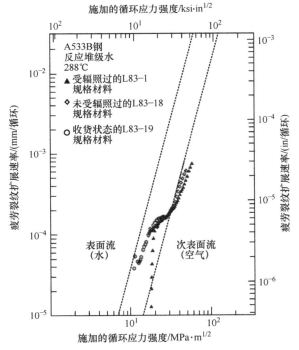

图 14.34　在高温、高压的反应堆级水中，未受辐照和受辐照过的 A533 - B
钢的疲劳裂纹扩展速率[39]

14.8　低温到中温范围奥氏体钢的断裂和疲劳

奥氏体不锈钢被大量用于低温至中温范围（<400℃）工作的轻水堆堆芯结构部件。正如第 12 章讨论的，在此温度范围内，屈服强度明显提高（可达 5 倍之高），同时韧性严重丧失（30% ~1% 以下）。这些力学性能变化对断裂和疲劳的潜在影响将在本节讨论。

14.8.1　辐照对断裂韧度的影响

在中温范围内辐照不锈钢的断裂韧度随辐照剂量的增加而快速下降[40]。图 14.35a 所示为 289℃ 下辐照不同剂量的 304 不锈钢的断裂韧度随裂纹扩展的变化情况，其中 J_{IC} 由式（14.44）给出。图 14.35b 则是在轻水堆中辐照达到 25dpa 的奥氏体不锈钢，在 250 ~ 320℃ 的温度范围内测试得到的 J_{IC} 下降随中子暴露量的变化。事实上，J_{IC} 从未辐照时的 600 ~835kJ/m^2 下降到约 5dpa 时的 20kJ/m^2 [41]。在弹塑性断裂中，对断裂扩展的抗力也用撕裂模量 T_m 描述，即

$$T_m = \frac{\mathrm{d}J}{\mathrm{d}a} \frac{E}{\sigma_0^2} \tag{14.69}$$

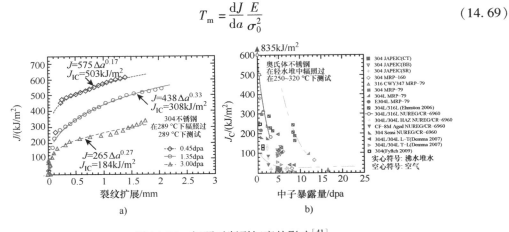

图 14.35　辐照对断裂韧度的影响[41]

a）289℃ 下辐照至不同剂量并测试的 304 不锈钢断裂韧度随裂纹伸展的变化

b）在轻水堆中辐照的奥氏体不锈钢断裂韧度随中子剂量的变化

其中，$\mathrm{d}J/\mathrm{d}a$ 是 J 随裂纹长度 a 变化的抗力曲线的斜率，σ_0 是流变应力，可近似取为屈服强度和极限强度的平均值。在此温度范围内，撕裂模量也因中子辐照而明显下降。

Odette 和 Lucas[42] 采用一个比率关系描述断裂韧度随辐照量的变化情况，即

$$\frac{K_{Ic}^{irr}}{K_{Ic}^{unirr}} = \sqrt{\frac{e_u^{irr}}{e_u^{unirr}} \frac{\sigma_0^{irr}}{\sigma_0^{unirr}}} \tag{14.70}$$

其中，e_u 是均匀工程应变。虽然这个方程已适用于几种奥氏体不锈钢的断裂韧度数据，但它仍未提供断裂韧度下降的物理依据。相反，有人提出，辐照导致断裂韧度下降是由于断裂模式的改变。

在未受辐照的条件下，如不锈钢等韧性金属均以韧性 - 韧窝破断方式断裂，空洞形核后在裂纹尖端韧性区长大，直到它们最终通过剩余韧带的颈缩与裂纹尖端连接起来（见

图 14.36a)[43]。在小剂量时，辐照可能通过加工软化和局部形变而加速空洞的连接。当微空洞的高度近似等于其边缘到钝化裂纹尖端的距离时，就会通过扩散性颈缩（DN）发生聚集。在小应变时，空洞的聚集也可能通过空洞与裂纹尖端的局部颈缩（LN）而发生。在这两种情况下，断裂韧度都可与变形参数联系起来，即

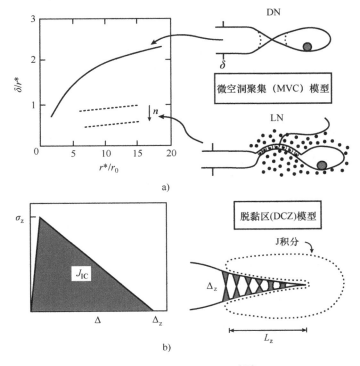

图 14.36 韧性断裂模型[43]

a）微空洞聚集模型：裂纹张开量 δ 与裂纹连接点处到下一个空洞的距离 r^* 之比（δ/r^*）与采用初始夹杂物半径 r_0 归一化后的 r^* 值的关系曲线

b）脱黏区模型：裂纹通过与一个虚拟裂纹桥接的塑性韧带的断开而扩展

$$K_{Jc} = \sqrt{1.5\beta r^* \sigma_0 E'} \qquad (14.71)$$

其中，β 是裂纹张开量与在裂纹–空洞连接处与下一个空洞之间距离之比，$\beta = \delta/r^*$，而 $E' = E/(1-\nu^2)$。β 的值随变形越来越局域化而减小。大剂量时，裂纹的扩展更像是受控于裂纹前方区域内的不均匀形变，它是由于固体内强烈的位错通道化而产生的。在此情况下，断裂通过一个脱黏过程而发生，其中变形集中在裂纹尖端后方的一系列塑性韧带中（见图 14.36b），并延伸至一个长度为 L_z 的过程区。在局部应力 σ_z 作用下，当最后一个韧带的位移能力达到了 Δ_z 的程度时，裂纹就会扩展，即

$$K_{JC} = \sqrt{0.5\Delta_z \sigma_z E'} \qquad (14.72)$$

虽然这些模型都与塑性流变局部化随辐照剂量而增加的作用一致，但尚未进行验证性试验。

除了改变韧性断裂过程，辐照也可能导致断裂模式由韧性 – 韧窝破断改变成解理。众所周知，塑性变形可以在奥氏体不锈钢中诱导形成马氏体，这可能引发准解理机制断裂。不

过，此类相变过程似乎不太会在300℃以上的温度下的变形时发生。

14.8.2　辐照对疲劳的影响

由于辐照产生的均匀应变减小和塑性变形局域化加剧，可以预期疲劳裂纹扩展行为将相应有所变化。特别是在扩展速率受到断裂韧度限制的第Ⅲ阶段疲劳裂纹扩展中（见图14.31a），辐照使得断裂韧度下降将导致裂纹扩展速率增高。在第Ⅰ阶段，阈值应力强度范围ΔK_{th}对化学环境、R比率、晶界杂质偏聚及高强度材料发生流变局域化的倾向都非常敏感。后一种敏感性得到了经验数据的支持，相关数据显示，辐照316不锈钢中ΔK_{th}随屈服应力增高而下降[44]。因此，可以预期，由辐照引起的塑性变形严重局域化将导致阈值应力强度的下降。

然而，辐照对奥氏体不锈钢在低至中温范围内疲劳影响的数据大多是在第Ⅱ阶段，都可用帕里斯方程描述。在此区域内，裂纹扩展主要取决于固体的弹性性质，而较少与微观组织结构和塑性变形过程相关。有限的数据表明，事实上，裂纹扩展速率对于约30dpa以下的辐照剂量相对不灵敏。在380℃下辐照到$2.03 \times 10^{21}\,n/cm^2$的316不锈钢的裂纹扩展速率（CGR），其上限由轧制-退火板材的裂纹扩展速率确定，下限由20%冷加工板材的裂纹扩展速率确定，这两种板材均未受辐照（见图14.37）。对于405～410℃下辐照至6.0dpa的304和316不锈钢，其裂纹扩展速率要比非辐照材料大2倍甚至更多[41]。因此，对奥氏体

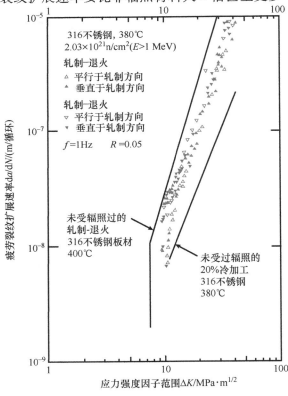

图14.37　380℃下$2.03 \times 10^{21}\,n/cm^2$（$E > 1MeV$）注量的中子辐照对轧制退火和20%冷加工的316不锈钢疲劳裂纹扩展速率的影响[45]

不锈钢进行小或中剂量辐照并不导致疲劳裂纹扩展速度的明显增大。然而，随温度升高，氦的生成和在气泡内的积聚可能会影响疲劳裂纹的扩展，这将在下一节中讨论。

即便如此，仍可以预期在辐照条件下，低周疲劳寿命会因韧性下降而缩短，而高周疲劳寿命却因强度提升而延长。这种行为确实在 400℃ 辐照至 $8 \times 10^{22} \mathrm{n/cm^2}$（$E > 0.1 \mathrm{MeV}$）后在室温和 325℃ 下测试的 304 不锈钢中被发现[46]。辐照对高周疲劳的有益效应很可能源于如下的事实：尽管有明显的硬化且加工硬化系数下降了，但合金仍保留了高达 4% ~ 5% 的伸长率。

14.9　高温脆化

在高温区间运行的核能系统包括快堆、先进裂变反应堆、聚变反应堆，以及基于加速器的核废料嬗变系统。这些系统中有三类合金，即奥氏体不锈钢、铁素体－马氏体不锈钢和钒合金，是堆芯部件的主要候选合金。这些合金之所以被选中，是基于它们的高温强度。不过，高温区间特有的退化机制有可能会限制它们的用途。

高温下的断裂本质与低温下金属和合金表现的断裂模式有很大差异。在低温下，断裂倾向于借助穿过金属晶粒的剪切（如穿晶断裂）而发生，且常常只在明显变形之后才发生。终止高温蠕变第Ⅲ阶段或高温拉伸试验中变形的断裂模式通常都是沿晶断裂。随着温度升高（高于 $0.3T/T_\mathrm{m}$），晶界强度低于基体。在这些温度下，晶界滑动普遍存在，沿晶断裂可通过晶界交叉处（在较大应力和较低温度的条件下）Zener 楔形断裂机制、晶界脆性相的断裂、晶界空洞的形成（在较低应力和较高温度的条件下）、晶界气泡导致的氦脆化而发生。

辐照对合金高温脆化的影响可通过蠕变破断试验测量。蠕变破断是指一个试样长时间经受远低于其屈服应力的应力下发生断裂。此时，变形由蠕变产生，而不是由拉伸试验的快速塑性变形所导致。在蠕变破断试验中，测量的断裂到达时间也称为蠕变寿命（t_f），以及断后延长率（ε_f）。如果稳态蠕变在试验的大部分时间内普遍存在，这两个量之间的关系为

$$t_\mathrm{f} = \frac{\varepsilon_\mathrm{f}}{\dot{\varepsilon}} \tag{14.73}$$

其中，$\dot{\varepsilon}$ 是稳态蠕变速率。蠕变破断性能取决于辐照程度、辐照和（蠕变）试验温度，也依赖于试样的冷加工程度。这些变量直接控制蠕变速率和断后延长率 ε_f。蠕变破断寿命 t_f 间接受到同样变量的影响，因为它是 ε_f 与 $\dot{\varepsilon}$ 的比值。图 14.38 所示为快中子注量对奥氏体不锈钢

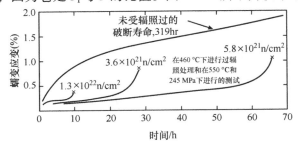

图 14.38　辐照对 370 ~ 460℃ 下经辐照过的退火 304 不锈钢蠕变破断性能的影响[47]

注：测试在 550℃ 和 241MPa 条件下进行。

蠕变破断性能的影响。数据表明，辐照试样的蠕变速率 $\dot{\varepsilon}$ 和断后延长率 ε_f 都有所下降。影响前者的过程已在第13章辐照蠕变中讨论过了，而降低断后伸长率 ε_f 的机制，如晶界空洞、晶界滑移及氦脆化，将是本节的主题。

14.9.1 晶界空洞与气泡

在高温下，由于扩散很迅速，施加应力能导致与外加应力方向垂直排列的晶界上空洞的形核和长大。空洞的形核和长大还会受到蠕变的助推，这在高于约 $0.3T_m$ 的温度下尤为重要。远低于楔形裂纹形成所需的应力会导致晶界空洞的形成和扩大。空洞一旦形成，就会沿晶界快速扩散而长大，直到残余的横截面面积不足以支承载荷时断裂，断裂可通过气泡的联通，也更有可能通过裂纹贯穿晶界空洞阵列而扩展。如果有氦存在，还可能通过氦对空洞表面施加压力而加速空洞的长大，从而缩短断裂时间。

在分析晶界空洞或气泡长大引起的脆化时，将首先考虑空洞的纯扩散型长大。不过，高温下拉应力的存在将产生蠕变，它与扩散耦合加速空洞的长大。在极限情况下，空洞的长大由总蠕变速率控制。最后，将考虑由晶界滑移引起的晶界空洞长大。这一过程在较高温度下晶界强度下降时更容易发生。

1. 空洞和气泡的扩散型长大

Hull 和 Rimmer[48] 较早基于如下假设分析了晶界上空洞的扩散型长大：

1）穿过空腔表面的扩散总是足够快，使空洞保持球形。

2）晶界扩散主导体扩散。

3）晶粒本身是刚性的，它们在垂直于外加应力方向上的运动不受约束。

4）晶界提供空位，空洞与外加应力处于平衡状态，即 $\sigma = 2\gamma/R$。

假设空洞在晶界平面上排成方阵，相邻空洞的间距为 $2b$。晶界被认为具有厚度 δ_{gb}，在环绕晶界的环形区域中发生的空位扩散到空洞并且被吸收，从而导致空洞长大。由以上的假设可知，当 $p=0$ 时，空洞表面的空位浓度可表示为

$$C_v(R) = C_v^0 \exp\left(\frac{2\gamma}{R}\frac{\Omega}{kT}\right) \tag{14.74}$$

空位向空洞移动的通量为

$$J_{gb} = \frac{D_{gb}\nabla\mu}{kT\Omega} \tag{14.75}$$

其中，$\nabla\mu$ 是化学势梯度，D_{gb} 是晶界扩散系数。对于一个半径为 R 的空洞，化学势为 $\mu = \sigma\Omega$，而其梯度是

$$\nabla\mu = \frac{\Omega}{b}\left(\sigma - \frac{2\gamma}{R}\right) \tag{14.76}$$

此时，空位向空洞的通量为

$$J_{gb} = \frac{D_{gb}}{kTb}\left(\sigma - \frac{2\gamma}{R}\right) \tag{14.77}$$

假设空洞保持为球形，则空洞体积随时间变化的速率为

$$\frac{\mathrm{d}V}{\mathrm{d}t} = (2\pi R\delta_{gb})J_{gb}\Omega$$

$$= \frac{2\pi D_{gb}\delta_{gb}\Omega R}{kTb}\left(\sigma - \frac{2\gamma}{R}\right) \tag{14.78}$$

而空洞尺寸长大的速率为

$$\frac{\mathrm{d}R}{\mathrm{d}t} = \dot{R} = \frac{D_{\mathrm{gb}}\delta_{\mathrm{gb}}\Omega}{kTRb}\Big(\sigma - \frac{2\gamma}{R}\Big) \tag{14.79}$$

这个扩散型的空洞长大模型假设：空洞表面的扩散远快于沿晶界的扩散，使得空洞得以保持球形。不过，如果这不成立，则空洞将呈现透镜形状，此时它的长大将更强烈地依赖于应力。对于小应力的情况[49]，有

$$\dot{R} = \frac{D_{\mathrm{s}}\delta_{\mathrm{s}}\Omega\sigma^3}{2kT\gamma^2}, \ 3.5\frac{\sigma b}{\gamma}X \ll 1 \tag{14.80}$$

$$\dot{R} = \frac{(D_{\mathrm{gb}}\delta_{\mathrm{gb}})^{3/2}}{2(D_{\mathrm{s}}\delta_{\mathrm{s}})^{1/2}}\frac{\Omega\sigma^{3/2}}{kTb^{3/2}\gamma^{1/2}}, \ 3.5\frac{\sigma b}{\gamma}X \gg 1 \tag{14.81}$$

其中，$X = D_{\mathrm{s}}\delta_{\mathrm{s}}/(D_{\mathrm{gb}}\delta_{\mathrm{gb}})$，$D_{\mathrm{s}}$ 是空洞表面的扩散系数，δ_{s} 是表面厚度或表面扩散得以到达的深度。

如果氦在空洞中积聚，则氦会借助内压助推空洞长大。此时，考虑到空洞内的压力，式（14.74）被改写成

$$C_{\mathrm{v}}(R) = C_{\mathrm{v}}^0 \exp\frac{\Omega}{kT}\Big[\Big(\frac{2\gamma}{R} - p\Big)\Big] \tag{14.82}$$

对于氦充满气泡的情况，其生长规律为

$$\dot{R} = \frac{D_{\mathrm{gb}}\delta_{\mathrm{gb}}\Omega}{kTRb}\Big(\sigma - \frac{2\gamma}{R} + p\Big) \tag{14.83}$$

2. 蠕变控制的空洞指数规律生长

Cadek[50]评述了蠕变在晶界空洞长大过程中所起的作用，其处理方式将在此加以总结。孤立晶界处的空洞长大只有在晶粒因空洞长大产生的位移被周围晶粒的蠕变流变所容纳的情况下才有可能发生。正如第13章中讨论过的，在核系统材料的温度范围内，位错蠕变是主要的蠕变模式。即便如此，假如空洞长大超过了蠕变速率所能容纳的速率，载荷将通过空洞向周围环境转移，直到作用在空洞上的应力下降到与固体蠕变导致的流变相容的值。其净效应是降低了空洞长大速率，使空洞长大速率受蠕变速率控制。在此情况下[46]，受约束的空洞长大将以如下速率进行：

$$\dot{R} = \frac{1}{2.5}\Big(\frac{b}{R}\Big)^2 d_{\mathrm{f}}\dot{\varepsilon} \tag{14.84}$$

其中，$\dot{\varepsilon}$ 是蠕变速率，d_{f} 是晶粒切面的直径。与扩散型空洞长大的线性应力相关性相比，通过指数规律的蠕变关系 $[\dot{\varepsilon} = A(\sigma/B)^n]$，指数规律的受约束长大正比于 σ^n，则

$$\dot{R} = \frac{A}{2.5}\Big(\frac{b}{R}\Big)^2\Big(\frac{\sigma}{B}\Big)^n d_{\mathrm{f}} \tag{14.85}$$

其中，n 的值通常为 $2\sim3$。

3. 扩散长大和指数规律蠕变的耦合

介于纯扩散型空洞长大和指数规律约束的空洞长大之间的是耦合扩散和指数规律蠕变驱动的长大。在此模式下，扩散型的空洞长大可能受到周边基体指数规律蠕变的影响，以致晶界内的扩散距离减小而长大速率得到提高。在此区间内，空洞的体积长大速率为

$$\dot{V} = 2\pi R^3 A \left[\frac{\sigma b^2}{B(b^2 - R^2)}\right]^n \tag{14.86}$$

而长大规律成为

$$\dot{R} = \frac{RA}{2}\left[\frac{\sigma b^2}{B(b^2 - R^2)}\right]^n \tag{14.87}$$

根据指数规律蠕变关系，可以用蠕变速率 $\dot{\varepsilon}$ 把式（14.87）写成

$$\dot{R} = \frac{R}{2}\dot{\varepsilon}\left(\frac{b^2}{b^2 - R^2}\right)^n \tag{14.88}$$

式（14.87）和式（14.88）适用于以蠕变变形为主导的高应力环境。在低应力下，长大速率由扩散控制，空洞长大速率由式（14.84）和式（14.85）描述。

4. 失效应变和破断时间

通过对空洞初始尺寸 $R = R_0$ 至终止尺寸 $R = R_f$ 的长大规律积分，可以得到失效时间，R_f 是失效时的空洞尺寸，则

$$t_f = \int_{R_0}^{R_f} \frac{\mathrm{d}R}{\dot{R}} \tag{14.89}$$

或者，式（14.89）可以用空腔的面积分数表示为

$$t_f = \int_{f_0}^{f_f} \frac{\mathrm{d}f}{f} \tag{14.90}$$

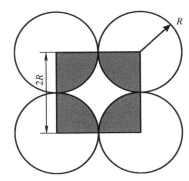

图 14.39　空洞表面相互接触处的晶界空洞图

其中，f 是假设晶界上的空洞可用一维表示时的空腔面积分数，$f = R^2/b^2$。采用一个正方形点阵几何，在空洞表面相互接触时，被空洞占据的分数面积如图 14.39 所示。当空洞接触时的距离 $b = 2R$ 时，被空洞覆盖的晶界面积分数由阴影面积确定。晶界处的空洞面积为 $b^2 = (2R)^2$，则比值 $f = \pi R^2/(2R)^2 = \pi/4$。不过，随着剩余横截面面积无法承载不断增大的应力时，破断将瞬间发生。通常采用的断裂判据是 $f_f = 0.25$[51]。失效时的应变按以下方法确定。对于一个在面积为 $(\pi b^2 - \pi R^2)$ 的晶界处体积为 $4\pi R^3/3$ 的空洞而言，晶粒的相对位移是 $u = 4\pi R^3/(3\pi b^2)$，而断裂时的应变为 u/d，其中 d 是平均晶粒直径，则

$$\varepsilon_f = \frac{4}{3}f_f^{3/2}\frac{b}{d} \tag{14.91}$$

采用断裂判据 $f_f = 0.25$，则有

$$\varepsilon_f \approx 0.17\frac{b}{d} \tag{14.92}$$

类似于固体体积中分布空洞的"捕获体积"或"单胞"概念［见式（5.68）］，晶界处 N_{gb} 个空洞的捕获体积为

$$\pi b^2 N_{gb} = 1 \tag{14.93}$$

式（14.93）中，捕获半径等于 b。将式（14.93）的 b 和 $f = \pi/4$ 代入式（14.91）中给出的断裂应变表达式，得到

$$\varepsilon_f = \frac{\pi}{6dN_{gb}^{1/2}} \tag{14.94}$$

假设空洞位于边长为 d 的立方形晶粒的表面上，则单位晶界面积内有 $Nd^3/(6d^2) =$

$Nd/6$个空洞。因为每个空洞都被两个晶界所共有，所以 $N_{gb} = Nd/3$。将 N_{gb}代入式（14.94）得到

$$\varepsilon_f = \left(\frac{\pi^2}{12Nd^3}\right)^{1/2} \tag{14.95}$$

Cocks 和 Ashby[51]已经为本节内所谈到的每一个长大机制的断裂时间确定了表达式，即

$$t_f \approx t_n + \frac{0.17}{\phi_0 A}\left(\frac{B}{\sigma}\right) \tag{14.96}$$

$$\phi_0 = \frac{2D_{gb}\delta_{gb}\Omega}{kTb^3}\frac{B}{A} \tag{14.97}$$

其中，t_n是空洞的形核时间。对于指数规律蠕变的区间，或者是耦合的晶界扩散和指数规律蠕变，断裂应变由试样整体蠕变所产生的应变加上由空洞引起的应变得出，即

$$\varepsilon_f = t_f\dot{\varepsilon} + 0.17\frac{b}{d} \tag{14.98}$$

$$t_f = t_n + \frac{1}{n\dot{\varepsilon}} \tag{14.99}$$

14.9.2　晶界滑移

随着金属温度的升高，在外加应力作用下，断裂模式由穿晶变为晶间（或称沿晶）。图14.40所示为晶粒基体和晶界强度随温度和应变速率的变化情况。晶内强度与晶界强度变化曲线的交点称为"等内聚温度（ECT）"，表示两者具有相等强度时的温度。高于 ECT 时可能发生沿晶断裂，低于它时则倾向于发生穿晶断裂。图14.40 还显示了应变速率对 ECT 的影响。降低应变速率将使 ECT 向较低温度移动，这表明晶界过程在决定金属断裂强度中的重要性在增加。

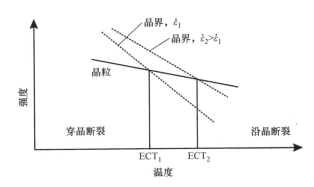

图14.40　ECT 描述从沿晶断裂向穿晶断裂的转变随温度的变化，
以及应变速率对 ECT 的影响

在蠕变区间温度下，低应力或低应变速率使断裂以楔形开裂为主，这导致跨越晶粒切面的开裂，并可能通过交互作用及联通造成最终的断裂。正如14.9.1 小节所讨论的，在更低的应力下，晶间的蠕变断裂以晶界空洞的形成、长大和聚集为主。而在低应力至中等应力区间内，晶界滑移（GBS）可能导致开裂和断裂。在这些条件下，晶粒有可能沿着晶界发生滑

移，导致在三叉晶界处形成空洞或裂纹，如图 14.41 所示。这个过程类似于 14.6 节中讨论过的脆性断裂中楔形裂纹的形成；但是，在高温下，应变的起源在晶界而非基体中的滑移带。晶界空洞的形成使三叉晶界处的局部高应力得以松弛。事实上，GBS 对于晶界空洞的形成和长大都有责任。

晶界滑移起源于位错蠕变过程。因指数规律蠕变而在邻近晶粒中产生的位错，有可能通过滑移进入晶界中。这些位错有可能通过滑移和攀移的组合而沿着晶界运动。滑移通过晶界空洞的张开来实现，GBS 的速率与平行于晶面的伯格斯矢量分量成正比，且受攀移的控制[50]。因为 GBS 是由与引起晶粒变形的相同位错的滑移所产生的，所以由 GBS 产生的应变 ε_{gbs} 和总的蠕变应变 ε 之间存在线性关系。Langdon[52] 测定的由 GBS 产生的应变速率为

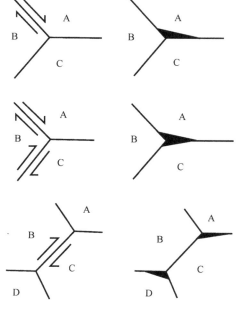

图 14.41　由晶界滑动产生的沿晶开裂

$$\dot{\varepsilon}_{gbs} = AD_{vol}\frac{b^2\sigma^2}{\mu dkT} \tag{14.100}$$

其中，D_{vol} 是体扩散系数，d 是平均晶粒尺寸。

GBS 可导致裂纹状空洞的长大，这是由于空洞形状的变形和锐化加快了表面扩散。如图 14.42 所示，晶界的滑移让空洞变成更加特别的针状，表面扩散在空洞的生长中起较大作用。正因如此，空洞的长大速率与晶界滑移速率有关。GBS 的净效应推动了物质沿晶界的传输，实际上也增大了晶界扩散系数，并加速了空洞的长大。

14.9.3　晶界裂纹的生长

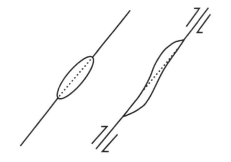

图 14.42　GBS 对晶界空洞形状的影响

尽管空腔在晶界切面上的连接导致了晶界开裂，但由于它们在晶界上分布不均匀，空洞的长大和聚集的速率十分不同。因此，裂纹的局部连接和向邻近晶粒的扩展是蠕变裂纹沿晶扩展的可能机制。裂纹可能通过空位向裂纹尖端扩散并在晶界切面上沉积原子、塑性流变而扩展，或者是塑性流变增强扩散而扩展。无论是哪一种情况，裂纹总是通过空洞的形核和长大并逐步与裂纹连接起来，从而逐步扩展的。

图 14.43 所示为裂纹沿着充满空洞的晶界扩展。正如 14.3 节所讨论的，受力固体内裂纹尖端前方的应力场由于裂纹的存在而增大，该应力将有助于最靠近裂纹尖端的空洞的生长。图 14.44a 所示为晶界裂纹、空洞和中间情况下裂纹状空洞的应力分布情况，通过裂纹尖端前方空洞的长大和聚集引起裂纹的亚临界扩展（见图 14.44b）。当有氢存在时，裂纹和气泡的长大受气体吸收所驱动，而氢的供应成为控制它们生长的一个关键因素。

Trinkhaus[53]指出，在高氦压力和低温条件下，倾向于发生由于空洞聚集导致的裂纹亚临界扩展，而在高温和低氦含量条件下，应力驱动的空洞长大占主导地位，在固体内有较高氦含量时，气体驱动的气泡长大将变得更加重要（见图14.45）。

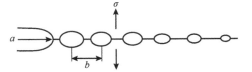

图14.43 裂纹通过在裂纹尖端前方空洞的长大而扩展

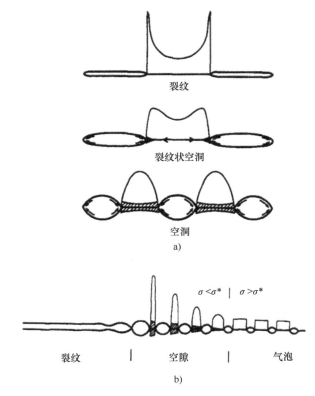

图14.44 裂纹之间、空洞之间和裂纹状空洞之间的应力分布，以及裂纹通过在裂纹尖端前方不稳定的空洞长大和聚集而扩展的简图[53]

a）应力分布 b）裂纹扩展

在前面几节中所讨论的各种高温脆化和断裂机制，既适用于未辐照的固体，也适用于辐照固体。所以，有必要回顾辐照可能加速脆化和断裂的机制。首先，由于辐照诱发空洞长大机制，应力作用下的固体内空洞的形核较容易发生。由嬗变产生的氦减小了临界稳定的空洞尺寸，从而促进空洞和气泡的长大。这两个过程将加速晶界空洞的长大，缩短破断时间。在高温下，晶界强度相对于基体下降，辐照硬化加剧了这种差异，使沿晶断裂容易发生。位错通道的产生导致局部变形和塑性向晶界的有效转移，从而加速晶界滑移并有助于晶界空洞的形成和长大。最后，进入晶界空洞的嬗变氦气可以通过空洞的连接而推动晶界裂纹的扩展。总之，尽管高温晶界脆化是未辐照金属中形变和断裂的特征，但变形时受到的辐照可明显加剧这些过程并缩短断裂时间。

14.9.4 断裂机制图

与第 12 章所述的形变机制图相似，可以构建一个 Ashby 型的断裂机制图，用于显示不同类型断裂的区间与归一化应力和相应温度的关系[54]。在这些图中，断裂时间确定不同断裂机制之间的分界线。遗憾的是，描述断裂的本构方程还没有像对各种断裂机制的描述那样完善地建立。由 Zinkle[55] 构建的不锈钢断裂图如图 14.46 所示，其中最上面的一条线是由式（14.7）计算的合金理想断裂强度。将弹性区间与解理区间分开的断裂应力由式（14.11）确定。弹性区与晶间蠕变断裂区的边界由式（14.96）描述。辐照对断裂机制图的影响通过断裂时间的变化来确定各区的边界。在 fcc 金属中，辐照对晶间蠕变断裂区间的主要影响是高温氦脆化。而在 bcc 金属中，辐照硬化将扩大解理的区间。

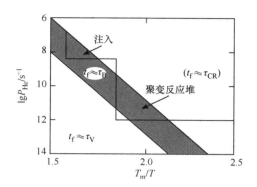

图 14.45　应力作用下样品的断裂寿命 t_f 的各种控制机制、气体驱动的稳定气泡的长大 τ_B、应力驱动的不稳定空洞长大 τ_V 和空洞聚集导致的裂纹亚临界扩展 τ_{CR}[53]

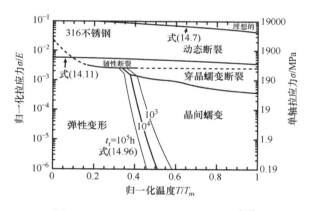

图 14.46　316 不锈钢的断裂机制图[55]

专用术语符号

a——晶格参量或裂纹长度

B——紧凑拉伸试样厚度

b——晶界上两个空洞间距的一半

c——裂纹长度的一半

C_v——V 型缺口试验中吸收的能量或空位浓度

d——晶粒尺寸、障碍物直径或不全位错之间分隔的距离

d_f——晶粒切面的直径

D——扩散系数

e_u——工程均匀伸长应变

E——弹性模量

E_U——Charpy 上平台能量

f——上平台能量的分数变化或晶界上空洞的面积分数

f_f——晶界面积分数的断裂判据

F——外力所做的功

G——裂纹扩展力

G_c——对应于断裂韧度的裂纹扩展力

J——由式（14.37）定义的 J 积分值

k——玻耳兹曼常数

K——应力强度因子

K_c——断裂韧度

K_{Jc}——等价于 J_c 的断裂韧度

$K_{Jc(med)}$——中值断裂韧度

k_s——辐照诱发的屈服应力增大

k_y——脱钉参数或位错源硬化对屈服应力的贡献

L——滑移面上位错塞积的长度

M——泰勒因子

n——一个塞积中所包容的位错数

P——载荷

r_p——塑性区尺寸

RT_{NDT}——参考的零韧性温度

R——空洞半径

t——时间

t_f——蠕变破断寿命

t_n——空洞形核时间

T——温度

T^*——流变应力和断裂应力曲线交点的温度

T_m——撕裂模量

T_0——主曲线的参考温度

ΔT_x——C_V 值为 x 时的 Charpy 转变温度偏移

U_E——弹性应变能

U_f——由断裂产生一个表面所做的功

U_S——由生成裂纹表面而导致的应变能下降

V——体积或系统的势能

W——功，或紧凑拉伸试样的宽度参量

β——与外加应力三轴性程度有关的常数式（14.71）中裂纹张开与空洞间距的比值

ε——应变

ε_f——断裂应变

$\dot{\varepsilon}$——蠕变应变

ϕ——中子通量

Φ——中子注量

Δz——裂纹尖端处韧带的位移

δ——裂纹张开位移（COD）

δ_t——裂纹尖端张开位移（CTOD）

γ——表面能

γ_e——有效表面能

γ_p——塑性功（的）项

λ——点阵/波长/间距

μ——切变模量或化学势

ν——泊松比

Ω——原子体积

σ——拉伸应力

σ_a——外加应力

σ_f——断裂应力

σ_i——摩擦应力

σ_0——流变应力

σ_{th}——理论黏合强度

σ_y——屈服应力

τ——缺陷寿命

c——作为下标，表示断裂起动时 K、G 或 J 的临界值

f——作为下标，表示断裂，或最终条件

gb——作为下标，表示晶界

gbs——作为下标，表示晶界滑移

Ⅰ、Ⅱ、Ⅲ——作为下标，表示Ⅰ、Ⅱ、Ⅲ阶段断裂模式

R——作为下标，代表破断

S——作为下标，代表表面

u——作为下标，表示均匀，或位移

v——作为下标，表示空位

V——作为下标，表示空洞

vol——作为下标，表示体积

0——作为下标，表示起始

N——作为上标，表示蠕变方程中的指数，或表示裂纹扩展速率方程［式（14.68）］中 "ΔK 上的指数"

习　题

14.1　在 AISI 4340 钢中，考虑到裂纹扩展所做功的有效表面能 $\gamma_e \approx 1.5 \times 10^3 \, Pa \quad m$。假设晶粒度为 ASTM8：

① 计算将一个裂纹扩展到其长度等于平均晶粒直径所需要的应力。取 $E = 200 \, GPa$。

② 用①部分算得的值，计算 $K_{IC} = 58 \, MPa \cdot m^{1/2}$ 的 AISI 4340 钢失稳断裂时的裂纹长度。

14.2　对于晶粒尺寸为 $23 \mu m$ 和 $E = 207 \, GPa$ 的低碳钢，$-40 ℃$ 下进行的断裂韧度测量得到其裂纹扩展力 $G_{IC} = 7.08 \, N/m$。计算与裂纹扩展相关的有效表面能 $\gamma_e = \gamma_s + \gamma_p$，其单位是 $Pa \cdot m$。

14.3　已知压力容器钢的屈服强度可用霍尔 – 佩奇关系 ［即式（12.63）］描述，而断裂强度可用科特雷尔 – 佩奇关系 ［即式（14.54）］描述，根据它们与温度的依赖关系，试解释：

① 为什么断裂韧度随温度上升而增大，而屈服强度却下降？

② 如果试样受到辐照，断裂韧度和屈服强度随温度变化的曲线将如何改变？

14.4　一块宽 $305 \, mm$、厚 $6.35 \, mm$ 的钢板沿其每一边有 $25.4 \, mm$ 长的裂纹。

① 计算裂纹扩展到沿板的宽度只剩 $254 \, mm$ 所需要的力。

② 如果板没有裂纹，计算将它拉断所需要的力。假设断裂强度为 $700 \, MPa$（105 psi）。

③ 计算在理论内聚强度下将钢板拉断所需要的力。

对该钢有如下常数：$E = 100 \, GPa$（$14.5 \times 10^6 \, psi$），$\gamma_s = 1 \, J/m^2$，$a = 3 \times 10^{-10} \, m$。

14.5　绘制一张碳钢在 $300 ℃$ 下辐照至 $2 \times 10^{19} \, n/cm^2$ 前后的 Charpy 冲击吸收能量曲线。

① 用 σ_y 和 σ_f 解释辐照的行为。

② 列出有可能影响零韧性温度和韧性平台能量的各个因素，并解释其中的机制和变化方向。

14.6　对于一个位于晶界上半径为 $100 \, nm$ 的氦气泡。

① 在达到不稳定性的临界值一半的拉应力作用下，气泡会长到多大？

② 若两个气泡发生聚集，新气泡的平衡尺寸为多大？

14.7　一个由奥氏体不锈钢制成的聚变堆第一壁经受了 $5 \times 10^{14} \, n/(cm^2 \quad s)$（$E > 1 \, MeV$）中子通量的辐照，所受应力为未辐照屈服强度的一半。经过 300 天后，第一壁被从堆中取出，并通过透射电子显微镜进行分析。分析显示，有 30% 的晶粒被平均尺寸为 $50 \, nm$ 的空洞或气泡所覆盖。根据以下信息，对其破断时间及失效机制做出预测。

已知，$\sigma_y = 280 \, MPa$，$d = 20 \mu m$，$\gamma = 5 \, J/m^2$，$\dot{\varepsilon} = C \sigma \phi = $ 稳态蠕变率，$C = 1.3 \times 10^{-27} \, cm^2/MPa$。

14.8　在 $300 ℃$ 下，有 2% 的固体体积被半径为 R_i 的平衡气泡所占据。假设在以下情况下气体原子的总数始终保持不变。还假设它们为理想气体行为，所以在一个平衡气泡中的气体原子数 $m = (4 \pi R^2/3)(2 \gamma/kT)$。

① 由于杂质原子偏聚到气泡表面，使表面能 γ 下降了 30%。试计算在平衡重新建立后气泡占据的体积分数。

② 温度升至 $T = 800℃$ 导致杂质扩散到气泡内，使得 γ 回到了初始值。试计算在平衡被再次建立起来后，气泡占据的体积分数。

③ 在同样的初始条件（2% 固体体积被气泡占据，并在 300℃）下，气泡聚集成 10 个为一组并达到平衡。请问，此时气泡占据的体积分数是多少？

14.9　在 140MPa 外加应力作用下，由于氦脆作用一个用奥氏体不锈钢制成的核燃料销钉在 1% 应变时发生了失效。在此应变下发生断裂所需的氦浓度（以摩尔分数为单位表示）为多大？假设辐照温度为 700℃。

参 考 文 献

1. Dieter GE (1976) Mechanical metallurgy, 2nd edn. McGraw-Hill, New York
2. Griffith AA (1968) Trans Am Soc Met 61:871–906
3. Inglis CE (1913) Trans Inst Nav Archit 55(1):219–230
4. Orowan E (1950) Fatigue and fracture of metals. Wiley, New York
5. Irwin GR (1958) Encyclopedia of physics, IV. Springer, Berlin
6. Reed-Hill RE (1973) Physical metallurgy principles, 2nd edn. D Van Nostrandm New York
7. ASTM (2005) E399-05 standard test method for linear-elastic plane-strain fracture toughness K_{Ic} of metallic materials. ASTM International, West Conshohocken, PA
8. Reed-Hill RE (1992) Physical metallurgy principles, 3rd edn. PWS, Boston
9. Dugdale DS (1960) J Mech Phys Solids 8:100
10. Anderson TL (1995) Fracture mechanics, 2nd edn. CRC, New York, p 142
11. Cottrell AH (1958) Trans AIME 212:192
12. Zener C (1948) Fracturing of metals. American Society for Metals, Metals Park, Ohio
13. Stroh AH (1957) Adv Phys 6:418
14. Bement AL (1972) Rev Roum Phys 17(4):505
15. Petch NJ (1957) Fracture. Wiley, New York, p 54
16. Murty KL (1999) J Nucl Mater 270:115–128
17. Johnson AA (1962) Phil Mag 7:177
18. Mager TR, Hazelton WS (1969) Radiation damage in reactor materials, vol I. IAEA, Vienna, p 317
19. Steele LE (1975) Neutron irradiation embrittlement of reactor pressure vessel steels. IAEA, Vienna
20. ASTM (2000) E 208-95, standard test method for conducting drop-weight test to determine nil-ductility transition temperature of ferritic steels. ASTM International, West Conshohocken, PA
21. Odette GR, Lambrozo PM, Wullaert RA (1985) In: Garner FA, Perrin JS (eds) Effects of irradiation on materials the 12th international symposium, ASTM STP 870. America Society for Testing and Materials, Philadelphia, PA, pp 840–850
22. English CA, Ortner SR, Cage G, Server WL, Rosinski ST (2001) In: Rosinski ST, Gross-beck ML, Allen TR, Kumar AS (eds) Effects of radiation on materials the 20th international symposium, ASTM STP 1405. American Society for Testing and Materials, West Conshohocken, PA, 2001, pp 151–173
23. Hausild P, Kyta M, Karlik M, Pesck P (2005) JNM 341:184–188
24. Odette GR, Lucas GE (1996) J Non Destr Eval 15:137
25. Sokolov MA, Nanstad RK, Miller MK (2004) J ASTM Int 1(9):123–137
26. Lott RG, Rosinski ST, Server WL (2004) J ASTM Int 1(5):300–310
27. Hahn GT, Rosenfield AR (1966) Acta Metal 14:1815
28. Stoller RE (2004) J ASTM Int 1(4):326–337 Paper ID JAI11355
29. Steele LE, Hawthorne JR (1967) ASTM STP-426, effects of irradiation on structural materials. American Society for Testing and Materials, Philadelphia, PA, p 534
30. Steele LE, Davies LM, Ingham T, Brumovsky M (1985) Garner FA, Perrin JS (eds) Effects of irradiation on materials the 12th international symposium. American Society for Testing and Materials, Philadelphia, PA, pp 863–899

31. Sokolov MA, Chernobaeva AA, Nanstad RK, Nikolaev YA, Korolev YN (2000) In Hamilton ML, Kumar AS, Rosinski ST, Grossbeck ML (eds) Effects of radiation on material the 19th international symposium, ASTM STP 1366. American Society for Testing and Materials, West Conshohocken, PA, pp 415–434

32. US Nuclear Regulatory Commission (1998) Regulatory Guide 199, Radiation Embrittlement of Reactor Vessel Materials, Revision 2. US Nuclear Regulatory Commission, Washington, DC, May 1998

33. Odette GR, Lucas GE (1998) Rad Eff Defects Solid 44:189

34. Odette GR, Lucas GE (2001) JOM July:18–22

35. Horsten MG, van Osch EV, Gelles DS, Hamilton ML (2000) In: Hamilton ML, Kumar AS, Rosinski ST, Grossbeck ML (eds) Effects of radiation on materials the 19th international symposium, ASTM STP 1366. American Society for Testing and Materials, West Conshohocken, PA, pp 579–593

36. Callister WD (1991) Materials science and engineering, an introduction. Wiley, New York

37. Laird C (1967) Fatigue crack propagation, ASTM STP-415. American Society for Testing and Materials, Philadelphia, PA, p 131

38. James LA (1977) Nucl Safety 18(6):791

39. Cullen WH, Watson HE, Taylor RE, Loss FJ (1981) J Nucl Mater 96:261

40. US Nuclear Regulatory Commission (2003) Fracture toughness and crack growth rates of irradiated austenitic stainless steels, NUREG/CR-6826. US Nuclear Regulatory Commission, Washington, DC, p 21

41. Chopra OK, Rao AS (2011) J Nucl Mater 412:195

42. Odette GR, Lucas GE (1991) J Nucl Mater 179–181:572

43. Odette GR, Lucas GE (1992) J Nucl Mater 191–194:50–57

44. Wolfer WG, Jones RH (1981) J Nucl Mater 103(104):1305–1314

45. Lloyd G (1982) J Nucl Mater 110:20–27

46. Murty KL, Holland FR (1982) Nucl Technol 58:530–537

47. Bloom EE (1976) Irradiation strengthening and embrittlement. Radiation damage in metals. American Society for Metals, Metals Park, OH, pp 295–329

48. Hull D, Rimmer DE (1959) Phil Mag 4:673

49. Nix WD, Yu KS, Wang JS (1983) Metal Trans 14A:563

50. Cadek J (1988) Creep in metallic materials, materials science monographs 48. Elsevier, New York

51. Cocks ACF, Ashby MF (1982) Prog Int Mat Sci 27:189–244

52. Langdon TG, Vastava RB (1982) In: Rhode RW, Swearengen JC (eds) Mechanical testing for deformation model development, ASTM STP 765. American Society for Testing and Materials, Philadelphia, PA, 1982, p 435

53. Trinkaus H, Ullmaier H (1994) J Nucl Mater 212–215:303–309

54. Teirlinck D, Zok F, Embury JD, Ashby MF (1988) Acta Metal 36:1213–1228

55. Li M, Zinkle SJ (2007) J Nucl Mater 361(2–3):192–205

第15章
腐蚀与应力腐蚀开裂基础

广义上，腐蚀可被表述为金属或合金通过其与接触环境的化学或电化学反应而发生的破坏或性能的劣化。腐蚀可以被看作萃取冶金的反向过程，或者是金属回归到其在自然界中的状态（即氧化物）的过程。腐蚀可以发生在潮湿水溶液、也可以发生在干燥气体的环境中，还可能以较高的或以非常慢的速率发生。腐蚀也可以采取多种不同的形式进行，这些将在15.1节中讨论。

几乎所有的金属腐蚀过程都涉及电荷在水溶液中的转移。以 Zn 在盐酸（HCl）中的腐蚀为例，Zn 与酸反应生成了可溶性的 $ZnCl_2$，并在表面释放氢气气泡。此时，Zn 的腐蚀源于两个反应而发生。第一个反应是 Zn 氧化为 Zn^{2+} 并释放两个电子，第二个反应是两个电子与两个 H^+ 的结合得到两个氢原子或 H_2。这些反应如下所示

$$Zn \rightarrow Zn^{2+} + 2e^- \tag{15.1}$$

$$2H^+ + 2e^- \rightarrow H_2 \tag{15.2}$$

而总的反应被表述为

$$Zn + 2HCl \rightarrow ZnCl_2 + H_2 \tag{15.3}$$

或写成离子的形式，即

$$Zn + 2H^+ \rightarrow Zn^{2+} + H_2 \tag{15.4}$$

式（15.1）中的反应是阳极反应或称氧化反应，其中 Zn 的价态从 0 变为 +2 并释放电子。式（15.2）中的反应是阴极反应或称还原反应，H^+ 通过消耗电子使其价态从 +1 降为 0。水是离子的载体，或称电解质。注意，式（15.1）和式（15.2）中的两项反应可能同时发生于浸在 HCl 溶液中的 Zn 片表面。这些反应都涉及电荷转移或电流。法拉第定律给出了电流与正在发生反应的金属的质量 M 之间的关系，即

$$M = kIt \tag{15.5}$$

其中，I 是电流（A），t 是时间（s），k 是电化学当量（g/C）并由式（15.6）给出。

$$k = A/nF \tag{15.6}$$

其中，A 是原子量，n 是交换电子的当量数，F 是法拉第常数（96500C/mol）。请注意 1C 是 1s 内由 1A 电流所传输的电荷量。因此，金属的腐蚀速率是和它与环境的反应速率直接相关的。

考虑到腐蚀在水（作为冷却剂）反应堆系统中的重要性，本章将重点介绍水溶液腐蚀的基本原理，为理解金属和合金性能劣化过程中腐蚀与辐照之间的相互作用提供基础，这是在第16章中将要探讨的。本章将从对各种腐蚀形式的描述开始，接着是腐蚀热力学［包括使用电位－pH 图或称布拜（Pourbaix）图、腐蚀动力学、钝态、缝隙腐蚀］，然后是应力腐蚀开裂。后面的两个主题为理解辐照加速腐蚀（IAC）和辐照助推应力腐蚀开裂（IASCC）

过程提供了基础。

15.1 腐蚀的类型

尽管腐蚀最常被看成是由于表面暴露于电解质中引起的金属的损失，但腐蚀还是会以多种形式发生（见图15.1）。八种形式的腐蚀包括均匀腐蚀、缝隙腐蚀、点蚀、晶间腐蚀、选择性浸出或贫合金元素腐蚀、冲刷腐蚀（冲蚀或磨蚀）、应力腐蚀开裂和氢损伤。

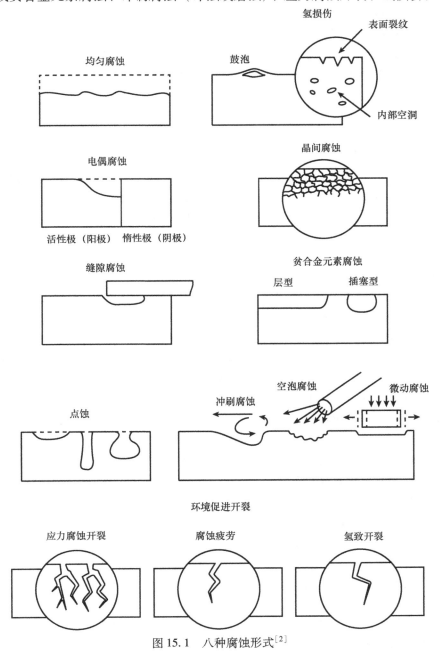

图 15.1　八种腐蚀形式[2]

1. 均匀腐蚀

均匀腐蚀的特点是腐蚀反应在构件的整个表面均匀地进行，如铁的锈蚀或银的变色失去光泽。可用几种不同的单位来描述金属的均匀移除，诸如以 mm/yr 为单位的减薄速率（yr代表年），或者以 $g/(m^2 \cdot yr)$ 为单位的单位面积质量损失。在微观水平上，均匀腐蚀并不是真正均匀的。事实上，表面晶粒的晶面取向决定了哪里腐蚀最快。当晶粒溶解时，优先受到侵蚀的部位将会变动。所有其他形式腐蚀全都可以大致归类为局部腐蚀。

2. 缝隙腐蚀

缝隙腐蚀的特点是强烈的局部腐蚀，一般发生在金属表面暴露于腐蚀介质的缝隙或被遮蔽的区域内。这种腐蚀侵害通常与少量静滞的溶液有关。

要成为一个腐蚀位置，缝隙必须足够宽，使液体得以进入，但又要足够窄以维持一个静滞的区域。因此，缝隙腐蚀通常发生在宽度小于 0.1mm 的开口内。在狭小裂纹中，间隙有可能小到 10~100nm。

虽然缝隙腐蚀可能是由于缝隙和外部氧之间的金属离子和氧气浓度差异造成的，但其实还涉及更多的过程。最初，氧化和还原在整个金属表面上均匀地发生，电荷也是守恒的。但在短时间之后，由于氧气进入的通道受限，缝隙中的氧气耗尽，以致在缝隙中不再有氧气的还原反应发生。此时如果缝隙外部的金属表面还在发生还原反应，则腐蚀可以继续。再过一段时间后，由于金属持续溶解，缝隙中过量的正电荷将驱动 Cl^- 向缝隙中迁移以平衡整体的电荷。金属氯化物浓度的增加使水发生水解而生成不溶性的氢氧化物（MOH）和游离酸。缝隙中的 pH 下降，金属的溶解加速，因而更多的 Cl^- 迁移到缝隙中。该过程具有自催化和快速加速的特性。

3. 点蚀

点蚀是一种极为局部的腐蚀形式，会使金属产生空洞。点蚀的直径通常很小，在 10~1000μm 范围内，密度或高或低。发生点蚀的部件表面，在点蚀本身以外的地方，可能会显示仅有轻微或未受侵蚀的迹象。

点蚀在本质上具有自催化的特性，即蚀坑内的腐蚀过程生成了既会激发又能维持点蚀活性的必要条件。例如，假设金属 M 在充气的 NaCl 溶液中发生点蚀。在蚀坑内发生金属的溶解，而在蚀坑外的邻近表面发生氧的还原。蚀坑内过量的正电荷诱导 Cl^- 向蚀坑中迁移，从而产生了高浓度的金属氯化物 MCl，以及由于水的解离所产生的 H^+。由于低 pH 对应的 H^+ 和 Cl^- 都会促进金属的溶解，该过程会随着时间的推移而加速。由于氧在浓溶液中的溶解度非常小，在蚀坑中不会发生氧的还原。相反，氧气在邻近的表面上被还原，这会倾向于通过阴极保护使暴露表面上的腐蚀受到抑制。此外，由于蚀坑区域远比非点蚀区域小，为了保持电荷的守恒（$I_{氧化} = I_{还原}$），所以 $i_{阳极} \gg i_{阴极}$，其中 I 是电流，i 是电流密度。

点蚀过程与缝隙腐蚀过程非常相似。事实上，几乎所有显示点蚀侵害的体系对缝隙腐蚀都是敏感的。然而，反过来却未必都是如此。点蚀的自萌生特性使其具有独特性。遗憾的是，点蚀萌生的机理尚未完全明确。一般认为，蚀坑很可能是在表面膜中易被诸如 Cl^- 等离子侵蚀的薄弱处形核，从而导致缺陷并引发了局部的腐蚀过程。

4. 晶间腐蚀

晶界区域受到局部的侵蚀有可能导致该处强度降低或发生开裂。晶界本身的反应活性只是比基体稍强，通常不会引起什么问题。然而，在晶界的成分或相结构发生变化的情况下，就可能发生严重的晶间腐蚀。合金元素的偏聚或贫化就是典型例子。例如，Al 中的 Fe 会偏聚到晶界并导致晶间腐蚀，而不锈钢和镍基奥氏体合金中 Cr 在晶界的贫化也会造成此种结果。

5. 选择性浸出或贫合金元素腐蚀

选择性浸出或贫合金元素腐蚀是通过腐蚀优先把某一种元素从固态合金中去除。最常见的例子是在黄铜中 Zn 被选择性去除。此时，部件的整体尺寸不发生变化，但由于脱合金层多孔的性质，它变得相当脆弱和易被渗透。颜色也变为红色或铜色。由于这种机制也发生在诸如 Cu – Ni 等其他合金体系中，所以也被称为"脱锌"。该过程是通过层型或插塞型机制发生的。在黄铜中，Zn 和 Cu 都会溶解在溶液中，但是当 Zn^{2+} 保持在溶液中时，Cu 会镀回到构件上。有氧存在时，铜在表面常以氧化铜的形式出现。

6. 冲刷腐蚀

冲刷腐蚀是指由于腐蚀性流体和金属表面之间的相对运动，而使金属性能劣化或受侵蚀的速率增加。随着溶解的离子或固体腐蚀产物被冲刷走，金属被从表面除去。这一过程通常涉及机械摩擦和磨损。

冲刷腐蚀的特征是表面上出现沟槽、扇形或勺形凹槽等外观形貌。当保护层被磨损掉时，依赖于表面膜钝化层进行保护的金属会受到损伤。诸如铜或铅之类的软金属容易受到损坏或机械磨损。如果金属表面上流体的流速足够高，则可能发生空蚀。空蚀是由金属表面管壁上的气泡破裂造成的金属损伤。撞击导致空腔的形成。空蚀损坏的例子有船舶螺旋桨和泵叶轮。

7. 应力腐蚀开裂

应力腐蚀开裂（包括应力促进腐蚀和腐蚀疲劳[⊖]）是指存在拉伸应力和侵蚀性环境的条件下金属或合金的过早失效。此类实例包括：含 Cl^- 和 OH^- 介质中的不锈钢，卤化物（Cl^-、Br^- 等）溶液中的铝合金，OH^- 和 NO_3^- 溶液中的碳钢，含 NH_4^+ 溶液中的 α – 黄铜，以及高温水中的不锈钢和镍基合金。在应力腐蚀开裂中，尽管会有细微的裂纹通过，但金属或合金绝大部分的表面几乎未受损伤。裂纹可以是穿晶的，也可以是沿晶的。以往，人们曾经认为只有合金才对应力腐蚀开裂敏感，但近来的证据表明，纯金属也可能因为应力腐蚀开裂而失效。

8. 氢（脆）损伤

氢损伤可以表现为多种形式。一种是鼓泡，由于氢渗透导致了高压气泡的形成，然后它使得表面变形，此时如果气泡和表面之间的金属足够薄，就可能导致剥落。另一种形式是氢侵蚀，它涉及氢与合金组元发生的反应。例如，氢与钢中的碳反应形成甲烷导致金属损伤。氢还会通过直接影响基体或晶界中原子键的强度，或通过增强局部塑性而导致脆化，从而导致类似脆性断裂的失效。

为了理解各种形式的腐蚀，需要由热力学描述的腐蚀驱动力及腐蚀动力学的知识。二者结合起来，可以为理解在水溶液环境中，以及暴露于电离辐射时金属和合金的各种行为方式

⊖　此处的原文定义与一般的定义不同，通常应力腐蚀开裂与腐蚀疲劳都归类为环境促进开裂，而不是应力腐蚀开裂包括腐蚀疲劳。载荷为恒定或接近恒定时环境中的开裂称为应力腐蚀开裂，载荷为周期性或交变波形时环境中的开裂称为腐蚀疲劳。——译者注

提供基础。

15.2 腐蚀热力学

15.2.1 腐蚀驱动力

腐蚀发生的趋势由热力学决定。腐蚀反应可表示为

$$(-\nu_A)A + (-\nu_B)B + (-\nu_C)C + \cdots = \nu_M M + \nu_N N + \nu_O O + \cdots \tag{15.7}$$

其中，ν_i 是 A、B、C 等物质的化学计量比系数，它们的符号对反应的产物是正的，而对反应物是负的。式（15.7）表示（$-\nu_A$）的物质 A 粒子（分子、原子、离子）和（$-\nu_B$）的物质 B 粒子等发生反应，生成了 ν_M 的 M 粒子和 ν_N 的 N 粒子等。物质种类（简称物种）k 的电化学势 $\widetilde{\mu}_k$ 可以被定义为该物种的偏摩尔吉布斯能，即

$$\widetilde{\mu}_k \equiv \left(\frac{\partial G}{\partial n_k} \right)_{P,T,n_{j \neq k}} \tag{15.8}$$

其中，$\widetilde{\mu}_k$ 表示由于加入了微分量的物质 k 而引起的系统吉布斯能 G 的变化，这个加入量已被归一化为相对于 1mol 的 k 物质而言。该反应的吉布斯能变化可表示为

$$\Delta G = \nu_M \widetilde{\mu}_M + \nu_N \widetilde{\mu}_N + \cdots - [(-\nu_A)\widetilde{\mu}_A(-\nu_B)\widetilde{\mu}_B + \cdots] = \sum_k \nu_k \widetilde{\mu}_k \tag{15.9}$$

实际上，电化学势由"化学"和"电"两部分所组成，即

$$(\widetilde{\mu}_k)_x = (\mu_k)_x + nFE_x \tag{15.10}$$

其中，$(\widetilde{\mu}_k)_x$ 是第 k 个粒子类型在 x 相中的电化学势，$(\mu_k)_x$ 是第 k 个粒子类型在 x 相中的化学势。nFE_x 项是将 n 个电荷从无限分离的状态转移到相里边所做的功，E_x 就是在所考虑的相中的伽伐尼（Galvani）势或电化学势。例如，考虑纯金属 Zn 在 HCl 中的反应，有

$$(\text{Zn})_m + 2(\text{H}^+)_1 \rightarrow (\text{Zn}^{2+})_1 + (\text{H}_2)_g \tag{15.11}$$

其中，下标 m、l 和 g 分别表示金属、液体和气体。由式（15.11）可知，反应的吉布斯能可表示为

$$\Delta G = (\widetilde{\mu}_{\text{Zn}^{2+}})_1 + (\mu_{\text{H}_2})_g - 2(\widetilde{\mu}_{\text{H}^+})_1 - (\mu_{\text{Zn}})_m \tag{15.12}$$

结合式（15.10），可以得到

$$\Delta G = (\mu_{\text{Zn}^{2+}})_1 + (\mu_{\text{H}_2})_g - 2(\mu_{\text{H}^+})_1 - (\mu_{\text{Zn}})_m + 2FE_1 - 2FE_1 \tag{15.13}$$

可是，由于其中几个电功项总是完全抵消的，反应的吉布斯能仅仅由化学势决定，即

$$\Delta G = \sum_k \nu_k (\mu_k)_x \tag{15.14}$$

每一物质种类的化学势可写成

$$\mu_k = \mu_k^0 + RT\ln a_k \tag{15.15}$$

其中，μ_k^0 是标准化学势，a_k 是活度，$a_k = \gamma_k C_k$，γ_k 是活度系数，C_k 是物质种类 k 的浓度。代入式（15.14）得到

$$\Delta G = \sum \nu_k \mu_k^0 + RT\ln \prod a_k^{\nu_k} \tag{15.16}$$

其中，$\sum \nu_k \mu_k^0 = \Delta G^0$ 是标准的吉布斯反应能，由此得到

$$\Delta G - \Delta G^0 = RT\ln \prod a_k^{\nu_k} = RT\ln \frac{a_M^{\nu_M} \cdot a_N^{\nu_N} \cdots}{a_A^{-\nu_A} \cdot a_B^{-\nu_B} \cdots} = RT\ln \frac{a_{\text{product}}}{a_{\text{reactant}}} \tag{15.17}$$

如果电化学电池在可逆条件下运行，那么电荷 nF 是在平衡态下可逆地通过电位 E 的，这个电位 E 对应着自由能变化 ΔG。这就是说，$|\Delta G|$ = 通过的电荷 × 势差 = 将 n 个电荷从无限远处转移到相内部所做的功（能量），即

$$|\Delta G| = nF \cdot |E| \tag{15.18}$$

其中，n 是反应所涉及的电子数，E 是电池电位。根据符号规则，有

$$\Delta G = -nFE, \quad \Delta G^0 = -nFE^0 \tag{15.19}$$

将式（15.19）代入式（15.17）可得

$$E - E^0 = -\frac{RT}{nF}\ln\left[\frac{a_{\text{prod}}}{a_{\text{react}}}\right] = -\frac{2.3RT}{nF}\lg\left[\frac{a_{\text{prod}}}{a_{\text{react}}}\right] \tag{15.20}$$

式（15.20）就是能斯特（Nernst）方程，它用电池的产物和反应物的活度来精确表示电池的电动势（EMF）。该方程同样适用于单个电极或总的反应。对于 25℃（298K）下浸在水中的 Zn，其阳极反应为 $Zn \rightarrow Zn^{2+} + 2e^-$，则

$$E_{Zn} = E^0_{Zn} - \frac{0.0257}{2}\ln\left[\frac{a_{Zn^{2+}}}{a_{Zn}}\right] = E^0_{Zn} - \frac{0.0257}{2}\ln a_{Zn^{2+}}, \quad a_{Zn} = 1。$$

其阴极反应为 $2H^+ + 2e^- \rightarrow H_2$，则

$$E_{H_2} = E^0_{H_2} - \frac{0.0257}{2}\ln\left[\frac{p_{H_2}}{a^2_{H_2}}\right]$$

其中，p_{H_2} 是氢气的压力。总的反应为 $Zn + 2H^+ \rightarrow Zn^{2+} + H_2$，而电池的 EMF 为

$$E_{\text{cell}} = E_{Zn} + E_{H_2} = E^0_{Zn} + E^0_{H_2} - \frac{0.0257}{2}\ln(a_{Zn^{2+}}) - \frac{0.0257}{2}\ln\left(\frac{p_{H_2}}{a^2_{H^+}}\right)$$

其中，E_0 是标准电位或称标准单电极电位（SSEP），指的是处于标准状态的反应物和产物。E 是单电极电位或平衡标准电极电位（ESEP），它可以指任意状态下的反应物和产物。

现在提出一个基本的问题：什么是金属发生腐蚀的倾向？金属是否会腐蚀的真正衡量标准是其实际的单电极电位是高于还是低于其平衡单电极电位。例如，如果测得的单电极电位大于平衡的单电极电位，则反应 $M = M^{n+} + ne^-$ 将向右进行；反之，则反应将向左进行。问题在于如果不存在另一个电极，将无法测量单个电极的电位或电压。但是，可以尝试构建单独的电池，以便在物理上将阳极与阴极分离。

在图 15.2 所示的电池中，Pt 电极仅仅作为氢还原的场所，它与 Zn 电极在物理上是分离的。Pt 并没有参与反应，有

$$E_{Zn} = E^0_{Zn} - \frac{0.0257}{2}\ln a_{Zn^{2+}}$$

$$E_{H_2} = E^0_{H_2} - \frac{0.0257}{2}\ln\left(\frac{p_{H_2}}{a^2_{H_2}}\right)$$

为了测量 E^0_{Zn}，必须建立一个参考值。先任意设定这个参考值 $E^0_{H_2} \equiv 0$。这是氢还原反应的 SSEP。设定 $p_{H_2} = 1atm$（$1atm = 0.1013MPa$）和 $a_{H^+} = 1$，这样就有 $E_{H_2} = 0$。因此，有

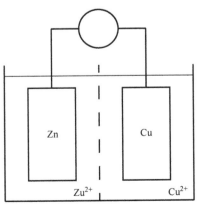

图 15.2 Zn – Cu 电化学电池

$$E_{cell} = E_{Zn} = E_{Zn}^0 - \frac{RT}{2F} \ln a_{Zn^{2+}}$$

如果想要确定 E_{Zn}^0 的值，那么设 $a_{Zn^{2+}} = 1$，就得到了 $E_{cell} = E_{Zn}^0$。因此，任意一个电极的半电池电位就等于以标准氢电极（SHE）为另一电极的电池的电动势。

15.2.2 电动势序和符号惯例

由于由电极 X 和标准氢电极组成的电池的平衡电池电压就是 X 电极的平衡电极电位 E_X，因此可以对所有金属的标准电位进行有序排列。这种排列被称为电动势（EMF）序或电位序（见表 15.1）。金属在 EMF 序中的位置是由它与其浓度等于单位活度的离子接触时的平衡电位决定的。注意，H_2/H^+ 的平衡电位（根据定义）为 0。具有正电位的金属比氢更稳定，而与氢相比，具有负电位的金属稳定性较差，或者说活性高。因此，电位值增高的方向就是稳定性更高的方向，而电位值降低的方向对应金属反应活性更高的方向。

表 15.1 **标准电动势电位**（还原电位）**序**[2]

性质	反应	标准电位 E^0［标准氢电极（SHE）］
稳定	$Au^{3+} + 3e^- = Au$	+1.498
	$Cl_2 + 2e^- = 2Cl^-$	+1.358
	$O_2 + 4H^+ + 4e^- = 2H_2O(pH = 0)$	+1.229
	$Pt^{3+} + 3e^- = Pt$	+1.200
	$2O_2 + 2H_2 + 4e^- = 4OH^-(pH = 7)$①	+0.820
	$Ag^+ + e^- = Ag$	+0.799
	$2Hg^{2+} + 4e^- = 2Hg$	+0.788
	$Fe^{3+} + e^- = Fe^{2+}$	+0.771
	$O_2 + 2H_2O + 4e^- = 4OH^-(pH = 14)$	+0.401
	$Cu^{2+} + 2e^- = Cu$	+0.337
	$Sn^{4+} + 2e^- = Sn^{2+}$	+0.150
	$2H^+ + 2e^- = H_2$	0
	$Pb^{2+} + 2e^- = Pb$	−0.126
	$Sn^{2+} + 2e^- = Sn$	−0.136
	$Ni^{2+} + 2e^- = Ni$	−0.250
	$Co^{2+} + 2e^- = Co$	−0.277
	$Cd^{2+} + 2e^- = Cd$	−0.403
	$Fe^{2+} + 2e^- = Fe$	−0.440
	$Cr^{3+} + 3e^- = Cr$	−0.744
	$Zn^{2+} + 2e^- = Zn$	−0.763
	$2H_2O + 2e^- = H_2 + 2OH^-$	−0.828
	$Al^{3+} + 3e^- = Al$	−1.662
	$Mg^{2+} + 2e^- = Mg$	−2.363
	$Na^+ + e^- = Na$	−2.714
活泼	$K^+ + e^- = K$	−2.925

① 不是标准态。

令人困扰的是，E^0 值符号的惯例中出现了差异的问题。在一个规则中，对于在含有单位活度 Zn^{2+} 溶液中 Zn 的电极和在含有单位活度的 Cu^{2+} 溶液中的 Cu 电极，设定有锌为负号而铜为正号，这样得到 Zn/Zn^{2+} 和 Cu/Cu^{2+} 电极的 E^0 值分别为 $-0.76V$ 和 $+0.34V$。可是，在另一个规则中，锌为正号而铜为负号。为此，确定了以下合适的规则：

1）设置一个由左侧的标准氢电极和右侧的另一个电极组成的电池。

2）施加一个与电池本身产生的电位差完全相等但符号相反的电位差，测量电池的开路电位。这可以通过调节电位计，直到电流计上的读数为零（即没有电流）来完成。

3）此时，电位计的读数显示电池上两电极之间电位差的数值，以及电极上电荷的符号。

例如，对于如下这个电池：$Pt/H_2[1atm]$，$H^+[a_{H^+}=1]//Zn^{2+}[a_{Zn^{2+}}=1]/Zn$，可知 ① $E^0_{Zn/Zn^{2+}}$ 的数值为 0.76V；② Zn 电极是负极。

又如 $Pt/H_2[1atm]$，$H^+[a_{H^+}=1]//Cu^{2+}[a_{Cu^{2+}}=1]/Cu$ 这个电池，可知 ① $E^0_{Cu/Cu^{2+}}$ 为 0.34V；② Cu 电极是正极。

依托以上规则测得的 Zn/Zn^{2+} 电极的 $E^0_{Zn/Zn^{2+}}$ 数值，与观察到的 Zn 电极极性符号相同，$E^0_{Zn/Zn^{2+}}=-0.76V$，$E^0_{Cu/Cu^{2+}}=0.34V$。按照规则，如果电荷转移反应被写为还原电子化，如 $Zn^{2+}+2e^-\rightarrow Zn$，则由自由能变化得到的电极电位的符号与观察到的电极极性所表明的一致，即 $\Delta G=-nFE$ 或 $E=-\Delta G/(nF)$。

根据 1953 年在斯德哥尔摩举行的国际纯粹与应用化学联合会（IUPAC）会议，为了强化执行上述规则，做出了以下决定：

1）标准电极电位测量中隐含的电池应当这样被安排，让氢电极位于左侧：

$$Pt/H_2[1atm],H^+[a_{H^+}=1]//M^{2+}/M$$

2）在这种电池两极间测得的电位差就是标准电极电位的数值。

3）右侧电极的极性，即 M 电极上的电荷符号，用于确定赋予 E^0 值的符号。

4）M/M^+ 电极标准电位的陈述中隐含的电荷转移反应是一个还原反应（$M^{n+}+ne^-\rightarrow M$）。

1. 两个电极都不是 H_2 电极的电池

对于两个电极都不是 H_2 电极的电池，该如何确定哪个是发生氧化反应的阳极，哪个是发生还原反应的阴极？有两种惯例可用于做出确定：美国（或称"符号双变"）惯例和欧洲（或称"符号不变"）惯例。

（1）美国（符号双变）惯例　先将反应写成氧化反应或还原反应。

氧化反应：$Zn\rightarrow Zn^{2+}+2e^-$，$E^0=+0.76V$。

还原反应：$Zn^{2+}+2e^-\rightarrow Zn$，$E^0=-0.76V$。

接着，将能斯特方程分别应用于这两个反应式，即

$$E=E^0-\frac{RT}{nF}\ln\frac{a_p}{a_r} \tag{15.21}$$

对于氧化反应，有

$$E_{Zn}=E^0_{Zn}-\frac{RT}{nF}\ln a_{Zn^{2+}}=0.76-\frac{RT}{2F}\ln a_{Zn^{2+}}$$

对于还原反应，有

$$E_{Zn} = E_{Zn}^0 - \frac{RT}{2F}\ln\frac{1}{a_{Zn^{2+}}} = 0.76 - \frac{RT}{2F}\ln a_{Zn^{2+}}$$

这就是说，在美国惯例中分三步进行：①将反应写成氧化或还原反应；②使用能斯特方程计算相应的氧化或还原电位；③由反应对产物和反应物做出鉴定。

在美国惯例中，EMF 的符号直接对应于反应是否按所写的方式进行的热力学趋势（$\Delta G < 0$ 或 > 0）。

$E_{Zn}^{oxidation} = +0.76V \Rightarrow \Delta G < 0$：反应自发进行。

$E_{Zn}^{reduction} = -0.76V \Rightarrow \Delta G > 0$：反应不会进行。

其中，$E_{Zn}^{oxidation} = -E_{Zn}^{reduction}$。

（2）欧洲（符号不变）惯例　先将反应写成还原反应，即

$$Zn^{2+} + 2e^- \rightarrow Zn$$

对它使用能斯特方程，有

$$E = E^0 + \frac{RT}{nF}\ln\frac{a_A}{a_D} \tag{15.22}$$

其中，A 是电子受体或氧化性物种离子，D 是电子供体或还原性物种金属，可得

$$E_{Zn} = E_{Zn}^0 + \frac{RT}{2F}\ln a_{Zn^{2+}} = -0.76 + \frac{RT}{2F}\ln a_{Zn^{2+}}$$

在欧洲惯例中，EMF 符号的出现是因为负电性的电子在 Zn 电极处释放出来的。该惯例还包含以下补充约定：①应当从右侧电极的标准电极电位中减去左侧电极的那个值；②由此计算得到的电池两侧电极电位差的符号对应于右侧电极的极性。

2. 由两种不同金属耦合而成的电化学电池

对于由两种不同金属耦合而成的电化学电池，则应当适用如下规则：

（1）美国惯例

1）先猜测一下是氧化反应还是还原反应。

2）根据反应进行的方向调整 E^0 的符号。

3）再使用能斯特方程（$E = E^0 - \frac{RT}{nF}\ln\frac{a_p}{a_r}$）。

4）最后比较 E_{cell} 的符号，用以确定反应的方向：$E_{cell} < 0 \Rightarrow \Delta G > 0$，反应不会进行；$E_{cell} > 0 \Rightarrow \Delta G < 0$，反应自发进行。

（2）欧洲惯例

1）先固定电极的位置。

2）将两种反应分别写成氧化反应或还原反应。

3）然后，使用能斯特方程（$E = E^0 - \frac{RT}{nF}\ln\frac{a_p}{a_r}$）。

4）计算 $E_{cell} = E_{RHS} - E_{LHS}$（注：其中 RHS 和 LHS 分别为公式的"右侧"和"左侧"）。

5）将公式右侧（RHS）的符号用于判断：如果小于 0 为阳极，如果大于 0 则为阴极。

这两个惯例可用来确定图 15.2 所示电池的 EMF。

根据美国惯例，先猜测它们的反应并写成

$$Zn \rightarrow Zn^{2+} + 2e^-, \quad E_{Zn} = E_{Zn}^0 - \frac{RT}{2F} \ln a_{Zn^{2+}}$$

$$Cu^{2+} + 2e^- \rightarrow Cu, \quad E_{Cu} = E_{Cu}^0 - \frac{RT}{2F} \ln \frac{1}{a_{Cu^{2+}}}$$

把它们合起来就得到

$$E_{cell} = E_{Zn} + E_{Cu} = 0.76V + 0.34V - \frac{RT}{2F} \ln \frac{a_{Zn^{2+}}}{a_{Cu^{2+}}}$$

将两电极都取成单位活度，$a_{Cu^{2+}} = a_{Zn^{2+}} = 1$，得到 $E_{cell} = 1.1V$，$\Delta G < 0$，则反应将按照所写的形式进行。注意，如果假设 Cu 是阳极，Zn 是阴极，则会发生以下情况。

对于阳极，有

$$Cu \rightarrow Cu^{2+} + 2e^-, \quad E_{Cu} = E_{Cu}^0 - \frac{RT}{2F} \ln a_{Cu^{2+}}$$

对于阴极，有

$$Zn^{2+} + 2e^- \rightarrow Zn, \quad E_{Zn} = E_{Zn}^0 - \frac{RT}{2F} \ln \frac{1}{a_{Zn^{2+}}}$$

把它们合起来就得到

$$E_{cell} = E_{Zn} + E_{Cu} = -0.34V - 0.76V = -1.1V, \quad E_{cell} < 0, \Delta G > 0$$

此时，反应不会按照原先所写的方向发生，而是以相反的方向进行。

遵照欧洲惯例，这两个反应都先被写成还原反应，即

$$Zn^{2+} + 2e^- \rightarrow Zn, \quad Cu^{2+} + 2e^- \rightarrow Cu$$

然后从左侧减去右侧，得到

$$E_{cell} = E_{Zn} - E_{Cu} = E_{Zn} = E_{Zn}^0 + \frac{RT}{2F} \ln a_{Zn^{2+}} - E_{Cu}^0 - \frac{RT}{2F} \ln a_{Cu^{2+}}$$

$$= E_{Zn}^0 - E_{Cu}^0 + \frac{RT}{2F} \ln \frac{a_{Zn^{2+}}}{a_{Cu^{2+}}}$$

将两电极都取成单位活度，得到 $E_{cell} = -1.1V$，这说明 Zn 电极相对于 Cu 电极是负的，所以 Zn 是阳极，Cu 是阴极。

在组成电池的两种金属中，当离子的活度在平衡态时为 1，即都为单位活度时，在 EMF 系列中活性较高的那种金属是阳极。因为金属盐的溶解度有限，在某些情况下单位活度所对应的金属离子的浓度是不可能达到的，显然，采用 EMF 系序列预测哪种金属相对于另一种是阳极的效果是有限的。实际上，平衡态时一种给定金属离子的真实活度，随环境的不同会有很大的变化。所以，应当采用两种方法：一是使用更合理的活度，如 10^{-6} mol/kg，使得 $a_{M^{2+}} \approx C_{M^{2+}}$。这是 15.2.3 小节中讨论稳定性图时将遵循的方法；二是根据金属和合金在给定环境（如海水）中实际测量的电位进行排序（见表 15.2）。

表 15.2 海水中的电偶序

性质	材料
阴极性（惰性）	铂
	金
	石墨
	钛
	银
	锆
	AISI 316、317 不锈钢
	AISI 304 不锈钢
	AISI 430 不锈钢
	镍
	铜镍合金
	青铜
	铜
	黄铜
	锡
	铅
	生铁
	2024 系铝合金
	镉
	锌
阳极性（活泼）	镁及镁合金

15.2.3 稳定性图

金属在水溶液中的稳定性可用电位 – pH 图（或称布拜图）来表示[1]。这些图是金属、金属离子、氧化物和其他物种在溶液中的稳定性范畴的图示表述。这些图是基于对选定化学物种以及它们之间可能出现的各种平衡状态的热力学计算。电位 – pH 图可被用来预测一种金属是否会发生腐蚀，但不可能确定腐蚀会有多快。

稳定性图有点类似于平衡相图，它描述了金属、金属离子和金属氧化物在 25℃下水溶液中的相平衡，这和描述了二元合金中相平衡的平衡相图非常相像，如图 15.3 所示。先把 Fe 在水溶液中可能形成的相的反应式写出来，然后进行试验以找出有效性或适用性的区域。例如，考虑图 15.3a 中被标记为①的线，有

$$e^- + Fe^{3+} = Fe^{2+}, \quad E_{Fe^{3+}/Fe^{2+}} = E^0_{Fe^{3+}/Fe^{2+}} + \frac{RT}{F}\ln\left[\frac{a_{Fe^{3+}}}{a_{Fe^{2+}}}\right]$$

$$= 0.77 + 0.0257\ln\left[\frac{a_{Fe^{3+}}}{a_{Fe^{2+}}}\right]$$

选择金属离子活度为 10^{-6} mol/kg，则有 $a_{Fe^{3+}} = a_{Fe^{2+}} = 10^{-6}$，$E = 0.77$V。

接下来，考虑图 15.3a 中的②线，有

$$2e^- + Fe^{2+} = Fe, \quad E_{Fe^{2+}/Fe} = E^0_{Fe^{2+}/Fe} + \frac{RT}{F} \ln a_{Fe^{2+}}$$

同样，当离子活度为 $10^{-6} mol/kg$ 时，得到

$$E_{Fe^{2+}/Fe} = -0.44 + \frac{0.059}{2} \times (-6) V$$

$$= -0.62V$$

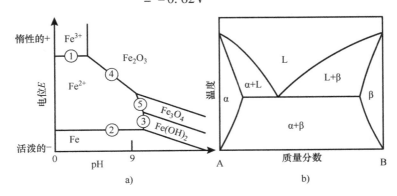

图 15.3 布拜图和相图的比较

a）布拜图 b）相图

这些都是被称为纯电荷转移反应的特殊反应。这些电化学反应只涉及电子、被还原和被氧化的物种。这些反应并没有质子（H^+）参与反应，不受 pH 的影响；因此，它们在稳定性图中表现为水平线。在示例中，只为反应选择了单一的活度（即 10^{-6} mol/kg）。但是，稳定性图常常是针对几个活度绘制的。如图 15.4 所示，对于铁稳定性图中的②线，有

$$E_{Fe^{2+}/Fe} = -0.44V, \quad a = 1 mol/kg$$

$$= -0.50V, \quad a = 10^{-2} mol/kg$$

$$= -0.56V, \quad a = 10^{-4} mol/kg$$

$$= -0.62V, \quad a = 10^{-6} mol/kg$$

对于溶液中 Fe^{2+} 是任意活度的情况，水平线代表 Fe^{2+} 和铁金属能够共存的平衡电位。线的上方是 Fe^{2+} 的稳定（性）区，在该区域内的电位下，金属铁将易于腐蚀并产生 Fe^{2+} 作为稳定的物种；而在线下方，金属铁是稳定的，该区域内铁不会发生腐蚀。

接下来，考虑图 15.3a 中的③线，它是如下反应所描述的垂直线：

$$Fe^{2+} + 2H_2O = Fe(OH)_2 + 2H^+ \Leftrightarrow Fe^{2+} + 2OH^- = Fe(OH)_2$$

注意，在这个反应中没有电荷的转移。铁在两侧都处于 +2 价态，它的氧化态没有变化。该反应称为酸碱反应。由于没有电荷转移，反应与电位无关，所以在稳定性图中就表现为一条垂直线。pH 可通过如下途径确定。回顾一下前面已有的方程，即

$$\Delta G^0 = \sum \nu_p \mu_p^0 - \sum \nu_r \mu_r^0 = -RT \ln \frac{a_p}{a_r} \sum \nu_r \mu_r^0 = -2.3RT \lg \frac{a_p}{a_r} \quad (15.23)$$

用式（15.23）描述反应线③，得到

$$\frac{\mu_{Fe^{2+}}^0 + 2\mu_{H_2O}^0 - \mu_{Fe(OH)_2}^0 - 2\mu_{H^+}^0}{2.3RT} = \lg \frac{a_{Fe(OH)_2} a_{H^+}^2}{a_{Fe^{2+}} a_{H_2O}^2} \quad (15.24)$$

其中，$R = 1.986\mathrm{cal}/(\mathrm{mol} \cdot \mathrm{K})$ [$8.31\mathrm{J}/(\mathrm{mol} \cdot \mathrm{K})$，$1\mathrm{cal} = 4.184\mathrm{J}$]。对于铁离子活度 $a_{\mathrm{Fe}^{2+}} = 10^{-6}\ \mathrm{mol/kg}$，将式（15.24）中的化学势值代入式（15.23）中，得到 pH = 9.65。

注意，在这个反应中没有电荷的受体/供体，或被氧化/被还原物种之分，所以使用产物/反应物的说法。但由于 Fe^{2+} 同时出现在方程的两边，所以把它看作产物/反应物是任意选择的。根据电化学平衡图集[1]，可得

$$\mu_{\mathrm{H}^+}^0 = 0$$

$$\mu_{\mathrm{H_2O}}^0 = -56690\mathrm{cal/mol}$$

$$\mu_{\mathrm{Fe}^{2+}}^0 = -20310\mathrm{cal/mol}$$

$$\mu_{\mathrm{Fe(OH)}_2}^0 = -115586\mathrm{cal/mol}$$

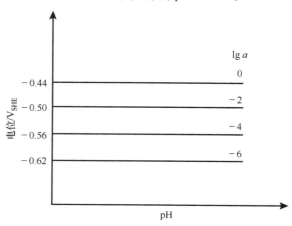

图 15.4　Fe^{2+} 活度范围为 $10^{-6} \sim 1.0$ 时的电位 - pH 图

另一类反应涉及电子和 H^+ 两者都有，用斜线表示，举例如图 15.3a 中的④线和⑤线。④线的反应是

$$\mathrm{Fe_2O_3} + 6\mathrm{H}^+ + 2e^- = 2\mathrm{Fe}^{2+} + 3\mathrm{H_2O}$$

斜线表明了 pH 和电位的依赖关系。④线的电位被表达为

$$E_{\mathrm{Fe_2O_3/Fe}^{2+}} = E_{\mathrm{Fe_2O_3/Fe}^{2+}}^0 + \frac{RT}{2F}\ln\frac{a_{\mathrm{Fe_2O_3}}a_{\mathrm{H}^+}^6}{a_{\mathrm{Fe}^{2+}}^2 + a_{\mathrm{H_2O}}^3}$$

取 $a_{\mathrm{Fe_2O_3}} = a_{\mathrm{H_2O}} = 1\mathrm{mol/kg}$，可得

$$\begin{aligned}
E_{\mathrm{Fe_2O_3/Fe}^{2+}} &= 0.73 - \frac{RT}{2F}\ln a_{\mathrm{Fe}^{2+}}^2 + \frac{RT}{2F}\ln a_{\mathrm{H}^+}^6 \\
&= 0.73 - \frac{RT}{F}\ln a_{\mathrm{Fe}^{2+}} + \frac{3RT}{F}\ln a_{\mathrm{H}^+} \\
&= 0.73 - 0.059\ln a_{\mathrm{Fe}^{2+}} + 3(0.059)\ln a_{\mathrm{H}^+} \\
&= 0.73 - 0.059\ln a_{\mathrm{Fe}^{2+}} - 0.177\mathrm{pH}
\end{aligned}$$

注意，④线的斜率为 -0.177。

⑤线的反应可表示为

$$\mathrm{Fe_3O_4} + 8\mathrm{H}^+ + 2e^- = 3\mathrm{Fe}^{2+} + 4\mathrm{H_2O}$$

假设都是单位活度，则⑤线的电位可写为

$$\begin{aligned}
E_{\mathrm{Fe_3O_4/Fe}^{2+}} &= E_{\mathrm{Fe_3O_4/Fe}^{2+}}^0 + \frac{0.059}{2}\lg\frac{a_{\mathrm{H}^+}^8}{a_{\mathrm{Fe}^{2+}}^3} \\
&= 0.98 - 0.236\mathrm{pH} - 0.88\lg a_{\mathrm{Fe}^{2+}}
\end{aligned}$$

注意，pH 项前面的系数大于④线 pH 项的那个系数，这印证了图 15.3a 中⑤线的斜率较大。

接下来，仍然需要确定 E^0。根据式（15.19），有

$$\Delta G = -nFE^0 \ \text{或}\ E^0 = -\frac{\Delta G^0}{nF} \tag{15.25}$$

根据式（15.16），有

$$E^0 = \frac{\sum \nu_{ox}\mu^0_{ox} - \sum \nu_{red}\mu^0_{ref}}{nF} \tag{15.26}$$

将式（15.26）用于⑤线的反应，得到

$$E^0_{Fe_3O_4/Fe^{2+}} = \frac{[\mu^0_{Fe_3O_4} + 8\mu^0_{H^+}] - [3\mu^0_{Fe^{2+}} - 4\mu^0_{H_2O}]}{2F}$$

根据规则，$\mu^0_{H^+} = \mu^0_{H_2} = 0$，并且有

$$\mu^0_{Fe^{2+}} = -20310\text{cal/mol}$$

$$\mu^0_{H_2O} = -56690\text{cal/mol}$$

$$\mu^0_{Fe_3O_4} = -242400\text{cal/mol}$$

代入 F，得出 $E^0_{Fe_3O_4/Fe^{2+}} = 0.98\text{V}$。

至此，图表只表述了水中铁的阳极半电池，还没有考虑阴极半电池。为此，考虑 H_2 和酸溶液之间的反应，即

$$2H^+ + 2e^- = H_2$$

一个在中性或碱性溶液中的等效反应为

$$2H_2O + 2e^- = H_2 + 2OH^-$$

因此，在较高的 pH 下，OH^- 的浓度比 H^+ 高，看来用第二个反应式来描述这个反应较为合适。不过，由于这两个方程式是等价的（两边都加上了 OH^-），于是

$$2H^+ + 2e^- = H_2 \qquad ⓐ$$

这个ⓐ式表示了两个半电池电极对 pH 的依赖性。图 15.5 所示的电位 – pH 图的结果表明：当 pH = 0（$\alpha^+_H = 1$）时，$E_{H^+/H_2} = 0$，斜率为 -0.059V。对于更具活性或更具还原性（即比 E_{H^+/H_2} 更低）的电位，就会有氢气生成，水是热力学不稳定态，会发生分解。所以，在ⓐ线以下，水是不稳定的，会分解生成 H_2。而在ⓐ线上方，水是稳定的，H_2 如果存在会被氧化成为 H^+ 或 H_2O。

随着电位变得更具还原性，水的氧化反应变得热力学上可行，即

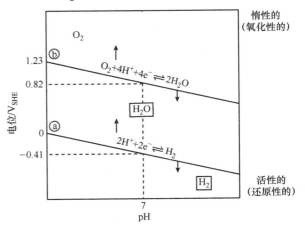

图 15.5　水的电位 – pH 图

$$O_2 + 4H^+ + 4e^- = 2H_2O \text{（酸性）}$$

$$O_2 + H_2O + 4e^- = 4OH^- \text{（中性，碱性）}$$

以及

$$O_2 + 4H^+ + 4e^- = 2H_2O \text{ 或 } O_2 + 2H_2O + 4e^- = 4OH^- \qquad ⓑ$$

$$E_{O_2/H_2O} = E^0_{O_2/H_2O} + \frac{0.059}{4}\lg\frac{[H^+]^4 p_{O_2}}{a^2_{H_2O}}$$

$$= 1.23 - 0.059\text{pH} \tag{15.27}$$

对于 $p_{O_2} = 1\,atm$，$E_{O_2/H_2O} = E^0 - 0.059\,pH$。而当 $pH = 0$ 时，$E = E^0 = 1.226V$（对 OH^- 为单位活度而言）。当 $pH = 14$ 时，$E = 0.401V$。在任何 pH 下，如果电位高于 E_{O_2/H_2O}，水是不稳定的，会被氧化成氧气。当电位在 E_{O_2/H_2O} 以下时，水是稳定的，而溶解氧会被还原成水。

注意，在水的电位 – pH 图上，这两个反应式分别由ⓐ线和ⓑ线表示，在图 15.5 中它们的斜率相同。在ⓐ线以下，反应 $2H^+ + 2e^- = H_2$ 向右进行而把 H^+ 还原成氢气。在ⓑ线以上，水被氧化形成气态氧，此时ⓑ线所描述的反应向左进行。在这两条线之间，水的稳定形式是 H_2O。因此，电位 – pH 图分为三个区域：①在上部，水被氧化成氧气；②在中部，水是稳定态，不能被电解；③在下部，H^+ 被还原成氢气。

图 15.6 所示的水电位 – pH 图显示了腐蚀会导致氢气的生成，或者会把溶解的氧还原的条件。注意，当压力增高时，ⓑ线向上移动而ⓐ线向下移动，这就扩大了水稳定的区间。图 15.7 所示为把水的电位 – pH 图叠加到铁的电位 – pH 图上的结果。

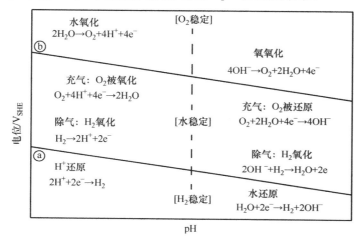

图 15.6 水的电位 – pH 图各区域内的反应

电位 – pH 图可分为腐蚀、免蚀和钝化三个区域，如图 15.8 所示。免蚀区是金属铁在水中稳定的区域。钝化区里氧化物、氢氧化物、氢化物或盐是固态的稳定形式，但不是金属形态。腐蚀区则是金属离子为稳定形式的区域。结合图 15.7 中竖直的虚线，在点①、点②和点③处发生的阳极和阴极反应。在点①处 Fe^{2+} 是稳定的，且只有一个还原反应，氧还原是可能的。若是处于这种情况，可能有几种特殊的腐蚀控制方法。首先，如果让电池脱气而把氧气除去，那么还原反应会受到抑制从而使阳极反应无法进行。第二种方法是阳极保护，就是使电位升高到钝化区，通过钝化膜来抑制铁溶解成 Fe^{2+} 的反应。第三种方法是将 pH 提高到钝化区内，如此也可达到与第二种方法同样的结果。对于点②，有着两种可能的还原反应，在此情况下，脱气将不起作用。对于点②的腐蚀控制方法，包括提高 pH、增加电位阳极保护及降低电位阴极保护。注意，降低电位是较好的方法，因为与实现阳极保护所需非常大的电位增加幅度相比，需要降低电位的幅度很小。点③位于铁稳定的区域，无须采取控制措施来防止铁的腐蚀。

尽管电位 – pH 图对于确定水溶液中金属的稳定性极为有用，但其局限性如下：

1）电位 – pH 图是平衡态图，因此没有提供有关腐蚀动力学的信息。

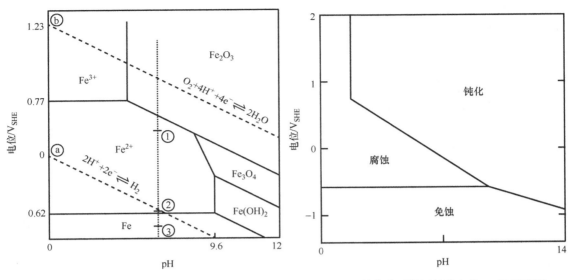

图 15.7　叠加的水和铁的电位 – pH 图　　　　图 15.8　划分成不同区域的电位 – pH 示意图

2）它们是针对纯金属构建的。但是，可以通过叠加近似地描述合金的行为。

3）电位 – pH 图是与温度相关的，所以只在构建的特定温度下才有用。

4）"形成了表面膜，它就具有保护性"的说法并不总是正确的。具有保护性的膜必须是不良的离子导体。因此，钝化区并不能确保膜下的金属能得到保护。

5）大多数实际的腐蚀问题不仅涉及水，还涉及 Cl^- 和 SO_4^{2-} 等阴离子。这些都必须单独加以考虑。

6）电位 – pH 图中所示的 pH 是与金属直接接触的那部分溶液的 pH，它不一定与本体溶液的 pH 相同。

15.3　腐蚀动力学

假设，将金属电极 M 浸入含有 M^+ 的电解质中，如将 Ag 电极浸入硝酸银（$AgNO_3$）的溶液中。在浸入瞬间，金属是电中性的，$q_m = 0$。由于界面区域必须保持电中性，溶液一侧必定没有净电荷，即 $|q_m| = |q_s| = 0$。在相界面的区域电位差为零，无净电场，因此没有电效应，也没有电化学反应。

如果考虑只由一个电子受体的离子 A^+ 得到电子的单步还原反应，则

$$A^+ + e^- \rightarrow D$$

这个反应能否自发发生将由热力学决定，特别是

$$\tilde{\mu}_{A^+} = \mu_{A^+} + FE \tag{15.28}$$

由于没有电场，FE 为零，所以 $\tilde{\mu}_{A^+} = \mu_{A^+}$，只有当界面两侧 A^+ 的化学势相同时，界面才处于平衡状态。如果不同，则化学势的梯度将起着扩散驱动力的作用。

考虑正离子 A^+ 从界面的溶液一侧向金属表面的移动（nm 级）。随着离子从溶液向电极的移动，其势能发生变化。正离子必须具有一定的活化能才能实现电荷转移的反应。离子从

溶液侧跳跃至金属侧的过程类似于点阵扩散，必须克服势能的能垒，如图 15.9 所示。离子成功跃过扩散能量势垒的频率（跳跃频率）为

$$k_c^r = \frac{kT}{h} e^{-\frac{\Delta G_{cr}^{0\pm}}{RT}} \tag{15.29}$$

其中，下标 c 表示无电场时的化学驱动力，上标 r 表示还原反应。指数前面的那一项是振动频率，其中 k 是玻耳兹曼常数，h 是普朗克常数，T 是温度。指数项是概率项，$\Delta G_{cr}^{0\pm}$ 是标准激活自由能，或是当没有电场作用于离子时离子得以爬升到能垒顶部所需的自由能差（±）。零电场下还原反应的速率是界面溶液侧电子受体离子 A^+ 的跳跃频率与其浓度的乘积，即

$$\nu_c^r = k_c^r C_{A^+} \tag{15.30}$$

因此，在无电场的条件下，单单考虑化学动力学就可以计算电子转移反应。

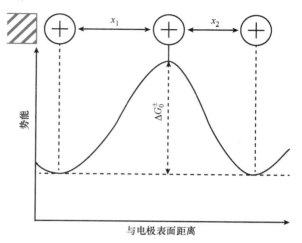

图 15.9　势能随与电极表面距离的变化

从电极到电子受体的电子转移使金属带正电荷，溶液带负电荷。界面处电荷的分离产生了一个带电的界面、电场及跨越界面的电位差。这个电场的产生将对后续的电子转移速率产生怎样的影响？此时，下一个电子和下一个离子必须克服该电场才能迁动并发生反应，如图 15.10a 所示。显然，为了攀越这个位能的能垒，正离子必须做功，如图 15.10b 所示。因此，还原反应是离子从其初始状态穿越界面到达它在金属表面的最终位置的过程（见图 15.11）。激活该离子所做的功是电荷量乘以离子从其初始状态迁动到达能垒顶点位置的电位差。离子所要通过的总电位差是 E，但是静电功对还原反应标准激活自由能的贡献中，只有一部分 E 是有效的。那就是提供给离子使其得以到达能垒顶峰所做的那部分功，它由对称因子 β 表示，即

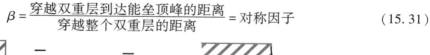

$$\beta = \frac{\text{穿越双重层到达能垒顶峰的距离}}{\text{穿越整个双重层的距离}} = \text{对称因子} \tag{15.31}$$

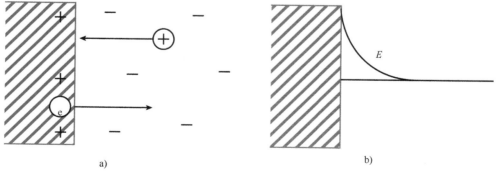

图 15.10　电极表面正电荷的积聚使得电场降低

a）正电荷积聚　　b）电场降低

注：这导致了电极表面电位的增加，使得正电荷的补充或电子的去除变得较为困难。

如图 15.12a 所示，还原反应的激活自由能中有一个电学贡献项，为 $+\beta FE$。在电场中，还原反应的总激活自由能是化学的激活自由能 $\Delta G_{cr}^{0\pm}$，加上电场对位能的贡献 βFE，可得

$$\Delta G_r^{0\pm} = \Delta G_{cr}^{0\pm} + \beta FE \tag{15.32}$$

于是，电场作用下的还原反应速率为

$$\begin{aligned}
\nu_e^r &= C_A + \frac{kT}{h} e^{\frac{-\Delta G_r^{0\pm}}{RT}} \\
&= C_A + \frac{kT}{h} e^{\frac{-\Delta G_{cr}^{0\pm}}{RT}} e^{-\frac{\beta FE}{RT}} \\
&= k_c^r C_A + e^{-\frac{\beta FE}{RT}} \tag{15.33}
\end{aligned}$$

ν_e^r 的单位为每秒穿越单位面积界面并发生反应的正离子摩尔数，下标 e 表示在电场下发生的反应。ν_e^r 乘以每摩尔的电荷量 F，得到电流密度为

$$\begin{aligned}
i_r &= F\nu_e^r \\
&= F\left(k_c^r C_A + e^{-\frac{\beta FE}{RT}} \right) \tag{15.34}
\end{aligned}$$

其中，i_r 是电流密度（A/cm^2）。式（15.34）给出了电场与电子穿越界面的传输速率之间的联系。E 的微小变化会造成电流 i 很大的变化。例

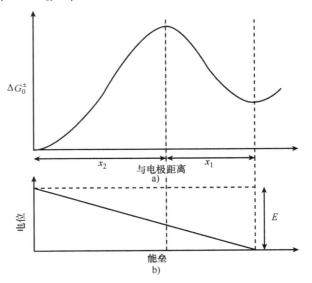

图 15.11　自由能随与电极距离的变化和表面电位对能垒大小的贡献
a）自由能随与电极距离的变化
b）表面电位对能垒大小的贡献

如，当 $\beta \approx 1/2$ 时，电位变化 0.12V 会使 i 发生 10 倍的变化。因此，如果金属没有被连接到任何其他的电荷源，则 A^+ 离子的每次还原反应会导致如下变化：

1）金属正电性增强，而溶液负电性增强。

2）跨越界面的电位差增高、电场增强。

3）使激活离子达到能垒顶峰所做的电功增加。

4）使电因子 $e^{-\frac{\beta FE}{RT}}$ 降低。

5）降低还原反应的速率。

根据图 15.11，由于电位差过大，电荷泄漏会在一段时间后停止。但实际并非如此。这是因为还没考虑与之逆向的反应，即氧化反应为

$$D \rightarrow A^+ + e^-$$

如果说定向场阻碍离子从溶液向电极的转移（因为离子移动逆电场方向运动的），那么它会有助于反应的逆过程，因为正离子沿着电场方向移动，电场有助于降低移动所需做的功。如果正离子必须通过 βE 的电位差在正向（从溶液到金属）被激活（见图 15.12a），那么在氧化反应中，它必须通过剩余部分 $(1-\beta)E$ 被激活，如图 15.12b 所示。因此，激活氧化反应的电场功就是 $F[(1-\beta)E]$，此时氧化速率为

$$\nu_e^x = k_c^x C_D e^{\frac{(1-\beta)FE}{RT}} \tag{15.35}$$

而电流密度为

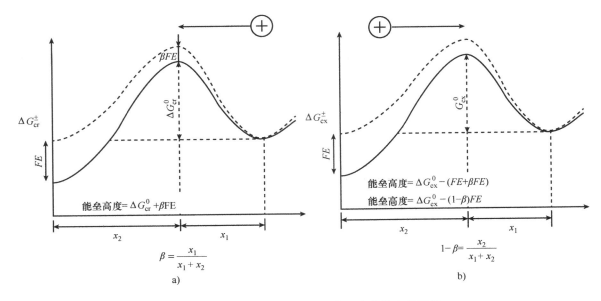

图 15.12　电位对还原反应和氧化反应的能垒的贡献

a）还原反应　b）氧化反应

$$i_{\text{x}} = F\nu_{\text{e}}^{\text{x}}$$
$$= Fk_{\text{c}}^{\text{x}} C_{\text{D}} \text{e}^{\frac{(1-\beta)FE}{RT}} \tag{15.36}$$

因此，当过量的正电荷在金属上的累积使得还原反应的速率下降时，可以通过将电子泵入金属使其正电荷量降低，从而抵消还原反应的趋势使之停止，这样，逆向反应速率就会增加。如果没有施加外部的电流源，还原和氧化反应将恰好达到平衡，使得正反方向的电流相等，同时使金属表面与溶液中的电荷量（以及电场也变得恒定）恒定的那个电位，就是平衡或可逆电位 E^{e}。在平衡状态下，氧化和还原反应将继续进行，但是以相同的速率，电流大小相等但方向相反，即

$$i_{\text{r}} = Fk_{\text{c}}^{\text{r}} C_{\text{A}} + \text{e}^{-\frac{\beta FEe}{RT}} = i_{\text{x}} = Fk_{\text{c}}^{\text{x}} C_{\text{D}} \text{e}^{\frac{(1-\beta)Fee}{RT}} \tag{15.37}$$

由于氧化和还原反应的速率相等，速率的大小可以用单项的参数，即平衡的交换电流密度 i_0 来表示，则

$$i_0 = i_{\text{r}} = Fk_{\text{c}}^{\text{r}} C_{\text{A}} + \text{e}^{-\frac{\beta FEe}{RT}} = i_{\text{x}} = Fk_{\text{c}}^{\text{x}} C_{\text{D}} \text{e}^{\frac{(1-\beta)Fee}{RT}} \tag{15.38}$$

交换电流密度反映了特定界面系统的动力学特性，它的数值会随着反应的不同或者电极的不同而发生数量级的变化。由于没有可测量的净电流，无法直接测量交换电流密度。只有当界面不再处于平衡时才会产生电子的净流动或漂移。所以，非平衡的漂移电流密度是还原和氧化电流之间的差，即

$$i = i_{\text{x}} - i_{\text{r}} = Fk_{\text{c}}^{\text{x}} C_{\text{D}} \text{e}^{\frac{(1-\beta)FE}{RT}} - Fk_{\text{c}}^{\text{r}} C_{\text{A}} + \text{e}^{-\frac{\beta FE}{RT}} \tag{15.39}$$

其中，E 是界面的电位差，$E \neq E^{\text{e}}$。E 可表示为

$$E = E_{\text{e}} + \Delta E = E^{\text{e}} + \eta \tag{15.40}$$

其中，η 是过电位，它是偏离平衡电位的量度。对于外部驱动的电化学电池，过电位就是用来驱动电流的电位差；它也是使电流得以产生的电位。但是，如果系统是自驱动的电池，则

通过外部加载驱动的电流会产生过剩的电位，这就是电流产生的电位。过电位既指驱动系统中产生电流的电位，也是自驱动电池中产生电流的电位。于是，净电流密度表示为

$$i = \left[Fk_c^x C_D e^{\frac{(1-\beta)Fe}{RT}} \right] e^{\frac{(1-\beta)Fn}{RT}} - \left(Fk_c^r C_A + e^{-\frac{\beta Fe}{RT}} \right) e^{-\frac{\beta Fn}{RT}} \tag{15.41}$$

式（15.41）括号内的项正是平衡交换电流密度 i_0 的表达式，因此，有

$$i = i_0 \left[e^{\frac{(1-\beta)Fn}{RT}} - e^{-\frac{\beta Fn}{RT}} \right] \tag{15.42}$$

这就是巴特勒－福尔默（Butler－Volmer）方程。它显示了通过金属－溶液界面的电流密度随实际非平衡电位和平衡电位之间的差值 η 的变化关系，如图 15.13 所示。注意，η 的微小变化会导致 i 发生很大的变化。

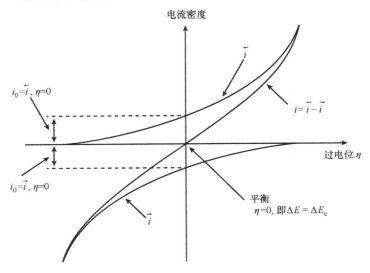

图 15.13　电流密度与过电位的关系[2]

注：本图显示了过电位的零点恰巧与零电流相对应，此时表面电极正处于平衡态。

有几个特殊的情况，会使该方程变为较为简化的形式。如果令对称因子 $\beta = 1/2$，那么式（15.42）就变为

$$i = i_0 \left(e^{\frac{Fn}{2RT}} - e^{-\frac{Fn}{2RT}} \right) \tag{15.43}$$

还因为 $(e^x - e^{-x})/2 = \sinh x$，$i = i_0 \sinh[F\eta/(2RT)]$，$i$ 与 η 的关系如图 15.14a 所示的对称曲线，此时在相等的过电位下，氧化和还原反应将以相等的速率电流进行。这种行为的实际意义在于，只有当对称因子 $\beta \neq 1/2$ 时（见图 15.14b），界面才能成为整流界面。

现在再考虑巴特勒－福尔默方程的两个极限情况，分别是过电位大的情况和过电位小的情况。

当 η 电位为较大的正值时，$e^{\frac{(1-\beta)Fn}{RT}} \gg e^{-\frac{\beta Fn}{RT}}$，则此时的腐蚀电流 i 为

$$i \approx i_x = i_0 e^{\frac{(1-\beta)Fn}{RT}} \tag{15.44}$$

两边取自然对数，得到

$$\eta = -\frac{RT}{(1-\beta)F}\ln i_0 + \frac{RT}{(1-\beta)F}\ln i \tag{15.45}$$

如果 η 是较大的负数，则有

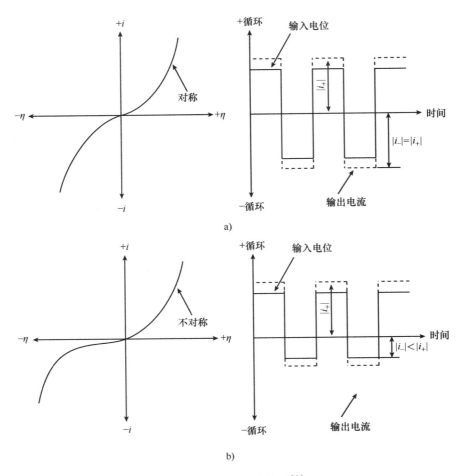

图 15.14　i 与 η 的关系[2]

a）当 i 与 η 的关系完全对称（$\beta = 1/2$）时，界面不可能将电流进行整流以便对周期性变化的电位做出响应

b）当对称因子 $\beta \neq 1/2$ 时，$i - \eta$ 曲线是不对称的，此时就存在法拉第整流效应或周期性变化的电位

$$i \approx i_{\mathrm{r}} = -i_0 \mathrm{e}^{-\frac{\beta F \eta}{RT}}, \eta = \frac{RT}{\beta F}\ln i_0 - \frac{RT}{\beta F}\ln i \qquad (15.46)$$

$\eta > 0$ 的情况被称为阳极极化，此时 η_{A} 被称为阳极过电位。$\eta < 0$ 的情况被称为阴极极化，η_{C} 是阴极过电位。将阳极和阴极过电位写成塔费尔（Tafel）方程，即

$$\eta_{\mathrm{A}} = A + B\ln i_{\mathrm{A}}$$
$$\eta_{\mathrm{C}} = A' + B'\ln i_{\mathrm{C}} \qquad (15.47)$$

$$A = \frac{-RT}{(1-\beta)F}\ln i_0, B = \frac{RT}{(1-\beta)F}$$
$$A' = \frac{RT}{\beta F}\ln i_0, B' = \frac{-RT}{\beta F} \qquad (15.48)$$

因此，在 $|\eta|$ 较大时（$\geqslant 0.12\mathrm{V}$），过电位与 $\lg i$ 成正比，如图 15.15 所示。还要注意，塔费尔方程的反方向外推就得到交换电流密度 i_0。塔费尔方程是电化学中处于中心地位的动力学表达式。

第二种情况是 η 非常小，式（15.42）中的指数项本来就很小，所以展开后仅保留每个指数项的前面两项，则

$$i \approx i_0 \left[1 + \frac{(1-\beta)F\eta}{RT} - 1 + \frac{\beta F\eta}{RT} \right]$$

$$\approx i_0 \frac{F\eta}{RT} \qquad (15.49)$$

式（15.49）的简化表达式对于 $\eta \leqslant 0.01\mathrm{V}$ 是有效的。注意，对于 $\eta = \eta_A > 0$，$i > 0$；而对于 $\eta = \eta_C < 0$，$i < 0$。还应注意，图 15.16 中电流密度与过电位成正比，被称为线性区。此时，式（15.49）可写为

$$i = \sigma_{\mathrm{m/s}}\eta \qquad (15.50)$$

其中，$\sigma_{\mathrm{m/s}}$ 是金属 – 溶液界面的电导率。

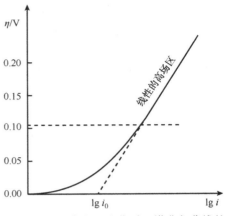

图 15.15　在高的过电位时，塔费尔曲线的指数关系显示为 η 和 $\lg i$ 之间的线性关系[2]

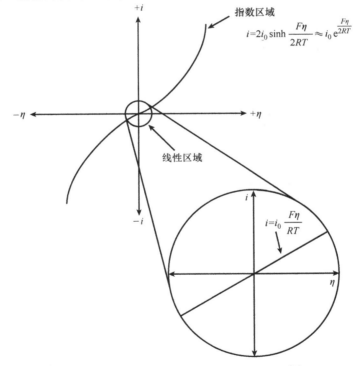

图 15.16　在小的过电位下，i 与 η 为线性关系[2]

15.4　极化

正如 15.3 节所述，若要产生净的电流流动，电极的电位必须不同于其平衡值。这个电位差叫作过电位 η，由于施加了 η 而得到的电流密度值与净的电流密度值之间的关系构成极化曲线。活化极化指的是，电极表面的反应需要一个激活能才能进行的极化。根据塔费尔方

程，任何类型的活化极化都随电流密度 i 的增加而增加。这应当与其他类型的极化（如浓度极化和电阻极化等）加以区别。

如果只考虑单个电极和大的过电位的情况，此时过电位与电流的关系遵循塔费尔方程 [见式（15.47）]。对于阳极极化，通常以 10 为底的对数 lg 而不用自然对数 ln，即

$$\eta_A = A_A + B_A \lg i_A$$

$$A_A = -\frac{2.3RT}{(1-\beta)F} \lg i_0$$

$$B_A = \frac{2.3RT}{(1-\beta)F}$$

(15.51)

阴极极化为

$$\eta_C = A_C + B_C \lg i_C$$

$$A_C = \frac{2.3RT}{\beta F} \lg i_0$$

$$B_C = -\frac{2.3RT}{\beta F}$$

(15.52)

单电极的极化曲线和相应的激活能模型如图 15.17 所示。描述单电极动力学的情况既清晰又简单。然而，当我们考虑阳极和阴极过程同时发生的时候，将会发生什么呢？这是一个需要混合电位理论加以处理的主题。

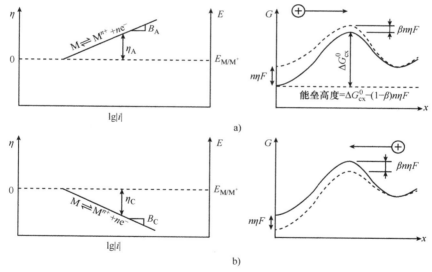

图 15.17　单电极的极化曲线和相应的激活能模型
a）阳极反应　b）阴极反应

15.4.1　混合电位理论

混合电位理论基于以下两个假设：

1）任何电化学反应都可分为两个或多个部分的氧化和还原反应。

2）在电化学反应过程中不会有电荷的净累积。

由此可见，总的氧化速率必须等于总的还原速率。考虑将 Zn 浸入 HCl 溶液中，如

图 15.18 所示。Zn 迅速被腐蚀，并伴随有 H_2 的逸出。
如果将一块锌浸入含有 Zn^{2+} 离子的 HCl 溶液中，则电极
电位不可能同时处于两个可逆的电位（Zn 和 H_2）。这
样，在整个系统中，唯一可能的就只能是处于氧化速率
与还原速率相等的交点 E_{corr}，如图 15.19a 所示。为什么
此时电池的电位必须是这个数值呢？因为电荷必须是守
恒的，并且整个 Zn 表面必须处于一个恒定的电位。由
于 Zn 是良导体，也因为 H^+ 的还原反应发生在它的表面
上，因此 Zn 的溶解也必须在相同的电位下发生。在此

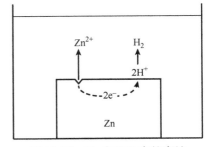

图 15.18 Zn 在 HCl 中的腐蚀

交叉点处，电流密度既对应于 Zn 的溶解速率，也对应于 H_2 的析出速率。这两个反应使各个
电极在彼此相反的方向上发生极化：Zn 被阳极极化，而 H^+ 被阴极极化。

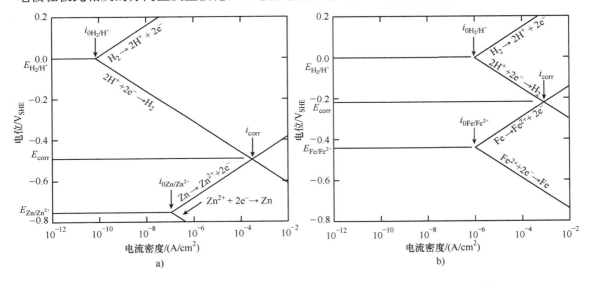

图 15.19 同时发生在腐蚀中的 Zn 和 Fe 表面上的阳极和阴极半电池反应[3]

a）Zn b）Fe

如果把 Fe 放入 HCl 中，它会腐蚀得比 Zn 更快还是更慢呢？比较一下 Zn 和 Fe 的极化图
（见图 15.19）。注意，比较 Fe/Fe^{2+} 和 H/Fe 的交换电流密度与 Zn/Zn^{2+} 和 H/Zn 的交换电流
密度。尽管由于 Zn 与 Fe 相比其平衡电位较低，导致驱动力较高，Zn 在酸中具有较高的腐
蚀倾向，但 Zn 对 H^+ 还原的催化效果并不好。因此，Fe 的腐蚀速率高于 Zn。这说明了一个
事实，即动力学行为不一定遵从热力学的预测。也就是说，对于具有较高驱动力的体系，其
腐蚀速率实际上可能反而会较低。各种金属表面上交换电流密度的变化如图 15.20 所示。

15.4.2 电偶序

现在，考虑活性金属与贵金属（如 Zn 和 Pt）的耦合，如图 15.21 所示。Pt 不会被氧化，
而且溶液中也没有 Pt^+ 会被还原。在 Zn 和 Pt 未发生耦合的情况下，$i_{0Zn/Zn^{2+}} = 10^{-6} A/cm^2$，
$i_{0H/Zn} = 10^{-6} A/cm^2$。但是，将 Zn 与 Pt 耦合则会导致较大的阴极电流或氢的析出量。这是
由于 Pt 是一种好得多的析氢催化剂，因此电子被传送到 $i_{0H/Pt} = 10^{-3} A/cm^2$ 的 Pt 表面。此

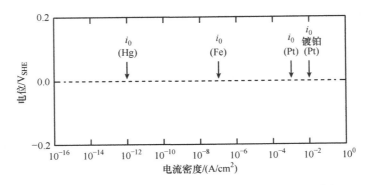

图 15.20 金属表面对氢 – 氢离子交换电流密度的影响[3]

时，有了一个氧化反应（$Zn \rightarrow Zn^{2+} + 2e^-$）和一个还原反应（$2H^+ + 2e^- \rightarrow H_2$），但它们分别发生在两个位置。于是，就存在着两个交换电流密度 $i_{0H/Zn}$ 和 $i_{0H/Pt}$，并且 $i_{0total} = i_{0H/Zn} + i_{0H/Pt}$。

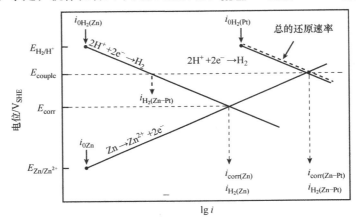

图 15.21 活性金属和惰性金属之间电化学耦合的极化图[3]

注意，当 Zn 与 Pt 耦合时，观察到了 Zn 的腐蚀速率增高，这是 Pt 表面上析氢反应的交换电流密度较高的结果。它并不是由于 Pt/Pt^+ 电极具有更高的可逆电位。为了检验这一观点是否正确，将 Zn/Au 耦合对与 Zn/Pt 耦合对进行比较。图 15.22 表明，由于 $i_{0H/Au} \ll i_{0H/Pt}$，Zn 与 Au 耦合时的腐蚀速率增加值小于与 Pt 耦合时的腐蚀速率增加值，$i_{corr(Zn)} < i_{corr(Zn-Au)} < i_{corr(Zn-Pt)}$。其实，Au 所产生的电化学效应不显著的原因与其可逆电位无关，而是因为它表面上的氢交换电流密度低于 Pt。

现在，考虑两种活性金属 Zn 和 Fe 的耦合，如图 15.23a 所示。极化图如图 15.23b 所示。Zn 与 Fe 耦合后，将发生见图 15.23c 所示的如下现象：i_{Zn} 增加（点 $a' \rightarrow$ 点 a）、i_{Fe} 减小（点 $b' \rightarrow$ 点 b）、$i_{H/Zn}$ 减少（点 $c' \rightarrow$ 点 c）和 $i_{H/Fe}$ 增加（点 $d' \rightarrow$ 点 d）。

此时，Zn 电极不再处于平衡状态，因为 $i_{anodic} > i_{cathodic}$（点 $a >$ 点 b），如图 15.24a 所示。对于 Fe 电极，则是相反的，因为 $i_{anodic} < i_{cathodic}$（点 $b <$ 点 d），如图 15.24b 所示。通过让 Fe 充当阴极使其受到了阴极保护。由于 Fe 表面上发生的 H^+ 还原是主要的反应，使 Fe 的腐蚀速率下降了。在此情况下，Zn 起了牺牲阳极的作用。通常，在两种活性金属的耦合中，活性较高的金属成为阳极，对活性较低的金属提供了阴极保护。

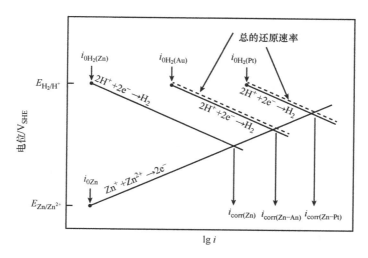

图 15.22 在稀酸中，Pt 和 Au 对 Zn 的电偶耦合效应[3]

最后，考虑图 15.23 中描述的腐蚀反应：向溶液中加入了诸如 Fe^{3+} 的氧化剂（见图 15.25）。请注意，现在有了三种氧化还原体系：金属 - 金属离子、氢离子 - 氢气和铁离子 - 亚铁离子。此时，混合电位理论的基本原理仍然适用。在稳定状态下，为了满足电荷守恒原理，总氧化速率必须等于总还原速率，在这两者相等的位置可以确定 E_{corr}。我们从正值最高的半电池电极电位 $E_{Fe^{3+}/Fe^{2+}}$ 开始，朝着负（活性）方向进行，达到氢还原的总还原电流密度为 E_{H_2/H^+}，在这一点处，必须把氢的还原电流密度加上。然后，总还原电流密度将遵循被标记为"总还原"的平行虚线，直至达到金属氧化的半电池电极电位，此时由于 $M^+ \rightarrow M$ 还原反应的发生，总还原电流密度将再一次增加。

然后，以类似的方式确定总氧化电流，从系统中最活泼的半电池电极电位 E_{M/M^+} 开始，总氧化电流密度沿着发生 M 氧化成 M^+ 的较正电位线变化，直至到达 E_{H_2/H^+}，在该点处，必须将 H_2 被氧化成 H^+ 的电流密度包括进来。氧化反应的总电流密度则遵循标记为"总氧化"的平行线，直至达到 $E_{Fe^{3+}/Fe^{2+}}$，此时还需要把 Fe^{2+} 氧化成 Fe^{3+} 的部分包括进来。

在图 15.25 中，腐蚀电位 E_{corr} 被定义为总氧化线和总还原线的交点，此时两者是相等的，满足电荷守恒原理。由于 $M \rightarrow M^+ + e^-$ 是唯一存在的氧化反应，总氧化电流密度也就是腐蚀速率，即 i_{corr}。可是，这个体系中 Fe^{3+} 和 H^+ 都是被还原的，所以它们的速率之和（$i_{Fe^{3+} \rightarrow Fe^{2+}} + i_{H^+ \rightarrow H_2}$）等于总还原速率，而总还原速率又与总氧化速率（即 i_{corr}）相等，则

$$i_{corr} = i_{Fe^{3+} \rightarrow Fe^{2+}} + i_{H^+ \rightarrow H_2}$$

在图 15.25 中，两种还原速率由 E_{corr} 处的水平等电位线与各个半电池反应的还原反应速率极化曲线的交点来定义。

15.4.3 阳极/阴极面积比

到目前为止，人们一直假设阳极和阴极的面积是相同的。但是，如果面积不相等该怎么办？有关阳极和阴极的面积，会有三种不同的情况，如图 15.26 所示。在极化图中，E 被绘制成随电流对数（$\lg I$）的变化，而不是随电流密度对数（$\lg i$）的变化。尽管交换电流密度可以保持相同，但交换电流会改变。当阴极面积相对于阳极面积在增大时，阴极电流将驱使阳极电

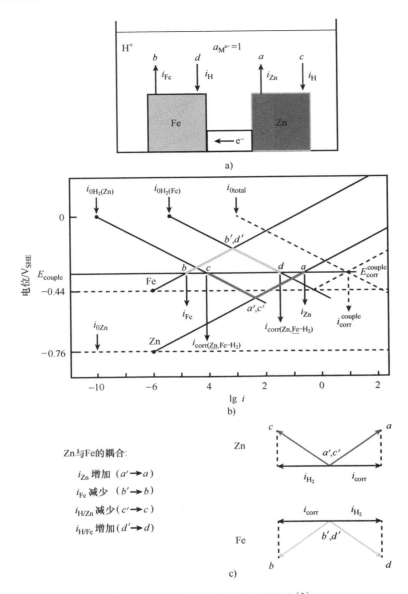

图 15.23 两种活性金属的电偶耦合[2]

a) 酸中的 Fe 和 Zn　b) 极化图　c) 交换电流密度

流变得较高，于是在阳极处必将发生更多的氧化反应。增加阴极的面积 A 会使 H_2/Pt 曲线向右移动，从而增加了 Zn 的腐蚀。

$$i_A A_A = i_C A_C \tag{15.53}$$

由式（15.53）可得

$$i_A = i_C \frac{A_C}{A_A} \tag{15.54}$$

同时，由于 I_A 与 I_C 总是相等的，当 $A_C/A_A > 1$ 时，$|i_A| = |i_C|$ 会增大。因此，如果增大 A_C/A_A 就会使 i_{A+} 增大。这种过程的一个极端情况就是点腐蚀。

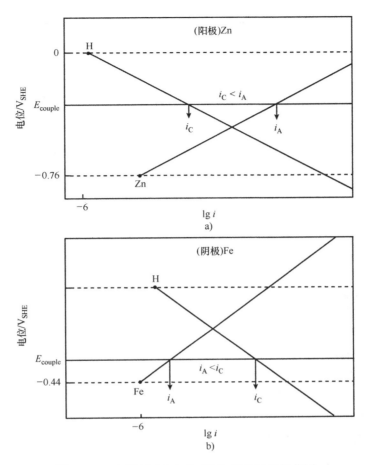

图 15.24　在图 15.23 中 Zn 和 Fe 的单电极极化图

a）Zn　b）Fe

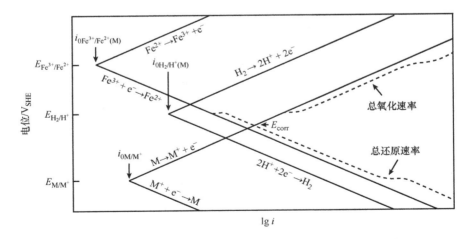

图 15.25　在含有第二种氧化剂（Fe^{3+}/Fe^{2+}）的酸溶液中，发生腐蚀的
金属 M 腐蚀电位的确定[2]

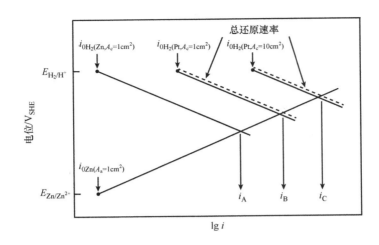

图 15.26　阴极表面积对稀酸溶液中 Zn 和 Pt 之间电偶相互作用的影响[2]

15.4.4　多重阴极反应

考虑如图 15.27 所示 Fe 的布拜图和极化图之间的联合应用。该图对于除氧气的电解液来说是正确的，因为在此情况下，H^+ 的还原是唯一可能的还原反应。但是，假设溶液是未除气的，则取决于所处的电位，也许有必要考虑氧气的作用。除了还原反应 $2H^+ + 2e^- = H_2$，可能还要加上 $1/2\, O_2 + 2H^+ + 2e^- = H_2O$。图 15.28 所示为向含 Fe 的溶液中添加氧气对 E_{corr} 和 i_{corr} 的影响。注意，E_{corr} 和 i_{corr} 都会因溶液充气而增加。

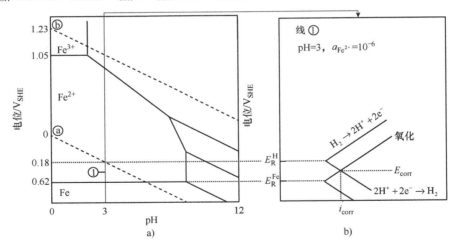

图 15.27　Fe 的活性区域中，布拜图与极化图之间的联合应用
a）布拜图　b）极化图

15.4.5　其他的极化类型

在反应堆系统使用的合金中，还有另外两种重要的极化，即浓度极化和电阻极化。考虑电极上氢气的逸出：在低还原速率下，在靠近电极表面的溶液中 H^+ 的分布是相对均匀的。

但是，在高还原速率下，与邻近电极表面的区域将成为 H^+ 被耗尽的状态。极限的速率即是极限的扩散电流密度 i_L。对于阳极溶解过程也是如此，其中阳极产物溶解的阳离子的移除速率并不随溶解电流成比例地增加，此时为了进一步提高溶解速率，就需要不按比例地增加额外的阳极过电位。

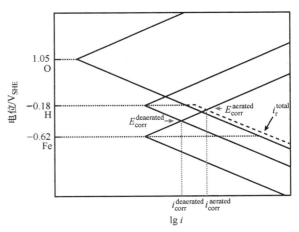

图 15.28　多重还原反应对 Fe 在酸中腐蚀的影响

这种情况是电荷传输反应处于表观的平衡状态，其实电子受体 M^{n+} 的界面浓度 C 不等于本体浓度 C_0，而是 $C < C_0$。如果电流正在通过界面，跨越界面两侧的电位差计算过程如下。对于接近平衡的溶液无活化极化，电流为零，此时界面两侧的电位差由能斯特方程给出，即

$$E_e = E^0 + \frac{RT}{nF}\ln C_0 \tag{15.55}$$

在式（15.55）中，应该使用什么浓度来计算对应于电流密度为 i 的电位？不可能是 C_0，因为已知 $C < C_0$，所以，有

$$E = E^0 + \frac{RT}{nF}\ln C \tag{15.56}$$

式（15.56）表明电流的通过已经使得电位偏离了零电流值 E_e。因此，$E - E_e$ 就是由界面处浓度的变化所产生的电位差，被称为浓度过电位 η_{conc}。溶解速率为 $i/(nF)$，根据菲克第二定律，它等于 $(D[C - C_0])/\delta$，其中 D 是扩散系数，C 和 C_0 分别是电极表面和本体内的离子浓度，而 δ 是扩散层厚度。根据能斯特方程，由浓度效应引起的过电位或极化 η_{conc} 表示为

$$\eta_{conc} = E - E_e = \frac{RT}{nF}\ln\frac{C}{C_0} \tag{15.57}$$

因为

$$C = C_0 - \frac{i\delta}{DnF} \tag{15.58}$$

于是，有

$$\eta_{conc} = \frac{RT}{nF}\ln\left(1 - i\frac{\delta}{DC_0 nF}\right) \tag{15.59}$$

当 $\eta \to \infty$ 时，临界的极限扩散电流密度为

$$i_L = \frac{DC_0 nF}{\delta} \tag{15.60}$$

浓度极化导致的电位变化可表示为

$$\eta_{conc} = \frac{2.3RT}{nF}\lg\frac{i_L - i_A}{i_L} \tag{15.61}$$

其中，i_A 是外加的电流密度。在没有活化极化情况下的极限电流密度如图 15.29 所示。注

意，当 $i_A = i_L$ 时，$\eta \to \infty$；而当 $i_C = i_L$ 时，$\eta \to -\infty$。通常，在同一个电极上，活化极化和浓度极化都会发生。在低反应速率下，由活化极化控制；而在高反应速率下，浓度极化成为控制因素。电解液的总极化是活化极化和浓度极化之和，如图 15.30 所示。总的阳极和阴极极化则是式（15.61）和式（15.51）或（15.52）的总和，即

$$\eta_A^T = \frac{2.3RT}{(1-\beta)nF} \lg \frac{i}{i_0} + \frac{2.3RT}{nF} \lg \frac{i_L^A - i}{i_L^A}$$

$$\eta_C^T = -\frac{2.3RT}{\beta nF} \lg \frac{i}{i_0} - \frac{2.3RT}{nF} \lg \frac{i_L^C - i}{i_L^C}$$

$$(15.62)$$

极限电流密度是搅拌状态、温度、浓度和阳极位置的函数，如图 15.31 所示。考虑一块金属浸在腐蚀体系中的情况，此时还原过程受扩散控制，如图 15.32a所示。注意，随着溶液流速搅拌增加直至 D 点，腐蚀速率增加。然而，随着溶液流速进一步增高，还原反应变为受活化控制。因此，在很高的溶液流速下，腐蚀速率变为与溶液流速无关，如图 15.32b 所示。

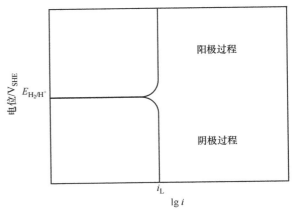

图 15.29　没有活化极化时的浓度极化图

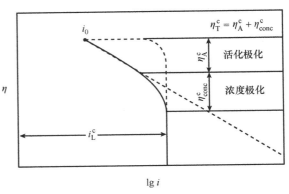

图 15.30　兼具活化极化和浓度极化时的极化图[3]

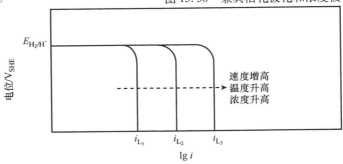

图 15.31　不同的溶液条件对浓度极化中极限电流密度的影响[3]

电阻极化是水溶液中的电极上可能发生的第三种极化。有电流通过的电解液将会使过电位增加一个系数，即

$$\eta_R = i_A \times R \tag{15.63}$$

其中，i_A 是电流密度，R 是电流流过路径的电阻（$\rho L/A$），ρ 是溶液的电阻率，L 是路径长度，A 是面积，η_R 是电阻极化，也有人称之为 IR 电位降（IR drop），如图 15.33 所示。在导电性差的电解液中或在已形成薄膜的情况下，IR 电位降可能会很高。气泡和空腔也会增加

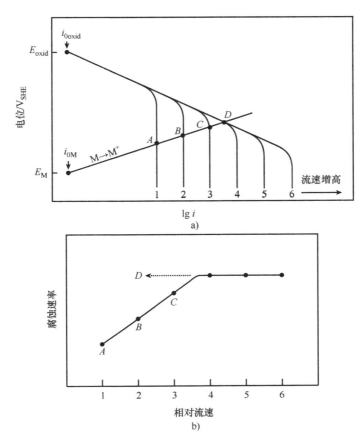

图 15.32　溶液流速对受到扩散控制阴极过程腐蚀的活性金属电化学行为和腐蚀速率的影响[3]
a）活性金属电化学行为　b）腐蚀速率与相对流速关系

电阻。于是，总的过电位为

$$\eta_T = \eta_A + \eta_{conc} + \eta_R \tag{15.64}$$

　　此时，极化曲线的形状变得更加复杂，因为它由三个独立的效应所组成：活化能的要求、浓度效应和电阻效应。图 15.34 所示为由三项贡献所构成的总过电位。

　　电解液的电阻和电极的极化都限制了原电池所产生的电流大小。当极化主要发生在阳极时，腐蚀反应是阳极极化，如图 15.35a 所示。当极化主要发生在阴极时，腐蚀速率由阴极极化控制，如图 15.35b 所示。当电解液电阻太高以致所得电流不足以使阳极或阴极发生极化时，电阻极化将对总的极化产生控制性的影响。图 15.35c 所示为腐蚀电流受到通过电解液的 IR 电位降控制的情况。然而，当阳极和阴极都发生了某种程度的极化时，就会发生混合控制，如图 15.35d 所示。尽管测量显示，在给定的电流密度下，裸露阳极的单位面积也只会发生轻微的极化；但是，如果腐蚀金属的阳极面积很小（如由于多孔膜的存在），伴随着腐蚀，也可能存在相当程度的阳极极化。图 15.36 所示为阳极面积是阴极面积一半时的情况。

　　含锌的汞合金（Zn + Hg）在酸性氯化物体系的腐蚀过程中，汞被极化到了接近于锌的腐蚀电位。汞原子和锌原子分别充当了阴极和阳极。腐蚀反应几乎完全由阴极区的析氢速率所控制，从而产生了图 15.37 所示的极化图。汞的高过电位限制了汞合金在非氧化性酸中的腐蚀速率。

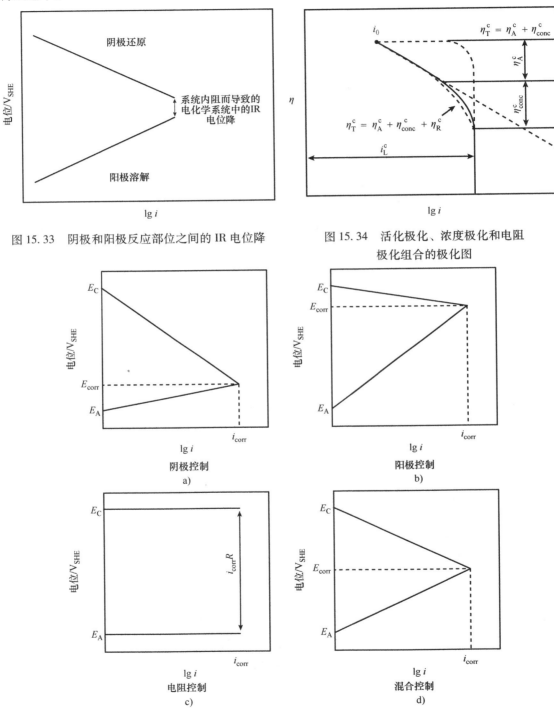

图 15.33　阴极和阳极反应部位之间的 IR 电位降

图 15.34　活化极化、浓度极化和电阻极化组合的极化图

图 15.35　稀酸中 Zn 的极化[4]

a）主要发生在阳极　b）主要发生在阴极　c）通过电阻控制　d）通过混合控制

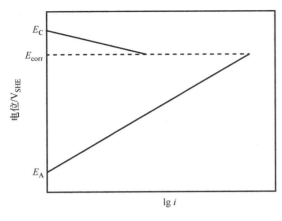

图 15.36　阳极面积等于阴极面积
一半的情况下的极化图[4]

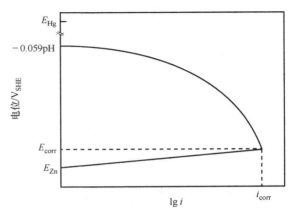

图 15.37　在除气的 HCl 溶液中
含锌的汞合金极化图[4]

15.5　钝化

对于钝化，不存在一个严格定义。在工程意义上，钝化是指金属被一种表面膜覆盖因而腐蚀速率非常低的一种状态。在给定的环境中，如果金属基本上阻止了由显著的阳极溶解所导致的腐蚀，那它就被认为是被钝化了。此外，在给定的环境中，即使存在着明显的发生反应的热力学倾向，金属仍然基本上能够抵抗腐蚀，那它也被认为是被钝化了。与活化的金属相比，钝化的金属的极化图是极其不同的。图 15.38 所示为一个钝化金属的极化图。随着电位增大到了超过 E_{corr}，金属溶解的速率就会增高。最高的腐蚀速率被称为临界电流密度 i_{crit}。阳极曲线最下面的部分（高到 i_{crit} 为止）显示为塔费尔关系，i_{crit} 是产生足够高的金属离子浓度使得金属膜的形核和生长得以进行所需的电流。对应于 i_{crit} 的电位被称为初级钝化电位 E_{pp}，它标志着金属由活性状态向钝化的过渡。

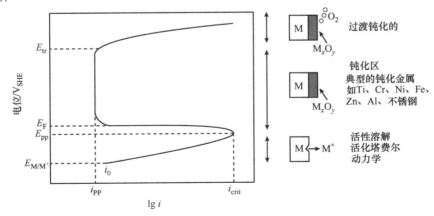

图 15.38　活性－钝化极化行为的示意图

由于开始发生钝化作用，$\lg i$ 开始急剧下降，并在超过 E_{pp} 后金属表面形成了膜层。$\lg i$

有可能降到比 $\lg i_{crit}$ 低几个数量级。那个让电流成为与电位基本无关且基本保持稳态的电位，被称为弗拉德电位 E_F。它标志着金属表面完全钝化的开始。实际上，E_F 被定义为金属从钝化状态向活性状态转变的电位，通常在数值上与 E_{pp} 的差别不会太大。

弗拉德电位

如果金属已经被阳极钝化，此时除去外加电位的话，试样的电位将再次成为活性态。对应于重建活性条件的电位被称为弗拉德电位。它与 pH 有关，即

$$E_F = E_F^0 - 0.059 \mathrm{pH}$$

其中，E_F^0 是 pH $=0$ 时的弗拉德电位。这个电位是与保护性钝化膜的溶解相联系的。钝化的稳定性与弗拉德电位有关，假设以下阳极反应：

$$M + H_2O \rightarrow OM + 2H^+ + 2e^-$$

其中，E_F 是该反应的电位。注意，对 Fe 而言，E_F^0 很接近于图 15.39 中将 Fe^{2+} 和 Fe_2O_3 分隔的那条线。Fe 的 $E_F^0 = 0.63\mathrm{V}$，而对于 Cr 则为 $-0.20\mathrm{V}$，这样的差异表明在 Cr 表面生成的钝化膜稳定性较高。

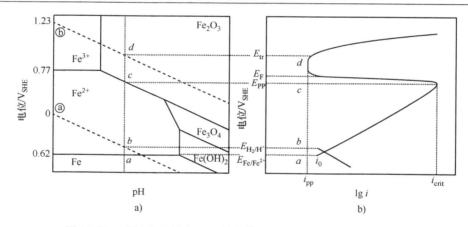

图 15.39　在钝化区域内，Fe 的电位 – pH 图与极化图之间的关系
a）电位 – pH 图　b）极化图

将金属保持在钝化状态所需要的最小电流密度，叫作钝化电流密度 i_{pp}。在电流密度为 i_{pp} 时，金属的溶解以恒定的速率进行。随着电位向稳定的方向增高，膜开始增厚。按照电场理论，溶解反应是在电场的影响下以离子穿过膜的传输方式进行的。那么，随着电位向稳定的方向增高，为了保持恒定的电场（$\Delta E/x$），膜就要增厚。膜的增厚是通过正离子 M^{2+} 的向外传输与 $O^=$ 或 OH^- 离子的向内传输协同进行的。

按照化学侵蚀和膜的重新生成理论，溶解是化学过程，并不依赖于电位。所以，被溶解的膜会立即被新的膜所取代，在溶解与重新生成之间达到平衡。钝化区终止于氧气以阳极方式析出的地方，即

$$2H_2O \rightarrow O_2 + 4H^+ + 4e^- \quad （酸性）$$

或

$$4OH^- \rightarrow O_2 + 2H_2O + 4e^- \quad （中性）$$

氧气的释放导致了电流的急增。这是过渡钝化区，在其起始点处的电位叫作过渡钝化电位 E_{trans}。有时由于保护膜的破裂，过渡钝化可以被观察到。在比它更加稳定的电位下，膜也许就不足以将金属维持在钝化的状态了。它会变得更厚、更不稳定、更无黏附性，并最后发生破裂。它以水解阳离子的形式在更高的氧化态下溶解，例如，当 Cr 从 +3 价被氧化成 +6 价态时，有

$$Cr^{3+} + H_2O = HCrO_r^- （水溶液） + 7H^+ + 3e^-$$

金属的钝化可以通过对如图 15.39 所示的电位 – pH 图和极化图的考虑而得以理解。图 15.39a、b 分别是 Fe 的电位 – pH 图和与之关联的极化图。在图 15.39a 中，随着电位由垂直的虚线所标注的 pH 下的增高，将在对应于"a"点的那个电位发生 Fe 被溶解为 Fe^{2+} 的反应。随着电位继续升高，如图 15.39b 所示的腐蚀电流上升。在电位 – pH 图的"c"点处，将生成稳定的 Fe_2O_3 膜，使得腐蚀电流显著下降。在"d"点处，水开始发生电解。氧的稳定形式从 H_2O 变为 O_2，即

$$2H_2O \rightarrow O_2 + 4H^+ + 4e^-$$

这是在氧线ⓑ以上的阳极反应。在过渡钝化区域内的溶解度并不一定因为电流升高而升高。试验测量到的电流升高是由于 O_2 的释放而产生的，而不是由于金属 Fe 的溶解。

15.5.1 钝化的理论

目前存在两个有关钝化的基本理论。

一是溶解 – 极化机制，即如果一个金属（如 Ni）被浸在酸（如 H_2SO_4）中并使 Ni 电极的电位朝正方向升高，就会在到达某一个临界电位时，突然在其表面有 Ni（OH）$_2$ 膜的生成。可是，薄膜生成于相对钝化电位为负的电位，因而它只是某种前驱体或预钝化膜而已。现有证据指出，这种前驱体的膜是电绝缘体；然而，在初级钝化电位 E_{pp} 以上形成的钝化膜则是电导体。导体的高导电率导致了膜两侧电位降的崩溃，因而没有可用于驱动离子的电位梯度，使得离子无法从金属表面穿过膜移动到溶液，这么一来，金属的溶解腐蚀就停止了。支持这一机制的证据在于，在过渡钝化区域内观察到了 O_2 的高速率析出，而这需要电子有效地从膜向金属传输的发生。

接着出现的问题是：膜是怎样形成的？随着溶解电流的快速上升，界面溶解的离子浓度达到了溶解度极限，并在 Ni 的情况下生成了 Ni（OH）$_2$ 析出相。应当认识到，如果电流密度足够低，在膜形成的时候，扩散就会把离子传送走，因而不可能让离子浓度累积到足以发生析出的程度。

二是吸附理论，即钝化是由于形成了单层的吸附氧所导致的。例如，氧气的存在可能会阻碍溶解的金属中扭折位点，从而降低了在溶解反应中原子初始状态的自由能，使它不再以先前的速率发生溶解。这就是说，溶解反应的交换电流密度已经降低了好几个数量级。在此情况下，吸附的膜就起着降低溶解反应交换电流密度 i_0 的动力学限制的作用。Uhlig[4] 设想，化学吸附的氧与钝化的建立直接相关。氧的化学吸附受惠于过渡金属中未耦合的 d – 电子。在 Fe – Cr 合金中，Cr 是一个从 Fe 接收未耦合 d – 电子的受体。当合金中 Cr 的质量分数低于 12 % 时，Cr 中未耦合 d – 电子空位被过量的 Fe 所充填，合金的行为就像未合金化的铁一样，在除气的稀酸溶液中不具有钝化性质。当 Cr 的质量分数高于 12 % 时，在这样的溶液中合金是钝化的，因为未耦合的 d – 电子可以促进吸附。在膜增厚期间，假定金属正离子是从

膜下面的金属迁移到了膜中，同时还会有结构上等同于质子的 H^+ 从溶液迁移到膜中。

15.5.2 酸溶液中活性－钝化金属的行为

当一块活性－钝化金属被暴露于腐蚀性环境时可能会发生三种情况，极化图如图 15.40 所示，三种情况分别展示在图 15.41 ~ 图 15.43 中。在图 15.40 的情况①中，其阴极曲线与阳极曲线相交于活性区域。图 15.41 所示为浸在除气的 H_2SO_4 溶液中的 Ti 或不锈钢可能发生的这种情况。注意，E_{corr} 和 i_{corr} 发生在活性区域内，此时金属或合金将迅速腐蚀。情况③（见图 15.42）是不锈钢或 Ti 浸在含氧的酸中时的自钝化情况之一。注意，此时将发生自发的钝化，导致了较高的 E_{corr} 和较低的 i_{corr}。从工程角度看，这是一种理想的情况。但请注意，只有当阴极反应偏离阳极的"鼻尖"时，自发钝化才会发生。最后的情况②（见图 15.43）是当存在三个可能的交点（$i_{ox} = i_{red}$）时发生的一个不稳定情况，此时就会有三个相应的 E_{corr} 值。点"b"是不稳定的，所以系统只可能存在"a"（活性）或"c"（钝化）两个状态。

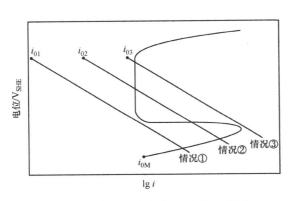

图 15.40　腐蚀性溶液中一个活性－钝化金属的极化图

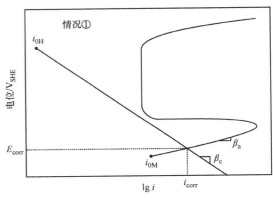

图 15.41　针对图 15.40 中情况①，说明腐蚀条件的极化图（如在充气 H_2SO_4 中的不锈钢或 Ti）

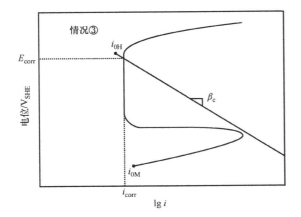

图 15.42　针对图 15.40 中情况③，说明自发钝化的极化图（如在除气的 H_2SO_4 中的不锈钢或 Ti）

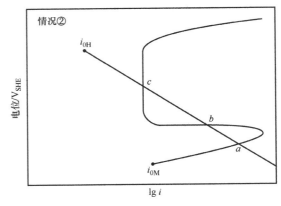

图 15.43　针对图 15.40 中情况②，说明不稳定钝化的极化图

15.5.3 影响活性－钝化金属腐蚀行为的因素

有几个可能影响到活性－钝化金属腐蚀行为的因素。酸浓度或溶液温度的增高会导致钝化电位范围的收窄、电流密度的增高，以及在所有电位下腐蚀速率的增高，如图 15.44 所示。按照能斯特方程，氧化剂浓度升高会提高氧化还原半电池的电位。图 15.45a 所示为氧化剂浓度的增高对活性－钝化金属腐蚀行为的影响。浓度从"1"增加到"2"导致了电位从"A"增加到"B"。当浓度为"3"时，合金可能呈现活性的"C"或钝化的"D"的两种状态。当浓度为"4～6"时，钝化状态是稳定的，而当浓度在"7"和"8"时，有一个向过钝化态的转变。

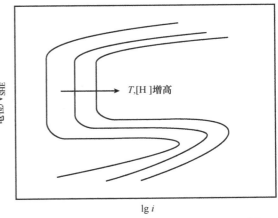

图 15.44　酸浓度和温度的增高对钝化的影响[2]

如图 15.45b 所示，将腐蚀速率作为浓度的函数作图。在 BCD 区域，活性或钝化的状态都可能存在，但是在浓度达到 D 之前，膜不会生成。达到过钝化区之前，一直保持着低腐蚀速率。当过程逆转时，腐蚀速率从过钝化区回退到钝化区。但是，一旦生成了钝化膜，它就会保持在低于钝化膜生成所需要的浓度水平。所以，在 DC'B 区域内会有一个临界钝化状态，此时任何表面的扰动（如刮擦）都将破坏膜的稳定，腐蚀速率将增加，成为活性的表面。这就解释了 Fe 在硝酸里面的行为。Fe 被浸入浓硝酸中导致了保护膜的生成，如图 15.46a 所示。然后，如果将溶液改为稀硝酸（见图 15.46b），将无任何异常发生，除非表面膜受到干扰（如刮擦），这将导致 Fe 试样被快速溶解（见图 15.46c）。注意，如果裸露的金属试样被直接浸入溶液中，因为不存在保护膜，则会在稀硝酸中发生快速的溶解。

溶液搅动的影响如图 15.47 所示，这是在扩散控制下活性－钝化金属在电解液中发生腐蚀的例子[3]。曲线 1～5 对应于随流动速度增高，极限扩散电流密度的增大（见图 15.47a）。随着流速增高，腐蚀速率沿着 ABC 的途径增大。当速度增高到超过 3 时，会发生从活性区域的 C 点到钝化区域的 D 点的快速转变。这些结果都是通过图 15.47b 中流速与腐蚀速率之间的关系显示的。在活性金属（见图 15.32）和显示活性－钝化行为的金属（见图 15.47）之间，它们与流速的依赖关系方面的差异是活性－钝化金属的异常溶解行为所致。这是在扩散控制条件下所有活性－钝化金属的典型行为。

15.5.4 钝化的控制

有两条普遍的规则适用于钝化的控制。如果腐蚀是由活化控制的还原过程所驱动的，那么对于在该环境中的应用，应当选择显示非常活跃（指电位较负）的初级钝化电位的合金。图 15.48a 说明了这种情况，其中合金②是较好的选择，因为对应于腐蚀电位的腐蚀电流，与活性区域内（A 点）的腐蚀电流相比，这个钝化电流（B 点）将是低的。如果还原反应是在扩散控制下的，具有较小临界电流密度的合金则是可取的，如图 15.48b 所示，合金①是较好的选择。

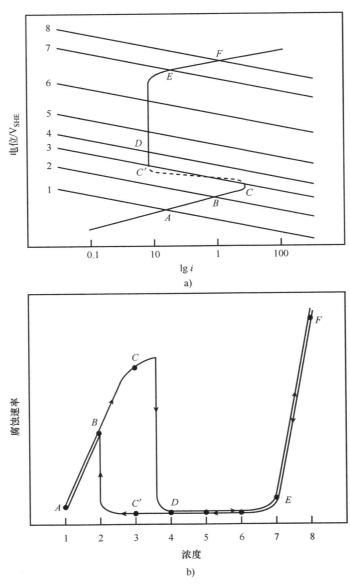

图 15.45　氧化剂的浓度对活性 – 钝化金属的腐蚀和腐蚀速率的影响[2]

a）对活性 – 钝化金属的腐蚀影响　b）对腐蚀速率的影响

　　钝化的趋势可以通过加入能降低 i_{crit} 的合金元素而得到加强。这包括在 Ti 和 Cr 中加入 Mo、Ni、Ta 和 Nb 等元素。这些元素的电位是活性（负）的，而它们的腐蚀速率是低的。那些比基材金属更容易钝化的合金元素将降低 i_{crit} 并诱发钝化。例如，在 Fe 中添加 Cr 和 Ni，降低了 i_{crit} 并促进了钝化；在 Cu 中加 Ni（如 Cu – 10Ni 或 Cu – 30Ni）也会促进钝化。对于 Ni 基合金，合金元素影响的例子如图 15.49 所示。Hastelloy B 是 Ni – 25Mo 合金，它只显示稍有点钝化的迹象。加入 Cr 和 Fe 取代一些 Mo 得到的 Hastelloy C（Ni – 15Cr – 15Mo – 5Fe）合金，就具有了低的 i_{crit} 和活性的 E_{pp}，但是 i_{pass} 在钝化区稳定增加。Hastelloy C – 276 基本上与 Hastelloy C 相同，但是 Si 和 C 的含量很低。对 Si 和 C 含量的限制减少了析出相，不利于局部位置的腐蚀。这两种合金都可用于还原性的条件，Hastelloy C 可用于中等氧化性条件，Hastelloy C-276 适用于高氧化性条件。

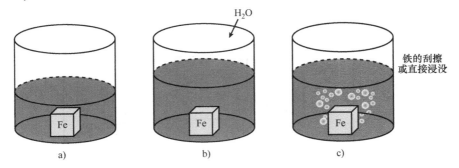

图 15.46 对 Fe 进行法拉第钝化试验的简图[3]

a）浓 HNO_3（无反应） b）稀 HNO_3 无反应（钝化状态） c）稀 HNO_3 剧烈反应（活性状态）

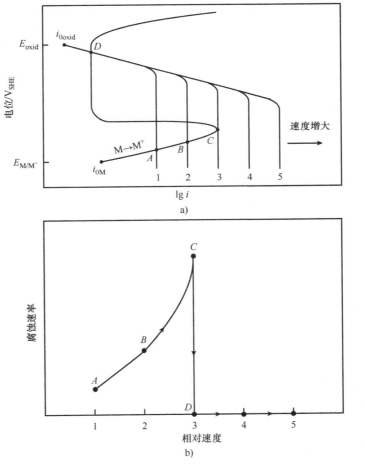

图 15.47 在扩散控制条件下，溶液流动速度对正受到腐蚀中的活性-钝化
金属的电化学行为和腐蚀速率的影响[3]

a）对电化学行为的影响 b）对腐蚀速率的影响

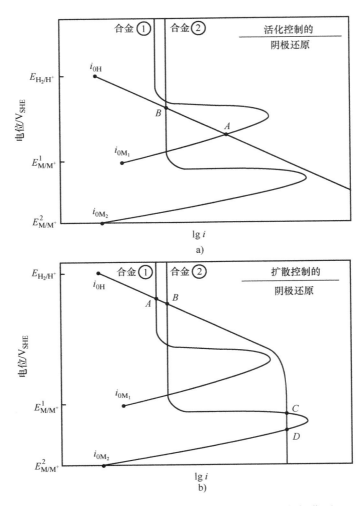

图 15.48 活化控制和扩散控制的阴极还原反应的极化图
a）活化控制 b）扩散控制

在三种不同的条件（1—还原性，2—中等氧化性，3—高氧化性）下，考虑如下四个假设的合金（A ~ D），如图 15.50 所示。在还原性条件（1）下，合金 A 和合金 B 具有超强的腐蚀抗力，因为它们在没有氧化剂的活性状态下腐蚀速率较低。合金 C 和合金 D 是钝化的，但是在还原性条件下这是不必要的，而且诸如 Cr 等促进钝化的元素是昂贵的。在中等氧化性的环境（2）中，合金 C 显然值得选用。合金 D 处于钝化的边界线处，成为活性态也是可能的。合金 B 是钝化的，但是其钝化电流密度比合金 C 要大。在高氧化性环境（3）下，合金 D 是最佳选择，因为它的还原曲线超过了钝化的临界电流密度，腐蚀速率较低。合金 C 在 E_c 处钝化破坏，其 i_{corr} 快速增高。在此环境中，合金 A 或合金 B 对腐蚀都没有任何的抗力。

以下的各项规则可能适用于对金属和合金在水介质中的行为做出预判：

1）在活性状态下，不管合金是否为活性 - 钝化型的，腐蚀速率都与阳极电流密度成正比。

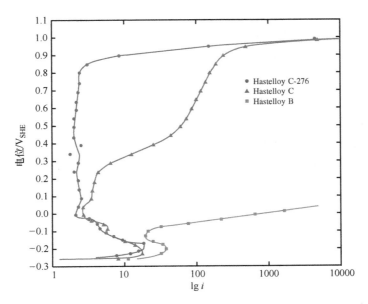

图 15.49　常温下 H_2SO_4 溶液中 Ni 基合金静电位阳极极化行为的比较[2]

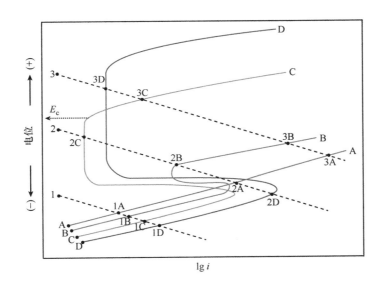

图 15.50　四个假设的合金 A、B、C 和 D 在三种不同化学条件下的阳极极化曲线的简图[2]
1—还原性　2—中等氧化性　3—高氧化性

2）还原反应的电流密度必须超过钝化的临界电流密度 i_{crit}，以确保在钝化状态下的低腐蚀速率。

3）应当避免边界钝化状态，即活性或钝化态可能都是稳定的条件。

4）需要避免在氧化性条件下由于过钝化或局部腐蚀萌生导致的钝化膜破坏。

5）在氧化性条件下的钝化状态对腐蚀抗力至关重要，但是钝化电流密度的小范围适当变化可能没有多大影响。

15.5.5 活性－钝化金属的电偶对

考虑图 15.51 所示极化图中 Ti 对 Pt 的耦合。在耦合情况下，Ti 自发钝化，它的腐蚀速率下降到了 i_{corr}^{Ti-Pt}。注意，这是一个例外，一般的规律是当两个金属耦合时，腐蚀电位最活跃的金属的腐蚀速率会增加。图 15.51 所示的行为只可能在金属的钝化区起始电位比氧化还原体系的可逆电位更为活跃（负向）的情况下才会发生。事实上，只有 Cr 和 Ti 呈现出这一行为。如果金属的钝化区起始电位比可逆的氢电极电位更为稳定（正向），那么在没有其他氧化剂的条件下，与 Pt 的耦合就会增加腐蚀速率。在酸性溶液中 Fe 对 Pt 耦合的例子如图 15.52 所示。

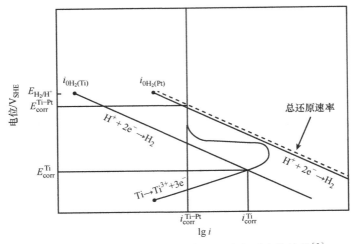

图 15.51　由于与 Pt 的电偶耦合，Ti 发生了自发钝化[3]

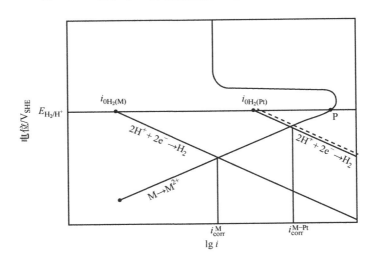

图 15.52　在除气的酸溶液中活性－钝化金属与 Pt 之间的电偶耦合[3]

15.5.6 钝化金属的点蚀

氯化物可能会破坏 Fe、Cr、Ni、Co 和不锈钢的钝化状态，或者阻止钝化的发生，其他卤化物的离子作用较低。按照钝化的氧化膜理论，与 SO_4^- 相比，Cl^- 更容易通过孔洞或缺陷而渗透进入氧化膜。按照吸附理论，Cl^- 会在金属表面与 O_2 或 OH^- 竞争吸附，而一旦发生接触，它就更有利于与金属离子发生水合反应，使其更容易进入溶液。这就是说，与存在 O_2 的情况比较，这些离子更能增加金属溶解的交换电流。于是，在某些择优位置就发生了膜的局部破坏。这些位置成为被大面积的阴极（钝化区）所包围的微小阳极。两者之间的电位差可以达到 0.5V 甚至更高，构成了活性－钝化电池。阳极处的高电流密度导致了高穿透速率。注意，当有 Cl^- 存在时，表观的过钝化区向较高的活性电位迁移。实际上，这并不是过钝化行为；氧气并没有析出，而是发生了局部溶解。临界电位随 Cl^- 浓度的增加而下降，直到表面不再生成钝化膜为止。图 15.53 所示为 Cl^- 浓度的增加对点蚀电位的影响。注意，在此情况下，电流高过 E_{pit} 并不是因为有 O_2 的参与，而是由于在蚀坑处存在局部腐蚀。

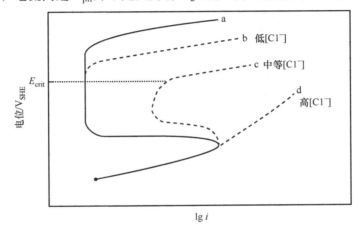

图 15.53　Cl^- 浓度对活性－钝化金属极化行为的影响[2]

　　这么一来，又需要思考临界电位对点蚀（点蚀电位 E_{pit}）有何重要性的问题。有一种观点认为，这是为在钝化或氧化膜内构筑一个足以诱发 Cl^- 穿透进入金属表面的静电场所需要的电位值。点蚀的孕育期与 Cl^- 通过氧化膜穿透所需要的时间有关。根据吸附理论，金属与氧的亲和力一般要比与 Cl^- 的亲和力大，但随着电位的升高，使得表面的 Cl^- 浓度增加到了可以使 Cl^- 取代了氧的数值。

　　在活性－钝化金属的极化行为中，侵蚀性和温和性环境之间的差别如图 15.54 所示。在如图 15.54a 所示的温和性环境中，在高电位下只产生氧气，在电位上升过程中形成的稳定氧化物在电压下降过程中提供了较低的腐蚀电流。在图 15.54b 所示的含有 Cl^- 的侵蚀性环境中，点蚀发生在高电位。在降低电位时，存在缺陷的钝化膜将不再具有保护性，导致腐蚀电流比电压升高时更高。

　　缓蚀剂可用于应对侵蚀性环境的影响。如图 15.55 所示，在除气的酸中非侵蚀性条件下，金属在 E_{corr}^a 时是活性的状态。在含氧的酸中非侵蚀性条件下，更具稳定性的腐蚀电位 E_{corr}^b 导致了低的腐蚀电流。在具有侵蚀性（Cl^-）环境的含氧的酸中，E_{corr}^c 要比 E_{crit} 惰性更强，因而发生了点蚀。将诸如 $NaNO_3$ 等缓蚀剂应用于侵蚀性的醋酸中的不锈钢，可以把临界点蚀电位推移到较为稳定性的电位，从而使 E_{corr} 处于钝化的区域中。

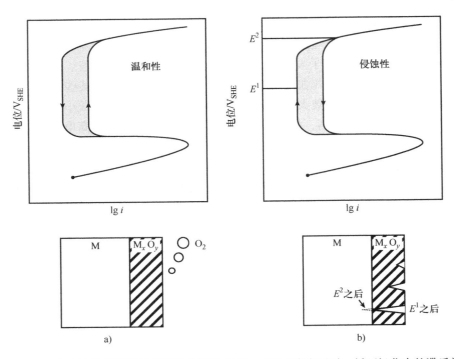

图 15.54 在自发钝化条件下的酸溶液中和存在 Cl^- 或其卤素离子时，循环极化中的滞后效应

a）自发钝化条件下的酸溶液 b）Cl^- 或其卤素离子

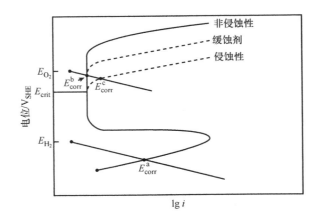

图 15.55 缓蚀剂对活性 – 钝化合金极化曲线的影响

15.6 缝隙腐蚀

缝隙腐蚀是发生于密闭位置的一种腐蚀形式，该处缝隙中的溶液与缝隙外的交换受到了限制。它可能是两个金属表面非常靠近但开口又大得足以让某些溶液进入；也可以是金属中一条裂纹的形式，裂纹的前端离开试样表面很远且裂纹的宽度很小。缝隙腐蚀是以极强的局部腐蚀速率为特征的，通常与小体积停滞着的液体相关联。在缝隙中，腐蚀过程消耗了溶解的氧，从而削弱了钝化性，还使得金属离子浓度增高，这又从本体溶液中吸引了诸如 Cl^- 等

带负电的阴离子。由于缝隙的几何条件有利于除氧和增加氯离子过程，缝隙腐蚀的萌生电位比 E_{pit} 更具活性（负）。这就是为什么发生点蚀的合金都将显示缝隙腐蚀，反过来却不一定成立。虽然缝隙腐蚀可能来源于金属离子与氧的浓度差异，但肯定还涉及更多的过程机制。

考虑浸在充气的海水（pH=7）中的一个铆接的金属（见图 15.56）。总的反应如下：

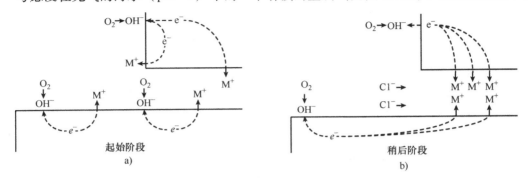

图 15.56 缝隙腐蚀的起始阶段和稍后阶段
a) 起始阶段 b) 稍后阶段

$M \rightarrow M^{2+} + 2e^{-}$ （氧化）

$O_2 + 4H^+ + 4e^{-} \rightarrow 2H_2O$ （还原）

起初，这些反应在整个金属表面均匀地发生，电荷是守恒的（见图 15.56a）。短时间后，由于入口通道受限，缝隙中的氧贫化。H^+ 的消耗导致了 pH 的增高。在碱性环境下，阳极和阴极的反应变为

$M \rightarrow M^{2+} + 2e^{-}$ （氧化）

$O_2 + 2H_2O + 4e^{-} \rightarrow 4OH^{-}$ （还原）

由于在碱性电解液中金属的水解，有 $M^{2+} + 2H_2O \rightarrow M(OH)_2 + 2H^+$ 和 pH 的下降（见图 15.56b）。在这两种情况下，裂纹或缝隙中由于气泡引起的阻力增高，例如，将导致电阻下降，使得相对于试样的表面，在裂纹的前端出现高达几百毫伏的电位下降。在充气的水中发生的这些过程如图 15.57 所示，裂纹尖端的条件被驱向较低的电位和中等的 pH，两者均与试样表面的数值相差很大。

随着缝隙中除氧的发生，还原反应还会继续，但是它会向外表面移动。过了一会儿，由于连续的金属溶解，为了平衡总的电荷，缝隙中过量的正电荷将驱使 Cl^- 向缝隙或裂纹中迁移。逐渐增高的氯化物浓度使得水发生水解，即

$M^+ Cl^- + H_2O = MOH \downarrow + H^+ Cl^-$

由此产生了不可溶的氢氧化物和游离酸。pH 下降，金属的溶解加速，因此又有

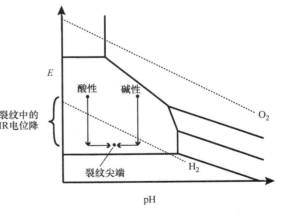

图 15.57 简化的电位－pH 图
注：本图显示了碱性和酸性本体溶液中电位
和 pH 随裂纹尖端的变化。

更多的 Cl^- 迁移进入缝隙。正如图 15.57 所示，这是一个自催化的过程且迅速加速。

15.7 应力腐蚀开裂

应力腐蚀开裂（SCC）是合金在同时存在拉伸应力和腐蚀环境下发生的过早开裂。历史上，SCC被认为只在满足以下三个条件时才会发生：敏感合金、特殊的环境和拉应力。实际上，大多数合金对某种范围内的环境条件下对SCC都是敏感的。此处"合金"一词应当被广义地解释为甚至包括商业纯金属，因为SCC被认为是与纯金属的杂质含量密切相关的。类似的，此处"环境"一词也必须被隐含地解释成除惰性气体以外的所有环境，因为许多气体、水溶液及液体金属都可能促进SCC。SCC区别于其他过程的特征是必须要一个应力。尽管局部的腐蚀有可能在无压力的环境中发生，但SCC却只可能在施加了一个拉应力时才会发生。图15.58所示为一个合金在惰性环境和SCC敏感的侵蚀性环境中的应力－应变曲线的比较。SCC使得断裂应变和最大应力都下降了。开裂可能是穿晶（TG）的（如154℃的$MgCl_2$沸水溶液中的304不锈钢），也可能是沿晶（IG）的（如288℃水中的304不锈钢，见图15.59）。一般说来，当总的腐蚀速率高的话，SCC的灵敏度就低；反之亦然。

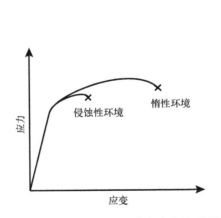

图15.58 环境对正经历着应力腐蚀开裂
的合金的应力－应变行为的影响

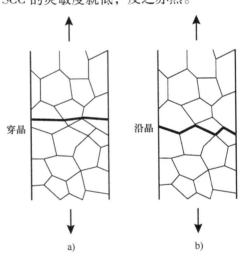

图15.59 穿晶和沿晶应力
腐蚀开裂的简图
a）穿晶 b）沿晶

通常，人们都把应力腐蚀开裂、氢脆和腐蚀疲劳加以区分。这里所说的应力腐蚀开裂是指同时涉及环境和应力的化学或电化学过程所导致的金属或合金宽泛范围的开裂类型。据此，由腐蚀反应所产生的氢也是SCC的一种形式，而从气态吸收的氢则不是。通常，SCC与腐蚀疲劳的区别在于，前者的载荷是恒定或单调增加的，而后者则是循环的载荷。腐蚀疲劳和氢脆将稍后在15.7.10和15.7.11小节中讨论。

SCC常常表现出如下的某些特征[5]：

1）穿晶或沿晶方式开裂的局部损伤。

2）对于某些对SCC最敏感的合金，其耐腐蚀性非常强（例如，$MgCl_2$沸水溶液中不锈钢的腐蚀速率几乎是零，但它却对TGSCC高度敏感）。

3）对SCC的抗力取决于合金成分。

4）SCC 表现出对微观组织结构强烈的依赖关系。

5）在惰性环境中为韧性的合金，却以脆性方式发生破坏。

6）阴极极化会延缓 SCC 的萌生。

SCC 通常会经过一段时间才发生，即需要一个孕育期。萌生之后，裂纹先以慢速扩展，直到剩余韧带的应力超过了断裂应力，此时由于过载发生失效。SCC 过程通常有如下几个阶段为特征：

1）裂纹萌生后随即发生"1 阶段"的扩展。

2）"2 阶段"或稳态的裂纹扩展。

3）"3 阶段"裂纹扩展或最终失效。

可是，并非所有合金都会显示这几个断裂阶段，或者是这些阶段可能区分不开或不易鉴别。为了区分和量化这些断裂阶段，开发了几种 SCC 测试方法，在此扼要地综述如下。

15.7.1 SCC 测试

SCC 测试分为三个基本类别：光滑试样的静态加载、预制裂纹试样的静态加载和慢应变速率试验。光滑试样的静态加载提供了失效时间随外加应力的变化，作为对 SCC 敏感程度的度量。图 15.60 所示为经受 SCC 的合金失效时间随外加应力变化的曲线。发生断裂的最小应力 σ_{th} 被称为 SCC 的阈值应力。失效时间包括萌生时间 $t_{萌生}$ 和扩展时间 $t_{扩展}$，即 $t_{断裂} = t_{萌生} + t_{扩展}$。这项测试对于确定在某一特殊环境中不发生 SCC 所能施加的最大应力是有用的。该项测试的试样为 C 形环，U 形弯头和 O 形环，如图

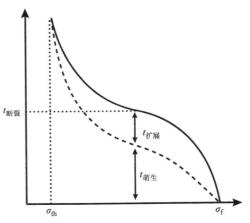

图 15.60 经受着 SCC 的合金失效时间
随外加应力的变化

15.61 所示。在这些测试中，试样被加载应力至某一固定的挠度，然后在整个测试期间一直保持该位移。在此模式下，有可能发生应力弛豫，以至于应力随测试过程的进行而下降。因此，已经开发了测试期间载荷保持恒定的固定载荷测试方法。

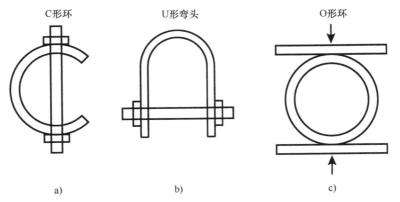

图 15.61 普通的恒定挠度测试，用于确定合金对 SCC 的相对敏感性
a）C 形环　b）倒置的 U 形弯头　c）O 形环

在预制裂纹试样的静态加载中，对预制裂纹的试样，诸如紧凑拉伸（CT）试样或双悬臂梁（DCB）试样，施加一个恒定的载荷或固定的裂纹张开位移。测量裂纹长度随时间的变化，由此得到裂纹扩展速率或称裂纹速度，它可以被描述为应力强度 K 的函数。图 15.62 所示为 $\mathrm{d}a/\mathrm{d}t$ 随 K 变化的曲线，其中标示了开裂的三个阶段。正如第 14 章讨论过的，K 是外加应力、试样几何形状和裂纹长度平方根的函数。不存在腐蚀性环境的情况下，断裂发生在 $K \geqslant K_{\mathrm{Ic}}$（$K_{\mathrm{Ic}}$ 是平面应变断裂韧度）。腐蚀性环境的影响在于它使发生断裂的 K 值下降了。"阶段 Ⅱ"开裂平台特性的存在就是缘于环境的影响。也就是说，在环境具有强烈影响的区间，裂纹扩展速度与应力强度 K 无关。

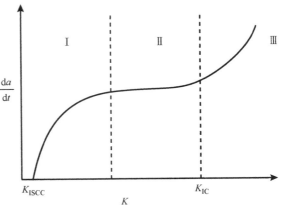

图 15.62　裂纹扩展速率随裂纹尖端应力强度的变化
注：区域 Ⅱ 与应力强度无关，表明那是侵蚀性环境的作用。

慢应变速率试验包括施加缓慢增加的应变，通常是对光滑的棒或预制裂纹的试样施加一个恒定的位移速率。腐蚀性环境中的韧性是 SCC 敏感性的度量，它被表示成应变速率的函数，还可以与惰性环境中的韧性做比较（见图 15.63）。目前，有几种方式可被用于表示敏感性，诸如断裂应变、断面收缩率、断裂能或断口表面上起源于 SCC（TG 或 IG）的百分数。表现为慢应变速率下韧性下降的 SCC 敏感性是明显的，因为此时对环境而言诱发 SCC 的时间是足够的。随着应变速率上升，腐蚀需要的时间减少了，韧性的表现接近于在惰性环境中的表现。在极慢的应变速率下，韧性也可能增高，因为应变速率变得太慢了以至于无法跟上环境的影响。恒定拉伸速率拉伸试验（CERT）或慢应变速率拉伸试验（SSRT）的结果很好地显示了合金在环境中对开裂的相对敏感性，并是研究冶金因素影响的好方法。可是，由于它们把裂纹的萌生和扩展阶段合在一起了，在确定萌生阶段方面它们并不像传统方法那样有效。在大多数情况下，它们可以有效评估中等到严重程度的 SCC。

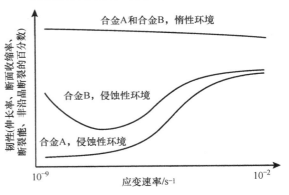

图 15.63　应变速率与各种韧性度量的关系[5]
注：无环境影响的合金对应变速率的依赖性最小。
在侵蚀性环境中，低应变速率
最具侵蚀性，导致了最大的韧性降低。

15.7.2　SCC 过程

本小节先讨论一下 SCC 的基本过程。许多已被提出的机制都是基于阳极或阴极过程，但有些则被认为纯粹是化学反应。图 15.64 所示为几种为应力腐蚀开裂提出的机制。作为一个机制，它必须对实际的裂纹扩展速率、断口的特征及裂纹的形成提供解释。在原子尺度上，这涉及要解释原子键合怎样被断开，一般认为是由于化学氧化或化学溶剂化和溶解，抑或是由于机械断裂韧度或脆性而发生的。最后，机械的断裂被假设是被材料和环境之间的交互作用所促发或诱发的。为了让持续的裂纹扩展成为可能，就必定会有某些过程或事件发生。对扩展速率起决定作用的潜在步骤包括[5]：①沿着裂纹向裂纹前端的物质传输；②在裂纹附近与溶液的反应；③在裂纹尖端或其附近的表面吸附；④表面扩散；⑤表面反应；⑥被吸附而进入体内；⑦向着裂纹尖端前方的塑性区的体扩散；⑧本体内的化学反应；⑨原子间键合破裂的速率。

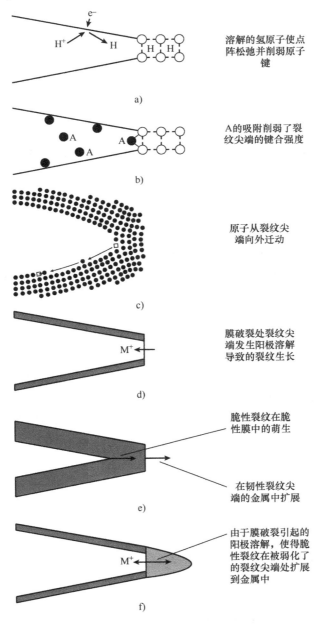

溶解的氢原子使点阵松弛并削弱原子键

A的吸附削弱了裂纹尖端的键合强度

原子从裂纹尖端向外迁动

膜破裂处裂纹尖端发生阳极溶解导致的裂纹生长

脆性裂纹在脆性膜中的萌生

在韧性裂纹尖端的金属中扩展

由于膜破裂引起的阳极溶解，使得脆性裂纹在被弱化了的裂纹尖端处扩展到金属中

图15.64 在环境助推裂纹扩展期间，裂纹尖端可能发生的各种过程的简图[2]

a）氢脆 b）吸附诱发的解理 c）表面迁移 d）膜的破裂 e）膜诱发的解理 f）局部的表面塑性

除了以上这些过程，有保护性氧化物产生的表面层钝化也是一个可能强烈影响 SCC 的重要过程。在水溶液中影响裂纹扩展的环境参数包括：①温度；②压力；③溶质的种类；④溶质的浓度和活性；⑤pH；⑥电化学势；⑦溶液黏度；⑧搅拌/流速。

开裂过程中一个重要的因素是在诸如裂纹尖端等封闭部位的环境可能会非常不同于溶液本体。如果溶液本体环境的改变容许在裂纹核心处形成临界的 SCC 环境，就将导致裂纹的扩展。此时，若溶液本体不能维持裂纹尖端的这个局部环境，则裂纹扩展会被延迟。SCC 扩展速率还受到一些机械和冶金因素的影响，诸如：①外加应力或应力强度因子 K 的大小；②应力状态是平面应力还是平面应变；③裂纹尖端处的加载方式；④合金的名义和局部成分；⑤冶金的条件，如晶界和基体内的第二相、相的成分和形状、晶粒尺寸、晶界偏聚、强度水平、残余应力；⑥裂纹的几何形状长度，如长宽比、裂纹张开度。

15.7.3　冶金学条件

与合金或商业纯金属相比，纯金属对 SCC 的敏感性要低得多[2]。可是，"纯"可能意味着质量分数达 99.9999% 或者更高，所以那是非常主观的说法。相反，晶界的化学成分和结构却常常在 SCC 中扮演着重要的角色。高纯铁的沿晶开裂是由于晶界的杂质。7075 铝合金（Al - Zn - Mg）在氯化物和卤化物溶液中发生沿晶开裂是由于 $MgZn_2$ 在晶界析出导致晶界 Mg 和 Zn 的贫化（见图 15.65）。$MgZn_2$ 相优先发生溶解而在晶界处留下孔洞，然后薄弱的铝桥发生了机械的破裂。

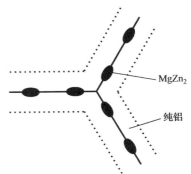

图 15.65　在铝合金中，$MgZn_2$ 相的生成及 Mg 和 Zn 从晶界贫化，导致了弱的晶界和沿晶的应力腐蚀开裂

在高温的纯水或 0.1% NaCl 水溶液中，Fe - 18Cr - xNi 合金的开裂与 Ni 含量密切相关，这是块体合金成分对 SCC 影响的一个例子。如图 15.66 所示，纯水中对 IGSCC 最严重的敏感性发生于高的 Ni 浓度（质量分数 >70%），而在 0.1% NaCl 溶液中 IGSCC 则发生在高 Ni 浓度，TGSCC 发生在低 Ni 浓度。晶粒尺寸也会影响 SCC，其敏感性随晶粒尺寸的增大而增高。随着晶粒尺寸增大，晶界处位错的塞积更长，产生了较高的局部应力和应变（根据霍尔 - 佩奇关系），从而导致了较高的 SCC 敏感性（见图 15.67）。

15.7.4　裂纹萌生和裂纹扩展

通常，SCC 过程被分成萌生和扩展两个阶段。SCC 裂纹萌生的一般位置如下：

1）预先存在或由腐蚀诱发产生的表面特性，如沟槽或毛刺。

2）腐蚀诱发的点蚀。

3）沿晶腐蚀或滑移 - 溶解过程。由沿晶腐蚀引发的 SCC 需要不同的局部晶界的化学成分（例如，对晶界偏聚敏感的不锈钢）。主要在低层错能材料中，滑移溶解引发的 SCC 需要在露出的滑移面上发生局部的腐蚀。

尽管裂纹的萌生是非常重要的，但由于过程的复杂性和确定萌生阶段的困难，目前对于 SCC 机制的了解还明显不足。另外，裂纹萌生和扩展阶段之间的区别也并不清晰。不过，裂

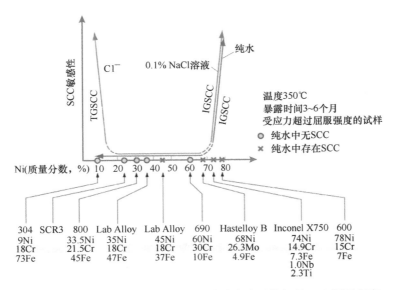

图 15.66　高温下纯水或 0.1% NaCl 溶液中奥氏体钢的 SCC 严重程度
随 Ni 含量（质量分数）的变化[6]

纹萌生阶段的重要性也不该被过分夸大。图 15.68 所示为一种典型的单程蒸汽发生器中 Inconel 600（Ni - 16Cr - 9Fe）合金蒸汽发生器管道累计失效比例随有效满功率运行年份（EFPY）的变化曲线。注意，直到启动大约 10 年后，在热喷道中热侧的二次侧的开裂，（自由段 IGSCC）一直没有出现。然而，到了 13 年的那个时间点，在蒸汽发生器的所有其他失效模式中，这种退化模式逐渐变为主要模式。事实上，裂纹生长速率变得如此之大，以至于在积累这些数据后的两年内，就做出更换蒸汽发生器的决定。显然，在此情况下，裂纹形核需要相当长的时间，但一旦发生了，裂纹扩展进展得很快。

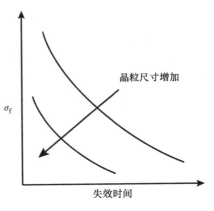

图 15.67　晶粒尺寸对 SCC 引起的断裂
应力和失效时间之间关系的影响

　　裂纹可能在预先存在的表面缺陷处萌生，也可能在腐蚀过程中通过点蚀或局部腐蚀（如晶界侵蚀或缝隙腐蚀）形成表面缺陷。不过，裂纹扩展的条件未必是相同的。所以，对裂纹的形核或控制而言，还必须满足热力学和动力学条件。

15.7.5　SCC 的热力学

　　如果没有氧化或阳极溶解，裂纹将不会往前发展。在 SCC 裂纹扩展期间，膜的生成和氧化可以同时发生（见图 15.69），它显示了在裂纹尖端和裂纹壁上均发生溶解的裂纹。从裂纹壁上与从裂纹尖端流出的阳极电流比值是一个关键的参数。裂纹如要扩展，必须满足 $i_{walls}/i_{tip} \ll 1$，不然裂纹将会钝化。

　　图 15.70 所示为活性 - 钝化合金的极化曲线。注意，有两个发生 SCC 的概率最高的区域。在区域①中，合金正处于由活性向钝化膜转变的时候，恰巧满足了在裂纹壁上膜的生成

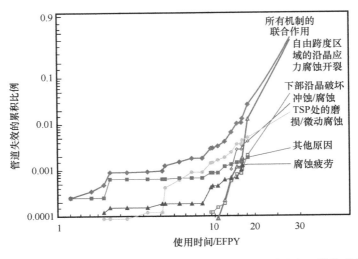

图 15.68　一种典型的单程蒸汽发生器中，不同的功能退化模式下蒸汽发生器管道的累积失效比例

注：直到约 10 年后，无支撑跨度区域的 IGSCC 还未成为可被
测量的程度，而在 13 年后，其失效次数超过了所有其他模式的总和。

和裂纹尖端的腐蚀同时发生的条件。在区域②中，满足了
类似的条件，但此时增加了这些电位高于点蚀电位的因素，
所以裂纹有可能由点蚀而萌生。实际上，IGSCC 有可能在
区域①和区域②之间并包括这两个区域的整个范围内发生，
因为晶界处的化学成分不均匀性产生了一个相对于块体材
料不一样的电化学响应。

图 15.69　从裂纹壁和从裂纹尖端
流出的腐蚀电流的简图

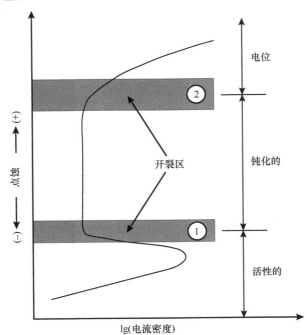

图 15.70　发生 SCC 敏感性的电位范围（区域①和区域②）的阳极极化曲线示意图[7]

将 SCC 发生的区间叠加在电位-pH 图上将能确定与开裂相关的物相。图 15.71 所示为在 300℃水中 Ni 和 Fe 的电位-pH 图,显示 SCC 与电位和 pH 有关,并遵循 Ni/NiO 的稳定性线。许多环境参数(如 pH、(溶解)氧浓度和温度等)对 SCC 热力学条件裂纹扩展机制的影响,可以通过它们对电位-pH 图的影响而相互关联。对于由氢诱发的亚临界裂纹扩展机制而发生 SCC 的材料而言,其裂纹扩展的热力学条件是受到氢还原线ⓐ支配的。随着溶液 pH 的下降,氢可导致裂纹扩展的电位范围增大并更具氧化性。可是,正如 15.6 节所述,因为在裂纹内氧或金属离子的产生、反应和扩散,在裂纹尖端的电位和 pH 有可能与自由表面上的数值有很大差异。

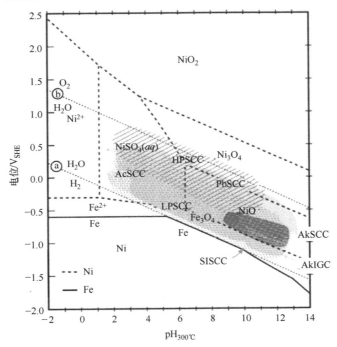

图 15.71　在 300℃下 Ni 和 Fe 稳定性图上绘制了各种 SCC "亚模式" 作为电位和 pH 的函数[8]

注:Inconel 600(Ni-16Cr-9Fe)合金的 SCC 模式受到环境化学的影响。图中各个开裂方式如下,

AcSCC 为酸诱发 SCC,AkSCC 为碱诱发 SCC,HPSCC 为高电位诱发 SCC,LPSCC 为

低电位诱发 SCC,AkIGC 为碱诱发 SCC,PbSCC 为铅诱发 SCC,而 SISCC 为硫化物诱发 SCC。

15.7.6　SCC 的动力学

就如 SCC 的热力学条件那样,诸如电位、pH、氧浓度和温度等环境参数,还有裂纹几何形状及裂纹尖端的化学成分,都会强烈影响裂纹扩展的动力学。对于裂纹仅由阳极溶解机制而扩展的情况,裂纹总的往前扩展量是裂纹尖端总的电荷传输量(即电流随时间的积分)的函数,因此,裂纹扩展速度是裂纹尖端平均电流密度的函数。对于在纯粹阳极溶解条件下的裂纹扩展而言,其极限扩展速度可用如下法拉第关系描述,即

$$\dot{a} = \frac{da}{dt} = \frac{i_a M}{nF\rho} \tag{15.65}$$

其中,i_a 是裸露表面的阳极电流密度,M 是原子量,n 是价态,F 是法拉第常数,而 ρ 是密

度。式（15.65）假设裂纹尖端保持裸露状态，而裂纹壁则相对不太活跃以防止钝化。有许多因素可以降低裂纹扩展的速度，其中最重要的影响因素是覆盖裂纹尖端的膜的形成。其他可能限制裂纹扩展速度的因素：①对扩散进入或离开裂纹的元素物种的限制；②远离主应力方向的裂纹长大；③局部的合金化学成分变化；④裂纹壁的腐蚀。

基于裂纹尖端溶解的裂纹扩展模型将在 15.7.8 小节中给出。

15.7.7 SCC 的机制

基于其本质，SCC 被认为是包括氧化和还原反应在内的化学或电化学过程，其中热力学趋势由能斯特方程描述。在某些条件下，这些反应可能会以 SCC 的方式表现出来。关于这些裂纹形成和扩展的机制，学术界尚未完全达成共识，主导的理论包括"活性通道 SCC"和"膜破裂模型"。

1. 活性通道 SCC

活性通道 SCC 最先是在 20 世纪 40 年代为了解释快速晶界侵蚀而提出的，该理论基于这样一个观点：借助于沿晶界或滑移面的非均匀相或偏聚的元素，在基体金属和阳极通道之间构建了一些原电池。活性通道 SCC 也指的是合金中某个相的优先溶解。外加应力使氧化物膜破裂，使新鲜的金属暴露而发生溶解。这个理论背后的原理是，由于滑移面上优先位置的增多，故在此发生优先的溶解。塑性变形在本质上是将裸露的材料提供给电解质进行消耗，其净效应是增加了交换电流密度，从而提高了腐蚀速率。活性通道 SCC 应当遵循图 15.72 所示的失效时间随电流的变化关系曲线。可是，裂纹尖端的电化学溶解有着使裂纹发生钝化的趋势，而不是促进它的扩展。所以，对所观察到的 SCC 而言，活性通道 SCC 并不是个合理的解释。

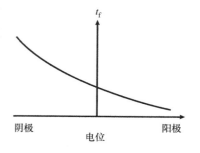

图 15.72 活性通道 SCC 机制的失效时间行为

但是，应当注意，活性通道腐蚀还是有可能对沿晶开裂有所贡献。在 $Na_2S_4O_6$（pH ≈ 3 ~ 4）中，Ni - 16Cr - 9Fe 合金的沿晶断裂强烈地依赖于晶界的 Cr 浓度水平（见图 15.73）。开裂被认为是由于应力促进的沿晶侵蚀而发生的，其中应力的作用在于将裂纹尖端张开作为本体溶液的入口，然后它导致了沿晶界的优先溶解。这是应力促进阳极溶解驱动过程的一个例子，而并非基于膜的破裂。

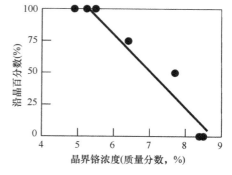

图 15.73 25℃下 0.017mol/L $Na_2S_4O_6$ 溶液中受到应力作用的 Ni - 16Cr - 9Fe 合金断口上沿晶的百分数与晶界铬浓度的关系[9]

2. 膜破裂模型

大多数合金的腐蚀抗力都被归因于表面生成的钝化膜。当施加足够大的应力时，适当取向的滑动面上的切应力使膜破裂或损伤（见图 15.74）。但是，SCC 的敏感性取决于滑移的性质。在具有高堆垛层错能（SFE）

的合金中，全位错分解成不全位错是不太可能发生的。为了交叉滑移，不全位错必须重新复合，所以高 SFE 合金表现为容易交叉滑移，而低 SFE 合金并不显示交叉滑移。因此，低 SFE 合金表现为平面滑移，其中变形发生在相对少数的滑移面上，其特征是有规则的间隔滑移带，这与第 12 章讨论的位错通道的形态没有多大不同。图 15.75 所示为奥氏体合金中 Ni 含量对 SFE 和失效时间（其中也包括对滑移特性发生的作用）的影响。低 SFE 的合金（Ni 含量低）显示为粗大或平面的滑移及短的失效时间，而高 SFE 的合金（Ni 含量高）可能发生交叉滑移，表现为波状的滑移及较长的到达发生失效的时间。

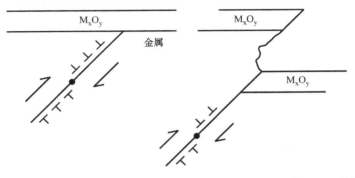

图 15.74 滑移可能使氧化物膜破损而导致再次钝化前加速腐蚀的机制简图

暴露表面的再次钝化似乎也会发生，但是再次钝化的速率将会限制裂纹扩展的速率。如果再次钝化发生得太快，腐蚀侵蚀只会造成非常小的裂纹扩展增量。如果再次钝化发生得太慢，腐蚀就将使裂纹尖端钝化。因此，存在一个中间速率的腐蚀，以最大限度地扩展裂纹而不使其钝化。图 15.76 所示为在电位 E^1 时的再钝化速率，以及 E^1（见图 15.74）会怎样随环境而变化。氯化物离子对于减缓再钝化是有效的。所以，尽管不锈钢在室温下的硫酸溶液中并不发生 SCC，但如果在硫酸中加入 Cl^- 就会诱发对 SCC 的敏感性，据推测是因为降低了再钝化的速率。事实上，合金的成分也会强烈影响再钝化的速率。如图 15.77 所示，Ni – Cr – Fe 合金中增加 Cr 含量大大提高了再钝化的速率，导致了 SCC 敏感性的下降。

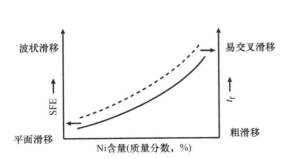

图 15.75 SFE 和失效时间与奥氏体
Fe – Cr – Ni 合金中 Ni 含量的关系

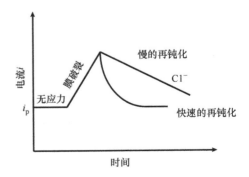

图 15.76 在施加外应力导致膜损坏及再钝化的
再钝化试验中，腐蚀电流的行为
注：溶液中的侵蚀性物种可能造成
慢的再钝化，从而导致较大的腐蚀量。

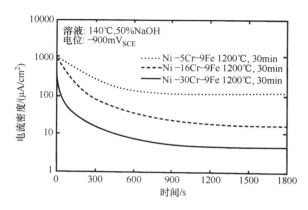

图 15.77　Ni - Cr - Fe 合金腐蚀电流的衰减或再钝化速率随 Cr 含量的变化[10]

注：本图表明 Cr 含量较高时再钝化将发生得快得多。

15.7.8　裂纹扩展的预测模型

在轻水反应堆环境中，由不锈钢、Ni 基合金和铁素体钢制成的结构元件对环境促进的开裂都很敏感。针对这些环境中的开裂现象，人们已经对各种材料、应力和环境参数对开裂敏感性的影响有了很深入的认识。对于这些系统，Ford 和 Andresen[11-14]提出了一个基于滑移氧化/膜破裂的模型（见图 15.64d）和相关裂纹尖端环境的工作假设来解释开裂机制。在此模型中，裂纹的扩展是与裂纹尖端发生的氧化反应相关的，随着下方基体中应变的增加，保护膜发生了破裂。破裂事件是随失效时间 t_f 周期性地发生的，t_f 由氧化物的断裂应变和裂纹尖端的应变速率决定。裂纹扩展的程度则与氧化电荷密度（遵从法拉第定律）有关，也与裸露金属表面上的溶解和氧化物生长（钝化）相关，这类似于式（15.65）所描述的，即

$$\dot{a} = \frac{M}{nF\rho} \frac{Q_f}{t_f} \tag{15.66}$$

$$t_f = \frac{\varepsilon_f}{\dot{\varepsilon}_{ct}} \tag{15.67}$$

这样，可以用裂纹尖端的应变速率计算平均的裂纹扩展速度，即

$$\bar{v}_T = \dot{a} = \frac{M}{nF\rho} \frac{Q_f}{\varepsilon_f} \dot{\varepsilon}_{ct} \tag{15.68}$$

其中，Q_f 是断裂时的电荷传输，ε_f 是断裂应变，$\dot{\varepsilon}_{ct}$ 是裂纹尖端的应变速率，体现了对开裂的力学贡献。如图 15.78 所示，氧化电荷密度和裂纹穿透速率被显示为随时间变化。注意，按照固态氧化模型[15]，氧化电荷密度是以抛物线的方式随时间变化的，裂纹扩展的速度是时间上的平均值。在不同的环境和材料成分的情况下，裂纹尖端的反应会以复杂的方式随时间而变化，所得到的平均裂纹长大速率 $\bar{v}_T$ 被重新写成一个普适的形式，即

$$\bar{v}_T = \frac{M}{nF\rho} \frac{i_a t_0^m}{(1-m)\varepsilon_f^m} \dot{\varepsilon}_{ct} \tag{15.69}$$

$$\bar{v}_T = f(m) \dot{\varepsilon}_{ct}^m \tag{15.70}$$

其中，i_a 是裸露表面的溶解电流，t_0 和 m 是再次钝化的参数，表示了环境和材料成分对环境促进裂纹长大的影响。

裂纹尖端的应变速率是裂纹尖端应力强度的函数，可以表达为 $\dot{\varepsilon}_{ct} = BK^4$ 的形式。这个模型由三个主要的概念性和预测性的要素所组成：①膜破裂的速率（正比于裂纹尖端的应变速率）；②裂纹尖端的溶液成分；③在膜破裂事件之后在裂纹尖端环境中所形成的氧化/再钝化动力学。包含着水和材料化学成分的影响等大部分参数都被归纳为一个单一的参数 m，它代表了 $\log-\log$ 图上再钝化电流的斜率。然后，通过裂纹尖端应变速率的公式，可以计算出膜破裂事件的频率，反过来，也使得在连续的载荷、水和材料特性范围内对环境裂纹扩展的预测成为可能。例如，式（15.70）中的函数 f 可能是 $f(m) \approx Am^{3.6}$ 的形式，其中 m 是水和材料化学成分的函数，它是敏感性水平的一个标志，高敏感性时 $m \to 0.3$，而低敏感性时 $m \to 1$。于是，有

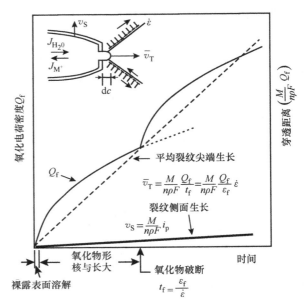

图 15.78　对于一个经受着应变的裂纹尖端与未受应变的裂纹侧面，在遵循膜破裂模型下，氧化电荷密度随时间变化关系的示意图[11]

$$\bar{v}_T = Am^{3.6}(BK^4)^m \tag{15.71}$$

15.7.9　机械断裂模型

裂纹的产生是腐蚀反应的结果，但是当它们的行为是由应力而非腐蚀反应所驱动时，它们被认为是因机械断裂而失效的。现有几种模型用来解释由机械断裂过程引起的开裂。

在某些条件下，显露在试样表面的滑移台阶处观察到了由腐蚀诱发的管道组成的微细阵列。这些管道的直径和长度不断变大，直到在剩余韧带中的应力上升到了横截面缩小后无法承受载荷的程度，从而因过载而发生断裂。按照腐蚀管道模型，裂纹是通过交替的管道长大和韧性断裂而扩展的。通过该机制扩展的裂纹应当会造成沟槽形的断口表面，其上带有微孔聚合的迹象。通常未必见到的这种断口形貌说明，拉应力的施加导致生成浅薄而平坦的槽缝而不是管道。这一形貌特征与 TGSCC 断裂形貌非常一致。

基于断口的研究，得到的结论是解理断裂不是原子层面上的脆性过程，而是在裂纹尖端交替滑移的同时伴随着微小空洞的形成。也有人认为，环境物种的化学吸收使得裂纹尖端位错的形核变得容易了，从而促进了发生与脆性解理断裂相似的切变过程。吸附而增强塑性机制就是依赖于侵蚀性物种的吸附而促进了解理断裂。

在失去光泽（暗锈）破裂模型中，金属在外加应力下生成了脆性的表面并发生了断裂。断裂将裸露的金属暴露出来，它与环境快速发生反应而生成了膜。裂纹通过膜的生长和断裂的依次循环而扩展。假设膜沿着裂纹尖端的晶界而深入，这一模型已被用于沿晶开裂。该模型的关键特征是，断裂完全是发生在氧化膜的内部而不是在金属之中。

膜诱发解理机制（见图 15.64e）认为，金属表面生成了薄的表面膜或表面层，接着在此层内发生了脆性的开裂。裂纹跨越膜 – 基体的界面时未损失速度而继续沿着特定的晶体学方向在韧性的基体中扩展。最后，裂纹钝化并被阻止，然后循环往复。这一模型也能解释裂纹受阻的标志，即断口表面似解理的刻面和裂纹扩展的不连续性。脆性裂纹在韧性基体中连续扩展的假设可以由裂纹是否尖锐并高速扩展而得到证实。

最早由 Uhlig 提出的吸附（应力吸附）机制（见图 15.64b）与玻璃及其他脆性固体中裂纹生成的格里菲斯准则有关。它认为吸附任何会降低表面能的物种类型都将促进裂纹的生成。回顾第 14 章中断裂应力 σ_f 的表达式，有

$$\sigma_f = \left(\frac{2E\gamma}{\pi c}\right)^{1/2} \tag{15.72}$$

其中，E 是弹性模量，γ 是表面能，$2c$ 是裂纹长度。那么，如果表面能下降（如由于 Cl^- 在不锈钢表面的吸附），将导致断裂所需应力的下降。遗憾的是，由于难以确定环境中的能量，这一模型的合理性还难以确立。

15.7.10 腐蚀疲劳

腐蚀疲劳造成的损伤是腐蚀与疲劳共同的作用，它所造成的后果大于这两个过程各自单独作用结果的总和。在空气中，疲劳裂纹由交替的应力在金属晶粒内引起局部的滑移而进行，导致在金属表面产生滑移的台阶。空气在金属表面的吸附阻挡了在应力的反向循环时裂纹的重新焊合（即滑移的不可逆性）。连续的应力加载产生了金属表面上的凸起挤出和向下的挤入。通过表面点阵空位的形成，腐蚀加速了塑性变形，特别是在室温下迅速扩散进入金属的双空位，通过使位错更易发生攀移而加速了塑性变形。腐蚀速率越高，产生的双空位就越多，此时挤入和挤出的形成也越明显。较低的加载频率将产生较大的材料性能下降，因为此时每一循环有较长的时间便于腐蚀的发生。图 15.79 表明，在 ΔK 处于居间值时，环境的影响最大。

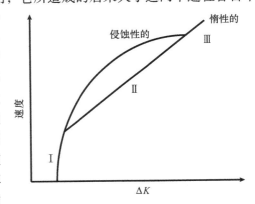

图 15.79　腐蚀疲劳试验中，侵蚀性环境对裂纹扩展速度随 ΔK 变化行为的影响

15.7.11 氢脆

氢脆是由腐蚀过程、阴极保护或高的氢过压使氢进入合金内部而导致的。氢致开裂的常见特征是在加载应力后，裂纹的出现在时间上存在特定的延迟。这是由于氢需要扩散进入裂纹核心附近的特殊区域并达到一个临界的浓度，这需要花费一些时间。氢脆通常都会导致沿晶的断裂，并在低应变速率下最趋于严重。

目前，公认有几种氢导致脆化的机制。减聚力机制（见图 15.64a）认为，原子态的氢降低或减少了金属与金属之间键的强度。压力理论是基于氢作为气体在内部缺陷处析出，由此产生的压力被加到外加应力之上，从而降低了表观的断裂应力。如果这个过程发生在离表

面足够近的地方，使在其上面的金属薄层变形，就可能形成鼓泡。

压力理论的一个变型是氢侵蚀机制，这是因为氢和碳之间的反应生成了甲烷。除了形成高压的甲烷气泡，这个反应还会脱碳而使金属强度弱化。Uhlig 认为，氢的直接吸附降低了裂纹形成所需要的表面能，从而使断裂应力下降。脆性的氢化物相（如 ZrH_2 或 TiH_2）也会诱发金属的脆化。氢化物的比容大于生成它的金属的比容。再加上氢化物的板片状形貌，如果外加应力垂直于板片平面的话，则在氢化物板片边缘的金属就会经受到高的拉应力。在 Zr 合金中，板片形成于沿着燃料包壳径向排列的基面上，由于包壳中的压力，这就导致了板片边缘的金属中很高的拉应力（见图 15.80）。

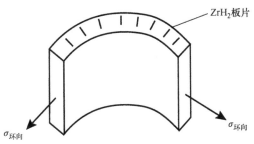

图 15.80　在施加环向应力的条件下，锆合金燃料包壳中 ZrH_2 板片的取向

氢也会与位错发生交互作用。金属表面和晶界处的高氢逸度可以通过激活位错源而诱发塑性变形。化学驱动力对位错的生成也是有责任的，位错会将更多的氢扩散到金属的点阵，并在裂纹尖端产生较大的应力强度因子。这个氢致局部塑性（HELP）的机制（见图 15.64f）可以解释氢的高温效应。在铁素体钢、Ni 基合金和 Ti 及 Al 合金中，氢致开裂是一个重要的机制。

专用术语符号

A——原子量、电子受体或面积

a_k——物质（种）k 的活度

$\dot{a}$——裂纹扩展速率

da/dn——每一（应力）循环的裂纹扩展（长度）

da/dt——裂纹扩展速率

c——裂纹长度

C_k——物质 k 的浓度

D——电子供体

i_{corr}——腐蚀电流

$i_{0,a,c}$——电流：交换的、阳极的、阴极的

E——电极电位

E^e——平衡电极电位

E^0——（在标准温度和压力下的）标准平衡电极电位

E_{corr}——腐蚀电位

E_x——在 x 相中的电偶或电化学电位

F——法拉第常数，96500C/mol

G——系统的吉布斯能

ΔG——反应的自由能变化

I——电流

i——电流密度

K——应力强度

ΔK——应力强度范围

K_{Ic}——模式 I 的断裂韧度

K_{th} or K_{SCC}——SCC 的阈值应力强度

L——电流通过的路径长度

m——再钝化参数

M——原子质量

n——电荷传输，或在氧化/还原反应中交换的当量数

Q_f——断裂时的电荷传输

R——气体常数，或电阻

t——时间

T——温度

t_0——再钝化（动力学）参数

$\bar{v}_T$——平均裂纹（扩展）速度

B——腐蚀电流表达式中的对称性因子

ε_f——断裂应变

$\dot{\varepsilon}_{ct}$——裂纹尖端的应变速率

γ——表面能，或活度系数

h——过电位

μ_k^0——物种 k 的标准化学电位

$(\mu_k)_x$——在 x 相中第 k 类粒子的化学电位

$(\widetilde{\mu}_k)_x$——在 x 相中第 k 类粒子的电化学电位

ν_i——腐蚀反应中物质 i 的化学计量系数

ρ——密度，或溶液的电阻

σ_f——断裂应力

σ_{th} 或 σ_{SCC}——SCC 的阈值应力

A——作为下标，代表阳极

c——作为下标，代表化学驱动力

crit——作为下标，代表临界的（指"电流密度"）

C——作为下标，代表阴极

e——作为下标，代表在电场（作用）下的反应；作为上标，代表平衡条件

fail——作为下标，代表失效（指"电流密度"）

F——作为下标，代表弗拉德（Flade）

g——作为下标，代表气体

init——作为下标，代表起始的（指"电流密度"）

k——作为下标，代表物质

l——作为下标，代表液体

L——作为下标，代表极限的

m——作为下标，代表金属

p，prod——作为下标，代表产物

pp——作为下标，代表初始钝化的（指"电位"）

prop——作为下标，代表裂纹扩展（指"电流密度"）

r，react——作为下标，代表反应物（剂），或还原反应的标记；作为上标，代表还原
反应

R——作为下标，代表电阻

s——作为下标，代表溶液

tip——作为下标，代表尖端（"电流密度"）

trans——作为下标，代表过钝化的（指"电位"）

walls——作为下标，代表壁（指"电流密度"）

x——作为下标，代表相，或氧化反应的标记；作为上标，代表氧化反应

0——作为上标，代表标准条件

习　　题

15.1　① 在 pH = 1 的 NaCl 溶液中，铁显示 + 0.2V_{SHE} 的电位。假设图 15.7 的电位 – pH
图适用，则可能的阳极和阴极反应是什么？

② 假设可能的两个反应如下：

$$Cl_2 + 2e^- = 2Cl^-$$

$$Na = Na^+ + e^-$$

你是否同意其中之一或两个都同意？如是，你还需要进行什么假设？

15.2　基于下列数据，请确定在如图 15.81 所描述的
Ni 的电位 – pH 图中①~⑨线的方程。

已知，$\mu^0_{NiO} = -51610cal/mol$，$\mu^0_{Ni_3O_4} = -170150cal/mol$，
$\mu^0_{Ni_2O_3} = -112270cal/mol$，$\mu^0_{NiO_2} = -51420cal/mol$。

15.3　一个锌样品暴露在酸溶液中 12h，期间共损失
了 25mg。

① 腐蚀引起的等价电流为多少？

② 如果样品表面积为 200cm^2，由该电流造成的腐蚀速
率（用 mg/dm^2/d 单位表示）为多少？

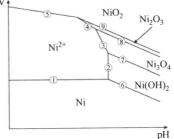

图 15.81　Ni 的电位 – pH 图

③ 如果用 mil/year 和 μm/year 做单位（注：1mil ≈ 0.0254mm），腐蚀速率是多少？

15.4　采用适当的极化图，确定如下参数对金属 M 在酸溶液中溶解 M^+ 的腐蚀电位和腐
蚀速率的影响：①阳极反应的 i_0 增高；②阴极极反应的 i_0 增高；③溶解的 H^+ 浓度增高；
④阳极反应的塔费尔常数增高。

15.5　① 画出下列试验于半电池反应的极化曲线，并在阳极和阴极反应都是活化控制
的假设下确定腐蚀电位和腐蚀速率电流密度。由极化曲线图确定腐蚀电位和腐蚀速率。

$$M = M^+ + e^-，E = -0.7V，i_0 = 10^{-8}A/cm^2，\beta_A = +0.1V$$

$$2H^+ + 2e^- = H_2, \quad E = +0.1V, \quad i_0 = 10^{-6}A/cm^2 \quad \beta_C = -0.1V$$

② 与①相同，但假设还原反应的极限电流密度为 10^{-5} A/cm^2。再由极化曲线图确定腐蚀电位和腐蚀速率。

15.6 对在 0.5N（相当于 1mol/L）H_2SO_4 溶液中的碳钢，在线性坐标系中画出下列阴极极化数据的曲线图，并确定它的极化抗力。根据曲线的形状，估计 β_A 的绝对值是大于还是小于 β_C？

电流密度/($\mu A/cm^2$)	40	100	160	240	300
阴极过电位/mV	1.0	2.5	4.1	6.3	9.0

15.7 采用下列阳极和阴极极化数据（与习题 15.6 的条件相同，但电流较大），在半对数坐标系中画出其极化曲线，并确定 β_A、β_C、E_{corr} 和 i_{corr}。

电流密度/μA（阴极或阳极）	阳极电位/mV_{SHE}	阴极电位/mV_{SHE}
1.01×10^{-4}	−266	−276
2×10^{-4}	−264	−278
3×10^{-4}	−259	−286
5×10^{-4}	−255	−296
7×10^{-4}	−250	−305
1×10^{-3}	−246	−318
2×10^{-3}	−233	−341
3×10^{-3}	−226	−358
5×10^{-3}	−214	−383
7×10^{-3}	−204	−400
1×10^{-2}	−193	−416
2×10^{-2}	−176	−444

15.8 简要地画出具有如下电化学参数的金属 M 的阳极溶解反应的极化曲线：$E_{corr} = -0.500V_{SCE}$，$i_{corr} = 10^{-4}$ A/cm^2，$E_{pp} = 0.400V_{SCE}$，$\beta_a = +0.05V$，$i_{pass} = 10^{-5}$ A/cm^2，$E_{tr} = 1.000V$

由此曲线，确定钝化的临界电流密度 i_{crit}。

15.9 对于图 15.43 所示的情况（边界钝化），画出从腐蚀电位升到较高（较稳定）的电位时的静电位极化曲线。注意：曲线从阳极到阴极时方向的变化。

15.10 假定活性-钝化合金 A 和合金 B 的电化学参数如下：

合金	E_{corr}/V	i_{corr}/A	β_a/V	E_{pp}/V	i_{pass}/A	E_{tr}/A
合金 A	−0.400	1×10^{-6}	+0.1	0.0	1×10^{-5}	+0.7
合金 B	−0.200	7×10^{-7}	+0.1	+0.3	1×10^{-6}	+1.2

① 在还原条件（活性状态）下，哪个合金的腐蚀抗力较高？为什么？

② 在钝化状态下，哪个合金的腐蚀抗力较高？为什么？

③ 哪个合金较容易被溶液中的氧化剂所钝化？为什么？

④ 在强烈的氧化性溶液中，哪个合金的腐蚀抗力较高？为什么？

⑤ 哪个合金较容易受到阳极保护机制的保护？为什么？

15.11 考虑 1983 年放进沸水堆服役的一根 304 不锈钢管道。在服役的前 16 年，该反应堆采用的是标准水化学（NWC）（ECP = = +150mV$_{SHE}$，电导率 = 0.1μS/cm），然后改用氢水化学（HWC）（ECP = -220mV$_{SHE}$，电导率 = 0.1μS/cm）。暴露于 NWC 的管道为 6″内径和 2″壁厚。管道经受恒定的应力且无疲劳的载荷（即它得到了很好的支撑）。1991 年，在一次常规的检视中发现了一个细小的裂纹。从已知的水化学成分历史看，请设想这台反应堆的地板上的水是哪一种？

15.12 讨论一下对于如下事项进行考核时，采用恒定载荷、恒定挠度或恒定伸长率试验（CERT）的相对优缺点：①不同合金对 SCC 的相对敏感性；②在几个不同环境下同一合金对 SCC 的敏感性；③应力和应变与 SCC 的关系。

15.13 ① 一个屈服强度为 700MPa 和断裂韧度为 170MPa $\sqrt{m}$ 的钢，对它进行严格的断裂力学试验时，请计算所需要的最小试样宽度。

② 对此试样测量断裂韧度可行吗？

③ 如果某一环境在 K_{Ihic} = 23MPa $\sqrt{m}$ 时有可能导致氢脆，则最小的试样厚度应该为多少？

15.14 假设裂纹尖端的应变速率由 BK^4 给定（其中，对于 m = 0.1、0.5 和 1.0 而言，$B = 2 \times 10^{-22}$ MPa$^{-1/4}$ m$^{-1/8}$，A = 10m/s），请在 10MPa $\sqrt{m} \leqslant K \leqslant$ 60MPa $\sqrt{m}$ 范围内画出一个合金的裂纹扩展速率曲线。

参 考 文 献

1. Pourbaix M (1974) Atlas of electrochemical equilibria in aqueous solutions. NACE, Houston, TX
2. Jones DA (1996) Principles and prevention of corrosion, 2nd edn. Prentice-Hall, Upper Saddle River
3. Fontana MG (1986) Corrosion engineering, 3rd edn. McGraw-Hill, New York
4. Uhlig HH, Reive RW (2008) Corrosion and Corrosion Control: an introduction to corrosion science and engineering. Wiley-Interscience, Hoboken
5. Jones RH, Ricker RE (1992) Mechanisms of stress corrosion cracking. In: Jones RH (ed) Stress-corrosion cracking materials performance and evaluation. ASM International, Metals Park
6. Staehle RW, Personal communication
7. Staehle RW (1977) In: Staehle RW (ed) Stress Corrosion and Hydrogen Embrittlement of Iron Base Alloys, NACE-5. NACE, Houston, p 193
8. Staehle RW, Gorman JA (2002) In: Proceedings of the 10th international conference on environmental degradation of materials in nuclear power systems: water reactors. NACE International, Houston, TX, bonus paper
9. Was GS, Rajan VB (1987) Metal Trans A 18A:1313–1323
10. Sung JK, Koch J, Angeliu T, Was GS (1992) Metal Trans A 23A:2804–2887
11. Ford FP, Andresen PL, Solomon HD, Gordon GM, Ranganath S, Weinstein D, Pathania R (1990) In: Proceedings of the 4th international symposium on environmental degradation of materials in nuclear power systems: water reactors. NACE, Houston, TX, pp 4–26 to 4–51
12. Ford FP, Andresen PL (1994) Corrosion in nuclear systems: environmentally assisted cracking in light water reactors. In: Marcus P, Oudar J (eds) Corrosion mechanisms. Dekker, New York, pp 501–546
13. Ford FP, Andresen PL (1988) In: Theus GJ, Weeks JR (eds) Proceedings of the 3rd international symposium on environmental degradation of materials in nuclear power systems: water reactors. The Metallurgical Society of AIME, Warrendale, p 789
14. Andresen PL, Ford FP (1988) Mat Sci Eng vol A 1103:167
15. Wagner C (1959) Z Electrochem 63:772–782

第16章

辐照对腐蚀和环境促进开裂的作用

全球电力行业领域越来越关注核动力反应堆（提供着世界约17%的电力需求）中堆芯部件的性能退化问题。服役期间的失效已经在沸水反应堆（BWR）和压水反应堆（PWR）中用Fe基和Ni基不锈钢制成的堆芯部件发生，这些材料已经在270～340℃下从含氧水及含氢水环境中累积达到了很高的中子注量。因为开裂的敏感性取决于合金的成分和微观组织结构、应力、辐射和环境等许多因素，此时的失效机制被称为辐照助推应力腐蚀开裂（IAS-CC）。最初受到IASCC影响的是相对小尺寸的零件（螺栓、弹簧等），或者是那些原本在设计中就是可替换的部件（如燃料棒、控制桨叶或仪表管道等）。在这些早期的观察之后，许多更具结构性的部件（包括PWR的围板螺栓）和BWR的堆芯围筒被认定为对IASCC敏感。几篇综述[1-5]介绍了有关IASCC的运行经验、实验室研究情况，重点关注了数量有限的、但是采用已经完美表征过的材料所开展的完备条件下的试验研究。

已明确中子注量对IASCC的重要性（见图16.1）。有关不锈钢在堆芯开裂的现象和在辐照后进行的慢应变速率拉伸试验（SSRT）结果表明，存在一个明显的（虽然未必是不变的）阈值注量，在LWR条件下达到该阈值时就观察到IASCC。当注量为$(2\sim5)\times10^{24}$ n/m^2（$E>1MeV$）时，在BWR的含氧水中也观察到了开裂，该注量相当于每原子达到0.3～0.7dpa的位移（见图16.2）。这里"阈值"这个说法是用来表征开裂（行为）随注量快速地增多的一个区间，并不意味着在注量低于阈值时就不发生开裂，或者在注量达到阈值时开

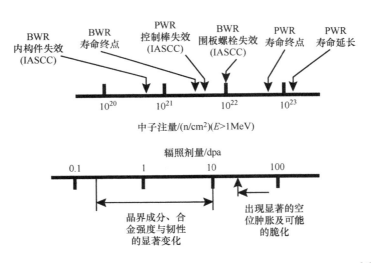

图16.1　轻水堆环境中，中子辐照注量对不锈钢IASCC敏感性的影响[6]

裂就达到饱和。因为这个阈值发生在低于一个至几个 dpa 的剂量下（取决于合金、应力、水的化学成分等），其原位的效应（腐蚀电位、电导率、温度）也许重要，但在辐照以后进行的试验中，只有那些持续的辐照效应（微观结构和微化学的变化）对看似"阈值"的行为与辐照注量的关系才起作用。IASCC 只发生在辐照和侵蚀性环境共同影响的条件下，如果两者缺一，此种开裂就会消失或大大减少。

IASCC 可以归类为辐照对水化学组成（辐照水解）和材料性质的辐射效应，如图 16.3 所示。在辐照过和未受辐照的材料中，开裂对水化学组成变化的响应

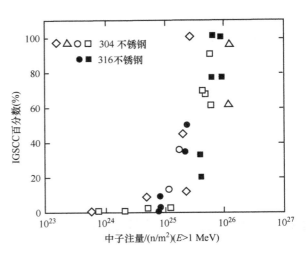

图 16.2　受中子辐照的高纯度 304 和 316 不锈钢的开裂与累积的高能中子辐照注量之间的关系[4]

是类似的。在这两种情况下，在腐蚀电位高于约 $100 mV_{SHE}$ 时[7-9]，环境开裂动力学速率出现陡增。在高腐蚀电位下，不管是辐照过还是未辐照过的，CGR（裂纹长大速率）也随杂质，特别是氯化物和硫化物被加入纯水中而快速上升。

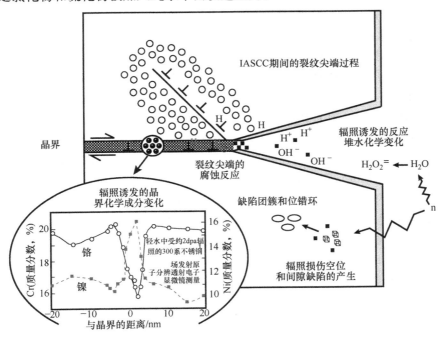

图 16.3　轻水堆中，被认可的影响奥氏体不锈钢 IASCC 过程中裂纹扩展的机制示意图[6]

在辐照后的测试中，与辐照相关的主要因素是微观结构和微观（微区）化学成分的变化，它们以与腐蚀电位、杂质、敏化度、应力和温度等十分接近的方式，作用于出现类似阈值的 IASCC。如果在辐照期间还存在应力源（如焊接残余应力或源于微分局部肿胀的载

荷），其他（如辐注蠕变松弛和微分局部肿胀等）辐照现象也都会有持续的效应。在水中，辐照的影响在数秒内将迅速达到动力学平衡，这主要是因为在水中各类物质具有高迁移性。而在固体内，动态的平衡值会在许多 dpa 之后方能达到，典型条件下需要几年的辐照暴露才行。随着主要合金元素的辐射诱发偏聚（RIS）、辐照硬化（RH）及相关的微观结构演变逐渐接近动力学的平衡，其他因素（如 Si 的 RIS，或者析出相的形成或溶解）也会变得重要起来。

本章将从辐照对水化学组成和对氧化物影响的叙述开始，说明在辐照下这些过程如何对氧化和应力腐蚀开裂发生作用。首先介绍在水和辐照共同作用时奥氏体不锈钢和铁素体钢的服役经历，随后讨论 IASCC 机理。

16.1　辐照对水化学的影响

16.1.1　辐照分解及其对腐蚀电位的影响

目前已经得到广泛认可，SCC 敏感性本质上受腐蚀电位的影响[1,7,10,11]。从这一角度看，BWR 之所以有别于 PWR，就是在 BWR 中低的 H_2 浓度，它容许辐照水解生成氧化剂。高于 $5 \times 10^{-5}\%$（$5.6 cm^3/kg$）H_2 时，氧化剂的辐照水解生成就得到有效抑制，而腐蚀电位保持着接近于它的热力学最小值，它是温度、H_2 的逸度和 pH 的函数。BWR 中达不到这么高的溶解 H_2 水平，这是因为 H_2 被配分进了水蒸气相中，它开始在沿燃料棒大约 1/4 的位置形成。因此，辐照水解对 BWR 有着较大的影响。

在电离辐照作用下，水分解成为各种基元物质[12-15]，包括自由基离子（如 e_{aq}^-、H、OH、HO_2 等）和分子（如 H_2O_2、H_2、O_2 等），它们可以是氧化性的（如 O_2、H_2O_2、HO_2）或还原性的（如 e_{aq}^-、H、H_2）。其中能稳定数秒以上占优势的物种是 H_2O_2、H_2 和 O_2，主要是由 H_2O_2 的分解而形成。因为 H_2 会配分到蒸汽相中且 H_2O_2 是不挥发的，所以在 BWR 的再循环水（约占总水流动量的 87%）中是富氧化剂的。辐照水解产生物的浓度大致正比于纯水中辐照通量的平方根。辐照能量强度谱影响着各个辐照水解产生物的浓度，可用收得率或 G 值（被水吸收的每 100eV 所产生的分子数）来描述。在 LWR 中，对大多数物质而言，快中子辐照的 G 值大约是 γ 辐照的三倍。尽管存在这种相似性，快中子辐照的影响要比 γ 辐照强得多，这主要是因为快中子的能量沉积率或称平均线性能量传输（LET）较大（快中子为 40eV/nm，而 γ 辐照为 0.01eV/nm[15]）。而且，LWR 中的中子辐照剂量率（例如，在堆芯平均约为 1.03×10^9 Rad/h，而在 $51 W/cm^3$ 功率密度的 BWR4 堆中峰值达到约 1.68×10^9 Rad/h），也比 γ 辐照的剂量率（约 0.34×10^9 Rad/h）要高[5]。其实，在 BWR 堆芯外环域的出水管道中存在的中等水平 γ 辐照实际上促进了氢和氧化剂的复合[13,16]。总而言之，在 LWR 中，热中子和 β 粒子对辐照水解的贡献是小的。

和许多电化学过程一样，各种氧化剂和还原剂对环境开裂的总体效应可以通过腐蚀电位的变化来体现，它控制着反应的热力学，还影响着大多数反应的动力学。如式（15.20）所示，局部的氧化剂、还原剂和离子浓度是通过能斯特关系的对数形式影响电化学势的，所以在热水中，由辐照诱发的不同物质浓度出现多个数量级的增高时，对腐蚀电位可能只具有相对较小的影响。而且，腐蚀电位是一种混合电位，包含着金属表面阳极和阴极反应的平衡，取决于氧化性物质和还原性物质两者的浓度。在氧化剂浓度低时，约$-0.5V_{SHE}$的低腐蚀电位是由极限物质传输动力学控制（如氧向金属表面的传输）所导致的。在此区间，腐蚀电位随辐照也可能发生较为明显的漂移，据推测，那是由于在物质传输受限的停滞层内辐照水解生成的氧化性物质所致。

在热水中溶解氧浓度与腐蚀电位之间的关系，作为辐照类型和通量的函数，如图16.4a所示，其中相互用线连着的点代表从可控的"加上/取消辐照"试验中获得的数据。在图16.4b中，这些从后来试验获得的数据被显示为由辐照诱发的腐蚀电位漂移。图16.4a中的两条曲线代表了未辐照条件下得到的数据的分散带。在图16.4b的辐照腐蚀电位数据中也存在类似的分散性，包含着实际效应与试验误差两者的贡献。这些数据表明，由辐照源导致的腐蚀电位升高并不是很大，但它并未包括中子，也没有（如采用高能质子）模拟它们的贡献。有些采用γ辐照的研究[1,10]显示了腐蚀电位的显著下降，特别是溶解氧浓度在中间（如$(10 \sim 200) \times 10^{-7}\%$）范围的情况下。这与氧化性物质和还原性物质的复合得到强化是一致的，这发生在BWR的出水管道区域[16]，也依赖于通过氢水化学（HWC）产生了减缓SCC的作用。

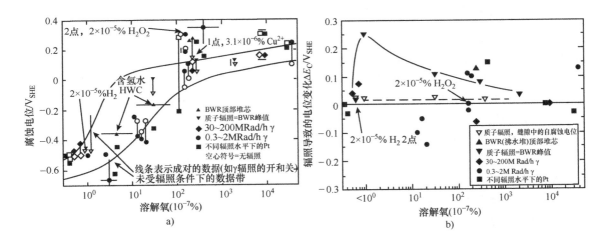

图16.4 辐照对腐蚀电位的影响[1]

a）辐照对288℃水中304型不锈钢腐蚀电位的影响（曲线显示了未受辐照时典型的腐蚀电位数值范围）

b）在未受辐照的条件下，辐射对304型不锈钢在288℃水中腐蚀电位变化的影响

在使用了中子或质子（辐照）的情况下，观察到了腐蚀电位有一致且显著的升高。这在含有低浓度溶解氧而无溶解氢的热水中更为明显（见图16.4b），出现了超过$+0.25V$的电位升高。在入口氧浓度（如约$2 \times 10^{-7}\%$）较高时，在有代表性的LWR堆芯处峰值的辐照通量条件下，数据仍显示腐蚀电位有显著的漂移（典型值达$0.1 \sim 0.15V$）；当空气饱和（约$8.8 \times 10^{-4}\% O_2$）或氧气饱和（约$4.2 \times 10^{-3}\% O_2$）时，观察到的入口氧气浓度腐蚀电位增加较小。添加了过氧化氢（$2 \times 10^{-5}\% H_2O_2$，见图16.4a）时，也观察到了类似的腐蚀电位升高，这表明H_2O_2很可能是上升的一个主要因素。

在BWR中堆芯的原位测量表明，在正常水化学（NWC）成分下，如果在BWR中添加了足够多的溶解氢，则本来（$+0.2 \sim +0.25$）V_{SHE}的腐蚀电势有可能发生超过$0.5V$的下降[17]。这也被其他的测量结果[18]所确证，当完全除气后注入的水中含有适量的溶解氢（ $>2 \times 10^{-5}\%\ H_2$ ）时，辐照诱发的腐蚀电势升高极少。可是，在高的 H_2 水平下，堆芯变成还原性的，低浓度的 ^{16}N （由 ^{16}O 嬗变而来）将可溶的 NO_3 改变成了可挥发的 NO_x 和 NH_3 ，从而导致了在蒸汽管道和涡轮机中辐射水平的大幅升高。

辐照对裂纹或缝隙内腐蚀电位的影响也受到关注，即有可能在裂纹中生成净氧化性的环境以致把腐蚀电位提升到比裂纹口处的值还要高。没有辐照时，在高温的水中，在人工制造的缝隙（如管道）中、在扩展中裂纹的尖端、对短裂纹扩展行为等所进行的测量，显示了对所有的本体氧浓度而言，腐蚀电位都保持很低（如在 288℃ 纯水中为 $-0.5V_{SHE} \pm 0.1V_{SHE}$ ），这表明在裂纹内部消耗掉了全部的氧，就像 15.6 节讨论过的那样。近来对缝隙中辐照效应的测量结果表明，堆芯处腐蚀电位的升高值不超过 0.05V ，这也与自由表面可达到的腐蚀电位的解释[1, 7, 10, 19]相符。这些微小的改变将不会明显影响到经受辐照的正常 BWR 水化学组成条件下裂纹内约为 0.75V 的电势差 [（在裂纹口处附近的电位 $+0.25V_{SHE}$ ）－（裂纹尖端的电位 $-0.5V_{SHE}$ ）]。这个电位差与其他因素一起，控制着导致裂纹尖端处阴离子活度的增高和 pH 变化的强化机制，如[8, 9, 11]图 15.56 所示。

16.1.2 腐蚀电位对氧化的影响

由辐照水解导致的腐蚀电位升高可能会影响金属的氧化。例如， γ 辐照通过辐解生成氧化性物类（特别是 H_2O_2 ）使金属表面的腐蚀电位大为升高[20, 21]。腐蚀电位的升高使得金属总的氧化速率增大，但是此种增大随 pH、温度和环境类型而变化。在 pH = 6.0 和 25℃ 时，腐蚀电位的增高主要导致了金属额外的溶解，以及在碳钢和 316L 不锈钢表面细小粒子的沉积。在 pH = 10.6 时，金属的溶解可忽略， γ 辐照导致形成较厚的均匀氧化物层[20]。

辐照水解产生的氧化还原剂有可能与溶解的过渡金属离子（腐蚀产物）发生反应从而改变它们的氧化态。辐照水解自由基产物（ OH 和 e^-_{aq} ）非常有效地参与了这些均相反应，尽管它们在促进表面反应方面不如分子形式的氧化剂（如 H_2O_2 ）有效。与氧化状态有关，水合过渡金属离子的溶解度会相差几个数量级。例如，在酸性和中性的 pH 下， Fe^{2+} 比 Fe^{3+} 的可溶程度要高几个数量级，而在所有的 pH 下， Cr^{6+} 物质比 Cr^{3+} 物质的可溶性高得多。已经发现，由较可溶的金属离子向较难溶离子的辐照水解转化促进了胶质态金属氧化物粒子的沉淀[22-24]。溶解的离子向粒子的转化在静水条件下可能会影响合金的腐蚀速率，因为它可以降低腐蚀表面的金属离子浓度梯度。通过增加离子从表面扩散出去的速率将促进金属的氧化性溶解。

从一开始，反应堆内金属物质由可溶向不可溶的转变就是核工业界公认的一个问题。加拿大的核实验室创造了一个如今普遍用于描述不可溶解材料所导致的沉积物的名词 "crud （直译是 "Chalk River 实验室里未被认出来的沉积物"）"。"crud" 的形成受到了密切关注，因为它干扰了核燃料的热传输（这关乎着运行的安全性）并促进了危险的放射性核素的中子激活。尽管 "crud" 的形成已有定性认识，有关其形成和组成的详尽机制至今尚无定论。

腐蚀电位的升高有可能使合金处于电位－pH 图中不同的区间。由于水中添加了氢，在 PWR 的初级回路中不锈钢的腐蚀电位是很低的。在含有 $35cm^3/kg\ H_2$ 的 320℃ 水中，其腐蚀电位近似为 $-600mV_{SHE}$ 。在此电位下，图 16.5 中的电位－pH 图显示，磁铁矿（即 Fe_3O_4 ）是稳定的氧化物。可是，在添加了 H_2 的 320℃ 水中，以 7×10^{-6} dpa/s 的损伤速率对 316L

钢进行质子辐照，导致了赤铁矿（即 Fe_2O_3）的形成。如果在辐照下电位的增加不小于 300mV，这是完全可能的。因此，通过辐照水解作用所造成的电位升高，辐照可能改变腐蚀产物。

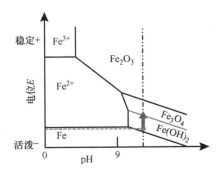

图 16.5 在含有 35cm³/kg H_2 的 320℃ 水中以 $7×10^{-6}$dpa/s 辐照 316L 不锈钢 导致的腐蚀电位升高

16.1.3 腐蚀电位对 IASCC 的影响

采用慢应变速率试验（SSRT）方法，使用经预辐照的合金，在添加了氧和/或过氧化氢的热水中提升了其腐蚀电位的条件下进行实验室测试，用以模拟辐照的效应。由 Jacobs 等人[25] 使用辐照到约 $3×10^{21}$n/cm² 注量的不锈钢进行的测试显示了溶解氧（即腐蚀电位）对 IASCC 的强烈影响（见图 16.6a）。与此相似，Ljungberg[26] 也发现腐蚀电位对裂纹扩展速率（CGR）的强烈影响（见图 16.6b）。因为腐蚀电位是溶解氧浓度的敏感函数，所以增加氧浓度就导致了腐蚀电位的升高及较高的裂纹扩展速率。

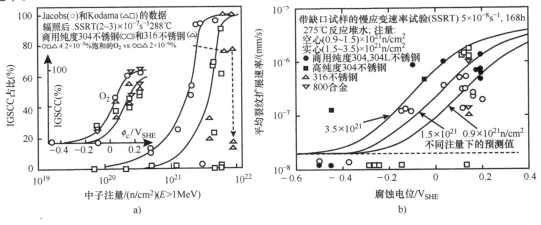

图 16.6 腐蚀电位对 IASCC 的影响

a）在 288℃ 的水中，以慢应变速率 $3.7×10^{-7}$s⁻¹ 对未受辐照过的 304 型不锈钢测量得到的 IASCC 与快中子注量的依赖关系。由此显示了在约 $2×10^{21}$n/cm² 注量下腐蚀电位随溶解氧变化的效应[25]

b）在 BWR 中 288℃ 下辐照到不同注量的不锈钢，其理论预测和观察到的裂纹扩散速率的比较。缺口拉伸试样 是在 288℃ 纯水中慢应变速率下测试的，并在给定的应变或时间后中断测试[26]

在 Nine Mile Point Unit 1 BWR 中暴露于炉冷敏化 304 型不锈钢断裂力学试样上采集的原位数据显示，相比于再循环水管道中，堆芯处测得的较高腐蚀电位造成了所测得的 CGR 明显偏高。而对辐照过（4dpa）的 304 型不锈钢进行的非原位 CGR 测试，发现在下降的腐蚀电位影响的同时，辐照也在起着强烈的作用，这是在高腐蚀电位下 CGR 仍表现得很好的一个代表性例子。如图 16.7 所示，基于对断裂力学样品中对腐蚀电位和 CGR 的同时测量，这些数据与其他辐照和未辐照样品的数据进行了比较；而图中用同时画出的曲线代表了模型的预测[5]。显然，原位的数据与未辐照的数据谱，以及为了模拟在动力堆中存在的中子和 γ 的混合辐照，采用高能质子辐照对炉冷敏化的 304 型不锈钢断裂韧度试样上获得的数据谱，顺利地进行了比对。这些数据支持了升高腐蚀电位导致较高 CGR 和增强辐照对水化学组成的影响的前提是，通过自由基离子的形成和较高氧浓度提高了腐蚀电位。

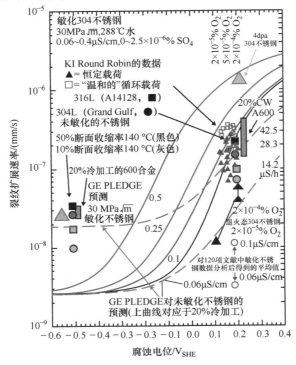

图 16.7　在约 27.5MPa $\sqrt{m}$ 的恒定 K 值下，对炉内敏化的 304 不锈钢试验观察和理论预测的裂纹扩展速率与腐蚀电位的关系[7-9,27,28]

注：观察数据是在电导率处于 0.1～0.3μS/cm 的水中得到的。而预测的关系表明了裂纹扩展速率对腐蚀电位和水的纯度综合变化的敏感性。大的三角形符号是用辐照损伤剂量为 4dpa 的 304 不锈钢得到的数据。大的圆圈符号和长方形符号代表冷加工不锈钢和 600 合金的数据。

16.2　辐照对氧化的影响

正如上一节所述，辐照提升了腐蚀电位，进而改变氧化和 IASCC 行为。辐照也可能通过薄膜和金属的位移损伤而直接对氧化物产生影响。通过几个实例观察到，与未受辐照的样品相比，在潮湿空气中对铁辐照产生的氧化物厚度增加了 10 倍[29]。在室温的水中对 316L 不锈钢 4h 质子辐照所产生的氧化物厚度，比未受辐照的样品高了 20 倍[30]。在含有 35cm³/kg H₂ 的 320℃ 水中，用 3.2MeV 质子以 7×10^{-6} dpa/s 损伤速率对 316L 不锈钢辐照期间进行的试验中，表层的氧化物由磁铁矿变成了赤铁矿（见 6.1.2 小节），氧化物的粒子尺寸大大下降了，而内层氧化物的形貌也发生改变[31]。与未受辐照的情况相比，膜厚变为原本的约25%，并成为尺寸晶粒不均匀的较多孔形态；内层氧化物显示出 Cr 的贫化和从金属-氧化物界面到氧化物-溶液界面 Cr 浓度的梯度。对辐照后样品上处于辐照区域以外的区域进行的分析与暴露于相同环境但并无辐照的样品的分析相似，这表明内层氧化物形貌的改变很可能是辐照对水化学组成及内部金属的效应所致。

锆合金的氧化对于 LWR 中保持燃料包壳完整性十分重要。早期的试验就揭示了，与未受辐照的状态相比，在反应堆内潮湿的二氧化碳－空气混合物气氛下受到辐照的锆中，氧的重量增加了 5 倍以上[32]。近来发现，堆内的腐蚀速率比堆外进行的试验高了 10 倍，这一差异可部分地归因于堆内辐照生成氧化物的渗透率较高[33]。堆内暴露的 Zircaloy－2 得到的数据表明氧化物增重可达未辐照合金的 40 倍，并与中子通量呈现强烈的线性关系。

最近在模拟的 PWR 一回路水（320℃，$3 \times 10^{-4}\%$ H_2，无 B 和 Li 的添加）中，采用 4.4×10^{-7} dpa/s 注量率的质子对 Zircaloy－4 合金进行的辐照试验[34]，产生了类似于中子辐照条件下形成的氧化物形貌，它由等轴的单斜 ZrO_2 晶粒组成，且呈现择优的晶粒取向，在整个氧化物厚度范围内存在着很大体积分数的裂纹和细小孔洞。在被氧化物消耗之后，第二相粒子还经受了加速的氧化。在质子辐照的样品上未受辐照的区域也显示了氧化物的形貌，其动力学与堆外试验的结果也非常一致，这表明水的辐照分解对锆腐蚀速率的影响可以忽略。图 16.8 所示为由原位辐照－腐蚀试验得到的氧化物厚度数据与堆内数据的比较[35]。参考试样的未辐照氧化物生长速率与堆外数据符合得很好。质子辐照产生了一个比未辐照

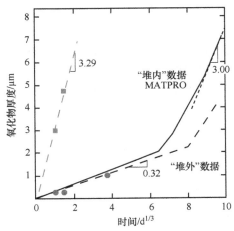

图 16.8　质子辐照的（实心方块）和未受辐照（实心圆）的 Zircaloy－4 合金表面的氧化物厚度随腐蚀时间的变化[34]

情况高约 10 倍的生长速率。此生长速率类似于在速率发生转变后区间中的堆内行为。在此区间内，氧化物的生长速率应当正比于注量率。因此，让质子和中子两者的辐照氧化物生长速率与注量率之比相等，得到中子的剂量率约为 4.4×10^{-8} dpa/s，这和所预想的堆内数值范围 $(3.2 \sim 6.5) \times 10^{-8}$ dpa/s 符合得很好[34]。所以，这个关系说明，质子辐照下的氧化遵从着转变后的生长动力学。

16.3　辐照对 SCC 的影响

16.3.1　奥氏体合金

对 IASCC 的服役经历进行审视很有益处，因为该现象可以追溯到 20 世纪 60 年代，早期的观察和结论展示了一幅精确的图像，包括其中重要的特征、共通性质及与电厂部件的广泛关联性等。和其他环境促进开裂的情况一样，一些偶然的早期观察就已指明了裂纹随时间和中子注量增大而长大的倾向。20 世纪 60 年代初期首次报道 IASCC[1,7,10] 时，就涉及了不锈钢燃料包壳的晶间开裂。当时的发现及结论是，以晶间开裂的形貌为主，伴有在水侧的多处裂纹萌生。形成对照的是，辐照以后，在惰性环境下、以不同温度和应变速率进行的力学性能测试中，却只观察到了韧性的穿晶开裂。一般情况，在光学或透射电镜下观察不到晶界碳化物沉淀（虽然在某些情况下原先就已有热敏化存在）。对于燃料－包壳间隙很小的薄壁管，开裂最先发生在肿胀应变最大处，显示了达到断裂的时间与应力水平之间的关系。在峰

值热通量区间内的开裂事例最严重，该处对应最高的中子通量和最严重的燃料包壳交互作用（最高的应力和应变）。在 PWR 中服役的类似的不锈钢堆焊层，出现的晶间断裂事例较少。在那时，PWR 的失效被归因为水的化学成分超标或应力破断。

从那以后，越来越多的其他不锈钢和镍基合金堆芯部件（如 1976 年发现的中子源盛器和 1978 年发现的控制棒吸收剂管道[1]）中观察到了 IASCC。而且，那些只经受着很低应力的部件（如仪表干燥管和控制叶片把手和护套等）也发生了开裂，尽管通常都是在缝隙位置和在较高的中子通量条件下[5]。随着在最敏感部件断裂的日积月累，自 20 世纪 90 年代早期以来，已观察到了大量的 IASCC 事例，也许其中尤以 BWR 的堆芯护罩[1, 7, 10, 19] 和 PWR 的围板螺栓[36, 37] 开裂现象最为显著。

表 16.1 列出了已有报道堆内部件失效的汇总，它表明 IASCC 并不局限于某些特定的反应堆设计。例如，不锈钢燃料包壳的失效在早期商业的 PWR 和 PWR 试验堆中均有过报道。对于 West Milton PWR 的试验回路，在 316℃含氨的水（pH = 10）中，当包壳受到高于屈服强度的应力时，也观察到真空退火的 304 不锈钢燃料包壳发生了晶间断裂。类似地，在 Winfrith SGHWR（一个 100MW 的电厂）堆里有缝隙的不锈钢燃料元件套圈中观察到了 IAS-CC（诱发开裂）条件，其中轻水在压力管道中沸腾，从而形成类似于其他 BWR 设计的冷却剂化学组成。

表 16.1　IASCC 的服役经历[5]

部件	合金	反应堆类型	可能的应力来源
燃料包壳	304 不锈钢	BWR	燃料肿胀
燃料包壳	304 不锈钢	PWR	燃料肿胀
燃料包壳①	20% Cr/25% Ni/Nb	AGR	燃料肿胀
燃料包壳套圈	20% Cr/25% Ni/Nb	SGHWR	制造
中子源支架	304 不锈钢	BWR	焊接与肿胀
仪表干燥管	304 不锈钢	BWR	制造
控制棒吸收管	304/304L/31 不锈钢	BWR	B_4C 肿胀
燃料束的带帽螺钉	304 不锈钢	BWR	制造
控制棒的从动铆钉	304 不锈钢	BWR	制造
控制叶片手柄	304 不锈钢	BWR	低应力
控制叶片护套	304 不锈钢	BWR	低应力
控制叶片	304 不锈钢	PWR	低应力
平板式控制叶片	304 不锈钢	BWR	低应力
各种螺栓②	A – 286	PWR 和 BWR	服役
蒸汽分离器干燥器的螺栓②	A – 286	BWR	服役
围筒盖螺栓②	600	BWR	服役
各种螺栓	X – 750	BWR 和 PWR	服役
导管支撑销	X – 750	PWR	服役
喷射泵的梁	X – 750	BWR	服役
各种弹簧	X – 750	BWR 和 PWR	服役
各种弹簧	719	PWR	服役
围板前的螺栓	316 不锈钢，冷加工	PWR	转矩，差异性肿胀
堆芯围筒	304/316/347L 不锈钢	BWR	焊接残余应力
顶部导管	304 不锈钢	BWR	低应力（弯曲）

① 先进气冷反应堆燃料在乏燃料池贮存过程中发生的开裂。

② 在远离高中子和 γ 通量的地方，堆芯内部发生的开裂。

　　针对各种商业和高纯度304、316和348不锈钢，以及X-750、718和625型镍基合金，也通过在BWR和PWR中进行的肿胀管道试验对反应堆的类型带来的影响做了比较。试验中，肿胀是通过改变管道中Al_2O_3和B_4C的混合比例加以控制的；后者（B_4C）由于中子使得B嬗变成为He而发生肿胀。用与样品名义成分完全相同的合金制成的细带安插在堆芯内燃料棒所在的位置。该项研究发现两个反应堆设计方案的样品对IASCC的响应差别很小。尽管现有数据明确地支持了BWR和PWR中IASCC之间的关联，显然BWR中被升高的腐蚀电位加速了SCC，而通常较高的中子通量和温度也会加速SCC，但作用较小。

1. 裂纹萌生

　　IASCC是随着中子损伤的增加而增加的，材料由辐照诱发的对SCC敏感性的增高。在高温和高压水中，材料的SCC取决于材料的敏感性、高应力和侵蚀性的环境。在LWR环境中，IASCC的机制和不同材料及环境参数各自对IASCC的影响将在16.4节深入讨论。虽然奥氏体不锈钢的拉伸和断裂性能的下降会在5~20dpa时达到饱和，但不锈钢对IASCC的敏感性会随中子通量的增加而持续升高。

　　合金对应力腐蚀裂纹萌生的敏感性测试包括恒载荷、恒挠度和恒拉伸速率下的拉伸试验，如15.7.1节中所述。恒载荷测试提供了最丰硕的数据库。图16.9所示为PWR环境下恒载荷下IASCC裂纹萌生测试得到的结果，其中表示出了应力（以中子辐照后屈服强度的百分数表示）随剂量的变化。空心的符号表示未失效的试样，而实心的符号表示失效的试样。结果表明，足够高的应力下，受到高剂量辐照的材料中裂纹可能快速萌生（如在500h以内）。而且，这种失效的80%（实心符号）均发生在

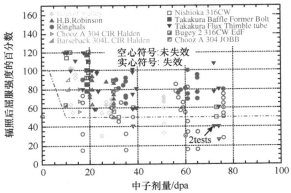

图16.9　在PWR环境中，奥氏体不锈钢的IASCC裂纹萌生应力（以辐照后屈服强度的百分数表示）随中子剂量的变化[35]

150h以内。这个结果也说明，应当有一个表观的应力阈值，当低于这个阈值时，即使数千小时以后裂纹仍不会萌生。这个表观阈值在本体材料屈服强度的40%~60%，在图中其平均值用虚线表示。

2. 裂纹扩展

　　实验室数据通过辐照加速效应支持了在核电厂得到的结果。因为实验室数据是在辐照之后采集的，因而水的辐照分解不是其中的一个因素，所以对观察到的引发开裂的辐照效应被推论为来自于微观结构中那些持续性的变化。图16.10所示为NWC BWR（见图16.10a）和PWR（见图16.10b）环境中测得的裂纹扩展速率随应力强度因子的变化。对NWC BWR环境而言，数据分布在5.5~37.5dpa的损伤水平区间。标记为"NUREG-0313"的那条线是在NRC报告中提议的被命名为"在高纯水中未受辐照、却已被敏感化的奥氏体不锈钢"的CGR的处置曲线，而标记为"EPRI NWC BWR"的曲线则是由EPRI为BWR堆芯的奥氏体不锈钢内部部件提议的。在NUREG-0313处置曲线中，裂纹扩展速率da/dt被表示为

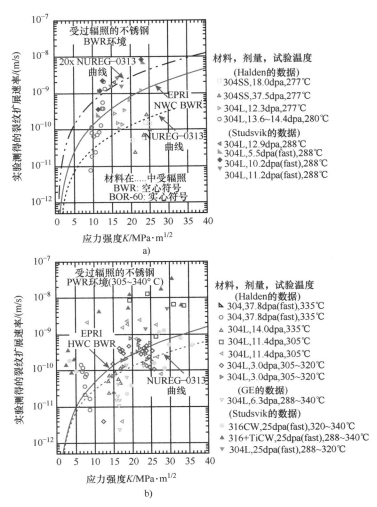

图 16.10　在 NWC BWR 环境中，辐照剂量达 5.5 ~ 37.5dpa 的奥氏体钢和在 PWR 环境中，

辐照剂量为 3.0 ~ 37.8dpa 的奥氏体钢的裂纹扩展速率[38]

a）BWR NWC　b）PWR

$$\frac{\mathrm{d}a}{\mathrm{d}t} = A_N(K)^{2.161} \tag{16.1}$$

其中，K 的单位是 MPa·m$^{1/2}$，在含有 $8 \times 10^{-4}\%$ 溶解氧（DO）的水中 $A_N = 2.1 \times 10^{-13}$，在含有 $2 \times 10^{-5}\%$ 溶解氧（DO）的水中 $A_N = 7.0 \times 10^{-14}$。用于 BWR 堆芯环境的 EPRI 处置曲线被表示为

$$\frac{\mathrm{d}a}{\mathrm{d}t} = A_E(K)^{2.5} \tag{16.2}$$

其中，在 NWC BWR 中 $A_E = 4.565 \times 10^{-13}$，而在 HWC BWR 中 $A_E = 1.512 \times 10^{-13}$。系数 A 的值取决于中子的剂量。

注意，尽管数据存在一定分散性，但大体上，CGR 都比敏化的奥氏体不锈钢的 NRC 处置曲线高出了约一个数量级。对处于 3.0 ~ 37.8dpa 损伤水平区间的钢所处的 PWR 环境而言，数据稍稍高出了 NRC 的处置曲线，它接近于（但仍稍高于）对 HWC BWR 中裂纹扩展的 EPRI 的处置曲线。

如图 16.11 所示，对含有特殊微观结构和添加溶质的高纯合金得到的数据显示了很大的分散性（几乎为 10^4 倍），但是大多数的 CGR 数据仍在如图 16.10 所示的那个范围高于同样的商业合金。

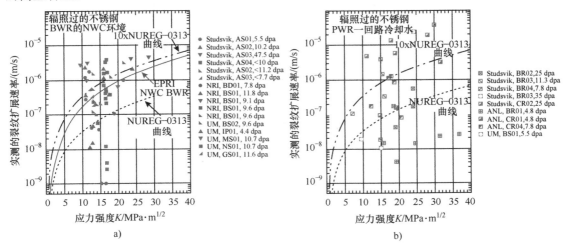

图 16.11　在 NWC BWR 和 PWR 一回路冷却水中，依照腐蚀抑制研究计划
辐照并测试，受中子辐照的添加了溶质元素不锈钢的裂纹扩展速率数据[39]
a）NWC BWR　b）PWR

3. 疲劳裂纹扩展

在周期性载荷作用下，环境中的 CGR 可以被近似为空气中的速率与由腐蚀疲劳和 SCC 产生的速率叠加，即

$$\left(\frac{\mathrm{d}a}{\mathrm{d}t}\right)_{\mathrm{env}} = \left(\frac{\mathrm{d}a}{\mathrm{d}t}\right)_{\mathrm{air}} + \left(\frac{\mathrm{d}a}{\mathrm{d}t}\right)_{\mathrm{cf}} + \left(\frac{\mathrm{d}a}{\mathrm{d}t}\right)_{\mathrm{scc}} \tag{16.3}$$

$$\left(\frac{\mathrm{d}a}{\mathrm{d}t}\right)_{\mathrm{air}} = \frac{C_{\mathrm{ss}}S(R)\Delta K^{3.3}}{t_{\mathrm{r}}} \tag{16.4}$$

其中，ΔK 的单位是 MPa·m$^{1/2}$，t_{r} 是上升时间（s），$S(R)$ 是取决于载荷比 R 的一个函数，C_{ss} 是体现与温度关联性的一个函数[38]。LWR 环境对疲劳的影响是根据未被辐照不锈钢的数据所确定的，即

$$\left(\frac{\mathrm{d}a}{\mathrm{d}t}\right)_{\mathrm{env}} = \left(\frac{\mathrm{d}a}{\mathrm{d}t}\right)_{\mathrm{air}} + 4.5\times10^{-5}\left(\frac{\mathrm{d}a}{\mathrm{d}t}\right)_{\mathrm{air}}^{0.5}, \mathrm{DO}\approx2\times10^{-5}\%$$

$$\left(\frac{\mathrm{d}a}{\mathrm{d}t}\right)_{\mathrm{env}} = \left(\frac{\mathrm{d}a}{\mathrm{d}t}\right)_{\mathrm{air}} + 1.5\times10^{-4}\left(\frac{\mathrm{d}a}{\mathrm{d}t}\right)_{\mathrm{air}}^{0.5}, \mathrm{DO}\approx8\times10^{-4}\%$$

$$\tag{16.5}$$

辐照对疲劳载荷或连续周期性载荷作用下的 304 和 316 不锈钢在 289℃ 高纯水（含 $3\times10^{-5}\%$ 溶解氧）的环境中 CGR 影响，与在空气中的数据进行了比较（见图 16.12）。图中那条 45°线指的是环境对开裂没有影响，而虚线代表未经辐照的奥氏体不锈钢在含有 $2\times10^{-5}\%$ 溶解氧的高纯水中预期得到的 CGR[40]。比较在不同中子注量水平下的数据，显然环境和注量水平都对 CGR 产生影响。在高溶解氧（$8\times10^{-4}\%$）的水中，被辐照到 3dpa 的 304 不锈钢的 CGR 比被辐照到 1.35dpa 的 CGR 要高出一个数量级。

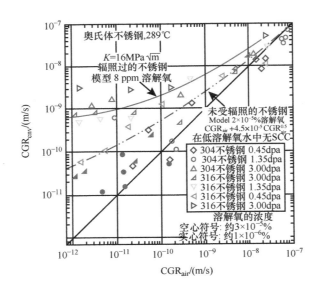

图 16.12　在含 <10ppb 或 300ppb O_2 的 289℃高纯水中，周期性载荷作用下辐照过的
奥氏体不锈钢的裂纹扩展速率与在空气中数据的对比[38]

4. 断裂韧度

现有全部断裂韧度数据中的大部分数据，都是在相对较低载荷比 R 的条件下，采用预制疲劳裂纹的试样在室温空气中进行的试验测得的，R 被定义为最小和最大载荷之比（典型值为 0.1 ~ 0.2）。在反应堆中，堆芯部件的裂纹起初是由 SCC 产生且具有晶间（IG）形貌，而断裂韧度试验中的疲劳预制裂纹却总是穿晶（TG）的。还有，腐蚀/氧化反应也会影响到断裂韧度。

为了研究 BWR 冷却剂环境对断裂韧度的可能影响（如裂纹扩展期间腐蚀/氧化反应的影响，或由于采用具有 IG 疲劳裂纹试样而非 TG 疲劳裂纹试样带来的影响），已经在 NWC BWR 环境下进行了 $J-R$ 曲线测试[41]。对辐照过的不锈钢焊接热影响区（HAZ）材料得到的 $J-R$ 曲线数据显示，NWC BWR 环境对断裂韧度有很小的影响或没有影响。可是，敏化 304 不锈钢在空气和水环境下的 $J-R$ 曲线还是略有不同，如图 16.13 所示。这些结果表明，在水中的断裂韧度稍低。另外，与空气中测试的材料相比，水中测试材料的敏化时间较短。因此，对于经受了同样敏化处理的材料，空气和水环境下的 $J-R$ 曲线之间的差别可能会比图 16.13 所

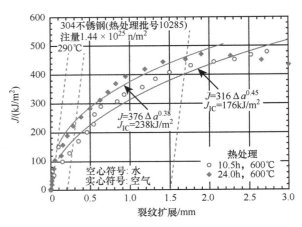

图 16.13　289℃下空气和 NWC BWR 中，敏化
304 不锈钢的断裂韧度 $J-R$ 曲线[41]

显示的更大。

5. 有关 IASCC 的服役现场和实验室经验

自 20 世纪 90 年代前期以来，电厂和实验室提供的有关 IASCC 的证据证明：开裂是受到环境促进的，而且对中子注量、腐蚀电位、温度、应力等因素的响应方面存在着明显的连续性。因为若在 BWR 中存在着随腐蚀电位增加 IASCC 敏感性也增加的一致趋势（见图 16.6a 和图 16.7），则 PWR 对 IASCC 的敏感程度应该会小些。可是，其他的一些因素，包括较高的温度、在堆芯结构部件中高出约 10 倍的中子注量、较高的氢逸度，以及含硼酸盐 – 氢氧化锂的水化学组成（包括局部沸腾和在缝隙中来源于 γ 射线加热的热浓度单元，它们都会导致出现带侵蚀性的局部水化学组成分等），把 PWR 与 BWR 区分开。考虑到在高中子注量情况下，SCC 对高电位（BWR）和低电位（PWR）的响应程度差别有限，所以 Si 的辐照诱发偏聚可能也是特别重要的。

尽管在其他部位（如控制叶片部件、燃料元件和 BWR 的顶部导向管等）IASCC 敏感性也明显存在，但 IASCC 的两个最为常见的例子还应当是 BWR 的围芯护罩和 PWR 的围板螺栓。BWR 的堆芯护罩中的 SCC 几乎是只发生在焊缝附近沿圆周方向和垂直方向，并观察到在内表面（ID）和外表面（OD）均有裂纹萌生（护罩将向上的堆芯流与护罩和压力容器之间的环路中发生的向下的再循环流分隔开）。如此大直径的焊接"管道"本质上对 SCC 敏感，这主要是与焊接残余应力及焊接收缩应变相关联，因而在低注量和中等注量区域内都观察到了开裂。在堆芯护罩中，也已经发现严重的表面加工（缺陷）会加剧 IASCC。SCC 敏感性因辐照而被加强的程度是有限的，因为当 RH 和 RIS 发生时，辐照蠕变会使焊缝残余应力得以松弛。

20 世纪 90 年代开始，发生了大量 PWR 围板螺栓的失效事故[36,37]，也观察到了在厂与厂、材料批次之间存在着很大的差异。大多数围板螺栓用 316 不锈钢制成，为了提高屈服强度，它们经过约 15% 的冷加工。在 PWR 中围板前方有着复杂的结构，因为燃料棒周围没有一个环绕的"通道"，所以围板前方的结构必须在几何形状上与燃料棒紧密匹配为水提供分布完善的流动。围板的前板是用退火的 304 不锈钢制成的。由于它们与燃料棒挨得很近，会有极高的注量，其原始设计的寿命末端可达 80dpa。这么高的 γ 通量在部件内部产生了明显的加热，某些实例中估算会超过冷却剂的温度 40℃ 以上，特别是在有些设计中，PWR 冷却剂没有进入螺栓柄的良好通道。图 16.14 所示为第 8 章推论肿胀时曾经介绍过的围板螺栓中晶间（IG）开裂的微观照片。注意，裂纹是在螺栓柄头部出现的。裂纹完全是沿晶的，深入到了螺栓厚度的一半以上。

随着越来越多 LWR 部件被发现对辐照是敏感的，IASCC 事故的数量也陆续增多，其总趋势和它们与 IASCC 的关系可汇总如下。

1) 尽管在固溶退火的不锈钢中与辐照效应有关的穿晶开裂曾被认为只在注量高于约 $5 \times 10^{20} \, \text{n/cm}^2$ 时才会发生，在很宽的注量范围内发生的 BWR 堆芯护罩严重的沿晶开裂明确了如下事实，即如此一个确定的注量阈值是不合适的。当然，对未敏化不锈钢（无论是否经过冷加工）中的 SCC 的观察，也使得存在一个阈值通量，在此值以下不会发生 SCC 的概念不成立。这对于腐蚀电位、水中杂质等的阈值也同样适用。

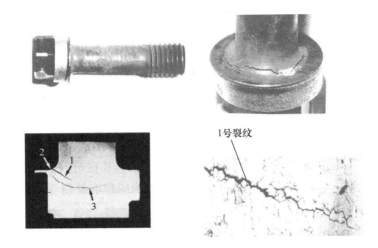

图 16.14　冷加工 316 不锈钢围板螺栓中的裂纹

注：裂纹所在的位置在约 310℃ 下受到过约 7dpa 的中子辐照剂量（由 Electrabel 提供）。

2）注量影响着 SCC 的敏感性，但是几乎总是以一种复杂的方式在起作用。在 BWR 的护罩和 PWR 的围板螺栓中发生的 SCC 并不总是与注量密切相关；其中一个重要的原因是辐照蠕变同时也会产生焊缝和螺栓的应力松弛。

3）高应力或动态应变在大多早期的事例中出现过；可是，在长时间运行使用后，也已经观察到开裂发生在高注量和十分低的应力下。实验室和现场数据表明，IASCC 发生在低于辐照过材料屈服强度以下 20% 的应力和低于 $10MPa \cdot m^{1/2}$ 的应力强度因子条件下。

4）从大量实验室和现场数据看，腐蚀电位的强烈影响是明确的。它的影响一般都与从低到高的注量相符，目前随电位变化相关的定量变化尚不确定。那些在辐照诱发下出现 Si 含量发生大的变化的材料，腐蚀电位（对开裂的）效应可能显得极为有限。显然，并不存在一个确切的阈值电位，因为辐照过的材料在除氧水中也出现 IASCC。

5）溶液的电导率（如杂质，特别是氯化物和硫酸盐）强烈地影响着 BWR 水中的开裂倾向。这一关联性同样适用于低和高通量的区间，适用于不锈钢和镍基合金。事实上，这一相关性也与堆芯外的结果非常相似。

6）缝隙的几何形状会加剧开裂，主要是由于它们能通过腐蚀电位梯度（在 BWR 中）或温度梯度（大多与 PWR 有关），产生更具侵蚀性的缝隙化学成分。

7）冷加工，特别是粗糙表面的研磨也常常加速开裂，虽然它也可能推迟某些辐照效应的启动。

8）温度对 IASCC 有着重要的影响，升温会提高裂纹的萌生和长大速率。

9）晶界碳化物和 Cr 贫化并非是 SCC 敏感性的必要条件，对堆内的开裂，炉冷敏化不锈钢显然是十分敏感的。Cr 的贫化常常就是一个重要的原因，其作用在 pH 发生漂移的环境下最为突出，因为当存在电位或热梯度时 Cr 的贫化就可能出现。N、S、P 和其他在晶界偏聚元素的作用尚不太清楚。

10）已经观察到了对应发生 IASCC 时的注量取决于外加应力和应变、腐蚀电位、溶液电导率、缝隙的几何形状等因素。在电导率足够高的条件下，在现场和实验室的固溶退火的不锈钢中都观察到了开裂。因此，即便在实践工程的意义上大家都习惯了，但在科学意义上，注量或应力、腐蚀电位等的"阈值"概念却是一种误导，因为开裂敏感性和裂纹形貌都应当被认为是许多相关参量之间交互依存的连续现象。

在 20 世纪 80 年代早期得到的现场和实验室数据，连同对热水中环境开裂的更宽泛的基础认知，引导人们有了如下的一种假设：在数不胜数的各种可能的辐照效应中，最重要的因素是晶界上的 RIS、RH（辐照硬化，即屈服强度的升高）、形变模式、辐照蠕变带来的（如在焊缝和螺栓中恒定位移下的应力）松弛，以及辐照水解（在 BWR 中提高了腐蚀电位）。在某些情况下，其他因素也可能是重要的，例如，空洞的形成会影响断裂韧度和可能产生差分肿胀，从而导致如围板螺栓这样的部件再加载。

16.3.2 铁素体合金

铁素体合金对高温水中环境促进开裂也是敏感的。辐照对压力容器钢疲劳裂纹扩展速率的作用已在第 14 章中讨论过了，已明确单独辐照是不会使裂纹扩展速率升高的。可是，CGR 会受环境的影响。事实上，环境、载荷参数与材料参数都会影响高温水中的 CGR。一般来说，每一循环中裂纹的扩展随如下一些参数而增大：

1）环境的参数，如增加溶解氧浓度，提高电导率，升高温度等。

2）载荷的参数，如增加 R 比（比平均应力高），降低频率，载荷波形中的瞬态和持续周期等。

3）材料的参数，如合金中硫含量增高等。

例如，图 16.15 显示加载波形中的降低频率、瞬态和持续时间使得 PWR 环境下 A533B 钢的 CGR 增大。环境对开裂的影响如图 16.16a 所示，其中给出了 PWR 水中 A533B 钢和焊缝的疲劳裂纹扩展速率随 ΔK 的变化。右边的实线是 ASME 锅炉和压力容器法则对空气中 CGR 的包络线。由此可见，环境对裂纹扩展速率及 da/dN 对 ΔK 的依赖关系有着显著的影响。图 16.16b 也说明，在 288℃ 的核反应堆级水中，辐照的影响只使得由环境造成的 CGR 发生了最低程度的增大。

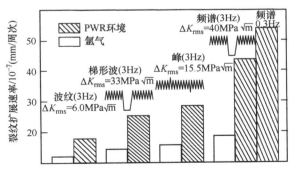

图 16.15　环境、频率和瞬态参数对经受不同加载
顺序的 A533B 钢疲劳裂纹扩展行为的影响[42]

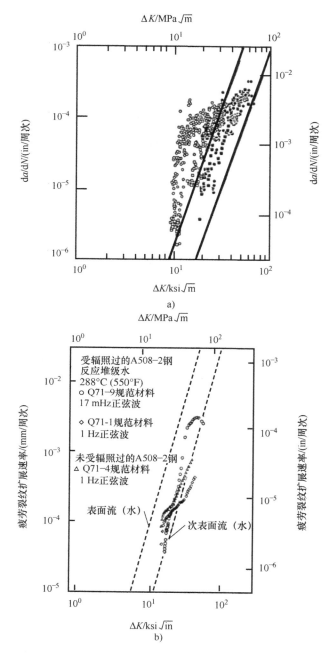

图 16.16　环境对开裂的影响

a）在 PWR 水中 A533B 钢和焊缝的疲劳裂纹扩展数据的汇总[42]

b）辐照过和未受辐照过的 A508－2 钢疲劳裂纹扩展速率随外加应力强度因子的变化[43]

注：图 a 中右边条线是 1972 ASME XI section A 对空气中裂纹扩展规定的限制。实心的圆为基材金属，$R=0.2$，
　　实心的方块为焊缝，$R=0.2$；空心的圆为基材金属，$R=0.7$，空心的方块为焊缝，$R=0.7$。

16.4 IASCC 的机制

尽管对 IASCC 的机制还没有确切地认知，现有的理论可以分为五类：①辐射诱发晶界 Cr 的贫化；②辐照硬化（RH）；③局部的形变；④选择性内氧化；⑤辐照蠕变。确定辐照对 SCC 影响的难度在于几个效应的同时发生。图 16.17 所示为 RIS、位错环的线长度和硬度和 IASCC 随辐照剂量的变化，这几个因素都显示随辐照剂量变化近似相同的关系。因此，其中单个或组合效应对观察到的加速开裂的影响是复杂的。本节将讨论这些过程可能影响 IASCC 的机制。

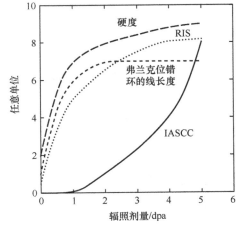

图 16.17 RIS、位错环的线长度、硬度和 IASCC 随辐照剂量的变化[4]

16.4.1 晶界 Cr 贫化

正如第 6 章中所述，在与 LWR 堆芯部件相关的温度范围内辐照导致了以铬浓度的大幅下降为标志的晶界偏聚。Cr 通过生成氧化铬膜促进奥氏体合金的钝态，晶界处 Cr 浓度的流失会导致局部钝化的缺失。众所周知，在奥氏体不锈钢和镍基合金中晶界 Cr 的贫化是导致其在高温水中 IGSCC 的原因[44]。由此推知，这也意味着由 RIS 造成的晶界 Cr 的流失是辐照条件下 IASCC 的原因之一。已有数据显示，随着晶界 Cr 浓度下降，IGSCC 百分数有着增加的趋势（见图 16.18），这就部分地证实了这一推测。可是，数据有着很大的分散性，其中部分数据也可被归因为裂纹萌生的随机特性，这是应变电极试验所特有的结果，但还不能解释所有的变化。

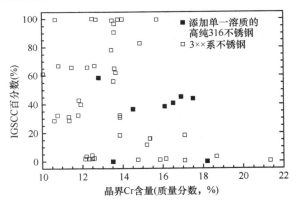

图 16.18 晶界 Cr 含量对辐照过的 300 系列不锈钢 IGSCC 的影响[4]

近来，借助于退火后特性的差异，辐照后的退火试验已被用来区分不同的辐照效应。图 16.19 所示为由辐照诱发的主要微观结构特征。RIS 造成的变化是在等温退火中回复得最慢的，在 SCC 敏感性已完全消失的时间段中，它基本上还都保持不变。在一项系统性的研究中，用 2MeV 的质子将 7 个奥氏体合金辐照到 1dpa 或 5dpa，接着进行了微观结构的表征，并在模拟的 BWR NWC 水中测试了它们的 IASCC 敏感性[45]。凭借着微观特性能在多大程度上解释 IASCC 的数据，确定了微观结构特性与 IASCC 敏感性之间的关系，若毫无关联用 "0" 表示，完全相关则为 "1"。当晶界 Cr 含量在 12% ~ 19%（质量分数）时，RIS 与开裂的关联强度为零。这项研究表明，对于 IASCC，RIS 并没有明显的作用。

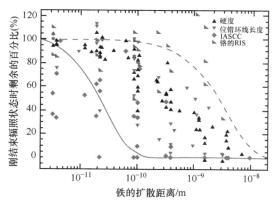

图 16.19　随退火过程（用 $\sqrt{Dt}$ 衡量不同时间和温度的退火进程）的进行，由位错环长度测量的位错微观结构和硬度显示铁中 RIS 效应的消失

16.4.2　辐照硬化

借助于高温水中测试 300 系列奥氏体不锈钢的裂纹扩展速率（CGR）随冷加工程度而增加，观察了沿晶应力腐蚀开裂（IGSCC）与硬度的关系（见图 16.20a）。通过恒定伸长率试验中测得的沿晶开裂百分数来度量，把 IASCC 与辐照硬化关联起来，如图 16.20b 所示。在上一节叙述的研究中，硬度与开裂的关联强度为 0.5 左右，表明它对开裂有贡献，但不是决定性的因素。可是，正如之前已经提到，在辐照期间同时发生的其他效应，使得难以把开裂的增多仅仅归因于硬化。对同一炉次的不锈钢进行的系列试验表明，在并无严重晶界 Cr 贫化的情况下，辐照硬化所导致的 IGSCC，比冷加工硬化造成的影响要大[46]。这一结果说明，RH 导致的硬度增高不可能单独成为导致 IASCC 发生的原因，但是可能还有与硬度有关的其他效应正在发生作用。人们怀疑这个因素也许就是形变的模式。

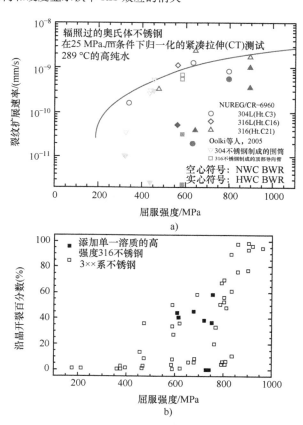

图 16.20　屈服强度对 IGSCC 的影响

a）289℃高纯水中 304 和 316 不锈钢的裂纹扩展速率随屈服强度的变化[38]　b）对辐照硬化的 300 系列不锈钢进行慢应变速率试验（SSRT）测得的 IGSCC 百分数[4]

16.4.3　形变模式

正如第 12 章中讨论的，辐照过的金属表现出一种局部化的形变，其特征是应变集中于位错的通道中。这些通道中的应变可能超过 100%，一般认为这些通道起始于晶界，也必定

终止于晶界。如果是这样，为了免于发生开裂，必然有大量的局部应变在晶界处得以吸纳（或调节）。此时应变的调节可以通过几种机制得以实现，包括滑移穿过晶界的转移、在晶界区域发生交叉滑移，还有通道内的位错与晶界位错发生反应，在晶界平面内产生合成位错，如果它们是可动的，就可能导致晶界的滑动。图16.21a所示为滑移穿过晶界从一个位错通道转移到了另外一个通道。如果滑移被转移到了晶界，则与表面交集的滑动中的晶界有可能使表面的氧化膜破断，从而使下面的金属暴露于溶液，此时就会发生溶解和再氧化。重复发生的破裂、溶解和再钝化就可能通过一种滑移氧化型的过程使晶界的裂纹扩展。

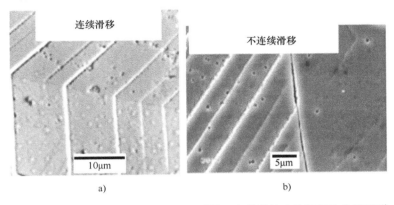

图16.21　从一个位错通道越过晶界到另一个通道的连续滑移和位错通道
突然终止与晶界的不连续滑移的实例
a）连续滑移　b）不连续滑移

另外一种情况是，在位错通道–晶界（DC–GB）交互作用处的应变没能被容纳，或者位错通道在某处被终止，就会产生很高的局部应力，如图16.21b所示。此高应力可能使氧化物破断，从而以非常像晶界滑动的方式推动IGSCC的发展。这一机制得到了在15.7.7小节中讨论过的堆垛层错能在IGSCC中所起作用的证实，即低SFE的合金会发生让晶界位错塞积便于发生的平面滑移，这类似于但并不如在位错通道中发生的那么严重。因此，随着辐照注量的升高，局部形变趋于更加严重，沿晶（IG）开裂的危机将随之而来。发现局部形变与IASCC的关联强度，以加权的平均通道高度表征为0.88[45]，明显高于其他因素，意味着在BWR环境下局部形变也许就是受辐照合金发生IASCC的最重要因素。这一结果与采用不同类型辐照的多项研究结果都相符，所以人们已经把注意力聚焦到了以硬化和形变作为IASCC中潜在的重要因素。

在发生DC–GB交互作用的地方，应变得以调节的可选方式如图16.22所示。试验也已经显示，确有裂纹发生在DC–GB交互作用处，如图16.23所示。然后，问题在于是何种类型的DC–GB交互作用推动了IG开裂。采用数字图像关联法（DIC），使得鉴定交互作用的性质及其与开裂之间的关系成为可能。如图16.24a所示，它是对应于最高开裂频率的不连续DC–GB交互作用。不连续DC–GB交互作用的高分辨TEM成像（见图16.24b）表明，当滑移无法被转移时，其结果将是在邻近晶粒中出现一个弹性应变区，这是局部高应力的标志。因此，在DC–GB交互作用处产生高应力是高温水中受过辐照的不锈钢中IASCC启动的首要因素。

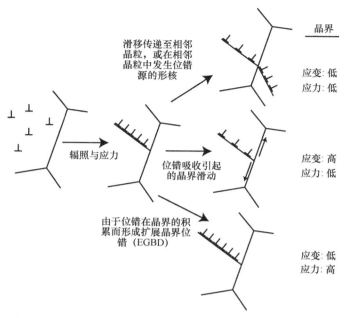

图 16. 22　在辐照过的合金中，发生 DC – GB 交互作用处应变获得调节的可选方式

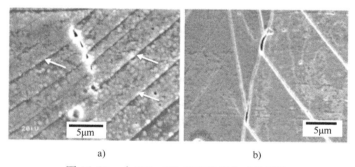

图 16. 23　由 DC – GB 交互作用生成的裂纹

a）在模拟的 288℃ BWR 环境下含 Si 的高纯 304 不锈钢经受 5dpa 辐照和 6% 应变

b）400℃ 超临界水中经受辐照的 316L 不锈钢

16. 4. 4　IASCC 的模型

　　现有 IASCC 的建模方法极少，主要是因为对 IASCC 机制了解得太少。有一个用于解释 IASCC 的模型已被提出，它假设裂纹萌生是由屈服强度 σ_y^{eff} 和晶界的 Cr 含量 C_{Cr} 所决定的[49]。IASCC 萌生时的应力 σ_{IASCC} 可表示为

$$\sigma_{\mathrm{IASCC}} = f(\sigma_y^{\mathrm{eff}}) g(C_{\mathrm{Cr}}) \tag{16.6}$$

$$f(\sigma_y^{\mathrm{eff}}) = 1000 - 3.6\sigma_y^{\mathrm{eff}} \tag{16.7}$$

$$g(C_{\mathrm{Cr}}) = \begin{cases} 0.26C_{\mathrm{Cr}} - 1.66 & [C_{\mathrm{Cr}} < 10.2\% \,(\text{质量分数})] \\ 1 & [C_{\mathrm{Cr}} > 10.2\% \,(\text{质量分数})] \end{cases}$$

$$\sigma_y^{\mathrm{eff}} = \sigma_y^0 + \Delta\sigma_y + \Delta\sigma_y^{\mathrm{surf}} \tag{16.8}$$

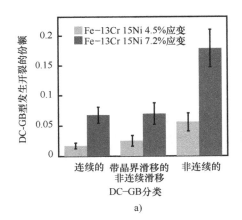
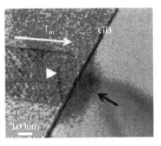

图 16.24　DC－GB 交互作用的影响

a）不同类型 DC－GB 交互作用引起的开裂频率[47]　b）在邻近晶粒中产生弹性应变的不连续 DC－GB
交互作用的 TEM 图像[48]

其中，σ_y^0 是未辐照样品的屈服强度，$\Delta\sigma_y$ 是由式（12.71）给出的辐照硬化（RH），但是此处可用如下一个基于辐照剂量和温度的简化模型所代替，即

$$\Delta\sigma_y = a\left\{1 - \exp\left(\frac{-\phi t}{b}\right)\right\}$$

$$a = (-0.32T + 156)\ln\phi + (3810 - 7.63T)$$

$$b = (0.012T - 3.46)\ln\phi + (0.183T - 49.87)$$

（16.9）

其中，t 是时间，ϕ 是中子通量，T 是温度。

$$\Delta\sigma_y^{surf} = 3.6\Delta H_V^{surf} \tag{16.10}$$

$\Delta\sigma_y^{surf}$ 是表面硬化值（是表面硬度 ΔH_V^{surf} 的函数）。函数 $g(C_{Cr})$ 中的 C_{Cr} 项由式（16.11）给定。

$$C_{Cr} = C_{Cr}^0 + \Delta C_{Cr}^0 + \Delta C_{Cr} \tag{16.11}$$

其中，C_{Cr}^0 是块体中晶界的 Cr 浓度，ΔC_{Cr}^0 是初始的晶界 Cr 偏聚量，而由于辐照引起的晶界 Cr 浓度变化 ΔC_{Cr} 为

$$\Delta C_{Cr} = c\phi t = d\left[1 - \exp\left(\frac{-\phi t}{e}\right)\right]$$

$$c = (-6.28 \times 10^{-6}T + 1.14 \times 10^{-3})\ln\phi + (2.56 \times 10^{-2} - 5.40 \times 10^{-5}T)$$

$$d = (1.89 \times 10^{-3}T - 1.23)\ln\phi + (5.24 \times 10^{-2}T - 18.5)$$

$$e = (-3.71 \times 10^{-3}T + 1.93)\ln\phi + (53.2 - 0.108T)$$

（16.12）

由此模型计算的结果如图 16.25 所示，该图显示了与图 16.9 中在 PWR 水中由恒载荷试验测得的数据库相同的总趋势。

16.4.5　选择性内氧化

有可能导致 IG 开裂的最后一个机制是选择性内氧化，它是基于氧沿着晶界的快速传输，然后使裂纹前端的金属氧化并脆化，导致了沿晶界的开裂增多[50]。在高于 600℃ 的温度下观察到了 Ni 基合金中的内氧化[51-53]，但是预期这不会在 LWR 堆芯温度下的 Fe 基或 Ni 基

合金中发生。可是，短路扩散路径（晶界）与辐照增强扩散的组合，使得这一机制在较低温度下起作用的可能性增加了。在不锈钢的堆芯部件中，观察到了已经渗透到活性裂纹尖端前方的氧[54]，这一现象也为该机制提供了支持。

16.4.6　辐照诱发蠕变

和前面辐照对 SCC 的四种效应不同，辐照诱发蠕变将使残余应力得到缓解，因而可以有效地消除 SCC 的驱动力。如第 11 章所示，应力的松弛取决于辐照的剂量。图 16.26 所示为冷加工 316 不锈钢的 PWR 围板螺栓中应力的下降（用转矩的降低量表示随中子剂量的变化。注意，应力的松弛大体上与中子剂量遵循着指数规律的变化，所以在经受剂量小于10dpa 的辐照后，应力降低到其原始值的一半左右。辐照诱发蠕变导致应力松弛是缓解 PWR围板螺栓中应力松弛的重要过程，如果板中也发生了肿胀，就会受到一些额外的应力。

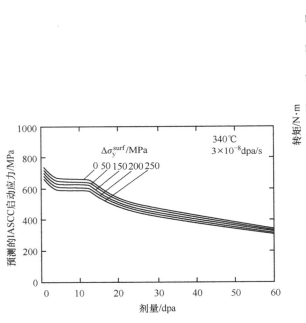

图 16.25　针对不同表面硬化水平，由模型预测的 IASCC 启动应力随剂量的变化[49]

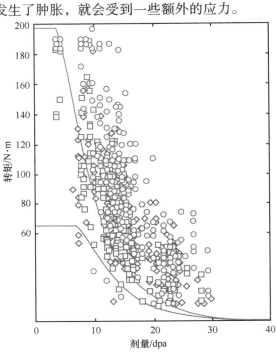

图 16.26　导致冷加工的 316 不锈钢 PWR 围板螺旋中应力松弛的辐照诱发蠕变随中子剂量的变化[55]

专用术语符号

a——反应物/反应产物的活度，或裂纹长度

$\dot{a}$——裂纹扩展速率

C——浓度

da/dn——每一循环的裂纹扩展

da/dt——裂纹扩展速率

K——应力强度因子

ΔK——应力强度因子范围

K_{IC}——Ⅰ型断裂韧度

T——温度

R——气体常数，或载荷比

t——时间

ϕ——中子通量

σ——应力

air——作为下标，代表空气

Cr——作为下标，代表铬

cf——作为下标，代表腐蚀疲劳

env——作为下标，代表环境

IASCC——作为下标，代表辐照促进应力腐蚀开裂

r——作为下标，代表上升时间

y——作为下标，代表屈服

eff——作为上标，代表有效的

0——作为上标，代表初始条件

surf——作为上标，代表表面

习　　题

16.1　考虑与不锈钢接触的低合金钢并确定它们在标准温度和压力（STP）环境下的腐蚀电位差。

① 哪种钢将发生腐蚀？

② 在辐照作用下，在什么地方会出现这种情况？

16.2　对于习题16.1中的合金，请描述辐照将如何改变系统的腐蚀电位，并说明是在何种条件下发生的。

16.3　辐照改变腐蚀行为的可能方式有哪些？

16.4　辐照诱发 IASCC 的可能方式有哪些？

16.5　试对 IASCC 萌生与扩展的相对重要性做出评述。哪个更重要，并说明是在何种环境下？

16.6　说说有哪些对策可以缓解 IASCC？

参 考 文 献

1. Andresen PL, Ford FP, Murphy SM, Perks JM (1990) In: Proceedings of the 4th international symposium on environmental degradation of materials in nuclear power systems: water reactors. NACE International, Houston, pp 1–83 to 1–121
2. Scott P (1994) A review of irradiation assisted stress corrosion cracking. J Nucl Mater 211:101–122
3. Andresen PL, Was GS (2012) Irradiation assisted stress corrosion cracking. In: Konings RJM, (ed) Comprehensive nuclear materials, vol 5. Elsevier, Amsterdam, pp 177–205
4. Was GS (2004) In: Proceedings of the 11th international conference on environmental

degradation of materials in nuclear power systems: water reactors. American Nuclear Society, La Grange Park, pp 965–985

5. Was GS, Busby JT, Andresen PL (2006) Effect of irradiation on stress corrosion cracking and corrosion in light water reactors: corrosion in the nuclear industry. Corrosion: environments and industries, ASM handbook, vol 13c. ASM International, Metals Park, pp 386–414

6. Bruemmer SM, Simonen EP, Scott PM, Andresen PL, Was GS, Nelson JL (1999) J Nucl Mater 274:299–314

7. Ford FP, Andresen PL (1994) Corrosion in nuclear systems: environmentally assisted cracking in light water reactors. In: Marcus P, Oudar J (eds) Corrosion mechanisms. Dekker, New York, pp 501–546

8. Ford FP, Andresen PL (1988) In: Theus GJ, Weeks JR (eds) Proceedings of the 3rd international symposium on environmental degradation of materials in nuclear power systems: water reactors. The Metallurgical Society of AIME, Warrendale, p 789

9. Andresen PL, Ford FP (1988) Mat Sci Eng vol A 1103:167

10. Andresen PL (1992) In: Jones RH (ed) Stress corrosion cracking: materials performance and evaluation, ASM, Materials Park, pp 181–210

11. Andresen PL, Young LM (1995) In: Proceedings of the 7th international symposium on environmental degradation of materials in nuclear power systems: water reactors. NACE International, TX, pp 579–596

12. Lin CC (1986) Proceedings of the 2nd international symposium on environmental degradation of materials in nuclear power systems: water reactors. American Nuclear Society, La Grange Park, pp 160–172

13. Burns WG, Moore PB (1976) Rad Eff 30:233

14. Cohen P (1969) Water coolant technology of power reactors. Gordon and Breach Science, New York

15. British Nuclear Energy Society (1989) Proceedings of the conference on water chemistry of nuclear reactor systems 5, Bournemouth, UK, 23–27 October 1989, British Nuclear Energy Society, London

16. Taylor DF (1990) Paper 90501, Corrosion/90, Las Vegas. NACE, Houston, TX

17. Head RA, Indig ME, Andresen PL (1989) Measurement of in-core and recirculation system responses to hydrogen water chemistry at nine mile point unit 1 BWR, EPRI contract RP2680-5, final report. EPRI, Palo Alto, CA

18. Gordon BM (1985) Hydrogen water chemistry for BWR, task 27, Materials and environmental monitoring with in the Duane Arnold BWR, contract RP1930-1, project manager, JL Nelson. EPRI, Palo Alto, CA

19. Andresen PL, Ford FP (1995) In: Proceedings of the 7th international symposium on environmental degradation of materials in nuclear power systems: water reactors. NACE, TX, pp 893–908

20. Daub K, Zhang Z (2011) Corr Sci 53:11

21. Knapp QW, Wren JC (2012) Electrochim Acta 80:90

22. Alrehaily LM, Joseph JM, Musa AY, Guzonas DA, Wren JC (2012) Phys Chem Chem Phys 15:98

23. Daub K, Zhang (2010) Electrochim Acta 55:2767

24. Cook WG, Olive RP (2010) Corr Sci 55:326

25. Jacobs AJ, Hale DA, Siegler M (1986) Unpublished data. GE Nuclear Energy, San Jose

26. Ljungberg LG (1991) Communication. ABB Atom, Sweden

27. Ford FP, Taylor DF, Andresen DL, Ballinger RG (1987) Environmentally controlled cracking of stainless and low alloy steels in LWR environments, NP-5064M (RP2006-6). EPRI, Palo Alto

28. Angeliu TM, Andresen PL, Sutliff JA, Horn RM (1999) In: Proceedings of the 9th international symposium on environmental degradation of materials in nuclear power systems. The Minerals, Metals and Materials Society, PA, p 311

29. Lapuerta S, Moncoffre B, Millard-Pinard N, Jaffrezic H, Bererd N, Crusset D (2006) J Nucl Mater 352:174

30. Lewis MB, Hunn JD (1999) J Nucl Mater 265:423

31. Raiman SS, Wang P, Was GS (2014) In: Proceedings of Fontevraud 8, Societe Francaise d'Energie Nucleare, Paris, FR, paper 51_T02_WAS_FP

32. Asher RC, Davies D, Kirstein TBA (1973–74) J Nucl Mater 49:189

33. Bradhurst DH, Shirvington PJ, Heuer PM (1973) J Nucl Mater 46:53

34. Wang P, Was GS (2015) J Mater Res No. 9 30:1335

35. Allison CM, Berna GA, Chambers R, Coryell EW, Davis KL, Hagrman DL, Hagrman DT, Hampton NL, Hohorst JK, Mason RE, McComas ML, McNeil KA, Miller RL, Olsen CS,

Reymann GA, Siefken LJ (1993) SCDAP/RELAP5/MOD3.1 code manual volume IV: MATPRO—a library of materials properties for light-water-reactor accident analysis. NUREG/CR-6150, EGG-2720, vol IV, p 4–234

36. Scott PM (1994) J Nucl Mater 211:101

37. Scott PM, Meunier M-C, Deydier D, Silvestre S, Trenty A (2000) In: Kane RD (ed) ASTMSTP 1401, environmentally assisted cracking: predictive methods for risk assessment and evaluation of materials, equipment and structures. American Society for Testing and Materials, West Conshohocken, PA, pp 210–223

38. Chopra OK, Rao AS (2011) J Nucl Mater 409:235

39. Identifying mechanisms and mitigation strategies for irradiation assisted stress corrosion cracking of austenitic steels in LWR core components, EPRI Report 3002003105, EPRI, Palo Alto CA, 2014

40. Chopra OK, Gruber EE, Shack WJ (2003) Fracture toughness and crack growth rates of irradiated austenitic steels. US Nuclear Regulatory Commission, NUREG/CR-6826, 2003, p 37

41. Chopra OK, Rao AS (2011) J Nucl Mater 412:195

42. Bulloch JH (1989) Res Mech 26:95–172

43. Cullen WH, Watson HE, Taylor RE, Loss FJ (1981) J Nucl Mater 96:261–268

44. Bruemmer SM, Was GS (1994) J Nucl Mater 216:348–363

45. Jiao Z, Was GS (2011) J Nucl Mater 408:246

46. Hash MC, Wang LM, Busby JT, Was GS (2004) In: Grossbeck ML, Allen TR, Lott RG, Kumar AS (eds) Effects of radiation on materials the 21st international symposium, ASTM STP. American Society for Testing and Materials, West Conshohocken, pp 92–104

47. McMurtrey MD, Cui B, Robertson IM, Farkas D, Was GS Curr Op Sol Stat Mater Sci (in press)

48. Cui B, McMurtrey MD, Was GS, Robertson IM (2014) Phil Mag 94(36):4197

49. Fukuya K, Fujii K, Nishioka H, Tokakura K, Nakata K (2010) Nucl Eng Des 420:473

50. Scott PM (2002) In: Ford FP, Bruemmer SM, Was GS (eds) Proceedings of the 9th international conference on environmental degradation of materials in nuclear power systems: water reactors. The Minerals, Metals and Materials Society, Warrendale, pp 3–14

51. Bricknell RH, Woodford DA (1982) Acta Metal 30:257–264

52. Iacocca RG, Woodford DA (1988) Metal Trans A 19A:2305–2313

53. Woodford DA, Bricknell RH (1983) Treatise on materials science and technology, vol 25. Academic, New York

54. Thomas LE, Gertsman VY, Bruemmer SM (2002) In: Nelson L, Was GS, King P (eds) Proceedings of the 10th international conference on environmental degradation of materials in nuclear systems: water reactors. NACE International, Houston, p 117

55. Massoud JP, Dubuisson P, Scott P, Ligneau N, Lemaire E (2002) Proc Fontevraud 5(62):417